Arnold Krawietz

# Materialtheorie

## Mathematische Beschreibung des phänomenologischen thermomechanischen Verhaltens

Mit 83 Abbildungen und 3 Tabellen

Springer-Verlag
Berlin Heidelberg NewYork Tokyo 1986

apl. Prof. Dr.-Ing. Arnold Krawietz
2. Institut für Mechanik
Technische Universität Berlin
Jebensstr. 1
1000 Berlin 12

Gefördert von der Stiftung Volkswagenwerk

ISBN-13:978-3-642-82513-2 e-ISBN-13:978-3-642-82512-5
DOI: 10.1007/978-3-642-82512-5

CIP-Kurztitelaufnahme der Deutschen Bibliothek:
*Krawietz, Arnold:*
Materialtheorie: math. Beschreibung d. phänomenolog. thermomechan. Verhaltens/Arnold Krawietz. – Berlin; Heidelberg; New York; Tokyo: Springer, 1986.
ISBN-13:978-3-642-82513-2


Softcover reprint of the hardcover 1st edition 1986



Texterfassung: Mit einem System der Springer Produktions-Gesellschaft, Berlin
Datenkonvertierung: Brühlsche Universitätsdruckerei, Gießen

2068-543210

# Vorwort

Das vorliegende Buch ist die Frucht zwanzigjähriger Beschäftigung mit der Mechanik und Thermodynamik großer Verformungen, zu der ich durch Vorlesungen von Prof. Dr.-Ing. Rudolf Trostel an der TU Berlin angeregt wurde und die ich während langjähriger Lehr- und Forschungstätigkeit an seinem Institut als Assistent, Assistenzprofessor und Privatdozent vertiefen konnte.

Die Abfassung des Buches erfolgte während eines von der Stiftung Volkswagenwerk im Rahmen ihrer Habilitiertenförderung finanzierten Beschäftigungsverhältnisses. Der Stiftung, die durch einen Druckkostenzuschuß auch dazu beigetragen hat, den Ladenpreis des Buches in Grenzen zu halten, sei an dieser Stelle herzlich gedankt.

Den Herren Dr.-Ing. A. Bertram und Dr.-Ing. G. Rettig danke ich für die Durchsicht großer Teile des Manuskripts und manch wertvollen Hinweis sowie Frau K. Wiedmann für die Erstellung des Urmanuskripts.

Mein Dank gilt auch dem Springer-Verlag, der sich der Herausgabe des Werkes engagiert angenommen und durch Einsatz moderner elektronischer Technik ein ansprechendes Satzbild ermöglicht hat.

Berlin, im März 1986 Arnold Krawietz

# Inhaltsverzeichnis

# Bezeichnungen

## Definition

| | |
|---|---|
| $A:=B,\ B=:A$ | A ist durch die Vorschrift B definiert |

## Funktionen und Ableitungen

| | |
|---|---|
| $U(x)\equiv U_x\equiv U\|_x$ | Wert der Funktion U am Argument x |
| $U\|_{x_1}^{x_2}\equiv U(x_2)-U(x_1)$ | |
| $U'(x)$ | Ableitung der Funktion U am Argument x |
| $\zeta(x)=\begin{cases}1, & \text{wenn } x=1\\ 0, & \text{wenn } x\neq 1\end{cases}$ | |
| $\langle x\rangle=\begin{cases}x, & \text{wenn } x\geqq 0\\ 0, & \text{wenn } x<0\end{cases}$ | |
| $\tau$ oder t | Zeit |
| $\dot{l}(t),\ \dot{\underset{\sim}{P}}(t)$ | Materielle Zeitableitung (Abschn. 6.7) |
| $\overset{\circ}{\underset{\sim}{P}}$ | Jaumannsche zeitliche Änderung (Abschn. 7.6) |
| $\overset{\square}{\underset{\sim}{P}}$ | Mitdrehende Änderung im Zusammenhang mit inelastischer Verformung (Abschn. 9.6) |
| $\overset{\triangle}{\underset{\sim}{Z}},\overset{\triangle}{\underset{\sim}{P}}$ | Zeitliche Änderung gemäß Definition in Abschn. 7.6 |
| $\dfrac{\partial \underset{\sim}{S}}{\partial \underset{\sim}{G}}$ | Fréchet-Ableitung (Abschn. 7.4) |
| $\underset{\sim}{\nabla}$ | Räumliche Ableitung (Abschn. 6.3) |
| $\hat{\underset{\sim}{\nabla}}$ | Invariante Ableitung (Abschn. 6.5) |
| $\overset{\circ}{\underset{\sim}{\nabla}}$ | Ableitung nach dem Ortsvektor einer Bezugsplazierung (Abschn. 7.3) |

## Vektoren und Operatoren zweiter und höherer Stufe (siehe Kap. 5)

| | |
|---|---|
| $\underset{\sim}{u}$ | Vektor |
| $\underset{\sim}{\mathfrak{w}}$ | Zahlen-n-tupel (Spaltenmatrix) |
| $\underset{\sim}{A},\ \underset{\sim}{1}$ | Operator 2. Stufe, Einheitsoperator 2. Stufe |
| $\underset{\sim}{\mathfrak{C}}$ | Quadratische Matrix |
| $\mathbb{C},\ \mathbb{1}$ | Operator 4. Stufe, Einheitsoperator 4. Stufe |
| $\underset{\sim}{A}^*,\ \underset{\sim}{A}^T,\ \underset{\sim}{A}^{-1},$ | Adjungierter, transponierter, inverser |
| $\underset{\sim}{A}^{-*},\ \underset{\sim}{A}'$ | invers-adjungierter Operator, Deviator |
| $\underset{\sim}{u}\cdot\underset{\sim}{v}$ | Skalarprodukt von $\underset{\sim}{u}$ und $\underset{\sim}{v}$ |
| $\underset{\sim}{A}\cdot\underset{\sim}{x}\equiv\underset{\sim}{x}\cdot A^*$ | Abbildung des Vektors $\underset{\sim}{x}$ mittels des |
| $\equiv\underset{\sim}{A}\underset{\sim}{x}\equiv\underset{\sim}{x}\underset{\sim}{A}^*$ | Operators $\underset{\sim}{A}$ |
| $\underset{\sim}{A}\cdot\underset{\sim}{B}\equiv\underset{\sim}{A}\underset{\sim}{B}$ | Hintereinanderschaltung der Abbildungen $\underset{\sim}{B}$ und $\underset{\sim}{A}$ |
| $\|u\|,\ \|\underset{\sim}{A}\|$ | Euklidische Norm |
| $\underset{\sim}{\hat{A}}:=\underset{\sim}{A}/\|\underset{\sim}{A}\|$ | Richtung von $\underset{\sim}{A}$ |

| | |
|---|---|
| $\underset{\sim}{A}', \underset{\sim}{A}'$ | Richtung des Deviators bzw. Deviator der Richtung von $\underset{\sim}{A}$ |
| $\mathrm{tr}\underset{\sim}{A}$, $\det \underset{\sim}{A}$, $\mathrm{Inv}\, \underset{\sim}{A} = \{I_1, I_2, I_3\}$ | Spur, Determinante, Invarianten des Operators $\underset{\sim}{A}$ |
| $\mathrm{sym}\, \underset{\sim}{A}$, $\mathrm{skw}\, \underset{\sim}{A}$ | Symmetrischer und antimetrischer Teil von $\underset{\sim}{A}$ |
| $\underset{\sim}{u} \otimes \underset{\sim}{v}$ | Dyadisches Produkt $(\underset{\sim}{u} \otimes \underset{\sim}{v}) \cdot \underset{\sim}{w} \equiv \underset{\sim}{u}\, (\underset{\sim}{v} \cdot \underset{\sim}{w})$ |
| $\underset{\sim}{A} : \underset{\sim}{u} \otimes \underset{\sim}{v} \equiv \underset{\sim}{A} \cdot\cdot\, \underset{\sim}{v} \otimes \underset{\sim}{u}$ $\equiv \underset{\sim}{u} \cdot \underset{\sim}{A} \cdot \underset{\sim}{v} \equiv \underset{\sim}{u} \underset{\sim}{A} \underset{\sim}{v}$ | Doppeltskalarprodukt |
| $\mathbb{C} : \underset{\sim}{D}$ | Abbildung des Operators 2. Stufe $\underset{\sim}{D}$ mittels des Operators 4. Stufe $\mathbb{C}$ |
| $\underset{\sim}{u} \times \underset{\sim}{v}$ | Vektorprodukt von $\underset{\sim}{u}$ und $\underset{\sim}{v}$ (Abschn. 6.1) |
| $\underset{\sim}{L}_{\times}$ | Vektorielle Invariante des Tensors $\underset{\sim}{L}$ (Abschn. 6.1) |

$$\delta_{lm} \equiv \delta^l{}_m \equiv \delta_l{}^m \equiv \begin{cases} 1, & \text{wenn } l = m \\ 0, & \text{wenn } l \neq m \end{cases} \quad \text{Kronecker-Symbol}$$

Es gilt in der Regel die Summationskonvention für doppelt auftretende Indizes:

$$u_i v^i := \sum_{i=1}^{3} u_i v^i \equiv u_1 v^1 + u_2 v^2 + u_3 v^3$$

**Räume und Abbildungen** (siehe Kap. 5)

| | |
|---|---|
| $\mathcal{T}, \mathcal{T}^*$ | Vektorraum und Dualraum |
| $\mathcal{V}$ | Raum mit innerem Produkt |
| $\mathbb{R}, \mathbb{R}^n$ | Menge der reellen Zahlen, der n-tupel |
| Lin, Invlin, Sym, $\mathrm{Sym}^+$ | Mengen der linearen, invertierbar-linearen, symmetrischen, symmetrischen und positiv definiten Abbildungen |
| Isom, Unim, Orth | Menge der Isometrien, unimodularen und orthogonalen Abbildungen |
| $\mathrm{Unim}^+$, $\mathrm{Orth}^+$ | Menge der eigentlich unimodularen bzw. orthogonalen Abbildungen (Determinante $= +1$) |

**Rheologische Modelle**

| | |
|---|---|
| $l, f, \alpha$ | Länge, Kraft, innere Zustandsvariable |
| $c, \eta, y$ | Federsteifigkeit, Zähigkeit des Dämpfers, Reibungskraft im Trockenreibungselement |
| $\beta = c/\eta$ | Inverses der Relaxationszeit |

**Energiegrößen** (Kap. 4 und 12)

| | |
|---|---|
| $J, W$ | Prozeßarbeit, Speicherenergie des Systems mit einem Freiheitsgrad (Abschn. 4.1) |
| $J, j, W$ | Spannungsarbeit, Spannungsleistung und Speicherenergie je Masseneinheit |
| $J_{\mathcal{B}}, j_{\mathcal{B}}, W_{\mathcal{B}}$ | dasselbe je Gesamtkörper |
| $E, U$ | Kinetische, potentielle Energie |
| $A^a, P, S$ | Aufwand, Systemarbeit, Schwellenarbeit (Abschn. 4.2) |
| $\Psi$ | Mindestzufuhr (Abschn. 4.6) |
| $K, L, V$ | Anteile der Systemarbeit gemäß Abschn. 12.1 |

**Kontinuumstheorie** (siehe auch Kap. 6 und die Abschn. 7.11 und 9.7)

| | |
|---|---|
| $\mathcal{T}, \mathcal{G}, \mathcal{V}$ | Tangentialraum, Gitterraum, Beobachterraum |
| $\underset{\sim}{g}_\alpha, \underset{\sim}{g}_\alpha, \underset{\sim}{g}_\alpha$ | Basen in diesen Räumen |

| | |
|---|---|
| $\underset{\sim}{K}, \underset{\sim}{G}, \bar{\underset{\sim}{K}}, \bar{\underset{\sim}{G}}, \underset{\sim}{G}_i$ | Lokale Plazierung, Konfiguration, Gitterplazierung, Gitterkonfiguration, inelastische Konfiguration |
| $\tilde{\underset{\sim}{G}}$ | Für die Beschreibung der Gestaltänderung benötigter Anteil von $\underset{\sim}{G}$ (Abschn. 8.3) |
| $\underset{\sim}{A}$ | Momentane Zuordnung zwischen Tangential- und Gitterraum |
| $\mathscr{B}, \partial\mathscr{B}, X, \underset{\sim}{x}$ | Körper, Berandung, Körperpunkt und dessen momentane Plazierung |
| $dV, dA, \underset{\sim}{n}$ | Volumen-, Oberflächenelement, Normaleneinheitsvektor |
| $\upsilon = \varrho^{-1}$ | Volumen je Masseneinheit |
| $\varrho, \varrho_0, \varrho_i$ | Dichte in der Momentan-, Bezugs- und inelastischen Konfiguration |
| $\mathscr{S}, \mathscr{L}$ | Sprungfläche, Lochberandung |
| $[\![\underset{\sim}{F}]\!] := \underset{\sim}{F}_+ - \underset{\sim}{F}_-$ | Sprung an einer Fläche $\mathscr{S}$ (Kap. 12 und 13) |
| $\underset{\sim}{L} = \underset{\sim}{D} + \underset{\sim}{W} = \dot{\underset{\sim}{K}}\underset{\sim}{K}^{-1}$ ($\underset{\sim}{D} = \operatorname{sym} \underset{\sim}{L}$, $\underset{\sim}{W} = \operatorname{skw} \underset{\sim}{L}$) | Verformungsgeschwindigkeit |
| $\underset{\sim}{T}, \underset{\sim}{P} = \underset{\sim}{T}/\varrho$ | Cauchysche Spannung bzw. Beanspruchung |
| $p = -\operatorname{tr} \underset{\sim}{T}/3$ | (mittlerer) Druck |
| $\underset{\sim}{S}, \bar{\underset{\sim}{S}}$ | Invariante Beanspruchung, Gitterbeanspruchung |
| $\underset{\sim}{t}, \underset{\sim}{k} = \underset{\sim}{b} - \underset{\sim}{a}$ | Spannungsvektor, Massenkraftdichte (= Gravitationskraft + Trägheitskraft) |
| $\overset{0}{\underset{\sim}{x}}$ | Ortsvektor in einer Bezugsplazierung |
| $\underset{\sim}{t}_0, \underset{\sim}{T}_0, \underset{\sim}{P}_0, \underset{\sim}{h}_0$ | Auf die Fläche in der Bezugsplazierung bezogener (Nenn-)Spannungsvektor, Spannungs- und Beanspruchungstensor, Wärmeflußvektor |
| $\underset{\sim}{F}, \underset{\sim}{U}, \underset{\sim}{V}, \underset{\sim}{R}, \underset{\sim}{C}, \underset{\sim}{B}, \underset{\sim}{E}$ | Verformungsgrößen unter Benutzung einer Bezugsplazierung (Abschn. 7.3) |
| $\underset{\sim}{H}$ | Logarithmische Verzerrung (Abschn. 7.5) |
| $\mathbb{D}$ | Kinematische Tetrade $\overset{\circ}{\underset{\sim}{H}} = \mathbb{D}(\underset{\sim}{H}):\underset{\sim}{D}$ (Komponentendarstellung gemäß Abschn. 7.6) |
| $\underset{\sim}{F}_e, \underset{\sim}{H}_e, \underset{\sim}{L}_e, \underset{\sim}{L}_i, \underset{\sim}{D}_e, \underset{\sim}{D}_i, \underset{\sim}{W}_e, \underset{\sim}{W}_i$ | Verformungsgrößen bei der echten Hintereinanderschaltung (Abschn. 9.6) |

## Thermodynamische Größen (Abschn. 8.2)

| | |
|---|---|
| $\vartheta, \Theta, \lambda = \Theta^{-1}$ | Empirische und absolute Temperatur, Kälte |
| $\varepsilon, \psi, \omega = \lambda\psi, \eta, \delta, \sigma$ | Innere, freie Energie, Speicherfunktion, Entropie, Dissipationsleistung, Entropieproduktion (alle je Masseneinheit) |
| $\varepsilon_{\mathscr{B}}, \ldots$ | dasselbe je Gesamtkörper |
| $c_G, c_v, c_p$ | Spezifische Wärme bei festgehaltener Konfiguration, f. Volumen, f. Druck |
| $r, q$ | Wärmeeinstrahlung, Wärmeaufnahme je Zeit- und Masseneinheit |
| $\underset{\sim}{h}, \underset{\sim}{\mathfrak{h}}$ | Objektiver, invarianter Wärmeflußvektor (Abschn. 6.12) |

## Materialsymmetrie

| | |
|---|---|
| $\mathscr{g}, \mathscr{g}_0, \bar{\mathscr{g}}^e, \bar{\mathscr{g}}_i^e, \ldots$ | Symmetriegruppen gemäß Abschn. 8.7, 8.8, 9.8 u. 10.1 |

## Homogenisierung (Kap. 13)

| | |
|---|---|
| $\bar{\underset{\sim}{P}}$ | Über die Masse genommener Mittelwert von $\underset{\sim}{P}$ |
| $\tilde{\mathbb{C}}$ | Wirksamer Wert von $\mathbb{C}$ |

## Bedeutung einzelner Buchstaben

| | |
|---|---|
| $\alpha$ | Innere Zustandsvariable oder Koeffizient der Temperaturdehnung oder Querkontraktionsmaß (Abschn. 10.4) |
| $\beta$ | Inverses einer Relaxationszeit oder Schaltparameter (Abschn. 11.5) |
| $\delta$ | Fréchet-Differential oder Dissipationsleistung oder Betrag $\lvert\underset{\sim}{D}_i\rvert$ der inelastischen Verzerrungsgeschwindigkeit |
| $\eta$ | Zähigkeit |
| $\varkappa$ | Wechsel des Zeitmaßstabes (Abschn. 3.8) oder Wärmeleitungskoeffizient oder Schergeschwindigkeit oder Verfestigungsparameter |
| $\mu$ | Schubmodul |
| $\nu$ | Querkontraktionszahl |
| $\tau$ | Zeit oder Schubspannung |
| $\bar{\tau}$ | Schub (Abschn. 9.2) |
| $f \leqq 0,\ f = 0$ | Begrenzung des elastischen Bereichs, Fließbedingung |
| $\mathscr{G}$ | Gitterraum (Abschn. 9.1) oder Gleichgewichtszustand (Abschn. 13.2) |
| $\mathscr{K},\ \mathscr{K}_{\mathscr{g}}$ | Prozeßklassen nach Abschn. 12.6 u. 13.2 |
| $\underset{\sim}{M},\ \underset{\sim}{M}_0$ | Elemente von Symmetriegruppen |
| $\underset{\sim}{N}$ | Richtung der inelastischen Verzerrungsgeschwindigkeit $\underset{\sim}{N} = \vec{\underset{\sim}{D}}_i$ |
| $n_D$ | Skalar in der Bedingung der Polykonvexität (Abschn. 12.4) |
| $\underset{\sim}{Q}$ | Versor |
| $\underset{\sim}{R}$ | Versor in der Polarzerlegung (Abschn. 7.3) oder Relaxationsterm (Abschn. 11.5) |
| $\underset{\sim}{Y}$ | Tensor in der Bedingung der Polykonvexität (Abschn. 12.4) oder Schädigungstensor (Abschn. 14.4) |
| $\underset{\sim}{Z}$ | Kirchhoffsche Beanspruchung (Abschn. 7.5) oder $\underset{\sim}{Z} := \underset{\sim}{T} + \operatorname{sym}\underset{\sim}{Y}$ (Abschn. 12.4 u. 12.5) |

*Achtung*: Zwischen den Variablen $\varrho$ und $\upsilon = \varrho^{-1}$, $\underset{\sim}{T}$ und $\underset{\sim}{P} = \underset{\sim}{T}/\varrho$, $\Theta$ und $\lambda = \Theta^{-1}$ sowie $\omega$ und $\psi = \Theta\omega$ wird im Text je nach Zweckmäßigkeit gewechselt.

# 1 Einleitung und Überblick

Es gibt kaum einen technischen oder naturwissenschaftlichen Bereich, in dem es nicht zunehmend wichtiger wird, das Verhalten einer wachsenden Zahl von Materialien unter mechanischen und thermischen Beanspruchungen zu kennen. Das gilt beispielsweise für die Auslegung und Steuerung von Herstellungs- und Verarbeitungsprozessen (Metallwalzen, Kunststoffextrusion, spanende Fertigung usw.) ebenso wie für die sichere und wirtschaftliche Bemessung von Maschinenteilen oder Konstruktionen unter den Gesichtspunkten der Festigkeit, Steifigkeit, Formtreue, Wärmebeständigkeit, Ermüdungsgefahr und Stabilität, etwa in den Branchen Fahrzeugbau, Luft- und Raumfahrt, Bauwesen und Kerntechnik. Für geowissenschaftliche, bautechnische und medizinische Anwendungen ist die Kenntnis des Verhaltens nicht nur künstlicher Werkstoffe, sondern auch natürlicher Materialien wie Luft, Wasser, Fels, Eis, Holz, Erdboden, Knochen und Gewebe bedeutsam.

Rein empirisches Vorgehen wird zur Zeit abgelöst durch mathematische Modellierung der interessierenden Prozesse oder Konstruktionsteile auf der Basis der Kontinuumsmechanik und -thermodynamik. Zwei verschiedene Arten von Gleichungen sind dabei heranzuziehen: Zum einen die Bilanzen (z.B. die mechanischen Gleichgewichtsbedingungen), welche für alle Materialien gleichermaßen gelten, und zum anderen die Stoffgleichungen (constitutive relations, auch Materialgesetze genannt), die das verwendete Material charakterisieren.

Stoffgleichungen beschreiben den Zusammenhang zwischen den zeitlichen Abläufen der phänomenologischen Größen Beanspruchung, Verformung, Temperatur, Wärmeaufnahme, Temperaturgefälle und Wärmefluß. Klassische Beispiele sind die linearen Verknüpfungen zwischen Temperaturgradient und Wärmeflußvektor (Fouriersche Wärmeleitung) sowie zwischen Temperaturänderung und Wärmeaufnahme; ferner der lineare Zusammenhang zwischen Spannung und Verzerrung (Hookescher Feststoff) bzw. zwischen Spannung und zeitlicher Änderung der Verzerrung (Newtonsche Flüssigkeit).

Diese einfachsten Stoffgleichungen, auf denen die eindrucksvollen Gebäude der klassischen Elastizitätstheorie und der klassischen Hydromechanik errichtet wurden, beschreiben recht gut das Verhalten vieler Festkörper unter hinreichend kleinen Verformungen bzw. vieler Flüssigkeiten unter kleinen Verformungsgeschwindigkeiten, sind jedoch den heutigen gestiegenen Anforderungen allein nicht mehr gewachsen. Die großen Dehnungen von Elastomeren, die Plastizierung und das Hochtemperaturkriechen von Metallen, die Normalspannungseffekte in polymeren Flüssigkeiten oder das verwickelte Verhalten granularer Stoffe sind damit nicht zu erfassen.

Zur Beschreibung solcher Phänomene haben sich, zunächst vielfach unabhängig voneinander, Theorien der finiten Elastizität, der Plastizität, Viskoelastizität und Viskoplastizität herausgebildet. Einen Meilenstein in der Entwicklung der Theorie des Materialverhaltens zu einer exakten Wissenschaft bildete dann im Jahre 1965 der Handbuchartikel von Truesdell und Noll [0.1], den der Leser in den folgenden Kapiteln häufig zitiert finden wird. Er brachte nicht nur eine Klarstellung der Grundprinzipien, sondern auch eine breite Darlegung der finiten Elastizität, der nichtlinearen Viskosität und einige Aspekte der Viskoelastizität, ließ allerdings das weite Gebiet der Plastizität unberücksichtigt. Den endgültigen Schritt zur einheitlichen Behandlung aller Materialphänomene einschließlich der Plastizität tat Noll dann im Jahre 1972 mit der Veröffentlichung seiner „neuen Theorie der einfachen Stoffe" [0.3]. Eine entscheidende Klärung der thermodynamischen Grundbegriffe – vor allem die Erkenntnis, daß Speicherfunktionen wie die Entropie keineswegs eindeutig festgelegt sein müssen – erfolgte im Jahre 1974 durch Coleman und Owen [0.4].

Inzwischen ist daher ein Erkenntnisstand erreicht, der es ermöglicht, alle Aspekte des thermisch-mechanischen Materialverhaltens unter einheitlichen Gesichtspunkten zu behandeln und die früheren Einzeltheorien als Sonderfälle herauszuspezialisieren. Dieser Wissenschaftszweig soll Materialtheorie genannt werden und Gegenstand des vorliegenden Buches sein. Er wird vielfach auch als Rheologie bezeichnet, doch ist dieser Name im Buchtitel bewußt vermieden worden, um Mißverständnissen vorzubeugen, da er oft in engerem Sinne benutzt wird als Synonym für die Theorie der nicht-Newtonschen Viskosität oder – noch enger – für deren Anwendung in der chemischen Verfahrenstechnik.

Was ist nun das Ziel dieses Buches, und an wen wendet es sich? Erstens ist es so abgefaßt, daß die Materialtheorie sich daraus sollte lernen lassen. An Vorkenntnissen der Mathematik und Mechanik wird nicht mehr vorausgesetzt als in den Grundvorlesungen der technischen Fachrichtungen behandelt wird. Kenntnisse der klassischen Elastizitätstheorie und Hydromechanik dürften das Verständnis zusätzlich erleichtern. Zweitens soll die systematische Darstellung der Stoffgleichungen denjenigen eine Hilfe sein, die mit der Berechnung von Prozessen oder Konstruktionen zu tun haben (z.B. indem sie Programmsysteme auf der Basis finiter Elemente erstellen oder benutzen). Sie können dann die von ihnen in der Literatur für ihr spezielles Problem vorgefundenen Stoffgleichungen in einen größeren Rahmen einordnen und erforderlichenfalls die Formulierung abwandeln oder ergänzen – beispielsweise, wenn eine Fassung für kleine Verformungen vorliegt, aber eine für große Verformungen benötigt wird, oder wenn Verfestigungs- oder Anisotropieeffekte zu berücksichtigen sind. Drittens soll das Buch Forscher und Nachwuchswissenschaftler ansprechen, die sich mit dem Entwurf von Stoffgleichungen für bisher gar nicht oder unzureichend beschriebene Materialien beschäftigen. Viertens mag auch der Vertreter der angewandten Mathematik in diesem Buch manche Anregung für zukünftige Forschungen finden. Während die klassischen linearen Theorien weitgehend mathematisch durchgearbeitet sind, bieten die aus der Einführung der hier vorgestellten Stoffgleichungen in die Bilanzen entstehenden nichtlinearen Anfangs-Randwertaufgaben ein weites Feld für die Behandlung von Existenz- und Eindeutigkeitsfragen, das Studium von Verzweigungs- und Stabilitätsproblemen sowie die Konstruktion von Lösungsalgorithmen.

Die Darstellung des Buches macht grundsätzlich von der Annahme beliebig großer Verformungen Gebrauch. Der Spezialfall kleiner Verformungen wird jeweils herausgearbeitet, wenn es sich als sinnvoll erweist. (Der Leser wird bemerken, daß der umgekehrte Weg nicht gangbar ist. Allerdings ist die mathematische Beschreibung vor allem der großen inelastischen Verformungen nicht ganz trivial.) Alle vorgestellten Stoffgleichungen haben folgende Struktur: Die Momentanwerte der abhängigen Variablen (Beanspruchung, innere Energie und Wärmefluß) sind eine Funktion der Momentanwerte der unabhängigen Variablen (Konfiguration, Temperatur, Temperaturgradient) sowie der Momentanwerte einer Anzahl sogenannter innerer Zustandsvariablen. Für die zeitliche Änderung dieser inneren Zustandsvariablen werden Entwicklungsgleichungen angegeben, welche in den meisten Fällen die Form gewöhnlicher Differentialgleichungen haben. Der kundige Leser wird bemerken, daß eine derartige Struktur der Materialgleichungen für die numerische Behandlung von Anfangs-Randwert-Problemen sehr zweckmäßig ist; sie lassen sich nämlich in Zeitschritten integrieren. Bei viskoelastischen Materialien ist grundsätzlich eine gleichwertige Darstellung mittels Geschichtsfunktionalen möglich: Der Momentanwert der abhängigen Variablen erscheint dabei als Funktional (z.B. Integral) über die gesamte Vorgeschichte der unabhängigen Variablen, und das Konzept der inneren Zustandsvariablen wird entbehrlich. Diese Funktionaldarstellung wird im erwähnten Handbuchartikel von Truesdell und Noll favorisiert. Ein Funktional über eine unendlich lange Geschichte ist allerdings numerisch nicht unbedingt günstig. Bei plastischen Materialien existieren zudem Geschichtsfunktionale überhaupt nicht, und bei recht einfachen viskoelastischen Materialien lassen sie sich nicht explizit hinschreiben. (Man versuche etwa, das Geschichtsfunktional des in Abschnitt 14.3 behandelten thixotropen Materials durch Integrale über die Geschichte und nicht nur implizit durch die dort angegebenen nichtlinearen Differentialgleichungen zu beschreiben.)

Nur solche Stoffgleichungen sollen als physikalisch sinnvoll betrachtet und daher in diesem Buch behandelt werden, die dem Prinzip der Passivität genügen. Das bedeutet im Rahmen der rein mechanischen Theorie, daß mechanische Arbeit nur verlorengehen kann. Genauer: Die am Materialelement geleistete Arbeit wird teils gespeichert und teils dissipiert, und das Vorzeichen des dissipierten Anteils darf nicht negativ sein. Im thermomechanischen Fall wird diese Aussage zur Clausius-Duhem-Ungleichung verallgemeinert.

Weitere Einschränkungen an die Stoffgleichungen ergeben sich aus der Forderung nach stabilem Werkstoffverhalten. Im Gegensatz zur Passivität betrachten wir jedoch die Stabilität nicht als physikalisch zwingend geboten und schließen daher Instabilität nicht von vornherein aus. Wir stellen nämlich fest, daß gerade der Stabilitätsverlust zu interessanten Erscheinungen (z.B. dem Zerfall in zwei Phasen) Anlaß gibt. Bemerkenswert ist auch, daß wir die Definition stabilen Werkstoffverhaltens nicht – wie vielfach üblich – durch Konvexitäts- oder Definitheitspostulate (sog. konstitutive Ungleichungen) axiomatisch einführen, sondern sie aus der kinetischen Stabilität des Gesamtkörpers ableiten.

Was die mathematischen Hilfsmittel der Materialtheorie angeht, so ist es inzwischen weitgehend üblich geworden, auf Koordinaten zu verzichten und direkte Notation zu verwenden. Arbeitet man dabei mit Tensoren (also Abbildungen im Euklidischen Beobachterraum), dann muß man allerdings bei der Deformationsanalyse eine Bezugsplazierung einführen. Die aktuelle Konfiguration wird nicht für sich betrachtet, sondern mit einer Bezugskonfiguration verglichen, und der Unterschied zwischen beiden dient als Verzerrungsmaß. Noll [0.3] hat darauf hingewiesen, daß die Einführung einer willkürlichen Bezugsplazierung ebenso entbehrlich ist wie die Verwendung eines willkürlichen Koordinatensystems, sofern man nicht Tensoren, sondern Operatoren (wie die Konfiguration selbst) in Räumen ohne inneres Produkt benutzt. Die Stoffgleichungen gewinnen in dieser Darstellung an Durchsichtigkeit. Nur wenn eine physikalisch ausgezeichnete Konfiguration existiert (z.B. die spannungsfreie beim elastischen Feststoff), dann ist die Verwendung des Verzerrungskonzepts gelegentlich aufschlußreich.

In diesem Buch wird von der Nollschen Schreibweise Gebrauch gemacht. Ihre Kenntnis kann jedoch beim Leser nicht vorausgesetzt werden, und sie findet sich bisher in keinem Lehrbuch für Ingenieure. Um dieser Schwierigkeit Rechnung zu tragen, erwies sich folgende Gliederung des Buches als zweckmäßig. Im vorbereitenden Teil A werden die Grundbegriffe der Materialtheorie (wie Zustand, Prozeß, Geschichtsfunktional, Plastizität, Stabilität usw.) zunächst an eindimensionalen mechanischen Systemen erläutert, so daß keinerlei ungewohnte Mathematik auftaucht. Ehe die Übertragung ins Dreidimensionale – nebst Hinzunahme der thermischen Variablen – erfolgt, wird sodann im unabhängigen Teil B der mathematische Apparat der dreidimensionalen Spannungs- und Verformungsanalyse bereitgestellt, zusammen mit einem Abriß der Grundtatsachen der Kontinuumsmechanik und -thermodynamik. Danach erst werden in Teil C die grundlegenden Typen von Stoffgleichungen entwickelt. Auch der kundige Leser dürfte dort manches Neue bezüglich der Viskoelastizität und Viskoplastizität großer Verformungen auf der Basis des Konzepts der inneren Zustandsvariablen finden. Sonderkapitel sind schließlich in Teil D zusammengefaßt. Da ist zunächst die Erörterung der materiellen Stabilität und sodann die Frage der Konstruktion homogener Ersatzmaterialien zu heterogenen Stoffen (z.B. Verbundwerkstoffen). Dabei werden weitgehend bisher unveröffentlichte Ergebnisse vorgelegt. Das Buch schließt mit zwei Kapiteln, in denen auf die Erfassung verschiedener spezieller Verhaltensweisen und die Besonderheiten realer Materialien eingegangen wird. Darunter befindet sich auch ein Abschnitt über Kriechbruch unter Verwendung des Konzepts der zunehmenden Schädigung. Dagegen ist das Problem der Ausbreitung eines Einzelrisses – also die klassische Fragestellung der Bruchmechanik – kein Problem der Materialtheorie, sondern stellt eine Randwertaufgabe der Kontinuumsmechanik dar und wird daher in diesem Buch nicht behandelt.

Bereits in Teil A werden rheologische Modelle als besonders übersichtliche eindimensionale Systeme untersucht. Es zeigt sich, daß ihre Freiheitsgrade unmittelbaren Bezug zu den inneren Zustandsvariablen besitzen. Daher bietet es sich als Königsweg der Materialtheorie an, diese Modelle in Teil C ins Dreidimensionale zu verallgemeinern, doch zeigt sich, daß dies nicht formal, sondern sinngemäß geschehen muß. Die vielfach vorgebrachten Argumente gegen die Verwendung rheologischer Modelle in der Materialtheorie – sie seien nur eindimensional oder überhaupt zu speziell – lassen sich gegen die hier erstmals durchgeführte konsequente Übertragung in die dreidimensionale Thermomechanik großer Verformungen nicht aufrechterhalten, wie auch der kritische Leser nach der Lektüre wohl wird zugeben müssen. Im Gegenteil bietet dieser systematische Zugang zu den Stoffgleichungen viele Vorteile: Leichte Identifizierbarkeit sowohl der inneren Zustandsvariablen in Form von Operatoren 2. Stufe als auch ihrer Entwicklungsgleichungen. Mühelose Erfüllung der Forderung nach Passivität. Sofern inkrementelle Formen der Stoffgleichung benötigt werden, so gewinnt man sie durch Differentiation aus einer finiten Formulierung, so daß Integrabilitätsprobleme nicht auftreten.

Stellen wir uns nun einem Einwand, der gern von Physikern vorgebracht wird: Ist es überhaupt sinnvoll, das Materialverhalten rein phänomenologisch beschreiben zu wollen, also im Rahmen einer Kontinuumstheorie, die lediglich makroskopisch meßbare Größen verknüpft? (Auch die inneren Zustandsvariablen sagen ja nichts aus über die innere Struktur des Stoffes, sondern sind mathematische Hilfsgrößen, die im Prinzip eliminiert werden können.) Sollte man zur Auffindung geeigneter Stoffgleichungen ausgerechnet Gedankenkonstruktionen wie die rheologischen Modelle heranziehen? Wäre es nicht sinnvoller, vom wirklichen Aufbau der Materie aus Atomen und Molekülen auszugehen und aus deren Wechselwirkung auf das Materialverhalten zu schließen? Tatsächlich gibt es solche „kinetischen Theorien" beispielsweise für dünne Gase sowie für Gummi. Dabei muß man allerdings sehen, daß sie nicht zwangsläufig bessere Ergebnisse liefern als Kontinuumstheorien. Auch sie gehen ja von Modellvorstellungen aus, betreffend den Bau der Moleküle und deren Wechselwirkungen. Um daraus auf mathematischem Wege auf das makroskopische Verhalten schließen zu können, müssen gerade diese Modelle hinreichend einfach und darum grob sein, so daß bei etwas komplizierter aufgebauten Materialien eine quantitative und selbst qualitative Richtigkeit der Ergebnisse nicht zu erwarten ist. Die phänomenologische Theorie liefert demgegenüber von vornherein eine anpassungsfähige Gleichungsstruktur, deren freie Funktionen und Konstanten stets experimentell bestimmt werden müssen. Als besonderer Zweig der mikroskopischen Theorien hat sich die Platzwechseltheorie (theory of rate processes) herausgebildet (siehe Krausz und Eyring [1.1]), deren Grundgedanken sich bereits in einer Arbeit von Prandtl [0.47] finden. Sie vermag manche Phänomene der Thermoviskoplastizität zu erklären, ist aber rein eindimensional angelegt, und ihre Aussagen müssen daher vor einer Anwendung ins Dreidimensionale übertragen werden, wofür sich doch wieder nur der Formalismus der phänomenologischen Theorie anbietet. Zusammenfassend läßt sich sagen, daß jene Theorien, die sich mit der Mikrostruktur der Materie befassen, den phänomenologischen Zugang nicht ersetzen, wohl aber ergänzen können. Allerdings wird es noch jahrzehntelanger Arbeit bedürfen, um für die Vielfalt der realen Materialien jeweils realistische mikroskopische Theorien zu entwickeln. Beide Zugänge gemeinsam werden schließlich zu einer tieferen Einsicht in das Materialverhalten führen.

Für die Bedürfnisse des Ingenieurs bietet die in diesem Buch dargestellte phänomenologische Theorie schon heute den Rahmen zur Aufstellung von Stoffgleichungen für reale Materialien. Wie aber hat man dabei vorzugehen? Jedenfalls nicht so, daß man sogleich zahllose Experimente macht und die aufgezeichneten Zusammenhänge zwischen einzelnen Größen möglichst gut durch analytische Ausdrücke approximiert. Ausgangspunkt sollten vielmehr einige qualitative Erfahrungen mit dem zu beschreibenden Material sein. Weiß man etwa anfangs nur, daß es unter konstanter Belastung kriecht, wobei die Kriechgeschwindigkeit mit der Zeit abfällt, so wird man versuchen, das Verhalten durch ein viskoelastisches rheologisches Modell zu beschreiben. Dabei stößt man im vorliegenden Beispiel auf die Schwierigkeit, daß ein Abfall der Kriechgeschwindigkeit durch parallelgeschaltete Komponenten ebenso erklärt werden kann wie durch Verfestigung einer Komponente.

Diese Verfestigung wiederum kann verschiedenen Gesetzmäßigkeiten gehorchen. Es sind also unterscheidende Experimente aufzufinden oder durchzuführen, um zu einem endgültigen Modell zu gelangen. (Das wird in Abschnitt 14.2 erläutert.) Eine ins einzelne gehende qualitative oder gar quantitative Analyse ist auf dieser Stufe jedoch noch nicht sinnvoll. Zunächst ist das gewählte Modell – wie in Teil C vorgeführt – ins Dreidimensionale zu übertragen. Es zeigen sich dann ganz neue qualitative Effekte, die das eindimensionale Modell nicht besitzt. So ergibt sich etwa, daß bei der stationären Scherströmung eines Maxwell-Fluids (siehe Abschnitt 9.14) die Abhängigkeit der Schubspannung von der Schergeschwindigkeit nicht nur vom viskosen, sondern auch vom elastischen Verhalten beeinflußt wird. Desgleichen überlagern sich beim Zugversuch eines isotropen Kelvin-Feststoffs (vgl. Abschnitt 10.1) Volumenänderung und Gestaltänderung derart, daß das Kraft-Verschiebungs-Diagramm nicht dem eines einzelnen, sondern dem zweier hintereinandergeschalteter Kelvin-Modelle entspricht. Erst nachdem diese – teilweise überraschenden – Zusatzinformationen vorliegen, also auf der Basis einer dreidimensionalen Theorie, lassen sich Experimente sinnvoll planen und auswerten. Obwohl man wahrscheinlich zunächst die Scherströmung beim Fluid und den Zugversuch beim Festkörper für die einfachsten experimentellen Situationen gehalten hätte, zeigt sich, daß sie tatsächlich eher komplex sein können.

Die hier empfohlene Vorgehensweise könnte man die synthetische Methode zur Aufstellung von Stoffgleichungen nennen. Natürlich bietet eine Kenntnis des inneren Aufbaus eines Materials oft wertvolle zusätzliche Aufschlüsse bei der Konkretisierung der Stoffgleichung (siehe dazu Kapitel 15). Noch eine grundsätzliche Bemerkung: Es ist sinnlos, alle Aspekte des Verhaltens eines Materials zugleich erfassen zu wollen. Dann würde die Zahl der benötigten Zustandsvariablen rasch jede Grenze übersteigen und die Handhabung der Stoffgleichungen unmöglich machen. Vielmehr muß man sich auf diejenigen Aspekte konzentrieren, welche für die ins Auge gefaßte Anwendung wichtig sind. (So mag bei hohen Temperaturen das Kriechen eines Metalls entscheidend sein, während es bei Beschränkung auf Zimmertemperatur gänzlich außer acht bleiben kann.) *Die* Stoffgleichung für ein reales Material, die wirklich das gesamte Verhalten korrekt wiedergibt, wird man nie angeben können. Insofern beschreiben alle in diesem Buch vorgestellten Stoffgleichungen ideale Materialien.

# Teil A Elementare Theorie des Materialverhaltens

Die in den späteren Kapiteln zu entwickelnde allgemeine Theorie des Materialverhaltens ist für den Anfänger nicht leicht zu fassen, da die Grundgedanken hinter dem zur Beschreibung dreidimensionalen Verhaltens erforderlichen begrifflichen und formalen Apparat nicht leicht erkennbar bleiben. Deshalb sollen diese Grundgedanken hier vorab an einer elementaren Form der Beschreibung rein mechanischen Materialverhaltens erläutert werden, in der als Variable neben der Zeit $\tau$ nur je eine skalare Kraft- und Weggröße f bzw. l auftreten.

Man denke an eine einfache Materialprüfmaschine. Im Laufe eines Tests an einer Werkstoffprobe möge sie zwei Schriebe auswerfen, welche den zeitlichen Ablauf einer Kraft- und einer Weggröße angeben. Bei einer Maschine für Zugversuche sind dies etwa die Zugkraft und die Probenlänge, bei einem Couette-Viskosimeter das Drehmoment und der Drehwinkel.

Bei der erwähnten elementaren Beschreibung betrachtet man die Werkstoffprobe als ein System, an dessen Eingang (input) man den zeitlichen Verlauf der Weggröße $l(\tau)$ anlegt, und das an seinem Ausgang (output) den Verlauf der Kraftgröße $f(\tau)$ ausgibt. Eine Theorie, welche die Verknüpfung von Eingabe und Ausgabe zu beschreiben sucht, ohne die innere Struktur des Systems zu erforschen, dieses also als „black box" behandelt, wird phänomenologische Theorie genannt.

Als wesentliches Hilfsmittel der elementaren phänomenologischen Materialtheorie erweist sich das Studium rheologischer Modelle. Das sind aus einer endlichen Anzahl von Federn, Dämpfern und Reibungselementen aufgebaute mechanische Systeme mit folgenden nützlichen Eigenschaften:

- Sie sind so einfach gebaut, daß ihr gesamtes Eingabe-Ausgabe-Verhalten mit elementaren mathematischen Mitteln beherrscht werden kann. Das Verhalten läßt sich aber bei einiger Übung auch ohne jede Rechnung qualitativ aus der Anschauung entnehmen.
- Sie gestatten die Nachahmung der Grundmuster mechanischen Verhaltens (Kriechen, Plastizität usw.), die an realen Materialien beobachtet werden, und erlauben deren Klassifizierung.
- Sie ermöglichen nach Aufstellung der Grundbegriffe der Materialtheorie (Zustand, Geschichtsfunktional usw.) deren anschauliche Deutung.
- Sie geben Anhaltspunkte für die Synthetisierung der Stoffgleichungen realer Materialien.

Es sei nachdrücklich darauf hingewiesen, daß i.allg. nicht daran gedacht ist, mit den rheologischen Modellen den Aufbau der inneren Struktur realer Materialien zu simulieren. Es interessiert vielmehr allein ihr Eingabe-Ausgabe-Verhalten. Dieses soll in Kapitel 2 für die wichtigsten Modelle ermittelt werden. Kapitel 3 bringt dann die Darstellung der elementaren Theorie des Materialverhaltens, Kapitel 4 ist Stabilitätsuntersuchungen gewidmet.

# 2 Rheologische Modelle

## 2.1 Grundmodelle

Die drei rheologischen Grundmodelle sind:

E) die lineare Feder (Schraubenfeder, Länge l, entspannte Länge $l_0$, Federkonstante c)

*Hooke-Modell*

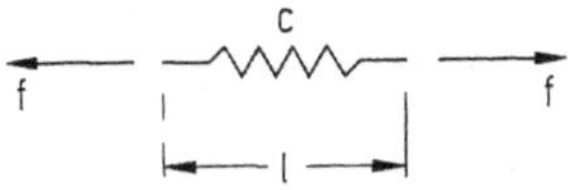

$$f = c(l - l_0) \tag{2.1}$$

V) der lineare Dämpfer (Kolben in einem Zylinder mit zäher Flüssigkeit, Dämpfungskonstante $\eta$)

*Newton-Modell*

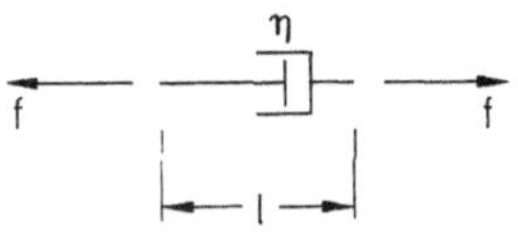

$$f = \eta \dot{l} \tag{2.2}$$

$\dot{l}$ bedeutet hier und im nächsten Modell die Zeitableitung der Funktion $l(\tau)$.

SP) das Trockenreibungselement (Stein auf rauher Unterlage, Koeffizienten von Haftung und Gleitreibung gleich angenommen, Betrag der Kraft, bei der Gleiten einsetzt: y)

*St.-Vénant-Modell*

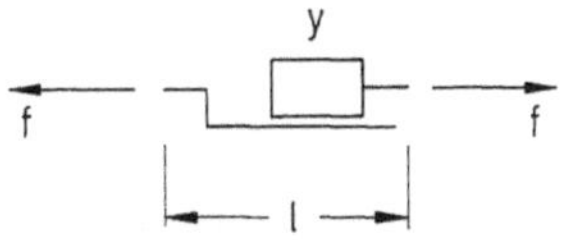

$$|f| \leqq y, \text{ wenn } \dot{l} = 0 \tag{2.3}$$

$$f = y \operatorname{sgn}(\dot{l}), \text{ wenn } \dot{l} \neq 0 \tag{2.4}$$

Das Verhalten dieser drei Modelle wird *elastisch*, *viskos* bzw. *starrplastisch* genannt. Bei ihnen ist der Zusammenhang zwischen dem Längenverlauf $l(\tau)$ und dem Kraftverlauf $f(\tau)$ aus (2.1) bis (2.4) unmittelbar ersichtlich.

*Anmerkung:* Beim Hooke-Modell unterliegt der zeitliche Verlauf von l und f keiner Einschränkung. So dürfen die Funktionen $l(\tau)$ und $f(\tau)$ auch Unstetigkeiten aufweisen. (Die Elemente der rheologischen Modelle werden als trägheitslos betrachtet.) Die Beziehungen (2.2) bis (2.4) setzen demgegenüber voraus, daß $l(\tau)$

nicht nur stetig ist, sondern auch eine Zeitableitung besitzt. Sprunghafte Längenänderungen der beiden Modelle sind also nicht möglich. Etwas präziser wollen wir in diesen Fällen $l(\tau)$ als stetig und stückweise stetig differenzierbar annehmen, das soll heißen: die Ableitung $\dot{l}(\tau)$ existiert auf jedem Zeitintervall für alle bis auf endlich viele Zeitpunkte und besitzt überall linke und rechte Grenzwerte. Den Beziehungen (2.2) bis (2.4) wollen wir auch in den Zeitpunkten, wo die Ableitung nicht existiert, einen Sinn beilegen, indem wir $\dot{l}$ dort als den linksseitigen Grenzwert deuten.

## 2.2 Viskoelastisches Verhalten

Viskoelastisches Verhalten zeigen aus Federn und Dämpfern zusammengesetzte Modelle:

M) Reihenschaltung von Feder und Dämpfer (die Kräfte in beiden Elementen sind gleich, während ihre Längen sich addieren).

*Maxwell-Modell*

$$l = l_F + l_D \tag{2.5}$$

$$f = c(l_F - l_{F_0}) = \eta \dot{l}_D \tag{2.6}$$

Die Funktion $l_D(t)$ muß wieder stetig und stückweise stetig differenzierbar sein, und das gleiche gilt für die Funktion

$$\alpha(t) := l_D(t) + l_{F_0}, \tag{2.7}$$

die angibt, welche Länge das Gesamtelement annimmt, wenn zur Zeit t die Feder schlagartig entspannt wird. Mit ihrer Hilfe folgert man aus (2.5), (2.6)

$$f = c(l - \alpha) \tag{2.8}$$

und

$$\dot{\alpha} = \frac{1}{\eta} f, \tag{2.9}$$

was zwischen den Zeitpunkten $t_0$ und t integriert

$$\alpha(t) = \alpha(t_0) + \frac{1}{\eta} \int_{\tau = t_0}^{t} f(\tau) d\tau \tag{2.10}$$

ergibt, sowie aus (2.9) mit (2.8) und der Abkürzung

$$\beta = \frac{c}{\eta} \tag{2.11}$$

die Differentialgleichung

$$\dot{\alpha} = \beta(l - \alpha), \tag{2.12}$$

die sich auch schreiben läßt als

$$e^{\beta\tau}\left[\frac{d\alpha(\tau)}{d\tau}+\beta\alpha(\tau)\right]=\frac{d}{d\tau}[e^{\beta\tau}\alpha(\tau)]=\beta e^{\beta\tau}l(\tau), \tag{2.13}$$

woraus man durch Integration

$$\alpha(t)=\alpha(t_0)e^{-\beta(t-t_0)}+\int_{\tau=t_0}^{t}\beta e^{-\beta(t-\tau)}l(\tau)d\tau \tag{2.14}$$

gewinnt. Einsetzen von (2.10) bzw. (2.14) in (2.8) führt auf

$$l(t)=\alpha(t_0)+\frac{1}{c}f(t)+\frac{1}{\eta}\int_{\tau=t_0}^{t}f(\tau)d\tau \tag{2.15}$$

und

$$f(t)=-c\alpha(t_0)e^{-\beta(t-t_0)}+cl(t) - \int_{\tau=t_0}^{t}c\beta e^{-\beta(t-\tau)}l(\tau)d\tau. \tag{2.16}$$

Letzteres läßt sich noch identisch umformen in

$$f(t)=c[l(t)-\alpha(t_0)]e^{-\beta(t-t_0)} + \int_{\tau=t_0}^{t}c\beta e^{-\beta(t-\tau)}[l(t)-l(\tau)]d\tau. \tag{2.17}$$

Damit liegt der Zusammenhang zwischen dem Längenverlauf $l(\tau)$ als Eingabe und dem Kraftverlauf $f(\tau)$ als Ausgabe in der direkten ((2.16), (2.17)) und der inversen Form (2.15) vor. Betrachtet man nur stetige und stückweise stetig differenzierbare Verläufe $l(\tau)$, dann läßt die Ableitung von (2.8) sich bilden und liefert zusammen mit (2.9) sofort die Differentialgleichung

$$\dot{f}+\frac{c}{\eta}f=c\dot{l} \tag{2.18}$$

für f mit der Lösung

$$f(t)=f(t_0)e^{-\beta(t-t_0)}+\int_{\tau=t_0}^{t}ce^{-\beta(t-\tau)}\dot{l}(\tau)d\tau, \tag{2.19}$$

die sich durch partielle Integration natürlich wieder auf die Form (2.17) bringen läßt.

Wir wollen das Verhalten des Maxwell-Modells in zwei Standard-Versuchen studieren:

1. Kriechversuch (siehe Bild 2.1).
   Zur Zeit $t_0$ werde eine Kraft $f_0$ aufgebracht und zur Zeit $t_1$ wieder entfernt. Vor dem Aufbringen der Kraft hat das Modell die Länge $l(t_{0-})=\alpha(t_0)$. Es zeigt sich eine sofortige elastische Verlängerung, die nach Entfernen der Last auch sofort wieder verschwindet. Unter Dauereinwirkung der Last stellt sich ferner eine zeitlich

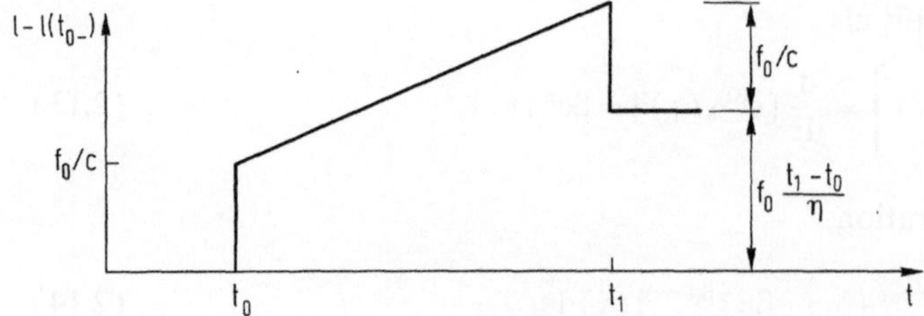


**Bild 2.1.** Maxwell-Modell, Kriechversuch

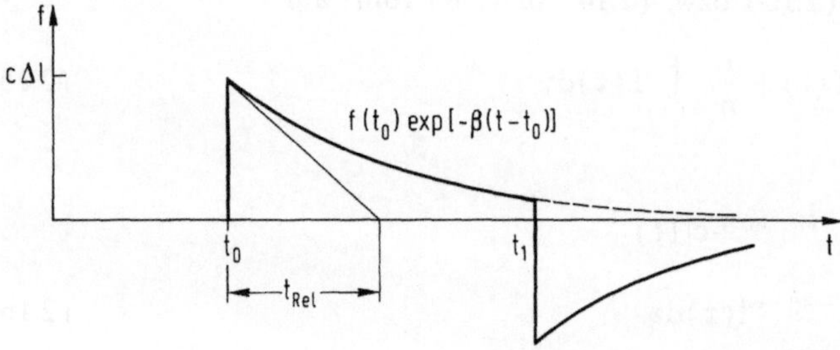


**Bild 2.2.** Maxwell-Modell, Relaxationsversuch

zunehmende Verlängerung ein, die nach Entlastung erhalten bleibt. Dieser Vorgang wird *Kriechen* (creep) genannt. Unter Kurzzeitbelastung verhält sich das Maxwell-Modell also elastisch, unter Langzeitbelastung dagegen viskos.

2. Relaxationsversuch (siehe Bild 2.2).

   Zur Zeit $t_0$ werde auf das kräftefreie Modell eine Verlängerung $\Delta l$ aufgebracht und zur Zeit $t_1$ wieder entfernt. Auf beide Längenänderungen reagiert das Modell zunächst rein elastisch mit Kraftsprüngen. Im Laufe der Zeit klingen die Kräfte jedoch exponentiell auf Null ab. Dieses Verhalten heißt *Relaxation*. Ein Maß für die Schnelligkeit des Abklingens ist die Relaxationszeit

$$t_{Rel} = \frac{1}{\beta} \tag{2.20}$$

   (siehe Bild 2.2). Nach dieser Zeit beträgt die Kraft nur noch $1/e \approx 0{,}37$ des Ausgangswertes.

K) Parallelschaltung von Feder und Dämpfer derart, daß die Längen beider Elemente stets gleich sind und die Kräfte sich addieren. (Durch konstruktive Maßnahmen ist also sicherzustellen, daß die beiden Endplatten sich nicht verdrehen können!)

*Kelvin-Modell*

$$f = c(l - l_0) + \eta \dot{l} \tag{2.21}$$

Sprunghafte Längenänderungen sind nicht möglich.

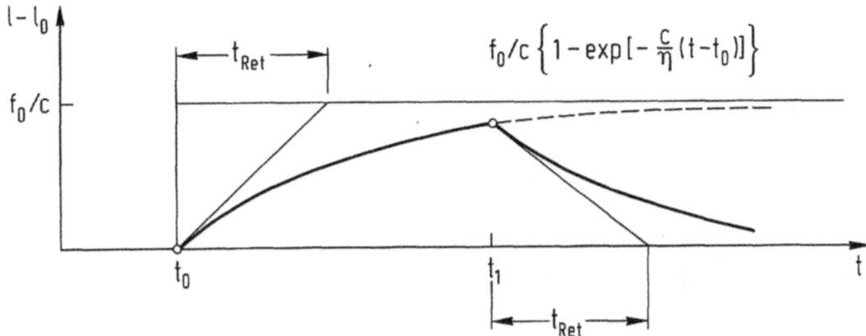


**Bild 2.3.** Kelvin-Modell, Kriechen und Kriecherholung

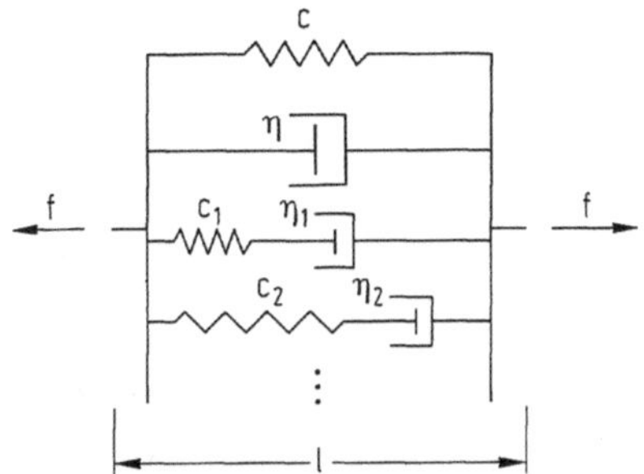


**Bild 2.4.** Komplexes viskoelastisches Modell (VE)

Die Funktion $l(\tau)$ genügt derselben Glattheitsforderung wie beim Newton-Modell. Integration von (2.21) analog dem Vorgehen in (2.13) liefert:

$$l(t)-l_0=[l(t_0)-l_0]e^{-\frac{c}{\eta}(t-t_0)} + \int_{\tau=t_0}^{t} \frac{1}{\eta} e^{-\frac{c}{\eta}(t-\tau)} f(\tau)\,d\tau. \tag{2.22}$$

Bringt man zum Zeitpunkt $t_0$, in dem die Feder entspannt sei $(l(t_0)=l_0)$, eine konstante Kraft $f_0$ auf und entfernt sie zum Zeitpunkt $t_1$ wieder, dann liefert (2.22) ein *Kriechverhalten* gemäß Bild 2.3.

Unmittelbar nach Aufbringung der Kraft verhält das Kelvin-Modell sich viskos, langfristig dagegen elastisch. Die Geschwindigkeit der Annäherung an die elastische Lösung $f_0/c$ läßt sich durch die *Retardationszeit*

$$t_{Ret}=\frac{\eta}{c} \tag{2.23}$$

kennzeichnen. Man spricht auch von *verzögerter Elastizität, elastischer Nachwirkung* (delayed elasticity) oder *Anelastizität*. Nach Entfernung der Last konstatiert man ein *Rückkriechen* (Kriecherholung, recovering) der Elemente auf die Länge $l=l_0$. *Relaxation* gibt es beim Kelvin-Modell *nicht*: Wird nämlich die Länge l festgehalten, dann behält gemäß (2.21) die Kraft den festen Wert $f=c(l-l_0)$.

VE) Komplexes viskoelastisches Verhalten liefert ein Modell, bei dem ein Kelvin-Element und mehrere Maxwell-Elemente parallelgeschaltet werden (Bild 2.4). Gemäß (2.12) genügen die momentanen entspannten Längen $\alpha_j$ der n Maxwell-Elemente den

Differentialgleichungen

$$\dot{\alpha}_j = \beta_j (l - \alpha_j), \; j = 1,...,n \tag{2.24}$$

mit den Lösungen

$$\alpha_j(t) = \alpha_j(t_0) e^{-\beta_j(t-t_0)} + \int_{\tau=t_0}^{t} \beta_j e^{-\beta_j(t-\tau)} l(\tau) d\tau, \tag{2.25}$$

worin $1/\beta_j = \eta_j/c_j$ die Relaxationszeit des Elements der Nummer j bedeutet. Addition der Kräfte im Kelvin-Element und den Maxwell-Elementen gemäß (2.21) und (2.8) liefert

$$f = c(l - l_0) + \eta \dot{l} + \sum_{j=1}^{n} c_j (l - \alpha_j), \tag{2.26}$$

und mit (2.17) und der Abkürzung

$$K(x) := \sum_{j=1}^{n} c_j e^{-\beta_j x} \tag{2.27}$$

ergibt sich

$$f(t) = \eta \dot{l}(t) + c[l(t) - l_0] + \sum_{j=1}^{n} c_j e^{-\beta_j(t-t_0)} [l(t_0) - \alpha_j(t_0)]$$
$$+ K(t - t_0)[l(t) - l(t_0)] - \int_{\tau=t_0}^{t} K'(t-\tau)[l(t) - l(\tau)] d\tau. \tag{2.28}$$

Darin bezeichnet ( )′ die Ableitung nach dem Gesamtargument. Die Bedeutung von K ersieht man aus dem Relaxationsversuch: Zur Zeit $t_0$ seien sämtliche Federn kräftefrei, also $\alpha_j(t_0) = l(t_0) = l_0, j = 1,...,n$. Nun wird in einem sehr kurzen Zeitintervall $\Delta t$ (unter Anwendung großer Kräfte, falls $\eta \neq 0$) eine Verlängerung $\Delta l$ eingeprägt und die Länge sodann konstant gehalten. Unter Vernachlässigung des mit $\Delta t \to 0$ verschwindenden Integralterms liefert (2.28) für den anschließenden Kraftverlauf

$$f(t) = [c + K(t - t_0)] \Delta l. \tag{2.29}$$

Die Relaxationsfunktion K beschreibt also das Abklingen der Steifigkeit vom Kurzzeitwert $c + \Sigma c_j$, bei dem alle Maxwell-Elemente elastisch mittragen, bis zum Langzeitwert c, bei dem sie sich der Belastung gänzlich entzogen haben (siehe Bild 2.5).

Um das Verhalten im Kriechversuch zu studieren, nehmen wir an, alle Federn seien zur Zeit $t_0$ kräftefrei, also $l(t_0) = \alpha_j(t_0) = l_0$. Gleichung (2.28) vereinfacht sich dann zu

$$f(t) = \eta \dot{l}(t) + \left(c + \sum_{1}^{n} c_j\right)[l(t) - l_0] - \int_{\tau=t_0}^{t} \sum_{1}^{n} c_j \beta_j e^{-\beta_j(t-\tau)} [l(\tau) - l_0] d\tau. \tag{2.30}$$

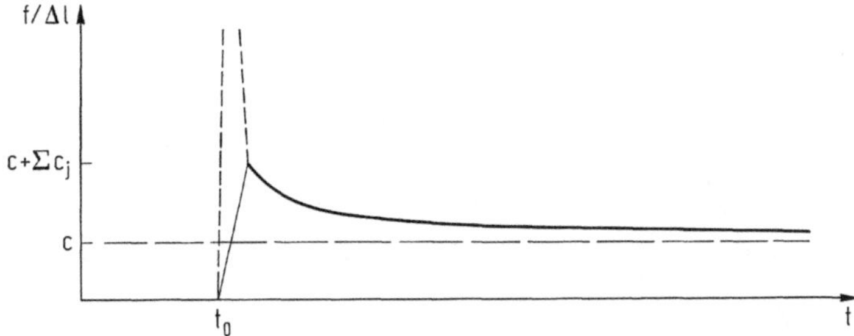


**Bild 2.5.** Relaxation beim Modell VE. (Die gestrichelte Linie gibt den Kraftverlauf während der Aufbringung der Längenänderung Δl im Falle $\eta \neq 0$)

Gesucht ist jene Funktion $l(\tau)$, die $f(t) \equiv f = \text{const}$ für $t > t_0$ liefert. Als erfolgreich bei der Lösung dieser Integralgleichung erweist sich der Ansatz

$$l(\tau) - l_0 = f\left[d_0(\tau - t_0) + \sum_{m=1}^{n+1} d_m(1 - e^{-\gamma_m(\tau - t_0)})\right] \tag{2.31}$$

mit den noch freien Konstanten $d_0, d_1, \ldots, d_{n+1}, \gamma_1, \ldots, \gamma_{n+1}$. Eingesetzt und ausintegriert ergibt sich

$$\begin{aligned} 0 = &\left\{-1 + c\sum_{1}^{n+1} d_m + \left(\eta + \sum_{1}^{n} \eta_i\right) d_0\right\} \\ &+ \{c d_0\}(t - t_0) \\ &- \sum_{j=1}^{n} c_j \left\{\frac{d_0}{\beta_j} + \sum_{m=1}^{n+1} \frac{\gamma_m}{\beta_j - \gamma_m} d_m\right\} e^{-\beta_j(t - t_0)} \\ &+ \sum_{m=1}^{n+1} \left\{-c - \sum_{j=1}^{n} c_j + \eta\gamma_m + \sum_{j=1}^{n} \frac{c_j \beta_j}{\beta_j - \gamma_m}\right\} d_m e^{-\gamma_m(t - t_0)}. \end{aligned} \tag{2.32}$$

Da dies für alle $t > t_0$ richtig sein soll, müssen alle geschweiften Klammern verschwinden. Das Verschwinden der letzten besagt, daß die $\gamma_m$ die Wurzeln der Gleichung

$$f(\gamma) := -c - \sum_{j=1}^{n} c_j + \eta\gamma + \sum_{j=1}^{n} \frac{c_j \beta_j}{\beta_j - \gamma} = 0 \tag{2.33}$$

sein müssen. Nehmen wir alle Federkonstanten und Dämpfungen als positiv an, so verläuft die Funktion $f(\gamma)$ gemäß Bild 2.6. Sie besitzt also $n+1$ Nullstellen $\gamma_1, \ldots, \gamma_{n+1}$, deren Lage durch

$$0 \leqq \gamma_1 < \beta_1 < \gamma_2 < \beta_2 < \ldots < \beta_n < \gamma_{n+1} \tag{2.34}$$

eingegrenzt ist, was die numerische Ermittlung erleichtert. Die Kehrwerte der $\gamma_m$ haben die Bedeutung von Retardationszeiten. Schickt man $\eta$ nach Null, so geht $\gamma_{n+1}$ nach Unendlich, also die zugehörige Retardationszeit nach Null. Der Anteil $d_{n+1}(1 - \exp(-\gamma_{n+1}\tau))$ des Ansatzes ist dann durch $d_{n+1}$ zu ersetzen und gibt die Längenänderung an, die sich zum Zeitpunkt $t = t_0$ unmittelbar bei Aufbringen der Last f einstellt.

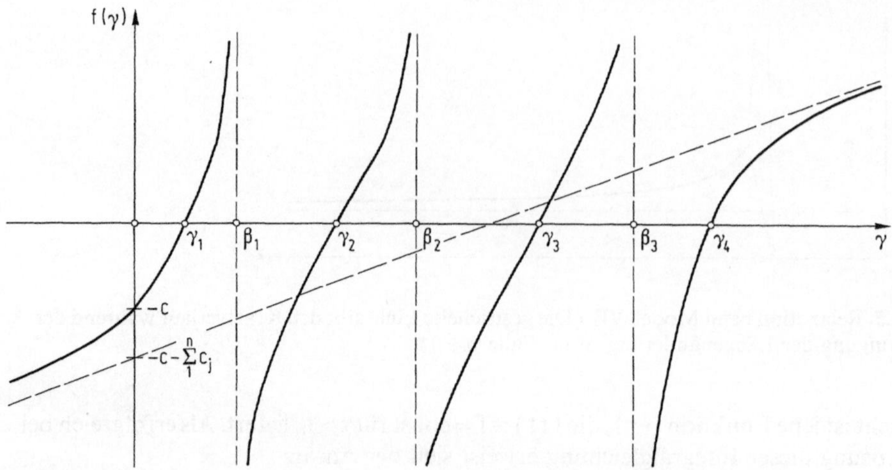


**Bild 2.6.** Lage der Wurzeln der Gleichung $f(\gamma)=0$ gemäß (2.33)

Die noch nicht berücksichtigten geschweiften Klammern liefern $n+2$ lineare Gleichungen zur Ermittlung der Konstanten $d_0, d_1, \ldots, d_{n+1}$:

$$
\begin{array}{cccc|c}
d_0 & d_1 & \cdots & d_{n+1} & = \\
\hline
\eta + \sum\limits_1^n \eta_j & c & & c & 1 \\
c & 0 & & 0 & 0 \\
\dfrac{1}{\beta_1} & \dfrac{\gamma_1}{\beta_1-\gamma_1} & & \dfrac{\gamma_{n+1}}{\beta_1-\gamma_{n+1}} & 0 \\
\vdots & & & \vdots & \vdots \\
\dfrac{1}{\beta_n} & \dfrac{\gamma_1}{\beta_n-\gamma_1} & \cdots & \dfrac{\gamma_{n+1}}{\beta_n-\gamma_{n+1}} & 0
\end{array}
\tag{2.35}
$$

Wie nicht anders zu erwarten, muß $d_0$ im Falle $c \neq 0$ verschwinden und $l(t)-l_0$ strebt gegen den endlichen Grenzwert $f/c$. Ist dagegen $c=0$, so wird $\gamma_1=0$, und die Summe im Ansatz beginnt erst mit $m=2$. Der Term mit $d_0$ ersetzt also im Falle $c=0$ den zu $\gamma_1$ gehörigen Summanden.

Ist die Kriechkurve (2.31) des Modells bekannt und sind die Feder- und Dämpferkonstanten – und damit auch die Relaxationsfunktion K – gesucht, so kann man ebenfalls von (2.32) Gebrauch machen. Das Verschwinden der dritten geschweiften Klammer läßt sich nämlich so deuten, daß die $\beta_j = c_j/\eta_j$ sich als Wurzeln der Gleichung

$$\frac{d_0}{\beta} + \sum_{m=1}^{n+1} \frac{\gamma_m d_m}{\beta-\gamma_m} = 0 \tag{2.36}$$

ergeben. Nullsetzen der übrigen geschweiften Klammern liefert dann zur Ermittlung der $n+2$ Unbekannten $c, \eta, c_1, \ldots, c_n$ einen Satz von $n+3$ linearen Gleichungen, von denen sich aber eine eliminieren läßt, weil entweder $d_0=0$ oder $\gamma_1=0$ gilt.

Als Spezialfall untersuchen wir die Parallelschaltung von Feder und Maxwell-Element.

Gleichung (2.33) vereinfacht sich zu

$$-c-c_1+\frac{c_1\beta_1}{\beta_1-\gamma}=0 \Rightarrow \gamma_1=\frac{c}{c+c_1}\beta_1, \tag{2.37}$$

und aus (2.35) – wobei $\gamma_{n+1}/(\beta_j-\gamma_{n+1})$ wegen $\gamma_{n+1}\to\infty$ durch $-1$ zu ersetzen ist – ergibt sich

$$d_0=0,\; d_1=\frac{c_1}{c}\frac{1}{c+c_1},\; d_2=\frac{1}{c+c_1}. \tag{2.38}$$

Damit liefern die Standard-Versuche zu Relaxation und Kriechen

$$f(t)=\Delta l[c+c_1 e^{-\beta(t-t_0)}] \tag{2.39}$$

bzw.

$$l(t)-l_0=\frac{f}{c+c_1}\left[1+\frac{c_1}{c}(1-e^{-\gamma_1(t-t_0)})\right]. \tag{2.40}$$

(Siehe Bilder 2.7, 2.8).

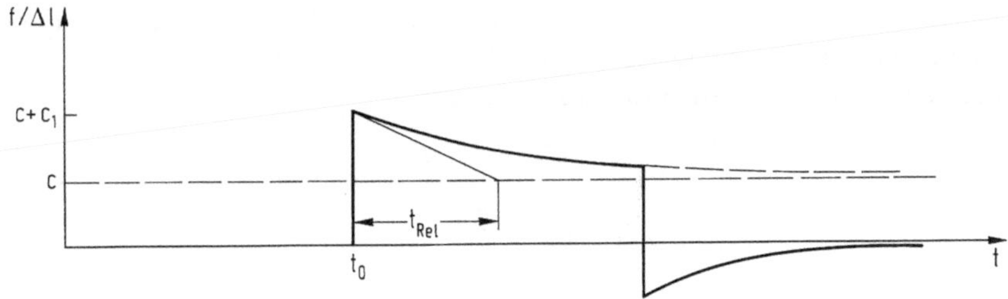


**Bild 2.7.** Parallelschaltung von Feder und Maxwell-Element: Relaxationsversuch

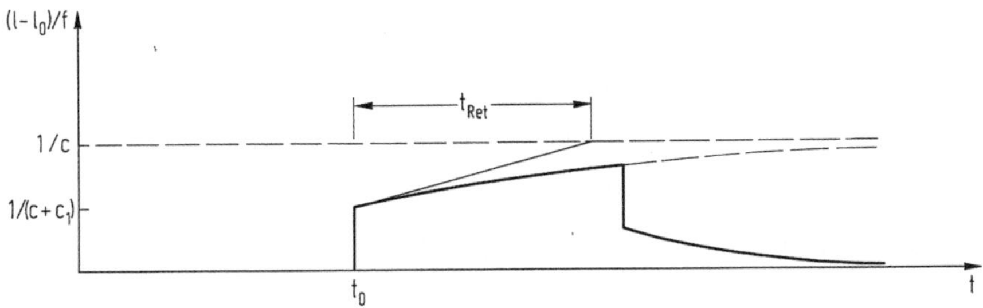


**Bild 2.8.** Parallelschaltung von Feder und Maxwell-Element: Kriechversuch

In beiden Phänomenen wird der Übergang von der Wirksamkeit der Kurzzeitsteifigkeit $c+c_1$ zur Langzeitsteifigkeit c deutlich, welcher bei Betrachtung der Modellskizze der Anschauung auch ohne Rechnung leicht zugänglich ist. Die Schnelligkeit dieses Übergangs wird bei der Relaxation durch die Relaxationszeit

$$t_{Rel}=\beta^{-1}=\frac{\eta_1}{c_1} \tag{2.41}$$

und beim Kriechen durch die Retardationszeit

$$t_{Ret}=\gamma_1^{-1}=\left(\frac{1}{c}+\frac{1}{c_1}\right)\eta_1 \tag{2.42}$$

beschrieben.

Bemerkung: Das Eingabe-Ausgabe-Verhalten des hier betrachteten Systems läßt sich genauso gut mit einer Anordnung gemäß Bild 2.9 realisieren (*Poynting-Thomson-Modell*), wenn Federsteifigkeiten und Zähigkeit so gewählt werden, wie es im Bild eingetragen ist.

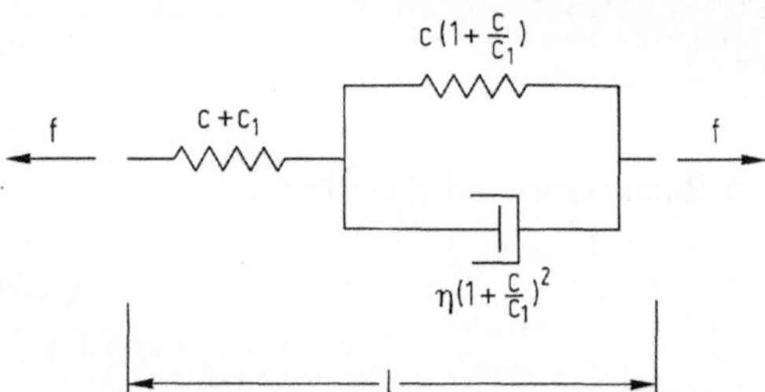


**Bild 2.9.** Poynting-Thomson-Modell

Ganz allgemein kann man das lineare Eingabe-Ausgabe-Verhalten eines beliebigen Netzwerks aus Federn und Dämpfern durch eine Anordnung VE gemäß Bild 2.4 mit passenden Feder- und Dämpferkonstanten simulieren. Der innere Aufbau einer „black box" verrät sich also im Eingabe-Ausgabe-Verhalten nur bedingt. Ebenso erlaubt daher das Studium makroskopischen Materialverhaltens allein keine eindeutigen Schlüsse auf die Mikrostruktur des Materials.

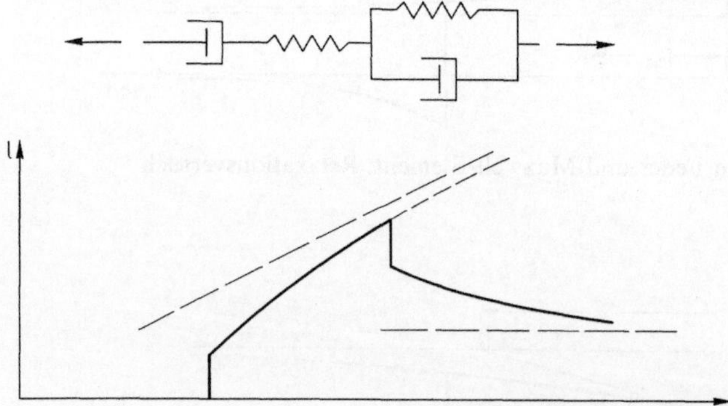


**Bild 2.10.** Burgers-Modell, Aufbau und Verhalten im Kriechversuch

Zwei parallelgeschaltete Maxwell-Elemente zeigen ein Verhalten, das sich auch durch die Anordnung des *Burgers-Modelles* (Bild 2.10) realisieren läßt. Beim Kriechversuch ist die Äquivalenz offenkundig, wenn man die Addition der Kurven der Bilder 2.1 und 2.3 vergleicht mit der für $\eta=0$, $c=0$ und $n=2$ aus (2.31) folgenden Spezialisierung

$$l(t)-l_0=f_0[d_0(t-t_0)+d_2(1-e^{-\gamma_2(t-t_0)})+d_3]. \tag{2.43}$$

Das Verhalten des Burgers-Modelles bei Be- und Entlastung entnimmt man der Anschauung (Bild 2.10). Man erkennt sofortige elastische Verlängerung, anfänglich stärkeres (sog. Übergangs-), später gleichmäßiges (stationäres) Kriechen (auch *Primär-* und *Sekundärkriechen* genannt), sofortige elastische Rückverformung, Kriecherholung und bleibende Verlängerung.

Es liegt nahe, das vom Modell VE beschriebene Verhalten formal dadurch zu verallgemeinern, daß man in (2.27) vom finiten zu einem diskret-unendlichen oder kontinuierlichen Relaxationsspektrum übergeht, also ansetzt

$$K(x)=\sum_{j=1}^{\infty} c_j e^{-\beta_j x} \text{ oder } K(x)=\int_{\beta=0}^{\infty} \varphi(\beta)e^{-\beta x}d\beta. \tag{2.44}$$

(2.26) und (2.28) sind entsprechend zu modifizieren. Für die Stammfunktion $\Phi(\beta):=\int_{\bar\beta=0}^{\beta}\varphi(\bar\beta)d\bar\beta$ soll gelten $K(0)=\Phi(\infty)<\infty$. Dann gewinnt die letzte Formel für $x>0$ die Gestalt

$$K(x)=\int_{\beta=0}^{\infty}\varphi(\beta)e^{-\beta x}d\beta = x\int_{\beta=0}^{\infty}\Phi(\beta)e^{-\beta x}d\beta. \tag{2.45}$$

Man bemerkt, daß $\varphi$ und $\Phi$ sich durch Anwendung der inversen Laplace-Transformation auf $K(x)$ bzw. $K(x)/x$ ergeben. Wird $K(x)$ durch einen analytischen Ausdruck beschrieben, so kann man die Funktion $\Phi(\beta)$ daher in manchen Fällen in Tafelwerken finden. Beispiel:

$$K(x)=\frac{K_0}{1+x/x_0} \Rightarrow \Phi(\beta)=K_0[1-e^{-\beta x_0}]. \tag{2.46}$$

Approximiert man $\Phi$ durch eine Treppenfunktion $\Phi_a$ mit n Stufen $c_j$ bei $\beta_j$, d.h.,

$$\Phi_a(\beta)=\sum_{l=1}^{j} c_l=\text{const in } \beta_j\leqq\beta<\beta_{j+1}, \tag{2.47}$$

dann ergibt sich als Approximation für den Kern

$$K_a(x)=\sum_{l=1}^{n} c_l e^{-\beta_l x}, \tag{2.48}$$

also eine sogenannte Prony-Reihe, und das ist gerade die Relaxationsfunktion des rheologischen Modells VE mit n Maxwell-Elementen. Da wir also kontinuierliche Spektren in der angegebenen Weise durch finite approximieren können, werden wir die Diskussion im folgenden stets auf finite Spektren beschränken.

## 2.3 Plastisches Verhalten

Plastisches Verhalten zeigen Modelle aus Federn und Reibungselementen:

P1) Reihenschaltung von Feder und Reibungselement:

*Prandtl-Modell*

Wie beim Maxwell-Element führen wir auch hier die Länge des momentan entspannten Elementes

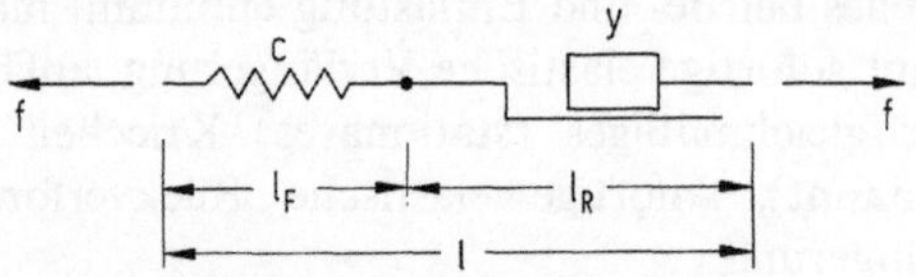

$$\alpha(t)=l_R(t)+l_{F_0} \tag{2.49}$$

ein. Die Funktion $\alpha(\tau)$ muß stetig und stückweise stetig differenzierbar sein, und dasselbe wollen wir im folgenden auch von $l(\tau)$ und damit auch vom Verlauf der Kraft

$$f=c(l-\alpha) \tag{2.50}$$

unterstellen. Aus (2.3), (2.4) entnehmen wir

$$|f|\leqq y \tag{2.51}$$

und

$$\dot{\alpha}=0, \text{ wenn } |f|<y. \tag{2.52}$$

Eine Längenänderung $\dot{\alpha}\neq 0$ des Reibungselementes ist also nur möglich, wenn die Kraft eine der Streckgrenzen $+y$ oder $-y$ erreicht hat. Ist $f=+y$, dann verlangt (2.51), daß für den rechtsseitigen (also von der Zukunft her gebildeten) Grenzwert $\dot{f}_+$ von $\dot{f}$ (für den wir im folgenden einfach $\dot{f}$ schreiben) gilt: $\dot{f}\leqq 0$. Der Fall $\dot{f}=0$ liefert wegen (2.50) mit (2.3), (2.4) $\dot{\alpha}=\dot{l}\geqq 0$, der Fall $\dot{f}<0$ führt zum sofortigen Verlassen der Streckgrenze, so daß im betrachteten Zeitpunkt $\dot{\alpha}=0$ sein muß und $\dot{l}=\dot{f}/c<0$ gilt. Anschaulich bedeutet das: Unterhalb der Streckgrenze und bei Entlastung von der Streckgrenze aus verhält das Element sich rein *elastisch*; einem Versuch der Verlängerung der Feder über den zur Streckgrenze gehörigen Wert hinaus entzieht sich das Element durch *plastisches Fließen* (yield).

Zusammenfassend läßt sich schreiben:

$$\dot{\alpha}=\begin{cases} 0 \text{ , wenn } |f|=c|l-\alpha|<y \\ \qquad \text{oder } |f|=y \text{ und } f\dot{l}\leqq 0, \\ \dot{l} \text{ , wenn } |f|=y \text{ und } f\dot{l}>0 \end{cases} \tag{2.53}$$

oder mit dem Funktionssymbol

$$\zeta(x):=\begin{cases} 1 \text{ , wenn } x=1, \\ 0 \text{ , wenn } x\neq 1 \end{cases} \tag{2.54}$$

abgekürzt

$$\dot{\alpha}=\zeta\left(\frac{c}{y}(l-\alpha)\operatorname{sgn}(\dot{l})\right)\dot{l}. \tag{2.55}$$

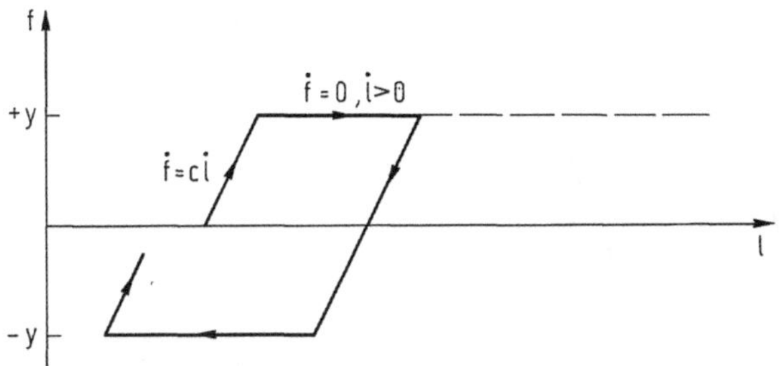


**Bild 2.11.** Verhalten des Prandtl-Modells

Anders als beim Maxwell-Element ist diese (nichtlineare) Differentialgleichung nicht geschlossen zu integrieren. Das Verhalten des Prandtl-Elementes ist jedoch der Anschauung leicht zugänglich und läßt sich erschöpfend in einem Länge-Kraft-Diagramm darstellen, in dem der zeitliche Ablauf durch Pfeile kenntlich gemacht wird (Bild 2.11).

Der Verlauf der Kraft f(t) läßt sich aus dem Verlauf der Länge l(t) eindeutig ermitteln. Das Umgekehrte ist jedoch nicht möglich. Solange $f(t) \equiv y$ gilt, kann l beliebig anwachsen. Das ist einer der Gründe, warum es sich empfiehlt, in einer einheitlichen Materialtheorie die geometrischen Größen als Eingabe (unabhängige Variable) und die dynamischen Größen als Ausgabe (abhängige Variable) zu betrachten.

Relaxation gibt es beim elastisch-plastischen Modell nicht. Hält man nämlich die Länge zeitlich konstant, dann ändert sich gemäß (2.50), (2.53) auch die Kraft nicht. Desgleichen ist das plastische Fließen vom Kriechen wohl zu unterscheiden. Beim viskoelastischen Material gehört zu einem konstanten Kraftverlauf $f(t) \equiv f_0$ ein eindeutiger Längenverlauf l(t), der die Kriechverformung beschreibt (siehe M, K, VE). Beim elastisch-plastischen Material dagegen gehört zu $|f(t)| \equiv |f_0| < y$ eine zeitlich konstante Länge, während $f(t) \equiv \pm y$ mit jedem monoton wachsenden bzw. abnehmenden Verlauf von l verträglich ist.

P2) Parallelschaltung von Prandtl-Elementen:

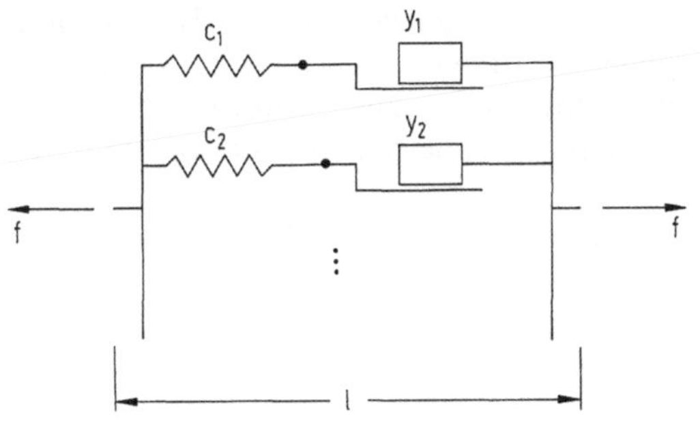


$$f = \sum_{j=1}^{n} c_j (1-\alpha_j), \tag{2.56}$$

$$|f| \leqq \sum_{j=1}^{n} y_j, \tag{2.57}$$

$$\dot{\alpha}_j = \zeta\left(\frac{c_j}{y_j}(1-\alpha_j)\,\mathrm{sgn}(\dot{l})\right)\dot{l}. \tag{2.58}$$

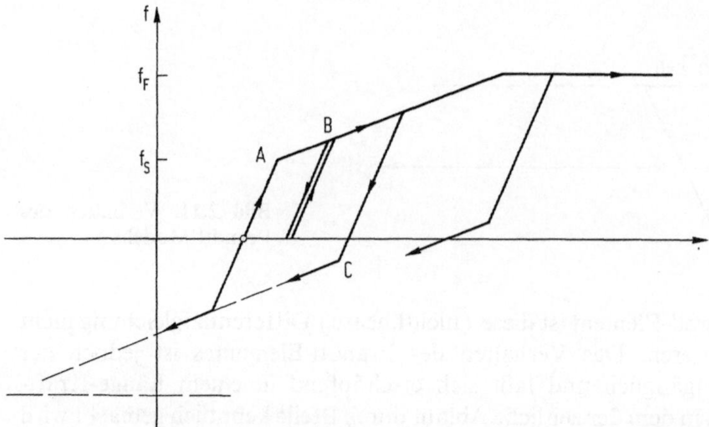


**Bild 2.12.** Verhalten eines Modells aus zwei parallelgeschalteten Prandtl-Elementen

Seien anfangs alle Federn entspannt. Bei Belastung wird die Streckgrenze erreicht, d.h., es fängt erstmals ein Reibungselement zu rutschen an, wenn der Betrag der Kraft den Wert $f_S$ mit

$$|f_S| = \left(\min_j \frac{y_j}{c_j}\right) \sum_{k=1}^{n} c_k \tag{2.59}$$

erreicht, und tritt plastisches Fließen ein bei Erreichen von $f_F$ mit

$$|f_F| = \sum_{j=1}^{n} y_j. \tag{2.60}$$

Bild 2.12 gibt das Verhalten eines Modelles aus zwei Prandtl-Elementen wieder. Liegt die Streckgrenze bei Erstbelastung am Punkt A, so zeigt das Modell nach Entlastung von Punkt B aus und Wiederbelastung rein elastisches Verhalten bis zum Punkt B zurück. Es besitzt also einen *elastischen Bereich*. Die Streckgrenze für die Zweitbelastung liegt höher als diejenige der Erstbelastung. Diesen Vorgang bezeichnet man als *Verfestigung* (hardening). Im vorliegenden Modell geht er mit einer Herabsetzung der Streckgrenze bei Belastung in der Gegenrichtung (Punkt C) einher (*Bauschinger-Effekt*).

Das Verhalten eines aus einem Kontinuum von Prandtl-Elementen bestehenden Modells läßt sich beschreiben durch

$$f(t) = \int_{\xi=0}^{\infty} g(\xi)[l(t) - \alpha(\xi,t)]d\xi \tag{2.61}$$

und

$$\frac{\partial}{\partial t}\alpha(\xi,t) = \zeta\left(\frac{1}{\xi}[l(t) - \alpha(\xi,t)]\operatorname{sgn}(\dot{l})\right)\dot{l}. \tag{2.62}$$

Die Untersuchung gestaltet sich ziemlich einfach, wenn das Modell sich anfangs im „jungfräulichen Zustand" befindet, d.h., wenn $l(0) - \alpha(\xi,0) \equiv 0$ gilt (alle Federn entspannt). Bei einsinniger Verformung hat man dann $\partial\alpha(\xi,t)/\partial t = 0$, solange

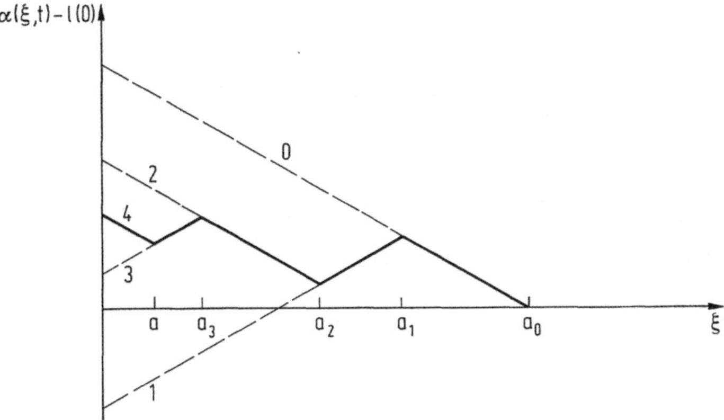


**Bild 2.13.** Überabzählbar unendlich viele parallelgeschaltete Prandtl-Elemente: Graphische Ermittlung der Entwicklung der inelastischen Verformung bei alternierender Gesamtverformung

$|l(t)-l(0)|<\xi$ ist, und danach $\partial\alpha(\xi,t)/\partial t-\dot{l}=0$. Ist die Verformung bis $|l(t)-l(0)|=a$ fortgeschritten, dann befinden sich alle Elemente von $\xi=0$ bis $\xi=a$ an der Fließgrenze, und bei weiterer Belastung sind nur die Federn von $\xi=a$ bis $\xi=\infty$ elastisch wirksam, also gilt

$$\dot{a}=|\dot{l}| \tag{2.63}$$

und

$$\dot{f}(t)=\int_{\xi=a(t)}^{\infty} g(\xi)d\xi\,\dot{l}(t). \tag{2.64}$$

Der bis zur ersten Wegumkehr erreichte Größtwert von a sei $a_0$ genannt (Ast 0 in Bild 2.13).

Nach der Wegumkehr tragen anfangs wieder alle Elemente elastisch – der neue Kurvenast im Länge-Kraft-Diagramm beginnt mit stets derselben Tangentenneigung, vgl. Bild 2.14 –, und folglich ist in (2.64) $a=0$ zu setzen. Für die Entwicklung von a bis zum Größtwert $a_1<a_0$ gilt jedoch diesmal, wie man Bild 2.13 entnimmt (Ast 1), die Gleichung

$$\dot{a}=\frac{1}{2}|\dot{l}|. \tag{2.65}$$

Entsprechendes ist für die Äste 2 und 3 zu sagen.

Untersuchen wir nun die positive Längenänderung 4, die zunächst den Effekt von 3 und danach von 1 rückgängig macht. Der Wert von a wächst dabei von 0 zunächst auf $a_3$, springt dann auf $a_2$, steigert sich auf $a_1$ und springt schließlich bei weiterer einsinniger Verformung auf $a_0$. Bis $a_0$ gilt für seine Entwicklung die Differentialgleichung (2.65), danach (2.63). Ist $a_0$ erreicht, dann hat das Modell offenbar alle zwischenzeitlich durchgeführten Lastwechsel vergessen und verhält sich wieder wie bei Erstbelastung aus dem jungfräulichen Zustand (Sweeping out of memory).

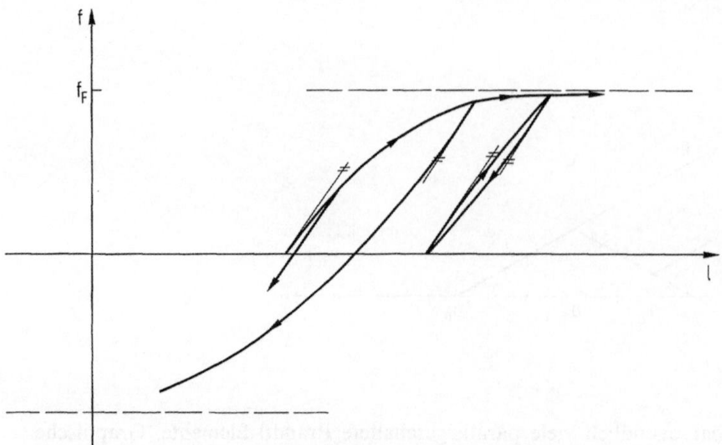


**Bild 2.14.** Überabzählbar unendlich viele parallelgeschaltete Prandtl-Elemente: Länge-Kraft-Diagramm

Um den Kraftverlauf zu verfolgen, genügt es, die Differentialgleichung (2.64) zu integrieren und dabei die Entwicklung von a aus den Differentialgleichungen (2.65) bzw. (2.63) und den Sprungbedingungen beim Überfahren früherer Umkehrpunkte zu entnehmen. Zu speichern ist also lediglich die Lage aller Umkehrpunkte solange, bis sie beim nächsten Überfahren gelöscht werden.

Kombination von (2.63) und (2.64) zeigt, daß die das Material kennzeichnende Funktion g sich aus dem Länge-Kraft-Diagramm f(l) der Erstverformung aus dem jungfräulichen Zustand heraus gemäß

$$g(l) = \left| \frac{d^2 f}{dl^2} \right| \tag{2.66}$$

gewinnen läßt. Demnach besitzt das Modell einen elastischen Bereich nur dann, wenn $g(\xi)$ in einem Intervall $\xi \in [0, \varepsilon]$ mit $\varepsilon > 0$ verschwindet. Anderenfalls ergibt sich auch bei kleinsten zyklischen Längenänderungen eine *Hysteresis-Schleife* im Länge-Kraft-Diagramm (siehe Bild 2.14).

P3) Endochrone Materialbeschreibung

Plastisches Verhalten ohne elastischen Bereich läßt sich nach einer Idee von Valanis [2.1] auch einfacher mit dem Ansatz

$$\dot{\alpha}_j = \frac{c_j}{y_j} (1 - \alpha_j) |\dot{l}| \tag{2.67}$$

beschreiben, der formal aus (2.58) bei Ersatz der Funktion $\zeta(x)$ durch x hervorgeht. Die Trockenreibungselemente werden also durch Elemente mit einem andersartigen geschwindigkeitsunabhängigen Verhalten ersetzt, die nur in Hintereinanderschaltung mit elastischen Komponenten Bedeutung besitzen und durch ein Symbol gemäß Bild 2.15 in der Art eines rheologischen Modells gekennzeichnet werden, obwohl eine einfache mechanische Realisierung nicht bekannt zu sein scheint.

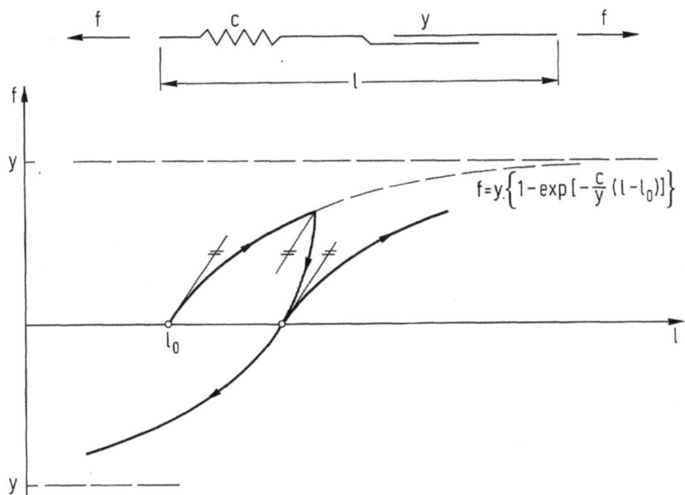


**Bild 2.15.** Endochrone Materialbeschreibung: „Rheologisches Modell" und Länge-Kraft-Diagramm

Während (2.58) ein „Alles-oder-Nichts"-Gesetz repräsentiert ($\dot{\alpha}_j=0$ und $\dot{\alpha}_j=\dot{l}$ bei Haften bzw. Gleiten des Trockenreibungselementes), ist das Verhältnis von Längenänderung $|\dot{\alpha}_j|$ des Elementes zur Gesamtlängenänderung $|\dot{l}|$ beim Ansatz (2.67) der Kraft im Element proportional, so daß es keine Streckgrenze geben kann. Ferner tritt Rutschen in Richtung der angreifenden Kraft sowohl während der Laststeigerung (Belastung) als auch während der Entlastung auf.

Ordnet man dem Längenänderungsverlauf eine Bogenlänge s zu gemäß der Vorschrift

$$ds=|dl|=|\dot{l}|dt, \tag{2.68}$$

dann läßt (2.67) sich (genau genommen nur für Zeitpunkte mit $\dot{l}\neq 0$) umschreiben in

$$\frac{d\alpha_j}{ds}=\frac{c_j}{y_j}(1-\alpha_j). \tag{2.69}$$

Wegen der Verwendung der Bogenlänge s als einer gewissermaßen systemeigenen Zeitskala bezeichnet man die Form (2.69) der Materialbeschreibung als *endochron.* (Der Name ist nicht sehr treffend, denn auch die Gleichung (2.58) hätten wir unter Benutzung der Bogenlänge umschreiben können.) Die Gleichungen (2.56) und (2.69) der endochronen Materialbeschreibung entstehen formal aus denen eines viskoelastischen Modells mit parallelgeschalteten Maxwell-Elementen (vgl. VE), indem die Zeit t durch die Bogenlänge s ersetzt wird, und führen daher analog zu (2.27), (2.28) auf folgenden Zusammenhang zwischen dem Längenverlauf und dem Kraftverlauf, beide dargestellt als Funktionen der Bogenlänge:

$$\begin{aligned} f(s)= &\sum_{j=1}^{n} c_j e^{-\frac{c_j}{y_j}(s-s_0)}[l(s_0)-\alpha_j(s_0)] \\ &+K(s-s_0)[l(s)-l(s_0)] \\ &-\int_{\sigma=s_0}^{s} K'(s-\sigma)[(l(s)-l(\sigma)]d\sigma \end{aligned} \tag{2.70}$$

mit

$$s(t) = s_0 + \int_{\tau=t_0}^{t} |\dot{l}(\tau)| d\tau \tag{2.71}$$

und

$$K(x) = \sum_{j=1}^{n} c_j e^{-\frac{c_j}{y_j} x}. \tag{2.72}$$

Diese Formeln erlauben – man lasse sich durch die formale Ähnlichkeit mit der Viskoelastizität nicht täuschen – weder Relaxation noch Kriechen. Zu konstantgehaltener Länge gehört ein konstanter Wert der Bogenlänge und damit der Kraft. Im Falle $n=1$ gilt

$$f = c(l-\alpha), \; \dot{\alpha} = \frac{f}{y} |\dot{l}| \tag{2.73}$$

und daher für f die Differentialgleichung

$$\dot{f} = c\left(\operatorname{sgn}(\dot{l}) - \frac{f}{y}\right) |\dot{l}|. \tag{2.74}$$

Bild 2.15 gibt das zugehörige „rheologische Modell" und das Länge-Kraft-Diagramm.

## 2.4 Viskoplastisches Verhalten

Viskoplastisch nennt man das Verhalten von Modellen aus Federn, Dämpfern und Reibungselementen.

VP) Aus der Vielzahl der möglichen Anordnungen sei nur die Parallelschaltung von Maxwell-Element und Prandtl-Element herausgegriffen, der noch eine Feder nachgeschaltet ist (Bild 2.16).

$$f = c_1 (l_D - \alpha_1) + c_2 (l_D - \alpha_2) = c_3 (l - l_D), \tag{2.75}$$

$$\dot{\alpha}_1 = \frac{c_1}{\eta} (l_D - \alpha_1), \tag{2.76}$$

$$\dot{\alpha}_2 = \zeta\left(\frac{c_2}{y} (l_D - \alpha_2) \operatorname{sgn}(\dot{l}_D)\right) \dot{l}_D. \tag{2.77}$$

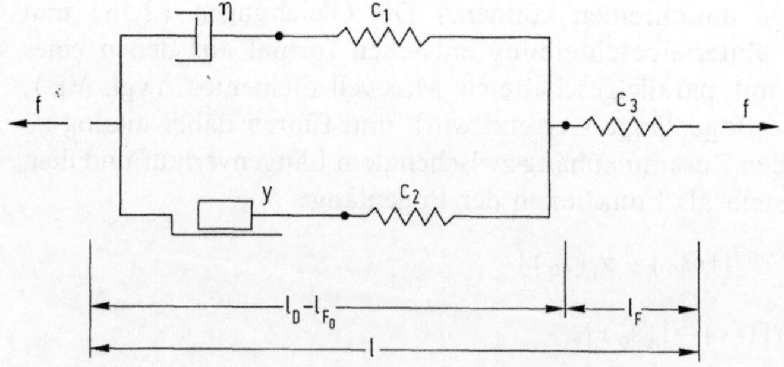


**Bild 2.16.** Spezielles viskoplastisches Modell (VP)

Aus (2.75) gewinnt man

$$(c_1+c_2+c_3)l_D=c_1\alpha_1+c_2\alpha_2+c_3 l \tag{2.78}$$

und daraus mit (2.77)

$$\left[c_1+c_2\left\{1-\zeta\left(\frac{c_2}{y}(l_D-\alpha_2)\operatorname{sgn}(\dot{l}_D)\right)\right\}+c_3\right]\dot{l}_D=c_1\dot{\alpha}_1+c_3\dot{l}, \tag{2.79}$$

was unter Beachtung von (2.54) und mit der Annahme $c_1>0$, $c_2>0$, $c_3>0$

$$\operatorname{sgn}(\dot{l}_D)=\operatorname{sgn}(c_1\dot{\alpha}_1+c_3\dot{l}) \tag{2.80}$$

zu erschließen gestattet. (2.77) läßt sich damit auf die Form

$$\dot{\alpha}_2=\zeta\left(\frac{c_2}{y}(l_D-\alpha_2)\operatorname{sgn}(c_1\dot{\alpha}_1+c_3\dot{l})\right)\frac{1}{c_1+c_3}(c_1\dot{\alpha}_1+c_3\dot{l}) \tag{2.81}$$

bringen. Elimination von $l_D$ aus (2.75), (2.76) und (2.81) mittels (2.78) führt schließlich zu einem Gleichungssatz der Gestalt

$$f=f(\alpha_1,\alpha_2,l), \tag{2.82}$$

$$\dot{\alpha}_1=g_1(\alpha_1,\alpha_2,l), \tag{2.83}$$

$$\dot{\alpha}_2=g_2(\alpha_1,\alpha_2,l,\dot{l}). \tag{2.84}$$

Besser als diese Gleichungen gibt die Anschauung über das Verhalten des Modells Auskunft:

1. Betrachten wir zunächst Längenänderungsprozesse, bei denen der Betrag der Kraft im Prandtl-Element stets unter dem Wert y liegt. Dann verhält das Modell sich wie das Poynting-Thomson-Modell. Es zeigt also elastische Nachwirkung, Relaxation und Kriecherholung ohne bleibende Verlängerung.
2. *Bleibende Verlängerungen* stellen sich nur ein, wenn das Reibungselement rutscht. Zwei Grenzfälle sind leicht zu durchschauen:
   a) Sehr langsame Prozesse: Der Dämpfer bleibt praktisch kräftefrei, und das Länge-Kraft-Diagramm ist das eines Prandtl-Elementes mit Nachgiebigkeit $1/c_2+1/c_3$ und Fließgrenze y, die dann auch als *statische Streckgrenze* bezeichnet wird.
   b) Sehr schnelle Prozesse: Der Dämpfer verhält sich nahezu starr. Rutschen des Reibungselementes tritt ein an der Streckgrenze $|f_s|=(1+c_1/c_2)y$, die man auch *kinetische* (oder dynamische) *Streckgrenze* nennt. Er ist begleitet von einer vorübergehenden *Verfestigung* mit Bauschinger-Effekt, die sich allerdings während einer Ruhepause wegen des Kriechens im Maxwell-Element gänzlich abbaut.
3. Hält man die Länge des Modells nach beliebiger vorangegangener Verformung zeitlich konstant, dann fällt die Kraft f durch *Relaxation* auf einen Wert ab, dessen Betrag nicht oberhalb der statischen Streckgrenze y liegen kann.

4. Prägt man dem Modell eine konstante Dauerlast $f_0$ ein, dann strebt seine Länge gegen den Wert $l = (1/c_2 + 1/c_3) f_0$, falls $|f_0| < y$; ist dagegen $|f_0| > y$, dann nähert sich die Verlängerungsgeschwindigkeit dem konstanten Wert $j = (f_0 - \mathrm{sgn}(f_0) y)/n$ (Kriechen).

Der Grenzübergang $c_2 \to \infty$ führt zum *Schwedoff-Modell* (Bild 2.17). Das unter 1. behandelte viskoelastische Verhalten reduziert sich auf rein elastisches. Das Schwedoff-Modell besitzt also einen elastischen Bereich. Ferner fallen statische und kinetische Streckgrenze zusammen.

Wird zusätzlich $c_1 \to \infty$ geschickt, dann ergibt sich das *Bingham-Modell* (Bild 2.18). Gegenüber dem Schwedoff-Modell zeigt es eine andere Reaktion bei sehr schnellen Prozessen. Der Dämpfer verhält sich starr und das Gesamtmodell elastisch. Die kinetische Streckgrenze ist also ins Unendliche gewachsen.

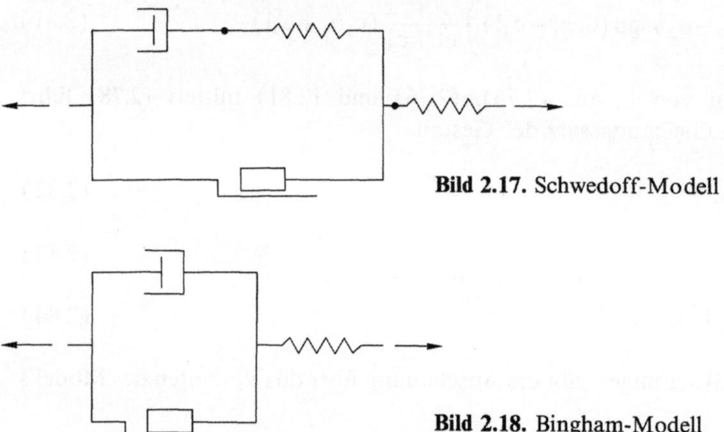

**Bild 2.17.** Schwedoff-Modell

**Bild 2.18.** Bingham-Modell

# 3 Phänomenologische Beschreibung von Materialverhalten

Im vorigen Kapitel sind wir von wohldefinierten Modellen ausgegangen und haben mit elementaren mathematischen Methoden deren Verhalten ermittelt. Ist das Materialgesetz einer unbekannten Probe gesucht, so wird man in der Praxis zur Simulation ihres Verhaltens möglichst ein passendes rheologisches Modell aufzufinden versuchen. Um aber die Tragweite eines solchen Vorgehens beurteilen zu können, soll im folgenden die Frage untersucht werden, wie eine Materialbeschreibung sich ohne spezielle Modellvorstellungen auf dem beobachteten Verhalten selbst aufbauen läßt. Dabei müssen wir abstrakte mathematische Begriffe (Mengen, Abbildungen) heranziehen und gelangen zu Konzepten wie Ausgabefunktional, Zustandsvariable, Entwicklungsgleichung und Geschichtsfunktional. Mag manches davon dem Praktiker zunächst spitzfindig erscheinen, so ist dies doch der einzige Weg, die allgemeinste Form der Materialbeschreibung aufzufinden und spezielle Beschreibungsweisen und Modellvorstellungen richtig einzuordnen.

## 3.1 Prozeßklasse und Ausgabefunktional

Die im folgenden benutzten Begriffsbildungen entstammen der von Bertram [0.5], [3.1] entwickelten „Theorie materieller Systeme" und der (neuen) „Theorie der einfachen Stoffe" von Noll [0.3]. Wir wenden sie an auf eine Werkstoffprobe, deren Geometrie und Beanspruchung durch eine einzige Weggröße l bzw. eine Kraftgröße f beschrieben werden kann.

Mit dieser Probe lassen sich Versuche folgender Art durchführen:
Während eines Zeitintervalls $[t_0,t]$ variiert man die Größe l gemäß der Zeitfunktion

$$l = l(\tau) = \hat{l}(\tau - t_0) \tag{3.1}$$

und zeichnet den Verlauf der Größe

$$f = \hat{f}(\tau) \tag{3.2}$$

auf. Die Funktion $\hat{l}$, die auf dem Intervall $[0, d = t - t_0]$ definiert ist, heißt Prozeß der Dauer d. Es ist $d \geqq 0$, endlich. Nun lassen sich, ausgehend von der Situation, in der die Probe sich zur Zeit $t_0$ befindet, recht verschiedene Arten von Prozessen höchst unterschiedlicher Dauer d realisieren (Eingabe) und führen zu einem jeweils anderen Verlauf $f(\tau)$ mit dem zugehörigen Endwert $f(t = t_0 + d)$ (Ausgabe).

Wir betrachten das mechanische Verhalten der Probe aus der Ausgangssituation heraus, in der sie sich zur Zeit $t_0$ befindet, als vollständig bekannt, wenn wir die

Ausgabe zu jeder möglichen Eingabe kennen. Zur phänomenologischen Beschreibung dieses Verhaltens brauchen wir also folgende zwei Angaben:

Die *Prozeßklasse* $\mathbb{P}$: Das ist die Menge aller aus der Ausgangssituation heraus möglichen Prozesse $\hat{l}$.

Das *Ausgabefunktional* $\bar{f}$: Es ordnet jedem dieser Prozesse $\hat{l} \in \mathbb{P}$ der jeweiligen Dauer d den Endwert der Größe f zu, also

$$f(t_0+d)=\bar{f}(\hat{l}). \tag{3.3}$$

(Funktional nennt man jede Zuordnungsvorschrift, deren Definitionsbereich eine Funktionenmenge (hier $\mathbb{P}$) ist.)

Dazu einige Anmerkungen:

1. Indem wir die Existenz des Ausgabefunktionals postulieren, stellen wir uns auf den Boden des *Prinzips des Determinismus*, welches einerseits Rückwirkungen der Zukunft $(\tau > t)$ auf die Kraft f zur Zeit t ausschließt und andererseits diese Kraft als durch das Geschehen in der Vergangenheit völlig festgelegt ansieht, stochastische Einflüsse also nicht zuläßt.
2. Die Funktion $\hat{l}(x)$ soll für jedes $x \in [0,d]$ definiert sein. Das bedeutet nicht, daß sie stetig sein muß. Besitzt sie jedoch z.B. einen Sprung an der Stelle $x_1$, dann muß ein Wert $\hat{l}(x_1)$ festgelegt sein. Diese Festlegung hat zwar keine physikalische Bedeutung, erleichtert uns aber die einheitliche mathematische Darstellung.
3. In der Ausgangssituation hat die Größe l der Probe den Wert $l(t_0)$. Die Prozeßklasse muß daher der Einschränkung genügen, daß alle ihre Elemente $\hat{l}$ mit diesem Anfangswert beginnen:

$$\hat{l}(0)=l(t_0) \text{ für alle } \hat{l} \in \mathbb{P}. \tag{3.4}$$

4. Einen Prozeß $\hat{l}$ der Dauer d hätte man zu jedem Zwischenzeitpunkt $d^* \in [0,d)$ willkürlich als beendet betrachten können, und jedes solche Anfangsstück $\hat{l}|_{[0,d^*]}$ eines Prozesses ist folglich selbst Prozeß, also Element der Prozeßklasse $\mathbb{P}$. Somit ermöglicht das Funktional $\bar{f}$ zu jedem Prozeß der Dauer d die Kenntnis nicht nur des Endwertes f(d), sondern auch der Endwerte aller Anfangsstücke, also des gesamten Verlaufs von f im Intervall $[t_0, t_0+d]$.

## 3.2 Experimente

Wie läßt sich das Verhalten einer Probe aus einer bestimmten Ausgangssituation heraus experimentell ermitteln? Die Antwort ist leicht zu geben: Man muß jeden Prozeß $\hat{l}$ aus $\mathbb{P}$ fahren und am Ende den Wert von f notieren. Dabei stoßen wir allerdings auf eine grundsätzliche Schwierigkeit. Aus der Ausgangssituation heraus läßt sich ja nur ein einziger Prozeß tatsächlich durchführen. Nur für diesen und seine unendlich vielen Anfangsstücke bekommt man die Werte von $\bar{f}$. Wie die Probe sich in allen anderen Prozessen verhalten hätte, bleibt offen, da man davon ausgehen muß, daß sie durch den Versuch „verdorben" worden ist, sich also nicht mehr in die Ausgangssituation zurückführen läßt.

Dieses Dilemma ist nur so zu lösen: Man beschafft sich eine große Anzahl von Proben, führt mit jeder einen anderen Versuch aus und unterstellt, daß das Verhalten aller dieser Proben (also $\mathbb{P}$ und $\bar{f}$) identisch ist und zudem mit dem Werkstoffverhalten in jener natürlichen oder technischen Struktur übereinstimmt, deren Untersuchung in Wirklichkeit interessiert. Die Begründung einer derart optimistischen Annahme wird noch zu untersuchen sein.

## 3.3 Verhalten der rheologischen Modelle

Wir wollen als Beispiel zum Vorangegangenen Prozeßklasse und Ausgabefunktional für einige rheologische Modelle ermitteln.

Beginnen wir mit dem Maxwell-Modell. Umschreibung der Gleichung (2.16) mit der Abkürzung

$$\alpha_0 := \alpha(t_0) \tag{3.5}$$

auf die Form

$$\bar{f}(\hat{l}) = -c\alpha_0 e^{-\beta d} + c\hat{l}(d) - \int_{x=0}^{d} c\beta e^{-\beta(d-x)}\hat{l}(x)\,dx \tag{3.6}$$

gibt uns das Ausgabefunktional $\bar{f}$. Sein Definitionsbereich, d.h. die Prozeßklasse $\mathbb{P}$, ist die Menge aller Funktionen $\hat{l}$, die mit demselben Wert $\hat{l}(0) = l(t_0)$ beginnen und auf Intervallen [0,d] beliebiger nichtnegativer Länge d definiert sind.

Beim Hooke-Modell haben wir dieselbe Prozeßklasse, aber nach (2.1)

$$\bar{f}(\hat{l}) = c(\hat{l}(d) - l_0). \tag{3.7}$$

Hier geht, anders als in (3.6), nicht der gesamte Prozeßverlauf $\hat{l}$, sondern nur der Prozeßendwert ein.

Bei den plastischen und viskoplastischen Modellen läßt das Funktional $\bar{f}$ sich nicht explizit angeben, sondern ist aus der Lösung eines Differentialgleichungssystems zu ermitteln. Die Prozeßklasse enthält alle Funktionen, die mit demselben Anfangswert beginnen sowie stetig und stückweise stetig differenzierbar sind.

Dieselbe Prozeßklasse haben auch das Newton- und das Kelvin-Modell. Das Ausgabefunktional des Kelvin-Modells besitzt gemäß (2.21) folgende Darstellung:

$$\bar{f}(\hat{l}) = c(\hat{l}(d) - l_0) + \eta\alpha_d. \tag{3.8}$$

Dabei setzen wir $\alpha_d$ für Prozesse der Dauer $d > 0$ gleich dem linksseitigen Grenzwert der Ableitung von $\hat{l}$ an der Stelle d und schreiben

$$\alpha_d = \hat{l}'(d). \tag{3.9}$$

Wie sich im Falle des Prozesses der Dauer $d = 0$ ein Wert $\alpha_0$ erklären läßt, werden wir später sehen.

Zur Beschreibung des St.-Vénant-Modells erweist sich der von uns gewählte Rahmen als zu eng. Ist nämlich am Ende eines Prozesses $\hat{l}'(d) = 0$, dann erhalten wir nach (2.3) die Aussage $|f| \leqq y$. Es ist also nicht ein einzelner Wert von f determiniert, sondern die Menge von Werten, innerhalb deren f liegen kann. Das Prinzip des Determinismus ist demnach hier nur in abgeschwächter Form gültig. Dieser Sachverhalt wird uns beim dreidimensionalen Verhalten verstärkt begegnen.

Zwar passen die rheologischen Modelle mit Ausnahme des St.-Vénant-Modells in den von uns angegebenen Rahmen der Materialbeschreibung, doch schöpfen sie ihn bei weitem nicht aus. Das zeigt sich schon an den Prozeßklassen. So mag eine Probe alternden Materials nur Prozesse einer gewissen Höchstdauer zulassen. Andere Proben mögen im Laufe der Beanspruchung blockieren oder zerreißen, so daß nachfolgend nur ein spezieller oder gar kein Prozeßverlauf möglich ist.

## 3.4 Bearbeitung der Probe

Bisher haben wir das Verhalten einer Werkstoffprobe aus einer festen Ausgangssituation heraus untersucht und durch Angabe von $\mathbb{P}$ und $\bar{f}$ beschrieben. Bezeichnen wir als Bearbeitung der Probe die Durchführung irgendeines Prozesses $\hat{l}_B \in \mathbb{P}$ der Dauer $d_B$ und untersuchen jetzt das Verhalten der bearbeiteten Probe, betrachten also die durch die Bearbeitung entstandene Situation als neue Ausgangssituation, so sind die neue Prozeßklasse $\mathbb{P}^*$ und das neue Ausgabefunktional $\bar{f}^*$ leicht anzugeben:

Dazu beachten wir, daß jeder Prozeß $\hat{l}^*$ aus $\mathbb{P}^*$ das Endstück $\hat{l}|_{[d_B, d_B+d^*]}$ eines Prozesses $\hat{l}$ aus $\mathbb{P}$ darstellt, dessen Anfangsstück $\hat{l}|_{[0,d_B]} = \hat{l}_B$ ist (Bild 3.1):

$$\hat{l}(x) = \begin{cases} \hat{l}_B(x) & \text{, wenn } x \in [0, d_B], \\ \hat{l}^*(x - d_B) & \text{, wenn } x \in [d_B, d_B + d^*]. \end{cases} \tag{3.10}$$

Bezeichnen wir mit $\mathbb{P}_B$ die Untermenge aller Prozesse aus $\mathbb{P}$, deren Anfangsstück $\hat{l}_B$ ist, dann ist also

$$\mathbb{P}^* = \{\hat{l}^*(x) = \hat{l}(x + d_B) | \hat{l} \in \mathbb{P}_B\}, \tag{3.11}$$

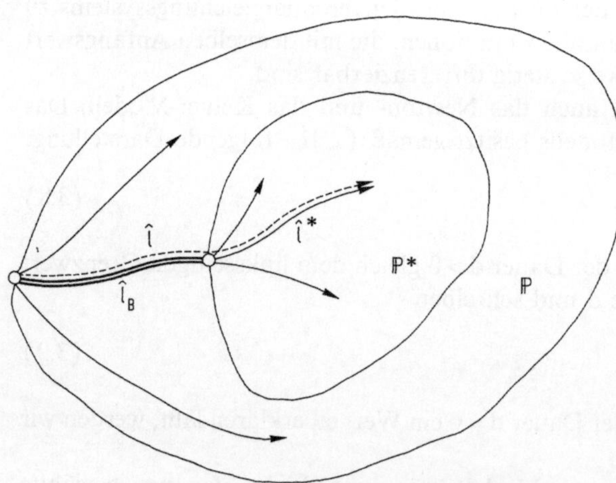


**Bild 3.1.** Prozeßklassen $\mathbb{P}$ und $\mathbb{P}^*$ vor bzw. nach der Bearbeitung

und Anwendung des Ausgabefunktionals $\bar{f}^*$ auf $\hat{l}^*$ muß für jedes $\hat{l}^* \in \mathbb{P}^*$ dasselbe ergeben wie Anwendung von $\bar{f}$ auf das gemäß (3.10) zugeordnete $\hat{l} \in \mathbb{P}_B$:

$$\bar{f}^*(\hat{l}^*) = \bar{f}(\hat{l}) \text{ für alle } \hat{l}^* \in \mathbb{P}^*. \tag{3.12}$$

Betrachten wir als Beispiel das Maxwell-Modell nach der Bearbeitung durch den Prozeß $\hat{l}_B$ der Dauer $d_B$. Seine Prozeßklasse $\mathbb{P}^*$ ist die Menge aller Funktionen, die mit dem Wert $\hat{l}_B(d_B)$ beginnen, sein Ausgabefunktional nach (2.14), (2.16) und (3.5) gegeben durch

$$\begin{aligned}\bar{f}^*(\hat{l}^*) = & -c\alpha_0^* e^{-\beta d^*} + c\hat{l}^*(d^*) \\ & - \int_{x=0}^{d^*} c\beta e^{-\beta(d^*-x)} \hat{l}^*(x)\,dx\end{aligned} \tag{3.13}$$

mit

$$\alpha_0^* = \alpha_0 e^{-\beta d_B} + \int_{x=0}^{d_B} \beta e^{-\beta(d_B-x)} \hat{l}_B(x)\,dx. \tag{3.14}$$

## 3.5 Zustand

Ist das Verhalten $(\mathbb{P}^*, \bar{f}^*)$ der Probe nach zwei verschiedenen Bearbeitungsprozessen das gleiche, dann sagen wir, die Probe befinde sich am Ende beider Prozesse in demselben Zustand (state), und nennen die beiden Bearbeitungsprozesse äquivalent. Der Zustand läßt sich also kennzeichnen

1. durch Angabe von $(\mathbb{P}^*, \bar{f}^*)$,
2. durch Angabe der Menge aller Bearbeitungsprozesse aus der Ausgangssituation heraus, an deren Ende die Probe dieses bestimmte Verhalten $(\mathbb{P}^*, \bar{f}^*)$ zeigt.

Bertram wählt die zweite Möglichkeit als Ausgangspunkt und definiert den Zustand Z als Äquivalenzklasse aller Bearbeitungsprozesse, die auf dasselbe Verhalten der bearbeiteten Probe führen. Man beachte, daß in dieser Definition nichts als das Eingabe-Ausgabe-Verhalten der Probe aus der Ausgangssituation heraus benutzt wird, das prinzipiell aus Versuchen ermittelt werden kann.

Wie aber läßt sich der Zustand zahlenmäßig kennzeichnen? Da alle Prozesse $\hat{l}^* \in \mathbb{P}^*$ mit demselben Anfangswert, genannt „Wert der Größe l im Zustand Z“, starten, müssen alle Bearbeitungsprozesse aus der Äquivalenzklasse diesen Wert l als Endwert besitzen. Bei der elastischen Probe sind nun – wie aus (3.7) ersichtlich – sämtliche Prozesse äquivalent, die mit diesem Wert l enden, d.h., die Äquivalenzklasse – und damit der Zustand – wird durch Angabe der „Zustandsvariablen“ l vollständig gekennzeichnet. In allen anderen Fällen müssen neben der „beobachtbaren Zustandsvariablen“ weitere „innere Zustandsvariable“ (internal variables, hidden variables) $\underset{\sim}{\alpha}$ eingeführt werden, welche das „Gedächtnis“ (memory) der Probe repräsentieren. So gehören beim Maxwell-Modell zwei Prozesse $\hat{l}_B$ in dieselbe Äquivalenzklasse, wenn sie nicht nur denselben Endwert l besitzen, sondern auch der rechten Seite von (3.14) denselben Wert $\alpha = \alpha_0^*$ erteilen. Hier ist also $\alpha$ die einzige innere Zustandsvariable, und die Äquivalenzklasse ist durch das Paar $(l, \alpha)$ gekennzeichnet. Diese Erkenntnis könnte man nun zwar allein aus dem Studium des Eingabe-Ausgabe-Verhaltens eines

Maxwell-Modells gewinnen, aus der Betrachtung des strukturellen Aufbaus des Modells ergibt sie sich jedoch ganz zwanglos, legen doch l und $\alpha$ die Längen von Feder und Dämpfer fest.

In P2 hatten wir ein rheologisches Modell kennengelernt, dessen Gedächtnis durch Angabe von $\alpha(\xi,t)$, $\xi\in[0,\infty)$, also durch überabzählbar unendlich viele innere Zustandsvariable gekennzeichnet war. Das ist zugleich die größtmögliche Anzahl benötigter Parameter zur Festlegung des Zustandes, denn die Äquivalenzklasse läßt sich stets kennzeichnen durch eine in ihr enthaltene, willkürlich ausgewählte Funktion, d.h., durch Angabe der Menge ihrer Funktionswerte auf dem Definitionsbereich $[0,d_B]$, also in der Tat durch Angabe einer überabzählbar unendlichen Parametermenge. Eine letzte und besonders wirksame Möglichkeit zur Kennzeichnung des Zustandes bietet sich also

3. durch Angabe der Werte aller Zustandsvariablen.

Geht man vom Eingabe-Ausgabe-Verhalten aus, dann mag der Zustandsbegriff unhandlich und als abgeleiteter Begriff entbehrlich scheinen. Gründet man die Materialbeschreibung dagegen auf eine Modellvorstellung, dann bilden die Zustandsvariablen ein natürliches Konzept, welches die Behandlung sehr vereinfacht. Im folgenden werden wir daher den Zustandsbegriff wesentlich zur Materialbeschreibung heranziehen.

Der Zustand, in den der Prozeß der Dauer Null und die ihm äquivalenten Prozesse die Probe aus der Ausgangssituation überführen (oder, einfacher gesagt, in dem die Probe sich in der Ausgangssituation befindet), soll Grundzustand heißen.

## 3.6 Zustandsgleichung und Zustandsübergang

Zwischen dem Zustand Z (eingeführt als Äquivalenzklasse von Bearbeitungsprozessen) und dem Verhalten $(\mathbb{P}_Z,\bar{f}_Z)$ aus diesem Zustand heraus besteht eine umkehrbar eindeutige Zuordnung. Demgegenüber sollen zwar die Werte der Zustandsvariablen $(l,\underset{\sim}{\alpha})$ den Zustand ebenfalls eindeutig beschreiben, müssen jedoch selbst durch ihn nicht eindeutig festgelegt sein. Letzteres kann etwa der Fall sein, wenn die Zahl der Zustandsvariablen unnötig groß gewählt wurde.

Die Ausgabe am Ende eines in Z startenden Prozesses $\hat{l}\in\mathbb{P}_Z$ ist gegeben durch

$$f=\bar{f}_Z(\hat{l})=\tilde{\bar{f}}(Z,\hat{l})=\tilde{f}(\underset{\sim}{\alpha},\hat{l}), \tag{3.15}$$

wobei wir in der zweiten Darstellung die Abhängigkeit vom Zustand explizit gemacht und in der dritten diesen durch die Zustandsvariablen beschrieben haben. Die Zustandsvariable l braucht dabei neben $\underset{\sim}{\alpha}$ nicht gesondert aufgeführt zu werden, da sie mit $\hat{l}(0)$ identisch ist. Definitionsbereich der Funktion $\tilde{\bar{f}}$, die Noll [0.3] (welcher übrigens den Zustand als Grundkonzept und nicht als abgeleiteten Begriff verwendet) „response functional" nennt, ist die Menge aller Paare von Zuständen und Prozessen aus der Prozeßklasse dieser Zustände. Anwendung von (3.15) auf den Prozeß $\hat{l}$ der Dauer Null gibt die „Größe f im Zustand Z":

$$f=\tilde{\bar{f}}(Z,\hat{l})=\check{\bar{f}}(Z)=\check{f}(l,\underset{\sim}{\alpha}). \tag{3.16}$$

Dieser Zusammenhang soll *Zustandsgleichung* der Probe heißen.

Eine Probe befinde sich in einem Zustand $Z_0$ und erleide einen Prozeß $\hat{l} \in \mathbb{P}_Z$ der Dauer d, der sie in einen Zustand $Z_d$ überführt. Nun bestimmt $Z_0$ das Verhalten $(\mathbb{P}_{Z_0}, \bar{f}_{Z_0})$ eindeutig. Damit liegt aber auch das Verhalten $(\mathbb{P}_{Z_d}, \bar{f}_{Z_d})$ am Ende des in $Z_0$ startenden Bearbeitungsprozesses $\hat{l}$ – man übertrage (3.10) bis (3.12) sinngemäß – und folglich der Zustand $Z_d$ fest. Also existiert eine *Zustandsübergangsfunktion* (state transition function, evolution function)

$$Z_d = \tilde{\tilde{Z}}(Z_0, \hat{l}) = \tilde{Z}(\underset{\sim}{\alpha}_0, \hat{l}), \tag{3.17}$$

die den Endzustand aus dem Anfangszustand und dem Prozeß zu ermitteln gestattet. Wir wollen ihr eine *Entwicklungsfunktion der inneren Zustandsvariablen*

$$\underset{\sim}{\alpha}_d = \tilde{\underset{\sim}{\alpha}}(\underset{\sim}{\alpha}_0, \hat{l}) \tag{3.18}$$

derart zur Seite stellen, daß $(l_d, \underset{\sim}{\alpha}_d)$ jeweils den Zustand $Z_d$ beschreibt.

Sind die Werte der inneren Zustandsvariablen durch den Zustand nicht eindeutig festgelegt, dann läßt sich mehr als eine Funktion $\tilde{\underset{\sim}{\alpha}}$ zu vorgegebenem $\tilde{Z}$ konstruieren. Wir werden uns aber immer auf die Diskussion einer einzigen derartigen Funktion beschränken. (3.18) soll *finite Entwicklungsgleichung* heißen.

Häufig werden wir dem Spezialfall begegnen, daß die Entwicklungsfunktion als Lösung der Anfangswertaufgabe einer Differentialgleichung

$$\dot{\underset{\sim}{\alpha}} = \underset{\sim}{g}(l, \underset{\sim}{\alpha}, \dot{l}) \tag{3.19}$$

erklärt ist, die wir *inkrementelle Entwicklungsgleichung* nennen wollen. (Der Name rührt daher, daß $\dot{\underset{\sim}{\alpha}}$ das Inkrement – d.h. die lineare Approximation des Zuwachses – von $\underset{\sim}{\alpha}$ während der Zeiteinheit darstellt.) Damit die Lösung der Anfangswertaufgabe den Zustandsübergang (3.17) beschreiben kann, muß die Lösung des Systems (3.19) entweder eindeutig sein, oder es muß beim Vorliegen mehrerer Lösungen eine eindeutige Auswahlvorschrift hinzutreten.

## 3.7 Zustandsbeschreibung der rheologischen Modelle

Das Hooke-Modell besitzt keine inneren Zustandsvariablen, und seine Zustandsgleichung lautet nach (1.1)

$$f = c(l - l_0). \tag{3.20}$$

Beim Maxwell-Modell entnimmt man aus (2.8), (2.12) und (2.14) Zustandsgleichung, inkrementelle sowie finite Entwicklungsgleichung:

$$f = c(l - \alpha), \tag{3.21}$$

$$\dot{\alpha} = \beta(l - \alpha), \tag{3.22}$$

$$\alpha_d = \alpha_0 e^{-\beta d} + \int_{x=0}^{d} \beta e^{-\beta(d-x)} \hat{l}(x)\, dx. \tag{3.23}$$

Man sieht übrigens, daß $\alpha$ mittels der Gleichung (3.21) durch f und l ausgedrückt werden kann. Der Zustand des Maxwell-Modells ist also statt durch $(l, \alpha)$ ebenso gut durch $(l, f)$ zu beschreiben. Die Bezeichnung „hidden variable“ ist demnach für $\alpha$

nicht ganz zutreffend, da l und f beobachtbar sind. Offenbar ist es immer möglich, mittels der Zustandsgleichung genau eine der inneren Zustandsvariablen gegen f auszutauschen, falls nur die Zustandsgleichung nach dieser Variablen eindeutig auflösbar ist.

Beim plastischen Modell P2 und der endochronen Beschreibung P3 lautet die Zustandsgleichung nach (2.56)

$$f = \sum_{i=1}^{n} c_i (l - \alpha_i) \tag{3.24}$$

und die inkrementelle Entwicklungsgleichung nach (2.58) bzw. (2.67)

$$\dot{\alpha}_i = \zeta\left(\frac{c_i}{y_i}(l - \alpha_i)\operatorname{sgn}(\dot{l})\right)\dot{l} \tag{3.25}$$

bzw.

$$\dot{\alpha}_i = \frac{c_i}{y_i}(l - \alpha_i)|\dot{l}|. \tag{3.26}$$

Beim viskoplastischen Modell VP liest man Zustandsgleichung und inkrementelle Entwicklungsgleichung aus (2.82) bis (2.84) ab.

Newton- und Kelvin-Modell lassen sich mit einer einzigen inneren Zustandsvariablen $\alpha$ beschreiben. Nach (2.21) hat das Kelvin-Modell die Zustandsgleichung

$$f = c(l - l_0) + \eta\alpha \tag{3.27}$$

und die finite Entwicklungsgleichung

$$\alpha_d = \tilde{\alpha}(\alpha_0, \hat{l}) = \begin{cases} \hat{l}'(d) & \text{, wenn } d > 0, \\ \alpha_0 & \text{, wenn } d = 0. \end{cases} \tag{3.28}$$

Eine inkrementelle Entwicklungsgleichung für $\alpha$ existiert nicht. Die Zustandsvariable $\alpha$ gibt an, mit welcher linksseitigen Ableitung der Bearbeitungsprozeß geendet hat, der die Probe in den aktuellen Zustand überführt hat. Im Grundzustand, der ja nicht aus einem Bearbeitungsprozeß hervorgegangen ist, muß der Wert von $\alpha$ als gegeben angesehen werden. Mit diesen Bemerkungen haben wir die noch ausstehende Deutung der Gleichung (3.8) für den Prozeß der Dauer Null nachgeliefert.

Jetzt bietet auch die Erledigung des komplexen viskoelastischen Modells VE keine Schwierigkeiten mehr. Schreiben wir $\alpha_{n+1}$ statt $\dot{l}$, dann gibt (2.26) die Zustandsgleichung

$$f = c(l - l_0) + \eta\alpha_{n+1} + \sum_{j=1}^{n} c_j (l - \alpha_j). \tag{3.29}$$

Die inneren Zustandsvariablen $\alpha_j$ $(j = 1, \ldots, n)$ genügen nach (2.24) den inkrementellen Entwicklungsgleichungen

$$\dot{\alpha}_j = \beta_j (l - \alpha_j),\; j = 1, \ldots, n, \tag{3.30}$$

während $\alpha_{n+1}$ eine finite Entwicklungsgleichung des Typs (3.28) besitzt.

## 3.8 Klassifikation des Materialverhaltens

Das Eingabe-Ausgabe-Verhalten einer Probe aus dem Grundzustand heraus läßt sich unter verschiedenen Gesichtspunkten klassifizieren:

*Altern*

Eine Probe heißt alternd (ageing), wenn gilt: Äquivalente Bearbeitungsprozesse, also solche, welche die Probe vom Grundzustand aus in denselben Zustand überführen, haben gleiche Dauer. Folglich spielt die Zeit selbst die Rolle einer inneren Zustandsvariablen. Mit dem Konzept des Alterns lassen sich chemische Umsetzungen, Diffusionsvorgänge u.ä. in der Probe berücksichtigen, die unabhängig vom Prozeßverlauf stattfinden.

Ein Beispiel bieten die von Dischinger [3.2] zur Beschreibung von Beton angegebenen Gleichungen, denen nach einem Vorschlag von Trostel ein abgewandeltes Maxwell-Modell mit zeitlich streng monoton anwachsender Zähigkeit $\eta$ und einer konstanten Anziehungskraft $f_s$ der Modellenden entspricht, mit der eine sich ohne äußere Krafteinwirkung ausbildende bleibende Verkürzung, Schwinden genannt, erfaßt wird.

Die Zustandsgleichung lautet

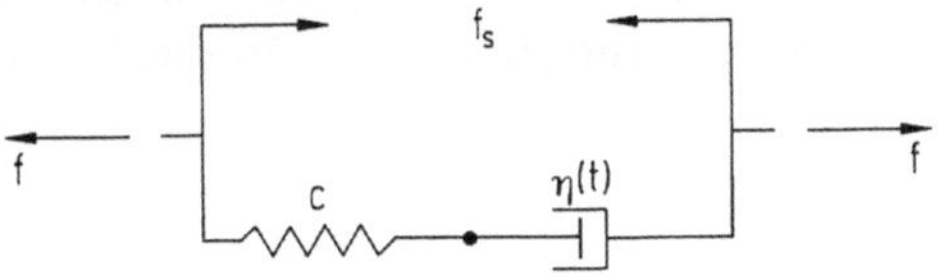

$$f = f_s + c(1-\alpha) = f(1,\alpha), \tag{3.31}$$

und die inkrementellen Entwicklungsgleichungen der inneren Zustandsvariablen t und $\alpha$ sind

$$\dot{t} = 1, \tag{3.32}$$

$$\dot{\alpha} = \frac{c}{\eta(t)}(1-\alpha) = a(1,\alpha,t). \tag{3.33}$$

Sie können mittels der durch

$$d\varphi = \frac{c}{\eta(t)} dt \tag{3.34}$$

eingeführten Kriechzeit $\varphi$ auf die Form

$$\frac{d\alpha}{d\varphi} = 1-\alpha \tag{3.35}$$

mit der eleganten Lösung

$$\alpha(\varphi) = \alpha(\varphi_0)e^{-(\varphi-\varphi_0)} + \int_{\chi=\varphi_0}^{\varphi} e^{-(\varphi-\chi)} 1(\chi) d\chi \tag{3.36}$$

gebracht werden.

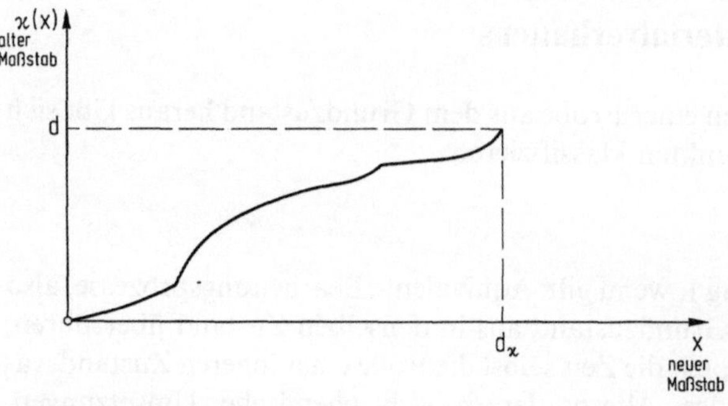


**Bild 3.2.** Zur Definition der Geschwindigkeitsunabhängigkeit: Maßstabswechsel

*Geschwindigkeitsunabhängigkeit* (rate-independence)

Wechsel des Zeitmaßstabes (rescaling) heißt eine auf einem Intervall $[0,d_\varkappa]$ definierte Funktion $\varkappa(\cdot)$ mit $\varkappa(0)=0$, die stetig und stückweise stetig differenzierbar ist und deren Ableitung sowie, wo diese nicht existiert, deren links- und rechtsseitiger Grenzwert der Ableitung streng positiv ist (Bild 3.2). Ist $\hat{1}$ ein Prozeß der Dauer $d=\varkappa(d_\varkappa)$, dann nennen wir

$$\hat{1}_\varkappa(x):=\hat{1}(\varkappa(x)) \text{ für alle } x\in[0,d_\varkappa] \tag{3.37}$$

den mittels $\varkappa$ modifizierten Prozeß der Dauer $d_\varkappa$. Ist $\hat{1}$ stetig und stückweise stetig differenzierbar, dann auch $\hat{1}_\varkappa$, und für die Ableitungen bzw. deren Grenzwerte gilt

$$\hat{1}_\varkappa'=\hat{1}'\varkappa' \tag{3.38}$$

und wegen $\varkappa'>0$ demnach

$$\operatorname{sgn}(\hat{1}_\varkappa')=\operatorname{sgn}(\hat{1}'). \tag{3.39}$$

Das Verhalten einer Probe heißt geschwindigkeitsunabhängig, wenn für jeden Zustand Z und jede Wahl von $\varkappa(\cdot)$ gilt:

a) Gehört $\hat{1}$ zur Prozeßklasse $\mathbb{P}$, dann auch $\hat{1}_\varkappa$.
b) Das Ausgabefunktional hat für $\hat{1}$ und $\hat{1}_\varkappa$ den gleichen Wert

$$\bar{f}(\hat{1})=\bar{f}(\hat{1}_\varkappa). \tag{3.40}$$

Es läßt sich beweisen, daß damit auch die Zustandsübergangsfunktion für $\hat{1}$ und $\hat{1}_\varkappa$ denselben Wert besitzt:

$$\tilde{\tilde{Z}}(Z,\hat{1})=\tilde{\tilde{Z}}(Z,\hat{1}_\varkappa). \tag{3.41}$$

Läßt nämlich $\hat{1}$ sich mit einem Prozeß $\hat{1}^*$ fortsetzen, dann auch $\hat{1}_\varkappa$, denn die Hintereinanderschaltung von $\hat{1}_\varkappa$ und $\hat{1}^*$ geht aus der Hintereinanderschaltung von $\hat{1}$ und $\hat{1}^*$ durch einen speziellen Wechsel des Zeitmaßstabes hervor (während $\hat{1}^*$ ist $\varkappa'\equiv1$). Beide Hintereinanderschaltungen gehören also zur Prozeßklasse $\mathbb{P}$ und führen nach (3.40) auf denselben Wert von f. Damit müssen aber die Zustände im Anschluß an $\hat{1}$ bzw. $\hat{1}_\varkappa$ übereinstimmen, da ihre Prozeßklassen die gleichen Elemente $\hat{1}^*$ enthalten und ihre Ausgabe-Funktionale diesen dieselben Werte $\bar{f}^*(\hat{1}^*)$ zuordnen.

Keine alternde Probe kann geschwindigkeitsunabhängiges Verhalten zeigen.

Von den rheologischen Modellen verhalten sich das Hooke-Modell und die plastischen Modelle geschwindigkeitsunabhängig. Auch die Beziehungen (2.3), (2.4) des St.-Vénant-Modells, das nicht in unser Schema paßt, sind wegen (3.39) gegen Wechsel des Zeitmaßstabes invariant. (Die Bedingung $\varkappa' \geqq 0$ wäre hier zu schwach.)

*Umkehrbarkeit*

Der Prozeß

$$\hat{l}_u(x) := \hat{l}(d-x) \text{ für alle } x \in [0,d] \qquad (3.42)$$

wird Umkehrprozeß des Prozesses $\hat{l}$ genannt. Das Verhalten einer Probe heißt umkehrbar, wenn gilt: Ist $Z_1$ ein beliebiger Zustand und $\hat{l}$ irgendein Prozeß aus seiner Prozeßklasse, der die Probe in den Zustand $Z_2 = \tilde{\tilde{Z}}(Z_1,\hat{l})$ überführt, dann gehört $\hat{l}_u$ zur Prozeßklasse von $Z_2$, und es gilt $\tilde{\tilde{Z}}(Z_2,\hat{l}_u) = Z_1$. Anders ausgedrückt: Das Verhalten ist invariant gegen Umkehr der Zeitrichtung. Von den betrachteten rheologischen Modellen zeigt nur das Hooke-Modell umkehrbares Verhalten.

*Plastizität*

Wir haben gesehen, daß unsere plastischen rheologischen Modelle ebenso wie die endochrone Beschreibung plastischen Verhaltens die Eigenschaft der Geschwindigkeitsunabhängigkeit, nicht aber die der Umkehrbarkeit haben. Um uns von Modellvorstellungen frei zu machen, können wir definieren:

Materialverhalten heißt plastisch, wenn es geschwindigkeitsunabhängig und nicht umkehrbar ist.

## 3.9 Existenz von Geschichtsfunktionalen

Gemäß (2.25) lautet die finite Entwicklungsgleichung der inneren Zustandsvariablen der Nummer j beim viskoelastischen Modell VE

$$\alpha_j(t) = \alpha_j(t_0)e^{-\beta_j(t-t_0)} + \int_{\tau=t_0}^{t} \beta_j e^{-\beta_j(t-\tau)} l(\tau)\,d\tau. \qquad (3.43)$$

Wie man sieht, klingt der Einfluß des Anfangswertes von $\alpha_j$ exponentiell mit der Dauer $t-t_0$ des Prozesses ab. Das legt den Gedanken nahe, zu untersuchen, ob bei der Berechnung des aktuellen Wertes von $\alpha_j$ die Kenntnis des Anfangswertes sich vielleicht gänzlich erübrigt, wenn nur der Verlauf von $l(\tau)$ seit beliebig langer Zeit bekannt ist. Nun existiert zwar der Grenzwert der rechten Seite für $t_0 \to -\infty$ – man beachte, daß der Wert der rechten Seite für alle $t_0$ gleich ist, da die linke Seite nicht von $t_0$ abhängt –, doch sind zwei Fälle zu unterscheiden:

1. Die beiden Summanden auf der rechten Seite konvergieren nicht einzeln. Das ist der Fall, wenn die Funktion $l(\tau)$ ungeeignet ist, die Konvergenz des uneigentlichen Integrals zu ermöglichen. (Beispiel: $l(\tau) = l(t)\exp[\gamma(t-\tau)]$ für $t \geqq \tau > -\infty$ und $\gamma \geqq \beta_j$.) Dann kann auch der erste Summand der rechten Seite nicht konvergieren, und die Größe des Anfangswertes $\alpha_j(t_0)$ wird mit wachsendem $t-t_0$ immer wichtiger.

2. Um den Einfluß des Anfangswertes auszuschalten, müssen wir uns also auf solche Funktionen $l(\tau)$ beschränken – wir wollen sie geeignet nennen –, welche die Konvergenz des uneigentlichen Integrals sicherstellen und daher notwendigerweise die Eigenschaft

$$\lim_{\tau \to -\infty} e^{\beta_j \tau} l(\tau) = 0 \tag{3.44}$$

besitzen. (Beispiel: $l(\tau) = l(t)\exp[\gamma(t-\tau)]$ mit $\gamma < \beta_j$.) Dann konvergieren beide Summanden in (3.43) je für sich, und es gilt

$$\alpha_j(t) = a e^{-\beta_j t} + \int_{\tau=-\infty}^{t} \beta_j e^{-\beta_j(t-\tau)} l(\tau) d\tau \tag{3.45}$$

mit

$$a = \lim_{t_0 \to -\infty} \alpha_j(t_0) e^{\beta_j t_0}. \tag{3.46}$$

Auch in diesem Falle läßt der aktuelle Wert der Zustandsvariablen $\alpha_j$ sich aus der Kenntnis des vergangenen Verlaufs von $l$ allein nicht ermitteln. Vielmehr sind je nach dem Wert der Konstanten $a$ unendlich viele aktuelle Werte von $\alpha_j$ möglich. Betrachten wir $t$ nicht als fest, sondern als seit $-\infty$ laufende Variable, dann können wir (3.45) als Vorschrift deuten, die dem geeigneten Verlauf $l(\tau)$ für jeden Wert der Konstanten $a$ eine andere Geschichte der Zustandsvariablen $\alpha_j$ zuordnet.

Welche Zustandsgeschichte ist nun tatsächlich abgelaufen? Diese Frage läßt sich nur mit einer zusätzlichen Annahme entscheiden. Physikalisch naheliegend ist folgende Argumentation. Wenn das Maxwell-Element der Nummer j eine unendlich lange Vorgeschichte überlebt hat, dann wird die Kraftgröße

$$f_j = c_j(l - \alpha_j) \tag{3.47}$$

während dieser gesamten Geschichte beschränkt gewesen sein müssen. Wir fordern also, daß sich eine Konstante $K_j$ so finden läßt, daß gilt

$$|f_j(t-T)| = c_j |l(t-T) - \alpha_j(t-T)| < K_j \text{ für alle } T \in [0, \infty). \tag{3.48}$$

Daraus folgt unter Beachtung von (3.44)

$$a = \lim_{t_0 \to -\infty} \alpha_j(t_0) e^{\beta_j t_0} = \lim_{t_0 \to -\infty} \left[ l(t_0) - \frac{f_j(t_0)}{c_j} \right] e^{\beta_j t_0} = 0, \tag{3.49}$$

so daß wir tatsächlich genau eine „zulässige" Geschichte von $\alpha_j$ ausgesondert haben:

$$\alpha_j(t) = \int_{\tau=-\infty}^{t} \beta_j e^{-\beta_j(t-\tau)} l(\tau) d\tau. \tag{3.50}$$

Übrigens liefert nicht jeder geeignete Verlauf von $l$ auch eine nach (3.48) zulässige Geschichte von $\alpha_j$. Das tun nur die „bezüglich $\alpha_j$ zahmen" Verläufe, für die Einsetzen von (3.50) in (3.48) und Variablensubstitution die Bedingung

$$|f_j(t-T)| = \left| \int_{\tau=-\infty}^{t} c_j \beta_j e^{-\beta_j(t-\tau)} [l(t-T) - l(\tau-T)] d\tau \right| < K_j$$

$$\text{für alle } T \in [0, \infty) \tag{3.51}$$

ergibt. Hinreichend für die Erfüllung dieser Bedingung ist beispielsweise, wie man leicht nachrechnet, die Einschränkung

$$|l(t_1)-l(t_2)|<A+B|t_1-t_2| \text{ für alle } t_1,t_2\in[0,\infty) \quad \text{mit } \left(A+\frac{1}{\beta_j}B\right)c_j<K_j. \tag{3.52}$$

Einsetzen von (3.50) in (2.26) gibt mit (2.27)

$$\begin{aligned} f(t) &= [c+K(0)]l(t)-cl_0+\eta\dot{l}(t)+\int_{\tau=-\infty}^{t}K'(t-\tau)l(\tau)d\tau \\ &= c(l(t)-l_0)+\eta\dot{l}(t)-\int_{\tau=-\infty}^{t}K'(t-\tau)[l(t)-l(\tau)]d\tau \end{aligned} \tag{3.53}$$

oder, wenn wir die als Geschichte von l bezeichnete Funktion

$$l^t(s):=l(t-s) \quad s\in[0,\infty) \tag{3.54}$$

einführen,

$$f(t)=[c+K(0)]l^t(0)-cl_0-\eta\frac{dl^t}{ds}(0)+\int_{s=0}^{\infty}K'(s)l^t(s)ds. \tag{3.55}$$

Diese Vorschrift, die der Geschichte $l^t$ den aktuellen Wert von f zuordnet, nennen wir Geschichtsfunktional (history functional) und schreiben:

$$f(t)=f(l^t). \tag{3.56}$$

Sein Definitionsbereich ist auf Grund unserer Herleitung zunächst die Menge der zahmen Geschichten, doch läßt er sich offenbar auf die Menge aller Geschichten ausdehnen, für die das uneigentliche Integral in (3.55) konvergiert.

Beim Kelvin-Modell, welches sich aus (3.55) mit $K'(s)\equiv 0$ ergibt, wird von der unendlichen Geschichte nur ein beliebig kurzes Stück benötigt. Man kann sagen, das Kelvin-Modell besitze ein kurzes Gedächtnis. Das komplexe Modell VE – aber auch schon ein einzelnes Maxwell-Modell – erinnert sich demgegenüber zwar gemäß (3.55) an die gesamte Geschichte, doch hat ein Fehler in der Kenntnis des Wertes von $l^t(s)$ – da er mit $K'(s)=-\Sigma c_j\beta_j\exp(-\beta_j s)$ gewogen wird – einen um so geringeren Einfluß auf den Wert des Geschichtsfunktionals, je größer der Abstand s vom momentanen Zeitpunkt t ist. Man spricht daher von schwindendem Gedächtnis (fading memory).

Das Altern einer Probe schließt die Existenz eines Geschichtsfunktionals nicht aus. So ergibt sich beispielsweise aus (3.31) mit (3.36)

$$f(\varphi)=f_s+\int_{\chi=-\infty}^{\varphi}ce^{-(\varphi-\chi)}[l(\varphi)-l(\chi)]d\chi \tag{3.57}$$

und mit (3.34) umgeschrieben auf die Geschichte

$$f(t)=f_s+\int_{s=0}^{\infty}\frac{c^2}{\eta(t-s)}e^{-[\varphi(t)-\varphi(t-s)]}[l^t(0)-l^t(s)]ds. \tag{3.58}$$

Im Unterschied zu (3.55) hängt das Geschichtsfunktional hier wegen des Alterns vom aktuellen Zeitpunkt t ab, ordnet also derselben Geschichte $l^t(s)$, wenn sie verschiedenen Zeitpunkten t vorausgeht, verschiedene Werte von f zu:

$$f(t) = \mathscr{f}(t, l^t). \tag{3.59}$$

Bemerkung: Beim Beton, für dessen Beschreibung das Modell entwickelt wurde, haben diese Überlegungen keine Bedeutung, da sein Schicksal erst mit dem Mischen zu einem festen Zeitpunkt beginnt und daher der Geschichtsbegriff nicht anwendbar ist.

Hat unsere Betrachtung der Geschichtsfunktionale sich bisher auf spezielle rheologische Modelle gestützt, so geben wir nun eine allgemeine Konstruktionsvorschrift. Bekannt sei der unendliche vergangene Verlauf $l(\tau)$ einer Probe. Gefragt ist nach der zugehörigen Zustandsgeschichte $Z(\tau)$. Die Frage bekommt erst Sinn, wenn wir eine Annahme treffen, welches Verhalten dem Material in der Vergangenheit möglich gewesen ist. (Im Falle der rheologischen Modelle hatten wir unterstellt, die Struktur des Modells und damit die Menge der inneren Zustandsvariablen und die Entwicklungsgleichungen seien stets dieselben gewesen.)

Eine Zustandsgeschichte $Z(\tau)$ soll mit $l(\tau)$ verträglich heißen, wenn für alle Zwischenzeitpunkt $t_1, t_2 \in (-\infty, t]$ gilt:
Die als Prozesse gedeuteten Teilstücke der Vorgeschichte von $t_1$ bis $t_2$ $(\geqq t_1)$

$$\hat{l}(\tau - t_1) = l(\tau), \ \tau \in [t_1, t_2] \tag{3.60}$$

gehören erstens zur Prozeßklasse von $Z(t_1)$ und überführen zweitens den Zustand aus $Z(t_1)$ in $Z(t_2)$ gemäß (3.17):

$$\tilde{\tilde{Z}}(Z(t_1), \hat{l}) = Z(t_2). \tag{3.61}$$

Eine mit $l(\tau)$ verträgliche Zustandsgeschichte $Z(\tau)$ soll zulässig heißen, wenn die Kraftgröße f in der Vergangenheit beschränkt war, d.h., wenn es eine Konstante K so gibt, daß gilt (siehe (3.16)):

$$|\check{\check{f}}(Z(\tau))| < K \text{ für alle } \tau \in (-\infty, t]. \tag{3.62}$$

Gibt es zu einer Vorgeschichte $l(\tau)$ mindestens eine zulässige Zustandsgeschichte $Z(\tau)$, dann nennen wir $l(\tau)$ „zahm", gibt es zu jeder zahmen Vorgeschichte $l(\tau)$ nur eine zulässige Zustandsgeschichte $Z(\tau)$, dann sagen wir, $Z(\tau)$ sei die durch $l(\tau)$ determinierte Zustandsgeschichte. Aus ihrem Endwert $Z(t)$ können wir über die Zustandsgleichung den aktuellen Wert von f berechnen. Also existiert eine Zuordnung zwischen $l^t$ und $f(t)$, d.h. ein Geschichtsfunktional.

Überprüfen wir unsere Definition an den rheologischen Modellen und beginnen mit den viskoelastischen. Zahme Vorgeschichten sind beispielsweise solche, die für alle $\tau$ den Einschränkungen

$$|\dot{l}(\tau)| < K_I,$$

$$c|l(\tau) - l_0| < K_{II} \tag{3.63}$$

genügen, denn die verträgliche Zustandsgeschichte (3.50) ist wegen

$$|f(\tau)| < K_{II} + \left(\eta + \sum_{j=1}^{n} \eta_j\right) K_I \tag{3.64}$$

nach (3.51), (3.52) zulässig. (Wenn $\eta = 0$ ist, gibt es auch unstetige zahme Vorgeschichten.) Daß es aber zu keiner Vorgeschichte mehr als eine zulässige Zustandsgeschichte geben kann, sieht man so: Gibt es zwei und unterscheiden deren Momentanwerte der inneren Zustandsvariablen sich um $\delta\alpha_j(t)$, dann betrug die Abweichung zur Zeit $t_0$ gemäß (3.43) $\delta\alpha_j(t_0) = \delta\alpha_j(t)\exp[\beta_j(t-t_0)]$ und die Differenz der Kraft damit

$$\delta f(t_0) = -\Sigma c_j \delta\alpha_j(t_0) = -\Sigma c_j \delta\alpha_j(t) e^{\beta_j(t-t_0)}. \tag{3.65}$$

Diese Differenz wächst für $t_0 \to -\infty$ unbegrenzt an, so daß nicht in beiden Fällen die Kräfte beschränkt gewesen sein können. Die viskoelastischen rheologischen Modelle – einschließlich des Newtonschen viskosen Modells – lassen sich also in der Tat durch ein Geschichtsfunktional beschreiben, und dieses ist durch (3.55) gegeben.

Umgekehrt können wir beweisen, daß die plastischen und viskoplastischen Modelle kein Geschichtsfunktional besitzen. Dazu betrachten wir am einfachsten die Ruhegeschichte

$$l^t(s) \equiv l^t(0) \quad \text{für alle } s \in [0, \infty) \tag{3.66}$$

und zeigen, daß es zu ihr unendlich viele zulässige Zustandsgeschichten gibt. Bei den plastischen Modellen sind dabei während aller verträglichen Zustandsprozesse die inneren Zustandsvariablen zeitlich konstant – vgl. die Entwicklungsgleichungen (2.58), (2.67) –, bei den viskoplastischen können wir unsere Betrachtung auf solche zeitlich konstanten Zustandsprozesse einschränken – die Dämpfer sind dann kräftefrei, vgl. (2.76), (2.77). Die Kräfte in den ruhenden Reibungselementen sind innerhalb des durch die Fließgrenze abgesteckten Rahmens beliebig, und deshalb gibt es bei vorgegebener Gesamtlänge $l$ des Modells unendlich viele verschiedene mögliche Lagen der Reibungselemente, und weil die Gesamtkraft zeitlich konstant und damit beschränkt ist, sind tatsächlich alle diese Zustandsgeschichten zulässig. So ist etwa beim Prandtl-Element nach (2.50), (2.51) jede konstante Zustandsgeschichte $(l, \alpha)$ mit

$$l - \frac{y}{c} \leqq \alpha \leqq l + \frac{y}{c} \tag{3.67}$$

mit der Ruhegeschichte verträglich und zulässig. Aus der Geschichte allein ist also weder der aktuelle Zustand noch der Momentanwert der Kraftgröße $f$ zu ermitteln, so daß es kein Geschichtsfunktional geben kann.

Wir wollen nun noch zeigen, daß das Verhalten einer Probe durch die Angabe des Geschichtsfunktionals – sofern es existiert – und seines Definitionsbereiches, der Geschichtsklasse, erschöpfend beschrieben wird. Dabei betrachten wir sogleich den allgemeinen Fall alternden Materials, bei dem Geschichtsfunktional und Geschichtsklasse explizit von der Zeit abhängen. Wir müssen folgendes beweisen: Ist die

Geschichte $l^{t_0}$ der Probe bis zu einem Zeitpunkt $t_0$ bekannt, dann gestattet die Kenntnis von Geschichtsfunktional und Geschichtsklasse die Ermittlung des Verhaltens $(\mathbb{P},\bar{f})$ aus der Situation zur Zeit $t_0$ heraus. Das ist nicht schwer zu sehen. Sei nämlich die Probe vom Zeitpunkt $t_0$ bis zum Zeitpunkt t einem Prozeß $\hat{l}$ der Dauer d unterworfen. Die Geschichte $l^t$ zur Zeit $t = t_0 + d$ ist dann gegeben durch

$$l^{t_0+d}(s) = \begin{cases} \hat{l}(d-s), & \text{wenn } s \leqq d, \\ l^{t_0}(s-d), & \text{wenn } s \geqq d. \end{cases} \tag{3.68}$$

Die Prozeßklasse $\mathbb{P}$ ist offenbar die Menge aller Prozesse $\hat{l}$ der Dauer d mit der Eigenschaft, daß die nach (3.68) gebildete Geschichte $l^t$ in der dem Zeitpunkt t zugehörigen Geschichtsklasse enthalten ist, und das Ausgabefunktional ergibt sich gemäß (3.3), (3.59) zu

$$\bar{f}(\hat{l}) = f(t_0 + d, l^{t_0+d}). \tag{3.69}$$

## 3.10 Die Nollschen Theorien der einfachen Stoffe

Bahnbrechend auf dem Gebiet der Theorie nicht alternder Materialien haben zahlreiche Arbeiten von Walter Noll über die mathematische Theorie der sog. einfachen Stoffe (simple materials) gewirkt. Die erste Theorie von 1958 [3.3], die vor allem durch ihre Darstellung im Handbuch der Physik [0.1] bekannt wurde, beschreibt Materialverhalten durch die Vorgabe von Geschichtsfunktionalen. Damit lassen sich allerdings alle wesentlichen plastischen und viskoplastischen Phänomene nicht erfassen, wie wir an den rheologischen Modellen gesehen haben. Diese Einschränkung vermeidet die allgemeinere, sich auf das Zustandskonzept stützende Theorie der einfachen Stoffe, die Noll 1972 [0.3] veröffentlichte. Er behandelt darin Materialien mit folgender spezieller Eigenschaft: Die Prozeßklasse jedes Zustandes enthält konstante Prozesse (freeze) beliebiger Dauer, und während solcher konstanten Prozesse nähert der Zustand sich einem Grenzwert, dem relaxierten Zustand. (Zwei Zustände werden als benachbart betrachtet, wenn sie dieselbe Prozeßklasse besitzen und ihre beiden Ausgabefunktionale jedem Prozeß benachbarte Werte zuordnen.) Semielastisch nennt Noll jene Materialien, bei denen der relaxierte Zustand nur von dem konstanten Wert des Prozesses, nicht aber vom Ausgangszustand abhängt. Für sie gibt er eine Vorschrift zur Konstruktion eines Geschichtsfunktionals. Wendet man seine Methode auf die viskoelastischen, plastischen und viskoplastischen rheologischen Modelle an – der relaxierte Zustand ist jeweils durch kräftefreie Dämpfer gekennzeichnet –, dann sieht man, daß von diesen nur die viskoelastischen die Eigenschaft der Semielastizität besitzen und daß die Nollsche Konstruktionsvorschrift dasselbe Geschichtsfunktional liefert, wie wir es auf andere Weise erhalten haben, allerdings mit einer von vornherein größeren Geschichtsklasse. Bezüglich aller Einzelheiten sei der Leser auf die Nollsche Arbeit verwiesen.

## 3.11 Experimente an semielastischen Proben

Bei der experimentellen Bestimmung des Ausgabefunktionals einer Probe waren wir auf die Schwierigkeit gestoßen, daß verschiedene Prozesse i.allg. nur mit verschiedenen Proben gefahren werden können und daher unterstellt werden muß, alle diese Proben seien in der Ausgangssituation im selben Zustand. Bei semielastischen Proben ist diese Annahme nun in der Tat gerechtfertigt, wenn sichergestellt ist, daß den Versuchen ein hinreichend langer (genau genommen unendlich langer) konstanter Prozeß vorausgeht. Definitionsgemäß strebt dann der Zustand der Probe gegen einen relaxierten, der durch die konstantgehaltene Länge der Probe eindeutig festgelegt ist. Beim viskoelastischen rheologischen Modell VE ist der relaxierte Zustand nach (2.24) durch

$$\alpha_j = 1,\ j = 1,\dots,n \tag{3.70}$$

gekennzeichnet, so daß das Ausgabefunktional aus dem zur Länge $l(t_0)$ gehörigen relaxierten Zustand heraus in Spezialisierung von (2.28) lautet

$$\begin{aligned} f(t) = {} & \eta \dot{l}(t) + c[l(t) - l_0] \\ & + K(t-t_0)[l(t) - l(t_0)] - \int_{\tau=t_0}^{t} K'(t-\tau)[l(t) - l(\tau)]d\tau. \end{aligned} \tag{3.71}$$

## 3.12 Zusammenfassung

Abschließend wollen wir die wichtigsten Möglichkeiten, Materialverhalten phänomenologisch zu beschreiben, noch einmal zusammenstellen. Derartige Beschreibungsformen werden üblicherweise mit den Namen Stoffgesetz, Stoffgleichung oder konstitutive Beziehung (constitutive relation) belegt.

a) Das Verhalten aus einem fest gewählten Grundzustand heraus läßt sich immer durch Angabe der Prozeßklasse und des Ausgabefunktionals beschreiben.

b) Einfacher ist es oft, mit dem Zustandsbegriff zu arbeiten, vor allem, wenn der Zustand sich durch eine geringe Zahl von Zustandsvariablen beschreiben läßt, und folgendes vorzugeben:
den Satz der Zustandsvariablen,
die zu den einzelnen Zuständen gehörigen Prozeßklassen,
die Zustandsgleichung,
die finite oder inkrementelle Entwicklungsgleichung der inneren Zustandsvariablen.

c) Bei gewissen Materialien – wie wir an den rheologischen Modellen sehen konnten, sind dies vor allem die viskoelastischen, nicht aber die plastischen und viskoplastischen – läßt sich das Materialverhalten auch kennzeichnen durch Vorgabe von Geschichtsklasse und Geschichtsfunktional.

Bemerkung: Bei der Benutzung von inneren Zustandsvariablen stellt sich das Problem, deren Werte im Grundzustand zu kennen. Sie müssen i.allg. geschätzt werden, und ggfs. sind die ungünstigsten denkbaren Werte der Rechnung zugrunde zu legen. Das Problem stellt sich nicht bei semielastischen Proben, von denen anzunehmen ist, daß sie einen längeren Ruheprozeß hinter sich haben und sich daher in etwa im relaxierten Zustand befinden. Bei plastischen Materialien, die sich durch die Modelle von Abschnitt 2.3 beschreiben lassen, kann man durch eine Vorbehandlung, nämlich die monotone Belastung bis zur Fließgrenze, das Gedächtnis auslöschen und einen wohldefinierten Grundzustand erzeugen.

# 4 Passivität und Stabilität

Dieses Kapitel behandelt zwei Arten von Problemen des Energieumsatzes. Zunächst wird die bei den rheologischen Modellen plausible Annahme, daß durch Mechanismen der Dämpfung und Trockenreibung mechanische Energie verlorengeht, zum Konzept der Passivität erweitert, welches eine Einschränkung des möglichen Eingabe-Ausgabe-Verhaltens beliebiger Proben darstellt. Die weitere Erkenntnis, daß gewisse Werte der Parameter bei rheologischen Modellen (z.B. negative Federkonstante beim Hooke-Modell) zu Instabilitäten Anlaß geben, wird ebenfalls auf das Verhalten allgemeiner Proben ausgedehnt und führt zum Auffinden sog. konstitutiver Ungleichungen. Dabei wird Stabilität einer Ruhelage nach Ljapunow dadurch gekennzeichnet, daß kleine Anfangs-Störungen nur kleine darauffolgende Abweichungen verursachen. Um eine einheitliche Definition für beliebige Materialien zu haben, werden Anfangsstörung und Abweichung durch Arbeitsausdrücke gemessen.

Für die folgenden Betrachtungen müssen wir alle Prozesse als stetig und stückweise stetig differenzierbar unterstellen. Die an einer Probe in der Zeiteinheit geleistete Arbeit ist dann durch $f\dot{l}$ gegeben. Läßt der Verlauf der Kraftgröße f sich mittels des Ausgabefunktionals (3.3) aus dem Verlauf der Weggröße l berechnen, so ist auch die während jedes Prozesses insgesamt geleistete Arbeit durch den Prozeßverlauf determiniert, d.h., es existiert ein Arbeitsfunktional

$$J := \int_{x=0}^{d} f(t_0+x)\dot{l}(t_0+x)\,dx = \bar{J}(\hat{l}). \tag{4.1}$$

Dieses Funktional liefert aber sogar noch für das St.-Vénant-Modell eindeutige Werte, obwohl f bei diesem im Falle der Ruhe nicht eindeutig festliegt.

## 4.1 Passivität

Bei den rheologischen Modellen läßt die Gesamtleistung sich durch die Leistungen in den einzelnen Federn, Dämpfern und Reibungselementen gemäß

$$\begin{aligned} f\dot{l} = {} & \sum_j c_j (l_{F_j} - l_{0_j})\dot{l}_{F_j} \\ & + \sum_j \eta_j \dot{l}_{D_j}^2 \\ & + \sum_j y_j |\dot{l}_{R_j}| \end{aligned} \tag{4.2}$$

ausdrücken. Betrachten wir nur solche Modelle, bei denen nicht mehr innere Zustandsvariable als nötig eingeführt und daher die Längen $l_{F_j}$ aller Federn sowie die gesamte Federenergie

$$W = \sum_j \frac{c_j}{2} (l_{F_j} - l_{0_j})^2 \tag{4.3}$$

durch den Zustand eindeutig bestimmt sind, dann gewinnen wir, wenn wir die Dämpfungs- und Reibungskonstanten $\eta_i$ bzw. $y_i$ als positiv ansehen, durch Integration der aus (4.2) folgenden Ungleichung

$$f\dot{l} \geqq \dot{W} \tag{4.4}$$

die Beziehung

$$J \geqq W(Z_d) - W(Z_0). \tag{4.5}$$

Der Überschuß der linken über die rechte Seite stellt die durch Dämpfung und Reibung dissipierte Arbeit dar.

Von der Modellvorstellung nun wieder absehend, wollen wir eine Probe passiv nennen, wenn sich eine – Speicherenergie genannte – Zustandsfunktion W so finden läßt, daß die während jedes Prozesses geleistete Arbeit J in der Form (4.5) durch die Änderung von W nach unten abzuschätzen ist. Da die Speicherenergie W nicht durch eine Gleichung, sondern durch eine Ungleichung erklärt ist, kann man nicht erwarten, daß sie – abgesehen von einer sowieso beliebigen additiven Konstanten – eindeutig festliegt. Diese Tatsache haben Coleman und Owen [4.1] am elastisch-idealplastischen Fall demonstriert. Interpretation des Verhaltens durch das Prandtl-Modell und Deutung von W als in der Feder gespeicherte Energie führt auf den Ansatz

$$W = \frac{c}{2} (l - \alpha)^2, \tag{4.6}$$

und dieser erfüllt wegen

$$f\dot{l} - \dot{W} = c(l-\alpha)\dot{l} - c(l-\alpha)(\dot{l} - \dot{\alpha}) = c(l-\alpha)\dot{\alpha} = y|\dot{\alpha}| \geqq 0 \tag{4.7}$$

in der Tat die Passivitätsforderung. Doch genügt beispielsweise der Ansatz

$$W = \frac{c}{2} (l-\alpha)^2 + f_\alpha \alpha \tag{4.8}$$

mit einer Konstanten $f_\alpha$ ebenfalls dieser Forderung, die nunmehr lautet

$$f\dot{l} - \dot{W} = y|\dot{\alpha}| - f_\alpha \dot{\alpha} \geqq 0, \tag{4.9}$$

sofern $f_\alpha$ der Einschränkung

$$-y \leqq f_\alpha \leqq y \tag{4.10}$$

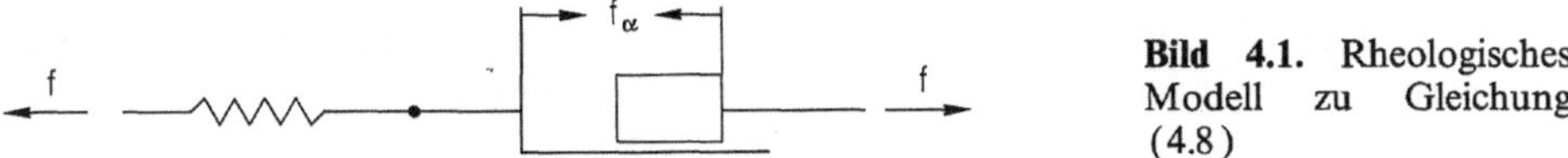


**Bild 4.1.** Rheologisches Modell zu Gleichung (4.8)

unterliegt. Eine Deutung des Ansatzes (4.8) gibt das rheologische Modell von Bild 4.1, in dem $f_\alpha$ eine konstante Anziehungskraft bedeutet. Die Eigenschaften des Reibungselementes müssen unsymmetrisch sein: Rutschen nach links bzw. rechts erfolgt, wenn die in der Reibfläche übertragene Kraft gleich $y+f_\alpha$ bzw. $y-f_\alpha$ ist. In seinem Eingabe-Ausgabe-Verhalten unterscheidet ein solches Modell sich in keiner Weise vom Prandtl-Modell, so daß auf phänomenologischer Grundlage keine Auswahl unter den Modellen und damit unter den Speicherfunktionen W getroffen werden kann.

In voller Allgemeinheit ist die Frage der Mehrdeutigkeit der Speicherenergie von Coleman und Owen [0.4] sowie von Willems [4.2] studiert worden.

Wenn wir künftig trotz Mehrdeutigkeit von *der* Speicherenergie sprechen, dann verstehen wir darunter eine der möglichen mit (4.5) verträglichen Zustandsfunktionen, die wir entweder aufgrund einer bestimmten Modellvorstellung oder durch eine willkürliche Festlegung aussondern.

## 4.2 Stabilität von Ruhelagen

Um eine Vorstellung von dem Einfluß der Materialeigenschaften auf die Stabilität von Systemen zu gewinnen, untersuchen wir das kinetische Verhalten der folgenden Anordnung mit einem Freiheitsgrad (Bild 4.2): Die (masselose) Materialprobe ist an eine Einzelmasse m gekoppelt, und beide sind eingebettet in eine Umgebung, die auf der einen Seite die Lage, auf der anderen Seite die Kraft ($f^U$) konstant hält. Durch Eingriff von außen in das aus der Probe-Masse-Anordnung und ihrer Umgebung bestehende System soll es möglich sein, eine zeitlich veränderliche Kraft $f^a$ auf die Masse wirken zu lassen.

Multiplikation der Bewegungsgleichung – f bezeichnet die Zugkraft zwischen Probe und Masse –

$$m\ddot{l}+f=f^U+f^a \tag{4.11}$$

mit $\dot{l}$ und Integration zwischen $t_0$ und t liefert die Arbeitsaussage

$$\frac{m\dot{l}^2}{2}\Big|_{t_0}^{t}+\int_{t_0}^{t} f\dot{l}d\tau=f^U[l(t)-l(t_0)]+\int_{t_0}^{t} f^a\dot{l}d\tau \tag{4.12}$$

oder, wenn wir mit $E_t$ und $U_t := -f^U l(t)$ die kinetische Energie der Masse und die potentielle Energie der Umgebungslast zur Zeit t sowie mit $J_t$ und $A_t^a$ die im

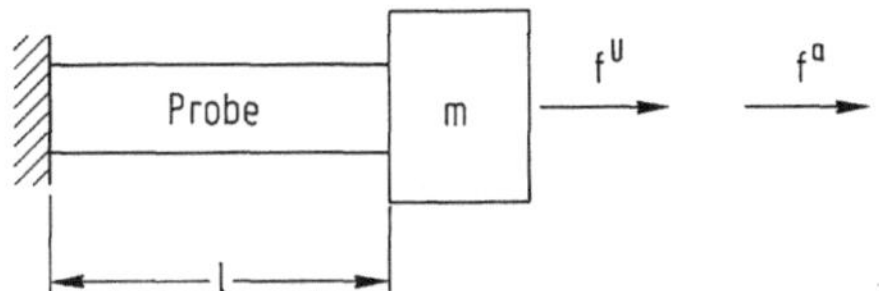


**Bild 4.2.** System mit einem Freiheitsgrad als Grundlage der Stabilitätsuntersuchung im 4. Kapitel

Zeitintervall $[t_0,t]$ durch die Kraft f in der Probe bzw. durch die von außen eingreifende Kraft $f^a$ am System geleistete Arbeit bezeichnen,

$$E_t - E_{t_0} + U_t - U_{t_0} + J_t = A_t^a \tag{4.13}$$

und nach Einführung der „Systemarbeit"

$$P_t := J_t + U_t - U_{t_0} \tag{4.14}$$

kurz

$$A_t^a = P_t + E_t - E_{t_0}. \tag{4.15}$$

Eine momentane Ruhelage des Systems ist durch $\dot{l} = 0$ gekennzeichnet; einen Prozeß mit $\dot{l} \equiv 0$ nennen wir Ruheprozeß. Zu jedem stetigen und stetig differenzierbaren, in einer Ruhelage (also mit $E_{t_0} = 0$) startenden Prozeß lassen sich nicht nur der Verlauf von $E_t$ und $U_t - U_{t_0}$, sondern, mittels des Arbeitsfunktionals (4.1), auch der Verlauf von $J_t$ und damit nach (4.13) die zur Durchführung des Prozesses bis zum Zeitpunkt t von außen aufzuwendende Arbeit $A_t^a$ berechnen. Bei Kenntnis der letzteren ist auch die durch

$$S_t := \max_{\tau \in [t_0,t]} A_\tau^a \tag{4.16}$$

definierte, bis zum Zeitpunkt t benötigte Schwellenarbeit bekannt. Alle diese stetigen Funktionen beginnen zum Anfangszeitpunkt $t_0$ des Prozesses mit dem Wert 0, $S_t$ und $E_t$ sind nichtnegativ, und $S_t$ wächst monoton (Bild 4.3).

Wir nennen die Ruhelage *stabil nach dem Schwellenkriterium* (siehe Krawietz [4.3]), wenn die Abweichung jedes in der Ruhelage startenden (und i. allg. unter Eingriff von außen ablaufenden) Prozesses vom Ruheprozeß – gemessen durch die kinetische Energie – beliebig klein ist, sofern nur zur Anfachung von außen hinreichend wenig positive Arbeit – gemessen durch den Schwellenwert – zur Verfügung steht, präzise, wenn sich zu jedem $\varepsilon > 0$ ein $\sigma(\varepsilon) > 0$ so finden läßt, daß für alle in der Ruhelage startenden Prozesse $\hat{l}$ (der jeweiligen, beliebig großen Dauer d) gilt

$$S_{t_0+d} < \sigma \Rightarrow E_\tau < \varepsilon \text{ für alle } \tau \in [t_0, t_0+d]. \tag{4.17}$$

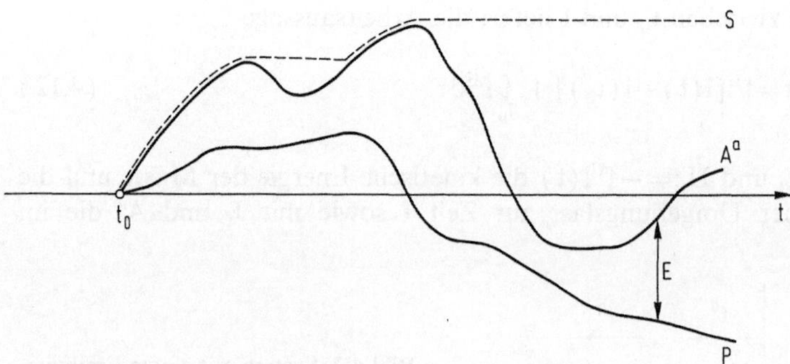


**Bild 4.3.** Von außen aufgewendete Arbeit $A^a$, Systemarbeit P, kinetische Energie E und Schwellenarbeit S

## 4.3 Andere Deutung der Stabilitätsdefinition

Häufig wird eine Ruhelage stabil genannt, wenn das System auf eine kleine Anfangsstörung mit einem (ohne Eingriff von außen ablaufenden) Prozeß antwortet, der nur wenig vom Ruheprozeß abweicht. Wir wollen zeigen, daß diese Definition bei passender Präzisierung der obigen äquivalent ist, und betrachten dazu einen Prozeß, der aus zwei Abschnitten besteht (Bild 4.4): Im Anfangsstück (dem Störprozeß) $[t_0,t_1]$ wird von außen eingegriffen, der Folgeprozeß $[t_1,t_2]$ läuft ohne Eingriff von außen ab ($f^a \equiv 0$, $A_t^a \equiv \text{const}$, $S_t \equiv \text{const}$).

Nehmen wir nun die beim Störprozeß aufgewandte Schwellenarbeit $S_{t_1} = S_{t_2}$ als Maß für die Anfangsstörung und die kinetische Energie während des Folgeprozesses als Maß der Abweichung dieses Prozesses vom Ruheprozeß, so ist Stabilität nach dem Schwellenkriterium offenbar hinreichend dafür, daß kleine Anfangsstörungen auf kleine Abweichungen führen. Sie ist aber auch notwendig, denn fände sich zu jedem $\sigma$ ein Prozeß, dessen kinetische Energie zu einem Zeitpunkt $t_1$ einen festen Wert $\bar{E}$ überschreitet, dann ließe dieser Prozeß sich von $t_1$ ab durch einen Folgeprozeß (ohne Eingriff von außen) fortsetzen (Bild 4.4), dessen Abweichung vom Ruheprozeß wegen $E(t_1) > \bar{E}$ auch bei beliebig kleiner Anfangsstörung nicht beliebig klein wäre.

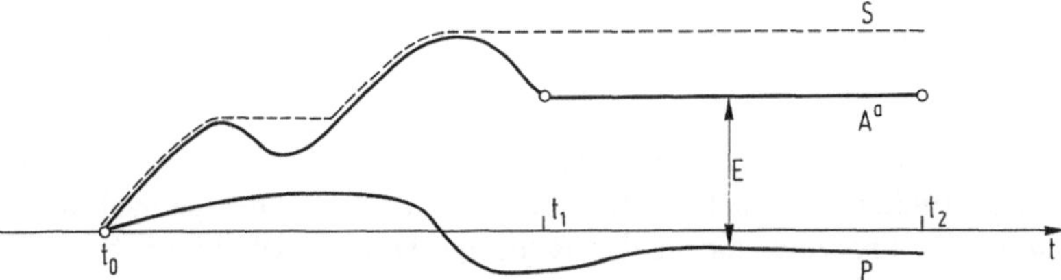


**Bild 4.4.** Anfangsstörung im Zeitintervall $[t_0,t_1]$ und anschließend ohne Eingriff von außen ablaufender Prozeß

## 4.4 Gleichgewicht als notwendige Stabilitätsbedingung

Betrachten wir nun Prozesse, die ohne Krafteingriff von außen aus einer Ruhelage heraus ablaufen. Für sie gilt $S_t \equiv 0$. Ist die Ruhelage stabil, dann ist der Ruheprozeß ($E_t \equiv 0$) der einzig mögliche derartige Prozeß, denn bei jedem anderen Prozeß müßte zu mindestens einem Zeitpunkt $\tau$ die kinetische Energie einen Wert $E_\tau > 0$ haben, was unvereinbar ist mit der Forderung, sie solle stets kleiner sein als jedes beliebig vorgegebene $\varepsilon$. Während jedes Ruheprozesses, der ab $t_0$ ohne Eingriff von außen abläuft, gilt $\dot{I} \equiv 0$ und $f^a \equiv 0$ – ersteres für alle $t > t_0$ –, so daß nach (4.11) die Gleichgewichtsbedingung (vgl. Bemerkung 3 auf Seite 106)

$$f = f^U \text{ für alle } t > t_0 \tag{4.18}$$

erfüllt ist und wir den Prozeß als Gleichgewichtsprozeß bezeichnen wollen. (Ob die Gleichgewichtsbedingung auch in der Ruhelage zur Zeit $t_0$ gilt, können wir nicht entscheiden.) Notwendig für Stabilität ist also, daß in der Ruhelage ein Gleichgewichtsprozeß starten kann und daß dies zudem auch der einzige ohne Eingriff von außen mögliche Prozeß ist, die Ruhelage also ohne solchen Eingriff nicht verlassen werden kann.

Für die Zustände der Probe zu Zeitpunkten $t > t_0$ während des Gleichgewichtsprozesses – die „Gleichgewichtszustände" – gilt folgendes: Ihre Prozeßklassen enthalten konstante Prozesse beliebiger Dauer, und ihre Ausgabefunktionale liefern für alle diese Prozesse denselben Wert der Kraftgröße f, nämlich $f = f^U$. Während des Gleichgewichtsprozesses bleibt also die Kraft f, nicht notwendig jedoch auch der Zustand konstant, so daß die Gleichgewichtszustände nicht relaxiert im Sinne von Noll zu sein brauchen. Beim Hooke-Modell sind beispielsweise alle Zustände mögliche Gleichgewichtszustände, beim Maxwell-Modell nur die kräftefreien, beim Dischinger-Modell gemäß (3.31) und (3.33) diejenigen mit $f = f_s$ – letztere sind, da das Modell altert, in der Tat nicht relaxiert.

## 4.5 Existenz einer Mulde als hinreichende und notwendige Stabilitätsbedingung

Eine Mulde sei folgendermaßen definiert:

Zu jedem $\delta > 0$ gibt es ein $\psi(\delta) > 0$, so daß für alle in der Ruhelage startenden Prozesse gilt

$$S_{t_0+d} < \psi \Rightarrow P_\tau > -\delta \text{ für alle } \tau \in [t_0, t_0 + d]. \tag{4.19}$$

Große Werte der Systemarbeit sind dem System also höchstens mit Prozessen zu entziehen, die eine große Schwellenarbeit benötigen (Bild 4.5).

Die Existenz der Mulde ist hinreichend für die Stabilität der Ruhelage nach dem Schwellenkriterium. Für Prozesse, die in der Ruhelage starten, gilt nämlich nach (4.15), (4.16)

$$E_t = A_t^a - P_t \leqq S_t - P_t, \tag{4.20}$$

und macht man die Schwellenarbeit beliebig klein, dann strebt rechts die obere Schranke der kinetischen Energie beim Vorhandensein einer Mulde nach Null. Zur präzisen Beweisführung kann man $\delta = \varepsilon/2$ und

$$\sigma(\varepsilon) = \min\left\{\frac{\varepsilon}{2}, \psi\left(\frac{\varepsilon}{2}\right)\right\} \tag{4.21}$$

in (4.17) wählen.

Unter einer schwachen Zusatzvoraussetzung an das Materialverhalten erweist sich die Existenz der Mulde sogar als notwendige Stabilitätsbedingung. Zum Zwecke des

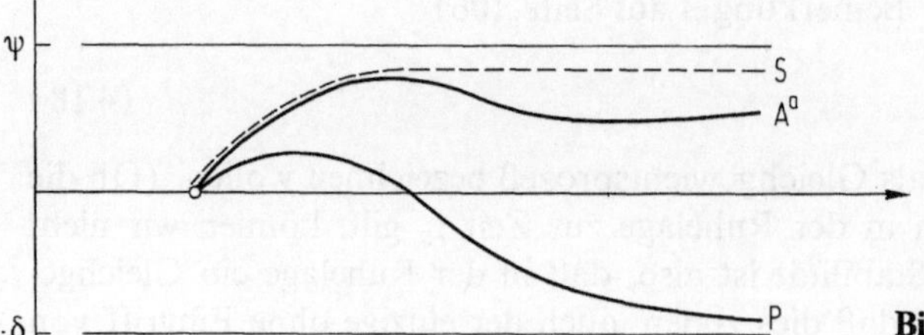


**Bild 4.5.** Zur Definition der Mulde

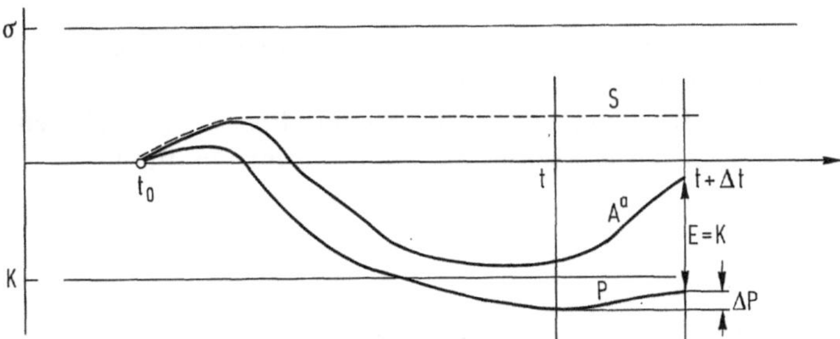


**Bild 4.6.** Anstieg der kinetischen Energie auf den Wert K während eines Prozesses im Zeitintervall $[t,t+\Delta t]$

Beweises nehmen wir an, es sei keine Mulde vorhanden, d.h., es gebe eine Konstante $K>0$, so daß zu jedem $\sigma>0$ ein in der Ruhelage startender Prozeß sich finden läßt mit der Eigenschaft

$$S_t<\sigma,\text{ aber } P_t<-K \text{ für ein } t. \tag{4.22}$$

Gilt $E_t \geqq K$, dann ist die Instabilität der Ruhelage offenkundig. Andernfalls soll der Prozeß sich während eines beliebig kurzen Zeitintervalls $\Delta t$ unter Wirkung großer Kräfte $f^a$ so fortsetzen lassen (Bild 4.6), daß die kinetische Energie monoton auf den Wert $E_{t+\Delta t}=K$ ansteigt. (Das ist eine Anforderung an die Prozeßklasse.) Die Schwellenarbeit des Gesamtprozesses $[t_0,t+\Delta t]$ liegt dann nach (4.20) unter dem Wert $\sigma$, und die Ruhelage ist somit sicher instabil, wenn der Zuwachs $\Delta P$ von P während $\Delta t$ beliebig klein sein kann. Nun gelten aber die Abschätzungen

$$|\Delta P|=|\Delta(J+U)|=|\int_t^{t+\Delta t}(f-f^U)\dot{l}\,d\tau|$$

$$\leqq \max|f-f^U|\max|\dot{l}|\Delta t,$$

$$\max|\dot{l}|=\sqrt{2K/m},$$

$$|l(\tau)-l(t)|\leqq \max|\dot{l}|\Delta t \text{ für alle } \tau\in[t,t+\Delta t]. \tag{4.23}$$

Somit bleibt im Falle $\Delta t\to 0$ die Geschwindigkeit $\dot{l}$ beschränkt, und $l$ liegt beliebig nahe bei $l(t)$. Ist das Materialverhalten nun derart, daß damit auch $\max|f-f^U|$ für $\Delta t\to 0$ beschränkt bleibt – bei allen von uns untersuchten rheologischen Modellen ist das der Fall –, dann strebt $|\Delta P|$ mit $\Delta t\to 0$ in der Tat nach Null.

## 4.6 Das Zufuhrkriterium als hinreichende Stabilitätsbedingung

Wir sagen, eine Ruhelage erfülle das Zufuhrkriterium (oder auch: sei stabil nach dem Zufuhrkriterium), wenn für jeden in ihr startenden Prozeß gilt

$$P_t\geqq 0. \tag{4.24}$$

Dann existiert eine Mulde – in (4.19) läßt sich für $\psi(\delta)$ jede positive Zahl wählen –, so daß die Ruhelage stabil nach dem Schwellenkriterium ist.

Auf der Menge aller von der Ruhelage $l_U$ aus durch einen Prozeß erreichbaren Lagen l läßt sich eine Funktion $\Psi$ – die Mindestzufuhr – definieren durch

$$\Psi(l) := \inf_{l_U \to l} P \tag{4.25}$$

(lies: Infimum der Systemarbeit P auf der Menge aller von $l_U$ nach l führenden Prozesse), d.h. durch die untere Grenze für den Wert von P, die beim Übergang von $l_U$ nach l geleistet werden muß. Nach (4.24) existiert $\Psi$ in der Tat für alle diese Lagen und ist nicht negativ. Da während des Ruheprozesses keine Arbeit geleistet wird, gilt ferner $\Psi(l_U) = 0$ und damit

$$\Psi(l) \geqq \Psi(l_U) = 0. \tag{4.26}$$

Das Zufuhrkriterium läßt sich also auch so formulieren: Die Mindestzufuhr hat in der Ruhelage $l_U$ ein (schwaches) Minimum.

## 4.7 Zusammenhang zwischen Stabilität und Passivität

Eine Probe befinde sich in einem Gleichgewichtszustand $Z_0$, und die zugehörige Ruhelage des Systems sei stabil nach dem Zufuhrkriterium. Auf der Menge aller von $Z_0$ aus durch einen Prozeß erreichbaren Zustände Z läßt sich analog zu (4.25) eine nichtnegative Zustandsfunktion $P^*(Z)$ definieren durch

$$P^*(Z) := \inf_{Z_0 \to Z} P. \tag{4.27}$$

Dann existiert wegen (4.14) auch

$$\begin{aligned} W^*(Z) &:= P^*(Z) - U(l(Z)) + U(l(Z_0)) \\ &= \inf_{Z_0 \to Z} J, \end{aligned} \tag{4.28}$$

und werden während eines in $Z_0$ startenden Prozesses nacheinander die Zustände $Z_1$ und $Z_2$ durchlaufen, dann gilt für die zwischen $Z_1$ und $Z_2$ geleistete Arbeit $J_{12}$

$$J_{12} \geqq W^*(Z_2) - W^*(Z_1), \tag{4.29}$$

denn $W^*(Z_2)$, das Infimum der Arbeit J auf der Menge aller von $Z_0$ nach $Z_2$ laufenden Prozesse, kann nicht größer sein als das Infimum auf jener Untermenge von Prozessen, die von $Z_0$ nach $Z_1$ laufen und dann mit einem festen Prozeß bis $Z_2$ fortgesetzt werden.

Ein Vergleich von (4.29) mit (4.5) zeigt einen lockeren Zusammenhang zwischen Stabilität und Passivität. Die Gültigkeit des Zufuhrkriteriums, welches für Stabilität hinreichend, aber keineswegs notwendig ist, impliziert die Gültigkeit der speziellen Passivitätsungleichung (4.29), die eine notwendige Bedingung für die Passivität der

Probe darstellt. Hinreichend wäre sie nur, wenn einerseits alle Zustände der Probe von $Z_0$ aus erreichbar wären und wenn andererseits die Glattheitsforderung ($\dot{\hat{l}}$ stetig), die an die in der Ruhelage startenden Prozesse des Systems gestellt worden war, auf die Gültigkeit von (4.28) ohne Einfluß ist (wie das etwa bei geschwindigkeitsunabhängigem Verhalten sofort zu sehen ist).

## 4.8 Das Energiekriterium als hinreichende Stabilitätsbedingung

Ist die Probe passiv, dann ist das folgende Energiekriterium hinreichend für die Stabilität der Ruhelage nach dem Schwellenkriterium:

Die gesamte potentielle Energie des Systems, bestehend aus der Speicherenergie der Probe und der potentiellen Energie der Umgebungslast, hat im Zustand der Ruhelage gegenüber allen anderen von diesem Zustand aus erreichbaren Zuständen des Systems ein (schwaches) Minimum.

Während jedes in der Ruhelage startenden Prozesses gilt dann nämlich wegen (4.14) und (4.5)

$$P_t = J_t + U|_{t_0}^{t} \geqq (W+U)|_{t_0}^{t} \geqq 0, \tag{4.30}$$

so daß das Energiekriterium das Zufuhrkriterium einschließt.

## 4.9 Quasistatische Arbeit

Ist $\hat{l}$ ein in der Ruhelage startender Prozeß, dann auch jeder durch einen Wechsel des Zeitmaßstabes gemäß (3.37) – mit stetiger und stetig differenzierbarer Funktion $\varkappa$ – daraus entstehende Prozeß $\hat{l}_\varkappa$, denn es gilt $\hat{l}_\varkappa(0)=\hat{l}(0), \hat{l}'_\varkappa(0)=\varkappa'\hat{l}'(0)=0$. Endwert und Bogenlängen beider Prozesse sind gleich:

$$\hat{l}_\varkappa(d_\varkappa)=\hat{l}(d), \tag{4.31}$$

$$s=\int_{\tau=0}^{d} |\hat{l}'(\tau)|\, d\tau = \int_{\tau=0}^{d_\varkappa} |\hat{l}'_\varkappa(\tau)| d\tau. \tag{4.32}$$

Die Schnelligkeit des Prozesses $\hat{l}_\varkappa$ messen wir durch

$$\|l'_\varkappa\| := \max_{\tau\in[0,d_\varkappa]} |\hat{l}'_\varkappa|. \tag{4.33}$$

Nun betrachten wir Materialien mit den folgenden beiden Eigenschaften:

1. Es gibt mindestens einen Prozeß $\hat{l}$ derart, daß auch jedes $\hat{l}_\varkappa$ zur Prozeßklasse gehört.
2. Bei beliebiger Verlangsamung (retardation) $\hat{l}_\varkappa$ dieses Prozesses $\hat{l}$ geht die geleistete Arbeit $J_\varkappa$ – sie kann als Funktion der Bogenlänge s ausgedrückt werden – gegen einen Grenzwert $\bar{J}$, genauer: Es gibt auf $[0,\infty)$ eine monotone stetige Funktion $\varphi(\cdot)$ mit $\varphi(0)=0$, so daß gilt

$$|J_\varkappa(s)-\bar{J}(s)| \leqq \varphi(\|l'_\varkappa\|)s \tag{4.34}$$

und damit auch

$$\lim_{\|l'_\varkappa\| \to 0} J_\varkappa(s) = \bar{J}(s). \tag{4.35}$$

Es ist gebräuchlich, $\bar{J}$ als Arbeit des „quasistatischen Prozesses“ zu bezeichnen. Tatsächlich jedoch bedeutet $\bar{J}$ einen Grenzwert, nicht aber die Arbeit während eines Prozesses der Bogenlänge s. Vor allem ist $\bar{J}$ i.allg. verschieden von der Arbeit während des Prozesses mit $\hat{l}' \equiv 0$ und $s = 0$, d.h. des Ruheprozesses. Wir wollen $\bar{J}$ die quasistatische Arbeit nennen.

Für geschwindigkeitsunabhängiges Material ist (4.34) stets erfüllt, denn es gilt

$$J = J_\varkappa = \bar{J} \text{ für alle } \varkappa \text{ und alle Prozesse } \hat{l}. \tag{4.36}$$

Bei Proben mit geschwindigkeitsabhängigem (rate-sensitive) Verhalten muß die Gültigkeit von (4.34) jeweils überprüft werden.

Analog zu (4.14) definieren wir die quasistatische Systemarbeit als

$$\bar{P} := \bar{J} + U(l) - U(l_U). \tag{4.37}$$

Nach (4.13), (4.16), (4.37) – wobei wir E, J, U, P und S als Funktionen der Bogenlänge s ausdrücken können, denn keine dieser Größen ändert sich während $\dot{s} = |\dot{l}| = 0$ – läßt die Schwellenarbeit sich abschätzen durch

$$\begin{aligned} S(s) &= \max_{\sigma \in [0,s]} [E(\sigma) + J(\sigma) - \bar{J}(\sigma) + \bar{P}(\sigma)] \\ &\leqq \max E + \max|J - \bar{J}| + \max \bar{P}. \end{aligned} \tag{4.38}$$

Damit gewinnen wir das folgende *notwendige Stabilitätskriterium*:

Es darf keinen Prozeß aus der Ruhelage geben, für den die quasistatische Arbeit existiert und folgende Bedingungen erfüllt:

$$\bar{P}(\sigma) \leqq 0 \text{ für alle } \sigma \in [0,s],$$

$$\bar{P}(s) < 0. \tag{4.39}$$

Denn für den verlangsamten Prozeß folgt dann aus (4.38)

$$S(s) \leqq \frac{m}{2} \|l'_\varkappa\|^2 + \varphi(\|l'_\varkappa\|) s, \tag{4.40}$$

und die rechts stehende Schranke der Schwellenarbeit geht mit $\|l'_\varkappa\| \to 0$ gegen Null, während P(s) gegen den festen negativen Wert $\bar{P}(s)$ strebt, so daß gemäß (4.19) keine Mulde existieren kann.

Verschärft man die Annahmen über das Materialverhalten dahingehend, daß für jeden Prozeß aus der Ruhelage die quasistatische Arbeit existiert und daß sie eine untere Abschätzung für die während des realen Prozesses geleistete Arbeit darstellt, der Grenzwert $\bar{J}$ also von oben erreicht werden soll,

$$\bar{J} = \inf_{\varkappa} J_{\varkappa}, \tag{4.41}$$

$$J \geqq \bar{J}, \tag{4.42}$$

dann erkennt man für derartige Materialien

$$\bar{P} \geqq 0 \tag{4.43}$$

als *hinreichendes Stabilitätskriterium*, und die Mindestzufuhr läßt sich aus der Kenntnis der quasistatischen Systemarbeiten $\bar{P}$ allein berechnen:

$$\Psi(1) = \inf_{l_U \to l} \bar{P}. \tag{4.44}$$

## 4.10 Anwendung auf spezielle Stoffgesetze

Aus der Zustandsgleichung einer (nichtlinearen) *elastischen Probe*

$$f = f(l) \tag{4.45}$$

gewinnt man

$$J = \int_{\tau=t_0}^{t} f(l(\tau))\dot{l}(\tau)d\tau = \int_{l_U}^{l} f(l)dl$$

$$= W(l) - W(l_U) \tag{4.46}$$

und umgekehrt

$$f(l) = W'(l). \tag{4.47}$$

Es gelten die Identitäten

$$P \equiv \bar{P} \equiv \Psi(l) \equiv (W+U)|_{l_U}^{l}, \tag{4.48}$$

so daß viele der im vorstehenden behandelten Konzepte zusammenfallen. Vor allem sind hier Energiekriterium und Zufuhrkriterium identisch und lauten wegen $f(l_U) = W'(l_U)$

$$(W+U)|_{l_U}^{l} = W(l) - W(l_U) - W'(l_U)(l - l_U) \geqq 0 \text{ für alle } l. \tag{4.49}$$

Im Falle des (linearen) Hookeschen Gesetzes

$$f = c(l - l_0) \text{ mit } W = \frac{c}{2}(l - l_0)^2 \tag{4.50}$$

folgt daraus

$$c \geqq 0 \tag{4.51}$$

als hinreichende Bedingung für die Stabilität der Gleichgewichtslage $l_U$, falls $f^U = 0$, und

$$c > 0 \tag{4.52}$$

falls $f^U \neq 0$, da sich im letzteren Falle mit $c = 0$ nicht die für die Stabilität notwendige Gleichgewichtsbedingung $f(l_U) = f^U$ erfüllen läßt.

Ist die Funktion $f(l)$ stetig und differenzierbar und damit $W(l)$ zweimal differenzierbar und ist $W''$ an der Stelle $l_U$ stetig, dann erweist sich

$$W''(l_U) \geqq 0 \tag{4.53}$$

als notwendige Stabilitätsbedingung. Im Falle $W''(l_U) < 0$ gibt es nämlich aus Stetigkeitsgründen einen Streifen der Breite $2\delta > 0$, in welchem $W''$ negativ ist, und damit gilt

$$\begin{aligned}(W+U)|_{l_U}^{l} &= W(l) - W(l_U) - W'(l_U)(l - l_U) \\ &= \int_{x=l_U}^{l} (l-x) W''(x) dx < 0 \text{ für } 0 < |l - l_U| < \delta.\end{aligned} \tag{4.54}$$

Jeder Prozeß, der $l_U$ verläßt und innerhalb des Streifens verläuft, erfüllt also das Kriterium (4.39) der Instabilität.

Wie hier nicht ausgeführt werden soll, läßt sich in Umkehrung der Schlußweise leicht zeigen, daß die Bedingung

$$W''(l_U) > 0 \tag{4.55}$$

für die Existenz einer Mulde und damit für die Stabilität der Gleichgewichtslage $l_U$ hinreichend ist. Dieser Sachverhalt läßt sich jedoch später nicht auf das Kontinuum übertragen.

In der *starrplastischen Probe* ist keine Energie gespeichert. Die potentielle Energie des Gesamtsystems – hier gleich der potentiellen Energie der Umgebungslast –

$$U = -f^U l \tag{4.56}$$

besitzt kein Minimum, falls $f^U \neq 0$. Da das System, wie wir sehen werden, dennoch für $f^U \neq 0$ stabile Gleichgewichtslagen hat, ist das Energiekriterium offenbar nicht anwendbar. Wohl aber führt das Zufuhrkriterium zum Ziel. Wegen

$$f\dot{l} = y|\dot{l}| = y\dot{s} \tag{4.57}$$

nach (2.4) hat man

$$P = J + U|_{l_U}^{l} = ys - f^U(l - l_U), \tag{4.58}$$

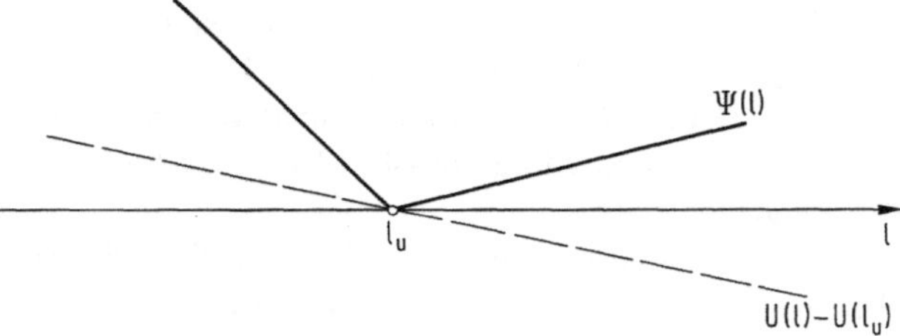


**Bild 4.7.** Mindestzufuhr bei der starrplastischen Probe

und mit der unteren Grenze der Bogenlänge beim Übergang von $l_U$ nach l

$$\inf_{l_U \to l} s = |l - l_U| \tag{4.59}$$

ist die Mindestzufuhr (Bild 4.7)

$$\Psi(l) = y|l - l_U| - f^U(l - l_U). \tag{4.60}$$

Sie ist für kein l negativ und die Ruhelage $l_U$ damit sicher stabil, wenn gilt

$$|f^U| \leqq y. \tag{4.61}$$

Da aber eine Ruhelage mit $|f^U| > y$ nach (2.3) keine Gleichgewichtslage und damit nicht stabil sein kann, ist (4.61) für die Stabilität notwendig und hinreichend.

Betrachten wir zum Vergleich die *starrviskoplastische Probe* mit

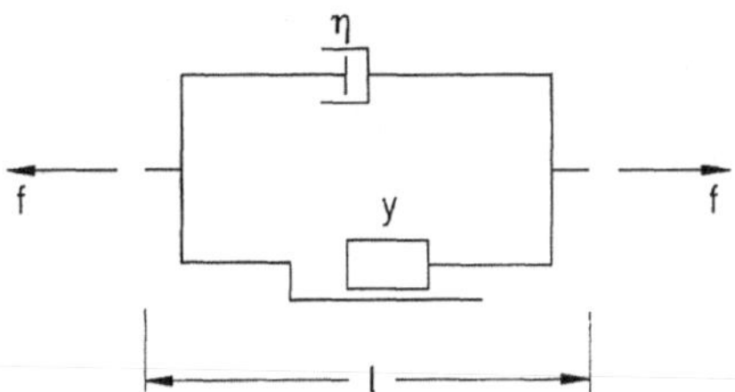


$$|f| \leqq y, \text{ wenn } \dot{l} = 0,$$

$$f = y + \eta \dot{l}, \text{ wenn } \dot{l} > 0,$$

$$f = -y + \eta \dot{l}, \text{ wenn } \dot{l} < 0, \tag{4.62}$$

bei der wir y und η als positiv unterstellen. Wegen

$$J = ys + \int_{\sigma=0}^{s} \eta |\dot{l}| d\sigma \leqq (y + \eta \max|\dot{l}|)s \tag{4.63}$$

gelten für sie die Ungleichung (4.34) und (4.42) mit

$$\varphi(\|l'_\varkappa\|) = \eta \|l'_\varkappa\| \tag{4.64}$$

und

$$J \geqq \bar{J} = ys. \tag{4.65}$$

Damit können wir die quasistatischen Kriterien anwenden. Die Mindestzufuhr des Systems ist identisch mit derjenigen der starrplastischen Probe ohne Dämpfer nach (4.60). Durch Hinzufügen des Dämpfers hat sich die Stabilität nicht verschlechtert. Sie hat sich aber auch nicht verbessert, denn die Bedingung (4.61) ist auch hier nach (4.62) wieder notwendig für das Gleichgewicht.

Notwendige und hinreichende Stabilitätsbedingungen *viskoelastischer Proben* ermitteln wir am komplexen Modell VE. Zu einer Bewegung der Form

$$l-l_0=\frac{a}{\mu}e^{\mu t} \qquad a,\mu \text{ reell}, \neq 0 \tag{4.66}$$

gehören in den einzelnen Maxwell-Elementen die Kräfte

$$\begin{aligned} f_j(t) &= f_j(t_0)e^{-\beta_j(t-t_0)}+\int_{\tau=t_0}^{t} c_j e^{-\beta_j(t-\tau)}\dot{l}(\tau)d\tau \\ &= \left[f_j(t_0)-\frac{c_j a e^{\mu t_0}}{\beta_j+\mu}\right]e^{-\beta_j(t-t_0)}+\frac{c_j a}{\beta_j+\mu}e^{\mu t}. \end{aligned} \tag{4.67}$$

Während eines Störprozesses mögen diese Kräfte von Null auf Werte $f_j(t_0)$ gebracht werden, die den ersten Summanden der letzten Formel zum Verschwinden bringen. Im ohne Eingriff von außen verlaufenden Folgeprozeß muß die Bewegungsgleichung

$$m\ddot{l}+c(l-l_0)+\eta\dot{l}+\sum_{j=1}^{n} f_j=0 \tag{4.68}$$

erfüllt sein, d.h., es muß gelten

$$\left(m\mu+\frac{c}{\mu}+\eta+\sum_{1}^{n}\frac{c_j}{\beta_j+\mu}\right)ae^{\mu t}=0 \tag{4.69}$$

oder

$$f(\mu):=\frac{c}{\mu^2}+\left(\eta+\sum_{1}^{n}\eta_j\right)\frac{1}{\mu}-\sum_{1}^{n}\frac{\eta_j}{\beta_j+\mu}=-m. \tag{4.70}$$

Damit nach einer kleinen Störung die kinetische Energie nicht unbeschränkt anwächst – und so das Schwellenkriterium verletzt wird –, darf diese Gleichung keine reellen positiven Wurzeln $\mu$ besitzen. Notwendige Bedingungen dafür sind:

1. Kein Pol erster Ordnung auf der positiven Halbachse:

$$\beta_j \geqq 0 \quad j=1,\ldots,n. \tag{4.71}$$

2. Verhalten nahe $\mu=0$:

$$c \geqq 0 \tag{4.72}$$

und, falls $c=0$,

$$\eta+\sum_{j=1}^{n}\eta_j \geqq 0. \tag{4.73}$$

Fordert man schärfer, daß (4.70) für jede Größe der Masse, also alle positiven Werte von m erfüllt sein soll, dann darf $f(\mu)$ für positive Werte von $\mu$ nicht negativ sein. Anwendung der Forderung

$$\mu^2 f(\mu) = c + \sum_1^n c_j + \eta\mu - \sum_1^n \frac{c_j \beta_j}{\beta_j + \mu} \geqq 0 \tag{4.74}$$

auf große $\mu$ liefert daher die weitere Einschränkung

$$\eta \geqq 0 \tag{4.75}$$

und, falls $\eta = 0$,

$$c + \sum_{j=1}^n c_j \geqq 0. \tag{4.76}$$

Bei Betrachtung der soeben erhaltenen notwendigen Stabilitätsbedingungen fällt auf, daß die Forderung $\eta_j \geqq 0$ und damit $c_j = \beta_j \eta_j \geqq 0$ für alle Nummern j einzeln nicht enthalten ist. Daß sie aus Stabilitätsgründen auch nicht erforderlich ist, sieht man so. Es gelte

$$\begin{aligned} &\eta_j < 0 \text{ für } j = 1,\ldots,m,\\ &\eta_j > 0 \text{ für } j = m+1,\ldots,n. \end{aligned} \tag{4.77}$$

Hinreichend für Stabilität ist dann neben (4.71) und (4.72) bereits die Forderung

$$\eta - \sum_{j=1}^m |\eta_j| \geqq 0, \tag{4.78}$$

denn man hat – vgl. (2.18) –

$$\begin{aligned} f_j \dot{l} &= f_j\left(\frac{\dot{f}_j}{c_j} + \frac{f_j}{\eta_j}\right) = \left(\frac{f_j^2}{2c_j}\right)^{\cdot} + \frac{f_j^2}{\eta_j}\\ &= \eta_j\left(\dot{l} - \frac{\dot{f}_j}{c_j}\right)\dot{l} = \eta_j \dot{l}^2 - \frac{\eta_j}{c_j}\dot{f}_j\left(\frac{\dot{f}_j}{c_j} + \frac{f_j}{\eta_j}\right)\\ &= \eta_j \dot{l}^2 - \frac{\eta_j}{c_j^2}\dot{f}_j^2 - \left(\frac{f_j^2}{2c_j}\right)^{\cdot} \end{aligned} \tag{4.79}$$

und damit

$$\begin{aligned} P &= J - f^U(l - l_U) = \frac{c}{2}(l - l_U)^2 + \int_{\tau = t_0}^{t} \left(\eta \dot{l}^2 + \sum_1^n f_j \dot{l}\right) d\tau\\ &= \frac{c}{2}(l - l_U)^2 + \sum_{j=1}^n \frac{f_j^2}{2|c_j|}\\ &\quad + \int_{\tau = t_0}^{t} \left[\left(\eta - \sum_1^m |\eta_j|\right)\dot{l}^2 + \sum_1^m \frac{|\eta_j|}{c_j^2}\dot{f}_j^2 + \sum_{m+1}^n \frac{f_j^2}{\eta_j}\right] d\tau \geqq 0, \end{aligned} \tag{4.80}$$

so daß das Zufuhrkriterium erfüllt ist.

Zum Auftreten negativer Dämpfungen und Federkonstanten nach (4.71) und (4.77) noch zwei Anmerkungen:

1. Auch wenn die Federkonstanten $c_1,...,c_m$ negativ sind, ist die Probe passiv, falls (4.78) erfüllt ist, denn ein Vergleich mit (4.28), (4.29) zeigt, daß

$$W^* = \frac{c}{2}(l-l_0)^2 + \sum_{j=1}^{n} \frac{f_j^{\,2}}{2|c_j|} \tag{4.81}$$

eine mögliche Form der Speicherenergie ist. (Man beachte im Vergleich zu (4.3) die Betragsstriche! Es handelt sich bei den Anteilen der Federn mit negativem $c_j$ also nicht um die bei der Federverformung geleistete Arbeit.)

2. Sind alle Federkonstanten positiv, so besitzt die Relaxationsfunktion $K(x) = \sum_1^n c_j \exp(-\beta_j x)$ folgende Eigenschaft: Ihre Ableitungen gerader Ordnung sind für alle Argumente positiv, diejenigen ungerader Ordnung negativ. Auf die erste Ableitung angewendet bedeutet das beispielsweise, daß K monoton abfällt. Sind jedoch einige Konstanten $c_j$ negativ – was mit den Forderungen nach Passivität und Stabilität durchaus vereinbar sein kann, wie wir für hinreichend große Werte der Dämpfung $\eta$ bewiesen haben –, so geht diese Eigenschaft verloren.

Sonderfälle:

*Maxwell-Modell* $(n=1,\ c_1 \neq 0,\ \eta_1 \neq 0,\ c=0,\ \eta=0)$.

Die Bedingungen

$$c_1 > 0 \text{ und } \eta_1 > 0 \tag{4.82}$$

sind nach (4.71), (4.73) bzw. (4.80) notwendig und hinreichend für die Stabilität der kräftefreien Ruhelage $(f^U=0)$.

*Kelvin-Modell* $(n=0,\ c \neq 0,\ \eta \neq 0)$.

Die Bedingungen

$$c > 0 \text{ und } \eta > 0 \tag{4.83}$$

sind nach (4.72) und (4.75) notwendig und nach (4.80) hinreichend für die Stabilität jeder Ruhelage.

## 4.11 Konstitutive Ungleichungen

Das wesentliche Ergebnis unserer Stabilitätsbetrachtung besteht darin, daß wir eine Reihe von Einschränkungen des Materialverhaltens als notwendig oder hinreichend für die Stabilität des in Bild 4.2 dargestellten Systems erkannt haben. Für sie ist der Name „konstitutive Ungleichungen" gebräuchlich. Im Falle ihrer Erfüllung spricht man auch von materieller Stabilität.

Im einzelnen ergab sich aus dem Zufuhrkriterium die Bedingung

$$J - f^U(l-l_U) \geqq 0 \tag{4.84}$$

mit den elastischen Spezialfällen (4.49), (4.51). Für Verformungskreisprozesse (definiert durch $l=l_U$) wird daraus die Bedingung der zyklischen Stabilität

$$J \geqq 0. \tag{4.85}$$

Als notwendige Stabilitätsbedingung erwies sich im Falle der Existenz der quasistatischen Arbeit die Bedingung, daß es keinen Prozeß geben darf mit

$$\bar{J} - f^U(l-l_U) \leqq 0 \text{ für alle } \sigma \in [0,s],$$
$$< 0 \text{ für } \sigma = s. \tag{4.86}$$

Im elastischen Falle wurde daraus (4.53) und im starrplastischen und starrviskoplastischen (4.61).

Im Falle der viskoelastischen Materialien, wo wir die Vorzeichen der Materialkonstanten nicht von vornherein so eingeschränkt hatten, daß die Existenz von $\bar{J}$ garantiert war, ergaben sich die notwendigen Bedingungen (4.71) bis (4.76) aus einer Auswertung des Schwellenkriteriums.

## 4.12 Zusammenfassung

Zur besseren Übersicht soll die Hierarchie der Stabilitätskonzepte bei einem System mit einem Freiheitsgrad noch einmal graphisch dargestellt werden. A→B bedeutet dabei, daß die Erfüllung von Kriterium A die Erfüllung von Kriterium B einschließt, aber nicht umgekehrt. Ist ein Pfeil eingeklammert, so sind gewisse (im Text erwähnte) Einschränkungen an das Materialverhalten zu seiner Gültigkeit erforderlich.

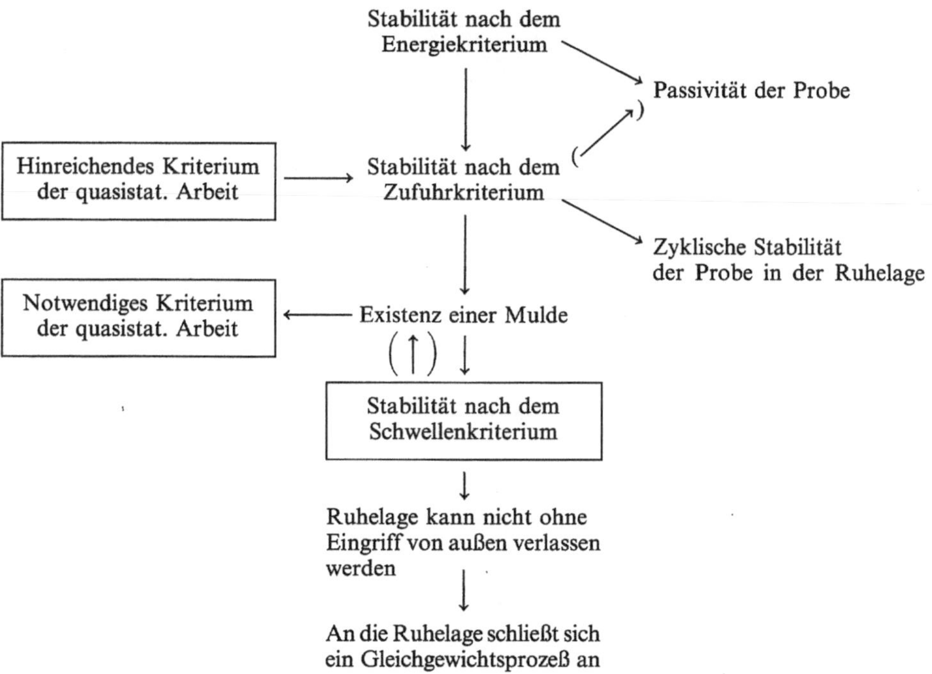

# Teil B Kontinuumstheorie

In diesem Teil werden die für alle Materialien gültigen Grundlagen der Kontinuumsmechanik und -thermodynamik nebst den erforderlichen mathematischen Hilfsmitteln zusammengestellt.

Zu einer begrifflich einwandfreien Beschreibung der Konfiguration und der Spannungen an einem Punkt eines dreidimensionalen Körpers und ihrer Verknüpfungen in einem Stoffgesetz benötigt man eine solide Kenntnis der Algebra und Analysis der Vektoren und der Operatoren höherer Stufe (beispielsweise der Tensoren).

Die Beschäftigung mit diesem Gebiet stellt hohe Anforderungen an Ausdauer und Abstraktionsvermögen. Eine Hauptschwierigkeit liegt dabei in der Tatsache, daß der Leser wahrscheinlich bereits ein Vorverständnis von Vektoren und Tensoren besitzt, das wesentlich von der Annahme der Existenz eines inneren Produkts zwischen den Vektoren geprägt ist. Noll [0.3] verdanken wir jedoch die Erkenntnis, daß der natürliche Zugang zur Beschreibung von Materialverhalten über den Begriff des Vektorraums ohne inneres Produkt erfolgt. Die von einem Punkt des Körpers ausgehenden infinitesimalen materiellen Linienelemente bilden einen solchen Vektorraum, den Tangentialraum $\mathscr{T}$. Die Längen dieser Elemente und die Winkel zwischen ihnen sind keine Eigenschaften dieses Raumes, sondern ändern sich während eines Verformungsprozesses laufend. Ihre aktuellen Werte werden durch Angabe eines wechselnden inneren Produkts (der Konfiguration $\underset{\sim}{G}$, auch Metrik genannt) festgelegt. Herkömmliche Darstellungen stützen sich zur Beschreibung der Konfiguration entweder auf spezielle Basen und krummlinige Koordinatensysteme, oder sie benutzen das Konzept der Verzerrung gegenüber einer willkürlich gewählten Bezugsplazierung, oder sie arbeiten unter Verwendung kartesischer Koordinaten allein mit Matrizen. Indem wir auf dem Begriff des Vektorraumes ohne inneres Produkt aufbauen, machen wir uns von Bezugsplazierungen, Koordinatensystemen und Matrizendarstellungen frei und sehen zugleich, wie diese speziellen Zugänge sich in den allgemeinen Rahmen einordnen, so daß sich uns das Verständnis aller in der Literatur anzutreffenden – scheinbar sehr gegensätzlichen – Darstellungen erschließt.

Das 5. Kapitel bringt die Algebra der Vektoren und ihrer linearen Abbildungen, insbesondere der Tensoren, während ihre Analysis im 6. Kapitel im Zusammenhang mit der dreidimensionalen Kontinuumsmechanik und -thermodynamik entwickelt wird. Ein Leser, der von der abstrakten Darstellung im 5. Kapitel abgeschreckt wird, mag sich zunächst am 6. versuchen und zusätzlich das Übungsbeispiel am Ende des 7. durcharbeiten. Im übrigen bringt das 7. Kapitel in der Art eines Nachschlagewerks eine Fülle ergänzenden Materials.

# 5 Lineare Algebra

## 5.1 Vektorräume

Eine Menge $\mathscr{T}$ mit Elementen $\underset{\sim}{u},\underset{\sim}{v},\underset{\sim}{w},\ldots$ nennt man einen reellen Vektorraum (Vektorraum über den reellen Zahlen $\mathbb{R}$) – und $\underset{\sim}{u},\underset{\sim}{v},\underset{\sim}{w}$ Vektoren –, wenn folgende Axiome erfüllt sind:

1. Es gibt eine (mit + bezeichnete und Addition genannte) Verknüpfung, die je zwei Vektoren $\underset{\sim}{u},\underset{\sim}{v}\in\mathscr{T}$ einen Vektor $\underset{\sim}{u}+\underset{\sim}{v}\in\mathscr{T}$ zuordnet. Man fordert:

   Assoziativität $\underset{\sim}{u}+(\underset{\sim}{v}+\underset{\sim}{w})=(\underset{\sim}{u}+\underset{\sim}{v})+\underset{\sim}{w}$. (5.1)

   Kommutativität $\underset{\sim}{u}+\underset{\sim}{v}=\underset{\sim}{v}+\underset{\sim}{u}$. (5.2)

   Existenz eines Nullvektors $\underset{\sim}{u}+\underset{\sim}{0}=\underset{\sim}{u}$. (5.3)

   Zu jedem $\underset{\sim}{u}\in\mathscr{T}$ gibt es ein $-\underset{\sim}{u}\in\mathscr{T}$, so daß gilt

   $$\underset{\sim}{u}+(-\underset{\sim}{u})=\underset{\sim}{0}. \tag{5.4}$$

2. Es gibt eine (Skalarenmultiplikation genannte) Verknüpfung von Vektoren und reellen Zahlen (Skalaren), die jedem $\underset{\sim}{u}\in\mathscr{T}$ und $\lambda\in\mathbb{R}$ einen Vektor $\lambda\underset{\sim}{u}\in\mathscr{T}$ zuordnet. Man fordert:

   $$1\underset{\sim}{u}=\underset{\sim}{u}. \tag{5.5}$$

   Assoziativität $\lambda(\mu\underset{\sim}{u})=(\lambda\mu)\underset{\sim}{u}$. (5.6)

   Distributivität $(\lambda+\mu)\underset{\sim}{u}=\lambda\underset{\sim}{u}+\mu\underset{\sim}{u}$, (5.7)

   $$\lambda(\underset{\sim}{u}+\underset{\sim}{v})=\lambda\underset{\sim}{u}+\lambda\underset{\sim}{v}. \tag{5.8}$$

Einige Beispiele von reellen Vektorräumen:

1. Die Menge der reellen Zahlen } mit der Addition
2. Die Menge der komplexen Zahlen } im üblichen Sinne.
3. Die Menge $\mathbb{R}^n$ der geordneten n-tupel $\underset{\sim}{u}=(u_1,u_2,\ldots,u_n)$ reeller Zahlen. Addition und Skalarenmultiplikation werden definiert durch

   $$(u_1,u_2,\ldots,u_n)+(v_1,v_2,\ldots,v_n):=(u_1+v_1,u_2+v_2,\ldots,u_n+v_n), \tag{5.9}$$

   $$\lambda(u_1,u_2,\ldots,u_n):=(\lambda u_1,\lambda u_2,\ldots,\lambda u_n). \tag{5.10}$$

4. Die Menge der gerichteten Strecken (Pfeile) im dreidimensionalen Raum. Die Addition wird über die Parallelogramm-Konstruktion erklärt.

Die Multiplikation mit dem Skalar $\lambda$ durch Abänderung der Länge im Verhältnis $|\lambda|$ und, falls $\lambda<0$, Richtungsumkehr. (Absolute Werte der Längen und damit ein inneres Produkt werden dabei nicht benötigt.)

5. Die Menge der auf einem Intervall [a,b] definierten reellwertigen Funktionen. Addition und Skalarenmultiplikation werden an den einzelnen Funktionswerten erklärt.

Die Vektoren $\underset{\sim}{u}_1,\underset{\sim}{u}_2,\ldots,\underset{\sim}{u}_k\in\mathscr{T}$ heißen linear unabhängig, wenn

$$\lambda_1\underset{\sim}{u}_1+\lambda_2\underset{\sim}{u}_2+\ldots\lambda_k\underset{\sim}{u}_k=0 \tag{5.11}$$

nur gelten kann für die Wahl

$$\lambda_1=\lambda_2=\ldots=\lambda_k=0, \tag{5.12}$$

andernfalls linear abhängig. Die größtmögliche Anzahl linear unabhängiger Vektoren heißt die Dimension des Vektorraumes. In unseren Beispielen 1 bis 5 ist die Dimension 1,2,n,3 bzw. $\infty$. Im folgenden werden nur Vektorräume endlicher Dimension behandelt.

Aus der Definition der Dimension folgt, daß jeder Vektor $\underset{\sim}{v}$ eines n-dimensionalen Vektorraumes $\mathscr{T}$ als Linearkombination von n linear unabhängigen Vektoren $\underset{\sim}{g}_i$, einer sogenannten Basis von $\mathscr{T}$, dargestellt werden kann:

$$\underset{\sim}{v}=\sum_{i=1}^{n} v^i\underset{\sim}{g}_i. \tag{5.13}$$

(Wieso es zweckmäßig ist, Indizes teils unten und teils oben anzuordnen, werden wir noch sehen.) Ist eine Basis gewählt, dann läßt sich jeder Vektor durch das n-tupel seiner Komponenten $(v^1,v^2,\ldots,v^n)$ kennzeichnen. Die meisten Vektorräume besitzen keine ausgezeichnete Basis, so daß man durch die Basiswahl eine gewisse Willkür ins Spiel bringt. Eine der Ausnahmen bildet der Raum $\mathbb{R}^n$ mit der natürlichen Basis

$$\begin{aligned}\underset{\sim}{e}_1&=(1,0,\ldots,0),\\ \underset{\sim}{e}_2&=(0,1,\ldots,0),\\ &\vdots\\ \underset{\sim}{e}_n&=(0,0,\ldots,1).\end{aligned} \tag{5.14}$$

## 5.2 Lineare Abbildungen von Vektorräumen

Wir betrachten nun Funktionen, deren Definitionsbereich ein Vektorraum $\mathscr{T}_1$ und deren Bildbereich ebenfalls ein (i.allg. von $\mathscr{T}_1$ verschiedener) Vektorraum $\mathscr{T}_2$ ist.

$$\underset{\sim}{w}=\underset{\sim}{A}(\underset{\sim}{u}),\ \underset{\sim}{u}\in\mathscr{T}_1,\ \underset{\sim}{w}\in\mathscr{T}_2. \tag{5.15}$$

Die Dimension von $\mathscr{T}_1$ und $\mathscr{T}_2$ sei n bzw. m.

Speziell interessieren wir uns für (homogen) lineare Funktionen, das sind solche, die für alle $\underset{\sim}{u},\underset{\sim}{v}\in\mathscr{T}_1$ und $\lambda,\mu\in\mathbb{R}$ der Bedingung

$$\underset{\sim}{A}(\lambda\underset{\sim}{u}+\mu\underset{\sim}{v})=\lambda\underset{\sim}{A}(\underset{\sim}{u})+\mu\underset{\sim}{A}(\underset{\sim}{v}) \tag{5.16}$$

genügen. Die Menge dieser Funktionen oder linearen Abbildungen von $\mathscr{T}_1$ in $\mathscr{T}_2$ bezeichnen wir mit $\mathrm{Lin}(\mathscr{T}_1,\mathscr{T}_2)$. Statt „lineare Abbildung" werden wir bisweilen auch kürzer „Operator" sagen.

Seien $\underset{\sim}{g}_i$ und $\underset{\sim}{h}_k$ als Basis des Raumes $\mathscr{T}_1$ bzw. $\mathscr{T}_2$ gewählt. Ein Operator $\underset{\sim}{A} \in \mathrm{Lin}(\mathscr{T}_1\mathscr{T}_2)$ ist vollständig gekennzeichnet durch Angabe der n Bildvektoren

$$\underset{\sim}{a}_i := \underset{\sim}{A}(\underset{\sim}{g}_i) = \sum_{k=1}^{m} a^k{}_i \underset{\sim}{h}_k,\ i=1,\dots,n \tag{5.17}$$

der Basisvektoren von $\mathscr{T}_1$, denn die Abbildung $\underset{\sim}{w}$ eines beliebigen Vektors $\underset{\sim}{v} \in \mathscr{T}_1$ läßt sich nach (5.16) schreiben

$$\begin{aligned}\underset{\sim}{w} &= \sum_{k=1}^{m} w^k \underset{\sim}{h}_k = \underset{\sim}{A}(\underset{\sim}{v}) = \underset{\sim}{A}\left(\sum_{i=1}^{n} v^i \underset{\sim}{g}_i\right)\\ &= \sum_{i=1}^{n} v^i \underset{\sim}{A}(\underset{\sim}{g}_i) = \sum_{i=1}^{n}\sum_{k=1}^{m} a^k{}_i v^i \underset{\sim}{h}_k.\end{aligned} \tag{5.18}$$

Die Komponenten von $\underset{\sim}{v}$ und $\underset{\sim}{w}$ hinsichtlich ihrer jeweiligen Basen sind demnach verknüpft durch die Formeln

$$w^k = \sum_{i=1}^{n} a^k{}_i v^i,\ k=1,\dots,m, \tag{5.19}$$

die sich mit dem bekannten Matrizenmultiplikationsschema leicht auswerten lassen:

$$\begin{array}{c|ccc|c|l} & & & & v^1 & \\ & & & & \vdots & n \\ & & n & & v^n & \\ \hline & a^1{}_1 & \dots & a^1{}_n & w^1 & \\ m & \vdots & & \vdots & \vdots & \\ & a^m{}_1 & \dots & a^m{}_n & w^m & \\ \hline \end{array} \tag{5.20}$$

Eine Matrix ist übrigens, wie man sieht, eine Abbildung aus $\mathrm{Lin}(\mathbb{R}^n,\mathbb{R}^m)$.

Als besonders wichtig erweisen sich die Abbildungen $\mathrm{Lin}(\mathscr{T},\mathbb{R})$. Eine solche Abbildung $\underset{\sim}{a}$ ist bekannt, wenn die Zahlenwerte der Abbildungen der n Basisvektoren

$$\underset{\sim}{a}(\underset{\sim}{g}_i) = a_i,\ i=1,\dots,n \tag{5.21}$$

bekannt sind, denn die Abbildung eines beliebigen $\underset{\sim}{v} \in \mathscr{T}$ schreibt sich

$$\underset{\sim}{a}(\underset{\sim}{v}) = \underset{\sim}{a}\left(\sum_{i=1}^{n} v^i \underset{\sim}{g}_i\right) = \sum_{i=1}^{n} v^i \underset{\sim}{a}(\underset{\sim}{g}_i) = \sum_{i=1}^{n} v^i a_i. \tag{5.22}$$

Im Schema (5.20) entartet die Zeilenzahl m in 1.

Die Menge der linearen Abbildungen $\mathrm{Lin}(\mathscr{T}_1,\mathscr{T}_2)$ kann man selbst wieder zu einem Vektorraum machen durch Definition einer Addition und Skalarenmultiplikation gemäß

$$\left.\begin{aligned}(\underset{\sim}{A}+\underset{\sim}{B})(\underset{\sim}{u}) &:= \underset{\sim}{A}(\underset{\sim}{u}) + \underset{\sim}{B}(\underset{\sim}{u})\\ (\lambda\underset{\sim}{A})(\underset{\sim}{u}) &:= \lambda\underset{\sim}{A}(\underset{\sim}{u})\end{aligned}\right\} \text{ für alle } \underset{\sim}{u} \in \mathscr{T}_1 \text{ und } \lambda \in \mathbb{R}. \tag{5.23}$$

Da wir gesehen haben, daß sich die Abbildungen aus Lin $(\mathscr{T}_1, \mathscr{T}_2)$ durch Angabe der Komponenten einer $m \times n$-Matrix $(a^k{}_i)$ kennzeichnen lassen, ist die Dimension des so entstehenden Vektorraumes $m \cdot n$.

Das Vorgehen mag zunächst etwas verwirrend erscheinen: Die soeben definierten Vektoren sind Abbildungen von Vektorräumen! Ein wichtiges Beispiel ist der n-dimensionale Vektorraum der bereits behandelten Abbildungen Lin $(\mathscr{T}, \mathbb{R})$, der auch mit $\mathscr{T}^*$ bezeichnet und Dualraum von $\mathscr{T}$ genannt wird. Ist in $\mathscr{T}$ eine Basis $\underset{\sim}{g}_i$ gewählt, dann gibt es n mit $\underset{\sim}{g}^k$ bezeichnete Elemente von $\mathscr{T}^*$, die eine besonders zweckmäßige Basis von $\mathscr{T}^*$ – die Dualbasis – bilden, und zwar soll der Zahlenwert der Funktion $\underset{\sim}{g}^k$ gleich 1 für $\underset{\sim}{g}_k$ und gleich 0 für die übrigen Basisvektoren von $\mathscr{T}$ sein, kurz

$$\underset{\sim}{g}^k(\underset{\sim}{g}_i) = \delta^k{}_i, \quad i,k = 1,\dots,n \tag{5.24}$$

mit dem Kronecker-Symbol

$$\delta^k{}_i = \begin{cases} 1, & \text{wenn } i = k, \\ 0, & \text{wenn } i \neq k. \end{cases} \tag{5.25}$$

Ferner gilt

$$\underset{\sim}{g}^k(\underset{\sim}{v}) = \underset{\sim}{g}^k\left(\sum_{i=1}^{n} v^i \underset{\sim}{g}_i\right) = \sum_{i=1}^{n} v^i \underset{\sim}{g}^k(\underset{\sim}{g}_i) = \sum_{i=1}^{n} v^i \delta^k{}_i = v^k, \tag{5.26}$$

und jedes $\underset{\sim}{a} \in \mathscr{T}^*$ läßt sich darstellen als

$$\underset{\sim}{a} = \sum_{k=1}^{n} a_k \underset{\sim}{g}^k, \tag{5.27}$$

wobei die Komponenten $a_k$ von $\underset{\sim}{a}$ hinsichtlich der Basis $\underset{\sim}{g}^k$ wegen

$$\underset{\sim}{a}(\underset{\sim}{g}_i) = \left(\sum_{k=1}^{n} a_k \underset{\sim}{g}^k\right)(\underset{\sim}{g}_i) = \sum_{k=1}^{n} a_k \underset{\sim}{g}^k(\underset{\sim}{g}_i) = a_i \tag{5.28}$$

mit den in (5.21) erklärten Zahlen übereinstimmen.

Man kann nun weitergehen und den Dualraum $\mathscr{T}^{**}$ von $\mathscr{T}^*$ aufsuchen. Die Symmetrie der Formel (5.22) zeigt, daß es sinnvoll ist, $\mathscr{T}^{**}$ mit dem Ausgangsraum $\mathscr{T}$ zu identifizieren und $\mathscr{T}$ und $\mathscr{T}^*$ als wechselseitig zueinander dual aufzufassen, indem man dasjenige $\tilde{\underset{\sim}{v}} \in \mathscr{T}^{**}$ mit $\underset{\sim}{v} \in \mathscr{T}$ identifiziert, welches für alle $\underset{\sim}{a} \in \mathscr{T}^*$

$$\tilde{\underset{\sim}{v}}(\underset{\sim}{a}) = \underset{\sim}{a}(\underset{\sim}{v}) \tag{5.29}$$

erfüllt. Diese Tatsache soll auch in einer vereinfachten Schreibweise ihren Ausdruck finden. Statt $\underset{\sim}{a}(\underset{\sim}{v}) = \underset{\sim}{v}(\underset{\sim}{a})$ schreiben wir $\underset{\sim}{a} \cdot \underset{\sim}{v} = \underset{\sim}{v} \cdot \underset{\sim}{a}$ und sprechen vom Skalarprodukt der beiden Vektoren $\underset{\sim}{v} \in \mathscr{T}$ und $\underset{\sim}{a} \in \mathscr{T}^*$. Dieses Skalarprodukt, welches zwei Vektoren aus dualen Räumen verknüpft, ist nicht zu verwechseln mit dem noch zu behandelnden inneren Produkt zweier Vektoren desselben Vektorraums! Zur weiteren Vereinfachung der Schreibweise lassen wir die Summationszeichen künftig in der Regel fort und bedienen uns der Einsteinschen Konvention, wonach über zwei gleich benannte

Indizes stets zu summieren ist. Damit sehen unsere Formeln so aus:

$$\underset{\sim}{v} = v^i \underset{\sim}{g}_i, \; \underset{\sim}{a} = a_k \underset{\sim}{g}^k, \tag{5.30}$$

$$\underset{\sim}{g}^k \cdot \underset{\sim}{g}_i = \underset{\sim}{g}_i \cdot \underset{\sim}{g}^k = \delta^k{}_i = \delta_i{}^k, \tag{5.31}$$

$$\underset{\sim}{v} \cdot \underset{\sim}{g}^i = \underset{\sim}{g}^i \cdot \underset{\sim}{v} = v^i, \; \underset{\sim}{a} \cdot \underset{\sim}{g}_k = \underset{\sim}{g}_k \cdot \underset{\sim}{a} = a_k, \tag{5.32}$$

$$\underset{\sim}{a} \cdot \underset{\sim}{v} = \underset{\sim}{v} \cdot \underset{\sim}{a} = v^i \underset{\sim}{g}_i \cdot a_k \underset{\sim}{g}^k = v^i a_k \; \delta_i{}^k = v^k a_k. \tag{5.33}$$

Auch die Darstellung der allgemeinen linearen Abbildungen läßt sich vereinfachen. Zunächst schreiben wir statt $\underset{\sim}{A}(\underset{\sim}{v})$ einfacher $\underset{\sim}{A} \cdot \underset{\sim}{v}$ oder oft auch nur $\underset{\sim}{A}\underset{\sim}{v}$. Ist ferner $\underset{\sim}{w} \in \mathscr{T}_2$, $\underset{\sim}{a} \in \mathscr{T}_1{}^*$, dann definieren wir eine spezielle Abbildung $\underset{\sim}{w} \otimes \underset{\sim}{a} \in \mathrm{Lin}(\mathscr{T}_1, \mathscr{T}_2)$, genannt dyadisches Produkt von $\underset{\sim}{w}$ und $\underset{\sim}{a}$, mit der Eigenschaft

$$\underset{\sim}{w} \otimes \underset{\sim}{a} \cdot \underset{\sim}{v} := (\underset{\sim}{a} \cdot \underset{\sim}{v}) \underset{\sim}{w} \text{ für alle } v \in \mathscr{T}_1. \tag{5.34}$$

Dabei wird der skalare Faktor $\underset{\sim}{a} \cdot \underset{\sim}{v}$ gemäß (5.33) gebildet. Man prüft leicht die Gültigkeit der Regeln

$$\begin{aligned} (\underset{\sim}{w} + \underset{\sim}{z}) \otimes \underset{\sim}{a} &= \underset{\sim}{w} \otimes \underset{\sim}{a} + \underset{\sim}{z} \otimes \underset{\sim}{a}, \\ \underset{\sim}{w} \otimes (\underset{\sim}{a} + \underset{\sim}{b}) &= \underset{\sim}{w} \otimes \underset{\sim}{a} + \underset{\sim}{w} \otimes \underset{\sim}{b}, \\ (\lambda \underset{\sim}{w}) \otimes \underset{\sim}{a} &= \underset{\sim}{w} \otimes (\lambda \underset{\sim}{a}) = \lambda (\underset{\sim}{w} \otimes \underset{\sim}{a}). \end{aligned} \tag{5.35}$$

Jede Abbildung $\underset{\sim}{A} \in \mathrm{Lin}(\mathscr{T}_1, \mathscr{T}_2)$ läßt sich unter Verwendung der dyadischen Produkte und der Summationskonvention schreiben als

$$\underset{\sim}{A} = a^k{}_i \underset{\sim}{h}_k \otimes \underset{\sim}{g}^i, \tag{5.36}$$

wobei $\underset{\sim}{h}_k$ die Basis von $\mathscr{T}_2$, $g^i$ die zur Basis $g_i$ von $\mathscr{T}_1$ duale Basis von $\mathscr{T}_1^*$ bezeichnet. In der Tat ist nämlich in Übereinstimmung mit (5.18)

$$\underset{\sim}{A} \cdot \underset{\sim}{v} = a^k{}_i \underset{\sim}{h}_k \otimes \underset{\sim}{g}^i \cdot \underset{\sim}{v} = a^k{}_i \underset{\sim}{g}^i \cdot \underset{\sim}{v} \underset{\sim}{h}_k = a^k{}_i v^i \underset{\sim}{h}_k. \tag{5.37}$$

Man erkennt den Sinn der Schreibweise mit Skalarpunkt. ($\underset{\sim}{A} \cdot \underset{\sim}{v}$ wird auch als Skalarprodukt von $\underset{\sim}{A}$ und $\underset{\sim}{v}$ bezeichnet.) Für die Komponenten gilt

$$a^k{}_i = \underset{\sim}{h}^k \cdot \underset{\sim}{A} \cdot \underset{\sim}{g}_i. \tag{5.38}$$

Jeder linearen Abbildung $\underset{\sim}{A} \in \mathrm{Lin}(\mathscr{T}_1, \mathscr{T}_2)$ läßt sich eine adjungierte Abbildung $\underset{\sim}{A}^* \in \mathrm{Lin}(\mathscr{T}_2{}^*, \mathscr{T}_1{}^*)$ zuordnen durch die Vorschrift

$$\underset{\sim}{v} \cdot (\underset{\sim}{A}^* \cdot \underset{\sim}{b}) := \underset{\sim}{b} \cdot (\underset{\sim}{A} \cdot \underset{\sim}{v}) \text{ für alle } \underset{\sim}{v} \in \mathscr{T}_1, \underset{\sim}{b} \in \mathscr{T}_2{}^*. \tag{5.39}$$

Besitzt $\underset{\sim}{A}$ die Darstellung (5.36), dann gilt für $\underset{\sim}{A}^*$, wie man leicht prüft,

$$\underset{\sim}{A}^* = a^k{}_i \underset{\sim}{g}^i \otimes \underset{\sim}{h}_k. \tag{5.40}$$

Die Reihenfolge der Faktoren im dyadischen Produkt ist also zu vertauschen – speziell ist $(\underset{\sim}{a}\otimes\underset{\sim}{w})^{*}=\underset{\sim}{w}\otimes\underset{\sim}{a}$ –, die Komponentenmatrix zu belassen. Es liegt nahe, noch die Schreibweise

$$\underset{\sim}{v}\cdot\underset{\sim}{A}^{*} := \underset{\sim}{A}\cdot\underset{\sim}{v} \text{ für alle } \underset{\sim}{v}\in\mathscr{T}_1 \tag{5.41}$$

einzuführen, für dyadische Produkte also

$$\underset{\sim}{v}\cdot\underset{\sim}{a}\otimes\underset{\sim}{w} := \underset{\sim}{w}\otimes\underset{\sim}{a}\cdot\underset{\sim}{v}. \tag{5.42}$$

Ist $\underset{\sim}{A}\in\mathrm{Lin}(\mathscr{T}_1,\mathscr{T}_2)$ und $\underset{\sim}{B}\in\mathrm{Lin}(\mathscr{T}_2,\mathscr{T}_3)$, so nennen wir Skalarprodukt (oder Überschiebung) $\underset{\sim}{B}\cdot\underset{\sim}{A}$ (auch $\underset{\sim}{B}\underset{\sim}{A}$ geschrieben) von $\underset{\sim}{B}$ und $\underset{\sim}{A}$ die durch die (in der Regel nicht vertauschbare) Hintereinanderschaltung der beiden Abbildungen $\underset{\sim}{A}$ und $\underset{\sim}{B}$ entstehende Abbildung $\underset{\sim}{B}\cdot\underset{\sim}{A}\in\mathrm{Lin}(\mathscr{T}_1,\mathscr{T}_3)$:

$$(\underset{\sim}{B}\cdot\underset{\sim}{A})\cdot\underset{\sim}{v} := \underset{\sim}{B}\cdot(\underset{\sim}{A}\cdot\underset{\sim}{v}) \text{ für alle } \underset{\sim}{v}\in\mathscr{T}_1. \tag{5.43}$$

Es gelten die Regeln

$$\underset{\sim}{C}\cdot(\underset{\sim}{B}\cdot\underset{\sim}{A}) = (\underset{\sim}{C}\cdot\underset{\sim}{B})\cdot\underset{\sim}{A} =: \underset{\sim}{C}\cdot\underset{\sim}{B}\cdot\underset{\sim}{A}, \tag{5.44}$$

$$\underset{\sim}{a}\otimes\underset{\sim}{b}\cdot\underset{\sim}{c}\otimes\underset{\sim}{d} = \underset{\sim}{b}\cdot\underset{\sim}{c}\ \underset{\sim}{a}\otimes\underset{\sim}{d}, \tag{5.45}$$

$$\underset{\sim}{A}\cdot(\underset{\sim}{b}\otimes\underset{\sim}{w})\cdot\underset{\sim}{C} = (\underset{\sim}{A}\cdot\underset{\sim}{b})\otimes(\underset{\sim}{w}\cdot\underset{\sim}{C}) \tag{5.46}$$

und

$$(B\cdot A)^{*} = A^{*}\cdot B^{*}. \tag{5.47}$$

## 5.3 Invertierbare Abbildungen

Unter Benutzung von (5.17) und ohne Verwendung der Summationskonvention läßt sich die lineare Abbildung (5.36) darstellen als

$$\underset{\sim}{A} = \sum_{i=1}^{n} \underset{\sim}{a}_i\otimes\underset{\sim}{g}^i. \tag{5.48}$$

Wir fragen nach nichttrivialen Lösungen $\underset{\sim}{v}$ der Aufgabe

$$\underset{\sim}{A}\cdot\underset{\sim}{v} = 0. \tag{5.49}$$

Es gebe genau d linear unabhängige Vektoren $\underset{\sim}{p}_1,\underset{\sim}{p}_2,\ldots,\underset{\sim}{p}_d\in\mathscr{T}_1$, die (5.49) erfüllen. Dann hat die Menge aller Lösungen die Gestalt

$$\underset{\sim}{v} = \hat{v}^1\underset{\sim}{p}_1 + \ldots + \hat{v}^d\underset{\sim}{p}_d. \tag{5.50}$$

Sie bildet also einen d-dimensionalen Vektorraum $\mathscr{K}$. Dieser ist ein Unterraum von $\mathscr{T}_1$ und daher gilt $0\leqq d\leqq n$. $\mathscr{K}$ heißt Kern oder Nullraum von $\underset{\sim}{A}$, seine Dimension d Nullität, Defekt oder Rangabfall. Der Rang von $\underset{\sim}{A}$ ist definiert als $r=n-d$.

Wählen wir nun eine spezielle Basis $\underset{\sim}{g}_i$ in $\mathscr{T}_1$ so, daß die letzten d Basisvektoren eine Basis von $\mathscr{K}$ bilden, z.B.:

$$\underset{\sim}{g}_{r+1} = \underset{\sim}{p}_1, \ldots, \underset{\sim}{g}_n = \underset{\sim}{p}_d. \tag{5.51}$$

Dann liefert (5.49) mit (5.48)

$$\underset{\sim}{a}_i = 0 \text{ für } r+1 \leqq i \leqq n \tag{5.52}$$

und daher für die Abbildung die Darstellung

$$\underset{\sim}{A} = \sum_{i=1}^{r} \underset{\sim}{a}_i \otimes \underset{\sim}{g}^i, \tag{5.53}$$

die sich von (5.48) durch die spezielle Basiswahl und die obere Summationsgrenze unterscheidet. Wegen (5.50) kann

$$\underset{\sim}{A} \cdot \underset{\sim}{v} = \sum_{i=1}^{r} \underset{\sim}{a}_i v^i = 0 \tag{5.54}$$

nur gelten, wenn alle $v^i = 0$. Die r Vektoren $\underset{\sim}{a}_i \in \mathscr{T}_2$ sind demnach linear unabhängig. Das hat übrigens zur Folge, daß der Rang r von $\underset{\sim}{A}$ nicht größer sein kann als die Dimension m von $\mathscr{T}_2$, also ist $r \leqq \min(m,n)$. Daß ein nichttriviales dyadisches Produkt den Rang 1 hat, sieht man aus (5.53) für $r = 1$. Der Wertebereich von $\underset{\sim}{A}$ ist derjenige r-dimensionale Unterraum von $\mathscr{T}_2$, der von den $\underset{\sim}{a}_i$ aufgespannt wird.

Eine lineare Abbildung ist dann umkehrbar, wenn jedes $\underset{\sim}{w} \in \mathscr{T}_2$ durch Abbildung von genau einem $\underset{\sim}{v} \in \mathscr{T}_1$ entsteht. Damit nun zu jedem $\underset{\sim}{w}$ mindestens ein $\underset{\sim}{v}$ gehört, muß der Wertebereich von $\underset{\sim}{A}$ mit dem Bildbereich $\mathscr{T}_2$ übereinstimmen, also $r = m$ gelten. Damit aber nur ein Urbild $\underset{\sim}{v}$ zu jedem $\underset{\sim}{w}$ gehört, muß der Rangabfall von $\underset{\sim}{A}$ gleich Null sein, also $r = n$, denn $\underset{\sim}{w} = \underset{\sim}{A} \cdot \underset{\sim}{v}_1 = \underset{\sim}{A} \cdot \underset{\sim}{v}_2$ bedeutet $\underset{\sim}{A} \cdot (\underset{\sim}{v}_2 - \underset{\sim}{v}_1) = 0$. Stimmen nun also die Dimension von $\mathscr{T}_1$ und $\mathscr{T}_2$ überein und ist kein Rangabfall vorhanden, dann existiert zu $\underset{\sim}{A} \in \operatorname{Lin}(\mathscr{T}_1, \mathscr{T}_2)$ die Umkehrabbildung $\underset{\sim}{A}^{-1} \in \operatorname{Lin}(\mathscr{T}_2, \mathscr{T}_1)$, und man kann schreiben

$$\underset{\sim}{w} = \underset{\sim}{A} \cdot \underset{\sim}{v} \Leftrightarrow \underset{\sim}{v} = \underset{\sim}{A}^{-1} \underset{\sim}{w}. \tag{5.55}$$

Die Abbildung $\underset{\sim}{A}$ heißt dann invertierbar (regulär), und die Menge der invertierbaren Abbildungen wird mit $\operatorname{Invlin}(\mathscr{T}_1 \mathscr{T}_2)$ bezeichnet. Ist $\underset{\sim}{A} \in \operatorname{Invlin}(\mathscr{T}_1 \mathscr{T}_2)$, $\underset{\sim}{B} \in \operatorname{Invlin}(\mathscr{T}_2, \mathscr{T}_3)$, dann bestätigt man die Regel

$$(\underset{\sim}{B}\underset{\sim}{A})^{-1} = \underset{\sim}{A}^{-1} \underset{\sim}{B}^{-1}. \tag{5.56}$$

Ausgehend von der Darstellung (5.53) für $\underset{\sim}{A}$ lassen sich für $\underset{\sim}{A}^*$, $\underset{\sim}{A}^{-1}$ und $\underset{\sim}{A}^{-*} := (\underset{\sim}{A}^{-1})^* = (\underset{\sim}{A}^*)^{-1}$ übersichtliche Ausdrücke angeben, indem man nach willkürlicher Wahl der Basis $\underset{\sim}{g}_i$ in $\mathscr{T}_1$ mit Dualbasis $\underset{\sim}{g}^i$ in $\mathscr{T}_1^*$ die von $\underset{\sim}{A}$ aus $\underset{\sim}{g}_i$ erzeugten Bildvektoren $\underset{\sim}{a}_i$ als Basis in $\mathscr{T}_2$ und die dazu dualen $\underset{\sim}{a}^i$ als Basis in $\mathscr{T}_2^*$ benutzt. Dann ist

$$\underset{\sim}{A} = \underset{\sim}{a}_i \otimes \underset{\sim}{g}^i, \; \underset{\sim}{A}^* = \underset{\sim}{g}^i \otimes \underset{\sim}{a}_i, \; \underset{\sim}{A}^{-1} = \underset{\sim}{g}_i \otimes \underset{\sim}{a}^i, \; \underset{\sim}{A}^{-*} = \underset{\sim}{a}^i \otimes \underset{\sim}{g}_i, \tag{5.57}$$

und

$$\underset{\sim}{A}\cdot\underset{\sim}{g}_i=\underset{\sim}{g}_i\cdot\underset{\sim}{A}^*=\underset{\sim}{a}_i,\ \underset{\sim}{A}^*\cdot\underset{\sim}{a}^i=\underset{\sim}{a}^i\cdot\underset{\sim}{A}=\underset{\sim}{g}^i,$$
$$\underset{\sim}{A}^{-1}\cdot\underset{\sim}{a}_i=\underset{\sim}{a}_i\cdot\underset{\sim}{A}^{-*}=\underset{\sim}{g}_i,\ \underset{\sim}{A}^{-*}\cdot\underset{\sim}{g}^i=\underset{\sim}{g}^i\cdot\underset{\sim}{A}^{-1}=\underset{\sim}{a}^i. \tag{5.58}$$

Als Anwendung betrachten wir die Wahl einer Basis in einem Vektorraum $\mathscr{T}$ der Dimension n. Sie läßt sich deuten als Auszeichnung einer Abbildung

$$\mathfrak{B}=\underset{\sim}{g}_i\otimes\mathfrak{e}^i\in\mathrm{Invlin}(\mathbb{R}^n,\mathscr{T}), \tag{5.59}$$

welche der natürlichen Basis $\mathfrak{e}_i$ von $\mathbb{R}^n$ nach (5.14) die Basis $\underset{\sim}{g}_i$ von $\mathscr{T}$ zuordnet gemäß

$$\mathfrak{B}\cdot\mathfrak{e}_i=\underset{\sim}{g}_i. \tag{5.60}$$

Bezeichnet

$$\mathfrak{v}=(v^1,v^2,...,v^n)\in\mathbb{R}^n \tag{5.61}$$

das n-tupel der Komponenten eines Vektors $\underset{\sim}{v}\in\mathscr{T}$ bezüglich der Basis $\underset{\sim}{g}_i$, dann gilt

$$\mathfrak{B}\cdot\mathfrak{v}=\mathfrak{B}\cdot(v^i\mathfrak{e}_i)=v^i\mathfrak{B}\cdot\mathfrak{e}_i=v^i\underset{\sim}{g}_i=\underset{\sim}{v}, \tag{5.62}$$

so daß zwischen dem Vektor und seinen Komponenten der folgende umkehrbare Zusammenhang besteht

$$\underset{\sim}{v}=\mathfrak{B}\cdot\mathfrak{v},\ \mathfrak{v}=\mathfrak{B}^{-1}\cdot\underset{\sim}{v}. \tag{5.63}$$

Die hier mit Frakturbuchstaben bezeichneten Größen sind von der speziellen Basiswahl abhängig. Für die Dualbasis gilt nach (5.58)

$$\mathfrak{B}^{-*}\cdot\mathfrak{e}^i=\mathfrak{e}^i\cdot\mathfrak{B}^{-1}=\underset{\sim}{g}^i. \tag{5.64}$$

Untersuchen wir noch den Zusammenhang einer Abbildung $\underset{\sim}{A}\in\mathrm{Lin}(\mathscr{T}_1,\mathscr{T}_2)$ mit ihrer Komponentenmatrix

$$\mathfrak{A}=a^k{}_i\mathfrak{e}_k\otimes\mathfrak{e}^i=\begin{pmatrix} a^1{}_1...a^1{}_n \\ \vdots \quad\quad \vdots \\ a^m{}_1...a^m{}_n\end{pmatrix}\in\mathrm{Lin}(\mathbb{R}^n,\mathbb{R}^m) \tag{5.65}$$

bei beliebiger Basiswahl

$$\mathfrak{B}_1\cdot\mathfrak{e}_i=\underset{\sim}{g}_i,\ \mathfrak{e}^i\cdot\mathfrak{B}_1{}^{-1}=\underset{\sim}{g}^i,\ \underset{\sim}{v}=\mathfrak{B}_1\cdot\mathfrak{v},$$
$$\mathfrak{B}_2\cdot\mathfrak{e}_k=\underset{\sim}{h}_k,\ \mathfrak{e}^k\cdot\mathfrak{B}_2{}^{-1}=\underset{\sim}{h}^k,\ \underset{\sim}{w}=\mathfrak{B}_2\cdot\mathfrak{w} \tag{5.66}$$

in $\mathscr{T}_1$ bzw. $\mathscr{T}_2$. Vergleich von (5.65) mit (5.36) ergibt

$$\underset{\sim}{A}=\mathfrak{B}_2\cdot\mathfrak{A}\cdot\mathfrak{B}_1{}^{-1} \tag{5.67}$$

und aus

$$\underset{\sim}{w} = \underset{\sim}{A}\underset{\sim}{v} \tag{5.68}$$

wird durch Einsetzen von (5.66) und (5.67)

$$\mathfrak{w} = \mathfrak{A}\mathfrak{v}. \tag{5.69}$$

Das ist aber nichts anderes als eine andere Schreibweise von (5.19). Offensichtlich gilt $\underset{\sim}{A} \in \mathrm{Invlin}(\mathscr{T}_1, \mathscr{T}_2)$ genau dann, wenn $\mathfrak{A}^{-1}$ existiert, also det $\mathfrak{A} \neq 0$ ist.

## 5.4 Die Abbildungen Lin ($\mathscr{T}$, $\mathscr{T}$)

Diese Abbildungen, kurz Lin($\mathscr{T}$) geschrieben, haben die Besonderheit, daß Ausgangsvektor und Bildvektor im selben Raum liegen und daher miteinander verglichen werden können. Es gibt deshalb eine ausgezeichnete Abbildung $\underset{\sim}{1} \in \mathrm{Lin}(\mathscr{T})$ (der Deutlichkeit halber auch $\underset{\sim}{1}_{\mathscr{T}}$ geschrieben), genannt identische Abbildung oder auch *Einheitsoperator*, mit der Eigenschaft

$$\underset{\sim}{1} \cdot \underset{\sim}{v} = \underset{\sim}{v} \text{ für alle } \underset{\sim}{v} \in \mathscr{T}. \tag{5.70}$$

Sind ferner $\underset{\sim}{A}, \underset{\sim}{B} \in \mathrm{Lin}(\mathscr{T})$, dann existieren die Abbildungen $\underset{\sim}{A} \cdot \underset{\sim}{B} \in \mathrm{Lin}(\mathscr{T})$ und $\underset{\sim}{B} \cdot \underset{\sim}{A} \in \mathrm{Lin}(\mathscr{T})$, sind jedoch i.allg. voneinander verschieden. Für $\underset{\sim}{A} = \underset{\sim}{B}$ ermöglicht das die Definition von $\underset{\sim}{A}^2 := \underset{\sim}{A} \cdot \underset{\sim}{A}$ und damit von beliebigen positiven Potenzen $\underset{\sim}{A}^n$. Man setzt $\underset{\sim}{A}^0 := \underset{\sim}{1}$. Für $\underset{\sim}{A} \in \mathrm{Invlin}(\mathscr{T})$ gibt es auch negative Potenzen $\underset{\sim}{A}^{-n} := (\underset{\sim}{A}^{-1})^n$.

Betrachten wir als Anwendungsbeispiel den Basiswechsel in einem Vektorraum $\mathscr{T}$. Seien $\mathfrak{B}, \tilde{\mathfrak{B}} \in \mathrm{Invlin}(\mathbb{R}^n, \mathscr{T})$ zwei Arten der Basiswahl, dann können wir die invertierbare Transformationsmatrix

$$\mathfrak{T} := \mathfrak{B}^{-1} \cdot \tilde{\mathfrak{B}} \in \mathrm{Invlin}(\mathbb{R}^n) \tag{5.71}$$

bilden, mit der sich die Transformationen der Basen und Komponenten wegen

$$\underset{\sim}{v} = \mathfrak{B} \cdot \mathfrak{v} = \tilde{\mathfrak{B}} \cdot \tilde{\mathfrak{v}} = \mathfrak{B} \cdot \mathfrak{T} \cdot \tilde{\mathfrak{v}} \tag{5.72}$$

schreiben lassen als

$$\tilde{\mathfrak{B}} = \mathfrak{B} \cdot \mathfrak{T}, \; \mathfrak{v} = \mathfrak{T} \cdot \tilde{\mathfrak{v}}. \tag{5.73}$$

Das läßt sich mit

$$\mathfrak{B} = \underset{\sim}{g}_i \otimes \underset{\sim}{e}^i, \; \tilde{\mathfrak{B}} = \tilde{\underset{\sim}{g}}_k \otimes \underset{\sim}{e}^k, \tag{5.74}$$

$$\mathfrak{T} = t^p{}_q \underset{\sim}{e}_p \otimes \underset{\sim}{e}^q = \begin{pmatrix} t^1{}_1 \dots t^1{}_n \\ \vdots \quad \vdots \\ t^n{}_1 \dots t^n{}_n \end{pmatrix} \tag{5.75}$$

auch darstellen als

$$\tilde{\underset{\sim}{g}}_k=\underset{\sim}{g}_i t^i{}_k,\ \tilde{v}^i=t^i{}_k v^k, \tag{5.76}$$

und die Komponenten von $\mathfrak{T}$ sind zu deuten als

$$t^i{}_k=\underset{\sim}{g}^i\cdot\tilde{\underset{\sim}{g}}_k. \tag{5.77}$$

Führt man in $\mathscr{T}$ Basen nach (5.74) und in $\mathscr{T}^*$ die zugehörigen Dualbasen ein, dann sind

$$\underset{\sim}{A}=a^p{}_q\underset{\sim}{g}_p\otimes\underset{\sim}{g}^q=\tilde{a}^i{}_k\tilde{\underset{\sim}{g}}_i\otimes\tilde{\underset{\sim}{g}}^k=\bar{a}^r{}_s\tilde{\underset{\sim}{g}}_r\otimes\underset{\sim}{g}^s \tag{5.78}$$

mögliche Darstellungen eines Operators $\underset{\sim}{A}\in\mathrm{Lin}(\mathscr{T})$. Bei der letzten Darstellung sind die verwendeten Basen in $\mathscr{T}$ und $\mathscr{T}^*$ nicht dual. Bezeichnet man die Komponentenmatrizen der drei Formen mit $\mathfrak{A}$, $\tilde{\mathfrak{A}}$ und $\bar{\mathfrak{A}}$, dann läßt sich auch schreiben (vgl. (5.67) und (5.73))

$$\begin{aligned}\underset{\sim}{A}&=\mathfrak{B}\cdot\mathfrak{A}\cdot\mathfrak{B}^{-1}=\tilde{\mathfrak{B}}\cdot\tilde{\mathfrak{A}}\cdot\tilde{\mathfrak{B}}^{-1}=\tilde{\mathfrak{B}}\cdot\bar{\mathfrak{A}}\cdot\mathfrak{B}^{-1}\\&=\mathfrak{B}\cdot\mathfrak{T}\cdot\bar{\mathfrak{A}}\cdot\mathfrak{B}^{-1}=\tilde{\mathfrak{B}}\cdot\bar{\mathfrak{A}}\cdot\mathfrak{T}\cdot\tilde{\mathfrak{B}}^{-1}.\end{aligned} \tag{5.79}$$

Daraus erschließt man als Zusammenhang zwischen den Komponentenmatrizen

$$\tilde{\mathfrak{A}}=\mathfrak{T}^{-1}\cdot\mathfrak{A}=\tilde{\mathfrak{A}}\cdot\mathfrak{T}^{-1},\ \mathfrak{A}=\mathfrak{T}\cdot\tilde{\mathfrak{A}}\cdot\mathfrak{T}^{-1}. \tag{5.80}$$

Mit den bekannten Rechenregeln für Determinanten quadratischer Matrizen

$$\det(\mathfrak{A}\cdot\mathfrak{C})=\det\mathfrak{A}\det\mathfrak{C}\quad\text{und}\quad\det\mathfrak{A}^{-1}=(\det\mathfrak{A})^{-1} \tag{5.81}$$

kann man aus (5.80) folgern

$$\det\mathfrak{A}=\det\mathfrak{T}\det\tilde{\mathfrak{A}}\det\mathfrak{T}^{-1}=\det\tilde{\mathfrak{A}}. \tag{5.82}$$

Stehen in den Basisdyaden zueinander duale Basisvektoren, dann ist also die Determinante der Komponentenmatrix von der Wahl dieser dualen Basen unabhängig und wird deshalb Invariante der Abbildung $\underset{\sim}{A}\in\mathrm{Lin}(\mathscr{T})$ genannt und als $\det\underset{\sim}{A}$ bezeichnet. Sie läßt sich berechnen aus

$$\det\underset{\sim}{A}:=\det\mathfrak{A}=\det\tilde{\mathfrak{A}}=\det\bar{\mathfrak{A}}\det\mathfrak{T}, \tag{5.83}$$

und es gilt für $\underset{\sim}{A},\underset{\sim}{B}\in\mathrm{Lin}(\mathscr{T})$

$$\det(\underset{\sim}{A}\underset{\sim}{B})=\det\underset{\sim}{A}\det\underset{\sim}{B}. \tag{5.84}$$

Notwendig und hinreichend für die Invertierbarkeit von $\underset{\sim}{A}\in\mathrm{Lin}(\mathscr{T})$ ist die Bedingung $\det\underset{\sim}{A}\neq 0$. Als unimodulare Gruppe Unim$(\mathscr{T})$ bezeichnet man jene Menge der Abbildungen aus Invlin$(\mathscr{T})$, für die $|\det\underset{\sim}{A}|=1$ gilt.

Für Abbildungen aus $\mathrm{Lin}(\mathscr{T})$ läßt sich die *Eigenwertaufgabe* formulieren: Gesucht sind Vektoren $\underset{\sim}{v} \in \mathscr{T}$ und reelle Zahlen $\lambda \in \mathbb{R}$, welche die Gleichung

$$\underset{\sim}{A}\underset{\sim}{v} = \lambda \underset{\sim}{v} \tag{5.85}$$

oder auch

$$(\underset{\sim}{A} - \lambda \underset{\sim}{1})\underset{\sim}{v} = 0 \tag{5.86}$$

nichttrivial lösen. Die Bedingung dafür ist

$$0 = \det(\underset{\sim}{A} - \lambda \underset{\sim}{1}) = I_n - I_{n-1}\lambda + I_{n-2}\lambda^2 - + \ldots + (-1)^n \lambda^n. \tag{5.87}$$

Die bei der Entwicklung der Determinante – z.B. an Hand einer beliebigen Komponentenmatrix nach (5.83) – auftretenden Koeffizienten $I_1$ bis $I_n$ des charakteristischen Polynoms von $\underset{\sim}{A}$ stellen skalare Invarianten von $\underset{\sim}{A}$ dar. Setzt man $\lambda = 0$, dann erkennt man

$$I_n = \det \underset{\sim}{A}. \tag{5.88}$$

Die erste Invariante ergibt sich als Diagonalsumme (Spur, trace, auch Verjüngung) der Komponentenmatrix $\mathfrak{A}$ (oder $\tilde{\mathfrak{A}}$, aber nicht $\bar{\mathfrak{A}}$!)

$$I_1 = \operatorname{tr} \underset{\sim}{A} = \operatorname{tr} \mathfrak{A} = a^k{}_k, \tag{5.89}$$

für die man die Regel

$$\operatorname{tr}(\underset{\sim}{A} + \underset{\sim}{B}) = \operatorname{tr} \underset{\sim}{A} + \operatorname{tr} \underset{\sim}{B} \tag{5.90}$$

bestätigt, für die zweite Invariante ergibt Ausrechnen

$$I_2 = \frac{1}{2}[(\operatorname{tr} \underset{\sim}{A})^2 - \operatorname{tr}(\underset{\sim}{A}^2)]. \tag{5.91}$$

Es gilt

$$\det \underset{\sim}{1} = 1, \ \operatorname{tr} \underset{\sim}{1} = n. \tag{5.92}$$

Ein Operator, dessen Spur verschwindet, heißt *Deviator*. Insbesondere bezeichnet man

$$\underset{\sim}{A}' := \underset{\sim}{A} - \frac{1}{n}(\operatorname{tr} \underset{\sim}{A})\underset{\sim}{1} \tag{5.93}$$

als den Deviator von $\underset{\sim}{A} \in \mathrm{Lin}(\mathscr{T})$ und kennzeichnet ihn durch einen Strich. Umstellung dieser Formel führt auf die Zerlegung eines beliebigen Operators $\underset{\sim}{A} \in \mathrm{Lin}(\mathscr{T})$ in Deviator und Kugeloperator – d.h. Vielfaches des Einheitsoperators:

$$\underset{\sim}{A} = \underset{\sim}{A}' + \frac{1}{n}(\operatorname{tr} \underset{\sim}{A})\underset{\sim}{1}. \tag{5.94}$$

Die Deviatoren bilden einen $(n^2-1)$-dimensionalen Unterraum des $n^2$-dimensionalen Raumes $\mathrm{Lin}(\mathscr{T})$.

Die Menge der Invarianten von $\underset{\sim}{A}$ schreiben wir kurz

$$\mathrm{Inv}\,\underset{\sim}{A} := \{I_1,\dots,I_n\}. \tag{5.95}$$

Nach dem Wurzelsatz von Vieta gilt zwischen den Invarianten und den Wurzeln des charakteristischen Polynoms der Zusammenhang

$$\begin{aligned} I_1 &= \lambda_1+\lambda_2+\dots+\lambda_n, \\ I_2 &= \lambda_1\lambda_2+\lambda_1\lambda_3+\dots+\lambda_{n-1}\lambda_n, \\ &\vdots \\ I_n &= \lambda_1\lambda_2\dots\lambda_n \end{aligned} \tag{5.96}$$

und ferner, wenn $\underset{\sim}{A}$ invertierbar ist,

$$\mathrm{tr}(\underset{\sim}{A}^{-1}) = \sum_{i=1}^{n} (\lambda_i)^{-1} = I_{n-1}/I_n. \tag{5.97}$$

Die reellen Wurzeln $\lambda_i$ des charakteristischen Polynoms sind die Eigenwerte – auch Spektrum genannt –, und der Kern der Abbildung $\underset{\sim}{A}-\lambda_i\underset{\sim}{1}$ enthält sämtliche zum Eigenwert $\lambda_i$ gehörigen Eigenvektoren. Die Zahl der Eigenwerte ist $z=n-2k$, wobei k die Anzahl der Paare konjugiert komplexer Wurzeln des charakteristischen Polynoms bedeutet. Ist n ungerade, dann existiert also mindestens ein Eigenwert. Gibt es n linear unabhängige Eigenvektoren $\underset{\sim}{g}_i$ mit zugehörigen Eigenwerten $\lambda_i$ (notwendig dafür ist, daß alle Wurzeln des charakteristischen Polynoms reell, hinreichend, daß sie auch alle voneinander verschieden sind), dann läßt sich $\underset{\sim}{A}$ mittels der Eigenvektorbasis $\underset{\sim}{g}_i$ und der dazu dualen $\underset{\sim}{g}^i$ – das sind übrigens die Eigenvektoren von $\underset{\sim}{A}^*$ – auf die sogenannte Spektralform bringen:

$$\underset{\sim}{A} = \sum_{i=1}^{n} \lambda_i \underset{\sim}{g}_i \otimes \underset{\sim}{g}^i. \tag{5.98}$$

Ohne Beweis sei noch das Theorem von Cayley-Hamilton angegeben, welches besagt, daß jedes $\underset{\sim}{A}\in\mathrm{Lin}(\mathscr{T})$ seiner eigenen charakteristischen Gleichung genügt und demnach $n+1$ aufeinanderfolgende Potenzen von $\underset{\sim}{A}$ stets linear abhängig sind:

$$I_n\underset{\sim}{1} - I_{n-1}\underset{\sim}{A} + I_{n-2}\underset{\sim}{A}^2 - + \dots + (-1)^n\underset{\sim}{A}^n = 0. \tag{5.99}$$

Für Abbildungen $\underset{\sim}{A}$, die eine Spektralform besitzen, ist die Richtigkeit dieser Gleichung sofort zu bestätigen.

Ist $\underset{\sim}{A}\in\mathrm{Lin}(\mathscr{T}_1)$, $\underset{\sim}{C}\in\mathrm{Invlin}(\mathscr{T}_1,\mathscr{T}_2)$, dann stimmen die Invarianten und damit die Eigenwerte der beiden – einander ähnlich genannten – Abbildungen $\underset{\sim}{A}$ und $\underset{\sim}{C}\underset{\sim}{A}\underset{\sim}{C}^{-1}$ überein:

$$\mathrm{Inv}\,\underset{\sim}{A} = \mathrm{Inv}(\underset{\sim}{C}\underset{\sim}{A}\underset{\sim}{C}^{-1}). \tag{5.100}$$

Man sieht dies aus (5.79), (5.83), indem man $\mathfrak{B}$ als Basiswahl in $\mathscr{T}_1$ und $\underset{\sim}{C}\cdot\mathfrak{B}$ als Basiswahl in $\mathscr{T}_2$ benutzt. Ferner zeigt man leicht

$$(\underset{\sim}{C}\underset{\sim}{A}\underset{\sim}{C}^{-1})^m = \underset{\sim}{C}\underset{\sim}{A}^m\underset{\sim}{C}^{-1} \tag{5.101}$$

sowie mittels (5.93) und (5.100)

$$(\underset{\sim}{C}\underset{\sim}{A}\underset{\sim}{C}^{-1})' = \underset{\sim}{C}\underset{\sim}{A}'\underset{\sim}{C}^{-1}. \tag{5.102}$$

## 5.5 Die Abbildungen Lin ($\mathscr{T}$, $\mathscr{T}^*$)

Die adjungierte Abbildung $\underset{\sim}{A}^*$ zu $\underset{\sim}{A} \in \mathrm{Lin}(\mathscr{T},\mathscr{T}^*)$ liegt ebenfalls in $\mathrm{Lin}(\mathscr{T},\mathscr{T}^*)$ – sie wird in diesem Falle auch Transponierte $\underset{\sim}{A}^T$ genannt – und läßt sich mit $\underset{\sim}{A}$ vergleichen. Insbesondere heißt $\underset{\sim}{A}$ symmetrisch, wenn $\underset{\sim}{A} = \underset{\sim}{A}^T$, und antimetrisch (skew), wenn $\underset{\sim}{A} = -\underset{\sim}{A}^T$ gilt. Jedes $\underset{\sim}{A}$ läßt sich in symmetrischen und antimetrischen Anteil zerlegen durch die Vorschrift

$$\underset{\sim}{A} = \mathrm{sym}\,\underset{\sim}{A} + \mathrm{skw}\,\underset{\sim}{A} \tag{5.103}$$

mit

$$\begin{aligned} \mathrm{sym}\,\underset{\sim}{A} &:= (\underset{\sim}{A} + \underset{\sim}{A}^T)/2, \\ \mathrm{skw}\,\underset{\sim}{A} &:= (\underset{\sim}{A} - \underset{\sim}{A}^T)/2. \end{aligned} \tag{5.104}$$

Die Menge der symmetrischen $\underset{\sim}{A} \in \mathrm{Lin}(\mathscr{T},\mathscr{T}^*)$ wird $\mathrm{Sym}(\mathscr{T},\mathscr{T}^*)$ genannt und bildet einen Unterraum der Dimension $n(n+1)/2$ im $n^2$-dimensionalen Raum $\mathrm{Lin}(\mathscr{T},\mathscr{T}^*)$. Verwendet man als Basis $\underset{\sim}{h}_k$ in $\mathscr{T}^*$ die Dualbasis $\underset{\sim}{g}^k$ von $\underset{\sim}{g}_k$, dann erhält man aus (5.36), indem man die Stellung des Index k in der Komponente ebenfalls ändert, die Darstellung

$$\underset{\sim}{A} = a_{ki}\underset{\sim}{g}^k \otimes \underset{\sim}{g}^i. \tag{5.105}$$

Damit ergibt sich

$$\underset{\sim}{A}^T = a_{ki}\underset{\sim}{g}^i \otimes \underset{\sim}{g}^k = a_{ik}\underset{\sim}{g}^k \otimes \underset{\sim}{g}^i \tag{5.106}$$

und

$$\begin{aligned} \mathrm{sym}\,\underset{\sim}{A} &= a_{(ki)}\underset{\sim}{g}^k \otimes \underset{\sim}{g}^i, \\ \mathrm{skw}\,\underset{\sim}{A} &= a_{[ki]}\underset{\sim}{g}^k \otimes \underset{\sim}{g}^i, \end{aligned} \tag{5.107}$$

mit den Abkürzungen

$$\begin{aligned} a_{(ki)} &:= (a_{ki} + a_{ik})/2, \\ a_{[ki]} &:= (a_{ki} - a_{ik})/2. \end{aligned} \tag{5.108}$$

Symmetrie und Antimetrie spiegeln sich also in den Komponentenmatrizen. Diese Eigenschaft geht aber verloren, wenn die beiden Vektoren der Basisdyaden zwei verschiedenen Basissystemen von $\mathcal{T}^*$ entstammen.

Mittels der Abbildungen $\operatorname{Lin}(\mathcal{T},\mathcal{T}^*)$ lassen sich Bilinearformen auf $\mathcal{T}$ erklären durch

$$\underset{\sim}{u}\cdot\underset{\sim}{A}\cdot\underset{\sim}{v}=u^k a_{ki} v^i=\underset{\sim}{v}\cdot\underset{\sim}{A}^T\cdot\underset{\sim}{u}. \tag{5.109}$$

Ein Spezialfall sind die quadratischen Formen $\underset{\sim}{u}\cdot\underset{\sim}{A}\cdot\underset{\sim}{u}$, die, wie man aus (5.109) für $\underset{\sim}{u}=\underset{\sim}{v}$ erkennt, nur vom symmetrischen Anteil von $\underset{\sim}{A}$ abhängen. Gilt

$$\underset{\sim}{u}\cdot\underset{\sim}{A}\cdot\underset{\sim}{u}>0 \text{ für alle } \underset{\sim}{u}\neq 0, \tag{5.110}$$

dann heißt $\underset{\sim}{A}$ positiv definit, im Falle

$$\underset{\sim}{u}\cdot\underset{\sim}{A}\cdot\underset{\sim}{u}\geqq 0 \text{ für alle } \underset{\sim}{u} \tag{5.111}$$

positiv semidefinit. Ein Operator ist genau dann positiv definit (semidefinit), wenn sein symmetrischer Teil positiv definit (semidefinit) ist. Die Menge der symmetrischen positiv definiten Abbildungen, genannt $\operatorname{Sym}^+(\mathcal{T},\mathcal{T}^*)$, ist eine Teilmenge von $\operatorname{Invlin}(\mathcal{T},\mathcal{T}^*)$, denn wegen (5.110) darf $\underset{\sim}{A}\underset{\sim}{u}=0$ für kein $\underset{\sim}{u}\neq 0$ gelten.

Untersuchen wir noch, welche Abbildungen $\underset{\sim}{B}\in\operatorname{Lin}(\mathcal{T})$ die durch $\underset{\sim}{A}\in\operatorname{Sym}^+(\mathcal{T},\mathcal{T}^*)$ vermittelte Bilinearform unverändert lassen, d.h. für welche $\underset{\sim}{B}$ gilt

$$\underset{\sim}{u}\cdot\underset{\sim}{A}\cdot\underset{\sim}{v}=(\underset{\sim}{B}\underset{\sim}{u})\cdot\underset{\sim}{A}\cdot(\underset{\sim}{B}\underset{\sim}{v})=\underset{\sim}{u}\cdot\underset{\sim}{B}^*\cdot\underset{\sim}{A}\cdot\underset{\sim}{B}\cdot\underset{\sim}{v} \text{ für alle } \underset{\sim}{u},\underset{\sim}{v}\in\mathcal{T}. \tag{5.112}$$

Es ist offenbar die Menge jener $\underset{\sim}{B}$, für die

$$\underset{\sim}{B}^*\underset{\sim}{A}\underset{\sim}{B}=\underset{\sim}{A} \tag{5.113}$$

gilt und die man orthogonale Gruppe $\operatorname{Orth}(\underset{\sim}{A})$ von $\underset{\sim}{A}$ nennt.

## 5.6 Inneres Produkt

Die Menge der $\operatorname{Sym}^+(\mathcal{T},\mathcal{T}^*)$ besitzt kein ausgezeichnetes Element. Man kann jedoch willkürlich ein $\underset{\sim}{I}\in\operatorname{Sym}^+(\mathcal{T},\mathcal{T}^*)$ auswählen und mit seiner Hilfe je zwei Vektoren $\underset{\sim}{u},\underset{\sim}{v}\in\mathcal{T}$ einen Skalar $\underset{\sim}{u}\cdot\underset{\sim}{I}\cdot\underset{\sim}{v}$ zuordnen, den wir inneres Produkt von $\underset{\sim}{u}$ und $\underset{\sim}{v}$ nennen wollen. Damit läßt sich für jeden Vektor $\underset{\sim}{u}\in\mathcal{T}$ durch die Vorschrift

$$|\underset{\sim}{u}|:=\sqrt{\underset{\sim}{u}\cdot\underset{\sim}{I}\cdot\underset{\sim}{u}} \tag{5.114}$$

eine Länge ((Euklidische) Norm, Betrag) definieren, für die gilt

$$|\underset{\sim}{u}|>0, \text{ wenn } \underset{\sim}{u}\neq 0. \tag{5.115}$$

Auswertung von

$$(\underset{\sim}{v}\cdot\underset{\sim}{I}\cdot\underset{\sim}{v}\underset{\sim}{u}-\underset{\sim}{v}\cdot\underset{\sim}{I}\cdot\underset{\sim}{u}\underset{\sim}{v})\cdot\underset{\sim}{I}\cdot(\underset{\sim}{v}\cdot\underset{\sim}{I}\cdot\underset{\sim}{v}\underset{\sim}{u}-\underset{\sim}{v}\cdot\underset{\sim}{I}\cdot\underset{\sim}{u}\underset{\sim}{v})\geqq 0 \tag{5.116}$$

führt auf die Schwarzsche Ungleichung

$$-|\underset{\sim}{u}||\underset{\sim}{v}| \leqq \underset{\sim}{u}\cdot\underset{\sim}{I}\cdot\underset{\sim}{v} \leqq |\underset{\sim}{u}||\underset{\sim}{v}|, \tag{5.117}$$

und diese hat

$$|\underset{\sim}{u}+\underset{\sim}{v}|^2 = \underset{\sim}{u}\cdot\underset{\sim}{I}\cdot\underset{\sim}{u} + 2\underset{\sim}{u}\cdot\underset{\sim}{I}\cdot\underset{\sim}{v} + \underset{\sim}{v}\cdot\underset{\sim}{I}\cdot\underset{\sim}{v} \leqq (|\underset{\sim}{u}|+|\underset{\sim}{v}|)^2 \tag{5.118}$$

zur Folge, woraus man noch die Dreiecksungleichung

$$|\underset{\sim}{u}+\underset{\sim}{v}| \leqq |\underset{\sim}{u}|+|\underset{\sim}{v}| \tag{5.119}$$

erschließt. Wegen (5.117) läßt sich zwischen je zwei Vektoren ein Winkel $\alpha$ einführen durch die Vorschrift

$$\cos\alpha := \frac{\underset{\sim}{u}\cdot\underset{\sim}{I}\cdot\underset{\sim}{v}}{|\underset{\sim}{u}||\underset{\sim}{v}|}, \quad 0 \leqq \alpha \leqq \pi. \tag{5.120}$$

Vektoren $\underset{\sim}{u},\underset{\sim}{v}$ mit $\underset{\sim}{u}\cdot\underset{\sim}{I}\cdot\underset{\sim}{v}=0$ heißen orthogonal.

Im $\mathbb{R}^n$ bietet sich die Wahl

$$\underset{\sim}{I}_{\mathbb{R}^n} = \underset{\sim}{e}^i \otimes \underset{\sim}{e}^i \tag{5.121}$$

an. Das innere Produkt zweier n-tupel ergibt sich dann als

$$\underset{\sim}{u}\cdot\underset{\sim}{I}_{\mathbb{R}^n}\cdot\mathfrak{v} = u^i v^i. \tag{5.122}$$

Seien $\mathscr{V}_1$ und $\mathscr{V}_2$ zwei Vektorräume der Dimension n mit innerem Produkt $\underset{\sim}{I}_1$ bzw. $\underset{\sim}{I}_2$. Die Menge der Abbildungen aus $\mathrm{Invlin}(\mathscr{V}_1,\mathscr{V}_2)$, die das innere Produkt beläßt, nennen wir Isometrien $\mathrm{Isom}(\mathscr{V}_1,\mathscr{V}_2)$. Es gilt $\underset{\sim}{B}\in\mathrm{Isom}(\mathscr{V}_1,\mathscr{V}_2)$, wenn

$$\underset{\sim}{u}\cdot\underset{\sim}{I}_1\cdot\underset{\sim}{v} = (\underset{\sim}{B}\cdot\underset{\sim}{u})\cdot\underset{\sim}{I}_2\cdot(\underset{\sim}{B}\cdot\underset{\sim}{v}) = \underset{\sim}{u}\cdot\underset{\sim}{B}^*\cdot\underset{\sim}{I}_2\cdot\underset{\sim}{B}\cdot\underset{\sim}{v}$$

$$\text{für alle } \underset{\sim}{u},\underset{\sim}{v}\in\mathscr{V}_1, \tag{5.123}$$

d.h.

$$\underset{\sim}{B}^*\underset{\sim}{I}_2\underset{\sim}{B} = \underset{\sim}{I}_1. \tag{5.124}$$

Beispielsweise ist die Wahl einer Basis in einem Vektorraum $\mathscr{V}$ mit innerem Produkt $\underset{\sim}{I}_2$ als Abbildung $\mathfrak{B}\in\mathrm{Invlin}(\mathbb{R}^n,\mathscr{V})$ des mit dem inneren Produkt $\underset{\sim}{I}_1$ nach (5.121) versehenen $\mathbb{R}^n$ in $\mathscr{V}$ isometrisch, falls

$$\underset{\sim}{I}_2 = \mathfrak{B}^{-*}\underset{\sim}{I}_1\mathfrak{B}^{-1} = \mathfrak{B}^{-*}\cdot\underset{\sim}{e}^i\otimes\underset{\sim}{e}^i\cdot\mathfrak{B}^{-1} = \underset{\sim}{g}^i\otimes\underset{\sim}{g}^i, \tag{5.125}$$

also

$$\underset{\sim}{g}_l\cdot\underset{\sim}{I}_2\cdot\underset{\sim}{g}_m = \delta_{lm} \tag{5.126}$$

gilt, die Basisvektoren in $\mathscr{V}$ also paarweise orthogonal sind und die Länge 1 besitzen. Isom$(\mathbb{R}^n, \mathscr{V})$ bedeutet demnach die Menge der Wahlmöglichkeiten orthonormierter Basissysteme in $\mathscr{V}$. Das innere Produkt zweier Vektoren aus $\mathscr{V}$ berechnet sich für solche Basen einfach als inneres Produkt der beiden Komponenten-n-tupel.

Hat man sich für ein inneres Produkt in $\mathscr{V}$ entschieden, so kann man $\underset{\sim}{I} \in \mathrm{Lin}(\mathscr{V}, \mathscr{V}^*)$ dazu benutzen, die Räume $\mathscr{V}$ und $\mathscr{V}^*$ miteinander zu identifizieren. Man schreibt dann einfach

$$\underset{\sim}{I} \cdot \underset{\sim}{v} = I_{pq} \underset{\sim}{g}^p \otimes \underset{\sim}{g}^q \cdot \underset{\sim}{v} = I_{pq} v^q \underset{\sim}{g}^p =: v_p \underset{\sim}{g}^p =: \underset{\sim}{v} = v^q \underset{\sim}{g}_q \tag{5.127}$$

und nennt $v^q$ die kontravarianten, $v_p$ die kovarianten Komponenten von $\underset{\sim}{v}$. Umgekehrt gilt

$$\underset{\sim}{I}^{-1} \cdot \underset{\sim}{w} = I^{rs} \underset{\sim}{g}_r \otimes \underset{\sim}{g}_s \cdot \underset{\sim}{w} = I^{rs} w_s \underset{\sim}{g}_r =: w^r \underset{\sim}{g}_r =: \underset{\sim}{w} = w_s \underset{\sim}{g}^s, \tag{5.128}$$

wobei die Komponentenmatrix $I^{rs}$ von $\underset{\sim}{I}^{-1}$ leicht als Kehrmatrix der Matrix $I_{pq}$ von $\underset{\sim}{I}$ zu bestätigen ist, so daß sich folgende Rechenregeln ergeben:

$$I_{pq} = I_{qp} = \underset{\sim}{g}_p \cdot \underset{\sim}{I} \cdot \underset{\sim}{g}_q, \quad I^{rs} = I^{sr} = \underset{\sim}{g}^r \cdot \underset{\sim}{I}^{-1} \cdot \underset{\sim}{g}^s, \quad I_{pq} I^{qs} = \delta_p{}^s,$$

$$I_{lm} v^m = v_l, \quad I_{lm} \underset{\sim}{g}^m = \underset{\sim}{g}_l, \quad I^{lm} v_m = v^l, \quad I^{lm} \underset{\sim}{g}_m = \underset{\sim}{g}^l,$$

$$\underset{\sim}{u} \cdot \underset{\sim}{v} = u^l v_l = u_l v^l = u_l I^{lm} v_m = u^l I_{lm} v^m. \tag{5.129}$$

Die $I^{lm}$ bzw. $I_{lm}$ bewirken formal ein „Heben bzw. Senken des Index". Bei orthonormierten Basissystemen erhält man nach (5.126) $I_{lm} = \delta_{lm}$ also $\underset{\sim}{g}_l = \underset{\sim}{g}^l$, $v_l = v^l$, so daß die Unterscheidung ko- und kontravarianter Komponenten überflüssig wird und man alle Indizes unten anordnet. Man spricht in diesem Falle von physikalischen Komponenten.

Bei Verwendung der Schreibweise $\underset{\sim}{v}$ statt $\underset{\sim}{I} \cdot \underset{\sim}{v}$ verkürzt sich die Darstellung des inneren Produkts $\underset{\sim}{u} \cdot \underset{\sim}{I} \cdot \underset{\sim}{v}$ auf $\underset{\sim}{u} \cdot \underset{\sim}{v}$. Wegen $\underset{\sim}{g}_i \cdot \underset{\sim}{g}^k = \delta_i{}^k$ nennt man die dualen Basen auch biorthogonal oder reziprok.

## 5.7 Tensoren

Hat man $\mathscr{V}$ und $\mathscr{V}^*$ durch Einführung eines inneren Produkts miteinander identifiziert, so wird man auch die Abbildungen $\mathrm{Lin}(\mathscr{V})$, $\mathrm{Lin}(\mathscr{V}^*)$, $\mathrm{Lin}(\mathscr{V}, \mathscr{V}^*)$ und $\mathrm{Lin}(\mathscr{V}^*, \mathscr{V})$ miteinander identifizieren. Derartige Abbildungen, für die – außer im Falle des $\mathbb{R}^n$ – der Name Tensoren (2. Stufe) gebräuchlich ist, lassen sich demnach mittels reziproker Basen in kovarianter, kontravarianter und in zwei gemischtvarianten Darstellungen schreiben als

$$\underset{\sim}{A} = a_{ik} \underset{\sim}{g}^i \otimes \underset{\sim}{g}^k = a^{ik} \underset{\sim}{g}_i \otimes \underset{\sim}{g}_k = a^i{}_k \underset{\sim}{g}_i \otimes \underset{\sim}{g}^k = a_i{}^k \underset{\sim}{g}^i \otimes \underset{\sim}{g}_k, \tag{5.130}$$

und die Umrechnung der vier Komponentenmatrizen ineinander geschieht mittels (5.129). Für Tensoren gilt alles über die Abbildungen $\mathrm{Lin}(\mathscr{T})$ und $\mathrm{Lin}(\mathscr{T}, \mathscr{T}^*)$ Gesagte gleichzeitig.

Entsprechend deuten wir Matrizen im folgenden nicht nur als Abbildungen aus $\mathrm{Lin}(\mathbb{R}^n)$, sondern ebenso als solche aus $\mathrm{Lin}(\mathbb{R}^{n*})$, $\mathrm{Lin}(\mathbb{R}^n,\mathbb{R}^{n*})$ und $\mathrm{Lin}(\mathbb{R}^{n*},\mathbb{R}^n)$.

Der Einheitstensor

$$\underset{\sim}{1} = \delta^i{}_k \underset{\sim}{g}_i \otimes \underset{\sim}{g}^k = \delta_i{}^k \underset{\sim}{g}^i \otimes \underset{\sim}{g}_k = I_{ik} \underset{\sim}{g}^i \otimes \underset{\sim}{g}^k = I^{ik} \underset{\sim}{g}_i \otimes \underset{\sim}{g}_k \tag{5.131}$$

läßt sich wahlweise als identische Abbildung auf $\mathscr{V}$ oder $\mathscr{V}^*$ oder als die die Identifikation von $\mathscr{V}$ mit $\mathscr{V}^*$ bzw. $\mathscr{V}^*$ mit $\mathscr{V}$ vermittelnde positiv definite Abbildung deuten.

Orthogonale Tensoren $\underset{\sim}{Q}$ sind die Elemente der orthogonalen Gruppe des Einheitstensors oder – anders ausgedrückt – die isometrischen Abbildungen von $\mathscr{V}$ auf sich selbst und genügen nach (5.113) bzw. (5.124) der Bedingung

$$\underset{\sim}{Q}^T \cdot \underset{\sim}{Q} = \underset{\sim}{1}. \tag{5.132}$$

Ihre Menge bezeichnet man als $\mathrm{Orth}(\mathscr{V})$. Es gilt $|\det \underset{\sim}{Q}| = 1$. Ist $\det \underset{\sim}{Q} = +1$, dann spricht man von der Gruppe $\mathrm{Orth}^+(\mathscr{V})$ der eigentlich orthogonalen Tensoren, Drehtensoren oder Versoren.

Symmetrische Tensoren sind bei Verwendung von Darstellungen gemäß (5.130) gekennzeichnet durch

$$a_{ik} = a_{ki},\ a^{ik} = a^{ki},\ a^i{}_k = a_k{}^i =: a^i_k. \tag{5.133}$$

Sie besitzen n Eigenwerte (n: Dimension von $\mathscr{V}$), und es läßt sich ein orthonormiertes System von n Eigenvektoren finden. Der Beweis dieses wichtigen Satzes ist aufwendig und soll hier nur für den Spezialfall $n = 3$ geführt werden.

Da n ungerade ist und es somit mindestens einen Eigenwert $\lambda_1$ gibt, stellen wir $\underset{\sim}{A} \in \mathrm{Sym}(\mathscr{V})$ bezüglich einer orthonormierten Basis dar, deren Basisvektor $\underset{\sim}{g}_1$ Eigenvektor von $\underset{\sim}{A}$ zum Eigenwert $\lambda_1$ ist, so daß die Komponentenmatrix von $\underset{\sim}{A}$ die spezielle Form

$$\mathfrak{A} = \begin{pmatrix} \lambda_1 & 0 & 0 \\ 0 & a_{22} & a_{23} \\ 0 & a_{23} & a_{33} \end{pmatrix} \tag{5.134}$$

annimmt. Im Falle $a_{23} = 0$ wären $\underset{\sim}{g}_2$ und $\underset{\sim}{g}_3$ bereits Eigenrichtungen, so daß nur $a_{23} \neq 0$ zu betrachten bleibt. Das charakteristische Polynom hat die drei reellen Wurzeln

$$\lambda_1 \text{ und } \lambda_{2,3} = \frac{a_{22} + a_{33}}{2} \pm \sqrt{\left(\frac{a_{22} - a_{33}}{2}\right)^2 + a_{23}^2}, \tag{5.135}$$

und zu den Eigenwerten $\lambda_2$ und $\lambda_3$ gehören Eigenvektoren mit den Komponenten

$$\left(0, \frac{a_{22} - a_{33}}{2} + \sqrt{\ },\ a_{23}\right) \text{ bzw. } \left(0,\ -a_{23}, \frac{a_{22} - a_{33}}{2} + \sqrt{\ }\right), \tag{5.136}$$

die man als untereinander und zum ersten Eigenvektor mit den Komponenten (1, 0, 0) orthogonal erkennt.

Somit läßt sich jeder symmetrische Tensor $\underset{\sim}{A}$ mittels seiner Eigenwerte (Hauptwerte) $\lambda_i$ und eines orthonormierten Systems $\{\underset{\sim}{n}_i\}$ von Eigenvektoren – einer sogenannten Hauptachsenbasis – in der Spektralform

$$\underset{\sim}{A} = \sum_{k=1}^{n} \lambda_k \underset{\sim}{n}_k \otimes \underset{\sim}{n}_k \tag{5.137}$$

darstellen. Werden die Eigenwerte nach der Vorschrift

$$\lambda_1 \geqq \lambda_2 \geqq \dots \geqq \lambda_n \tag{5.138}$$

numeriert, dann gelten die Extremalaussagen

$$\begin{aligned} \lambda_1 &= \max_{\underset{\sim}{e}} \underset{\sim}{e} \cdot \underset{\sim}{A} \cdot \underset{\sim}{e}, \\ \lambda_n &= \min_{\underset{\sim}{e}} \underset{\sim}{e} \cdot \underset{\sim}{A} \cdot \underset{\sim}{e}, \end{aligned} \tag{5.139}$$

wenn $\underset{\sim}{e}$ der Normierungsbedingung

$$\underset{\sim}{e} \cdot \underset{\sim}{e} = \sum_{k=1}^{n} (\underset{\sim}{e} \cdot \underset{\sim}{n}_k)^2 = 1 \tag{5.140}$$

genügt. Nach (5.138) ist nämlich

$$\begin{aligned} \underset{\sim}{e} \cdot \underset{\sim}{A} \cdot \underset{\sim}{e} &= \sum_{k=1}^{n} \lambda_k (\underset{\sim}{e} \cdot \underset{\sim}{n}_k)^2 \\ &= \lambda_1 - \sum_{k=2}^{n} (\lambda_1 - \lambda_k)(\underset{\sim}{e} \cdot \underset{\sim}{n}_k)^2 \\ &= \lambda_n + \sum_{k=1}^{n-1} (\lambda_k - \lambda_n)(\underset{\sim}{e} \cdot \underset{\sim}{n}_k)^2, \end{aligned} \tag{5.141}$$

die Summen sind nicht negativ und nehmen den Wert Null für die Wahl $\underset{\sim}{e} = \pm \underset{\sim}{n}_1$ bzw. $\underset{\sim}{e} = \pm \underset{\sim}{n}_n$ an.

Positiv definite bzw. semidefinite symmetrische Tensoren sind durch die Bedingungen

$$\lambda_k > 0 \text{ bzw. } \lambda_k \geqq 0 \text{ für } k = 1, \dots, n \tag{5.142}$$

gekennzeichnet. Ihnen kann man eindeutig einen positiv definiten bzw. semidefiniten symmetrischen Tensor als Quadratwurzel zuordnen durch die Vorschrift

$$\underset{\sim}{A}^{\frac{1}{2}} := \sum_{k=1}^{n} \sqrt{\lambda_k}\, \underset{\sim}{n}_k \otimes \underset{\sim}{n}_k. \tag{5.143}$$

Als notwendig und hinreichend für die positive Definitheit eines symmetrischen Tensors erweist sich die Bedingung, daß alle Invarianten positiv sind. Denn sind die Eigenwerte positiv, so sind es nach (5.96) auch die Invarianten, sind aber die Invarianten positiv, so können Zahlen $\lambda \leqq 0$ die Gleichung (5.87) offensichtlich nicht erfüllen. Im Falle der Semidefinitheit ist im voranstehenden das Wort positiv durch nicht-negativ zu ersetzen.

Noch einfacher auszuwertende Bedingungen gewinnt man durch folgende Überlegung, die wir am Beispiel $n=3$ erläutern: Sei $\underset{\sim}{A}(=\underset{\sim}{A}^T)$ positiv definit, also $\underset{\sim}{u}\cdot\underset{\sim}{A}\cdot\underset{\sim}{u}>0$ für alle $\underset{\sim}{u}\neq 0$, und die Komponentenmatrix bezüglich einer orthonormierten Basis $\{\underset{\sim}{n}_l\}$ gegeben durch

$$\mathfrak{A}=\begin{pmatrix} a_{11} & a_{12} & a_{13} \\ a_{12} & a_{22} & a_{23} \\ a_{13} & a_{23} & a_{33} \end{pmatrix}. \qquad (5.144)$$

Wählen wir $\underset{\sim}{u}=u_1\underset{\sim}{n}_1$, so ergibt sich als notwendig $\underset{\sim}{u}\cdot\underset{\sim}{A}\cdot\underset{\sim}{u}=a_{11}u_1{}^2>0$, wenn $u_1\neq 0$, also $a_{11}>0$ und, wegen der Beliebigkeit der Numerierung,

$$a_{11}>0,\ a_{22}>0,\ a_{33}>0. \qquad (5.145)$$

Diese Bedingungen sind hinreichend für die Positivität der ersten Invariante von $\underset{\sim}{A}$:

$$I_1=a_{11}+a_{22}+a_{33}>0. \qquad (5.146)$$

Wählen wir $\underset{\sim}{u}=u_1\underset{\sim}{n}_1+u_2\underset{\sim}{n}_2$, dann muß sein

$$\underset{\sim}{u}\cdot\underset{\sim}{A}\cdot\underset{\sim}{u}=a_{11}u_1{}^2+2a_{12}u_1u_2+a_{22}u_2{}^2>0,\ \text{wenn}\ u_1{}^2+u_2{}^2>0, \qquad (5.147)$$

und das bedeutet Positivität der beiden Invarianten eines Tensors der Dimension 2:

$$\begin{pmatrix} a_{11} & a_{12} \\ a_{12} & a_{22} \end{pmatrix}\ \text{positiv definit} \Leftrightarrow a_{11}+a_{22}>0,\ a_{11}a_{22}-a_{12}^2>0, \qquad (5.148)$$

also unter Beachtung von (5.145) und wegen der Willkürlichkeit der Numerierung die zusätzlichen Einschränkungen

$$\begin{vmatrix} a_{11} & a_{12} \\ a_{12} & a_{22} \end{vmatrix}>0,\ \begin{vmatrix} a_{11} & a_{13} \\ a_{13} & a_{33} \end{vmatrix}>0,\ \begin{vmatrix} a_{22} & a_{23} \\ a_{23} & a_{33} \end{vmatrix}>0. \qquad (5.149)$$

Diese Bedingungen sind hinreichend für die Positivität der zweiten Invariante von $\underset{\sim}{A}$:

$$I_2=\begin{vmatrix} a_{11} & a_{12} \\ a_{12} & a_{22} \end{vmatrix}+\begin{vmatrix} a_{11} & a_{13} \\ a_{13} & a_{33} \end{vmatrix}+\begin{vmatrix} a_{22} & a_{23} \\ a_{23} & a_{33} \end{vmatrix}>0. \qquad (5.150)$$

Fügen wir die Bedingung der Positivität der dritten Invariante von $\underset{\sim}{A}$,

$$I_3=\begin{vmatrix} a_{11} & a_{12} & a_{13} \\ a_{12} & a_{22} & a_{23} \\ a_{13} & a_{23} & a_{33} \end{vmatrix}>0 \qquad (5.151)$$

hinzu, so haben wir in (5.145), (5.149) und (5.151) einen Satz von notwendigen und hinreichenden Bedingungen für die positive Definitheit von $\underset{\sim}{A}$. Im Falle der Semidefinitheit ist überall auch das Gleichheitszeichen zuzulassen.

## 5.8 Bemerkungen zum Kalkül

Während man theoretische Untersuchungen an den linearen Abbildungen selbst durchführen kann, braucht man für numerische Rechnungen Zahlen, also Komponentenmatrizen. Der Zusammenhang zwischen der Verknüpfung linearer Abbildungen und den Operationen mit ihren Komponentenmatrizen sei hier noch einmal erläutert am Beispiel der Bildung von – vgl. (5.63), (5.67) –

$$\underset{\sim}{u}\cdot\underset{\sim}{C}\cdot\underset{\sim}{A}\cdot\underset{\sim}{v}=(\underset{\sim}{u}\cdot\mathfrak{B}_6^{-1})\cdot(\mathfrak{B}_5\cdot\mathfrak{C}\cdot\mathfrak{B}_4^{-1})\cdot(\mathfrak{B}_3\cdot\mathfrak{A}\cdot\mathfrak{B}_2^{-1})\cdot(\mathfrak{B}_1\cdot\mathfrak{v})$$

$$=\left(u_i\overset{6}{\underset{\sim}{g}}{}^i\right)\cdot\left(c^l{}_m\overset{5}{\underset{\sim}{g}}{}_l\otimes\overset{4}{\underset{\sim}{g}}{}^m\right)\cdot\left(a^p{}_q\overset{3}{\underset{\sim}{g}}{}_p\otimes\overset{2}{\underset{\sim}{g}}{}^q\right)\cdot\left(v^s\overset{1}{\underset{\sim}{g}}{}_s\right) \tag{5.152}$$

mit $\underset{\sim}{v}\in\mathscr{T}_1$, $\underset{\sim}{A}\in\mathrm{Lin}(\mathscr{T}_2,\mathscr{T}_3)$, $\underset{\sim}{C}\in\mathrm{Lin}(\mathscr{T}_4,\mathscr{T}_5)$ und $\underset{\sim}{u}\in\mathrm{Lin}(\mathscr{T}_6,\mathbb{R})=\mathscr{T}_6^*$. In den Räumen $\mathscr{T}_1$ bis $\mathscr{T}_6$ sind Basen $\mathfrak{B}_1$ bis $\mathfrak{B}_6$ wie angedeutet gewählt. Zunächst ist zu prüfen, ob die Operation überhaupt sinnvoll ist, d.h., ob gilt $\mathscr{T}_1=\mathscr{T}_2$, $\mathscr{T}_3=\mathscr{T}_4$, $\mathscr{T}_5=\mathscr{T}_6$. Ist das der Fall, dann lassen sich die geforderten Skalarprodukte bilden, und es entsteht:

$$\underset{\sim}{u}\cdot\underset{\sim}{C}\cdot\underset{\sim}{A}\cdot\underset{\sim}{v}=u_i\left(\overset{6}{\underset{\sim}{g}}{}^i\cdot\overset{5}{\underset{\sim}{g}}{}_l\right)c^l{}_m\left(\overset{4}{\underset{\sim}{g}}{}^m\cdot\overset{3}{\underset{\sim}{g}}{}_p\right)a^p{}_q\left(\overset{2}{\underset{\sim}{g}}{}^q\cdot\overset{1}{\underset{\sim}{g}}{}_s\right)v^s$$

$$=\mathfrak{u}\cdot\mathfrak{T}_{56}\cdot\mathfrak{C}\cdot\mathfrak{T}_{34}\cdot\mathfrak{A}\cdot\mathfrak{T}_{12}\cdot\mathfrak{v} \tag{5.153}$$

mit

$$\mathfrak{T}_{12}=\mathfrak{B}_2^{-1}\cdot\mathfrak{B}_1=\underset{\sim}{e}_r\otimes\overset{2}{\underset{\sim}{g}}{}^r\cdot\overset{1}{\underset{\sim}{g}}{}_t\otimes\underset{\sim}{e}^t \text{ usw.} \tag{5.154}$$

Die Transformationsmatrizen $\mathfrak{T}_{12}$, $\mathfrak{T}_{34}$ und $\mathfrak{T}_{56}$ sind alle gleich der Einheitsmatrix, wenn die zum Skalarprodukt kommenden Basen jeweils zueinander dual sind. Genau dann hat die Matrizengleichung denselben Aufbau wie die Gleichung der linearen Abbildungen.

Klären wir auch den Zusammenhang zwischen Einheitsmatrix und identischer Abbildung. Setzen wir in der Darstellung (5.67) $\underset{\sim}{A}=\mathfrak{B}_2\cdot\mathfrak{A}\cdot\mathfrak{B}_1{}^{-1}$ der allgemeinen linearen Abbildung aus $\mathrm{Lin}(\mathscr{T}_1,\mathscr{T}_2)$ für $\mathfrak{A}$ die Einheitsmatrix, dann ergibt sich

$$\underset{\sim}{A}=\mathfrak{B}_2\cdot\mathfrak{B}_1{}^{-1}. \tag{5.155}$$

Man sieht, daß jede invertierbare Abbildung sich in dieser Form darstellen läßt, wenn man bei beliebiger Wahl der Basis $\mathfrak{B}_1$ für $\mathfrak{B}_2$ die Wahl $\underset{\sim}{A}\cdot\mathfrak{B}_1$ trifft. Umgekehrt ist die Komponentenmatrix

$$\mathfrak{A}=\mathfrak{B}_2{}^{-1}\cdot\mathfrak{B}_1 \tag{5.156}$$

der identischen Abbildung $\underset{\sim}{1}_{\mathscr{T}}$ nur im Falle $\mathfrak{B}_1=\mathfrak{B}_2$ gleich der Einheitsmatrix, d.h., wenn die linken und rechten Vektoren der Basisdyaden zueinander dual sind. Man erkennt das beispielsweise an den Darstellungen (5.131).

Als abkürzende Schreibweise wollen wir noch das Doppeltskalarprodukt in zweierlei Notation einführen:

$$\underset{\sim}{a}\otimes\underset{\sim}{b}\cdot\cdot\underset{\sim}{c}\otimes\underset{\sim}{d}:=\underset{\sim}{a}\otimes\underset{\sim}{b}:\underset{\sim}{d}\otimes\underset{\sim}{c}:=(\underset{\sim}{a}\cdot\underset{\sim}{d})\,(\underset{\sim}{b}\cdot\underset{\sim}{c}). \tag{5.157}$$

Natürlich müssen $\underset{\sim}{a}$ und $\underset{\sim}{d}$ sowie $\underset{\sim}{b}$ und $\underset{\sim}{c}$ Vektoren aus dualen Räumen sein. Ist

$$\begin{aligned}\underset{\sim}{A}&=a^i{}_k\underset{\sim}{h}_i\otimes\underset{\sim}{g}^k\in\operatorname{Lin}(\mathscr{T}_1,\mathscr{T}_2),\\ \underset{\sim}{C}&=c^p{}_q\underset{\sim}{g}_p\otimes\underset{\sim}{h}^q\in\operatorname{Lin}(\mathscr{T}_2,\mathscr{T}_1),\end{aligned} \tag{5.158}$$

dann hat man

$$\begin{aligned}\underset{\sim}{C}\cdot\underset{\sim}{A}&=c^p{}_ia^i{}_k\underset{\sim}{g}_p\otimes\underset{\sim}{g}^k\in\operatorname{Lin}(\mathscr{T}_1),\\ \underset{\sim}{A}\cdot\underset{\sim}{C}&=a^i{}_pc^p{}_q\underset{\sim}{h}_i\otimes\underset{\sim}{h}^q\in\operatorname{Lin}(\mathscr{T}_2)\end{aligned} \tag{5.159}$$

und

$$\begin{aligned}a^i{}_kc^k{}_i&=\operatorname{tr}(\underset{\sim}{C}\cdot\underset{\sim}{A})=\operatorname{tr}(\underset{\sim}{A}\cdot\underset{\sim}{C})\\ &=:\underset{\sim}{C}\cdot\cdot\underset{\sim}{A}=\underset{\sim}{A}\cdot\cdot\underset{\sim}{C}\\ &=:\underset{\sim}{C}:\underset{\sim}{A}^*=\underset{\sim}{C}^*:\underset{\sim}{A}=\underset{\sim}{A}^*:\underset{\sim}{C}=\underset{\sim}{A}:\underset{\sim}{C}^*\end{aligned} \tag{5.160}$$

sowie die Regeln

$$\begin{aligned}&\operatorname{tr}\underset{\sim}{D}=\underset{\sim}{1}\cdot\cdot\underset{\sim}{D},\ \operatorname{tr}\underset{\sim}{a}\otimes\underset{\sim}{d}=\underset{\sim}{a}\cdot\underset{\sim}{d},\\ &\underset{\sim}{A}\cdot\cdot\underset{\sim}{c}\otimes\underset{\sim}{d}=\underset{\sim}{d}\cdot\underset{\sim}{A}\cdot\underset{\sim}{c}.\end{aligned} \tag{5.161}$$

Ist $\mathscr{V}$ ein Vektorraum mit innerem Produkt, dann kann man zwischen Tensoren $\underset{\sim}{A},\underset{\sim}{C}\in\operatorname{Lin}(\mathscr{V})$ ebenfalls ein inneres Produkt einführen durch die Vorschrift $\underset{\sim}{A}:\underset{\sim}{C}$, die sich bei Benutzung einer orthonormierten Basis als

$$\underset{\sim}{A}:\underset{\sim}{C}=a_{ik}\underset{\sim}{g}_i\otimes\underset{\sim}{g}_k:c_{lm}\underset{\sim}{g}_l\otimes\underset{\sim}{g}_m=a_{ik}c_{ik} \tag{5.162}$$

darstellt. Den Betrag (Norm) eines Tensors definiert man als

$$|\underset{\sim}{A}|:=\sqrt{\underset{\sim}{A}:\underset{\sim}{A}}=\sqrt{\sum_{i=1}^{n}\sum_{k=1}^{n}a_{ik}{}^2} \tag{5.163}$$

und seine Richtung (falls $\underset{\sim}{A}\neq 0$) als

$$\vec{\underset{\sim}{A}}:=\frac{\underset{\sim}{A}}{|\underset{\sim}{A}|}. \tag{5.164}$$

Symmetrische und antimetrische Tensoren $\underset{\sim}{S}$ bzw. $\underset{\sim}{A}$ sind zueinander orthogonal, denn es ist

$$\underset{\sim}{S}:\underset{\sim}{A}=\underset{\sim}{S}^T:\underset{\sim}{A}^T=\underset{\sim}{S}:(-\underset{\sim}{A})\ \text{ also }\ \underset{\sim}{S}:\underset{\sim}{A}=0, \tag{5.165}$$

und dasselbe gilt für Kugeltensoren und Deviatoren wegen

$$\alpha \underset{\sim}{1} : \underset{\sim}{D}' = \alpha \operatorname{tr} (\underset{\sim}{1} \cdot \underset{\sim}{D}') = \alpha \operatorname{tr} \underset{\sim}{D}' = 0. \tag{5.166}$$

Mehrfache dyadische Produkte und ihre Verknüpfungen werden formal wie folgt eingeführt:

$$\underset{\sim}{a} \otimes \underset{\sim}{b} \otimes \underset{\sim}{c} \cdot \underset{\sim}{d} \otimes \underset{\sim}{e} \otimes \underset{\sim}{f} \otimes \underset{\sim}{g} := (\underset{\sim}{c} \cdot \underset{\sim}{d}) \underset{\sim}{a} \otimes \underset{\sim}{b} \otimes \underset{\sim}{e} \otimes \underset{\sim}{f} \otimes \underset{\sim}{g} \tag{5.167}$$

$$\underset{\sim}{a} \otimes \underset{\sim}{b} \otimes \underset{\sim}{c} \cdot\cdot \underset{\sim}{d} \otimes \underset{\sim}{e} \otimes \underset{\sim}{f} \otimes \underset{\sim}{g} := \underset{\sim}{a} \otimes \underset{\sim}{b} \otimes \underset{\sim}{c} : \underset{\sim}{e} \otimes \underset{\sim}{d} \otimes \underset{\sim}{f} \otimes \underset{\sim}{g} := (\underset{\sim}{c} \cdot \underset{\sim}{d}) (\underset{\sim}{b} \cdot \underset{\sim}{e}) \underset{\sim}{a} \otimes \underset{\sim}{f} \otimes \underset{\sim}{g} \tag{5.168}$$

usw.

Mit ihrer Hilfe lassen sich beispielsweise auf einem Raum $\mathscr{V}$ mit innerem Produkt Tensoren höherer Stufe erklären. (Skalare und Vektoren nennt man konsequenterweise auch Tensoren nullter und erster Stufe.) Bei Benutzung einer orthonormierten Basis ist etwa

$$\mathbb{C} = c_{ijkl} \underset{\sim}{g}_i \otimes \underset{\sim}{g}_j \otimes \underset{\sim}{g}_k \otimes \underset{\sim}{g}_l \tag{5.169}$$

ein Tensor 4. Stufe. Er vermittelt unter anderem eine lineare Abbildung der Menge der Tensoren zweiter Stufe in sich selbst durch

$$\begin{aligned} \mathbb{C} : \underset{\sim}{A} &= \mathbb{C} : a_{mn} \underset{\sim}{g}_m \otimes \underset{\sim}{g}_n \\ &= c_{ijkl} a_{kl} \underset{\sim}{g}_i \otimes \underset{\sim}{g}_j, \end{aligned} \tag{5.170}$$

eine Abbildung von Vektoren in Tensoren 3. Stufe

$$\mathbb{C} \cdot \underset{\sim}{v} = c_{ijkl} v_l \underset{\sim}{g}_i \otimes \underset{\sim}{g}_j \otimes \underset{\sim}{g}_k \tag{5.171}$$

sowie eine vierfache Linearform auf $\mathscr{V}$

$$\mathbb{C} \cdots\cdot \underset{\sim}{v} \otimes \underset{\sim}{w} \otimes \underset{\sim}{x} \otimes \underset{\sim}{y} = c_{ijkl} v_l w_k x_j y_i \tag{5.172}$$

und eine Bilinearform auf Lin $(\mathscr{V})$

$$\mathbb{C} :: \underset{\sim}{A} \otimes \underset{\sim}{B} = \underset{\sim}{B} : \mathbb{C} : \underset{\sim}{A} = b_{ij} c_{ijkl} a_{kl}. \tag{5.173}$$

Einem Tensor 4. Stufe (auch Tetrade genannt) $\mathbb{C}$ ordnen wir eine transponierte Tetrade $\mathbb{C}^T$ zu durch die Vorschrift

$$\mathbb{C} : \underset{\sim}{A} = \underset{\sim}{A} : \mathbb{C}^T \text{ für alle } \underset{\sim}{A}. \tag{5.174}$$

Eine Tetrade heißt symmetrisch, wenn gilt

$$\mathbb{C} = \mathbb{C}^T \Leftrightarrow c_{ijkl} = c_{klij}. \tag{5.175}$$

# 6 Kontinuumsmechanik und -thermodynamik

Will ein Beobachter physikalisches Geschehen beschreiben, so muß er Ereignisse örtlich und zeitlich einordnen. Auf dem Boden der klassischen (nicht-relativistischen) Physik geschieht das, indem jedem Ereignis ein Element eines eindimensionalen Vektorraumes mit innerem Produkt als Zeit und ein Element eines dreidimensionalen Vektorraumes $\mathscr{V}$ mit innerem Produkt als Ort zugeordnet wird. In beiden Räumen seien der Einfachheit halber normierte bzw. orthonormierte Basen gewählt. Ein Ereignis wird dann beschrieben durch die Komponente t des Zeitvektors und die drei Komponenten $\underset{\approx}{x} = (x_1, x_2, x_3)$ – kartesische Koordinaten genannt – des Ortsvektors

$$\underset{\sim}{x} = x_k \underset{\sim}{i}_k, \quad \underset{\sim}{i}_j \cdot \underset{\sim}{i}_k = \delta_{jk}. \tag{6.1}$$

Bisher haben wir die Vektorraumstruktur beider Räume gar nicht benötigt. Ihre Bedeutung sei am Raum $\mathscr{V}$ erklärt. Den Vektor $\underset{\sim}{y} - \underset{\sim}{x} \in \mathscr{V}$ deuten wir als Pfeil (gerichtete Strecke) vom Ort $\underset{\sim}{x}$ zum Ort $\underset{\sim}{y}$ – er bezeichnet aber ebenso den Pfeil von $\underset{\sim}{x} + \underset{\sim}{c}$ nach $\underset{\sim}{y} + \underset{\sim}{c}$ für alle $\underset{\sim}{c} \in \mathscr{V}$ –, und der Ortsvektor $\underset{\sim}{x} = \underset{\sim}{x} - \underset{\sim}{0}$ läßt sich folglich auch auffassen als Pfeil vom Ursprung des Koordinatensystems zum Ort $\underset{\sim}{x}$. Addition und Skalarenmultiplikation solcher Pfeile sind bereits früher erläutert worden.

## 6.1 Messungen

Da der Raum $\mathscr{V}$ ein inneres Produkt besitzt – man nennt ihn auch euklidischen Raum –, kann er vermessen werden.

Der Abstand d zweier Orte $\underset{\sim}{x}$ und $\underset{\sim}{y}$ ergibt sich als Länge des Verbindungspfeils

$$d = |\underset{\sim}{y} - \underset{\sim}{x}|, \tag{6.2}$$

der Winkel $\alpha$ zwischen zwei Pfeilen $\underset{\sim}{a}$ und $\underset{\sim}{b}$ durch

$$\cos\alpha = \frac{\underset{\sim}{a} \cdot \underset{\sim}{b}}{|\underset{\sim}{a}||\underset{\sim}{b}|}, \quad 0 \leqq \alpha \leqq \pi. \tag{6.3}$$

Die von den beiden Pfeilen $\underset{\sim}{a}$ und $\underset{\sim}{b}$ aufgespannte Parallelogrammfläche beschreibt man üblicherweise durch das Kreuzprodukt $\underset{\sim}{a} \times \underset{\sim}{b}$ von $\underset{\sim}{a}$ und $\underset{\sim}{b}$, d.h. einen Vektor, dessen Länge

$$|\underset{\sim}{a} \times \underset{\sim}{b}| = |\underset{\sim}{a}||\underset{\sim}{b}| \sin\alpha \tag{6.4}$$

den Flächeninhalt angibt und der senkrecht auf der Fläche steht in der Weise, daß $\underset{\sim}{a}$, $\underset{\sim}{b}$ und $\underset{\sim}{a} \times \underset{\sim}{b}$ in der Reihenfolge ihrer Nennung ein Rechtssystem bilden. In Verallgemeinerung dieses Sachverhalts benutzt man Vektoren, um Flächen beliebiger Gestalt nach Inhalt und Orientierung im Raum zu kennzeichnen. Daß für Kreuzprodukte das distributive Gesetz gilt und daß die

Linearkombination der Flächenvektoren sich sinnvoll als Linearkombination der zugehörigen Flächen deuten läßt, folgert man aus elementar-geometrischen Betrachtungen. Daß die Einführung des Kreuzproduktes jedoch grundsätzlich entbehrlich wäre, sieht man so. Zwischen der sogenannten vektoriellen Invarianten $\underset{\sim}{L}_\times$ eines Tensors 2. Stufe $\underset{\sim}{L}$, d.h. dem Vektor, der entsteht, wenn alle dyadischen Produkte durch Kreuzprodukte ersetzt werden, und dem antimetrischen Anteil des Tensors besteht ein eineindeutiger Zusammenhang. Bezüglich einer rechtsorientierten orthonormierten Basis $\{\underset{\sim}{i}_j\}$ – mit der Eigenschaft

$$\underset{\sim}{i}_1\times\underset{\sim}{i}_2=-\underset{\sim}{i}_2\times\underset{\sim}{i}_1=\underset{\sim}{i}_3,\ \underset{\sim}{i}_2\times\underset{\sim}{i}_3=\underset{\sim}{i}_1,\ \underset{\sim}{i}_3\times\underset{\sim}{i}_1=\underset{\sim}{i}_2 \tag{6.5}$$

– gilt nämlich einerseits

$$\underset{\sim}{L}=l_{jk}\underset{\sim}{i}_j\otimes\underset{\sim}{i}_k, \tag{6.6}$$

$$\begin{aligned}\underset{\sim}{L}_\times&=l_{jk}\underset{\sim}{i}_j\times\underset{\sim}{i}_k\\&=(l_{23}-l_{32})\underset{\sim}{i}_1+(l_{31}-l_{13})\underset{\sim}{i}_2+(l_{12}-l_{21})\underset{\sim}{i}_3\\&=(\operatorname{skw}\underset{\sim}{L})_\times,\end{aligned} \tag{6.7}$$

und andererseits, wenn man die Rechenregel

$$\underset{\sim}{a}\times(\underset{\sim}{b}\otimes\underset{\sim}{c}):=(\underset{\sim}{a}\times\underset{\sim}{b})\otimes\underset{\sim}{c} \tag{6.8}$$

einführt,

$$\operatorname{skw}\underset{\sim}{L}=-\frac{1}{2}\underset{\sim}{L}_\times\times\underset{\sim}{1}, \tag{6.9}$$

denn es ist

$$\begin{aligned}\underset{\sim}{i}_1\times\underset{\sim}{1}&=\underset{\sim}{i}_1\times(\underset{\sim}{i}_1\otimes\underset{\sim}{i}_1+\underset{\sim}{i}_2\otimes\underset{\sim}{i}_2+\underset{\sim}{i}_3\otimes\underset{\sim}{i}_3)\\&=\underset{\sim}{i}_3\otimes\underset{\sim}{i}_2-\underset{\sim}{i}_2\otimes\underset{\sim}{i}_3\end{aligned} \tag{6.10}$$

usw. Speziell hat man also

$$(\underset{\sim}{a}\otimes\underset{\sim}{b})_\times=[\operatorname{skw}(\underset{\sim}{a}\otimes\underset{\sim}{b})]_\times=\underset{\sim}{a}\times\underset{\sim}{b} \tag{6.11}$$

und

$$\operatorname{skw}(\underset{\sim}{a}\otimes\underset{\sim}{b})=-\frac{1}{2}(\underset{\sim}{a}\times\underset{\sim}{b})\times\underset{\sim}{1}. \tag{6.12}$$

Die von $\underset{\sim}{a}$ und $\underset{\sim}{b}$ aufgespannte Fläche ließe sich demnach statt durch $\underset{\sim}{a}\times\underset{\sim}{b}$ genauso gut durch $\operatorname{skw}(\underset{\sim}{a}\otimes\underset{\sim}{b})$ kennzeichnen. Anwendung von (6.12) auf einen Vektor $2\underset{\sim}{c}$ liefert den Entwicklungssatz

$$\begin{aligned}&\operatorname{skw}(\underset{\sim}{a}\otimes\underset{\sim}{b})\cdot 2\underset{\sim}{c}=(\underset{\sim}{a}\otimes\underset{\sim}{b}-\underset{\sim}{b}\otimes\underset{\sim}{a})\cdot\underset{\sim}{c}=(\underset{\sim}{b}\cdot\underset{\sim}{c})\underset{\sim}{a}-(\underset{\sim}{a}\cdot\underset{\sim}{c})\underset{\sim}{b}\\&=-(\underset{\sim}{a}\times\underset{\sim}{b})\times\underset{\sim}{1}\cdot\underset{\sim}{c}=-(\underset{\sim}{a}\times\underset{\sim}{b})\times\underset{\sim}{c}=\underset{\sim}{c}\times(\underset{\sim}{a}\times\underset{\sim}{b}).\end{aligned} \tag{6.13}$$

Der Rauminhalt des von drei Pfeilen $\underset{\sim}{a}$, $\underset{\sim}{b}$, $\underset{\sim}{c}$ aufgespannten Spats (Parallelepipeds) ergibt sich elementar-geometrisch als Produkt von Grundfläche und Höhe, d.h. als Betrag des Spatprodukts

$$[\underset{\sim}{a}\underset{\sim}{b}\underset{\sim}{c}]:=(\underset{\sim}{a}\times\underset{\sim}{b})\cdot\underset{\sim}{c}=\underset{\sim}{a}\cdot(\underset{\sim}{b}\times\underset{\sim}{c}). \tag{6.14}$$

Setzen wir in (6.6) $\underset{\sim}{a}\otimes\underset{\sim}{b}$ für $\underset{\sim}{L}$ ein, also $l_{jk}=a_j b_k$, dann liefert (6.7) die Komponentendarstellung des Kreuzprodukts

$$(\underset{\sim}{a}\otimes\underset{\sim}{b})_\times=\underset{\sim}{a}\times\underset{\sim}{b}=\begin{vmatrix} a_2 & a_3 \\ b_2 & b_3 \end{vmatrix}\underset{\sim}{i}_1+\begin{vmatrix} a_3 & a_1 \\ b_3 & b_1 \end{vmatrix}\underset{\sim}{i}_2+\begin{vmatrix} a_1 & a_2 \\ b_1 & b_2 \end{vmatrix}\underset{\sim}{i}_3 \qquad (6.15)$$

und damit für das Spatprodukt

$$[\underset{\sim}{a}\underset{\sim}{b}\underset{\sim}{c}]=\begin{vmatrix} a_1 & a_2 & a_3 \\ b_1 & b_2 & b_3 \\ c_1 & c_2 & c_3 \end{vmatrix}. \qquad (6.16)$$

Bedeutet $\mathfrak{B}$ die Basiswahl in $\mathscr{V}$

$$\mathfrak{B}=\underset{\sim}{i}_k\otimes\underset{\sim}{e}_k \qquad (6.17)$$

und $\underset{\sim}{A}$ den Tensor

$$\underset{\sim}{A}=\underset{\sim}{a}\otimes\underset{\sim}{i}_1+\underset{\sim}{b}\otimes\underset{\sim}{i}_2+\underset{\sim}{c}\otimes\underset{\sim}{i}_3, \qquad (6.18)$$

dann ist also

$$[\underset{\sim}{a}\underset{\sim}{b}\underset{\sim}{c}]=\det(\mathfrak{B}^{-1}\underset{\sim}{A}\mathfrak{B})=\det\underset{\sim}{A}. \qquad (6.19)$$

Das Volumen des Spats läßt sich übrigens allein aus den Skalarprodukten der drei Vektoren $\underset{\sim}{a}$, $\underset{\sim}{b}$, $\underset{\sim}{c}$ mittels der Gramschen Determinante berechnen, indem man im folgenden Ausdruck die positive Wurzel zieht:

$$V^2=|[\underset{\sim}{a}\underset{\sim}{b}\underset{\sim}{c}]|^2=|\det\underset{\sim}{A}|^2=\det\underset{\sim}{A}^T\det\underset{\sim}{A}=$$

$$=\det(\underset{\sim}{A}^T\underset{\sim}{A})=\begin{vmatrix} \underset{\sim}{a}\cdot\underset{\sim}{a} & \underset{\sim}{a}\cdot\underset{\sim}{b} & \underset{\sim}{a}\cdot\underset{\sim}{c} \\ \underset{\sim}{a}\cdot\underset{\sim}{b} & \underset{\sim}{b}\cdot\underset{\sim}{b} & \underset{\sim}{b}\cdot\underset{\sim}{c} \\ \underset{\sim}{a}\cdot\underset{\sim}{c} & \underset{\sim}{b}\cdot\underset{\sim}{c} & \underset{\sim}{c}\cdot\underset{\sim}{c} \end{vmatrix}. \qquad (6.20)$$

(Das Spatprodukt ist damit bis auf das Vorzeichen bekannt.)

Nun können wir auch die Determinante eines beliebigen Tensors $\underset{\sim}{F}$ geometrisch deuten. Bildet nämlich $\underset{\sim}{F}$ die drei linear unabhängigen Vektoren $\underset{\sim}{a}$, $\underset{\sim}{b}$, $\underset{\sim}{c}$ in die Vektoren $\bar{\underset{\sim}{a}}$, $\bar{\underset{\sim}{b}}$, $\bar{\underset{\sim}{c}}$ ab, dann kann das geschehen, indem zunächst $\underset{\sim}{a}$, $\underset{\sim}{b}$, $\underset{\sim}{c}$ mittels einer invertierbaren Abbildung $\underset{\sim}{A}^{-1}$ in die Basisvektoren $\underset{\sim}{i}_k$ und diese danach mittels der Abbildung $\bar{\underset{\sim}{A}}$ in $\bar{\underset{\sim}{a}}$, $\bar{\underset{\sim}{b}}$, $\bar{\underset{\sim}{c}}$ überführt werden:

$$\underset{\sim}{F}=\bar{\underset{\sim}{A}}\underset{\sim}{A}^{-1}. \qquad (6.21)$$

Daraus folgt

$$\det\underset{\sim}{F}=\frac{\det\bar{\underset{\sim}{A}}}{\det\underset{\sim}{A}}=\frac{[\bar{\underset{\sim}{a}}\bar{\underset{\sim}{b}}\bar{\underset{\sim}{c}}]}{[\underset{\sim}{a}\underset{\sim}{b}\underset{\sim}{c}]} \qquad (6.22)$$

und

$$|\det\underset{\sim}{F}|=\frac{\bar{V}}{V}. \qquad (6.23)$$

Der Betrag der Determinante beschreibt also die von der Abbildung bewirkte Volumenänderung, das Vorzeichen gibt Auskunft, ob $\underset{\sim}{a}$, $\underset{\sim}{b}$, $\underset{\sim}{c}$ und $\bar{\underset{\sim}{a}}$, $\bar{\underset{\sim}{b}}$, $\bar{\underset{\sim}{c}}$ gleich oder entgegengesetzt orientiert sind. (Negatives Vorzeichen besagt, daß eines der beiden Vektortripel ein Rechtssystem, das andere ein Linkssystem bildet.)

Gleichung (6.22) läßt sich umschreiben in

$$\bar{a}\cdot(\bar{b}\times\bar{c}) = a\cdot F^T\cdot[(F\cdot b)\times(F\cdot c)] = (\det F)a\cdot(b\times c), \tag{6.24}$$

woraus man (falls $F$ invertierbar ist) wegen der Beliebigkeit von $a$ entnimmt, daß mit einer Abbildung $F$ der Pfeile die Abbildung

$$(F\cdot b)\times(F\cdot c) = (\det F)F^{-T}\cdot(b\times c) \tag{6.25}$$

der zugehörigen Flächenvektoren verbunden ist.

## 6.2 Koordinaten

Anstelle kartesischer Koordinaten $x$ kann der Beobachter zur Beschreibung der Orte auch ein krummlinig-schiefwinkliges Koordinatensystem $q = (q^1, q^2, q^3)$ verwenden. Den Zusammenhang zwischen $x$ und $q$

$$x_k = x_k(q^1, q^2, q^3),\ k = 1,2,3 \tag{6.26}$$

nehmen wir als invertierbar und $x(q)$ ebenso wie $q(x)$ als stetig und zweimal stetig differenzierbar an. Der Ortsvektor gewinnt die Gestalt

$$x = x_k i_k = x_k(q^1, q^2, q^3) i_k = x(q). \tag{6.27}$$

Einfachstes Beispiel ist das (krummlinig-orthogonale) System der Zylinderkoordinaten ($q^1 := r$, $q^2 := \varphi$, $q^3 := z$):

$$x_1 = r\cos\varphi,\ x_2 = r\sin\varphi,\ x_3 = z \tag{6.28}$$

in einem einfach zusammenhängenden Gebiet außerhalb der Achse $r = 0$.

An jedem Ort $x$ bilden die dortigen Tangentenvektoren

$$g_l := \frac{\partial x}{\partial q^l} = \frac{\partial x_k}{\partial q^l}(q) i_k,\ l = 1,2,3 \tag{6.29}$$

eine lokale Basis von $\mathscr{V}$ und die Gradientenvektoren

$$g^3 := \frac{1}{\Delta} g_1 \times g_2,\ g^1 := \frac{1}{\Delta} g_2 \times g_3,\ g^2 := \frac{1}{\Delta} g_3 \times g_1 \tag{6.30}$$

mit

$$\Delta := [g_1 g_2 g_3] \tag{6.31}$$

die dazu reziproke. Die metrischen Fundamentalgrößen – also die ko- bzw. kontravarianten Komponenten des Einheitstensors bezüglich der lokalen Basen – sind gegeben durch

$$I_{lm} = g_l\cdot g_m,\ I^{lm} = g^l\cdot g^m. \tag{6.32}$$

Im Fall der Zylinderkoordinaten ergibt sich

$$\underset{\sim}{g}_r = \cos\varphi\,\underset{\sim}{i}_1 + \sin\varphi\,\underset{\sim}{i}_2,\ \underset{\sim}{g}_\varphi = -r\sin\varphi\,\underset{\sim}{i}_1 + r\cos\varphi\,\underset{\sim}{i}_2,\ \underset{\sim}{g}_z = \underset{\sim}{i}_3,$$

$$\underset{\sim}{g}^r = \cos\varphi\,\underset{\sim}{i}_1 + \sin\varphi\,\underset{\sim}{i}_2,\ \underset{\sim}{g}^\varphi = -\frac{1}{r}\sin\varphi\,\underset{\sim}{i}_1 + \frac{1}{r}\cos\varphi\,\underset{\sim}{i}_2,\ \underset{\sim}{g}^z = \underset{\sim}{i}_3. \tag{6.33}$$

Bei orthogonalen Koordinatensystemen bietet es sich oft an, mit dem orthonormierten Basissystem

$$\frac{\underset{\sim}{g}_1}{|\underset{\sim}{g}_1|}, \frac{\underset{\sim}{g}_2}{|\underset{\sim}{g}_2|}, \frac{\underset{\sim}{g}_3}{|\underset{\sim}{g}_3|} \tag{6.34}$$

zu arbeiten, bei Zylinderkoordinaten also mit

$$\underset{\sim}{e}_r = \underset{\sim}{g}_r,\ \underset{\sim}{e}_\varphi = \underset{\sim}{g}_\varphi / r,\ \underset{\sim}{e}_z = \underset{\sim}{g}_z. \tag{6.35}$$

## 6.3 Felder

Vektor- und tensorwertige Ortsfunktionen (auch Felder genannt) lassen sich mittels der globalen Basis oder aber auf die jeweilige lokale Basis bezogen darstellen:

$$\underset{\sim}{v}(\underset{\sim}{x}) = \bar{v}_k(\underset{\sim}{x})\underset{\sim}{i}_k = v^k(\underset{\sim}{x})\underset{\sim}{g}_k(\underset{\sim}{x}) = v_k(\underset{\sim}{x})\underset{\sim}{g}^k(\underset{\sim}{x}), \tag{6.36}$$

$$\begin{aligned}\underset{\sim}{A}(\underset{\sim}{x}) &= \bar{a}_{jk}(\underset{\sim}{x})\underset{\sim}{i}_j \otimes \underset{\sim}{i}_k = a^{ij}(\underset{\sim}{x})\underset{\sim}{g}_i(\underset{\sim}{x}) \otimes \underset{\sim}{g}_j(\underset{\sim}{x}) \\ &= a^i{}_j(\underset{\sim}{x})\underset{\sim}{g}_i(\underset{\sim}{x}) \otimes \underset{\sim}{g}^j(\underset{\sim}{x})\end{aligned} \tag{6.37}$$

usw. Will man örtliche Änderungen solcher Funktionen berechnen, dann muß man die Ortsabhängigkeit der lokalen Basis berücksichtigen. Führt man die als Christoffel-Symbole bezeichneten Größen

$$\begin{aligned}\Gamma^i{}_{jk} &:= \underset{\sim}{g}^i \cdot \frac{\partial \underset{\sim}{g}_j}{\partial q^k} = \underset{\sim}{g}^i \cdot \frac{\partial^2 \underset{\sim}{x}}{\partial q^j \partial q^k} \\ &= \frac{\partial}{\partial q^k}(\underset{\sim}{g}^i \cdot \underset{\sim}{g}_j) - \underset{\sim}{g}_j \cdot \frac{\partial \underset{\sim}{g}^i}{\partial q^k}\end{aligned} \tag{6.38}$$

ein, wobei aus dem Schwarzschen Vertauschungssatz die Symmetrieeigenschaft

$$\Gamma^i{}_{jk} = \Gamma^i{}_{kj} \tag{6.39}$$

und aus der Bedingung $\underset{\sim}{g}^i \cdot \underset{\sim}{g}_j = \delta^i{}_j = \text{const}$ das Verschwinden des ersten Summanden in der letzten Formel von (6.38) folgt, so erhält man

$$\frac{\partial \underset{\sim}{g}_j}{\partial q^k} = \Gamma^i{}_{jk}\underset{\sim}{g}_i,\ \frac{\partial \underset{\sim}{g}^i}{\partial q^k} = -\Gamma^i{}_{jk}\underset{\sim}{g}^j. \tag{6.40}$$

Im Falle der Zylinderkoordinaten ergeben sich aus (6.33) als einzige nicht verschwindende Christoffel-Symbole

$$\Gamma^{\varphi}{}_{r\varphi}=\Gamma^{\varphi}{}_{\varphi r}=\frac{1}{r},\ \Gamma^{r}{}_{\varphi\varphi}=-r. \tag{6.41}$$

Die Ableitung eines Vektor- oder Tensorfeldes nach einer Koordinate ist nun mittels der Produktregel vorzunehmen, z.B.

$$\begin{aligned}\frac{\partial \underset{\sim}{v}}{\partial q^j}&=\frac{\partial}{\partial q^j}(v^k \underset{\sim}{g}_k)=\frac{\partial v^k}{\partial q^j}\underset{\sim}{g}_k+v^m\frac{\partial \underset{\sim}{g}_m}{\partial q^j}\\&=\left(\frac{\partial v^k}{\partial q^j}+v^m\Gamma^k{}_{mj}\right)\underset{\sim}{g}_k=:v^k|_j\underset{\sim}{g}_k.\end{aligned} \tag{6.42}$$

Die dabei eingeführte abkürzende Schreibweise heißt kovariante Ableitung. Entsprechend findet man beispielsweise

$$\begin{aligned}\frac{\partial \underset{\sim}{v}}{\partial q^j}&=v_k|_j\underset{\sim}{g}^k,\\\frac{\partial \underset{\sim}{A}}{\partial q^j}&=a^{il}|_j\underset{\sim}{g}_i\otimes\underset{\sim}{g}_l\end{aligned} \tag{6.43}$$

mit den kovarianten Ableitungen

$$\begin{aligned}v_k|_j&=\underset{\sim}{g}_k\cdot\frac{\partial \underset{\sim}{v}}{\partial q^j}=\frac{\partial}{\partial q^j}(\underset{\sim}{g}_k\cdot\underset{\sim}{v})-\underset{\sim}{v}\cdot\frac{\partial \underset{\sim}{g}_k}{\partial q^j}\\&=\frac{\partial v_k}{\partial q^j}-v_m\Gamma^m{}_{kj},\\a^{il}|_j&=\frac{\partial a^{il}}{\partial q^j}+a^{ml}\Gamma^i{}_{mj}+a^{im}\Gamma^l{}_{mj}.\end{aligned} \tag{6.44}$$

Ändert man $\underset{\sim}{q}$ um $d\underset{\sim}{q}$, dann läßt sich das totale Differential einer Feldfunktion $\Phi$ (also die lineare Approximation ihres Zuwachses, siehe hierzu die Ausführungen über das Fréchet-Differential im 7. Kapitel) ausdrücken durch

$$d\Phi=\frac{\partial\Phi}{\partial q^l}dq^l. \tag{6.45}$$

Anwendung auf $\underset{\sim}{x}(\underset{\sim}{q})$ gibt

$$d\underset{\sim}{x}=\frac{\partial \underset{\sim}{x}}{\partial q^l}dq^l=dq^l\underset{\sim}{g}_l,\ \text{d.h.}\ dq^l=\underset{\sim}{g}^l\cdot d\underset{\sim}{x}. \tag{6.46}$$

Die $dq^l$ sind also die kontravarianten Komponenten von $d\underset{\sim}{x}$ bezüglich der lokalen Basis. (Daher der obere Index. Die Koordinaten $q^l$ selbst sind nur dann die kontravarianten Komponenten von $\underset{\sim}{x}$, wenn die lokale Basis für alle Orte die gleiche ist, d.h. $\underset{\sim}{g}^l\cdot d\underset{\sim}{x}=d(\underset{\sim}{g}^l\cdot\underset{\sim}{x})$ gilt.) Damit läßt sich der Zusammenhang zwischen $d\underset{\sim}{x}$ und $d\Phi$

darstellen als

$$d\Phi = \frac{\partial \Phi}{\partial q^l} \underset{\sim}{g}^l \cdot d\underset{\sim}{x} = \left( \frac{\partial \Phi}{\partial q^l} \otimes \underset{\sim}{g}^l \right) \cdot d\underset{\sim}{x} \tag{6.47}$$

– die letzte Umformung ist nur vorzunehmen, wenn $\Phi$ nicht skalarwertig ist –, d.h. in Form einer linearen Abbildung, die man als den Gradienten von $\Phi$ bezeichnet. Das ist ein Tensor, dessen Stufe um eins höher ist als diejenige von $\Phi$.

Es bietet sich an, den vektorwertigen sogenannten Nabla-Operator einzuführen durch

$$\underset{\sim}{\nabla} := \underset{\sim}{g}^l \frac{\partial}{\partial q^l}, \text{ d.h., } \underset{\sim}{g}_l \cdot \underset{\sim}{\nabla} = \frac{\partial}{\partial q^l} \tag{6.48}$$

und z.B. die Gradienten skalarer, vektor- und tensorwertiger Felder $\varrho$, $\underset{\sim}{v}$ bzw. $\underset{\sim}{A}$ darzustellen als

$$\operatorname{grad} \varrho = \underset{\sim}{\nabla} \varrho = \underset{\sim}{g}^l \frac{\partial \varrho}{\partial q^l}, \tag{6.49}$$

$$\underset{\sim}{v} \otimes \underset{\sim}{\nabla} = \frac{\partial \underset{\sim}{v}}{\partial q^l} \otimes \underset{\sim}{g}^l = v^k|_l \underset{\sim}{g}_k \otimes \underset{\sim}{g}^l, \tag{6.50}$$

$$\underset{\sim}{A} \otimes \underset{\sim}{\nabla} = \frac{\partial \underset{\sim}{A}}{\partial q^l} \otimes \underset{\sim}{g}^l = a^{ij}|_l \underset{\sim}{g}_i \otimes \underset{\sim}{g}_j \otimes \underset{\sim}{g}^l. \tag{6.51}$$

Bildung skalarer und vektorieller Invarianten des Gradienten eines Vektorfeldes führt auf die Begriffe Divergenz und Rotation:

$$\operatorname{div} \underset{\sim}{v} := \underset{\sim}{\nabla} \cdot \underset{\sim}{v} = \underset{\sim}{1} \cdot\cdot \underset{\sim}{v} \otimes \underset{\sim}{\nabla} = v^k|_k \tag{6.52}$$

$$\operatorname{rot} \underset{\sim}{v} := \underset{\sim}{\nabla} \times \underset{\sim}{v} = -(\underset{\sim}{v} \otimes \underset{\sim}{\nabla})_\times = -v^k|_l \underset{\sim}{g}_k \times \underset{\sim}{g}^l. \tag{6.53}$$

Die letzte Formel ließe sich mittels (6.30) und (6.13) weiter auswerten. Von Bedeutung ist auch die Divergenz eines Tensorfeldes

$$\underset{\sim}{A} \cdot \underset{\sim}{\nabla} = \frac{\partial \underset{\sim}{A}}{\partial q^l} \cdot \underset{\sim}{g}^l = a^{il}|_l \underset{\sim}{g}_i. \tag{6.54}$$

Die Gradientenvektoren erlauben übrigens die Darstellung

$$\underset{\sim}{g}^i = \operatorname{grad} q^i, \tag{6.55}$$

und für das Differential läßt sich schreiben

$$d\Phi = (d\underset{\sim}{x} \cdot \underset{\sim}{\nabla}) \Phi. \tag{6.56}$$

## 6.4 Körper

Wir wollen uns mit jenem Teilgebiet der Kontinuumsmechanik befassen, deren Objekt der dreidimensionale Körper (body) ist – im Gegensatz zur Theorie der Schalen und Balken einerseits, der Mischungen andererseits –, d.h. eine zusammenhängende Menge $\mathscr{B}$ als kontinuierlich idealisierter Materie, deren einzelne materielle Punkte X als identifizierbar angesehen werden und deren i.allg. mit der Zeit wechselnder Ort $\underset{\sim}{x}(X,t)$ daher von einem Beobachter festgestellt werden kann. (Beispielsweise mag die Identifikation von Oberflächenpunkten eines sich deformierenden Festkörpers oder einer strömenden Flüssigkeit praktisch durch eine Farbmarkierung bzw. ein mitschwimmendes Plättchen geschehen.) Die Funktion $\underset{\sim}{x}(.,t)$ heißt zur Zeit t vorhandene Plazierung (placement) des Körpers im Beobachterrahmen (frame of the observer).

Man kann nun nicht nur die zu bestimmten Zeiten tatsächlich eintretenden Plazierungen, sondern die Menge aller möglichen Plazierungen $\underset{\sim}{x}(X)$ betrachten. Indem man die Funktion $\underset{\sim}{x}(X)$ als eineindeutig unterstellt (Axiom der Undurchdringlichkeit der Materie), erhält man die Möglichkeit, materielle Punkte X quantitativ zu identifizieren durch Angabe ihrer Lage $\overset{0}{\underset{\sim}{x}}(X)$ in einer willkürlich gewählten Bezugsplazierung (reference placement), z.B. der Plazierung $\underset{\sim}{x}(X,t_0)$ zu einem festen Zeitpunkt $t_0$. Zahlenmäßig geschieht das etwa durch Angabe der drei kartesischen Koordinaten von $\overset{0}{\underset{\sim}{x}}$, die wir mit $X^1,X^2,X^3$ bezeichnen wollen:

$$X=\hat{X}(\overset{0}{\underset{\sim}{x}})=X(X^\alpha). \tag{6.57}$$

Die Plazierung des Körpers zur Zeit t läßt sich dann darstellen in den Formen

$$\underset{\sim}{x}(X,t)=\bar{\underset{\sim}{x}}(\overset{0}{\underset{\sim}{x}},t)=\tilde{\underset{\sim}{x}}(X^\alpha,t). \tag{6.58}$$

Die ersten beiden Möglichkeiten nennt man materielle bzw. Lagrangesche Beschreibung, die dritte läßt folgende Deutung zu (Bild 6.1):

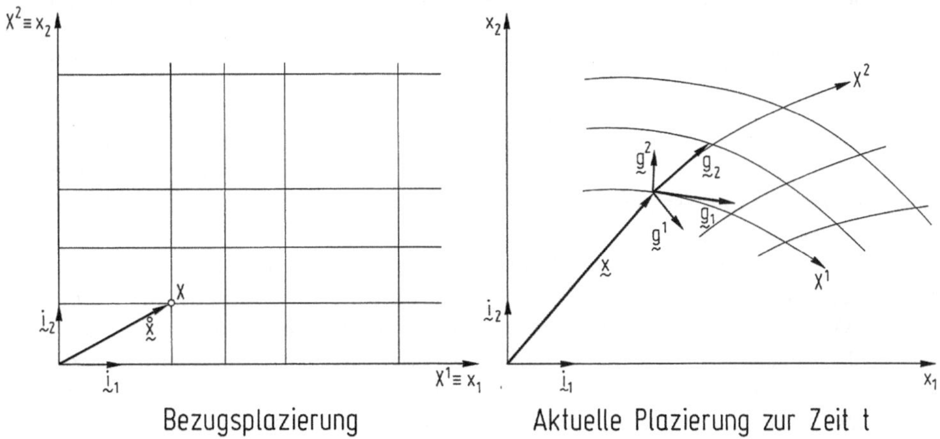


**Bild 6.1.** Mitgeschleppte Koordinaten. (Der besseren Übersicht wegen ist der zweidimensionale Fall dargestellt)

Wir denken uns das Koordinatensystem $X^\alpha$ in der Bezugsplazierung fest auf den Körper aufgetragen, so daß es alle Körperverformungen mitmacht und zu einem Zeitpunkt t i.allg. ein krummlinig-schiefwinkliges System bildet. (Damit ist berücksichtigt, daß feste materielle Punkte X zu allen Zeiten durch dieselben Werte der (materiellen, mitgeschleppten, konvektiven) Koordinaten $X^\alpha$ gekennzeichnet werden.) Dann bedeutet $\underset{\sim}{x}(X^\alpha, t)$ für festes t die Darstellung des Ortsvektors des Beobachterrahmens mittels der mitgeschleppten Koordinaten und $x_i(X^\alpha, t)$ den momentanen Zusammenhang der kartesischen mit den mitgeschleppten Koordinaten.

In jeder Plazierung soll das mitgeschleppte Koordinatensystem $X^\alpha$ die Eigenschaft haben, daß $x_i(X^\alpha,t)$ invertierbar und die Funktionen $x_i(X^\alpha,t)$ und $X^\alpha(x_i,t)$ für feste t zweimal stetig differenzierbar sind. Damit werden die Deformationsmöglichkeiten des Körpers offenbar erheblich eingeschränkt. Wir verlangen diese Glattheit allerdings nur fast überall, um nicht Risse und Knicke des Körpers (Flächen, wo die Plazierung nicht stetig bzw. differenzierbar ist) ausschließen zu müssen.

Anmerkung: Die Wahl des mitgeschleppten Koordinatensystems hätten wir natürlich auch so treffen können, daß $X^\alpha$ in der Bezugsplazierung nicht das kartesische Koordinatensystem – $x_i(X^\alpha,t_0) = X_i$ –, sondern irgendein anderes, unseren Glattheitsforderungen genügendes System überdeckt. Das folgt aus der Willkürlichkeit der Bezugsplazierung.

Wegen der vorausgesetzten Glattheit läßt sich (fast überall) dem materiellen Punkt X zur Zeit t die lokale Basis

$$\underset{\sim}{g}_\alpha(X,t) = \frac{\partial \underset{\sim}{x}}{\partial X^\alpha}(X^\beta,t), \quad \alpha = 1,2,3 \tag{6.59}$$

im Beobachterrahmen zuordnen. Das Spatprodukt der Basisvektoren ergibt sich nach (6.19) zu

$$\Delta = [\underset{\sim}{g}_1 \underset{\sim}{g}_2 \underset{\sim}{g}_3] = \det(\underset{\sim}{g}_\alpha \otimes \underset{\sim}{i}_\alpha) = \det\left(\frac{\partial x_m}{\partial X^\alpha} \underset{\sim}{i}_m \otimes \underset{\sim}{i}_\alpha\right). \tag{6.60}$$

Nun bedeutet Differenzierbarkeit von $x_i(X^\alpha,t)$ und $X^\alpha(x_i,t)$, daß der Zusammenhang

$$dx_m = \frac{\partial x_m}{\partial X^\alpha} dX^\alpha \tag{6.61}$$

zwischen $dx_m$ und $dX^\alpha$ invertierbar sein muß und die (Jacobische) Determinante der Matrix $(\partial x_m / \partial X^\alpha)$, deren Wert gleich $\Delta$ ist, also nicht verschwinden darf. Die drei Basisvektoren des mitgeschleppten Koordinatensystems sind folglich überall und zu allen Zeiten linear unabhängig.

Wir wollen die zusätzliche Annahme treffen, daß $\Delta$ in allen Plazierungen dasselbe Vorzeichen hat, die Basisvektoren also immer gleiche Orientierung besitzen. Ein stetiger Wechsel der Orientierung wäre mit einem Nulldurchgang von $\Delta$ verbunden, ist also nicht zugelassen. Aber auch ein unstetiger Wechsel, also eine plötzliche Umstülpung des Körpers, erscheint mit unserer Vorstellung von der Undurchdringlichkeit der Materie unvereinbar und wird daher explizit ausgeschlossen.

## 6.5 Lokale Plazierung

Ähnlich wie $\underset{\sim}{x}(X,t)$ die Plazierung des materiellen Punktes X angibt, so deuten wir die $\underset{\sim}{g}_\alpha(X,t)$ als zur Zeit t im Beobachterrahmen festgestellte Plazierungen dreier materieller Pfeile $\underset{\sim}{g}_\alpha(X)$, die am Punkt X dem Körper angeheftet sind und die drei materiellen Koordinatenrichtungen tangieren. Wir wählen sie als Basis eines dreidimensionalen Vektorraumes $\mathscr{T}$, genannt Tangentialraum von $\mathscr{B}$ am Punkt X, derart, daß die lineare Abbildung $\underset{\sim}{K}(X,t)\in\mathrm{Invlin}(\mathscr{T},\mathscr{V})$, lokale Plazierung genannt, den Zusammenhang

$$\underset{\sim}{g}_\alpha(X,t)=\underset{\sim}{K}(X,t)\underset{\sim}{g}_\alpha(X),\ \alpha=1,2,3 \tag{6.62}$$

liefert. Der Vektor

$$d_s\underset{\sim}{x}=dX^\alpha\underset{\sim}{g}_\alpha(X,t)=\underset{\sim}{K}(X,t)dX^\alpha\underset{\sim}{g}_\alpha(X) \tag{6.63}$$

– der Index s (spatial) soll im Vergleich zu (6.46) andeuten, daß das Differential bei festgehaltenem t zu bilden ist – ist also das Bild eines materiellen Pfeils $dX^\alpha\underset{\sim}{g}_\alpha(X)\in\mathscr{T}$, der – grob gesagt – die materiellen Punkte mit den Koordinaten $X^\alpha$ und $X^\alpha+dX^\alpha$ verbindet und auch als (infinitesimales) materielles Linienelement bezeichnet wird.

Führen wir den Dualraum $\mathscr{T}^*$ von $\mathscr{T}$ ein, genannt Kotangentialraum, und benutzen dort die zur Basis $\underset{\sim}{g}_\alpha$ duale Basis $\underset{\sim}{g}^\alpha$, dann gewinnt die lokale Plazierung die Darstellung

$$\underset{\sim}{K}(X,t)=\underset{\sim}{g}_\alpha(X,t)\otimes\underset{\sim}{g}^\alpha(X). \tag{6.64}$$

Mit dem Ableitungsoperator

$$\hat{\underset{\sim}{\nabla}}:=\underset{\sim}{g}^\alpha\frac{\partial}{\partial X^\alpha}=\underset{\sim}{K}^*\cdot\underset{\sim}{g}^\alpha\frac{\partial}{\partial X^\alpha}=\underset{\sim}{K}^*\cdot\underset{\sim}{\nabla} \tag{6.65}$$

läßt sich dies auch schreiben als

$$\underset{\sim}{K}=\frac{\partial\underset{\sim}{x}}{\partial X^\alpha}\otimes\underset{\sim}{g}^\alpha=\underset{\sim}{x}\otimes\hat{\underset{\sim}{\nabla}}. \tag{6.66}$$

Die Bilder $\underset{\sim}{g}_\alpha, \underset{\sim}{g}_\beta\in\mathscr{V}$ der materiellen Pfeile $\underset{\sim}{g}_\alpha, \underset{\sim}{g}_\beta\in\mathscr{T}$ besitzen in der Plazierung $\underset{\sim}{K}$ das innere Produkt

$$\underset{\sim}{g}_\alpha\cdot\underset{\sim}{g}_\beta=\underset{\sim}{g}_\alpha\cdot\underset{\sim}{K}^*\cdot\underset{\sim}{K}\cdot\underset{\sim}{g}_\beta=:\underset{\sim}{g}_\alpha\cdot\underset{\sim}{G}\cdot\underset{\sim}{g}_\beta=:g_{\alpha\beta}. \tag{6.67}$$

Die Abbildung

$$\underset{\sim}{G}=\underset{\sim}{K}^*\underset{\sim}{K}=g_{\alpha\beta}\,\underset{\sim}{g}^\alpha\otimes\underset{\sim}{g}^\beta\in\mathrm{Sym}^+(\mathscr{T},\mathscr{T}^*) \tag{6.68}$$

heißt lokale Konfiguration. Sie erzeugt auf dem Tangentialraum $\mathscr{T}$ eine von der Plazierung des Körpers abhängige symmetrische positiv definite Bilinearform. Da keine Plazierung und damit kein $\underset{\sim}{G}$ ausgezeichnet ist, besitzt $\mathscr{T}$ im Gegensatz zu $\mathscr{V}$ kein natürliches inneres Produkt. Deshalb läßt $\mathscr{T}^*$ sich auch nicht mit $\mathscr{T}$ identifizieren.

Die Angabe von $\underset{\sim}{G}$ bestimmt Längen, Winkel, Flächeninhalte und Volumen des von drei linear unabhängigen materiellen Pfeilen $\underset{\sim}{g}_1, \underset{\sim}{g}_2, \underset{\sim}{g}_3$ in der Plazierung $\underset{\sim}{K}$ aufgespannten Spats:

$$|\underset{\sim}{g}_1| = \sqrt{g_{11}}, \tag{6.69}$$

$$\cos\alpha_{12} = \frac{\underset{\sim}{g}_1 \cdot \underset{\sim}{g}_2}{|\underset{\sim}{g}_1||\underset{\sim}{g}_2|} = \frac{g_{12}}{\sqrt{g_{11}g_{22}}}, \tag{6.70}$$

$$A_{12} = |\underset{\sim}{g}_1||\underset{\sim}{g}_2| \sin\alpha_{12} =$$

$$= \sqrt{|\underset{\sim}{g}_1|^2 |\underset{\sim}{g}_2|^2 (1-\cos^2\alpha_{12})} = \sqrt{g_{11}g_{22} - g_{12}^2} \tag{6.71}$$

$$V = |\Delta| = \sqrt{g}. \tag{6.72}$$

Die letzte Formel ergibt sich aus (6.20), wobei g die Determinante der Matrix $(g_{\alpha\beta})$ bedeutet. (Diese hängt von der Wahl der $\underset{\sim}{g}_1$, $\underset{\sim}{g}_2$, $\underset{\sim}{g}_3$ ab. Invarianten besitzt $\underset{\sim}{G}$ als Abbildung von $\mathscr{T}$ in $\mathscr{T}^*$ nicht!) Aus der Kenntnis von $\underset{\sim}{G}$ läßt sich nicht auf das Vorzeichen von $\Delta$, also die Orientierung schließen. Es genügt aber wegen der vorausgesetzten Vorzeichenkonstanz von $\Delta$, wenn diese Orientierung (d.h. die Tatsache, daß $\underset{\sim}{g}_1, \underset{\sim}{g}_2, \underset{\sim}{g}_3$ ein Rechts- oder Linkssystem bilden) für eine Plazierung bekannt ist. Damit liegt dann die Gestalt des materiellen Spats fest, doch besitzt er noch die sechs Freiheitsgrade des starren Körpers: Zur völligen Festlegung der lokalen Plazierung $\underset{\sim}{K}$ des Spats sind die drei Parameter der Drehung, zur Festlegung seiner globalen Plazierung $\underset{\sim}{x}$ drei Parameter der Verschiebung anzugeben.

Die Drehung (rotation) wollen wir genauer betrachten. Erfolgt sie um eine Achse mit dem Einheitsvektor $\underset{\sim}{e}$ im Sinne einer Rechtsschraube um den Winkel $\varphi$ $(0 \leqq \varphi \leqq \pi)$ und wählen wir ein orthonormiertes Rechtssystem $\underset{\sim}{i}_k$ so, daß $\underset{\sim}{e}$ mit $\underset{\sim}{i}_1$ zusammenfällt, dann besitzt der die Drehung vermittelnde Tensor $\underset{\sim}{Q}$ gemäß Bild 6.2 die Komponentendarstellung

$$\begin{pmatrix} 1 & 0 & 0 \\ 0 & \cos\varphi & -\sin\varphi \\ 0 & \sin\varphi & \cos\varphi \end{pmatrix}. \tag{6.73}$$

Wegen $Q \cdot Q^T = 1$ und $\det Q = 1$ handelt es sich um einen Versor. Umgekehrt läßt sich zeigen – hier nicht durchgeführt –, daß jeder Versor diese Normaldarstellung mittels Drehachse und Drehwinkel zuläßt, welche sich invariant als

$$\underset{\sim}{Q} = \underset{\sim}{e} \otimes \underset{\sim}{e} + (\underset{\sim}{1} - \underset{\sim}{e} \otimes \underset{\sim}{e}) \cos\varphi + \sin\varphi \, \underset{\sim}{e} \times \underset{\sim}{1} \tag{6.74}$$

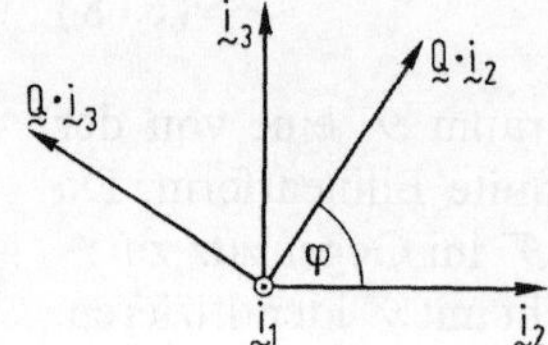


**Bild 6.2.** Herleitung der Komponentendarstellung des Versors $\underset{\sim}{Q}$

schreibt. Da eine Drehung durch Angabe des Vektors $\varphi\underset{\sim}{e}$ eindeutig beschrieben wird, werden in der Tat zur Festlegung eines Versors drei Parameter benötigt.

Sind $\underset{\sim}{K}$ und $\hat{\underset{\sim}{K}}$ zwei lokale Plazierungen, welche dieselbe lokale Konfiguration bestimmen, also

$$\underset{\sim}{G}=\underset{\sim}{K}^*\underset{\sim}{K}=\hat{\underset{\sim}{K}}^*\hat{\underset{\sim}{K}}, \tag{6.75}$$

dann muß sein

$$\underset{\sim}{1}_{\mathscr{V}}=\underset{\sim}{K}^{-*}\hat{\underset{\sim}{K}}^*\hat{\underset{\sim}{K}}\underset{\sim}{K}^{-1}=(\hat{\underset{\sim}{K}}\underset{\sim}{K}^{-1})^*\cdot(\hat{\underset{\sim}{K}}\underset{\sim}{K}^{-1}). \tag{6.76}$$

Der Tensor $\underset{\sim}{Q}:=\hat{\underset{\sim}{K}}\underset{\sim}{K}^{-1}$, welcher den Wechsel der Plazierung von $\underset{\sim}{K}$ in $\hat{\underset{\sim}{K}}$ beschreibt, ist also orthogonal und zwar ein Versor, denn da die Orientierung in beiden Plazierungen übereinstimmen soll, hat er positive Determinante. Ist $\underset{\sim}{K}$ eine mit $\underset{\sim}{G}$ verträgliche lokale Plazierung, dann hat jede andere derartige Plazierung $\hat{\underset{\sim}{K}}$ demnach die Gestalt

$$\hat{\underset{\sim}{K}}=\underset{\sim}{Q}\underset{\sim}{K} \text{ mit } \underset{\sim}{Q}\in\operatorname{Orth}^+(\mathscr{V}). \tag{6.77}$$

Die Vektoren des Dualraums $\mathscr{T}^*$ erhalten physikalische Bedeutung dadurch, daß sich mit ihrer Hilfe materielle Flächen unabhängig von ihrer Plazierung im Beobachterrahmen kennzeichnen lassen. Wird nämlich der Wechsel der lokalen Plazierung von $\bar{\underset{\sim}{K}}$ nach $\underset{\sim}{K}$ durch $\underset{\sim}{F}:=\underset{\sim}{K}\bar{\underset{\sim}{K}}^{-1}$ vermittelt, dann besteht zwischen den Flächenvektoren $\underset{\sim}{a}$ und $\bar{\underset{\sim}{a}}$ einer materiellen Fläche in den beiden Plazierungen gemäß (6.25) der Zusammenhang

$$\begin{aligned}\underset{\sim}{a}&=(\det\underset{\sim}{F})\underset{\sim}{F}^{-T}\bar{\underset{\sim}{a}}\\&=\det(\underset{\sim}{K}\underset{\sim}{K}_0^{-1}\underset{\sim}{K}_0\bar{\underset{\sim}{K}}^{-1})\underset{\sim}{K}^{-*}\bar{\underset{\sim}{K}}^*\bar{\underset{\sim}{a}}.\end{aligned} \tag{6.78}$$

(Die Einführung einer willkürlichen Bezugsplazierung $\underset{\sim}{K}_0$ ist hier erforderlich, um die Determinante aufspalten zu können. $\underset{\sim}{K}$ ist eine Abbildung zwischen zwei verschiedenen Vektorräumen und besitzt daher keine Invarianten.) Der Vektor

$$\underset{\sim}{a}_0:=\det(\underset{\sim}{K}_0\underset{\sim}{K}^{-1})\underset{\sim}{K}^*\underset{\sim}{a}=\det(\underset{\sim}{K}_0\bar{\underset{\sim}{K}}^{-1})\bar{\underset{\sim}{K}}^*\bar{\underset{\sim}{a}}\in\mathscr{T}^* \tag{6.79}$$

kann zur Kennzeichnung der materiellen Fläche dienen, hängt allerdings – wie der Index 0 andeutet – von der Wahl von $\underset{\sim}{K}_0$ ab. Umgekehrt läßt sich schreiben

$$\underset{\sim}{a}=\det(\underset{\sim}{K}\underset{\sim}{K}_0^{-1})\underset{\sim}{K}^{-*}\underset{\sim}{a}_0. \tag{6.80}$$

## 6.6 Masse

Im folgenden legen wir stets das Axiom der Erhaltung der Masse zugrunde: Jedem beliebig aus $\mathscr{B}$ herausgeschnitten gedachten Teilkörper $\tilde{\mathscr{B}}$ wird zu allen Zeiten eine feste positive Zahl als Masse zugeordnet, und diese soll sich zudem in jeder Plazierung aus einer Massendichteverteilung $\varrho$ durch Integration über das momentane Volumen des Teilkörpers berechnen lassen:

$$\tilde{m} = \int_{\mathscr{B}} dm = \int_{\mathscr{V}(t)} \varrho(\underset{\sim}{x},t)\, dV$$

$$= \iiint \varrho[\underset{\sim}{g}_1 \underset{\sim}{g}_2 \underset{\sim}{g}_3] dX^1 dX^2 dX^3$$

$$= \iiint \varrho(X^\alpha,t) \sqrt{g}(X^\alpha,t)\, dX^1 dX^2 dX^3. \tag{6.81}$$

Zwischen den Dichten $\varrho$ und $\bar{\varrho}$ in zwei lokalen Plazierungen $\underset{\sim}{K}$ und $\bar{\underset{\sim}{K}}$ besteht wegen

$$dm = \varrho dV = \bar{\varrho} d\bar{V} \tag{6.82}$$

der Zusammenhang

$$\frac{\varrho}{\bar{\varrho}} = \frac{d\bar{V}}{dV} = \frac{[\bar{\underset{\sim}{g}}_1 \bar{\underset{\sim}{g}}_2 \bar{\underset{\sim}{g}}_3]}{[\underset{\sim}{g}_1 \underset{\sim}{g}_2 \underset{\sim}{g}_3]} = \det(\bar{\underset{\sim}{K}} \underset{\sim}{K}^{-1}). \tag{6.83}$$

Mit dem Konzept der Masse läßt sich die willkürliche Plazierung $\underset{\sim}{K}_0$ in (6.80) beseitigen, da man wegen $\det(\underset{\sim}{K} \underset{\sim}{K}_0^{-1}) = \varrho_0/\varrho$ mit $\underset{\sim}{a} = \varrho_0 \underset{\sim}{a}_0 \in \mathscr{T}^*$ schreiben kann

$$\underset{\sim}{a} = \frac{1}{\varrho(\underset{\sim}{K})} \underset{\sim}{K}^{-*} \underset{\sim}{a}. \tag{6.84}$$

## 6.7 Bewegung und Verformung

Vom Beobachter registrierte zeitliche Änderungen von Größen an materiellen Punkten X des Körpers – materielle Ableitungen (material derivative) genannt – bezeichnet man mit $(\ )^{\cdot}$.

So bedeuten

$$\underset{\sim}{v} := \dot{\underset{\sim}{x}}(X,t) := \frac{\partial}{\partial t} \underset{\sim}{x}(X,t) \tag{6.85}$$

und

$$\ddot{\underset{\sim}{x}}(X,t) := \frac{\partial^2}{\partial t^2} \underset{\sim}{x}(X,t) \tag{6.86}$$

Geschwindigkeit (velocity) und Beschleunigung (acceleration) des Punktes X, während die Änderung der Plazierung $\underset{\sim}{c}(X,t)$ eines materiellen Tangentenvektors $\underset{\sim}{c} \in \mathscr{T}$ am Punkt X sich wegen

$$\underset{\sim}{c}(X,t) = \underset{\sim}{K}(X,t) \underset{\sim}{c} \tag{6.87}$$

darstellen läßt als

$$\dot{\underset{\sim}{c}} = \dot{\underset{\sim}{K}} \underset{\sim}{c} = \dot{\underset{\sim}{K}} \underset{\sim}{K}^{-1} \underset{\sim}{c} =: \underset{\sim}{L} \underset{\sim}{c}, \tag{6.88}$$

was unter Benutzung mitgeschleppter Koordinaten sich umformen läßt in

$$\dot{\underset{\sim}{c}} = (c^\alpha \underset{\sim}{g}_\alpha)^{\cdot} = c^\alpha \dot{\underset{\sim}{g}}_\alpha = c^\alpha \frac{\partial}{\partial t} \frac{\partial \underset{\sim}{x}}{\partial X^\alpha}$$

$$= c^\alpha \frac{\partial}{\partial X^\alpha} \frac{\partial \underset{\sim}{x}}{\partial t} = c^\alpha \frac{\partial \underset{\sim}{v}}{\partial X^\alpha} = (\underset{\sim}{v} \otimes \underset{\sim}{\nabla}) \cdot \underset{\sim}{g}_\alpha c^\alpha = \underset{\sim}{v} \otimes \underset{\sim}{\nabla} \cdot \underset{\sim}{c}. \tag{6.89}$$

Der Tensor $\underset{\sim}{L}$ ist also der räumliche Geschwindigkeitsgradient:

$$\underset{\sim}{L} = \dot{\underset{\sim}{K}} \underset{\sim}{K}^{-1} = \underset{\sim}{v} \otimes \underset{\sim}{\nabla}. \tag{6.90}$$

Die Zerlegung

$$\underset{\sim}{L} = \underset{\sim}{D} + \underset{\sim}{W} \tag{6.91}$$

mit

$$\begin{aligned} \underset{\sim}{D} &:= \operatorname{sym} \underset{\sim}{L} = (\underset{\sim}{v} \otimes \underset{\sim}{\nabla} + \underset{\sim}{\nabla} \otimes \underset{\sim}{v})/2, \\ \underset{\sim}{W} &:= \operatorname{skw} \underset{\sim}{L} = (\underset{\sim}{v} \otimes \underset{\sim}{\nabla} - \underset{\sim}{\nabla} \otimes \underset{\sim}{v})/2 \end{aligned} \tag{6.92}$$

erlaubt folgende Deutung:
Wegen

$$2\underset{\sim}{D} = \dot{\underset{\sim}{K}} \underset{\sim}{K}^{-1} + \underset{\sim}{K}^{-*} \dot{\underset{\sim}{K}}^{*} = \underset{\sim}{K}^{-*} (\underset{\sim}{K}^{*} \dot{\underset{\sim}{K}} + \dot{\underset{\sim}{K}}^{*} \underset{\sim}{K}) \underset{\sim}{K}^{-1}$$

$$= \underset{\sim}{K}^{-*} \dot{\underset{\sim}{G}} \underset{\sim}{K}^{-1} \tag{6.93}$$

besteht zwischen der Verzerrungsgeschwindigkeit $\underset{\sim}{D}$ (stretching) und der Änderung der lokalen Konfiguration $\underset{\sim}{G}$ eine umkehrbar eindeutige Zuordnung, die in mitgeschleppten Koordinaten lautet:

$$\dot{\underset{\sim}{G}} = \dot{g}_{\alpha\beta} \underset{\sim}{g}^\alpha \otimes \underset{\sim}{g}^\beta \Leftrightarrow \underset{\sim}{D} = \frac{1}{2} \dot{g}_{\alpha\beta} \underset{\sim}{g}^\alpha \otimes \underset{\sim}{g}^\beta. \tag{6.94}$$

Die Abbildung $\underset{\sim}{D} \cdot \underset{\sim}{c}$ bewirkt i.allg. sowohl eine Längenänderung als auch eine Richtungsänderung des Vektors $\underset{\sim}{c}$. Wählen wir $\underset{\sim}{c}$ jedoch als zum Eigenwert $d_i$ gehörigen Eigenvektor von $\underset{\sim}{D}$, dann ist in

$$\dot{\underset{\sim}{c}} = \underset{\sim}{L} \cdot \underset{\sim}{c} = \underset{\sim}{D} \cdot \underset{\sim}{c} + \underset{\sim}{W} \cdot \underset{\sim}{c} = d_i \underset{\sim}{c} + \frac{1}{2} \operatorname{rot} \underset{\sim}{v} \times \underset{\sim}{c} \tag{6.95}$$

der erste Summand allein für die Längenänderung, der zweite für die Richtungsänderung von $\underset{\sim}{c}$ zuständig. Der Vektor rot $\underset{\sim}{v}/2$ oder, damit gleichbedeutend, der Wirbeltensor $\underset{\sim}{W}$ (spin) gibt also die Winkelgeschwindigkeit derjenigen materiellen Tangentenvektoren $\underset{\sim}{c}$ an, deren Bilder $\dot{\underset{\sim}{c}}$ momentan Eigenvektoren von $\underset{\sim}{D}$ sind.

Bei einer lokalen Starrkörperbewegung ($\underset{\sim}{D} = 0$) ist jeder Vektor Eigenvektor von $\underset{\sim}{D}$, und der antimetrische Tensor $\underset{\sim}{L} = \underset{\sim}{W}$ beschreibt die Winkelgeschwindigkeit aller Tangentenvektoren. Da bei einer derartigen Bewegung $\underset{\sim}{G}$ konstant bleibt, muß, wie wir wissen, gelten

$$\underset{\sim}{K}(t)=\underset{\sim}{Q}(t)\cdot\underset{\sim}{K}(t_0) \text{ mit } \underset{\sim}{Q}\in\mathrm{Orth}^+(\mathscr{V}) \tag{6.96}$$

und daher

$$\dot{\underset{\sim}{K}}\underset{\sim}{K}^{-1}=\dot{\underset{\sim}{Q}}\underset{\sim}{Q}^T=\underset{\sim}{L}=\underset{\sim}{W}. \tag{6.97}$$

In der Tat ist der Tensor $\dot{\underset{\sim}{Q}}\cdot\underset{\sim}{Q}^T$ wegen

$$\begin{aligned}0&=(\underset{\sim}{1})^{\boldsymbol{\cdot}}=(\underset{\sim}{Q}\cdot\underset{\sim}{Q}^T)^{\boldsymbol{\cdot}}=\dot{\underset{\sim}{Q}}\cdot\underset{\sim}{Q}^T+\underset{\sim}{Q}\cdot\dot{\underset{\sim}{Q}}^T\\&=\dot{\underset{\sim}{Q}}\cdot\underset{\sim}{Q}^T+(\dot{\underset{\sim}{Q}}\cdot\underset{\sim}{Q}^T)^T=2\,\mathrm{sym}(\dot{\underset{\sim}{Q}}\cdot\underset{\sim}{Q}^T)\end{aligned} \tag{6.98}$$

für alle Funktionen $\underset{\sim}{Q}(t)$, deren Werte orthogonale Tensoren sind, antimetrisch.

Die Änderung des von der lokalen Basis gebildeten Spatprodukts erhält man aus (6.30), (6.31) zu

$$\begin{aligned}\dot{\Delta}&=[\underset{\sim}{g}_1\underset{\sim}{g}_2\underset{\sim}{g}_3]^{\boldsymbol{\cdot}}=[\dot{\underset{\sim}{g}}_1\underset{\sim}{g}_2\underset{\sim}{g}_3]+[\underset{\sim}{g}_1\dot{\underset{\sim}{g}}_2\underset{\sim}{g}_3]+[\underset{\sim}{g}_1\underset{\sim}{g}_2\dot{\underset{\sim}{g}}_3]\\&=(\underset{\sim}{L}\underset{\sim}{g}_1)\cdot(\underset{\sim}{g}_2\times\underset{\sim}{g}_3)+(\underset{\sim}{L}\underset{\sim}{g}_2)\cdot(\underset{\sim}{g}_3\times\underset{\sim}{g}_1)+(\underset{\sim}{L}\underset{\sim}{g}_3)\cdot(\underset{\sim}{g}_1\times\underset{\sim}{g}_2)\\&=\Delta\underset{\sim}{L}\cdot\cdot(\underset{\sim}{g}_1\otimes\underset{\sim}{g}^1+\underset{\sim}{g}_2\otimes\underset{\sim}{g}^2+\underset{\sim}{g}_3\otimes\underset{\sim}{g}^3)\\&=\Delta\underset{\sim}{L}\cdot\cdot\underset{\sim}{1}=\Delta\,\mathrm{div}\,\underset{\sim}{v}\end{aligned} \tag{6.99}$$

und damit – da $\Delta$ immer einerlei Vorzeichen besitzt – die Änderung des Spatvolumens zu

$$|\Delta|^{\boldsymbol{\cdot}}=|\Delta|\,\mathrm{div}\,\underset{\sim}{v}. \tag{6.100}$$

Unter Beachtung von (6.22) gewinnt man übrigens noch die für alle invertierbaren Tensoren $\underset{\sim}{F}$ gültige Formel

$$(\det\underset{\sim}{F})^{\boldsymbol{\cdot}}=(\det\underset{\sim}{F})\,\mathrm{tr}(\dot{\underset{\sim}{F}}\underset{\sim}{F}^{-1}). \tag{6.101}$$

Mit $(\varrho|\Delta|)^{\boldsymbol{\cdot}}=0$ ergibt sich aus (6.100) die Kontinuitätsgleichung

$$-\frac{\dot{\varrho}}{\varrho}=\mathrm{div}\,\underset{\sim}{v}=\mathrm{tr}\,\underset{\sim}{L}=\mathrm{tr}\,\underset{\sim}{D}, \tag{6.102}$$

und $\underset{\sim}{D}$ läßt sich also gemäß

$$\underset{\sim}{D}=\frac{1}{3}(\mathrm{tr}\,\underset{\sim}{D})\underset{\sim}{1}+\underset{\sim}{D}' \tag{6.103}$$

in Volumenänderung und Gestaltänderung aufspalten. Bei isochoren (volumentreuen) Verformungsprozessen ist $\underset{\sim}{D}$ ein Deviator.

Benutzt man die aus

$$0 = (\underset{\sim}{1}_{\mathscr{V}})^{\cdot} = (\underset{\sim}{K}\underset{\sim}{K}^{-1})^{\cdot} = \dot{\underset{\sim}{K}}\underset{\sim}{K}^{-1} + \underset{\sim}{K}(\underset{\sim}{K}^{-1})^{\cdot} \tag{6.104}$$

für beliebige invertierbare Abbildungen folgende Regel

$$(\underset{\sim}{K}^{-1})^{\cdot} = -\underset{\sim}{K}^{-1}\dot{\underset{\sim}{K}}\underset{\sim}{K}^{-1}, \tag{6.105}$$

dann berechnet man die Änderung eines Flächenvektors (6.84) mit (6.102) zu

$$\dot{\underset{\sim}{a}} = ((\mathrm{tr}\,\underset{\sim}{L})\underset{\sim}{1} - \underset{\sim}{L}^{T})\cdot\underset{\sim}{a} = (\underset{\sim}{\nabla}\cdot\underset{\sim}{v}\underset{\sim}{1} - \underset{\sim}{\nabla}\otimes\underset{\sim}{v})\cdot\underset{\sim}{a}. \tag{6.106}$$

## 6.8 Beobachterwechsel

Die klassische Physik geht davon aus, daß der zeitliche Abstand zweier Ereignisse und ihre zeitliche Aufeinanderfolge (vorher – nachher) ebenso wie auch der örtliche Abstand zweier materieller Punkte zum selben Zeitpunkt allen Beobachtern gleich erscheint. Mit anderen Worten: Im Raum der Zeiten und im Raum der Orte benutzen alle Beobachter dasselbe innere Produkt, im Raum der Zeiten auch dieselbe Orientierung. Also gelten die Transformationsformeln

$$\tilde{t} = t + c, \tag{6.107}$$

$$\tilde{\underset{\sim}{y}} - \tilde{\underset{\sim}{x}} = \mathfrak{R}(t)\cdot(\underset{\sim}{y} - \underset{\sim}{x}). \tag{6.108}$$

Darin bedeuten $\underset{\sim}{x},\underset{\sim}{y} \in \mathscr{V}$ und $\tilde{\underset{\sim}{x}},\tilde{\underset{\sim}{y}} \in \tilde{\mathscr{V}}$ die von zwei Beobachtern zur selben Zeit registrierten Orte zweier materieller Punkte X, Y und $\mathfrak{R}(t)$ eine zeitabhängige Isometrie zwischen $\mathscr{V}$ und $\tilde{\mathscr{V}}$. Wählt man $\underset{\sim}{y} \equiv 0$ und damit $\tilde{\underset{\sim}{y}}(t)$ als in $\tilde{\mathscr{V}}$ registrierten Ortsvektor des Ursprungs von $\mathscr{V}$, dann wird daraus

$$\tilde{\underset{\sim}{x}} = \tilde{\underset{\sim}{y}}(t) + \mathfrak{R}(t)\cdot\underset{\sim}{x}. \tag{6.109}$$

Hat man mittels $\mathfrak{B} \in \mathrm{Isom}(\mathbb{R}^3, \mathscr{V})$, $\tilde{\mathfrak{B}} \in \mathrm{Isom}(\mathbb{R}^3, \tilde{\mathscr{V}})$ in $\mathscr{V}$ und $\tilde{\mathscr{V}}$ orthonormierte Basen

$$\underset{\sim}{i}_k = \mathfrak{B}\underset{\sim}{e}_k,\ \tilde{\underset{\sim}{i}}_k = \tilde{\mathfrak{B}}\underset{\sim}{e}_k \tag{6.110}$$

gewählt, dann wird daraus

$$\tilde{\mathfrak{B}}\tilde{\underset{\sim}{\mathfrak{x}}} = \tilde{\mathfrak{B}}\tilde{\underset{\sim}{\mathfrak{y}}} + \mathfrak{R}\mathfrak{B}\underset{\sim}{\mathfrak{x}}, \tag{6.111}$$

und zwischen den kartesischen Koordinaten ergeben sich die Zusammenhänge

$$\tilde{\underset{\sim}{\mathfrak{x}}} = \tilde{\underset{\sim}{\mathfrak{y}}} + \underset{\sim}{\mathfrak{Q}}\cdot\underset{\sim}{\mathfrak{x}} \tag{6.112}$$

mit der Matrix

$$\underset{\sim}{\mathfrak{Q}} = \tilde{\mathfrak{B}}^{-1}\mathfrak{R}\mathfrak{B}, \tag{6.113}$$

die als Hintereinanderschaltung dreier Isometrien selbst isometrisch, also orthogonal ist. Die Determinante von $\mathfrak{Q}$ ist positiv, wenn dem Beobachter in $\tilde{\mathscr{V}}$ das Bild $\mathfrak{R}\underset{\sim}{i}_k$ der Basis $\underset{\sim}{i}_k$ des Beobachters in $\mathscr{V}$ als ebenso orientiert erscheint wie seine eigene Basis $\tilde{\underset{\sim}{i}}_k$.

Die klassische Physik steht auf dem Standpunkt, das Naturgeschehen verlaufe objektiv, d.h. unabhängig vom Beobachter (*Prinzip der materiellen Objektivität*, material frame-indifference). Dem wird am einfachsten Rechnung getragen, wenn zu seiner Beschreibung nur Größen verwendet werden, die unter Beobachterwechsel invariant sind. Nun sollen zwar alle Beobachter ihre Meßgrößen (z.B. Längen, Geschwindigkeiten) nach derselben (also invarianten) Vorschrift (z.B. (6.2), (6.85)) ermitteln, doch sind die Resultate deswegen noch keineswegs invariant. Handelt es sich um Vektoren $\underset{\sim}{w}, \tilde{\underset{\sim}{w}}$ aus den beiden verschiedenen Beobachterräumen $\mathscr{V}$ bzw. $\tilde{\mathscr{V}}$, so können sie selbstverständlich nicht invariant sein. Sie sollen objektiv genannt werden, wenn ihr Zusammenhang durch den Momentanwert der Isometrie $\mathfrak{R}(t)$ vermittelt wird gemäß

$$\tilde{\underset{\sim}{w}} = \mathfrak{R}\underset{\sim}{w}. \tag{6.114}$$

Entsprechend soll ein Tensor $\underset{\sim}{A}$ objektiv heißen, wenn er objektive Vektoren verknüpft, d.h., wenn gilt

$$\underset{\sim}{z} = \underset{\sim}{A}\underset{\sim}{w},\ \tilde{\underset{\sim}{z}} = \tilde{\underset{\sim}{A}}\tilde{\underset{\sim}{w}},\ \tilde{\underset{\sim}{z}} = \mathfrak{R}\underset{\sim}{z},\ \tilde{\underset{\sim}{w}} = \mathfrak{R}\underset{\sim}{w}, \tag{6.115}$$

also

$$\tilde{\underset{\sim}{A}} = \mathfrak{R}\underset{\sim}{A}\mathfrak{R}^*, \tag{6.116}$$

während bei Skalaren die Bezeichnungen objektiv und invariant dasselbe bedeuten sollen.

Man sieht aus (6.108) bzw. (6.109), daß der Vektor $\underset{\sim}{y} - \underset{\sim}{x}$ zwischen zwei materiellen Punkten objektiv ist, der Ortsvektor $\underset{\sim}{x}$ aber und die daraus durch Differentiation – man beachte $\partial/\partial t = \partial/\partial\tilde{t}$ nach (6.107) – sich ergebenden Geschwindigkeits- und Beschleunigungsvektoren $\dot{\underset{\sim}{x}}$ und $\ddot{\underset{\sim}{x}}$ selbst bei Beschränkung auf zweimal zeitlich differenzierbare Rahmenwechsel $(\tilde{\underset{\sim}{y}}, \mathfrak{R})$, also die Zusammenhänge

$$\dot{\tilde{\underset{\sim}{x}}} = \dot{\tilde{\underset{\sim}{y}}} + \dot{\mathfrak{R}}\underset{\sim}{x} + \mathfrak{R}\dot{\underset{\sim}{x}}, \tag{6.117}$$

$$\ddot{\tilde{\underset{\sim}{x}}} = \ddot{\tilde{\underset{\sim}{y}}} + \ddot{\mathfrak{R}}\underset{\sim}{x} + 2\dot{\mathfrak{R}}\dot{\underset{\sim}{x}} + \mathfrak{R}\ddot{\underset{\sim}{x}} \tag{6.118}$$

nicht objektiv sind. In der Tat bedeutet ja etwa $\dot{\underset{\sim}{x}}$ genau betrachtet die Relativgeschwindigkeit zwischen einem materiellen Punkt und einem speziellen Beobachterrahmen.

Die lokalen Basisvektoren sind nach (6.109) objektiv

$$\tilde{\underset{\sim}{g}}_\alpha = \frac{\partial\tilde{\underset{\sim}{x}}}{\partial X^\alpha} = \mathfrak{R}\cdot\frac{\partial\underset{\sim}{x}}{\partial X^\alpha} = \mathfrak{R}\cdot\underset{\sim}{g}_\alpha$$

$$= \tilde{\underset{\sim}{K}}\underset{\sim}{g}_\alpha = \mathfrak{R}\underset{\sim}{K}\underset{\sim}{g}_\alpha, \tag{6.119}$$

die lokalen Plazierungen $\underset{\sim}{K} \in \text{Invlin}(\mathscr{T}, \mathscr{V})$, $\tilde{\underset{\sim}{K}} \in \text{Invlin}(\mathscr{T}, \tilde{\mathscr{V}})$ verknüpft durch

$$\tilde{\underset{\sim}{K}} = \mathfrak{R}\underset{\sim}{K} \tag{6.120}$$

und die lokale Konfiguration

$$\tilde{\underset{\sim}{G}} = \tilde{\underset{\sim}{K}}^* \tilde{\underset{\sim}{K}} = \underset{\sim}{K}^* \mathfrak{R}^* \mathfrak{R} \underset{\sim}{K} = \underset{\sim}{K}^* \underset{\sim}{K} = \underset{\sim}{G} \tag{6.121}$$

ist somit eine invariante Größe. Die duale Basis transformiert sich wegen

$$\tilde{\underset{\sim}{g}}^\alpha \cdot \tilde{\underset{\sim}{g}}_\beta = \delta^\alpha{}_\beta = \tilde{\underset{\sim}{g}}^\alpha \cdot \mathfrak{R} \cdot \underset{\sim}{g}_\beta = \underset{\sim}{g}^\alpha \cdot \underset{\sim}{g}_\beta \tag{6.122}$$

gemäß

$$\tilde{\underset{\sim}{g}}^\alpha = \mathfrak{R}^{-*} \underset{\sim}{g}^\alpha = \mathfrak{R} \underset{\sim}{g}^\alpha, \tag{6.123}$$

ist also objektiv, und damit hat man

$$\tilde{\underset{\sim}{\nabla}} = \tilde{\underset{\sim}{g}}^\alpha \frac{\partial}{\partial X^\alpha} = \mathfrak{R} \underset{\sim}{g}^\alpha \frac{\partial}{\partial X^\alpha} = \mathfrak{R} \underset{\sim}{\nabla} \tag{6.124}$$

sowie – mit $\underset{\sim}{x} \otimes \underset{\sim}{\nabla} = \underset{\sim}{1}_{\mathscr{V}}$ –

$$\tilde{\underset{\sim}{L}} = \dot{\tilde{\underset{\sim}{x}}} \otimes \tilde{\underset{\sim}{\nabla}} = (\dot{\underset{\sim}{y}} + \dot{\mathfrak{R}} \underset{\sim}{x} + \mathfrak{R} \dot{\underset{\sim}{x}}) \otimes \underset{\sim}{\nabla} \cdot \mathfrak{R}^* = \dot{\mathfrak{R}} \mathfrak{R}^* + \mathfrak{R} \underset{\sim}{L} \mathfrak{R}^*, \tag{6.125}$$

und Zerlegung in symmetrischen und antimetrischen Anteil liefert

$$\tilde{\underset{\sim}{D}} = \mathfrak{R} \underset{\sim}{D} \mathfrak{R}^*, \quad \tilde{\underset{\sim}{W}} = \dot{\mathfrak{R}} \mathfrak{R}^* + \mathfrak{R} \underset{\sim}{W} \mathfrak{R}^*. \tag{6.126}$$

$\underset{\sim}{D}$ ist also objektiv, $\underset{\sim}{W}$ nicht.

Es wird postuliert, daß die Masse eines Teilkörpers und damit auch die Dichte $\varrho$ objektive Skalare sind. Daß Flächenvektoren objektiv sind –

$$\tilde{\underset{\sim}{a}} = \mathfrak{R} \underset{\sim}{a}, \tag{6.127}$$

ersieht man dann leicht aus (6.84).

## 6.9 Dynamik

Die von einem Beobachter zu einem festen Zeitpunkt registrierten auf einen Körper $\mathscr{B}$ wirkenden Kräfte sind von zweierlei Art:

Nahwirkungskräfte: Auf die Oberfläche $\partial\mathscr{B}$ des Körpers wirkende Kräfte, die sich durch Integration über flächenbezogene Kraftdichten (Spannungen) $\underset{\sim}{t}$ berechnen lassen sollen. Nach dem Eulerschen Schnittprinzip nimmt man derartige Spannungen auch im Inneren des Körpers auf jeder gedachten Schnittfläche als wirksam an.

Fernwirkungskräfte: Sie wirken unmittelbar auf jeden einzelnen materiellen Punkt und sollen sich durch Integration über massenbezogene Kraftdichten $\underset{\sim}{k}$ berechnen lassen. (Eine Zerlegung in Gravitations- und Trägheitskräfte wird zunächst nicht vorgenommen.)

*Postulat*: Spannungen $\underset{\sim}{t}$ und Massenkraftdichten $\underset{\sim}{k}$ sollen objektive Vektoren sein:

$$\tilde{\underset{\sim}{t}} = \mathfrak{R} \underset{\sim}{t}, \quad \tilde{\underset{\sim}{k}} = \mathfrak{R} \underset{\sim}{k}. \tag{6.128}$$

Wir folgen Noll [6.1] und fordern als *Grundaxiom der Dynamik*: Die Leistung

$$j_{\mathfrak{B}} := \int_{\partial\mathfrak{B}} \underset{\sim}{t}\cdot\dot{\underset{\sim}{x}}\,dA + \int_{\mathfrak{B}} \underset{\sim}{k}\cdot\dot{\underset{\sim}{x}}\,dm \tag{6.129}$$

der Kräfte an jedem beliebigen Teilkörper ist ein objektiver Skalar.

Um diese Forderung auszuwerten, beachten wir, daß das Massenelement dm und das Oberflächenelement dA der momentanen Plazierung invariant sind, während Kräfte und Geschwindigkeiten sich gemäß (6.128) bzw. (6.117) transformieren, und erhalten

$$\begin{aligned} 0=\tilde{j}_{\mathfrak{B}}-j_{\mathfrak{B}} &= \dot{\underset{\sim}{y}}\cdot\mathfrak{Q}\cdot\left(\int_{\partial\mathfrak{B}} \underset{\sim}{t}\,dA + \int_{\mathfrak{B}} \underset{\sim}{k}\,dm\right) \\ &\quad + \dot{\mathfrak{Q}}^*\mathfrak{Q}:\left(\int_{\partial\mathfrak{B}} \underset{\sim}{x}\otimes\underset{\sim}{t}\,dA + \int_{\mathfrak{B}} \underset{\sim}{x}\otimes\underset{\sim}{k}\,dm\right). \end{aligned} \tag{6.130}$$

Das gilt genau dann für alle $\dot{\underset{\sim}{y}}$ und $\dot{\mathfrak{Q}}$, wenn in der ersten Klammer der Nullvektor steht und der Tensor in der zweiten symmetrisch ist, seine vektorielle Invariante also verschwindet:

$$0 = \int_{\partial\mathfrak{B}} \underset{\sim}{t}\,dA + \int_{\mathfrak{B}} \underset{\sim}{k}\,dm, \tag{6.131}$$

$$0 = \int_{\partial\mathfrak{B}} \underset{\sim}{x}\times\underset{\sim}{t}\,dA + \int_{\mathfrak{B}} \underset{\sim}{x}\times\underset{\sim}{k}\,dm. \tag{6.132}$$

Das Grundaxiom ist somit den Gleichgewichtsbedingungen (equilibrium conditions) äquivalent: Resultierende Kraft und resultierendes Moment verschwinden an jedem Teilkörper.

Bei der Herleitung von (6.131), (6.132) aus (6.130) sind folgende Schlußweisen benutzt worden:

1. $\underset{\sim}{x}\cdot\underset{\sim}{a}=0$ für alle $\underset{\sim}{x} \Leftrightarrow \underset{\sim}{a}=0$, denn es ist $\underset{\sim}{x}\cdot\underset{\sim}{a}=|\underset{\sim}{x}||\underset{\sim}{a}|\cos\alpha$, was für alle $|\underset{\sim}{x}|$ und $\alpha$ nur im Falle $|\underset{\sim}{a}|=0$ verschwinden kann.
2. Wegen $\mathfrak{Q}^*\mathfrak{Q}=\underset{\sim}{1}_{\mathcal{V}}$ ist $\dot{\mathfrak{Q}}^*\mathfrak{Q}$ analog dem Beweisgang in (6.98) antimetrisch.
3. $\underset{\sim}{X}:\underset{\sim}{B}=0$ für alle antimetrischen $\underset{\sim}{X} \Leftrightarrow \underset{\sim}{B}=\underset{\sim}{B}^T$, denn für antimetrische $\underset{\sim}{X}$ gilt nach (5.165) $\underset{\sim}{X}:\underset{\sim}{B}=\underset{\sim}{X}:\mathrm{skw}\,\underset{\sim}{B}$, und da die antimetrischen Tensoren einen dreidimensionalen Vektorraum bilden, ist die unter 1 beschriebene Schlußweise anwendbar.

Bemerkung 1: Die Formulierung der Grundgesetze der Dynamik in Form einer Gleichgewichtsaussage, wobei die Trägheitskräfte mit den Gravitationskräften zu den „verlorenen Kräften" zusammengefaßt werden, geht auf d'Alembert zurück [0.18].

Bemerkung 2: Es lassen sich Kontinuumstheorien konstruieren, in denen neben Kraftdichten auch Momentendichten zugelassen sind ([0.6], [0.7]). Sie werden hier nicht behandelt. Auch flächenbezogene Kraftdichten im Inneren des Körpers, wie sie bei starken Wellen (Verdichtungsstößen) auftreten, bleiben hier außer Betracht.

Bemerkung 3: Bei der Stabilität von Ruhelagen fassen wir den Gleichgewichtsbegriff schärfer (Formeln (4.18) und (12.22)): Der Ruheprozeß im Inertialrahmen soll ohne Eingriff von außen den obigen Gleichgewichtsbedingungen genügen.

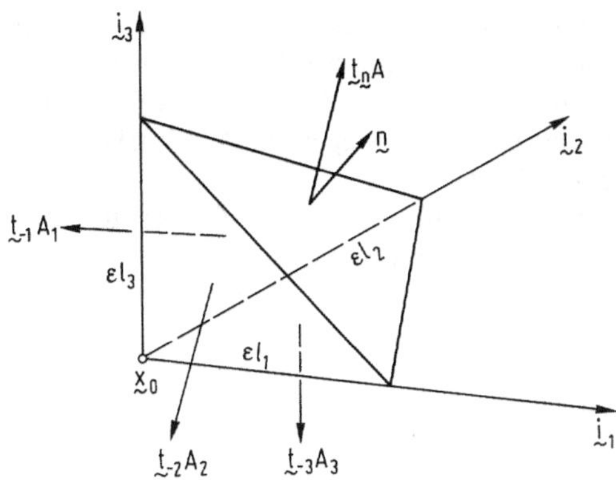


**Bild 6.3.** Cauchyscher Beweis der Existenz des Spannungstensors

Die an einem Punkt X zur Zeit t wirkende Spannung $\underset{\sim}{t}$ hängt von der Schnittführung ab. Daß sie für alle Schnittführungen mit gleichem äußeren Normaleneinheitsvektor $\underset{\sim}{n}$ übereinstimmt, also

$$\underset{\sim}{t}=\underset{\sim}{t}(X,t,\underset{\sim}{n}) \tag{6.133}$$

gilt (Postulat von Cauchy), ist von Noll mittels der Gleichgewichtsbedingungen bewiesen worden [6.2]. An allen Punkten, wo diese Funktion für feste t und $\underset{\sim}{n}$ in der Ortsvariablen $\underset{\sim}{x}(X)$ stetig ist, läßt die Abhängigkeit von $\underset{\sim}{n}$ sich durch eine lineare Abbildung, den Spannungstensor, beschreiben. Um das zu zeigen, wählen wir nach Cauchy als Teilkörper ein Tetraeder gemäß Bild 6.3, dessen Ecken auf den Achsen eines kartesischen Koordinatensystems sowie in dessen Ursprung $\underset{\sim}{x}_0$ liegen. Division von (6.131) durch $\varepsilon^2$ und Grenzübergang $\varepsilon \to 0$ liefert mit den Abkürzungen

$$\underset{\sim}{t}_{-k}=\underset{\sim}{t}(\underset{\sim}{x}_0,t,-\underset{\sim}{i}_k),\ \underset{\sim}{t}_{\underset{\sim}{n}}=\underset{\sim}{t}(\underset{\sim}{x}_0,t,\underset{\sim}{n}) \tag{6.134}$$

die Bedingung

$$0=\lim_{\varepsilon\to 0}\frac{1}{\varepsilon^2}\{\underset{\sim}{t}_{\underset{\sim}{n}}A+\sum_{k=1}^{3}\underset{\sim}{t}_{-k}A_k$$

$$+\int_{\partial\mathscr{B}}[t(\underset{\sim}{x},t,\bar{\underset{\sim}{n}})-t(\underset{\sim}{x}_0,t,\bar{\underset{\sim}{n}})]dA+\int_{\mathscr{B}}\varrho\underset{\sim}{k}dV\} \tag{6.135}$$

($\bar{\underset{\sim}{n}}$ bedeutet die äußere Normale am Oberflächenpunkt $\underset{\sim}{x}$.) Die beiden Integrale sind von kleinerer Ordnung als $\varepsilon^2$ – das erste wegen der Stetigkeitsannahme –, und beachtet man

$$A_k=A\underset{\sim}{n}\cdot\underset{\sim}{i}_k=O(\varepsilon^2), \tag{6.136}$$

dann muß gelten

$$\underset{\sim}{t}_{\underset{\sim}{n}}=-\sum_{k=1}^{3}\underset{\sim}{t}_{-k}\underset{\sim}{n}\cdot\underset{\sim}{i}_k=\left(-\sum_{k=1}^{3}\underset{\sim}{t}_{-k}\otimes\underset{\sim}{i}_k\right)\cdot\underset{\sim}{n}=:\underset{\sim}{T}\cdot\underset{\sim}{n}. \tag{6.137}$$

(In Bild 6.3 sind nur die Kräfte der Ordnung $O(\varepsilon^2)$ eingetragen.)

Die Herleitung ist gültig, wenn $\underset{\sim}{n}$ im ersten Oktanten liegt. Auch für die übrigen Oktanten läßt sich die Abhängigkeit durch je einen Tensor $\underset{\sim}{T}$ beschreiben. Diese acht Tensoren müssen aber übereinstimmen, da sonst $\underset{\sim}{t}(\underset{\sim}{n})$ zwar im Inneren der Oktanten, nicht aber auf den Grenzflächen differenzierbar wäre, was wegen der Willkürlichkeit des eingeführten Koordinatensystems unmöglich ist.

Damit ist die Existenz des Cauchyschen Spannungstensors (stress tensor) $\underset{\sim}{T} \in \mathrm{Lin}(\mathscr{V})$ gezeigt, der, da er die objektiven Vektoren $\underset{\sim}{n}$ und $\underset{\sim}{t}$ durch

$$\underset{\sim}{t}(X,t,\underset{\sim}{n}) = \underset{\sim}{T}(X,t) \cdot \underset{\sim}{n} \tag{6.138}$$

verknüpft, selbst objektiv ist. Aus (6.138) folgert man

$$\underset{\sim}{t}(X,t,-\underset{\sim}{n}) = -\underset{\sim}{t}(X,t,\underset{\sim}{n}), \tag{6.139}$$

also das *Reaktionsprinzip*, wonach die Spannungsvektoren auf entgegengesetzten Schnittufern sich nur im Richtungssinn unterscheiden.

Die auf ein (infinitesimales) Flächenelement wirkende Kraft

$$\underset{\sim}{t}dA = \underset{\sim}{T} \cdot \underset{\sim}{n}dA = \underset{\sim}{T} \cdot d\underset{\sim}{a} \tag{6.140}$$

läßt sich wegen $d\underset{\sim}{a} = \varrho^{-1}\underset{\sim}{K}^{-*}d\underset{\sim}{a}$ nach (6.84) und mit der Abkürzung

$$\underset{\sim}{P} := \underset{\sim}{T}/\varrho \tag{6.141}$$

darstellen als

$$\underset{\sim}{t}dA = \underset{\sim}{P}\underset{\sim}{K}^{-*}d\underset{\sim}{a} =: \underset{\sim}{P}_M d\underset{\sim}{a} \tag{6.142}$$

mit einer Abbildung $\underset{\sim}{P}_M \in \mathrm{Lin}(\mathscr{T}^*, \mathscr{V})$. Definiert man durch

$$\underset{\sim}{t} = \underset{\sim}{K}^{-1}\underset{\sim}{t} = \tilde{\underset{\sim}{K}}^{-1}\tilde{\underset{\sim}{t}} \in \mathscr{T} \tag{6.143}$$

einen invarianten Spannungsvektor, dann gilt ferner

$$\underset{\sim}{t}dA = \underset{\sim}{K}^{-1}\underset{\sim}{P}_M d\underset{\sim}{a} =: \underset{\sim}{S}d\underset{\sim}{a} \tag{6.144}$$

mit

$$\underset{\sim}{S} = \underset{\sim}{K}^{-1}\underset{\sim}{P}\underset{\sim}{K}^{-*} \in \mathrm{Lin}(\mathscr{T}^*, \mathscr{T}). \tag{6.145}$$

Indem wir für Größen der Dimension Spannung/Dichte den Namen „*Beanspruchung*" prägen, werden wir $\underset{\sim}{P}$, $\underset{\sim}{P}_M$ und $\underset{\sim}{S}$ als objektive, gemischte und invariante Beanspruchung bezeichnen. In mitgeschleppten Koordinaten gilt:

$$\underset{\sim}{P} = \frac{\underset{\sim}{T}}{\varrho} = s^{\alpha\beta}\underset{\sim}{g}_\alpha \otimes \underset{\sim}{g}_\beta \Leftrightarrow \underset{\sim}{P}_M = s^{\alpha\beta}\underset{\sim}{g}_\alpha \otimes \underset{\sim}{g}_\beta \Leftrightarrow \underset{\sim}{S} = s^{\alpha\beta}\underset{\sim}{g}_\alpha \otimes \underset{\sim}{g}_\beta. \tag{6.146}$$

Der Gaußsche Satz

$$\int \underset{\sim}{n}(\ldots)dA = \int \underset{\sim}{\nabla}(\ldots)dV, \tag{6.147}$$

der auf beliebige stückweise glatt berandete Gebiete — sie dürfen also auch Ecken und Kanten aufweisen — anwendbar ist, ermöglicht die Umwandlung von Oberflächen- in Volumenintegrale. So gilt beispielsweise

$$
\begin{aligned}
&\int_{\partial\mathscr{B}} \mathbf{x}\otimes\mathbf{T}\cdot\mathbf{n}\,dA = \int_{\mathscr{B}} \mathbf{x}\otimes\mathbf{T}\cdot\nabla\,dV \\
&= \int \mathbf{x}\otimes\overset{\downarrow}{\mathbf{T}}\cdot\overset{\downarrow}{\nabla}\,dV + \int \overset{\downarrow}{\mathbf{x}}\otimes\mathbf{T}\cdot\overset{\downarrow}{\nabla}\,dV \\
&= \int \mathbf{x}\otimes\overset{\downarrow}{\mathbf{T}}\cdot\overset{\downarrow}{\nabla}\,dV + \int \overset{\downarrow}{\mathbf{x}}\otimes\overset{\downarrow}{\nabla}\cdot\mathbf{T}^{T}\,dV \\
&= \int \mathbf{x}\otimes(\mathbf{T}\cdot\nabla)\,dV + \int(\mathbf{x}\otimes\nabla)\cdot\mathbf{T}^{T}\,dV. \qquad (6.148)
\end{aligned}
$$

Die bei Benutzung des Gaußschen Satzes im Volumenintegral auftretende Ableitungsoperation $\nabla$ ist auf den gesamten Integranden anzuwenden. Dabei gilt — wie durch die Pfeile angedeutet — die Produktregel, wobei $\nabla$ in algebraischen Umformungen wie ein Vektor zu behandeln ist. (Das zeigt man leicht mittels der Komponentendarstellung (6.48).) Im folgenden bevorzugen wir zur Vermeidung der Pfeile die Schreibweise der letzten Zeile, bei der durch algebraisch nicht erforderliche Klammern angedeutet wird, auf welches Argument die Ableitungsoperation sich bezieht.

Mit (6.148) unter Beachtung von $\mathbf{x}\otimes\nabla=\mathbf{1}$ lassen die Gleichgewichtsbedingungen sich umformen in

$$0=\int \mathbf{T}\cdot\mathbf{n}\,dA+\int \varrho\mathbf{k}\,dV=\int(\mathbf{T}\cdot\nabla+\varrho\mathbf{k})\,dV, \qquad (6.149)$$

$$
\begin{aligned}
0&=\left\{\int \mathbf{x}\otimes\mathbf{T}\cdot\mathbf{n}\,dA+\int \mathbf{x}\otimes\varrho\mathbf{k}\,dV\right\}_{\times} \\
&=\left\{\int \mathbf{x}\otimes(\mathbf{T}\cdot\nabla+\varrho\mathbf{k})\,dV+\int \mathbf{T}^{T}dV\right\}_{\times}. \qquad (6.150)
\end{aligned}
$$

Da beide Gleichungen für beliebige Teilkörper gelten müssen, folgt aus (6.149) die lokale *Kraftgleichgewichtsbedingung*

$$\mathbf{T}\cdot\nabla+\varrho\mathbf{k}=0 \qquad (6.151)$$

und, wenn man das in (6.150) einsetzt, ergibt sich die lokale *Momentengleichgewichtsbedingung* $(\mathbf{T}^{T})_{\times}=0$, also

$$\mathbf{T}=\mathbf{T}^{T}. \qquad (6.152)$$

Der letzteren gleichwertig ist nach (6.145)

$$\mathbf{S}=\mathbf{S}^{T},\ \text{also}\ \mathbf{S}\in\mathrm{Sym}(\mathscr{T}^{*},\mathscr{T}). \qquad (6.153)$$

Wegen der Symmetriebedingung (6.152) besitzt der Cauchysche Spannungstensor eine Spektraldarstellung

$$\mathbf{T}=\sum_{k=1}^{3} t_k \mathbf{n}_k\otimes\mathbf{n}_k \qquad (6.154)$$

mit den orthonormierten Hauptspannungsrichtungen $\underset{\sim}{n}_k$ und den Hauptspannungen $t_k$. Die Flächen mit den Normalenvektoren $\pm\underset{\sim}{n}_1$, $\pm\underset{\sim}{n}_2$, $\pm\underset{\sim}{n}_3$ (und, wenn die drei Hauptspannungen voneinander verschieden sind, nur sie) sind schubspannungsfrei, während der Spannungsvektor $\underset{\sim}{t}=\underset{\sim}{T}\cdot\underset{\sim}{n}$ sich im allgemeinen in Normalspannungsvektor $(\underset{\sim}{n}\otimes\underset{\sim}{n})\cdot\underset{\sim}{t}$ und Schubspannungsvektor $(\underset{\sim}{1}-\underset{\sim}{n}\otimes\underset{\sim}{n})\cdot\underset{\sim}{t}$ parallel bzw. senkrecht zu $\underset{\sim}{n}$ zerlegt.

Der Gaußsche Satz erlaubt auch eine Umformung des invarianten Leistungsausdrucks (6.129) unter Beachtung von (6.151):

$$\begin{aligned} j_{\mathscr{B}} &= \int \dot{\underset{\sim}{x}}\cdot\underset{\sim}{T}\cdot\underset{\sim}{n}\,dA + \int \dot{\underset{\sim}{x}}\cdot\underset{\sim}{k}\varrho\,dV \\ &= \int \dot{\underset{\sim}{x}}\cdot(\underset{\sim}{T}\cdot\underset{\sim}{\nabla}+\varrho\underset{\sim}{k})\,dV + \int \underset{\sim}{T}:(\dot{\underset{\sim}{x}}\otimes\nabla)\,dV \\ &= \int \frac{\underset{\sim}{T}}{\varrho}:\underset{\sim}{L}\,dm = \int \underset{\sim}{P}:\underset{\sim}{L}\,dm =: \int j\,dm. \end{aligned} \tag{6.155}$$

Für die Leistung je Masseneinheit (stress power) ergeben sich wegen (6.88), (5.160), (6.142), (5.165), (6.145), (6.93) und (6.94), (6.146) die Darstellungen

$$\begin{aligned} j &= \underset{\sim}{P}:\underset{\sim}{L} = \underset{\sim}{P}:\dot{\underset{\sim}{K}}\underset{\sim}{K}^{-1} = \underset{\sim}{P}\cdot\cdot\underset{\sim}{K}^{-*}\dot{\underset{\sim}{K}}^{*} = \underset{\sim}{P}\underset{\sim}{K}^{-*}\cdot\cdot\dot{\underset{\sim}{K}}^{*} = \underset{\sim}{P}_M:\dot{\underset{\sim}{K}} \\ &= \underset{\sim}{P}:\underset{\sim}{D} = \underset{\sim}{P}\cdot\cdot\underset{\sim}{D} = \underset{\sim}{K}\underset{\sim}{S}\underset{\sim}{K}^{*}\cdot\cdot\underset{\sim}{K}^{-*}\frac{1}{2}\dot{\underset{\sim}{G}}\underset{\sim}{K}^{-1} = \frac{1}{2}\underset{\sim}{S}\cdot\cdot\dot{\underset{\sim}{G}} = \frac{1}{2}\underset{\sim}{S}:\dot{\underset{\sim}{G}}, \end{aligned} \tag{6.156}$$

also insbesondere

$$j = \underset{\sim}{P}:\underset{\sim}{D} = \underset{\sim}{P}_M:\dot{\underset{\sim}{K}} = \frac{1}{2}\underset{\sim}{S}:\dot{\underset{\sim}{G}} = \frac{1}{2}s^{\alpha\beta}\dot{g}_{\alpha\beta}. \tag{6.157}$$

Die Gleichgewichtsbedingungen lassen sich nach Noll so deuten: Sowohl die durch den symmetrischen Spannungstensor $\underset{\sim}{T}$ beschriebenen Nahwirkungskräfte, als auch die durch die Massenkraft $\underset{\sim}{k}$ erfaßte Fernwirkung der Teile des Körpers aufeinander und der Massen außerhalb des Körpers hängen wesentlich von der Bewegung des Körpers ab. Unter allen, den geometrischen und dynamischen Randbedingungen genügenden Bewegungen sind jedoch nur solche *mechanisch zulässig*, bei denen $\underset{\sim}{T}$ und $\underset{\sim}{k}$ die Differentialgleichung (6.151) erfüllen.

## 6.10 Kinetik

Die Abhängigkeit des Spannungstensors von der Bewegung ist Gegenstand der Materialtheorie. Wie die Massenkraft von der Bewegung abhängt, wird demgegenüber in der Gravitationstheorie und Kinetik untersucht. Wir folgen dem klassischen Vorgehen von Galilei und Newton:

Die Massenkraft wird aufgespalten in Gravitations- und Trägheitskraft:

$$\underset{\sim}{k} = \underset{\sim}{b} - \underset{\sim}{a}. \tag{6.158}$$

Die Gravitationskraft $\underset{\sim}{b}$ (body force) hängt ab von der momentanen Lage aller Massen des Universums zueinander und ist daher objektiv. Die damit ebenfalls objektive Trägheitskraft $-\underset{\sim}{a}$ ist abhängig von der Relativbewegung der Massen des Universums zueinander. Für irdische Verhältnisse läßt sie sich berechnen, indem man $\underset{\sim}{a}$ mit der Beschleunigung $\ddot{\underset{\sim}{x}}$ des materiellen Punktes gegenüber einem im Fixsternsystem — dem sogenannten Inertialsystem — ruhenden Beobachter identifiziert. Damit ergeben sich aus den Gleichgewichtsbedingungen und der Leistungsbilanz die klassischen Gesetze der Kinetik — Impulssatz und Drehimpulssatz von Euler sowie der Arbeitssatz — im Inertialsystem:

$$\int \underset{\sim}{t}\,dA + \int \underset{\sim}{b}\,dm = \int \underset{\sim}{a}\,dm = \frac{d}{dt}\int \dot{\underset{\sim}{x}}\,dm, \tag{6.159}$$

$$\int \underset{\sim}{x} \times \underset{\sim}{t}\,dA + \int \underset{\sim}{x} \times \underset{\sim}{b}\,dm = \int \underset{\sim}{x} \times \underset{\sim}{a}\,dm = \frac{d}{dt}\int \underset{\sim}{x} \times \dot{\underset{\sim}{x}}\,dm, \tag{6.160}$$

$$\int \dot{\underset{\sim}{x}} \cdot \underset{\sim}{t}\,dA + \int \dot{\underset{\sim}{x}} \cdot \underset{\sim}{b}\,dm - \int \underset{\sim}{P} : \underset{\sim}{D}\,dm = \int \dot{\underset{\sim}{x}} \cdot \underset{\sim}{a}\,dm = \frac{d}{dt}\int \frac{|\dot{\underset{\sim}{x}}|^2}{2}\,dm. \tag{6.161}$$

Diese Sätze sind bereits im 4. Kapitel in spezieller Form herangezogen worden. Ein gegenüber dem Inertialsystem bewegter — z.B. erdfester — Beobachter kann die Beschleunigung $\underset{\sim}{a}$ im Inertialsystem aus seinen eigenen Meßdaten mittels (6.118) errechnen.

## 6.11 Hitze

Eine mechanische Theorie befaßt sich allein mit den Verformungen des Körpers und den dabei auftretenden Kräften, eine thermomechanische zusätzlich mit der Hitzeverteilung im Körper und dem Austausch von Wärmeenergie. Grundlegende Untersuchungen dazu findet man u.a. bei Serrin [6.3].

Jedem materiellen Punkt X soll zu jedem Zeitpunkt t ein Element H, genannt Hitze (hotness), einer eindimensionalen orientierten Mannigfaltigkeit, der sogenannten universellen Hitzemannigfaltigkeit, zugeordnet werden können, welches angibt, wie heiß der Punkt ist. Das bedeutet u.a., daß je zwei Punkte sich auf Grund ihrer Hitze nach der Relation „heißer – kälter" anordnen lassen. (Das Postulat der Existenz einer universellen Hitzemannigfaltigkeit nennt man den nullten Hauptsatz der Thermodynamik. Eine ausführliche Diskussion dieser Problematik findet sich bei Bertram [6.4].)

Die Hitze H(X,t) denkt man sich der Messung durch ein sehr kleines und sehr rasch reagierendes Thermometer zugänglich. Welche Skala (Kelvin, Fahrenheit, ...) man benutzt, d.h., welche Koordinate $\vartheta$ (genannt empirische Temperatur) man auf der Hitzemannigfaltigkeit einführt, ist vorerst gleichgültig. Doch soll die Orientierung so erfolgen, daß $\vartheta(H_2) > \vartheta(H_1)$ gilt, wenn ein Punkt mit der Hitze $H_2$ heißer ist als ein Punkt mit der Hitze $H_1$. Ferner soll die Menge der möglichen Temperaturen bei jeder Skala durch ein offenes Intervall der reellen Achse wiedergegeben werden.

Da alle Beobachter auf ein und demselben Thermometer dasselbe ablesen, ist die Temperatur (bei fest gewählter Skala) ein objektiver Skalar. Ist das Temperaturfeld $\vartheta(\underset{\sim}{x}(X,t),t)$ räumlich differenzierbar, dann lassen sich der — nach (6.124) objektive

– räumliche Temperaturgradient $\underset{\sim}{\nabla}\vartheta$ und der invariante Temperaturgradient – vgl. (6.65) –

$$\hat{\underset{\sim}{\nabla}}\vartheta = \underset{\sim}{K}^{*}\underset{\sim}{\nabla}\vartheta \in \mathcal{T}^{*} \tag{6.162}$$

bilden. Bei Verwendung zweier verschiedener Temperaturskalen $\vartheta$ und $\bar{\vartheta}$ besteht zwischen den Gradienten der Zusammenhang

$$\underset{\sim}{\nabla}\bar{\vartheta} = \frac{d\bar{\vartheta}}{d\vartheta}\underset{\sim}{\nabla}\vartheta. \tag{6.163}$$

## 6.12 Thermodynamik

Die einem Körper in der Zeiteinheit zugeführte Wärmeenergie (heat) soll sich gemäß

$$q^{Z}_{\mathscr{B}} = -\int_{\partial\mathscr{B}} h\,dA + \int_{\mathscr{B}} r\,dm \tag{6.164}$$

zusammensetzen aus der über die Oberfläche $\partial\mathscr{B}$ einfließenden Energie (Wärmeleitung) und der den einzelnen materiellen Punkten von $\mathscr{B}$ unmittelbar zugeführten Energie (Strahlung), die sich beide durch Integration über objektive flächen- bzw. massenbezogene Dichten h bzw. r berechnen lassen sollen. Der Wärmefluß h wird auch auf jeder gedachten Schnittfläche im Inneren des Körpers als wirksam angenommen.

Bezeichnen wir mit q(X,t) die am Punkt X zur Zeit t aufgenommene Wärme je Masseneinheit und Zeiteinheit, dann ist die vom Körper in der Zeiteinheit aufgenommene (akkumulierte) Wärme gegeben durch

$$q^{A}_{\mathscr{B}} := \int_{\mathscr{B}} q\,dm. \tag{6.165}$$

Als *Grundaxiom der Thermodynamik* betrachten wir die Aussage, daß die gesamte jedem beliebigen Teilkörper zugeführte Wärme von diesem aufgenommen werden muß:

$$q^{Z}_{\mathscr{B}} = q^{A}_{\mathscr{B}}, \tag{6.166}$$

also

$$0 = -\int_{\partial\mathscr{B}} h\,dA + \int_{\mathscr{B}} (r-q)\,dm. \tag{6.167}$$

(Man könnte diese Gleichung als thermische Gleichgewichtsbedingung bezeichnen, wenn der Begriff des Gleichgewichts nicht in der Thermodynamik bereits anderweitig besetzt wäre.)

In der thermomechanischen Theorie hängen die Spannungen $\underset{\sim}{T}$ nicht mehr nur von der Bewegung des Körpers, sondern auch von seinem Hitzeprozeß ab. Dieselbe Abhängigkeit gilt für die Dichten von Wärmefluß h, Strahlung r und Wärmeaufnahme q. Unter allen, den mechanischen und thermischen Randbedingungen genügenden Bewegungen und Hitzeprozessen sind diejenigen thermodynamisch zulässig, welche sowohl das Grundaxiom der Dynamik (Gleichgewicht von Kräften und Momenten) als auch das Grundaxiom der Thermodynamik (Gleichheit von zugeführter und aufgenommener Wärme) erfüllen.

Daß die Abhängigkeit des an einem Punkt X zur Zeit t vorhandenen Wärmeflusses von der Schnittführung die spezielle Form

$$h = h(X, t, \underset{\sim}{n}) \tag{6.168}$$

besitzt, zeigt man wie im Falle der Spannungen; desgleichen – durch Anwendung von (6.167) auf ein Tetraeder –, daß diese Form bei Stetigkeit in der Ortsvariablen $\underset{\sim}{x}(X,t)$ weiter auf

$$h(X, t, \underset{\sim}{n}) = \underset{\sim}{h}(X, t) \cdot \underset{\sim}{n} \tag{6.169}$$

reduziert werden kann. Die durch ein (infinitesimales) materielles Flächenelement in der Zeiteinheit hindurchfließende Wärmeenergie läßt sich somit darstellen als

$$h\,dA = \underset{\sim}{h} \cdot \underset{\sim}{n}\,dA = \underset{\sim}{h} \cdot d\underset{\sim}{a} = \frac{\underset{\sim}{h}}{\varrho} \underset{\sim}{K}^{-*} d\underset{\sim}{\alpha} = \underset{\sim}{\mathfrak{h}} \cdot d\underset{\sim}{\alpha} \tag{6.170}$$

mit Hilfe des invarianten, auf die Dichte $\varrho$ bezogenen, Wärmeflusses (heat flux) $\underset{\sim}{\mathfrak{h}} \in \mathcal{T}$. Mit dem Gaußschen Satz kann man das thermische Grundaxiom umformen in

$$0 = -\int_{\partial\mathcal{B}} \underset{\sim}{n} \cdot \underset{\sim}{h}\,dA + \int_{\mathcal{B}} (r - q)\,dm = \int_{\mathcal{B}} \left( -\frac{\underset{\sim}{\nabla} \cdot \underset{\sim}{h}}{\varrho} + r - q \right) dm, \tag{6.171}$$

woraus sich wegen der Gültigkeit für beliebige Teilkörper die lokale *Wärmeleitungsgleichung*

$$q = -\frac{\underset{\sim}{\nabla} \cdot \underset{\sim}{h}}{\varrho} + r \tag{6.172}$$

ergibt.

## 6.13 Beispiel

Die Formulierung eines thermomechanischen Kontinuumsproblems sei an einem Beispiel erläutert. Da das Momentengleichgewicht (6.152) bei Benutzung symmetrischer Cauchyscher Spannungstensoren identisch erfüllt ist, verbleiben als *universelle Bilanzen* die Kontinuitätsgleichung (6.102), die Kraftgleichgewichtsbedingung (6.151) mit (6.158) und die Wärmeleitungsgleichung (6.172):

$$\left.\begin{aligned} &\varrho \underset{\sim}{\nabla} \cdot \underset{\sim}{v} = -\dot{\varrho}, \\ &\frac{1}{\varrho} \underset{\sim}{\nabla} \cdot \underset{\sim}{T} = \underset{\sim}{a} - \underset{\sim}{b}, \\ &\frac{1}{\varrho} \underset{\sim}{\nabla} \cdot \underset{\sim}{h} = r - q. \end{aligned}\right\} \tag{6.173}$$

Für einen in einem Inertialsystem ruhenden Beobachter ist $\underset{\sim}{a}=\dot{\underset{\sim}{v}}$, während das schwach veränderliche Feld $\underset{\sim}{b}$ bei den meisten Anwendungen als konstant angenommen und die Strahlung r gänzlich vernachlässigt werden kann.
Der thermodynamisch zulässige Bewegungs- und Hitzeprozeß (auch thermokinematischer Prozeß genannt) liegt damit aber noch keineswegs fest, hängt vielmehr entscheidend von den noch gar nicht berücksichtigten Materialeigenschaften des untersuchten Körpers ab. Diese äußern sich in der Festlegung, in welcher Weise die Größen $\underset{\sim}{T}$, $\underset{\sim}{h}$ und q vom thermokinematischen Prozeß abhängen. Als Beispiel dazu betrachten wir folgenden Satz von Stoffgleichungen

$$\begin{aligned} &\underset{\sim}{T}=-\beta\varrho\vartheta\underset{\sim}{1}+2\eta(\vartheta)\underset{\sim}{D}',\\ &\underset{\sim}{h}=-\varkappa(\vartheta)\underset{\sim}{\nabla}\vartheta,\\ &q=c_v\dot{\vartheta}+\beta\vartheta\underset{\sim}{1}:\underset{\sim}{D}-\frac{2\eta(\vartheta)}{\varrho}\underset{\sim}{D}':\underset{\sim}{D}', \end{aligned} \tag{6.174}$$

der das Verhalten eines idealen Gases mit Zähigkeit $\eta$, Wärmeleitfähigkeit $\varkappa$ (beide temperaturabhängig) und spezifischer Wärme $c_v$ (bei konstantgehaltenem Volumen) beschreibt. Als für Gase besonders zweckmäßige Temperaturskala wurde die Kelvinsche gewählt. Natürlich bedeutet $\underset{\sim}{D}'$ den Deviator von $\underset{\sim}{D}=\operatorname{sym}(\underset{\sim}{\nabla}\otimes\underset{\sim}{v})$, und $\beta$ ist eine Stoffkonstante. Einsetzen der Stoffgleichungen in die Bilanzen liefert ($\Delta=\underset{\sim}{\nabla}\cdot\underset{\sim}{\nabla}$ bezeichnet den Laplace-Operator, also $\Delta\underset{\sim}{v}=\underset{\sim}{\nabla}\cdot(\underset{\sim}{\nabla}\otimes\underset{\sim}{v})$):

$$\begin{aligned} &\dot{\varrho}=-\varrho\underset{\sim}{\nabla}\cdot\underset{\sim}{v},\\ &\dot{\underset{\sim}{v}}=\underset{\sim}{b}-\beta\left(\frac{\vartheta}{\varrho}\underset{\sim}{\nabla}\varrho+\underset{\sim}{\nabla}\vartheta\right)+\frac{1}{\varrho}\frac{d\eta}{d\vartheta}(\vartheta)\underset{\sim}{\nabla}\vartheta\cdot\left[\underset{\sim}{\nabla}\otimes\underset{\sim}{v}+\underset{\sim}{v}\otimes\underset{\sim}{\nabla}-\frac{2}{3}\underset{\sim}{\nabla}\cdot\underset{\sim}{v}\underset{\sim}{1}\right]\\ &\qquad+\frac{\eta(\vartheta)}{\varrho}\left[\Delta\underset{\sim}{v}+\frac{1}{3}\underset{\sim}{\nabla}(\underset{\sim}{\nabla}\cdot\underset{\sim}{v})\right],\\ &\dot{\vartheta}=\frac{1}{c_v}\{\frac{1}{\varrho}\frac{d\varkappa}{d\vartheta}(\vartheta)\underset{\sim}{\nabla}\vartheta\cdot\underset{\sim}{\nabla}\vartheta+\frac{\varkappa(\vartheta)}{\varrho}\Delta\vartheta-\beta\vartheta\underset{\sim}{\nabla}\cdot\underset{\sim}{v}\\ &\qquad+\frac{2\eta(\vartheta)}{\varrho}\left[\operatorname{sym}(\underset{\sim}{\nabla}\otimes\underset{\sim}{v}):\operatorname{sym}(\underset{\sim}{\nabla}\otimes\underset{\sim}{v})-\frac{1}{3}(\underset{\sim}{\nabla}\cdot\underset{\sim}{v})^2\right]\}. \end{aligned} \tag{6.175}$$

Die rechten Seiten sind Funktionen der Momentanwerte der Felder $\varrho$, $\underset{\sim}{v}$ und $\vartheta$ und determinieren die (materiellen) zeitlichen Änderungen dieser Felder. Allerdings lassen die partiellen Differentialgleichungen höchstens dann eine eindeutige Lösung zu, wenn sie durch Vorgabe der Anfangswerte aller Felder (Anfangsbedingung) und passende Randbedingungen ergänzt werden. So sind beispielsweise an einer wärmeundurchlässigen Wand, an der das Gas haftet, sowohl der Geschwindigkeitsvektor als auch die Normalkomponente des Wärmeleitvektors und damit – nach (6.174) – auch des Temperaturgradienten gleich Null:

$$\underset{\sim}{v}=0,\ \underset{\sim}{n}\cdot\underset{\sim}{\nabla}\vartheta=0. \tag{6.176}$$

# 7 Ergänzungen

Im vorigen Kapitel sind sämtliche Grundbegriffe und Grundgleichungen der Kontinuumsmechanik und -thermodynamik zusammengestellt worden. Die in diesem Kapitel noch einzuführenden Begriffe sind daher alle grundsätzlich entbehrlich, sie erweisen sich jedoch in speziellen Anwendungen als zweckmäßig und finden sich vielfach in der Literatur. Allerdings sieht man den Nutzen oft erst in Verbindung mit einem Stoffgesetz, so daß wir, wo nötig, meist elastisches Verhalten als Beispiel heranziehen.

## 7.1 Innere Energie

Bei der Formulierung von Stoffgleichungen ist es üblich und zweckmäßig, die Wärmeaufnahme q durch die innere Energie $\varepsilon$ zu ersetzen. Um diese – eigentlich entbehrliche – Größe zu definieren, beachten wir, daß mechanische Arbeit und Wärme äquivalente Energieformen darstellen (mechanisches Wärmeäquivalent nach Robert Mayer). Die Summe der zugeführten mechanischen Arbeit und der aufgenommenen Wärme während eines Prozesses (bezogen auf die Masseneinheit) definieren wir als Zuwachs der inneren Energie $\varepsilon$ (je Masseneinheit), womit diese selbst bis auf eine additive Konstante (die Anfangsenergie) festliegt, die wir willkürlich wählen:

$$\varepsilon(t)-\varepsilon(t_0):=\int_{\tau=t_0}^{t}\left[\frac{1}{2}\underset{\sim}{S}(\tau):\dot{\underset{\sim}{G}}(\tau)+q(\tau)\right]d\tau. \tag{7.1}$$

Ist umgekehrt der Verlauf von $\underset{\sim}{G}(\tau)$, $\underset{\sim}{S}(\tau)$ und $\varepsilon(\tau)$ bekannt, so liegt auch $q(\tau)$ fest gemäß

$$q=\dot{\varepsilon}-\frac{1}{2}\underset{\sim}{S}:\dot{\underset{\sim}{G}}. \tag{7.2}$$

Im Beispiel (6.174) findet man

$$\dot{\varepsilon}=q+\underset{\sim}{T}:\underset{\sim}{D}/\varrho=c_v\dot{\vartheta}\Rightarrow\varepsilon=c_v(\vartheta-\vartheta_0)=\varepsilon(\vartheta) \tag{7.3}$$

und sieht, in welchem Maße die Verwendung der inneren Energie die Materialbeschreibung zu vereinfachen mag.

Führt man (7.2) in die Wärmeleitungsgleichung (6.172) ein, so nimmt diese die Form

$$\dot{\varepsilon}=\frac{1}{2}\underset{\sim}{S}:\dot{\underset{\sim}{G}}-\frac{\underset{\sim}{\nabla}\cdot\underset{\sim}{h}}{\varrho}+r \tag{7.4}$$

an, die als Energiebilanz oder auch als 1. Hauptsatz der Thermodynamik bezeichnet wird.

## 7.2 Lokaler Plazierungswechsel

Seien $\underset{\sim}{g}_1, \underset{\sim}{g}_2, \underset{\sim}{g}_3 \in \mathscr{T}$ drei materielle Tangentenvektoren eines Körpers an einem Punkt X, und

$$\overset{0}{\underset{\sim}{g}}_\alpha = \underset{\sim}{K}_0 \underset{\sim}{g}_\alpha \in \mathscr{V}, \quad \underset{\sim}{g}_\alpha = \underset{\sim}{K} \underset{\sim}{g}_\alpha \in \mathscr{V}, \quad \alpha = 1,2,3 \tag{7.5}$$

ihre von einem Beobachter in zwei verschiedenen Plazierungen $\underset{\sim}{K}_0$ und $\underset{\sim}{K}$ beobachteten Lagen. Der als lokaler Plazierungswechsel bezeichnete Tensor

$$\underset{\sim}{F} = \underset{\sim}{K}\underset{\sim}{K}_0^{-1} \in \mathrm{Invlin}(\mathscr{V}) \tag{7.6}$$

vermittelt dann die Abbildung

$$\underset{\sim}{g}_\alpha = \underset{\sim}{F} \overset{0}{\underset{\sim}{g}}_\alpha \tag{7.7}$$

zwischen den Plazierungen der Tangentenvektoren (siehe Bild 7.1), während die Abbildung der Flächenvektoren und der Volumina bzw. Dichten nach (6.78) bzw. (6.83) durch

$$\underset{\sim}{a} = (\det \underset{\sim}{F}) \underset{\sim}{F}^{-T} \underset{\sim}{a}_0, \tag{7.8}$$

$$\frac{\varrho_0}{\varrho} = \det \underset{\sim}{F} \tag{7.9}$$

erfolgt.

Der Plazierungswechsel bewirkt einerseits eine, *Verzerrung* (strain) genannte, Änderung der Geometrie des von den drei Tangentenvektoren aufgespannten Parallelepipeds (6 Zahlenangaben) und andererseits eine Festlegung der Orientierung des verzerrten Parallelepipeds (3 Zahlenangaben).

Hat ein Linienelement $\overset{0}{\underset{\sim}{g}}_\alpha$ der Länge $|\overset{0}{\underset{\sim}{g}}_\alpha|$ nach der Verzerrung die Länge $|\underset{\sim}{g}_\alpha| = v_\alpha |\overset{0}{\underset{\sim}{g}}_\alpha| = (1+\varepsilon_\alpha)|\overset{0}{\underset{\sim}{g}}_\alpha|$, so bezeichnet man $v_\alpha$ und $\varepsilon_\alpha$ als seine Streckung (stretch) bzw. Dehnung (elongation). Schließen zwei ursprünglich orthogonale Linienelemente $\left(\overset{0}{\underset{\sim}{g}}_\alpha \cdot \overset{0}{\underset{\sim}{g}}_\beta = 0\right)$ nach der Verzerrung den Winkel $\pi/2 - \gamma$ ein, dann bezeichnet man $\gamma$ als Gleitung (shearing strain). Diese Größen lassen sich aus dem sogenannten *rechten Cauchy-Green-Tensor*

$$\underset{\sim}{C} := \underset{\sim}{F}^T \underset{\sim}{F} \tag{7.10}$$

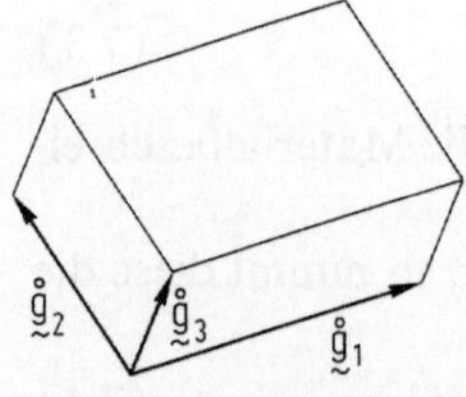


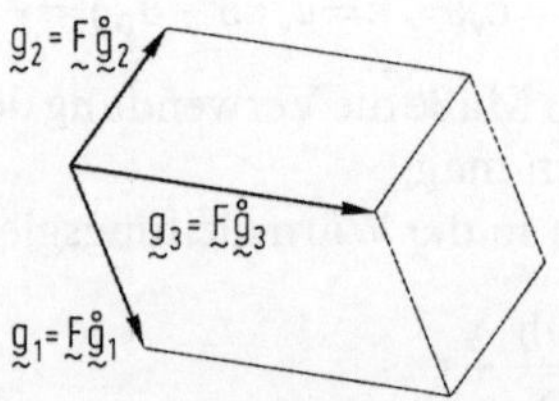


**Bild 7.1.** Lokaler Plazierungswechsel $\underset{\sim}{F} = \underset{\sim}{K}\underset{\sim}{K}_0^{-1}$

mittels folgender Formeln errechnen:

$$v_\alpha^2 |\overset{0}{\underset{\sim}{g}}_\alpha|^2 = (1+\varepsilon_\alpha)^2 |\overset{0}{\underset{\sim}{g}}_\alpha|^2 = |\underset{\sim}{g}_\alpha|^2$$

$$= |\underset{\sim}{F} \cdot \overset{0}{\underset{\sim}{g}}_\alpha|^2 = \left(\overset{0}{\underset{\sim}{g}}_\alpha \cdot \underset{\sim}{F}^{\mathrm{T}}\right) \cdot \left(\underset{\sim}{F} \cdot \overset{0}{\underset{\sim}{g}}_\alpha\right) = \overset{0}{\underset{\sim}{g}}_\alpha \cdot \underset{\sim}{C} \cdot \overset{0}{\underset{\sim}{g}}_\alpha, \ \alpha \text{ fest}, \tag{7.11}$$

$$v_\alpha v_\beta |\overset{0}{\underset{\sim}{g}}_\alpha| |\overset{0}{\underset{\sim}{g}}_\beta| \sin\gamma = |\underset{\sim}{g}_\alpha| |\underset{\sim}{g}_\beta| \cos\left(\frac{\pi}{2} - \gamma\right)$$

$$= \underset{\sim}{g}_\alpha \cdot \underset{\sim}{g}_\beta = \overset{0}{\underset{\sim}{g}}_\alpha \cdot \underset{\sim}{C} \cdot \overset{0}{\underset{\sim}{g}}_\beta. \tag{7.12}$$

Da $\underset{\sim}{g}_\alpha \neq 0$ ist für alle $\overset{0}{\underset{\sim}{g}}_\alpha \neq 0$ wegen $\det \underset{\sim}{F} \neq 0$, ergibt sich $\underset{\sim}{C}$ nach (7.10) und (7.11) als symmetrisch und positiv definit und ist damit nach (5.143) umkehrbar eindeutig darzustellen durch den ebenfalls symmetrischen und positiv definiten *rechten Streckungstensor*

$$\underset{\sim}{U} := \underset{\sim}{C}^{\frac{1}{2}}. \tag{7.13}$$

Der durch

$$\underset{\sim}{R} := \underset{\sim}{F}\underset{\sim}{U}^{-1} \tag{7.14}$$

definierte Tensor erweist sich wegen

$$\underset{\sim}{R}\underset{\sim}{R}^{\mathrm{T}} = \underset{\sim}{F}\underset{\sim}{U}^{-1}\underset{\sim}{U}^{-1}\underset{\sim}{F}^{\mathrm{T}} = \underset{\sim}{F}\underset{\sim}{C}^{-1}\underset{\sim}{F}^{\mathrm{T}}$$

$$= \underset{\sim}{F}(\underset{\sim}{F}^{\mathrm{T}}\underset{\sim}{F})^{-1}\underset{\sim}{F}^{\mathrm{T}} = \underset{\sim}{1} \tag{7.15}$$

als orthogonal und zwar im eigentlichen Sinne, da $\det \underset{\sim}{R} = \det \underset{\sim}{F} / \det \underset{\sim}{U}$ nach (7.9), (7.13) positiv, also gleich $+1$ ist. Mit seiner Hilfe führt man noch den symmetrischen positiv definiten linken Streckungstensor bzw. Cauchy-Green-Tensor ein durch

$$\underset{\sim}{V} := \underset{\sim}{R}\underset{\sim}{U}\underset{\sim}{R}^{\mathrm{T}} \tag{7.16}$$

bzw.

$$\underset{\sim}{B} := \underset{\sim}{R}\underset{\sim}{C}\underset{\sim}{R}^{\mathrm{T}} = \underset{\sim}{V}^2 = \underset{\sim}{F}\underset{\sim}{F}^{\mathrm{T}}. \tag{7.17}$$

Aus (7.14) und (7.16) ergeben sich somit die beiden *Polarzerlegungen* des lokalen Plazierungswechsels

$$\underset{\sim}{F} = \underset{\sim}{R}\underset{\sim}{U} = \underset{\sim}{V}\underset{\sim}{R}, \tag{7.18}$$

womit eine Aufspaltung in Verzerrung und Drehung geleistet wird.

Ist

$$\underset{\sim}{U} = \sum_{i=1}^{3} v_i \overset{0}{\underset{\sim}{n}}_i \otimes \overset{0}{\underset{\sim}{n}}_i \ \text{mit} \ \overset{0}{\underset{\sim}{n}}_i \cdot \overset{0}{\underset{\sim}{n}}_k = \delta_{ik} \tag{7.19}$$

eine Spektralform von $\underset{\sim}{U}$ und

$$\underset{\sim}{R} = \sum_{i=1}^{3} \underset{\sim}{n}_i \otimes \overset{0}{\underset{\sim}{n}}_i \tag{7.20}$$

eine Darstellung von $\underset{\sim}{R}$, dann gilt noch

$$\underset{\sim}{V} = \sum_{i=1}^{3} v_i \underset{\sim}{n}_i \otimes \underset{\sim}{n}_i, \tag{7.21}$$

$$\underset{\sim}{F} = \sum_{i=1}^{3} v_i \underset{\sim}{n}_i \otimes \overset{0}{\underset{\sim}{n}}_i. \tag{7.22}$$

Ein nach den sogenannten Hauptverzerrungsrichtungen $\overset{0}{\underset{\sim}{n}}_i$ orientierter (infinitesimaler) Würfel geht also beim Plazierungswechsel in einen Quader über, dessen Kanten die (Haupt-)Streckungen $v_i$ erfahren haben und nach den Richtungen $\underset{\sim}{n}_i$ orientiert sind, während ein anders orientierter Würfel i.allg. in einen allgemeinen Spat verzerrt wird. Die Volumenänderung

$$\begin{aligned} \det \underset{\sim}{F} &= (\det \underset{\sim}{R})(\det \underset{\sim}{U}) = \det \underset{\sim}{U} = v_1 v_2 v_3 \\ &= \det\left(\underset{\sim}{C}^{\frac{1}{2}}\right) = (\det \underset{\sim}{C})^{\frac{1}{2}} \end{aligned} \tag{7.23}$$

hängt natürlich allein von der Verzerrung ab.

Selbstverständlich muß ein Zusammenhang zwischen der Verzerrung und der Änderung der Metrik eines mitgeschleppten Koordinatensystems bestehen. Einen Eindruck von den außerordentlich vielfältigen Darstellungsmöglichkeiten gibt Tabelle 7.1. Aus ihr ist abzulesen, welche linearen Abbildungen durch Kombination von

**Tabelle 7.1.** Zusammenhänge zwischen Verzerrung und Metrikänderung. (Es ist beispielsweise zu lesen: $\underset{\sim}{B}^{-1} = \overset{0}{g}_{\alpha\beta} \underset{\sim}{g}^\alpha \otimes \underset{\sim}{g}^\beta = g^{\alpha\gamma} \overset{0}{g}_{\gamma\beta} \underset{\sim}{g}_\alpha \otimes \underset{\sim}{g}^\beta$.)

| | $\underset{\sim}{g}^\alpha \otimes \underset{\sim}{g}^\beta$ | $\overset{0}{\underset{\sim}{g}}{}^\alpha \otimes \overset{0}{\underset{\sim}{g}}{}^\beta$ | $\underset{\sim}{g}^\alpha \otimes \underset{\sim}{g}^\beta$ |
|---|---|---|---|
| $g_{\alpha\beta}$ | $\underset{\sim}{1}_{\mathscr{V}}$ | $\underset{\sim}{C}$ | $\underset{\sim}{G}$ |
| $\overset{0}{g}_{\alpha\beta}$ | $\underset{\sim}{B}^{-1}$ | $\underset{\sim}{1}_{\mathscr{V}}$ | $\underset{\sim}{G}_0$ |
| $\frac{1}{2}(g_{\alpha\beta} - \overset{0}{g}_{\alpha\beta})$ | $\frac{1}{2}(\underset{\sim}{1} - \underset{\sim}{B}^{-1}) =: \underset{\sim}{E}_A$ | $\frac{1}{2}(\underset{\sim}{C} - \underset{\sim}{1}) =: \underset{\sim}{E}$ | $\frac{1}{2}(\underset{\sim}{G} - \underset{\sim}{G}_0)$ |
| $\dot{g}_{\alpha\beta}$ | $2\underset{\sim}{D}$ | $\dot{\underset{\sim}{C}} = 2\dot{\underset{\sim}{E}}$ | $\dot{\underset{\sim}{G}}$ |

| | $\underset{\sim}{g}_\alpha \otimes \underset{\sim}{g}^\beta$ | $\overset{0}{\underset{\sim}{g}}_\alpha \otimes \overset{0}{\underset{\sim}{g}}{}^\beta$ | $\underset{\sim}{g}_\alpha \otimes \underset{\sim}{g}^\beta$ |
|---|---|---|---|
| $\delta^\alpha_\beta$ | $\underset{\sim}{1}_{\mathscr{V}}$ | $\underset{\sim}{1}_{\mathscr{V}}$ | $\underset{\sim}{1}_{\mathscr{T}}$ |
| $\overset{0}{g}{}^{\alpha\gamma} g_{\gamma\beta}$ | $\underset{\sim}{B}$ | $\underset{\sim}{C}$ | $\underset{\sim}{G}_0^{-1}\underset{\sim}{G}$ |
| $g^{\alpha\gamma} \overset{0}{g}_{\gamma\beta}$ | $\underset{\sim}{B}^{-1}$ | $\underset{\sim}{C}^{-1}$ | $\underset{\sim}{G}^{-1}\underset{\sim}{G}_0$ |
| $g^{\alpha\gamma} \dot{g}_{\gamma\beta}$ | $2\underset{\sim}{D}$ | $\underset{\sim}{C}^{-1}\dot{\underset{\sim}{C}}$ | $\underset{\sim}{G}^{-1}\dot{\underset{\sim}{G}}$ |

Komponentenmatrizen, die die unverzerrten und verzerrten Metrikkoeffizienten $\overset{0}{g}_{\alpha\beta}$ bzw. $g_{\alpha\beta}$ der Konfigurationen $\underset{\sim}{G}_0$ und $\underset{\sim}{G}$ enthalten, mit jeweils anderen Basisdyaden entstehen. Weitere Beispiele kann der Leser zur Übung leicht selbst bilden. Die in der Tabelle definierten Tensoren $\underset{\sim}{E}$ und $\underset{\sim}{E}_A$, welche für $\underset{\sim}{G}=\underset{\sim}{G}_0$ verschwinden, werden Greenscher und Almansischer Verzerrungstensor genannt. Zum Vergleich sind auch Operatoren aufgenommen, deren Komponentenmatrix die Zeitableitungen der Metrikkoeffizienten enthält. Dabei ist (6.94) beachtet und $\underset{\sim}{K}_0$ als zeitlich konstant unterstellt worden.

## 7.3 Verwendung einer Bezugsplazierung

Wir wählen eine mögliche feste Plazierung $\overset{0}{\underset{\sim}{x}}(X)$ des Körpers als sogenannte Bezugsplazierung. In (6.57) kam bereits zum Ausdruck, daß jeder Punkt X des Körpers durch Angabe von $\overset{0}{\underset{\sim}{x}}$ eindeutig festliegt. Mit dieser Bezugsplazierung wird nun die tatsächliche zeitlich veränderliche Plazierung $\underset{\sim}{x}(X,t)$ des Körpers verglichen. Der Vektor $dX^\alpha \underset{\sim}{g}_\alpha(X) \in \mathscr{T}$ am Punkt X erscheint – vgl. (6.63) – in den beiden Plazierungen als

$$d\overset{0}{\underset{\sim}{x}} = \underset{\sim}{K}_0(X)\,dX^\alpha \underset{\sim}{g}_\alpha(X) = dX^\alpha \overset{0}{\underset{\sim}{g}}_\alpha(X) \tag{7.24}$$

bzw.

$$\begin{aligned} d_s\underset{\sim}{x} &= \underset{\sim}{K}(X,t)\,dX^\alpha \underset{\sim}{g}_\alpha(X) = dX^\alpha \underset{\sim}{g}_\alpha(X,t) \\ &= dX^\alpha \frac{\partial \underset{\sim}{x}}{\partial X^\alpha}(X,t) = \left(dX^\alpha \overset{0}{\underset{\sim}{g}}_\alpha\right)\cdot\left(\overset{0}{\underset{\sim}{g}}{}^\beta \otimes \frac{\partial \underset{\sim}{x}}{\partial X^\beta}(X,t)\right) \\ &= d\overset{0}{\underset{\sim}{x}}\cdot\left(\overset{0}{\underset{\sim}{\nabla}} \otimes \underset{\sim}{x}\right) = \underset{\sim}{F}\cdot d\overset{0}{\underset{\sim}{x}} = \underset{\sim}{K}\underset{\sim}{K}_0^{-1}\cdot d\overset{0}{\underset{\sim}{x}}, \end{aligned} \tag{7.25}$$

wobei $\overset{0}{\underset{\sim}{\nabla}}$ die Ableitung nach dem Ortsvektor in der Bezugsplazierung bedeutet. Der Tensor des lokalen Plazierungswechsels – hier auch als Deformationsgradient bezeichnet – ergibt sich also aus

$$\underset{\sim}{F} = \underset{\sim}{K}\underset{\sim}{K}_0^{-1} = \underset{\sim}{x} \otimes \overset{0}{\underset{\sim}{\nabla}} = \left(\overset{0}{\underset{\sim}{x}} \otimes \underset{\sim}{\nabla}\right)^{-1} \tag{7.26}$$

– die letzte Form folgt beim Vertauschen der Rollen von $\underset{\sim}{K}$ und $\underset{\sim}{K}_0$ – und läßt sich nach Einführung des Verschiebungsfeldes

$$\underset{\sim}{u}(X,t) := \underset{\sim}{x}(X,t) - \overset{0}{\underset{\sim}{x}}(X) \tag{7.27}$$

auch durch den Verschiebungsgradienten ausdrücken

$$\underset{\sim}{F} = \left(\overset{0}{\underset{\sim}{x}} + \underset{\sim}{u}\right) \otimes \overset{0}{\underset{\sim}{\nabla}} = \underset{\sim}{1} + \underset{\sim}{u} \otimes \overset{0}{\underset{\sim}{\nabla}}. \tag{7.28}$$

Weiter erhält man die Zusammenhänge

$$\overset{0}{\underset{\sim}{\nabla}} = \overset{0}{\underset{\sim}{g}}{}^\alpha \frac{\partial}{\partial X^\alpha} = \underset{\sim}{K}_0^{-*} \underset{\sim}{g}^\alpha \frac{\partial}{\partial X^\alpha} = \underset{\sim}{K}_0^{-*} \hat{\underset{\sim}{\nabla}} = \underset{\sim}{K}_0^{-*} \underset{\sim}{K}^* \underset{\sim}{\nabla} = \underset{\sim}{F}^T \cdot \underset{\sim}{\nabla}. \tag{7.29}$$

Ist die Bezugsplazierung erst einmal gewählt, dann besteht ein umkehrbar eindeutiger Zusammenhang zwischen der aktuellen Plazierung $\underset{\sim}{x}$ des Punktes X und der Verschiebung $\underset{\sim}{u}$ nach (7.27), zwischen der lokalen Plazierung $\underset{\sim}{K}$ des Tangentialraumes $\mathcal{T}$ bei X und dem Deformationsgradienten $\underset{\sim}{F}$ nach (7.26) und auch, wegen

$$\underset{\sim}{C}=\underset{\sim}{F}^{T}\underset{\sim}{F}=\underset{\sim}{K}_0^{-*}\underset{\sim}{K}^{*}\underset{\sim}{K}\underset{\sim}{K}_0^{-1}=\underset{\sim}{K}_0^{-*}\underset{\sim}{G}\underset{\sim}{K}_0^{-1}, \tag{7.30}$$

zwischen der Konfiguration $\underset{\sim}{G}$ und dem rechten Cauchy-Green-Tensor $\underset{\sim}{C}$. Dagegen ist der Zusammenhang zwischen dem linken Cauchy-Green-Tensor $\underset{\sim}{B}$ und der Konfiguration $\underset{\sim}{G}$ nur bei einer Zusatzinformation über die Drehung $\underset{\sim}{R}$ eindeutig, denn es gilt:

$$\underset{\sim}{B}=\underset{\sim}{R}\underset{\sim}{C}\underset{\sim}{R}^{T}=\underset{\sim}{R}\underset{\sim}{K}_0^{-*}\underset{\sim}{G}\underset{\sim}{K}_0^{-1}\underset{\sim}{R}^{T}. \tag{7.31}$$

Wir sagen, zwei verschiedene Beobachter verwendeten dieselbe Bezugsplazierung, wenn es eine konstante Isometrie $\mathfrak{R}_0$ gibt, so daß die von beiden registrierten lokalen Bezugsplazierungen an jedem materiellen Punkt durch

$$\tilde{\underset{\sim}{K}}_0=\mathfrak{R}_0\underset{\sim}{K}_0 \tag{7.32}$$

verknüpft sind. Dann zeigt man leicht die Gültigkeit der Transformationsformeln

$$\begin{aligned}
&\tilde{\underset{\sim}{F}}(X,t)=\mathfrak{R}(t)\underset{\sim}{F}(X,t)\mathfrak{R}_0^{*},\\
&\tilde{\underset{\sim}{C}}(X,t)=\mathfrak{R}_0\underset{\sim}{C}(X,t)\mathfrak{R}_0^{*},\\
&\tilde{\underset{\sim}{B}}(X,t)=\mathfrak{R}(t)\underset{\sim}{B}(X,t)\mathfrak{R}^{*}(t).
\end{aligned} \tag{7.33}$$

Der Tensor $\underset{\sim}{B}$ ist also objektiv, $\underset{\sim}{F}$ und $\underset{\sim}{C}$ dagegen sind es nicht. Man kann die konstante Isometrie $\mathfrak{R}_0$ zur Identifizierung der Beobachterräume $\mathcal{V}$ und $\tilde{\mathcal{V}}$ benutzen. Dann ist auch $\underset{\sim}{C}$ mit $\tilde{\underset{\sim}{C}}$ zu identifizieren und kann demnach als (unter Beobachterwechsel) invarianter Tensor bezeichnet werden.

Ist eine Bezugsplazierung gewählt, dann können die Tensoren $\underset{\sim}{F}$ und $\underset{\sim}{C}$ in $\mathcal{V}$ an die Stelle der Operatoren $\underset{\sim}{K}$ und $\underset{\sim}{G}$ treten, und alle Betrachtungen lassen sich mit Tensoren allein ausführen. Als Nachteil ergibt sich jedoch, ähnlich wie bei Verwendung eines speziellen Koordinatensystems, daß die Formeln von der zumeist willkürlichen Wahl der Bezugsplazierung abhängen.

Bei fest gewählter Bezugsplazierung läßt sich ein (infinitesimales) materielles Flächenelement $d\underset{\sim}{a}\in\mathcal{T}^{*}$ durch einen Vektor $d\underset{\sim}{a}_0\in\mathcal{V}$ kennzeichnen, denn nach (6.84) besteht der umkehrbar eindeutige Zusammenhang

$$d\underset{\sim}{a}=\varrho_0\underset{\sim}{K}_0^{*}d\underset{\sim}{a}_0. \tag{7.34}$$

Führt man das in (6.142) ein, dann ergibt sich die momentan auf das Flächenelement wirkende Kraft in der Form

$$\underset{\sim}{t}dA=\varrho_0\underset{\sim}{P}_M\underset{\sim}{K}_0^{*}d\underset{\sim}{a}_0=:\underset{\sim}{T}_0d\underset{\sim}{a}_0=\underset{\sim}{T}_0\underset{\sim}{n}_0dA_0=\underset{\sim}{t}_0dA_0. \tag{7.35}$$

Der (i.allg. unsymmetrische) Tensor $\underset{\sim}{T}_0$ heißt *Nennspannungstensor* oder 1. Piola-Kirchhoff-Tensor, und den Tensor

$$\underset{\sim}{P}_0 := \frac{\underset{\sim}{T}_0}{\varrho_0} = \underset{\sim}{P}_M \underset{\sim}{K}_0^* = \underset{\sim}{P} \underset{\sim}{K}^{-*} \underset{\sim}{K}_0^* = \underset{\sim}{P} \cdot \underset{\sim}{F}^{-T} \tag{7.36}$$

bezeichnen wir folglich als *Nennbeanspruchung*.

Entsprechend liefert Einführung von (7.34) in (6.170) den Zusammenhang

$$h dA = \underset{\sim}{h}_0 \cdot d\underset{\sim}{a}_0 = \underset{\sim}{h}_0 \cdot \underset{\sim}{n}_0 dA_0 = h_0 dA_0 \tag{7.37}$$

mit dem *Nennwärmefluß*

$$\underset{\sim}{h}_0 := \varrho_0 \underset{\sim}{h} \underset{\sim}{K}_0^* = \frac{\varrho_0}{\varrho} \underset{\sim}{h} \underset{\sim}{K}^{-*} \underset{\sim}{K}_0^* = \frac{\varrho_0}{\varrho} \underset{\sim}{h} \underset{\sim}{F}^{-T}. \tag{7.38}$$

Nun lassen sich auch die Bilanzen umformulieren. Anwendung des Gaußschen Satzes auf die Kraftgleichgewichtsbedingung (6.131) ergibt nämlich

$$\begin{aligned} 0 &= \int_{\partial\mathscr{B}} \underset{\sim}{T}_0 \cdot \underset{\sim}{n}_0 dA_0 + \int_{\mathscr{B}} \underset{\sim}{k} \varrho_0 dV_0 \\ &= \int_{\mathscr{B}} \left( \underset{\sim}{T}_0 \cdot \overset{0}{\underset{\sim}{\nabla}} + \varrho_0 \underset{\sim}{k} \right) dV_0. \end{aligned} \tag{7.39}$$

Um diese Operation zu legitimieren, denkt man sich am einfachsten $\underset{\sim}{T}_0(X,t)$ als Funktion $\underset{\sim}{T}_0\left(\overset{0}{\underset{\sim}{x}},t\right)$ dargestellt und die Integrale über Rand und Inneres in der Bezugsplazierung erstreckt.

Entsprechend liefert die Wärmebilanz (6.167)

$$\begin{aligned} 0 &= -\int_{\partial\mathscr{B}} \underset{\sim}{h}_0 \cdot \underset{\sim}{n}_0 dA_0 + \int_{\mathscr{B}} (r-q) \varrho_0 dV_0 \\ &= \int_{\mathscr{B}} \left[ -\underset{\sim}{h}_0 \cdot \overset{0}{\underset{\sim}{\nabla}} + (r-q) \varrho_0 \right] dV_0. \end{aligned} \tag{7.40}$$

Während die Momentengleichgewichtsbedingung sich in (6.152) einfach auf die Forderung der Symmetrie von $\underset{\sim}{T}$, also auf

$$\operatorname{skw}(\underset{\sim}{T}_0 \underset{\sim}{F}^T) = 0 \tag{7.41}$$

reduziert hat, liefern (7.39) und (7.40) die Differentialgleichungen

$$\underset{\sim}{T}_0 \cdot \overset{0}{\underset{\sim}{\nabla}} + \varrho_0 \underset{\sim}{k} = 0, \tag{7.42}$$

$$-\underset{\sim}{h}_0 \cdot \overset{0}{\underset{\sim}{\nabla}} + \varrho_0 (r-q) = 0. \tag{7.43}$$

Die Kontinuitätsgleichung (6.102) wird nicht benötigt, da die aktuelle Dichte $\varrho$ in den Bilanzen nicht mehr auftritt. Falls erforderlich, läßt sie sich aus (7.9) berechnen.

Da die Bezugsplazierung zeitlich konstant ist, gilt

$$\dot{\mathbf{F}}=\dot{\mathbf{K}}\mathbf{K}_0^{-1},\ \dot{\mathbf{F}}\mathbf{F}^{-1}=\dot{\mathbf{K}}\mathbf{K}^{-1}=\mathbf{L}, \tag{7.44}$$

und für die Leistung je Masseneinheit erhält man aus (6.157) eine weitere Darstellung:

$$\begin{aligned} j &= \mathbf{P}_M{:}\dot{\mathbf{K}} = \mathbf{P}_M{\cdot\cdot}\dot{\mathbf{K}}^* = \mathbf{P}_M{\cdot\cdot}\mathbf{K}_0{}^*\dot{\mathbf{F}}^T \\ &= \mathbf{P}_M\mathbf{K}_0{}^*{\cdot\cdot}\dot{\mathbf{F}}^T = \mathbf{P}_0{\cdot\cdot}\dot{\mathbf{F}}^T = \mathbf{P}_0{:}\dot{\mathbf{F}}. \end{aligned} \tag{7.45}$$

## 7.4 Differentiation allgemeiner sowie isotroper Funktionen

Wir betrachten Funktionen, deren Definitions- und Wertebereiche Teilmengen von Vektorräumen sind. So wird beispielsweise das Stoffgesetz eines *elastischen Materialelements*

$$\mathbf{S}=\hat{\mathbf{S}}(\mathbf{G}) \tag{7.46}$$

beschrieben durch Angabe einer Funktion $\hat{\mathbf{S}}$, deren Definitions- und Wertebereich die Untermenge Sym$^+(\mathscr{T},\mathscr{T}^*)$ des Vektorraums Sym$(\mathscr{T},\mathscr{T}^*)$ bzw. eine Untermenge des Vektorraumes Sym$(\mathscr{T}^*,\mathscr{T})$ ist.

Unter Beachtung von (6.68) und (6.144) läßt sich das Stoffgesetz aber auch beschreiben durch

$$\mathbf{P}_M=\mathbf{K}\mathbf{S}=\mathbf{K}\hat{\mathbf{S}}(\mathbf{K}^*\mathbf{K})=\hat{\mathbf{P}}_M(\mathbf{K}), \tag{7.47}$$

also eine Abbildung $\hat{\mathbf{P}}_M$ einer Untermenge von Lin$(\mathscr{T},\mathscr{V})$ in eine Untermenge von Lin$(\mathscr{T}^*,\mathscr{V})$.

Der Begriff der Differenzierbarkeit sei an der Funktion $\hat{\mathbf{P}}_M$ erklärt: Sie heißt an der Stelle $\mathbf{K}$ (im Sinne von Fréchet) differenzierbar, wenn eine lineare Abbildung, geschrieben $\partial\mathbf{P}_M|\partial\mathbf{K}$ und genannt Fréchet-Ableitung an der Stelle $\mathbf{K}$, existiert, so daß gilt:

$$\hat{\mathbf{P}}_M(\mathbf{K}+\delta\mathbf{K})=\hat{\mathbf{P}}_M(\mathbf{K})+\frac{\partial\mathbf{P}_M}{\partial\mathbf{K}}(\mathbf{K}){:}\delta\mathbf{K}+o(|\delta\mathbf{K}|). \tag{7.48}$$

Darin bedeutet $|\cdot|$ eine Norm auf dem Vektorraum der Argumente (gewonnen durch Einführung eines inneren Produkts) und $o(\cdot)$ einen Term mit der – von der Wahl der Norm unabhängigen – asymptotischen Eigenschaft

$$\lim_{|\delta\mathbf{K}|\to 0}\frac{o(|\delta\mathbf{K}|)}{|\delta\mathbf{K}|}=0. \tag{7.49}$$

Differenzierbarkeit bedeutet also, daß die Differenz der Funktionswerte in der Nähe des Arguments $\mathbf{K}$ sich gut durch den linearen Ausdruck $\delta\mathbf{P}_M := \frac{\partial\mathbf{P}_M}{\partial\mathbf{K}}(\mathbf{K}){:}\delta\mathbf{K}$ – genannt Fréchet-Differential – approximieren läßt, da die Fehlerterme von höherer als erster Ordnung verschwinden.

Hängt $\underset{\sim}{K}$ und damit auch $\underset{\sim}{P}_M$ von einem Parameter t, z.B. der Zeit, ab, dann findet man durch Grenzübergang

$$\frac{d\underset{\sim}{P}_M}{dt} = \dot{\underset{\sim}{P}}_M = \frac{\partial \underset{\sim}{P}_M}{\partial \underset{\sim}{K}} (\underset{\sim}{K}(t)):\dot{\underset{\sim}{K}}, \tag{7.50}$$

also einen linearen Zusammenhang zwischen den Inkrementen von $\underset{\sim}{K}$ und $\underset{\sim}{P}_M$.

Wählt man in den beteiligten Vektorräumen feste Basen, dann läßt die Fréchet-Ableitung sich in einfacher Weise durch die partiellen Ableitungen der Komponenten darstellen. Sind etwa $\{\underset{\sim}{g}_\alpha\}$, $\{\underset{\sim}{g}^\beta\}$ duale Basen in $\mathscr{T}$ und $\mathscr{T}^*$ und $\{\underset{\sim}{h}_p\}$, $\{\underset{\sim}{h}^q\}$ feste (!) reziproke Basen in $\mathscr{V}$ und schreibt man

$$\underset{\sim}{K} = k_{q\beta}\underset{\sim}{h}^q \otimes \underset{\sim}{g}^\beta, \quad \underset{\sim}{P}_M = \sigma^{p\alpha}\underset{\sim}{h}_p \otimes \underset{\sim}{g}_\alpha, \tag{7.51}$$

so gilt

$$\begin{aligned} \delta\underset{\sim}{P}_M &= (\delta\sigma^{p\alpha})\underset{\sim}{h}_p \otimes \underset{\sim}{g}_\alpha = \left(\frac{\partial\sigma^{p\alpha}}{\partial k_{r\gamma}}\delta k_{r\gamma}\right)\underset{\sim}{h}_p \otimes \underset{\sim}{g}_\alpha \\ &= \frac{\partial\sigma^{p\alpha}}{\partial k_{r\gamma}}\underset{\sim}{h}_p \otimes \underset{\sim}{g}_\alpha \otimes \underset{\sim}{h}_r \otimes \underset{\sim}{g}_\gamma : (\delta k_{q\beta})\underset{\sim}{h}^q \otimes \underset{\sim}{g}^\beta \\ &= \frac{\partial \underset{\sim}{P}_M}{\partial \underset{\sim}{K}} : \delta\underset{\sim}{K}, \end{aligned} \tag{7.52}$$

und man erhält

$$\frac{\partial \underset{\sim}{P}_M}{\partial \underset{\sim}{K}} = \frac{\partial\sigma^{p\alpha}}{\partial k_{r\gamma}}\underset{\sim}{h}_p \otimes \underset{\sim}{g}_\alpha \otimes \underset{\sim}{h}_r \otimes \underset{\sim}{g}_\gamma. \tag{7.53}$$

Etwas aufpassen muß man bei der Funktion (7.46). Sei

$$\underset{\sim}{G} = g_{\alpha\beta}\underset{\sim}{g}^\alpha \otimes \underset{\sim}{g}^\beta, \quad \underset{\sim}{S} = s^{\mu\nu}\underset{\sim}{g}_\mu \otimes \underset{\sim}{g}_\nu, \tag{7.54}$$

dann ist

$$\dot{\underset{\sim}{S}} = \frac{\partial \underset{\sim}{S}}{\partial \underset{\sim}{G}} : \dot{\underset{\sim}{G}} \tag{7.55}$$

mit der – Steifigkeit genannten – Fréchet-Ableitung

$$\frac{\partial \underset{\sim}{S}}{\partial \underset{\sim}{G}} = \frac{\partial s^{\mu\nu}}{\partial g_{\alpha\beta}}\underset{\sim}{g}_\mu \otimes \underset{\sim}{g}_\nu \otimes \underset{\sim}{g}_\alpha \otimes \underset{\sim}{g}_\beta. \tag{7.56}$$

Nun soll $\partial\underset{\sim}{S}/\partial\underset{\sim}{G}$ eine lineare Abbildung von $\mathrm{Sym}(\mathscr{T},\mathscr{T}^*)$ in $\mathrm{Sym}(\mathscr{T}^*,\mathscr{T})$ sein. Dazu ist notwendig und hinreichend

$$\frac{\partial s^{\mu\nu}}{\partial g_{\alpha\beta}} = \frac{\partial s^{\nu\mu}}{\partial g_{\alpha\beta}} = \frac{\partial s^{\mu\nu}}{\partial g_{\beta\alpha}} = \frac{\partial s^{\nu\mu}}{\partial g_{\beta\alpha}}, \tag{7.57}$$

und diese Bedingungen sind nur dann automatisch gewährleistet, wenn die Komponentenform der Gleichung (7.46) so geschrieben ist, daß gilt

$$s^{\mu\nu}(g_{\alpha\beta}) = s^{\nu\mu}(g_{\alpha\beta}) = s^{\mu\nu}(g_{\beta\alpha}) = s^{\nu\mu}(g_{\beta\alpha}). \tag{7.58}$$

Ein Beispiel dafür wäre die symmetrische Schreibweise

$$s^{12} = s^{21} = \frac{c}{2}(g_{12} + g_{21}) + d, \tag{7.59}$$

während formales Differenzieren der dazu äquivalenten (unsymmetrischen) Darstellung

$$s^{12} = s^{21} = cg_{12} + d \tag{7.60}$$

das *falsche* Resultat

$$\frac{\partial s^{12}}{\partial g_{12}} = \frac{\partial s^{21}}{\partial g_{12}} = c, \frac{\partial s^{12}}{\partial g_{21}} = \frac{\partial s^{21}}{\partial g_{21}} = 0 \tag{7.61}$$

liefern würde.

Betrachten wir als nächstes eine Funktion

$$\underset{\sim}{P} = \hat{\underset{\sim}{P}}(\underset{\sim}{H}), \tag{7.62}$$

deren Argumente $\underset{\sim}{H}$ symmetrische Tensoren sind, während Symmetrie der Ergebnistensoren $\underset{\sim}{P}$ nicht vorausgesetzt wird. Speziell soll $\hat{\underset{\sim}{P}}$ eine isotrope Funktion sein. Das bedeutet: Für jeden orthogonalen Tensor $\underset{\sim}{Q} \in \mathrm{Orth}(\mathscr{V})$ und jedes $\underset{\sim}{H}$ aus dem Definitionsbereich von $\hat{\underset{\sim}{P}}$ gilt: Sofern neben $\underset{\sim}{H}$ auch $\underset{\sim}{Q}\underset{\sim}{H}\underset{\sim}{Q}^T$ zum Definitionsbereich von $\hat{\underset{\sim}{P}}$ gehört, muß die Funktionalgleichung

$$\hat{\underset{\sim}{P}}(\underset{\sim}{Q}\underset{\sim}{H}\underset{\sim}{Q}^T) = \underset{\sim}{Q}\hat{\underset{\sim}{P}}(\underset{\sim}{H})\underset{\sim}{Q}^T \tag{7.63}$$

erfüllt sein. Jede Drehung des Arguments hat also die entsprechende Drehung des Ergebnistensors zur Folge.

Die Auswertung der Bedingung (7.63) geschieht in drei Schritten.

1. Ist

$$\underset{\sim}{H} = \sum_{j=1}^{3} h_j \underset{\sim}{n}_j \otimes \underset{\sim}{n}_j \tag{7.64}$$

eine Spektraldarstellung von $\underset{\sim}{H}$ mittels einer orthonormierten Hauptachsenbasis $\{\underset{\sim}{n}_j\}$ und wählen wir für $\underset{\sim}{Q}$ zunächst eine Klappung (d.h. eine Drehung um den Winkel $\pi$) um die Achse $\underset{\sim}{n}_i$

$$\underset{\sim}{Q} = -\underset{\sim}{1} + 2\underset{\sim}{n}_i \otimes \underset{\sim}{n}_i \tag{7.65}$$

(i fest, nicht summieren!), dann gilt

$$\underset{\sim}{Q}\underset{\sim}{H}\underset{\sim}{Q}^T = \underset{\sim}{H}, \tag{7.66}$$

und (7.63) verlangt

$$\underset{\sim}{Q}\underset{\sim}{P}\underset{\sim}{Q}^T = \underset{\sim}{P}, \tag{7.67}$$

also – für $k \neq i$ –

$$\underset{\sim}{n}_i \underset{\sim}{Q} \underset{\sim}{P} \underset{\sim}{Q}^T \underset{\sim}{n}_k = \underset{\sim}{n}_i \underset{\sim}{P} \cdot (-\underset{\sim}{n}_k) = \underset{\sim}{n}_i \underset{\sim}{P} \underset{\sim}{n}_k. \tag{7.68}$$

Folglich verschwinden die Nebendiagonalglieder ($\underset{\sim}{n}_i \cdot \underset{\sim}{P} \cdot \underset{\sim}{n}_k = 0$, $k \neq i$), so daß erstens der Ergebnistensor $\underset{\sim}{P}$ symmetrisch sein muß und zweitens die Hauptrichtungen von $\underset{\sim}{H}$ auch Hauptrichtungen von $\underset{\sim}{P}$ sind. (Das Umgekehrte muß nicht gelten, wenn die Hauptwerte von $\underset{\sim}{P}$ nicht alle verschieden sind. Beispiel: $\underset{\sim}{H} = \underset{\sim}{n}_1 \otimes \underset{\sim}{n}_1 - \underset{\sim}{n}_2 \otimes \underset{\sim}{n}_2$ und $\underset{\sim}{P} = \hat{\underset{\sim}{P}}(\underset{\sim}{H}) = \underset{\sim}{H}^2 = \underset{\sim}{n}_1 \otimes \underset{\sim}{n}_1 + \underset{\sim}{n}_2 \otimes \underset{\sim}{n}_2$. Natürlich ist $\hat{\underset{\sim}{P}}$ in diesem Falle auch nicht invertierbar. Immer, wenn $\hat{\underset{\sim}{P}}$ aber invertierbar ist, muß auch die Umkehrfunktion isotrop sein.)

Da nun $\underset{\sim}{P}$ und $\underset{\sim}{H}$ koaxial sind, stellt $\underset{\sim}{P}$ sich im Basissystem $\{\underset{\sim}{n}_j\}$ dar als

$$\underset{\sim}{P} = \sum_{j=1}^{3} p_j \underset{\sim}{n}_j \otimes \underset{\sim}{n}_j \tag{7.69}$$

mit

$$p_j = \hat{p}_j(h_j, h_{j+1}, h_{j+2}, \underset{\sim}{n}_1, \underset{\sim}{n}_2, \underset{\sim}{n}_3). \tag{7.70}$$

(Im Falle $j > 1$ ist dabei abkürzend $h_4 := h_1$ und $h_5 := h_2$ gesetzt.)

2. Daß die Hauptachsenbasis $\{\underset{\sim}{n}_j\}$ in der Funktion (7.70) gar nicht auftreten kann, sieht man, wenn man die Hauptwerte $h_i$ von $\underset{\sim}{H}$ beläßt und die Basis $\underset{\sim}{n}_i$ durch $\underset{\sim}{Q} \cdot \underset{\sim}{n}_i$ mit beliebigem $\underset{\sim}{Q} \in \mathrm{Orth}(\mathscr{V})$ ersetzt. Nach (7.63) müssen dann nämlich auch die Hauptwerte $p_i$ von $\underset{\sim}{P}$ erhalten bleiben. Also

$$\hat{p}_j(h_j, h_{j+1}, h_{j+2}, \underset{\sim}{n}_1, \underset{\sim}{n}_2, \underset{\sim}{n}_3) = \hat{p}_j(h_j, h_{j+1}, h_{j+2}, \underset{\sim}{Q}\underset{\sim}{n}_1, \underset{\sim}{Q}\underset{\sim}{n}_2, \underset{\sim}{Q}\underset{\sim}{n}_3), \tag{7.71}$$

und damit ist $\hat{p}_j$ in der Tat von der Basis unabhängig:

$$p_j = \hat{p}_j(h_j, h_{j+1}, h_{j+2}). \tag{7.72}$$

3. Wählt man schließlich

$$\underset{\sim}{Q} = \underset{\sim}{n}_1 \otimes \underset{\sim}{n}_2 - \underset{\sim}{n}_2 \otimes \underset{\sim}{n}_1 + \underset{\sim}{n}_3 \otimes \underset{\sim}{n}_3, \tag{7.73}$$

dann ist

$$\underset{\sim}{Q} \underset{\sim}{H} \underset{\sim}{Q}^T = h_2 \underset{\sim}{n}_1 \otimes \underset{\sim}{n}_1 + h_1 \underset{\sim}{n}_2 \otimes \underset{\sim}{n}_2 + h_3 \underset{\sim}{n}_3 \otimes \underset{\sim}{n}_3, \tag{7.74}$$

$$\begin{aligned} \hat{\underset{\sim}{P}}(\underset{\sim}{Q} \underset{\sim}{H} \underset{\sim}{Q}^T) = {} & \hat{p}_1(h_2, h_1, h_3) \underset{\sim}{n}_1 \otimes \underset{\sim}{n}_1 \\ & + \hat{p}_2(h_1, h_3, h_2) \underset{\sim}{n}_2 \otimes \underset{\sim}{n}_2 \\ & + \hat{p}_3(h_3, h_2, h_1) \underset{\sim}{n}_3 \otimes \underset{\sim}{n}_3, \end{aligned} \tag{7.75}$$

$$\begin{aligned} \underset{\sim}{Q} \hat{\underset{\sim}{P}}(\underset{\sim}{H}) \underset{\sim}{Q}^T = {} & \hat{p}_2(h_2, h_3, h_1) \underset{\sim}{n}_1 \otimes \underset{\sim}{n}_1 \\ & + \hat{p}_1(h_1, h_2, h_3) \underset{\sim}{n}_2 \otimes \underset{\sim}{n}_2 \\ & + \hat{p}_3(h_3, h_1, h_2) \underset{\sim}{n}_3 \otimes \underset{\sim}{n}_3. \end{aligned} \tag{7.76}$$

Gleichsetzen der dritten Komponente von (7.75) und (7.76) zeigt, daß die Funktion $\hat{p}_3$ und damit – wegen der Willkürlichkeit der Numerierung – jede Funktion $\hat{p}_j$ in den letzten beiden Argumenten symmetrisch ist:

$$\hat{p}_j(h_j,h_{j+1},h_{j+2}) = \hat{p}_j(h_j,h_{j+2},h_{j+1}). \tag{7.77}$$

Unter Benutzung dieser Tatsache ergibt Vergleich der ersten Komponente von (7.75) und (7.76)

$$\hat{p}_1(h_2,h_1,h_3) = \hat{p}_2(h_2,h_3,h_1) = \hat{p}_2(h_2,h_1,h_3), \tag{7.78}$$

so daß die Funktionen $\hat{p}_1$ und $\hat{p}_2$ – und damit auch $\hat{p}_3$ – als gleich erkannt werden, die Indizes bei $\hat{p}$ also entfallen können.

Letztlich läßt sich daher jede isotrope Funktion $\hat{\underset{\sim}{P}}$ darstellen in der Form

$$\underset{\sim}{P} = \hat{\underset{\sim}{P}}(\underset{\sim}{H}) = \sum_{j=1}^{3} \hat{p}(h_j,h_{j+1},h_{j+2})\,\underset{\sim}{n}_j \otimes \underset{\sim}{n}_j \tag{7.79}$$

mittels einer skalarwertigen Funktion $\hat{p}$ dreier skalarer Argumente, die noch in den letzten beiden Argumenten symmetrisch ist. Um die durch die Isotropie erzielte Vereinfachung recht zu würdigen, beachte man, daß im allgemeinen Falle zur Festlegung einer Funktion $\hat{\underset{\sim}{P}}(\underset{\sim}{H})$ neun skalare Funktionen von sechs Argumenten erforderlich sind.

Ist der symmetrische Tensor $\underset{\sim}{P}$ speziell eine *lineare Funktion* von $\underset{\sim}{H}$, also $\underset{\sim}{P} = \mathbb{C}{:}\underset{\sim}{H}$, dann gilt im allgemeinen Falle: Jede der sechs Komponenten von $\underset{\sim}{P}$ hängt linear von den sechs Komponenten von $\underset{\sim}{H}$ ab, so daß zur Festlegung der Tetrade $\mathbb{C}$ 36 unabhängige Konstanten vorzugeben sind. Ist jedoch die Abhängigkeit isotrop, dann muß $\hat{p}$ in (7.79) eine lineare Funktion sein, also unter Beachtung der Symmetriebedingung

$$\hat{p}(h_j,h_{j+1},h_{j+2}) = \alpha h_j + \beta(h_{j+1}+h_{j+2}), \tag{7.80}$$

und folglich ist

$$\underset{\sim}{P} = (\alpha-\beta)\underset{\sim}{H} + \beta(\operatorname{tr}\underset{\sim}{H})\underset{\sim}{1} = [(\alpha-\beta)\mathbb{1} + \beta\underset{\sim}{1}\otimes\underset{\sim}{1}]{:}\underset{\sim}{H} =: \mathbb{C}{:}\underset{\sim}{H} \tag{7.81}$$

($\mathbb{1}$: identische Abbildung auf Sym($\mathscr{V}$)). Zur Festlegung des isotropen linearen Zusammenhanges genügen also zwei Konstanten.

Ist $\hat{\underset{\sim}{P}}$ differenzierbar, dann muß sich die in (7.79) erzielte Vereinfachung auch bei der Darstellung der Ableitung $\partial\underset{\sim}{P}/\partial\underset{\sim}{H}$ bemerkbar machen, welche $\dot{\underset{\sim}{P}}$ und $\dot{\underset{\sim}{H}}$ linear verknüpft gemäß

$$\dot{\underset{\sim}{P}} = \frac{\partial\underset{\sim}{P}}{\partial\underset{\sim}{H}}{:}\dot{\underset{\sim}{H}}. \tag{7.82}$$

Betrachten wir zunächst speziell eine Drehung des Tensors $\underset{\sim}{H}$ mit einer versorwertigen Zeitfunktion $\underset{\sim}{Q}(t)$

$$\underset{\sim}{H}(t) = \underset{\sim}{Q}(t)\cdot\underset{\sim}{H}_0\cdot\underset{\sim}{Q}^{T}(t), \tag{7.83}$$

dann ist

$$\dot{\underset{\sim}{H}}(t)=\dot{\underset{\sim}{Q}}(t)\underset{\sim}{H}_0\underset{\sim}{Q}^T(t)+\underset{\sim}{Q}(t)\underset{\sim}{H}_0\dot{\underset{\sim}{Q}}^T(t)$$

$$=\underset{\sim}{W}(t)\underset{\sim}{H}(t)-\underset{\sim}{H}(t)\underset{\sim}{W}(t) \tag{7.84}$$

mit dem antimetrischen Tensor $\underset{\sim}{W}=\dot{\underset{\sim}{Q}}\underset{\sim}{Q}^T=-\underset{\sim}{Q}\dot{\underset{\sim}{Q}}^T$ – vgl. (6.98) –, und die Isotropieforderung (7.63) verlangt

$$\underset{\sim}{P}(t)=\hat{\underset{\sim}{P}}(\underset{\sim}{Q}(t)\underset{\sim}{H}_0\underset{\sim}{Q}^T(t))=\underset{\sim}{Q}(t)\hat{\underset{\sim}{P}}(\underset{\sim}{H}_0)\underset{\sim}{Q}^T(t), \tag{7.85}$$

also

$$\dot{\underset{\sim}{P}}(t)=\underset{\sim}{W}(t)\underset{\sim}{P}(t)-\underset{\sim}{P}(t)\underset{\sim}{W}(t). \tag{7.86}$$

Einsetzen von (7.84) und (7.86) in (7.82) gibt die „differentielle Form" der Isotropiebedingung

$$\underset{\sim}{W}\underset{\sim}{P}-\underset{\sim}{P}\underset{\sim}{W}=\frac{\partial\underset{\sim}{P}}{\partial\underset{\sim}{H}}(\underset{\sim}{H}):(\underset{\sim}{W}\underset{\sim}{H}-\underset{\sim}{H}\underset{\sim}{W}), \tag{7.87}$$

welche für alle $\underset{\sim}{H}$ und alle antimetrischen Tensoren $\underset{\sim}{W}$ erfüllt sein muß.

Sind die drei Eigenwerte von $\underset{\sim}{H}$ alle voneinander verschieden, dann ist die Spektraldarstellung (7.64) eindeutig, und Differentiation liefert

$$\dot{\underset{\sim}{H}}=\sum_{j=1}^{3}(\dot{h}_j\underset{\sim}{n}_j\otimes\underset{\sim}{n}_j+h_j\dot{\underset{\sim}{n}}_j\otimes\underset{\sim}{n}_j+h_j\underset{\sim}{n}_j\otimes\dot{\underset{\sim}{n}}_j) \tag{7.88}$$

und ebenso – vgl. (7.69) –

$$\dot{\underset{\sim}{P}}=\sum_{j=1}^{3}(\dot{p}_j\underset{\sim}{n}_j\otimes\underset{\sim}{n}_j+p_j\dot{\underset{\sim}{n}}_j\otimes\underset{\sim}{n}_j+p_j\underset{\sim}{n}_j\otimes\dot{\underset{\sim}{n}}_j). \tag{7.89}$$

Benutzt man nun die durch Differentiation von $\underset{\sim}{n}_j\cdot\underset{\sim}{n}_k=\delta_{jk}$ sich ergebende Identität $\dot{\underset{\sim}{n}}_j\cdot\underset{\sim}{n}_k+\underset{\sim}{n}_j\cdot\dot{\underset{\sim}{n}}_k=0$ – also für $j=k$ speziell $\dot{\underset{\sim}{n}}_j\cdot\underset{\sim}{n}_j=0$ (j fest! – von der Summationskonvention machen wir hier und im Rest dieses Abschnitts keinen Gebrauch) –, dann findet man daraus

$$\underset{\sim}{n}_j\cdot\dot{\underset{\sim}{H}}\cdot\underset{\sim}{n}_j=\dot{h}_j, \tag{7.90}$$

$$\underset{\sim}{n}_j\cdot\dot{\underset{\sim}{H}}\cdot\underset{\sim}{n}_k=(h_k-h_j)\underset{\sim}{n}_j\cdot\dot{\underset{\sim}{n}}_k,\ j\neq k \tag{7.91}$$

und damit unter Beachtung von (7.79)

$$\underset{\sim}{n}_j\cdot\dot{\underset{\sim}{P}}\cdot\underset{\sim}{n}_j=\dot{p}_j=\sum_{r=0}^{2}\frac{\partial p_j}{\partial h_{j+r}}\dot{h}_{j+r}=\sum_{r=0}^{2}\frac{\partial p_j}{\partial h_{j+r}}\underset{\sim}{n}_{j+r}\cdot\dot{\underset{\sim}{H}}\cdot\underset{\sim}{n}_{j+r}, \tag{7.92}$$

$$\underset{\sim}{n}_j\cdot\dot{\underset{\sim}{P}}\cdot\underset{\sim}{n}_k=(p_k-p_j)\underset{\sim}{n}_j\cdot\dot{\underset{\sim}{n}}_k$$

$$=\frac{p_k-p_j}{h_k-h_j}\underset{\sim}{n}_j\cdot\dot{\underset{\sim}{H}}\cdot\underset{\sim}{n}_k,\ j\neq k. \tag{7.93}$$

Ausführlich lassen sich diese Gleichungen mit den Abkürzungen $\dot{p}_{jk} := \mathbf{n}_j \cdot \dot{\mathbf{P}} \cdot \mathbf{n}_k$, $\dot{h}_{jk} := \mathbf{n}_j \cdot \dot{\mathbf{H}} \cdot \mathbf{n}_k$ schreiben als

| | $\dot{h}_{11}$ | $\dot{h}_{22}$ | $\dot{h}_{33}$ | $\dot{h}_{23}$ | $\dot{h}_{31}$ | $\dot{h}_{12}$ |
|---|---|---|---|---|---|---|
| $\dot{p}_{11} =$ | $\frac{\partial p_1}{\partial h_1}$ | $\frac{\partial p_1}{\partial h_2}$ | $\frac{\partial p_1}{\partial h_3}$ | | | |
| $\dot{p}_{22} =$ | $\frac{\partial p_2}{\partial h_1}$ | $\frac{\partial p_2}{\partial h_2}$ | $\frac{\partial p_2}{\partial h_3}$ | | | |
| $\dot{p}_{33} =$ | $\frac{\partial p_3}{\partial h_1}$ | $\frac{\partial p_3}{\partial h_2}$ | $\frac{\partial p_3}{\partial h_3}$ | | | |
| $\dot{p}_{23} =$ | | | | $\frac{p_2 - p_3}{h_2 - h_3}$ | | |
| $\dot{p}_{31} =$ | | | | | $\frac{p_3 - p_1}{h_3 - h_1}$ | |
| $\dot{p}_{12} =$ | | | | | | $\frac{p_1 - p_2}{h_1 - h_2}$ |

(7.94)

Die Tensorgleichung (7.82) ist damit in Komponenten mittels der skalaren Funktion $\hat{p}$ ausgedrückt. Die einfache Form geht allerdings verloren, wenn man diese Gleichungen von der Hauptachsenbasis auf eine beliebige Basis transformiert. Daß (7.87) erfüllt ist, mag der Leser zur Übung prüfen.

Den Sonderfall gleicher Eigenwerte gewinnt man durch Grenzübergang. Sei $h_2 = h$ und $h_1 = h + \varepsilon$, dann findet man

$$\lim_{\varepsilon \to 0} \frac{p_1 - p_2}{h_1 - h_2} = \lim_{\varepsilon \to 0} \frac{1}{\varepsilon} [\hat{p}(h+\varepsilon, h, h_3) - \hat{p}(h, h+\varepsilon, h_3)]$$

$$= \partial_1 \hat{p}(h, h, h_3) - \partial_2 \hat{p}(h, h, h_3). \tag{7.95}$$

Darin bedeuten $\partial_1$ und $\partial_2$ die partiellen Ableitungen der Funktion $\hat{p}$ nach ihrem ersten bzw. zweiten Argument, und es ist

$$\partial_1 \hat{p}(h, h, h_3) = \frac{\partial p_1}{\partial h_1} = \frac{\partial p_2}{\partial h_2}, \quad \partial_2 \hat{p}(h, h, h_3) = \frac{\partial p_1}{\partial h_2} = \frac{\partial p_2}{\partial h_1}. \tag{7.96}$$

Sonderfälle isotroper Tensorfunktionen ergeben sich, wenn die skalarwertige Funktion $\hat{p}$ in (7.79) nicht von ihren letzten beiden Argumenten abhängt, also gilt

$$\mathbf{P} = \hat{\mathbf{P}}(\mathbf{H}) = \sum_{l=1}^{3} \hat{p}(h_l) \mathbf{n}_l \otimes \mathbf{n}_l. \tag{7.97}$$

Es ist dann üblich, $\hat{p}$ und $\hat{\mathbf{P}}$ mit demselben Namen zu belegen. So definiert man etwa die allgemeine Potenz

$$\mathbf{H}^{\alpha} := \sum_{j=1}^{3} h_j^{\alpha} \mathbf{n}_j \otimes \mathbf{n}_j, \quad \alpha \in \mathbb{R} \tag{7.98}$$

eines Tensors — als Spezialfälle ergeben sich die bereits behandelten Potenzen mit ganzzahligen Exponenten und (vgl. (5.143)) die Quadratwurzel — sowie Logarithmus und Exponentialfunktion

$$\ln \underset{\sim}{H} := \sum_{j=1}^{3} \ln(h_j)\, \underset{\sim}{n}_j \otimes \underset{\sim}{n}_j, \tag{7.99}$$

$$\exp \underset{\sim}{H} := \sum_{j=1}^{3} e^{h_j}\, \underset{\sim}{n}_j \otimes \underset{\sim}{n}_j. \tag{7.100}$$

Der Definitionsbereich von $\ln \underset{\sim}{H}$ ebenso wie der von $\underset{\sim}{H}^{1/2}$ ist natürlich die Menge der positiv definiten symmetrischen Tensoren. Achtung: Herkömmliche Funktionalgleichungen lassen sich *nur* übertragen, wenn die beteiligten Tensoren *koaxial* sind — d.h. gemeinsame Hauptrichtungen besitzen — z.B.

$$\left.\begin{array}{l} \underset{\sim}{H}^{\alpha}\bar{\underset{\sim}{H}}^{\alpha} = (\underset{\sim}{H}\bar{\underset{\sim}{H}})^{\alpha},\ \ln(\underset{\sim}{H}\bar{\underset{\sim}{H}}) = \ln \underset{\sim}{H} + \ln \bar{\underset{\sim}{H}}, \\ \text{wenn } \underset{\sim}{H}, \bar{\underset{\sim}{H}} \text{ koaxial, sonst nicht!} \end{array}\right\} \tag{7.101}$$

In unserem Sonderfall nimmt die Matrix in (7.94) Diagonalform an, und zwar ist — $\hat{p}'$ bedeutet die Ableitung von $\hat{p}$ —

$$\dot{p}_{11} = \hat{p}'(h_1)\dot{h}_{11}, \tag{7.102}$$

$$\dot{p}_{12} = \begin{cases} \dfrac{\hat{p}(h_1) - \hat{p}(h_2)}{h_1 - h_2}\dot{h}_{12} & \text{, wenn } h_1 \neq h_2, \\ \hat{p}'(h)\dot{h}_{12} & \text{, wenn } h_1 = h_2 = h \end{cases} \tag{7.103}$$

usw. Auch hier ist wieder Vorsicht bei der Verallgemeinerung bekannter Regeln geboten: Man bestätigt beispielsweise leicht den Sachverhalt

$$(\ln \underset{\sim}{H})^{\cdot} = \frac{\partial \ln \underset{\sim}{H}}{\partial \underset{\sim}{H}} : \dot{\underset{\sim}{H}} = \underset{\sim}{H}^{-1} \cdot \dot{\underset{\sim}{H}} \text{ genau dann, wenn H und } \dot{H} \textit{ koaxial.} \tag{7.104}$$

Abschließend sei noch der Fall der skalarwertigen isotropen Funktion eines symmetrischen Tensors betrachtet:

$$W = W(\underset{\sim}{H}) = W(\underset{\sim}{Q}\underset{\sim}{H}\underset{\sim}{Q}^T),\ \forall \underset{\sim}{Q} \in \mathrm{Orth}(\mathscr{V}). \tag{7.105}$$

Entsprechend der Reduktion von (7.71) auf (7.72) gelangt man zu den Darstellungen

$$W = \hat{W}(h_1, h_2, h_3) = \hat{\hat{W}}(\mathrm{Inv}\, \underset{\sim}{H}). \tag{7.106}$$

(Daß W sich durch die Invarianten von $\underset{\sim}{H}$ ausdrücken läßt, ergibt sich aus der Tatsache, daß $\hat{W}$ nicht von der Numerierung der Eigenwerte $h_i$ abhängen kann.)

Differentiation liefert unter Beachtung von (7.90)

$$\dot{W} = \sum_{j=1}^{3} \frac{\partial W}{\partial h_j}\dot{h}_j = \sum_{j=1}^{3} \frac{\partial W}{\partial h_j} \underset{\sim}{n}_j \otimes \underset{\sim}{n}_j : \dot{\underset{\sim}{H}} = \frac{\partial W}{\partial \underset{\sim}{H}} : \dot{\underset{\sim}{H}}, \tag{7.107}$$

also den zu $\underset{\sim}{H}$ koaxialen Tensor der Ableitung

$$\frac{\partial W}{\partial \underset{\sim}{H}} = \sum_{j=1}^{3} \frac{\partial W}{\partial h_j} \underset{\sim}{n}_j \otimes \underset{\sim}{n}_j. \tag{7.108}$$

Geht man von der Form $W = W(I_1, I_2, I_3)$ aus und differenziert die aus (5.89), (5.91) und (5.99) folgenden Beziehungen

$$I_1 = \underset{\sim}{1}:\underset{\sim}{H},\ I_2 = \frac{1}{2}(I_1^2 - \underset{\sim}{H}:\underset{\sim}{H}),$$

$$I_3 = \frac{1}{3}(I_2 \underset{\sim}{1}:\underset{\sim}{H} - I_1 \underset{\sim}{H}:\underset{\sim}{H} + \underset{\sim}{H}^2:\underset{\sim}{H}), \tag{7.109}$$

also

$$\dot{I}_1 = \underset{\sim}{1}:\dot{\underset{\sim}{H}},\ \dot{I}_2 = (I_1 \underset{\sim}{1} - \underset{\sim}{H}):\dot{\underset{\sim}{H}},$$

$$\dot{I}_3 = (I_2 \underset{\sim}{1} - I_1 \underset{\sim}{H} + \underset{\sim}{H}^2):\dot{\underset{\sim}{H}}, \tag{7.110}$$

so erhält man wegen $\dot{W} = \sum_{j=1}^{3} \frac{\partial W}{\partial I_j} \dot{I}_j = \frac{\partial W}{\partial \underset{\sim}{H}}:\dot{\underset{\sim}{H}}$

$$\frac{\partial W}{\partial \underset{\sim}{H}} = \left(\frac{\partial W}{\partial I_1} + I_1 \frac{\partial W}{\partial I_2} + I_2 \frac{\partial W}{\partial I_3}\right)\underset{\sim}{1} - \left(\frac{\partial W}{\partial I_2} + I_1 \frac{\partial W}{\partial I_3}\right)\underset{\sim}{H} + \frac{\partial W}{\partial I_3}\underset{\sim}{H}^2. \tag{7.111}$$

## 7.5 Generalisierte Verzerrungen und Spannungen

Die durch einen Plazierungswechsel bewirkten Verzerrungen lassen sich nicht nur durch den rechten Cauchy-Green-Tensor $\underset{\sim}{C}$ oder seine Quadratwurzel, den rechten Streckungstensor $\underset{\sim}{U}$, beschreiben, sondern ebenso auch durch jeden anderen Tensor, der mit $\underset{\sim}{U}$ durch eine invertierbare Funktion verknüpft ist. Insbesondere bezeichnet man nach Hill [7.1] einen Tensor – vgl. (7.19) –

$$\underset{\sim}{E}_g = g(\underset{\sim}{U}) = \sum_{j=1}^{3} g(v_j)\, \overset{o}{\underset{\sim}{n}}_j \otimes \overset{o}{\underset{\sim}{n}}_j \tag{7.112}$$

als generalisierte Verzerrung, wenn g nicht nur auf $(0,\infty)$ definiert und invertierbar, sondern darüber hinaus zweimal stetig differenzierbar ist und die Bedingungen

$$g(1) = 0,\ g'(1) = 1,\ g'(v) > 0\ \forall v \in (0,\infty) \tag{7.113}$$

erfüllt.

Eine Klasse von Funktionen, die diesen Forderungen genügt, ist

$$g_m(v) = \begin{cases} \dfrac{v^{m+1} - 1}{m+1} & \text{wenn } m \in \mathbb{R},\ m \neq -1, \\ \ln v & \text{wenn } m = -1 \end{cases} \tag{7.114}$$

mit

$$g'_m(v) = v^m. \tag{7.115}$$

Wichtige Spezialfälle sind:

$$m=1: \quad \underset{\sim}{E}_{g1}=\frac{1}{2}(\underset{\sim}{U}^2-\underset{\sim}{1})=\frac{1}{2}(\underset{\sim}{C}-\underset{\sim}{1})=\underset{\sim}{E} \text{ Greenscher Verzerrungstensor,}$$

$$m=0: \quad \underset{\sim}{E}_{g0}=\underset{\sim}{U}-\underset{\sim}{1}=\sum_{i=1}^{3}\varepsilon_i \overset{0}{\underset{\sim}{n}}_i\otimes\overset{0}{\underset{\sim}{n}}_i \text{ Dehnungstensor,}$$

$$m=-1: \underset{\sim}{E}_{g-1}=\ln\underset{\sim}{U}=\frac{1}{2}\ln\underset{\sim}{C} \text{ (rechter) Henckyscher Tensor,}$$

$$m=-3: \underset{\sim}{E}_{g-3}=-\frac{1}{2}(\underset{\sim}{U}^{-2}-\underset{\sim}{1})=\frac{1}{2}\underset{\sim}{R}^T(\underset{\sim}{1}-\underset{\sim}{B}^{-1})\underset{\sim}{R}=\underset{\sim}{R}^T\underset{\sim}{E}_A\underset{\sim}{R} \text{ mit}$$

$$\underset{\sim}{E}_A\text{: Almansischer Verzerrungstensor.} \tag{7.116}$$

Die additive Zerlegung des Henckyschen logarithmischen Verzerrungstensors in Kugeltensor- und Deviatoranteil

$$\underset{\sim}{E}_{g-1}=\frac{1}{3}(\operatorname{tr}\underset{\sim}{E}_{g-1})\underset{\sim}{1}+\underset{\sim}{E}_{g-1}{}' \tag{7.117}$$

bedeutet übrigens physikalisch die Aufspaltung der Verzerrung in Volumenänderung und Gestaltänderung, denn es ist

$$\begin{aligned}\operatorname{tr}\underset{\sim}{E}_{g-1}&=\operatorname{tr}\ln\underset{\sim}{U}=\ln v_1+\ln v_2+\ln v_3\\&=\ln v_1v_2v_3=\ln\det\underset{\sim}{U}=\ln\frac{\varrho_0}{\varrho}.\end{aligned} \tag{7.118}$$

Jeder generalisierten Verzerrung $\underset{\sim}{E}_g$ kann man einen – generalisierte Beanspruchung genannten – symmetrischen Tensor $\underset{\sim}{Z}_g$ so zuordnen, daß die je Zeit- und Masseneinheit bei jedem Prozeß geleistete Arbeit sich schreiben läßt als

$$j=\underset{\sim}{Z}_g:\dot{\underset{\sim}{E}}_g. \tag{7.119}$$

Beachtet man nun, daß (7.119) auch speziell für $\underset{\sim}{E}_g=\underset{\sim}{E}_{g1}=\frac{1}{2}(\underset{\sim}{C}-\underset{\sim}{1})=\underset{\sim}{E}$ nach (7.116) gefordert wird, zieht Formel (7.30) heran und benutzt noch (6.157), dann ergibt sich folgende Gleichungskette:

$$\begin{aligned}j=\underset{\sim}{Z}_g:\dot{\underset{\sim}{E}}_g=\underset{\sim}{Z}_{g1}:\dot{\underset{\sim}{E}}=&\ \underset{\sim}{Z}_{g1}:\frac{\partial\underset{\sim}{E}}{\partial\underset{\sim}{E}_g}:\dot{\underset{\sim}{E}}_g\\&=\underset{\sim}{Z}_{g1}:\frac{1}{2}\dot{\underset{\sim}{C}}=\underset{\sim}{Z}_{g1}:\frac{1}{2}\underset{\sim}{K}_0^{-*}\dot{\underset{\sim}{G}}\underset{\sim}{K}_0^{-1}\\&=\underset{\sim}{S}:\frac{1}{2}\dot{\underset{\sim}{G}}.\end{aligned} \tag{7.120}$$

Indem wir den Tensor $\underset{\sim}{Z}:=\underset{\sim}{Z}_{g1}$, welcher Kirchhoffsche Beanspruchung (auch 2. Piola-Kirchhoff-Beanspruchung) genannt wird, durch

$$\underset{\sim}{Z}:=\underset{\sim}{Z}_{g1}=\underset{\sim}{K}_0\underset{\sim}{S}\underset{\sim}{K}_0{}^*=\underset{\sim}{F}^{-1}\underset{\sim}{P}\underset{\sim}{F}^{-T} \tag{7.121}$$

definieren und jede andere generalisierte Beanspruchung durch

$$\underset{\sim}{Z}_g := \underset{\sim}{Z} : \frac{\partial \underset{\sim}{E}}{\partial \underset{\sim}{E}_g}, \qquad (7.122)$$

leisten wir der Bedingung (7.119) genüge.

Wir erklären noch generalisierte Spannungen $\underset{\sim}{T}_g$ durch

$$\underset{\sim}{T}_g := \varrho_0 \underset{\sim}{Z}_g. \qquad (7.123)$$

Hatten wir in (7.46), (7.47) bereits Darstellungen des Stoffgesetzes eines *elastischen Materialelements* kennengelernt, so wollen wir nun weitere entwickeln, die von einer Bezugsplazierung Gebrauch machen. Einsetzen von (7.30), (7.121) und (7.116) in (7.46) gibt eine Verknüpfung von Greenscher Verzerrung und Kirchhoffscher Beanspruchung:

$$\begin{aligned} \underset{\sim}{Z} &= \underset{\sim}{K}_0 \hat{\underset{\sim}{S}} (\underset{\sim}{K}_0^* \underset{\sim}{C} \underset{\sim}{K}_0) \underset{\sim}{K}_0^* \\ &= \check{\underset{\sim}{Z}}(\underset{\sim}{C}) = \check{\underset{\sim}{Z}}(\underset{\sim}{1} + 2\underset{\sim}{E}) = \hat{\underset{\sim}{Z}}(\underset{\sim}{E}). \end{aligned} \qquad (7.124)$$

Nun läßt sich jede generalisierte Beanspruchung $\underset{\sim}{Z}_g$ nach (7.122) durch $\underset{\sim}{Z}$ und $\underset{\sim}{E}$ ausdrücken, $\underset{\sim}{E}$ aber durch jede andere generalisierte Verzerrung $\underset{\sim}{E}_g$, so daß auch

$$\underset{\sim}{Z}_g = \hat{\underset{\sim}{Z}}_g(\underset{\sim}{E}_g) \qquad (7.125)$$

eine mögliche Form der elastischen Stoffgleichung darstellt.

Benutzt man den aus (7.36), (7.121) folgenden Zusammenhang

$$\underset{\sim}{P}_0 = \underset{\sim}{F} \underset{\sim}{Z} \qquad (7.126)$$

zwischen Nennbeanspruchung und Kirchhoffscher Beanspruchung, dann findet man

$$\underset{\sim}{P}_0 = \underset{\sim}{F} \check{\underset{\sim}{Z}}(\underset{\sim}{F}^T \underset{\sim}{F}) = \hat{\underset{\sim}{P}}_0(\underset{\sim}{F}) \qquad (7.127)$$

sowie

$$\underset{\sim}{P} = \underset{\sim}{P}_0 \underset{\sim}{F}^T = \hat{\underset{\sim}{P}}_0(\underset{\sim}{F}) \underset{\sim}{F}^T = \hat{\underset{\sim}{P}}(\underset{\sim}{F}). \qquad (7.128)$$

Bei diesen letzten beiden Formen des elastischen Stoffgesetzes wie auch schon bei der Form (7.47) ist zu beachten, daß $\hat{\underset{\sim}{P}}$, $\hat{\underset{\sim}{P}}_0$ sowie $\hat{\underset{\sim}{P}}_M$ nicht beliebige Funktionen ihrer Argumente sein können, sondern aufgrund ihrer Herleitung spezielle Struktur haben. Als Ausgangspunkt zur Konstruktion elastischer Stoffgleichungen sind diese Formen daher nicht geeignet. Denn wählt man eine solche Funktion beliebig, so kann es vorkommen, daß gar kein elastisches Verhalten beschrieben wird. Beispielsweise muß $\hat{\underset{\sim}{P}}_0$, wie man aus (7.127) entnimmt, für alle Versoren Q und alle $\underset{\sim}{F}$ die Funktionalgleichung

$$\hat{\underset{\sim}{P}}_0(Q\underset{\sim}{F}) = Q \hat{\underset{\sim}{P}}_0(\underset{\sim}{F}) \qquad (7.129)$$

erfüllen.

Einführung der Polarzerlegung (7.18) in (7.127) und (7.128) liefert noch folgende Formen der allgemeinen elastischen Stoffgleichung

$$\underset{\sim}{P} = \underset{\sim}{F} \cdot \check{\underset{\sim}{Z}}(\underset{\sim}{F}^T \underset{\sim}{F}) \cdot \underset{\sim}{F}^T = \underset{\sim}{R} \cdot \underset{\sim}{U} \cdot \check{\underset{\sim}{Z}}(\underset{\sim}{U}^2) \cdot \underset{\sim}{U} \cdot \underset{\sim}{R}^T$$

$$= \underset{\sim}{R} \cdot \check{\underset{\sim}{P}}(\underset{\sim}{U}) \cdot \underset{\sim}{R}^T = \underset{\sim}{R} \cdot \check{\underset{\sim}{P}}(\underset{\sim}{R}^T \underset{\sim}{V} \underset{\sim}{R}) \cdot \underset{\sim}{R}^T. \tag{7.130}$$

Genau dann, wenn $\check{\underset{\sim}{P}}$ eine isotrope Funktion ist, läßt sich dies für jeden Wert des Versors $\underset{\sim}{R}$ reduzieren auf

$$\underset{\sim}{P} = \check{\underset{\sim}{P}}(\underset{\sim}{V}), \ \check{\underset{\sim}{P}} \text{ isotrope Funktion.} \tag{7.131}$$

Das Verhalten eines solchen elastischen Materialelements heißt isotrop bezüglich der gewählten Bezugsplazierung. (Siehe auch die Ausführungen zur Materialsymmetrie im 8. Kapitel.)

*Achtung*: Ist die Funktion $\check{\underset{\sim}{P}}$ nicht isotrop, dann stellt (7.131) keine mögliche Schreibweise eines elastischen Stoffgesetzes dar.

Definiert man den linken logarithmischen (Henckyschen) Verzerrungstensor $\underset{\sim}{H}$ durch

$$\underset{\sim}{H} := \ln \underset{\sim}{V} = \frac{1}{2} \ln \underset{\sim}{B} = \underset{\sim}{R} \cdot \underset{\sim}{E}_{g-1} \cdot \underset{\sim}{R}^T, \tag{7.132}$$

dann läßt sich (7.131) umschreiben in

$$\underset{\sim}{P} = \hat{\underset{\sim}{P}}(\underset{\sim}{H}), \ \hat{\underset{\sim}{P}} \text{ isotrop.} \tag{7.133}$$

Zur Auswertung kann man auf (7.79) zurückgreifen, muß dann jedoch den Tensor $\underset{\sim}{H}$ auf Hauptachsen transformieren. Das läßt sich folgendermaßen umgehen: Sind die Eigenwerte von $\underset{\sim}{H}$ alle verschieden, dann bilden die Tensoren $\underset{\sim}{1}$, $\underset{\sim}{H}$, $\underset{\sim}{H}^2$ eine Basis im dreidimensionalen Vektorraum der symmetrischen Tensoren, die zu $\underset{\sim}{H}$ koaxial sind, und da $\underset{\sim}{P}$ diesem Vektorraum angehört, muß eine Darstellung

$$\underset{\sim}{P} = \alpha_0 \underset{\sim}{1} + \alpha_1 \underset{\sim}{H} + \alpha_2 \underset{\sim}{H}^2 \tag{7.134}$$

existieren. Vergleich von (7.134) mit (7.79) liefert bezüglich der Hauptachsen die drei Komponentengleichungen

$$\alpha_0 + \alpha_1 h_j + \alpha_2 h_j^2 = \hat{p}(h_j, h_{j+1}, h_{j+2}), \ j = 1,2,3. \tag{7.135}$$

Auflösung dieser linearen Gleichungen – ihre Determinante ist $(h_1 - h_2)(h_2 - h_3)(h_3 - h_1) \neq 0$ – liefert die $\alpha_l$ als Funktionen der Eigenwerte $h_i$ oder auch, da die Numerierung der Eigenwerte ohne Einfluß ist, der Invarianten von $\underset{\sim}{H}$. Den Wert der $\alpha_l$ bei zusammenfallenden Eigenwerten bestimmt man durch Grenzübergang. Ergänzt man also die Gleichung (7.134) durch die Vorgabe

$$\alpha_l = \hat{\alpha}_l(\operatorname{Inv} \underset{\sim}{H}), \ l = 0,1,2, \tag{7.136}$$

so hat man einen weiteren Darstellungssatz für isotrope Tensorfunktionen erhalten. Der Vorteil des Verzichts auf die Kenntnis der Hauptachsen ist erkauft worden durch die Tatsache, daß statt der einen skalaren Funktion $\hat{p}$ dreier skalarer Variablen jetzt deren drei benötigt werden.

Genau dann, wenn $\check{P}$ in (7.130) isotrop ist, ist es, wie man leicht prüft, auch die Funktion $\check{Z}$ (und ebenso $\hat{Z}_g$). Unter Verwendung des soeben entwickelten Darstellungssatzes für isotrope Tensorfunktionen gilt also

$$Z = \check{Z}(C) = \sum_{l=0}^{2} \beta_l(\operatorname{Inv} C) C^l. \tag{7.137}$$

Weil $\operatorname{Inv} C = \operatorname{Inv}(K_0^{-1} C K_0) = \operatorname{Inv}(G_0^{-1} G)$ gilt, liefert Übergang auf die Beanspruchung $S$ folgende Form der Stoffgleichung eines elastischen Materialelements, dessen Verhalten bezüglich der Konfiguration $G_0 = K_0{}^* K_0$ isotrop ist:

$$\begin{aligned} S = K_0^{-1} Z K_0^{-*} &= \sum_{l=0}^{2} \beta_l(\operatorname{Inv}(G_0^{-1} G))(G_0^{-1} G)^l \cdot G_0^{-1} = \hat{S}(G) \\ &= \beta_0 G_0^{-1} + \beta_1 G_0^{-1} G G_0^{-1} + \beta_2 G_0^{-1} G G_0^{-1} G G_0^{-1}. \end{aligned} \tag{7.138}$$

Bezeichnen wir die Invarianten von $G_0^{-1} G$ mit $I_1, I_2, I_3$, so liefert das Theorem von Cayley-Hamilton (5.99), da $G_0^{-1} G$ invertierbar ist,

$$(G_0^{-1} G)^2 = I_1 G_0^{-1} G - I_2 1_{\mathscr{T}} + I_3 (G_0^{-1} G)^{-1}, \tag{7.139}$$

so daß (7.138) sich mit neuen Funktionen $\bar{\beta}_m$ der Invarianten umschreiben läßt auf die Form

$$\begin{aligned} S &= I_3 \beta_2 G^{-1} + (\beta_0 - I_2 \beta_2) G_0^{-1} + (\beta_1 + \beta_2 I_1) G_0^{-1} G G_0^{-1} \\ &=: \bar{\beta}_{-1} G^{-1} + \bar{\beta}_0 G_0^{-1} + \bar{\beta}_1 G_0^{-1} G G_0^{-1} \\ &= \sum_{l=-1}^{1} \bar{\beta}_l(\operatorname{Inv}(G_0^{-1} G))(G_0^{-1} G)^l \cdot G_0^{-1}. \end{aligned} \tag{7.140}$$

## 7.6 Verzerrungs- und Beanspruchungsgeschwindigkeiten

Ist die Funktion $\hat{Z}_g$ differenzierbar, dann gewinnt man durch Ableitung von (7.125) eine inkrementelle Form der elastischen Stoffgleichung:

$$\dot{Z}_g = \frac{\partial Z_g}{\partial E_{\tilde{g}}} : \dot{E}_{\tilde{g}}. \tag{7.141}$$

$\dot{E}_{\tilde{g}}$, $\dot{Z}_g$ und $\partial Z_g / \partial E_{\tilde{g}}$ heißen generalisierte Verzerrungs- bzw. Beanspruchungsgeschwindigkeit und generalisierte Steifigkeit. Speziell ergibt sich aus (7.124) unter Beachtung von (7.55) folgender Zusammenhang zwischen den Steifigkeiten $\partial Z/\partial E$ und $\partial S/\partial G$:

$$\dot{Z} = \frac{\partial Z}{\partial E} : \dot{E} = K_0 \left[ \frac{\partial S}{\partial G}(K_0{}^*(1 + 2E) K_0) : 2 K_0{}^* \dot{E} K_0 \right] K_0{}^*. \tag{7.142}$$

Schreibt man die Kirchhoffsche Beanspruchungsgeschwindigkeit aus der Bezugsplazierung heraus als

$$\overset{\Delta}{\underset{\sim}{Z}} := \dot{\underset{\sim}{Z}}|_{K=K_0} = \underset{\sim}{K}\dot{\underset{\sim}{S}}\underset{\sim}{K}^*, \tag{7.143}$$

so findet man insbesondere

$$\overset{\Delta}{\underset{\sim}{Z}} = \underset{\sim}{K}\cdot\left(\frac{\partial \underset{\sim}{S}}{\partial \underset{\sim}{G}}(\underset{\sim}{K}^*\underset{\sim}{K}):2\underset{\sim}{K}^*\underset{\sim}{D}\underset{\sim}{K}\right)\cdot\underset{\sim}{K}^* =: \mathbb{C}(\underset{\sim}{K}):\underset{\sim}{D}, \tag{7.144}$$

denn es ist momentan $\underset{\sim}{E}=0$ und $\dot{\underset{\sim}{E}}=\underset{\sim}{D}$.

Differenziert man die aus (6.145) folgende Gleichung $\underset{\sim}{P}=\underset{\sim}{K}\underset{\sim}{S}\underset{\sim}{K}^*$ und benutzt (6.90) ff., so erhält man

$$\dot{\underset{\sim}{P}} = (\underset{\sim}{D}+\underset{\sim}{W})\cdot\underset{\sim}{P} + \underset{\sim}{P}\cdot(\underset{\sim}{D}-\underset{\sim}{W}) + \underset{\sim}{K}\dot{\underset{\sim}{S}}\underset{\sim}{K}^*. \tag{7.145}$$

Mit der durch

$$\overset{\circ}{\underset{\sim}{P}} := \dot{\underset{\sim}{P}} - \underset{\sim}{W}\underset{\sim}{P} + \underset{\sim}{P}\underset{\sim}{W} \tag{7.146}$$

definierten Jaumannschen Beanspruchungsgeschwindigkeit wird daraus

$$\overset{\circ}{\underset{\sim}{P}} = \underset{\sim}{D}\underset{\sim}{P} + \underset{\sim}{P}\underset{\sim}{D} + \overset{\Delta}{\underset{\sim}{Z}}. \tag{7.147}$$

Die rechte Seite bildet einen objektiven Tensor und damit auch die linke. (Allgemein läßt sich feststellen, daß die Anwendung der Vorschrift (7.146) auf einen beliebigen objektiven Tensor $\underset{\sim}{P}$ einen objektiven Tensor liefert, während die materielle Ableitung $\dot{\underset{\sim}{P}}$ nicht objektiv ist.) Gebräuchlich ist auch die Verwendung der Jaumannschen Spannungsgeschwindigkeit

$$\overset{\circ}{\underset{\sim}{T}} = (\varrho\underset{\sim}{P})^\circ = \varrho\overset{\circ}{\underset{\sim}{P}} + \dot{\varrho}\underset{\sim}{P} = \varrho(\overset{\circ}{\underset{\sim}{P}} - \underset{\sim}{P}\,\mathrm{tr}\,\underset{\sim}{D}). \tag{7.148}$$

Im Falle eines elastischen Materialelements ist gemäß (7.144) der dritte Summand von (7.147) eine lineare Funktion in $\underset{\sim}{D}$, die in spezieller Weise von $\underset{\sim}{K}$ abhängt. Auch die beiden ersten Summanden sind linear in $\underset{\sim}{D}$ und hängen wegen $\underset{\sim}{P}=\underset{\sim}{K}\cdot\hat{\underset{\sim}{S}}(\underset{\sim}{K}^*\underset{\sim}{K})\cdot\underset{\sim}{K}^* =: \bar{\underset{\sim}{P}}(\underset{\sim}{K})$ von $\underset{\sim}{K}$ ab, so daß das inkrementelle elastische Stoffgesetz schließlich zusammenfassend als

$$\overset{\circ}{\underset{\sim}{P}} = \underset{\sim}{D}\cdot\bar{\underset{\sim}{P}}(\underset{\sim}{K}) + \bar{\underset{\sim}{P}}(\underset{\sim}{K})\cdot\underset{\sim}{D} + \mathbb{C}(\underset{\sim}{K}):\underset{\sim}{D} =: \mathbb{H}(\underset{\sim}{K}):\underset{\sim}{D} \tag{7.149}$$

oder

$$\overset{\circ}{\underset{\sim}{T}} = \varrho(\mathbb{H}(\underset{\sim}{K}) - \underset{\sim}{P}\otimes\underset{\sim}{1}):\underset{\sim}{D} \tag{7.150}$$

geschrieben werden kann. Eine Bezugsplazierung tritt in diesen Formeln nicht auf.

Ist das Materialelement elastisch und sein Verhalten isotrop bezüglich einer Konfiguration $\mathfrak{G}_0$ – die wir im folgenden als Bezugskonfiguration wählen –, dann läßt sich für die Steifigkeit $\mathbb{H}$ ein einfacher Ausdruck angeben. Um diesen herzuleiten, benötigen wir zuvor den Zusammenhang zwischen den objektiven Tensoren $\mathring{\mathbf{H}}$, $\mathring{\mathbf{V}}$ und $\mathbf{D}$, wobei die Jaumannschen Änderungen $\mathring{\mathbf{V}}$ und $\mathring{\mathbf{H}}$ der linken Streckung bzw. logarithmischen Verzerrung analog zu (7.146) definiert sind. Es gilt

$$\mathbf{L}=\mathbf{D}+\mathbf{W}=\dot{\mathbf{F}}\mathbf{F}^{-1}=(\mathbf{V}\mathbf{R})^{\cdot}\cdot(\mathbf{V}\mathbf{R})^{-1}=\dot{\mathbf{V}}\mathbf{V}^{-1}+\mathbf{V}\dot{\mathbf{R}}\mathbf{R}^{T}\mathbf{V}^{-1}$$

$$=(\mathring{\mathbf{V}}+\mathbf{W}\mathbf{V}-\mathbf{V}\mathbf{W})\mathbf{V}^{-1}+\mathbf{V}\dot{\mathbf{R}}\mathbf{R}^{T}\mathbf{V}^{-1}, \tag{7.151}$$

also

$$\mathbf{V}^{-1}\mathbf{D}\mathbf{V}=\mathbf{V}^{-1}\mathring{\mathbf{V}}-\mathbf{W}+\dot{\mathbf{R}}\mathbf{R}^{T} \tag{7.152}$$

und folglich

$$\operatorname{sym}(\mathbf{V}^{-1}\mathbf{D}\mathbf{V})=\operatorname{sym}(\mathbf{V}^{-1}\mathring{\mathbf{V}}). \tag{7.153}$$

Die letzte Gleichung hat bezüglich einer Hauptachsenbasis $\{\mathbf{n}_i\}$ von $\mathbf{V}$ die Komponentendarstellung – es bedeutet $d_{ik}:=\mathbf{n}_i\cdot\mathbf{D}\cdot\mathbf{n}_k$ und $\mathring{v}_{ik}:=\mathbf{n}_i\cdot\mathring{\mathbf{V}}\cdot\mathbf{n}_k$ –

$$\frac{1}{2}\left(\frac{v_k}{v_i}+\frac{v_i}{v_k}\right)d_{ik}=\frac{1}{2}\left(\frac{1}{v_i}+\frac{1}{v_k}\right)\mathring{v}_{ik},\quad i,k=1,2,3\ \text{(nicht summieren!)} \tag{7.154}$$

und läßt sich also nach $\mathring{\mathbf{V}}$ auflösen; in Komponenten:

$$\mathring{v}_{ik}=\frac{v_i^{\,2}+v_k^{\,2}}{v_i+v_k}d_{ik}. \tag{7.155}$$

Nun benötigen wir noch folgenden Satz: Ist $\mathbf{P}=\hat{\mathbf{P}}(\mathbf{H})$ eine isotrope Verknüpfung der beiden objektiven Tensoren $\mathbf{H}$ und $\mathbf{P}$, dann gilt nicht nur

$$\dot{\mathbf{P}}=\frac{\partial\mathbf{P}}{\partial\mathbf{H}}:\dot{\mathbf{H}}, \tag{7.156}$$

sondern auch

$$\mathring{\mathbf{P}}=\frac{\partial\mathbf{P}}{\partial\mathbf{H}}:\mathring{\mathbf{H}}. \tag{7.157}$$

Um dies einzusehen, braucht man nur die Gl. (7.87) von (7.156) abzuziehen. Wir wenden den Satz zunächst auf die isotrope Funktion $\mathbf{H}=\ln\mathbf{V}$ an und erhalten, wenn wir alle Eigenwerte von $\mathbf{V}$ als verschieden unterstellen, aus (7.102) und (7.103):

$$\mathring{h}_{11}=\frac{1}{v_1}\mathring{v}_{11}=d_{11}, \tag{7.158}$$

$$\mathring{h}_{12}=\frac{h_1-h_2}{v_1-v_2}\mathring{v}_{12}=(h_1-h_2)\frac{v_1^{\,2}+v_2^{\,2}}{v_1^{\,2}-v_2^{\,2}}d_{12}$$

$$=\frac{h_1-h_2}{\tanh(h_1-h_2)}d_{12} \tag{7.159}$$

usw. Zusammenfassend schreiben wir dafür

$$\overset{\circ}{\underset{\sim}{\mathrm{H}}}=\mathbb{D}(\underset{\sim}{\mathrm{H}}):\underset{\sim}{\mathrm{D}}. \tag{7.160}$$

Differentiation des isotropen elastischen Stoffgesetzes (7.133) im Sinne von (7.157) und Einsetzen von (7.160) ergibt

$$\overset{\circ}{\underset{\sim}{\mathrm{P}}}=\frac{\partial\underset{\sim}{\mathrm{P}}}{\partial\underset{\sim}{\mathrm{H}}}(\underset{\sim}{\mathrm{H}}):\overset{\circ}{\underset{\sim}{\mathrm{H}}}=\frac{\partial\underset{\sim}{\mathrm{P}}}{\partial\underset{\sim}{\mathrm{H}}}(\underset{\sim}{\mathrm{H}}):\mathbb{D}(\underset{\sim}{\mathrm{H}}):\underset{\sim}{\mathrm{D}}=\mathbb{H}(\underset{\sim}{\mathrm{K}}):\underset{\sim}{\mathrm{D}}, \tag{7.161}$$

so daß die Steifigkeit $\mathbb{H}$ hier speziell in Abhängigkeit von $\underset{\sim}{\mathrm{H}}$ erscheint und durch Einsetzen von (7.158), (7.159) in (7.94) explizit angegeben werden kann:

| | $d_{11}$ | $d_{22}$ | $d_{33}$ | $d_{23}$ | $d_{31}$ | $d_{12}$ |
|---|---|---|---|---|---|---|
| $\overset{\circ}{p}_{11}=$ | $\frac{\partial p_1}{\partial h_1}$ | $\frac{\partial p_1}{\partial h_2}$ | $\frac{\partial p_1}{\partial h_3}$ | | | |
| $\overset{\circ}{p}_{22}=$ | $\frac{\partial p_2}{\partial h_1}$ | $\frac{\partial p_2}{\partial h_2}$ | $\frac{\partial p_2}{\partial h_3}$ | | | |
| $\overset{\circ}{p}_{33}=$ | $\frac{\partial p_3}{\partial h_1}$ | $\frac{\partial p_3}{\partial h_2}$ | $\frac{\partial p_3}{\partial h_3}$ | | | |
| $\overset{\circ}{p}_{23}=$ | | | | $\frac{p_2-p_3}{\tanh(h_2-h_3)}$ | | |
| $\overset{\circ}{p}_{31}=$ | | | | | $\frac{p_3-p_1}{\tanh(h_3-h_1)}$ | |
| $\overset{\circ}{p}_{12}=$ | | | | | | $\frac{p_1-p_2}{\tanh(h_1-h_2)}$ |

(7.162)

Ist die Funktion $\hat{\underset{\sim}{\mathrm{P}}}$ invertierbar, dann läßt sich $\underset{\sim}{\mathrm{H}}$ und damit auch $\mathbb{H}$ durch $\underset{\sim}{\mathrm{P}}$ ausdrücken, und wir bekommen die Form

$$\overset{\circ}{\underset{\sim}{\mathrm{P}}}=\mathbb{H}(\underset{\sim}{\mathrm{P}}):\underset{\sim}{\mathrm{D}}, \tag{7.163}$$

in der die Bezugsplazierung, von der aus die Verzerrung $\underset{\sim}{\mathrm{H}}$ gemessen wird, gar nicht mehr auftritt.

Noch eine Anmerkung zu (7.160): Sind momentan die Tensoren $\underset{\sim}{\mathrm{H}}$ und $\underset{\sim}{\mathrm{D}}$ koaxial, dann gilt

$$\overset{\circ}{\underset{\sim}{\mathrm{H}}}=\underset{\sim}{\mathrm{D}}, \text{ wenn } \underset{\sim}{\mathrm{H}} \text{ und } \underset{\sim}{\mathrm{D}} \text{ koaxial.} \tag{7.164}$$

Der Zuwachs der logarithmischen Verzerrung läßt sich also durch die Verzerrungsgeschwindigkeit allein ausdrücken und ist unabhängig vom Wert der aktuellen Verzerrung. Aus diesem Grund gibt man der logarithmischen Verzerrung oft den Beinamen „natürlich" (natural strain). Diese Eigenschaft, die sie vor anderen Verzerrungsmaßen auszeichnet – vgl. etwa (7.155) – geht allerdings bei nicht koaxialen Verzerrungszuwächsen verloren. Desgleichen findet man eine eingeschränkte Gültigkeit der folgenden Beziehung:

$$j = \underset{\sim}{P} : \underset{\sim}{D} = \underset{\sim}{P} : \mathbb{D}(\underset{\sim}{H}) : \underset{\sim}{D} = \underset{\sim}{P} : \overset{\circ}{\underset{\sim}{H}}, \text{ wenn } \underset{\sim}{P} \text{ oder/und } \underset{\sim}{D} \text{ koaxial zu } \underset{\sim}{H}. \tag{7.165}$$

Übrigens ist

$$\underset{\sim}{P} : \overset{\circ}{\underset{\sim}{H}} = \underset{\sim}{P} : (\dot{\underset{\sim}{H}} - \underset{\sim}{W}\underset{\sim}{H} + \underset{\sim}{H}\underset{\sim}{W}) = \underset{\sim}{P} : \dot{\underset{\sim}{H}} + (\underset{\sim}{H}\underset{\sim}{P} - \underset{\sim}{P}\underset{\sim}{H}) : \underset{\sim}{W}, \tag{7.166}$$

und daher gilt allgemein folgende Rechenregel

$$\underset{\sim}{P} : \overset{\circ}{\underset{\sim}{H}} = \underset{\sim}{P} : \dot{\underset{\sim}{H}}, \text{ wenn } \underset{\sim}{P} \text{ und } \underset{\sim}{H} \text{ koaxial.} \tag{7.167}$$

Ein Beispiel liefert die Wahl $\underset{\sim}{P} = \partial W / \partial \underset{\sim}{H}$ mit $W = \hat{\hat{W}}(\text{Inv}\,\underset{\sim}{H})$ gemäß (7.106):

$$\dot{W} = \frac{\partial W}{\partial \underset{\sim}{H}} : \dot{\underset{\sim}{H}} = \frac{\partial W}{\partial \underset{\sim}{H}} : \overset{\circ}{\underset{\sim}{H}}, \text{ falls } W(\underset{\sim}{H}) \text{ isotrop.} \tag{7.168}$$

Es bleiben noch die Zuwächse der Nennbeanspruchungen zu untersuchen. Differentiation der aus (6.144) folgenden Gleichung $\underset{\sim}{P}_M = \underset{\sim}{K}\underset{\sim}{S}$ ergibt

$$\dot{\underset{\sim}{P}}_M = \dot{\underset{\sim}{K}}\underset{\sim}{S} + \underset{\sim}{K}\dot{\underset{\sim}{S}} = \overset{\triangle}{\underset{\sim}{P}}\,\underset{\sim}{K}^{-*} \tag{7.169}$$

mit der Abkürzung

$$\begin{aligned} \overset{\triangle}{\underset{\sim}{P}} &:= \underset{\sim}{L}\underset{\sim}{P} + \overset{\triangle}{\underset{\sim}{Z}} \\ &= \overset{\circ}{\underset{\sim}{P}} - \underset{\sim}{P}\underset{\sim}{D} + \underset{\sim}{W}\underset{\sim}{P}. \end{aligned} \tag{7.170}$$

Aus (7.36) folgt für den Zuwachs der Nennbeanspruchung $\underset{\sim}{P}_0$

$$\dot{\underset{\sim}{P}}_0 = \dot{\underset{\sim}{P}}_M \underset{\sim}{K}_0{}^* = \overset{\triangle}{\underset{\sim}{P}}\,\underset{\sim}{K}^{-*}\underset{\sim}{K}_0{}^* = \overset{\triangle}{\underset{\sim}{P}}\,\underset{\sim}{F}^{-T}. \tag{7.171}$$

Damit erweist sich $\overset{\triangle}{\underset{\sim}{P}}$ als Zuwachs der Nennbeanspruchung $\left(\overset{\triangle}{\underset{\sim}{P}} = \dot{\underset{\sim}{P}}_0(\underset{\sim}{F} = \underset{\sim}{1})\right)$, wenn Bezugsplazierung und aktuelle Plazierung momentan zusammenfallen. Bisweilen werden wir auch verwenden

$$\overset{\triangle}{\underset{\sim}{T}} := \varrho\overset{\triangle}{\underset{\sim}{P}} = \underset{\sim}{L}\underset{\sim}{T} + \varrho\overset{\triangle}{\underset{\sim}{Z}} = \dot{\underset{\sim}{T}}_0|_{\underset{\sim}{F}=\underset{\sim}{1}}. \tag{7.172}$$

Ist das Materialelement elastisch, dann liefern (7.169) und (7.170)

$$\begin{aligned} \dot{\underset{\sim}{P}}_M &= \dot{\underset{\sim}{K}}\hat{\underset{\sim}{S}}(\underset{\sim}{K}^*\underset{\sim}{K}) + \underset{\sim}{K} \cdot \frac{\partial \underset{\sim}{S}}{\partial \underset{\sim}{G}}(\underset{\sim}{K}^*\underset{\sim}{K}) : (\dot{\underset{\sim}{K}}^*\underset{\sim}{K} + \underset{\sim}{K}^*\dot{\underset{\sim}{K}}) \\ &= \frac{\partial \underset{\sim}{P}_M}{\partial \underset{\sim}{K}}(\underset{\sim}{K}) : \dot{\underset{\sim}{K}} \end{aligned} \tag{7.173}$$

bzw.

$$\overset{\Delta}{\underset{\sim}{P}} = \underset{\sim}{L}\cdot\bar{\underset{\sim}{P}}(\underset{\sim}{K}) + \mathbb{C}(\underset{\sim}{K}):\mathrm{sym}\,\underset{\sim}{L}$$

$$= \left(\frac{\partial \underset{\sim}{P}_M}{\partial \underset{\sim}{K}}(\underset{\sim}{K}):\underset{\sim}{L}\underset{\sim}{K}\right)\cdot\underset{\sim}{K}^* = :\mathbb{A}(\underset{\sim}{K}):\underset{\sim}{L}, \quad (7.174)$$

also sogenannte reduzierte Darstellungen für die Steifigkeiten $\partial \underset{\sim}{P}_M/\partial \underset{\sim}{K}$ und $\mathbb{A}$.

## 7.7 Koaxiale Verformungsprozesse

Verläuft ein Prozeß so, daß drei materielle Tangentenvektoren $\{\underset{\sim}{g}_i\}$ während eines Zeitintervalles $[t_1,t_2]$ zueinander orthogonal sind, dann heißt der Prozeß in diesem Zeitintervall koaxial,

$$\underset{\sim}{g}_i(t)\cdot\underset{\sim}{g}_k(t) = \underset{\sim}{g}_i\cdot\underset{\sim}{G}(t)\cdot\underset{\sim}{g}_k = 0, \text{ wenn } i \neq k,\ \forall t\in[t_1,t_2], \quad (7.175)$$

und $\underset{\sim}{G}$ hat bezüglich der Dualbasis von $\{\underset{\sim}{g}_i\}$ die Darstellung

$$\underset{\sim}{G}(t) = \sum_{l=1}^{3} g_{ll}(t)\,\underset{\sim}{g}^l\otimes\underset{\sim}{g}^l. \quad (7.176)$$

Wählt man $\underset{\sim}{K}(t_0)$ – $t_0\in[t_1,t_2]$, beliebig – als Bezugsplazierung, dann sieht man aus

$$\underset{\sim}{C}(t) = \underset{\sim}{K}_0^{-*}\underset{\sim}{G}(t)\underset{\sim}{K}_0^{-1} = \sum_{l=1}^{3} g_{ll}(t)\,\overset{0}{\underset{\sim}{g}}{}^l\otimes\overset{0}{\underset{\sim}{g}}{}^l = \underset{\sim}{U}^2(t), \quad (7.177)$$

daß die $\left\{\overset{0}{\underset{\sim}{g}}{}^l\right\}$ eine zeitlich konstante Hauptachsenbasis von $\underset{\sim}{U}$ bilden. Dann ist aber $\dot{\underset{\sim}{U}}$ koaxial zu $\underset{\sim}{U}$, also $\dot{\underset{\sim}{U}}\underset{\sim}{U}^{-1}$ symmetrisch, und die allgemeinen Formeln

$$\dot{\underset{\sim}{F}}\underset{\sim}{F}^{-1} = \underset{\sim}{D}+\underset{\sim}{W} = \dot{\underset{\sim}{R}}\underset{\sim}{R}^T + \underset{\sim}{R}\dot{\underset{\sim}{U}}\underset{\sim}{U}^{-1}\underset{\sim}{R}^T = \dot{\underset{\sim}{V}}\underset{\sim}{V}^{-1} + \underset{\sim}{V}\dot{\underset{\sim}{R}}\underset{\sim}{R}^T\underset{\sim}{V}^{-1} \quad (7.178)$$

*vereinfachen sich* zu

$$\underset{\sim}{W} = \dot{\underset{\sim}{R}}\underset{\sim}{R}^T,\ \underset{\sim}{D} = \underset{\sim}{R}\dot{\underset{\sim}{U}}\underset{\sim}{U}^{-1}\underset{\sim}{R}^T = \overset{\circ}{\underset{\sim}{V}}\underset{\sim}{V}^{-1} = \overset{\circ}{\underset{\sim}{H}}. \quad (7.179)$$

Die letzte Behauptung ergibt sich dadurch, daß aus $\overset{\circ}{\underset{\sim}{V}}\underset{\sim}{V}^{-1} = \underset{\sim}{D}$ die Symmetrie von $\overset{\circ}{\underset{\sim}{V}}\underset{\sim}{V}^{-1}$ und damit Koaxialität von $\overset{\circ}{\underset{\sim}{V}}$, $\underset{\sim}{V}$ und $\underset{\sim}{D}$ folgt, so daß (7.164) anwendbar ist. Wählt man als Beobachter denjenigen, der $\underset{\sim}{W}\equiv 0$ sieht, dann gelten die besonders einfachen Beziehungen

$$\underset{\sim}{R}\equiv\underset{\sim}{1},\ \underset{\sim}{F}\equiv\underset{\sim}{U}\equiv\underset{\sim}{V},\ \underset{\sim}{D} = \dot{\underset{\sim}{H}} = (\ln\underset{\sim}{V})^{\cdot} = (\ln\underset{\sim}{F})^{\cdot}. \quad (7.180)$$

## 7.8 Symmetrien und Potentiale

Bei einer großen Klasse von Materialien ist die Beanspruchung $\underset{\sim}{S}$ vom Momentanwert der Verformungsgeschwindigkeit $\dot{\underset{\sim}{G}}$ unabhängig, während die Beanspruchungsgeschwindigkeit $\dot{\underset{\sim}{S}}$ eine Funktion von $\dot{\underset{\sim}{G}}$ und von weiteren, hier nicht näher zu spezifizierenden Variablen ist:

$$\dot{\underset{\sim}{S}} = \mathfrak{S}(\ldots,\dot{\underset{\sim}{G}}). \quad (7.181)$$

Dieser Zusammenhang wird inkrementelle Stoffgleichung genannt. Sei nun insbesondere die Funktion $\mathfrak{G}$ für gewisse $\dot{\underset{\sim}{G}}$ im Sinne von Fréchet partiell nach $\dot{\underset{\sim}{G}}$ differenzierbar. Die Fréchet-Ableitung $\partial\dot{\underset{\sim}{S}}/\partial\dot{\underset{\sim}{G}}$ an einer Stelle $\dot{\underset{\sim}{G}}$ heißt symmetrisch, wenn sie gleich ihrer Adjungierten ist, d.h., wenn nach (5.39) gilt:

$$\underset{\sim}{X}:\frac{\partial\dot{\underset{\sim}{S}}}{\partial\dot{\underset{\sim}{G}}}:\underset{\sim}{Y}=\underset{\sim}{Y}:\frac{\partial\dot{\underset{\sim}{S}}}{\partial\dot{\underset{\sim}{G}}}:\underset{\sim}{X}\ \forall\underset{\sim}{X},\underset{\sim}{Y}\in\mathrm{Sym}(\mathscr{T},\mathscr{T}^*). \tag{7.182}$$

Für die Komponenten bezüglich einer beliebigen festen Basis bedeutet das

$$\frac{\partial\dot{s}^{\mu\nu}}{\partial\dot{g}_{\alpha\beta}}=\frac{\partial\dot{s}^{\alpha\beta}}{\partial\dot{g}_{\mu\nu}}. \tag{7.183}$$

Das ist wegen des Schwarzschen Vertauschungssatzes eine notwendige Bedingung dafür, daß eine Potentialfunktion $\eta(\dot{g}_{\varkappa\lambda})$ existiert, aus der sich die Komponenten von $\dot{\underset{\sim}{S}}$ durch Differentiation gewinnen lassen:

$$\dot{s}^{\mu\nu}=\frac{\partial\eta}{\partial\dot{g}_{\mu\nu}}. \tag{7.184}$$

In der Theorie der Linienintegrale wird gezeigt, daß die Erfüllung der Symmetriebeziehungen (7.183) in einem einfach zusammenhängenden Gebiet für die Existenz des Potentials auch hinreichend ist. Formel (7.184) ist die Komponentengleichung von

$$\dot{\underset{\sim}{S}}=\frac{\partial}{\partial\dot{\underset{\sim}{G}}}\eta(\ldots,\dot{\underset{\sim}{G}}). \tag{7.185}$$

Nützlich ist die Kenntnis der Tatsache, daß alle folgenden Ableitungen symmetrisch sind, wenn es eine von ihnen ist:

$$\frac{\partial\dot{\underset{\sim}{S}}}{\partial\dot{\underset{\sim}{G}}},\frac{\partial\dot{\underset{\sim}{P}}_M}{\partial\dot{\underset{\sim}{K}}},\frac{\partial\dot{\underset{\sim}{Z}}_g}{\partial\dot{\underset{\sim}{E}}_g},\frac{\partial\dot{\underset{\sim}{Z}}}{\partial\dot{\underset{\sim}{E}}},\frac{\partial\mathring{\underset{\sim}{P}}}{\partial\underset{\sim}{D}},\frac{\partial\overset{\Delta}{\underset{\sim}{P}}}{\partial\underset{\sim}{L}},\frac{\partial\dot{\underset{\sim}{P}}_0}{\partial\dot{\underset{\sim}{F}}}. \tag{7.186}$$

Das sei nur an einem Beispiel demonstriert: Wegen $\dot{\underset{\sim}{G}}=2\underset{\sim}{K}^*\underset{\sim}{D}\underset{\sim}{K}$ läßt das Fréchet-Differential von $\overset{\Delta}{\underset{\sim}{P}}=\underset{\sim}{L}\underset{\sim}{P}+\underset{\sim}{K}\dot{\underset{\sim}{S}}\underset{\sim}{K}^*$ sich darstellen als

$$\delta\overset{\Delta}{\underset{\sim}{P}}=\frac{\partial\overset{\Delta}{\underset{\sim}{P}}}{\partial\underset{\sim}{L}}:\delta\underset{\sim}{L}=\delta\underset{\sim}{L}\cdot\underset{\sim}{P}+\underset{\sim}{K}\cdot\left[\frac{\partial\dot{\underset{\sim}{S}}}{\partial\dot{\underset{\sim}{G}}}:2\underset{\sim}{K}^*\mathrm{sym}(\delta\underset{\sim}{L})\underset{\sim}{K}\right]\cdot\underset{\sim}{K}^*, \tag{7.187}$$

und damit gilt

$$\delta\bar{\underset{\sim}{L}}:\frac{\partial\overset{\Delta}{\underset{\sim}{P}}}{\partial\underset{\sim}{L}}:\partial\underset{\sim}{L}=\delta\bar{\underset{\sim}{L}}^T\cdot\delta\underset{\sim}{L}:\underset{\sim}{P}+\underset{\sim}{K}^*\mathrm{sym}(\delta\bar{\underset{\sim}{L}})\underset{\sim}{K}:2\frac{\partial\dot{\underset{\sim}{S}}}{\partial\dot{\underset{\sim}{G}}}:\underset{\sim}{K}^*\mathrm{sym}(\delta\underset{\sim}{L})\underset{\sim}{K}. \tag{7.188}$$

Bei Symmetrie von $\partial\dot{\underset{\sim}{S}}/\partial\dot{\underset{\sim}{G}}$ ändert Vertauschung von $\delta\underset{\sim}{L}$ mit $\delta\bar{\underset{\sim}{L}}$ den Wert der rechten Seite nicht und daher muß auch $\partial\overset{\Delta}{\underset{\sim}{P}}/\partial\underset{\sim}{L}$ symmetrisch sein. Sind die Ableitungen in der Aufzählung (7.186) symmetrisch, so beachte man, daß $\partial\dot{\underset{\sim}{Z}}_g|\partial\underset{\sim}{E}_{\tilde{g}}$ – sofern $\underset{\sim}{Z}_g$ und $\underset{\sim}{E}_{\tilde{g}}$ einander nicht gemäß (7.119) zugeordnet sind – dann im allgemeinen unsymmetrisch ist, desgleichen folgt aus (7.148)

$$\delta\mathring{T} = \frac{\partial \mathring{T}}{\partial D} : \delta D = \varrho \left( \frac{\partial \mathring{P}}{\partial D} - P \otimes 1 \right) : \delta D. \tag{7.189}$$

Ist also $\partial\mathring{P}/\partial D$ symmetrisch, dann ist es $\partial\mathring{T}/\partial D$ nur, wenn $P$ speziell ein Kugeltensor ist.

Ist der Zusammenhang zwischen $\dot{S}$ und $\dot{G}$ linear, also

$$\dot{S} = \mathfrak{S}(\ldots, \dot{G}) = \mathbf{S}(\ldots) : \dot{G}, \tag{7.190}$$

dann spricht man von inkrementell linearem Materialverhalten. Wegen

$$\delta\dot{S} = \frac{\partial \dot{S}}{\partial \dot{G}} : \delta\dot{G} = \mathbf{S} : \delta\dot{G} \tag{7.191}$$

ist dann $\partial\dot{S}/\partial\dot{G} = \mathbf{S}$ von $\dot{G}$ unabhängig. Auch die übrigen in (7.186) aufgelisteten Ableitungen sind dann konstant und die Funktionen $\dot{P}_M(\dot{K})$, $\dot{Z}_g(\dot{E}_g)$, $\dot{Z}(\dot{E})$, $\mathring{P}(D)$, $\overset{\Delta}{P}(L)$, $\dot{P}_0(\dot{F})$ daher linear. Sind die Ableitungen symmetrisch, dann existieren quadratische Potentiale, z.B.

$$\dot{S} = \mathbf{S} : \dot{G} = \frac{\partial \eta}{\partial \dot{G}} \text{ mit } \eta = \frac{1}{2} \dot{G} : \mathbf{S} : \dot{G}. \tag{7.192}$$

Das wichtigste Beispiel inkrementell linearen Verhaltens liefern die elastischen Materialien, deren Stoffgesetz $S(G)$ eine Fréchet-Ableitung besitzt. Für sie gilt insbesondere

$$\mathbf{S}(G) = \frac{\partial \dot{S}}{\partial \dot{G}} = \frac{\partial S}{\partial G}. \tag{7.193}$$

Ist nun $\mathbf{S}(G)$ für alle $G$ symmetrisch, dann sind die Beziehungen (7.57) zu ergänzen durch

$$\frac{\partial s^{\mu\nu}}{\partial g_{\alpha\beta}} = \frac{\partial s^{\alpha\beta}}{\partial g_{\mu\nu}} \tag{7.194}$$

– die Matrix $(\partial s^{\mu\nu}/\partial g_{\alpha\beta})$ besitzt also nicht mehr 36, sondern nur noch 21 voneinander unabhängige Komponenten –, und es existiert ein weiteres Potential $2W(G)$, aus dem sich diesmal die Beanspruchung durch Differentiation gewinnen läßt:

$$S(G) = 2\frac{\partial W}{\partial G}(G), \mathbf{S}(G) = \frac{\partial S}{\partial G} = 2\frac{\partial^2 W}{\partial G^2}. \tag{7.195}$$

Elastische Materialien mit dieser Eigenschaft – bei denen das Stoffgesetz durch Vorgabe einer einzigen skalaren Funktion $W(G)$ festliegt – werden hyperelastisch genannt. Für sie gilt

$$j = \frac{1}{2} S : \dot{G} = \frac{\partial W}{\partial G} : \dot{G} = \dot{W}. \tag{7.196}$$

Die Spannungsarbeit

$$J_{12}=\int_{t_1}^{t_2} j\,dt=\int_{t_1}^{t_2}\dot{W}\,dt=W(\underset{\sim}{G}(t_2))-W(\underset{\sim}{G}(t_1)) \qquad (7.197)$$

ist also vom Verformungsweg unabhängig und verschwindet auf geschlossenen Wegen; W wird Formänderungsenergie genannt. Bei isotropen hyperelastischen Materialien läßt sich aus der Symmetrie von $\partial\mathring{\underset{\sim}{P}}/\partial\underset{\sim}{D}=\mathbb{H}$ die Symmetrie der Matrix in (7.162) und damit

$$\frac{\partial p_i}{\partial h_k}=\frac{\partial p_k}{\partial h_i} \qquad (7.198)$$

folgern, also die Existenz eines Potentials $\psi(h_1,h_2,h_3)$, so daß

$$p_i=\frac{\partial\psi}{\partial h_i} \qquad (7.199)$$

gilt. Wegen (7.90), (7.165) und (7.167) ist aber

$$j=\dot{W}=\underset{\sim}{P}:\mathring{\underset{\sim}{H}}=\underset{\sim}{P}:\dot{\underset{\sim}{H}}=p_i\dot{h}_i=\frac{\partial\psi}{\partial h_i}\dot{h}_i=\dot{\psi}, \qquad (7.200)$$

und $\psi$ läßt sich demnach mit der Formänderungsenergie identifizieren:

$$W=\psi(h_1,h_2,h_3),\ \underset{\sim}{P}=\frac{\partial W}{\partial\underset{\sim}{H}}. \qquad (7.201)$$

Aus (7.77) folgt, daß die Funktion $\psi$ in allen drei Argumenten symmetrisch ist und W sich daher als Funktion der Invarianten von $\underset{\sim}{H}$ darstellen lassen muß:

$$W=W(\mathrm{Inv}\,\underset{\sim}{H}). \qquad (7.202)$$

Es gelten also die Formeln (7.107) ff.

Im Falle der linearen isotropen Funktion (7.81) ist

$$\underset{\sim}{P}:\dot{\underset{\sim}{H}}=(\alpha-\beta)\underset{\sim}{H}:\dot{\underset{\sim}{H}}+\beta(\mathrm{tr}\,\underset{\sim}{H})\underset{\sim}{1}:\dot{\underset{\sim}{H}}=\frac{1}{2}[(\alpha-\beta)\underset{\sim}{H}:\underset{\sim}{H}+\beta(\mathrm{tr}\,\underset{\sim}{H})^2]^{\cdot}, \qquad (2.203)$$

so daß isotrope elastische Materialien mit linearer Abhängigkeit $\hat{\underset{\sim}{P}}(\underset{\sim}{H})$ grundsätzlich hyperelastisch sind.

Anstelle der Invarianten von $\underset{\sim}{H}$ kann man andere verwenden, beispielsweise die von $\underset{\sim}{B}=\exp 2\underset{\sim}{H}=\underset{\sim}{K}\underset{\sim}{G}_0^{-1}\underset{\sim}{K}^*$, also unter Beachtung von (5.91) und (5.100)

$$I_1=\mathrm{tr}\,\underset{\sim}{B}=\mathrm{tr}(\underset{\sim}{G}_0^{-1}\underset{\sim}{G}), \qquad (7.204)$$

$$I_2=\frac{1}{2}[I_1{}^2-\mathrm{tr}(\underset{\sim}{B}^2)]=\frac{1}{2}[I_1{}^2-\mathrm{tr}(\underset{\sim}{G}_0^{-1}\underset{\sim}{G})^2], \qquad (7.205)$$

$$I_3=\det\underset{\sim}{B}=\det(\underset{\sim}{G}_0^{-1}\underset{\sim}{G}). \qquad (7.206)$$

Beachtet man die Differentiationsregeln

$$\dot{I}_1 = (\underset{\sim}{G}_0^{-1} \cdot\cdot \underset{\sim}{G})^{\cdot} = \underset{\sim}{G}_0^{-1} \cdot\cdot \dot{\underset{\sim}{G}}, \tag{7.207}$$

$$[\mathrm{tr}(\underset{\sim}{G}_0^{-1}\underset{\sim}{G})^2]^{\cdot} = [\underset{\sim}{G}_0^{-1}\underset{\sim}{G}\underset{\sim}{G}_0^{-1} \cdot\cdot \underset{\sim}{G}]^{\cdot} = 2\underset{\sim}{G}_0^{-1}\underset{\sim}{G}\underset{\sim}{G}_0^{-1} \cdot\cdot \dot{\underset{\sim}{G}} \tag{7.208}$$

und – nach (6.101) –

$$\dot{I}_3 = I_3 \mathrm{tr}[(\underset{\sim}{G}_0^{-1}\underset{\sim}{G})^{-1}(\underset{\sim}{G}_0^{-1}\underset{\sim}{G})^{\cdot}] = I_3 \underset{\sim}{G}^{-1} \cdot\cdot \dot{\underset{\sim}{G}}, \tag{7.209}$$

so ergibt sich aus $W = W(I_1, I_2, I_3)$

$$\begin{aligned} \underset{\sim}{S} &= 2\frac{\partial W}{\partial \underset{\sim}{G}} \\ &= 2\left[I_3 \frac{\partial W}{\partial I_3}(\underset{\sim}{G}_0^{-1}\underset{\sim}{G})^{-1} + \left(\frac{\partial W}{\partial I_1} + I_1 \frac{\partial W}{\partial I_2}\right)\underset{\sim}{1} - \frac{\partial W}{\partial I_2}\underset{\sim}{G}_0^{-1}\underset{\sim}{G}\right] \cdot \underset{\sim}{G}_0^{-1} \end{aligned} \tag{7.210}$$

als Spezialisierung von (7.140) auf hyperelastisches Material und daraus

$$\underset{\sim}{P} = \underset{\sim}{K}\underset{\sim}{S}\underset{\sim}{K}^* = 2\left[I_3 \frac{\partial W}{\partial I_3}\underset{\sim}{1} + \left(\frac{\partial W}{\partial I_1} + I_1 \frac{\partial W}{\partial I_2}\right)\underset{\sim}{B} - \frac{\partial W}{\partial I_2}\underset{\sim}{B}^2\right]. \tag{7.211}$$

Mit der Formel von Cayley-Hamilton (5.99) läßt (7.210) sich umformen in

$$\underset{\sim}{S} = 2\left[-I_3 \frac{\partial W}{\partial I_2}(\underset{\sim}{G}_0^{-1}\underset{\sim}{G})^{-2} + \left(I_2 \frac{\partial W}{\partial I_2} + I_3 \frac{\partial W}{\partial I_3}\right)(\underset{\sim}{G}_0^{-1}\underset{\sim}{G})^{-1} + \frac{\partial W}{\partial I_1}\underset{\sim}{1}\right] \cdot \underset{\sim}{G}_0^{-1}. \tag{7.212}$$

## 7.9 Wahl der unabhängigen Variablen

Um den Ortsvektor $\underset{\sim}{x}$ festzulegen, braucht der Beobachter nicht kartesische Koordinaten zu verwenden, sondern kann sich eines zeitlich konstanten, beliebig krummlinigen Koordinatensystems $q^l$ bedienen, dessen zugehörige lokale Basisvektoren und Metrikkoeffizienten wir mit $\underset{\sim}{d}_i(q^l) = \partial\underset{\sim}{x}/\partial q^i$ und $I_{ik}(q^l) = \underset{\sim}{d}_i \cdot \underset{\sim}{d}_k$ bezeichnen (Indizierung lateinisch). Sie sind wohl zu unterscheiden von den zeitlich veränderlichen Basisvektoren und Metrikkoeffizienten $\underset{\sim}{g}_\alpha(X^\gamma, t) = \partial\underset{\sim}{x}/\partial X^\alpha$ bzw. $g_{\alpha\beta}(X^\gamma, t)$ des vom Körper mitgeschleppten Koordinatensystems (Indizierung griechisch). Die Bewegung läßt sich beschreiben durch Vorgabe von $\underset{\sim}{x}(X,t)$ bzw. $X(\underset{\sim}{x},t)$ in der Form

$$q^i = \hat{q}^i(X^\alpha, t) \text{ oder } X^\alpha = \hat{X}^\alpha(q^i, t), \tag{7.213}$$

die Geschwindigkeit durch

$$\underset{\sim}{v} = \dot{\underset{\sim}{x}} = \frac{\partial \underset{\sim}{x}}{\partial q^i}\dot{q}^i = \dot{q}^i \underset{\sim}{d}_i \text{ mit } \dot{q}^i = \frac{\partial}{\partial t}\hat{q}^i(X^\alpha, t). \tag{7.214}$$

Wegen des invertierbaren Zusammenhanges (7.213) kann man alle Felder der Kontinuumstheorie in Abhängigkeit entweder von den Variablen $(q^i,t)$ – also $(\underset{\sim}{x},t)$ – oder von den Variablen $(X^\alpha,t)$ darstellen. Die erstgenannte Wahl nennt man räumliche oder Eulersche, die zweite materielle oder – wenn man wegen des invertierbaren Zusammenhanges zwischen den materiellen Koordinaten $X^\alpha$ und dem Ortsvektor $\overset{0}{\underset{\sim}{x}}$ einer beliebig fest gewählten Bezugsplazierung das Paar $\left(\overset{0}{\underset{\sim}{x}},t\right)$ als unabhängige Variable betrachtet — Lagrangesche Beschreibung (spatial bzw. material description).

Sei eine Funktion $\Phi$ auf beide Arten dargestellt:

$$\Phi=\check{\Phi}(X^\alpha,t)=\hat{\Phi}(q^i,t)=\hat{\Phi}(\hat{q}^i(X^\alpha,t),t). \tag{7.215}$$

Differentiation bei festgehaltenen $X^\alpha$ gibt die materielle Änderung von $\Phi$ — man beachte (7.214) und $\underset{\sim}{d}_i\cdot\underset{\sim}{\nabla}=\partial/\partial q^i$ —:

$$\dot{\Phi}=\frac{\partial\check{\Phi}}{\partial t}=\frac{\partial\hat{\Phi}}{\partial t}+\frac{\partial\hat{\Phi}}{\partial q^i}\frac{\partial\hat{q}^i}{\partial t}=\frac{\partial\hat{\Phi}}{\partial t}+\underset{\sim}{v}\cdot\underset{\sim}{\nabla}\hat{\Phi}. \tag{7.216}$$

Bei Eulerscher Darstellung setzt sie sich also aus einem lokalen Anteil $\partial\hat{\Phi}/\partial t$ — bei festgehaltenem Ort $\underset{\sim}{x}$ — und einem konvektiven Anteil $\underset{\sim}{v}\cdot\nabla\hat{\Phi}$ zusammen.

Von der Wahl der unabhängigen Variablen ist die Frage zu trennen, mit welchen Größen man Verformungen und Beanspruchungen beschreiben will, ob die Form (6.173) oder (7.42), (7.43) der Bilanzen zur Anwendung kommt und auf welche Basen in $\mathscr{V}$ — z.B. einheitlich oder gemischt aus $\underset{\sim}{d}_i$, $\underset{\sim}{g}_\alpha$, $\overset{0}{\underset{\sim}{g}}_\alpha$, deren reziproken oder auch den zugehörigen Einheitsvektoren — die auftretenden Vektoren und Tensoren bezogen werden sollen. Sie läßt sich nur von Fall zu Fall beantworten. Einen Eindruck von den Möglichkeiten gibt das Übungsbeispiel am Ende dieses Kapitels.

Ein gutes Anwendungsbeispiel für die Eulersche Betrachtungsweise bieten die Gasgleichungen (6.175). Stellt man die gesuchten Funktionen $\varrho$, $\underset{\sim}{v}$ und $\vartheta$ in Abhängigkeit von $(q^l,t)$ dar, dann stehen auf den rechten Seiten der Gleichungen partielle Ableitungen dieser Funktionen nach den räumlichen Koordinaten $q^l$. Auf den linken Seiten sind die materiellen Änderungen gemäß (7.216) durch räumliche und zeitliche partielle Ableitungen auszudrücken. Auflösen nach der Zeitableitung liefert beispielsweise für die Kontinuitätsgleichung, wenn man $\underset{\sim}{v}$ mittels der lokalen räumlichen Basis $\underset{\sim}{d}_i$ darstellt:

$$\frac{\partial\varrho}{\partial t}=-v^k\frac{\partial\varrho}{\partial q^k}-\varrho v^k|_k. \tag{7.217}$$

Anwendung der materiellen Beschreibung wäre im Falle der Gasgleichungen aufwendiger; dies insbesondere, da man noch bemerkt, daß die Berechnung der Bewegung $\hat{X}^\alpha(q^i,t)$ gar nicht erforderlich ist und daher die Einführung materieller Koordinaten sowie die Kenntnis von Plazierung und Konfiguration im vorliegenden Spezialfall entbehrlich sind. Es wird folglich auf eine Identifizierung des momentan an einem Ort befindlichen materiellen Punktes verzichtet. (Die materiellen Punkte sind also austauschbar. Das ist sicher nicht mehr der Fall, wenn verschiedene materielle Punkte verschiedene Materialeigenschaften (hier die Konstanten $\beta$, $c_v$ und die Funktionen $\eta$ und $\varkappa$) haben. Beim Gas würde dies jedoch zu Diffusion Anlaß geben, die sich nur innerhalb einer Mischungstheorie behandeln ließe und hier außer Betracht bleibt.)

Daß die Ableitung $\overset{0}{\underset{\sim}{\nabla}}$ — und damit auch $\underset{\sim}{\nabla}=\underset{\sim}{K}_0{}^{-*}\overset{0}{\underset{\sim}{\nabla}}$ — mit der materiellen Zeitableitung $(\;)^{\cdot}$ vertauschbar ist, die räumliche Ableitung $\underset{\sim}{\nabla}$ dagegen mit der lokalen zeitlichen Ableitung, sieht man am einfachsten, indem man im ersten Falle die materielle und im zweiten die räumliche Beschreibung heranzieht, denn dann folgt die Behauptung aus dem Schwarzschen Satz über die Vertauschbarkeit der Reihenfolge von $\partial/\partial X^\alpha$ mit $\partial/\partial t$ bzw. $\partial/\partial q^i$ mit $\partial/\partial t$. Materielle Zeitableitung $(\;)^{\cdot}$ und räumliche Ableitung $\underset{\sim}{\nabla}$ sind dagegen i.allg. nicht vertauschbar — z.B. ist $(\underset{\sim}{T}\cdot\underset{\sim}{\nabla})^{\cdot}\neq\dot{\underset{\sim}{T}}\cdot\underset{\sim}{\nabla}$. Zu einer inkrementellen Form der Kraft-Gleichgewichtsbedingung gelangt man daher am einfachsten durch materielle Zeitableitung von (7.42):

$$\dot{\underset{\sim}{T}}_0\cdot\overset{0}{\underset{\sim}{\nabla}}+\varrho_0\dot{\underset{\sim}{k}}=0. \tag{7.218}$$

Fällt die aktuelle Plazierung $\underset{\sim}{K}$ momentan mit der Bezugsplazierung $\underset{\sim}{K}_0$ zusammen, dann wird daraus

$$\overset{\Delta}{\underset{\sim}{T}}\cdot\underset{\sim}{\nabla}+\varrho\dot{\underset{\sim}{k}}=0. \tag{7.219}$$

Verfolgt man einen Belastungsprozeß durch numerische zeitliche Integration der inkrementellen Gleichgewichtsbedingung, so kann man die Bezugsplazierung während der ganzen Rechnung festhalten oder sie nach jedem Zeitschritt neu mit der jeweils erreichten aktuellen Plazierung identifizieren. Die beiden Vorgehensweisen werden „total Lagrangean" bzw. „updated Lagrangean" genannt.

## 7.10 Theorien kleiner Verformungen

*KG (Kleine Gesamtverzerrungen)*

Bei Festkörpern unter nicht zu großen Beanspruchungen ist oft die Annahme sinnvoll, daß an jedem Punkt die Verzerrungen gegenüber einer passend gewählten Bezugskonfiguration $\mathsf{G}_0$ zu allen Zeiten klein bleiben. Für jede generalisierte Verzerrung gilt aber – man beachte die Normierungsbedingungen (7.113) –

$$\underset{\sim}{E}_g(\underset{\sim}{E}) = \underset{\sim}{E}_g(\underset{\sim}{E}=0) + \frac{\partial \underset{\sim}{E}_g}{\partial \underset{\sim}{E}}(\underset{\sim}{E}=0):\underset{\sim}{E} + o(|\underset{\sim}{E}|)$$
$$= \underset{\sim}{E} + o(|\underset{\sim}{E}|), \tag{7.220}$$

so daß in erster Näherung zwischen den verschiedenen generalisierten Verzerrungen und ebenso zwischen den zugeordneten generalisierten Beanspruchungen nicht mehr unterschieden werden kann.

*KV (Kleine Verformungen)*

Wesentlich weitergehende Vereinfachungen liefert die Annahme, daß die Plazierungen des Gesamtkörpers stets nahe bei einer festen Bezugsplazierung liegen. (Im Gegensatz zur obigen Annahme kann das nicht für alle Beobachter zutreffen, so daß die entstehenden vereinfachten Gleichungen dem Prinzip der materiellen Objektivität widersprechen.) Genauer wird die Annahme $|\overset{0}{\underset{\sim}{\nabla}} \otimes \underset{\sim}{u}| << 1$ zugrundegelegt, also bei der Berechnung der Verzerrungen

$$\underset{\sim}{C} = \underset{\sim}{1} + 2\underset{\sim}{E} = \left(\underset{\sim}{1} + \overset{0}{\underset{\sim}{\nabla}} \otimes \underset{\sim}{u}\right)\cdot\left(\underset{\sim}{1} + \underset{\sim}{u} \otimes \overset{0}{\underset{\sim}{\nabla}}\right)$$
$$= \underset{\sim}{1} + 2\,\mathrm{sym}\left(\overset{0}{\underset{\sim}{\nabla}} \otimes \underset{\sim}{u}\right) + o\left(|\overset{0}{\underset{\sim}{\nabla}} \otimes \underset{\sim}{u}|\right), \tag{7.221}$$

so daß wir näherungsweise den Zusammenhang

$$\underset{\sim}{E} = \mathrm{sym}\left(\overset{0}{\underset{\sim}{\nabla}} \otimes \underset{\sim}{u}\right) \tag{7.222}$$

erhalten (geometrische Linearität). Nicht nur die Verzerrungen, sondern zusätzlich auch die Drehungen erweisen sich als klein, denn es gilt

$$\underset{\sim}{R} = \underset{\sim}{F}\cdot\underset{\sim}{U}^{-1} = \left(\underset{\sim}{1} + \underset{\sim}{u} \otimes \overset{0}{\underset{\sim}{\nabla}}\right)\cdot\left(\underset{\sim}{1} - \mathrm{sym}\left(\overset{0}{\underset{\sim}{\nabla}} \otimes \underset{\sim}{u}\right) + o\left(|\overset{0}{\underset{\sim}{\nabla}} \otimes \underset{\sim}{u}|\right)\right)$$
$$= \underset{\sim}{1} + \mathrm{skw}\left(\underset{\sim}{u} \otimes \overset{0}{\underset{\sim}{\nabla}}\right) + o\left(|\overset{0}{\nabla} \otimes \underset{\sim}{u}|\right). \tag{7.223}$$

Nähert man im übrigen $\underset{\sim}{F}$ grundsätzlich durch $\underset{\sim}{1}$ an und unterstellt auch die Verschiebungen $\underset{\sim}{u}=\underset{\sim}{x}-\overset{0}{\underset{\sim}{x}}$ als so klein, daß zwischen $\underset{\sim}{x}$ und $\overset{0}{\underset{\sim}{x}}$ nicht unterschieden zu werden braucht, dann erhält man näherungsweise:

$$\varrho=\varrho_0,\ \underset{\sim}{\nabla}=\overset{0}{\underset{\sim}{\nabla}},\ \underset{\sim}{P}=\frac{\underset{\sim}{T}}{\varrho}=\underset{\sim}{P}_0=\underset{\sim}{Z}=\underset{\sim}{Z}_g,\ \underset{\sim}{h}=\underset{\sim}{h}_0,$$

$$\underset{\sim}{D}=\operatorname{sym}(\underset{\sim}{\nabla}\otimes\underset{\sim}{v})=[\operatorname{sym}(\underset{\sim}{\nabla}\otimes\underset{\sim}{u})]^{\cdot}=\dot{\underset{\sim}{E}}=\dot{\underset{\sim}{E}}_g. \tag{7.224}$$

Eulersche und Lagrangesche Betrachtungsweise sind nicht mehr zu unterscheiden, ebenso fallen alle eingeführten Verzerrungs- und Beanspruchungstensoren und die Wärmeflußvektoren zusammen. Ein elastisches Stoffgesetz läßt sich dann beispielsweise schreiben als

$$\underset{\sim}{T}=\hat{\underset{\sim}{T}}(\operatorname{sym}(\underset{\sim}{\nabla}\otimes\underset{\sim}{u})), \tag{7.225}$$

und falls es linear angenommen werden kann (physikalische Linearität), also in Form des sogenannten Hookeschen Gesetzes

$$\underset{\sim}{T}=\varrho\mathbb{C}:\operatorname{sym}(\underset{\sim}{\nabla}\otimes\underset{\sim}{u}), \tag{7.226}$$

dann ergibt sich beim Einsetzen in die Gleichgewichtsbedingung – die hier wegen $\underset{\sim}{x}=\overset{0}{\underset{\sim}{x}}$ am „unverformten System" angeschrieben wird – die Differentialgleichung

$$[\varrho\mathbb{C}:\operatorname{sym}(\underset{\sim}{\nabla}\otimes\underset{\sim}{u})]\cdot\underset{\sim}{\nabla}+\varrho\underset{\sim}{k}=0. \tag{7.227}$$

*In (Inkrementelle Formulierung)*

Eine völlig andere Idee liegt dem Konzept der kleinen Zusatzverformungen aus der aktuellen, als Bezugsplazierung gewählten Plazierung zugrunde. Einführung von $\overset{\Delta}{\underset{\sim}{T}}=\underset{\sim}{L}\underset{\sim}{T}+\varrho\overset{\Delta}{\underset{\sim}{Z}}$ in die inkrementelle Bilanz (7.219) gibt

$$\left((\dot{\underset{\sim}{u}}\otimes\underset{\sim}{\nabla})\cdot\underset{\sim}{T}+\varrho\overset{\Delta}{\underset{\sim}{Z}}\right)\cdot\underset{\sim}{\nabla}+\varrho\dot{\underset{\sim}{k}}=0, \tag{7.228}$$

und multiplizieren wir das mit einem kleinen Zeitschritt $\Delta t$ und interpretieren $\dot{\underset{\sim}{u}}\Delta t$, $\overset{\Delta}{\underset{\sim}{Z}}\Delta t$ und $\dot{\underset{\sim}{k}}\Delta t$ als gute Näherungen für die während $\Delta t$ eintretende Verschiebung $\underset{\sim}{u}$ und die Zuwächse $\hat{\underset{\sim}{Z}}$ und $\hat{\underset{\sim}{k}}$ der Kirchhoffschen Beanspruchung und der Massenkraft, so erhalten wir:

$$((\underset{\sim}{u}\otimes\underset{\sim}{\nabla})\cdot\underset{\sim}{T}+\varrho\hat{\underset{\sim}{Z}})\cdot\underset{\sim}{\nabla}+\varrho\hat{\underset{\sim}{k}}=0. \tag{7.229}$$

Im elastischen Falle führt das nach (7.144) auf die Differentialgleichung

$$((\underset{\sim}{u}\otimes\underset{\sim}{\nabla})\cdot\underset{\sim}{T}+\varrho\mathbb{C}:\operatorname{sym}(\underset{\sim}{\nabla}\otimes\underset{\sim}{u}))\cdot\underset{\sim}{\nabla}+\varrho\hat{\underset{\sim}{k}}=0. \tag{7.230}$$

Ist die aktuelle Plazierung spannungsfrei, dann geht diese Gleichung in (7.227) über. Im allgemeinen aber unterscheidet sie sich wegen ihrer ganz anderen Bedeutung in folgenden beiden Punkten: Erstens enthält sie neben dem symmetrischen Teil von $\underset{\sim}{\nabla}\otimes\underset{\sim}{u}$ auch den antimetrischen – der entsprechende Term beschreibt u.a. die Drehung der Vorspannung und ist bei Stabilitätsuntersuchungen entscheidend (Euler-Stab u.ä.), zweitens ist $\mathbb{C}$ hier keine Stoffkonstante, sondern eine aktuelle (vom Momentanwert der Plazierung $\underset{\sim}{K}$ abhängende) Steifigkeit.

## 7.11 Formelsammlung zur Kinematik und Dynamik

$$\hat{\underset{\sim}{\nabla}}=\underset{\sim}{K}^*\underset{\sim}{\nabla}=\underset{\sim}{K}_0{}^*\overset{0}{\underset{\sim}{\nabla}}$$

$$\underset{\sim}{G}=\underset{\sim}{K}^*\underset{\sim}{K},\ \underset{\sim}{F}=\underset{\sim}{K}\underset{\sim}{K}_0{}^{-1}=\underset{\sim}{R}\underset{\sim}{U}=\underset{\sim}{V}\underset{\sim}{R}$$

$$\underset{\sim}{1}+2\underset{\sim}{E}=\underset{\sim}{C}=\underset{\sim}{F}^T\underset{\sim}{F}=\underset{\sim}{U}^2=\underset{\sim}{K}_0{}^{-*}\underset{\sim}{G}\underset{\sim}{K}_0{}^{-1}$$

$$\underset{\sim}{B}=\underset{\sim}{F}\underset{\sim}{F}^T=\underset{\sim}{V}^2=\exp(2\underset{\sim}{H})$$

$$\det\underset{\sim}{F}=(\det\underset{\sim}{C})^{1/2}=(\det\underset{\sim}{B})^{1/2}=\exp(\operatorname{tr}\underset{\sim}{H})=\varrho_0/\varrho$$

---

$$\underset{\sim}{P}=\frac{\underset{\sim}{T}}{\varrho}=\underset{\sim}{K}\underset{\sim}{S}\underset{\sim}{K}^*=\underset{\sim}{P}_M\underset{\sim}{K}^*$$

$$\underset{\sim}{P}_0=\frac{\underset{\sim}{T}_0}{\varrho_0}=\underset{\sim}{P}\underset{\sim}{F}^{-T}=\underset{\sim}{P}_M\underset{\sim}{K}_0{}^*=\underset{\sim}{F}\underset{\sim}{Z}=\underset{\sim}{K}\underset{\sim}{S}\underset{\sim}{K}_0{}^*$$

$$\underset{\sim}{Z}=\underset{\sim}{K}_0\underset{\sim}{S}\underset{\sim}{K}_0{}^*=\underset{\sim}{F}^{-1}\underset{\sim}{P}\underset{\sim}{F}^{-T}$$

$$\underset{\sim}{Z}_g=\frac{\underset{\sim}{T}_g}{\varrho_0}=\underset{\sim}{Z}:\frac{\partial\underset{\sim}{E}}{\partial\underset{\sim}{E}_g}$$

---

$$\underset{\sim}{L}=\underset{\sim}{D}+\underset{\sim}{W}=\dot{\underset{\sim}{K}}\underset{\sim}{K}^{-1}=\dot{\underset{\sim}{F}}\underset{\sim}{F}^{-1}=\underset{\sim}{v}\otimes\underset{\sim}{\nabla}$$

$$\operatorname{tr}\underset{\sim}{D}=[\ln(\det\underset{\sim}{F})]^{\cdot}=(\operatorname{tr}\underset{\sim}{H})^{\cdot}=-\dot{\varrho}/\varrho$$

$$\dot{\underset{\sim}{G}}=2\underset{\sim}{K}^*\underset{\sim}{D}\underset{\sim}{K}=2\underset{\sim}{K}_0{}^*\dot{\underset{\sim}{E}}\underset{\sim}{K}_0$$

$$\dot{\underset{\sim}{E}}=\frac{1}{2}\dot{\underset{\sim}{C}}=\frac{1}{2}\underset{\sim}{K}_0{}^{-*}\dot{\underset{\sim}{G}}\underset{\sim}{K}_0{}^{-1}=\underset{\sim}{F}^T\underset{\sim}{D}\underset{\sim}{F}$$

$$\dot{\underset{\sim}{E}}_g=\frac{\partial\underset{\sim}{E}_g}{\partial\underset{\sim}{E}}:\dot{\underset{\sim}{E}}$$

---

$$\mathrm{j}=\underset{\sim}{\mathrm{P}}:\underset{\sim}{\mathrm{D}}=\underset{\sim}{\mathrm{P}}_{\mathrm{M}}:\dot{\underset{\sim}{\mathrm{K}}}=\frac{1}{2}\underset{\sim}{\mathrm{S}}:\dot{\underset{\sim}{\mathrm{G}}}=\underset{\sim}{\mathrm{P}}_0:\dot{\underset{\sim}{\mathrm{F}}}=\underset{\sim}{\mathrm{Z}}:\dot{\underset{\sim}{\mathrm{E}}}=\underset{\sim}{\mathrm{Z}}_{\mathrm{g}}:\dot{\underset{\sim}{\mathrm{E}}}_{\mathrm{g}}$$

---

$$\overset{\Delta}{\underset{\sim}{\mathrm{Z}}}=\underset{\sim}{\mathrm{K}}\dot{\underset{\sim}{\mathrm{S}}}\underset{\sim}{\mathrm{K}}^*=\underset{\sim}{\mathrm{F}}\dot{\underset{\sim}{\mathrm{Z}}}\underset{\sim}{\mathrm{F}}^{\mathrm{T}}$$

$$\overset{\circ}{\underset{\sim}{\mathrm{P}}}=\dot{\underset{\sim}{\mathrm{P}}}-\underset{\sim}{\mathrm{W}}\underset{\sim}{\mathrm{P}}+\underset{\sim}{\mathrm{P}}\underset{\sim}{\mathrm{W}}=\underset{\sim}{\mathrm{D}}\underset{\sim}{\mathrm{P}}+\underset{\sim}{\mathrm{P}}\underset{\sim}{\mathrm{D}}+\overset{\Delta}{\underset{\sim}{\mathrm{Z}}}$$

$$\overset{\Delta}{\underset{\sim}{\mathrm{P}}}=\overset{\circ}{\underset{\sim}{\mathrm{P}}}-\underset{\sim}{\mathrm{P}}\underset{\sim}{\mathrm{D}}+\underset{\sim}{\mathrm{W}}\underset{\sim}{\mathrm{P}}=\underset{\sim}{\mathrm{L}}\underset{\sim}{\mathrm{P}}+\overset{\Delta}{\underset{\sim}{\mathrm{Z}}}$$

$$=\dot{\underset{\sim}{\mathrm{P}}}_{\mathrm{M}}\underset{\sim}{\mathrm{K}}^*=\dot{\underset{\sim}{\mathrm{P}}}_0\underset{\sim}{\mathrm{F}}^{\mathrm{T}}$$

$$\overset{\circ}{\underset{\sim}{\mathrm{T}}}=\varrho(\overset{\circ}{\underset{\sim}{\mathrm{P}}}-\underset{\sim}{\mathrm{P}}\,\mathrm{tr}\,\underset{\sim}{\mathrm{D}})$$

## 7.12 Übungsbeispiel

Um die Begriffe, Methoden und Rechentechniken der Kontinuumstheorie zu veranschaulichen, betrachten wir den Verformungsprozeß eines Rohres unter Zug, Torsion und Innendruck. Wir wählen als unabhängige Variable neben der Zeit t die materiellen Koordinaten $X^1, X^2, X^3$ der Körperpunkte ($X^1_i \leqq X^1 \leqq X^1_a$, $0 \leqq X^2 \leqq 2\pi$, $0 \leqq X^3 \leqq L_0$), führen im Beobachterraum Zylinderkoordinaten $q^1=r$, $q^2=\varphi$, $q^3=z$ ein, beschreiben die Bewegung durch

$$\begin{aligned} r &= \hat{r}(X^1, t), \\ \varphi &= X^2 + D(t)X^3, \\ z &= \lambda(t)X^3, \end{aligned} \tag{7.231}$$

und können daraus entnehmen, an welchem Ort sich jeder Punkt des Körpers zur Zeit t befindet. Der momentane Innen- und Außenradius des Rohres ist $r_i=\hat{r}(X^1_i,t)$ bzw. $r_a=\hat{r}(X^1_a,t)$, die momentane Länge $\lambda(t)L_0$. Die $X^1$-Linien sind Strahlen, die senkrecht auf der Zylinderachse stehen, die $X^2$-Linien Kreise um diese Achse und die $X^3$-Linien Schraubenlinien. Bild 7.2 zeigt die Abwicklung des Rohrmantels.

Wie die infinitesimale Umgebung eines materiellen Punktes momentan im Beobachterraum plaziert ist, erkennt man, indem man die Momentanlage $\underset{\sim}{g}_\alpha=\partial\underset{\sim}{x}/\partial X^\alpha$ der Tangentenvektoren $\underset{\sim}{g}_\alpha$ an die materiellen Parameterlinien mit den Tangentenvektoren $\underset{\sim}{d}_i=\partial\underset{\sim}{x}/\partial q^i$ an die räumlichen Parameterlinien am momentanen Ort in Beziehung setzt:

$$\underset{\sim}{g}_\alpha=\frac{\partial\underset{\sim}{x}}{\partial X^\alpha}=\frac{\partial\underset{\sim}{x}}{\partial q^i}\frac{\partial q^i}{\partial X^\alpha}=\frac{\partial q^i}{\partial X^\alpha}\underset{\sim}{d}_i. \tag{7.232}$$

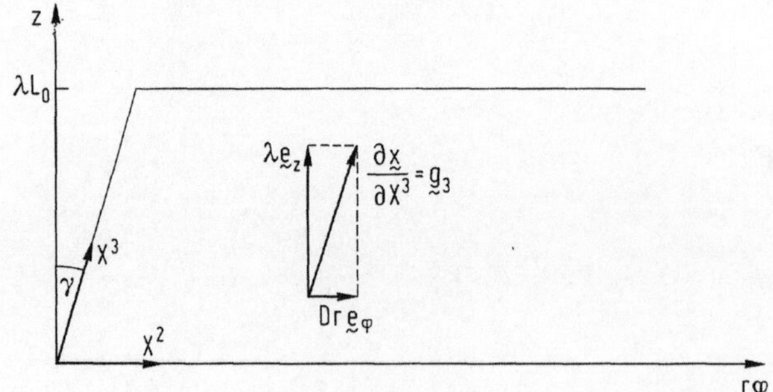


**Bild 7.2.** Abwicklung des Rohrmantels

Die dabei auftretende Matrix hat im vorliegenden Beispiel die Gestalt — wir setzen abkürzend $r' := \partial r/\partial X^1$ —:

$$\left(\frac{\partial q^i}{\partial X^\alpha}\right) = \begin{pmatrix} \frac{\partial r}{\partial X^1} & \frac{\partial r}{\partial X^2} & \frac{\partial r}{\partial X^3} \\ \frac{\partial \varphi}{\partial X^1} & \frac{\partial \varphi}{\partial X^2} & \frac{\partial \varphi}{\partial X^3} \\ \frac{\partial z}{\partial X^1} & \frac{\partial z}{\partial X^2} & \frac{\partial z}{\partial X^3} \end{pmatrix} = \begin{pmatrix} r' & 0 & 0 \\ 0 & 1 & D \\ 0 & 0 & \lambda \end{pmatrix} \tag{7.233}$$

Da die räumlichen Parameterlinien ein orthogonales Netz bilden, arbeiten wir bequemer mit den Tangenteneinheitsvektoren — vgl. (6.33), (6.34) — $\underset{\sim}{e}_r = \underset{\sim}{d}_r$, $\underset{\sim}{e}_\varphi = \underset{\sim}{d}_\varphi/r$, $\underset{\sim}{e}_z = \underset{\sim}{d}_z$ und erhalten zur Beschreibung der Plazierung des Tangentialraumes die Gleichungen — vgl. auch Bild 7.2 —

$$\begin{aligned} \underset{\sim}{g}_1 &= r'\underset{\sim}{e}_r, \\ \underset{\sim}{g}_2 &= r\underset{\sim}{e}_\varphi, \\ \underset{\sim}{g}_3 &= Dr\underset{\sim}{e}_\varphi + \lambda\underset{\sim}{e}_z. \end{aligned} \tag{7.234}$$

Der Inhalt dieser Information wird in einer gegen Koordinatenwechsel invarianten Weise in dem als lokale Plazierung bezeichneten Operator

$$\begin{aligned} \underset{\sim}{K} &= \underset{\sim}{g}_1 \otimes \underset{\sim}{g}^1 + \underset{\sim}{g}_2 \otimes \underset{\sim}{g}^2 + \underset{\sim}{g}_3 \otimes \underset{\sim}{g}^3 \\ &= r'\underset{\sim}{e}_r \otimes \underset{\sim}{g}^1 + r\underset{\sim}{e}_\varphi \otimes \underset{\sim}{g}^2 + (Dr\underset{\sim}{e}_\varphi + \lambda\underset{\sim}{e}_z) \otimes \underset{\sim}{g}^3 \end{aligned} \tag{7.235}$$

zusammengefaßt. Wegen der Vereinbarung $\underset{\sim}{g}^\alpha \cdot \underset{\sim}{g}_\beta = \delta^\alpha{}_\beta$ liefert er $\underset{\sim}{K} \cdot \underset{\sim}{g}_\alpha = \underset{\sim}{g}_\alpha$ ($\alpha = 1,2,3$), also die Aussage, daß der materielle Tangentenvektor $\underset{\sim}{g}_\alpha$ an die $X^\alpha$-Linie dem Beobachter momentan als der räumliche Vektor $\underset{\sim}{g}_\alpha$ erscheint, dessen Komponentendarstellung bezüglich der räumlichen Basis am momentanen Ort durch eine der Gleichungen (7.234) gegeben ist.

Die Längen der materiellen Tangentenvektoren und die Winkel zwischen ihnen in der momentanen Plazierung errechnen sich aus den inneren Produkten $\underset{\sim}{g}_\alpha \cdot \underset{\sim}{g}_\beta = \underset{\sim}{g}_\alpha \underset{\sim}{K}^* \underset{\sim}{K} \underset{\sim}{g}_\beta = \underset{\sim}{g}_\alpha \underset{\sim}{G} \underset{\sim}{g}_\beta = g_{\alpha\beta}$, welche die Komponenten der lokalen Konfiguration $\underset{\sim}{G} = \underset{\sim}{K}^* \underset{\sim}{K} = g_{\alpha\beta} \underset{\sim}{g}^\alpha \otimes \underset{\sim}{g}^\beta$ bilden:

$$(g_{\alpha\beta}) = \begin{pmatrix} r'^2 & 0 & 0 \\ 0 & r^2 & Dr^2 \\ 0 & Dr^2 & \lambda^2 + D^2r^2 \end{pmatrix}. \tag{7.236}$$

So findet man etwa für den Winkel zwischen der $X^2$- und der $X^3$-Linie aus $Dr^2 = g_{23} = \sqrt{g_{22}g_{33}}\cos(\pi/2 - \gamma) = r\sqrt{\lambda^2 + D^2r^2}\sin\gamma$ die Formel $\tan\gamma = Dr/\lambda$, was bei Betrachtung von Bild 7.2 einleuchtet.

Der Ortsvektor besitzt bezüglich der lokalen Basis seines Endpunktes — wie sich anschaulich oder unter Benutzung von (6.28), (6.33) ergibt — die Darstellung

$$\underset{\sim}{x}(r,\varphi,z) = r\,\underset{\sim}{e}_r(\varphi) + z\underset{\sim}{e}_z, \tag{7.237}$$

und das Geschwindigkeitsfeld ist demnach — es bedeutet $\dot{f} = \partial\hat{f}/\partial t$ —

$$\begin{aligned} \dot{\underset{\sim}{x}} &= \dot{r}\underset{\sim}{e}_r + r\frac{\partial \underset{\sim}{e}_r}{\partial \varphi}\dot{\varphi} + \dot{z}\underset{\sim}{e}_z \\ &= \dot{r}\underset{\sim}{e}_r + \dot{D}rX^3\underset{\sim}{e}_\varphi + \dot{\lambda}X^3\underset{\sim}{e}_z. \end{aligned} \tag{7.238}$$

Indem wir uns nach (6.30) die zu den $\underset{\sim}{g}_\alpha$ reziproken Vektoren

$$\underset{\sim}{g}^1 = \frac{1}{r'}\underset{\sim}{e}_r,$$
$$\underset{\sim}{g}^2 = \frac{1}{r}\underset{\sim}{e}_\varphi - \frac{D}{\lambda}\underset{\sim}{e}_z,$$
$$\underset{\sim}{g}^3 = \frac{1}{\lambda}\underset{\sim}{e}_z \tag{7.239}$$

und die Ableitungen

$$\dot{\underset{\sim}{g}}_1 = \dot{r}'\underset{\sim}{e}_r + \dot{D}r'X^3\underset{\sim}{e}_\varphi,$$
$$\dot{\underset{\sim}{g}}_2 = -\dot{D}rX^3\underset{\sim}{e}_r + \dot{r}\underset{\sim}{e}_\varphi,$$
$$\dot{\underset{\sim}{g}}_3 = -D\dot{D}rX^3\underset{\sim}{e}_r + (\dot{D}r + D\dot{r})\underset{\sim}{e}_\varphi + \dot{\lambda}\underset{\sim}{e}_z \tag{7.240}$$

verschaffen, erhalten wir für den räumlichen Geschwindigkeitsgradienten

$$\underset{\sim}{L} = \underset{\sim}{v} \otimes \underset{\sim}{\nabla} = \dot{\underset{\sim}{x}} \otimes \underset{\sim}{\nabla} = \frac{\partial \dot{\underset{\sim}{x}}}{\partial X^\alpha} \otimes \underset{\sim}{g}^\alpha = \dot{\underset{\sim}{g}}_\alpha \otimes \underset{\sim}{g}^\alpha \tag{7.241}$$

die Matrix seiner Komponenten bezüglich der orthonormierten Basis $\{\underset{\sim}{e}_r, \underset{\sim}{e}_\varphi, \underset{\sim}{e}_z\}$ – die spitzen Klammern deuten an, daß es sich nicht um kovariante Tensorkomponenten, sondern um physikalische Komponenten handelt ($l_{\langle ik\rangle} := \underset{\sim}{e}_i \cdot \underset{\sim}{L} \cdot \underset{\sim}{e}_k$) –:

$$(l_{\langle ik\rangle}) = \begin{pmatrix} \frac{\dot{r}'}{r'} & -\dot{D}X^3 & 0 \\ \dot{D}X^3 & \frac{\dot{r}}{r} & \frac{\dot{D}r}{\lambda} \\ 0 & 0 & \frac{\dot{\lambda}}{\lambda} \end{pmatrix}. \tag{7.242}$$

Der Tensor $\underset{\sim}{L}$ ordnet dem momentanen Bild eines materiellen Tangentenvektors seine zeitliche Änderung zu (z.B. $\underset{\sim}{L} \cdot \underset{\sim}{g}_\alpha = \dot{\underset{\sim}{g}}_\alpha$).

Betrachten wir momentan einen infinitesimalen materiellen Würfel mit den Kanten $\underset{\sim}{e}_r ds$, $\underset{\sim}{e}_\varphi ds$, $\underset{\sim}{e}_z ds$, so geben die mit ds multiplizierten Spalten der Matrix (7.242) die Komponenten der Änderungen dieser Kantenvektoren je Zeiteinheit. Die Diagonalkomponenten bestimmen die Zuwächse der Dehnungen, bezogen auf die momentane Plazierung, und die übrigen Komponenten die Richtungsänderungen. Inwieweit diese Richtungsänderungen auf Konfigurationsänderungen oder auf Starrkörperdrehungen zurückzuführen sind, entnimmt man der Zerlegung von $\underset{\sim}{L}$ in die symmetrische Verzerrungsgeschwindigkeit $\underset{\sim}{D}$ und den antimetrischen Wirbeltensor $\underset{\sim}{W}$, in Komponenten (vgl. Bild 7.3):

$$(d_{\langle ik\rangle}) = \begin{pmatrix} \frac{\dot{r}'}{r'} & 0 & 0 \\ 0 & \frac{\dot{r}}{r} & \frac{\dot{D}r}{2\lambda} \\ 0 & \frac{\dot{D}r}{2\lambda} & \frac{\dot{\lambda}}{\lambda} \end{pmatrix}, \tag{7.243}$$

$$(w_{\langle ik\rangle}) = \frac{\dot{D}}{\lambda}\begin{pmatrix} 0 & -z & 0 \\ z & 0 & \frac{r}{2} \\ 0 & -\frac{r}{2} & 0 \end{pmatrix}. \tag{7.244}$$

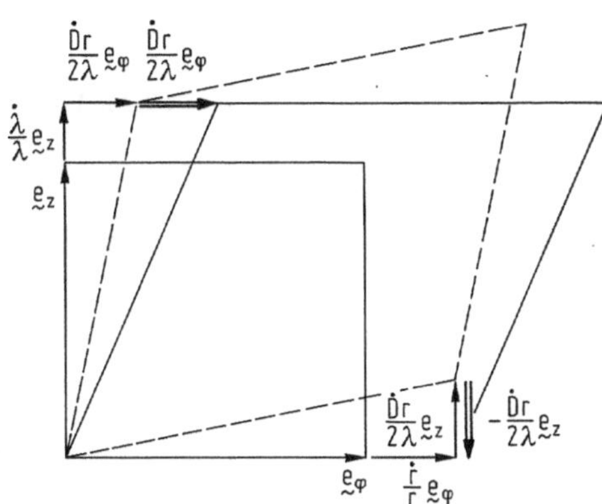


**Bild 7.3.** Zerlegung der inkrementellen Verformung in Verzerrung (einfacher Pfeil) und Drehung (Doppelpfeil)

Zur Übung mag der Leser die Gültigkeit der Beziehung $\dot{G}=2K^*DK$ prüfen.

Die invariante Beanspruchung $S=s^{\alpha\beta}g_\alpha\otimes g_\beta$ – mit $s^{\alpha\beta}=s^{\beta\alpha}$ – ist so erklärt, daß der Cauchysche Spannungstensor $T$ sich zu $T=\varrho P=\varrho KSK^*=\varrho s^{\alpha\beta}g_\alpha\otimes g_\beta$ ergibt. Die Komponenten von $S$ sind also zugleich die kontravarianten Komponenten der Beanspruchung $P$, d.h. der durch die momentane Dichte dividierten Cauchyschen Spannung $T$. Diese ordnet einem momentanen infinitesimalen Flächenelement $da$ die hindurchtretende Kraft $df$ zu gemäß $df=T\cdot da$. Die Kraft durch das von den Tangentenvektoren $g_1dX^1$ und $g^2dX^2$ aufgespannte Parallelogramm mit dem momentanen Flächenvektor $da=g_1dX^1\times g_2dX^2$ ist somit

$$\begin{aligned} df &= \varrho s^{\alpha\beta}g_\alpha[g_\beta g_1 g_2]dX^1dX^2 = s^{\alpha 3}g_\alpha\varrho[g_1g_2g_3]dX^1dX^2 \\ &= (s^{\alpha\beta}g_\alpha\otimes g_\beta)\cdot\varrho[g_1g_2g_3]g^3dX^1dX^2 = P_M\cdot d\alpha, \end{aligned} \tag{7.245}$$

wobei die materielle Fläche unabhängig von ihrer Plazierung durch $d\alpha=\varrho[g_1g_2g_3]g^3dX^1dX^2$ gekennzeichnet worden ist. (Der Faktor $\varrho$ macht diesen Ausdruck erst invariant, denn nicht das Volumen $|[g_1g_2g_3]dX^1dX^2dX^3|$, wohl aber die Masse $|\varrho[g_1g_2g_3]dX^1dX^2dX^3|$ eines infinitesimalen materiellen Spats bleibt während des Verformungsprozesses konstant.)

Wenn wir den Einfluß der Gravitations- und Trägheitskräfte vernachlässigen, muß die Gleichgewichtsbedingung in der Form $T\cdot\nabla=0$ erfüllt sein. Ob das während des speziellen Verformungsprozesses (7.231) der Fall ist, hängt vom Materialgesetz ab. Wir wollen es so annehmen, daß die Komponenten $s^{\alpha\beta}$ nur Funktionen von $X^1$ und t sind und ferner $s^{12}=s^{13}\equiv 0$ gilt. (Das ist beispielsweise der Fall, wenn das Material elastisch ist und die Komponentengleichungen $s^{\alpha\beta}=\hat{s}^{\alpha\beta}(g_{\mu\nu},X^1,X^2,X^3)$ der Stoffgleichung $S=\hat{S}(G)$ für alle materiellen Punkte mit gleichen Koordinaten $X^2$, $X^3$ dieselbe Form, also $s^{\alpha\beta}=\hat{s}^{\alpha\beta}(g_{\mu\nu},X^1)$ haben – die $g_{\mu\nu}$ sind ja in unserem Beispiel von $X^2$ und $X^3$ unabhängig –, und wenn wegen $g_{12}=g_{13}=0$ – wie in unserem Falle – auch $s^{12}$ und $s^{13}$ verschwinden. Als Beispiel dazu werden wir das isotrop-elastische Material kennenlernen.) Ferner nehmen wir an, daß die Dichte $\varrho$ nicht von $X^2$ und $X^3$ abhängt.

Unter diesen Annahmen sind die Komponenten $s_{\langle i\rangle}{}^\beta=e_i\cdot P_M\cdot g^\beta=s^{\alpha\beta}g_\alpha\cdot e_i$ des Operators $P_M$ in unserem Beispiel

$$(s_{\langle i\rangle}{}^\beta) = \begin{pmatrix} r's^{11} & 0 & 0 \\ 0 & r(s^{22}+Ds^{23}) & r(s^{23}+Ds^{33}) \\ 0 & \lambda s^{23} & \lambda s^{33} \end{pmatrix}, \tag{7.246}$$

und mit ihrer Hilfe läßt die Gleichgewichtsbedingung sich schreiben als

$$\begin{aligned} 0 &= T\cdot\nabla = (\varrho s^{\alpha\beta}g_\alpha\otimes g_\beta)\cdot\nabla = (\varrho s_{\langle i\rangle}{}^\beta e_i\otimes g_\beta)\cdot\nabla \\ &= \frac{\partial}{\partial X^\beta}(\varrho s_{\langle i\rangle}{}^\beta e_i) + \varrho s_{\langle i\rangle}{}^\beta e_i(\nabla\cdot g_\beta). \end{aligned} \tag{7.247}$$

Nun ist

$$\frac{\partial \underset{\sim}{e}_r}{\partial X^2} = \frac{\partial \underset{\sim}{e}_r}{\partial \varphi}\frac{\partial \varphi}{\partial X^2} = \frac{\partial \underset{\sim}{e}_r}{\partial \varphi} = \underset{\sim}{e}_\varphi \tag{7.248}$$

und

$$\frac{\partial \underset{\sim}{e}_r}{\partial X^3} = D\underset{\sim}{e}_\varphi, \frac{\partial \underset{\sim}{e}_\varphi}{\partial X^2} = -\underset{\sim}{e}_r, \frac{\partial \underset{\sim}{e}_\varphi}{\partial X^3} = -D\underset{\sim}{e}_r, \tag{7.249}$$

und unter Beachtung der aus (6.30) und mit $\partial \underset{\sim}{g}_\beta/\partial X^\alpha = \partial \underset{\sim}{g}_\alpha/\partial X^\beta$ sich ergebenden Formel

$$\begin{aligned}\underset{\sim}{\nabla}\cdot\underset{\sim}{g}_\beta &= \underset{\sim}{g}^\alpha\cdot\frac{\partial \underset{\sim}{g}_\beta}{\partial X^\alpha} = \Gamma^\alpha{}_{\alpha\beta}\\ &= \frac{1}{[\underset{\sim}{g}_1\underset{\sim}{g}_2\underset{\sim}{g}_3]}\left\{(\underset{\sim}{g}_2\times\underset{\sim}{g}_3)\cdot\frac{\partial \underset{\sim}{g}_\beta}{\partial X^1} + (\underset{\sim}{g}_3\times\underset{\sim}{g}_1)\cdot\frac{\partial \underset{\sim}{g}_\beta}{\partial X^2} + (\underset{\sim}{g}_1\times\underset{\sim}{g}_2)\cdot\frac{\partial \underset{\sim}{g}_\beta}{\partial X^3}\right\}\\ &= \frac{1}{[\underset{\sim}{g}_1\underset{\sim}{g}_2\underset{\sim}{g}_3]}\frac{\partial}{\partial X^\beta}[\underset{\sim}{g}_1\underset{\sim}{g}_2\underset{\sim}{g}_3]\end{aligned} \tag{7.250}$$

erhält man

$$\underset{\sim}{\nabla}\cdot\underset{\sim}{g}_1 = \frac{r''}{r'} + \frac{r'}{r},\ \underset{\sim}{\nabla}\cdot\underset{\sim}{g}_2 = 0,\ \underset{\sim}{\nabla}\cdot\underset{\sim}{g}_3 = 0. \tag{7.251}$$

Man stellt fest, daß aufgrund unserer Annahmen die Gleichgewichtsbedingungen in den Richtungen $\underset{\sim}{e}_\varphi$ und $\underset{\sim}{e}_z$ automatisch erfüllt sind, während die Bedingung in Richtung $\underset{\sim}{e}_r$ lautet:

$$\begin{aligned}&\frac{\partial}{\partial X^1}(\varrho r' s^{11}) - \varrho r(s^{22} + Ds^{23}) - \varrho Dr(s^{23} + Ds^{33})\\ &\qquad + \varrho r' s^{11}\left(\frac{r''}{r'} + \frac{r'}{r}\right) = 0.\end{aligned} \tag{7.252}$$

Wir haben ein Beispiel der materiellen Beschreibungsweise vor uns, die hier nicht mit der Lagrangeschen Beschreibung identisch ist, denn eine Bezugsplazierung haben wir bisher nicht eingeführt. Liegen Länge und Drillwinkel des Rohres durch Vorgabe von $D(t)$ und $\lambda(t)$ fest, dann bestimmt sich die Funktion $\hat{r}(X^1, t)$ aus dieser Differentialgleichung und den zugehörigen Randbedingungen (siehe unten – (7.260)). Resultierende Kraft und resultierendes Moment der auf die Stirnfläche $X^3 = L_0$ wirkenden Kräfte berechnen sich nach (7.245) mit (7.246) zu

$$\underset{\sim}{f} = \int d\underset{\sim}{f} = \int_{X^1 = X^1_i}^{X^1_a}\int_{X^2=0}^{2\pi}(s_{\langle\varphi\rangle}{}^3\underset{\sim}{e}_\varphi + s_{\langle z\rangle}{}^3\underset{\sim}{e}_z)\varrho[\underset{\sim}{g}_1\underset{\sim}{g}_2\underset{\sim}{g}_3]dX^1dX^2 \tag{7.253}$$

und

$$\begin{aligned}\underset{\sim}{m} &= \int \underset{\sim}{x}\times d\underset{\sim}{f} =\\ &= \int_{X^1 = X^1_i}^{X^1_a}\int_{X^2=0}^{2\pi}(r\underset{\sim}{e}_r + z\underset{\sim}{e}_z)\times(s_{\langle\varphi\rangle}{}^3\underset{\sim}{e}_\varphi + s_{\langle z\rangle}{}^3\underset{\sim}{e}_z)\varrho[\underset{\sim}{g}_1\underset{\sim}{g}_2\underset{\sim}{g}_3]dX^1dX^2.\end{aligned} \tag{7.254}$$

Unter Beachtung von $\int_0^{2\pi}\underset{\sim}{e}_j(X^2 + DL_0)dX^2 = 0\ (j = r, \varphi)$ und $[\underset{\sim}{g}_1\underset{\sim}{g}_2\underset{\sim}{g}_3] = rr'\lambda$ verbleibt

$$\underset{\sim}{f} = 2\pi\lambda^2\int_{X^1_i}^{X^1_a}\varrho s^{33} rr' dX^1\underset{\sim}{e}_z, \tag{7.255}$$

$$\underset{\sim}{m} = 2\pi\lambda\int_{X^1_i}^{X^1_a}\varrho(s^{23} + Ds^{33})r^3 r' dX^1\underset{\sim}{e}_z, \tag{7.256}$$

also eine Längskraft und ein Torsionsmoment.

Die physikalischen Komponenten der Beanspruchung $\underset{\sim}{P}=\underset{\sim}{K}\underset{\sim}{S}\underset{\sim}{K}^*=\underset{\sim}{P}_M\underset{\sim}{K}^*$ ergeben sich aus $p_{\langle il\rangle}=\underset{\sim}{e}_i\cdot\underset{\sim}{P}\cdot\underset{\sim}{e}_l=\underset{\sim}{e}_i\cdot\underset{\sim}{P}_M\cdot\underset{\sim}{K}^*\cdot\underset{\sim}{e}_l=\underset{\sim}{e}_i\cdot\underset{\sim}{P}_M\cdot\underset{\sim}{g}^\beta\underset{\sim}{g}_\beta\cdot\underset{\sim}{K}^*\cdot\underset{\sim}{e}_l=s_{\langle i\rangle}{}^\beta\underset{\sim}{g}_\beta\cdot\underset{\sim}{e}_l$ zu

$$(p_{\langle il\rangle})=\begin{pmatrix} r'^2s^{11} & 0 & 0\\ 0 & r^2(s^{22}+2Ds^{23}+D^2s^{33}) & r\lambda(s^{23}+Ds^{33})\\ 0 & r\lambda(s^{23}+Ds^{33}) & \lambda^2s^{33}\end{pmatrix}. \tag{7.257}$$

Die mit $\varrho$ multiplizierten Spalten geben die Normal- und Schubspannungen auf den Flächen mit den Normaleneinheitsvektoren $\underset{\sim}{e}_r$, $\underset{\sim}{e}_\varphi$ bzw. $\underset{\sim}{e}_z$. Die Darstellung der Normalspannung $t_{\langle\varphi\varphi\rangle}=\underset{\sim}{e}_\varphi\cdot\underset{\sim}{T}\cdot\underset{\sim}{e}_\varphi$ — Ringspannung (hoop stress) genannt — ist hier umfangreich, weil die Fläche $\varphi=\text{const}$ im Falle $D\neq0$ nicht mit einer materiellen Parameterfläche zusammenfällt. Unter Beachtung von (7.257) läßt sich (7.252) auch abgekürzt schreiben

$$\frac{\partial t_{\langle rr\rangle}}{r'\partial X^1}+\frac{t_{\langle rr\rangle}-t_{\langle\varphi\varphi\rangle}}{r}=0. \tag{7.258}$$

Geht man zur Eulerschen Darstellung über — wählt also $r,\varphi,z,t$ als unabhängige Variable — so gilt im vorliegenden Falle einfach $\partial/\partial r=\partial/r'\partial X^1$, und die radiale Gleichgewichtsbedingung läßt sich in die Form

$$t_{\langle\varphi\varphi\rangle}=\frac{\partial}{\partial r}(rt_{\langle rr\rangle}) \tag{7.259}$$

bringen. Als Randbedingungen sind die Drücke auf den Mantelflächen

$$t_{\langle rr\rangle}(r_i)=-p_i,\ t_{\langle rr\rangle}(r_a)=-p_a \tag{7.260}$$

vorzugeben, während die Schubspannungsfreiheit der Mantelflächen — $t_{\langle r\varphi\rangle}=t_{\langle rz\rangle}=0$ — durch unseren Ansatz automatisch erfüllt ist. Integration von (7.259) liefert

$$\int_{r_i}^{r_a} t_{\langle\varphi\varphi\rangle}dr=rt_{\langle rr\rangle}\Big|_{r_i}^{r_a}=p_ir_i-p_ar_a. \tag{7.261}$$

Ebenso kann man den Schnittlasten (7.255), (7.256) eine übersichtlichere Form geben:

$$N=\underset{\sim}{f}\cdot\underset{\sim}{e}_z=2\pi\int_{r_i}^{r_a} t_{\langle zz\rangle}r\,dr, \tag{7.262}$$

$$M=\underset{\sim}{m}\cdot\underset{\sim}{e}_z=2\pi\int_{r_i}^{r_a} t_{\langle z\varphi\rangle}r^2dr. \tag{7.263}$$

Führen wir den mittleren Radius $r_m=(r_a+r_i)/2$ und die Rohrdicke $d=r_a-r_i$ ein, unterstellen das Rohr als dünn ($r_m>>d$) und nehmen daher an, daß die Spannungen $t_{\langle\varphi\varphi\rangle}$, $t_{\langle zz\rangle}$ und $t_{\langle z\varphi\rangle}$ näherungsweise über die Dicke konstant sind — die Berechtigung dieser Annahme wäre im Einzelfall zu prüfen, sie trifft sicher nicht zu bei einem aus verschiedenen Materialien geschichteten Rohr —, dann gibt Auswertung der drei Integrale

$$t_{\langle\varphi\varphi\rangle}\doteq(p_i-p_a)\frac{r_m}{d}-\frac{p_i+p_a}{2}\approx(p_i-p_a)\frac{r_m}{d}, \tag{7.264}$$

$$t_{\langle zz\rangle}=\frac{N}{2\pi r_md}, \tag{7.265}$$

$$t_{\langle z\varphi\rangle}=\frac{M}{2\pi(r_m{}^2+d^2/12)d}\approx\frac{M}{2\pi r_m{}^2d}. \tag{7.266}$$

Nimmt man noch an, daß $-t_{\langle rr\rangle}$ über die Dicke monoton vom Innendruck $p_i$ auf den äußeren Luftdruck $p_a$ abfällt, dann besitzt $t_{\langle rr\rangle}$ die Größenordnung von $p_i$ und ist damit gegen die Ringspannung $t_{\langle\varphi\varphi\rangle}$ vernachlässigbar klein. (Aus demselben Grund ist der zweite Summand in

(7.264) gestrichen worden.) Näherungsweise wird also in diesem Test ein ebener Spannungszustand realisiert.

Die Spannungsleistung je Masseneinheit ist

$$j=\frac{1}{2}\underset{\sim}{S}:\underset{\sim}{\dot{G}}=\frac{1}{2}s^{\alpha\beta}\dot{g}_{\alpha\beta}$$

$$=\frac{1}{2}s^{11}(r'^2)^{\cdot}+\frac{1}{2}s^{22}(r^2)^{\cdot}+s^{23}(Dr^2)^{\cdot}+\frac{1}{2}s^{33}(\lambda^2+D^2r^2)^{\cdot}. \tag{7.267}$$

Der Leser mag prüfen, daß sich dasselbe aus $j=\underset{\sim}{P}:\underset{\sim}{D}=p_{\langle ik\rangle}d_{\langle ik\rangle}$ ergibt.

Abschließend sei die Benutzung einer Bezugsplazierung erläutert. Beispielsweise können wir jene Plazierung wählen, in der zwischen den materiellen und räumlichen Koordinaten der Zusammenhang

$$r=X^1,\ \varphi=X^2,\ z=X^3 \tag{7.268}$$

besteht. Umgekehrt gedeutet: Als materielle Koordinaten sind die Zylinderkoordinaten des Ortes $\overset{0}{\underset{\sim}{x}}$ des materiellen Punktes in der Bezugsplazierung gewählt worden. Die lokale Bezugsplazierung ist $\underset{\sim}{K}_0=\overset{0}{\underset{\sim}{g}}_\alpha\otimes g^\alpha$, wobei $\overset{0}{\underset{\sim}{g}}_\alpha=\partial\overset{0}{\underset{\sim}{x}}/\partial X^\alpha$ die Tangentenvektoren an die Parameterlinien des Zylinderkoordinatennetzes im Punkt $\overset{0}{\underset{\sim}{x}}$ bedeuten. Der Deformationsgradient ergibt sich zu

$$\underset{\sim}{F}=\underset{\sim}{x}\otimes\overset{0}{\underset{\sim}{\nabla}}=\frac{\partial\underset{\sim}{x}}{\partial X^\alpha}\otimes\overset{0}{\underset{\sim}{g}}{}^\alpha=\underset{\sim}{K}\underset{\sim}{K}_0^{-1}=\underset{\sim}{g}_\alpha\otimes\overset{0}{\underset{\sim}{g}}{}^\alpha=\frac{\partial q^i}{\partial X^\alpha}\underset{\sim}{d}_i\otimes\overset{0}{\underset{\sim}{g}}{}^\alpha. \tag{7.269}$$

Wir erhalten ihn also aus (7.235), indem wir $\underset{\sim}{F}$ statt $\underset{\sim}{K}$ und $\overset{0}{\underset{\sim}{g}}{}^\alpha$ statt $\underset{\sim}{g}^\alpha$ schreiben. Desgleichen wird $\underset{\sim}{G}$ zu $\underset{\sim}{C}$, $\underset{\sim}{S}$ zu $\underset{\sim}{Z}$, $\underset{\sim}{P}_M$ zu $\underset{\sim}{P}_0$, wenn wir die Basen $\underset{\sim}{g}_\alpha$ und $\underset{\sim}{g}^\alpha$ durch $\overset{0}{\underset{\sim}{g}}_\alpha$ bzw. $\overset{0}{\underset{\sim}{g}}{}^\alpha$ ersetzen und die Komponentenmatrizen belassen.

Umständlich wird die Darstellung beispielsweise von $\underset{\sim}{F}$ gänzlich mittels der zeitlich festen Basisvektoren am Ort $\overset{0}{\underset{\sim}{x}}$. Schreiben wir $R,\Phi,Z$ statt $X^1,X^2,X^3$, führen Einheitsvektoren

$$\underset{\sim}{e}_R=\overset{0}{\underset{\sim}{g}}_1=\overset{0}{\underset{\sim}{g}}{}^1,\ \underset{\sim}{e}_\Phi=\overset{0}{\underset{\sim}{g}}_2/R=R\overset{0}{\underset{\sim}{g}}{}^2,\ \underset{\sim}{e}_Z=\overset{0}{\underset{\sim}{g}}_3=\overset{0}{\underset{\sim}{g}}{}^3 \tag{7.270}$$

am Ort $\overset{0}{\underset{\sim}{x}}$ ein und beachten den Zusammenhang – vgl. Bild 7.4 –

$$\underset{\sim}{e}_r=\underset{\sim}{e}_R\cos(\varphi-\Phi)+\underset{\sim}{e}_\Phi\sin(\varphi-\Phi),$$
$$\underset{\sim}{e}_\varphi=-\underset{\sim}{e}_R\sin(\varphi-\Phi)+\underset{\sim}{e}_\Phi\cos(\varphi-\Phi), \tag{7.271}$$

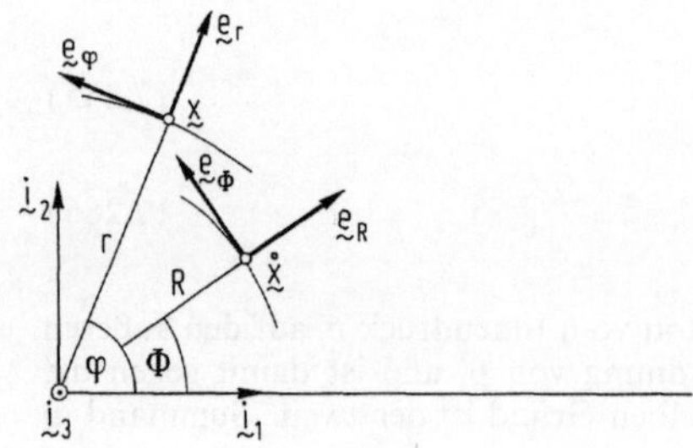


**Bild 7.4.** Momentanplazierung $\underset{\sim}{x}$ und Bezugsplazierung $\overset{0}{\underset{\sim}{x}}$ eines materiellen Punktes und zugehörige lokale Basen

dann werden die physikalischen Komponenten von $\underset{\sim}{F}$:

$$(F_{\langle\alpha\beta\rangle}) = \begin{pmatrix} r'\cos DZ & -\frac{r}{R}\sin DZ & -Dr\sin DZ \\ r'\sin DZ & \frac{r}{R}\cos DZ & Dr\cos DZ \\ 0 & 0 & \lambda \end{pmatrix} \tag{7.272}$$

Die mit ds multiplizierten Spalten geben – bezogen auf die Basis $\{\underset{\sim}{e}_R, \underset{\sim}{e}_\Phi, \underset{\sim}{e}_Z\}$ – die Lage derjenigen materiellen Tangentenvektoren in der Momentanplazierung an, die in der Bezugsplazierung die Lagen $\underset{\sim}{e}_R ds$, $\underset{\sim}{e}_\Phi ds$ und $\underset{\sim}{e}_Z ds$ hatten. Das Dichteverhältnis beider Plazierungen ist

$$\frac{\varrho_0}{\varrho} = \det \underset{\sim}{F} = \frac{r'r\lambda}{R}, \tag{7.273}$$

und es gilt

$$-\frac{\dot{\varrho}}{\varrho} = \frac{(r'r\lambda)^{\cdot}}{r'r\lambda} = \frac{\dot{r}'}{r'} + \frac{\dot{r}}{r} + \frac{\dot{\lambda}}{\lambda} = \operatorname{tr} \underset{\sim}{D}. \tag{7.274}$$

Verzerrungen lassen sich mittels des rechten Cauchy-Green-Tensors $\underset{\sim}{C}$ berechnen. Die Dehnung der Fasern in Z-Richtung beim Übergang aus der Bezugsplazierung in die momentane ergibt sich aus

$$\begin{aligned} &\underset{\sim}{e}_Z \cdot \underset{\sim}{C} \cdot \underset{\sim}{e}_Z = \underset{\sim}{e}_Z \cdot \underset{\sim}{F}^T \cdot \underset{\sim}{F} \cdot \underset{\sim}{e}_Z = |\underset{\sim}{F} \cdot \underset{\sim}{e}_Z|^2 = (1+\varepsilon_{ZZ})^2 \\ &= \underset{\sim}{e}_Z \cdot g_{\alpha\beta}\, \overset{0}{\underset{\sim}{g}}{}^\alpha \otimes \overset{0}{\underset{\sim}{g}}{}^\beta \cdot \underset{\sim}{e}_Z = g_{33} = \lambda^2 + D^2 r^2 \end{aligned} \tag{7.275}$$

zu $\varepsilon_{ZZ} = \sqrt{\lambda^2 + D^2 r^2} - 1$. Sie ist größer als die auf die Ausgangslänge bezogene Längenänderung des Rohres $(L - L_0)/L_0 = \lambda - 1$, denn die Fasern in Z-Richtung werden ja zu Schraubenlinien.

Falls das Material des Rohres elastisch und das Verhalten aller materiellen Elemente bezüglich der gewählten Bezugsplazierung isotrop ist, müssen, wie wir wissen, die Tensoren $\underset{\sim}{P}$ und $\underset{\sim}{B} = \underset{\sim}{F}\underset{\sim}{F}^T$ koaxial sein. Nun sind die physikalischen Komponenten von $\underset{\sim}{B}$:

$$(b_{\langle ik\rangle}) = \begin{pmatrix} r'^2 & 0 & 0 \\ 0 & \frac{r^2}{R^2} + D^2 r^2 & Dr\lambda \\ 0 & Dr\lambda & \lambda^2 \end{pmatrix}. \tag{7.276}$$

Eine Hauptachse ist $\underset{\sim}{e}_r$, so daß in der Tat unsere Annahme $s^{12} = s^{13} = 0$ in diesem Falle bestätigt wird. Die Neigungen $\delta$ der übrigen beiden Hauptachsen gegen die Achse $\underset{\sim}{e}_\varphi$ müssen bei den Tensoren $\underset{\sim}{T}$ und $\underset{\sim}{B}$ gleich sein, und das führt mit (7.264) ff. und $r \approx r_m$ unter Beachtung von (5.136) auf

$$\begin{aligned} \frac{1}{2}\tan 2\delta &= \frac{b_{\langle z\varphi\rangle}}{b_{\langle\varphi\varphi\rangle} - b_{\langle zz\rangle}} = \frac{D r_m \lambda}{(r_m/R_m)^2 + D^2 r_m{}^2 - \lambda^2} \\ &= \frac{t_{\langle z\varphi\rangle}}{t_{\langle\varphi\varphi\rangle} - t_{\langle zz\rangle}} = \frac{M/r_m}{(p_i - p_a) 2\pi r_m{}^2 - N}. \end{aligned} \tag{7.277}$$

Da die Größen M, N, $(p_i - p_a)$, $r_m$, $R_m$, $\lambda = L/L_0$ und die Drillung $D = (\varphi - \Phi)|_{Z=L_0}/L_0$ der Messung zugänglich sind, kann man die Gültigkeit dieser Bedingung im Experiment überprüfen. Ist sie nicht erfüllt, dann kann das Material des Rohres nicht isotrop-elastisch im angenommenen Sinne sein.

# Teil C Grundlagen der Materialtheorie

Nachdem in Teil A die grundlegenden Konzepte der Materialtheorie an eindimensionalen Systemen erläutert und in Teil B alle für die dreidimensionale Darstellung benötigten Hilfsmittel bereitgestellt worden sind, wenden wir uns jetzt dem eigentlichen Gegenstand des Buches zu. In Kapitel 8 werden die Konzepte der Materialbeschreibung ins Dreidimensionale übertragen und am Beispiel elastischen Materialverhaltens erläutert. Kapitel 9 bringt den Formalismus der Hintereinanderschaltung großer elastischer und inelastischer Verformungen und seine Anwendung in einfachen Stoffgesetzen. Im 10. Kapitel wird komplexes inelastisches Materialverhalten behandelt, und das 11. Kapitel bringt Ergänzungen und praktische Hinweise.

# 8 Die Theorie der einfachen Stoffe

In diesem Kapitel lernen wir Aspekte der Materialbeschreibung kennen, die beim Übergang zum dreidimensionalen Fall und bei der Hinzunahme thermischer Variabler neu auftreten, nämlich thermomechanische Passivität, Zwangsbedingungen und Materialsymmetrie. Die Veranschaulichung dieser Konzepte geschieht am elastischen Material. Am Schluß des Kapitels studieren wir die Frage der Aussagekraft von Experimenten.

## 8.1 Wahl der Variablen

Die am leichtesten zu handhabende Materialtheorie des Kontinuums – Theorie der einfachen Stoffe genannt – erhält man, wenn man einen einzelnen Punkt X des Kontinuums herausgreift und die im dritten Kapitel entwickelten Begriffsbildungen folgendermaßen uminterpretiert:

| | Elementares System | Materialelement am Punkt X des Kontinuums | | |
|---|---|---|---|---|
| | | Mechanisch | Thermomechanisch | |
| Eingabegrößen | l | $\underset{\sim}{G}$ | $\underset{\sim}{G}, \vartheta, \hat{\underset{\sim}{\nabla}}\vartheta$ | (8.1) |
| Ausgabegrößen | f | $\underset{\sim}{S}$ | $\underset{\sim}{S}, \varepsilon, \underset{\sim}{h}$ | |

Das Objekt dieser Materialtheorie nennen wir Materialelement. Da seine Kinematik durch die sechs Freiheitsgrade der lokalen Konfiguration $\underset{\sim}{G}$ beschrieben wird, können wir es uns anschaulich als von Tangentenvektoren aufgespanntes infinitesimales Parallelepiped am Punkt X des Kontinuums vorstellen. Analog zum dritten Kapitel beschreiben wir das Verhalten des Materialelements durch Vorgabe der *Prozeßklasse* $\mathbb{P}$, also – im thermomechanischen Falle – der Menge der im Anschluß an die Ausgangssituation möglichen Verläufe $\underset{\sim}{G}(\tau)$, $\vartheta(\tau)$, $\hat{\underset{\sim}{\nabla}}\vartheta(\tau)$ am Punkt X und durch das *Ausgabefunktional* $\bar{f}$, das jedem dieser Prozesse die Werte von $\underset{\sim}{S}$, $\varepsilon$ und $\underset{\sim}{h}$ am Punkt X am Ende des Prozesses zuordnet.

Man bemerkt, daß die Theorie der einfachen Stoffe, die auf Noll zurückgeht (siehe [0.3], [8.1], [0.1]), dem Materialverhalten folgende wichtige Einschränkungen auferlegt:

*1. Determinismus*

Die Ausgabegrößen am Punkt X sind durch die Ausgangssituation und den Prozeß der Eingabegrößen festgelegt. Rückwirkungen der Zukunft und stochastische Unbestimmtheiten sind ausgeschlossen. In Zusammenhang mit dem Stichwort Zwangsbedingungen werden wir dieses Prinzip noch etwas modifizieren.

*2. Lokale Wirkung*

Die Ausgabegrößen am Punkt X hängen nur vom Prozeß am Punkt X ab. Das thermisch-kinematische Geschehen am Restkörper ist ohne Einfluß. Das Materialverhalten wird an den einzelnen Punkten getrennt untersucht.

*3. Materielle Objektivität*

Die Ein- und Ausgabegrößen $\underset{\sim}{G}, \vartheta, \hat{\underset{\sim}{\nabla}}\vartheta, \underset{\sim}{S}, \varepsilon, \underset{\sim}{\mathfrak{h}}$ sind unabhängig vom Beobachter definiert, also gegen Beobachterwechsel invariant. Auch die Beschreibung des Materialverhaltens ist somit vom Beobachter unabhängig, wie es das Prinzip der materiellen Objektivität verlangt. Daran ändert sich auch nichts, wenn die Stoffgleichungen unter Beachtung der im 6. und 7. Kapitel gegebenen Regeln auf Operatoren umgeschrieben werden, welche unter Zuhilfenahme eines Beobachterraums $\mathscr{V}$ erklärt sind. Man vergleiche etwa die in den Formeln (7.124) ff. aus $\underset{\sim}{S} = \hat{\underset{\sim}{S}}(\underset{\sim}{G})$ entwickelten Darstellungen des elastischen Stoffgesetzes.

*Bemerkung:* In älteren Darstellungen – z.B. Truesdell und Noll [0.1] – wird viel Aufmerksamkeit auf die umgekehrte Problemstellung verwendet:
Gegeben ist eine Zuordnung zwischen Größen, die mittels eines Beobachterraumes definiert sind, und es soll sichergestellt werden, daß sie dem Prinzip der materiellen Objektivität genügt. Beispielsweise sei die Cauchysche Beanspruchung $\underset{\sim}{P}(t)$ als Funktional des Plazierungsprozesses $\underset{\sim}{K}(\tau)$ im Intervall $\tau \in [t_0, t]$ gegeben.

$$\underset{\sim}{P}(t) = \overset{t}{\underset{\tau = t_0}{\underset{\sim}{\mathfrak{P}}}} (\underset{\sim}{K}(\tau)). \tag{8.2}$$

Einem zweiten Beobachter stellt sich das Materialverhalten dar als

$$\tilde{\underset{\sim}{P}}(t) = \overset{t}{\underset{\tau = t_0}{\tilde{\underset{\sim}{\mathfrak{P}}}}} (\tilde{\underset{\sim}{K}}(\tau)). \tag{8.3}$$

Das Prinzip der materiellen Objektivität verlangt nun erstens, daß die Zuordnungsvorschrift für alle Beobachter dieselbe ist. Das bedeutet genauer: Werden die Räume $\mathscr{V}$ und $\tilde{\mathscr{V}}$ durch eine konstante Isometrie $\underset{\sim}{\mathfrak{R}}_0$ miteinander identifiziert und gilt $\tilde{\underset{\sim}{K}}(\tau) = \underset{\sim}{\mathfrak{R}}_0 \underset{\sim}{K}(\tau)$, dann muß $\tilde{\underset{\sim}{P}}(t) = \underset{\sim}{\mathfrak{R}}_0 \underset{\sim}{P}(t) \underset{\sim}{\mathfrak{R}}_0^*$ sein. Zwischen den Funktionalen $\underset{\sim}{\mathfrak{P}}$ und $\tilde{\underset{\sim}{\mathfrak{P}}}$ besteht also für beliebige Prozesse $\underset{\sim}{K}(\tau)$ der Zusammenhang

$$\underset{\sim}{\mathfrak{R}}_0 \overset{t}{\underset{\tau = t_0}{\underset{\sim}{\mathfrak{P}}}} (\underset{\sim}{K}(\tau)) \underset{\sim}{\mathfrak{R}}_0^* = \overset{t}{\underset{\tau = t_0}{\tilde{\underset{\sim}{\mathfrak{P}}}}} (\underset{\sim}{\mathfrak{R}}_0 \underset{\sim}{K}(\tau)). \tag{8.4}$$

Zweitens verlangt das Prinzip der materiellen Objektivität, daß bei Betrachtung eines bestimmten physikalischen Prozesses zwischen den beobachteten Größen die Zusammenhänge $\tilde{\underset{\sim}{K}}(\tau) = \underset{\sim}{\mathfrak{R}}(\tau) \underset{\sim}{K}(\tau)$ und $\tilde{\underset{\sim}{P}}(t) = \underset{\sim}{\mathfrak{R}}(t) \underset{\sim}{P}(t) \underset{\sim}{\mathfrak{R}}^*(t)$ gelten, also

$$\underset{\sim}{\mathfrak{R}}(t) \overset{t}{\underset{\tau = t_0}{\underset{\sim}{\mathfrak{P}}}} (\underset{\sim}{K}(\tau)) \underset{\sim}{\mathfrak{R}}^*(t) = \overset{t}{\underset{\tau = t_0}{\tilde{\underset{\sim}{\mathfrak{P}}}}} (\underset{\sim}{\mathfrak{R}}(\tau) \underset{\sim}{K}(\tau)). \tag{8.5}$$

Verknüpft man (8.4) und (8.5) unter Benutzung der Abkürzung $\underset{\sim}{\mathfrak{R}}_0^* \underset{\sim}{\mathfrak{R}}(\tau) = \underset{\sim}{Q}(\tau) \in \mathrm{Orth}^+(\mathscr{V})$, so erhält man die Funktionalgleichung

$$\overset{t}{\underset{\tau = t_0}{\underset{\sim}{\mathfrak{P}}}} (\underset{\sim}{Q}(\tau) \underset{\sim}{K}(\tau)) = \underset{\sim}{Q}(t) \overset{t}{\underset{\tau = t_0}{\underset{\sim}{\mathfrak{P}}}} (\underset{\sim}{K}(\tau)) \underset{\sim}{Q}^T(t), \tag{8.6}$$

welche für alle Prozesse und alle Beobachter, also alle Verläufe $\underset{\sim}{K}(\tau)$ und $\underset{\sim}{Q}(\tau)$ erfüllt sein muß. Wir benötigen solche komplizierten Betrachtungen nicht, weil wir von der invarianten Darstellung

$$\underset{\sim}{S}(t) = \overset{t}{\underset{\tau=t_0}{\underset{\sim}{\mathfrak{S}}}} (\underset{\sim}{G}(\tau)) \tag{8.7}$$

ausgehen und sie unter Beachtung von $\underset{\sim}{P} = \underset{\sim}{K}\underset{\sim}{S}\underset{\sim}{K}^*$ und $\underset{\sim}{G} = \underset{\sim}{K}^*\underset{\sim}{K}$ umschreiben können auf

$$\underset{\sim}{P}(t) = \underset{\sim}{K}(t) \overset{t}{\underset{\tau=t_0}{\underset{\sim}{\mathfrak{S}}}} (\underset{\sim}{K}^*(\tau)\underset{\sim}{K}(\tau))\underset{\sim}{K}^*(t) =: \overset{t}{\underset{\tau=t_0}{\underset{\sim}{\mathfrak{P}}}} (\underset{\sim}{K}(\tau)). \tag{8.8}$$

Diese sogenannte reduzierte Form des Funktionals $\mathfrak{P}$ erfüllt die Funktionalgleichung (8.6) automatisch.

### *4. Invarianz unter überlagerter Starrkörperbewegung*

Modifiziert man eine beliebige Bewegung des Körpers dadurch, daß man eine Starrkörperbewegung überlagert, so ändert sich der Eingabeprozeß und damit die Ausgabe nicht. Für einen festen Beobachter stellt sich nämlich der Zusammenhang zwischen den beiden Bewegungen $\underset{\sim}{x}(X,t)$ und $\bar{\underset{\sim}{x}}(X,t)$ dar als

$$\bar{\underset{\sim}{x}}(X,t) - \bar{\underset{\sim}{x}}(X_0,t) = \underset{\sim}{Q}(t)\cdot[\underset{\sim}{x}(X,t) - \underset{\sim}{x}(X_0,t)],\ \underset{\sim}{Q}(t) \in \mathrm{Orth}^+(\mathscr{V}), \tag{8.9}$$

und damit gilt

$$\bar{\underset{\sim}{K}}(X,t) = \bar{\underset{\sim}{x}}(X,t) \otimes \hat{\underset{\sim}{\nabla}} = \underset{\sim}{Q}(t)\cdot \underset{\sim}{x}(X,t) \otimes \hat{\underset{\sim}{\nabla}} = \underset{\sim}{Q}(t)\underset{\sim}{K}(X,t) \tag{8.10}$$

und folglich

$$\bar{\underset{\sim}{G}}(X,t) = \bar{\underset{\sim}{K}}^*\bar{\underset{\sim}{K}} = \underset{\sim}{K}^*\underset{\sim}{Q}^T\underset{\sim}{Q}\underset{\sim}{K} = \underset{\sim}{K}^*\underset{\sim}{K} = \underset{\sim}{G}(X,t). \tag{8.11}$$

Zu allen Zeiten sind also die lokalen Konfigurationen an allen Punkten bei beiden Bewegungen identisch.

Zum Vergleich sei darauf hingewiesen, daß die kinetische Gastheorie von Maxwell als eine Kontinuumstheorie gedeutet werden kann, die weder lokale Wirkung noch Invarianz unter überlagerter Starrkörperbewegung kennt. Unter der (unrealistischen) Annahme, daß die Abstoßungskräfte zwischen den Atomen umgekehrt proportional zur fünften Potenz ihres Abstandes sind, konnte Maxwell für die Cauchysche Beanspruchung eine Differentialgleichung angeben, die sich – auf homogene Bewegungen spezialisiert, um das Problem der lokalen Wirkung auszuklammern – *in einem Inertialrahmen* darstellt als

$$\dot{\underset{\sim}{P}} + \underset{\sim}{L}\underset{\sim}{P} + \underset{\sim}{P}\underset{\sim}{L}^T + \frac{3}{2}\mathfrak{B}\varrho\underset{\sim}{P}' = 0. \tag{8.12}$$

(Vgl. Ikenberry und Truesdell [8.2]; $\mathfrak{B}$ bedeutet eine Materialkonstante; $\varrho$, $\underset{\sim}{P}$, $\underset{\sim}{L}$ sind reine Zeitfunktionen.) Bezeichnen wir mit $\underset{\sim}{\Omega} := \mathrm{skw}\,\underset{\sim}{L}$ den Tensor der Winkelgeschwindigkeit des Materials gegen den Inertialrahmen, dann läßt (8.12) sich unter Benutzung der Jaumannschen Beanspruchungsgeschwindigkeit $\mathring{\underset{\sim}{P}} := \dot{\underset{\sim}{P}} - \underset{\sim}{\Omega}\underset{\sim}{P} + \underset{\sim}{P}\underset{\sim}{\Omega}$ umschreiben in

$$\mathring{\underset{\sim}{P}} + \underset{\sim}{D}\underset{\sim}{P} + \underset{\sim}{P}\underset{\sim}{D} + 2\underset{\sim}{\Omega}\underset{\sim}{P} - 2\underset{\sim}{P}\underset{\sim}{\Omega} + \frac{3}{2}\mathfrak{B}\varrho\underset{\sim}{P}' = 0. \tag{8.13}$$

Multipliziert man diese Gleichung von vorn mit $\mathfrak{R}(t)$ und von hinten mit $\mathfrak{R}^*(t)$ und beachtet, daß nicht nur $\underset{\sim}{P}$, $\overset{\circ}{\underset{\sim}{P}}$ und $\underset{\sim}{D}$, sondern auch $\underset{\sim}{\Omega}$ ein objektiver Tensor ist, so ergibt sich eine ebenso gebaute Gleichung, in der $\underset{\sim}{P}$, $\overset{\circ}{\underset{\sim}{P}}$, $\underset{\sim}{D}$ und $\underset{\sim}{\Omega}$ durch $\tilde{\underset{\sim}{P}}=\mathfrak{R}\underset{\sim}{P}\mathfrak{R}^*$, $\tilde{\overset{\circ}{\underset{\sim}{P}}}=\mathfrak{R}\overset{\circ}{\underset{\sim}{P}}\mathfrak{R}^*$, $\tilde{\underset{\sim}{D}}=\mathfrak{R}\underset{\sim}{D}\mathfrak{R}^*$ und $\tilde{\underset{\sim}{\Omega}}=\mathfrak{R}\underset{\sim}{\Omega}\mathfrak{R}^*$ ersetzt sind. Die Beschreibung des Materialverhaltens geschieht also durch alle Beobachter in gleicher Weise und genügt daher dem Prinzip der materiellen Objektivität. (Das wäre nicht so, wenn wir in (8.13) die beobachterunabhängige Winkelgeschwindigkeit $\underset{\sim}{\Omega}$ durch die (nicht objektive) Winkelgeschwindigkeit $\underset{\sim}{W}$ des Materials gegenüber dem jeweiligen Beobachter ersetzen würden.) Das Verhalten ist jedoch nicht invariant unter Überlagerung einer Starrkörperbewegung. Unter Beachtung von $\underset{\sim}{P}=\underset{\sim}{K}\underset{\sim}{S}\underset{\sim}{K}^*$ und mit der Abkürzung $\hat{\underset{\sim}{\Omega}}:=\underset{\sim}{K}^*\underset{\sim}{\Omega}\underset{\sim}{K}\in\mathrm{Lin}(\mathscr{T},\mathscr{T}^*)$ läßt sich Gleichung (8.13) nämlich in die Form

$$\dot{\underset{\sim}{S}}+\underset{\sim}{G}^{-1}(\dot{\underset{\sim}{G}}+2\hat{\underset{\sim}{\Omega}})\underset{\sim}{S}+\underset{\sim}{S}(\dot{\underset{\sim}{G}}-2\hat{\underset{\sim}{\Omega}})\underset{\sim}{G}^{-1}+\frac{3}{2}\mathfrak{B}_Q(\underset{\sim}{G})(\underset{\sim}{S}\underset{\sim}{G})'\underset{\sim}{G}^{-1}=0 \tag{8.14}$$

bringen. Kennt man den Anfangswert $\underset{\sim}{S}_0:=\underset{\sim}{S}(t_0)$, so ist der Wert von $\underset{\sim}{S}(t)$ durch Lösung dieser linearen Differentialgleichung eindeutig zu ermitteln, wenn der Verlauf von $\underset{\sim}{G}(\tau)$ und $\hat{\underset{\sim}{\Omega}}(\tau)$ im Intervall $\tau\in[t_0,t]$ gegeben ist. Ist beispielsweise $\underset{\sim}{G}\equiv\underset{\sim}{G}_0$, so ergibt sich

$$\underset{\sim}{S}(t)=\frac{1}{3}\mathrm{tr}(\underset{\sim}{S}_0\underset{\sim}{G}_0)\underset{\sim}{G}_0^{-1}+\underset{\sim}{A}(t)(\underset{\sim}{S}_0\underset{\sim}{G}_0)'\underset{\sim}{G}_0^{-1}\underset{\sim}{A}^*(t)e^{-\frac{3}{2}\mathfrak{B}_Q(\underset{\sim}{G}_0)(t-t_0)} \tag{8.15}$$

mit

$$\begin{aligned}&\dot{\underset{\sim}{A}}(\tau)\underset{\sim}{A}^{-1}(\tau)=-2\underset{\sim}{G}_0^{-1}\hat{\underset{\sim}{\Omega}}(\tau)\qquad\forall\tau\in[t_0,t],\\&\qquad\underset{\sim}{A}(t_0)=\underset{\sim}{1}_{\mathscr{T}},\ \underset{\sim}{A}(\tau)\in\mathrm{Orth}(\underset{\sim}{G}_0).\end{aligned} \tag{8.16}$$

Daß die Reaktion des Materials unter einer überlagerten Starrkörperbewegung (d.h. Änderung von $\hat{\underset{\sim}{\Omega}}(\tau)$) nicht invariant ist, sieht man deutlich.

Einer experimentellen Nachprüfung ist dieses Phänomen schwerlich fähig, denn die zur Durchführung der homogenen Bewegungen erforderlichen Massenkräfte lassen sich nicht herstellen (siehe die Bemerkungen zu Experimenten in Abschnitt 8.9).

Auf den Einfluß der Körperrotation gegenüber dem Inertialrahmen in der kinetischen Gastheorie hat I. Müller [8.3] aufmerksam gemacht. Diese Rotation beeinflußt ebenso den Wärmefluß und den elektrischen Strom in rotierenden Leitern. Um derartige Effekte zu beschreiben, könnte man die Liste der unabhängigen Variablen in (8.1) um $\hat{\underset{\sim}{\Omega}}$ erweitern. Die entstehenden Stoffgesetze würden zwar dem Prinzip der materiellen Objektivität genügen, nicht aber invariant unter überlagerter Starrkörperbewegung sein. Das soll jedoch im folgenden nicht geschehen. Wir beschränken uns in diesem Buch auf den Variablensatz gemäß (8.1).

Die vorausgegangene Betrachtung ist deswegen so ausführlich gehalten, um den grundsätzlichen Unterschied zwischen Beobachterunabhängigkeit und Invarianz unter überlagerter Starrkörperbewegung herauszuarbeiten, der in der Darstellung von Truesdell und Noll [0.1], Kap. 19A, nicht deutlich wird, da diese Autoren nur Funktionalgleichungen des Typs (8.2) betrachten. Die Forderung nach Beobachterunabhängigkeit führt auf (8.6) und läßt sich auch so lesen, daß zu der modifizierten Bewegung $\underset{\sim}{Q}(\tau)\underset{\sim}{K}(\tau)$ die gedrehte Beanspruchung $\underset{\sim}{Q}(t)\underset{\sim}{P}(t)\underset{\sim}{Q}^T(t)$ gehört, also das Materialverhalten gegen überlagerte Drehungen invariant ist. Beide Forderungen sind also zufällig identisch. Erweitert man jedoch (8.2) zu

$$\underset{\sim}{P}(t)=\underset{\tau=t_0}{\overset{t}{\mathfrak{P}}}(\underset{\sim}{K}(\tau),\underset{\sim}{\Omega}(\tau)), \tag{8.17}$$

so führt die Forderung nach Beobachterunabhängigkeit auf

$$\begin{aligned}&\underset{\tau=t_0}{\overset{t}{\mathfrak{P}}}(\underset{\sim}{Q}(\tau)\underset{\sim}{K}(\tau),\underset{\sim}{Q}(\tau)\underset{\sim}{\Omega}(\tau)\underset{\sim}{Q}^T(\tau))\\&=\underset{\sim}{Q}(t)\underset{\tau=t_0}{\overset{t}{\mathfrak{P}}}(\underset{\sim}{K}(\tau),\underset{\sim}{\Omega}(\tau))\underset{\sim}{Q}^T(t)\end{aligned} \tag{8.18}$$

an Stelle von (8.6). Wird dagegen der Prozeß $\underset{\sim}{K}(\tau)$ in $\underset{\sim}{Q}(\tau)\underset{\sim}{K}(\tau)$ modifiziert, so ändert sich $\underset{\sim}{\Omega}(\tau)$ in

$$\underset{\sim}{Q}(\tau)\underset{\sim}{\Omega}(\tau)\underset{\sim}{Q}^T(\tau)+\dot{\underset{\sim}{Q}}(\tau)\underset{\sim}{Q}^T(\tau)+\underset{\sim}{Q}(\tau)\underset{\sim}{W}_I(\tau)\underset{\sim}{Q}^T(\tau)-\underset{\sim}{W}_I(\tau). \tag{8.19}$$

(Man beachte: $\underset{\sim}{\Omega}=\underset{\sim}{W}-\underset{\sim}{W}_I$; $\underset{\sim}{W}=\operatorname{skw}(\dot{\underset{\sim}{K}}\underset{\sim}{K}^{-1})$; $\underset{\sim}{W}_I$: Tensor der Winkelgeschwindigkeit des Inertialrahmens gegen den Beobachterrahmen.) Also stellt die linke Seite von (8.18) nicht die zur modifizierten Bewegung gehörige Spannung dar, d.h.: Die Beobachterunabhängigkeit impliziert diesmal nicht die Invarianz unter überlagerter Starrkörperbewegung.

Bearbeitung, Zustand und Zustandsübergang des Materialelements erklären wir wie in Kapitel 3. Das Materialelement befindet sich am Ende zweier Bearbeitungsprozesse im selben Zustand, wenn anschließend die Prozeßklasse und das Ausgabefunktional übereinstimmen. Im thermisch-mechanischen Fall ist dabei von Bedeutung, daß wir die Ausgabe von $\underset{\sim}{S},\varepsilon,\underset{\sim}{\mathfrak{h}}$ vereinbart haben. Diese drei Größen sind dadurch als Zustandsfunktionen definiert. (Hätten wir die Ausgabe von $\underset{\sim}{S},q,\underset{\sim}{\mathfrak{h}}$ gewählt, so wären wir zu einem anderen Zustandsbegriff gelangt. Die innere Energie wäre dann keine Zustandsfunktion. Wichtig wird diese Wahl erst beim Passivitätskonzept.) Wir werden, wenn möglich, den Zustand durch Angabe der Momentanwerte der äußeren Zustandsvariablen l nach (8.1) und aller inneren Zustandsvariablen $\underset{\sim}{\alpha}$ festlegen (bei letzteren mag es sich um Skalare, Vektoren oder Operatoren beliebiger Stufe handeln).

Im mechanischen Fall lautet die Übertragung der Zustandsgleichung (3.16)

$$\underset{\sim}{S}=\hat{\underset{\sim}{S}}(\underset{\sim}{G},\underset{\sim}{\alpha}), \tag{8.20}$$

im thermomechanischen

$$\begin{aligned}
\underset{\sim}{S}&=\hat{\underset{\sim}{S}}(\underset{\sim}{G},\vartheta,\hat{\underset{\sim}{\nabla}}\vartheta,\underset{\sim}{\alpha}),\\
\varepsilon&=\hat{\varepsilon}(\underset{\sim}{G},\vartheta,\underset{\sim}{\nabla}\vartheta,\underset{\sim}{\alpha}),\\
\underset{\sim}{\mathfrak{h}}&=\hat{\underset{\sim}{\mathfrak{h}}}(\underset{\sim}{G},\vartheta,\hat{\underset{\sim}{\nabla}}\vartheta,\underset{\sim}{\alpha}).
\end{aligned} \tag{8.21}$$

Genügen die inneren Zustandsvariablen einer inkrementellen Entwicklungsgleichung, so gilt nach (3.19)

$$\dot{\underset{\sim}{\alpha}}=\underset{\sim}{a}(\underset{\sim}{G},\vartheta,\hat{\underset{\sim}{\nabla}}\vartheta,\underset{\sim}{\alpha},\dot{\underset{\sim}{G}},\dot{\vartheta},\hat{\underset{\sim}{\nabla}}\dot{\vartheta}). \tag{8.22}$$

## 8.2 Passivität

Im folgenden übertragen wir die in Abschnitt 4.1 erklärten Begriffe sinngemäß auf das Materialelement. Im Rahmen der mechanischen Theorie wollen wir ein Materialelement passiv nennen, wenn sich eine — Speicherenergie je Masseneinheit genannte — Zustandsfunktion W so finden läßt, daß die während jedes Prozesses je Masseneinheit geleistete Arbeit J durch die Änderung von W nach unten abzuschätzen ist gemäß

$$J=\int_{\tau=t_0}^{t}\frac{1}{2}\underset{\sim}{S}(\tau):\dot{\underset{\sim}{G}}(\tau)d\tau\geqq W(\underset{\sim}{G}(t),\underset{\sim}{\alpha}(t))-W(\underset{\sim}{G}(t_0),\underset{\sim}{\alpha}(t_0)). \tag{8.23}$$

In differentieller Form ergibt sich

$$\dot{J} = j = \frac{1}{2} \underset{\sim}{S} : \dot{\underset{\sim}{G}} \geqq \dot{W}. \tag{8.24}$$

Für den thermomechanischen Fall ist diese Definition so zu erweitern, daß auf der linken Seite auch $\varepsilon$ und $\underset{\sim}{\mathfrak{h}}$ auftreten. Dazu wählen wir auf der Hitzemannigfaltigkeit eine für alle Materialien gleiche – daher als universell bezeichnete – positive, streng monoton fallende (und deshalb Kälte genannte) Funktion $\lambda$. Diese können wir als Funktion jeder beliebigen empirischen Temperaturskala $\vartheta$ darstellen. Die Ungleichung (8.23) ersetzen wir nun durch

$$\int_{\tau=t_0}^{t} \left[ \frac{1}{2} \lambda(\vartheta(\tau)) \underset{\sim}{S}(\tau) : \dot{\underset{\sim}{G}}(\tau) + \frac{d\lambda}{d\vartheta}(\vartheta(\tau)) \langle \varepsilon(\tau) \dot{\vartheta}(\tau) + \underset{\sim}{\mathfrak{h}}(\tau) \cdot \hat{\underset{\sim}{\nabla}} \vartheta(\tau) \rangle \right] d\tau$$

$$\geqq \omega(\underset{\sim}{G}(t), \vartheta(t), \hat{\underset{\sim}{\nabla}} \vartheta(t), \underset{\sim}{\alpha}(t)) - \omega(\underset{\sim}{G}(t_0), \vartheta(t_0), \hat{\underset{\sim}{\nabla}} \vartheta(t_0), \underset{\sim}{\alpha}(t_0)). \tag{8.25}$$

In differentieller Form läßt sich das schreiben als

$$\frac{1}{2} \lambda \underset{\sim}{S} : \dot{\underset{\sim}{G}} + \varepsilon \dot{\lambda} + \underset{\sim}{\mathfrak{h}} \cdot \hat{\underset{\sim}{\nabla}} \lambda \geqq \dot{\omega}. \tag{8.26}$$

Die Invarianz gegen einen Wechsel der Temperaturskala ist bei dieser Schreibweise evident. Hat man es mit Prozessen zu tun, bei denen die Temperatur und damit auch $\lambda$ räumlich und zeitlich konstant ist, so verbleibt nur $\underset{\sim}{G}$ als unabhängige Variable, und (8.26) geht mit $W \equiv \omega/\lambda$ in die Ungleichung (8.24) der mechanischen Theorie über.

*Bemerkung 1*: Die Speicherenergie W und die Speicherfunktion $\omega$ werden durch die Ungleichungen (8.23) bzw. (8.25) nicht eindeutig festgelegt. Die Addition einer Konstanten ist in jedem Falle physikalisch bedeutungslos. Darüber hinaus kann im Einzelfalle eine weitergehende Unbestimmtheit von W bzw. $\omega$ vorliegen, wie schon in Abschnitt 4.1 erläutert. Die Kenntnis dieser Funktionen ist aber auch gar nicht wichtig, denn sie stellen nur Hilfsgrößen zur Einschränkung der Zustandsgleichungen (8.20) bzw. (8.21) dar.

*Bemerkung 2*: Die Ungleichung (8.26) macht – da $\omega$ eine Zustandsfunktion sein soll, wesentlich Gebrauch davon, daß wir den Zustandsbegriff auf der Ausgabe von $\underset{\sim}{S}$, $\varepsilon$ und $\underset{\sim}{\mathfrak{h}}$ aufgebaut haben.

*Bemerkung 3*: Unsere Ungleichungen liefern zunächst nichts als eine Einteilung der Materialelemente in passive und nicht passive. Daß wir im Rest des Buches vor allem die passiven Materialelemente studieren, hat folgenden Grund: Wie wir sehen werden, liefert die Passivitätsforderung Einschränkungen an das Materialverhalten, die mit unserer Erfahrung ganz gut in Einklang stehen. Damit soll aber nicht behauptet werden, daß es nicht auch Materialelemente oder Situationen geben kann, in denen diese Ungleichungen verletzt sind. Ob es überhaupt eine allgemeinverbindliche Ungleichung in der Natur gibt (meist als 2. Hauptsatz der Thermodynamik bezeichnet), mag dahingestellt bleiben. Bezüglich dieser Fragen sei beispielsweise auf Owen [8.4] und die dort zitierte Literatur verwiesen. Ein allgemeineres Konzept der Kältefunktion als das hier gegebene und damit schwächere Einschränkungen an das Verhalten der Materialelemente finden sich bei Müller [0.8].

Der Kehrwert von $\lambda$

$$\Theta := \lambda^{-1} \tag{8.27}$$

ist eine positive, streng monoton wachsende Funktion der Hitze und eignet sich daher als Temperaturmaß (Kelvin-Skala). Er wird absolute Temperatur genannt.

Auch die folgenden (auf die Masseneinheit bezogenen) Größen werden vielfach verwendet:

Freie Energie: $$\psi := \lambda^{-1}\omega = \Theta\omega. \tag{8.28}$$

Entropie: $$\eta := \lambda\varepsilon - \omega = \lambda(\varepsilon - \psi). \tag{8.29}$$

Dissipationsleistung: $$\delta := \Theta\dot{\eta} - q = \Theta\dot{\eta} - \dot{\varepsilon} + \frac{1}{2}\,\underset{\sim}{S}:\dot{\underset{\sim}{G}}. \tag{8.30}$$

Entropieproduktion: $$\sigma := \lambda\delta + \underset{\sim}{\mathfrak{h}}\cdot\hat{\underset{\sim}{\nabla}}\lambda. \tag{8.31}$$

Freie Energie und Entropie sind Zustandsfunktionen. Ebenso wie $\omega$ sind sie nicht eindeutig durch die Passivitätsungleichung festgelegt. Letztere läßt sich übrigens kurz schreiben als

$$\sigma \geqq 0, \tag{8.32}$$

denn man prüft leicht

$$\sigma = \frac{1}{2}\lambda\underset{\sim}{S}:\dot{\underset{\sim}{G}} + \varepsilon\dot{\lambda} + \underset{\sim}{\mathfrak{h}}\cdot\hat{\underset{\sim}{\nabla}}\lambda - \dot{\omega} \tag{8.33}$$

$$= -\lambda q + \underset{\sim}{\mathfrak{h}}\cdot\hat{\underset{\sim}{\nabla}}\lambda + \dot{\eta}. \tag{8.34}$$

Hinreichend, aber i.allg. nicht notwendig zur Erfüllung von (8.32) ist es nach (8.31), wenn sowohl die Dissipationsleistung, als auch das Skalarprodukt von Wärmeflußvektor und Kältegradient nicht negativ sind. (Siehe hierzu Abschnitt 11.1.)

Die Passivitätsungleichung, auch *Clausius-Duhem-Ungleichung* genannt, wurde erstmals von Coleman und Noll [8.5] benutzt, um Stoffgleichungen zu reduzieren, und zwar in der Fassung (8.34). Bringt man diese mittels (6.170) und (6.172) auf die Gestalt

$$\sigma = \frac{\underset{\sim}{\nabla}\cdot(\lambda\underset{\sim}{\mathfrak{h}})}{\varrho} - \lambda r + \dot{\eta} \geqq 0 \tag{8.35}$$

($\lambda\underset{\sim}{\mathfrak{h}}$ heißt Entropiefluß und $\lambda r$ Entropiezufuhr je Masseneinheit durch Strahlung), integriert über den ganzen Körper und macht vom Gaußschen Satz Gebrauch, so findet man

$$\dot{\eta}_{\mathscr{B}} = \int_{\mathscr{B}} \dot{\eta}\, dm \geqq -\int \lambda\underset{\sim}{\mathfrak{h}}\cdot\underset{\sim}{n}\, dA + \int \lambda r\, dm. \tag{8.36}$$

Der Zuwachs der Entropie $\eta_{\mathscr{B}} := \int \eta\, dm$ des Körpers ist also nicht kleiner als die Entropiezufuhr durch Leitung und Strahlung. Ist der Körper insbesondere thermisch isoliert, so kann seine Entropie höchstens wachsen.

## 8.3 Das thermoelastische passive Materialelement

Wir wollen nun die Einschränkungen untersuchen, die sich aus der Passivitätsungleichung für die Zustandsgleichungen

$$\underset{\sim}{S} = \hat{\underset{\sim}{S}}(\underset{\sim}{G}, \lambda, \hat{\nabla}\lambda),$$

$$\varepsilon = \hat{\varepsilon}(\underset{\sim}{G}, \lambda, \hat{\nabla}\lambda),$$

$$\underset{\sim}{\mathfrak{h}} = \hat{\underset{\sim}{\mathfrak{h}}}(\underset{\sim}{G}, \lambda, \hat{\nabla}\lambda) \tag{8.37}$$

eines — thermoelastisch genannten — Materialelements ohne innere Zustandsvariable ergeben. Statt einer empirischen Temperatur haben wir die Kältefunktion zur Beschreibung der Hitze gewählt. (Im rein mechanischen Falle verbleibt nur die — bereits im 7. Kapitel untersuchte — Zustandsgleichung $\underset{\sim}{S} = \hat{\underset{\sim}{S}}(\underset{\sim}{G})$ des dann als elastisch bezeichneten Materialelements.) Setzen wir voraus, daß die Speicherfunktion, die wir als $\omega(\underset{\sim}{G}, \lambda, \hat{\nabla}\lambda)$ anzusetzen haben, nach ihren Variablen zweimal differenzierbar ist (zur Frage der Differenzierbarkeit siehe Coleman und Owen [0.4]), dann ergibt sich aus (8.26) nach Umordnung

$$\left(\frac{1}{2}\lambda\underset{\sim}{S} - \frac{\partial\omega}{\partial\underset{\sim}{G}}\right):\dot{\underset{\sim}{G}} + \left(\varepsilon - \frac{\partial\omega}{\partial\lambda}\right)\dot{\lambda} - \frac{\partial\omega}{\partial\hat{\nabla}\lambda}\cdot\hat{\nabla}\dot{\lambda} + \underset{\sim}{\mathfrak{h}}\cdot\hat{\nabla}\lambda \geqq 0. \tag{8.38}$$

Hinreichend zur Erfüllung dieser Ungleichung sind offensichtlich die Beziehungen

$$\underset{\sim}{S} = \frac{2}{\lambda}\frac{\partial\omega}{\partial\underset{\sim}{G}}, \quad \varepsilon = \frac{\partial\omega}{\partial\lambda}, \quad \frac{\partial\omega}{\partial\hat{\nabla}\lambda} = 0, \tag{8.39}$$

$$\underset{\sim}{\mathfrak{h}}\cdot\hat{\nabla}\lambda \geqq 0. \tag{8.40}$$

Ist die Prozeßklasse nun so beschaffen, daß beliebige Werte von $\dot{\underset{\sim}{G}}$, $\dot{\lambda}$ und $\hat{\nabla}\dot{\lambda}$ realisiert werden können, so sind diese Beziehungen auch notwendig. Wäre nämlich eine der drei Gleichungen (8.39) nicht erfüllt, so könnte man durch passende Wahl von $\dot{\underset{\sim}{G}}$, $\dot{\lambda}$ bzw. $\hat{\nabla}\dot{\lambda}$ den betreffenden Summanden in (8.38) beliebig negativ machen und die Ungleichung dadurch verletzen. Sind aber alle drei Gleichungen von (8.39) erfüllt, so verbleibt (8.40) als Restungleichung.

Notwendig und hinreichend für das Bestehen der Potentialbeziehungen (8.39) sind die aus dem Schwarzschen Satz folgenden Integrabilitätsbedingungen

$$\frac{\partial\underset{\sim}{S}}{\partial\hat{\nabla}\lambda} = 0, \quad \frac{\partial\varepsilon}{\partial\hat{\nabla}\lambda} = 0,$$

$$\left(\frac{\partial^2\omega}{\partial\underset{\sim}{G}\partial\lambda} = \right)\frac{\partial}{\partial\lambda}\left(\frac{1}{2}\lambda\underset{\sim}{S}\right) = \frac{\partial\varepsilon}{\partial\underset{\sim}{G}},$$

$$\left(\frac{2}{\lambda}\frac{\partial^2\omega}{\partial\underset{\sim}{G}^2} = \right)\frac{\partial\underset{\sim}{S}}{\partial\underset{\sim}{G}} = \text{symmetrisch}. \tag{8.41}$$

Erfüllen auf jedem möglichen Zustand die Zustandsfunktionen $\hat{S}$ und $\hat{\varepsilon}$ diese Gleichungen und genügt die Zustandsfunktion $\hat{h}$ der Ungleichung (8.40), dann liegt ein passives thermoelastisches Materialelement vor. Entsprechen die experimentellen Befunde diesen Forderungen jedoch nicht, dann werden wir wenig geneigt sein, die Passivität in Zweifel zu ziehen, sondern vielmehr annehmen, das Materialelement besitze noch innere Zustandsvariable.

Durch (8.39) ist die Speicherfunktion $\omega$ im vorliegenden Falle bis auf eine additive Konstante bestimmt. Ist umgekehrt diese eine skalare Funktion $\omega$ gegeben, die noch dazu vom Temperaturgradienten nicht abhängt, so liegen die Zustandsgleichungen für $S$ und $\varepsilon$ fest (das sind sieben skalare Gleichungen). Die Ersparnis an benötigter Information ist also beachtlich.

Führt man die Untersuchung im Rahmen einer rein mechanischen Theorie, so lauten Passivitätsungleichung, Potentialbeziehung und Integrabilitätsbedingung einfacher:

$$\frac{1}{2}S:\dot{G} \geqq \dot{W}; \; S = 2\frac{\partial W}{\partial G}; \frac{\partial S}{\partial G} = \text{symmetrisch.} \tag{8.42}$$

Diese passiven elastischen Materialien, die man auch hyperelastisch nennt, sind uns bereits im 7. Kapitel begegnet.

In den Darstellungen des Beanspruchungsinkrements und der Wärmeaufnahme

$$\dot{S} = \mathbb{S}_{is}:\dot{G} + S_\Theta \dot{\Theta} \tag{8.43}$$

und

$$q = M:\dot{G} + c_G \dot{\Theta} \tag{8.44}$$

treten Materialkennwerte auf, die sich am übersichtlichsten durch Ableitungen der freien Energie $\psi = \Theta\omega$ ausdrücken lassen:

Isotherme Steifigkeit: $$\mathbb{S}_{is} = \frac{\partial S}{\partial G} = 2\frac{\partial^2 \psi}{\partial G^2}. \tag{8.45}$$

Temperaturbeanspruchung: $$S_\Theta = \frac{\partial S}{\partial \Theta} = 2\frac{\partial^2 \psi}{\partial G \partial \Theta}. \tag{8.46}$$

Latente Wärme: $$M = \frac{\partial \varepsilon}{\partial G} - \frac{1}{2}S = -\Theta\frac{\partial^2 \psi}{\partial G \partial \Theta}. \tag{8.47}$$

Spezifische Wärme bei konstanter Konfiguration: $$c_G = \frac{\partial \varepsilon}{\partial \Theta} = -\Theta\frac{\partial^2 \psi}{\partial \Theta^2}. \tag{8.48}$$

Zwischen Temperaturbeanspruchung und latenter Wärme besteht die einfache Beziehung

$$2M = -\Theta S_\Theta. \tag{8.49}$$

Natürlich sind alle Kennwerte verknüpft durch Integrabilitätsbedingungen, die hier nicht aufgelistet werden sollen.

Verläuft ein Prozeß momentan adiabatisch (d.h. $q=0$), dann existiert – $c_{\underset{\sim}{G}} \neq 0$ vorausgesetzt – zwischen $\dot{\underset{\sim}{G}}$ und $\dot{\Theta}$ der Zusammenhang

$$\dot{\Theta} = -\frac{1}{c_{\underset{\sim}{G}}} \underset{\sim}{M} : \dot{\underset{\sim}{G}}, \tag{8.50}$$

und, in (8.43) eingesetzt, liefert das

$$\dot{\underset{\sim}{S}} = \mathbb{S}_{ad} : \dot{\underset{\sim}{G}} \tag{8.51}$$

mit der adiabatischen Steifigkeit

$$\begin{aligned} \mathbb{S}_{ad} &= \left( \mathbb{S}_{is} - \frac{1}{c_{\underset{\sim}{G}}} \underset{\sim}{S}_{\Theta} \otimes \underset{\sim}{M} \right) \\ &= 2\left( \frac{\partial^2 \psi}{\partial \underset{\sim}{G}^2} - \frac{1}{\partial^2 \psi / \partial \Theta^2} \frac{\partial^2 \psi}{\partial \underset{\sim}{G} \partial \Theta} \otimes \frac{\partial^2 \psi}{\partial \underset{\sim}{G} \partial \Theta} \right), \end{aligned} \tag{8.52}$$

die ebenso wie die isotherme symmetrisch ist. Verläuft ein Prozeß momentan spannungsfrei ($\underset{\sim}{S}=0$, $\dot{\underset{\sim}{S}}=0$), dann besteht zwischen $\dot{\Theta}$ und $\dot{\underset{\sim}{G}}$ der Zusammenhang – Invertierbarkeit von $\mathbb{S}_{is}$ vorausgesetzt (der Fall der Flüssigkeit wird erst in (8.83) behandelt) –

$$\dot{\underset{\sim}{G}} = -\mathbb{S}_{is}^{-1} : \underset{\sim}{S}_{\Theta} \dot{\Theta} =: \underset{\sim}{G}_{\Theta} \dot{\Theta}. \tag{8.53}$$

Der Operator $\underset{\sim}{G}_{\Theta}$ heißt Temperaturverzerrung. In (8.44) eingesetzt, ergibt sich

$$q = c_{\underset{\sim}{S}} \dot{\Theta} \tag{8.54}$$

mit der spezifischen Wärme bei Spannungsfreiheit

$$\begin{aligned} c_{\underset{\sim}{S}} &= c_{\underset{\sim}{G}}|_{\underset{\sim}{S}=0} + \underset{\sim}{M}|_{\underset{\sim}{S}=0} : \underset{\sim}{G}_{\Theta} \\ &= -\Theta \left[ \frac{\partial^2 \psi}{\partial \Theta^2} - \frac{\partial^2 \psi}{\partial \underset{\sim}{G} \partial \Theta} : \left( \frac{\partial^2 \psi}{\partial \underset{\sim}{G}^2} \right)^{-1} : \frac{\partial^2 \psi}{\partial \underset{\sim}{G} \partial \Theta} \right]_{\underset{\sim}{S}=0}. \end{aligned} \tag{8.55}$$

Im Falle $\underset{\sim}{S} \neq 0$ hat die letzte Formel i.allg. keine physikalische Bedeutung, denn $\dot{\underset{\sim}{S}}=0$ besagt, daß das spezielle, physikalisch nicht ausgezeichnete Beanspruchungsmaß $\underset{\sim}{S}$ konstant bleibt, während andere Maße sich i.allg. ändern.

Abschließend sei noch bemerkt, daß die Entropie sich zu $\eta = -\partial\psi/\partial\Theta$ berechnet und die Dissipationsleistung gleich Null ist ($\delta=0$), so daß die Entropieproduktion allein von der Wärmeleitung herrührt ($\sigma = \underset{\sim}{\mathfrak{h}} \cdot \hat{\underset{\sim}{\nabla}} \lambda \geqq 0$). Nun zur Auswertung dieser Restungleichung, die sich auch schreiben läßt

$$-\frac{1}{\Theta^2} \underset{\sim}{\mathfrak{h}} \cdot \hat{\underset{\sim}{\nabla}} \Theta \geqq 0. \tag{8.56}$$

Nehmen wir an, die Funktion $\hat{\underset{\sim}{\mathfrak{h}}}(\underset{\sim}{G},\Theta,\hat{\underset{\sim}{\nabla}}\Theta)$ sei an der Stelle $\hat{\underset{\sim}{\nabla}}\Theta=0$ stetig und einmal nach $\hat{\underset{\sim}{\nabla}}\Theta$ Fréchet-differenzierbar. Dann folgen aus

$$-\frac{1}{\Theta^2} \left[ \hat{\underset{\sim}{\mathfrak{h}}}(\underset{\sim}{G},\Theta,0) + \frac{\partial \underset{\sim}{\mathfrak{h}}}{\partial \hat{\underset{\sim}{\nabla}} \Theta} (\underset{\sim}{G},\Theta,0) \cdot \hat{\underset{\sim}{\nabla}} \Theta + o(|\hat{\underset{\sim}{\nabla}} \Theta|) \right] \cdot \hat{\underset{\sim}{\nabla}} \Theta \geqq 0 \tag{8.57}$$

die Bedingungen

$$\hat{\mathfrak{h}}(\underset{\sim}{G},\Theta,0)=0,$$

$$\underset{\sim}{\Delta}(\underset{\sim}{G},\Theta):=-\frac{\partial \mathfrak{h}}{\partial \hat{\nabla}\Theta}(\underset{\sim}{G},\Theta,0) \text{ positiv semidefinit.} \tag{8.58}$$

Die Zustandsgleichung der Wärmeleitung besitzt die Darstellung

$$\underset{\sim}{\mathfrak{h}}=-\underset{\sim}{\Delta}(\underset{\sim}{G},\Theta)\cdot\hat{\nabla}\Theta+o(|\hat{\nabla}\Theta|) \tag{8.59}$$

und ist somit im linearen Fall (Fourierscher Ansatz) durch den positiv semidefiniten Operator $\underset{\sim}{\Delta}\in \mathrm{Lin}(\mathscr{T}^*,\mathscr{T})$ gekennzeichnet. Der antimetrische Anteil von $\underset{\sim}{\Delta}$ wird durch die Restungleichung nicht eingeschränkt.

Weiteren Aufschluß über thermoelastische Materialien gewinnen wir, indem wir die Einflüsse von Volumenänderung und Gestaltänderung trennen. Zerlegen wir die Konfiguration multiplikativ gemäß

$$\underset{\sim}{G}=\left(\frac{\varrho_0}{\varrho}\right)^{\frac{2}{3}}\tilde{\underset{\sim}{G}} \tag{8.60}$$

und beachten $\det(\underset{\sim}{G}\underset{\sim}{G}_0^{-1})=(\varrho_0/\varrho)^2$, so finden wir

$$\det(\tilde{\underset{\sim}{G}}\underset{\sim}{G}_0^{-1})=1. \tag{8.61}$$

Die Dichte von $\tilde{\underset{\sim}{G}}$ ist also stets gleich derjenigen $(\varrho_0)$ einer festen Vergleichskonfiguration $\underset{\sim}{G}_0$, so daß eine Änderung von $\tilde{\underset{\sim}{G}}$ den (volumentreuen) Gestaltänderungsanteil der Verzerrung beschreibt. Aus (8.60) folgert man

$$\underset{\sim}{G}^{-1}\dot{\underset{\sim}{G}}=-\frac{2}{3}\frac{\dot{\varrho}}{\varrho}\underset{\sim}{1}+\tilde{\underset{\sim}{G}}^{-1}\dot{\tilde{\underset{\sim}{G}}}, \tag{8.62}$$

und da nach (6.93), (6.102)

$$2\,\mathrm{tr}\,\underset{\sim}{D}=\mathrm{tr}(\underset{\sim}{K}^{-*}\dot{\underset{\sim}{G}}\underset{\sim}{K}^{-1})=\mathrm{tr}(\underset{\sim}{G}^{-1}\dot{\underset{\sim}{G}})=-2\frac{\dot{\varrho}}{\varrho} \tag{8.63}$$

gilt, ist

$$\mathrm{tr}(\tilde{\underset{\sim}{G}}^{-1}\dot{\tilde{\underset{\sim}{G}}})=0. \tag{8.64}$$

Führt man noch den (mittleren) Druck p und das Volumen υ je Masseneinheit ein durch

$$p:=-\frac{1}{3}\mathrm{tr}\,\underset{\sim}{T},\ \upsilon:=\varrho^{-1} \tag{8.65}$$

und beachtet

$$\mathrm{tr}(\underset{\sim}{S}\underset{\sim}{G})=\mathrm{tr}(\underset{\sim}{K}\underset{\sim}{S}\underset{\sim}{K}^*)=\mathrm{tr}\,\underset{\sim}{P}=\frac{1}{\varrho}\mathrm{tr}\,\underset{\sim}{T}=-3p\upsilon, \tag{8.66}$$

so erhält man gemäß

$$\frac{1}{2}\underset{\sim}{S}:\dot{\underset{\sim}{G}}=\frac{1}{2}\underset{\sim}{S}\underset{\sim}{G}\cdot\cdot\underset{\sim}{G}^{-1}\dot{\underset{\sim}{G}}=-p\dot{\upsilon}+\frac{1}{2}(\underset{\sim}{S}\underset{\sim}{G})'\cdot\cdot\tilde{\underset{\sim}{G}}^{-1}\dot{\tilde{\underset{\sim}{G}}} \tag{8.67}$$

eine additive Zerlegung der Spannungsleistung in Volumenänderungs- und Gestaltänderungsleistung. Schreiben wir beim thermoelastischen passiven Material die Speicherfunktion ausführlich als

$$\omega=\tilde{\omega}(\underset{\sim}{G},\Theta)=\tilde{\tilde{\omega}}(\upsilon,\tilde{\underset{\sim}{G}},\Theta), \tag{8.68}$$

so muß nach (8.39) unter Beachtung von (8.62), (8.64) gelten

$$\begin{aligned}\frac{\lambda}{2}\underset{\sim}{S}:\dot{\underset{\sim}{G}}&=\frac{\partial\tilde{\omega}}{\partial\underset{\sim}{G}}\cdot\cdot\dot{\underset{\sim}{G}}=\frac{\partial\tilde{\tilde{\omega}}}{\partial\upsilon}\dot{\upsilon}+\frac{\partial\tilde{\tilde{\omega}}}{\partial\tilde{\underset{\sim}{G}}}\cdot\cdot\dot{\tilde{\underset{\sim}{G}}}\\&=\frac{\partial\tilde{\omega}}{\partial\underset{\sim}{G}}\cdot\cdot\left(\frac{2}{3}\frac{\dot{\upsilon}}{\upsilon}\underset{\sim}{G}+\underset{\sim}{G}\tilde{\underset{\sim}{G}}^{-1}\dot{\tilde{\underset{\sim}{G}}}\right)\\&=\frac{2}{3}\frac{\dot{\upsilon}}{\upsilon}\operatorname{tr}\left(\frac{\partial\tilde{\omega}}{\partial\underset{\sim}{G}}\underset{\sim}{G}\right)+\left(\frac{\partial\tilde{\omega}}{\partial\underset{\sim}{G}}\underset{\sim}{G}\right)'\cdot\cdot\tilde{\underset{\sim}{G}}^{-1}\dot{\tilde{\underset{\sim}{G}}}.\end{aligned} \tag{8.69}$$

Vergleich mit (8.67) ergibt

$$-\lambda p=\frac{\partial\omega}{\partial\upsilon}=\frac{2}{3}\frac{1}{\upsilon}\operatorname{tr}\left(\frac{\partial\omega}{\partial\underset{\sim}{G}}\underset{\sim}{G}\right), \tag{8.70}$$

$$\frac{\lambda}{2}(\underset{\sim}{S}\underset{\sim}{G})'=\frac{\partial\omega}{\partial\tilde{\underset{\sim}{G}}}\tilde{\underset{\sim}{G}}=\left(\frac{\partial\omega}{\partial\underset{\sim}{G}}\underset{\sim}{G}\right)'. \tag{8.71}$$

Als Anwendung betrachten wir zuerst den Fall, daß keine Schubspannungen auftreten können, d.h., daß der Deviator von $\underset{\sim}{T}$ und damit auch der Deviator von $\underset{\sim}{S}\underset{\sim}{G}$ stets verschwindet. Ein solches thermoelastisches Materialelement heißt flüssig (siehe die noch folgenden Betrachtungen zur Materialsymmetrie). Nach (8.71) muß dann $\omega$ von $\tilde{\underset{\sim}{G}}$ unabhängig sein. Also ist – mit $\Theta=\lambda^{-1}$ –

$$\underset{\sim}{S}=-p\upsilon\underset{\sim}{G}^{-1}=\Theta\upsilon\frac{\partial\omega}{\partial\upsilon}(\upsilon,\Theta)\underset{\sim}{G}^{-1}. \tag{8.72}$$

*Bemerkung*: Bei nicht zu dichten Gasen ist die innere Energie allein von der Temperatur, aber nicht von der Dichte abhängig:

$$0\doteq\frac{\partial\varepsilon}{\partial\upsilon}=\frac{\partial^2\omega}{\partial\upsilon\partial\lambda},\ \text{also}\ \omega=\omega_1(\upsilon)+\omega_2(\lambda). \tag{8.73}$$

Damit ist $\partial\omega/\partial\upsilon$ eine Funktion von $\upsilon$ allein, und der Druck wird wegen

$$p=-\Theta\frac{\partial\omega}{\partial\upsilon}(\upsilon) \tag{8.74}$$

eine lineare Funktion der absoluten Temperatur $\Theta$. Diese läßt sich daher in einfacher Weise durch den Druck in einem sogenannten Gasthermometer messen. (Eine multiplikative Konstante bleibt zunächst frei. Legt man sie fest, so gelangt man zur

Kelvinschen Temperaturskala.) Wir haben damit zugleich einen Hinweis, wie die zunächst freie Kältefunktion $\lambda = \Theta^{-1}$ in unserem Passivitätspostulat zu wählen ist. Bei einer anderen Wahl wäre das hier betrachtete einfachste Gas nicht passiv.

Beim flüssigen elastischen Materialelement treten an die Stelle der Beziehungen (8.43), (8.44) die folgenden:

$$\dot{p} = -K_{is}\frac{\dot{\upsilon}}{\upsilon} + p_\Theta \dot{\Theta}, \tag{8.75}$$

$$q = m\dot{\upsilon} + c_v \dot{\Theta} \tag{8.76}$$

mit den Kennwerten:

Isothermer Kompressionsmodul:
$$K_{is} = -\upsilon\frac{\partial p}{\partial \upsilon} = \upsilon\frac{\partial^2 \psi}{\partial \upsilon^2}. \tag{8.77}$$

Temperaturdruck:
$$p_\Theta = \frac{\partial p}{\partial \Theta} = -\frac{\partial^2 \psi}{\partial \upsilon \partial \Theta}. \tag{8.78}$$

Latente Wärme:
$$m = \frac{\partial \varepsilon}{\partial \upsilon} + p = -\Theta\frac{\partial^2 \psi}{\partial \upsilon \partial \Theta}. \tag{8.79}$$

Spezifische Wärme bei konstantem Volumen:
$$c_v = \frac{\partial \varepsilon}{\partial \Theta} = -\Theta\frac{\partial^2 \psi}{\partial \Theta^2}. \tag{8.80}$$

Bei adiabatischen Prozessen $(q=0)$ ist

$$\dot{\Theta} = -\frac{m}{c_v}\dot{\upsilon},\ \dot{p} = -\left(K_{is} + \frac{m p_\Theta \upsilon}{c_v}\right)\frac{\dot{\upsilon}}{\upsilon} =: -K_{ad}\frac{\dot{\upsilon}}{\upsilon} \tag{8.81}$$

mit dem adiabatischen Kompressionsmodul

$$K_{ad} = \upsilon\left[\frac{\partial^2 \psi}{\partial \upsilon^2} - \frac{1}{\partial^2 \psi/\partial \Theta^2}\left(\frac{\partial^2 \psi}{\partial \upsilon \partial \Theta}\right)^2\right]. \tag{8.82}$$

Bei isobaren Prozessen $(\dot{p}=0)$ ist

$$\dot{\upsilon} = \frac{p_\Theta \upsilon}{K_{is}}\dot{\Theta} =: \alpha\upsilon\dot{\Theta};\ q = \left(c_v + \frac{m p_\Theta \upsilon}{K_{is}}\right)\dot{\Theta} =: c_p \dot{\Theta} \tag{8.83}$$

mit der spezifischen Wärme bei konstantem Druck:

$$c_p = -\Theta\left[\frac{\partial^2 \psi}{\partial \Theta^2} - \frac{1}{\partial^2 \psi/\partial \upsilon^2}\left(\frac{\partial^2 \psi}{\partial \upsilon \partial \Theta}\right)^2\right]. \tag{8.84}$$

Der Koeffizient $\alpha$ heißt Temperaturverzerrung. Man bemerkt noch den Zusammenhang

$$\frac{K_{ad}}{K_{is}} = \frac{c_p}{c_v} = 1 - \frac{(\partial^2 \psi/\partial \upsilon \partial \Theta)^2}{\partial^2 \psi/\partial \upsilon^2\ \partial^2 \psi/\partial \Theta^2}. \tag{8.85}$$

## 8.4 Variablentausch

Als unabhängige Variable haben wir bisher $\upsilon,\tilde{\underset{\sim}{G}},\Theta,\hat{\underline{\nabla}}\Theta$ angesehen. Gilt für alle Zustände eines thermoelastischen Materialelements

$$\frac{\partial p}{\partial \upsilon}(\upsilon,\tilde{\underset{\sim}{G}},\Theta,\hat{\underline{\nabla}}\Theta) \neq 0, \tag{8.86}$$

so ist der Zusammenhang zwischen p und $\upsilon$ bei festgehaltenen Werten von $\tilde{\underset{\sim}{G}},\Theta,\hat{\underline{\nabla}}\Theta$ umkehrbar, und die Zustandsgleichung $p=p(\upsilon,\tilde{\underset{\sim}{G}},\Theta,\hat{\underline{\nabla}}\Theta)$ läßt sich auf die Form

$$\upsilon=\breve{\upsilon}(p,\tilde{\underset{\sim}{G}},\Theta,\hat{\underline{\nabla}}\Theta) \tag{8.87}$$

bringen. Mit Hilfe dieser Formel können wir $\upsilon$ auch in allen anderen Zustandsgleichungen durch p ersetzen und erhalten, indem wir die Zerlegung der Spannung nach (8.67) benutzen,

$$(\underset{\sim}{S}\underset{\sim}{G})'=(\underset{\sim}{S}\breve{\underset{\sim}{G}})'(p,\tilde{\underset{\sim}{G}},\Theta,\hat{\underline{\nabla}}\Theta), \tag{8.88}$$

$$\varepsilon=\breve{\varepsilon}(p,\tilde{\underset{\sim}{G}},\Theta,\hat{\underline{\nabla}}\Theta), \tag{8.89}$$

$$\underset{\sim}{\mathfrak{h}}=\breve{\underset{\sim}{\mathfrak{h}}}(p,\tilde{\underset{\sim}{G}},\Theta,\hat{\underline{\nabla}}\Theta). \tag{8.90}$$

Das hier betrachtete Materialelement genügt, wie wir aus seiner Herleitung wissen, dem Prinzip des Determinismus: Aus der Kenntnis des thermisch-kinematischen Prozesses, d.h. des Prozesses der Eingabegrößen $\upsilon,\tilde{\underset{\sim}{G}},\Theta,\hat{\underline{\nabla}}\Theta$, lassen sich die Ausgabegrößen $p,(\underset{\sim}{S}\underset{\sim}{G})',\varepsilon,\underset{\sim}{\mathfrak{h}}$ eindeutig ermitteln. (Tatsächlich genügt sogar die Kenntnis des Prozeßendwertes.) Die letzten vier Gleichungen zeigen nun, daß unser Materialelement auch einem *modifizierten Prinzip des Determinismus* genügt: Aus der Kenntnis des Prozesses der neuen Eingabegrößen $p,\tilde{\underset{\sim}{G}},\Theta,\hat{\underline{\nabla}}\Theta$ (tatsächlich genügen wieder die Endwerte) lassen sich die neuen Ausgabegrößen $\upsilon,(\underset{\sim}{S}\underset{\sim}{G})',\varepsilon,\underset{\sim}{\mathfrak{h}}$ eindeutig ermitteln.

Im passiven Falle gilt nach (8.70)

$$p=-\frac{\partial\psi(\upsilon,\tilde{\underset{\sim}{G}},\Theta)}{\partial\upsilon}=p(\upsilon,\tilde{\underset{\sim}{G}},\Theta), \tag{8.91}$$

so daß (8.87) sich zu

$$\upsilon=\upsilon(p,\tilde{\underset{\sim}{G}},\Theta) \tag{8.92}$$

vereinfacht und die freie Energie sich in Abhängigkeit von den neuen Variablen darstellen läßt als

$$\psi=\psi(\upsilon,\tilde{\underset{\sim}{G}},\Theta)=\psi(\upsilon(p,\tilde{\underset{\sim}{G}},\Theta),\tilde{\underset{\sim}{G}},\Theta)=:\breve{\psi}(p,\tilde{\underset{\sim}{G}},\Theta). \tag{8.93}$$

Beachtet man die Kettenregel und benutzt (8.91), so findet man beispielsweise

$$\frac{\partial\breve{\psi}}{\partial\Theta}=\frac{\partial\psi}{\partial\Theta}+\frac{\partial\psi}{\partial\upsilon}\frac{\partial\upsilon}{\partial\Theta}, \quad \text{also} \quad \frac{\partial\psi}{\partial\Theta}=\frac{\partial\breve{\psi}}{\partial\Theta}+p\frac{\partial\upsilon}{\partial\Theta}. \tag{8.94}$$

Zwischen den Funktionen $\bar{\psi}$ und $\upsilon$ besteht ferner der Zusammenhang

$$\frac{\partial\bar{\psi}}{\partial p}(p,\tilde{\underset{\sim}{G}},\Theta) = -p\frac{\partial\upsilon}{\partial p}(p,\tilde{\underset{\sim}{G}},\Theta), \tag{8.95}$$

und die Potentialbeziehungen (8.71) und (8.39) erhalten die Form

$$(\underset{\sim}{S}\underset{\sim}{G})' = 2\frac{\partial\bar{\psi}}{\partial\tilde{\underset{\sim}{G}}}\tilde{\underset{\sim}{G}} + 2p\frac{\partial\upsilon}{\partial\tilde{\underset{\sim}{G}}}\tilde{\underset{\sim}{G}}, \tag{8.96}$$

$$\varepsilon = -\Theta^2\frac{\partial}{\partial\Theta}\left(\frac{\bar{\psi}}{\Theta}\right) - p\Theta\frac{\partial\upsilon}{\partial\Theta}. \tag{8.97}$$

Die Bedeutung des vorgenommenen Variablentausches liegt darin, daß sich mit den neu gewonnenen Beziehungen ein wichtiger Sonderfall beschreiben läßt, bei dem die ursprüngliche Darstellung versagt, nämlich die Ausartung von (8.92) zu

$$\upsilon = \upsilon(\tilde{\underset{\sim}{G}},\Theta). \tag{8.98}$$

Durch bloße Änderung des Druckes läßt sich bei festgehaltenen Werten von $\tilde{\underset{\sim}{G}}$ und $\Theta$ eine Volumenänderung des Materialelementes nicht erreichen.

Diese Annahme stellt eine zweckmäßige Idealisierung des Sachverhaltes dar, daß manche realen Materialien (z.B. Gummi, tropfbare Flüssigkeiten) gegenüber Volumenänderung eine große Steifigkeit besitzen. Die erzielte Vereinfachung ist beachtlich, denn nicht nur $\upsilon$, sondern – nach (8.95) – auch $\bar{\psi}$ wird vom Druck unabhängig, und die rechten Seiten von (8.96) und (8.97) erweisen sich als lineare Funktionen von p.

## 8.5 Zwangsbedingungen

Im Hinblick auf den ursprünglichen Variablensatz $\upsilon,\tilde{\underset{\sim}{G}},\Theta,\hat{\underset{\sim}{\nabla}}\Theta$ stellt (8.98) eine skalarwertige Nebenbedingung dar, die man als Zwangsbedingung bezeichnet. (Die Zahl der „Freiheitsgrade" ist um eins verringert worden.) Volumenänderungen lassen sich nur noch in Zusammenhang mit Gestalt- oder Temperaturänderungen erreichen. Die ursprünglichen Potentialbeziehungen sind nicht mehr anwendbar. So bedeutet etwa (8.91), daß der Druck zu bestimmen ist aus der Änderung der freien Energie bei Volumenänderung unter festgehaltenen Werten von $\tilde{\underset{\sim}{G}}$ und $\Theta$. Eine solche Volumenänderung ist bei Vorliegen der Zwangsbedingung (8.98) nicht möglich, und in der Tat ist der Druck aus der Kenntnis von $\psi = \bar{\psi}(\tilde{\underset{\sim}{G}},\Theta)$ nicht zu ermitteln.

Wichtige Sonderfälle der Zwangsbedingung sind:

1. $\upsilon = \upsilon(\Theta)$. Volumenänderungen sind nicht mechanisch, sondern nur durch Temperaturänderung erreichbar. Nach (8.96) wird $(\underset{\sim}{S}\underset{\sim}{G})'$ von p unabhängig.
2. $\upsilon = \upsilon_0$. Das Materialelement heißt *inkompressibel*. Auch die innere Energie wird vom Druck unabhängig. Alle Prozesse verlaufen isochor.
3. *Bewehrung* des Materialelements längs der Tangentenvektoren $\underset{\sim}{g}$ *mit Fäden*, die nur thermisch, aber nicht mechanisch gedehnt werden können, also

$$\underset{\sim}{g}\cdot\underset{\sim}{G}\cdot\underset{\sim}{g} = f(\Theta). \tag{8.99}$$

Unter Beachtung von (8.60) wird daraus

$$\upsilon=\upsilon(\tilde{\underset{\sim}{G}},\Theta)=\upsilon_0\left(\frac{f(\Theta)}{\underset{\sim}{g}\cdot\tilde{\underset{\sim}{G}}\cdot\underset{\sim}{g}}\right)^{\frac{3}{2}}. \tag{8.100}$$

Als Beispiel betrachten wir genauer den Sonderfall der Flüssigkeit, bei dem $\upsilon$ und $\bar{\psi}$ von $\tilde{\underset{\sim}{G}}$ nicht abhängen, so daß aus (8.96) $(\underset{\sim}{S}\underset{\sim}{G})'=0$ folgt. Spannung und innere Energie ergeben sich zu

$$\underset{\sim}{T}=-p\underset{\sim}{1}, \tag{8.101}$$

$$\begin{aligned}\varepsilon&=-\Theta^2\frac{\partial}{\partial\Theta}\left(\frac{\bar{\psi}(\Theta)}{\Theta}\right)-p\Theta\frac{\partial\upsilon(\Theta)}{\partial\Theta}\\&=:\hat{\varepsilon}(\Theta)-p\Theta\upsilon'(\Theta),\end{aligned} \tag{8.102}$$

und für die Wärmeleitung setzen wir an $\underset{\sim}{\Delta}=\varkappa(p,\Theta)\upsilon(\Theta)\underset{\sim}{G}^{-1}$, also

$$\underset{\sim}{h}=-\varkappa(p,\Theta)\underset{\sim}{\nabla}\Theta \text{ mit } \varkappa\geqq 0. \tag{8.103}$$

Sind die Materialfunktionen $\bar{\psi}$, $\upsilon$ und $\varkappa$ für alle Materialelemente der Flüssigkeit gleich, dann ergeben sich die maßgebenden Differentialgleichungen wie folgt:
Aus der Gleichgewichtsbedingung im Inertialrahmen (6.151) mit (6.158) wird

$$\dot{\underset{\sim}{v}}=\underset{\sim}{b}-\upsilon(\Theta)\underset{\sim}{\nabla}p, \tag{8.104}$$

aus der Wärmeleitungsgleichung (6.172) unter Beachtung von (7.2) und (8.67)

$$[\hat{\varepsilon}'(\Theta)-p\Theta\upsilon''(\Theta)]\dot{\Theta}-\Theta\upsilon'(\Theta)\dot{p}=\upsilon(\Theta)\underset{\sim}{\nabla}\cdot[\varkappa(p,\Theta)\underset{\sim}{\nabla}\Theta]+r \tag{8.105}$$

und aus der Kontinuitätsgleichung (6.102) unter Beachtung der Zwangsbedingung $\upsilon=\upsilon(\Theta)$

$$\underset{\sim}{\nabla}\cdot\underset{\sim}{v}=\frac{\upsilon'}{\upsilon}(\Theta)\dot{\Theta}. \tag{8.106}$$

Das sind insgesamt fünf skalarwertige partielle Differentialgleichungen zur Bestimmung der Felder $\underset{\sim}{v}$, p und $\Theta$. Beim Übergang zum inkompressiblen Fall $(\upsilon'\equiv 0)$ wird die letzte Gleichung zu einer bloßen Einschränkung des Geschwindigkeitsfeldes, und $\dot{p}$ kommt im Gleichungssatz nicht mehr vor.

Es ist leicht zu sehen, daß die thermoelastischen Materialelemente mit Zwangsbedingungen dem Prinzip des Determinismus in seiner ursprünglichen Fassung nicht gehorchen. Aus der Kenntnis des thermisch-kinematischen Prozesses – wenn er der Zwangsbedingung (8.98) unterliegt – lassen sich nämlich nicht alle Ausgabegrößen $\underset{\sim}{S}$, $\varepsilon$ und $\underset{\sim}{h}$ eindeutig ermitteln.

Nach (8.96) und (8.97) hat man

$$\underset{\sim}{S}=-2p\left(\frac{\upsilon}{2}\underset{\sim}{1}-\frac{\partial\upsilon}{\partial\tilde{\underset{\sim}{G}}}\tilde{\underset{\sim}{G}}\right)\underset{\sim}{G}^{-1}+2\frac{\partial\bar{\psi}}{\partial\tilde{\underset{\sim}{G}}}\tilde{\underset{\sim}{G}}\underset{\sim}{G}^{-1}, \tag{8.107}$$

$$\varepsilon=-p\Theta\frac{\partial\upsilon}{\partial\Theta}-\Theta^2\frac{\partial}{\partial\Theta}\left(\frac{\bar{\psi}}{\Theta}\right), \tag{8.108}$$

und da die freie Energie gemäß $\psi=\bar{\psi}(\tilde{\underset{\sim}{G}},\Theta)$ eine Funktion der Momentanwerte der Eingabegrößen darstellt, ist der Druck p die einzige durch den thermisch-kinematischen Prozeß nicht determinierte Größe auf der rechten Seite dieser Gleichungen. Schreibt man die Zwangsbedingung in der Form

$$\upsilon-\hat{\upsilon}(\tilde{\underset{\sim}{G}},\Theta)=:f(\underset{\sim}{G},\Theta)\equiv 0 \tag{8.109}$$

und leitet nach der Zeit ab,

$$\dot{\upsilon}-\frac{\partial\upsilon}{\partial\tilde{\underset{\sim}{G}}}:\dot{\tilde{\underset{\sim}{G}}}-\frac{\partial\upsilon}{\partial\Theta}\dot{\Theta}=\frac{\partial f}{\partial\underset{\sim}{G}}:\dot{\underset{\sim}{G}}+\frac{\partial f}{\partial\Theta}\dot{\Theta}=0, \tag{8.110}$$

so liefert die aus (8.69) bekannte Schlußweise

$$\frac{\partial f}{\partial\underset{\sim}{G}}=\left(\frac{\upsilon}{2}\underset{\sim}{1}-\frac{\partial\upsilon}{\partial\tilde{\underset{\sim}{G}}}\tilde{\underset{\sim}{G}}\right)\underset{\sim}{G}^{-1},\frac{\partial f}{\partial\Theta}=-\frac{\partial\upsilon}{\partial\Theta}. \tag{8.111}$$

Beanspruchung und innere Energie lassen sich also schreiben als Summe eines determinierten und eines sogenannten „Reaktionsanteils“:

$$\underset{\sim}{S}=-2p\frac{\partial f}{\partial\underset{\sim}{G}}(\underset{\sim}{G},\Theta)+\underset{\sim}{S}_{det}(\underset{\sim}{G},\Theta), \tag{8.112}$$

$$\varepsilon=p\Theta\frac{\partial f}{\partial\Theta}(\underset{\sim}{G},\Theta)+\varepsilon_{det}(\underset{\sim}{G},\Theta). \tag{8.113}$$

Die Reaktionsanteile leisten keinen Beitrag zur Dissipationsleistung, denn nach (8.31) und (8.33) ist

$$\begin{aligned}\delta&=\frac{1}{2}\underset{\sim}{S}:\dot{\underset{\sim}{G}}-\frac{\varepsilon}{\Theta}\dot{\Theta}-\Theta\left(\frac{\bar{\psi}}{\Theta}\right)^{\cdot}\\&=\underbrace{\frac{1}{2}\underset{\sim}{S}_{det}:\dot{\underset{\sim}{G}}-\frac{\varepsilon_{det}}{\Theta}\dot{\Theta}-\Theta\left(\frac{\bar{\psi}}{\Theta}\right)^{\cdot}}_{=0}-p\underbrace{\left(\frac{\partial f}{\partial\underset{\sim}{G}}:\dot{\underset{\sim}{G}}+\frac{\partial f}{\partial\Theta}\dot{\Theta}\right)}_{=0}.\end{aligned} \tag{8.114}$$

Die vom Reaktionsanteil der Spannung geleistete Arbeit verschwindet jedoch nur bei isothermen Prozessen ($\dot{\Theta}=0$). Zur Entropieproduktion können die Reaktionsanteile beim thermoelastischen Materialelement zwar nichts über die Dissipationsleistung, wohl aber über die Wärmeleitung beitragen, wenn etwa, wie in (8.103) angenommen, der Wärmefluß von p abhängt:

$$\sigma=-\frac{1}{\Theta^2}\underset{\sim}{h}(p,\tilde{\underset{\sim}{G}},\Theta,\hat{\underset{\sim}{\nabla}}\Theta)\cdot\hat{\underset{\sim}{\nabla}}\Theta. \tag{8.115}$$

*Bemerkung*: Die Formen (8.112) und (8.113) sind allgemeiner als (8.107) und (8.108). Sie gelten auch, wenn die Zwangsbedingung sich nicht – wie in (8.109) – nach $\upsilon$ auflösen läßt, z.B. wenn sie die Gestalt $f(\tilde{\underset{\sim}{G}},\Theta)=0$ besitzt. In diesem Falle bedeutet der unbestimmte Faktor p nicht den Druck, und zur Ermittlung von $\underset{\sim}{S}_{det}$ und $\varepsilon_{det}$ sind andere Variable zu vertauschen als hier geschehen.

Besitzen Fäden, die zur Bewehrung eines Materialelements dienen, eine wesentlich bessere Wärmeleitfähigkeit als das übrige Material (die sogenannte Matrix), so mag es sich anbieten, auch dieses Verhalten zu idealisieren und perfekte Wärmeleitung in der Fadenrichtung $\underset{\sim}{g}$ anzunehmen. Führen wir also ein materielles Koordinatensystem mit der speziellen Basiswahl $\{\underset{\sim}{g}_1=\underset{\sim}{g},\underset{\sim}{g}_2,\underset{\sim}{g}_3\}$ ein, schreiben das Wärmeleitgesetz in Komponentenform

$$h^l=\hat{h}^l\left(\underset{\sim}{G},\Theta,\frac{\partial\Theta}{\partial X^1},\frac{\partial\Theta}{\partial X^2},\frac{\partial\Theta}{\partial X^3}\right),\ l=1,2,3 \tag{8.116}$$

und vertauschen die Variablen $h^1$ und $\partial\Theta/\partial X^1$, so ergibt sich

$$\frac{\partial\Theta}{\partial X^1}=\underset{\sim}{g}\cdot\hat{\underset{\sim}{\nabla}}\Theta=g\left(\underset{\sim}{G},\Theta,h^1,\frac{\partial\Theta}{\partial X^2},\frac{\partial\Theta}{\partial X^3}\right). \tag{8.117}$$

Übergang zur perfekten Wärmeleitung in Richtung $\underset{\sim}{g}$ bedeutet, daß die Funktion g von $h^1$ unabhängig wird. Die Restungleichung (8.56)

$$\underset{\sim}{\mathfrak{h}}\cdot\hat{\underset{\sim}{\nabla}}\Theta=h^1g+h^2\frac{\partial\Theta}{\partial X^2}+h^3\frac{\partial\Theta}{\partial X^3}\leqq 0 \tag{8.118}$$

läßt sich dann aber nur mit $g\equiv 0$ erfüllen. Damit wird aus (8.117) die Zwangsbedingung

$$\underset{\sim}{g}\cdot\hat{\underset{\sim}{\nabla}}\Theta=0, \tag{8.119}$$

also wieder eine Einschränkung des ursprünglichen Satzes der unabhängigen Variablen. Die Gleichungen für $h^2$ und $h^3$ in (8.116) beschreiben allein das Wärmeleitverhalten der Matrix, welches von der Idealisierung nicht betroffen ist, doch werden die Werte der Funktionen $\hat{h}^2$ und $\hat{h}^3$ für Argumente $\partial\Theta/\partial X^1\neq 0$ nicht mehr benötigt:

$$h^l=\hat{h}^l\left(\underset{\sim}{G},\Theta,0,\frac{\partial\Theta}{\partial X^2},\frac{\partial\Theta}{\partial X^3}\right)=h^l_{\text{det}}(\underset{\sim}{G},\Theta,\hat{\underset{\sim}{\nabla}}\Theta)\ l=2,3, \tag{8.120}$$

so daß sich

$$\underset{\sim}{\mathfrak{h}}=h^1\underset{\sim}{g}+\underset{\sim}{\mathfrak{h}}_{\text{det}}(\underset{\sim}{G},\Theta,\hat{\underset{\sim}{\nabla}}\Theta) \tag{8.121}$$

und

$$\sigma=-\frac{1}{\Theta^2}\underset{\sim}{\mathfrak{h}}\cdot\hat{\underset{\sim}{\nabla}}\Theta=-\frac{1}{\Theta^2}\underset{\sim}{\mathfrak{h}}_{\text{det}}\cdot\hat{\underset{\sim}{\nabla}}\Theta\geqq 0 \tag{8.122}$$

ergibt. Der durch den ursprünglichen Satz der unabhängigen Variablen nicht determinierte „Reaktionswärmefluß" $h^1\underset{\sim}{g}$ leistet also keinen Beitrag zur Entropieproduktion.

Noll hat im Rahmen der mechanischen Theorie der einfachen Stoffe die Zwangsbedingungen auf der Basis des ursprünglichen Prinzips des Determinismus axiomatisch behandelt, indem er fordert (siehe Truesdell und Noll [0.1], Kap. 30): Unterliegt der kinematische Prozeß einer Zwangsbedingung der Form $f(\underset{\sim}{G})=0$, dann ist die Spannung durch diesen Prozeß nur bis auf einen beliebigen Reaktionsanteil determiniert, der keine Arbeit leistet. Andere Autoren (siehe etwa Green, Naghdi und Trapp [8.6], Gurtin und Guidugli [8.7]) haben diese Idee auf den thermomechanischen Fall erweitert und von den Reaktionsanteilen in Spannung, innerer Energie und Wärmefluß beispielsweise verlangt, daß sie keinen Beitrag zur Entropieproduktion leisten.

Eine derartige axiomatische Behandlung von Zwangsbedingungen scheint allzu dogmatisch. Am natürlichsten ist der hier vorgeführte Zugang, Materialelemente mit Zwangsbedingungen als Idealisierungen von solchen ohne Zwangsbedingungen anzusehen, bei denen gewisse Kennwerte (z.B. Nachgiebigkeit, Wärmeleitwiderstand u.a.) sehr klein sind. Zu diesem Zweck sucht man ein modifiziertes Prinzip des Determinismus, dem das Materialelement ohne Zwangsbedingung (nach passendem Variablentausch) ebenfalls genügt, und das – im Gegensatz zum ursprünglichen Prinzip – bei Einführung der Zwangsbedingung sinnvoll bleibt. (Daran ist nichts Befremdliches, denn unsere ursprüngliche Variablenwahl war ja recht willkürlich.) Ob dann die „Reaktionsanteile“ (im Sinne der ursprünglichen Variablenwahl) Arbeit leisten oder Beiträge zur Dissipationsleistung und Entropieproduktion erbringen, kann man zwar – ohne jedes Axiom – ausrechnen, doch stellt sich das Problem einer Aufspaltung der Ausgabegrößen in zwei Anteile erst gar nicht. Die Behandlung innerer Zwänge mit Variablentausch sowie ein Vergleich beider Zugänge im Rahmen einer allgemeineren Thermodynamik ist von Alts [8.8], [8.9] durchgeführt worden.

Sehr allgemein ist der Zugang von Bertram [8.10]. Er betrachtet – ausgehend vom ursprünglichen Prinzip des Determinismus – die hier untersuchten Zwangsbedingungen als speziellen Fall einer Einschränkung der Prozeßklasse der thermisch-kinematischen Variablen. Kompliziertere Einschränkungen sind denkbar, etwa Zwangsbedingungen in nichtholonomer Form (z.B. $\underset{\sim}{X}(\underset{\sim}{G},\Theta,\hat{\underset{\sim}{\nabla}}\Theta):\dot{\underset{\sim}{G}}=0$) oder in Form von Ungleichungen ($(\mathrm{tr}(\underset{\sim}{G}_0^{-1}\underset{\sim}{G})^2 \leqq \mathrm{const}$ oder $\mathrm{tr}(\underset{\sim}{G}^{-1}\dot{\underset{\sim}{G}})^2 \leqq \mathrm{const}$). Als Ausgabegrößen werden nicht einzelne Werte von $(\underset{\sim}{S},\varepsilon,\underset{\sim}{\mathfrak{h}})$, sondern Mengen solcher Werte $\{(\underset{\sim}{S},\varepsilon,\underset{\sim}{\mathfrak{h}})\}$ zugelassen. (Einen Sonderfall stellte (8.112), (8.113) sowie (8.121) dar: Dort bildeten die Differenzen von je zwei Elementen dieser Menge einen eindimensionalen Vektorraum.) Sicher lassen sich nicht alle derartigen Fälle mit dem einfachen Verfahren des Variablentauschs behandeln. Eingehende Erkenntnisse hierzu fehlen noch. Wir werden diesem Problem bei der Untersuchung starrplastischer Materialelemente noch einmal begegnen.

## 8.6 Klassifikation von Materialverhalten

Die in Abschnitt 3.8 gegebenen Definitionen von Altern, Geschwindigkeitsunabhängigkeit, Umkehrbarkeit und Plastizität lassen sich unmittelbar auf das Materialelement übertragen. Damit nimmt beispielsweise die Definition der Geschwindigkeitsunabhängigkeit des Materialverhaltens folgende Form an: Für jeden Zustand und jeden Wechsel $\varkappa$ des Zeitmaßstabs gilt:

Gehört der thermisch-kinematische Prozeß $\hat{1}$ – d.h. Prozeß von $\underset{\sim}{G},\Theta,\hat{\underset{\sim}{\nabla}}\Theta$ – zur Prozeßklasse des Materialelements, dann auch der mittels $\varkappa$ modifizierte Prozeß $\hat{1}_\varkappa$, und die Ausgabe der Größen $\underset{\sim}{S},\varepsilon,\underset{\sim}{\mathfrak{h}}$ am Ende beider Prozesse stimmt überein. Aus (8.37) liest man ab, daß jedes thermoelastische Materialelement sich geschwindigkeitsunabhängig verhält. Die durch $q = \dot{\varepsilon} - \underset{\sim}{S}:\dot{\underset{\sim}{G}}/2$ erklärte Wärmeaufnahme geht beim Maßstabswechsel in $q_\varkappa = \varkappa' q$ über.

Die Konstruktion von Geschichtsfunktionalen kann so erfolgen, wie es an Hand der Formeln (3.60) ff. erläutert ist. Die Bedingung (3.62) ersetzen wir im mechanischen Fall durch $|\underset{\sim}{P}| < K$ und im thermomechanischen Fall durch $|\underset{\sim}{P}| < K_1$, $|\varepsilon| < K_2$, $|\underset{\sim}{h}| < K_3$.

## 8.7 Symmetrie elastischer und thermoelastischer Materialelemente

Ein wichtiges Hilfsmittel zur Materialklassifikation ist die Symmetrie. Wir erklären sie hier zunächst am elastischen Fall und in den folgenden Kapiteln auch für inelastische Materialelemente. Dabei beschränken wir uns auf Materialelemente ohne Zwangsbedingungen.

Wählen wir eine feste Bezugsplazierung $\underset{\sim}{K}_0$, dann ist

$$\underset{\sim}{T} = \varrho \underset{\sim}{P} = \varrho_0 (\det \underset{\sim}{F})^{-1} \underset{\sim}{F} \cdot \check{\underset{\sim}{Z}} (\underset{\sim}{F}^T \underset{\sim}{F}) \cdot \underset{\sim}{F}^T =: \hat{\underset{\sim}{T}}(\underset{\sim}{F}) \tag{8.123}$$

nach (7.130) eine Form der elastischen Stoffgleichung. Ein Tensor $\underset{\sim}{M}_0$ heißt Element der auf $\underset{\sim}{K}_0$ bezogenen Symmetriegruppe $\mathscr{g}_0$, wenn für jedes $\underset{\sim}{F}$ aus dem Definitionsbereich von $\hat{\underset{\sim}{T}}$ gilt, daß erstens auch $\underset{\sim}{F}\underset{\sim}{M}_0$ zum Definitionsbereich gehört und zweitens die Funktionalgleichung

$$\hat{\underset{\sim}{T}}(\underset{\sim}{F}) = \hat{\underset{\sim}{T}}(\underset{\sim}{F}\underset{\sim}{M}_0) \tag{8.124}$$

erfüllt ist. Mechanisch gedeutet: Wird einem beliebigen Plazierungswechsel $\underset{\sim}{F}$ der Plazierungswechsel $\underset{\sim}{M}_0$ vorgeschaltet, dann läßt dieser sich durch Messung der Spannung $\underset{\sim}{T}$ nicht entdecken.

*Bemerkung*: Um zu zeigen, daß die Menge $\mathscr{g}_0$ der Tensoren, die (8.124) erfüllen, eine Gruppe bilden, – und so den Namen Symmetriegruppe zu rechtfertigen – hat man die Gültigkeit der vier Gruppenaxiome zu bestätigen:

1. Gilt $\underset{\sim}{M}_0, \tilde{\underset{\sim}{M}}_0 \in \mathscr{g}_0$, dann auch $\underset{\sim}{M}_0 \tilde{\underset{\sim}{M}}_0 \in \mathscr{g}_0$. Da nämlich $\hat{\underset{\sim}{T}}(\tilde{\underset{\sim}{F}}) = \hat{\underset{\sim}{T}}(\tilde{\underset{\sim}{F}} \tilde{\underset{\sim}{M}}_0)$ für jedes $\tilde{\underset{\sim}{F}}$ gelten muß, braucht man zum Beweis nur $\tilde{\underset{\sim}{F}} = \underset{\sim}{F}\underset{\sim}{M}_0$ zu wählen und nochmals (8.124) zu beachten.
2. Die Verknüpfung $\underset{\sim}{M}_0 \tilde{\underset{\sim}{M}}_0 \tilde{\tilde{\underset{\sim}{M}}}_0$ ist assoziativ, denn das gilt für Tensoren allgemein.
3. Die Menge $\mathscr{g}_0$ enthält immer das Einselement $\underset{\sim}{M}_0 = \underset{\sim}{1}$, welches (8.124) trivialerweise erfüllt.
4. Mit jedem $\underset{\sim}{M}_0 \in \mathscr{g}_0$ gehört auch das reziproke Element $\underset{\sim}{M}_0^{-1}$ zu $\mathscr{g}_0$, wie sich aus (8.124) für die Wahl $\underset{\sim}{F} = \tilde{\underset{\sim}{F}} \underset{\sim}{M}_0^{-1}$ ergibt.

Es erscheint physikalisch uninteressant, Symmetriegruppen $\mathscr{g}_0$ zu betrachten, deren Elemente nicht alle die Determinante 1 haben. Ist nämlich $\underset{\sim}{M}_0 \in \mathscr{g}_0$ mit $\det \underset{\sim}{M}_0 = \alpha \neq 1$, dann gehört nach dem 1. Gruppenaxiom auch $\underset{\sim}{M}_0^n$ (n beliebig ganzzahlig) zu $\mathscr{g}_0$. Schreiben wir $\tilde{\underset{\sim}{F}} = \underset{\sim}{F}\underset{\sim}{M}_0^n$, dann liefert (8.124): $\hat{\underset{\sim}{T}}(\underset{\sim}{F}) = \hat{\underset{\sim}{T}}(\tilde{\underset{\sim}{F}})$. Wegen $\det \tilde{\underset{\sim}{F}} = \alpha^n \det \underset{\sim}{F}$ bedeutet dies gleiche Cauchysche Spannung in Konfigurationen mit ganz unterschiedlicher Dichte. Für ein solches Materialmodell dürfte es keine praktische Anwendung geben.

Setzen wir also im folgenden stets $\det \underset{\sim}{M}_0 = 1$ voraus, dann führt (8.124) mit (8.123) auf folgende Funktionalgleichung für die Kirchhoffsche Beanspruchung:

$$\check{\underset{\sim}{Z}}(\underset{\sim}{M}_0{}^{T}\underset{\sim}{C}\underset{\sim}{M}_0) = \underset{\sim}{M}_0{}^{-1}\check{\underset{\sim}{Z}}(\underset{\sim}{C})\underset{\sim}{M}_0{}^{-T}. \tag{8.125}$$

Zusammen mit der Nebenbedingung $\det \underset{\sim}{M}_0 = 1$ definiert sie die Symmetriegruppe $\mathscr{g}_0$ ebenfalls eindeutig.

*Bemerkung*: Noll zählt auch die Tensoren $\underset{\sim}{M}_0$ mit $\det \underset{\sim}{M}_0 = -1$, welche (8.125) genügen, zur Symmetriegruppe. (Neben $\underset{\sim}{M}_0$ gehört dann immer auch $-\underset{\sim}{M}_0$ dazu.) Wir wollen nicht so vorgehen, da wir die anschaulich deutbare Beziehung (8.124) als Ausgangspunkt genommen haben, die Funktion $\hat{\underset{\sim}{T}}$ aber nur für Argumente mit positiver Determinante erklärt ist.

Mittels der Beziehung $\check{\underset{\sim}{Z}}(\underset{\sim}{K}_0{}^{-*}\underset{\sim}{G}\underset{\sim}{K}_0{}^{-1}) = \underset{\sim}{K}_0\hat{\underset{\sim}{S}}(\underset{\sim}{G})\underset{\sim}{K}_0{}^{*}$ können wir uns von der willkürlichen Wahl von $\underset{\sim}{K}_0$ befreien. Mit der Abkürzung

$$\underset{\sim}{M} := \underset{\sim}{K}_0{}^{-1}\underset{\sim}{M}_0\underset{\sim}{K}_0 \in \mathrm{Invlin}(\mathscr{T}) \tag{8.126}$$

wird nämlich aus (8.125)

$$\hat{\underset{\sim}{S}}(\underset{\sim}{M}^{*}\underset{\sim}{G}\underset{\sim}{M}) = \underset{\sim}{M}^{-1}\hat{\underset{\sim}{S}}(\underset{\sim}{G})\underset{\sim}{M}^{-*}, \tag{8.127}$$

und die *Symmetriegruppe* $\mathscr{g}$ des Materialelements erklären wir als die Menge jener $\underset{\sim}{M} \in \mathrm{Invlin}(\mathscr{T})$ mit $\det \underset{\sim}{M} = 1$, welche dieser Funktionalgleichung genügen. Den Zusammenhang (8.126) zwischen $\mathscr{g}$ und $\mathscr{g}_0$ schreibt man auch $\mathscr{g}_0 = \underset{\sim}{K}_0\mathscr{g}\underset{\sim}{K}_0{}^{-1}$. Die Materialsymmetrie erlaubt noch folgende Deutung: Es seien $\{\tilde{\underset{\sim}{g}}_\alpha\}$ und $\{\underset{\sim}{g}_\alpha = \underset{\sim}{M}\tilde{\underset{\sim}{g}}_\alpha\}$ zwei Basen in $\mathscr{T}$, $\{\tilde{\underset{\sim}{g}}^\alpha\}$ und $\{\underset{\sim}{g}^\alpha = \underset{\sim}{M}^{-*}\tilde{\underset{\sim}{g}}^\alpha\}$ die zugehörigen Dualbasen. Änderung von $\underset{\sim}{G} = g_{\alpha\beta}\underset{\sim}{g}^\alpha \otimes \underset{\sim}{g}^\beta$ in $\underset{\sim}{M}^{*}\underset{\sim}{G}\underset{\sim}{M} = g_{\alpha\beta}\tilde{\underset{\sim}{g}}^\alpha \otimes \tilde{\underset{\sim}{g}}^\beta$ ändert $\underset{\sim}{S} = s^{\gamma\delta}\underset{\sim}{g}_\gamma \otimes \underset{\sim}{g}_\delta$ in $\underset{\sim}{M}^{-1}\underset{\sim}{S}\underset{\sim}{M}^{-*} = s^{\gamma\delta}\tilde{\underset{\sim}{g}}_\gamma \otimes \tilde{\underset{\sim}{g}}_\delta$, d.h., gehört $\underset{\sim}{M}$ zur Symmetriegruppe, dann stimmen die Komponentengleichungen $s^{\gamma\delta} = \hat{s}^{\gamma\delta}(g_{\alpha\beta})$ des Stoffgesetzes $\underset{\sim}{S} = \hat{\underset{\sim}{S}}(\underset{\sim}{G})$ bezüglich beider Basissysteme überein.

Elastische Materialien werden nach ihren Symmetrieeigenschaften wie folgt klassifiziert. Ist $\mathscr{g}$ die eigentlich unimodulare Gruppe $\mathrm{Unim}^+(\mathscr{T})$, d.h. die Gesamtmenge aller $\underset{\sim}{M} \in \mathrm{Invlin}(\mathscr{T})$ mit $\det \underset{\sim}{M} = 1$, dann ist $\mathscr{g}_0 = \underset{\sim}{K}_0\mathscr{g}\underset{\sim}{K}_0{}^{-1} = \mathrm{Unim}^+(\mathscr{V})$ für jedes $\underset{\sim}{K}_0$ die volle Menge der Tensoren $\underset{\sim}{M}_0$ mit $\det \underset{\sim}{M}_0 = 1$. Aus keiner Plazierung $\underset{\sim}{K}_0$ heraus läßt sich ein vorgeschalteter volumentreuer Plazierungswechsel $\underset{\sim}{M}_0$ entdecken. Schreibt man $\underset{\sim}{F} = \sqrt[3]{\det \underset{\sim}{F}}\,\tilde{\underset{\sim}{F}}$ mit $\det \tilde{\underset{\sim}{F}} = 1$, dann wird aus (8.124)

$$\hat{\underset{\sim}{T}}(\underset{\sim}{F}) =: \hat{\hat{\underset{\sim}{T}}}(\det \underset{\sim}{F}, \tilde{\underset{\sim}{F}}) = \hat{\underset{\sim}{T}}(\underset{\sim}{F}\underset{\sim}{M}_0) = \hat{\hat{\underset{\sim}{T}}}(\det \underset{\sim}{F}, \tilde{\underset{\sim}{F}}\underset{\sim}{M}_0). \tag{8.128}$$

Da man nun stets $\underset{\sim}{M}_0 = \tilde{\underset{\sim}{F}}^{-1}$ wählen kann, hängt $\hat{\hat{\underset{\sim}{T}}}$ tatsächlich nicht von seinem zweiten Argument ab, so daß $\underset{\sim}{T}$ nur eine Funktion von $\det \underset{\sim}{F}$ und damit von der Dichte $\varrho$ ist: $\underset{\sim}{T} = \underset{\sim}{T}(\varrho)$. Setzt man $\underset{\sim}{F} = \underset{\sim}{1}$ und $\underset{\sim}{M}_0 = \underset{\sim}{Q} \in \mathrm{Orth}^+(\mathscr{V}) \subset \mathrm{Unim}^+(\mathscr{V})$, dann gibt (8.124) mit (8.123) $\hat{\underset{\sim}{T}}(\underset{\sim}{1}) = \hat{\underset{\sim}{T}}(\underset{\sim}{Q}) = \underset{\sim}{Q}\hat{\underset{\sim}{T}}(\underset{\sim}{1})\underset{\sim}{Q}^{T}$. Da $\underset{\sim}{Q}$ ein beliebiger Versor sein kann, muß $\underset{\sim}{T}$ in der willkürlichen Plazierung $\underset{\sim}{K}_0$ – also in jeder – ein Kugeltensor sein, d.h., das Stoffgesetz reduziert sich auf

$$\underset{\sim}{T} = -p(\varrho)\underset{\sim}{1} \tag{8.129}$$

oder

$$\mathbf{S}=\mathbf{K}^{-1}\frac{\mathbf{T}}{\varrho}\mathbf{K}^{-*}=-\frac{p(\varrho)}{\varrho}\mathbf{G}^{-1}. \tag{8.130}$$

Ein solches elastisches Materialelement nennt man *flüssig* (fluid).

Demgegenüber heißt ein elastisches Materialelement *fest* (solid), wenn es mindestens eine – als *ungestört* (undistorted) bezeichnete – Plazierung $\mathbf{K}_0$ gibt, deren Symmetriegruppe eine Untergruppe der eigentlich orthogonalen Gruppe ist: $\mathscr{g}_0\subset\mathrm{Orth}^+(\mathscr{V})$. Höchstens vorgeschaltete Drehungen $\mathbf{M}_0$ aus $\mathbf{K}_0$ heraus bleiben also unentdeckt, nicht aber Konfigurationsänderungen. Aus (8.125) wird

$$\check{\mathbf{Z}}(\mathbf{Q}^T\mathbf{C}\mathbf{Q})=\mathbf{Q}^T\check{\mathbf{Z}}(\mathbf{C})\mathbf{Q},\ \forall\mathbf{Q}\in\mathscr{g}_0\subset\mathrm{Orth}^+(\mathscr{V}). \tag{8.131}$$

Abkürzend bezeichnen wir im folgenden eine Drehung mit Drehwinkel $\varphi$ um eine Achse $\mathbf{e}$ mit $\mathbf{Q}_{\mathbf{e}}^{\varphi}$. *Triklin* heißt ein festes elastisches Materialelement, wenn es die triviale Symmetriegruppe $\mathscr{g}_0=\{\mathbf{1}\}$ besitzt. Jede Plazierung ist dann ungestört. Ein *monoklines* Element besitzt eine ausgezeichnete Achse $\mathbf{e}$ und hat die Symmetriegruppe $\mathscr{g}_0=\{\mathbf{1},\mathbf{Q}_{\mathbf{e}}^{\pi}\}$. *Orthotrop* heißt ein Element, wenn seine Symmetriegruppe die Klappungen $\mathbf{Q}_{\mathbf{e}_1}^{\pi},\mathbf{Q}_{\mathbf{e}_2}^{\pi},\mathbf{Q}_{\mathbf{e}_3}^{\pi}$ um drei orthogonale Achsen enthält, *kubisch*, wenn auch die Drehungen $\mathbf{Q}_{\mathbf{e}_1}^{\pi/2},\mathbf{Q}_{\mathbf{e}_2}^{\pi/2},\mathbf{Q}_{\mathbf{e}_3}^{\pi/2}$ enthalten sind. Gehören zu $\mathscr{g}_0$ alle Drehungen $\mathbf{Q}_{\mathbf{e}}^{\varphi}$ $(0\leqq\varphi<2\pi)$ um eine feste Achse $\mathbf{e}$, dann spricht man von *Transversal-Isotropie*. Das feste elastische Materialelement mit der größtmöglichen Symmetrie $\mathscr{g}_0=\mathrm{Orth}^+(\mathscr{V})$ heißt *isotropes festes Element*.

Wählt man in (8.131) $\mathbf{F}=\mathbf{1}$, so folgt mit (8.123)

$$\mathbf{T}=\hat{\mathbf{T}}(\mathbf{1})=\varrho_0\check{\mathbf{Z}}(\mathbf{1})=\varrho_0\mathbf{Q}^T\check{\mathbf{Z}}(\mathbf{1})\mathbf{Q}=\mathbf{Q}^T\mathbf{T}\mathbf{Q}, \tag{8.132}$$

also folgende Besonderheit des Spannungstensors in der ungestörten Plazierung: Das monokline Element ist auf der Ebene senkrecht zu $\mathbf{e}$ schubspannungsfrei, beim orthotropen Element sind $\mathbf{e}_1,\mathbf{e}_2,\mathbf{e}_3$ Hauptachsen des Spannungstensors, das transversal-isotrope Element besitzt einen Spannungstensor der Gestalt $\alpha\mathbf{1}+\beta\mathbf{e}\otimes\mathbf{e}$ und beim kubischen und isotropen Element ist der Spannungstensor in $\mathbf{K}_0$ ein Kugeltensor.

Um von $\mathscr{g}_0$ auf $\mathscr{g}$ überzugehen, beachten wir, daß aus der Definition (8.126) und mit Einführung der ungestörten Konfiguration $\mathbf{G}_0=\mathbf{K}_0{}^*\mathbf{K}_0$ folgt:

$$\mathbf{K}_0{}^*\cdot(\mathbf{M}_0{}^T\cdot\mathbf{M}_0-\mathbf{1})\cdot\mathbf{K}_0=\mathbf{M}^*\cdot\mathbf{G}_0\cdot\mathbf{M}-\mathbf{G}_0. \tag{8.133}$$

Die linke Seite verschwindet, wenn $\mathbf{M}_0\in\mathrm{Orth}(\mathscr{V})$, die rechte, wenn $\mathbf{M}\in\mathrm{Orth}(\mathbf{G}_0)$ ist nach der Definition (5.113). Daraus ergibt sich der Zusammenhang $\mathrm{Orth}(\mathbf{G}_0)=\mathbf{K}_0{}^{-1}\mathrm{Orth}(\mathscr{V})\mathbf{K}_0$. Für die Symmetriegruppe $\mathscr{g}$ eines festen elastischen Elements mit ungestörter Konfiguration $\mathbf{G}_0$ erhält man also die Bedingung:

$$\mathscr{g}=\mathbf{K}_0{}^{-1}\mathscr{g}_0\mathbf{K}_0\subset\mathbf{K}_0{}^{-1}\mathrm{Orth}^+(\mathscr{V})\mathbf{K}_0=:\mathrm{Orth}^+(\mathbf{G}_0) \tag{8.134}$$

und im Falle des isotropen festen Elements $\mathscr{g}=\mathrm{Orth}^+(\mathbf{G}_0)$. Da für $\mathbf{M}\in\mathscr{g}$ die rechte Seite von (8.133) verschwindet, erkennt man, daß mit $\mathbf{G}_0$ immer auch $\alpha\mathbf{G}_0\,(\alpha>0)$ eine ungestörte Konfiguration ist und daß jede zu diesen Konfigurationen gehörige

Plazierung ungestört ist. Ob es weitere ungestörte Konfigurationen gibt, hängt von $\mathscr{g}$ ab. (Siehe Truesdell und Noll [0.1].) Im Falle des isotropen festen Elements muß die Gleichung (8.131) genau für alle $\underset{\sim}{Q} \in \mathrm{Orth}^+(\mathscr{V})$ und damit für alle $\underset{\sim}{Q} \in \mathrm{Orth}(\mathscr{V})$ erfüllt, also $\underset{\sim}{Z}$ eine isotrope Funktion von $\underset{\sim}{C}$ sein. Es gelten deshalb die in (7.131) bis (7.140) entwickelten Darstellungen.

Wir nennen das *elastische Verhalten bezüglich der Konfiguration* $\underset{\sim}{G}_0$ *isotrop*, wenn die eigentlich orthogonale Gruppe der Konfiguration $\underset{\sim}{G}_0$ in der Symmetriegruppe des Materialelements enthalten ist, also vorgeschaltete Drehungen in dieser Konfiguration sich nicht bemerkbar machen:

$$\mathrm{Orth}^+(\underset{\sim}{G}_0) \subset \mathscr{g} \subset \mathrm{Unim}^+(\mathscr{T}). \tag{8.135}$$

Isotropes Verhalten bezüglich einer Konfiguration $\underset{\sim}{G}_0$ (und damit auch bezüglich aller Konfigurationen der Gestalt $\alpha\underset{\sim}{G}_0$ mit $\alpha > 0$) zeigt das isotrope feste Element. Isotropes Verhalten bezüglich jeder beliebigen Konfiguration zeigt das flüssige Element, denn es gilt für jedes $\underset{\sim}{G}_0$: $\mathrm{Orth}^+(\underset{\sim}{G}_0) \subset \mathrm{Unim}^+(\mathscr{T})$. Eine dritte Möglichkeit gibt es nicht, wie Noll bewiesen hat [8.11]. Die flüssigen und die isotrop festen werden daher auch gemeinsam als isotrope elastische Materialelemente bezeichnet.

Ist $\mathscr{g}$ zwar eine echte Untergruppe von $\mathrm{Unim}^+(\mathscr{T})$, jedoch nicht in der eigentlich orthogonalen Gruppe $\mathrm{Orth}^+(\underset{\sim}{G}_0)$ irgendeiner Konfiguration $\underset{\sim}{G}_0$ enthalten, dann nennt man das Element *halbflüssig* (subfluid, liquid crystal).

Viele Beispiele von Symmetriegruppen fester und halbflüssiger Elemente sowie weitere allgemeine Ausführungen zur Materialsymmetrie findet man bei Truesdell und Noll [0.1], Kap. 31 ff., 85 ff.

Gehen wir zum *thermoelastischen Materialelement* über, so können wir analog zu (8.127) auf der Grundlage der drei Zustandsgleichungen (8.37) drei verschiedene Symmetriegruppen definieren. Als Symmetriegruppe $\mathscr{g}$ der Beanspruchung in einem Kältebereich $\Lambda$ erklären wir die Menge jener $\underset{\sim}{M} \in \mathrm{Invlin}(\mathscr{T})$ mit $\det \underset{\sim}{M} = 1$, welche für alle $\underset{\sim}{G}$, $\lambda \in \Lambda$ und $\hat{\underset{\sim}{\nabla}}\lambda$ der Funktionalgleichung

$$\underset{\sim}{S}(\underset{\sim}{M}^*\underset{\sim}{G}\underset{\sim}{M},\lambda,\underset{\sim}{M}^*\hat{\underset{\sim}{\nabla}}\lambda) = \underset{\sim}{M}^{-1}\underset{\sim}{S}(\underset{\sim}{G},\lambda,\hat{\underset{\sim}{\nabla}}\lambda)\underset{\sim}{M}^{-*} \tag{8.136}$$

genügen. Auf der Grundlage dieser Symmetrie klassifizieren wir das thermoelastische Materialelement wie zuvor als fest, flüssig usw. in $\Lambda$. Zur Definition der Symmetriegruppe $\mathscr{g}^\varepsilon$ der inneren Energie und $\mathscr{g}^\mathfrak{h}$ der Wärmeleitung benutzen wir stattdessen die Funktionalgleichungen

$$\varepsilon(\underset{\sim}{M}^*\underset{\sim}{G}\underset{\sim}{M},\lambda,\underset{\sim}{M}^*\hat{\underset{\sim}{\nabla}}\lambda) = \varepsilon(\underset{\sim}{G},\lambda,\hat{\underset{\sim}{\nabla}}\lambda) \tag{8.137}$$

bzw.

$$\mathfrak{h}(\underset{\sim}{M}^*\underset{\sim}{G}\underset{\sim}{M},\lambda,\underset{\sim}{M}^*\hat{\underset{\sim}{\nabla}}\lambda) = \underset{\sim}{M}^{-1}\mathfrak{h}(\underset{\sim}{G},\lambda,\hat{\underset{\sim}{\nabla}}\lambda). \tag{8.138}$$

Im passiven Falle ergibt sich aus den Potentialbeziehungen (8.39) zwischen $\mathscr{g}$ und $\mathscr{g}^\varepsilon$ ein Zusammenhang, zu dessen Herleitung wir einen Gedankengang von Truesdell abwandeln (siehe Truesdell und Noll [0.1], Kap. 85). Zunächst nimmt (8.136) die Form

$$\frac{\partial\omega}{\partial\underset{\sim}{G}}(\underset{\sim}{M}^*\underset{\sim}{G}\underset{\sim}{M},\lambda) = \underset{\sim}{M}^{-1}\frac{\partial\omega}{\partial\underset{\sim}{G}}(\underset{\sim}{G},\lambda)\underset{\sim}{M}^{-*} \tag{8.139}$$

an (die linke Seite bezeichnet den Wert von $\partial\omega/\partial G$ an der Stelle $(M^* G M, \lambda)$). Doppeltskalarmultiplikation mit $M^* dG M$ und Integration von $G_0$ bis $G_1$ bei festem $M$ und $\lambda$ gibt

$$\int_{G=G_0}^{G_1} \frac{\partial\omega}{\partial G}(M^* G M, \lambda) : M^* dG M = \int_{G=G_0}^{G_1} \frac{\partial\omega}{\partial G}(G, \lambda) : dG, \tag{8.140}$$

also, wenn $G$ statt $G_1$ geschrieben wird:

$$\omega(M^* G M, \lambda) - \omega(M^* G_0 M, \lambda) = \omega(G, \lambda) - \omega(G_0, \lambda). \tag{8.141}$$

Erklären wir die Symmetriegruppe $\mathscr{g}^\omega$ der Speicherfunktion $\omega$ als Menge jener $M \in \text{Invlin}(\mathscr{T})$ mit $\det M = 1$, welche für alle $G$ und alle $\lambda \in \Lambda$ die Funktionalgleichung

$$\omega(M^* G M, \lambda) = \omega(G, \lambda) \tag{8.142}$$

erfüllen, so finden wir aus (8.141): Genau jene $M \in \mathscr{g}$ genügen dieser Gleichung, die für ein $G_0$ und alle $\lambda \in \Lambda$ folgender Bedingung genügen:

$$\omega(M^* G_0 M, \lambda) = \omega(G_0, \lambda). \tag{8.143}$$

Also ist $\mathscr{g}^\omega \subset \mathscr{g}$. Nur beim halbflüssigen Materialelement kann aber $\mathscr{g}^\omega$ eine echte Untergruppe von $\mathscr{g}$ sein. Beim festen und flüssigen Materialelement gilt dagegen $\mathscr{g}^\omega = \mathscr{g}$. Beim festen Element können wir nämlich für $G_0$ eine ungestörte Konfiguration wählen, so daß für alle $M \in \mathscr{g}$ gilt $M^* G_0 M = G_0$, also (8.143) trivialerweise erfüllt ist. Beim flüssigen Element folgt dagegen aus der Schubspannungsfreiheit nach (8.129) gemäß (8.71) die Darstellung $\omega = \omega(\upsilon, \lambda)$, so daß (8.143) wegen $\det M = 1$ für eine beliebige Wahl von $G_0$ identisch erfüllt ist.

Differentiation von (8.142) nach $\lambda$ unter Beachtung von $\varepsilon = \partial\omega/\partial\lambda$ gibt

$$\varepsilon(M^* G M, \lambda) = \varepsilon(G, \lambda). \tag{8.144}$$

Also gilt $\mathscr{g}^\varepsilon \supset \mathscr{g}^\omega$. Daß $\mathscr{g}^\omega$ eine echte Untergruppe von $\mathscr{g}^\varepsilon$ sein kann, sieht man etwa am Beispiel $\omega = \omega_1(G) + \omega_2(\lambda)$, bei dem $\varepsilon$ im Gegensatz zu $\omega$ nicht von $G$ abhängt. Der gesuchte Zusammenhang zwischen den Symmetriegruppen $\mathscr{g}$ und $\mathscr{g}^\varepsilon$ von Beanspruchung und innerer Energie lautet also: Jene Elemente $M \in \mathscr{g}$, welche für ein $G_0$ der Bedingung (8.143) genügen, sind auch Elemente $M \in \mathscr{g}^\varepsilon$. Beim festen und flüssigen Materialelement folgt daraus $\mathscr{g} \subset \mathscr{g}^\varepsilon$.

Aus der Symmetrie (8.138) der Wärmeleitung ergibt sich für den Operator $\Lambda$ nach (8.59) die Funktionalgleichung

$$\Lambda(M^* G M, \Theta) = M^{-1} \Lambda(G, \Theta) M^{-} . \tag{8.145}$$

## 8.8 Symmetrie elastischer Steifigkeiten

Symmetrien des inkrementellen elastischen Verhaltens aus einer Konfiguration $G$ heraus erklären wir ähnlich wie in (8.127), indem wir statt der Konfiguration $G$ und Beanspruchung $S$ deren Inkremente $\dot{G}$ und $\dot{S}$ betrachten und vom Zusammenhang $\dot{S} = \partial S(G)/\partial G : \dot{G}$ ausgehen, durch:

$$\frac{\partial S}{\partial G}(G) : M^* \dot{G} M = M^{-1} \cdot \left( \frac{\partial S}{\partial G}(G) : \dot{G} \right) \cdot M^{-*}. \tag{8.146}$$

Als Symmetriegruppe $\mathscr{g}^G$ der Steifigkeit $\partial S/\partial G$ in der Konfiguration $G$ definieren wir die Menge jener $M \in \text{Invlin}(\mathscr{T})$ mit $\det M = 1$, welche dieser Funktionalgleichung genügen. Nun zeigt Differentiation von (8.127), daß für alle $M \in \mathscr{g}$ gilt:

$$\frac{\partial S}{\partial G}(M^* G M) : M^* \dot{G} M = M^{-1} \cdot \left( \frac{\partial S}{\partial G}(G) : \dot{G} \right) \cdot M^{-*} \tag{8.147}$$

($\partial \underset{\sim}{S}/\partial \underset{\sim}{G}(\underset{\sim}{M}^*\underset{\sim}{G}\underset{\sim}{M})$ soll die Steifigkeit an der Stelle $\underset{\sim}{M}^*\underset{\sim}{G}\underset{\sim}{M}$ bezeichnen.) Ist ein solches $\underset{\sim}{M}\in\mathscr{g}$ zugleich Element von $\mathrm{Orth}^+(\underset{\sim}{G})$, d.h. gilt $\underset{\sim}{M}^*\underset{\sim}{G}\underset{\sim}{M}=\underset{\sim}{G}$, dann erfüllt es offensichtlich die Gleichung (8.146). Wir finden also

$$\mathscr{g}^{\underset{\sim}{G}} \supset \mathscr{g} \cap \mathrm{Orth}^+(\underset{\sim}{G}), \tag{8.148}$$

d.h., die Gruppe $\mathscr{g}^{\underset{\sim}{G}}$ enthält mindestens jene Drehungen der Konfiguration $\underset{\sim}{G}$, die Elemente von $\mathscr{g}$ sind. (Im allgemeinen Falle ist nicht zu erwarten, daß sie noch weitere Elemente enthält.)

Wir können jede dieser Drehungen $\underset{\sim}{M}$ durch einen Versor $\underset{\sim}{Q}:=\underset{\sim}{K}\underset{\sim}{M}\underset{\sim}{K}^{-1}\in\mathrm{Orth}^+(\mathscr{V})$ beschreiben, wenn wir der Konfiguration $\underset{\sim}{G}$ eine Plazierung $\underset{\sim}{K}$ mit $\underset{\sim}{K}^*\underset{\sim}{K}=\underset{\sim}{G}$ zuordnen (vgl. die Diskussion zu (8.133)). Da für jede solche Drehung die Gleichung (8.127) sich auf $\hat{\underset{\sim}{S}}(\underset{\sim}{G})=\underset{\sim}{M}^{-1}\hat{\underset{\sim}{S}}(\underset{\sim}{G})\underset{\sim}{M}^{-*}$ reduziert, finden wir zunächst

$$\underset{\sim}{P}=\underset{\sim}{Q}^T\underset{\sim}{P}\underset{\sim}{Q}. \tag{8.149}$$

Damit und unter Beachtung von $\underset{\sim}{M}^*\dot{\underset{\sim}{G}}\underset{\sim}{M}=2\underset{\sim}{K}^*\underset{\sim}{Q}^T\underset{\sim}{D}\underset{\sim}{Q}\underset{\sim}{K}$ ergibt sich aus (7.144), (7.149) und (8.146) folgende Funktionalgleichung für die Steifigkeit $\mathbb{H}$ in der Plazierung $\underset{\sim}{K}$:

$$\mathbb{H}(\underset{\sim}{K}):\underset{\sim}{Q}^T\underset{\sim}{D}\underset{\sim}{Q}=\underset{\sim}{Q}^T\cdot(\mathbb{H}(\underset{\sim}{K}):\underset{\sim}{D})\cdot\underset{\sim}{Q}. \tag{8.150}$$

Als erstes Beispiel betrachten wir das flüssige elastische Materialelement. Da $\mathrm{Unim}^+(\mathscr{T})\cap\mathrm{Orth}^+(\underset{\sim}{G})=\mathrm{Orth}^+(\underset{\sim}{G})$ ist, muß (8.150) in jeder Plazierung $\underset{\sim}{K}$ für alle Versoren $\underset{\sim}{Q}$ und alle $\underset{\sim}{D}$ erfüllt sein. Wir sagen: Die Steifigkeit $\mathbb{H}$ ist in jeder Plazierung $\underset{\sim}{K}$ isotrop. Übrigens läßt sie sich leicht durch Differentiation von (8.129) ermitteln:

$$\begin{aligned}\underset{\sim}{P}=\frac{\underset{\sim}{T}}{\varrho}=-\frac{p(\varrho)}{\varrho}\underset{\sim}{1}\Rightarrow\overset{\circ}{\underset{\sim}{P}}=-\left(p'-\frac{p}{\varrho}\right)\frac{\dot{\varrho}}{\varrho}\underset{\sim}{1}=\left(p'-\frac{p}{\varrho}\right)(\mathrm{tr}\,\underset{\sim}{D})\underset{\sim}{1}=\mathbb{H}:\underset{\sim}{D}\\ \Rightarrow\mathbb{H}=\left(p'-\frac{p}{\varrho}\right)(\varrho(\underset{\sim}{K}))\underset{\sim}{1}\otimes\underset{\sim}{1}.\end{aligned} \tag{8.151}$$

In der Tat handelt es sich um einen Spezialfall der allgemeinen isotropen linearen Zuordnung gemäß (7.81).

Beim isotropen festen elastischen Materialelement, das als zweites Beispiel dienen soll, sind die durch $\underset{\sim}{M}\in\mathrm{Orth}^+(\underset{\sim}{G}_0)\cap\mathrm{Orth}^+(\underset{\sim}{G})$ gekennzeichneten Drehungen zu untersuchen. Nach Wahl der Plazierungen $\underset{\sim}{K}_0$ und $\underset{\sim}{K}$ ($\underset{\sim}{K}_0^*\underset{\sim}{K}_0=\underset{\sim}{G}_0, \underset{\sim}{K}^*\underset{\sim}{K}=\underset{\sim}{G}$) läßt sich jedes derartige $\underset{\sim}{M}$ durch zwei Versoren $\underset{\sim}{Q}_0$ und $\underset{\sim}{Q}$ kennzeichnen in der Form

$$\underset{\sim}{M}=\underset{\sim}{K}_0^{-1}\underset{\sim}{Q}_0\underset{\sim}{K}_0=\underset{\sim}{K}^{-1}\underset{\sim}{Q}\underset{\sim}{K}, \tag{8.152}$$

also, mit $\underset{\sim}{F}:=\underset{\sim}{K}\underset{\sim}{K}_0^{-1}$ und $\underset{\sim}{B}=\underset{\sim}{F}\underset{\sim}{F}^T$

$$\begin{aligned}\underset{\sim}{F}\underset{\sim}{Q}_0=\underset{\sim}{Q}\underset{\sim}{F}\Rightarrow\underset{\sim}{F}\underset{\sim}{Q}_0\underset{\sim}{Q}_0^T\underset{\sim}{F}^T=\underset{\sim}{Q}\underset{\sim}{F}\underset{\sim}{F}^T\underset{\sim}{Q}^T\\ \Rightarrow\underset{\sim}{B}=\underset{\sim}{Q}\underset{\sim}{B}\underset{\sim}{Q}^T.\end{aligned} \tag{8.153}$$

In jeder Plazierung $\underset{\sim}{K}$ muß die Gleichung (8.150) für alle $\underset{\sim}{D}$ und jene Versoren $\underset{\sim}{Q}$ erfüllt sein, welche (8.153) genügen. Ist $\underset{\sim}{B}=\underset{\sim}{K}\underset{\sim}{G}_0^{-1}\underset{\sim}{K}^*$ ein Kugeltensor, dann ist folglich die Steifigkeit $\mathbb{H}$ isotrop. (Es ist dann $\underset{\sim}{G}=\alpha\underset{\sim}{G}_0$, d.h., $\underset{\sim}{G}$ ist selbst eine ungestörte Konfiguration.) Im allgemeinsten Falle hat $\underset{\sim}{B}$ drei verschiedene Hauptwerte und damit genau drei eindeutige orthogonale Hauptachsen. Lediglich die Klappungen $\underset{\sim}{Q}^{\pi}_{\underset{\sim}{e}_1}, \underset{\sim}{Q}^{\pi}_{\underset{\sim}{e}_2}, \underset{\sim}{Q}^{\pi}_{\underset{\sim}{e}_3}$ um diese Achsen erfüllen (8.153), und wir bezeichnen die Steifigkeit $\mathbb{H}$ als orthotrop. Fallen zwei Hauptwerte von $\underset{\sim}{B}$ zusammen, dann wird (8.153) zusätzlich durch jede Drehung um die zum dritten Hauptwert gehörige Achse erfüllt, und wir nennen die Steifigkeit nicht nur orthotrop, sondern auch bezüglich dieser Achse transversal-isotrop. Die soeben abgeleiteten Symmetrien der Steifigkeit $\mathbb{H}$ eines festen isotropen elastischen Materialelements lassen sich übrigens auch an Hand der Matrizendarstellung (7.162) herleiten. Der Leser mag dies zur Übung tun.

## 8.9 Experimente

Versuche zur Ermittlung des Materialverhaltens lassen sich nicht an einzelnen Materialelementen, sondern nur an ganzen Körpern (Werkstoffproben) durchführen. Zur richtigen Interpretation der Ergebnisse dienen die folgenden Betrachtungen:

Das *Verhalten* der Materialelemente an zwei Punkten X und $\bar{X}$ des Körpers nennen wir *momentan gleich* (zur Zeit t), wenn die Tangentialräume $\mathcal{T}$ und $\bar{\mathcal{T}}$ bei X und $\bar{X}$ sich mittels einer Zuordnung $\underset{\sim}{J} \in \mathrm{Invlin}(\mathcal{T}, \bar{\mathcal{T}})$ so identifizieren lassen, daß aus

$$\underset{\sim}{G}(\tau) = \underset{\sim}{J}^* \bar{\underset{\sim}{G}}(\tau) \underset{\sim}{J}, \; \Theta(\tau) = \bar{\Theta}(\tau), \; \hat{\underset{\sim}{\nabla}}\Theta(\tau) = \underset{\sim}{J}^* \hat{\bar{\underset{\sim}{\nabla}}}\bar{\Theta}(\tau), \; \forall \tau \geqq t \tag{8.154}$$

folgt

$$\underset{\sim}{S}(\tau) = \underset{\sim}{J}^{-1} \bar{\underset{\sim}{S}}(\tau) \underset{\sim}{J}^{-*}, \; \varepsilon(\tau) = \bar{\varepsilon}(\tau), \; \underset{\sim}{\mathfrak{h}}(\tau) = \underset{\sim}{J}^{-1} \bar{\underset{\sim}{\mathfrak{h}}}(\tau), \; \forall \tau \geqq t. \tag{8.155}$$

Zu jedem möglichen Prozeß $(\bar{\underset{\sim}{G}}(\tau), \bar{\Theta}(\tau), \hat{\bar{\underset{\sim}{\nabla}}}\bar{\Theta}(\tau))$ des Materialelements bei $\bar{X}$ soll der durch (8.154) definierte Prozeß $(\underset{\sim}{G}(\tau), \Theta(\tau), \hat{\underset{\sim}{\nabla}}\Theta(\tau))$ am Element bei X möglich sein. Etwas unpräzise wollen wir sagen, Prozeßklasse und Ausgabefunktional beider Materialelemente seien gleich.

Legen wir in $\bar{\mathcal{T}}$ und $\bar{\mathcal{T}}^*$ duale Basen $\{\bar{\underset{\sim}{\mathfrak{y}}}_\alpha\}, \{\bar{\underset{\sim}{\mathfrak{y}}}^\beta\}$ fest, und wählen in $\mathcal{T}$ und $\mathcal{T}^*$ $\underset{\sim}{\mathfrak{y}}_\alpha = \underset{\sim}{J}^{-1} \bar{\underset{\sim}{\mathfrak{y}}}_\alpha$ und $\underset{\sim}{\mathfrak{y}}^\beta = \underset{\sim}{J}^* \bar{\underset{\sim}{\mathfrak{y}}}^\beta$, dann stimmen die Komponentenmatrizen der Ausgabegrößen an beiden Materialelementen $(s^{\alpha\beta} := \underset{\sim}{\mathfrak{y}}^\alpha \underset{\sim}{S} \underset{\sim}{\mathfrak{y}}^\beta = \underset{\sim}{\mathfrak{y}}^\alpha \underset{\sim}{J}^{-1} \bar{\underset{\sim}{S}} \underset{\sim}{J}^{-*} \underset{\sim}{\mathfrak{y}}^\beta = \bar{\underset{\sim}{\mathfrak{y}}}^\alpha \bar{\underset{\sim}{S}} \bar{\underset{\sim}{\mathfrak{y}}}^\beta =: \bar{s}^{\alpha\beta};\; \varepsilon = \bar{\varepsilon};$ $h^\beta := \underset{\sim}{\mathfrak{y}}^\beta \cdot \underset{\sim}{\mathfrak{h}} = \underset{\sim}{\mathfrak{y}}^\beta \underset{\sim}{J}^{-1} \bar{\underset{\sim}{\mathfrak{h}}} = \bar{\underset{\sim}{\mathfrak{y}}}^\beta \cdot \bar{\underset{\sim}{\mathfrak{h}}} =: \bar{h}^\beta)$ zu allen Zeiten $\tau \geqq t$ überein, wenn die Komponentenmatrizen der Eingabegrößen $(g_{\alpha\beta} := \underset{\sim}{\mathfrak{y}}_\alpha \underset{\sim}{G} \underset{\sim}{\mathfrak{y}}_\beta = \underset{\sim}{\mathfrak{y}}_\alpha \underset{\sim}{J}^* \bar{\underset{\sim}{G}} \underset{\sim}{J} \underset{\sim}{\mathfrak{y}}_\beta = \bar{\underset{\sim}{\mathfrak{y}}}_\alpha \bar{\underset{\sim}{G}} \bar{\underset{\sim}{\mathfrak{y}}}_\beta =: \bar{g}_{\alpha\beta};\; \Theta = \bar{\Theta};$ $\Theta_{,\alpha} := \underset{\sim}{\mathfrak{y}}_\alpha \hat{\underset{\sim}{\nabla}}\Theta = \underset{\sim}{\mathfrak{y}}_\alpha \underset{\sim}{J}^* \hat{\bar{\underset{\sim}{\nabla}}}\bar{\Theta} = \bar{\underset{\sim}{\mathfrak{y}}}_\alpha \cdot \hat{\bar{\underset{\sim}{\nabla}}}\bar{\Theta} =: \bar{\Theta}_{,\alpha})$ zu allen Zeiten $\tau \geqq t$ übereinstimmen.

Die Zustände beider Materialelemente – als Äquivalenzklassen von Prozessen – lassen sich offenbar ebenfalls identifizieren. Statt das Verhalten momentan gleich zu nennen, wollen wir auch sagen: Beide Materialelemente bestehen aus demselben Material und befinden sich momentan im selben Zustand.

Um aus einem Experiment auf das Materialverhalten schließen zu können, ist offenbar nötig, daß *alle Materialelemente* des Körpers aus *demselben Material* bestehen. (Der Körper heißt dann *materiell uniform.*) Ferner ist es erforderlich, daß sie sich zu Beginn des Versuchs alle in *demselben Zustand* befinden. Wir sagen, der Zustand sei momentan homogen. Haben die Materialelemente unterschiedliche Herstellungsprozesse durchlaufen (z.B. durch ungleichmäßiges Abkühlen nach dem Walzen) und befinden sich daher zu Beginn des Versuchs in verschiedenen Zuständen, so ist eine korrekte Interpretation der Ergebnisse nicht möglich.

*Bemerkung*: Noch ein weiterer Fall ist denkbar: Ein materiell uniformer Körper in momentan homogenem Zustand wird zerschnitten, die Einzelteile durchlaufen unterschiedliche Prozesse und werden anschließend wieder zusammengefügt. Ein derart inhomogen gemachter Körper steht danach in der Regel unter Eigenspannungen. Zur Ermittlung des Materialverhaltens ist er nicht geeignet. (Die allgemeine Theorie derartiger inhomogener Körper findet sich beispielsweise bei Wang [8.12], siehe auch Wang und Truesdell [0.31].)

Ist der Zustand eines materiell uniformen Körpers momentan homogen, dann stellen sich die Basisvektoren $\bar{\underset{\sim}{\mathfrak{y}}}_\alpha$ und $\underset{\sim}{\mathfrak{y}}_\alpha$ einem Beobachter dar als $\bar{\underset{\sim}{\mathfrak{y}}}_\alpha = \bar{\underset{\sim}{K}} \bar{\underset{\sim}{\mathfrak{y}}}_\alpha$, $\underset{\sim}{\mathfrak{y}}_\alpha = \underset{\sim}{K} \underset{\sim}{\mathfrak{y}}_\alpha$.

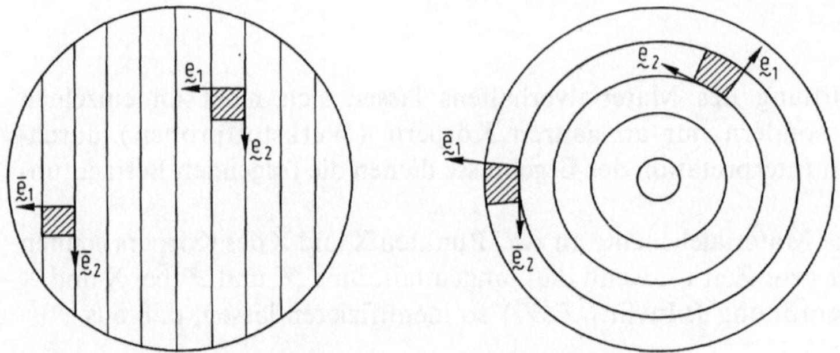


**Bild 8.1.** Beispiel für homogene und inhomogene Orientierung eines Probekörpers. Je zwei einander zugeordnete Materialelemente sind markiert.

Wegen $\bar{\underset{\sim}{n}}_\alpha \cdot \bar{\underset{\sim}{n}}_\beta = \bar{g}_{\alpha\beta} = g_{\alpha\beta} = \underset{\sim}{n}_\alpha \cdot \underset{\sim}{n}_\beta$ muß gelten

$$\underset{\sim}{n}_\alpha (X) = \underset{\sim}{Q}(X) \bar{\underset{\sim}{n}}_\alpha \text{ mit } \underset{\sim}{Q}\underset{\sim}{Q}^T = \underset{\sim}{1}, \tag{8.156}$$

also für den Zusammenhang der Plazierungen der Materialelemente bei $\bar{X}$ und X: $\underset{\sim}{K}(X) = \underset{\sim}{Q}(X) \bar{\underset{\sim}{K}} \underset{\sim}{J}(X)$. Beim „Zusammenbau" der Materialelemente ist also noch ein orthogonales Tensorfeld (d.h. die Orientierung des Elements) freigeblieben (Bild 8.1). Die Felder der Temperatur und der inneren Energie sind momentan homogen, d.h. räumlich konstant. Einen Temperaturgradienten gibt es daher nicht, d.h. $\hat{\underset{\sim}{\nabla}}\Theta \equiv 0$ im Körper. Cauchysche Spannung und Wärmeflußvektor stellen sich dem Beobachter dar als

$$\underset{\sim}{T}(X) = \varrho \underset{\sim}{K} \underset{\sim}{S} \underset{\sim}{K}^* = \frac{\varrho}{\bar{\varrho}} \underset{\sim}{Q} \bar{\varrho} \bar{\underset{\sim}{K}} \bar{\underset{\sim}{S}} \bar{\underset{\sim}{K}}^* \underset{\sim}{Q}^T = \frac{\varrho(X)}{\bar{\varrho}} \underset{\sim}{Q}(X) \bar{\underset{\sim}{T}} \underset{\sim}{Q}^T(X) \tag{8.157}$$

bzw.

$$\underset{\sim}{h}(X) = \varrho \underset{\sim}{K} \underset{\sim}{\eta} = \frac{\varrho}{\bar{\varrho}} \underset{\sim}{Q} \bar{\varrho} \bar{\underset{\sim}{K}} \bar{\underset{\sim}{\eta}} = \frac{\varrho(X)}{\bar{\varrho}} \underset{\sim}{Q}(X) \bar{\underset{\sim}{h}}. \tag{8.158}$$

Läßt sich eine Zuordnung $\underset{\sim}{J}(X)$ aller Materialelemente zu dem festen Element bei $\bar{X}$ so finden, daß $\underset{\sim}{Q}(X) \equiv 1$ gilt und ist ferner $\varrho(X)/\bar{\varrho} \equiv 1$, dann nennen wir Orientierung und Dichte momentan homogen. Sind in einem Körper momentan Zustand, Orientierung und Dichte homogen, dann sind auch die Felder der Cauchyschen Spannung des Wärmeflusses homogen.

Wir wollen die Plazierung eines Körpers zu Versuchsbeginn als Bezugsplazierung wählen und beschreiben den Verformungsprozeß durch

$$\underset{\sim}{F}(X,\tau) = \underset{\sim}{x}(X,\tau) \otimes \overset{0}{\underset{\sim}{\nabla}} \text{ mit } \underset{\sim}{F}(X,t) = \underset{\sim}{1}. \tag{8.159}$$

Falls $\underset{\sim}{F}(X,\tau)$ von X nicht abhängt, also $\underset{\sim}{F} = \underset{\sim}{F}(\tau)$ gilt, spricht man von einem homogenen Verformungsprozeß. Waren anfangs Zustand, Orientierung und Dichte homogen, also – wegen $\underset{\sim}{Q} \equiv \underset{\sim}{1}$ – $\underset{\sim}{K}(X,t) = \bar{\underset{\sim}{K}}(t) \underset{\sim}{J}(X)$, dann gilt zum Zeitpunkt τ: $\underset{\sim}{K}(X,\tau) = \underset{\sim}{F}(\tau) \underset{\sim}{K}(X,t) = \bar{\underset{\sim}{K}}(\tau) \underset{\sim}{J}(X)$ und somit $\underset{\sim}{G}(X,\tau) = \underset{\sim}{J}^*(X) \bar{\underset{\sim}{G}}(\tau) \underset{\sim}{J}(X)$. Die Prozesse aller Materialelemente sind also gleich im Sinne von (8.154). (Im thermomechanischen Falle muß dazu noch das Temperaturfeld homogen sein.) Zustand, Cauchysche Spannung, innere Energie je Masseneinheit und Wärmefluß sind und bleiben im Körper homogen. Wir sehen: Ein materiell uniformer Probekörper, bei dem anfangs Zustand, Orientierung und Dichte homogen sind, stellt für den Experimentator gewissermaßen ein Materialelement im Großen dar. Dennoch gibt es einige Schwierigkeiten: Die Lage des Punktes X zur Zeit $\tau$ ergibt sich durch Integration von (8.159) zu

$$\underset{\sim}{x}(X,\tau)=\underset{\sim}{c}(\tau)+\underset{\sim}{F}(\tau)\cdot\overset{0}{\underset{\sim}{x}}(X). \tag{8.160}$$

Nehmen wir an, wir variieren die Lage der Randpunkte des Körpers im Einklang damit durch Vorgabe von $\underset{\sim}{c}(\tau)$ und $\underset{\sim}{F}(\tau)$ und die Oberflächentemperatur gemäß $\Theta(\tau)$. Wir möchten, daß sich im Inneren des Körpers homogene Felder $\underset{\sim}{F}(\tau)$ des Deformationsgradienten und $\Theta(\tau)$ der Temperatur ergeben. Zu diesen Feldern gehören dann bestimmte – durch das Materialverhalten festgelegte – homogene Felder der Spannung $\underset{\sim}{T}$ und des Wärmeflusses $\underset{\sim}{h}$ (folglich gilt $\underset{\sim}{\nabla}\cdot\underset{\sim}{T}=0$, $\underset{\sim}{\nabla}\cdot\underset{\sim}{h}=0$) sowie der Wärmeaufnahme $q=\dot{\varepsilon}-\underset{\sim}{P}:\underset{\sim}{D}$ und das inhomogene Feld der Beschleunigung

$$\ddot{\underset{\sim}{x}}(X,\tau)=\ddot{\underset{\sim}{c}}(\tau)+\ddot{\underset{\sim}{F}}(\tau)\cdot\overset{0}{\underset{\sim}{x}}(X) \tag{8.161}$$

gegenüber dem Beobachterrahmen, den wir als Inertialrahmen wählen. Gemäß der Kraftgleichgewichtsbedingung (6.151) mit (6.158) sowie der Wärmeleitungsgleichung (6.172) sind deshalb zur Durchführung des Prozesses ein inhomogenes Massenkraftfeld

$$\underset{\sim}{b}=\underset{\sim}{a}=\ddot{\underset{\sim}{x}}=\ddot{\underset{\sim}{c}}(\tau)+\ddot{\underset{\sim}{F}}(\tau)\cdot\overset{0}{\underset{\sim}{x}}(X) \tag{8.162}$$

und ein homogenes Strahlungsfeld

$$r=q(\tau) \tag{8.163}$$

erforderlich. Solche Felder lassen sich aber in der Praxis gar nicht beliebig erzeugen. Die Klasse der exakt realisierbaren homogenen Prozesse ist deswegen sehr eng.

Zudem ist zu beachten, daß die betrachteten Bedingungen nur notwendig, aber nicht hinreichend für die Ausbildung eines homogenen Prozesses im Körper sind. Falls auch ein inhomogener Prozeß mit diesen Bedingungen verträglich ist, kann es geschehen, daß er aus Stabilitätsgründen bevorzugt wird. (Siehe Krawietz [8.13].)

Grundsätzlich nicht exakt feststellbar ist mit der geschilderten Methode der Einfluß des Temperaturgradienten, denn inhomogene Temperaturfelder bedeuten inhomogene Zustände des Körpers.

Bei Körpern mit inhomogener Orientierung führen homogene Verformungen i.allg. zu inhomogenen Zuständen und sind daher für Experimente wenig brauchbar.

Die Verwendung inhomogener Verformungen haben wir im 7. Kapitel an einem Rohr untersucht. Nehmen wir an, der Ausgangszustand sei homogen und die Bilder $\underset{\sim}{n}_\alpha$ der Basen $\underset{\sim}{n}_\alpha$ seien in der als Bezugsplazierung gewählten Ausgangsplazierung mit den lokalen Basisvektoren $\underset{\sim}{e}_R,\underset{\sim}{e}_\Phi,\underset{\sim}{e}_Z$ des Zylinderkoordinatensystems identisch (vgl. Bild

8.1). Das bedeutet $\mathfrak{n}_1=\mathfrak{g}_1$, $\mathfrak{n}_2=\mathfrak{g}_2/R$, $\mathfrak{n}_3=\mathfrak{g}_3$. Der die Inhomogenität der Orientierung beschreibende Versor $\underset{\sim}{Q}(X)$ dreht also um die Z-Achse mit dem Winkel $\Phi(X)-\Phi(\bar{X})$. Man denke etwa an ein durch Längs- und Ringbewehrung lokal orthotrop gemachtes elastisches Rohr; der isotrope Spezialfall ist natürlich ebenfalls enthalten. Dann ist unsere im Rohrbeispiel getroffene Annahme erfüllt, daß die Komponenten $s^{\alpha\beta}$ von $X^2=\Phi$ und $X^3=Z$ nicht abhängen, denn im Rahmen der in (7.231) beschriebenen Klasse von Verformungen erleiden alle Materialelemente auf demselben Zylinder $R=\text{const}$ – und nur diese – gleiche Prozesse. Ferner war angenommen worden, daß während dieser Prozesse auf den Zylindern $R=\text{const}$ keine Schubspannungen entstehen. Um nun aus den Ergebnissen wenigstens näherungsweise auf das Materialverhalten schließen zu können, mußte man auf sehr dünne Hohlzylinder einschränken. (Der genaue Verlauf der unbekannten Funktion $r(R,t)$ wurde dann unwesentlich. Eigentlich hätte man sie aus der Gleichgewichtsbedingung (7.258) ermitteln müssen, doch enthält diese die Divergenz $(\underset{\sim}{\nabla}\cdot\underset{\sim}{T})$ des nunmehr inhomogenen – jedoch ohne Kenntnis des Stoffverhaltens nicht bekannten – Spannungsfeldes.) Natürlich ist die Klasse (7.231) inhomogener Verformungen viel zu eng, um das Materialverhalten vollständig bestimmen zu können.

Ist das Material inkompressibel, dann ergibt sich ein etwas anderes Bild. Wegen $\varrho\equiv\varrho_0$ läßt die Funktion $r(R,t)$ sich durch Integration der Differentialgleichung (7.273) zu

$$r(R,t)=\sqrt{\frac{R^2}{\lambda(t)}+C(t)} \tag{8.164}$$

bestimmen. Im Falle des Vollzylinders liegt sie wegen $r(0,t)=0$ vollständig fest: $r=R/\sqrt{\lambda(t)}$. Andererseits läßt sich die Gleichgewichtsbedingung stets erfüllen, wenn – wie im elastischen Falle – nur der Spannungsdeviator durch den Verformungsprozeß festliegt, der Druck jedoch frei bleibt. Dann gibt Integration von (7.258) die im Gleichgewicht benötigte Druckverteilung

$$p(R)=-t_{\langle rr\rangle}(R_a)+t'_{\langle rr\rangle}(R)+\int_{\bar{R}=R}^{R_a}\frac{t'_{\langle\varphi\varphi\rangle}-t'_{\langle rr\rangle}}{\bar{R}}\,d\bar{R}. \tag{8.165}$$

(Die Striche kennzeichnen die – durch das Stoffgesetz festgelegten – Deviatorkomponenten, während die Radialspannung auf dem Mantel $R=R_a$ sich aus der Randbedingung ergibt.) Kombinierte Längenänderung und Torsion ist also für alle dicken Vollzylinder unter den hier vorgenommenen schwachen Annahmen über das Materialverhalten im inkompressiblen Falle mit der Kraftgleichgewichtsbedingung $\underset{\sim}{\nabla}\cdot\underset{\sim}{T}=0$ verträglich. ($\underset{\sim}{\nabla}\cdot\underset{\sim}{T}=0$ bedeutet $\underset{\sim}{b}=\underset{\sim}{a}$. Im Falle $\underset{\sim}{b}\neq\underset{\sim}{a}$ kann man versuchen, ein weiteres mit den Spannungsrandbedingungen verträgliches Druckfeld $\tilde{p}$ so zu überlagern, daß $-\underset{\sim}{\nabla}\tilde{p}=\varrho_0(\underset{\sim}{a}-\underset{\sim}{b})$ gilt. Notwendig dafür ist $\underset{\sim}{\nabla}\times[\varrho_0(\underset{\sim}{a}-\underset{\sim}{b})]=0$.)

Für den anfangs homogenen Körper stellen die homogenen Verformungen sogenannte universelle (also vom Materialverhalten unabhängige) Lösungen dar. Weitere universelle Lösungen lassen sich nicht einmal im Falle kompressiblen isotropen hyperelastischen Materials finden, und damit erst recht nicht für beliebiges Materialverhalten. (Den Beweis dazu von Ericksen findet man in Truesdell und Noll [0.1], Kap. 91.) Wie oben gezeigt, kann man dagegen bei Einschränkungen an das Materialverhalten (vor allem durch Einführung von Zwangsbedingungen) auch inhomogene universelle Lösungen in homogenen oder speziellen inhomogenen Körpern angeben. Vor allem für den Fall des inkompressiblen elastischen isotropen Materials liegen dazu umfassende Erkenntnisse vor. (Vgl. Truesdell und Noll [0.1], Kap. 56–58.)

Inwieweit helfen uns die vorstehenden Betrachtungen, das Verhalten eines Materials experimentell zu bestimmen? Recht befriedigend ist die Situation bei geschwindigkeitsunabhängigen Stoffen. Deren Verhalten läßt sich ja aus Prozessen mit beliebig langsamen Konfigurations- und Temperaturänderungen vollständig ermitteln. Der Anteil $\ddot{\underset{\sim}{F}} \cdot \overset{0}{\underset{\sim}{x}}$ der Massenkraft in (8.162) und die Wärmeaufnahme $q$ je Zeiteinheit sind dann beliebig klein. Gilt $\underset{\sim}{b} = \mathrm{const}$, $r = 0$ und wählt man $\ddot{\underset{\sim}{c}} = \underset{\sim}{b}$, so sind die Gleichgewichtsbedingung (8.162) und die Wärmeleitungsgleichung (8.163) im Falle des homogenen Prozesses am homogenen Körper also nahezu erfüllt. Man geht davon aus, daß der geringe Fehler nur eine vernachlässigbare Inhomogenität zur Folge hat. Tatsächlich ist nun $\ddot{\underset{\sim}{c}} = \underset{\sim}{b}$ (Freier Fall, Weltraumlabor) kaum zu realisieren. Ist aber $\ddot{\underset{\sim}{c}} = 0$, dann verursacht das Eigengewicht der Probe notwendig ein inhomogenes Spannungsfeld. Will man andererseits den Einfluß eines Temperaturgradienten untersuchen, so benötigt man ein inhomogenes Temperaturfeld. Die beiden letztgenannten Störeinflüsse lassen sich teilweise dadurch entschärfen, daß man die Abmessungen des Probekörpers in Richtung von $\underset{\sim}{b}$ bzw. $\underset{\sim}{\nabla}\Theta$ klein wählt. Mit den beschriebenen (quasi) homogenen Versuchen an Körpern, deren Anfangszustand, Orientierung und Dichte homogen sind, ist das Verhalten zumindest von geschwindigkeitsunabängigen einfachen Stoffen grundsätzlich vollständig zu ermitteln. Zu messen hat man den örtlichen und zeitlichen Verlauf der Randspannungen (Ist der Körper durch Ebenen begrenzt – auf denen ja die Randspannungen jeweils konstant sind – so genügt die Messung der auf diese Ebenen wirkenden resultierenden Kräfte.) und den zeitlichen Verlauf der aus der Umgebung des Körpers entnommenen gesamten Wärme, zur Ermittlung des Wärmeflusses auch die örtlich durch die Oberfläche tretende Wärme.

Bei geschwindigkeitsabhängigem Verhalten müssen auch rasche Änderungen durchgeführt werden. Das geht exakt homogen bei Vorgabe von $\underset{\sim}{b} = \mathrm{const}$, $r = 0$ nur für äußerst spezielle Prozesse, nämlich wenn $\ddot{\underset{\sim}{F}} = 0$ gilt (z.B. einfache Scherung mit konstanter Schergeschwindigkeit: $\underset{\sim}{F} = \underset{\sim}{1} + \varkappa t \underset{\sim}{i}_x \otimes \underset{\sim}{i}_y$, siehe Abschnitt 9.14) und der Temperaturverlauf $\Theta(\tau)$ so ist, daß sich $q \equiv 0$ einstellt. In allen anderen Fällen müssen die fehlenden Gravitationskräfte und Wärmestrahlungen durch $(\underset{\sim}{\nabla} \cdot \underset{\sim}{T})/\varrho$ bzw. $-(\underset{\sim}{\nabla} \cdot \underset{\sim}{h})/\varrho$, also Inhomogenitäten der Spannungs- und Temperaturfelder ersetzt werden. Auch diesmal kann man versuchen, den Schaden durch geringe Körperabmessungen zu begrenzen.

Zug und Torsion dünner Rohre lassen sich zur Ermittlung einiger Materialeigenschaften ebensogut wie homogene Deformationen verwenden. Dagegen sind Zug- und Torsionsversuche an Vollzylindern problematisch. Auch wenn es sich dabei – wie im geschilderten inkompressiblen Fall – um universelle Deformationen handelt, so liefert die Messung von Längskraft und Torsionsmoment nur Integrale über die Spannungen, aus denen mühsam auf die lokale Spannungsverteilung – sofern diese nicht gemessen werden kann – und damit auf das Materialverhalten rückgeschlossen werden muß.

Bei viskosen und viskoelastischen Flüssigkeiten sind noch andere Experimente üblich, z.B. das Studium viskometrischer und sonstiger Strömungen (siehe Truesdell und Noll [0.1], Kap. 116, Coleman, Markovitz und Noll [0.40], Joseph [8.14]). Auch das Studium der Schallausbreitung wird zur Bestimmung von Materialeigenschaften genutzt.

Während eines homogenen Prozesses behält ein anfangs würfelförmiger Körper stets die Gestalt eines Parallelepipeds. Die Verformung ließe sich also durch sechs paarweise parallele Platten an den sechs Oberflächen steuern. Tatsächlich existieren bisher nur Prüfmaschinen, die einen Teil dieser Verformungsmöglichkeiten (koaxiale Verformungen, einfache Scherungen) zu realisieren versuchen. Um mit einer Maschine, die den Würfel nur in Quader zu verformen vermag, etwas allgemeinere Prozesse zu ermöglichen, kann man am Ende eines Teilprozesses aus dem Quader einen schief orientierten Würfel herausschneiden und diesen mit derselben Maschine wieder in einen Quader verformen. Der Gesamtprozeß ist dann nicht koaxial.

Ist das Material elastisch, so kommt es nicht auf den Prozeßverlauf, sondern nur auf die Endwerte an. (Die Zwischenzustände brauchen also gar nicht homogen zu sein.) Man müßte einen Würfel in alle – mit eventuellen Zwangsbedingungen verträglichen – Parallelepipede verformen und die dazu nötigen Spannungen – ggfs. unter verschiedenen Temperaturen – messen. Besteht nur die Möglichkeit koaxialer Verformungen, so kann man auch Würfel verschiedener Orientierung (genau genommen sind es unendlich viele) aus dem Material herausschneiden und sie jeweils in Quader verformen. (Da nämlich $\underset{\sim}{Z} = \check{\underset{\sim}{Z}}(\underset{\sim}{C})$ eine Form des elastischen Stoffgesetzes ist, kann man zu gegebenem $\underset{\sim}{C}$ einen nach den Hauptachsen von $\underset{\sim}{C}$ orientierten Würfel benutzen.) Auf den Oberflächen der Quader sind i.allg. sowohl Normal- als auch Schubspannungen aufzubringen. Viel einfacher liegen die Verhältnisse beim isotrop-elastischen Material: Es genügt, einen einzigen Würfel aus einer ungestörten Plazierung herauszuschneiden und ihn koaxial zu verformen. Das Stoffgesetz $t_1 = t(v_1, v_2, v_3)$ findet man aus den Seitenlängen des Quaders und der Normalspannung auf einer Oberfläche. Sämtliche Oberflächen sind bei diesem Versuch schubspannungsfrei. Eine weitere Vereinfachung liefert die Annahme der Inkompressibilität: Es genügt, eine anfangs quadratische Membran in ein Rechteck zu verformen, also $v_1$ und $v_2$ vorzugeben. Die Querdehnung $v_3 = 1/v_1 v_2$ ist dann bekannt, und die Spannung $t_3$ auf der Membranoberfläche kann durch Festlegung des noch freien Drucks p unabhängig von $v_1$ und $v_2$ stets zu Null gewählt werden.

# 9 Konstruktion mechanischer Stoffgleichungen I: Die Hintereinanderschaltung

In diesem Kapitel wollen wir mechanische Stoffgleichungen durch dreidimensionale Verallgemeinerung der Modelle von Maxwell, Prandtl und Bingham sowie des endochronen Modells gewinnen, wobei wir darauf achten, daß auch die Eigenschaft der Passivität übernommen wird. Bei den genannten Modellen – vgl. Bild 9.1 – sind elastische und inelastische Verformung hintereinandergeschaltet. Als mathematischer Ausdruck dieses kinematischen Sachverhalts sind im Dreidimensionalen vor allem zwei Konzepte gebräuchlich, die wir echte bzw. unechte Hintereinanderschaltung nennen wollen: die multiplikative Zerlegung der Plazierung und die additive Zerlegung der Verzerrung. Die letztgenannte Methode ist formal einfacher, erweist sich aber nur bei kleinen Gesamtverzerrungen als anwendbar, da durch Verwendung des Verzerrungsbegriffs eine willkürliche Bezugsplazierung ausgezeichnet wird.

Die Untersuchung von Einkristallen zeigt uns, daß die Angabe jener (sogenannten inelastischen) Konfiguration, die das Materialelement nach plötzlicher Entspannung annimmt, zur Kennzeichnung einer großen inelastischen Verformung nicht in jedem Falle ausreicht. Eine Ausnahme bilden Materialien mit isotropem Verhalten.

Die einfachsten dieser isotropen viskoelastischen, plastischen und viskoplastischen Materialien untersuchen wir ausgiebig und stoßen dabei u.a. auf interessante Unterschiede zwischen koaxialen (z.B. Zugversuch) und nicht koaxialen Verformungsprozessen (z.B. Scherung).

## 9.1 Kinematik des inelastischen Gleitens

Die Modelle von Bild 9.1 besitzen keine ausgezeichnete Konfiguration. Nach Entlastung ist die Feder entspannt, und das Modell behält seine jeweilige Länge bei. Die Reaktion des Modells bei Wiederbelastung ist unabhängig von der zuvor erfolgten inelastischen Verformung.

Ein entsprechendes dreidimensionales Verhalten zeigt beispielsweise ein Einkristall, bei dem inelastische Verformung durch Abgleiten auf Gitterebenen entsteht. (Tatsächlich geschieht das Gleiten nicht in einem Zuge, sondern so, daß eine Fehlstelle (Versetzung, dislocation) längs der Gleitebene durch den Kristall wandert. Dieser Aspekt wird in unserer Beschreibung keinen Ausdruck finden.) Zunächst sei nur ein einziger Gleitmechanismus betrachtet (Bild 9.2). Nachdem in einer Gleitebene die Atome sich um einen Gitterabstand bleibend gegeneinander verschoben haben, sind die elastischen Eigenschaften des Gitters dieselben wie zuvor. Es gibt zwar eine ausgezeichnete Gitterkonfiguration (die spannungsfreie), aber keine ausgezeichnete Konfiguration des Kristalls.

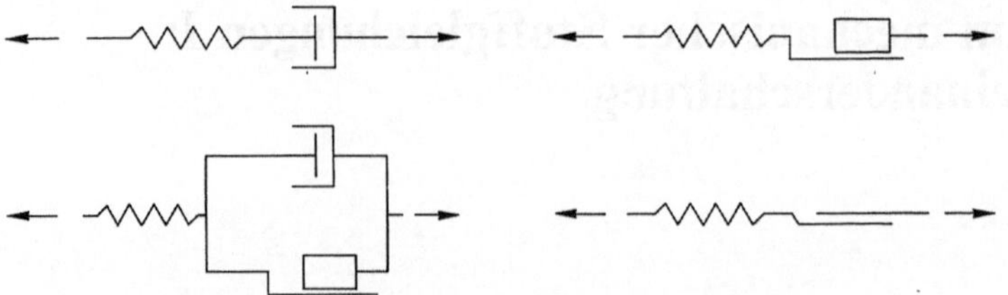

**Bild 9.1.** Rheologische Modelle ohne bevorzugte Konfiguration

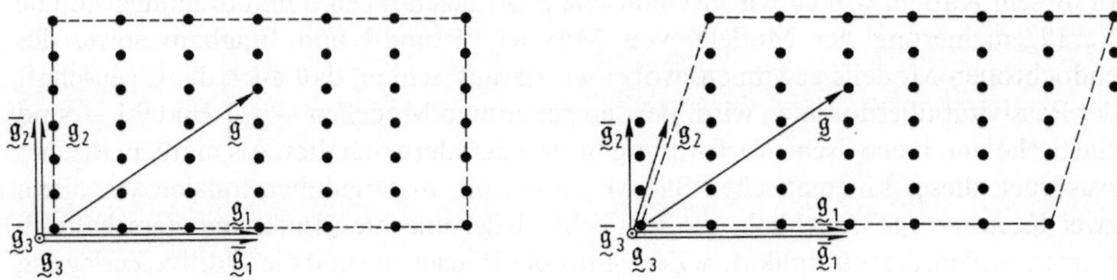


**Bild 9.2.** Inelastisches Gleiten eines Einkristalls mit einem Gleitmechanismus

Das Gitter beschreiben wir wie folgt: Wir führen eine gitterfeste Basis $\{\bar{\mathbf{g}}_A\}$ ein, welche einen dreidimensionalen Vektorraum $\mathscr{G}$ – den Gitterraum – ohne natürliches inneres Produkt aufspannt (die Metrik des Gitters hängt ja mit der angelegten Spannung zusammen). Ein bestimmter Platz im Gitter – der nacheinander von verschiedenen Atomen besetzt sein mag (siehe Bild 9.2) – wird durch einen (zeitlich konstanten) Vektor $\bar{\mathbf{g}} = \bar{g}^1\bar{\mathbf{g}}_1 + \bar{g}^2\bar{\mathbf{g}}_2 + \bar{g}^3\bar{\mathbf{g}}_3 \in \mathscr{G}$ gekennzeichnet. Die bei den zahlreichen Gleitungen auf diskreten parallelen Gleitebenen entstehenden winzigen Stufen „verschmieren“ wir natürlich phänomenologisch zu einer homogenen Verformungsfigur. Während wir also genau genommen zur Beschreibung der inelastischen Verformung die sich zeitlich ändernde Zuordnung der den Kristall aufbauenden Atome zu den Gitterplätzen angeben müßten, beschränken wir uns in der Kontinuumstheorie auf die Angabe der sich *zeitlich ändernden Zuordnung* $\mathbf{A}$ *zwischen dem Tangentialraum* $\mathscr{T}$ *und dem Gitterraum* $\mathscr{G}$.

Wie in Bild 9.2 angedeutet, wollen wir die Basisvektoren $\bar{\mathbf{g}}_1$ und $\bar{\mathbf{g}}_3$ in die Gleitebene legen, so daß diese durch $\mathbf{n} := \bar{\mathbf{g}}^2 \in \mathscr{G}^*$ beschrieben werden kann. Die Gleitung soll in Richtung $\mathbf{m} := \bar{\mathbf{g}}_1$ erfolgen. Die Basis in $\mathscr{T}$ sei speziell so gewählt, daß die Gittervektoren $\bar{\mathbf{g}}_1$ und $\bar{\mathbf{g}}_3$ stets von den Basisvektoren $\mathbf{g}_1$ bzw. $\mathbf{g}_3$ des Tangentialraumes überdeckt werden, während die Zuordnung des Tangentenvektors $\mathbf{g}_2$ zu den Gittervektoren sich durch den Gleitvorgang ändert. Wir erhalten dann:

$$\mathbf{A}(t) = \bar{\mathbf{g}}_1 \otimes \mathbf{g}^1 + (\bar{\mathbf{g}}_2 + \gamma(t)\bar{\mathbf{g}}_1) \otimes \mathbf{g}^2 + \bar{\mathbf{g}}_3 \otimes \mathbf{g}^3 \in \operatorname{Invlin}(\mathscr{T}, \mathscr{G}). \tag{9.1}$$

Da

$$\mathbf{A}^{-1}(t) = \mathbf{g}_1 \otimes \bar{\mathbf{g}}^1 + (\mathbf{g}_2 - \gamma(t)\mathbf{g}_1) \otimes \bar{\mathbf{g}}^2 + \mathbf{g}_3 \otimes \bar{\mathbf{g}}^3 \in \operatorname{Invlin}(\mathscr{G}, \mathscr{T}) \tag{9.2}$$

gilt, wird der momentane Zuwachs der inelastischen Verformung übersichtlich beschrieben durch den Operator

$$\dot{\underset{\sim}{A}}\underset{\sim}{A}^{-1}=\varkappa\bar{\underset{\sim}{g}}_1\otimes\underset{\sim}{g}^2\cdot\underset{\sim}{A}^{-1}=\varkappa\bar{\underset{\sim}{g}}_1\otimes\bar{\underset{\sim}{g}}^2=\varkappa\underset{\sim}{m}\otimes\underset{\sim}{n}\in\mathrm{Lin}(\mathscr{G}) \tag{9.3}$$

mit

$$\varkappa(t)=\dot{\gamma}(t). \tag{9.4}$$

Einem Beobachter erscheinen die Basisvektoren $\underset{\sim}{g}_\alpha\in\mathscr{T}$ des Tangentialraumes momentan plaziert als $g_\alpha=\underset{\sim}{K}\underset{\sim}{g}_\alpha\in\mathscr{V}$ und die Basisvektoren $\bar{\underset{\sim}{g}}_A\in\mathscr{G}$ des Gitters – welche momentan von den materiellen Tangentenvektoren $\underset{\sim}{A}^{-1}\bar{\underset{\sim}{g}}_A$ überdeckt werden – als $\underset{\sim}{g}_A=\underset{\sim}{K}\underset{\sim}{A}^{-1}\bar{\underset{\sim}{g}}_A=:\bar{\underset{\sim}{K}}\bar{\underset{\sim}{g}}_A$. Den Operator

$$\bar{\underset{\sim}{K}}=\underset{\sim}{K}\underset{\sim}{A}^{-1}\in\mathrm{Invlin}(\mathscr{G},\mathscr{V}) \tag{9.5}$$

nennen wir Gitterplazierung.

Gleichung (9.5) bedeutet eine *multiplikative Zerlegung* $\underset{\sim}{K}=\bar{\underset{\sim}{K}}\underset{\sim}{A}$ der Plazierung, die wir als *echte Hintereinanderschaltung* von elastischer und inelastischer Verformung bezeichnen wollen. (Vgl. dagegen Abschnitt 9.17.) An der Entwicklung dieses Konzepts waren u.a. Eckart [9.1], Lee [9.2], Kratochvil [9.3], Mandel [9.4], Rice [9.5], Havner [9.6] und Hill [9.7] beteiligt.

Die momentane Metrik des Gitters berechnet sich zu

$$\bar{g}_{AB}:=\underset{\sim}{g}_A\cdot\underset{\sim}{g}_B=\bar{\underset{\sim}{g}}_A\bar{\underset{\sim}{K}}^*\bar{\underset{\sim}{K}}\bar{\underset{\sim}{g}}_B=:\bar{\underset{\sim}{g}}_A\bar{\underset{\sim}{G}}\bar{\underset{\sim}{g}}_B, \tag{9.6}$$

und der Zusammenhang zwischen Gitterkonfiguration $\bar{\underset{\sim}{G}}$ und Konfiguration des Tangentialraums $\underset{\sim}{G}$ ist gegeben durch

$$\bar{\underset{\sim}{G}}=\bar{\underset{\sim}{K}}^*\bar{\underset{\sim}{K}}=\underset{\sim}{A}^{-*}\underset{\sim}{K}^*\underset{\sim}{K}\underset{\sim}{A}^{-1}=\underset{\sim}{A}^{-*}\underset{\sim}{G}\underset{\sim}{A}^{-1}. \tag{9.7}$$

## 9.2 Dynamik des inelastischen Gleitens

Unsere Annahme, das elastische Verhalten werde durch die inelastischen Verformungen nicht verändert, präzisieren wir wie folgt: Die Cauchysche Beanspruchung $\underset{\sim}{P}$ soll durch die Gitterplazierung $\bar{\underset{\sim}{K}}$ bestimmt sein: $\underset{\sim}{P}=\underset{\sim}{P}(\bar{\underset{\sim}{K}})$. Der durch

$$\bar{\underset{\sim}{S}}:=\bar{\underset{\sim}{K}}^{-1}\underset{\sim}{P}\bar{\underset{\sim}{K}}^{-*}=\underset{\sim}{A}\underset{\sim}{K}^{-1}\underset{\sim}{P}\underset{\sim}{K}^{-*}\underset{\sim}{A}^*=\underset{\sim}{A}\underset{\sim}{S}\underset{\sim}{A}^*\in\mathrm{Sym}(\mathscr{G}^*,\mathscr{G}) \tag{9.8}$$

definierte (beobachter-)invariante Operator hängt dann ebenfalls nur von $\bar{\underset{\sim}{K}}$ ab – $\bar{\underset{\sim}{S}}=\bar{\underset{\sim}{K}}^{-1}\underset{\sim}{P}(\bar{\underset{\sim}{K}})\bar{\underset{\sim}{K}}^{-*}$ –, und da sein Wert nach dem Prinzip der materiellen Objektivität für alle Beobachter der gleiche sein muß, besitzt diese Abhängigkeit von $\bar{\underset{\sim}{K}}$ die spezielle Gestalt – vgl. (8.8) –

$$\bar{\underset{\sim}{S}}=\hat{\bar{\underset{\sim}{S}}}(\bar{\underset{\sim}{G}})=\hat{\bar{\underset{\sim}{S}}}(\bar{\underset{\sim}{K}}^*\bar{\underset{\sim}{K}}). \tag{9.9}$$

Die zugehörige Komponentengleichung ist bei fest gewählter Gitterbasis

$$\begin{aligned}\bar{s}^{AB} &= \bar{g}^A \bar{S} \bar{g}^B = \bar{s}^{AB}(\bar{g}_{CD}) \\ &= \bar{g}^A K \bar{S} K^* \bar{g}^B = \bar{g}^A P \bar{g}^B,\end{aligned} \tag{9.10}$$

und die Cauchysche Beanspruchung stellt sich dem Beobachter dar als

$$P = \bar{s}^{AB}(\bar{g}_{CD}) \bar{g}_A \otimes \bar{g}_B. \tag{9.11}$$

Als Normalenvektor der Gleitebene registriert er $\bar{g}^2/|\bar{g}^2| =: n$, als Gleitrichtung $\bar{g}_1/|\bar{g}_1| =: m$. Die Schubspannung in Gleitrichtung ist

$$\tau := m T n = \frac{\varrho}{|\bar{g}^2||\bar{g}_1|} \bar{g}_1 P \bar{g}^2 =: \frac{\varrho}{|\bar{g}^2||\bar{g}_1|} \bar{\tau} \tag{9.12}$$

mit der – Schub genannten – Abkürzung

$$\bar{\tau} = \bar{g}_1 P \bar{g}^2 = \bar{g}_1 \bar{G} \bar{S} \bar{g}^2 = m \bar{G} \bar{S} n. \tag{9.13}$$

Der Schub kann die inelastische Formänderung in verschiedener Weise beeinflussen:

Geschieht das Gleiten viskos (wir werden dann von einem Flüssigkristall sprechen), so ist ein formal besonders einfacher Ansatz gegeben durch

$$\varkappa = \frac{\bar{\tau}}{\eta}, \tag{9.14}$$

und mit (9.3) wird daraus

$$\dot{A} A^{-1} = \frac{1}{\eta} m \otimes n \otimes m \otimes n : \bar{G} \bar{S} =: \mathbb{M} : \bar{G} \bar{S}. \tag{9.15}$$

Damit haben wir ein spezielles *Maxwell-Material* beschrieben. Der Viskositätsoperator 4. Stufe $\mathbb{M}$ ist eine Materialkonstante.

Wollen wir auch die skalare Konstante $\eta$ als Materialeigenschaft betrachten, so müssen wir die Vektoren $m$ und $n$, welche Gleitrichtung und Gleitfläche kennzeichnen, einer physikalisch begründeten Normierungsvorschrift unterwerfen. Existiert eine eindeutige spannungsfreie Gitterkonfiguration $\bar{G}_i$ – siehe auch Abschnitt 9.6 –, dann werden wir stets folgende Festlegung als vereinbart betrachten

$$m \bar{G}_i m = |\bar{g}_1|^2{}_i = 1, \; n \bar{G}_i^{-1} n = |\bar{g}^2|^2{}_i = 1, \tag{9.16}$$

so daß die beiden Vektoren in der spannungsfreien Konfiguration für jeden Beobachter die Länge Eins haben.

Ein spezielles *Prandtl-Material* erhalten wir aus der Annahme, der in der Gleitfläche übertragbare Schub in Gleitrichtung sei beschränkt durch $|\bar{\tau}| \leqq y$ und die Verformung erfolge rein elastisch, solange $|\bar{\tau}| < y$ ist. Auch y können wir als Materialkonstante ansehen, wenn wir die Normierungsbedingung (9.16) verwenden.

Nun gilt

$$\bar{\tau}=\underset{\sim}{m}\bar{\underset{\sim}{G}}\bar{\underset{\sim}{S}}(\bar{\underset{\sim}{G}})\underset{\sim}{n}=\bar{\tau}(\bar{\underset{\sim}{G}}) \tag{9.17}$$

und damit, wegen (9.7) und (9.3),

$$\begin{aligned}\dot{\bar{\tau}}&=\frac{\partial\bar{\tau}}{\partial\bar{\underset{\sim}{G}}}:\dot{\bar{\underset{\sim}{G}}}=\frac{\partial\bar{\tau}}{\partial\bar{\underset{\sim}{G}}}:(\underset{\sim}{A}^{-*}\dot{\underset{\sim}{G}}\underset{\sim}{A}^{-1}-\underset{\sim}{A}^{-*}\dot{\underset{\sim}{A}}^{*}\bar{\underset{\sim}{G}}-\bar{\underset{\sim}{G}}\dot{\underset{\sim}{A}}\underset{\sim}{A}^{-1})\\&=\frac{\partial\bar{\tau}}{\partial\bar{\underset{\sim}{G}}}:\underset{\sim}{A}^{-*}\dot{\underset{\sim}{G}}\underset{\sim}{A}^{-1}-2\varkappa\,\underset{\sim}{m}\cdot\left(\bar{\underset{\sim}{G}}\frac{\partial\bar{\tau}}{\partial\bar{\underset{\sim}{G}}}\right)\cdot\underset{\sim}{n}.\end{aligned} \tag{9.18}$$

Im elastischen Bereich, also solange $|\bar{\tau}|<y$ gilt, darf $\dot{\bar{\tau}}$ beliebiges Vorzeichen besitzen, und Gleiten ist ausgeschlossen ($\varkappa=0$). Ist jedoch $\bar{\tau}=+y$ (der Fall $\bar{\tau}=-y$ läßt sich analog erledigen), dann folgt aus der Einschränkung $|\bar{\tau}|\leqq y$ die Bedingung $\dot{\bar{\tau}}\leqq 0$. Zwei Fälle sind zu unterscheiden. Ist $\dot{\bar{\tau}}<0$, dann wird die Fließgrenze $|\bar{\tau}|=y$ verlassen, und die Verformung muß daher rein elastisch erfolgen ($\varkappa=0$). Das geht offenbar nur, wenn der erste Summand in (9.18) negativ ist. Damit $\varkappa\neq 0$ möglich wird, muß also $\dot{\bar{\tau}}=0$ gelten. Führt man das in (9.18) ein, so gelangt man zur sogenannten *Konsistenzbedingung*, die sich nach $\varkappa$ auflösen läßt:

$$\varkappa=\frac{(\partial\bar{\tau}/\partial\bar{\underset{\sim}{G}}):\underset{\sim}{A}^{-*}\dot{\underset{\sim}{G}}\underset{\sim}{A}^{-1}}{2\underset{\sim}{m}\bar{\underset{\sim}{G}}(\partial\bar{\tau}/\partial\bar{\underset{\sim}{G}})\underset{\sim}{n}},\ \text{wenn } \bar{\tau}=y \text{ und Zähler } \geqq 0. \tag{9.19}$$

Ein spezielles *Bingham-Material* ergibt sich, wenn wir setzen

$$\varkappa=\begin{cases}\dfrac{1}{\eta}(\bar{\tau}-y)\,, & \text{wenn } \bar{\tau}>y,\\[2mm] \dfrac{1}{\eta}(\bar{\tau}+y)\,, & \text{wenn } \bar{\tau}<-y,\\[2mm] 0 & \text{, wenn } -y\leqq\bar{\tau}\leqq y.\end{cases} \tag{9.20}$$

Um die bisher betrachteten Materialien energetisch zu diskutieren, benötigen wir die Spannungsleistung:

$$\begin{aligned}j&=\frac{1}{2}\underset{\sim}{S}:\dot{\underset{\sim}{G}}=\frac{1}{2}\underset{\sim}{A}^{-1}\bar{\underset{\sim}{S}}\underset{\sim}{A}^{-*}:(\underset{\sim}{A}^{*}\bar{\underset{\sim}{G}}\underset{\sim}{A})^{\cdot}\\&=\frac{1}{2}\bar{\underset{\sim}{S}}:(\dot{\bar{\underset{\sim}{G}}}+\underset{\sim}{A}^{-*}\dot{\underset{\sim}{A}}^{*}\bar{\underset{\sim}{G}}+\bar{\underset{\sim}{G}}\dot{\underset{\sim}{A}}\underset{\sim}{A}^{-1})\\&=\frac{1}{2}\bar{\underset{\sim}{S}}:\dot{\bar{\underset{\sim}{G}}}+\bar{\underset{\sim}{G}}\bar{\underset{\sim}{S}}:\dot{\underset{\sim}{A}}\underset{\sim}{A}^{-1}.\end{aligned} \tag{9.21}$$

Nehmen wir nun – in Analogie zum Verhalten der rheologischen Modelle – an, daß die Speicherenergie nur von der Gitterkonfiguration abhängt:

$$W=W(\bar{\underset{\sim}{G}}). \tag{9.22}$$

(Eine Rechtfertigung dieses Vorgehens liefert (9.50).) Dann führt die *Passivitätsforderung* auf

$$j-\dot{W}=\left(\frac{1}{2}\bar{\underset{\sim}{S}}-\frac{\partial W}{\partial\bar{\underset{\sim}{G}}}\right):\dot{\bar{\underset{\sim}{G}}}+\bar{\underset{\sim}{G}}\bar{\underset{\sim}{S}}:\dot{\underset{\sim}{A}}\underset{\sim}{A}^{-1}\geqq 0. \tag{9.23}$$

Offenbar hinreichend zur Erfüllung dieser Ungleichung sind die *Potentialbeziehung*

$$\bar{S} = 2\frac{\partial W}{\partial \bar{G}} \tag{9.24}$$

und die *Restungleichung*

$$\bar{G}\bar{S}:\dot{A}A^{-1} \geqq 0. \tag{9.25}$$

Daß sie auch notwendig sind, sieht man so: Beim Maxwell- und Bingham-Material ist $\dot{A}A^{-1}$ durch $\varkappa$ und dieses über $\bar{\tau}$ durch den Momentanwert von $\bar{G}$ festgelegt, und folglich ist der zweite Summand in (9.23) unabhängig von $\dot{\bar{G}}$. Ist nun (9.24) nicht erfüllt, so läßt sich immer ein $\dot{\bar{G}}$ so finden, daß der erste Summand in (9.23) jeden gewünschten negativen Wert annehmen und damit die Ungleichung verletzen kann. Beim Prandtl-Material gilt diese Schlußweise erst recht, denn solange $|\bar{\tau}| < y$ ist, verschwindet der zweite Summand in (9.23). Die Gültigkeit von (9.24) auch für $\bar{G}$ mit $|\bar{\tau}(\bar{G})| = y$ erschließt man dann durch Grenzübergang. Ist aber (9.24) als notwendig erkannt, dann folgt die Restungleichung (9.25) sofort aus (9.23). Sie besagt, daß die an den inelastischen Verformungen geleistete mechanische Arbeit vollständig dissipiert wird.

Einsetzen von (9.3) und (9.13) in (9.25) gibt

$$\bar{G}\bar{S}:\dot{A}A^{-1} = \bar{G}\bar{S}:\varkappa m \otimes n = \varkappa m \bar{G}\bar{S} n = \bar{\tau}\varkappa \geqq 0. \tag{9.26}$$

Beim Maxwell- und Bingham-Material führt das auf die Restriktion

$$\eta > 0 \tag{9.27}$$

und beim Prandtl-Material auf eine Forderung an das Vorzeichen der elastischen Steifigkeit im Nenner von (9.19):

$$m\bar{G}\frac{\partial \bar{\tau}}{\partial \bar{G}} n > 0, \text{ wenn } |\bar{\tau}| = y. \tag{9.28}$$

## 9.3 Mehrere Gleitmechanismen

Als nächstes verallgemeinern wir die bisherigen Betrachtungen, indem wir nicht mehr nur einen einzigen, sondern N verschiedene Gleitmechanismen zulassen. Inelastische Verformung entsteht also durch simultanes Gleiten:

$$\dot{A}A^{-1} = \sum_{j=1}^{N} \varkappa_j m_j \otimes n_j. \tag{9.29}$$

*Bemerkung*: Im allgemeinen sind die Gleitgeschwindigkeiten $\varkappa_j$ nicht die zeitlichen Änderungen von Parametern $\gamma_j$, welche die Zuordnung $A$ beschreiben, denn auf der linken Seite steht nicht die Zeitableitung einer Funktion von $A$. (Mit anderen Worten, $\delta A \cdot A^{-1}$ ist kein totales Differential und das Integral somit wegabhängig.) Die Zahl der zur Beschreibung von $A$ erforderlichen zeitabhängigen Parameter kann also sehr wohl größer sein als die Zahl der Gleitmechanismen. So benötigt man bei dem in Bild 9.4 dargestellten System drei Parameter zur Festlegung von $A$, weil die Reihenfolge der

Gleitungen in den zwei Mechanismen nicht vertauschbar ist. Bei einem einzigen Mechanismus gibt es dieses Problem nicht – siehe (9.4).

Der zum Gleitmechanismus mit der Nummer j gehörige Schub wird erklärt als

$$\bar{\tau}_j := \mathfrak{m}_j \bar{\mathrm{G}} \bar{\mathrm{S}} \mathfrak{n}_j. \tag{9.30}$$

Setzen wir

$$\varkappa_j = \frac{\bar{\tau}_j}{\eta_j}, \tag{9.31}$$

also

$$\dot{\mathrm{A}}\mathrm{A}^{-1} = \sum_{j=1}^{N} \frac{1}{\eta_j} \mathfrak{m}_j \otimes \mathfrak{n}_j \otimes \mathfrak{m}_j \otimes \mathfrak{n}_j : \bar{\mathrm{G}}\bar{\mathrm{S}} = :\mathbb{M} : \bar{\mathrm{G}}\bar{\mathrm{S}}, \tag{9.32}$$

dann erhalten wir wieder ein Maxwell-Material. Entsprechend ergibt sich ein Bingham-Material, wenn Beziehungen des Typs (9.20) mit Konstanten $\eta_j$ und $y_j$ für jeden Gleitmechanismus angegeben werden. Fordern wir Passivität, so liefert die Restungleichung (9.25) die Forderung

$$\bar{\mathrm{G}}\bar{\mathrm{S}} : \dot{\mathrm{A}}\mathrm{A}^{-1} = \sum_{j=1}^{N} \bar{\tau}_j \varkappa_j \geqq 0, \tag{9.33}$$

für deren Erfüllung bei beiden Materialien die Bedingungen

$$\eta_j > 0, \; j = 1, \ldots, N \tag{9.34}$$

jedenfalls hinreichend sind.

Etwas umständlich gestaltet sich die Untersuchung des Prandtl-Materials mit mehreren Gleitmechanismen. Es gelten die Restriktionen

$$|\bar{\tau}_l| \leqq y_l, \; l = 1, \ldots, N \tag{9.35}$$

und damit – in Erweiterung von (9.18) – die Forderungen

$$\dot{\bar{\tau}}_l = \frac{\partial \bar{\tau}_l}{\partial \mathrm{G}} : \mathrm{A}^{-*} \dot{\mathrm{G}} \mathrm{A}^{-1} - \sum_{j=1}^{N} 2\varkappa_j \mathfrak{m}_j \bar{\mathrm{G}} \frac{\partial \bar{\tau}_l}{\partial \mathrm{G}} \mathfrak{n}_j \; \begin{cases} \leqq 0, & \text{wenn } \bar{\tau}_l = y_l \\ \geqq 0, & \text{wenn } \bar{\tau}_l = -y_l. \end{cases} \tag{9.36}$$

Abkürzend schreiben wir dafür

$$\dot{\bar{\tau}}_l = c_l - \sum_{j=1}^{N} B_{lj} \varkappa_j. \tag{9.37}$$

Wir wollen annehmen, daß der Mechanismus der Nummer l nur gleitet, wenn der zugehörige Schub die Fließbedingung $|\bar{\tau}_l| = y_l$ erfüllt. Ist nur ein Schub an der Fließgrenze, z.B. $\bar{\tau}_1 = y_1$, und gilt $c_1 > 0$, dann würde $\varkappa_1 = 0$ auf $\dot{\bar{\tau}}_1 > 0$ führen, was mit der Forderung $|\bar{\tau}_1| \leqq y$ unvereinbar wäre. Also muß $\varkappa_1 \neq 0$ sein und deshalb $\dot{\bar{\tau}}_1 = 0$ (denn $\dot{\bar{\tau}}_1 < 0$ würde Verlassen der Fließgrenze bedeuten und wiederum $\varkappa_1 = 0$ erzwingen). Aus dieser Konsistenzbedingung $\dot{\bar{\tau}}_1 = 0$ berechnet $\varkappa_1$ sich folglich zu

$$\varkappa_1 = \frac{c_1}{B_{11}}. \tag{9.38}$$

Passivität $(\bar{\tau}_1 \varkappa_1 \geqq 0)$ verlangt dann

$$B_{11} > 0. \tag{9.39}$$

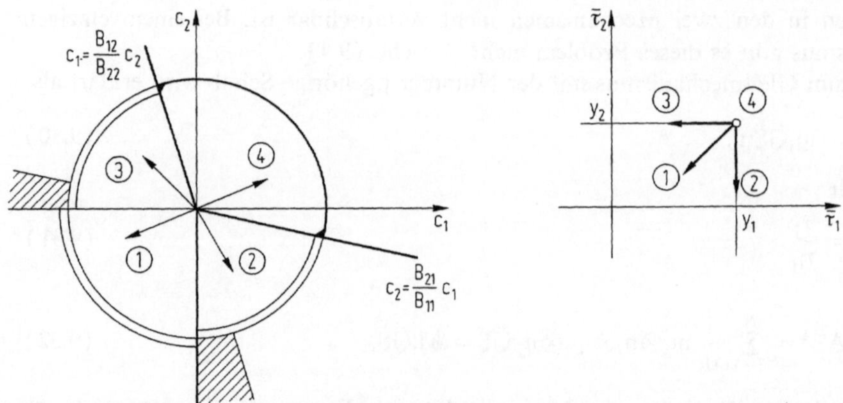


**Bild 9.3.** Ermittlung der Gleitgeschwindigkeiten $\varkappa_1$ und $\varkappa_2$ aus den Ungleichungen (9.40)

Sind jedoch zwei Schübe gleichzeitig an der Fließgrenze, sagen wir $\bar{\tau}_1 = y_1$, $\bar{\tau}_2 = y_2$, – man spricht dann von einer Ecke (vertex) der Fließbedingung –, dann muß gelten:

$$\dot{\bar{\tau}}_1 = c_1 - B_{11}\varkappa_1 - B_{12}\varkappa_2 \leqq 0,$$

$$\dot{\bar{\tau}}_2 = c_2 - B_{21}\varkappa_1 - B_{22}\varkappa_2 \leqq 0. \tag{9.40}$$

Die Ermittlung von $\varkappa_1$ und $\varkappa_2$ veranschaulichen wir uns an Bild 9.3.

Fall 1: $\dot{\bar{\tau}}_1 < 0$, $\dot{\bar{\tau}}_2 < 0$: beide Fließgrenzen werden verlassen, also muß sein: $\varkappa_1 = 0$, $\varkappa_2 = 0$. Das ist möglich, wenn $c_1 < 0$, $c_2 < 0$.

Fall 2: $\dot{\bar{\tau}}_1 = 0$, $\dot{\bar{\tau}}_2 < 0$: die zweite Fließgrenze wird verlassen, also muß $\varkappa_2 = 0$ sein und damit $c_1 - B_{11}\varkappa_1 = 0$, $c_2 - B_{21}\varkappa_1 < 0$.

Daraus folgt $\varkappa_1 = \dfrac{c_1}{B_{11}}$, möglich für $c_2 < \dfrac{B_{21}}{B_{11}} c_1$.

Fall 3: $\dot{\bar{\tau}}_1 < 0$, $\dot{\bar{\tau}}_2 = 0$ gibt analog:

$$\varkappa_2 = \frac{c_2}{B_{22}}, \text{ möglich für } c_1 < \frac{B_{12}}{B_{22}} c_2.$$

Fall 4: $\dot{\bar{\tau}}_1 = 0$, $\dot{\bar{\tau}}_2 = 0$, also

$$\varkappa_1 = \frac{B_{22}c_1 - B_{12}c_2}{B_{11}B_{22} - B_{12}B_{21}}, \quad \varkappa_2 = \frac{B_{11}c_2 - B_{21}c_1}{B_{11}B_{22} - B_{12}B_{21}} \tag{9.41}$$

erforderlich für den verbleibenden Sektor 4 in der $(c_1, c_2)$-Ebene.

In Bild 9.3 ist $B_{21}/B_{11} < 0$ und $B_{12}/B_{22} < 0$ angenommen. In diesem Fall gibt es Werte $c_1$, $c_2$, die nicht beide negativ sind und sowohl zu Fall 2 als auch zu Fall 3 gehören könnten (in der Abbildung schraffiert gekennzeichnet). Eine Entscheidung im Sinne der in der Abbildung eingetragenen Zahlen und damit die eindeutige Berechenbarkeit der Gleitungen bei Vorgabe von $\dot{\mathrm{G}}$ (und folglich von $c_1$, $c_2$) liefert die Passivitätsforderung. Unmittelbar neben der Ecke hat sie nämlich bereits nach (9.39) $B_{11} > 0$

(und entsprechend $B_{22}>0$) ergeben. Diese Ungleichungen müssen aus Stetigkeitsgründen auch für die Ecke selbst gelten. Damit aber ist Fall 2 für negative $c_1$ und Fall 3 für negative $c_2$ ausgeschlossen, denn wir hätten sonst $\bar{\tau}_1\varkappa_1=y_1c_1/B_{11}<0$ bzw. $\bar{\tau}_2\varkappa_2=y_2c_2/B_{22}<0$.

Die elastischen Steifigkeiten unterliegen aufgrund der Passivitätsforderung weiteren Einschränkungen: Im Fall 4 verlangt diese nämlich $y_1\varkappa_1+y_2\varkappa_2\geqq 0$, und da die Zähler der beiden Brüche in (9.41) nicht negativ sind, muß der Nenner positiv sein: $B_{11}B_{22}-B_{12}B_{21}>0$. Unter Beachtung der aus der Potentialbeziehung (9.24) folgenden Symmetrie der Matrix $(B_{ij})$ ist diese Bedingung zusammen mit $B_{11}>0$ und $B_{22}>0$ notwendig und hinreichend für

$$\begin{pmatrix} B_{11} & B_{12} \\ B_{12} & B_{22} \end{pmatrix} \text{ positiv definit, wenn } \bar{\tau}_1=y_1,\ \bar{\tau}_2=y_2. \tag{9.42}$$

Das gleichzeitige Ansprechen von mehr als zwei Gleitmechanismen soll nicht diskutiert werden.

## 9.4 Allgemeine inelastische Verformung

Allen in diesem Kapitel bisher behandelten Stoffgleichungen gemeinsam ist die Beschreibung des elastischen Verhaltens – (9.9) mit (9.24) –

$$\bar{\underset{\sim}{S}}=\hat{\underset{\sim}{S}}(\bar{\underset{\sim}{G}})=2\frac{\partial W(\bar{\underset{\sim}{G}})}{\partial\bar{\underset{\sim}{G}}}, \tag{9.43}$$

während die Änderung der inelastischen Verformung bei den Maxwell- und Bingham-Materialien die Gestalt

$$\dot{\underset{\sim}{A}}\underset{\sim}{A}^{-1}=\mathfrak{A}(\bar{\underset{\sim}{G}}), \tag{9.44}$$

bei den Prandtl-Materialien dagegen die Gestalt

$$\dot{\underset{\sim}{A}}\underset{\sim}{A}^{-1}=\tilde{\mathfrak{A}}(\bar{\underset{\sim}{G}},\underset{\sim}{A}^{-*}\dot{\underset{\sim}{G}}\underset{\sim}{A}^{-1}) \tag{9.45}$$

besitzt, wobei die Funktionen $\mathfrak{A}$ und $\tilde{\mathfrak{A}}$ so zu wählen sind, daß der Restungleichung

$$\bar{\underset{\sim}{G}}\bar{\underset{\sim}{S}}:\dot{\underset{\sim}{A}}\underset{\sim}{A}^{-1}\geqq 0 \tag{9.46}$$

Genüge getan wird. Eliminiert man die gitterbezogenen Größen $\bar{\underset{\sim}{G}}$, $\bar{\underset{\sim}{S}}$ mittels (9.7), (9.8), so wird daraus

$$\underset{\sim}{S}=\underset{\sim}{A}^{-1}\hat{\underset{\sim}{S}}(\underset{\sim}{A}^{-*}\underset{\sim}{G}\underset{\sim}{A}^{-1})\underset{\sim}{A}^{-*}=:\hat{\underset{\sim}{S}}(\underset{\sim}{G},\underset{\sim}{A}) \tag{9.47}$$

und

$$\underset{\sim}{A}^{-1}\dot{\underset{\sim}{A}}=\underset{\sim}{A}^{-1}\mathfrak{A}(\underset{\sim}{A}^{-*}\underset{\sim}{G}\underset{\sim}{A}^{-1})\underset{\sim}{A}=:\hat{\mathfrak{A}}(\underset{\sim}{G},\underset{\sim}{A}) \tag{9.48}$$

bzw.

$$\underset{\sim}{A}^{-1}\dot{\underset{\sim}{A}}=\underset{\sim}{A}^{-1}\tilde{\mathfrak{A}}(\underset{\sim}{A}^{-*}\underset{\sim}{G}\underset{\sim}{A}^{-1},\underset{\sim}{A}^{-*}\dot{\underset{\sim}{G}}\underset{\sim}{A}^{-1})\underset{\sim}{A}=:\hat{\tilde{\mathfrak{A}}}(\underset{\sim}{G},\underset{\sim}{A},\dot{\underset{\sim}{G}}). \tag{9.49}$$

Im Lichte der Systematik des 8. Kapitels lassen sich diese Beziehungen so deuten: Der Operator $\underset{\sim}{A}$ fungiert als innere Zustandsvariable, d.h., der Zustand des Materialelements wird durch $(\underset{\sim}{G},\underset{\sim}{A})$ beschrieben; (9.47) stellt die Zustandsgleichung und (9.48) bzw. (9.49) die inkrementelle Entwicklungsgleichung dar. Der Ansatz (9.22), also

$$W = W(\bar{\underset{\sim}{G}}) = W(\underset{\sim}{A}^{-*}\underset{\sim}{G}\underset{\sim}{A}^{-1}) = \hat{W}(\underset{\sim}{G},\underset{\sim}{A}) \tag{9.50}$$

bedeutet die Wahl einer speziellen Abhängigkeit der Speicherenergie W von den Zustandsvariablen $\underset{\sim}{G}$ und $\underset{\sim}{A}$.

Bei zeitlich konstanter Basiswahl in den Räumen $\mathscr{G}$ und $\mathscr{T}$ wird der Operator $\underset{\sim}{A}$ durch Angabe von neun skalaren Komponenten beschrieben. Die Zahl der benötigten skalarwertigen inneren Zustandsvariablen kann jedoch kleiner als neun sein. Beruht etwa die inelastische Verformung auf nur einem Gleitmechanismus, so genügt nach (9.1) ein einziger skalarer Parameter $\gamma$ zur Beschreibung der zeitlichen Veränderlichkeit von $\underset{\sim}{A}$. Nur eine der neun Komponenten der inkrementellen Entwicklungsgleichung erweist sich als linear unabhängig.

Auch wenn beliebig viele Gleitmechanismen für die inelastische Verformung verantwortlich sind, beträgt die Zahl der linear unabhängigen skalaren Entwicklungsgleichungen doch höchstens acht. Eine läßt sich nämlich eliminieren mittels der Bedingung $\mathrm{tr}(\dot{\underset{\sim}{A}}\underset{\sim}{A}^{-1}) = 0$, die stets erfüllt ist, wie man wegen $\underset{\sim}{m}_j \cdot \underset{\sim}{n}_j = 0$, $j = 1,\ldots,N$ aus (9.29) folgert. Zu ihrer Deutung differenzieren wir $\underset{\sim}{K} = \bar{\underset{\sim}{K}}\underset{\sim}{A}$, erhalten

$$\underset{\sim}{L} = \underset{\sim}{D} + \underset{\sim}{W} = \dot{\underset{\sim}{K}}\underset{\sim}{K}^{-1} = \dot{\bar{\underset{\sim}{K}}}\bar{\underset{\sim}{K}}^{-1} + \bar{\underset{\sim}{K}}\dot{\underset{\sim}{A}}\underset{\sim}{A}^{-1}\bar{\underset{\sim}{K}}^{-1} \tag{9.51}$$

und daraus – mit (5.100) –

$$\mathrm{tr}\,\underset{\sim}{D} = \mathrm{tr}(\dot{\bar{\underset{\sim}{K}}}\bar{\underset{\sim}{K}}^{-1}) + \mathrm{tr}(\dot{\underset{\sim}{A}}\underset{\sim}{A}^{-1}) \tag{9.52}$$

und ersehen, daß die durch bloße Gleitung hervorgerufene inelastische Verformung keinen Beitrag zur Volumenänderung $\mathrm{tr}\,\underset{\sim}{D}$ leistet. Obwohl deshalb $\underset{\sim}{A}$ der skalaren Nebenbedingung $\det(\underset{\sim}{A}(t)\underset{\sim}{A}(t_0)^{-1}) = 1$ – $t_0$ beliebig fester Zeitpunkt – genügen muß (der Beweis läßt sich auf (6.101) zurückführen), dürfte es für die Rechnung wenig zweckmäßig sein, eine der neun Komponenten von $\underset{\sim}{A}$ mittels dieser komplizierten Bedingung zu eliminieren.

Die kinematische Beziehung (9.5) $\underset{\sim}{K} = \bar{\underset{\sim}{K}}\underset{\sim}{A}$ haben wir aus der Modellvorstellung des idealen Einkristalls hergeleitet. Sie ist jedoch geeignet, ganz allgemein die Hintereinanderschaltung elastischer und inelastischer Verformung bei den verschiedensten Materialien (z.B. Vielkristallen) zu beschreiben, wenn wir nicht länger annehmen, der Zuwachs der inelastischen Verformung geschehe durch Gleiten gemäß (9.29). Das Gitter ist dann nur noch als mathematisches Konzept zu deuten, und es kann auch inelastische Volumenänderungen geben – z.B. durch Öffnen oder Schließen von Mikroporen. Die Anwendung der speziellen Stoffgleichungen (9.43) bis (9.46) werden wir allerdings auf den Fall $\mathrm{tr}(\dot{\underset{\sim}{A}}\underset{\sim}{A}^{-1}) = 0$, also volumentreue inelastische Verformung beschränken, denn es dürfte keinen realen Stoff geben, dessen elastisches Verhalten durch eine inelastische Volumenänderung nicht beeinflußt wird. Auf die Formulierung von Stoffgleichungen mit inelastischer Volumenänderung kommen wir im Sonderfall kleiner elastischer Verzerrungen in Abschnitt 9.16 und im allgemeinen Falle in Kapitel 11 zu sprechen.

Der elastische Bereich – in dem $\dot{A}=0$ gilt bei beliebiger Vorgabe von $\dot{G}$ – war bei den bisher betrachteten Bingham- und Prandtl-Materialien gekennzeichnet durch $\bar{\tau}_l(\bar{G})^2<y_l^2$, $l=1,\dots,N$. Führen wir eine Funktion $f(\bar{G})$ ein mit den Eigenschaften: $f<0$, wenn alle $\bar{\tau}_l^2-y_l^2<0$; $f=0\ (>0)$, wenn mindestens ein $\bar{\tau}_l^2-y_l^2=0\ (>0)$, dann gilt

$f(\bar{G})<0$ elastischer Bereich ($\dot{A}=0$) (elastic range),

$f(\bar{G})=0$ Grenze des elastischen Bereichs, Fließgrenze (Fließbedingung, yield condition),

$f(\bar{G})>0$ { Beim Prandtl-Material: Nicht realisierbare Zustände. Beim Bingham-Material: Zustände mit $\dot{A}\neq 0$. (9.53)

Auch den Bingham- und Prandtl-Materialien, deren inelastische Verformung nicht durch Gleitmechanismen geschieht, werden wir stets eine *Fließfunktion* f zuordnen, welche die in (9.53) beschriebene Charakterisierung leistet.

In Abschnitt 2.3 haben wir die endochrone Materialbeschreibung zur Kennzeichnung plastischen Verhaltens ohne elastischen Bereich kennengelernt. Sie entsteht formal aus der viskoelastischen Beschreibung, indem die Zeit durch eine Bogenlänge ersetzt wird. Definieren wir also analog zu (2.68) die *Bogenlänge* s durch

$$ds=|D|dt, \tag{9.54}$$

wobei wir von

$$|D|^2=\mathrm{tr}(D^2)=\mathrm{tr}\left(\left[\frac{1}{2}K^{-*}\dot{G}K^{-1}\right]^2\right)$$
$$=\mathrm{tr}\left(\left[\frac{1}{2}G^{-1}\dot{G}\right]^2\right)=\mathrm{tr}\left(\left[\frac{1}{2}\bar{G}^{-1}A^{-*}\dot{G}A^{-1}\right]^2\right) \tag{9.55}$$

Gebrauch machen können, und eine verallgemeinerte Bogenlänge $\bar{s}$ durch

$$d\bar{s}=\mathfrak{s}(\bar{G},A^{-*}\dot{G}A^{-1})ds \tag{9.56}$$

mit den Nebenbedingungen $\mathfrak{s}\geqq 0$ und

$$\mathfrak{s}(\bar{G},A^{-*}\dot{G}A^{-1})=\mathfrak{s}(\bar{G},A^{-*}\mu\dot{G}A^{-1})\ \text{für alle}\ \mu>0, \tag{9.57}$$

um auch $\bar{s}$ unabhängig von der Geschwindigkeit des Prozeßverlaufs zu machen. Ein Beispiel für $\bar{s}$ ist die Bogenlänge des Gestaltänderungsprozesses:

$$d\bar{s}=|D'|dt, \tag{9.58}$$

denn wir finden

$$\mathfrak{s}=|D'|/|D|=|\vec{D}'|=\sqrt{\frac{\mathrm{tr}([\bar{G}^{-1}A^{-*}\dot{G}A^{-1}]'^2)}{\mathrm{tr}([\bar{G}^{-1}A^{-*}\dot{G}A^{-1}]^2)}}. \tag{9.59}$$

Ersetzen wir in der Gleichung (9.44) des Maxwell-Materials $\dot{A}$ durch $dA/d\bar{s}$, dann erhalten wir folgende *endochrone Entwicklungsgleichung*

$$\dot{A}A^{-1} = \mathfrak{A}(\bar{G})\mathfrak{s}(\bar{G},A^{-*}\dot{G}A^{-1})\frac{1}{2}\sqrt{\mathrm{tr}([\bar{G}^{-1}A^{-*}\dot{G}A^{-1}]^2)}. \qquad (9.60)$$

## 9.5 Fließregel

Eine weitgehend einheitliche Behandlung erlauben im folgenden alle Materialien mit einer Entwicklungsgleichung des Typs

$$\dot{A}A^{-1} = \tilde{\mathfrak{A}}(\bar{G},A^{-*}\dot{G}A^{-1}) = \mathfrak{A}(\bar{G})g(\bar{G},A^{-*}\dot{G}A^{-1}), \qquad (9.61)$$

worin g eine nichtnegative skalarwertige Funktion bedeutet. Wir bezeichnen sie als Materialien mit Fließregel und sehen, daß unter diese Kennzeichnung alle Maxwell- und Bingham-Materialien (mit $g \equiv 1$) fallen ebenso wie das endochrone Material (9.60). Prandtl-Materialien besitzen nur dann eine Fließregel, wenn die Entwicklungsgleichung (9.45) die spezielle Form (9.61) annimmt. Dann erfolgt unabhängig von $\dot{G}$ der inelastische Verformungszuwachs in Richtung $\mathfrak{A}(\bar{G})$. Von den bisher untersuchten Prandtl-Materialien besitzt dasjenige mit einem Gleitmechanismus eine Fließregel, das mit mehreren jedoch nicht, denn an den Ecken der Fließgrenze – vgl. (9.41) – hat die Entwicklungsgleichung nicht die Form (9.61). Ist die Fließfunktion f glatt, d.h. existiert überall eine äußere Normale in Richtung $\partial f/\partial\bar{G}\,(\neq 0)$, und gibt es eine Fließregel, so läßt sich g analog dem Vorgehen in (9.18), (9.19) aus der Konsistenzbedingung ($\dot{f}=0$ bei Belastung, wenn $f=0$) ermitteln zu

$$g = \begin{cases} \dfrac{(\partial f/\partial\bar{G}):A^{-*}\dot{G}A^{-1}}{2\bar{G}(\partial f/\partial\bar{G}):\mathfrak{A}(\bar{G})}, & \text{wenn Zähler} > 0 \text{ und } f(\bar{G}) = 0, \\ 0 & \text{, sonst.} \end{cases} \qquad (9.62)$$

Wegen unserer Vereinbarung $g \geqq 0$ ist $\mathfrak{A}$ so zu orientieren, daß $\bar{G}\dfrac{\partial f}{\partial\bar{G}}:\mathfrak{A}(\bar{G}) > 0$ gilt. Passivität verlangt zusätzlich $\bar{G}\bar{S}:\mathfrak{A}(\bar{G}) \geqq 0$.

## 9.6 Weitere Formen der Darstellung

Zum besseren Verständnis der Hintereinanderschaltung elastischer und inelastischer Verformung ist die Einführung weiterer Begriffe zweckmäßig. Nehmen wir an, genau eine Gitterkonfiguration $\bar{G}_i$ sei spannungsfrei, dann können wir die „*momentane inelastische Konfiguration* $G_i$“ (auch Zwischenkonfiguration genannt) definieren durch

$$G_i(t) := A^*(t)\bar{G}_iA(t). \qquad (9.63)$$

Sie wird in der Theorie großer inelastischer Verformungen häufig verwendet und besitzt folgende Deutung: Während des Zeitintervalls $[t,t+\Delta t]$ entlasten wir das

Materialelement, d.h., wir führen einen Prozeß so durch, daß $\underset{\sim}{S}(t+\Delta t)=0$ gilt. Sorgen wir beim Prandtl-Material dafür, daß alle Fließgrenzen sofort bei Beginn der Entlastung verlassen werden, dann bleibt $\underset{\sim}{A}$ während der Entlastung konstant, und die Konfiguration am Ende der Entlastung ist gerade die inelastische: $\underset{\sim}{G}(t+\Delta t)=\underset{\sim}{G}_i(t)$. Beim Maxwell- und Bingham-Material kann sich $\underset{\sim}{A}$ während der Entlastung zwar noch ändern, doch wird die Änderung mit $\Delta t \rightarrow 0$ beliebig klein. In diesem Sinne sagen wir kurz: Die inelastische Konfiguration ist bei diesen Materialien diejenige, die sich bei plötzlicher Entlastung einstellt. Beim endochronen Material ist $\underset{\sim}{G}_i$ eine reine Rechengröße und nicht durch Entlastung herzustellen.

Es ist wichtig, sich klarzumachen, daß die Angabe der inelastischen Konfiguration $\underset{\sim}{G}_i$ i.allg. zur Beschreibung der inelastischen Verformung *nicht* ausreicht. Es können nämlich zwei unterschiedliche Werte $\underset{\sim}{A}(t_1)$ und $\underset{\sim}{A}(t_2)$ in zwei Zeitpunkten $t_1, t_2$ denselben Wert von $\underset{\sim}{G}_i$ bestimmen, so daß

$$\underset{\sim}{G}_i(t_2)=\underset{\sim}{A}^*(t_2)\bar{\underset{\sim}{G}}_i\underset{\sim}{A}(t_2)=\underset{\sim}{A}^*(t_1)\bar{\underset{\sim}{G}}_i\underset{\sim}{A}(t_1)=\underset{\sim}{G}_i(t_1) \tag{9.64}$$

und damit

$$[\underset{\sim}{A}(t_2)\underset{\sim}{A}(t_1)^{-1}]^*\bar{\underset{\sim}{G}}_i[\underset{\sim}{A}(t_2)\underset{\sim}{A}(t_1)^{-1}]=\bar{\underset{\sim}{G}}_i \tag{9.65}$$

gilt. Nach (5.113) ist dann

$$\underset{\sim}{A}(t_2)=\underset{\sim}{H}\underset{\sim}{A}(t_1) \text{ mit } \underset{\sim}{H}\in \mathrm{Orth}(\bar{\underset{\sim}{G}}_i). \tag{9.66}$$

Wie so etwas möglich ist, soll ein Beispiel zeigen. Wir betrachten in Bild 9.4 einen Kristall mit zwei Gleitmechanismen, der in den Zeitpunkten $t_1, t^*$ und $t_2$ spannungsfrei

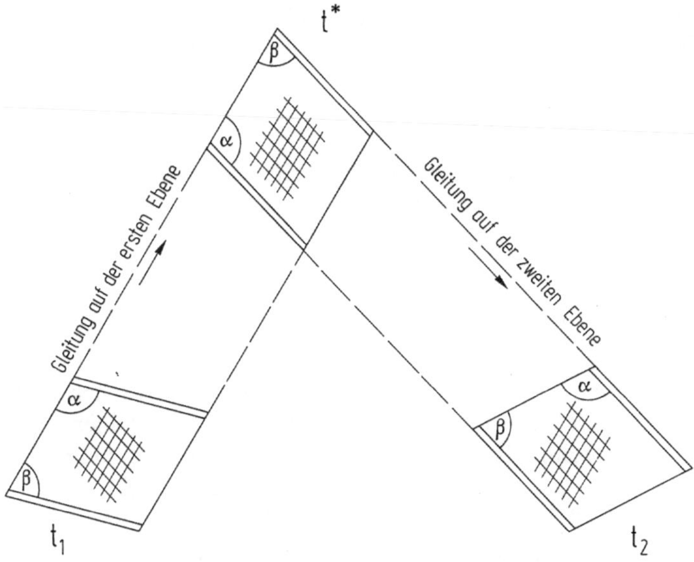


**Bild 9.4.** Kristall mit zwei Gleitmechanismen als Beispiel dafür, daß die Angabe der inelastischen Konfiguration $\underset{\sim}{G}_i$ zur Beschreibung der inelastischen Verformung nicht immer ausreicht

ist. Die Orientierung des Gitters gegen den Beobachter ist in allen drei Figuren identisch gewählt. Im Intervall $(t_1,t^*)$ gleitet der Kristall unter dem Einfluß eines entsprechenden Schubes auf der ersten Gleitebene, im Intervall $(t^*,t_2)$ auf der zweiten, die in der spannungsfreien Konfiguration mit der ersten einen Winkel $\alpha(\neq\pi/2)$ einschließt. Die Seitenlängen des Kristalls sind in allen drei Konfigurationen gleich, die Winkel $\alpha$ und $\beta$ tauschen zweimal ihre Rollen. Die inelastischen Konfigurationen $\underset{\sim}{G}_i$ zu den Zeitpunkten $t_1$ und $t_2$ sind identisch, das Gitter hat sich jedoch gegenüber dem Material um den Winkel $\pi-2\alpha$ gedreht. (Diese Drehung wird durch $\underset{\sim}{H}$ gemäß (9.66) beschrieben.)

Ein Beispiel für den gegenteiligen Sachverhalt bietet der Kristall mit einem Gleitmechanismus. Nach (9.63) und (9.1) gilt bei ihm

$$\begin{aligned}\underset{\sim}{g}_1\underset{\sim}{G}_i(t)\underset{\sim}{g}_2&=\underset{\sim}{g}_1\underset{\sim}{A}^*(t)\bar{\underset{\sim}{G}}_i\underset{\sim}{A}(t)\underset{\sim}{g}_2\\&=\bar{\underset{\sim}{g}}_1\bar{\underset{\sim}{G}}_i(\bar{\underset{\sim}{g}}_2+\gamma(t)\bar{\underset{\sim}{g}}_1),\end{aligned} \tag{9.67}$$

und löst man das nach $\gamma$ auf und setzt in (9.1) ein, so erkennt man, daß $\underset{\sim}{A}(t)$ bei Vorgabe von $\underset{\sim}{G}_i(t)$ eindeutig festliegt:

$$\underset{\sim}{A}(t)=\bar{\underset{\sim}{g}}_1\otimes\underset{\sim}{g}^1+\left(\bar{\underset{\sim}{g}}_2+\frac{\underset{\sim}{g}_1\underset{\sim}{G}_i(t)\underset{\sim}{g}_2-\bar{\underset{\sim}{g}}_1\bar{\underset{\sim}{G}}_i\bar{\underset{\sim}{g}}_2}{\bar{\underset{\sim}{g}}_1\bar{\underset{\sim}{G}}_i\bar{\underset{\sim}{g}}_1}\bar{\underset{\sim}{g}}_1\right)\otimes\underset{\sim}{g}^2+\bar{\underset{\sim}{g}}_3\otimes\underset{\sim}{g}^3. \tag{9.68}$$

In der Literatur wird die Hintereinanderschaltung elastischer und inelastischer Verformung vielfach noch etwas anders behandelt. So kann man der spannungsfreien Gitterkonfiguration $\bar{\underset{\sim}{G}}_i$ eine Plazierung $\bar{\underset{\sim}{K}}_i$ im Beobachterraum $\mathscr{V}$ zuordnen, die der Bedingung $\bar{\underset{\sim}{K}}_i{}^*\bar{\underset{\sim}{K}}_i=\bar{\underset{\sim}{G}}_i$ genügt und deren Orientierung willkürlich gewählt ist. Damit läßt sich die inelastische Plazierung $\underset{\sim}{K}_i:=\bar{\underset{\sim}{K}}_i\underset{\sim}{A}$ des Materialelements definieren, deren Zusammenhang mit der inelastischen Konfiguration durch $\underset{\sim}{K}_i{}^*\underset{\sim}{K}_i=\underset{\sim}{G}_i$ gegeben ist. Den Plazierungswechsel aus der inelastischen in die aktuelle Plazierung

$$\underset{\sim}{F}_e:=\underset{\sim}{K}\underset{\sim}{K}_i{}^{-1}=\bar{\underset{\sim}{K}}\bar{\underset{\sim}{K}}_i{}^{-1} \tag{9.69}$$

nennen wir Tensor der elastischen Deformation. Ist noch eine willkürliche feste Bezugsplazierung $\underset{\sim}{K}_0$ eingeführt, so gibt es ferner den Deformationsgradienten $\underset{\sim}{F}:=\underset{\sim}{K}\underset{\sim}{K}_0{}^{-1}$ und den Tensor der inelastischen Deformation $\underset{\sim}{F}_i:=\underset{\sim}{K}_i\underset{\sim}{K}_0{}^{-1}$. Man erhält den Zusammenhang

$$\underset{\sim}{F}=\underset{\sim}{F}_e\underset{\sim}{F}_i, \tag{9.70}$$

also eine multiplikative Zerlegung des Deformationsgradienten in elastischen und inelastischen Anteil (Bild 9.5). Dabei ist zum einen zu beachten, daß die Reihenfolge von $\underset{\sim}{F}_e$ und $\underset{\sim}{F}_i$ i.allg. nicht vertauschbar ist, zum anderen, daß die Felder $\underset{\sim}{F}_e$ und $\underset{\sim}{F}_i$ im Gegensatz zu $\underset{\sim}{F}$ i.allg. nicht die Gradienten von Vektorfeldern sind $\left(\underset{\sim}{F}\times\overset{0}{\underset{\sim}{\nabla}}\equiv 0\text{, aber } \underset{\sim}{F}_i\times\overset{0}{\underset{\sim}{\nabla}}\not\equiv 0, \underset{\sim}{F}_e\times\overset{0}{\underset{\sim}{\nabla}}\not\equiv 0\right)$, d.h., die inelastische Deformation $\underset{\sim}{F}_i$ ist nicht kompatibel: Man kann zwar ein einzelnes Materialelement, nicht aber i.allg. einen ganzen Körper

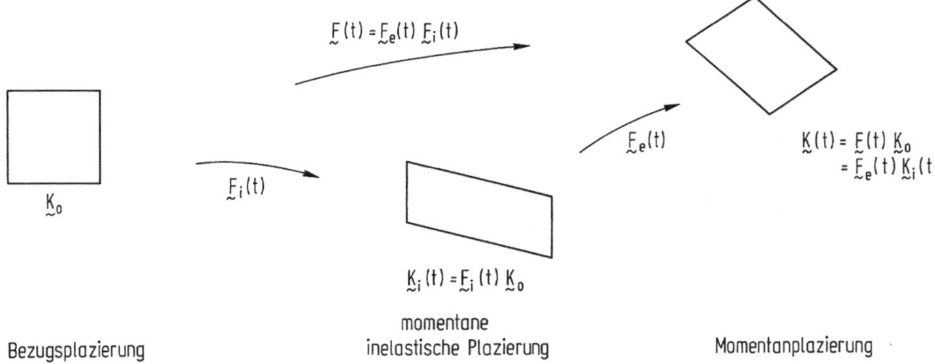


**Bild 9.5.** Deutung der multiplikativen Zerlegung $\underset{\sim}{F}=\underset{\sim}{F}_e\underset{\sim}{F}_i$ des Deformationsgradienten

gleichzeitig in eine spannungsfreie Konfiguration bringen (Phänomen der Eigenspannungen). Der Name „inelastischer Deformationsgradient" sollte daher nicht benutzt werden. Definiert man elastische und inelastische Greensche Verzerrungen $\underset{\sim}{E}_e$ und $\underset{\sim}{E}_i$ durch

$$\underset{\sim}{1}+2\underset{\sim}{E}_e:=\underset{\sim}{C}_e:=\underset{\sim}{F}_e{}^T\underset{\sim}{F}_e,\quad \underset{\sim}{1}+2\underset{\sim}{E}_i:=\underset{\sim}{C}_i:=\underset{\sim}{F}_i{}^T\underset{\sim}{F}_i, \tag{9.71}$$

dann findet man mittels (9.70) folgende additive Zerlegung der durch $\underset{\sim}{1}+2\underset{\sim}{E}:=\underset{\sim}{C}:=\underset{\sim}{F}^T\underset{\sim}{F}$ erklärten Gesamtverzerrung $\underset{\sim}{E}$:

$$\underset{\sim}{E}=\underset{\sim}{E}_i+\underset{\sim}{F}_i{}^T\underset{\sim}{E}_e\underset{\sim}{F}_i. \tag{9.72}$$

Nach (9.51) zerlegt sich auch der räumliche Geschwindigkeitsgradient L additiv in die zwei Anteile

$$\underset{\sim}{D}+\underset{\sim}{W}=\underset{\sim}{L}=\underset{\sim}{L}_e+\underset{\sim}{L}_i,\quad \underset{\sim}{D}=\underset{\sim}{D}_e+\underset{\sim}{D}_i,\quad \underset{\sim}{W}=\underset{\sim}{W}_e+\underset{\sim}{W}_i \tag{9.73}$$

mit

$$\underset{\sim}{L}_e:=\dot{\bar{\underset{\sim}{K}}}\bar{\underset{\sim}{K}}^{-1},\quad \underset{\sim}{L}_i:=\bar{\underset{\sim}{K}}\dot{\underset{\sim}{A}}\underset{\sim}{A}^{-1}\bar{\underset{\sim}{K}}^{-1}, \tag{9.74}$$

die natürlich beide einzeln keine Gradienten sein müssen. Man prüft leicht, daß die symmetrischen Anteile $\underset{\sim}{D}_i$ und $\underset{\sim}{D}_e$ sowie der antimetrische Tensor $\underset{\sim}{W}_i$ objektiv sind, der antimetrische Tensor $\underset{\sim}{W}_e$ dagegen nicht. Führt man die Polarzerlegung $\underset{\sim}{F}_e=\underset{\sim}{V}_e\underset{\sim}{R}_e$, die (objektive) logarithmische elastische Verzerrung $\underset{\sim}{H}_e:=\ln\underset{\sim}{V}_e$ sowie die (objektive) mitdrehende Änderung

$$\overset{\square}{\underset{\sim}{V}}_e:=\dot{\underset{\sim}{V}}_e-\underset{\sim}{W}_e\underset{\sim}{V}_e+\underset{\sim}{V}_e\underset{\sim}{W}_e=\overset{\circ}{\underset{\sim}{V}}_e+\underset{\sim}{W}_i\underset{\sim}{V}_e-\underset{\sim}{V}_e\underset{\sim}{W}_i \tag{9.75}$$

ein, so erhält man, indem man $\bar{\underset{\sim}{K}}=\underset{\sim}{V}_e\underset{\sim}{R}_e\bar{\underset{\sim}{K}}_i$ differenziert,

$$\begin{aligned}\underset{\sim}{L}_e&=\underset{\sim}{D}_e+\underset{\sim}{W}_e=\dot{\bar{\underset{\sim}{K}}}\bar{\underset{\sim}{K}}^{-1}\\&=\left(\overset{\square}{\underset{\sim}{V}}_e+\underset{\sim}{W}_e\underset{\sim}{V}_e-\underset{\sim}{V}_e\underset{\sim}{W}_e\right)\underset{\sim}{V}_e{}^{-1}+\underset{\sim}{V}_e(\underset{\sim}{R}_e\bar{\underset{\sim}{K}}_i)^{\cdot}(\underset{\sim}{R}_e\bar{\underset{\sim}{K}}_i)^{-1}\underset{\sim}{V}_e{}^{-1},\end{aligned} \tag{9.76}$$

also, da die zeitliche Änderung von $\underset{\sim}{R}_e\underset{\sim}{\bar{K}}_i$ eine reine Drehung ist,

$$\operatorname{sym}(\underset{\sim}{V}_e^{-1}\underset{\sim}{D}_e\underset{\sim}{V}_e)=\operatorname{sym}\left(\underset{\sim}{V}_e^{-1}\overset{\square}{\underset{\sim}{V}}_e\right) \tag{9.77}$$

und daraus, analog dem Übergang von (7.153) zu (7.160) den Zusammenhang

$$\overset{\square}{\underset{\sim}{H}}_e=\overset{\circ}{\underset{\sim}{H}}_e+\underset{\sim}{W}_i\underset{\sim}{H}_e-\underset{\sim}{H}_e\underset{\sim}{W}_i=\mathbb{D}(\underset{\sim}{H}_e):\underset{\sim}{D}_e. \tag{9.78}$$

Aus der Beziehung

$$\dot{\underset{\sim}{K}}\underset{\sim}{K}^{-1}=(\underset{\sim}{F}_e\underset{\sim}{\bar{K}}_i)^{\cdot}(\underset{\sim}{F}_e\underset{\sim}{\bar{K}}_i)^{-1}=\dot{\underset{\sim}{F}}_e\underset{\sim}{F}_e^{-1}+\underset{\sim}{F}_e\dot{\underset{\sim}{\bar{K}}}_i\underset{\sim}{\bar{K}}_i^{-1}\underset{\sim}{F}_e^{-1} \tag{9.79}$$

folgert man für die Wahl $\dot{\underset{\sim}{\bar{K}}}_i\equiv 0$:

$$\underset{\sim}{L}_e=\dot{\underset{\sim}{F}}_e\underset{\sim}{F}_e^{-1},\ \underset{\sim}{F}_e^{-1}\underset{\sim}{L}_i\underset{\sim}{F}_e=\dot{\underset{\sim}{K}}_i\underset{\sim}{K}_i^{-1}=\dot{\underset{\sim}{F}}_i\underset{\sim}{F}_i^{-1},\ \text{wenn } \dot{\underset{\sim}{\bar{K}}}_i\equiv 0. \tag{9.80}$$

Diese Hinweise und die folgende Formelsammlung werden es dem Leser ermöglichen, Stoffgleichungen auf die jeweils gewünschten Variablen umzurechnen. So wird beispielsweise aus (9.45) bei festem $\underset{\sim}{\bar{K}}_i$ ($\dot{\underset{\sim}{\bar{K}}}_i\equiv 0$)

$$\begin{aligned}\underset{\sim}{F}_e^{-1}\underset{\sim}{L}_i\underset{\sim}{F}_e&=\underset{\sim}{\bar{K}}_i\dot{\underset{\sim}{A}}\underset{\sim}{A}^{-1}\underset{\sim}{\bar{K}}_i^{-1}=\underset{\sim}{\bar{K}}_i\cdot\tilde{\mathfrak{A}}(\underset{\sim}{\bar{K}}_i^{*}\underset{\sim}{C}_e\underset{\sim}{\bar{K}}_i,2\underset{\sim}{\bar{K}}_i^{*}\underset{\sim}{F}_e^{T}\underset{\sim}{D}\underset{\sim}{F}_e\underset{\sim}{\bar{K}}_i)\cdot\underset{\sim}{\bar{K}}_i^{-1}\\&=:\hat{\mathfrak{A}}(\underset{\sim}{C}_e,2\underset{\sim}{F}_e^{T}\underset{\sim}{D}\underset{\sim}{F}_e),\end{aligned} \tag{9.81}$$

und diese Beziehung geht bei Materialien mit Fließregel gemäß (9.61) über in

$$\underset{\sim}{F}_e^{-1}\underset{\sim}{L}_i\underset{\sim}{F}_e=\check{\mathfrak{A}}(\underset{\sim}{C}_e)\check{g}(\underset{\sim}{C}_e,2\underset{\sim}{F}_e^{T}\underset{\sim}{D}\underset{\sim}{F}_e). \tag{9.82}$$

Unter Beachtung von (9.8) und (9.74) gilt

$$\begin{aligned}\bar{\underset{\sim}{G}}\underset{\sim}{S}:\dot{\underset{\sim}{A}}\underset{\sim}{A}^{-1}&=\underset{\sim}{\bar{K}}^{-1}\underset{\sim}{P}\underset{\sim}{\bar{K}}\cdot\cdot\dot{\underset{\sim}{A}}\underset{\sim}{A}^{-1}=\underset{\sim}{P}\cdot\cdot\underset{\sim}{\bar{K}}\dot{\underset{\sim}{A}}\underset{\sim}{A}^{-1}\underset{\sim}{\bar{K}}^{-1}\\&=\underset{\sim}{P}\cdot\cdot\underset{\sim}{L}_i=\underset{\sim}{P}:\underset{\sim}{D}_i,\end{aligned} \tag{9.83}$$

so daß die aus der Passivitätsforderung herrührende Restungleichung (9.25) sich schreiben läßt als

$$\underset{\sim}{P}:\underset{\sim}{D}_i\geqq 0. \tag{9.84}$$

Bedeuten $\varrho$, $\varrho_0$, $\varrho_i$ die Dichten in den Plazierungen $\underset{\sim}{K}$, $\underset{\sim}{K}_0$ bzw. $\underset{\sim}{K}_i$, dann gilt

$$\frac{\varrho_i}{\varrho}=\det(\underset{\sim}{K}\underset{\sim}{K}_i^{-1})=\det\underset{\sim}{F}_e=\exp\operatorname{tr}\underset{\sim}{H}_e=\sqrt{\det(\underset{\sim}{G}_i^{-1}\underset{\sim}{G})}, \tag{9.85}$$

und aus Differentiation von $\varrho_0/\varrho_i=\det(\underset{\sim}{K}_i\underset{\sim}{K}_o^{-1})$ folgt

$$-\frac{\dot{\varrho}_i}{\varrho_i}=\operatorname{tr}(\dot{\underset{\sim}{K}}_i\underset{\sim}{K}_i^{-1})=\operatorname{tr}(\dot{\underset{\sim}{A}}\underset{\sim}{A}^{-1})=\operatorname{tr}\underset{\sim}{D}_i. \tag{9.86}$$

Differenziert man (9.63) und beachtet (9.74), so findet man

$$\dot{\utilde{G}}_i = 2\,\mathrm{sym}\,(\utilde{G}_i\utilde{A}^{-1}\dot{\utilde{A}}) = 2\,\mathrm{sym}\,(\utilde{G}_i\utilde{K}^{-1}\utilde{L}_i\utilde{K}). \tag{9.87}$$

Ähnlich wie bei der Entwicklung der Formeln (7.145) bis (7.149) kann man auch $\utilde{P} = \bar{\utilde{K}}\bar{\utilde{S}}\bar{\utilde{K}}^*$ differenzieren und erhält mit

$$\bar{\utilde{K}}\dot{\bar{\utilde{S}}}\bar{\utilde{K}}^* = \bar{\utilde{K}}\cdot\left(\frac{\partial\bar{\utilde{S}}}{\partial\bar{\utilde{G}}}(\bar{\utilde{K}}^*\bar{\utilde{K}}):2\bar{\utilde{K}}^*\utilde{D}_e\bar{\utilde{K}}\right)\cdot\bar{\utilde{K}}^* =: \mathbb{C}(\bar{\utilde{K}}):\utilde{D}_e \tag{9.88}$$

die inkrementelle Beziehung

$$\begin{aligned}\overset{\circ}{\utilde{P}} &= \mathbb{C}(\bar{\utilde{K}}):\utilde{D}_e + \utilde{D}_e\utilde{P} + \utilde{P}\utilde{D}_e - \utilde{W}_i\utilde{P} + \utilde{P}\utilde{W}_i \\ &=: \mathbb{H}(\bar{\utilde{K}}):\utilde{D}_e - \utilde{W}_i\utilde{P} + \utilde{P}\utilde{W}_i.\end{aligned} \tag{9.89}$$

## 9.7 Formelsammlung zur Hintereinanderschaltung elastischer und inelastischer Verformung

$\utilde{K} = \bar{\utilde{K}}\utilde{A} = \utilde{F}_e\bar{\utilde{K}}_i\utilde{A} = \utilde{F}_e\utilde{K}_i = \utilde{F}\utilde{K}_0 = \utilde{F}_e\utilde{F}_i\utilde{K}_0$

$\utilde{G} = \utilde{K}^*\utilde{K} = \utilde{A}^*\bar{\utilde{K}}^*\bar{\utilde{K}}\utilde{A} = \utilde{A}^*\bar{\utilde{G}}\utilde{A}$

$\utilde{G}_i = \utilde{K}_i^*\utilde{K}_i = \utilde{A}^*\bar{\utilde{K}}_i^*\bar{\utilde{K}}_i\utilde{A} = \utilde{A}^*\bar{\utilde{G}}_i\utilde{A}$

$\utilde{C}_e = \utilde{F}_e^T\utilde{F}_e = \utilde{K}_i^{-*}\utilde{G}\utilde{K}_i^{-1} = \bar{\utilde{K}}_i^{-*}\bar{\utilde{G}}\bar{\utilde{K}}_i^{-1}$

$\utilde{B}_e = \utilde{F}_e\utilde{F}_e^T = \utilde{K}\utilde{G}_i^{-1}\utilde{K}^*;\ \utilde{H}_e = \frac{1}{2}\ln\utilde{B}_e$

$\frac{\varrho_i}{\varrho} = \det\utilde{F}_e = \exp\mathrm{tr}\,\utilde{H}_e = \sqrt{\det(\utilde{G}_i^{-1}\utilde{G})}$

---

$\bar{\utilde{S}} = \bar{\utilde{K}}^{-1}\utilde{P}\bar{\utilde{K}}^{-*} = \utilde{A}\utilde{K}^{-1}\utilde{P}\utilde{K}^{-*}\utilde{A}^* = \utilde{A}\utilde{S}\utilde{A}^*$

$\bar{\utilde{Z}} = \bar{\utilde{K}}_i\bar{\utilde{S}}\bar{\utilde{K}}_i^* = \utilde{F}_e^{-1}\utilde{P}\utilde{F}_e^{-T} = \utilde{K}_i\utilde{S}\utilde{K}_i^*$

---

$\utilde{L} = \utilde{D} + \utilde{W} = \dot{\utilde{K}}\utilde{K}^{-1} = \dot{\bar{\utilde{K}}}\bar{\utilde{K}}^{-1} + \bar{\utilde{K}}\dot{\utilde{A}}\utilde{A}^{-1}\bar{\utilde{K}}^{-1} = \dot{\utilde{F}}_e\utilde{F}_e^{-1} + \utilde{F}_e\dot{\utilde{K}}_i\utilde{K}_i^{-1}\utilde{F}_e^{-1}$

$\utilde{L}_e = \dot{\bar{\utilde{K}}}\bar{\utilde{K}}^{-1} = \dot{\utilde{F}}_e\utilde{F}_e^{-1} + \utilde{F}_e\dot{\bar{\utilde{K}}}_i\bar{\utilde{K}}_i^{-1}\utilde{F}_e^{-1}$

$\utilde{F}_e^{-1}\utilde{L}_i\utilde{F}_e = \bar{\utilde{K}}_i\dot{\utilde{A}}\utilde{A}^{-1}\bar{\utilde{K}}_i^{-1} = \dot{\utilde{K}}_i\utilde{K}_i^{-1} - \dot{\bar{\utilde{K}}}_i\bar{\utilde{K}}_i^{-1} = \dot{\utilde{F}}_i\utilde{F}_i^{-1} - \dot{\bar{\utilde{K}}}_i\bar{\utilde{K}}_i^{-1}$

$\utilde{D}_e = \mathrm{sym}\,\utilde{L}_e = \frac{1}{2}\bar{\utilde{K}}^{-*}\dot{\bar{\utilde{G}}}\bar{\utilde{K}}^{-1},\ \utilde{W}_e = \mathrm{skw}\,\utilde{L}_e$

$$\operatorname{tr} \underset{\sim}{D}_e = \operatorname{tr}(\dot{\underset{\sim}{\bar{K}}}\underset{\sim}{\bar{K}}^{-1}) = \frac{1}{2}\underset{\sim}{\bar{G}}^{-1}:\dot{\underset{\sim}{\bar{G}}} = \operatorname{tr}(\dot{\underset{\sim}{F}}_e\underset{\sim}{F}_e^{-1}) = (\operatorname{tr}\underset{\sim}{H}_e)^{\cdot}$$

$$\operatorname{tr} \underset{\sim}{D}_i = \operatorname{tr}(\dot{\underset{\sim}{A}}\underset{\sim}{A}^{-1}) = \operatorname{tr}(\dot{\underset{\sim}{K}}_i\underset{\sim}{K}_i^{-1}) = \operatorname{tr}(\dot{\underset{\sim}{F}}_i\underset{\sim}{F}_i^{-1}) = \frac{1}{2}\underset{\sim}{G}_i^{-1}:\dot{\underset{\sim}{G}}_i = -\frac{\dot{\varrho}_i}{\varrho_i}$$

$$\dot{\underset{\sim}{G}}_i = 2\operatorname{sym}(\underset{\sim}{G}_i\underset{\sim}{A}^{-1}\dot{\underset{\sim}{A}}) = 2\operatorname{sym}(\underset{\sim}{G}_i\underset{\sim}{K}^{-1}\underset{\sim}{L}_i\underset{\sim}{K}) = 2\operatorname{sym}(\underset{\sim}{K}^*\underset{\sim}{B}_e^{-1}\underset{\sim}{L}_i\underset{\sim}{K})$$

Falls $\underset{\sim}{L}_i$ symmetrisch und koaxial zu $\underset{\sim}{B}_e$, dann ist die Klammer bereits symmetrisch, und es gilt:

$$\frac{1}{2}\underset{\sim}{G}_i^{-1}\dot{\underset{\sim}{G}}_i = \underset{\sim}{A}^{-1}\dot{\underset{\sim}{A}} = \underset{\sim}{K}^{-1}\underset{\sim}{L}_i\underset{\sim}{K} = \underset{\sim}{K}^{-1}\underset{\sim}{D}_i\underset{\sim}{K}$$

---

$$j = \frac{1}{2}\underset{\sim}{S}:\dot{\underset{\sim}{G}} = \frac{1}{2}\underset{\sim}{\bar{S}}:\dot{\underset{\sim}{\bar{G}}} + \underset{\sim}{\bar{G}}\underset{\sim}{\bar{S}}:\dot{\underset{\sim}{A}}\underset{\sim}{A}^{-1}$$

$$\frac{1}{2}\underset{\sim}{\bar{S}}:\dot{\underset{\sim}{\bar{G}}} = \underset{\sim}{P}:\underset{\sim}{D}_e,\quad \underset{\sim}{\bar{G}}\underset{\sim}{\bar{S}}:\dot{\underset{\sim}{A}}\underset{\sim}{A}^{-1} = \underset{\sim}{G}\underset{\sim}{S}:\underset{\sim}{A}^{-1}\dot{\underset{\sim}{A}} = \underset{\sim}{P}:\underset{\sim}{D}_i$$

## 9.8 Symmetrien des elastischen und inelastischen Verhaltens

Wir betrachten die Stoffgleichungen (9.43) bis (9.45) – es wird also $\operatorname{tr}(\dot{\underset{\sim}{A}}\underset{\sim}{A}^{-1}) \equiv 0$, d.h. $\varrho_i \equiv \text{const}$ angenommen.

Symmetrien des elastischen Verhaltens erklären wir durch Rückgriff auf das elastische Materialelement. Der Gitterraum $\mathscr{G}$ tritt an die Stelle des Tangentialraums $\mathscr{T}$ des elastischen Elements (entsprechende Größen sind daher mit einem Querstrich oder dem Index e zu versehen). Analog zu (8.127) definieren wir also die auf den Gitterraum bezogene *Symmetriegruppe* $\bar{g}^e$ *des elastischen Verhaltens* als Menge jener $\underset{\sim}{\bar{M}} \in \operatorname{Invlin}(\mathscr{G})$ mit $\det \underset{\sim}{\bar{M}} = 1$, welche der Funktionalgleichung

$$\hat{\underset{\sim}{\bar{S}}}(\underset{\sim}{\bar{M}}^*\underset{\sim}{\bar{G}}\underset{\sim}{\bar{M}}) = \underset{\sim}{\bar{M}}^{-1}\hat{\underset{\sim}{\bar{S}}}(\underset{\sim}{\bar{G}})\underset{\sim}{\bar{M}}^{-*} \tag{9.90}$$

genügen. (Es mag sein, daß mit $\underset{\sim}{\bar{G}}$ nicht auch $\underset{\sim}{\bar{M}}^*\underset{\sim}{\bar{G}}\underset{\sim}{\bar{M}}$ zum Definitionsbereich von $\hat{\underset{\sim}{\bar{S}}}$ gehört – beispielsweise, weil die elastischen Verformungen durch das Vorhandensein von Fließbedingungen eingeschränkt sind. Für derartige $\underset{\sim}{\bar{G}}$ können wir die Erfüllung von (9.90) nicht fordern.) Gleichbedeutend damit ist die Definition der auf die – fest gewählte ($\dot{\underset{\sim}{\bar{K}}}_i \equiv 0$) – Gitterplazierung $\underset{\sim}{\bar{K}}_i$ bezogenen Symmetriegruppe $\bar{g}^e{}_i = \underset{\sim}{\bar{K}}_i\bar{g}^e\underset{\sim}{\bar{K}}_i^{-1}$ durch die zu (8.124) analoge Funktionalgleichung

$$\hat{\underset{\sim}{T}}(\underset{\sim}{F}_e) = \hat{\underset{\sim}{T}}(\underset{\sim}{F}_e\underset{\sim}{\bar{M}}_i). \tag{9.91}$$

Das elastische Verhalten heißt fest und die spannungsfreie Gitterkonfiguration $\underset{\sim}{\bar{G}}_i$ ungestört, wenn gilt $\bar{g}^e \subset \operatorname{Orth}^+(\underset{\sim}{\bar{G}}_i)$.

Praktisch wichtig ist das *isotrope feste* Verhalten $\bar{g}^e = \operatorname{Orth}^+(\underset{\sim}{\bar{G}}_i)$, d.h. $\bar{g}^e{}_i = \operatorname{Orth}^+(\mathscr{V})$: Eine beliebige vorgeschaltete Drehung $\underset{\sim}{\bar{M}}_i \in \operatorname{Orth}^+(\mathscr{V})$ der spannungsfreien Konfiguration macht sich im elastischen Verhalten nicht bemerkbar. Darstellungssätze isotrop festen elastischen Verhaltens gewinnt man durch Abwandlung von (7.133), (7.137), (7.138):

$$\underset{\sim}{P}=\hat{\underset{\sim}{P}}(\underset{\sim}{H}_e),\ \hat{\underset{\sim}{P}} \text{ isotrop,} \tag{9.92}$$

$$\bar{\underset{\sim}{Z}}:=\bar{\underset{\sim}{K}}_i\bar{\underset{\sim}{S}}\bar{\underset{\sim}{K}}_i^*=\underset{\sim}{F}_e^{-1}\underset{\sim}{P}\underset{\sim}{F}_e^{-T}=\check{\bar{\underset{\sim}{Z}}}(\underset{\sim}{C}_e),\ \check{\bar{\underset{\sim}{Z}}} \text{ isotrop,} \tag{9.93}$$

$$\bar{\underset{\sim}{S}}=\hat{\bar{\underset{\sim}{S}}}(\bar{\underset{\sim}{G}})=\sum_{m=0}^{2}\beta_m(\mathrm{Inv}(\bar{\underset{\sim}{G}}_i^{-1}\bar{\underset{\sim}{G}}))(\bar{\underset{\sim}{G}}_i^{-1}\bar{\underset{\sim}{G}})^m\cdot\bar{\underset{\sim}{G}}_i^{-1}. \tag{9.94}$$

Passivität verlangt – in Analogie zu den Überlegungen, die auf (7.201) geführt haben –, daß die Potentialbeziehung

$$\underset{\sim}{P}=\frac{\partial W(\underset{\sim}{H}_e)}{\partial\underset{\sim}{H}_e},\ \text{also}\ \frac{\partial\underset{\sim}{P}}{\partial\underset{\sim}{H}_e}\ \text{symmetrisch} \tag{9.95}$$

erfüllt ist bzw. daß die Funktionen $\beta_m$ analog zu (7.210) durch die Ableitungen der Speicherenergie nach den Invarianten $I_1,I_2,I_3$ von $\bar{\underset{\sim}{G}}_i^{-1}\bar{\underset{\sim}{G}}$ ausgedrückt werden. Die Form (9.94) läßt sich mittels (9.7), (9.8), (9.63) unter Beachtung von $\mathrm{Inv}(\bar{\underset{\sim}{G}}_i^{-1}\bar{\underset{\sim}{G}})=\mathrm{Inv}(\underset{\sim}{A}\underset{\sim}{G}_i^{-1}\underset{\sim}{G}\underset{\sim}{A}^{-1})=\mathrm{Inv}(\underset{\sim}{G}_i^{-1}\underset{\sim}{G})$ umschreiben in

$$\underset{\sim}{S}=\sum_{m=0}^{2}\beta_m(\mathrm{Inv}(\underset{\sim}{G}_i^{-1}\underset{\sim}{G}))(\underset{\sim}{G}_i^{-1}\underset{\sim}{G})^m\cdot\underset{\sim}{G}_i^{-1}=:\hat{\hat{\underset{\sim}{S}}}(\underset{\sim}{G},\underset{\sim}{G}_i). \tag{9.96}$$

Vergleich mit dem Stoffgesetz (7.138) des isotrop festen elastischen Materialelements zeigt, daß die variable inelastische Konfiguration $\underset{\sim}{G}_i$ an die Stelle der konstanten ungestörten Konfiguration $\underset{\sim}{G}_0$ getreten ist. Bei anisotropem elastischen Verhalten – wo die Drehung des Gitters von Einfluß ist – wird dagegen nach (9.47) nicht $\underset{\sim}{G}_i$ sondern der Operator $\underset{\sim}{A}$ benötigt, der, wie wir an Bild 9.4 gesehen haben, i.allg. durch Angabe von $\underset{\sim}{G}_i$ nicht festliegt.

Während bei elastischer Symmetrie gemäß (9.91) ein vorgeschalteter Plazierungswechsel $\bar{\underset{\sim}{M}}_i$ des spannungsfreien Gitters die Cauchysche Spannung nicht beeinflußt, studiert man bei der Symmetrie des inelastischen Verhaltens diejenigen Plazierungswechsel, die ohne Einfluß auf den inelastischen Anteil des Geschwindigkeitsgradienten sind:

$$\underset{\sim}{L}_i=\hat{\underset{\sim}{L}}_i(\underset{\sim}{F}_e,\underset{\sim}{L})=\hat{\underset{\sim}{L}}_i(\underset{\sim}{F}_e\bar{\underset{\sim}{M}}_i,\underset{\sim}{L}). \tag{9.97}$$

Mit (9.81) wird daraus

$$\check{\mathfrak{A}}(\bar{\underset{\sim}{M}}_i^T\underset{\sim}{C}_e\bar{\underset{\sim}{M}}_i,2\bar{\underset{\sim}{M}}_i^T\underset{\sim}{F}_e^T\underset{\sim}{D}\underset{\sim}{F}_e\bar{\underset{\sim}{M}}_i)=\bar{\underset{\sim}{M}}_i^{-1}\check{\mathfrak{A}}(\underset{\sim}{C}_e,2\underset{\sim}{F}_e^T\underset{\sim}{D}\underset{\sim}{F}_e)\bar{\underset{\sim}{M}}_i \tag{9.98}$$

sowie – mit der Abkürzung $\bar{\underset{\sim}{M}}:=\bar{\underset{\sim}{K}}_i^{-1}\bar{\underset{\sim}{M}}_i\bar{\underset{\sim}{K}}_i$ –

$$\tilde{\mathfrak{A}}(\bar{\underset{\sim}{M}}^*\bar{\underset{\sim}{G}}\bar{\underset{\sim}{M}},\bar{\underset{\sim}{M}}^*\underset{\sim}{A}^{-*}\dot{\underset{\sim}{G}}\underset{\sim}{A}^{-1}\bar{\underset{\sim}{M}})=\bar{\underset{\sim}{M}}^{-1}\tilde{\mathfrak{A}}(\bar{\underset{\sim}{G}},\underset{\sim}{A}^{-*}\dot{\underset{\sim}{G}}\underset{\sim}{A}^{-1})\bar{\underset{\sim}{M}}. \tag{9.99}$$

Als auf den Gitterraum bezogene *Symmetriegruppe* $\bar{\mathscr{g}}^i$ des *inelastischen Verhaltens* definieren wir die Menge jener $\bar{\underset{\sim}{M}}$ mit positiver Determinante, für die diese Funktionalgleichung erfüllt ist.

*Bemerkung*: Die bisher behandelten Symmetriebedingungen erlauben noch eine andere Interpretation. Definieren wir nämlich die auf den Tangentialraum bezogenen zeitlich veränderlichen Symmetriegruppen $\mathscr{g}^e(t)=\underset{\sim}{A}^{-1}(t)\bar{\mathscr{g}}^e\underset{\sim}{A}(t)\subset \mathrm{Unim}^+(\mathscr{T})$ und $\mathscr{g}^i(t)=\underset{\sim}{A}^{-1}(t)\bar{\mathscr{g}}^i\underset{\sim}{A}(t)\subset \mathrm{Invlin}^+(\mathscr{T})$, dann gilt mit der Schreibweise der Formeln (9.47) bis (9.49) wegen (9.90) und (9.99)

$$\hat{S}(M^*GM,\underset{\sim}{A})=M^{-1}\hat{S}(G,\underset{\sim}{A})M^{-*}\quad \forall \underset{\sim}{M}\in\mathscr{g}^e, \tag{9.100}$$

$$\hat{\mathfrak{A}}(M^*GM,\underset{\sim}{A},M^*\dot{G}M)=M^{-1}\hat{\mathfrak{A}}(G,\underset{\sim}{A},\dot{G})M\quad \forall \underset{\sim}{M}\in\mathscr{g}^i. \tag{9.101}$$

Ist das elastische Verhalten isotrop, so ist $\bar{\mathscr{g}}^e\supset \mathrm{Orth}^+(\bar{\underset{\sim}{G}}_i)$ und damit $\mathscr{g}^e\supset\mathrm{Orth}^+(\underset{\sim}{G}_i)$. Es liegt also Isotropie bezüglich der jeweils wechselnden inelastischen Konfiguration $\underset{\sim}{G}_i$ vor.

Das *inelastische Verhalten* heißt *isotrop* bezüglich der spannungsfreien Gitterkonfiguration $\bar{\underset{\sim}{G}}_i$, wenn $\bar{\mathscr{g}}^i\supset\mathrm{Orth}^+(\bar{\underset{\sim}{G}}_i)$ ist. Nach (9.98) muß dann

$$\breve{\mathfrak{A}}(Q^T\underset{\sim}{C}_e\underset{\sim}{Q},2Q^T\underset{\sim}{F}_e{}^T\underset{\sim}{D}\underset{\sim}{F}_e\underset{\sim}{Q})=\underset{\sim}{Q}^T\breve{\mathfrak{A}}(\underset{\sim}{C}_e,2\underset{\sim}{F}_e{}^T\underset{\sim}{D}\underset{\sim}{F}_e)\underset{\sim}{Q} \tag{9.102}$$

für alle $\underset{\sim}{Q}\in\mathrm{Orth}^+(\mathscr{V})$ und damit für alle $\underset{\sim}{Q}\in\mathrm{Orth}(\mathscr{V})$ erfüllt sein. (Man sagt auch: $\breve{\mathfrak{A}}$ muß eine isotrope Funktion seiner beiden tensoriellen Argumente sein.) Einsetzen in (9.81) gibt – mit der Wahl $\underset{\sim}{Q}=\underset{\sim}{R}_e{}^T$ –

$$\begin{aligned}\underset{\sim}{L}_i&=\underset{\sim}{V}_e\underset{\sim}{R}_e\breve{\mathfrak{A}}(\underset{\sim}{R}_e{}^T\underset{\sim}{V}_e{}^2\underset{\sim}{R}_e,2\underset{\sim}{R}_e{}^T\underset{\sim}{V}_e\underset{\sim}{D}\underset{\sim}{V}_e\underset{\sim}{R}_e)\underset{\sim}{R}_e{}^T\underset{\sim}{V}_e{}^{-1}\\&=\underset{\sim}{V}_e\breve{\mathfrak{A}}(\underset{\sim}{V}_e{}^2,2\underset{\sim}{V}_e\underset{\sim}{D}\underset{\sim}{V}_e)\underset{\sim}{V}_e{}^{-1}=:\bar{\breve{\mathfrak{A}}}(\underset{\sim}{H}_e,\underset{\sim}{D}).\end{aligned} \tag{9.103}$$

Auch $\bar{\breve{\mathfrak{A}}}$ ist eine isotrope Funktion der beiden Argumenttensoren $\underset{\sim}{H}_e$ und $\underset{\sim}{D}$. Das bedeutet nicht, daß der Wert von $\bar{\breve{\mathfrak{A}}}$ ein symmetrischer Tensor sein muß. (Beispiel für diesen mathematischen Sachverhalt: $\bar{\breve{\mathfrak{A}}}(\underset{\sim}{H}_e,\underset{\sim}{D})=\underset{\sim}{H}_e\underset{\sim}{D}$.) Besitzen jedoch $\underset{\sim}{H}_e$ und $\underset{\sim}{D}$ ein gemeinsames Hauptachsendreibein $\{\underset{\sim}{n}_j\}$, dann ist $\underset{\sim}{L}_i$ symmetrisch und besitzt dieselben Hauptachsen (Beweis mittels Klappungen wie in (7.64) ff.), also gilt $\underset{\sim}{W}_i=0$.

Bei Materialien mit *Fließregel* ist (9.103) gemäß (9.82) zu ersetzen durch

$$\underset{\sim}{L}_i=\underset{\sim}{V}_e\breve{\mathfrak{A}}(\underset{\sim}{V}_e{}^2)\underset{\sim}{V}_e{}^{-1}\breve{g}(\underset{\sim}{V}_e{}^2,2\underset{\sim}{V}_e\underset{\sim}{D}\underset{\sim}{V}_e). \tag{9.104}$$

Da die rechte Seite isotrop ist, müssen sowohl $\breve{\mathfrak{A}}$ als auch $\breve{g}$ isotrope Funktionen ihrer Argumente sein. Nach den Ausführungen zu Formel (7.68) ist dann $\breve{\mathfrak{A}}$ symmetrisch und koaxial zu $\underset{\sim}{V}_e$, und damit gilt $\underset{\sim}{V}_e\breve{\mathfrak{A}}\underset{\sim}{V}_e{}^{-1}=\breve{\mathfrak{A}}$. Führen wir $\underset{\sim}{N}:=\breve{\mathfrak{A}}$ und $\delta:=|\breve{\mathfrak{A}}|\breve{g}\,(\geqq 0)$ ein, so finden wir also

$$\underset{\sim}{W}_i=0,\ \underset{\sim}{D}_i=\underset{\sim}{N}(\underset{\sim}{H}_e)\delta(\underset{\sim}{H}_e,\underset{\sim}{D})$$

$$\text{mit } \underset{\sim}{N}=\overrightarrow{\underset{\sim}{D}_i},\ \delta=|\underset{\sim}{D}_i|,\ \underset{\sim}{N},\delta \text{ isotrop.} \tag{9.105}$$

Wenn aber, wie im vorliegenden Falle, der Tensor $\underset{\sim}{L}_i$ symmetrisch und koaxial zu

$\underset{\sim}{V}_e{}^2 = \underset{\sim}{B}_e = \underset{\sim}{F}_e \underset{\sim}{F}_e{}^T = \underset{\sim}{K} \underset{\sim}{G}_i^{-1} \underset{\sim}{K}^*$ ist, dann erweist sich $\underset{\sim}{G}_i \underset{\sim}{K}^{-1} \underset{\sim}{L}_i \underset{\sim}{K} = \underset{\sim}{K}^* \underset{\sim}{B}_e{}^{-1} \underset{\sim}{L}_i \underset{\sim}{K} = \underset{\sim}{K}^* \underset{\sim}{V}_e{}^{-1} \underset{\sim}{D}_i \underset{\sim}{V}_e{}^{-1} \underset{\sim}{K}$ als symmetrisch, und (9.87) läßt sich umformen in

$$\frac{1}{2} \underset{\sim}{G}_i{}^{-1} \dot{\underset{\sim}{G}}_i = \underset{\sim}{A}^{-1} \dot{\underset{\sim}{A}} = \underset{\sim}{K}^{-1} \underset{\sim}{D}_i \underset{\sim}{K}. \tag{9.106}$$

Unter Beachtung von $\operatorname{Inv} \underset{\sim}{B}_e = \operatorname{Inv}(\underset{\sim}{K} \underset{\sim}{G}_i{}^{-1} \underset{\sim}{K}^*) = \operatorname{Inv}(\underset{\sim}{G}_i{}^{-1} \underset{\sim}{G})$ läßt (9.105) sich darstellen als

$$\begin{aligned} \underset{\sim}{D}_i &= \underset{\sim}{N}(\underset{\sim}{H}_e) \delta(\underset{\sim}{H}_e, \underset{\sim}{D}) = \tilde{\underset{\sim}{N}}(\underset{\sim}{B}_e) \delta = \sum_{m=0}^{2} \gamma_m (\operatorname{Inv} \underset{\sim}{B}_e) \underset{\sim}{B}_e{}^m \delta \\ &= \underset{\sim}{K} \left[ \sum_{m=0}^{2} \gamma_m (\operatorname{Inv}(\underset{\sim}{G}_i{}^{-1} \underset{\sim}{G}))(\underset{\sim}{G}_i{}^{-1} \underset{\sim}{G})^m \right] \underset{\sim}{K}^{-1} \delta, \end{aligned} \tag{9.107}$$

und daher gilt nach (9.106)

$$\begin{aligned} \frac{1}{2} \underset{\sim}{G}_i{}^{-1} \dot{\underset{\sim}{G}}_i &= \sum_{m=0}^{2} \gamma_m (\operatorname{Inv}(\underset{\sim}{G}_i{}^{-1} \underset{\sim}{G}))(\underset{\sim}{G}_i{}^{-1} \underset{\sim}{G})^m \delta \\ &=: \hat{\underset{\sim}{N}}(\underset{\sim}{G}_i{}^{-1} \underset{\sim}{G}) \delta(\underset{\sim}{H}_e, \underset{\sim}{D}). \end{aligned} \tag{9.108}$$

Beim Bingham- und Prandtl-Material grenzt die *Fließbedingung* $f(\bar{\underset{\sim}{G}}) = f(\bar{\underset{\sim}{K}}_i{}^* \underset{\sim}{C}_e \bar{\underset{\sim}{K}}_i) = 0$ den elastischen Bereich ab. Ist das inelastische Verhalten isotrop, dann muß mit $\underset{\sim}{C}_e$ auch $\underset{\sim}{Q}^T \underset{\sim}{C}_e \underset{\sim}{Q}$ auf der Berandung des elastischen Bereichs liegen, so daß es möglich ist, die Funktion f so zu wählen, daß

$$f(\bar{\underset{\sim}{M}}^* \bar{\underset{\sim}{G}} \bar{\underset{\sim}{M}}) = f(\bar{\underset{\sim}{G}}), \ \forall \bar{\underset{\sim}{G}}, \ \forall \bar{\underset{\sim}{M}} \in \operatorname{Orth}^+(\bar{\underset{\sim}{G}}_i) \tag{9.109}$$

und

$$\begin{gathered} f(\bar{\underset{\sim}{K}}_i{}^* \underset{\sim}{C}_e \bar{\underset{\sim}{K}}_i) =: \hat{f}(\underset{\sim}{C}_e) = \hat{f}(\underset{\sim}{R}_e{}^T \underset{\sim}{B}_e \underset{\sim}{R}_e) = \hat{f}(\underset{\sim}{B}_e) =: \bar{f}(\underset{\sim}{H}_e) \\ \hat{f}, \bar{f} \text{ isotrop} \end{gathered} \tag{9.110}$$

gilt.

Beim Prandtl-Material mit Fließregel ist $\delta(\underset{\sim}{H}_e, \underset{\sim}{D})$ durch die Konsistenzbedingung festgelegt, die wir – statt (9.62) umzurechnen – am einfachsten unter Beachtung von (9.78) neu herleiten:

$$\begin{aligned} 0 = \dot{f} &= \frac{\partial f}{\partial \underset{\sim}{H}_e} : \overset{\circ}{\underset{\sim}{H}}_e = \frac{\partial f}{\partial \underset{\sim}{H}_e} : \mathbb{D}(\underset{\sim}{H}_e) : (\underset{\sim}{D} - \underset{\sim}{D}_i) \\ &= \frac{\partial f}{\partial \underset{\sim}{H}_e} : (\underset{\sim}{D} - \underset{\sim}{D}_i) = \frac{\partial f}{\partial \underset{\sim}{H}_e} : \underset{\sim}{D} - \frac{\partial f}{\partial \underset{\sim}{H}_e} : \underset{\sim}{N} \delta \end{aligned} \tag{9.111}$$

(es ist $\partial f / \partial \underset{\sim}{H}_e : \mathbb{D}(\underset{\sim}{H}_e) = \partial f / \partial \underset{\sim}{H}_e$, denn $\partial f / \partial \underset{\sim}{H}_e$ ist koaxial zu $\underset{\sim}{H}_e$ – vgl. (7.158) ff.), also

$$\delta = \begin{cases} \dfrac{(\partial f / \partial \underset{\sim}{H}_e) : \underset{\sim}{D}}{(\partial f / \partial \underset{\sim}{H}_e) : \underset{\sim}{N}} & \text{, wenn Zähler} > 0 \text{ und } f = 0, \\ 0 & \text{sonst.} \end{cases} \tag{9.112}$$

Da $\delta = |\underset{\sim}{D}_i| \geqq 0$ ist, muß $\partial f/\partial \underset{\sim}{H}_e : \underset{\sim}{N} > 0$ sein. Fließbedingung und Fließregel können also *nicht völlig unabhängig voneinander* vorgegeben werden. Bringen wir die Fließfunktion (9.110) auf die Gestalt

$$\hat{f}(\underset{\sim}{B}_e) = \tilde{f}(\text{Inv}\,\underset{\sim}{B}_e) = \tilde{f}(\text{Inv}(\underset{\sim}{G}_i^{-1}\underset{\sim}{G})) = f(\underset{\sim}{G}_i^{-1}\underset{\sim}{G}), \tag{9.113}$$

dann nimmt die Konsistenzbedingung folgende Form an

$$0 = \dot{f} = \frac{\partial f}{\partial(\underset{\sim}{G}_i^{-1}\underset{\sim}{G})} : (\underset{\sim}{G}_i^{-1}\underset{\sim}{G})^{\cdot} = \frac{\partial f}{\partial(\underset{\sim}{G}_i^{-1}\underset{\sim}{G})} : (\underset{\sim}{G}_i^{-1}\dot{\underset{\sim}{G}} - \underset{\sim}{G}_i^{-1}\dot{\underset{\sim}{G}}_i\underset{\sim}{G}_i^{-1}\underset{\sim}{G}), \tag{9.114}$$

und daraus gewinnt man mit (9.108) die zu (9.112) gleichwertige Darstellung

$$\delta = \begin{cases} \dfrac{(\partial f/\partial(\underset{\sim}{G}_i^{-1}\underset{\sim}{G})) : \underset{\sim}{G}_i^{-1}\dot{\underset{\sim}{G}}}{(\partial f/\partial(\underset{\sim}{G}_i^{-1}\underset{\sim}{G})) : 2\hat{\underset{\sim}{N}}(\underset{\sim}{G}_i^{-1}\underset{\sim}{G})\underset{\sim}{G}_i^{-1}\underset{\sim}{G}}, & \text{wenn Zähler} > 0 \text{ und } f(\underset{\sim}{G}_i^{-1}\underset{\sim}{G}) = 0, \\ 0 & \text{sonst.} \end{cases} \tag{9.115}$$

## 9.9 Einfachste isotrope Ansätze

Im folgenden nehmen wir sowohl das elastische als auch das inelastische Verhalten als isotrop bezüglich der spannungsfreien Gitterkonfiguration an und setzen ferner Invertierbarkeit des Zusammenhanges $\underset{\sim}{P} = \hat{\underset{\sim}{P}}(\underset{\sim}{H}_e)$ voraus. Wir wollen einige einfach gebaute Stoffgleichungen zusammenstellen, die sich besonders zur weitgehend analytischen Behandlung von Beispielen eignen. Daß die Natur eine Vorliebe für das dadurch beschriebene Materialverhalten besitzt, soll nicht behauptet werden.

Hat die Speicherenergie $W(\text{Inv}\,\underset{\sim}{H}_e)$ die spezielle Struktur

$$W = \bar{W}(\text{tr}\,\underset{\sim}{H}_e) + \hat{W}(\underset{\sim}{H}_e' : \underset{\sim}{H}_e'), \tag{9.116}$$

und bezeichnen wir mit $I_1, I_2, I_3$ die Invarianten von $\underset{\sim}{H}_e$, so gewinnen wir unter Beachtung von

$$\underset{\sim}{H}_e' : \underset{\sim}{H}_e' = \left(\underset{\sim}{H}_e - \frac{1}{3}I_1\underset{\sim}{1}\right) : \left(\underset{\sim}{H}_e - \frac{1}{3}I_1\underset{\sim}{1}\right) = \underset{\sim}{H}_e : \underset{\sim}{H}_e - \frac{1}{3}I_1^2 = \frac{2}{3}I_1^2 - 2I_2 \tag{9.117}$$

– vgl. (5.91) – gemäß (7.111)

$$\underset{\sim}{P} = \frac{\partial W}{\partial \underset{\sim}{H}_e} = \alpha_0(\text{Inv}\,\underset{\sim}{H}_e)\underset{\sim}{1} + \alpha_1(\text{Inv}\,\underset{\sim}{H}_e)\underset{\sim}{H}_e \tag{9.118}$$

mit

$$\alpha_0 = \frac{\partial W}{\partial I_1} + I_1\frac{\partial W}{\partial I_2} = \bar{W}'(I_1) - \frac{2}{3}I_1\hat{W}'(\underset{\sim}{H}_e' : \underset{\sim}{H}_e'),$$

$$\alpha_1 = -\frac{\partial W}{\partial I_2} = 2\hat{W}'(\underset{\sim}{H}_e' : \underset{\sim}{H}_e'), \tag{9.119}$$

also – da die Potenz $\underset{\sim}{H}_e^2$ nicht auftritt – einen sogenannten tensoriell linearen Zusammenhang zwischen $\underset{\sim}{H}_e$ und $\underset{\sim}{P}$. (Striche an den Funktionen $\bar{W}, \hat{W}$ bedeuten Ableitung nach dem Argument, Striche an den Tensoren Deviatorbildung!) Damit ist

$$\operatorname{tr} P = 3\alpha_0 + I_1\alpha_1 = 3\bar{W}'(\operatorname{tr}\underset{\sim}{H}_e) =: 3\bar{\alpha}_0(\operatorname{tr}\underset{\sim}{H}_e), \tag{9.120}$$

$$\underset{\sim}{P}' = \alpha_1\underset{\sim}{H}_e' = 2\hat{W}'(\underset{\sim}{H}_e':\underset{\sim}{H}_e')\underset{\sim}{H}_e' = \alpha_1(|\underset{\sim}{H}_e'|)\underset{\sim}{H}_e' \tag{9.121}$$

und, wenn wir $\alpha_1 > 0$ annehmen,

$$|\underset{\sim}{P}'| = \alpha_1(|\underset{\sim}{H}_e'|)|\underset{\sim}{H}_e'|. \tag{9.122}$$

Wir werden stets $\bar{\alpha}_0(0) = 0$ wählen.

Setzen wir insbesondere – mit den Konstanten $\mu\,(>0)$, $\nu$ und einer Vergleichsdichte $\varrho_0$ –

$$W = \frac{\mu}{\varrho_0}\left[\frac{1}{3}\frac{1+\nu}{1-2\nu}(\operatorname{tr}\underset{\sim}{H}_e)^2 + \underset{\sim}{H}_e':\underset{\sim}{H}_e'\right], \tag{9.123}$$

dann entsteht der lineare Zusammenhang

$$\underset{\sim}{P} = \frac{2\mu}{\varrho_0}\left[\underset{\sim}{H}_e + \frac{\nu}{1-2\nu}(\operatorname{tr}\underset{\sim}{H}_e)\underset{\sim}{1}\right]. \tag{9.124}$$

*Bemerkung*: Es wäre nicht sinnvoll, die letzte Gleichung als „das lineare elastische Stoffgesetz" zu bezeichnen. Die Eigenschaft der Linearität gründet ja auf unserer speziellen Wahl der Variablen und geht bei einem Wechsel der Variablen verloren. (Beispielsweise ist $\underset{\sim}{T}(\underset{\sim}{H}_e)$ oder $\bar{\underset{\sim}{S}}(\bar{\underset{\sim}{G}})$ nicht linear.)

Prominente Sonderfälle der allgemeinen isotropen Fließregel

$$\underset{\sim}{N}(\underset{\sim}{H}_e) =: \bar{\underset{\sim}{N}}(\underset{\sim}{P}) = \varepsilon_0(\operatorname{Inv}\underset{\sim}{P})\underset{\sim}{1} + \varepsilon_1(\operatorname{Inv}\underset{\sim}{P})\underset{\sim}{P} + \varepsilon_2(\operatorname{Inv}\underset{\sim}{P})\underset{\sim}{P}^2 \tag{9.125}$$

entstehen durch die Setzung $\varepsilon_2 = 0$ (d.h. Annahme tensorieller Linearität zwischen $\underset{\sim}{N}$ und $\underset{\sim}{P}$). Soll die inelastische Verformung volumentreu erfolgen, dann muß in diesem Falle $\operatorname{tr}\underset{\sim}{N} = 3\varepsilon_0 + \varepsilon_1 \operatorname{tr}\underset{\sim}{P} = 0$ sein, also

$$\underset{\sim}{N} = \varepsilon_1(\operatorname{Inv}\underset{\sim}{P})\underset{\sim}{P}' \tag{9.126}$$

gelten. Die Passivitätsbedingung $\underset{\sim}{P}:\underset{\sim}{N} \geqq 0$ verlangt $\varepsilon_1 > 0$, und die Normierungsbedingung $|\underset{\sim}{N}| = 1$ führt auf $\varepsilon_1 = 1/|\underset{\sim}{P}'|$, so daß sich die *Lévysche Fließregel* ergibt:

$$\underset{\sim}{N} = \overrightarrow{\underset{\sim}{P}'}. \tag{9.127}$$

Ein spezielles *Maxwell-Material* erhalten wir für die Wahl

$$\delta = \frac{\varrho_0}{2\eta}|\underset{\sim}{P}'|, \tag{9.128}$$

ein spezielles *endochrones Material* für

$$\delta = \frac{1}{y}|\underset{\sim}{P}'||\underset{\sim}{D}'|. \tag{9.129}$$

Zusammen mit der Lévyschen Fließregel führt das auf

$$\underset{\sim}{D}_i = \frac{\varrho_0}{2\eta} \underset{\sim}{P}' \qquad \text{Maxwell-Material,} \tag{9.130}$$

$$\underset{\sim}{D}_i = \frac{1}{y} \underset{\sim}{P}' |\underset{\sim}{D}'| \qquad \text{endochrones Material.} \tag{9.131}$$

Führen wir die abkürzende Schreibweise

$$\langle x \rangle := \begin{cases} x\,, \text{ wenn } x > 0, \\ 0\,, \text{ wenn } x \leqq 0, \end{cases} \tag{9.132}$$

ein und setzen

$$\delta = \frac{\varrho_0}{2\eta} \cdot \langle |\underset{\sim}{P}'| - y \rangle, \tag{9.133}$$

dann haben wir ein spezielles *Bingham-Material* beschrieben, dessen elastischer Bereich ($\delta = 0$) durch

$$f := |\underset{\sim}{P}'| - y = 0 \tag{9.134}$$

(*Fließbedingung* nach *von Mises*) begrenzt wird. Die Gleichungen (9.128) und (9.133) sind Sonderfälle der allgemeineren Struktur $\delta = \breve{\delta}(|\underset{\sim}{P}'|)$, die sich im Falle der Gültigkeit von (9.122) auch schreiben läßt als

$$\delta = \breve{\delta}(|\underset{\sim}{P}'|) = \hat{\delta}(|\underset{\sim}{H}_e'|), \tag{9.135}$$

während (9.129) dann einen Spezialfall von

$$\delta = \breve{\delta}(|\underset{\sim}{P}'|) |\underset{\sim}{D}'| = \hat{\delta}(|\underset{\sim}{H}_e'|) |\underset{\sim}{D}'| \tag{9.136}$$

darstellt.

Beim Prandtl-Material ist die Fließbedingung vorzugeben, und wenn es eine Fließregel gibt, liegt $\delta(\underset{\sim}{H}_e, \underset{\sim}{D})$ gemäß (9.112) durch die Konsistenzbedingung fest. Nehmen wir speziell die Lévysche Fließregel, die Fließbedingung nach von Mises und den elastischen Zusammenhang (9.121) und (9.122), dann ist

$$\underset{\sim}{N} = \overrightarrow{\underset{\sim}{P}'} = \overrightarrow{\underset{\sim}{H}_e'} \tag{9.137}$$

sowie

$$f = \alpha_1(|\underset{\sim}{H}_e'|) |\underset{\sim}{H}_e'| - y, \tag{9.138}$$

und mit der durch Differentiation von $|\underset{\sim}{H}_e'|^2 = \underset{\sim}{H}_e' : \underset{\sim}{H}_e'$, also

$$2|\underset{\sim}{H}_e'| \, \dot{\overline{|\underset{\sim}{H}_e'|}} = 2\underset{\sim}{H}_e' : \dot{\underset{\sim}{H}}_e' = 2\underset{\sim}{H}_e' : \dot{\underset{\sim}{H}}_e \tag{9.139}$$

sich ergebenden Formel

$$\overline{|\underset{\sim}{H}_e'|} = \overrightarrow{\underset{\sim}{H}_e'} : \dot{\underset{\sim}{H}}_e = \frac{\partial|\underset{\sim}{H}_e'|}{\partial\underset{\sim}{H}_e} : \dot{\underset{\sim}{H}}_e \Rightarrow \frac{\partial|\underset{\sim}{H}_e'|}{\partial\underset{\sim}{H}_e} = \overrightarrow{\underset{\sim}{H}_e'} \quad (9.140)$$

können wir (9.112) unter der Annahme $\partial f/\partial|\underset{\sim}{H}_e'| \neq 0$ auswerten:

$$\frac{(\partial f/\partial\underset{\sim}{H}_e):\underset{\sim}{D}}{(\partial f/\partial\underset{\sim}{H}_e):\underset{\sim}{N}} = \overrightarrow{\underset{\sim}{H}_e'}:\underset{\sim}{D}/\overrightarrow{\underset{\sim}{H}_e'}:\underset{\sim}{N} = \overrightarrow{\underset{\sim}{H}_e'}:\underset{\sim}{D} = \overrightarrow{\underset{\sim}{P}'}:\underset{\sim}{D}. \quad (9.141)$$

Beachten wir

$$\underset{\sim}{P}' = (\underset{\sim}{K}\underset{\sim}{S}\underset{\sim}{G}\underset{\sim}{K}^{-1})' = \underset{\sim}{K}(\underset{\sim}{S}\underset{\sim}{G})'\underset{\sim}{K}^{-1} \quad (9.142)$$

und

$$|\underset{\sim}{P}'|^2 = \mathrm{tr}[\underset{\sim}{P}'^2] = \mathrm{tr}[\underset{\sim}{K}(\underset{\sim}{S}\underset{\sim}{G})'^2\underset{\sim}{K}^{-1}] = \mathrm{tr}[(\underset{\sim}{S}\underset{\sim}{G})'^2], \quad (9.143)$$

so lassen sich die von Misessche Fließbedingung und die Lévysche Fließregel auch schreiben als

$$f = \sqrt{\mathrm{tr}[(\underset{\sim}{S}\underset{\sim}{G})'^2]} - y = 0 \quad (9.144)$$

bzw.

$$\hat{\underset{\sim}{N}} = \underset{\sim}{K}^{-1}\underset{\sim}{N}\underset{\sim}{K} = \frac{\underset{\sim}{K}^{-1}\underset{\sim}{P}'\underset{\sim}{K}}{|\underset{\sim}{P}'|} = \frac{(\underset{\sim}{S}\underset{\sim}{G})'}{\sqrt{\mathrm{tr}[(\underset{\sim}{S}\underset{\sim}{G})'^2]}}. \quad (9.145)$$

## 9.10 Die momentane inelastische Konfiguration als Zustandsvariable

Isotropie des elastischen Verhaltens gab die vereinfachte Zustandsgleichung $\underset{\sim}{S} = \hat{\hat{\underset{\sim}{S}}}(\underset{\sim}{G},\underset{\sim}{G}_i)$ nach (9.96). Für Materialien mit Fließregel haben wir ferner bei Isotropie des inelastischen Verhaltens in (9.108) eine Entwicklungsgleichung

$$\begin{aligned}\dot{\underset{\sim}{G}}_i &= 2[\gamma_0\underset{\sim}{G}_i + \gamma_1\underset{\sim}{G} + \gamma_2\underset{\sim}{G}\underset{\sim}{G}_i^{-1}\underset{\sim}{G}]\delta(\underset{\sim}{G}_i^{-1}\underset{\sim}{G},\underset{\sim}{G}_i^{-1}\dot{\underset{\sim}{G}}) \\ &=: \mathfrak{G}(\underset{\sim}{G},\underset{\sim}{G}_i,\dot{\underset{\sim}{G}}) \text{ mit } \gamma_m = \gamma_m(\mathrm{Inv}(\underset{\sim}{G}_i^{-1}\underset{\sim}{G}))\end{aligned} \quad (9.146)$$

für $\underset{\sim}{G}_i$ gefunden. (Daß $\delta(\underset{\sim}{H}_e,\underset{\sim}{D})$ sich tatsächlich als Funktion von $\underset{\sim}{G}_i^{-1}\underset{\sim}{G}$ und $\underset{\sim}{G}_i^{-1}\dot{\underset{\sim}{G}}$ darstellen läßt, sieht man beim Prandtl-Material aus (9.115), während beim Maxwell- und Bingham-Material $\delta$ von $\underset{\sim}{D}$ unabhängig, also eine Funktion der Invarianten von $\underset{\sim}{H}_e$ und damit von $\underset{\sim}{G}_i^{-1}\underset{\sim}{G}$ allein ist.) Wenn daher sowohl das elastische als auch das inelastische Verhalten bezüglich der spannungsfreien Gitterkonfiguration isotrop ist, dann genügt offenbar $\underset{\sim}{G}_i$ an Stelle von $\underset{\sim}{A}$ als innere Zustandsvariable.

Diese Tatsache ist jedoch nicht an die Existenz einer Fließregel gebunden. Um sie ganz allgemein zu beweisen, gehen wir folgendermaßen vor: Wir bringen (9.81) auf die Form

$$\underset{\sim}{A}^{-1}\dot{\underset{\sim}{A}} = \underset{\sim}{K}^{-1}\underset{\sim}{L}_i\underset{\sim}{K} = \underset{\sim}{K}_i^{-1}\breve{\mathfrak{A}}(\underset{\sim}{K}_i\underset{\sim}{G}_i^{-1}\underset{\sim}{G}\underset{\sim}{K}_i^{-1},\underset{\sim}{K}_i\underset{\sim}{G}_i^{-1}\dot{\underset{\sim}{G}}\underset{\sim}{K}_i^{-1})\underset{\sim}{K}_i \quad (9.147)$$

und zeigen, daß die rechte Seite – weil $\check{\mathfrak{A}}$ eine isotrope Funktion seiner Argumente ist – aus der Kenntnis von $\utilde{G}_i^{-1}\utilde{G}$ und $\utilde{G}_i^{-1}\dot{\utilde{G}}$ allein ermittelt werden kann, so daß

$$\utilde{A}^{-1}\dot{\utilde{A}}=\bar{\mathfrak{A}}(\utilde{G}_i^{-1}\utilde{G},\utilde{G}_i^{-1}\dot{\utilde{G}}) \tag{9.148}$$

und damit nach (9.87) in der Tat

$$\dot{\utilde{G}}_i=2\operatorname{sym}(\utilde{G}_i\bar{\mathfrak{A}}(\utilde{G}_i^{-1}\utilde{G},\utilde{G}_i^{-1}\dot{\utilde{G}}))=:\mathfrak{G}(\utilde{G},\utilde{G}_i,\dot{\utilde{G}}) \tag{9.149}$$

gilt.

Zu diesem Zweck zeigen wir allgemeiner folgendes:
Ist $\utilde{P}=\hat{\utilde{P}}(\utilde{H}_1,\utilde{H}_2,...,\utilde{H}_m)$ eine isotrope Funktion von m symmetrischen Tensoren $\utilde{H}_1,\utilde{H}_2,...,\utilde{H}_m$, d.h. gilt

$$\hat{\utilde{P}}(\utilde{Q}\utilde{H}_1\utilde{Q}^T,...,\utilde{Q}\utilde{H}_m\utilde{Q}^T)=\utilde{Q}\hat{\utilde{P}}(\utilde{H}_1,...,\utilde{H}_m)\utilde{Q}^T,\ \forall\utilde{Q}\in\operatorname{Orth}(\mathscr{V}), \tag{9.150}$$

dann läßt diese Funktionalgleichung sich erweitern auf

$$\hat{\utilde{P}}(\utilde{Y}\utilde{H}_1\utilde{Y}^{-1},...,\utilde{Y}\utilde{H}_m\utilde{Y}^{-1})=\utilde{Y}\hat{\utilde{P}}(\utilde{H}_1,...,\utilde{H}_m)\utilde{Y}^{-1},\ \forall\utilde{Y}\in\operatorname{Invlin}(\mathscr{V}) \tag{9.151}$$

in folgender Weise: Sind nicht alle Argumenttensoren auf der linken Seite symmetrisch, dann dient (9.151) zur Ausdehnung des Definitionsbereichs von $\hat{\utilde{P}}$. Sind diese Tensoren jedoch sämtlich symmetrisch, dann beweist man die Gültigkeit von (9.151) wie folgt: Einsetzen der Polarzerlegung $\utilde{Y}=\utilde{R}\utilde{U}$ in (9.151) und Beachtung von (9.150) gibt

$$\hat{\utilde{P}}(\utilde{U}\utilde{H}_1\utilde{U}^{-1},...,\utilde{U}\utilde{H}_m\utilde{U}^{-1})=\utilde{U}\hat{\utilde{P}}(\utilde{H}_1,...,\utilde{H}_m)\utilde{U}^{-1}. \tag{9.152}$$

Seien $\{\utilde{n}_l\}$ Hauptachsen von $\utilde{U}$ und alle Eigenwerte $u_l$ voneinander verschieden. Alle Tensoren auf der linken Seite sind symmetrisch, wenn

$$\utilde{n}_k\cdot\utilde{U}\cdot\utilde{H}_j\cdot\utilde{U}^{-1}\cdot\utilde{n}_l=\frac{u_k}{u_l}\utilde{n}_k\cdot\utilde{H}_j\cdot\utilde{n}_l \tag{9.153}$$

für $k\neq l$ und alle j in k und l symmetrisch, also die Hauptachsen von $\utilde{U}$ auch Hauptachsen von $\utilde{H}_1,...,\utilde{H}_m$ sind, so daß $\utilde{U}\utilde{H}_j\utilde{U}^{-1}=\utilde{H}_j$ gilt. Damit sind sie aber auch Hauptachsen von $\utilde{P}$, wie sich aus (9.150) ergibt, wenn man für $\utilde{Q}$ die Klappungen um diese Hauptachsen einsetzt, und folglich ist auch $\utilde{U}\utilde{P}\utilde{U}^{-1}=\utilde{P}$, was zu zeigen war. Anwendung auf (9.147) gibt

$$\utilde{A}^{-1}\dot{\utilde{A}}=\utilde{K}_i^{-1}\utilde{Y}^{-1}\check{\mathfrak{A}}(\utilde{Y}\utilde{K}_i\utilde{G}_i^{-1}\utilde{G}\utilde{K}_i^{-1}\utilde{Y}^{-1},\utilde{Y}\utilde{K}_i\utilde{G}_i^{-1}\dot{\utilde{G}}\utilde{K}_i^{-1}\utilde{Y}^{-1})\utilde{Y}\utilde{K}_i,$$

$$\forall\utilde{Y}\in\operatorname{Invlin}(\mathscr{V}), \tag{9.154}$$

und wählt man eine feste Bezugsplazierung $\utilde{K}_0$ und setzt $\utilde{Y}=\utilde{K}_0\utilde{K}_i^{-1}=\utilde{F}_i^{-1}$, also $\utilde{Y}\utilde{K}_i=\utilde{K}_0=\text{const}$, dann folgt die Behauptung (9.148).

## 9.11 Inkrementelle isotrope Stoffgleichungen

Das elastische und inelastische Verhalten sei bezüglich der spannungsfreien Gitterkonfiguration isotrop. Soweit im folgenden Maxwell- und Bingham-Materialien behandelt werden, beschränken wir uns auf den Fall, daß der zeitliche Verlauf von $\utilde{P}$ stetig und stückweise stetig differenzierbar ist. (Beim plastischen Material mußte diese Annahme sowieso getroffen werden.) Ferner setzen wir wieder Invertierbarkeit von $\utilde{P}=\hat{\utilde{P}}(\utilde{H}_e)$ voraus. Nach (9.92), (9.78), (9.73), (9.103) und (7.87) ist dann in

Spezialisierung von (9.89)

$$\overset{\circ}{\underset{\sim}{P}} = \frac{\partial \underset{\sim}{P}}{\partial \underset{\sim}{H}_e}(\underset{\sim}{H}_e):\overset{\circ}{\underset{\sim}{H}}_e$$

$$= \frac{\partial \underset{\sim}{P}}{\partial \underset{\sim}{H}_e}(\underset{\sim}{H}_e):[\mathbb{D}(\underset{\sim}{H}_e):\underset{\sim}{D}_e - \underset{\sim}{W}_i\underset{\sim}{H}_e + \underset{\sim}{H}_e\underset{\sim}{W}_i]$$

$$= \frac{\partial \underset{\sim}{P}}{\partial \underset{\sim}{H}_e}(\underset{\sim}{H}_e):\mathbb{D}(\underset{\sim}{H}_e):[\underset{\sim}{D} - \underset{\sim}{D}_i(\underset{\sim}{H}_e,\underset{\sim}{D})] - \underset{\sim}{W}_i(\underset{\sim}{H}_e,\underset{\sim}{D})\underset{\sim}{P} + \underset{\sim}{P}\underset{\sim}{W}_i(\underset{\sim}{H}_e,\underset{\sim}{D})$$

$$=: \underset{\sim}{\mathfrak{P}}(\underset{\sim}{H}_e,\underset{\sim}{D}) =: \underset{\sim}{\mathfrak{P}}(\underset{\sim}{P},\underset{\sim}{D}). \tag{9.155}$$

Diese inkrementelle Entwicklungsgleichung für die Cauchysche Beanspruchung $\underset{\sim}{P}$ beschreibt das Verhalten isotroper Maxwell-, Bingham-, Prandtl- und endochroner Materialien vollständig. Der Momentanwert von $\underset{\sim}{P}$ kennzeichnet den augenblicklichen Zustand, die inelastische Verformung ($\underset{\sim}{A}$ oder $\underset{\sim}{G}_i$) braucht nicht berechnet zu werden.

*Achtung*: Die Funktion $\underset{\sim}{\mathfrak{P}}(\underset{\sim}{P},\underset{\sim}{D})$ ist nicht frei wählbar, sondern in der angegebenen Weise aus den drei isotropen Funktionen $\hat{\underset{\sim}{P}}(\underset{\sim}{H}_e)$, $\underset{\sim}{D}_i(\underset{\sim}{H}_e,\underset{\sim}{D})$ und $\underset{\sim}{W}_i(\underset{\sim}{H}_e,\underset{\sim}{D})$ aufzubauen. Um Passivität sicherzustellen, ist ferner die Erfüllung der Bedingungen (9.95) und (9.84) zu gewährleisten.

Die Gleichung (9.155) vereinfacht sich wesentlich, wenn auf *koaxiale Verformungsprozesse* eingeschränkt und derjenige Beobachter gewählt wird, der $\underset{\sim}{W} \equiv 0$ sieht. Die Tensoren $\underset{\sim}{F},\underset{\sim}{F}_e,\underset{\sim}{F}_i,\underset{\sim}{D},\underset{\sim}{D}_i,\underset{\sim}{P}$ lassen sich dann alle symmetrisch und koaxial zum Anfangswert von $\underset{\sim}{H}_e$ wählen, es gilt

$$\underset{\sim}{F} = \underset{\sim}{F}_e\underset{\sim}{F}_i, \ \ln \underset{\sim}{F} = \underset{\sim}{H} = \ln \underset{\sim}{F}_e + \ln \underset{\sim}{F}_i = \underset{\sim}{H}_e + \underset{\sim}{H}_i,$$

$$\underset{\sim}{D}_e = \dot{\underset{\sim}{H}}_e, \ \underset{\sim}{D}_i = \dot{\underset{\sim}{H}}_i \qquad \text{wenn koaxial} \tag{9.156}$$

und $\underset{\sim}{W}_i = 0$ und damit

$$\overset{\circ}{\underset{\sim}{P}} = \frac{\partial \underset{\sim}{P}}{\partial \underset{\sim}{H}_e}(\underset{\sim}{H}_e):[\dot{\underset{\sim}{H}} - \dot{\underset{\sim}{H}}_i(\underset{\sim}{H}_e,\dot{\underset{\sim}{H}})]. \tag{9.157}$$

Eine Vereinfachung anderer Art ergibt sich bei *Materialien mit Fließregel*. Nach (9.105) gilt bei diesen $\underset{\sim}{W}_i = 0$, und $\underset{\sim}{N}$ ist koaxial zu $\underset{\sim}{H}_e$, so daß (9.78) unter Beachtung von (7.160) und (7.164) zu

$$\overset{\circ}{\underset{\sim}{H}}_e = \mathbb{D}(\underset{\sim}{H}_e):\underset{\sim}{D} - \underset{\sim}{N}(\underset{\sim}{H}_e)\delta(\underset{\sim}{H}_e,\underset{\sim}{D}) \tag{9.158}$$

und (9.155) zu

$$\overset{\circ}{\underset{\sim}{P}} = \frac{\partial \underset{\sim}{P}}{\partial \underset{\sim}{H}_e}(\underset{\sim}{H}_e):[\mathbb{D}(\underset{\sim}{H}_e):\underset{\sim}{D} - \underset{\sim}{N}(\underset{\sim}{H}_e)\delta(\underset{\sim}{H}_e,\underset{\sim}{D})] \tag{9.159}$$

wird.

## 9.12 Integration spezieller Ansätze

Spezialisieren wir auf den elastischen Zusammenhang (9.121) und die Lévysche Fließregel, dann ist $\underset{\sim}{N}=\overrightarrow{\underset{\sim}{P}'}=\overrightarrow{\underset{\sim}{H}_e'}$, und wegen $\underset{\sim}{1}:\mathbb{D}(\underset{\sim}{H}_e)=\underset{\sim}{1}$ und $\overrightarrow{\underset{\sim}{H}_e'}:\mathbb{D}(\underset{\sim}{H}_e)=\overrightarrow{\underset{\sim}{H}_e'}$ folgt aus (9.158)

$$\underset{\sim}{1}:\overset{\circ}{\underset{\sim}{H}}_e=(\operatorname{tr}\underset{\sim}{H}_e)^{\cdot}=\operatorname{tr}\underset{\sim}{D} \tag{9.160}$$

und – mit (9.140) –

$$\overrightarrow{\underset{\sim}{H}_e'}:\overset{\circ}{\underset{\sim}{H}}_e=\overrightarrow{\underset{\sim}{H}_e'}:\dot{\underset{\sim}{H}}_e=\dot{\overline{|\underset{\sim}{H}_e'|}}=\overrightarrow{\underset{\sim}{H}_e'}:\underset{\sim}{D}'-\delta. \tag{9.161}$$

Die letzte Differentialgleichung wollen wir unter der Anfangsbedingung $\underset{\sim}{H}_e'(t=0)=0$ integrieren. Bei elastischem Material sowie im elastischen Bereich des Prandtl- und Bingham-Materials ist $\delta\equiv 0$, also

$$|\underset{\sim}{H}_e'|(t)=\int_{\tau=0}^{t}\overrightarrow{\underset{\sim}{H}_e'}(\tau):\underset{\sim}{D}'(\tau)\,d\tau. \tag{9.162}$$

Wird beim Prandtl-Material die Fließgrenze $|\underset{\sim}{P}'|=y$ erreicht, dann gilt nach (9.112) mit (9.141) $\delta=\overrightarrow{\underset{\sim}{H}_e'}:\underset{\sim}{D}'$, solange die Belastungsbedingung $\overrightarrow{\underset{\sim}{H}_e'}:\underset{\sim}{D}'\geqq 0$ erfüllt ist. Integration von (9.161) liefert dann einfach $|\underset{\sim}{H}_e'|\equiv\text{const}=:h_y$, also mit (9.122) $|\underset{\sim}{P}'|=\alpha_1(h_y)h_y\equiv y=\text{const}$, d.h. Verbleiben an der Fließgrenze.

Das Kriechen beim Bingham-Material jenseits des elastischen Bereichs und beim Maxwell-Material beschreiben wir nach (9.135) durch $\delta=\hat{\delta}(|\underset{\sim}{H}_e'|)$. Eine exakte Integration von (9.161) gelingt im Spezialfall

$$\delta=\hat{\delta}(|\underset{\sim}{H}_e'|)=\beta[|\underset{\sim}{H}_e'|-h_y]\ \text{mit}\ |\underset{\sim}{H}_e'|\geqq h_y,\ \beta>0. \tag{9.163}$$

(Er liegt beispielsweise vor, wenn (9.124) und (9.133) gelten. Dann ist $\beta=\mu/\eta$ und $h_y=\varrho_0 y/(2\mu)$.) Es ergibt sich, wenn der elastische Bereich zur Zeit $t_e$ verlassen wird,

$$|\underset{\sim}{H}_e'|(t)=h_y+\int_{\tau=t_e}^{t}e^{-\beta(t-\tau)}\,\overrightarrow{\underset{\sim}{H}_e'}(\tau):\underset{\sim}{D}'(\tau)\,d\tau. \tag{9.164}$$

Insbesondere beschreibt $h_y=0$, $t_e=0$ das Maxwell-Material. Die Lösung ist gültig, solange der Wert des Integrals nicht negativ ist. Erfüllt der Verformungsprozeß die Bedingung $|\underset{\sim}{D}'|(\tau)\leqq D$ für alle $\tau\in[0,\infty)$, dann erlaubt die Schwarzsche Ungleichung $\overrightarrow{\underset{\sim}{H}_e'}:\overrightarrow{\underset{\sim}{D}'}\leqq|\overrightarrow{\underset{\sim}{H}_e'}||\overrightarrow{\underset{\sim}{D}'}|=1$ die Abschätzung

$$\begin{aligned}|\underset{\sim}{H}_e'|(t)&=h_y+\int_{\tau=t_e}^{t}e^{-\beta(t-\tau)}\,\overrightarrow{\underset{\sim}{H}_e'}(\tau):\overrightarrow{\underset{\sim}{D}'}(\tau)|\underset{\sim}{D}'|(\tau)\,d\tau\\ &\leqq h_y+D\int_{\tau=t_e}^{t}e^{-\beta(t-\tau)}d\tau=h_y+\frac{D}{\beta}\,(1-e^{-\beta(t-t_e)})\\ &<h_y+\frac{D}{\beta},\qquad 0\leqq t<\infty.\end{aligned}$$

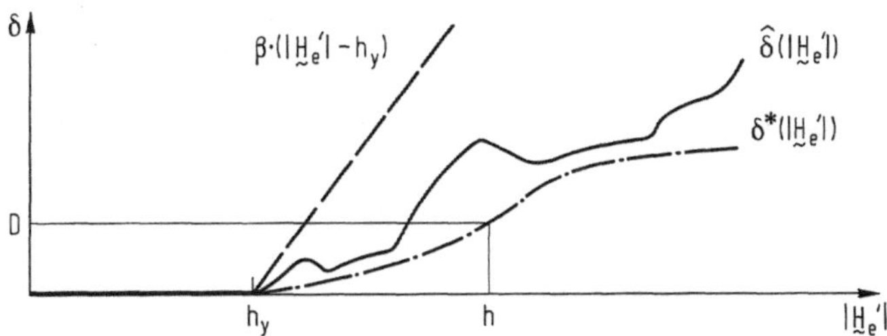


**Bild 9.6.** Zum Beweis, daß mit abnehmender Verformungsgeschwindigkeit des Bingham-Materials die Differenz $|\underset{\sim}{H}'_e| - h_y$ beliebig klein wird

Je langsamer also der Prozeß verläuft, d.h., je kleiner die Konstante D ist, desto kleiner bleibt die Differenz $|\underset{\sim}{H}_e'| - h_y$. Beim Maxwell-Material bedeutet dies insbesondere, daß die elastische Gestaltänderung und damit auch die Schubspannungen beliebig klein sind, wenn der Prozeß nur langsam genug verläuft.

Diese Schlußfolgerungen bleiben gültig, wenn die spezielle Beziehung (9.163) (gestrichelte Kurve in Bild 9.6) ersetzt wird durch die Forderungen:

$$\delta \equiv 0, \text{ wenn } |\underset{\sim}{H}_e'| \leqq h_y.$$

$$\delta = \hat{\delta}(|\underset{\sim}{H}_e'|) \geqq \delta^*(|H_e'|) \text{ mit } \delta^* \text{ stetig und stetig}$$

$$\text{differenzierbar, } \delta^*(h_y) = 0 \text{ und } 0 < \delta^{*\prime} < \infty, \text{ wenn } |\underset{\sim}{H}_e'| > h_y. \tag{9.166}$$

Wir wählen ein $h > h_y$ und betrachten Prozesse, die der Bedingung genügen: $|\underset{\sim}{D}'|(\tau) \leqq D := \delta^*(h)$ für alle $\tau \in [0, \infty)$ und damit

$$\overline{|\underset{\sim}{H}_e'|}^{\bullet} = \overrightarrow{\underset{\sim}{H}_e'} : \overrightarrow{\underset{\sim}{D}'} |\underset{\sim}{D}'| - \delta \leqq D - \delta^*(|\underset{\sim}{H}_e'|). \tag{9.167}$$

Die rechte Seite dieser Ungleichung ist positiv, solange $|\underset{\sim}{H}_e'| < h$ ist (siehe Bild 9.6). Nach Division und Integration über das Intervall [0,t] mit der Anfangsbedingung $\underset{\sim}{H}_e'(t=0) = 0$ ergibt sich

$$\int_{x=0}^{|\underset{\sim}{H}_e'|} \frac{dx}{D - \delta^*(x)} \leqq t, \text{ wenn } |\underset{\sim}{H}_e'| < h. \tag{9.168}$$

Der Integrand hat bei $x = h$ einen Pol, so daß das Integral und damit auch die benötigte Zeit t beim Grenzübergang $|H_e'| \to h$ unbeschränkt wächst. Werte $|H_e'| \geqq h$ können also während der betrachteten Prozesse mit Sicherheit für kein $t \in [0, \infty)$ erreicht werden. Je langsamer der Prozeß, d.h., je kleiner D, desto kleiner wird die Schranke $h (\geqq h_y)$.

Beim endochronen Material tritt (9.136) an die Stelle von (9.135), also

$$\overline{|\underset{\sim}{H}_e'|}^{\bullet} = \overrightarrow{\underset{\sim}{H}_e'} : \overrightarrow{\underset{\sim}{D}'} |\underset{\sim}{D}'| - \hat{\delta}(|\underset{\sim}{H}_e'|) |\underset{\sim}{D}'| \tag{9.169}$$

oder – mit $d\bar{s} = |\underset{\sim}{D}'|dt$ –

$$\frac{d|\underset{\sim}{H}_e'|}{d\bar{s}} = \overrightarrow{\underset{\sim}{H}_e'} : \overrightarrow{\underset{\sim}{D}'} - \hat{\delta}(|\underset{\sim}{H}_e'|). \tag{9.170}$$

Im Falle

$$\hat{\delta}(|\underset{\sim}{H}_e'|) = |\underset{\sim}{H}_e'|/h_y \tag{9.171}$$

erhalten wir statt (9.165)

$$|\underset{\sim}{H}_e'|(\bar{s}) = \int_{\sigma=0}^{\bar{s}} e^{-\frac{\bar{s}-\sigma}{h_y}} \overrightarrow{\underset{\sim}{H}_e'}(\sigma) : \overrightarrow{\underset{\sim}{D}'}(\sigma)\, d\sigma$$

$$\leqq h_y(1 - e^{-\bar{s}/h_y}) < h_y. \tag{9.172}$$

Genau wie beim Prandtl-Material erweisen sich daher Deviatorbeträge $|\underset{\sim}{H}_e'| > h_y$, also $|\underset{\sim}{P}'| > \alpha_1(h_y)h_y =: y$ als unerreichbar, obwohl die endochrone Materialbeschreibung keine Fließgrenze enthält.

Kann dagegen lediglich $\hat{\delta}(|\underset{\sim}{H}_e'|) \geqq \delta^*(|\underset{\sim}{H}_e'|)$ angenommen werden ($\delta^*(0) = 0$, $0 < \delta^{*\prime}(|\underset{\sim}{H}_e'|) < \infty$ für $|\underset{\sim}{H}_e'| > 0$), so ergibt sich an Stelle von (9.168)

$$\int_{x=0}^{|H_e'|} \frac{dx}{1 - \delta^*(x)} \leqq \bar{s}. \tag{9.173}$$

Läßt sich nun ein $h_y$ mit der Eigenschaft $\delta^*(h_y) = 1$ finden (das geht sicher nicht, wenn beispielsweise $\hat{\delta}(|\underset{\sim}{H}_e'|) < 1$ für alle $|\underset{\sim}{H}_e'|$), so folgt daraus die Abschätzung $|\underset{\sim}{H}_e'| < h_y$, und wieder gibt es unerreichbare Beanspruchungen (Bild 9.7).

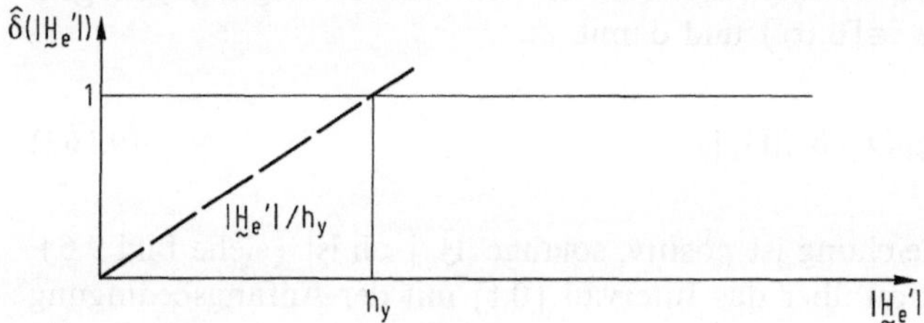


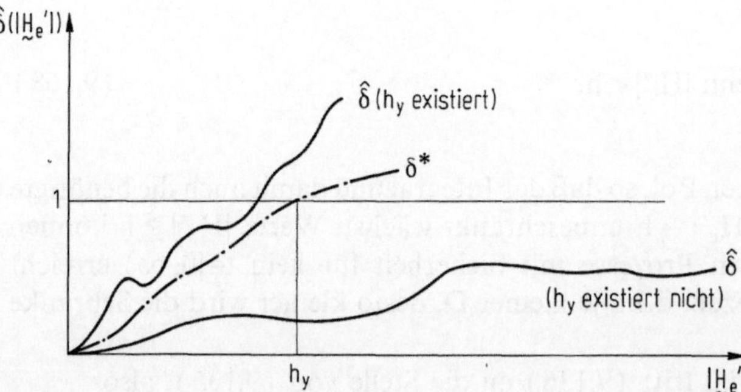


**Bild 9.7.** Zur Existenz und Nichtexistenz unerreichbarer Beanspruchungen beim endochronen Material

## 9.13 Koaxiale rotationssymmetrische Prozesse

Wir wollen das Verhalten der soeben diskutierten speziellen Materialien bei koaxialen Prozessen untersuchen und wählen dazu jenen Beobachter, der $\underset{\sim}{W} \equiv 0$ sieht. Schränken wir auf rotationssymmetrische Verformungen ein ($h_2 \equiv h_3$) und starten zur Zeit $t=0$ mit $\underset{\sim}{H}=0$ und $\underset{\sim}{H}_e=0$, $\underset{\sim}{P}=0$, dann wird $\underset{\sim}{H}_e$ (und damit auch $\underset{\sim}{P}$) rotationssymmetrisch, also

$$h_2'=h_3'=-h_1'/2,\ h_2^{e\prime}=h_3^{e\prime}=-h_1^{e\prime}/2 \tag{9.174}$$

(Striche bedeuten Deviatorkomponenten) und – wenn wir $h_1^{e\prime} \geqq 0$ und $\dot{h}_1' \geqq 0$ annehmen –

$$|\underset{\sim}{H}_e'|=\sqrt{\frac{3}{2}h_1^{e\prime 2}}=\sqrt{\frac{3}{2}}h_1^{e\prime},\ \overrightarrow{\underset{\sim}{H}_e'}=\overrightarrow{\underset{\sim}{D}'},$$

$$\overrightarrow{\underset{\sim}{H}_e'}:\underset{\sim}{D}'=|\underset{\sim}{D}'|=|\dot{\underset{\sim}{H}}'|=\sqrt{\frac{3}{2}\dot{h}_1'^2}=\sqrt{\frac{3}{2}}\dot{h}_1'. \tag{9.175}$$

Die früheren Formeln spezialisieren sich wie folgt (bei (9.165) ist $\dot{h}_1' \equiv \text{const}$ gesetzt):

$$(9.162) \to h_1^{e\prime}=h_1'. \tag{9.176}$$

$$(9.165) \to h_1^{e\prime}=\sqrt{\frac{2}{3}}h_y+\frac{\dot{h}_1'}{\beta}\left[1-\exp\left(-\frac{\beta}{\dot{h}_1'}\left(h_1'-\sqrt{\frac{2}{3}}h_y\right)\right)\right]. \tag{9.177}$$

$$(9.172) \to h_1^{e\prime}=\sqrt{\frac{2}{3}}h_y\left[1-\exp\left(-h_1'/\left(\sqrt{\frac{2}{3}}h_y\right)\right)\right]. \tag{9.178}$$

Für die Beanspruchung ergibt sich aus (9.120) und (9.121):

$$\text{tr}\,\underset{\sim}{P}=p_1+2p_2=3\bar{\alpha}_0(\text{tr}\,\underset{\sim}{H}_e),$$

$$p_1'=-2p_2'=-2p_3'=\alpha_1\left(\sqrt{\frac{3}{2}}h_1^{e\prime}\right)h_1^{e\prime}. \tag{9.179}$$

Wir wollen den Zusammenhang zwischen $h_1$ und $p_1$ in drei verschiedenen Fällen ermitteln. Beim Maxwell- und Bingham-Material setzen wir dabei $\dot{h}_1 \equiv \text{const}$ voraus.

*1. Isochore Verformung.* $\text{tr}\,\underset{\sim}{H} \equiv 0$, also $\text{tr}\,\underset{\sim}{H}_e \equiv 0$, $\text{tr}\,\underset{\sim}{P} \equiv 0$. Zur Ermittlung des Verlaufs von $h_1^{e\prime}$ in Abhängigkeit von $h_1$ können die Formeln (9.176) bis (9.178) unter Beachtung von $h_1'=h_1$ und $\dot{h}_1'=\dot{h}_1 \equiv \text{const}$ benutzt werden.

Elastisches Material und elastischer Bereich $\left(h_1^{e\prime} \leq \sqrt{\frac{2}{3}}h_y\right)$ beim Prandtl- und Bingham-Material: $h_1^{e\prime}=h_1$.

Danach beim Prandtl-Material: $h_1^{e\prime} \equiv \sqrt{\frac{2}{3}}h_y$, $p_1 \equiv \sqrt{\frac{2}{3}}y$.

Beim Bingham-Material: $h_1^{e\prime}=\sqrt{\frac{2}{3}}h_y+\frac{\dot{h}_1}{\beta}\left[1-\exp\left(-\frac{\beta}{\dot{h}_1}\left(h_1-\sqrt{\frac{2}{3}}h_y\right)\right)\right]$.

(Daraus Maxwell mit $h_y=0$.)

Endochrones Material: $h_1^{e\prime}=\sqrt{\frac{2}{3}}h_y\left[1-\exp\left(-h_1/\left(\sqrt{\frac{2}{3}}h_y\right)\right)\right]$.

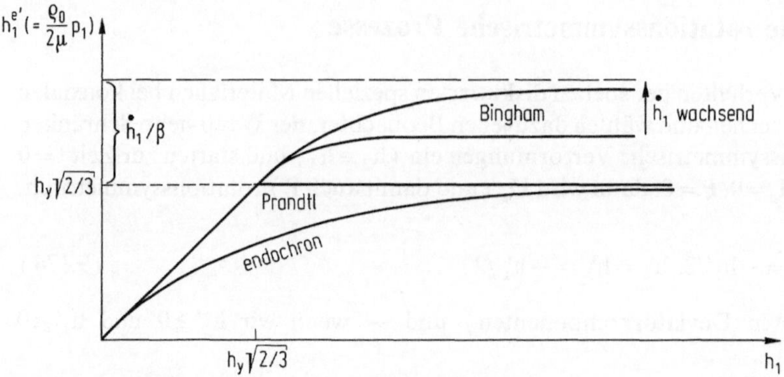


**Bild 9.8.** Isochore Verformung verschiedener Materialien

Die Beanspruchung ergibt sich daraus zu

$$p_1 = p_1{}' = -2p_2 = -2p_3 = \alpha_1\left(\sqrt{\frac{3}{2}}\,h_1^{e\prime}\right)h_1^{e\prime}$$

$$= \frac{2\mu}{\varrho_0}h_1^{e\prime}, \text{ wenn } (9.124) \text{ gilt.}$$

Die Ergebnisse sind in Bild 9.8 dargestellt.

*2. Einachsige Dehnung.* $h_2 \equiv h_3 \equiv 0$. $\operatorname{tr} \underset{\sim}{H} = \operatorname{tr} \underset{\sim}{H}_e = h_1$, $h_1{}' = h_1 - \operatorname{tr} \underset{\sim}{H}/3 = 2h_1/3$. Die Ermittlung von $h_1^{e\prime}$ geschieht wie bei der isochoren Verformung, und als Ergebnis ist in allen Formeln $h_1$ durch $2h_1/3$ und $\dot{h}_1$ durch $2\dot{h}_1/3$ zu ersetzen. Für die Beanspruchung gilt

$$p_1 = p_1{}' + \operatorname{tr} \underset{\sim}{P}/3 = \alpha_1\left(\sqrt{\frac{3}{2}}\,h_1^{e\prime}\right)h_1^{e\prime} + \bar{\alpha}_0(h_1) \tag{9.180}$$

und

$$p_2 = p_3 = -\frac{1}{2}p_1{}' + \operatorname{tr} \underset{\sim}{P}/3. \tag{9.181}$$

Zur Interpretation schränken wir auf den linearen Spezialfall (9.124) ein, also

$$p_1 = \frac{2\mu}{\varrho_0}h_1^{e\prime} + \frac{2}{3}\frac{\mu}{\varrho_0}\frac{1+\nu}{1-2\nu}h_1. \tag{9.182}$$

Die Beanspruchung $p_1$ setzt sich additiv aus zwei Anteilen zusammen. Der erste stammt aus der deviatorischen Verformung, verläuft qualitativ wie in Bild 9.8 und strebt einem Grenzwert zu, der zweite – rein elastische – rührt von der Volumenänderung her und wächst unbeschränkt an. Beide Verformungsarten sind von gleicher Größenordnung, da während des gesamten Prozesses $|\underset{\sim}{H}'| = \sqrt{\frac{2}{3}}\operatorname{tr}\underset{\sim}{H}$ gilt. Das Verhalten bei der einachsigen Dehnung läßt sich nachbilden, indem man dem das deviatorische Verhalten beschreibenden rheologischen Modell eine Feder parallel-

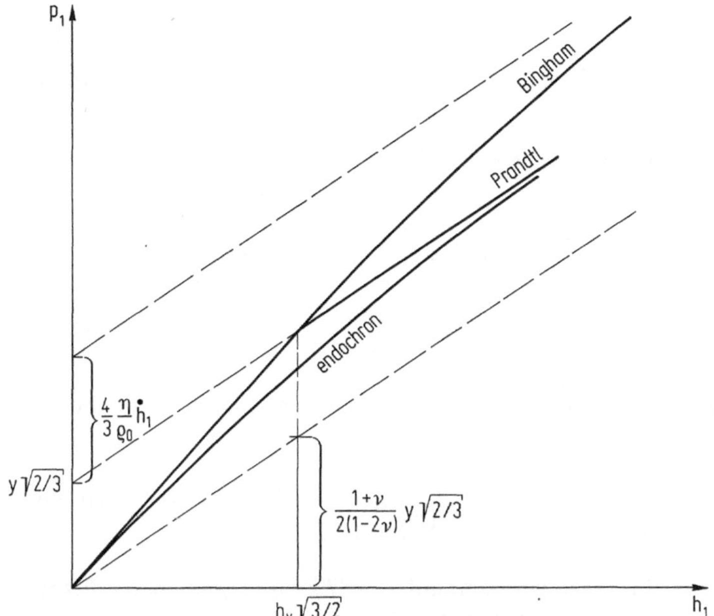


**Bild 9.9.** Einachsige Dehnung verschiedener Materialien

schaltet. Im elastischen Bereich ist $h_1^{e\prime}=2h_1/3$, und (9.182) läßt sich zusammenfassen zu

$$p_1=\frac{2\mu}{\varrho_0}\frac{1-\nu}{1-2\nu}h_1. \tag{9.183}$$

Die Ergebnisse finden sich in Bild 9.9.

*3. Einachsige Spannung* (Zugversuch). $p_2\equiv p_3\equiv 0$, also $\operatorname{tr}\underset{\sim}{P}=p_1$, $p_1{}'=p_1-\operatorname{tr}\underset{\sim}{P}/3=2p_1/3$. Damit ergibt sich die Beanspruchung zu

$$p_1=\frac{3}{2}p_1{}'=\frac{3}{2}\alpha_1\left(\sqrt{\frac{3}{2}}h_1^{e\prime}\right)h_1^{e\prime}=\operatorname{tr}\underset{\sim}{P}=3\bar{\alpha}_0(\operatorname{tr}\underset{\sim}{H}_e). \tag{9.184}$$

Im Falle des linearen Zusammenhanges (9.124) wird daraus

$$p_1=\frac{3\mu}{\varrho_0}h_1^{e\prime}=\frac{2\mu}{\varrho_0}\frac{1+\nu}{1-2\nu}\operatorname{tr}\underset{\sim}{H}_e. \tag{9.185}$$

Ferner ist $h_1{}'=h_1-\operatorname{tr}\underset{\sim}{H}/3=h_1-\operatorname{tr}\underset{\sim}{H}_e/3$. Im elastischen Bereich erhalten wir damit aus (9.176) und (9.184) die Gleichung

$$\frac{3}{2}\alpha_1\left(\sqrt{\frac{3}{2}}h_1^{e\prime}\right)h_1^{e\prime}=3\bar{\alpha}_0(3(h_1-h_1^{e\prime})) \tag{9.186}$$

zur Bestimmung der Abhängigkeit $h_1^{e\prime}(h_1)$. Bei Gültigkeit von (9.185) lautet sie

$$\frac{3\mu}{\varrho_0}h_1^{e\prime}=\frac{6\mu}{\varrho_0}\frac{1+\nu}{1-2\nu}(h_1-h_1^{e\prime}) \tag{9.187}$$

und hat die Lösung

$$h_1^{e\prime}=\frac{2}{3}(1+\nu)h_1 \Rightarrow p_1=\frac{3\mu}{\varrho_0}h_1^{e\prime}=\frac{2\mu(1+\nu)}{\varrho_0}h_1. \tag{9.188}$$

Beim Prandtl-Material gilt nach Erreichen der Fließgrenze $|\underset{\sim}{P}'|=\sqrt{\frac{2}{3}}p_1\equiv y$ und somit $p_1\equiv\sqrt{\frac{3}{2}}y$.

Lösen wir beim endochronen Material (9.178) nach $h_1'$ auf, also

$$h_1'=h_1-\operatorname{tr}\underset{\sim}{H}_e/3=-\sqrt{\frac{2}{3}}h_y\ln\left(1-\sqrt{\frac{3}{2}}\frac{h_1^{e\prime}}{h_y}\right), \tag{9.189}$$

spezialisieren wieder auf (9.185) und beachten $y=2\mu h_y/\varrho_0$, so finden wir die inverse Form der Abhängigkeit $p_1(h_1)$:

$$h_1=\frac{\varrho_0 y}{\sqrt{6}\mu}\left[\frac{1}{2}\frac{1-2\nu}{1+\nu}\frac{p_1}{\sqrt{3/2}y}-\ln\left(1-\frac{p_1}{\sqrt{3/2}y}\right)\right]. \tag{9.190}$$

Beim Bingham-Material können wir nicht auf (9.177) zurückgreifen, da diesmal $\dot{h}_1'$ nicht konstant ist, sondern verwenden (9.161):

$$\dot{h}_1^{e\prime}=\dot{h}_1'-\sqrt{\frac{2}{3}}\hat{\delta}(|H_e'|)=\dot{h}_1-\operatorname{tr}\dot{H}_e/3-\sqrt{\frac{2}{3}}\hat{\delta}\left(\sqrt{\frac{3}{2}}h_1^{e\prime}\right). \tag{9.191}$$

Spezialisieren wir auf (9.185) und (9.163), so erhalten wir daraus die Differentialgleichung

$$\dot{h}_1^{e\prime}=\frac{2}{3}(1+\nu)\left[\dot{h}_1-\beta\left(h_1^{e\prime}-\sqrt{\frac{2}{3}}h_y\right)\right] \tag{9.192}$$

mit der Lösung – man beachte $\beta=\mu/\eta$ –

$$p_1=\frac{3\mu}{\varrho_0}h_1^{e\prime}=\sqrt{\frac{3}{2}}y+\frac{3\eta}{\varrho_0}\dot{h}_1\left[1-\exp\left(-\beta\frac{(2/3)(1+\nu)h_1-\sqrt{2/3}h_y}{\dot{h}_1}\right)\right]. \tag{9.193}$$

Da in allen Fällen $p_1=\operatorname{tr}\underset{\sim}{P}$ und damit auch $\operatorname{tr}\underset{\sim}{H}_e=\operatorname{tr}\underset{\sim}{H}$ gegen eine Konstante strebt, geht $\operatorname{tr}\underset{\sim}{D}$ nach Null, so daß der Charakter der isochoren Verformung sich schließlich beim Zugversuch durchsetzt. Dies zeigen die mittels der linearen Zusammenhänge konstruierten Kurven in Bild 9.10 deutlich.

Beim Zugversuch ist es gebräuchlich, die Kraft f über der Länge l aufzutragen. Bezeichnen $m, l_0, A$ die Masse, Ausgangslänge und momentane Querschnittsfläche des gezogenen Stabes, so gilt bei homogener Verformung

$$f=t_1 A=p_1\varrho A=\frac{p_1 m}{l};\ h_1=\ln\frac{l}{l_0}. \tag{9.194}$$

Während die Beanspruchung $p_1$ gemäß Bild 9.10 bei allen betrachteten Stoffgesetzen gegen einen konstanten Wert $p_{1\infty}$ strebt, verläuft also die Kraft asymptotisch wie

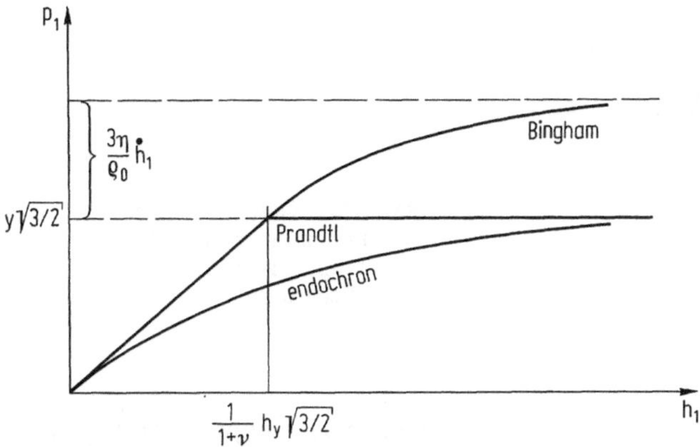


**Bild 9.10.** Zugversuch an verschiedenen Materialien

$p_{1\infty}m/l$ – fällt also – offenbar nach Überschreiten eines Maximums – mit wachsendem l wieder nach Null hin ab.

Es sei angemerkt, daß bei gewissen Metallen und Legierungen, die als superplastisch bezeichnet werden, im Zugversuch derartige homogene inelastische Verformungen bis zu Dehnungen von mehreren hundert oder sogar tausend Prozent realisiert worden sind (siehe [9.8]). Zur Beschreibung eignet sich dabei ein nichtlineares Maxwell-Modell. (Der Zusammenhang $p_{1\infty}(\dot{h}_1)$ ist stark unterlinear.)

## 9.14 Einfache Scherung

Als Beispiel eines nicht koaxialen Prozesses betrachten wir die einfache Scherung. Sie läßt sich u.a. realisieren in einer Strömung, deren Geschwindigkeitsfeld in räumlicher Beschreibung $\underline{v} = \varkappa(t)\,y\,\underline{i}_x$ ist (Bild 9.11). Wir wählen $\varkappa \geqq 0$. Die momentanen Hauptachsen der Spannung seien mit $\{\underline{n}_m\}$ bezeichnet. Da wir isotropes Material betrachten und die Scherung im spannungsfreien Zustand starten soll, ist aus Symmetriegründen $\underline{n}_3 \equiv \underline{i}_z$. Den Winkel zwischen $\underline{n}_1$ und $\underline{i}_x$ nennen wir $\frac{\pi}{4} - \varphi$. Bezogen auf $\{\underline{n}_m\}$ hat $\underline{L} = \underline{v} \otimes \underline{\nabla} = \varkappa(t)\underline{i}_x \otimes \underline{i}_y$ die Komponenten

$$(\underline{n}_i \cdot \underline{L} \cdot \underline{n}_k) = \frac{\varkappa}{2}\begin{pmatrix} \cos 2\varphi & \sin 2\varphi + 1 & 0 \\ \sin 2\varphi - 1 & -\cos 2\varphi & 0 \\ 0 & 0 & 0 \end{pmatrix} \tag{9.195}$$

Vorerst behandeln wir allgemeine isotrope Materialien mit Fließregel. Wir setzen $\hat{\underline{P}}(\underline{H}_e)$ als invertierbar voraus. Das elastische Verhalten ist daher isotrop fest, und es ist $h_1^e \neq h_2^e$ genau dann, wenn $p_1 \neq p_2$. Nach (9.158) gilt

$$\overset{\circ}{\underline{H}}_e = \dot{\underline{H}}_e - \underline{W}\underline{H}_e + \underline{H}_e\underline{W} = \mathbb{D}(\underline{H}_e) : \underline{D} - \underline{N}\delta, \tag{9.196}$$

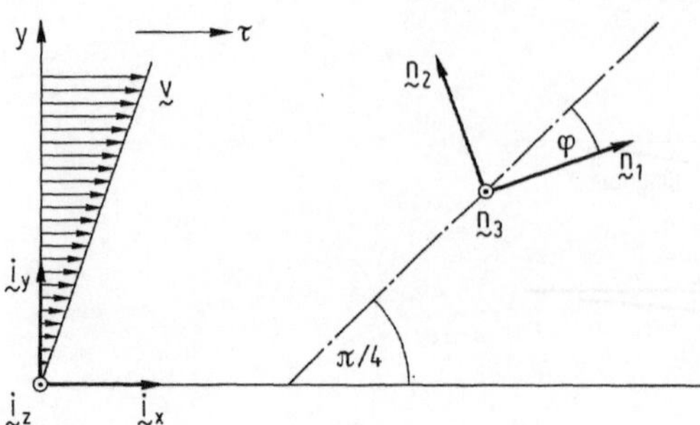


**Bild 9.11.** Geschwindigkeitsfeld und momentane Spannungshauptachsen bei der einfachen Scherung

und die Diagonalkomponenten dieser Gleichung bezüglich der Hauptachsen $\{\underset{\sim}{n}_m\}$ von $\underset{\sim}{H}_e$ liefern – man beachte (7.90) und (7.158) bis (7.160) –

$$\begin{aligned} \dot{h}_1^e &= \frac{\varkappa}{2}\cos 2\varphi - n_1\delta, \\ \dot{h}_2^e &= -\frac{\varkappa}{2}\cos 2\varphi - n_2\delta, \\ \dot{h}_3^e &= \qquad\qquad -n_3\delta, \end{aligned} \tag{9.197}$$

während die einzige nichttriviale Nebendiagonalkomponente wegen $\underset{\sim}{n}_1\cdot\dot{\underset{\sim}{n}}_2 = -\underset{\sim}{n}_2\cdot\dot{\underset{\sim}{n}}_1 = \dot{\varphi}$ mit (7.91)

$$(h_2^e - h_1^e)\left(\dot{\varphi} - \frac{\varkappa}{2}\right) = \frac{h_1^e - h_2^e}{\tanh(h_1^e - h_2^e)}\,\frac{\varkappa}{2}\sin 2\varphi \tag{9.198}$$

lautet.

In der letzten Gleichung tritt keine der Materialfunktionen $\underset{\sim}{P}(\underset{\sim}{H}_e), \underset{\sim}{N}(\underset{\sim}{H}_e), \delta(\underset{\sim}{H}_e, \underset{\sim}{D})$ auf, wohl aber in dem Vorfaktor auf der rechten Seite die Tetrade $\mathbb{D}(\underset{\sim}{H}_e)$, die keine Materialeigenschaft ist, sondern sich aus der Verformungskinematik ergibt. Der Abschätzung $1 \leqq x/\tanh x \leqq 1 + x^2/3$ entnimmt man, daß für kleine Werte von $x := h_1^e - h_2^e$, also kleine elastische Verzerrungen, der Ersatz von $\mathbb{D}(\underset{\sim}{H}_e)$ durch $\mathbb{1}$ unbedenklich ist. So findet man für $x = 0{,}17$ den Wert $x/\tanh x = 1{,}01$, also einen Fehler von 1%. Noch für $x = 1{,}05$ ist der Wert erst $x/\tanh x = 1{,}35$. Man könnte also meinen, daß selbst für so große elastische Verzerrungen das Verhalten des Materials bei Vernachlässigung der kinematischen Tetrade zwar ungenau, aber qualitativ richtig beschrieben wird. Das ist jedoch nicht immer so! In einer stationären Strömung – wir definieren sie hier als eine solche, in der die Spannung zeitlich konstant bleibt und kennzeichnen sie mit dem Index $\infty$ – gilt im Falle $p_1 \neq p_2$ die Bedingung $\dot{\varphi} \equiv 0$, also nach (9.198)

$$\sin 2\varphi_\infty = \tanh(h_1^e - h_2^e)_\infty. \tag{9.199}$$

Ersetzt man aber $x/\tanh x$ auf der rechten Seite von (9.198) durch 1, dann erhält man stattdessen $\sin 2\varphi_\infty = (h_1^e - h_2^e)_\infty$ und somit die Restriktion $1 \geqq |\sin 2\varphi_\infty| = |(h_1^e - h_2^e)_\infty|$. Die Approximation der Stoffgleichung läßt also Werte $|(h_1^e - h_2^e)_\infty| > 1$ (z.B. $x = 1{,}05$) in stationären Scherströmungen nicht zu, während die exakte Gleichung (9.199) eine derartige Einschränkung nicht enthält.

Eine weitere notwendige Bedingung für stationäre Scherströmungen ist übrigens $\dot{h}_m^e \equiv 0$ $(m=1,2,3)$ und damit nach (9.197):

$$n_{1\infty}\delta = -n_{2\infty}\delta = \frac{\varkappa}{2}\cos 2\varphi_\infty, \quad n_{3\infty}\delta = 0. \tag{9.200}$$

Die Fließregel muß also ebene isochore inelastische Verformungen $\underset{\sim}{N}$ gestatten.

Im *elastischen Bereich* lassen die Differentialgleichungen (9.197) und (9.198) sich – unabhängig vom Stoffgesetz $\hat{\underset{\sim}{P}}(\underset{\sim}{H}_e)$ – integrieren. Wählen wir im spannungsfreien Ausgangszustand $\underset{\sim}{F}_e = \underset{\sim}{1}$ und während des Prozesses $\dot{\underset{\sim}{K}}_i \equiv 0$ – nach (9.80) –, dann gilt $\dot{\underset{\sim}{K}}\underset{\sim}{K}^{-1} = \dot{\underset{\sim}{F}}_e\underset{\sim}{F}_e^{-1} = \underset{\sim}{L}$, und diese Gleichung besitzt das Integral

$$\underset{\sim}{F}_e(t) = \underset{\sim}{1} + K(t)\underset{\sim}{i}_x \otimes \underset{\sim}{i}_y \text{ mit } \dot{K}(t) = \varkappa(t) \text{ und } K(0) = 0. \tag{9.201}$$

Die nichttrivialen Komponenten von $\underset{\sim}{B}_e = \underset{\sim}{F}_e\underset{\sim}{F}_e^T = \exp 2\underset{\sim}{H}_e$ bezüglich der Hauptachsen $\{\underset{\sim}{n}_m\}$ sind dann

$$\exp 2h_1^e = \underset{\sim}{n}_1\underset{\sim}{F}_e\underset{\sim}{F}_e^T\underset{\sim}{n}_1 = 1 + K\cos 2\varphi + \frac{K^2}{2}(1+\sin 2\varphi),$$

$$\exp 2h_2^e = \underset{\sim}{n}_2\underset{\sim}{F}_e\underset{\sim}{F}_e^T\underset{\sim}{n}_2 = 1 - K\cos 2\varphi + \frac{K^2}{2}(1-\sin 2\varphi),$$

$$\exp 2h_3^e = \underset{\sim}{n}_3\underset{\sim}{F}_e\underset{\sim}{F}_e^T\underset{\sim}{n}_3 = 1,$$

$$0 = \underset{\sim}{n}_1\underset{\sim}{F}_e\underset{\sim}{F}_e^T\underset{\sim}{n}_2 = K\sin 2\varphi - \frac{K^2}{2}\cos 2\varphi. \tag{9.202}$$

Aus der letzten Gleichung gewinnt man

$$\tan 2\varphi = \frac{K}{2} \tag{9.203}$$

und damit aus den übrigen

$$h_1^e = -h_2^e = \operatorname{arsinh}\frac{K}{2} = \ln\cot\!\left(\frac{\pi}{4} - \varphi\right), \quad h_3^e = 0, \tag{9.204}$$

und diese Beziehungen erfüllen in der Tat die Differentialgleichungen (9.197) und (9.198) im Falle $\delta \equiv 0$.

Zwischen den Hauptbeanspruchungen $p_1, p_2$ und den Beanspruchungskomponenten auf den Ebenen senkrecht zu $\underset{\sim}{i}_x$ bzw. $\underset{\sim}{i}_y$ bestehen die Zusammenhänge

$$2p_{xy} = (p_1 - p_2)\cos 2\varphi, \quad p_{xx} - p_{yy} = (p_1 - p_2)\sin 2\varphi \tag{9.205}$$

und daher, sofern $p_1 \neq p_2$ ist, im elastischen Falle mit (9.203)

$$\frac{p_{xx} - p_{yy}}{p_{xy}} = 2\tan 2\varphi = K. \tag{9.206}$$

Zusammen mit einer Schubbeanspruchung $p_{xy}$ tritt bei isotrop-elastischem Verhalten – und zwar unabhängig von der Gestalt von $\hat{\underset{\sim}{P}}(\underset{\sim}{H}_e)$ – notwendig eine Normalbeanspruchungsdifferenz $p_{xx}-p_{yy}$ auf, die allerdings für kleine K im Vergleich zur Schubbeanspruchung sehr klein ist. Dieses Phänomen heißt *Poynting-Effekt* und wird wegen seiner anfänglichen Kleinheit als Effekt zweiter Ordnung (second order effect) bezeichnet.

Da aus (9.203) und (9.204) mittels bekannter Additionstheoreme

$$\sin 2\varphi = \tanh h_1^e \tag{9.207}$$

folgt, erkennt man durch Vergleich mit (9.199), daß im elastischen Bereich kein stationärer Wert $\varphi_\infty$ existiert (den Fall $p_1=p_2$, also $p_{xy}=0$ trotz $h_1^e \neq h_2^e$, der die elastische Flüssigkeit kennzeichnet, haben wir ja ausdrücklich ausgeschlossen).

Der folgenden Beispielrechnung legen wir wieder die tensoriell lineare elastische Stoffgleichung nach (9.116) bis (9.122) zugrunde. Im elastischen Bereich gilt wegen (9.204)

$$\operatorname{tr} \underset{\sim}{H}_e = 0, \quad |\underset{\sim}{H}_e'| = \sqrt{2}h_1^e \tag{9.208}$$

und damit nach (9.120), (9.121)

$$p_1 = -p_2 = \alpha_1(\sqrt{2}h_1^e)h_1^e, \quad p_3 = 0. \tag{9.209}$$

Folglich besteht – mit (9.203), (9.204) – zwischen dem Scherweg K und der Schubspannung $\tau := t_{xy}$ der elastische Zusammenhang

$$\tau = \varrho_0 \frac{\alpha_1(\sqrt{2}\operatorname{arsinh}(K/2))\operatorname{arsinh}(K/2)}{\sqrt{1+(K/2)^2}}. \tag{9.210}$$

Bei Berechnung der *inelastischen Verformungen* verwenden wir zusätzlich die Lévysche Fließregel, die hier die Form $\underset{\sim}{N} = \overrightarrow{\underset{\sim}{P}'} = \overrightarrow{\underset{\sim}{H}_e'}$ annimmt. Aus (9.197) folgt dann $\operatorname{tr} \dot{\underset{\sim}{H}}_e = -\operatorname{tr} \underset{\sim}{N}\delta = 0$, $\underset{\sim}{H}_e' = \underset{\sim}{H}_e$ und $\dot{h}_3^e = -n_3\delta = -\delta h_3^e/|\underset{\sim}{H}_e|$ mit der Lösung $h_3^e \equiv 0$ und der Folgerung $h_1^e = -h_2^e$. In diesem Spezialfall behalten also die Beziehungen (9.208) und (9.209) auch während der inelastischen Verformung ihre Gültigkeit. Zur Ermittlung des zeitlichen Verlaufs von $h_1^e$ und $\varphi$ verbleibt eine nichttriviale Gleichung von (9.197)

$$\dot{h}_1^e = \frac{\varkappa}{2}\cos 2\varphi - \frac{1}{\sqrt{2}}\delta \tag{9.211}$$

sowie die Gleichung (9.198)

$$\dot{\varphi} = \frac{\varkappa}{2}\left(1 - \frac{\sin 2\varphi}{\tanh 2h_1^e}\right). \tag{9.212}$$

Untersuchen wir zunächst die *stationäre Lösung*, die bei der Scherung der inelastischen Materialien aus dem spannungsfreien Zustand heraus mit wachsendem Scherweg asymptotisch angestrebt wird. Aus (9.212) ergibt sich im Falle $\dot{\varphi} \equiv 0$

$$\sin 2\varphi_\infty = \tanh 2h_{1\infty}^e \Rightarrow \begin{cases} \tan 2\varphi_\infty = \sinh 2h_{1\infty}^e \\ \cos 2\varphi_\infty = \dfrac{1}{\cosh 2h_{1\infty}^e} \end{cases} \tag{9.213}$$

und damit aus (9.211) im Falle $\dot{h}_1^e \equiv 0$

$$\sqrt{2}\delta \cosh 2h_{1\infty}^e = \varkappa. \tag{9.214}$$

Beim Bingham-Material mit $\delta = \hat{\delta}(|\underset{\sim}{H}_e'|)$ erhalten wir daraus eine Gleichung zur Bestimmung von $h_{1\infty}^e$ zu vorgegebener konstanter Schergeschwindigkeit $\varkappa$:

$$\sqrt{2}\hat{\delta}(\sqrt{2}h_{1\infty}^e)\cosh 2h_{1\infty}^e = \varkappa. \tag{9.215}$$

Die zugehörige Schubspannung ist

$$\tau_\infty = \varrho_0 p_{1\infty} \cos 2\varphi_\infty = \varrho_0 \frac{\alpha_1(\sqrt{2}h_{1\infty}^e)h_{1\infty}^e}{\cosh 2h_{1\infty}^e} \tag{9.216}$$

und die Normalspannungsdifferenz

$$t_{xx} - t_{yy}|_\infty = 2\varrho_0 p_{1\infty} \sin 2\varphi_\infty = 2\varrho_0 \alpha_1(\sqrt{2}h_{1\infty}^e)h_{1\infty}^e \tanh 2h_{1\infty}^e. \tag{9.217}$$

Falls die Funktionen $\hat{\delta}$ und $\alpha_1$ monoton nicht abnehmen, dann wachsen die elastischen Verzerrungen $h_{1\infty}^e$ und die Normalspannungsdifferenz mit wachsender Schergeschwindigkeit $\varkappa$ monoton an. Damit jedoch auch die Schubspannung $\tau_\infty$ monoton mit $\varkappa$ anwächst, ist zusätzlich notwendig, daß die Funktion $\alpha_1$ hinreichend stark mit $h_{1\infty}^e$ zunimmt. Ist etwa $\alpha_1 = \text{const}$, wie im Beispiel (9.124), dann wächst $\tau_\infty$ von Null bis zum Maximalwert $0{,}331\varrho_0\alpha_1$ und strebt danach wieder gegen Null. Verschiedene Fälle sind in Bild 9.12 aufgetragen. Durch Wahl hinreichend vieler Parameterwerte $h_{1\infty}^e$ sind die Kurven leicht aus (9.215) bis (9.217) punktweise zu konstruieren.

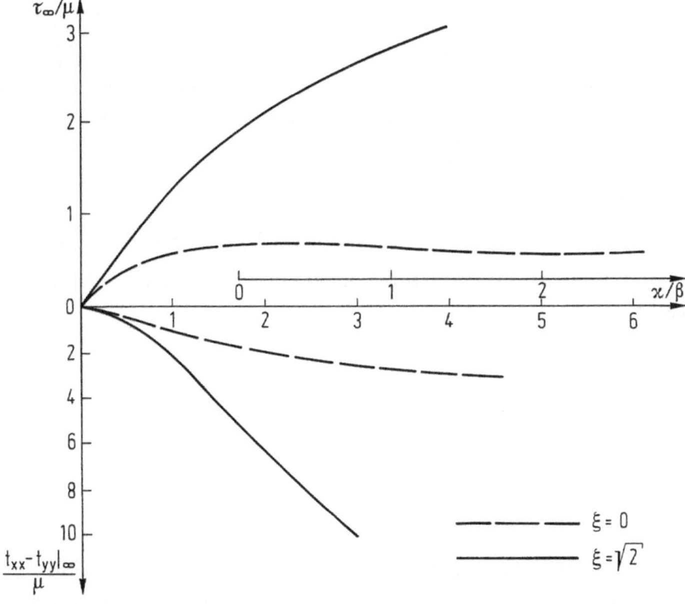


**Bild 9.12.** Stationäre Scherströmung des Bingham-Materials.

Materialgesetz: $\underset{\sim}{T}' = 2\mu \frac{\varrho}{\varrho_0} e^{\xi|\underset{\sim}{H}_e'|}\underset{\sim}{H}'_e$, $\underset{\sim}{D}_i = \beta < |\underset{\sim}{H}'_e| - h_y > \overrightarrow{\underset{\sim}{T}'}$.

Obere Skala auf der Abszisse gilt für die Wahl $h_y = 1{,}05/\sqrt{2} = 0{,}74$.
Untere Skala auf der Abszisse: $h_y = 0$ (Maxwell-Material)

Beim endochronen Material hat man $\delta=\hat{\delta}(|H_e'|)|D'|=\hat{\delta}(\sqrt{2}h^e_{1\infty})\varkappa/\sqrt{2}$, so daß sich aus (9.214) die Bestimmungsgleichung

$$\hat{\delta}(\sqrt{2}h^e_{1\infty})\cosh 2h^e_{1\infty}=1 \tag{9.218}$$

zur Ermittlung von $h^e_{1\infty}$ ergibt.

Einen entscheidenden Unterschied zwischen koaxialer und nicht koaxialer Verformung erkennt man, wenn man die stationäre Strömung zweier Bingham-Materialien mit gleichem Kriechgesetz $\delta=\check{\delta}(|P'|)$ aber verschiedenem elastischen Verhalten des Typs (9.121) betrachtet. Gleichung (9.161) wird zu

$$\overrightarrow{H_e'}:\overrightarrow{D'}|D'|=\check{\delta}(|P'|). \tag{9.219}$$

Im Falle der koaxialen Verformung ist $\overrightarrow{H_e'}:\overrightarrow{D'}=1$, und $|P'|$ ist durch die angelegten Hauptbeanspruchungen $p_m$ festgelegt. Der Zusammenhang zwischen der Verformungsgeschwindigkeit $|D'|$ und den angelegten Hauptspannungen ist vom elastischen Verhalten offenbar unabhängig. Im Falle der Scherung ist dagegen $\overrightarrow{H_e'}:\overrightarrow{D'}=\cos 2\varphi_\infty=(\cosh 2h^e_{1\infty})^{-1}$ und $|P'|=\sqrt{2}p_1=\sqrt{2}\tau_\infty/(\varrho_0\cos 2\varphi_\infty)=\sqrt{2}\tau_\infty\cosh 2h^e_{1\infty}/\varrho_0$, also

$$\varkappa=\sqrt{2}|D'|=\sqrt{2}\cosh 2h^e_{1\infty}\check{\delta}(\sqrt{2}\tau_\infty\cosh 2h^e_{1\infty}/\varrho_0). \tag{9.220}$$

Diesmal ergibt sich für die beiden Materialien nicht derselbe Zusammenhang zwischen der Schergeschwindigkeit $\varkappa$ und der angelegten Schubspannung $\tau_\infty$. Falls $\check{\delta}(|P'|)$ eine monoton wachsende Funktion ist, besitzt das Material mit den größeren elastischen Verzerrungen $h^e_{1\infty}$ (bei gleicher Schubspannung $\tau_\infty$) eine geringere Zähigkeit $\tau_\infty/\varkappa$, denn die Schergeschwindigkeit $\varkappa$ ist größer.

Als nächstes befassen wir uns mit dem *instationären Fall*, also der Scherung aus dem spannungsfreien Zustand heraus.

Beim Prandtl-Material gilt dabei jenseits des elastischen Bereichs $|P'|\equiv y$, also $h^e_1=h_y/\sqrt{2}\equiv\text{const}$, so daß die Lösung der instationären Differentialgleichung (9.212) angegeben werden kann:

$$\tan\varphi=\tan\varphi_\infty+\left[\frac{\tan 2\varphi_\infty}{2}-\left(\frac{\tan 2\varphi_\infty}{2}+\frac{1}{\tan\varphi_\infty-\tan\varphi_e}\right)\exp\frac{K-K_e}{\tan 2\varphi_\infty}\right]^{-1} \tag{9.221}$$

Darin berechnen sich der asymptotisch angestrebte Winkel $\varphi_\infty$ gemäß (9.213) aus $\tan 2\varphi_\infty=\sinh\sqrt{2}h_y$ und die beim Verlassen des elastischen Bereichs vorhandenen Werte aus (9.203) und (9.204) zu $K_e/2=\tan 2\varphi_e=\sinh(h_y/\sqrt{2})$. Da $\varphi$ wächst, fällt die Schubspannung nach Erreichen der Fließgrenze monoton ab:

$$\tau=\varrho_0 p_1\cos 2\varphi=\frac{1}{\sqrt{2}}\varrho_0\alpha_1(h_y)h_y\cos 2\varphi\to\frac{\varrho_0\alpha_1(h_y)h_y}{\sqrt{2}\cosh\sqrt{2}h_y}. \tag{9.222}$$

Beim Bingham-Material und beim endochronen Material gelingt uns eine analytische Integration des Differentialgleichungssystems (9.211), (9.212) nicht, doch läßt sich das Verhalten bei der asymptotischen Annäherung an die stationäre Lösung diskutieren, wenn die Scherung mit konstanter Geschwindigkeit $\varkappa > 0$ erfolgt. Im Falle des allgemeinen Bingham-Materials gemäß (9.135) gewinnen wir aus (9.211) und (9.212)

$$\frac{dh_1^e}{d\varphi} = \tanh 2h_1^e \frac{\cos 2\varphi - \sqrt{2}\hat{\delta}(\sqrt{2}h_1^e)/\varkappa}{\tanh 2h_1^e - \sin 2\varphi}, \tag{9.223}$$

und nahe dem singulären Punkt $(\varphi_\infty, h_{1\infty}^e)$ dieser Differentialgleichung gilt die Darstellung

$$\frac{dh_1^e}{d\varphi} = \frac{A(\varphi-\varphi_\infty) + B(h_1^e - h_{1\infty}^e) + \dots}{C(\varphi-\varphi_\infty) + D(h_1^e - h_{1\infty}^e) + \dots} \tag{9.224}$$

– wobei höhere Potenzen in Zähler und Nenner nicht notiert sind – mit

$$A = \sinh^2 u, \; B = \sinh u \cosh u \; \hat{\delta}'(u/\sqrt{2})/\varkappa,$$

$$C = \cosh u, \; D = -1. \tag{9.225}$$

Dabei ist zur Abkürzung $u = 2h_{1\infty}^e$ eingeführt und $\varphi_\infty$ mittels (9.213) eliminiert worden. Das Verhalten der Lösungskurven nahe dem singulären Punkt hängt ab von den Wurzeln der charakteristischen Gleichung – siehe [9.9] –

$$\lambda^2 - (B+C)\lambda + BC - AD = 0, \tag{9.226}$$

also

$$\lambda_{1,2} = \frac{B+C}{2} \pm \sqrt{\left(\frac{B+C}{2}\right)^2 - (BC-AD)} = \frac{B+C}{2} \pm \sqrt{\left(\frac{B-C}{2}\right)^2 + AD}. \tag{9.227}$$

Wegen $AD < 0$ und $BC - AD > 0$ – wir unterstellen $\hat{\delta}' > 0$ – sind diese entweder reell und vorzeichengleich oder aber komplex. Im ersten Falle handelt es sich um einen Knotenpunkt, in den die Lösungen mit der Steigung

$$\frac{dh_1^e}{d\varphi}\Big|_\infty = \frac{1}{D}\left(\frac{B-C}{2} - \operatorname{sgn}(B+C)\sqrt{\left(\frac{B-C}{2}\right)^2 + AD}\right) \tag{9.228}$$

einlaufen, im zweiten um einen Strudelpunkt, den die Lösung unendlich oft mit abnehmendem Abstand umfährt (Bild 9.13).

Bedingungen für das Vorliegen eines Knotenpunktes sind

$$\frac{B-C}{\sqrt{-AD}} \begin{cases} > 2 \\ \text{oder} < -2. \end{cases} \tag{9.229}$$

Einsetzen von (9.225) und Elimination von $\varkappa$ mittels (9.214) gibt

$$\frac{\hat{\delta}'(u/\sqrt{2})}{\sqrt{2}\hat{\delta}(u/\sqrt{2})} - \coth u \begin{cases} > 2 \\ \text{oder} < -2. \end{cases} \tag{9.230}$$

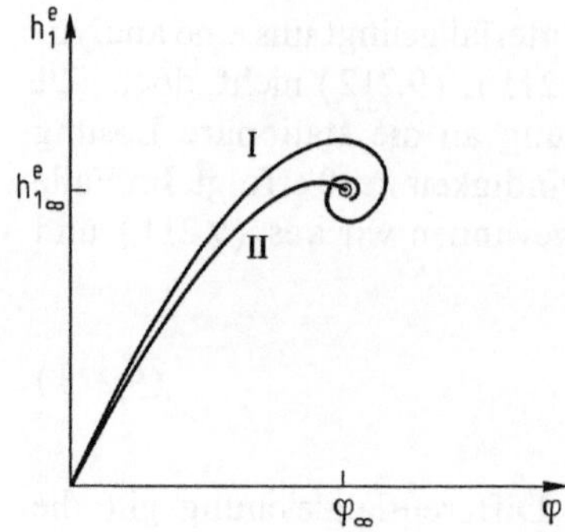


**Bild 9.13.** Der stationäre Punkt $(\varphi_\infty, h_{1\infty}^e)$ als Strudelpunkt (I) oder Knotenpunkt (II) der instationären Anfahrströmung

Mit dem linearen Ansatz (9.163), also

$$\hat{\delta}(u/\sqrt{2}) = \beta[u/\sqrt{2} - h_y], \ \hat{\delta}'(u/\sqrt{2}) = \beta, \tag{9.231}$$

wird daraus insbesondere

$$\frac{1}{u-\sqrt{2}h_y} - \coth u \begin{cases} >2 \\ \text{oder} < -2. \end{cases} \tag{9.232}$$

Die Funktion von u fällt beim echten Bingham-Material $(h_y > 0)$ monoton von $+\infty$ bei $u = \sqrt{2}h_y$ auf den Wert $-1$ bei $u \to \infty$ ab. Die obere Ungleichung läßt sich also erfüllen, wenn $u - \sqrt{2}h_y$ hinreichend klein ist. Für Werte $u - \sqrt{2}h_y \geqq 1/3$ ist sie jedenfalls verletzt wegen $\coth u > 1$ (für alle $u > 0$). Mit Sicherheit liegt also ein Strudelpunkt vor, wenn gemäß (9.214) gilt

$$\varkappa \geqq \frac{\beta}{3} \cosh\left(\frac{1}{3} + \sqrt{2}h_y\right). \tag{9.233}$$

Beim linearen Maxwell-Material ist der asymptotische Punkt stets ein Strudelpunkt, denn im Falle $h_y = 0$ ist die Funktion in (9.232) bei $u = 0$ gleich Null und wächst für kein u über den Wert 1 hinaus. Dasselbe gilt auch für das endochrone Materialgesetz (9.171). Unser Resultat hängt wesentlich von den speziellen Stoffannahmen ab. Wählen wir statt (9.231) beispielsweise

$$\hat{\delta}(u/\sqrt{2}) = \exp 4u - 1 \Rightarrow \frac{4}{1-\exp(-4u)} - \coth u > 2 \text{ für alle } u > 0, \tag{9.234}$$

so sehen wir, daß bei diesem Maxwell-Material ausschließlich Knotenpunkte vorliegen. An diesen Knoten ebenso wie an denen des zuvor betrachteten Bingham-Materials ist jeweils die obere der beiden Ungleichungen erfüllt, d.h., es gilt $B > C$ und daher ist nach (9.228) die Tangentensteigung an diesen Knoten negativ. Bei allen hier betrachteten Maxwell- und Bingham-Materialien gehört die Lösungskurve in der $(\varphi, h_1^e)$-Ebene deshalb zu einem der beiden in Bild 9.13 qualitativ skizzierten Typen. Die elastische Verzerrung $h_1^e$ durchläuft also mindestens ein Maximum, dessen Wert den stationären Wert übertrifft, und fällt danach wieder ab. Da gleichzeitig der Winkel

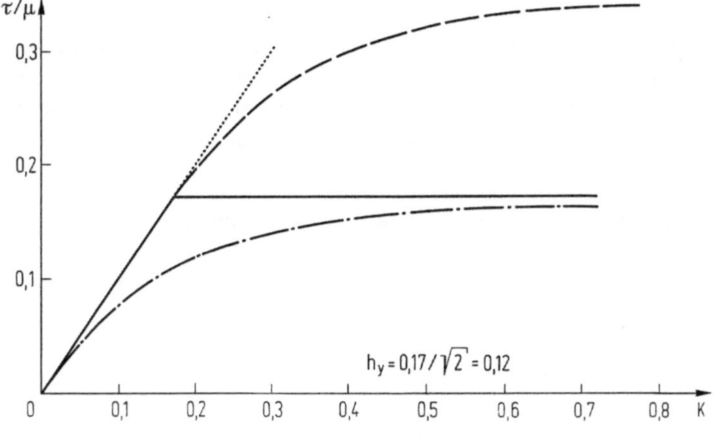


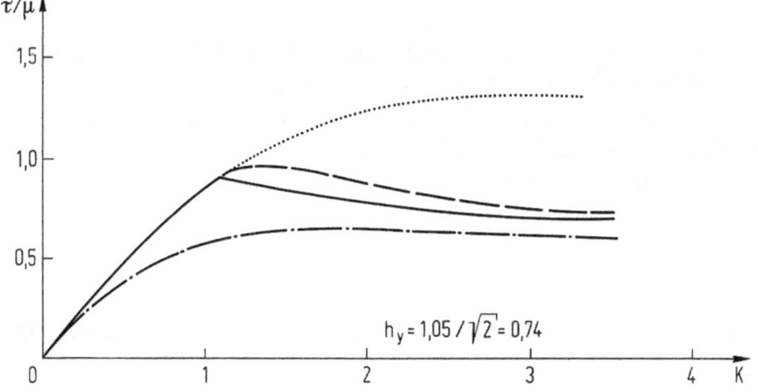


**Bild 9.14.** Aufbau der Schubspannung bei einsinniger Scherung für zwei verschiedene Werte von $h_y$. Materialannahmen: $\underset{\sim}{T}' = 2\mu \frac{\varrho}{\varrho_0} \underset{\sim}{H}'_e$, $\overrightarrow{\underset{\sim}{D}_i} = \overrightarrow{\underset{\sim}{T}'}$;

| | | |
|---|---|---|
| Prandtl: | $\lvert\underset{\sim}{T}'\rvert \leqq \varrho y = 2\mu \frac{\varrho}{\varrho_0} h_y$, | ——— |
| Bingham: | $\lvert\underset{\sim}{D}_i\rvert = \beta\langle\lvert H'_e\rvert - h_y\rangle$, $\varkappa = 0{,}2\beta$, | – – – – |
| Endochron: | $\lvert\underset{\sim}{D}_i\rvert = \frac{\lvert\underset{\sim}{H}'_e\rvert}{h_y}\lvert\underset{\sim}{D}'\rvert$, | —·—·—· |
| Elastisch: | | .......... |

φ weiter zunimmt, muß erst recht dort die Schubspannung $\tau = \varrho_0\alpha_1(\sqrt{2}h_1^e)h_1^e\cos 2\varphi$ abfallen. Ein solches Phänomen des Überschießens (overshoot) ist aus Experimenten bekannt (siehe Christensen [9.36], Kap. 7). Auf ein Maximum der Normalspannungsdifferenz können wir nur im Falle des Strudels mit Sicherheit schließen.

Bild 9.14 zeigt den Zusammenhang zwischen dem Scherweg K und der Schubspannung τ für die verschiedenen Materialien (beim endochronen und Bingham-Material auf der Grundlage einer numerischen Integration). Im ersten der beiden im Bild dargestellten Fälle ist die Grenze des elastischen Bereichs so gewählt, daß dort $2h_1^e = 0{,}17$, also die elastische Dehnung in der 1-Richtung $\varepsilon_1 = \exp h_1^e - 1 = 8{,}8\%$

beträgt. Im zweiten Falle dagegen ist $2h_1^e = 1{,}05$, also $\varepsilon_1 = 69\%$. Man erkennt: Bleiben die elastischen Verzerrungen klein, dann sind die Diagramme denen des koaxialen isochoren Deformationsprozesses (Bild 9.8) sehr ähnlich. Werden die elastischen Verzerrungen jedoch groß, dann verhält das Material sich wegen des großen Winkels $\varphi$ der Abweichung zwischen den Hauptachsen von $\underset{\sim}{T}$ und $\underset{\sim}{D}$ zunehmend weicher.

## 9.15 Kleine elastische Verzerrungen (Hookesches Gesetz)

Läßt ein isotropes Material nur sehr kleine elastische Verzerrungen zu und ist das elastische Stoffgesetz so glatt, daß es nahe $\underset{\sim}{H}_e = 0$ die Entwicklung

$$\hat{\underset{\sim}{P}}(\underset{\sim}{H}_e) = \frac{2\mu}{\varrho_0}\left(\mathbb{1} + \frac{\nu}{1-2\nu}\underset{\sim}{1}\otimes\underset{\sim}{1}\right):\underset{\sim}{H}_e + O(|\underset{\sim}{H}_e|^2) \tag{9.235}$$

besitzt, so wird man den Fehlerterm meist vernachlässigen und mit der linearen Beziehung (9.124) arbeiten können. Diese nennt man dann auch isotropes Hookesches Gesetz und bezeichnet $\mu$ als den Schubmodul (modulus of rigidity) und $\nu$ als Querkontraktionszahl (Poisson's ratio). Der im Zugversuch – vgl. (9.188) – auftretende Steifigkeitswert $2\mu(1+\nu)$ wird Elastizitätsmodul (Young's modulus) genannt. Bei kleinen $|\underset{\sim}{H}_e|$ ist es auch zulässig, von der kinematischen Tetrade abzusehen, also $\mathbb{D}(\underset{\sim}{H}_e) \approx \mathbb{1}$ zu setzen. Aus Gleichung (9.159) wird daher:

$$\overset{\circ}{\underset{\sim}{P}} = \frac{2\mu}{\varrho_0}\left(\mathbb{1} + \frac{\nu}{1-2\nu}\underset{\sim}{1}\otimes\underset{\sim}{1}\right):(\underset{\sim}{D} - \underset{\sim}{N}\delta). \tag{9.236}$$

Im Falle des speziellen Maxwell-Materials mit $\underset{\sim}{N}\delta = \frac{\varrho_0}{2\eta}\underset{\sim}{P}'$ ergeben sich daraus die Kugeltensorgleichung

$$\operatorname{tr}\dot{\underset{\sim}{P}} = \frac{2\mu}{\varrho_0}\,\frac{1+\nu}{1-2\nu}\operatorname{tr}\underset{\sim}{D} \tag{9.237}$$

und die Deviatorgleichung

$$\dot{\underset{\sim}{P}}' - \underset{\sim}{W}\underset{\sim}{P}' + \underset{\sim}{P}'\underset{\sim}{W} + \frac{\mu}{\eta}\underset{\sim}{P}' = \frac{2\mu}{\varrho_0}\underset{\sim}{D}', \tag{9.238}$$

die eine lineare Differentialgleichung für $\underset{\sim}{P}'$ darstellt, jedoch für beliebige Prozesse nicht geschlossen integrierbar ist.

Würde man noch die Terme mit $\underset{\sim}{W}$ streichen – also $\overset{\circ}{\underset{\sim}{P}}$ durch $\dot{\underset{\sim}{P}}$ ersetzen –, dann wären die zugehörigen Komponentengleichungen entkoppelt und von der Form (2.18) des Maxwell-Modells. Das ist zulässig, wenn $\underset{\sim}{D}'$ und $\underset{\sim}{W}$ von gleicher Größenordnung sind – wie zum Beispiel bei der Scherung –, denn dann ist

$$|\underset{\sim}{P}'||\underset{\sim}{W}| = \frac{2\mu}{\varrho_0}|\underset{\sim}{H}_e'||\underset{\sim}{W}| << \frac{2\mu}{\varrho_0}|\underset{\sim}{W}| \approx |\frac{2\mu}{\varrho_0}\underset{\sim}{D}'|. \tag{9.239}$$

Die Integration gibt – mit $\beta := \mu/\eta$ –

$$\underset{\sim}{P}'(t) = P'(t_0)e^{-\beta(t-t_0)} + \frac{2\mu}{\varrho_0}\int_{\tau=t_0}^{t} e^{-\beta(t-\tau)}\underset{\sim}{D}'(\tau)\,d\tau. \tag{9.240}$$

Diese Approximation versagt bei der Starrkörperbewegung. Bei einer Scherung aus dem spannungsfreien Zustand liefert sie Koaxialität von $\underset{\sim}{D}$ und $\underset{\sim}{P}$, der Poynting-Effekt – bei kleinen elastischen Verzerrungen sowieso geringfügig – wird also gänzlich unterdrückt.

*Bemerkung* zur Annahme kleiner elastischer Verzerrungen:
Beim Prandtl-Material und dem endochronen Material sind die deviatorischen elastischen Verzerrungen klein, wenn der $|\underset{\sim}{P}'|$ einschränkende Parameter y klein genug ist. Beim Maxwell-Material sind die deviatorischen elastischen Verzerrungen sicher klein, wenn der Prozeß der deviatorischen Gesamtverzerrung langsam genug abläuft (siehe die Diskussion zu (9.165) bzw. (9.168)).

## 9.16 Genäherte Integration bei langsamer Verformung eines Maxwell-Materials

Greifen wir die Frage der Integration beim Maxwell-Material noch einmal von einem etwas allgemeineren Standpunkt auf. Zum einen werden wir dabei sehen, warum bei großen elastischen Verzerrungen selbst einfachste Stoffansätze im allgemeinen keine geschlossene Integration gestatten. Zum anderen wollen wir aber wenigstens im Falle kleiner elastischer Verzerrungen eine näherungsweise gültige Integrationsformel entwickeln, die im Gegensatz zu (9.240) auch die Starrkörperbewegung richtig beschreibt sowie bei der Scherung den Poynting-Effekt wiedergibt. Die inelastische Verzerrungsgeschwindigkeit setzen wir dabei an in der Form

$$\underset{\sim}{D}_i = \frac{\varrho_0}{2\eta(\varrho_i)}\left(\mathbb{1} - \frac{\bar{\nu}(\varrho_i)}{1+\bar{\nu}(\varrho_i)}\underset{\sim}{1}\otimes\underset{\sim}{1}\right):\underset{\sim}{P}. \qquad (9.241)$$

(Bisher hatten wir nur den Fall $\bar{\nu} = 1/2$, also $\operatorname{tr}\underset{\sim}{D}_i = 0$ betrachtet, jetzt lassen wir auch Volumenkriechen zu, so daß die Dichte $\varrho_i$ von $\underset{\sim}{G}_i$ veränderlich wird. Damit sollen auch $\eta$ und $\bar{\nu}$ veränderlich werden.) Die Entwicklung (9.235) des elastischen Stoffgesetzes – in dem wir nun $\mu$ und $\nu$ ebenfalls von $\varrho_i$ abhängen lassen – erlaubt auch die folgenden Darstellungen:

$$\underset{\sim}{P} = \frac{\mu(\varrho_i)}{\varrho_0}\left(\mathbb{1} + \frac{\nu(\varrho_i)}{1-2\nu(\varrho_i)}\underset{\sim}{1}\otimes\underset{\sim}{1}\right):(\underset{\sim}{1} - \underset{\sim}{B}_e^{-1}) + O(|\underset{\sim}{H}_e|^2) \qquad (9.242)$$

$$= \frac{\mu(\varrho_i)}{\varrho_0}\left(\mathbb{1} + \frac{\nu(\varrho_i)}{1-2\nu(\varrho_i)}\underset{\sim}{1}\otimes\underset{\sim}{1}\right):(\underset{\sim}{B}_e - \underset{\sim}{1}) + O(|\underset{\sim}{H}_e|^2). \qquad (9.243)$$

Die Fehlerterme sind natürlich in den beiden Fällen verschieden; es ist $\underset{\sim}{B}_e = \exp 2\underset{\sim}{H}_e = \underset{\sim}{1} + 2\underset{\sim}{H}_e + O(|\underset{\sim}{H}_e|^2)$. Führen wir die zweite Form unter Vernachlässigung des Fehlerterms in (9.241) ein, so ergibt sich

$$\underset{\sim}{D}_i = \frac{\mu}{2\eta}(\varrho_i)(\mathbb{1} + \gamma(\varrho_i)\underset{\sim}{1}\otimes\underset{\sim}{1}):(\underset{\sim}{B}_e - 1) \text{ mit } \gamma := \frac{\nu - \bar{\nu}}{(1-2\nu)(1+\bar{\nu})}, \qquad (9.244)$$

und unter Beachtung von $\underset{\sim}{B}_e = \underset{\sim}{K}\underset{\sim}{G}_i^{-1}\underset{\sim}{K}^*$ wird daraus mit (9.106)

$$\dot{\underset{\sim}{G}}_i = \frac{\mu}{\eta}(\varrho_i)(\mathbb{1} + \gamma(\varrho_i)\underset{\sim}{G}_i\otimes\underset{\sim}{G}_i^{-1}):(\underset{\sim}{G} - \underset{\sim}{G}_i). \qquad (9.245)$$

Im Falle $\gamma=0$, also $\nu=\bar{\nu}$, ist das – sofern noch $\mu/\eta$ von $\varrho_i$ unabhängig ist – eine lineare Differentialgleichung für $\underset{\sim}{G}_i$, deren Komponenten entkoppelt sind und die sich daher sofort lösen läßt. (Es ist dies eines der wenigen Beispiele, wo die Integration für beliebig große elastische Verzerrungen exakt ausgeführt werden kann. Dieser Fall tritt auf beim inkompressiblen Fluid, wenn es durch den Grenzübergang $\nu=\bar{\nu}\to 1/2$ gewonnen wird. Wir behandeln diese inkompressiblen Flüssigkeiten 1. Ordnung im Abschnitt 14.1. Siehe hierzu auch Krawietz [9.10].)

Bei kompressiblen Fluiden ist der Fall $\nu=\bar{\nu}$ physikalisch nicht ausgezeichnet. Gilt aber $\nu\neq\bar{\nu}$ (z.B. $\bar{\nu}=1/2$, $\nu\neq 1/2$, also $\gamma=-1/3$: keine inelastische Volumenänderung), dann ist die Differentialgleichung (9.245) nichtlinear. Wir können sie jedoch unter der Annahme kleiner elastischer Verzerrungen folgendermaßen linearisieren und integrieren. Die inelastische Konfiguration zu einem Zwischenzeitpunkt $\tau\in[t_0,t]$ besitzt wegen (9.245) die Darstellung

$$\underset{\sim}{G}_i(\tau)=\underset{\sim}{G}(t)-[\underset{\sim}{G}(t)-\underset{\sim}{G}_i(t)]+\int_{\bar{\tau}=t}^{\tau}\frac{\mu}{\eta}(\mathbb{1}+\gamma\underset{\sim}{G}_i\otimes\underset{\sim}{G}_i^{-1})(\bar{\tau}):(\underset{\sim}{G}-\underset{\sim}{G}_i)(\bar{\tau})d\bar{\tau}, \tag{9.246}$$

und da $\underset{\sim}{G}-\underset{\sim}{G}_i=\underset{\sim}{K}^*(\underset{\sim}{1}-\underset{\sim}{B}_e^{-1})\underset{\sim}{K}=O(|\underset{\sim}{H}_e|)$ ist, können wir das schreiben als

$$\underset{\sim}{G}_i(\tau)=\underset{\sim}{G}(t)+O(|\underset{\sim}{H}_e|). \tag{9.247}$$

Damit haben wir

$$\varrho_i(\tau)=\varrho(t)[\det(\underset{\sim}{G}_i^{-1}(\tau)\underset{\sim}{G}(t))]^{1/2}=\varrho(t)+O(|\underset{\sim}{H}_e|)$$

und daher, wenn die Funktion $\mu(\varrho_i)$ differenzierbar ist, $\mu(\varrho_i(\tau))=\mu(\varrho(t))+O(|\underset{\sim}{H}_e|)$. Gleiches gilt für $\eta,\nu,\bar{\nu}$, so daß (9.245) übergeht in

$$\frac{d\underset{\sim}{G}_i}{d\tau}(\tau)=\frac{\mu}{\eta}(\varrho(t))(\mathbb{1}+\gamma(\varrho(t))\underset{\sim}{G}(t)\otimes\underset{\sim}{G}(t)^{-1}):(\underset{\sim}{G}-\underset{\sim}{G}_i)(\tau)+O(|\underset{\sim}{H}_e|^2). \tag{9.248}$$

Das hat zur Folge

$$\left(\frac{d}{d\tau}+\xi\right)(\underset{\sim}{G}(t)^{-1}:\underset{\sim}{G}_i(\tau))=\xi\underset{\sim}{G}(t)^{-1}:\underset{\sim}{G}(\tau)+O(|\underset{\sim}{H}_e|^2)$$
$$\text{mit } \xi(\varrho(t)):=\frac{\mu}{\eta}(1+3\gamma), \tag{9.249}$$

also

$$\underset{\sim}{G}(t)^{-1}:\underset{\sim}{G}_i(t)=\underset{\sim}{G}(t)^{-1}:\underset{\sim}{G}_i(t_0)e^{-\xi(t-t_0)}$$
$$+\int_{\tau=t_0}^{t}e^{-\xi(t-\tau)}[\xi\underset{\sim}{G}(t)^{-1}:\underset{\sim}{G}(\tau)+O(|\underset{\sim}{H}_e|^2)]d\tau, \tag{9.250}$$

sowie

$$\left(\frac{d}{d\tau}+\beta\right)\left(\left[\mathbb{1}-\frac{1}{3}\underset{\sim}{G}(t)\otimes\underset{\sim}{G}(t)^{-1}\right]:\underset{\sim}{G}_i(\tau)\right)$$
$$=\beta\left[\mathbb{1}-\frac{1}{3}\underset{\sim}{G}(t)\otimes\underset{\sim}{G}(t)^{-1}\right]:\underset{\sim}{G}(\tau)+O(|\underset{\sim}{H}_e|^2)$$
$$\text{mit } \beta(\varrho(t)):=\frac{\mu}{\eta}, \tag{9.251}$$

also

$$\left[\mathbb{1}-\frac{1}{3}\underset{\sim}{G}(t)\otimes\underset{\sim}{G}(t)^{-1}\right]:\underset{\sim}{G}_i(t)=\left[\mathbb{1}-\frac{1}{3}\underset{\sim}{G}(t)\otimes\underset{\sim}{G}(t)^{-1}\right]:\underset{\sim}{G}_i(t_0)e^{-\beta(t-t_0)}$$

$$+\int_{\tau=t_0}^{t}e^{-\beta(t-\tau)}\left(\beta\left[\mathbb{1}-\frac{1}{3}\underset{\sim}{G}(t)\otimes\underset{\sim}{G}(t)^{-1}\right]:\underset{\sim}{G}(\tau)+O(|\underset{\sim}{H}_e|^2)\right)d\tau, \quad (9.252)$$

und somit insgesamt

$$\underset{\sim}{G}_i(t)=\underset{\sim}{G}(t)$$

$$+\left[\mathbb{1}e^{-\beta(t-t_0)}+\frac{1}{3}\underset{\sim}{G}(t)\otimes\underset{\sim}{G}(t)^{-1}(e^{-\xi(t-t_0)}-e^{-\beta(t-t_0)})\right]:[\underset{\sim}{G}_i(t_0)-\underset{\sim}{G}(t)]$$

$$+\int_{\tau=t_0}^{t}\left\{\left[\mathbb{1}\beta e^{-\beta(t-\tau)}+\frac{1}{3}\underset{\sim}{G}(t)\otimes\underset{\sim}{G}(t)^{-1}(\xi e^{-\xi(t-\tau)}-\beta e^{-\beta(t-\tau)})\right]:[\underset{\sim}{G}(\tau)-\underset{\sim}{G}(t)\right.$$

$$\left.+O(|\underset{\sim}{H}_e|^2)]\right\}d\tau. \quad (9.253)$$

Für die Beanspruchung ergibt sich nach (9.242)

$$\underset{\sim}{S}=\frac{\mu(\varrho_i)}{\varrho_0}\underset{\sim}{G}^{-1}\cdot\left\{\left[\mathbb{1}+\frac{\nu(\varrho_i)}{1-2\nu(\varrho_i)}\underset{\sim}{G}\otimes\underset{\sim}{G}^{-1}\right]:(\underset{\sim}{G}-\underset{\sim}{G}_i)\right\}\cdot\underset{\sim}{G}^{-1}+O(|\underset{\sim}{H}_e|^2) \quad (9.254)$$

und damit bis auf Terme der Ordnung $O(|\underset{\sim}{H}_e|^2)$

$$\underset{\sim}{S}(t)=\frac{\mu(\varrho)}{\varrho_0}\underset{\sim}{G}(t)^{-1}\cdot\left\{\left[\left(\mathbb{1}-\frac{1}{3}\underset{\sim}{G}(t)\otimes\underset{\sim}{G}(t)^{-1}\right)e^{-\beta(\varrho)(t-t_0)}+\right.\right.$$

$$\left.+\frac{1}{3}\frac{1+\nu}{1-2\nu}(\varrho)\underset{\sim}{G}(t)\otimes\underset{\sim}{G}(t)^{-1}e^{-\xi(\varrho)(t-t_0)}\right]:[\underset{\sim}{G}(t)-\underset{\sim}{G}_i(t_0)]+$$

$$+\int_{\tau=t_0}^{t}\left[\left(\mathbb{1}-\frac{1}{3}\underset{\sim}{G}(t)\otimes\underset{\sim}{G}(t)^{-1}\right)\beta(\varrho)e^{-\beta(\varrho)(t-\tau)}+\right.$$

$$\left.\left.+\frac{1}{3}\frac{1+\nu}{1-2\nu}(\varrho)\underset{\sim}{G}(t)\otimes\underset{\sim}{G}(t)^{-1}\xi(\varrho)e^{-\xi(\varrho)(t-\tau)}\right]:[\underset{\sim}{G}(t)-\underset{\sim}{G}(\tau)]d\tau\right\}\cdot\underset{\sim}{G}(t)^{-1} \quad (9.255)$$

– $\varrho$ steht abkürzend für $\varrho(t)$ – oder, kurz geschrieben,

$$\underset{\sim}{S}(t)=\mathbb{K}(\underset{\sim}{G}(t),t-t_0):[\underset{\sim}{G}(t)-\underset{\sim}{G}_i(t_0)]-$$

$$-\int_{\tau=t_0}^{t}\frac{\partial}{\partial(t-\tau)}\mathbb{K}(\underset{\sim}{G}(t),t-\tau):[\underset{\sim}{G}(t)-\underset{\sim}{G}(\tau)]d\tau. \quad (9.256)$$

Dies ist die angekündigte Näherungsformel für den Fall kleiner elastischer Verzerrungen. Wenn die inelastische Verformung wieder volumentreu und $\underset{\sim}{G}(\tau)$ als differenzierbar unterstellt wird, so läßt sich mit der Abkürzung

$\underset{\sim}{F}_{(t)}(\tau):=\underset{\sim}{K}(\tau)\underset{\sim}{K}(t)^{-1}$ daraus nach einiger Rechnung

$$\underset{\sim}{P}'(t)=\left[\underset{\sim}{F}^{T}_{(t)}(t_0)\left(\underset{\sim}{P}(t_0)-\frac{\nu}{1+\nu}\operatorname{tr}\underset{\sim}{P}(t_0)\underset{\sim}{1}\right)\underset{\sim}{F}_{(t)}(t_0)\right]' e^{-\beta(t-t_0)}$$
$$+\frac{2\mu}{\varrho_0}\int\limits_{\tau=t_0}^{t} e^{-\beta(t-\tau)}[\underset{\sim}{F}^{T}_{(t)}(\tau)\underset{\sim}{D}(\tau)\underset{\sim}{F}_{(t)}(\tau)]'d\tau \qquad (9.257)$$

gewinnen. Diese Formel verbessert die allzu grobe Näherung (9.240).

Abschließend untersuchen wir die Vereinbarkeit unserer Näherung mit dem Passivitätspostulat. Bei sehr raschen Verformungen ($\underset{\sim}{G}_i\approx$const) muß das Material sich hyperelastisch verhalten, d.h., es muß gelten

$$\underset{\sim}{P}(\underset{\sim}{H}_e,\varrho_i)=\frac{\partial W}{\partial\underset{\sim}{H}_e}(\underset{\sim}{H}_e,\varrho_i). \qquad (9.258)$$

Nach (9.242) ergibt sich daher die Speicherenergie – vgl. (9.123) – in der Form

$$W=\frac{\mu(\varrho_i)}{\varrho_0}\left[\frac{1}{3}\frac{1+\nu(\varrho_i)}{1-2\nu(\varrho_i)}(\operatorname{tr}\underset{\sim}{H}_e)^2+\underset{\sim}{H}_e{}':\underset{\sim}{H}_e{}'\right]+O(|\underset{\sim}{H}_e|^3)=:W(\underset{\sim}{H}_e,\varrho_i). \qquad (9.259)$$

Ihre Änderung berechnet sich wegen (9.158) und (9.86) zu

$$\dot{W}=\frac{\partial W}{\partial\underset{\sim}{H}_e}:\overset{\circ}{\underset{\sim}{H}}_e+\frac{\partial W}{\partial\varrho_i}\dot{\varrho}_i=\frac{\partial W}{\partial\underset{\sim}{H}_e}:[\mathbb{D}(\underset{\sim}{H}_e):\underset{\sim}{D}-\underset{\sim}{D}_i]-\varrho_i\frac{\partial W}{\partial\varrho_i}\underset{\sim}{1}:\underset{\sim}{D}_i$$
$$=\frac{\partial W}{\partial\underset{\sim}{H}_e}:\underset{\sim}{D}-\left(\frac{\partial W}{\partial\underset{\sim}{H}_e}+\varrho_i\frac{\partial W}{\partial\varrho_i}\underset{\sim}{1}\right):\underset{\sim}{D}_i, \qquad (9.260)$$

und damit lautet die Passivitätsforderung

$$\underset{\sim}{P}:\underset{\sim}{D}-\dot{W}=\left(\underset{\sim}{P}+\varrho_i\frac{\partial W}{\partial\varrho_i}\underset{\sim}{1}\right):\underset{\sim}{D}_i=(\underset{\sim}{P}+O(|\underset{\sim}{H}_e|^2)):\underset{\sim}{D}_i\geqq 0. \qquad (9.261)$$

Sie läßt sich für hinreichend kleine $|\underset{\sim}{H}_e|$ erfüllen, wenn $\underset{\sim}{P}:\underset{\sim}{D}_i>0$ ist, sofern $\underset{\sim}{P}\neq 0$ gilt. Im Sonderfall $\bar{\nu}=1/2$ hängt die Speicherenergie nicht von $\varrho_i$ ab, so daß die Restungleichung die Form $\underset{\sim}{P}:\underset{\sim}{D}_i\geqq 0$ gemäß (9.84) annimmt. Nun ist nach (9.241)

$$\underset{\sim}{P}:\underset{\sim}{D}_i=\frac{\varrho_0}{2\eta(\varrho_i)}\left[\underset{\sim}{P}':\underset{\sim}{P}'+\frac{1-2\bar{\nu}(\varrho_i)}{3(1+\bar{\nu}(\varrho_i))}(\operatorname{tr}\underset{\sim}{P})^2\right], \qquad (9.262)$$

und wir finden daher die folgenden notwendigen und hinreichenden Passivitätsbedingungen:

$$\eta(\varrho_i)>0,\ -1<\bar{\nu}(\varrho_i)\leqq 1/2. \qquad (9.263)$$

## 9.17 Unechte Hintereinanderschaltung

Es bleibt noch eine andere Art der Kombination elastischer und inelastischer Verformungen zu behandeln, die in der Literatur eine gewisse Rolle spielt und die wir im Gegensatz zu der bisher dargestellten („echten“) als unechte Hintereinanderschaltung bezeichnen wollen. Sie geht aus von der additiven Zerlegung

$$\underset{\sim}{E}_g = \underset{\sim}{E}_g^{\,e} + \underset{\sim}{E}_g^{\,i} \tag{9.264}$$

einer generalisierten Verzerrung, die auf eine feste Plazierung $\underset{\sim}{K}_0$ bezogen wird, und verknüpft die zugeordnete generalisierte Beanspruchung $\underset{\sim}{Z}_g$ mit dem elastischen Anteil $\underset{\sim}{E}_g^{\,e}$:

$$\underset{\sim}{Z}_g = \hat{\underset{\sim}{Z}}_g(\underset{\sim}{E}_g^{\,e}) \text{ mit } \hat{\underset{\sim}{Z}}_g(0) = 0. \tag{9.265}$$

Die Änderung des inelastischen Anteils $\underset{\sim}{E}_g^{\,i}$ soll die Form

$$\dot{\underset{\sim}{E}}_g^{\,i} = \mathfrak{E}(\underset{\sim}{E}_g^{\,e}, \dot{\underset{\sim}{E}}_g) \tag{9.266}$$

besitzen. Legt man fest

$$W = W(\underset{\sim}{E}_g^{\,e}),\ \underset{\sim}{Z}_g = \frac{\partial W}{\partial \underset{\sim}{E}_g^{\,e}}(\underset{\sim}{E}_g^{\,e}),\ \underset{\sim}{Z}_g : \dot{\underset{\sim}{E}}_g^{\,i} \geqq 0, \tag{9.267}$$

dann wird auch der Passivitätsforderung $\underset{\sim}{Z}_g : \dot{\underset{\sim}{E}}_g \geqq \dot{W}$ Genüge getan. Analogien zu den Gleichungen der echten Hintereinanderschaltung sind offenkundig, doch wird tatsächlich ein anderes Verhalten beschrieben. Aus dem Zusammenhang $\underset{\sim}{E}_g = \hat{\underset{\sim}{E}}_g(\underset{\sim}{C}) = \hat{\underset{\sim}{E}}_g(\underset{\sim}{K}_0^{-*}\underset{\sim}{G}\underset{\sim}{K}_0^{-1})$ folgt, wenn wir $\underset{\sim}{E}_g^{\,e} = 0$, also $\underset{\sim}{G} = \underset{\sim}{G}_i$ setzen, $\underset{\sim}{E}_g^{\,i} = \hat{\underset{\sim}{E}}_g(\underset{\sim}{K}_0^{-*}\underset{\sim}{G}_i\underset{\sim}{K}_0^{-1})$; ferner gilt $\underset{\sim}{S} = \underset{\sim}{K}_0^{-1}\underset{\sim}{Z}\underset{\sim}{K}_0^{-*}$ und $\underset{\sim}{Z} = \underset{\sim}{Z}_g : 2\partial\underset{\sim}{E}_g/\partial\underset{\sim}{C}(\underset{\sim}{C})$, und daher wird aus (9.265)

$$\begin{aligned}\underset{\sim}{S} = \underset{\sim}{K}_0^{-1} \cdot \Big\{ &\hat{\underset{\sim}{Z}}_g(\hat{\underset{\sim}{E}}_g(\underset{\sim}{K}_0^{-*}\underset{\sim}{G}\underset{\sim}{K}_0^{-1}) - \hat{\underset{\sim}{E}}_g(\underset{\sim}{K}_0^{-*}\underset{\sim}{G}_i\underset{\sim}{K}_0^{-1})) : 2\frac{\partial \underset{\sim}{E}_g}{\partial \underset{\sim}{C}}(\underset{\sim}{K}_0^{-*}\underset{\sim}{G}\underset{\sim}{K}_0^{-1}) \Big\} \cdot \underset{\sim}{K}_0^{-*} \\ =: \hat{\hat{\underset{\sim}{S}}}(\underset{\sim}{G}, \underset{\sim}{G}_i)\end{aligned} \tag{9.268}$$

und entsprechend aus (9.266) eine Gleichung des Typs

$$\dot{\underset{\sim}{G}}_i = \mathfrak{G}(\underset{\sim}{G}, \underset{\sim}{G}_i, \dot{\underset{\sim}{G}}). \tag{9.269}$$

Zwei Dinge fallen uns auf:

1. Der Einfluß der inelastischen Verformung wird allein durch Angabe der inelastischen Konfiguration $\underset{\sim}{G}_i$ beschrieben. Bei der echten Hintereinanderschaltung war dies zwar im isotropen Falle, nicht aber generell möglich.
2. Auch wenn wir der inelastischen Konfiguration $\underset{\sim}{G}_i$ gemäß $\underset{\sim}{G}_i = \underset{\sim}{A}^*\bar{\underset{\sim}{G}}_i\underset{\sim}{A}$ einen Operator $\underset{\sim}{A}$ zuordnen, läßt sich (9.268) offensichtlich nicht auf die Form der bisher betrachteten Gleichung (9.47) bringen. Desgleichen läßt sich (9.269) nicht in (9.49) überführen. Das wird am folgenden Beispiel klarer.

Wählen wir für $\underset{\sim}{E}_g$ Greensche Verzerrungen (Achtung: $\underset{\sim}{E}_g^{\,e}$ ist dann nicht mit $\underset{\sim}{E}_e$ sondern mit $\underset{\sim}{F}_i^{\,T}\underset{\sim}{E}_e\underset{\sim}{F}_i$ in (9.72) zu identifizieren!), so wird aus (9.268)

$$\begin{aligned}\underset{\sim}{S} &= \underset{\sim}{K}_0^{-1} \cdot \hat{\underset{\sim}{Z}}\left(\frac{1}{2}\underset{\sim}{K}_0^{-*} \cdot (\underset{\sim}{G} - \underset{\sim}{G}_i) \cdot \underset{\sim}{K}_0^{-1}\right) \cdot \underset{\sim}{K}_0^{-*} \\ &= \check{\underset{\sim}{S}}(\underset{\sim}{G} - \underset{\sim}{G}_i) = \hat{\hat{\underset{\sim}{S}}}(\underset{\sim}{G}, \underset{\sim}{G}_i),\end{aligned} \tag{9.270}$$

also

$$\bar{\mathbf{S}} = \mathbf{A}\cdot\check{\mathbf{S}}(\mathbf{A}^*\cdot(\bar{\mathbf{G}}-\bar{\mathbf{G}}_i)\cdot\mathbf{A})\cdot\mathbf{A}^* = \hat{\mathbf{S}}(\bar{\mathbf{G}},\mathbf{A}). \tag{9.271}$$

Der Zusammenhang zwischen Gitterverzerrung $\bar{\mathbf{G}}$ und Gitterbeanspruchung $\bar{\mathbf{S}}$ ist nicht mehr unabhängig von $\mathbf{A}$.

Auch die Symmetrieeigenschaften des elastischen Verhaltens werden durch die inelastische Verformung beeinflußt. Als Symmetriegruppe des elastischen Verhaltens definieren wir analog zu (9.100) die Menge jener $\mathbf{M}$, welche

$$\hat{\hat{\mathbf{S}}}(\mathbf{M}^*\mathbf{G}\mathbf{M},\mathbf{G}_i) = \mathbf{M}^{-1}\cdot\hat{\hat{\mathbf{S}}}(\mathbf{G},\mathbf{G}_i)\cdot\mathbf{M}^{-*} \tag{9.272}$$

erfüllen. Ist nun beispielsweise $\check{\mathbf{Z}}$ eine isotrope Funktion und folglich – vgl. (7.137) ff. –

$$\mathbf{S} = \sum_{m=0}^{2} \beta_m(\mathrm{Inv}(\mathbf{G}_0^{-1}(\mathbf{G}-\mathbf{G}_i)))[\mathbf{G}_0^{-1}(\mathbf{G}-\mathbf{G}_i)]^m\cdot\mathbf{G}_0^{-1}, \tag{9.273}$$

dann gilt:

$$\begin{aligned}\check{\mathbf{S}}(\mathbf{M}^*(\mathbf{G}-\mathbf{G}_i)\mathbf{M}) &= \mathbf{M}^{-1}\check{\mathbf{S}}(\mathbf{G}-\mathbf{G}_i)\mathbf{M}^{-*}\\ &= \hat{\hat{\mathbf{S}}}(\mathbf{M}^*\mathbf{G}\mathbf{M},\mathbf{M}^*\mathbf{G}_i\mathbf{M}) = \mathbf{M}^{-1}\hat{\hat{\mathbf{S}}}(\mathbf{G},\mathbf{G}_i)\mathbf{M}^{-*},\ \forall\mathbf{M}\in\mathrm{Orth}(\mathbf{G}_0).\end{aligned} \tag{9.274}$$

Vergleich der letzten Formel mit (9.272) zeigt:
Ein $\mathbf{M}\in\mathrm{Orth}^+(\mathbf{G}_0)$ gehört zur momentanen elastischen Symmetriegruppe $\mathscr{g}^e(t)$, wenn gilt

$$\mathbf{M}^*\mathbf{G}_i(t)\mathbf{M} = \mathbf{G}_i(t),\ \text{d.h.}\ \mathbf{M}\in\mathrm{Orth}^+(\mathbf{G}_i(t)). \tag{9.275}$$

Daher ist

$$\mathscr{g}^e(t) = \mathrm{Orth}^+(\mathbf{G}_0)\cap\mathrm{Orth}^+(\mathbf{G}_i(t)). \tag{9.276}$$

Nur wenn $\mathbf{G}_i(t) = \lambda\mathbf{G}_0$ gilt, ist das elastische Verhalten bezüglich der momentanen inelastischen Konfiguration $\mathbf{G}_i$ isotrop. Im allgemeinen Falle ist es nur orthotrop, denn (9.275) läßt sich umschreiben in

$$\mathbf{Q}^T\mathbf{C}_i\mathbf{Q} = \mathbf{C}_i,\ \mathbf{Q}\in\mathrm{Orth}^+(\mathscr{V}), \tag{9.277}$$

und falls die drei Eigenwerte von $\mathbf{C}_i = \mathbf{K}_0^{-*}\mathbf{G}_i\mathbf{K}_0^{-1}$ voneinander verschieden sind, erfüllen nur die Klappungen um die drei Hauptachsen von $\mathbf{C}_i$ diese Gleichung. Ist also anfänglich $\mathbf{C}_i = \mathbf{1}$, so verhält das Material sich zunächst elastisch-isotrop. Die inelastische Gestaltänderung verringert jedoch i.allg. die Symmetrie des elastischen Verhaltens.

Als Beispiel betrachten wir folgendes Material, welches im unechten Sinne Maxwell-artiges Verhalten zeigt:

$$\mathbf{Z} = \frac{2\mu}{\varrho_0}\left(\mathbb{1} + \frac{\nu}{1-2\nu}\mathbf{1}\otimes\mathbf{1}\right):\mathbf{E}^e, \tag{9.278}$$

$$\dot{\mathbf{E}}^i = \frac{\varrho_0}{2\eta}\left(\mathbb{1} - \frac{\bar{\nu}}{1+\bar{\nu}}\mathbf{1}\otimes\mathbf{1}\right):\mathbf{Z}. \tag{9.279}$$

Die beiden Gleichungen lassen sich umschreiben in

$$\underset{\sim}{S}=\frac{\mu}{\varrho_0}\underset{\sim}{G}_0^{-1}\cdot\left\{\left(\mathbb{1}+\frac{\nu}{1-2\nu}\underset{\sim}{G}_0\otimes\underset{\sim}{G}_0^{-1}\right):(\underset{\sim}{G}-\underset{\sim}{G}_i)\right\}\cdot\underset{\sim}{G}_0^{-1}, \tag{9.280}$$

$$\dot{\underset{\sim}{G}}_i=\frac{\mu}{\eta}(\mathbb{1}+\gamma\underset{\sim}{G}_0\otimes\underset{\sim}{G}_0^{-1}):(\underset{\sim}{G}-\underset{\sim}{G}_i) \text{ mit } \gamma:=\frac{\nu-\bar{\nu}}{(1-2\nu)(1+\bar{\nu})}. \tag{9.281}$$

Ein Vergleich der zweiten mit (9.245) zeigt: Durch Auszeichnung der Konfiguration $\underset{\sim}{G}_0$ haben wir für beliebige Werte $\gamma$ und beliebig große elastische Verzerrungen eine lineare Differentialgleichung für $\underset{\sim}{G}_i$ erhalten. Indem wir ferner (9.280) mit (9.254) vergleichen, erkennen wir, daß die Lösung sich durch eine einfache Abwandlung von (9.256) ergibt und

$$\begin{aligned}\underset{\sim}{S}(t)=&\mathbb{K}(\underset{\sim}{G}_0,t-t_0):[\underset{\sim}{G}(t)-\underset{\sim}{G}_i(t_0)]\\&-\int_{\tau=t_0}^{t}\frac{\partial}{\partial(t-\tau)}\mathbb{K}(\underset{\sim}{G}_0,t-\tau):[\underset{\sim}{G}(t)-\underset{\sim}{G}(\tau)]d\tau\end{aligned} \tag{9.282}$$

lautet. Sie ist für beliebig große elastische Verzerrungen gültig, während (9.256) sich durch Linearisierung von (9.245) ergeben hatte und eine Näherung für kleine elastische Verzerrungen darstellt. Treten nur kleine Gesamtverzerrungen bezüglich $\underset{\sim}{G}_0$ auf, dann braucht zwischen $\underset{\sim}{G}_i(\tau)$, $\underset{\sim}{G}(t)$ und $\underset{\sim}{G}_0$ nicht unterschieden zu werden, und die beiden Arten der Hintereinanderschaltung sind gleichwertig.

Geht man wieder auf Greensche Verzerrungen und Kirchhoffsche Beanspruchungen über, so wird aus (9.282) unter Beachtung von (9.255)

$$\begin{aligned}\operatorname{tr}\underset{\sim}{Z}(t)=&\frac{2\mu}{\varrho_0}\frac{1+\nu}{1-2\nu}\{\operatorname{tr}(\underset{\sim}{E}(t)-\underset{\sim}{E}^i(t_0))e^{-\xi(t-t_0)}+\\&+\int_{\tau=t_0}^{t}\xi e^{-\xi(t-\tau)}\operatorname{tr}(\underset{\sim}{E}(t)-\underset{\sim}{E}(\tau))d\tau\}\end{aligned} \tag{9.283}$$

und

$$\begin{aligned}\underset{\sim}{Z}'(t)=&\frac{2\mu}{\varrho_0}\{(\underset{\sim}{E}(t)-\underset{\sim}{E}^i(t_0))'e^{-\beta(t-t_0)}+\\&+\int_{\tau=t_0}^{t}\beta e^{-\beta(t-\tau)}(\underset{\sim}{E}(t)-\underset{\sim}{E}(\tau))'d\tau\}.\end{aligned} \tag{9.284}$$

Drückt man die Determinante von $\underset{\sim}{C}_i=\underset{\sim}{1}+2\underset{\sim}{E}^i$ gemäß (5.87) durch die Invarianten $I_1,I_2,I_3$ von $\underset{\sim}{E}^i$ aus, dann findet man

$$\det\underset{\sim}{C}_i=1+2I_1+4I_2+8I_3. \tag{9.285}$$

Setzt man in (9.279) $\bar{\nu}=1/2$, so wird $I_1=\operatorname{tr}\underset{\sim}{E}^i\equiv 0$, d.h., $\det\underset{\sim}{C}_i$ ist von der Ordnung $1+O(|\underset{\sim}{E}^i|^2)$, so daß die inelastischen Verformungen in erster Näherung volumentreu sind. Inelastische Volumenkonstanz auch bei beliebig großen inelastischen Verformungen läßt sich im Rahmen des Ansatzes (9.279) jedoch für keinen Wert von $\bar{\nu}$ erreichen.

Die zwei Arten der Hintereinanderschaltung sind Spezialfälle der allgemeinen Struktur

$$\underset{\sim}{S}=\hat{\underset{\sim}{S}}(\underset{\sim}{G},\underset{\sim}{A}), \tag{9.286}$$

$$\underset{\sim}{A}^{-1}\dot{\underset{\sim}{A}}=\hat{\underset{\sim}{\mathfrak{A}}}(\underset{\sim}{G},\underset{\sim}{A},\dot{\underset{\sim}{G}}), \tag{9.287}$$

die als innere Zustandsvariable nur den Operator $\underset{\sim}{A}$ aufweist, der einer inkrementellen Entwicklungsgleichung genügt. Die Symmetriediskussion läßt sich auch in diesem allgemeinen Falle auf die Formeln (9.100) und (9.101) gründen. Passivität sichert man durch Ansatz der Speicherenergie in der Form

$$W=W(\underset{\sim}{G},\underset{\sim}{A}) \tag{9.288}$$

nebst Erfüllung der Potentialbeziehung

$$\underset{\sim}{S}=2\frac{\partial W}{\partial \underset{\sim}{G}}(\underset{\sim}{G},\underset{\sim}{A}) \tag{9.289}$$

und der Restungleichung

$$-\frac{\partial W}{\partial \underset{\sim}{A}}:\dot{\underset{\sim}{A}}\geqq 0. \tag{9.290}$$

Zur Übung mag der Leser die speziellen Passivitätspostulate (9.43) und (9.46), (9.258) und (9.261) sowie (9.267) auf diese Gestalt bringen. Weitere Bemerkungen hierzu finden sich im 11. Kapitel. Dort wird in Abschnitt 11.3 auch gezeigt, daß echte und unechte Hintereinanderschaltung im Falle kleiner Gesamtverzerrungen äquivalent sind.

# 10 Konstruktion mechanischer Stoffgleichungen II: Die Parallelschaltung

In diesem Kapitel verallgemeinern wir jene rheologischen Modelle, die auch parallelgeschaltete Komponenten besitzen, ins Dreidimensionale und gelangen so zu sehr allgemeinen viskosen, viskoelastischen und viskoplastischen Stoffgleichungen. Insbesondere die Übertragung des viskoplastischen Modells VP erfordert dabei – da wir beliebig große Verformungen zulassen – einen beachtlichen begrifflichen und rechentechnischen Aufwand. Die Ergebnisse werden jedoch schließlich sehr übersichtlich und anschaulich, wenn wir auf den – für Metalle wichtigen – Sonderfall kleiner elastischer Verzerrungen einschränken. Wir erhalten damit zugleich die Grundlage für die Behandlung des Bauschinger-Effekts in Abschnitt 14.5.

## 10.1 Viskoses Material

Um ein dem Kelvin-Modell entsprechendes dreidimensionales Verhalten darzustellen, wählen wir $\underset{\sim}{G}$ und $\dot{\underset{\sim}{G}}$ als Zustandsvariable, setzen also Beanspruchung und Speicherenergie an in der Form

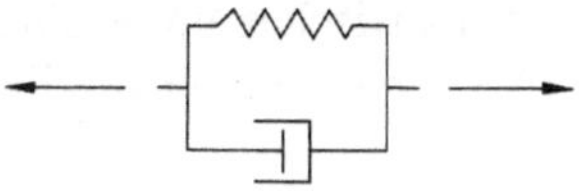

$$\underset{\sim}{S}=\underset{\sim}{S}(\underset{\sim}{G},\dot{\underset{\sim}{G}}) \text{ und } W=W(\underset{\sim}{G},\dot{\underset{\sim}{G}}). \tag{10.1}$$

Beschränken wir uns zunächst auf zweimal stetig differenzierbare Prozesse, so verlangt die Passivität

$$\frac{1}{2}\underset{\sim}{S}:\dot{\underset{\sim}{G}} \geqq \dot{W}=\frac{\partial W}{\partial \underset{\sim}{G}}:\dot{\underset{\sim}{G}}+\frac{\partial W}{\partial \dot{\underset{\sim}{G}}}:\ddot{\underset{\sim}{G}}. \tag{10.2}$$

Diese Ungleichung kann für beliebige Werte von $\ddot{\underset{\sim}{G}}$ nur gelten, wenn

$$\frac{\partial W}{\partial \dot{\underset{\sim}{G}}}=0, \text{ also } W=W(\underset{\sim}{G}) \tag{10.3}$$

ist. Setzen wir abkürzend

$$\underset{\sim}{S}_e(\underset{\sim}{G}):=2\frac{\partial W}{\partial \underset{\sim}{G}}(\underset{\sim}{G}); \quad \underset{\sim}{S}_v(\underset{\sim}{G},\dot{\underset{\sim}{G}}):=\underset{\sim}{S}(\underset{\sim}{G},\dot{\underset{\sim}{G}})-\underset{\sim}{S}_e(\underset{\sim}{G}), \tag{10.4}$$

dann gewinnt die Passivitätsforderung die Gestalt:

$$\frac{1}{2} \underset{\sim}{S}_v(\underset{\sim}{G},\dot{\underset{\sim}{G}}):\dot{\underset{\sim}{G}} \geqq 0. \tag{10.5}$$

Die Beanspruchung des *Kelvin-Materials* zerlegt sich also gemäß $\underset{\sim}{S} = \underset{\sim}{S}_e + \underset{\sim}{S}_v$ auf natürliche Weise additiv in einen elastischen Anteil, der sich aus einer Potentialbeziehung ableitet, und einen viskosen, welcher einer Dissipationsungleichung genügen muß. Die erhaltenen Beziehungen sind, wie man leicht sieht, auch dann noch hinreichend für Passivität, wenn der Prozeß $\underset{\sim}{G}(\tau)$ nur stetig und stückweise stetig differenzierbar ist.

Wir nehmen im folgenden stets an, die Funktion $\underset{\sim}{S}_v(\underset{\sim}{G},\dot{\underset{\sim}{G}})$ sei an der Stelle $\dot{\underset{\sim}{G}} = 0$ stetig. Dann liefert

$$\underset{\sim}{S}_v(\underset{\sim}{G},\dot{\underset{\sim}{G}}):\dot{\underset{\sim}{G}} = \underset{\sim}{S}_v(\underset{\sim}{G},0):\dot{\underset{\sim}{G}} + o(|\dot{\underset{\sim}{G}}|) \geqq 0 \tag{10.6}$$

die Bedingung

$$\underset{\sim}{S}_v(\underset{\sim}{G},0) = 0. \tag{10.7}$$

*Bemerkung:* Falls $\underset{\sim}{S}_v(\underset{\sim}{G},\dot{\underset{\sim}{G}})$ an der Stelle $\dot{\underset{\sim}{G}} = 0$ darüber hinaus einmal Fréchet-differenzierbar ist, also es eine Darstellung

$$\underset{\sim}{S}_v(\underset{\sim}{G},\dot{\underset{\sim}{G}}) = \frac{\partial \underset{\sim}{S}_v}{\partial \dot{\underset{\sim}{G}}}(\underset{\sim}{G},0):\dot{\underset{\sim}{G}} + o(|\dot{\underset{\sim}{G}}|) \tag{10.8}$$

gibt, dann verlangt die Gültigkeit der Dissipationsungleichung für beliebig kleine $\dot{\underset{\sim}{G}}$ die positive Semidefinitheit von $\partial \underset{\sim}{S}_v / \partial \dot{\underset{\sim}{G}}(\underset{\sim}{G},0)$. (Diese Bedingung schränkt nur den symmetrischen Teil dieser Ableitung ein und läßt den antimetrischen unberührt.) Ein derartiges Kelvin-Material besitzt also für kleine Verzerrungsgeschwindigkeiten angenähert die Stoffgleichung

$$\underset{\sim}{S} = 2 \frac{\partial W}{\partial \underset{\sim}{G}}(\underset{\sim}{G}) + \mathbb{V}(\underset{\sim}{G}):\dot{\underset{\sim}{G}} \tag{10.9}$$

mit positiv-semidefiniter Viskosität $\mathbb{V}$.

Die Funktion $\underset{\sim}{S}_e(\underset{\sim}{G})$ beschreibt die Beanspruchung des Materialelements im Falle der momentanen Ruhe $(\dot{\underset{\sim}{G}} = 0)$. In statischen Problemen verhält sich das Material also wie ein elastisches. Folglich definieren wir Symmetrien des elastischen Verhaltens wie bei elastischen Materialelementen. Ist das elastische Verhalten das eines elastischen Feststoffes oder einer elastischen Flüssigkeit, so werden wir das Kelvin-Material als viskosen Feststoff bzw. als viskose Flüssigkeit bezeichnen. (Damit weichen wir ab von Nolls Definition – vgl. etwa Truesdell und Noll [0.1], Kapitel 126 –, die auch das viskose Verhalten bei der Vergabe dieser Bezeichnungen berücksichtigt.) Ferner definieren wir die Symmetrie des viskosen Verhaltens wie folgt: Ein vorgeschalteter Plazierungswechsel $\underset{\sim}{M}_0$ gehört zur Symmetriegruppe $\mathscr{g}_0^v$ des viskosen Verhaltens bezüglich einer Plazierung $\underset{\sim}{K}_0$, wenn er den viskosen Anteil $\underset{\sim}{T}_v := \varrho \underset{\sim}{K} \underset{\sim}{S}_v \underset{\sim}{K}^*$ der Spannung nicht beeinflußt, also wenn gilt

$$\underset{\sim}{T}_v(\underset{\sim}{F},\underset{\sim}{L}) = \underset{\sim}{T}_v(\underset{\sim}{F}\underset{\sim}{M}_0,\underset{\sim}{L}). \tag{10.10}$$

Betrachten wir – wie im elastischen Falle – nur Symmetriegruppen, deren Elemente die Determinante +1 haben, dann läßt sich die Gruppe $\mathscr{g}^v := \underset{\sim}{K}_0^{-1} \mathscr{g}_0^v \underset{\sim}{K}_0$ – dazu gleichwertig – definieren als Menge jener $\underset{\sim}{M}$ mit Determinante +1, welche

$$\underset{\sim}{S}_v(\underset{\sim}{M}^*\underset{\sim}{G}\underset{\sim}{M},\underset{\sim}{M}^*\dot{\underset{\sim}{G}}\underset{\sim}{M}) = \underset{\sim}{M}^{-1}\underset{\sim}{S}_v(\underset{\sim}{G},\dot{\underset{\sim}{G}})\underset{\sim}{M}^{-*} \tag{10.11}$$

erfüllen. Drei Beispiele wollen wir betrachten.

*1. Isotroper Kelvin-Feststoff*

Ist $\mathscr{g}^e = \mathscr{g}^v = \mathrm{Orth}^+(\underset{\sim}{G}_0)$, dann haben wir es mit einem elastisch und viskos isotropen Feststoff zu tun. Seine Stoffgleichung läßt sich auf die Form

$$\underset{\sim}{P} = \underset{\sim}{P}_e(\underset{\sim}{H}) + \underset{\sim}{P}_v(\underset{\sim}{H},\underset{\sim}{D}) \tag{10.12}$$

bringen mit

$$\underset{\sim}{P}_e = \frac{\partial W}{\partial \underset{\sim}{H}} \text{ und } \underset{\sim}{P}_v(\underset{\sim}{H},\underset{\sim}{D}):\underset{\sim}{D} \geqq 0. \tag{10.13}$$

Es bedeutet $\underset{\sim}{H}$ die von $\underset{\sim}{G}_0$ aus gemessene (linke) logarithmische Verzerrung, und W, $\underset{\sim}{P}_e$ und $\underset{\sim}{P}_v$ sind isotrope Funktionen ihrer Argumente.

*2. Anisotrope Flüssigkeit*

Diesen Namen wollen wir einer Flüssigkeit geben, deren viskoses Verhalten nicht bezüglich jeder Konfiguration isotrop ist, die also die allgemeine Darstellung

$$\underset{\sim}{T} = -p_e(\varrho)\underset{\sim}{1} + \underset{\sim}{T}_v(\underset{\sim}{K},\underset{\sim}{D}) \tag{10.14}$$

mit $\underset{\sim}{T}_v(\underset{\sim}{K},\underset{\sim}{D}) := \varrho\underset{\sim}{K}\underset{\sim}{S}_v(\underset{\sim}{K}^*\underset{\sim}{K},2\underset{\sim}{K}^*\underset{\sim}{D}\underset{\sim}{K})\underset{\sim}{K}^*$ besitzt. (Nach der Nollschen Nomenklatur handelt es sich nicht um eine Flüssigkeit!)

*3. Reiner-Rivlin-Flüssigkeit*

Ist $\mathscr{g}^e = \mathscr{g}^v = \mathrm{Unim}^+(\mathscr{T})$, dann liegt eine viskose Flüssigkeit vor mit der Stoffgleichung

$$\underset{\sim}{T} = \varrho\underset{\sim}{P} = -p_e(\varrho)\underset{\sim}{1} + \underset{\sim}{T}_v(\varrho,\underset{\sim}{D}). \tag{10.15}$$

Die isotrope Funktion $\underset{\sim}{T}_v$ läßt sich darstellen in der Form

$$\underset{\sim}{T}_v(\varrho,\underset{\sim}{D}) = \eta_0(\varrho,\mathrm{Inv}\,\underset{\sim}{D})\underset{\sim}{1} + \eta_1(\varrho,\mathrm{Inv}\,\underset{\sim}{D})\underset{\sim}{D} + \eta_2(\varrho,\mathrm{Inv}\,\underset{\sim}{D})\underset{\sim}{D}^2 \tag{10.16}$$

und muß der Bedingung

$$\underset{\sim}{T}_v:\underset{\sim}{D} = \eta_0 \mathrm{tr}\,\underset{\sim}{D} + \eta_1 \mathrm{tr}(\underset{\sim}{D}^2) + \eta_2 \mathrm{tr}(\underset{\sim}{D}^3) \geqq 0 \tag{10.17}$$

genügen. Ist $\underset{\sim}{T}_v$ eine lineare Funktion von $\underset{\sim}{D}$ – vgl. (7.81) –, dann spricht man von einer *Newtonschen Flüssigkeit*:

$$\underset{\sim}{T} = -p_e(\varrho)\underset{\sim}{1} + \eta_v(\varrho)(\operatorname{tr}\underset{\sim}{D})\underset{\sim}{1} + 2\eta(\varrho)\underset{\sim}{D}'. \tag{10.18}$$

Die Materialfunktionen $\eta(\varrho)$ und $\eta_v(\varrho)$ (Gestaltänderungs- und Volumenviskosität) dürfen beide nicht negativ sein.

Die Gleichung (10.18) stellt zugleich das Verhalten jeder Reiner-Rivlin-Flüssigkeit, deren Funktion $\underset{\sim}{T}_v$ an der Stelle $\underset{\sim}{D} = 0$ Fréchet-differenzierbar ist, im Bereich kleiner Verzerrungsgeschwindigkeiten dar.

Den Übergang zur *inkompressiblen* Newtonschen Flüssigkeit können wir mittels Austausch der Variablen p und $\varrho$ vollziehen. Das gelingt explizit bei der kompressiblen Newtonschen Flüssigkeit mit konstantem Kompressionsmodul K, konstanter Volumenviskosität $\eta_v$ – man beachte $-[\ln \varrho/\varrho_0]^{\cdot} = -\dot{\varrho}/\varrho = \operatorname{tr}\underset{\sim}{D}$ – und dem Zähigkeitsverhalten $\eta(\varrho) := \bar{\eta}\cdot(\varrho/\varrho_0)^{K/p_0}$:

$$\begin{aligned}\underset{\sim}{T} &= -p\underset{\sim}{1} + \underset{\sim}{T}'\\ &= -\left[K \ln\frac{\varrho}{\varrho_0} + \eta_v\left(\ln\frac{\varrho}{\varrho_0}\right)^{\cdot}\right]\underset{\sim}{1} + 2\bar{\eta}\left(\frac{\varrho}{\varrho_0}\right)^{K/p_0}\underset{\sim}{D}'\end{aligned} \tag{10.19}$$

1. Beispiel: $\eta_v \neq 0$.
Sei die Dichte zum Zeitpunkt $t_0$ gleich $\varrho_0$, dann läßt sie sich folgendermaßen als Funktional des Druckprozesses darstellen.

$$\varrho(t) = \varrho_0 \exp\left[\frac{1}{\eta_v}\int_{\tau=t_0}^{t} e^{-\beta(t-\tau)}p(\tau)\,d\tau\right] \quad \text{mit } \beta := \frac{K}{\eta_v}. \tag{10.20}$$

Die Abhängigkeit des Spannungsdeviators vom Druckprozeß und dem Momentanwert von $\underset{\sim}{D}$ lautet:

$$\underset{\sim}{T}' = 2\bar{\eta}\exp\left[\frac{\beta}{p_0}\int_{\tau=t_0}^{t} e^{-\beta(t-\tau)}p(\tau)\,d\tau\right]\underset{\sim}{D}'. \tag{10.21}$$

Mit (10.20) und (10.21) ist der Variablentausch vollzogen. Schickt man nun die Kehrwerte von $\eta_v$ und K in der Weise nach Null, daß $\beta$ konstant bleibt, dann geht (10.20) über in die Bedingung der Inkompressibilität $\varrho \equiv \varrho_0$, während (10.21) unverändert bleibt. Die Zähigkeit $\eta$ hängt also vom Prozeßverlauf der „Reaktionsspannung" (im Sinne des ursprünglichen Prinzips des Determinismus) ab, und dasselbe gilt von der Dissipationsleistung $\underset{\sim}{T}':\underset{\sim}{D}'$, obwohl der Druck selbst keine Arbeit leistet: Im Gegensatz zum inkompressiblen hyperelastischen Materialelement ist hier auch die Arbeit nicht durch den kinematischen Prozeß determiniert.
2. Beispiel: $\eta_v = 0$, also $\varrho = \varrho_0 \exp(p/K)$ und

$$\underset{\sim}{T}' = 2\bar{\eta}\exp\left(\frac{p}{p_0}\right)\underset{\sim}{D}'. \tag{10.22}$$

Schickt man den Kehrwert von K nach Null, so ergibt sich wieder die Bedingung der Inkompressibilität, doch ist die Zähigkeit $\eta$ diesmal nur vom Momentanwert von p abhängig.

Die zwei Beispiele zeigen, daß ein und dieselbe Zwangsbedingung unterschiedliches Verhalten idealisieren kann und daß dieses an den Stoffgleichungen erkennbar bleibt. Daher ist es wichtig, Zwangsbedingungen nicht axiomatisch einzuführen, sondern sich über das zu idealisierende reale Verhalten Rechenschaft zu geben.

Bei der Reiner-Rivlin-Flüssigkeit ist die Spannung $\underset{\sim}{T}$ koaxial zur Verzerrungsgeschwindigkeit $\underset{\sim}{D}$. In einer *Scherströmung* gemäß Bild 9.11 ist daher der Winkel $\varphi \equiv 0$, und die Stoffgleichung besitzt bezüglich der Basis $\{\underset{\sim}{i}_x, \underset{\sim}{i}_y, \underset{\sim}{i}_z\}$ die Komponentendarstellung

$$(\underset{\sim}{i}_l \cdot \underset{\sim}{T} \cdot \underset{\sim}{i}_m) = (\eta_0 - p_e)\begin{pmatrix} 1 & & \\ & 1 & \\ & & 1 \end{pmatrix} + \eta_1 \frac{\varkappa}{2}\begin{pmatrix} 0 & 1 & \\ 1 & 0 & \\ & & 0 \end{pmatrix} + \eta_2 \frac{\varkappa^2}{4}\begin{pmatrix} 1 & & \\ & 1 & \\ & & 0 \end{pmatrix}$$

$$\text{mit} \quad \eta_j = \eta_j\left(\varrho, 0, -\frac{\varkappa^2}{4}, 0\right), \qquad j = 0, 1, 2. \tag{10.23}$$

Bei der Newtonschen Flüssigkeit – und überhaupt bei allen tensoriell linearen Ansätzen (mit $\eta_2 \equiv 0$) – entfällt der dritte Summand, so daß neben einem hydrostatischen Spannungszustand lediglich Schubspannungen $t_{xy}$ auftreten, im allgemeinen Falle dagegen gibt es auch einen Unterschied zwischen den Normalspannungen $t_{xx} = t_{yy}$ und $t_{zz}$ (Normalspannungseffekt). Im Gegensatz zu den Scherströmungen der im vorigen Kapitel behandelten Materialien bildet sich aber kein Unterschied zwischen $t_{xx}$ und $t_{yy}$ aus.

Untersuchen wir noch das Kelvin-Material

$$\underset{\sim}{P} = \frac{2\mu}{\varrho_0}\left(\underset{\sim}{H} + \frac{\nu}{1-2\nu}(\operatorname{tr}\underset{\sim}{H})\underset{\sim}{1}\right) + \frac{2\eta}{\varrho_0}\left(\underset{\sim}{D} + \frac{\bar{\nu}}{1-2\bar{\nu}}(\operatorname{tr}\underset{\sim}{D})\underset{\sim}{1}\right) \tag{10.24}$$

in 3 Fällen koaxialer rotationssymmetrischer Verformung ($h_2 \equiv h_3$):
*1. Isochore Verformung.* $h_1 \equiv -2h_2$, $p_1 \equiv -2p_2$.

$$p_1 = \frac{2\mu}{\varrho_0} h_1 + \frac{2\eta}{\varrho_0} \dot{h}_1. \tag{10.25}$$

*2. Einachsige Spannung.* $p_2 \equiv p_3 \equiv 0$.

$$0 = p_2 = \frac{2\mu}{\varrho_0}\frac{1}{1-2\nu}(h_2 + \nu h_1) + \frac{2\eta}{\varrho_0}\frac{1}{1-2\bar{\nu}}(\dot{h}_2 + \bar{\nu}\dot{h}_1), \tag{10.26}$$

also

$$\begin{aligned} h_2(t) &= -\bar{\nu} h_1(t) + [h_2(t_0) + \bar{\nu} h_1(t_0)] e^{-\beta(t-t_0)} \\ &\quad + \beta(\bar{\nu} - \nu) \int_{\tau = t_0}^{t} e^{-\beta(t-\tau)} h_1(\tau)\, d\tau \end{aligned} \tag{10.27}$$

mit $\beta := \frac{\mu}{\eta} \frac{1-2\bar{\nu}}{1-2\nu}$ und folglich

$$\begin{aligned} p_1 &= \frac{2\mu}{\varrho_0}\frac{1}{1-2\nu}[(1-\nu)h_1 + 2\nu h_2] + \frac{2\eta}{\varrho_0}\frac{1}{1-2\bar{\nu}}[(1-\bar{\nu})\dot{h}_1 + 2\bar{\nu}\dot{h}_2] \\ &= \frac{2\mu}{\varrho_0}(1+\nu)h_1 + \frac{2\eta}{\varrho_0}(1+\bar{\nu})\dot{h}_1 \\ &\quad - \frac{4\mu}{\varrho_0}\frac{\bar{\nu}-\nu}{1-2\nu} \cdot \left\{ \begin{aligned} &[h_2(t_0) + \bar{\nu} h_1(t_0) - (\bar{\nu}-\nu) h_1(t)] e^{-\beta(t-t_0)} \\ &+ (\bar{\nu}-\nu)\beta \int_{\tau=t_0}^{t} e^{-\beta(t-\tau)} [h_1(\tau) - h_1(t)]\, d\tau \end{aligned} \right\}. \end{aligned} \tag{10.28}$$

Nur wenn die beiden Materialkonstanten $\nu$ und $\bar{\nu}$ übereinstimmen, ergibt sich im Zugversuch ein Zusammenhang zwischen $h_1$ und $p_1$ wie im Kelvin-Modell. Im allgemeinen entspricht dagegen (10.28) der Gleichung (2.28) des rheologischen Modells, in dem ein Kelvin- und ein Maxwell-Element parallelgeschaltet sind. Im Falle $\bar{\nu}=-1$ (keine Volumenviskosität) entfällt der Dämpfer im Kelvin-Element.

*3. Einachsige Dehnung.* $h_2 \equiv h_3 \equiv 0$.

$$p_1 = \frac{2\mu}{\varrho_0}\frac{1-\nu}{1-2\nu}h_1 + \frac{2\eta}{\varrho_0}\frac{1-\bar{\nu}}{1-2\bar{\nu}}\dot{h}_1. \tag{10.29}$$

Man bemerkt folgendes: Beim Maxwell-Material hatte sich unter einachsiger Spannung die Kennlinie eines Maxwell-Modells, bei einachsiger Dehnung dagegen die Kennlinie eines komplizierteren rheologischen Modells ergeben. Im Gegensatz dazu verhält sich das Kelvin-Material unter einachsiger Dehnung wie ein Kelvin-Modell, unter einachsiger Spannung dagegen nicht.

## 10.2 Parallelschaltung der Beanspruchungen

Beim Kelvin-Material haben wir gesehen, daß die Beanspruchung $\underset{\sim}{S}$ sich additiv aufspaltet in Anteile, die aus verschiedenen Ursachen herrühren. Jede derartige additive Aufspaltung überträgt sich auf alle Operatoren, mit denen wir Beanspruchungen und Spannungen kennzeichnen können, z.B.

$$\underset{\sim}{S} = \sum_{j=1}^{n} \underset{\sim}{S}_j \Rightarrow \underset{\sim}{T} = \sum_{j=1}^{n} \underset{\sim}{T}_j \text{ mit } \underset{\sim}{T}_j := \varrho \underset{\sim}{K} \underset{\sim}{S}_j \underset{\sim}{K}^* \tag{10.30}$$

usw. Um ein Verhalten zu beschreiben, das der Parallelschaltung eines Kelvin-Elements mit Maxwell-, Bingham- oder Prandtl-Elementen entspricht, setzen wir gemäß (10.4), (9.286) und (9.287) an:

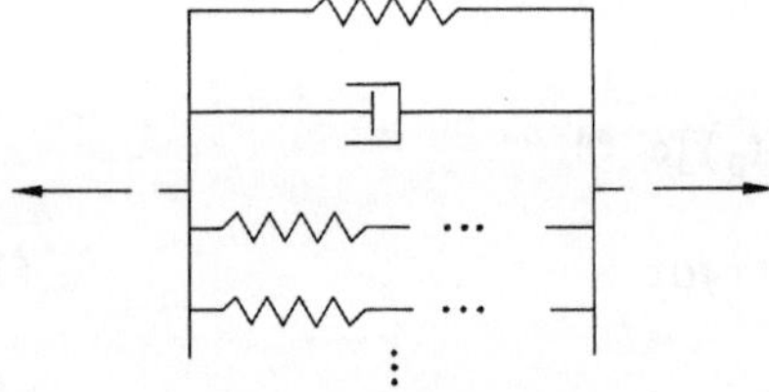

$$\underset{\sim}{S} = \underset{\sim}{S}_e(\underset{\sim}{G}) + \underset{\sim}{S}_v(\underset{\sim}{G},\dot{\underset{\sim}{G}}) + \sum_{j=1}^{n} \underset{\sim}{S}_j(\underset{\sim}{G},\underset{\sim}{A}_j), \tag{10.31}$$

$$\underset{\sim}{A}_j^{-1}\dot{\underset{\sim}{A}}_j = \mathfrak{A}_j(\underset{\sim}{G},\underset{\sim}{A}_j,\dot{\underset{\sim}{G}}), \quad j=1,\ldots,n. \tag{10.32}$$

Die inneren Zustandsvariablen $\underset{\sim}{A}_j \in \mathrm{Invlin}(\mathscr{T},\mathscr{G}_j)$ erklären wir als Abbildungen in verschiedene Gitterräume $\mathscr{G}_j$. Hinreichend für die Symmetrie des Operators $\underset{\sim}{S}$ ist die Symmetrie der einzelnen Komponenten $\underset{\sim}{S}_e, \underset{\sim}{S}_v, \underset{\sim}{S}_1, \ldots, \underset{\sim}{S}_n$. Hinreichend für Passivität ist die Erfüllung der Potentialbeziehungen

$$\underset{\sim}{S}_e = 2\frac{\partial W_e(\underset{\sim}{G})}{\partial \underset{\sim}{G}}, \quad \underset{\sim}{S}_j = 2\frac{\partial W_j(\underset{\sim}{G},\underset{\sim}{A}_j)}{\partial \underset{\sim}{G}}, \quad j=1,\ldots,n \tag{10.33}$$

und der Ungleichungen

$$S_v(G,\dot{G}):\dot{G} \geqq 0, \qquad -\frac{\partial W_j}{\partial A_j}:\dot{A}_j \geqq 0, \qquad j=1,\ldots,n, \tag{10.34}$$

und natürlich setzen wir wieder $S_v(G,0)=0$.

Die einzelnen Bestandteile der Stoffgleichungen (10.31) und (10.32) können unterschiedliche *Symmetrien* aufweisen, so daß eine allgemeine Diskussion verwickelt wird. Wir beschränken uns daher auf folgenden Aspekt: Als auf den Tangentialraum $\mathscr{T}$ bezogene momentane Symmetriegruppe $\mathscr{g}^e$ des elastischen Verhaltens bezeichnen wir jene Menge von Operatoren $M$ mit Determinante $+1$, welche

$$\begin{aligned} &S_e(M^*GM) + \sum_{j=1}^{n} S_j(M^*GM,A_j) \\ &= M^{-1}\left[S_e(G) + \sum_{j=1}^{n} S_j(G,A_j)\right]M^{-*} \end{aligned} \tag{10.35}$$

erfüllen. Den Rest dieses Abschnitts widmen wir der Auswertung dieser Bedingung an Hand von zwei Beispielen.

*1. Beispiel*

Nach (7.138) – mit geänderten Summationsgrenzen im Sinne von (7.140) – wählen wir für $S_e$

$$S_e = \sum_{m=-2}^{0} \overset{0}{\varphi}_m(\mathrm{Inv}(G_0^{-1}G))(G_0^{-1}G)^m \cdot G_0^{-1}, \tag{10.36}$$

und ferner für $S_j$ die echte Hintereinanderschaltung – vgl. (9.96) –

$$S_j = \sum_{m=-2}^{0} \overset{j}{\varphi}_m(\mathrm{Inv}(G_j^{-1}G))(G_j^{-1}G)^m \cdot G_j^{-1}, \; j=1,\ldots,n. \tag{10.37}$$

Darin bedeutet $G_0$ eine feste Konfiguration und $G_j(t):=A_j^*(t)\bar{G}_jA_j(t)$ ($\bar{G}_j$ konstant) die Konfiguration, in der momentan die Spannung der Komponente mit der Nummer j verschwindet ($S_j=0$).

Es ist offensichtlich, daß die Symmetriegruppe $\mathscr{g}^e$ mindestens jene Operatoren enthält, die in den eigentlich orthogonalen Gruppen aller Konfigurationen $G_0,G_1,\ldots,G_n$ gemeinsam enthalten sind:

$$\mathscr{g}^e \supset \mathrm{Orth}^+(G_0) \cap \mathrm{Orth}^+(G_1) \cap \ldots \cap \mathrm{Orth}^+(G_n). \tag{10.38}$$

Im allgemeinen ist jedoch $M=1$ der einzige Operator dieser Art, und das momentane elastische Verhalten kann daher das eines triklinen elastischen Feststoffs sein. Man spricht in diesem Falle von einer *induzierten Anisotropie* – hervorgerufen durch die Momentanwerte der Zustandsvariablen – im Gegensatz zur inhärenten, die von bevorzugten materiellen Richtungen herrührt (wie etwa beim Einkristall).

Als momentan entspannte Konfiguration $G_i$ erklären wir jene, für die $S_e+\Sigma S_j=0$ gilt, also

$$0 = \sum_{j=0}^{n} \sum_{m=-2}^{0} \overset{j}{\varphi}_m(\mathrm{Inv}(G_j^{-1}G_i))(G_j^{-1}G_i)^m \cdot G_j^{-1}. \tag{10.39}$$

Ziehen wir diese Gleichung von (10.31) ab, dann erhalten wir bei momentaner Ruhe ($\dot{G}=0$)

$$\begin{aligned} S|_{\dot{G}=0} = &\sum_{j=0}^{n} \overset{j}{\varphi}_{-2}(\mathrm{Inv}(G_j^{-1}G))G^{-1}G_jG^{-1} - \sum_{j=0}^{n} \overset{j}{\varphi}_{-2}(\mathrm{Inv}(G_j^{-1}G_i))G_i^{-1}G_jG_i^{-1} \\ &+ \sum_{j=0}^{n} \overset{j}{\varphi}_{-1}(\mathrm{Inv}(G_j^{-1}G))G^{-1} - \sum_{j=0}^{n} \overset{j}{\varphi}_{-1}(\mathrm{Inv}(G_j^{-1}G_i))G_i^{-1} \\ &+ \sum_{j=0}^{n}\left[\overset{j}{\varphi}_0(\mathrm{Inv}(G_j^{-1}G)) - \overset{j}{\varphi}_0(\mathrm{Inv}(G_j^{-1}G_i))\right]G_j^{-1}. \end{aligned} \tag{10.40}$$

Daß auch bei beliebig großem n nicht in jedem Falle Anisotropie induziert werden muß, sieht man am Material mit folgenden Materialfunktionen:

$$\overset{j}{\varphi}_{-2}\equiv 0, \overset{j}{\varphi}_{-1}=\overset{j}{\varphi}_{-1}(\det(\underset{\sim}{G}_j^{-1}\underset{\sim}{G})), \overset{j}{\varphi}_0\equiv-\overset{j}{\varphi}_{-1}(1),$$

$$j=0,1,...,n. \qquad (10.41)$$

Nehmen wir noch an

$$\det(\underset{\sim}{G}_j^{-1}\underset{\sim}{G})=\det(\underset{\sim}{G}_0^{-1}\underset{\sim}{G})=\left(\frac{\varrho_0}{\varrho}\right)^2, j=1,...,n, \qquad (10.42)$$

(dann muß übrigens gelten $\operatorname{tr}(\underset{\sim}{A}_j^{-1}\dot{\underset{\sim}{A}}_j)=0$, $j=1,...,n$), so wird aus (10.40) mit $\varphi(\varrho):=-\sum\limits_{j=0}^{n}\overset{j}{\varphi}_{-1}(\det(\underset{\sim}{G}_j^{-1}\underset{\sim}{G}))$

$$\underset{\sim}{S}|_{\dot{\underset{\sim}{G}}=0}=\varphi(\varrho_i)\underset{\sim}{G}_i^{-1}-\varphi(\varrho)\underset{\sim}{G}^{-1}, \qquad (10.43)$$

und man erkennt $\mathscr{g}^e(t)=\mathrm{Orth}^+(\underset{\sim}{G}_i(t))$, also isotropes elastisches Verhalten bezüglich der momentan entspannten Konfiguration – deren Dichte $\varrho_i$ übrigens i.allg. nicht gleich $\varrho_0$ ist.

Die Speicherenergie errechnet sich zu

$$W=\sum_{j=0}^{n}W_j=\int_{\bar{\varrho}=\varrho_0}^{\varrho}\frac{\varphi(\bar{\varrho})}{\bar{\varrho}}d\bar{\varrho}+\frac{1}{2}\varphi(\varrho_i)\underset{\sim}{G}_i^{-1}:\underset{\sim}{G}-\frac{3}{2}\varphi(\varrho_0). \qquad (10.44)$$

Betrachten wir als nächstes den Zusammenhang zwischen Materialsymmetrie und *Relaxation*. Wir schränken auf Maxwell-artiges Verhalten aller Komponenten 1 bis n ein und nehmen an, daß während eines Ruheprozesses (mit der Konfiguration $\underset{\sim}{G}_{rel}$) die Konfigurationen $\underset{\sim}{G}_j$ ($j=1,...,n$) Grenzwerten zustreben, die zu $\underset{\sim}{G}_{rel}$ proportional sind, also

$$\underset{\sim}{G}_j^{-1}\underset{\sim}{G}_{rel}\to\lambda_j\underset{\sim}{1}, \lambda_j>0, j=1,...,n. \qquad (10.45)$$

(Ein Beispiel für Stoffgleichungen mit dieser Eigenschaft geben wir im Abschnitt 10.3.) Dann nähern sich alle gemäß (10.37) zu den Maxwell-Komponenten gehörigen Spannungen $\underset{\sim}{T}_j$ jeweils Kugeltensoren. (Falls $\lambda_j=1$ gilt, verschwinden sie im relaxierten Zustand gänzlich.) Die Symmetriegruppe $\mathscr{g}^e_{rel}$ des elastischen Verhaltens aus dem relaxierten Zustand erfüllt daher nach (10.38) die Bedingung:

$$\mathscr{g}^e_{rel}\supset\mathrm{Orth}^+(\underset{\sim}{G}_0)\cap\mathrm{Orth}^+(\underset{\sim}{G}_{rel}). \qquad (10.46)$$

Drei Fälle sind zu unterscheiden (Vgl. die Diskussion zu (8.152)):

1. Es ist $\underset{\sim}{G}_{rel}=\lambda\underset{\sim}{G}_0$ ($\lambda>0$). Dann ist das Verhalten isotrop bezüglich $\underset{\sim}{G}_{rel}$ (und $\underset{\sim}{G}_0$).
2. Es ist $\underset{\sim}{G}_{rel}$ nicht proportional zu $\underset{\sim}{G}_0$. Dann ist das Verhalten i.allg. nur orthotrop bezüglich $\underset{\sim}{G}_{rel}$ (außer im folgenden Fall).
3. Die Symmetriegruppe des elastischen Spannungsanteils $\underset{\sim}{S}_e(\underset{\sim}{G})$ ist die eigentlich unimodulare Gruppe, also $\underset{\sim}{T}_e$ in jeder Konfiguration ein Kugeltensor. Dann werden wir von einer viskoelastischen Flüssigkeit sprechen. In keinem relaxierten Zustand weist sie Schubspannungen auf, und das elastische Verhalten aus jedem relaxierten Zustand heraus ist isotrop, denn (10.46) geht über in

$$\mathscr{g}^e_{rel}\supset\mathrm{Unim}^+(\mathscr{T})\cap\mathrm{Orth}^+(\underset{\sim}{G}_{rel})=\mathrm{Orth}^+(\underset{\sim}{G}_{rel}). \qquad (10.47)$$

Haben wir es wieder mit Maxwell-Komponenten zu tun und sind die *elastischen Verzerrungen* aller dieser Komponenten *klein* – das ist der Fall 1. bei kleinen Gesamtverzerrungen, 2. bei großen Gesamtverzerrungen aber hinreichend langsamen Verformungen, so daß $|\underset{\sim}{D}_j|$ klein sein kann – dann sind die Integrationsformeln (9.256) anwendbar, wobei wir uns den Kern $\mathbb{K}$ für jede Komponente mit dem passenden Index j versehen denken. Setzen wir dann $\mathbb{K} := \sum_{j=1}^{n} \mathbb{K}_j$, so bleibt

$$
\begin{aligned}
\underset{\sim}{S}(t) = {} & \underset{\sim}{S}_e(\underset{\sim}{G}(t)) + \underset{\sim}{S}_v(\underset{\sim}{G}(t),\dot{\underset{\sim}{G}}(t)) \\
& + \sum_{j=1}^{n} \mathbb{K}_j(\underset{\sim}{G}(t),t-t_0):[\underset{\sim}{G}(t_0) - \underset{\sim}{G}_j(t_0)] \\
& + \mathbb{K}(\underset{\sim}{G}(t),t-t_0):[\underset{\sim}{G}(t) - \underset{\sim}{G}(t_0)] \\
& - \int_{\tau=t_0}^{t} \frac{\partial}{\partial(t-\tau)} \mathbb{K}(\underset{\sim}{G}(t),t-\tau):[\underset{\sim}{G}(t) - \underset{\sim}{G}(\tau)]\,d\tau
\end{aligned}
\tag{10.48}
$$

mit

$$
\begin{aligned}
& \mathbb{K}(\underset{\sim}{G}(t),x):\underset{\sim}{Y} := \underset{\sim}{G}(t)^{-1}\cdot\{[\zeta(\varrho(t),x)\mathbb{1} + \psi(\varrho(t),x)\underset{\sim}{G}(t)\otimes\underset{\sim}{G}(t)^{-1}]:\underset{\sim}{Y}\}\cdot\underset{\sim}{G}(t)^{-1}, \\
& \zeta(\varrho,x) := \sum_{j=1}^{n} \frac{\mu_j(\varrho)}{\varrho_0} e^{-\beta_j(\varrho)x}, \\
& \psi(\varrho,x) := \sum_{j=1}^{n} \frac{1}{3}\frac{\mu_j(\varrho)}{\varrho_0}\frac{1+\nu_j}{1-2\nu_j}(\varrho)e^{-\xi_j(\varrho)x} - \frac{1}{3}\zeta(\varrho,x).
\end{aligned}
\tag{10.49}
$$

Um die Darstellung eindeutig zu machen, wollen wir $\lim_{x\to\infty} \psi(x) = 0$ verabreden, d.h. den Fall $\nu_j \neq -1$, $\xi_j = 0$ ausschließen. Andernfalls würde mindestens eine Maxwell-Komponente einen nicht relaxierenden Kugelspannungstensor liefern, den wir jedoch besser dem Term $\underset{\sim}{S}_e(\underset{\sim}{G})$ zuschlagen.

## 2. *Beispiel*

Im Sinne von (9.273) ersetzen wir die echte Hintereinanderschaltung (10.37) durch die unechte

$$
\underset{\sim}{S}_j = \sum_{m=0}^{2} {}^{j}\varphi_m(\mathrm{Inv}(\underset{\sim}{G}_0^{-1}\cdot(\underset{\sim}{G}-\underset{\sim}{G}_j)))(\underset{\sim}{G}_0^{-1}\cdot(\underset{\sim}{G}-\underset{\sim}{G}_j))^m\cdot\underset{\sim}{G}_0^{-1}, \qquad j = 1,\dots,n.
\tag{10.50}
$$

Wählen wir etwa spezielle Ansätze der Art (9.280) und betrachten (unechtes) Maxwell-Verhalten gemäß (9.281), dann läßt sich das Stoff-Funktional für beliebig große elastische Verzerrungen explizit angeben. Es besitzt die Struktur (10.48), doch ist $\underset{\sim}{G}(t)$ im Kern $\mathbb{K}$ durch $\underset{\sim}{G}_0$ zu ersetzen. Äquivalente Formen ergeben sich durch Übergang auf Greensche Verzerrungen und Kirchhoffsche Beanspruchungen wie in (9.283), (9.284). Ebenso existiert eine Darstellung für $\underset{\sim}{G}_j(t)$. Sie hat die Form (9.253) – ohne den Fehlerterm –, doch ist $\underset{\sim}{G}(t)\otimes\underset{\sim}{G}(t)^{-1}$ durch $\underset{\sim}{G}_0\otimes\underset{\sim}{G}_0^{-1}$ zu ersetzen. Aus ihr gewinnt man folgende Erkenntnis über die Relaxation. Während eines Ruheprozesses mit $\underset{\sim}{G}(\tau) \equiv \underset{\sim}{G}(t) \equiv \underset{\sim}{G}_{rel}$ geht $\underset{\sim}{G}_j(t)$ mit $t\to\infty$ gegen $\underset{\sim}{G}_{rel}$, falls $\xi_j \neq 0$ ist, andernfalls gegen $\underset{\sim}{G}_{rel} + \frac{1}{3}\mathrm{tr}[\underset{\sim}{G}_0^{-1}(\underset{\sim}{G}_j(t_0) - \underset{\sim}{G}_{rel})]\underset{\sim}{G}_0$, zusammenfassend

$$
\underset{\sim}{G}_j \to \underset{\sim}{G}_{rel} + \lambda_j\underset{\sim}{G}_0, \qquad \lambda_j\in\mathbb{R},\ j = 1,\dots,n.
\tag{10.51}
$$

Untersuchen wir die Symmetrie des elastischen Verhaltens, wenn die Beanspruchung $\underset{\sim}{S}_e$ der elastischen Komponente gemäß (10.36) und die der Komponenten $S_j$ gemäß (10.50) gewählt wird. Wie zuvor erfüllt die Symmetriegruppe $\mathscr{g}^e$ die Bedingung (10.38), so daß das momentane elastische Verhalten im Extremfall triklin sein kann. Nun gehen wir auf (unechte) Maxwell-Komponenten mit der Relaxationseigenschaft (10.51) über. Die Symmetriegruppe $\mathscr{g}^e_{rel}$ erfüllt wieder die Bedingung (10.46). Ist also $\underset{\sim}{G}_{rel}$ proportional zu $\underset{\sim}{G}_0$, dann ist das elastische Verhalten bezüglich $\underset{\sim}{G}_{rel}$ isotrop, sonst i.allg. nur orthotrop. Ein Unterschied gegenüber dem 1. Beispiel ergibt sich, wenn die Symmetriegruppe von $\underset{\sim}{S}_e(\underset{\sim}{G})$ die eigentlich unimodulare Gruppe, also $\underset{\sim}{T}_e$ stets ein Kugeltensor ist. Wenn wir wieder verabreden, daß die Beanspruchungen $\underset{\sim}{S}_j$ aller (unechten) Maxwell-Komponenten in den relaxierten Zuständen verschwinden, dann ist die

Spannung in jedem relaxierten Zustand ein Kugeltensor, und wir sprechen von einer viskoelastischen Flüssigkeit. (Lassen wir dagegen für eine Komponente die Kombination $\xi_j=0$, $\nu_j \neq -1$ zu, dann relaxiert nach (10.50), (10.51) $\underset{\sim}{S}_j$ gegen ein Vielfaches von $\underset{\sim}{G}_0^{-1}$, also $\underset{\sim}{T}_j$ gegen ein Vielfaches von $\underset{\sim}{K}\underset{\sim}{G}_0^{-1}\underset{\sim}{K}^*=\underset{\sim}{B}_{rel}$, so daß i.allg. Schubspannungen verbleiben.) Da $\underset{\sim}{G}_0$ anders als bei der echten Hintereinanderschaltung im 1. Beispiel – vgl. (10.50) mit (10.37) – auch in den Komponenten $\underset{\sim}{S}_j$ auftritt, läßt (10.46) sich nicht auf (10.47) reduzieren. Bei dieser Art von Flüssigkeit ist also das elastische Verhalten aus einem relaxierten Zustand, in dem $\underset{\sim}{G}_{rel}$ nicht proportional zu $\underset{\sim}{G}_0$ ist, i.allg. anisotrop. Diese Tatsache ist ein starkes Argument gegen die Verwendung der unechten Schaltung bei der Beschreibung realer Flüssigkeiten, da die Anisotropie hier nicht physikalisch begründet, sondern rein formal durch Einführung der festen Konfiguration $\underset{\sim}{G}_0$ eingeschleppt worden ist.

## 10.3 Isotrope Viskoelastizität

Schalten wir eine isotrope Kelvin-Komponente und n isotrope Maxwell-Komponenten (mit echter Hintereinanderschaltung) parallel, so erhalten wir in Analogie zum rheologischen Modell VE von Bild 2.4 ein allgemeines nichtlineares isotropes viskoelastisches Materialelement mit der Beanspruchung

$$\underset{\sim}{P}=\underset{\sim}{P}_e+\underset{\sim}{P}_v+\sum_{j=1}^{n}\underset{\sim}{P}_j. \tag{10.52}$$

Dabei gilt nach (10.12), (10.13)

$$\underset{\sim}{P}_e=\frac{\partial W_e}{\partial \underset{\sim}{H}}(\underset{\sim}{H}), \tag{10.53}$$

$$\underset{\sim}{P}_v=\underset{\sim}{P}_v(\underset{\sim}{H},\underset{\sim}{D}) \text{ mit } \underset{\sim}{P}_v(\underset{\sim}{H},0)=0,\ \underset{\sim}{P}_v(\underset{\sim}{H},\underset{\sim}{D}):\underset{\sim}{D}\geqq 0, \tag{10.54}$$

während das Verhalten der Maxwell-Komponente der Nummer j sich in Abwandlung der Beziehungen von Kapitel 9 darstellen läßt durch

$$\underset{\sim}{B}_j=\exp 2\underset{\sim}{H}_j=\underset{\sim}{K}\underset{\sim}{G}_j^{-1}\underset{\sim}{G}\underset{\sim}{K}^{-1}, \tag{10.55}$$

$$\underset{\sim}{D}_j=\frac{1}{2}\underset{\sim}{K}\underset{\sim}{G}_j^{-1}\dot{\underset{\sim}{G}}_j\underset{\sim}{K}^{-1}, \tag{10.56}$$

$$\overset{\circ}{\underset{\sim}{H}}_j=\mathbb{D}(\underset{\sim}{H}_j):\underset{\sim}{D}-\underset{\sim}{D}_j, \tag{10.57}$$

$$\underset{\sim}{P}_j=\frac{\partial W_j}{\partial \underset{\sim}{H}_j}(\underset{\sim}{H}_j), \tag{10.58}$$

$$\underset{\sim}{D}_j=\underset{\sim}{D}_j(\underset{\sim}{P}_j),\ \underset{\sim}{P}_j:\underset{\sim}{D}_j\geqq 0. \tag{10.59}$$

Zunächst tragen wir ein Beispiel zur Verdeutlichung der Relaxationsbedingung (10.45) nach. Dazu spezialisieren wir auf den linearen Zusammenhang

$$\underset{\sim}{D}_j=\underset{\sim}{D}_j(\underset{\sim}{P}_j(\underset{\sim}{H}_j))=\beta_j(\mathbb{1}+\gamma_j\underset{\sim}{1}\otimes\underset{\sim}{1}):\underset{\sim}{H}_j \tag{10.60}$$

und erhalten während eines Ruheprozesses ($\underset{\sim}{D}\equiv 0$) aus (10.57)

$$\overset{\circ}{\underset{\sim}{H}}_j=-\underset{\sim}{D}_j=-\beta_j(\mathbb{1}+\gamma_j\underset{\sim}{1}\otimes\underset{\sim}{1}):\underset{\sim}{H}_j \tag{10.61}$$

und folglich die Differentialgleichungen

$$\mathbf{1}:\overset{\circ}{\mathbf{H}}_j=\mathbf{1}:\dot{\mathbf{H}}_j=(\operatorname{tr}\mathbf{H}_j)^{\cdot}=-\beta_j(1+3\gamma_j)\operatorname{tr}\mathbf{H}_j=:-\xi_j\operatorname{tr}\mathbf{H}_j \tag{10.62}$$

und – unter Beachtung von (9.139) –

$$\mathbf{H}_j{}':\overset{\circ}{\mathbf{H}}_j=\mathbf{H}_j{}':\dot{\mathbf{H}}_j{}'=|\mathbf{H}_j{}'|\,\dot{\overline{|\mathbf{H}_j{}'|}}=-\beta_j\mathbf{H}_j{}':\mathbf{H}_j{}'=-\beta_j|\mathbf{H}_j{}'|^2 \tag{10.63}$$

mit den Lösungen

$$\operatorname{tr}\mathbf{H}_j(t)=\operatorname{tr}\mathbf{H}_j(t_0)e^{-\xi_j(t-t_0)},$$

$$|\mathbf{H}_j{}'|(t)=|\mathbf{H}_j{}'|(t_0)e^{-\beta_j(t-t_0)}. \tag{10.64}$$

Ist also $\gamma_j\neq-1/3$, d.h. $\xi_j\neq0$, dann relaxiert $\mathbf{H}_j$ gegen 0 und damit – gemäß (10.55) – $\mathbf{G}_j^{-1}\mathbf{G}_{rel}$ gegen $\mathbf{1}$. Ist aber $\xi_j=0$, d.h. die inelastische Verformung der Komponente j volumentreu, dann relaxiert nur der Deviator von $\mathbf{H}_j$ gegen 0, und damit geht $\mathbf{G}_j^{-1}\mathbf{G}_{rel}$ gegen $\lambda_j\mathbf{1}$, wobei i.allg. $\lambda_j\neq1$ gilt. Beide Fälle sind also Beispiele für die Gültigkeit der aus (10.45) gezogenen Schlüsse zur Symmetrie des relaxierten Zustandes.

Eine isotrope viskoelastische Flüssigkeit liegt vor, wenn die Kelvin-Komponente sich auf jene der Reiner-Rivlin-Flüssigkeit gemäß (10.15) spezialisiert, also

$$\mathbf{P}_e+\mathbf{P}_v=-\frac{p_e(\varrho)}{\varrho}\mathbf{1}+\mathbf{P}_v(\varrho,\mathbf{D}). \tag{10.65}$$

Wir wollen das Verhalten einer solchen Flüssigkeit in einer stationären Scherung untersuchen. Der Beitrag der Reiner-Rivlin-Komponente ist durch (10.23) gegeben, während der Beitrag der Maxwell-Komponente der Nummer j sich aus der Untersuchung in Abschnitt 9.14 entnehmen läßt. Nach (9.199), (9.200) und (9.205) gilt nämlich

$$\sin2\varphi_j=\tanh(h_1-h_2)_j, \tag{10.66}$$

$$\mathbf{D}_j=\frac{\varkappa}{2}\cos2\varphi_j(\mathbf{n}_1\otimes\mathbf{n}_1-\mathbf{n}_2\otimes\mathbf{n}_2)_j, \tag{10.67}$$

$$(2p_{xy})_j=(p_1-p_2)_j\cos2\varphi_j,\ (p_{xx}-p_{yy})_j=(p_1-p_2)_j\sin2\varphi_j. \tag{10.68}$$

(Den Index $\infty$ zur Kennzeichnung der stationären Strömung lassen wir hier fort.) Wir bemerken, daß sich im allgemeinen für jede Maxwell-Komponente ein anderer Winkel $\varphi_j$ der Hauptachsenorientierung der Tensoren $\mathbf{H}_j$, $\mathbf{P}_j$, $\mathbf{D}_j$ ergibt. Das Verhalten des Materials in stationären Scherströmungen ist vollständig bekannt, wenn die Beanspruchung $\mathbf{P}$ für jede Schergeschwindigkeit $\varkappa$ (ggfs. bei verschiedenen Dichten) ermittelt ist. Da aus Symmetriegründen $p_{xz}=p_{yz}\equiv0$ gilt, genügt dazu neben dem mittleren Druck die Angabe der folgenden drei sogenannten viskometrischen Funktionen:

$$\tau(\varrho,\varkappa)=\varrho p_{xy}(\varrho,\varkappa),$$

$$\sigma_1(\varrho,\varkappa)=\varrho(p_{yy}-p_{zz})(\varrho,\varkappa),$$

$$\sigma_2(\varrho,\varkappa)=\varrho(p_{xx}-p_{zz})(\varrho,\varkappa). \tag{10.69}$$

Deren Messung ist Gegenstand der Viskometrie. Die Theorie liefert gemäß (10.23) und (10.68)

$$\tau(\varrho,\varkappa)=\eta_1\left(\varrho,0,-\frac{\varkappa^2}{4},0\right)\frac{\varkappa}{2}+\frac{\varrho}{2}\sum_{j=1}^{n}(p_1-p_2)_j(\varrho,\varkappa)\cos 2\varphi_j(\varrho,\varkappa), \quad (10.70)$$

$$\sigma_2(\varrho,\varkappa)-\sigma_1(\varrho,\varkappa)=\varrho\sum_{j=1}^{n}(p_1-p_2)_j(\varrho,\varkappa)\sin 2\varphi_j(\varrho,\varkappa), \quad (10.71)$$

$$\sigma_2(\varrho,\varkappa)+\sigma_1(\varrho,\varkappa)=\eta_2\left(\varrho,0,-\frac{\varkappa^2}{4},0\right)\frac{\varkappa^2}{2}+\varrho\sum_{j=1}^{n}(p_1+p_2-2p_3)_j(\varrho,\varkappa). \quad (11.72)$$

Selbstverständlich gestattet die Kenntnis der drei Funktionen auf der linken Seite allein keine ins einzelne gehenden Schlüsse auf die Terme der rechten Seite und damit auf das Stoffgesetz der viskoelastischen Flüssigkeit. Doch sind die folgenden allgemeinen Aussagen möglich:

1. Bei der Reiner-Rivlin-Flüssigkeit ist $n=0$ und daher

$$\sigma_1\equiv\sigma_2. \quad (10.73)$$

2. Besitzen alle viskosen Zusammenhänge eine tensoriell lineare Form, also

$$\underset{\sim}{T}_v'=\eta_1(\varrho,\underset{\sim}{D})\underset{\sim}{D}',\ \underset{\sim}{D}_j=\lambda(\underset{\sim}{P}_j)\underset{\sim}{P}_j', \quad (10.74)$$

dann ist $\eta_2\equiv 0$ und, wegen (10.67), $p_1=-p_2$, $p_3=0$, also

$$\sigma_1\equiv-\sigma_2. \quad (10.75)$$

3. Bei der Newtonschen Flüssigkeit liegen beide eben aufgeführten Fälle gleichzeitig vor, und daher gilt

$$\sigma_1\equiv\sigma_2\equiv 0. \quad (10.76)$$

Ist eine dieser drei Bedingungen nicht erfüllt, so kommt das jeweilige spezielle Materialgesetz nicht in Frage. Auf der anderen Seite lassen drei beliebig vorgegebene viskometrische Funktionen sich stets sogar von einem passenden Maxwell-Material erzeugen (d.h., man kann $n=1$ und $\eta_1=\eta_2\equiv 0$ wählen). Division von (10.70) und (10.71) gibt dann nämlich

$$\tan 2\varphi=\frac{\sigma_2-\sigma_1}{2\tau}, \quad (10.77)$$

und daraus läßt sich – für einen festen Wert von $\varrho$ – $\varphi(\varkappa)$ gewinnen und damit auch

$$\varrho(p_1-p_2)=\frac{2\tau}{\cos 2\varphi},\ \varrho(p_1-p_3)=\frac{\tau}{\cos 2\varphi}+\frac{\sigma_1+\sigma_2}{2}. \quad (10.78)$$

Bei Kenntnis des Druckes

$$p=-\varrho(p_1+p_2+p_3)/3 \quad (10.79)$$

sind daraus $p_1,p_2,p_3$ zu ermitteln, womit $\underset{\sim}{P}(\varkappa)$ bekannt ist. Zugleich erhält man durch Einsetzen von $\varphi(\varkappa)$ in (10.67) auch $\underset{\sim}{D}_i(\varkappa)$. Der Zusammenhang $\underset{\sim}{D}_i(\underset{\sim}{P})$ des Maxwell-Materials ist also so zu wählen, daß $\underset{\sim}{D}_i(\varkappa)=\underset{\sim}{D}_i(\underset{\sim}{P}(\varkappa))$ für alle $\varkappa$ erfüllt ist. (Er liegt damit bei weitem nicht eindeutig fest.) Kaum einer Einschränkung unterliegt der Zusammenhang $\underset{\sim}{H}_e(\underset{\sim}{P})$. Gemäß (10.66) ist nämlich lediglich die Komponente $h_1^e-h_2^e$ festgelegt. Diese Ergebnisse verdeutlichen die Dürftigkeit der viskometrischen Information.

Weit aufschlußreicher ist es, die stationäre Scherung plötzlich anzuhalten und das Abklingen der Beanspruchung zu messen. Den qualitativen Effekt können wir bereits erkennen, wenn wir uns auf langsame Scherungen beschränken, also die linearen Zusammenhänge

$$\underset{\sim}{D}_j=\frac{\varrho_0}{2\eta_j}\underset{\sim}{P}_j{}',\ \underset{\sim}{P}_j{}'=\frac{2\mu_j}{\varrho_0}\underset{\sim}{H}_j{}' \tag{10.80}$$

verwenden. Dann dürfen wir auch die Beziehungen (10.66) bis (10.68) linearisieren und finden

$$\begin{aligned}
&(d_1-d_2)_j=\varkappa=\frac{\varrho_0}{2\eta_j}(p_1-p_2)_j=\beta_j(h_1-h_2)_j \text{ mit } \beta_j=\frac{\mu_j}{\eta_j},\\
&2\varphi_j=(h_1-h_2)_j=\frac{\varkappa}{\beta_j},\\
&(p_{xy})_j=\frac{\eta_j}{\varrho_0}\varkappa,\ (p_{xx}-p_{yy})_j=\frac{2\eta_j}{\varrho_0}\frac{\varkappa^2}{\beta_j}.
\end{aligned} \tag{10.81}$$

Wird die Scherung zur Zeit $t_0$ plötzlich angehalten, so gilt

$$\underset{\sim}{D}\equiv 0,\ \underset{\sim}{W}\equiv 0,\ \overset{\circ}{\underset{\sim}{H}}_j=\dot{\underset{\sim}{H}}_j=-\underset{\sim}{D}_j \text{ für } t>t_0, \tag{10.82}$$

also

$$\dot{\underset{\sim}{H}}_j=\dot{\underset{\sim}{H}}_j{}'=-\beta_j\underset{\sim}{H}_j{}'\Rightarrow\underset{\sim}{H}_j(t)=\underset{\sim}{H}_j(t_0)e^{-\beta_j(t-t_0)}. \tag{10.83}$$

Die Relaxation der Beanspruchung erfolgt daher gemäß

$$\begin{aligned}
&p_{xy}(t)=\sum_{j=1}^{n}(p_{xy})_j(t_0)e^{-\beta_j(t-t_0)}=\frac{\varkappa}{\varrho_0}\sum_{j=1}^{n}\eta_j e^{-\beta_j(t-t_0)},\\
&(p_{xx}-p_{yy})(t)=\sum_{j=1}^{n}(p_{xx}-p_{yy})_j(t_0)e^{-\beta_j(t-t_0)}=\frac{2\varkappa^2}{\varrho_0}\sum_{j=1}^{n}\frac{\eta_j}{\beta_j}e^{-\beta_j(t-t_0)},
\end{aligned} \tag{10.84}$$

und man bemerkt den Zusammenhang

$$(p_{xx}-p_{yy})\big|_t^{t_0}=2\varkappa\int_{\bar{t}=t_0}^{t}p_{xy}(\bar{t})d\bar{t}\Rightarrow\frac{d}{dt}(p_{xx}-p_{yy})=-2\varkappa p_{xy}. \tag{10.85}$$

Die Materialkonstanten $\mu_j$ und $\eta_j$ lassen sich prinzipiell aus der exakten Analyse von nur einer der beiden Abklingfunktionen vollständig bestimmen. Die Schubbeanspruchung relaxiert rascher als die Normalbeanspruchungsdifferenz, denn bei letzterer sind die schneller abklingenden Anteile mit einem kleineren Vorfaktor $\beta_j^{-1}$ versehen. Dieses Resultat ist experimentell belegt (siehe Ferry [0.43], Kap. 2). Eine weitere Erfahrungstatsache wird allerdings nicht wiedergegeben: Bei höheren Schergeschwindigkeiten $\varkappa$ verläuft die anschließende Relaxation rascher. Um das zu erfassen, müßte man die linearen Zusammenhänge (10.80) aufgeben.

## 10.4 Kompliziertere Schaltungen

Als Beispiel einer komplizierteren Schaltung wollen wir ein Material konstruieren, dessen Verhalten dem viskoplastischen rheologischen Modell von Bild 2.16 analog ist. Der Teil der Länge $l_D - l_{F_0}$ entspricht der Parallelschaltung eines Maxwell- und eines Prandtl-Elements. Folglich machen wir – in früheren Formeln $\underset{\sim}{G}$ durch $\underset{\sim}{G}_D$ ersetzend – für diese beiden Komponenten Ansätze vom Typ der echten Hintereinanderschaltung:

$$\overset{j}{\underset{\sim}{S}} = \overset{j}{\underset{\sim}{S}}\left(\overset{j}{\underset{\sim}{G}}\right) = 2\,\partial W_j\left(\overset{j}{\underset{\sim}{G}}\right)/\partial \overset{j}{\underset{\sim}{G}},$$

$$\overset{j}{\underset{\sim}{G}} = \underset{\sim}{A}_j^{-*}\underset{\sim}{G}_D\underset{\sim}{A}_j^{-1};\ \underset{\sim}{S} = \underset{\sim}{A}_j\underset{\sim}{S}_j\underset{\sim}{A}_j^{*},\ j=1,2. \tag{10.86}$$

(Es ist $\underset{\sim}{A}_j \in \mathrm{Invlin}(\mathscr{T},\mathscr{G}_j)$, $\overset{j}{\underset{\sim}{G}} \in \mathrm{Sym}^+(\mathscr{G}_j,\mathscr{G}_j^*)$, $\overset{j}{\underset{\sim}{S}} \in \mathrm{Sym}(\mathscr{G}_j^*,\mathscr{G}_j)$, $\underset{\sim}{G}_D \in \mathrm{Sym}^+(\mathscr{T},\mathscr{T}^*)$, $\underset{\sim}{S}_j \in \mathrm{Sym}(\mathscr{T}^*,\mathscr{T})$.) Ferner setzen wir

$$\dot{\underset{\sim}{A}}_1\underset{\sim}{A}_1^{-1} = \mathfrak{A}_1\left(\overset{1}{\underset{\sim}{G}}\right),\ \overset{1}{\underset{\sim}{G}}\,\overset{1}{\underset{\sim}{S}} : \dot{\underset{\sim}{A}}_1\underset{\sim}{A}_1^{-1} \geqq 0, \tag{10.87}$$

$$\dot{\underset{\sim}{A}}_2\underset{\sim}{A}_2^{-1} = \mathfrak{A}_2\left(\overset{2}{\underset{\sim}{G}}, \underset{\sim}{A}_2^{-*}\dot{\underset{\sim}{G}}_D\underset{\sim}{A}_2^{-1}\right),\ \overset{2}{\underset{\sim}{G}}\,\overset{2}{\underset{\sim}{S}} : \dot{\underset{\sim}{A}}_2\underset{\sim}{A}_2^{-1} \geqq 0. \tag{10.88}$$

Die nachgeschaltete Feder beschreiben wir durch

$$\bar{\underset{\sim}{S}} = \bar{\underset{\sim}{S}}(\bar{\underset{\sim}{G}}) = 2\frac{\partial W_3(\bar{\underset{\sim}{G}})}{\partial \bar{\underset{\sim}{G}}},\ \bar{\underset{\sim}{G}} = \underset{\sim}{A}^{-*}\underset{\sim}{G}\underset{\sim}{A}^{-1},\ \bar{\underset{\sim}{S}} = \underset{\sim}{A}\underset{\sim}{S}\underset{\sim}{A}^{*}. \tag{10.89}$$

($\underset{\sim}{A} \in \mathrm{Invlin}(\mathscr{T},\mathscr{G})$, $\bar{\underset{\sim}{G}} \in \mathrm{Sym}^+(\mathscr{G},\mathscr{G}^*)$, $\bar{\underset{\sim}{S}} \in \mathrm{Sym}(\mathscr{G}^*,\mathscr{G})$.) Denken wir uns zur Zeit t nur sie – nicht aber die beiden anderen – entspannt, so gelangt das Gitter $\mathscr{G}$ in die feste spannungsfreie Konfiguration $\bar{\underset{\sim}{G}}_D$ und das Materialelement in die Konfiguration $\underset{\sim}{G}_D(t)$, während $\underset{\sim}{A}(t)$ seinen Wert behält, so daß wir zwischen $\underset{\sim}{A}$ und $\underset{\sim}{G}_D$ den Zusammenhang

$$\underset{\sim}{G}_D(t) = \underset{\sim}{A}^{*}(t)\bar{\underset{\sim}{G}}_D\underset{\sim}{A}(t) \tag{10.90}$$

erschließen.

Es bleibt eine Verknüpfung zwischen den Spannungen $\underset{\sim}{S}, \underset{\sim}{S}_1, \underset{\sim}{S}_2$ in den drei „Federn" zu finden. Im rheologischen Modell ist

$$W = \frac{c_1}{2}(l_D - \alpha_1)^2 + \frac{c_2}{2}(l_D - \alpha_2)^2 + \frac{c_3}{2}(l - l_D)^2, \tag{10.91}$$

also – unter Beachtung von (2.75) –

$$\frac{\partial W}{\partial l_D}=c_1(l_D-\alpha_1)+c_2(l_D-\alpha_2)-c_3(l-l_D)=0. \tag{10.92}$$

Die Gleichgewichtsbedingung der Federkräfte läßt sich also durch die Bedingung ersetzen, daß die Speicherenergie gegenüber Variationen von $l_D$ – bei festgehaltenen Werten von $l$, $\alpha_1$ und $\alpha_2$ – einen stationären Wert besitzt. Analog dazu wollen wir jetzt für festgehaltene $\underset{\sim}{G},\underset{\sim}{A}_1,\underset{\sim}{A}_2$ fordern:

$$\frac{\partial W}{\partial \underset{\sim}{A}}=0. \tag{10.93}$$

Nun ist

$$W=W_1\left(\overset{1}{\underset{\sim}{G}}\right)+W_2\left(\overset{2}{\underset{\sim}{G}}\right)+W_3(\bar{\underset{\sim}{G}}) \tag{10.94}$$

und daher

$$\begin{aligned}\frac{\partial W}{\partial \underset{\sim}{A}}:\delta\underset{\sim}{A}= &\sum_{j=1}^{2}\left(\partial W_j\left(\overset{j}{\underset{\sim}{G}}\right)/\partial\overset{j}{\underset{\sim}{G}}\right):\underset{\sim}{A}_j^{-*}(\delta\underset{\sim}{A}^*\bar{\underset{\sim}{G}}_D\underset{\sim}{A}+\underset{\sim}{A}^*\bar{\underset{\sim}{G}}_D\delta\underset{\sim}{A})\underset{\sim}{A}_j^{-1}\\ &-\frac{\partial W_3(\bar{\underset{\sim}{G}})}{\partial\bar{\underset{\sim}{G}}}:\underset{\sim}{A}^{-*}(\delta\underset{\sim}{A}^*\underset{\sim}{A}^{-*}\underset{\sim}{G}+\underset{\sim}{G}\underset{\sim}{A}^{-1}\delta\underset{\sim}{A})\underset{\sim}{A}^{-1}\\ &=\left(\sum_{j=1}^{2}\underset{\sim}{S}_j\underset{\sim}{G}_D-\underset{\sim}{S}\underset{\sim}{G}\right):\delta\underset{\sim}{A}^*\underset{\sim}{A}^{-*},\end{aligned} \tag{10.95}$$

und dies verschwindet genau dann für alle $\delta\underset{\sim}{A}$, wenn die „Verknüpfungsbedingung"

$$\underset{\sim}{S}\underset{\sim}{G}=\sum_{j=1}^{2}\underset{\sim}{S}_j\underset{\sim}{G}_D \tag{10.96}$$

erfüllt ist. Diese Gleichung kann nun dazu dienen, die Hilfsvariable $\underset{\sim}{A}$ – und damit auch $\underset{\sim}{G}_D$ – als Funktion der Zustandsvariablen $\underset{\sim}{G}$, $\underset{\sim}{A}_1$ und $\underset{\sim}{A}_2$ auszudrücken. (Entartet die Abhängigkeit $\underset{\sim}{S}(\underset{\sim}{G},\underset{\sim}{A})$ in $\underset{\sim}{S}(\underset{\sim}{G},\underset{\sim}{G}_D)$, so läßt sich zwar, da auch $\underset{\sim}{S}_j=\underset{\sim}{S}_j(\underset{\sim}{G}_D,\underset{\sim}{A}_j)$ gilt, aus dieser Gleichung nur $\underset{\sim}{G}_D$ ermitteln, doch ist das in diesem Spezialfall ja auch ausreichend.) Man beachte noch: Schreibt man (10.96) um in $\underset{\sim}{S}=\underset{\sim}{S}_1\underset{\sim}{G}_D\underset{\sim}{G}^{-1}+\underset{\sim}{S}_2\underset{\sim}{G}_D\underset{\sim}{G}^{-1}$, dann sind die beiden Summanden auf der rechten Seite i.allg. nicht einzeln symmetrisch, so daß es bei diesem Modell keine Zerlegung der Beanspruchung $\underset{\sim}{S}$ (bzw. $\underset{\sim}{P}$) in symmetrische Teilbeanspruchungen gibt.

Die Passivität des Materialverhaltens ist leicht zu prüfen: Wegen der Bedingung (10.93) tilgen sich bei der Berechnung von $\dot{W}$ alle Terme, welche aus der Änderung von $\underset{\sim}{A}$ und damit von $\underset{\sim}{G}_D$ herrühren, so daß nur verbleibt:

$$\begin{aligned}\dot{W}=&-\sum_{j=1}^{2}\left(\partial W_j\left(\overset{j}{\underset{\sim}{G}}\right)/\partial\overset{j}{\underset{\sim}{G}}\right):\underset{\sim}{A}_j^{-*}(\dot{\underset{\sim}{A}}_j^*\underset{\sim}{A}_j^{-*}\underset{\sim}{G}_D+\underset{\sim}{G}_D\underset{\sim}{A}_j^{-1}\dot{\underset{\sim}{A}}_j)\underset{\sim}{A}_j^{-1}\\ &+\frac{\partial W_3}{\partial\bar{\underset{\sim}{G}}}(\bar{\underset{\sim}{G}}):\underset{\sim}{A}^{-*}\dot{\underset{\sim}{G}}\underset{\sim}{A}^{-1}\\ =&-\sum_{j=1}^{2}\overset{j}{\underset{\sim}{G}}\,\overset{j}{\underset{\sim}{S}}:\dot{\underset{\sim}{A}}_j\underset{\sim}{A}_j^{-1}+\frac{1}{2}\underset{\sim}{S}:\dot{\underset{\sim}{G}}.\end{aligned} \tag{10.97}$$

Der erste Term stellt also (bis auf das Vorzeichen) die Dissipationsleistung dar, die nach den Festlegungen (10.87), (10.88) nicht negativ sein kann.

Etwas genauer untersuchen wir die Ansätze

$$W_j\left(\overset{j}{\mathbf{G}}\right)=\bar{W}_j\left(\overset{j}{I}_1,\overset{j}{I}_2,\overset{j}{I}_3\right),\ j=1,2, \tag{10.98}$$

$$W_3(\bar{\mathbf{G}})=\bar{W}_3\left(\overset{3}{I}_1,\overset{3}{I}_2,\overset{3}{I}_3\right). \tag{10.99}$$

$\overset{j}{I}_k$ $(j=1,2)$ bezeichnet die Invariante der Nummer k von $\overset{j}{\mathbf{G}}{}_0^{-1}\overset{j}{\mathbf{G}}$ und damit zugleich von $\mathbf{G}_j^{-1}\mathbf{G}_D$ $\left(\overset{j}{\mathbf{G}}{}_0\text{: feste Konfiguration von } \mathscr{G}_j; \mathbf{G}_j:=\mathbf{A}_j^*\overset{j}{\mathbf{G}}{}_0\mathbf{A}_j\right)$, $\overset{3}{I}_k$ die Invarianten von $\bar{\mathbf{G}}_D^{-1}\bar{\mathbf{G}}$ und damit zugleich von $\mathbf{G}_D^{-1}\mathbf{G}$. Mit der Abkürzung $W_{j,k}:=\partial\bar{W}_j/\partial\overset{j}{I}_k$ $(j,k=1,2,3)$ folgt daraus analog zu (7.210) bzw. (7.212)

$$\frac{1}{2}\bar{\mathbf{S}}=\partial W_3/\partial\bar{\mathbf{G}}=\overset{3}{I}_3\,W_{3,3}\bar{\mathbf{G}}^{-1}+\left(W_{3,1}+\overset{3}{I}_1W_{3,2}\right)\bar{\mathbf{G}}_D^{-1}-W_{3,2}\bar{\mathbf{G}}_D^{-1}\bar{\mathbf{G}}\bar{\mathbf{G}}_D^{-1}, \tag{10.100}$$

$$\begin{aligned}\frac{1}{2}\overset{j}{\mathbf{S}}&=\partial W_j/\partial\overset{j}{\mathbf{G}}=-\overset{j}{I}_3W_{j,2}\overset{j}{\mathbf{G}}{}^{-1}\overset{j}{\mathbf{G}}{}_0\overset{j}{\mathbf{G}}{}^{-1}+\\&+\left(\overset{j}{I}_2W_{j,2}+\overset{j}{I}_3W_{j,3}\right)\overset{j}{\mathbf{G}}{}^{-1}+W_{j,1}\overset{j}{\mathbf{G}}{}_0^{-1},\end{aligned} \tag{10.101}$$

und die „Verknüpfungsbedingung" (10.96) nimmt die Form an:

$$\begin{aligned}\frac{1}{2}\mathbf{S}\mathbf{G}&=\overset{3}{I}_3W_{3,3}\mathbf{1}+\left(W_{3,1}+\overset{3}{I}_1W_{3,2}\right)\mathbf{G}_D^{-1}\mathbf{G}-W_{3,2}(\mathbf{G}_D^{-1}\mathbf{G})^2\\&=\frac{1}{2}\sum_{j=1}^{2}\mathbf{S}_j\mathbf{G}_D=\\&=\sum_{j=1}^{2}\left[-\overset{j}{I}_3W_{j,2}\mathbf{G}_D^{-1}\mathbf{G}_j+\left(\overset{j}{I}_2W_{j,2}+\overset{j}{I}_3W_{j,3}\right)\mathbf{1}+W_{j,1}\mathbf{G}_j^{-1}\mathbf{G}_D\right].\end{aligned} \tag{10.102}$$

Um die Elimination von $\mathbf{G}_D$ mittels der Verknüpfungsbedingung an einem *Beispiel* vorzuführen, wählen wir (mit den Materialkonstanten $\mu_1\,(>0),\mu_2\,(>0),\mu_3\,(>0)$ und $\alpha$ sowie einer Vergleichsdichte $\varrho_0$):

$$\begin{aligned}W_j&=\frac{\mu_j}{2\varrho_0}\left[\frac{1}{\alpha}\left(\det\left(\overset{j}{\mathbf{G}}{}^{-1}\overset{j}{\mathbf{G}}{}_0\right)^{-\alpha}-1\right)+\operatorname{tr}\left(\overset{j}{\mathbf{G}}{}^{-1}\overset{j}{\mathbf{G}}{}_0\right)-3\right]\\&=\frac{\mu_j}{2\varrho_0}\left[\frac{1}{\alpha}\left(\overset{j}{I}_3{}^{\alpha}-1\right)+\overset{j}{I}_2/\overset{j}{I}_3-3\right],\qquad j=1,2\end{aligned} \tag{10.103}$$

– man beachte (5.97) – und

$$\begin{aligned}W_3&=\frac{\mu_3}{2\varrho_0}\left[\frac{1}{\alpha}\left(\det(\bar{\mathbf{G}}_D^{-1}\bar{\mathbf{G}})^{-\alpha}-1\right)+\operatorname{tr}(\bar{\mathbf{G}}_D^{-1}\bar{\mathbf{G}})-3\right]\\&=\frac{\mu_3}{2\varrho_0}\left[\frac{1}{\alpha}\left(\overset{3}{I}_3{}^{-\alpha}-1\right)+\overset{3}{I}_1-3\right]\end{aligned} \tag{10.104}$$

und erhalten – mit den Abkürzungen $\bar{\mu}_j = \mu_j/\mu_3$ $(j=1,2)$ – aus (10.102)

$$\underset{\sim}{G}_D = \left(\overset{3}{I}_3{}^{-\alpha} + \sum_{m=1}^{2} \bar{\mu}_m \overset{m}{I}_3{}^{\alpha}\right)^{-1} \left(\underset{\sim}{G} + \sum_{j=1}^{2} \bar{\mu}_j \underset{\sim}{G}_j\right). \tag{10.105}$$

Das läßt sich mit $\overset{3}{I}_3 \overset{j}{I}_3 = \det(\underset{\sim}{G}_j^{-1}\underset{\sim}{G})$ umformen in

$$\underset{\sim}{G}_D = \overset{3}{I}_3{}^{\alpha}\left(1 + \sum_{m=1}^{2} \bar{\mu}_m \det(\underset{\sim}{G}_m^{-1}\underset{\sim}{G})^{\alpha}\right)^{-1} \left(\underset{\sim}{G} + \sum_{j=1}^{2} \bar{\mu}_j \underset{\sim}{G}_j\right). \tag{10.106}$$

Die Beanspruchung ergibt sich zu

$$\begin{aligned}\underset{\sim}{S} &= \frac{\mu_3}{\varrho_0}\left(\underset{\sim}{G}_D{}^{-1} - \overset{3}{I}_3{}^{-\alpha}\underset{\sim}{G}^{-1}\right)\\ &= \frac{\mu_3}{\varrho_0}\overset{3}{I}_3{}^{-\alpha}\left(\underset{\sim}{G} + \sum_{m=1}^{2} \bar{\mu}_m \underset{\sim}{G}_m\right)^{-1} \cdot \sum_{j=1}^{2} \bar{\mu}_j \left(\det(\underset{\sim}{G}_j^{-1}\underset{\sim}{G})^{\alpha}\underset{\sim}{1} - \underset{\sim}{G}_j\underset{\sim}{G}^{-1}\right).\end{aligned} \tag{10.107}$$

Multipliziert man (10.106) mit $\underset{\sim}{G}^{-1}$ und bildet die Determinante, so erhält man

$$\overset{3}{I}_3{}^{-1-3\alpha} = \left(1 + \sum_{m=1}^{2} \bar{\mu}_m \det(\underset{\sim}{G}_m^{-1}\underset{\sim}{G})^{\alpha}\right)^{-3} \det\left(\underset{\sim}{1} + \sum_{j=1}^{2} \bar{\mu}_j \underset{\sim}{G}_j\underset{\sim}{G}^{-1}\right). \tag{10.108}$$

Damit läßt sich $\overset{3}{I}_3 = \det(\underset{\sim}{G}_D^{-1}\underset{\sim}{G})$ in (10.106) und (10.107) eliminieren, und $\underset{\sim}{S}$ liegt als explizite Funktion von $\underset{\sim}{G}, \underset{\sim}{G}_1, \underset{\sim}{G}_2$ vor.

Bei der Untersuchung der Maxwell- und Prandtl-Komponenten können wir auf die Formeln im 9. Kapitel zurückgreifen, wenn wir die Bezeichnungen wie folgt ändern:

$$\underset{\sim}{G} \to \underset{\sim}{G}_D,\quad \underset{\sim}{A} \to \underset{\sim}{A}_j,\quad \underset{\sim}{G}_i \to \underset{\sim}{G}_j,\quad \underset{\sim}{S} \to \underset{\sim}{S}_j.$$

Wählen wir bei beiden Komponenten die Lévysche Fließregel und beachten – siehe (10.101) mit (10.103) –

$$\underset{\sim}{S}_j\underset{\sim}{G}_D = -\frac{\mu_j}{\varrho_0}\left(\underset{\sim}{G}_D^{-1}\underset{\sim}{G}_j - \overset{j}{I}_3{}^{\alpha}\underset{\sim}{1}\right), \tag{10.109}$$

dann ergeben sich in Abwandlung von (9.108) mit (9.145) folgende Entwicklungsgleichungen für $\underset{\sim}{G}_1$ und $\underset{\sim}{G}_2$:

$$\begin{aligned}\frac{1}{2}\underset{\sim}{G}_j^{-1}\dot{\underset{\sim}{G}}_j &= (\underset{\sim}{S}_j\underset{\sim}{G}_D)'\frac{\delta_j}{\sqrt{\operatorname{tr}[(\underset{\sim}{S}_j\underset{\sim}{G}_D)'^2]}} =: (\underset{\sim}{S}_j\underset{\sim}{G}_D)'\bar{\delta}_j\\ &= -\frac{\mu_j}{\varrho_0}(\underset{\sim}{G}_D^{-1}\underset{\sim}{G}_j)'\bar{\delta}_j.\end{aligned} \tag{10.110}$$

Als einfachste Wahl von $\delta_j$ bietet sich bei der Maxwell-Komponente nach (9.128) unter Beachtung von (9.143) an:

$$\bar{\delta}_1 := \frac{\delta_1}{\sqrt{\operatorname{tr}[(\underset{\sim}{S}_1\underset{\sim}{G}_D)'^2]}} = \frac{\varrho_0}{2\eta} = \text{const.} \tag{10.111}$$

Bei der Prandtl-Komponente benutzen wir die von Misessche Fließbedingung, die hier in Abwandlung von (9.144) anzusetzen ist als

$$f=\sqrt{\mathrm{tr}[(\underset{\sim}{S}_2\underset{\sim}{G}_D)'^2]}-y$$
$$=\frac{\mu_2}{\varrho_0}\sqrt{\mathrm{tr}[\underset{\sim}{X}'^2]}-y=0 \text{ mit } \underset{\sim}{X}:=\underset{\sim}{G}_D^{-1}\underset{\sim}{G}_2. \tag{10.112}$$

Differentiation liefert die Beziehung

$$\delta f=\frac{\mu_2}{\varrho_0}\frac{\underset{\sim}{X}'\cdot\cdot\delta\underset{\sim}{X}'}{\sqrt{\underset{\sim}{X}'\cdot\cdot\underset{\sim}{X}'}}=\frac{\mu_2}{\varrho_0}\frac{\underset{\sim}{X}'}{\sqrt{\underset{\sim}{X}'\cdot\cdot\underset{\sim}{X}'}}\cdot\cdot\delta\underset{\sim}{X}$$
$$=\frac{\mu_2}{\varrho_0}\frac{\underset{\sim}{X}\underset{\sim}{X}'\underset{\sim}{X}}{\sqrt{\underset{\sim}{X}'\cdot\cdot\underset{\sim}{X}'}}\cdot\cdot\underset{\sim}{X}^{-1}\delta\underset{\sim}{X}\underset{\sim}{X}^{-1}$$
$$=-\frac{\mu_2}{\varrho_0}\frac{\underset{\sim}{X}\underset{\sim}{X}'\underset{\sim}{X}}{\sqrt{\underset{\sim}{X}'\cdot\cdot\underset{\sim}{X}'}}\cdot\cdot\delta(\underset{\sim}{X}^{-1})=\left(\frac{\partial f}{\partial(\underset{\sim}{X}^{-1})}\right):\delta(\underset{\sim}{X}^{-1}), \tag{10.113}$$

also

$$\left(\frac{\partial f}{\partial(\underset{\sim}{X}^{-1})}\right)^*=\left(\frac{\partial f}{\partial(\underset{\sim}{G}_2^{-1}\underset{\sim}{G}_D)}\right)^*=-\frac{\mu_2}{\varrho_0}\frac{\underset{\sim}{X}\underset{\sim}{X}'\underset{\sim}{X}}{\sqrt{\underset{\sim}{X}'\cdot\cdot\underset{\sim}{X}'}}, \tag{10.114}$$

und gemäß (9.115) ist dann – wegen $\hat{\underset{\sim}{N}}_2\sqrt{\mathrm{tr}[(\underset{\sim}{S}_2\underset{\sim}{G}_D)'^2]}=-\mu_2\underset{\sim}{X}'/\varrho_0$ –

$$\bar{\delta}_2:=\frac{\delta_2}{\sqrt{\mathrm{tr}[(\underset{\sim}{S}_2\underset{\sim}{G}_D)'^2]}}=\begin{cases}\dfrac{-\varrho_0\underset{\sim}{X}\underset{\sim}{X}'\cdot\cdot\underset{\sim}{G}_D^{-1}\dot{\underset{\sim}{G}}_D}{2\mu_2\underset{\sim}{X}\cdot\cdot\underset{\sim}{X}'^2}, & \text{wenn Zähler} >0 \text{ und } f=0,\\[2ex] 0 & \text{sonst.}\end{cases} \tag{10.115}$$

Da $\dot{\underset{\sim}{G}}_D$ aber $\dot{\underset{\sim}{G}}_2$ und damit $\delta_2$ enthält, muß diese Darstellung noch nach $\delta_2$ aufgelöst werden. Schreiben wir nämlich (10.106) in der Form

$$\underset{\sim}{G}_D=\omega(\underset{\sim}{G},\underset{\sim}{G}_1,\underset{\sim}{G}_2)(\underset{\sim}{G}+\bar{\mu}_1\underset{\sim}{G}_1+\bar{\mu}_2\underset{\sim}{G}_2), \tag{10.116}$$

dann ist

$$\dot{\underset{\sim}{G}}_D=\frac{\dot{\omega}}{\omega}\underset{\sim}{G}_D+\omega(\dot{\underset{\sim}{G}}+\bar{\mu}_1\dot{\underset{\sim}{G}}_1+\bar{\mu}_2\dot{\underset{\sim}{G}}_2). \tag{10.117}$$

Mit (10.108) finden wir

$$-\ln\omega=\frac{\alpha}{1+3\alpha}\ln\det\left(\underset{\sim}{1}+\sum_{j=1}^{2}\bar{\mu}_j\underset{\sim}{G}_j\underset{\sim}{G}^{-1}\right)$$
$$+\frac{1}{1+3\alpha}\ln\left(1+\sum_{j=1}^{2}\bar{\mu}_j\det(\underset{\sim}{G}_j^{-1}\underset{\sim}{G})^{\alpha}\right), \tag{10.118}$$

also

$$\frac{\dot{\omega}}{\omega}=(\ln\omega)^{\cdot}=\sum_{m=1}^{2}\underset{\sim}{Y}_m\cdot\cdot(\underset{\sim}{G}^{-1}\dot{\underset{\sim}{G}}-\underset{\sim}{G}_m{}^{-1}\dot{\underset{\sim}{G}}_m) \tag{10.119}$$

mit den Abkürzungen

$$\mathbf{Y}_m := \frac{\bar{\mu}_m \alpha}{1+3\alpha}\left[\omega \mathbf{G}_D^{-1}\mathbf{G}_m - \det(\mathbf{G}_m^{-1}\mathbf{G})^{\alpha} \Big/ \left(1+\sum_{j=1}^{2}\bar{\mu}_j \det(\mathbf{G}_j^{-1}\mathbf{G})^{\alpha}\right)\mathbf{1}\right],$$
$$m = 1,2. \tag{10.120}$$

Die *Entlastungsbedingung* $-\mathbf{X}\mathbf{X}' \cdot\cdot\, \mathbf{G}_D^{-1}\dot{\mathbf{G}}_D \leqq 0$ nimmt die Form an – man beachte, daß $\dot{\mathbf{G}}_2 = 0$ gilt und $\dot{\mathbf{G}}_1$ eine Funktion allein von $\mathbf{G}, \mathbf{G}_1, \mathbf{G}_2$ ist –:

$$\begin{aligned} B(\mathbf{G},\mathbf{G}_1,\mathbf{G}_2,\dot{\mathbf{G}}) :=& -[(\mathbf{X}' \cdot\cdot\, \mathbf{X}')(\mathbf{Y}_1+\mathbf{Y}_2)\cdot \mathbf{G}^{-1} + \omega \mathbf{X}\mathbf{X}'\mathbf{G}_D^{-1}] \cdot\cdot\, \dot{\mathbf{G}} \\ &+ [(\mathbf{X}' \cdot\cdot\, \mathbf{X}')\mathbf{Y}_1 \cdot \mathbf{G}_1^{-1} - \omega\bar{\mu}_1 \mathbf{X}\mathbf{X}'\mathbf{G}_D^{-1}] \cdot\cdot\, \dot{\mathbf{G}}_1 \leqq 0. \end{aligned} \tag{10.121}$$

Ist sie im Falle $f=0$ nicht erfüllt, dann muß $\dot{\mathbf{G}}_2 \neq 0$ sein. Man erhält aus (10.115) und (10.110)

$$\begin{aligned} \bar{\delta}_2 &= \frac{\varrho_0}{2\mu_2 \mathbf{X} \cdot\cdot\, \mathbf{X}'^2}[B(\mathbf{G},\mathbf{G}_1,\mathbf{G}_2,\dot{\mathbf{G}}) + ((\mathbf{X}' \cdot\cdot\, \mathbf{X}')\mathbf{Y}_2 - \omega\bar{\mu}_2 \mathbf{X}\mathbf{X}'\mathbf{X}) \cdot\cdot\, \mathbf{G}_2^{-1}\dot{\mathbf{G}}_2] \\ &= \frac{\varrho_0 B(\mathbf{G},\mathbf{G}_1,\mathbf{G}_2,\dot{\mathbf{G}})}{2\mu_2 \mathbf{X} \cdot\cdot\, \mathbf{X}'^2} - \frac{\bar{\delta}_2}{\mathbf{X} \cdot\cdot\, \mathbf{X}'^2}((\mathbf{X}' \cdot\cdot\, \mathbf{X}')\mathbf{Y}_2 - \omega\bar{\mu}_2 \mathbf{X}\mathbf{X}'\mathbf{X}) \cdot\cdot\, \mathbf{X}', \end{aligned} \tag{10.122}$$

und das läßt sich nun nach $\bar{\delta}_2$ auflösen:

$$\bar{\delta}_2 = \frac{\varrho_0}{2\mu_2}\left[\mathbf{X} \cdot\cdot\, \mathbf{X}'^2 - \omega\bar{\mu}_2 \mathbf{X}^2 \cdot\cdot\, \mathbf{X}'^2 + \frac{\omega\bar{\mu}_2\alpha}{1+3\alpha}(\mathbf{X}' \cdot\cdot\, \mathbf{X}')^2\right]^{-1} B(\mathbf{G},\mathbf{G}_1,\mathbf{G}_2,\dot{\mathbf{G}}). \tag{10.123}$$

Will man das Materialverhalten mit Hilfe objektiver Tensoren beschreiben, so kann man beispielsweise die folgenden einführen, die symmetrisch und positiv definit sind:

$$\mathbf{B}_D := \mathbf{K}\mathbf{G}_D^{-1}\mathbf{K}^*, \tag{10.124}$$

$$\mathbf{C}_j := \mathbf{K}^{-*}\mathbf{G}_j\mathbf{K}^{-1}, \qquad j=1,2. \tag{10.125}$$

Ihr Zusammenhang ist nach (10.116) und (10.118) gegeben durch

$$\mathbf{B}_D^{-1} = \omega[\mathbf{1} + \bar{\mu}_1\mathbf{C}_1 + \bar{\mu}_2\mathbf{C}_2] \tag{10.126}$$

mit

$$\omega = \left[\left(1+\sum_{j=1}^{2}\bar{\mu}_j \det \mathbf{C}_j^{-\alpha}\right)\det(\mathbf{1}+\bar{\mu}_1\mathbf{C}_1+\bar{\mu}_2\mathbf{C}_2)^{\alpha}\right]^{-\frac{1}{1+3\alpha}}. \tag{10.127}$$

Die Beanspruchung berechnet sich gemäß (10.107) aus

$$\mathbf{P} = \frac{\mu_3}{\varrho_0}(\mathbf{B}_D - \det \mathbf{B}_D^{-\alpha}\mathbf{1}). \tag{10.128}$$

Die Entwicklungsgleichungen für $\mathbf{C}_1$ und $\mathbf{C}_2$ haben nach (10.110) die Gestalt

$$\overset{\circ}{\mathbf{C}}_j = -\mathbf{C}_j\mathbf{D} - \mathbf{D}\mathbf{C}_j - \frac{2\mu_j}{\varrho_0}\mathbf{C}_j(\mathbf{B}_D\mathbf{C}_j)'\bar{\delta}_j, \qquad j=1,2. \tag{10.129}$$

Dabei gilt

$$\bar{\delta}_1 = \frac{\varrho_0}{2\eta}, \tag{10.130}$$

während $\bar{\delta}_2$ nur von Null verschieden ist, wenn die Fließbedingung

$$\sqrt{\mathrm{tr}[(\underset{\sim}{B}_D \underset{\sim}{C}_2)'^2]} = \frac{\varrho_0 y}{\mu_2} \tag{10.131}$$

und die Belastungsbedingung

$$\begin{aligned} B := &-\left[\frac{\varrho_0^2 y^2}{\mu_2{}^2}(\bar{\underset{\sim}{Y}}_1 + \bar{\underset{\sim}{Y}}_2) + \omega \underset{\sim}{B}_D \underset{\sim}{C}_2 (\underset{\sim}{B}_D \underset{\sim}{C}_2)' \underset{\sim}{B}_D\right] \cdot\cdot 2\underset{\sim}{D} \\ &+ \left[\frac{\varrho_0^2 y^2}{\mu_2{}^2} \bar{\underset{\sim}{Y}}_1 \underset{\sim}{C}_1^{-1} - \omega \bar{\mu}_1 \underset{\sim}{B}_D \underset{\sim}{C}_2 (\underset{\sim}{B}_D \underset{\sim}{C}_2)' \underset{\sim}{B}_D\right] \cdot\cdot (\mathring{\underset{\sim}{C}}_1 + \underset{\sim}{C}_1 \underset{\sim}{D} + \underset{\sim}{D} \underset{\sim}{C}_1) \\ &> 0 \end{aligned} \tag{10.132}$$

mit

$$\bar{\underset{\sim}{Y}}_m = \frac{\bar{\mu}_m \alpha}{1 + 3\alpha}\left[\omega \underset{\sim}{B}_D \underset{\sim}{C}_m - \det \underset{\sim}{C}_m^{-\alpha} \Big/ \left(1 + \sum_{j=1}^{2} \bar{\mu}_j \det \underset{\sim}{C}_j^{-\alpha}\right) \underset{\sim}{1}\right], \quad m = 1,2 \tag{10.133}$$

erfüllt sind, und zwar gilt dann

$$\bar{\delta}_2 = \frac{\varrho_0}{2\mu_2}\left\{\mathrm{tr}[(\underset{\sim}{1} - \omega \bar{\mu}_2 \underset{\sim}{B}_D \underset{\sim}{C}_2)(\underset{\sim}{B}_D \underset{\sim}{C}_2)(\underset{\sim}{B}_D \underset{\sim}{C}_2)'^2] + \frac{\omega \bar{\mu}_2 \alpha}{1 + 3\alpha} \frac{\varrho_0^4 y^4}{\mu_2{}^4}\right\}^{-1} \cdot B. \tag{10.134}$$

*Bemerkung:* Damit im Falle $B > 0$ auch wirklich $\bar{\delta}_2 > 0$ sichergestellt ist, muß der Inhalt der geschweiften Klammer positiv sein. Hinreichend dafür ist die Einschränkung

$$\frac{\alpha}{1 + 3\alpha} \geq 0. \tag{10.135}$$

Der von $\alpha$ freie Term ist nämlich stets positiv. Um das zu sehen, schreiben wir ihn unter Einführung des symmetrischen positiv definiten Tensors $\underset{\sim}{C} := \underset{\sim}{V}_D \underset{\sim}{C}_2 \underset{\sim}{V}_D$ mit $\underset{\sim}{V}_D{}^2 = \underset{\sim}{B}_D$ in der Form

$$\begin{aligned} &\mathrm{tr}[(\underset{\sim}{1} - \omega \bar{\mu}_2 \underset{\sim}{V}_D \underset{\sim}{C} \underset{\sim}{V}_D^{-1}) \underset{\sim}{V}_D \underset{\sim}{C} \underset{\sim}{V}_D^{-1} (\underset{\sim}{V}_D \underset{\sim}{C} \underset{\sim}{V}_D^{-1})'^2] \\ &= \mathrm{tr}[(\underset{\sim}{1} - \omega \bar{\mu}_2 \underset{\sim}{C}) \underset{\sim}{C} \underset{\sim}{C}'^2]. \end{aligned} \tag{10.136}$$

Die drei symmetrischen Tensoren $\underset{\sim}{1} - \omega \bar{\mu}_2 \underset{\sim}{C}$, $\underset{\sim}{C}$ und $\underset{\sim}{C}'^2$ sind koaxial. Der erste von ihnen läßt sich mittels (10.126) darstellen als $\underset{\sim}{1} - \omega \bar{\mu}_2 \underset{\sim}{C} = \omega(\underset{\sim}{B}_D + \bar{\mu}_1 \underset{\sim}{V}_D \underset{\sim}{C}_1 \underset{\sim}{V}_D)$ und ist daher ebenso wie der zweite positiv definit, der dritte (als Quadrat) positiv semidefinit und nicht verschwindend. (An der Fließgrenze ist ja $|\underset{\sim}{C}'| = \sqrt{\mathrm{tr}[\underset{\sim}{X}'^2]} = \varrho_0 y/\mu_2 > 0$.) Die Spur ihres Produkts ist daher positiv.

Führt man objektive (logarithmische) Verzerrungen ein durch die Festlegungen

$$\begin{aligned} \underset{\sim}{B}_D &= \exp(2\underset{\sim}{H}_D) = \underset{\sim}{1} + 2\underset{\sim}{H}_D + O(|\underset{\sim}{H}_D|^2), \\ \underset{\sim}{C}_j &= \exp(-2\underset{\sim}{H}_j) = \underset{\sim}{1} - 2\underset{\sim}{H}_j + O(|\underset{\sim}{H}_j|^2), \quad j = 1,2, \end{aligned} \tag{10.137}$$

so vereinfachen sich die Gleichungen (10.126) bis (10.134) unter der Annahme kleiner elastischer Verzerrungen, also $|\underset{\sim}{H}_D| << 1, |\underset{\sim}{H}_1| << 1, |\underset{\sim}{H}_2| << 1$, bei Vernachlässigung aller Terme höherer Ordnung zu folgenden übersichtlichen Formeln:

$$\underset{\sim}{H}_D = \frac{\mu_1 \underset{\sim}{H}_1 + \mu_2 \underset{\sim}{H}_2}{\mu_1 + \mu_2 + \mu_3}, \tag{10.138}$$

$$\underset{\sim}{P} = \frac{2\mu_3}{\varrho_0} (\underset{\sim}{H}_D + \alpha (\operatorname{tr} \underset{\sim}{H}_D) \underset{\sim}{1}), \tag{10.139}$$

$$\overset{\circ}{\underset{\sim}{H}}_j = \underset{\sim}{D} - \frac{2\mu_j}{\varrho_0} (\underset{\sim}{H}_j' - \underset{\sim}{H}_D') \bar{\delta}_j, \; j = 1,2, \tag{10.140}$$

$$\bar{\delta}_1 = \frac{\varrho_0}{2\eta}, \tag{10.141}$$

$$\text{Fließbedingung: } |\underset{\sim}{H}_2' - \underset{\sim}{H}_D'| = \frac{\varrho_0 y}{2\mu_2}, \tag{10.142}$$

Belastungsbedingung:

$$B := \frac{4}{\mu_1 + \mu_2 + \mu_3} (\underset{\sim}{H}_2' - \underset{\sim}{H}_D') : [(\mu_1 + \mu_3) \underset{\sim}{D}' - \mu_1 \overset{\circ}{\underset{\sim}{H}}_1{}'] > 0, \tag{10.143}$$

$$\bar{\delta}_2 = \begin{cases} \dfrac{\mu_2}{2y^2 \varrho_0} \dfrac{\mu_1 + \mu_2 + \mu_3}{\mu_1 + \mu_3} B, & \text{wenn Fließbedingung und Belastungsbedingung erfüllt,} \\ 0 & \text{sonst.} \end{cases} \tag{10.144}$$

Bei der Darstellung ist beachtet worden, daß gemäß der Fließbedingung auch $\varrho_0 y / \mu_2 << 1$ gilt. Definieren wir

$$\mu := \mu_3 \frac{\mu_1 + \mu_2}{\mu_1 + \mu_2 + \mu_3}, \quad \nu := \frac{\alpha}{1 + 2\alpha}, \tag{10.145}$$

so finden wir im Falle $\bar{\delta}_1 = \bar{\delta}_2 = 0$

$$\overset{\circ}{\underset{\sim}{P}} = \frac{2\mu}{\varrho_0} \left( \underset{\sim}{D} + \frac{\nu}{1 - 2\nu} (\operatorname{tr} \underset{\sim}{D}) \underset{\sim}{1} \right), \tag{10.146}$$

so daß $\mu$ und $\nu$ sich als Schubmodul bzw. Querkontraktionszahl bei rein elastischer Verformung deuten lassen. Die Speicherenergie ergibt sich im Rahmen der Approximation aus (10.103), (10.104) zu

$$W = \sum_{j=1}^{2} \frac{\mu_j}{\varrho_0} (\underset{\sim}{H}_j - \underset{\sim}{H}_D) : (\mathbb{1} + \alpha \underset{\sim}{1} \otimes \underset{\sim}{1}) : (\underset{\sim}{H}_j - \underset{\sim}{H}_D) + \frac{\mu_3}{\varrho_0} \underset{\sim}{H}_D : (\mathbb{1} + \alpha \underset{\sim}{1} \otimes \underset{\sim}{1}) : \underset{\sim}{H}_D. \tag{10.147}$$

Abschließend untersuchen wir, welche Vereinfachungen sich ergeben, wenn der Grenzübergang $\mu_2 \to \infty$ vorgenommen wird, unser rheologisches Modell also in das Schwedoff-Modell (Bild 2.17) übergeht. Aus den Gleichungen (10.126) ff. folgt zunächst mit der Abkürzung $\varepsilon := \bar{\mu}_2^{-1}$:

$$\omega = \varepsilon + O(\varepsilon^2),$$

$$\underset{\sim}{B}_D^{-1} = [1 + O(\varepsilon)]\underset{\sim}{C}_2 + \varepsilon(\underset{\sim}{1} + \bar{\mu}_1 \underset{\sim}{C}_1) + O(\varepsilon^2),$$

$$\underset{\sim}{B}_D \underset{\sim}{C}_2 = [1 + O(\varepsilon)]\underset{\sim}{1} - \varepsilon(\underset{\sim}{B}_D + \bar{\mu}_1 \underset{\sim}{B}_D \underset{\sim}{C}_1) + O(\varepsilon^2),$$

$$(\underset{\sim}{B}_D \underset{\sim}{C}_2)' = -\varepsilon(\underset{\sim}{B}_D + \bar{\mu}_1 \underset{\sim}{B}_D \underset{\sim}{C}_1)' + O(\varepsilon^2),$$

$$\underset{\sim}{1} - \omega\bar{\mu}_2 \underset{\sim}{B}_D \underset{\sim}{C}_2 = \omega(\underset{\sim}{B}_D + \bar{\mu}_1 \underset{\sim}{B}_D \underset{\sim}{C}_1) = \varepsilon(\underset{\sim}{B}_D + \bar{\mu}_1 \underset{\sim}{B}_D \underset{\sim}{C}_1) + O(\varepsilon^2),$$

$$\bar{\underset{\sim}{Y}}_1 = O(\varepsilon), \; \bar{\underset{\sim}{Y}}_2 = O(\varepsilon). \tag{10.148}$$

Führt man ferner abkürzend den symmetrischen Tensor

$$\underset{\sim}{P}_i := -\frac{\mu_1}{\varrho_0} \underset{\sim}{C}_1 (\underset{\sim}{B}_D \underset{\sim}{C}_1)' \tag{10.149}$$

ein, geht zur Grenze $\varepsilon \to 0$ über und schreibt $\mu, \mu_i, \bar{\mu}_i$ statt $\mu_3, \mu_1, \bar{\mu}_1$, dann wird aus den Gleichungen (10.128) und (10.129)

$$\underset{\sim}{P} = \frac{\mu}{\varrho_0} [\underset{\sim}{C}_2^{-1} - \det \underset{\sim}{C}_2{}^{\alpha} \underset{\sim}{1}],$$

$$\mathring{\underset{\sim}{C}}_1 = -\underset{\sim}{C}_1 \underset{\sim}{D} - \underset{\sim}{D} \underset{\sim}{C}_1 + 2\underset{\sim}{P}_i \bar{\delta}_1,$$

$$\mathring{\underset{\sim}{C}}_2 = -\underset{\sim}{C}_2 \underset{\sim}{D} - \underset{\sim}{D} \underset{\sim}{C}_2 + 2\underset{\sim}{C}_2 (\underset{\sim}{P}' - \underset{\sim}{C}_1^{-1} \underset{\sim}{P}_i) \bar{\delta}_2. \tag{10.150}$$

Die Fließbedingung (10.131) erhält die Form

$$\sqrt{\operatorname{tr}[(\underset{\sim}{P}' - \underset{\sim}{C}_1^{-1} \underset{\sim}{P}_i)^2]} = y, \tag{10.151}$$

und aus (10.134) wird mit (10.132)

$$\bar{\delta}_2 = \begin{cases} \dfrac{(\underset{\sim}{P}' - \underset{\sim}{C}_1^{-1} \underset{\sim}{P}_i) \cdot \underset{\sim}{B}_D : (\underset{\sim}{D} + \bar{\mu}_i \underset{\sim}{P}_i \bar{\delta}_1)}{\operatorname{tr}[(\underset{\sim}{B}_D + \bar{\mu}_i \underset{\sim}{B}_D \underset{\sim}{C}_1) \cdot (\underset{\sim}{P}' - \underset{\sim}{C}_1^{-1} \underset{\sim}{P}_i)^2]} & \text{wenn} > 0 \text{ und Fließbedingung erfüllt,} \\ 0 & \text{sonst,} \end{cases} \tag{10.152}$$

während (10.130) unverändert bleibt und $\underset{\sim}{B}_D = \underset{\sim}{C}_2^{-1}$ zu beachten ist.

Weitere Vereinfachungen ergeben sich wieder im Falle kleiner elastischer Verzerrungen. Um den Vergleich mit dem Prandtl-Material zu erleichtern, führen wir die Abkürzungen

$$\underset{\sim}{H}_e := \underset{\sim}{H}_D = \underset{\sim}{H}_2, \; \underset{\sim}{D}_i := (\underset{\sim}{P}' - \underset{\sim}{P}_i) \bar{\delta}_2 \tag{10.153}$$

ein, beachten (10.145) und finden folgende Materialbeschreibung:

$$\underset{\sim}{P} = \frac{2\mu}{\varrho_0}\left(\underset{\sim}{H}_e + \frac{\nu}{1-2\nu}(\mathrm{tr}\,\underset{\sim}{H}_e)\underset{\sim}{1}\right), \tag{10.154}$$

$$\overset{\circ}{\underset{\sim}{H}}_e = \underset{\sim}{D} - \underset{\sim}{D}_i, \tag{10.155}$$

$$\overrightarrow{\underset{\sim}{D}_i} = \overrightarrow{\underset{\sim}{P}' - \underset{\sim}{P}_i}, \tag{10.156}$$

$$|\underset{\sim}{D}_i| = y\bar{\delta}_2 = \begin{cases} \vec{\underset{\sim}{D}}_i : (\underset{\sim}{D} + \bar{\mu}_i \underset{\sim}{P}_i \bar{\delta}_1)/(1+\bar{\mu}_i) & \text{wenn} \quad > 0 \quad \text{und} \\ & |\underset{\sim}{P}' - \underset{\sim}{P}_i| = y, \\ 0 & \text{sonst}, \end{cases} \tag{10.157}$$

$$\overset{\circ}{\underset{\sim}{P}}_i = \frac{2\mu_i}{\varrho_0}(\underset{\sim}{D}_i - \underset{\sim}{P}_i \bar{\delta}_1), \ \mathrm{tr}\,\underset{\sim}{P}_i \equiv 0, \tag{10.158}$$

$$W = \frac{\mu}{\varrho_0}\underset{\sim}{H}_e : \left(\mathbb{1} + \frac{\nu}{1-2\nu}\underset{\sim}{1} \otimes \underset{\sim}{1}\right) : \underset{\sim}{H}_e + \frac{\varrho_0}{4\mu_i}\underset{\sim}{P}_i : \underset{\sim}{P}_i. \tag{10.159}$$

Das entsprechende Prandtl-Material ist durch $\mu_i = \bar{\mu}_i \cdot \mu = 0$ und $\underset{\sim}{P}_i \equiv 0$ gekennzeichnet.

# 11 Weiterer Ausbau der Theorie

In diesem Kapitel vertiefen wir das Verständnis der thermomechanischen Passivität am Beispiel der Wärmeleitung nach Cattaneo, erweitern die Stoffgleichungen des 9. und 10. Kapitels auf den thermomechanischen Fall, untersuchen, welche vereinfachten Formen sich ergeben, wenn der Anwendungsbereich eingeschränkt wird, besprechen die Eigenheiten inkrementeller Stoffgesetze sowie die Einordnung des starrplastischen Verhaltens in die Materialtheorie.

## 11.1 Passivität thermomechanischer Materialelemente

Bei einem thermomechanischen Materialelement mit endlich vielen inneren Zustandsvariablen $\underset{\sim}{\alpha}$ gelten nach (8.21) die Zustandsgleichungen – es war $\lambda = \Theta^{-1}$, $\Theta$: absolute Temperatur –

$$\underset{\sim}{S} = \hat{\underset{\sim}{S}}(\underset{\sim}{G}, \lambda, \hat{\underset{\sim}{\nabla}}\lambda, \underset{\sim}{\alpha}),$$

$$\varepsilon = \hat{\varepsilon}(\underset{\sim}{G}, \lambda, \hat{\underset{\sim}{\nabla}}\lambda, \underset{\sim}{\alpha}),$$

$$\underset{\sim}{\mathfrak{h}} = \hat{\underset{\sim}{\mathfrak{h}}}(\underset{\sim}{G}, \lambda, \hat{\underset{\sim}{\nabla}}\lambda, \underset{\sim}{\alpha}), \tag{11.1}$$

und die Speicherfunktion ist anzusetzen als

$$\omega = \hat{\omega}(\underset{\sim}{G}, \lambda, \hat{\underset{\sim}{\nabla}}\lambda, \underset{\sim}{\alpha}), \tag{11.2}$$

so daß die Passivitätsbedingung (8.26) formal

$$\left(\frac{1}{2}\lambda\underset{\sim}{S} - \frac{\partial\omega}{\partial\underset{\sim}{G}}\right) : \dot{\underset{\sim}{G}} + \left(\varepsilon - \frac{\partial\omega}{\partial\lambda}\right)\dot{\lambda} - \frac{\partial\omega}{\partial\hat{\underset{\sim}{\nabla}}\lambda}\cdot\hat{\underset{\sim}{\nabla}}\dot{\lambda} - \frac{\partial\omega}{\partial\underset{\sim}{\alpha}}\cdot\dot{\underset{\sim}{\alpha}} + \underset{\sim}{\mathfrak{h}}\cdot\hat{\underset{\sim}{\nabla}}\lambda \geqq 0 \tag{11.3}$$

liefert.

*Bemerkung:* Dieses Vorgehen ist vorerst nur gerechtfertigt, wenn die Funktion $\hat{\omega}$ an jedem Zustand $(\underset{\sim}{G}, \lambda, \hat{\underset{\sim}{\nabla}}\lambda, \underset{\sim}{\alpha})$ differenzierbar ist. Dazu ist mindestens erforderlich, daß sie für alle Werte $(\underset{\sim}{G} + \Delta\underset{\sim}{G}, \lambda + \Delta\lambda, \hat{\underset{\sim}{\nabla}}\lambda + \Delta\hat{\underset{\sim}{\nabla}}\lambda, \underset{\sim}{\alpha} + \Delta\underset{\sim}{\alpha})$ in einer hinreichend kleinen Umgebung definiert ist. Das ist dann nicht der Fall, wenn diese Werte gar keinen Zustand des Materialelements beschreiben. Nun lassen sich zwar $\underset{\sim}{G}$, $\lambda$ und $\hat{\underset{\sim}{\nabla}}\lambda$ (sofern wir von Zwangsbedingungen absehen) als unabhängige Variable beliebig variieren (beim thermoelastischen Materialelement, d.h. im Falle (8.38), tritt das angesprochene Problem also nicht auf), der Zuwachs von $\underset{\sim}{\alpha}$ ist dann jedoch durch die

Entwicklungsgleichung festgelegt. Somit ist bei Materialelementen mit inneren Zustandsvariablen die Frage des Definitionsgebietes der Funktion $\hat{\omega}$ nicht ohne nähere Prüfung zu entscheiden. Als Lösung bietet sich an, den Definitionsbereich – wenn nötig – zu erweitern und $\hat{\omega}$ passend fortzusetzen. Wir werden voraussetzen, daß dies in differenzierbarer Weise geschehen kann. Nachdem wir das getan haben, bekommt die Ungleichung (11.3) in jedem Falle einen Sinn. Diese Bemerkung ist auch zu beachten bei der Deutung der Beziehungen (9.288) bis (9.290).

Hinreichend zur Erfüllung der Passivitätsforderung (11.3) sind die Potentialbeziehungen

$$\underset{\sim}{S}=\frac{2}{\lambda}\frac{\partial\omega}{\partial\underset{\sim}{G}},\ \varepsilon=\frac{\partial\omega}{\partial\lambda},\frac{\partial\omega}{\partial\hat{\underset{\sim}{\nabla}}\lambda}=0 \tag{11.4}$$

und die Restungleichung

$$\sigma=-\frac{\partial\omega}{\partial\underset{\sim}{\alpha}}\cdot\dot{\underset{\sim}{\alpha}}+\underset{\sim}{h}\cdot\hat{\underset{\sim}{\nabla}}\lambda\geqq 0. \tag{11.5}$$

Daß diese Beziehungen häufig zu scharf sind, werden wir beim Kelvin-Material sehen (bei dem $\underset{\sim}{\alpha}=\dot{\underset{\sim}{G}}$ ist). Als notwendig erweisen sie sich jedoch, wenn $\dot{\underset{\sim}{G}}$, $\dot{\lambda}$ und $\hat{\underset{\sim}{\nabla}}\dot{\lambda}$ nicht zu den Zustandsvariablen $\underset{\sim}{\alpha}$ gehören – so daß auch $\underset{\sim}{S}$, $\varepsilon$ und $\underset{\sim}{h}$ von diesen drei Größen nicht abhängen –, wenn ferner der vorletzte Summand in (11.3) von diesen Größen ebenfalls unabhängig ist und wenn zudem die Vorgabe von $\dot{\underset{\sim}{G}},\dot{\lambda},\hat{\underset{\sim}{\nabla}}\dot{\lambda}$ keiner Zwangsbedingung unterliegt.

Das ist der Fall:

1. Bei Prozessen im elastischen Bereich eines plastischen Materials (dort gilt $\dot{\underset{\sim}{\alpha}}=0$) und aus Stetigkeitsgründen auch auf der Fließgrenze.
2. Wenn die inneren Zustandsvariablen einer inkrementellen Entwicklungsgleichung des speziellen Typs – vgl. (8.22) –

   $$\dot{\underset{\sim}{\alpha}}=\underset{\sim}{a}(\underset{\sim}{G},\lambda,\hat{\underset{\sim}{\nabla}}\lambda,\underset{\sim}{\alpha}) \tag{11.6}$$

   genügen.

Für letzteren Sachverhalt geben wir folgendes

*Beispiel.* Die dritte Gleichung in (11.1) habe die spezielle Form

$$\underset{\sim}{h}=\underset{\sim}{\alpha}, \tag{11.7}$$

so daß der Wärmeflußvektor als einzige innere Zustandsvariable fungiert. Er genüge der inkrementellen Entwicklungsgleichung

$$\dot{\underset{\sim}{h}}=-\beta\left(\underset{\sim}{h}-\frac{\varkappa(\varrho,\lambda)}{\varrho\lambda^2}\underset{\sim}{G}^{-1}\hat{\underset{\sim}{\nabla}}\lambda\right)\ \text{mit}\ \beta>0 \tag{11.8}$$

vom Typ (11.6), die das Integral

$$\underset{\sim}{h}(t)=\underset{\sim}{h}(t_0)e^{-\beta(t-t_0)}+\int\limits_{\tau=t_0}^{t}\beta e^{-\beta(t-\tau)}\frac{\varkappa(\varrho,\lambda)}{\varrho\lambda^2}(\tau)\underset{\sim}{G}^{-1}(\tau)\hat{\underset{\sim}{\nabla}}\lambda(\tau)d\tau \tag{11.9}$$

besitzt. Die Restungleichung lautet dann

$$\beta\underset{\sim}{h}\cdot\frac{\partial\omega}{\partial\underset{\sim}{h}}-\left(\beta\frac{\varkappa(\varrho,\lambda)}{\varrho\lambda^2}\frac{\partial\omega}{\partial\underset{\sim}{h}}\cdot\underset{\sim}{G}^{-1}-\underset{\sim}{h}\right)\cdot\hat{\underset{\sim}{\nabla}}\lambda\geqq 0. \tag{11.10}$$

Da sie für beliebige Werte von $\hat{\nabla}\lambda$ erfüllt sein muß, aber $\omega$ wegen der dritten der Potentialbeziehungen (11.4) von $\hat{\nabla}\lambda$ nicht abhängt, ferner $\mathfrak{h}$ als innere Zustandsvariable sowieso unabhängig von den Momentanwerten von $G,\lambda,\hat{\nabla}\lambda$ ist – siehe auch (11.9) –, muß die Klammer verschwinden:

$$\mathfrak{h}=\beta\frac{\varkappa(\varrho,\lambda)}{\varrho\lambda^2}\frac{\partial\omega}{\partial\mathfrak{h}}\cdot G^{-1}. \tag{11.11}$$

Da $\mathfrak{h}\neq 0$ möglich sein soll, also $\beta\varkappa\neq 0$ gelten muß, folgt

$$\frac{\partial\omega}{\partial\mathfrak{h}}=\frac{\varrho\lambda^2}{\beta\varkappa(\varrho,\lambda)}G\mathfrak{h}, \tag{11.12}$$

und die Forderung (11.10) nach nichtnegativer Entropieproduktion $\sigma$ verkürzt sich auf

$$\sigma=\beta\mathfrak{h}\cdot\frac{\partial\omega}{\partial\mathfrak{h}}=\frac{\varrho\lambda^2}{\varkappa(\varrho,\lambda)}\mathfrak{h}G\mathfrak{h}\geqq 0\Rightarrow\varkappa(\varrho,\lambda)>0. \tag{11.13}$$

Daraus und mit (11.8) ergibt sich übrigens die Dissipationsleistung nach (8.31) zu

$$\delta=\frac{1}{\lambda}(\sigma-\mathfrak{h}\cdot\hat{\nabla}\lambda)=-\frac{\varrho\lambda}{\beta\varkappa(\varrho,\lambda)}\mathfrak{h}G\dot{\mathfrak{h}}. \tag{11.14}$$

(Sie kann ebenso wie der Ausdruck $\mathfrak{h}\cdot\hat{\nabla}\lambda$ im vorliegenden Beispiel beiderlei Vorzeichen besitzen! Der Name ist also hier nicht ganz treffend.)

Integration von (11.12) liefert die Speicherfunktion

$$\omega=\hat{\omega}(G,\lambda,\mathfrak{h})=\bar{\omega}(G,\lambda)+\frac{\varrho\lambda^2}{2\beta\varkappa(\varrho,\lambda)}\mathfrak{h}G\mathfrak{h}, \tag{11.15}$$

und daraus erhält man unter Beachtung von $\partial\varrho/\partial G=-\varrho G^{-1}/2$ (wegen $-2\dot{\varrho}/\varrho=2\operatorname{tr}D=G^{-1}:\dot{G}$) explizit die Abhängigkeit der Beanspruchung und inneren Energie vom Wärmefluß:

$$S=\frac{2}{\lambda}\frac{\partial\omega}{\partial G}=\frac{2}{\lambda}\frac{\partial\bar{\omega}}{\partial G}(G,\lambda)+\frac{\varrho\lambda}{\beta\varkappa(\varrho,\lambda)}\mathfrak{h}\otimes\mathfrak{h}$$
$$-\frac{\varrho\lambda}{2\beta}\frac{\partial}{\partial\varrho}\left(\frac{\varrho}{\varkappa(\varrho,\lambda)}\right)(\mathfrak{h}G\mathfrak{h})G^{-1}, \tag{11.16}$$

$$\varepsilon=\frac{\partial\omega}{\partial\lambda}=\frac{\partial\bar{\omega}}{\partial\lambda}(G,\lambda)+\frac{\varrho}{2\beta}\frac{\partial}{\partial\lambda}\left(\frac{\lambda^2}{\varkappa(\varrho,\lambda)}\right)\mathfrak{h}G\mathfrak{h}. \tag{11.17}$$

Den physikalischen Gehalt unseres Beispiels erkennen wir am einfachsten, wenn wir die Wärmeleitung im ruhenden homogenen Körper untersuchen. Unter Beachtung von (6.162), (6.170) läßt (11.8) sich umformen in

$$\dot{h}-Wh-Dh+(\operatorname{tr}D)h=-\beta[h+\varkappa(\varrho,\lambda)\nabla\Theta], \tag{11.18}$$

und das vereinfacht sich im Falle $v\equiv 0$ zu

$$\frac{\partial h}{\partial t}+\beta h=-\beta\varkappa(\varrho,\lambda)\nabla\Theta, \tag{11.19}$$

während die Energiebilanz (7.4) (beim Fehlen von Wärmestrahlung) die Form

$$\varrho\dot{\varepsilon}=-\nabla\cdot h \tag{11.20}$$

annimmt. Spezialisieren wir auf $\bar{\omega}(\underset{\sim}{G},\lambda)=\bar{\psi}(\underset{\sim}{G})\lambda+c_G \ln \lambda/\lambda_0$, so finden wir

$$\underset{\sim}{S}=2\frac{\partial\bar{\psi}}{\partial\underset{\sim}{G}}(\underset{\sim}{G})+O(|\underset{\sim}{h}|^2),$$

$$\varepsilon=\bar{\psi}(\underset{\sim}{G})+c_G\Theta+O(|\underset{\sim}{h}|^2). \tag{11.21}$$

Wenn wir uns auf sehr kleine Wärmeflüsse beschränken und daher in den letzten beiden Formeln die Terme der Ordnung $|\underset{\sim}{h}|^2$ vernachlässigen, so bleibt die Spannung konstant, also im Gleichgewicht, und die Energiebilanz liefert, wenn wir noch $\varkappa$ als von $\lambda$ unabhängig annehmen ($\varrho$ ist räumlich und zeitlich konstant):

$$\frac{1}{\beta}\ddot{\Theta}+\dot{\Theta}=\frac{\varkappa(\varrho)}{\varrho c_G}\Delta\Theta. \tag{11.22}$$

(Hier: $\Delta=\underset{\sim}{\nabla}\cdot\underset{\sim}{\nabla}$). Dies ist eine hyperbolische Differentialgleichung für das Temperaturfeld $\Theta$. Eine Lösung ist die in Richtung $\underset{\sim}{e}$ mit der Geschwindigkeit c fortschreitende ebene gedämpfte Welle

$$\Theta(\underset{\sim}{x},t)=\Theta_0+\Theta_1 e^{-\beta t/2}\sin\frac{2\pi}{l}(\underset{\sim}{x}\cdot\underset{\sim}{e}-ct) \tag{11.23}$$

mit

$$c^2=\frac{\beta\varkappa(\varrho)}{\varrho c_G}-\left(\frac{\beta l}{4\pi}\right)^2<\frac{\beta\varkappa(\varrho)}{\varrho c_G}. \tag{11.24}$$

Beim Grenzübergang zum thermoelastischen Fall ($\beta\to\infty$) entartet (11.22) in eine parabolische Differentialgleichung, und die obere Schranke für $c^2$ (die für sehr kleine Wellenlängen l fast erreicht wird) strebt nach unendlich. Dieses „Paradoxon der Wärmeleitung" (unendlich rasche Ausbreitung) zu vermeiden, ist Sinn des Ansatzes (11.8), der auf Cattaneo [11.1] zurückgeht.

## 11.2 Hintereinanderschaltung und Parallelschaltung mit thermischen Variablen und Verfestigung

Bei den im 9. und 10. Kapitel untersuchten mechanischen Stoffgleichungen waren sowohl die äußere ($\underset{\sim}{G}$) als auch die inneren Zustandsvariablen ($\underset{\sim}{A}$, $\underset{\sim}{G}_i$, usw.) sämtlich Operatoren 2. Stufe. Bei thermomechanischen Materialelementen treten als äußere Zustandsvariable der Skalar $\lambda$ und der Vektor $\hat{\underset{\sim}{\nabla}}\lambda$ hinzu, und auch als innere Zustandsvariable haben wir soeben im Beispiel einen Vektor kennengelernt. Zusätzlich werden bei mechanischen und thermomechanischen Materialelementen vielfach – in heuristischer Weise – noch Skalare als innere Zustandsvariable eingeführt, die wir mit $\varkappa$ bezeichnen wollen. Beispiele sind einerseits Größen wie die Bogenlänge des Gesamtverformungsprozesses oder der inelastischen Verformung sowie die Dissipationsarbeit, deren Entwicklungsgleichungen auf Grund ihrer Definition bekannt sind. In anderen Fällen legt man solchen Skalaren physikalische Bedeutung bei als Mischungsverhältnis von Phasen, Maß einer Schädigung o.ä. und muß dann eine geeignete Entwicklungsgleichung erst noch finden. Bei alternden Materialien spielt die Zeit die Rolle einer skalaren inneren Zustandsvariablen.

Im folgenden erweitern wir die Stoffgleichungen des 9. und 10. Kapitels, indem wir die Kälte $\lambda$, den Kältegradienten $\hat{\underset{\sim}{\nabla}}\lambda$ und einen Skalar $\varkappa$ – nachfolgend ohne jede physikalische Deutung als Verfestigungsparameter bezeichnet – zu den Zustandsvariablen hinzunehmen. Die im 9. Kapitel abgeleitete Kinematik der inelastischen

Verformung und die zugehörige Formelsammlung bleiben gültig. Allerdings läßt sich die fest gewählte Gitterkonfiguration $\bar{\underset{\sim}{G}}_i$ nicht mehr durch Spannungsfreiheit kennzeichnen, denn i.allg. werden im Gitter bei Erwärmung in fester Konfiguration Temperaturspannungen auftreten. Auch die Plazierungen $\bar{\underset{\sim}{K}}_i$ und $\underset{\sim}{K}_i$ und die Konfiguration $\underset{\sim}{G}_i$ des Materialelements sind daher i.allg. nicht mehr spannungsfrei. Die mechanischen Stoffgleichungen (9.286) bis (9.290) sind unter Beachtung von (11.1), (11.2), (11.4), (11.5) folgendermaßen zu erweitern:

$$\omega=\hat{\omega}(\underset{\sim}{G},\lambda,\underset{\sim}{A},\varkappa), \tag{11.25}$$

$$\underset{\sim}{S}=\frac{2}{\lambda}\frac{\partial\hat{\omega}}{\partial\underset{\sim}{G}}=\hat{\underset{\sim}{S}}(\underset{\sim}{G},\lambda,\underset{\sim}{A},\varkappa), \tag{11.26}$$

$$\varepsilon=\frac{\partial\hat{\omega}}{\partial\lambda}=\hat{\varepsilon}(\underset{\sim}{G},\lambda,\underset{\sim}{A},\varkappa), \tag{11.27}$$

$$\underset{\sim}{\mathfrak{h}}=\hat{\underset{\sim}{\mathfrak{h}}}(\underset{\sim}{G},\lambda,\hat{\underset{\sim}{\nabla}}\lambda,\underset{\sim}{A},\varkappa), \tag{11.28}$$

$$\underset{\sim}{A}^{-1}\dot{\underset{\sim}{A}}=\hat{\underset{\sim}{\mathfrak{A}}}(\underset{\sim}{G},\lambda,\hat{\underset{\sim}{\nabla}}\lambda,\underset{\sim}{A},\varkappa,\dot{\underset{\sim}{G}},\dot{\lambda},\hat{\underset{\sim}{\nabla}}\dot{\lambda}), \tag{11.29}$$

$$\dot{\varkappa}=\hat{k}(\underset{\sim}{G},\lambda,\hat{\underset{\sim}{\nabla}}\lambda,\underset{\sim}{A},\varkappa,\dot{\underset{\sim}{G}},\dot{\lambda},\hat{\underset{\sim}{\nabla}}\dot{\lambda}), \tag{11.30}$$

$$-\frac{\partial\hat{\omega}}{\partial\underset{\sim}{A}}:\dot{\underset{\sim}{A}}-\frac{\partial\hat{\omega}}{\partial\varkappa}\dot{\varkappa}+\underset{\sim}{\mathfrak{h}}\cdot\hat{\underset{\sim}{\nabla}}\lambda\geqq 0. \tag{11.31}$$

Ihre wichtigste Anwendung findet diese Struktur in dem Ansatz der echten Hintereinanderschaltung. Er beruhte u.a. auf der physikalisch begründeten Annahme (9.50), daß die Speicherenergie nur von der Gitterkonfiguration abhängt. Geschieht die inelastische Verformung nicht volumentreu, so wird allerdings auch die Dichte $\varrho_i$ der inelastischen Konfiguration $\underset{\sim}{G}_i=\underset{\sim}{A}^*\bar{\underset{\sim}{G}}_i\underset{\sim}{A}$ von Einfluß sein. (Das haben wir bisher nur im Spezialfall (9.259) untersucht.) Außerdem fügen wir nun noch die Temperatur $\Theta=\lambda^{-1}$ und den Parameter $\varkappa$ hinzu und setzen die Speicherfunktion in Spezialisierung von (11.25) an als:

$$\begin{aligned}\omega&=\tilde{\omega}(\bar{\underset{\sim}{G}},\lambda,\varrho_i,\varkappa)\\&=\tilde{\omega}(\underset{\sim}{A}^{-*}\underset{\sim}{G}\underset{\sim}{A}^{-1},\lambda,\varrho_i,\varkappa)=:\hat{\omega}(\underset{\sim}{G},\lambda,\underset{\sim}{A},\varkappa).\end{aligned} \tag{11.32}$$

Differenziert man die Funktionen $\hat{\omega}$ bzw. $\tilde{\omega}$ unter Beachtung von (11.26), (11.27), (9.21) und (9.86), also

$$\begin{aligned}\delta\omega&=\frac{1}{2}\lambda\underset{\sim}{S}:\delta\underset{\sim}{G}+\varepsilon\delta\lambda+\frac{\partial\hat{\omega}}{\partial\underset{\sim}{A}}:\delta\underset{\sim}{A}+\frac{\partial\hat{\omega}}{\partial\varkappa}\delta\varkappa\\&=\frac{1}{2}\lambda\bar{\underset{\sim}{S}}:\delta\bar{\underset{\sim}{G}}+\lambda\bar{\underset{\sim}{G}}\bar{\underset{\sim}{S}}:\delta\underset{\sim}{A}\underset{\sim}{A}^{-1}+\varepsilon\delta\lambda+\frac{\partial\hat{\omega}}{\partial\underset{\sim}{A}}:\delta\underset{\sim}{A}+\frac{\partial\hat{\omega}}{\partial\varkappa}\delta\varkappa\\&=\delta\tilde{\omega}=\frac{\partial\tilde{\omega}}{\partial\bar{\underset{\sim}{G}}}:\delta\bar{\underset{\sim}{G}}+\frac{\partial\tilde{\omega}}{\partial\lambda}\delta\lambda-\varrho_i\frac{\partial\tilde{\omega}}{\partial\varrho_i}\underset{\sim}{1}:\delta\underset{\sim}{A}\underset{\sim}{A}^{-1}+\frac{\partial\tilde{\omega}}{\partial\varkappa}\delta\varkappa,\end{aligned} \tag{11.33}$$

so findet man durch Koeffizientenvergleich – als Erweiterung von (9.24), (9.25) – folgende Form der Potentialbeziehungen und der Restungleichung

$$\bar{\mathfrak{S}} = \frac{2}{\lambda}\frac{\partial\tilde{\omega}}{\partial\bar{\mathfrak{G}}}(\bar{\mathfrak{G}},\lambda,\varrho_i,\varkappa) = \hat{\bar{\mathfrak{S}}}(\bar{\mathfrak{G}},\lambda,\varrho_i,\varkappa), \tag{11.34}$$

$$\varepsilon = \frac{\partial\tilde{\omega}}{\partial\lambda}(\bar{\mathfrak{G}},\lambda,\varrho_i,\varkappa) = \tilde{\varepsilon}(\bar{\mathfrak{G}},\lambda,\varrho_i,\varkappa), \tag{11.35}$$

$$\sigma = \left(\lambda\bar{\mathfrak{G}}\bar{\mathfrak{S}} + \varrho_i\frac{\partial\tilde{\omega}}{\partial\varrho_i}\mathbf{1}\right):\dot{\mathbf{A}}\mathbf{A}^{-1} - \frac{\partial\tilde{\omega}}{\partial\varkappa}\dot{\varkappa} + \mathfrak{h}\cdot\hat{\nabla}\lambda \geqq 0. \tag{11.36}$$

Es liegt nahe, auch den Kältegradienten und den Wärmefluß auf das Gitter zu beziehen durch die Definitionen

$$\bar{\nabla}\lambda := \mathbf{A}^{-*}\hat{\nabla}\lambda \in \mathcal{G}^*,\quad \bar{\mathfrak{h}} := \mathbf{A}\mathfrak{h} \in \mathcal{G} \tag{11.37}$$

und dem Stoffgesetz (11.28) die spezielle Form

$$\bar{\mathfrak{h}} = \hat{\bar{\mathfrak{h}}}(\bar{\mathfrak{G}},\lambda,\bar{\nabla}\lambda,\varrho_i,\varkappa) \tag{11.38}$$

zu geben, von der wir ferner die Erfüllung der Ungleichung $\bar{\mathfrak{h}}\cdot\bar{\nabla}\lambda = \mathfrak{h}\cdot\hat{\nabla}\lambda \geqq 0$ verlangen wollen. (Ansätze des Typs (11.8) – die das nicht leisten – kommen ja hier nicht in Betracht, denn $\mathfrak{h}$ ist nicht als Zustandsvariable eingeführt worden.) Stellen wir außerdem sicher, daß die Dissipationsleistung, welche sich mit (9.83), (9.86) und $\psi = \omega/\lambda$ darstellen läßt als

$$\begin{aligned}\delta = \frac{1}{\lambda}(\sigma - \mathfrak{h}\cdot\hat{\nabla}\lambda) &= \left(\bar{\mathfrak{G}}\bar{\mathfrak{S}} + \varrho_i\frac{\partial\psi}{\partial\varrho_i}\mathbf{1}\right):\dot{\mathbf{A}}\mathbf{A}^{-1} - \frac{\partial\psi}{\partial\varkappa}\dot{\varkappa}\\ &= \left(\mathbf{P} + \varrho_i\frac{\partial\psi}{\partial\varrho_i}\mathbf{1}\right):\mathbf{D}_i - \frac{\partial\psi}{\partial\varkappa}\dot{\varkappa},\end{aligned} \tag{11.39}$$

nicht negativ sein kann, so ist Passivität ($\sigma \geqq 0$) gewährleistet. (Im rein mechanischen Falle, wo die freie Energie $\psi$ als Speicherenergie W zu interpretieren ist, ist die Forderung $\delta \geqq 0$ bei Erfüllung der Potentialbeziehung sogar notwendig.) Bei Hinzunahme der Zustandsvariablen $\varrho_i$ und $\varkappa$ beschreibt die Dissipationsleistung nicht mehr allein – wie das rheologische Modell nahegelegt hat – die Leistung $\mathbf{P}:\mathbf{D}_i$ der Beanspruchung an der inelastischen Verzerrungsgeschwindigkeit, und $\mathbf{P}:\mathbf{D}_i < 0$ mag durchaus mit dem Postulat $\delta \geqq 0$ vereinbar sein!

Die der echten Hintereinanderschaltung entsprechende Form von (11.29) und (11.30) ist in Verallgemeinerung von (9.45)

$$\dot{\mathbf{A}}\mathbf{A}^{-1} = \tilde{\mathfrak{A}}(\bar{\mathfrak{G}},\lambda,\bar{\nabla}\lambda,\varrho_i,\varkappa,\mathbf{A}^{-*}\dot{\mathfrak{G}}\mathbf{A}^{-1},\dot{\lambda},\mathbf{A}^{-*}\hat{\nabla}\dot{\lambda}), \tag{11.40}$$

$$\dot{\varkappa} = \tilde{k}(\bar{\mathfrak{G}},\lambda,\bar{\nabla}\lambda,\varrho_i,\varkappa,\mathbf{A}^{-*}\dot{\mathfrak{G}}\mathbf{A}^{-1},\dot{\lambda},\mathbf{A}^{-*}\hat{\nabla}\dot{\lambda}). \tag{11.41}$$

Zwei Sonderfälle sind von Interesse:

1. Reduziert sich die Entwicklungsgleichung (11.40) auf die spezielle Gestalt

$$\dot{\mathbf{A}}\mathbf{A}^{-1} = \mathfrak{A}(\bar{\mathfrak{G}},\lambda,\bar{\nabla}\lambda,\varrho_i,\varkappa)\mathbf{g} \tag{11.42}$$

mit der nichtnegativen skalarwertigen Funktion

$$g = g(\bar{G}, \lambda, \bar{\nabla}\lambda, \varrho_i, \varkappa, A^{-*}\dot{G}A^{-1}, \dot{\lambda}, A^{-*}\hat{\nabla}\dot{\lambda}), \tag{11.43}$$

so sprechen wir in Verallgemeinerung von (9.61) von einem Material mit *Fließregel.*

2. Läßt (11.41) sich unter Benutzung von (11.40) darstellen in der speziellen Form

$$\dot{\varkappa} = \check{k}(\bar{G}, \lambda, \bar{\nabla}\lambda, \varrho_i, \varkappa, \tilde{\mathfrak{A}}) \text{ mit } \check{k} = 0, \text{ wenn } \tilde{\mathfrak{A}} = 0, \tag{11.44}$$

so sagen wir, die *Verfestigung* sei *an die inelastische Verformung gekoppelt.*

Beispiele von Verfestigungsregeln:

1. *Zeitverfestigung* (Altern, time hardening). Es gilt

$$\dot{\varkappa} = \tilde{k} \equiv 1, \text{ also } \varkappa = t. \tag{11.45}$$

Diese Art der Verfestigung ist im Gegensatz zu den folgenden drei Beispielen nicht an die inelastische Verformung gekoppelt.

2. *Dehnungsverfestigung* (strain hardening). Man setzt

$$\dot{\varkappa} = |\bar{K}_i \tilde{\mathfrak{A}} \bar{K}_i^{-1}| = |\bar{K}_i \dot{A} A^{-1} \bar{K}_i^{-1}| = |F_e^{-1} L_i F_e|, \tag{11.46}$$

und folglich ist $\varkappa = \int |F_e^{-1} L_i F_e| dt$ als Bogenlänge des inelastischen Verformungsprozesses zu interpretieren.

3. *Arbeitsverfestigung* (work hardening). Es soll gelten – vgl. (9.83) –

$$\dot{\varkappa} = P : D_i = \bar{G}\bar{S} : \dot{A}A^{-1} = \bar{G}\bar{S} : \tilde{\mathfrak{A}}, \tag{11.47}$$

und $\varkappa$ bedeutet daher die an der inelastischen Verformung geleistete Arbeit.

4. *Dissipationsverfestigung*. Wählt man für $\varkappa$ die Dissipationsarbeit, dann bedeutet das nach (11.39)

$$\dot{\varkappa} = \delta = \left(\bar{G}\bar{S} + \varrho_i \frac{\partial\psi}{\partial\varrho_i} 1\right) : \dot{A}A^{-1} - \frac{\partial\psi}{\partial\varkappa}\dot{\varkappa}, \tag{11.48}$$

also

$$\dot{\varkappa} = \frac{1}{1 + \partial\psi/\partial\varkappa} \left(\bar{G}\bar{S} + \varrho_i \frac{\partial\psi}{\partial\varrho_i} 1\right) : \tilde{\mathfrak{A}}. \tag{11.49}$$

Ob überhaupt eine bzw. welche dieser vier Größen sich bei einem realen Material als Verfestigungsparameter eignet, ist natürlich nur an Hand von Experimenten zu entscheiden (vgl. hierzu Abschnitt 14.2).

Thermomechanische Maxwell- und Bingham-Materialien sind durch $g \equiv 1$ gekennzeichnet. Beispielsweise beschreibt die Wahl

$$\mathfrak{A} = \sum_{j=1}^{N} \frac{1}{\eta_j(\lambda, \varkappa)} \mathfrak{m}_j \otimes \mathfrak{n}_j \otimes \mathfrak{m}_j \otimes \mathfrak{n}_j : \bar{G}\bar{S}(\bar{G}, \lambda, \varkappa), \tag{11.50}$$

$$\tilde{k} = 1 \tag{11.51}$$

in Verallgemeinerung von (9.32) einen thermomechanischen Flüssigkristall mit Alterungsvorgängen ($\bar{\nabla}\lambda$ tritt als Argument nicht auf, $\varrho_i$ ist wegen tr $\mathfrak{A}=0$ sowieso konstant, und $\varkappa$ mißt gemäß (11.45) die Zeit). Seine Dissipationsungleichung lautet

$$\bar{G}\bar{S}:\mathfrak{A}-\frac{\partial\psi}{\partial\varkappa}\geqq 0 \tag{11.52}$$

und ist sicher erfüllt, wenn alle (temperatur- und altersabhängigen) Zähigkeiten $\eta_j$ positiv sind und die freie Energie $\psi$ bei festgehaltenem $\bar{G}$ und $\lambda$ nicht zunehmen kann, d.h. $\partial\psi/\partial\varkappa\leqq 0$ gilt.

Die Beschreibung des elastischen Bereichs von Prandtl- und Bingham-Materialien mittels einer Fließfunktion gemäß (9.53) ist zu erweitern auf

$$f(\bar{G},\lambda,\bar{\nabla}\lambda,\varrho_i,\varkappa)\leqq 0. \tag{11.53}$$

Das Verhalten des Prandtl-Materials soll geschwindigkeitsunabhängig sein. Das bedeutet: Ersetzt man $\dot{G}\to\xi\dot{G}$, $\dot{\lambda}\to\xi\dot{\lambda}$, $\hat{\nabla}\dot{\lambda}\to\xi\hat{\nabla}\dot{\lambda}$ ($\xi\geqq 0$, beliebig), dann muß gelten $\tilde{\mathfrak{A}}\to\xi\tilde{\mathfrak{A}}$, $\tilde{k}\to\xi\tilde{k}$ (Zeitverfestigung scheidet also aus). Existiert eine Fließregel und ist die Verfestigung an die inelastische Verformung gekoppelt, dann folgt daraus die Darstellung

$$\begin{aligned}\dot{\varkappa}&=\check{k}(\bar{G},\lambda,\bar{\nabla}\lambda,\varrho_i,\varkappa,\mathfrak{A}g)=\check{k}(\bar{G},\lambda,\bar{\nabla}\lambda,\varrho_i,\varkappa,\mathfrak{A})g\\&=:k(\bar{G},\lambda,\bar{\nabla}\lambda,\varrho_i,\varkappa)g.\end{aligned} \tag{11.54}$$

Ist die Fließfunktion f an der Fließgrenze $f=0$ differenzierbar — i.allg. muß dazu (wie schon bei $\omega$) der Definitionsbereich von f auf Argumente außerhalb der Zustandsmenge ausgedehnt werden —, so gewinnen wir die Funktion g wieder aus der Konsistenzbedingung. Im Falle $f=0$ muß nämlich $\dot{f}\leqq 0$ gelten, also

$$\begin{aligned}\dot{f}&=\frac{\partial f}{\partial\bar{G}}:\dot{\bar{G}}+\frac{\partial f}{\partial\lambda}\dot{\lambda}+\frac{\partial f}{\partial\bar{\nabla}\lambda}\cdot(\bar{\nabla}\lambda)^{\cdot}+\frac{\partial f}{\partial\varrho_i}\dot{\varrho}_i+\frac{\partial f}{\partial\varkappa}\dot{\varkappa}\\&=B-2\bar{G}\frac{\partial f}{\partial\bar{G}}:\dot{A}A^{-1}-\bar{\nabla}\lambda\otimes\frac{\partial f}{\partial\bar{\nabla}\lambda}:\dot{A}A^{-1}-\varrho_i\frac{\partial f}{\partial\varrho_i}1:\dot{A}A^{-1}+\frac{\partial f}{\partial\varkappa}\dot{\varkappa}\\&=B-\left[\left(2\bar{G}\frac{\partial f}{\partial\bar{G}}+\bar{\nabla}\lambda\otimes\frac{\partial f}{\partial\bar{\nabla}\lambda}+\varrho_i\frac{\partial f}{\partial\varrho_i}1\right):\mathfrak{A}-\frac{\partial f}{\partial\varkappa}k\right]g\leqq 0\end{aligned} \tag{11.55}$$

mit

$$B:=\frac{\partial f}{\partial\bar{G}}:A^{-*}\dot{G}A^{-1}+\frac{\partial f}{\partial\lambda}\dot{\lambda}+\frac{\partial f}{\partial\bar{\nabla}\lambda}\cdot A^{-*}\cdot\hat{\nabla}\dot{\lambda}. \tag{11.56}$$

Verlassen der Fließgrenze, also $\dot{f}<0$, schließt plastisches Fließen aus (d.h. $g=0$) und verlangt daher $B<0$. Im Falle $B>0$ muß $g>0$ sein und das Materialelement demnach an der Fließgrenze verbleiben, also $\dot{f}=0$ gelten. Damit das nicht auf einen Widerspruch führt, muß der Inhalt der eckigen Klammer positiv sein. Zusammenfassend tritt an die Stelle von (9.62) also:

$$g=\begin{cases} \dfrac{B}{(2\bar{G}\,\partial f/\partial\bar{G}+\bar{\nabla}\lambda\otimes\partial f/\partial\bar{\nabla}\lambda+\varrho_i\,\partial f/\partial\varrho_i\,\mathbf{1}):\mathfrak{A}-\partial f/\partial\varkappa\,k} & \text{wenn } B>0 \text{ (s. (11.56)) und } f=0 \\ 0 & \text{sonst.} \end{cases} \quad (11.57)$$

Die Übertragung der Symmetriekonzepte des 9. Kapitels ist ohne weiteres möglich. Als Beispiel sei nur in Verallgemeinerung von (9.100) die – auf den Tangentialraum bezogene – momentane Symmetriegruppe $\mathscr{g}^e(t)$ der Beanspruchung definiert als Menge jener $M\in\mathscr{g}^e\subset\mathrm{Unim}^+(\mathscr{T})$, welche die Funktionalgleichung

$$\hat{S}(M^*GM,\lambda,A,\varkappa)=M^{-1}\hat{S}(G,\lambda,A,\varkappa)M^{-*} \quad (11.58)$$

für alle mit den jeweiligen Werten $\lambda(t), A(t), \varkappa(t)$ – z.B. unter Berücksichtigung von (11.53) – verträglichen $G$ erfüllen. Gilt etwa $\mathscr{g}^e(t)=\mathrm{Orth}^+(G_i(t))$ für alle t, so liegt isotrop festes Verhalten bezüglich der jeweiligen inelastischen Konfiguration $G_i$ vor, und im Falle des Ansatzes (11.34) ist der Darstellungssatz (9.96) zu erweitern auf

$$S=\left[\sum_{m=0}^{2}\beta_m(\mathrm{Inv}(G_i^{-1}G),\lambda,\varrho_i,\varkappa)(G_i^{-1}G)^m\right]G_i^{-1}, \quad (11.59)$$

d.h., die skalaren Funktionen $\beta_m$ hängen zusätzlich von den neuen skalaren Zustandsvariablen $\lambda$, $\varrho_i$ und $\varkappa$ ab. Desgleichen läßt sich (9.92) erweitern zu

$$P=\sum_{m=0}^{2}\alpha_m(\mathrm{Inv}\,H_e,\lambda,\varrho_i,\varkappa)H_e{}^m. \quad (11.60)$$

Darstellungssätze für isotropes inelastisches Verhalten werden i.allg. komplizierter als im mechanischen Falle, weil in (11.29) und (11.30) im Gegensatz zu (11.26) nicht nur skalare Variable, sondern auch die Vektoren $\hat{\nabla}\lambda$ und $\hat{\nabla}\dot{\lambda}$ neu als Argumente auftreten. Nur wenn $\hat{\mathfrak{A}}$ und $\hat{k}$ von diesen Vektoren tatsächlich gar nicht abhängen, sind die Darstellungssätze des 9. Kapitels anwendbar. Dann tritt bei Materialien mit Fließregel an die Stelle von (9.105)

$$W_i=0,\ D_i=N(H_e,\lambda,\varrho_i,\varkappa)\,\delta(H_e,\lambda,\varrho_i,\varkappa,D,\dot{\lambda})$$
$$\text{mit } N=\overrightarrow{D_i},\ \delta=|D_i|,\ N,\delta \text{ isotrop.} \quad (11.61)$$

(Daß der Buchstabe $\delta$ an anderer Stelle die Dissipationsleistung bezeichnet, dürfte wohl nicht zu Verwechslungen Anlaß geben.)

Ist die Verfestigung an die inelastische Verformung gekoppelt, so finden wir im isotropen Falle

$$\dot{\varkappa}=\check{k}(H_e,\lambda,\varrho_i,\varkappa,L_i) \text{ mit } \check{k}=0, \text{ wenn } L_i=0,\ \check{k} \text{ isotrop} \quad (11.62)$$

und bei Existenz einer Fließregel und geschwindigkeitsunabhängigem Verhalten

$$\dot{\varkappa}=\check{k}(H_e,\lambda,\varrho_i,\varkappa,N)\delta=\bar{k}(H_e,\lambda,\varrho_i,\varkappa)\delta. \quad (11.63)$$

So vereinfacht sich beispielsweise die Formel (11.46) der Dehnungsverfestigung

$$\dot{\varkappa}=|F_e^{-1}L_iF_e|=|R_e^TV_e^{-1}(D_i+W_i)V_eR_e| \quad (11.64)$$

unter Beachtung von (9.106) – nur in diesem isotropen Fall (!), weil $\underset{\sim}{W}_i = 0$ und $\underset{\sim}{D}_i$ koaxial zu $\underset{\sim}{V}_e$ ist – zu

$$\dot{\varkappa} = |\underset{\sim}{D}_i| = \sqrt{\operatorname{tr}(\underset{\sim}{D}_i^{\,2})} = \frac{1}{2}\sqrt{\operatorname{tr}([\underset{\sim}{G}_i^{-1}\dot{\underset{\sim}{G}}_i]^2)}, \text{ also } \bar{k} \equiv 1. \tag{11.65}$$

Die Fließbedingung (9.110) ist – wieder bei Unabhängigkeit von $\hat{\underset{\sim}{\nabla}}\lambda$ – zu erweitern auf

$$\bar{f}(\underset{\sim}{H}_e, \lambda, \varrho_i, \varkappa) = 0, \; \bar{f} \text{ isotrop.} \tag{11.66}$$

Ein Beispiel liefert die Verallgemeinerung der von Misesschen Fließbedingung (9.134) zu

$$\bar{f} = |\underset{\sim}{P}'(\underset{\sim}{H}_e, \lambda, \varrho_i, \varkappa)| - y(\lambda, \varrho_i, \varkappa) = 0. \tag{11.67}$$

Der den Deviatorbetrag von $\underset{\sim}{P}$ begrenzende Kennwert y ist nicht mehr konstant, sondern hängt von der Temperatur, der inelastischen Dichte und dem Verfestigungsparameter $\varkappa$ ab.

Das Verhalten isotroper Materialien mit Fließregel sowie an die inelastische Verformung gekoppelter Verfestigung gemäß (11.61), (11.62) läßt sich in Verallgemeinerung von (9.92) und (9.158) beschreiben durch den Gleichungssatz:

$$\begin{aligned}
&\underset{\sim}{P} = \hat{\underset{\sim}{P}}(\underset{\sim}{H}_e, \lambda, \varrho_i, \varkappa),\\
&\overset{\circ}{\underset{\sim}{H}}_e = \mathbb{D}(\underset{\sim}{H}_e) : \underset{\sim}{D} - \underset{\sim}{N}(\underset{\sim}{H}_e, \lambda, \varrho_i, \varkappa)\delta \text{ mit } \delta = \delta(\underset{\sim}{H}_e, \lambda, \varrho_i, \varkappa, \underset{\sim}{D}, \dot{\lambda}),\\
&\dot{\varrho}_i = -\varrho_i \underset{\sim}{1} : \underset{\sim}{N}\delta,\\
&\dot{\varkappa} = \bar{k}(\underset{\sim}{H}_e, \lambda, \varrho_i, \varkappa, \underset{\sim}{N}\delta).
\end{aligned} \tag{11.68}$$

Als Alternative zu (11.32)ff. kann man den Rahmen (11.25)ff. ausfüllen durch eine Erweiterung der unechten Hintereinanderschaltung (9.266), (9.267), indem man setzt

$$\begin{aligned}
&\omega = \omega(\underset{\sim}{E}_g^{\,e}, \lambda, \operatorname{tr}\underset{\sim}{E}_g^{\,i}, \varkappa),\\
&\underset{\sim}{Z}_g = \frac{1}{\lambda}\frac{\partial\omega}{\partial\underset{\sim}{E}_g^{\,e}}(\underset{\sim}{E}_g^{\,e}, \lambda, \operatorname{tr}\underset{\sim}{E}_g^{\,i}, \varkappa),\\
&\varepsilon = \frac{\partial\omega}{\partial\lambda}(\underset{\sim}{E}_g^{\,e}, \lambda, \operatorname{tr}\underset{\sim}{E}_g^{\,i}, \varkappa),\\
&\underset{\sim}{h}_0 = \hat{\underset{\sim}{h}}_0\left(\underset{\sim}{E}_g^{\,e}, \lambda, \overset{0}{\underset{\sim}{\nabla}}\lambda, \operatorname{tr}\underset{\sim}{E}_g^{\,i}, \varkappa\right),\\
&\dot{\underset{\sim}{E}}_g^{\,i} = \underset{\sim}{\mathfrak{C}}\left(\underset{\sim}{E}_g^{\,e}, \lambda, \overset{0}{\underset{\sim}{\nabla}}\lambda, \operatorname{tr}\underset{\sim}{E}_g^{\,i}, \varkappa, \dot{\underset{\sim}{E}}_g, \dot{\lambda}, \overset{0}{\underset{\sim}{\nabla}}\dot{\lambda}\right),\\
&\dot{\varkappa} = k\left(\underset{\sim}{E}_g^{\,e}, \lambda, \overset{0}{\underset{\sim}{\nabla}}\lambda, \operatorname{tr}\underset{\sim}{E}_g^{\,i}, \varkappa, \dot{\underset{\sim}{E}}_g, \dot{\lambda}, \overset{0}{\underset{\sim}{\nabla}}\dot{\lambda}\right),\\
&\underset{\sim}{h}_0 \cdot \overset{0}{\underset{\sim}{\nabla}}\lambda = \varrho_0 \underset{\sim}{h} \cdot \hat{\underset{\sim}{\nabla}}\lambda \geqq 0\\
&\delta = \left(\underset{\sim}{Z}_g - \frac{\partial\psi}{\partial \operatorname{tr}\underset{\sim}{E}_g^{\,i}}\underset{\sim}{1}\right) : \dot{\underset{\sim}{E}}_g^{\,i} - \frac{\partial\psi}{\partial\varkappa}\dot{\varkappa} \geqq 0.
\end{aligned} \tag{11.69}$$

Darin bedeuten $\underset{\sim}{h}_0$ und $\overset{0}{\underset{\sim}{\nabla}}\lambda$ den Nennwärmefluß nach (7.38) bzw. den in der Bezugsplazierung genommenen Kältegradienten gemäß (7.29).

Als nächstes erweitern wir die Gleichungen (10.1)ff. des Kelvin-Materials im Sinne von (11.1)ff., indem wir setzen

$$\begin{aligned}
&\omega=\omega(\underset{\sim}{G},\lambda,\hat{\underset{\sim}{\nabla}}\lambda,\dot{\underset{\sim}{G}},\varkappa),\\
&\underset{\sim}{S}=\underset{\sim}{S}(\underset{\sim}{G},\lambda,\hat{\underset{\sim}{\nabla}}\lambda,\dot{\underset{\sim}{G}},\varkappa),\\
&\varepsilon=\varepsilon(\underset{\sim}{G},\lambda,\hat{\underset{\sim}{\nabla}}\lambda,\dot{\underset{\sim}{G}},\varkappa),\\
&\underset{\sim}{h}=\underset{\sim}{h}(\underset{\sim}{G},\lambda,\hat{\underset{\sim}{\nabla}}\lambda,\dot{\underset{\sim}{G}},\varkappa),\\
&\dot{\varkappa}=k(\underset{\sim}{G},\lambda,\hat{\underset{\sim}{\nabla}}\lambda,\dot{\underset{\sim}{G}},\varkappa).
\end{aligned} \tag{11.70}$$

Die Passivitätsbedingung (11.3) gewinnt bei Beschränkung auf zweimal stetig differenzierbare Prozesse die Form

$$\begin{aligned}
&\left(\frac{1}{2}\lambda\underset{\sim}{S}-\frac{\partial\omega}{\partial\underset{\sim}{G}}\right):\dot{\underset{\sim}{G}}+\left(\varepsilon-\frac{\partial\omega}{\partial\lambda}\right)\dot{\lambda}-\frac{\partial\omega}{\partial\hat{\underset{\sim}{\nabla}}\lambda}\cdot\hat{\underset{\sim}{\nabla}}\dot{\lambda}\\
&-\frac{\partial\omega}{\partial\dot{\underset{\sim}{G}}}:\ddot{\underset{\sim}{G}}-\frac{\partial\omega}{\partial\varkappa}\dot{\varkappa}+\underset{\sim}{h}\cdot\hat{\underset{\sim}{\nabla}}\lambda\geqq 0,
\end{aligned} \tag{11.71}$$

und wenn $\dot{\lambda}$, $\hat{\underset{\sim}{\nabla}}\dot{\lambda}$ und $\ddot{\underset{\sim}{G}}$ keiner Einschränkung unterliegen, kann diese Ungleichung nur erfüllt sein, falls

$$\varepsilon=\frac{\partial\omega}{\partial\lambda},\ \frac{\partial\omega}{\partial\hat{\underset{\sim}{\nabla}}\lambda}=0,\ \frac{\partial\omega}{\partial\dot{\underset{\sim}{G}}}=0 \tag{11.72}$$

gilt. Dagegen läßt sich das Verschwinden der ersten Klammer nicht gleichermaßen erschließen, da von $\dot{\underset{\sim}{G}}$ auch noch $\underset{\sim}{S}$, $\dot{\varkappa}$ und $\underset{\sim}{h}$ abhängig sind. Setzen wir

$$\underset{\sim}{S}_e(\underset{\sim}{G},\lambda,\varkappa):=\frac{2}{\lambda}\frac{\partial\omega}{\partial\underset{\sim}{G}}(\underset{\sim}{G},\lambda,\varkappa);\ \underset{\sim}{S}_v:=\underset{\sim}{S}-\underset{\sim}{S}_e, \tag{11.73}$$

so lautet die Restungleichung

$$\begin{aligned}
&\frac{1}{2}\lambda\underset{\sim}{S}_v(\underset{\sim}{G},\lambda,\hat{\underset{\sim}{\nabla}}\lambda,\dot{\underset{\sim}{G}},\varkappa):\dot{\underset{\sim}{G}}-\frac{\partial\omega}{\partial\varkappa}(\underset{\sim}{G},\lambda,\varkappa)k(\underset{\sim}{G},\lambda,\hat{\underset{\sim}{\nabla}}\lambda,\dot{\underset{\sim}{G}},\varkappa)\\
&\qquad+\underset{\sim}{h}(\underset{\sim}{G},\lambda,\hat{\underset{\sim}{\nabla}}\lambda,\dot{\underset{\sim}{G}},\varkappa)\cdot\hat{\underset{\sim}{\nabla}}\lambda\geqq 0.
\end{aligned} \tag{11.74}$$

Zusammen mit (11.72) ist sie auch dann für die Passivität hinreichend, wenn $\underset{\sim}{G}$ nur stetig und stückweise stetig differenzierbar ist. Ein einfaches Beispiel für ein solches Kelvin-Material liefern die Gleichungen (6.174) mit (7.3), sofern $\eta(\vartheta)\geqq 0$ und $\varkappa(\vartheta)\geqq 0$ ist.

Das Konzept der Parallelschaltung der Beanspruchung erweitern wir, indem wir (10.31) bis (10.34) ersetzen durch

$$\begin{aligned}
\underset{\sim}{S}=\;&\underset{\sim}{S}_e(\underset{\sim}{G},\lambda,\varkappa_0)+\underset{\sim}{S}_v(\underset{\sim}{G},\lambda,\hat{\underset{\sim}{\nabla}}\lambda,\dot{\underset{\sim}{G}},\varkappa_0,\underset{\sim}{A}_1,\varkappa_1,\dots,\underset{\sim}{A}_n,\varkappa_n)\\
&+\sum_{j=1}^{n}\underset{\sim}{S}_j(\underset{\sim}{G},\lambda,\underset{\sim}{A}_j,\varkappa_j),
\end{aligned} \tag{11.75}$$

$$\dot{\varkappa}_0=k_0(\underset{\sim}{G},\lambda,\hat{\underset{\sim}{\nabla}}\lambda,\varkappa_0,\dot{\underset{\sim}{G}},\dot{\lambda},\hat{\underset{\sim}{\nabla}}\dot{\lambda}), \tag{11.76}$$

$$\underset{\sim}{A}_j^{-1}\dot{\underset{\sim}{A}}_j=\underset{\sim}{\mathfrak{A}}_j(\underset{\sim}{G},\lambda,\hat{\underset{\sim}{\nabla}}\lambda,\underset{\sim}{A}_j,\varkappa_j,\dot{\underset{\sim}{G}},\dot{\lambda},\hat{\underset{\sim}{\nabla}}\dot{\lambda}), \tag{11.77}$$

$$\dot{\varkappa}_j=k_j(\underset{\sim}{G},\lambda,\hat{\underset{\sim}{\nabla}}\lambda,\underset{\sim}{A}_j,\varkappa_j,\dot{\underset{\sim}{G}},\dot{\lambda},\hat{\underset{\sim}{\nabla}}\dot{\lambda}) \tag{11.78}$$

und Passivität sicherstellen durch die Forderungen

$$\omega = \omega_e(\underset{\sim}{G},\lambda,\varkappa_0) + \sum_{j=1}^{n} \omega_j(\underset{\sim}{G},\lambda,\underset{\sim}{A}_j,\varkappa_j), \tag{11.79}$$

$$\underset{\sim}{S}_e = \frac{2}{\lambda}\frac{\partial\omega_e}{\partial\underset{\sim}{G}},\ \underset{\sim}{S}_j = \frac{2}{\lambda}\frac{\partial\omega_j}{\partial\underset{\sim}{G}},\ \varepsilon = \frac{\partial\omega}{\partial\lambda} = \frac{\partial\omega_e}{\partial\lambda} + \sum_{j=1}^{n}\frac{\partial\omega_j}{\partial\lambda}, \tag{11.80}$$

$$\underset{\sim}{S}_v(\underset{\sim}{G},\lambda,\hat{\underset{\sim}{\nabla}}\lambda,\dot{\underset{\sim}{G}},\varkappa_0,\underset{\sim}{A}_1,\varkappa_1,\ldots,\underset{\sim}{A}_n,\varkappa_n):\dot{\underset{\sim}{G}} \geqq 0, \tag{11.81}$$

$$-\frac{\partial\omega}{\partial\varkappa_0}\dot{\varkappa}_0 \geqq 0, \tag{11.82}$$

$$-\frac{\partial\omega_j}{\partial\underset{\sim}{A}_j}:\dot{\underset{\sim}{A}}_j - \frac{\partial\omega}{\partial\varkappa_j}\dot{\varkappa}_j \geqq 0,\ j=1,\ldots,n, \tag{11.83}$$

$$\underset{\sim}{\mathfrak{h}}(\underset{\sim}{G},\lambda,\hat{\underset{\sim}{\nabla}}\lambda,\dot{\underset{\sim}{G}},\varkappa_0,\underset{\sim}{A}_1,\varkappa_1,\ldots,\underset{\sim}{A}_n,\varkappa_n)\cdot\hat{\underset{\sim}{\nabla}}\lambda \geqq 0. \tag{11.84}$$

Auf diese Weise haben wir ein spezielles Materialelement mit den inneren Zustandsvariablen $\underset{\sim}{\alpha} = (\dot{\underset{\sim}{G}},\varkappa_0,\underset{\sim}{A}_1,\varkappa_1,\ldots,\underset{\sim}{A}_n,\varkappa_n)$ beschrieben. Ein allgemeiner Ansatz der Form $\underset{\sim}{S} = \underset{\sim}{S}(\underset{\sim}{G},\lambda,\hat{\underset{\sim}{\nabla}}\lambda,\underset{\sim}{\alpha})$ ohne die hier vorgenommene weitgehende Entkoppelung der Variablen $\underset{\sim}{A}_j,\varkappa_j$ und ohne anschauliche Deutungsmöglichkeit wäre wohl schon im Falle $n=2$ kaum noch zu handhaben.

## 11.3 Stoffgleichungen mit eingeschränktem Anwendungsbereich

Im folgenden untersuchen wir verschiedene Umformungen und Spezialisierungen der allgemeinen thermomechanischen Stoffgleichungen und fassen dabei teilweise frühere Erkenntnisse zusammen. Zunächst eine Übersicht:

In (*Inkrementelle Formulierung*): Sie setzt voraus, daß der Prozeß $\underset{\sim}{G},\Theta,\hat{\underset{\sim}{\nabla}}\Theta$ stetig und stückweise stetig differenzierbar ist und bedeutet somit bei manchen Materialelementen eine Verengung der Prozeßklasse. Nicht jeder inkrementelle Ansatz ist sinnvoll, sondern nur einer, der sich aus einer finiten Formulierung herleitet. (Vergleiche die Bemerkungen zur Funktion $\underset{\sim}{\mathfrak{P}}(\underset{\sim}{P},\underset{\sim}{D})$ in (9.155) sowie die Diskussionen in den Abschnitten 11.5 und 14.5.)

O (*Verwendung objektiver Tensoren*): Werden invariante Operatoren in Stoffgleichungen teilweise mittels objektiver Tensoren ausgedrückt, so bedeutet dies keinerlei Einschränkung. So ist nach (7.130) $\underset{\sim}{P} = \underset{\sim}{R}\cdot\check{\underset{\sim}{P}}(\underset{\sim}{R}^T\underset{\sim}{V}\underset{\sim}{R})\cdot\underset{\sim}{R}^T$ eine ebenso allgemeine Form der elastischen Stoffgleichung wie $\underset{\sim}{S} = \hat{\underset{\sim}{S}}(\underset{\sim}{G})$. Sie enthält neben den objektiven Tensoren $\underset{\sim}{V}$ und $\underset{\sim}{P}$ den Versor $\underset{\sim}{R}$, der die Orientierung des Materialelements beschreibt und nur bei isotropem Verhalten hinsichtlich der Bezugskonfiguration entfallen kann, wobei dann die Verknüpfung $\underset{\sim}{P} = \check{\underset{\sim}{P}}(\underset{\sim}{V})$ zwischen objektiven Tensoren allein verbleibt.

Is (*Isotropie*): Die Annahme isotropen elastischen und inelastischen Verhaltens eignet sich für Materialelemente, die, grob gesagt, keine Struktur mit ausgezeichneten Richtungen besitzen. Die Verwendung ausschließlich objektiver Tensoren ist möglich und führt auf isotrope Tensorfunktionen, für die Darstellungssätze zur Verfügung stehen. Diese lassen sich leicht auf invariante Operatoren rücktransformieren. (Siehe im elastischen Fall (7.133) bis (7.138), im inelastischen Fall mit Fließregel (9.105) bis (9.108).)

KE (*Kleine elastische Verzerrungen*): Diese Annahme erlaubt Näherungen des Typs $\underset{\sim}{F}_e = \underset{\sim}{V}_e \underset{\sim}{R}_e = \underset{\sim}{R}_e \underset{\sim}{U}_e \approx \underset{\sim}{R}_e$, $\underset{\sim}{H}_e \approx \frac{1}{2}(\underset{\sim}{B}_e - \underset{\sim}{1}) \approx \frac{1}{2}(\underset{\sim}{1} - \underset{\sim}{B}_e{}^{-1})$ usw., und die kinematische Tetrade $\mathbb{D}(\underset{\sim}{H}_e)$ – vgl. (9.78) – darf durch $\mathbb{1}$ ersetzt werden.

H (*Hookesches Gesetz*): Darunter verstehen wir, daß die elastischen Verzerrungen klein sind und zusätzlich das elastische Stoffgesetz nahe dem spannungsfreien Zustand linearisiert werden kann.

KG (*Kleine Gesamtverzerrungen*): Da die aktuelle Konfiguration $\underset{\sim}{G}$ stets in der Nähe einer festen Konfiguration $\underset{\sim}{G}_0$ bleibt, ist der Fehler beim Ersatz der echten Hintereinanderschaltung durch die von $\underset{\sim}{G}_0$ Gebrauch machende unechte vernachlässigbar, so daß die formal einfacheren Formeln der unechten Schaltung Verwendung finden können. (Das werden wir im Anschluß an diese Übersicht beweisen.)

KV (*Kleine Verformungen*): Damit ist die Annahme $|\overset{0}{\underset{\sim}{\nabla}} \otimes \underset{\sim}{u}| << 1$ gemeint, welche nicht nur kleine Gesamtverzerrungen, sondern auch kleine Drehungen aller Materialelemente bezüglich eines bestimmten Beobachters einschließt. (Siehe die Diskussion im 7. Kapitel.)

KT (*Kleiner Temperaturbereich*): Die Gebrauchstemperaturen $\Theta$ bleiben stets nahe einer Bezugstemperatur $\Theta_0$, und alle Temperaturfunktionen werden daher linearisiert.

M (*Mechanische Theorie*): Der Temperatureinfluß wird gänzlich außer acht gelassen. Formal kann das geschehen, indem die thermomechanischen Stoffgleichungen auf isotherme und homotherme (d.h. zeitlich und räumlich gleichtemperierte) Prozesse $(\Theta(X,t) \equiv \Theta_0,\ \hat{\underset{\sim}{\nabla}}\Theta \equiv 0)$ spezialisiert werden.

Zu den Einschränkungen H,KG,KV,KT nun einige Betrachtungen.

Gehen wir von den thermomechanischen Gleichungen der echten Hintereinanderschaltung aus, so bedeutet die Annahme des *Hookeschen Gesetzes* (H), daß (11.34) vereinfacht werden darf zu – $\bar{\underset{\sim}{G}}_s$ bezeichnet die zu den Momentanwerten von $\lambda, \varrho_i, \varkappa$ gehörige spannungsfreie Gitterkonfiguration –

$$\begin{aligned} \underset{\sim}{\bar{S}} &= \bar{\mathbb{S}}(\lambda,\varrho_i,\varkappa):[\bar{\underset{\sim}{G}} - \bar{\underset{\sim}{G}}_s(\lambda,\varrho_i,\varkappa)] \\ &=: \bar{\mathbb{S}}(\lambda,\varrho_i,\varkappa):\bar{\underset{\sim}{G}} - \bar{\underset{\sim}{S}}_s(\lambda,\varrho_i,\varkappa). \end{aligned} \tag{11.85}$$

Wegen der Integrabilitätsbedingung

$$\frac{\partial \varepsilon}{\partial \bar{\underset{\sim}{G}}} = \frac{\partial^2 \bar{\omega}}{\partial \bar{\underset{\sim}{G}} \partial \lambda} = \frac{\partial}{\partial \lambda}\left(\frac{\lambda}{2}\bar{\underset{\sim}{S}}\right) = \frac{\partial}{\partial \lambda}\left[\frac{\lambda}{2}\bar{\mathbb{S}}(\lambda,\varrho_i,\varkappa)\right]:\bar{\underset{\sim}{G}} - \frac{\partial}{\partial \lambda}\left[\frac{\lambda}{2}\bar{\underset{\sim}{S}}_s(\lambda,\varrho_i,\varkappa)\right] \tag{11.86}$$

liegt dann die Abhängigkeit der inneren Energie von $\bar{\underset{\sim}{G}}$ fest:

$$\begin{aligned} \varepsilon = \tilde{\varepsilon}(\bar{\underset{\sim}{G}},\lambda,\varrho_i,\varkappa) &= \frac{1}{2}\bar{\underset{\sim}{G}}:\frac{\partial}{\partial \lambda}\left[\frac{\lambda}{2}\bar{\mathbb{S}}(\lambda,\varrho_i,\varkappa)\right]:\bar{\underset{\sim}{G}} \\ &- \frac{\partial}{\partial \lambda}\left[\frac{\lambda}{2}\bar{\underset{\sim}{S}}_s(\lambda,\varrho_i,\varkappa)\right]:\bar{\underset{\sim}{G}} + \check{\varepsilon}(\lambda,\varrho_i,\varkappa). \end{aligned} \tag{11.87}$$

Im rein mechanischen Falle ohne inelastische Volumenänderung und Verfestigungsparameter vereinfacht sich das Hookesche Gesetz (11.85) zu

$$\bar{\underset{\sim}{S}} = \bar{\mathbb{S}}:(\bar{\underset{\sim}{G}} - \bar{\underset{\sim}{G}}_{\mathrm{i}}). \tag{11.88}$$

Dann ist auch die inkrementelle Beziehung (9.89) anwendbar, also

$$\overset{\circ}{\underset{\sim}{P}} = \bar{\mathbb{H}}(\bar{\underset{\sim}{K}}):\underset{\sim}{D}_{\mathrm{e}} - \underset{\sim}{W}_{\mathrm{i}}\underset{\sim}{P} + \underset{\sim}{P}\underset{\sim}{W}_{\mathrm{i}}, \tag{11.89}$$

wobei die objektive Steifigkeit $\bar{\mathbb{H}}$ die Form – vgl. (9.88) –

$$\begin{aligned} \bar{\mathbb{H}}(\bar{\underset{\sim}{K}}):\underset{\sim}{D}_{\mathrm{e}} &= \bar{\mathbb{C}}(\bar{\underset{\sim}{K}}):\underset{\sim}{D}_{\mathrm{e}} + 2\,\mathrm{sym}(\underset{\sim}{P}\underset{\sim}{D}_{\mathrm{e}}) \\ &= 2\bar{\underset{\sim}{K}}\cdot(\bar{\mathbb{S}}:\bar{\underset{\sim}{K}}^{*}\underset{\sim}{D}_{\mathrm{e}}\bar{\underset{\sim}{K}} + \mathrm{sym}[(\bar{\underset{\sim}{G}} - \bar{\underset{\sim}{G}}_{\mathrm{i}}):\bar{\mathbb{S}}\cdot\bar{\underset{\sim}{K}}^{*}\underset{\sim}{D}_{\mathrm{e}}\bar{\underset{\sim}{K}}\bar{\underset{\sim}{G}}^{-1}])\cdot\bar{\underset{\sim}{K}}^{*} \end{aligned} \tag{11.90}$$

annimmt. Da der zweite Summand die kleine Größe $\bar{\underset{\sim}{G}} - \bar{\underset{\sim}{G}}_{\mathrm{i}}$ enthält, ist er vernachlässigbar, so daß bei kleinen elastischen Verzerrungen zwischen den Steifigkeiten $\bar{\mathbb{H}}$ und $\bar{\mathbb{C}}$ nicht unterschieden zu werden braucht. Ferner ist bei Vernachlässigung der Gitterverzerrungen die Änderung der Gitterplazierung $\bar{\underset{\sim}{K}}$ eine reine Drehung, so daß die Steifigkeit $\bar{\mathbb{H}}$ lediglich ihre Orientierung im Raum ändert, genauer: Aus

$$\bar{\mathbb{S}} = \bar{s}^{ABCD}\bar{\underset{\sim}{g}}_{A} \otimes \bar{\underset{\sim}{g}}_{B} \otimes \bar{\underset{\sim}{g}}_{C} \otimes \bar{\underset{\sim}{g}}_{D} \tag{11.91}$$

folgt wegen $\underset{\sim}{g}_{F} = \bar{\underset{\sim}{K}}\bar{\underset{\sim}{g}}_{F}$:

$$\bar{\mathbb{H}} \approx \bar{\mathbb{C}} = 2\bar{s}^{ABCD}\underset{\sim}{g}_{A} \otimes \underset{\sim}{g}_{B} \otimes \underset{\sim}{g}_{C} \otimes \underset{\sim}{g}_{D}. \tag{11.92}$$

Die Komponenten $\bar{s}^{ABCD}$ bleiben konstant, während die Basisvektoren gemäß

$$\dot{\underset{\sim}{g}}_{F} = \dot{\bar{\underset{\sim}{K}}}\bar{\underset{\sim}{K}}^{-1}\underset{\sim}{g}_{F} = (\underset{\sim}{D}_{\mathrm{e}} + \underset{\sim}{W}_{\mathrm{e}})\underset{\sim}{g}_{F} \approx \underset{\sim}{W}_{\mathrm{e}}\underset{\sim}{g}_{F} \tag{11.93}$$

näherungsweise eine reine Drehung erfahren. Will man also die inkrementelle Beziehung (11.89) benutzen, so hat man die *Steifigkeit* $\bar{\mathbb{H}}$ mit der Winkelgeschwindigkeit $\underset{\sim}{W}_{\mathrm{e}}$ zu *drehen.*

*Achtung:*

1. Dieses einfache Vorgehen versagt bei großen elastischen Verzerrungen, denn weder ist dabei $\bar{\mathbb{S}}$ konstant, noch die Änderung von $\bar{\underset{\sim}{K}}$ als reine Drehung anzusetzen.
2. Die bisweilen getroffene Annahme, die Steifigkeit drehe mit der Winkelgeschwindigkeit $\underset{\sim}{W}$ des Materials, ist im Falle $\underset{\sim}{W}_{\mathrm{i}} \not\equiv 0$ irrig und kann zu groben Fehlern führen. Als Beispiel betrachte man die stationäre Scherung eines Einkristalls gemäß Bild 11.1. Die inelastische Deformation geschieht durch Gleiten auf den Ebenen $y = \mathrm{const}$. Die Gitterplazierung $\bar{\underset{\sim}{K}}$ (und damit auch die Beanspruchung $\underset{\sim}{P}$) ist zeitlich konstant. Also gilt $\underset{\sim}{L}_{\mathrm{e}} = \dot{\bar{\underset{\sim}{K}}}\bar{\underset{\sim}{K}}^{-1} = 0$ und folglich $\underset{\sim}{W}_{\mathrm{e}} \equiv 0$ und $\underset{\sim}{W} \equiv \underset{\sim}{W}_{\mathrm{i}}$. Die Steifigkeit $\bar{\mathbb{H}}$ bleibt also auch der Orientierung nach konstant, während man beim Ersatz von $\underset{\sim}{W}_{\mathrm{e}}$ durch $\underset{\sim}{W}$ fälschlich eine Rotation mit konstanter Winkelgeschwindigkeit erwarten würde!

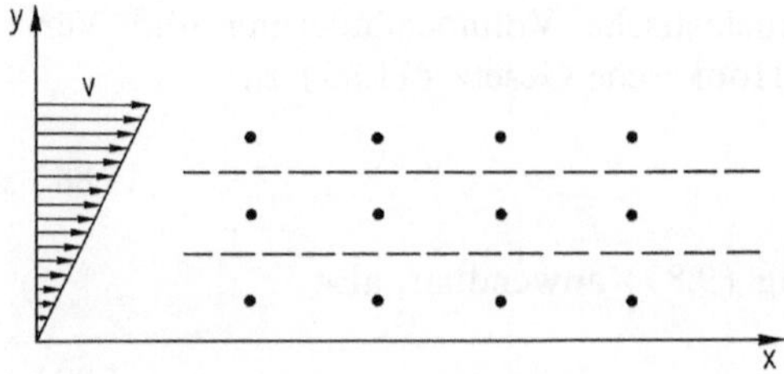


**Bild 11.1.** Stationäre Scherung eines Einkristalls

Welche Vereinfachungen die Annahme *kleiner Gesamtverzerrungen* (KG) bei der Behandlung der echten Hintereinanderschaltung mit sich bringt, untersuchen wir als nächstes. Da die inelastischen Verformungen klein sein müssen, können wir ansetzen

$$\underset{\sim}{A}(t)=\underset{\sim}{A}_0+\underset{\sim}{A}_Z(t)=\underset{\sim}{A}_0(\underset{\sim}{1}+\underset{\sim}{A}_0^{-1}\underset{\sim}{A}_Z(t)) \quad \text{mit } |\underset{\sim}{K}\underset{\sim}{A}_0^{-1}\underset{\sim}{A}_Z\underset{\sim}{K}^{-1}|<<1, \tag{11.94}$$

und daher liefert die Näherung

$$\underset{\sim}{S}(t)=\underset{\sim}{A}^{-1}(t)\bar{\underset{\sim}{S}}(t)\underset{\sim}{A}^{-*}(t)\approx\underset{\sim}{A}_0^{-1}\bar{\underset{\sim}{S}}(t)\underset{\sim}{A}_0^{-*} \tag{11.95}$$

einen kleinen relativen Fehler der Beanspruchung. Würden wir in (11.34) – also $\bar{\underset{\sim}{S}}=\hat{\bar{\underset{\sim}{S}}}(\bar{\underset{\sim}{G}},\lambda,\varrho_i,\varkappa)=\hat{\bar{\underset{\sim}{S}}}(\underset{\sim}{A}^{-*}\underset{\sim}{G}\underset{\sim}{A}^{-1},\lambda,\varrho_i,\varkappa)$ – ebenfalls $\underset{\sim}{A}$ durch $\underset{\sim}{A}_0$ ersetzen, so erhielten wir – wenn wir von $\varrho_i$ und $\varkappa$ einmal absehen – ein thermoelastisches Gesetz $\underset{\sim}{S}=\hat{\underset{\sim}{S}}(\underset{\sim}{G},\lambda)$. Die inelastische Verformung wäre also gänzlich vernachlässigt. Dieses Vorgehen ist aber mit unserer Annahme kleiner Gesamtverzerrungen nicht vereinbar: Zwar ist der relative Fehler beim Ersatz von $\underset{\sim}{A}^{-*}\underset{\sim}{G}\underset{\sim}{A}^{-1}$ durch $\underset{\sim}{A}_0^{-*}\underset{\sim}{G}\underset{\sim}{A}_0^{-1}$ sehr klein, doch liegt der absolute Fehler in der Größenordnung der (ebenfalls kleinen) elastischen Gitterverzerrung, die ja für die Größe der Beanspruchung maßgebend ist. Richtig ist daher folgendes Vorgehen: Wir schreiben – man beachte, daß $\bar{\underset{\sim}{G}}_i$ konstant ist –

$$\begin{aligned}\bar{\underset{\sim}{S}}&=\hat{\bar{\underset{\sim}{S}}}(\bar{\underset{\sim}{G}},\lambda,\varrho_i,\varkappa)=\check{\bar{\underset{\sim}{S}}}(\bar{\underset{\sim}{G}}-\bar{\underset{\sim}{G}}_i,\lambda,\varrho_i,\varkappa)\\&=\check{\bar{\underset{\sim}{S}}}(\underset{\sim}{A}^{-*}(\underset{\sim}{G}-\underset{\sim}{G}_i)\underset{\sim}{A}^{-1},\lambda,\varrho_i,\varkappa)\approx\check{\bar{\underset{\sim}{S}}}(\underset{\sim}{A}_0^{-*}(\underset{\sim}{G}-\underset{\sim}{G}_i)\underset{\sim}{A}_0^{-1},\lambda,\varrho_i,\varkappa)\end{aligned} \tag{11.96}$$

und haben so die Gitterverzerrung mit einem kleinen relativen Fehler versehen und insgesamt ein Gesetz des Typs

$$\underset{\sim}{S}=\check{\underset{\sim}{S}}(\underset{\sim}{G}-\underset{\sim}{G}_i,\lambda,\varrho_i,\varkappa) \tag{11.97}$$

erhalten. Wie man sieht, genügt $\underset{\sim}{G}_i$ bei kleinen Gesamtverzerrungen an Stelle von $\underset{\sim}{A}$ zur Kennzeichnung der inelastischen Verformung. (Der in Bild 9.4 dargestellte Fall, bei dem dies nicht so war, ist durch große inelastische Verformung gekennzeichnet.) Auch eine inkrementelle Entwicklungsgleichung für $\underset{\sim}{G}_i$ läßt sich beschaffen, die statt $\underset{\sim}{A}$ ebenfalls nur noch $\underset{\sim}{G}_i$ enthält. Wir können nämlich (9.87) approximieren gemäß

$$\dot{\underset{\sim}{G}}_i=2\,\mathrm{sym}(\underset{\sim}{G}_i\underset{\sim}{A}^{-1}\dot{\underset{\sim}{A}}\underset{\sim}{A}^{-1}\underset{\sim}{A})\approx2\,\mathrm{sym}(\underset{\sim}{G}_0\underset{\sim}{A}_0^{-1}\dot{\underset{\sim}{A}}\underset{\sim}{A}^{-1}\underset{\sim}{A}_0) \tag{11.98}$$

und (11.40) analog zu (11.96) durch

$$\dot{\mathbf{A}}\mathbf{A}^{-1} \approx \check{\mathfrak{A}}(\mathbf{A}_0^{-*}(\mathbf{G}-\mathbf{G}_i)\mathbf{A}_0^{-1}, \lambda, \mathbf{A}_0^{-*}\hat{\nabla}\lambda, \varrho_i, \varkappa, \mathbf{A}_0^{-*}\dot{\mathbf{G}}\mathbf{A}_0^{-1}, \dot{\lambda}, \mathbf{A}_0^{-*}\hat{\nabla}\dot{\lambda}) \quad (11.99)$$

und erhalten somit in der Tat die Struktur

$$\dot{\mathbf{G}}_i = \mathfrak{G}(\mathbf{G}-\mathbf{G}_i, \lambda, \hat{\nabla}\lambda, \varrho_i, \varkappa, \dot{\mathbf{G}}, \dot{\lambda}, \hat{\nabla}\dot{\lambda}). \quad (11.100)$$

Führen wir eine beliebige Bezugsplazierung $\mathbf{K}_0$ ein, so lassen sich (11.97) und (11.100) umschreiben in

$$\begin{aligned} \mathbf{Z} &= \mathbf{K}_0 \cdot \check{\mathbf{S}}(2\mathbf{K}_0^*(\mathbf{E}-\mathbf{E}^i)\mathbf{K}_0, \lambda, \varrho_i, \varkappa) \cdot \mathbf{K}_0^* \\ &= \hat{\mathbf{Z}}(\mathbf{E}-\mathbf{E}^i, \lambda, \varrho_i, \varkappa) \end{aligned} \quad (11.101)$$

bzw.

$$\begin{aligned} \dot{\mathbf{E}}^i &= \frac{1}{2}\mathbf{K}_0^{-*} \cdot \mathfrak{G}\left(2\mathbf{K}_0^*(\mathbf{E}-\mathbf{E}^i)\mathbf{K}_0, \lambda, \mathbf{K}_0^* \overset{0}{\nabla}\lambda, \varrho_i, \varkappa, 2\mathbf{K}_0^*\dot{\mathbf{E}}\mathbf{K}_0, \dot{\lambda}, \mathbf{K}_0^* \overset{0}{\nabla}\dot{\lambda}\right) \cdot \mathbf{K}_0^{-1} \\ &= \mathfrak{E}\left(\mathbf{E}-\mathbf{E}^i, \lambda, \overset{0}{\nabla}\lambda, \varrho_i, \varkappa, \dot{\mathbf{E}}, \dot{\lambda}, \overset{0}{\nabla}\dot{\lambda}\right). \end{aligned} \quad (11.102)$$

Die Annahme kleiner Gesamtverzerrungen bedeutet aber: Es läßt sich $\mathbf{G}_0 = \mathbf{K}_0^*\mathbf{K}_0$ so wählen, daß $|\mathbf{E}| << 1$ und $|\mathbf{E}^i| << 1$ gilt. Dann ist – vgl. (9.285) – ferner

$$\varrho_i = \varrho_0(\det \mathbf{C}_i)^{-\frac{1}{2}} \approx \varrho_0(1 - \operatorname{tr}\mathbf{E}^i), \quad (11.103)$$

und außerdem können wir die Greenschen Verzerrungen $\mathbf{E}$ und die Kirchhoffsche Beanspruchung $\mathbf{Z}$ mit kleinem relativen Fehler durch beliebige andere generalisierte Verzerrungen und Beanspruchungen ersetzen. Damit aber gehen (11.101) und (11.102) in die Formeln (11.69) der unechten Hintereinanderschaltung über. In der Einschränkung KG haben wir somit einen sinnvollen Anwendungsbereich für die Formeln dieser unechten Schaltung gefunden. Dagegen haben wir bei großen Gesamtverzerrungen immer dann, wenn keine feste Konfiguration $\mathbf{G}_0$ physikalisch ausgezeichnet ist – also z.B. bei Fluiden oder bei der Umformung von Metallen – die unechte Schaltung als nicht akzeptabel erkannt, da das elastische Verhalten sich dabei durch die inelastische Verformung in physikalisch nicht begründeter Weise verändert und vor allem auch eine anfängliche Symmetrie einbüßt.

Kombinieren wir die Annahmen H und KG, also (11.85) und (11.96), so erhalten wir mit der Abkürzung

$$\mathbf{G}^{\Theta}(\lambda, \varrho_i, \varkappa) := \mathbf{A}_0^*[\bar{\mathbf{G}}_s(\lambda, \varrho_i, \varkappa) - \bar{\mathbf{G}}_i]\mathbf{A}_0 \quad (11.104)$$

als Spezialfall von (11.97)

$$\mathbf{S} = \check{\mathbf{S}}(\mathbf{G}-\mathbf{G}_i, \lambda, \varrho_i, \varkappa) = \mathbf{S}(\lambda, \varrho_i, \varkappa) : [\mathbf{G}-\mathbf{G}_i-\mathbf{G}^{\Theta}(\lambda, \varrho_i, \varkappa)] \quad (11.105)$$

sowie mit

$$\mathbf{E}^{\Theta} := \frac{1}{2}\mathbf{K}_0^{-*}\mathbf{G}^{\Theta}\mathbf{K}_0^{-1} \quad (11.106)$$

als Spezialfall von (11.101)

$$\mathsf{Z}=\mathbb{Z}(\lambda,\varrho_i,\varkappa):(\underset{\sim}{E}-\underset{\sim}{E}^i-\underset{\sim}{E}^\Theta(\lambda,\varrho_i,\varkappa)). \tag{11.107}$$

Bei *kleinen Verformungen* (KV) ist $\underset{\sim}{\nabla}\approx\overset{0}{\underset{\sim}{\nabla}}$, $\underset{\sim}{Z}\approx\underset{\sim}{T}/\varrho_0$ und $\underset{\sim}{E}\approx\operatorname{sym}(\underset{\sim}{\nabla}\otimes\underset{\sim}{u})$ zu setzen, so daß (11.101) und (11.102) übergehen in

$$\underset{\sim}{T}=\hat{\underset{\sim}{T}}(\operatorname{sym}(\underset{\sim}{\nabla}\otimes\underset{\sim}{u})-\underset{\sim}{E}^i,\lambda,\varrho_i,\varkappa), \tag{11.108}$$

$$\dot{\underset{\sim}{E}}^i=\mathfrak{E}(\operatorname{sym}(\underset{\sim}{\nabla}\otimes\underset{\sim}{u})-\underset{\sim}{E}^i,\lambda,\underset{\sim}{\nabla}\lambda,\varrho_i,\varkappa,\operatorname{sym}(\underset{\sim}{\nabla}\otimes\dot{\underset{\sim}{u}}),\dot{\lambda},\underset{\sim}{\nabla}\dot{\lambda}). \tag{11.109}$$

Während $\underset{\sim}{E}$ bei dieser Näherung der symmetrische Teil des Gradienten des Verschiebungsfeldes ist – es gilt daher die Kompatibilitätsbedingung $\underset{\sim}{\nabla}\times\underset{\sim}{E}\times\underset{\sim}{\nabla}=0$ –, ist das Feld $\underset{\sim}{E}^i$ i.allg. nicht ebenfalls der symmetrische Teil des Gradienten irgendeines Vektorfeldes. Das Verschiebungsfeld läßt sich also nicht in elastischen und plastischen Anteil zerlegen.

Darstellungen inelastischen Materialverhaltens, die sich auf die Gleichungen (11.108) und (11.109) stützen, findet man sehr häufig. Gilt das Hookesche Gesetz, so vereinfacht sich (11.108) gemäß (11.107) zu

$$\underset{\sim}{T}=\mathbb{T}(\lambda,\varrho_i,\varkappa):[\operatorname{sym}(\underset{\sim}{\nabla}\otimes\underset{\sim}{u})-\underset{\sim}{E}^i-\underset{\sim}{E}^\Theta(\lambda,\varrho_i,\varkappa)]. \tag{11.110}$$

Zusammen mit der von Misesschen Fließbedingung und der Lévyschen Fließregel, welche die Form

$$|\mathsf{T}'|=\varrho_0 y(\lambda,\varkappa),\ \dot{\vec{\underset{\sim}{E}}}{}^i=\vec{\mathsf{T}}' \tag{11.111}$$

annehmen, führt das auf die Plastizitätstheorie nach *Prandtl-Reuss*. (Für den dreidimensionalen Fall – isotrop und ohne die Parameter $\lambda,\varkappa$ – zuerst angegeben von Reuss [11.2].)

Wird eine bestimmte Form der Gleichungen der *echten Hintereinanderschaltung* benötigt, so gibt die Tabelle 11.1 Auskunft, ob und an welcher Stelle dieses Buches sie aufgefunden werden kann. Der Begleittext der Fundstelle sollte jeweils darauf überprüft werden, ob die hier zitierten Formeln gegebenenfalls nur unter weiteren – hier nicht erwähnten – Einschränkungen gelten. (A bedeutet: allgemein thermomechanisch.)

Spezialisiert man die *thermoelastischen Grundgleichungen* (8.37) und (8.39) auf kleine Gesamtverzerrungen (KG) und nimmt Gültigkeit des Hookeschen Gesetzes (H) an, so erhält man – mit den Bezeichnungen nach (11.105), (11.107) –

$$\underset{\sim}{S}=\hat{\underset{\sim}{S}}(\underset{\sim}{G},\Theta)=\mathbb{S}(\Theta):[\underset{\sim}{G}-\underset{\sim}{G}_0-\underset{\sim}{G}^\Theta(\Theta)] \tag{11.112}$$

oder auch

$$\underset{\sim}{Z}=\mathbb{Z}(\Theta):(\underset{\sim}{E}-\underset{\sim}{E}^\Theta(\Theta)], \tag{11.113}$$

**Tabelle 11.1.** Fundortnachweis für Sonderformen der Gleichungen der echten Hintereinanderschaltung

| A | In | O | Is | H | KG | KV | M | Fundort |
|---|---|---|---|---|---|---|---|---|
| × | | | | | | | | (11.32) bis (11.44), (11.53) bis (11.57) |
| | | | × | | | | | (11.59) |
| | | × | × | | | | | (11.60) bis (11.67) |
| | × | × | × | | | | | (11.68) |
| | | | | × | | | | (11.85) bis (11.87) |
| | | | | | × | | | (11.69), (11.97) bis (11.103) |
| | | | | × | × | | | (11.105), (11.107) |
| | | | | | × | × | | (11.108), (11.109) |
| | | | | × | × | × | | (11.110) |
| | | | | | | | × | (9.43) bis (9.50), (9.53), (9.61), (9.62) |
| | | | × | | | | × | (9.94), (9.96), (9.113) bis (9.115) |
| | | × | × | | | | × | (9.92), (9.95), (9.103), (9.105), (9.107), (9.110), (9.112) |
| | × | × | × | | | | × | (9.155), (9.159) |
| | | | | × | | | × | (11.88) |
| | × | × | | | | | × | (9.89) |
| | × | × | | × | | | × | (11.90) bis (11.93) |
| | | × | × | × | | | × | (9.235) bis (9.244), (9.257) |
| | | | × | × | | | × | (9.245) bis (9.256) |
| | | | | | × | | × | (9.264) bis (9.267) |
| | | | × | | × | | × | (9.273) |
| | | | × | × | × | | × | (9.278) bis (9.284) |

also eine Kennzeichnung des Materialverhaltens durch 27 temperaturabhängige Stoffwerte (die symmetrische isotherme Steifigkeit $\mathbb{Z}$ hat i.allg. 21 und die Temperaturverzerrung $\underset{\sim}{E}^{\Theta}$ sechs unabhängige Komponenten). Im isotropen Falle (Is) reduziert sich das auf

$$\underset{\sim}{Z} = \frac{2\mu(\Theta)}{\varrho_0}\left(\mathbb{1} + \frac{\nu}{1-2\nu}(\Theta)\underset{\sim}{1}\otimes\underset{\sim}{1}\right):\left[\underset{\sim}{E} - \overset{\Theta}{e}(\Theta)\underset{\sim}{1}\right] \tag{11.114}$$

mit den drei temperaturabhängigen Stoffwerten $\mu$, $\nu$ und $\overset{\Theta}{e}$. Wird zusätzlich kleiner Temperaturbereich (KT) unterstellt, so vereinfacht sich (11.113) zu

$$\underset{\sim}{Z} = \mathbb{Z}:[\underset{\sim}{E} - (\Theta - \Theta_0)\underset{\sim}{E}_{\Theta}]. \tag{11.115}$$

Nach (8.41) muß dann gelten

$$\frac{\partial\varepsilon}{\partial\underset{\sim}{E}} = \frac{\partial^2\omega}{\partial\underset{\sim}{E}\partial\lambda} = \frac{\partial}{\partial\lambda}(\lambda\underset{\sim}{Z}) = \underset{\sim}{Z} - \Theta\frac{\partial\underset{\sim}{Z}}{\partial\Theta} = \mathbb{Z}:[\underset{\sim}{E} + \Theta_0\underset{\sim}{E}_{\Theta}]. \tag{11.116}$$

Die innere Energie berechnet sich daraus zu

$$\varepsilon = \frac{1}{2}\underset{\sim}{E}:\mathbb{Z}:\underset{\sim}{E} + \Theta_0\underset{\sim}{E}_{\Theta}:\mathbb{Z}:\underset{\sim}{E} + \check{\varepsilon}(\Theta) \tag{11.117}$$

und die Wärmeaufnahme zu

$$q = \dot{\varepsilon} - \underset{\sim}{Z}:\dot{\underset{\sim}{E}} = \Theta \underset{\sim}{E}_{\Theta}:\mathbb{Z}:\dot{\underset{\sim}{E}} + \breve{\varepsilon}'(\Theta)\dot{\Theta}. \tag{11.118}$$

Wegen der kleinen Temperaturschwankungen wählen wir $\breve{\varepsilon}'(\Theta) =: c_G \equiv \text{const.}$ Außerdem approximieren wir $\Theta$ in der letzten Gleichung durch $\Theta_0$, verletzen dadurch allerdings – anders als bei den bisher getroffenen Vereinfachungen – die aus der Passivität folgende Integrabilitätsbedingung (11.116), die daher nur noch näherungsweise erfüllt ist, solange $\Theta \approx \Theta_0$ gilt:

$$q = \Theta_0 \underset{\sim}{E}_{\Theta}:\mathbb{Z}:\dot{\underset{\sim}{E}} + c_G \dot{\Theta}. \tag{11.119}$$

Ist das Stoffgesetz für den Nennwärmefluß $\underset{\sim}{h}_0$ in $\overset{0}{\underset{\sim}{\nabla}}\Theta$ linearisierbar, also $\underset{\sim}{h}_0 = -\underset{\sim}{\Lambda}_0(\underset{\sim}{E}, \Theta)\cdot\overset{0}{\underset{\sim}{\nabla}}\Theta$, so approximieren wir es durch – man beachte (8.40) –

$$\underset{\sim}{h}_0 = -\underset{\sim}{\Lambda}_0 \cdot \overset{0}{\underset{\sim}{\nabla}}\Theta \text{ mit } \underset{\sim}{\Lambda}_0 \text{ konstant, positiv semidefinit.} \tag{11.120}$$

Insgesamt wird das thermoelastische Verhalten bei kleinen Konfigurations- und Temperaturschwankungen beschrieben durch die Gleichungen (11.115), (11.119), (11.120), die sich im isotropen Falle zu

$$\underset{\sim}{Z} = \frac{2\mu}{\varrho_0}\left[\underset{\sim}{E} + \frac{\nu}{1-2\nu}(\operatorname{tr}\underset{\sim}{E})\underset{\sim}{1} - \alpha(\Theta - \Theta_0)\frac{1+\nu}{1-2\nu}\underset{\sim}{1}\right], \tag{11.121}$$

$$q = \frac{2\mu}{\varrho_0}\frac{1+\nu}{1-2\nu}\alpha\Theta_0 \operatorname{tr}\dot{\underset{\sim}{E}} + c_G\dot{\Theta}, \tag{11.122}$$

$$\underset{\sim}{h}_0 = -\lambda_0 \overset{0}{\underset{\sim}{\nabla}}\Theta \tag{11.123}$$

vereinfachen und folgende Konstanten enthalten: Dichte in der Bezugskonfiguration $\varrho_0$, Bezugstemperatur $\Theta_0$, Schubmodul $\mu$, Querkontraktionszahl $\nu$, Temperaturdehnung $\alpha$, spezifische Wärme $c_G$ und Wärmeleitfähigkeit $\lambda_0$. Gleichung (11.121) läßt sich unter Beachtung von $\underset{\sim}{F}\cdot 2\underset{\sim}{E}\cdot\underset{\sim}{F}^T = \underset{\sim}{F}\cdot(\underset{\sim}{F}^T\underset{\sim}{F} - \underset{\sim}{1})\cdot\underset{\sim}{F}^T = \underset{\sim}{B}^2 - \underset{\sim}{B} = (\underset{\sim}{B} - \underset{\sim}{1})\underset{\sim}{B}$ und $\underset{\sim}{B} = \exp 2\underset{\sim}{H}$ umschreiben in

$$\begin{aligned}\underset{\sim}{P} = \underset{\sim}{F}\underset{\sim}{Z}\underset{\sim}{F}^T &= \frac{2\mu}{\varrho_0}\left[\frac{1}{2}(\underset{\sim}{B} - \underset{\sim}{1}) + \frac{\nu}{1-2\nu}\left\{\operatorname{tr}\frac{1}{2}(\underset{\sim}{B} - \underset{\sim}{1})\right\}\underset{\sim}{1} - \alpha(\Theta - \Theta_0)\frac{1+\nu}{1-2\nu}\underset{\sim}{1}\right]\cdot\underset{\sim}{B} \\ &= \frac{2\mu}{\varrho_0}\left[\underset{\sim}{H} + \frac{\nu}{1-2\nu}(\operatorname{tr}\underset{\sim}{H})\underset{\sim}{1} - \alpha(\Theta - \Theta_0)\frac{1+\nu}{1-2\nu}\underset{\sim}{1} + O(|\underset{\sim}{H}|^2)\right]\cdot[\underset{\sim}{1} + O(|\underset{\sim}{H}|)],\end{aligned} \tag{11.124}$$

wobei die Fehlerterme wieder vernachlässigt werden können.

Unter der zusätzlichen Annahme kleiner Verformungen (KV) wird aus den thermoelastischen Gleichungen

$$\underline{\underline{T}} = \mathbb{T}:[\mathrm{sym}(\underline{\nabla}\otimes\underline{u}) - (\Theta-\Theta_0)\underline{\underline{E}}_\Theta],$$

$$q = \frac{\Theta_0}{\varrho_0}\underline{\underline{E}}_\Theta:\mathbb{T}:\mathrm{sym}(\underline{\nabla}\otimes\dot{\underline{u}}) + c_G\dot{\Theta},$$

$$\underline{h} = -\underline{\underline{\Lambda}}_0\cdot\underline{\nabla}\Theta. \tag{11.125}$$

Setzt man das in die Bilanzen (6.151) mit (6.158) und (6.172) ein, so ergeben sich die linearen Differentialgleichungen der klassischen Thermoelastizität für die Felder $\underline{u}$ und $\Theta$. Im Inertialrahmen lauten sie im Falle des homogenen isotropen Körpers (es bedeutet hier: $\Delta = \underline{\nabla}\cdot\underline{\nabla}$):

$$\frac{\mu}{\varrho_0}\left[\Delta\underline{u} + \frac{1}{1-2\nu}\underline{\nabla}(\underline{\nabla}\cdot\underline{u}) - 2\frac{1+\nu}{1-2\nu}\alpha\underline{\nabla}\Theta\right] + \underline{b} - \ddot{\underline{u}} = 0, \tag{11.126}$$

$$\frac{\lambda_0}{\varrho_0}\Delta\Theta + r - \frac{2\mu}{\varrho_0}\frac{1+\nu}{1-2\nu}\alpha\Theta_0\underline{\nabla}\cdot\dot{\underline{u}} - c_G\dot{\Theta} = 0. \tag{11.127}$$

Bei den meisten Anwendungen zeigt die zahlenmäßige Abschätzung, daß in Gleichung (11.127) der vorletzte Summand gegenüber dem letzten vernachlässigt werden kann. In diesem Falle läßt sich das Temperaturfeld – sofern auch die Randbedingungen eine solche Entkoppelung erlauben – vorab berechnen und ist dann zur Ermittlung der Verschiebungen und der Spannungen als bekannt in (11.125) und (11.126) einzuführen. Siehe hierzu auch die Bücher von Parkus [11.3], [11.4] und Melan und Parkus [11.5].

Tabelle 11.2 gibt Auskunft über die Fundorte spezieller Formen der (thermo)-elastischen Stoffgleichungen.

**Tabelle 11.2.** Fundortnachweis für Sonderformen der (thermo-)elastischen Gleichungen

| A | In | O | Is | KG | H | KV | KT | M | Fundort |
|---|---|---|---|---|---|---|---|---|---|
| × | | | | | | | | | (8.37) bis (8.41) |
| | × | | | | | | | | (8.43) bis (8.55) |
| | | | | × | × | | | | (11.112), (11.113) |
| | | | × | × | × | | | | (11.114) |
| | | | | × | × | | × | | (11.115), (11.119), (11.120) |
| | | | × | × | × | | × | | (11.121) bis (11.123) |
| | | × | × | × | × | | × | | (11.124) |
| | | | | × | × | × | × | | (11.125) |
| | | | | | | | | × | (7.46), (7.47), (7.124) bis (7.128), (7.130), (7.195) |
| | × | | | | | | | × | (7.55) |
| | × | × | | | | | | × | (7.149) |
| | | | × | | | | | × | (7.137), (7.138), (7.140), (7.210), (7.212) |
| | | × | × | | | | | × | (7.131), (7.133), (7.201), (7.211) |
| | × | × | × | | | | | × | (7.162), (7.163) |
| | | | | × | | × | | × | (7.225) |
| | | | | × | × | × | | × | (7.226) |

## 11.4 Zur formalen Übertragbarkeit der rheologischen Modelle

Im Laufe der umfangreichen Untersuchungen der letzten Kapitel sind wir schließlich vielfach auf Stoffgleichungsstrukturen gestoßen, die denen der rheologischen Modelle aus dem 2. Kapitel formal ähnlich sehen. Einem vor allem an der Anwendung interessierten Leser drängt sich daher vielleicht die Frage auf, ob nicht ein formaler Ersatz der skalaren Variablen durch passende Operatoren einen raschen Übergang vom rheologischen Modell auf das Materialelement ermöglicht. Tatsächlich zeigt eine genaue Betrachtung folgendes:

Unter den Voraussetzungen M, KG, H (also im Rahmen einer rein mechanischen Theorie mit kleinen Gesamtverzerrungen und der Gültigkeit des Hookeschen Gesetzes für die elastischen Verformungen) lassen sich elementare Stoffgleichungen aus denen des rheologischen Modells gewinnen, indem man ersetzt $f \to \underset{\sim}{S}$, $f_j \to \underset{\sim}{S}_j$, $l \to \underset{\sim}{G}$, $l_0 \to \underset{\sim}{G}_0$, $\alpha_j \to \underset{\sim}{G}_j$ und die linearen Verknüpfungen zwischen diesen Größen durch Operatoren 4. Stufe vornimmt. Beispielsweise findet man die folgende Übertragung des komplexen viskoelastischen Modells VE, aus dem sich auch das Hooke-, Maxwell- und Kelvin-Modell als Spezialfälle ergeben:

$$
\begin{aligned}
& f = c(l - l_0) + \eta \dot{l} + \sum_{j=1}^{n} c_j (l - \alpha_j), \\
& \dot{\alpha}_j = \beta_j (l - \alpha_j) \\
& \Rightarrow \\
& \underset{\sim}{S} = \mathbb{S} : (\underset{\sim}{G} - \underset{\sim}{G}_0) + \mathbb{V} : \dot{\underset{\sim}{G}} + \sum_{j=1}^{n} \mathbb{S}_j : (\underset{\sim}{G} - \underset{\sim}{G}_j), \\
& \dot{\underset{\sim}{G}}_j = \mathbb{B}_j : (\underset{\sim}{G} - \underset{\sim}{G}_j).
\end{aligned}
\tag{11.128}
$$

Führt man eine Bezugsplazierung $\underset{\sim}{K}_0$ ein, so kann man genauso gut Kirchhoffsche Beanspruchungen $\underset{\sim}{Z}$ und Greensche Verzerrungen $\underset{\sim}{E}$ verwenden:

$$
\begin{aligned}
& \underset{\sim}{Z} = \hat{\mathbb{S}} : \underset{\sim}{E} + \hat{\mathbb{V}} : \dot{\underset{\sim}{E}} + \sum_{j=1}^{n} \hat{\mathbb{S}}_j : (\underset{\sim}{E} - \underset{\sim}{E}^j), \\
& \dot{\underset{\sim}{E}}^j = \hat{\mathbb{B}}_j : (\underset{\sim}{E} - \underset{\sim}{E}^j).
\end{aligned}
\tag{11.129}
$$

Unter der schärferen Annahme kleiner Verformungen (KV) wird daraus

$$
\begin{aligned}
& \underset{\sim}{T} = \hat{\hat{\mathbb{S}}} : \operatorname{sym}(\underset{\sim}{\nabla} \otimes \underset{\sim}{u}) + \hat{\mathbb{V}} : \operatorname{sym}(\underset{\sim}{\nabla} \otimes \dot{\underset{\sim}{u}}) + \sum_{j=1}^{n} \hat{\hat{\mathbb{S}}}_j : [\operatorname{sym}(\underset{\sim}{\nabla} \otimes \underset{\sim}{u}) - \underset{\sim}{E}^j], \\
& \dot{\underset{\sim}{E}}^j = \hat{\hat{\mathbb{B}}}_j : [\operatorname{sym}(\underset{\sim}{\nabla} \otimes \underset{\sim}{u}) - \underset{\sim}{E}^j].
\end{aligned}
\tag{11.130}
$$

Geht man umgekehrt von den – vielfach anzutreffenden – Gleichungen der Theorie kleiner Verformungen aus, so kann man die Annahme kleiner Drehungen fallen lassen, indem man $\underset{\sim}{T}$ durch die Kirchhoffsche Spannung $\varrho_0 \underset{\sim}{Z}$ und $\operatorname{sym}(\underset{\sim}{\nabla} \otimes \underset{\sim}{u})$ durch die Greensche Verzerrung $\underset{\sim}{E}$ ersetzt. Wenn auch die Verzerrungen nicht klein bleiben sollen, dann verlieren die so erhaltenen Formeln jedoch ihre Anwendbarkeit aus folgenden Gründen:

1. Das durch $\mathbb{S}$ dargestellte Hookesche Gesetz ist i.allg. nicht mehr gültig (siehe etwa den Fall der Flüssigkeit, wo der elastische Anteil von $\underset{\sim}{S}$ die Gestalt $-p(\upsilon)\upsilon\underset{\sim}{G}^{-1}$ besitzt).
2. Die Viskosität $\mathbb{V}$ muß von $\underset{\sim}{G}$ abhängig gemacht werden.
3. Bei den Maxwell-Komponenten ist die unechte Hintereinanderschaltung durch die echte zu ersetzen – zumindest dann, wenn es keine physikalisch ausgezeichnete feste Konfiguration $\underset{\sim}{G}_0$ gibt.

Im Sonderfall M, KE, H, Is (also im Rahmen einer mechanischen Theorie mit kleinen elastischen Verzerrungen, für die das Hookesche Gesetz gilt, und bei isotropem elastischen und inelastischen Verhalten) haben wir auch bei großen inelastischen Verzerrungen die folgende formale Übertragbarkeit der Gleichungen der rheologischen Modelle gefunden: $f \to \underset{\sim}{P}$, $l-l_0 \to \underset{\sim}{H}$, $l-\alpha_j \to \underset{\sim}{H}_j$, $\dot{l} \to \underset{\sim}{D}$, $\dot{\alpha}_j \to \underset{\sim}{D}_j$, $(l-\alpha_j)^{\boldsymbol{\cdot}} \to \overset{\circ}{\underset{\sim}{H}}_j$. (Bei der Übertragung der Gleichungen (10.138) ff. aus dem viskoplastischen Modell VP ist ferner zu setzen: $l-l_D \to \underset{\sim}{H}_D$.) Die linearen Zusammenhänge zwischen diesen Größen müssen isotrop sein – vgl. (7.81). Als Beispiel wieder die Gewinnung elementarer viskoelastischer Stoffgleichungen aus dem Modell VE (Dabei dürfen die Gestaltänderungen $\underset{\sim}{H}'$ groß, die elastisch wirksame Volumenänderung $\operatorname{tr}\underset{\sim}{H}$ muß dagegen klein sein.):

$$
\begin{aligned}
&\underset{\sim}{P} = \chi \underset{\sim}{1} \otimes \underset{\sim}{1} : \underset{\sim}{H} + (\varphi_0 \mathbb{1} + \chi_0 \underset{\sim}{1} \otimes \underset{\sim}{1}) : \underset{\sim}{D} + \sum_{j=1}^{n} (\varphi_j \mathbb{1} + \chi_j \underset{\sim}{1} \otimes \underset{\sim}{1}) : \underset{\sim}{H}_j, \\
&\overset{\circ}{\underset{\sim}{H}}_j = \underset{\sim}{D} - \underset{\sim}{D}_j, \\
&\underset{\sim}{D}_j = (\bar{\varphi}_j \mathbb{1} + \bar{\chi}_j \underset{\sim}{1} \otimes \underset{\sim}{1}) : \underset{\sim}{H}_j.
\end{aligned}
\tag{11.131}
$$

Damit sind die Möglichkeiten der formalen Übertragbarkeit ausgeschöpft. Bei großen elastischen Verzerrungen sowie bei großen inelastischen Verzerrungen und anisotropem inelastischen Verhalten besitzen selbst die einfachsten Ansätze kaum Ähnlichkeiten mit den Gleichungen der rheologischen Modelle, wie vor allem der Beginn des 9. Kapitels zeigt. Deswegen wurden in diesem Buch nicht die formalen Gleichungen, sondern der physikalische Grundgedanke des jeweiligen rheologischen Modells übertragen. Eine formale Vereinfachung der Gleichungsstrukturen ergab sich anschließend durch eine Einschränkung des Anwendungsbereichs. Der oft gehörte Einwand, die rheologischen Modelle seien nicht hinreichend verallgemeinerungsfähig, wird durch unsere Ergebnisse widerlegt. Allerdings führt nicht ein einfacher formaler Weg, sondern nur das Verfolgen der Gedankengänge der Kapitel 9 bis 11 zum Ziel.

## 11.5 Inkrementelle Nichtlinearität

Die Beanspruchung eines thermomechanischen Materialelements mit endlich vielen inneren Zustandsvariablen läßt sich nach (11.1) bei Gültigkeit der Potentialbeziehungen (11.4) und unter Beachtung von $\psi = \omega/\lambda$ darstellen als

$$
\underset{\sim}{S} = \underset{\sim}{S}(\underset{\sim}{G}, \lambda, \underset{\sim}{\alpha}) = 2 \frac{\partial \psi}{\partial \underset{\sim}{G}} (\underset{\sim}{G}, \lambda, \underset{\sim}{\alpha}). \tag{11.132}
$$

Ist die Funktion $\psi$ zweimal differenzierbar und genügen die inneren Variablen einer inkrementellen Entwicklungsgleichung

$$\dot{\underset{\sim}{\alpha}} = \underset{\sim}{\mathfrak{a}}(\underset{\sim}{G}, \lambda, \hat{\underset{\sim}{\nabla}}\lambda, \underset{\sim}{\alpha}, \dot{\underset{\sim}{G}}, \dot{\lambda}, \hat{\underset{\sim}{\nabla}}\dot{\lambda}), \tag{11.133}$$

dann existiert folgende „inkrementelle Stoffgleichung“:

$$\begin{aligned}\dot{\underset{\sim}{S}} &= \frac{\partial \underset{\sim}{S}}{\partial \underset{\sim}{G}} : \dot{\underset{\sim}{G}} + \frac{\partial \underset{\sim}{S}}{\partial \lambda}\dot{\lambda} + \frac{\partial \underset{\sim}{S}}{\partial \underset{\sim}{\alpha}} \cdot \underset{\sim}{\mathfrak{a}} \\ &= \underset{\sim}{\mathfrak{S}}(\underset{\sim}{G}, \lambda, \hat{\underset{\sim}{\nabla}}\lambda, \underset{\sim}{\alpha}, \dot{\underset{\sim}{G}}, \dot{\lambda}, \hat{\underset{\sim}{\nabla}}\dot{\lambda}).\end{aligned} \tag{11.134}$$

Übersichtliche Zusammenhänge ergeben sich, falls die Entwicklungsgleichung die spezielle Gestalt (11.6) besitzt, also

$$\dot{\underset{\sim}{\alpha}} = \underset{\sim}{\mathfrak{a}}(\underset{\sim}{G}, \lambda, \hat{\underset{\sim}{\nabla}}\lambda, \underset{\sim}{\alpha}) \tag{11.135}$$

lautet. Dann hat die inkrementelle Stoffgleichung – wenn $\Theta = 1/\lambda$ als Variable verwendet wird – die Form

$$\dot{\underset{\sim}{S}} = \mathbb{S}_{is} : \dot{\underset{\sim}{G}} + \underset{\sim}{S}_{\Theta}\dot{\Theta} + \underset{\sim}{R}_s \tag{11.136}$$

mit der symmetrischen (isothermen) Steifigkeit

$$\mathbb{S}_{is} = \frac{\partial \underset{\sim}{S}}{\partial \underset{\sim}{G}} = 2\frac{\partial^2 \psi}{\partial \underset{\sim}{G}^2}(\underset{\sim}{G}, \Theta, \underset{\sim}{\alpha}), \tag{11.137}$$

der Temperaturbeanspruchung

$$\underset{\sim}{S}_{\Theta} = \frac{\partial \underset{\sim}{S}}{\partial \Theta} = 2\frac{\partial^2 \psi}{\partial \underset{\sim}{G} \partial \Theta}(\underset{\sim}{G}, \Theta, \underset{\sim}{\alpha}) \tag{11.138}$$

und dem Relaxationsanteil

$$\underset{\sim}{R}_s = \frac{\partial \underset{\sim}{S}}{\partial \underset{\sim}{\alpha}} \cdot \underset{\sim}{\mathfrak{a}} = \underset{\sim}{R}_s(\underset{\sim}{G}, \Theta, \hat{\underset{\sim}{\nabla}}\Theta, \underset{\sim}{\alpha}). \tag{11.139}$$

Letzterer hängt nur vom aktuellen Zustand und nicht von der Prozeßfortsetzung $\dot{\underset{\sim}{G}}, \dot{\lambda}, \hat{\underset{\sim}{\nabla}}\dot{\lambda}$ ab. Sein Auftreten unterscheidet die Struktur der inkrementellen Stoffgleichung (11.136) von der des elastischen Materials gemäß (8.43).

Falls $\underset{\sim}{\alpha} = \underset{\sim}{S}$ als einzige innere Zustandsvariable gewählt werden kann, genügt (11.136) zur Ermittlung des zeitlichen Verlaufs von $\underset{\sim}{S}$ bei vorgegebenem Verlauf von $\underset{\sim}{G}$, $\lambda$ und $\hat{\underset{\sim}{\nabla}}\lambda$. Doch sei an dieser Stelle einmal mehr davor gewarnt, eine inkrementelle Stoffgleichung des Typs (11.136) – sog. rate type equation – ad hoc einzuführen, sofern $\mathbb{S}_{is}$, $\underset{\sim}{S}_{\Theta}$ und $\underset{\sim}{R}_s$ sich nicht gemäß (11.137) bis (11.139) aus Funktionen $\psi$ und $\underset{\sim}{\mathfrak{a}}$ herleiten. Bei raschen Verformungs- und Temperaturkreisprozessen, die ja rein elastisch verlaufen müssen, kann es sonst beispielsweise vorkommen, daß weder die Beanspruchung $\underset{\sim}{S}$ ihren Ausgangswert wieder erreicht (fehlende Integrabilität) noch die geleistete Arbeit gleich Null ist (fehlende Passivität).

Das wichtigste Beispiel für die Gültigkeit der Entwicklungsgleichung (11.135) erhalten wir, wenn wir die Gleichungen (11.75) bis (11.78) wie folgt spezialisieren:

$$\begin{aligned} &\underset{\sim}{S}_v \equiv 0 \\ &\dot{\varkappa}_0 = k_0(\underset{\sim}{G},\lambda,\hat{\underset{\sim}{\nabla}}\lambda,\varkappa_0) \\ &\left.\begin{aligned} &\underset{\sim}{A}_j^{-1}\dot{\underset{\sim}{A}}_j = \mathfrak{A}_j(\underset{\sim}{G},\lambda,\hat{\underset{\sim}{\nabla}}\lambda,\underset{\sim}{A}_j,\varkappa_j) \\ &\dot{\varkappa}_j = k_j(\underset{\sim}{G},\lambda,\hat{\underset{\sim}{\nabla}}\lambda,\underset{\sim}{A}_j,\varkappa_j) \end{aligned}\right\} j=1,\ldots,n. \end{aligned} \tag{11.140}$$

Damit wird sehr allgemeines viskoelastisches Verhalten beschrieben. Aber auch einfache Fälle von Viskoplastizität sind enthalten: Man denke sich im rheologischen Modell von Bild 2.4 noch Trockenreibungselemente parallel zu den Dämpfern geschaltet.

Der Übergang auf objektive Tensoren kann mittels (7.143) geschehen. Aus (11.136) wird

$$\overset{\Delta}{\underset{\sim}{Z}} = \mathbb{C}_{is}:\underset{\sim}{D} + \underset{\sim}{Z}_\Theta\dot{\Theta} + \underset{\sim}{R} \tag{11.141}$$

mit der durch

$$\mathbb{C}_{is}(\underset{\sim}{K},\Theta,\underset{\sim}{\alpha}):\underset{\sim}{D} := \underset{\sim}{K}\cdot(\mathbb{S}_{is}:2\underset{\sim}{K}^*\underset{\sim}{D}\underset{\sim}{K})\cdot\underset{\sim}{K}^* \tag{11.142}$$

definierten symmetrischen Tetrade und den symmetrischen Tensoren

$$\underset{\sim}{Z}_\Theta := \underset{\sim}{K}\underset{\sim}{S}_\Theta\underset{\sim}{K}^* = \underset{\sim}{Z}_\Theta(\underset{\sim}{K},\Theta,\underset{\sim}{\alpha}),\ \underset{\sim}{R} := \underset{\sim}{K}\underset{\sim}{R}_s\underset{\sim}{K}^* = \underset{\sim}{R}(\underset{\sim}{K},\Theta,\hat{\underset{\sim}{\nabla}}\Theta,\underset{\sim}{\alpha}). \tag{11.143}$$

(Daß $\underset{\sim}{R}$ in anderem Zusammenhang zur Kennzeichnung eines Versors benutzt wurde, dürfte wohl nicht zu Verwechslungen führen.)

Bei Beschränkung auf den isothermen Fall bzw. die mechanische Theorie vereinfacht sich (11.141) zu

$$\overset{\Delta}{\underset{\sim}{Z}} = \mathbb{C}:\underset{\sim}{D} + \underset{\sim}{R}. \tag{11.144}$$

Als Beispiel betrachten wir die inkrementelle Stoffgleichung (9.159), beschränken uns auf Maxwell- und Bingham-Materialien – bei denen $\delta(\underset{\sim}{H}_e,\underset{\sim}{D})$ sich auf $\delta(\underset{\sim}{H}_e)$ reduziert – und finden unter Beachtung von (7.147)

$$\begin{aligned} \overset{\Delta}{\underset{\sim}{Z}} &= -\underset{\sim}{P}(\underset{\sim}{H}_e)\cdot\underset{\sim}{D} - \underset{\sim}{D}\cdot\underset{\sim}{P}(\underset{\sim}{H}_e) + \\ &\quad + \frac{\partial\underset{\sim}{P}}{\partial\underset{\sim}{H}_e}(\underset{\sim}{H}_e):\mathbb{D}(\underset{\sim}{H}_e):\underset{\sim}{D} - \frac{\partial\underset{\sim}{P}}{\partial\underset{\sim}{H}_e}(\underset{\sim}{H}_e):\underset{\sim}{N}(\underset{\sim}{H}_e)\delta(\underset{\sim}{H}_e) \\ &= \mathbb{C}(\underset{\sim}{H}_e):\underset{\sim}{D} + \underset{\sim}{R}(\underset{\sim}{H}_e), \end{aligned} \tag{11.145}$$

woraus die Steifigkeit $\mathbb{C}$ und der Relaxationsterm $\underset{\sim}{R}$ sich ablesen lassen. Im vorliegenden Falle isotropen elastischen und inelastischen Verhaltens sind beide allein von $\underset{\sim}{H}_e$ abhängig.

Verschwindet der Relaxationsterm in (11.144), dann ist $\overset{\Delta}{\underset{\sim}{Z}}$ eine lineare Funktion von $\underset{\sim}{D}$ (und damit $\dot{\underset{\sim}{S}}$ eine lineare Funktion von $\dot{\underset{\sim}{G}}$), und wir nennen das (isotherme) Verhalten inkrementell linear. Ist $\underset{\sim}{R} \neq 0$, dann wollen wir das Verhalten pseudolinear nennen.

Bei allen plastischen und den meisten viskoplastischen Materialien reduziert sich (11.134) nicht auf die einfache Darstellung (11.136) mit (11.139), da die Entwicklungsgleichung für die inneren Variablen nicht die Gestalt (11.135), sondern die allgemeinere Gestalt (11.133) besitzt. So ist etwa beim isotropen Prandtl-Material mit Fließregel gemäß (9.159) und (9.112)

$$\overset{\Delta}{\underset{\sim}{Z}} = -\underset{\sim}{P}(\underset{\sim}{H}_e)\cdot\underset{\sim}{D} - \underset{\sim}{D}\cdot\underset{\sim}{P}(\underset{\sim}{H}_e) + \frac{\partial \underset{\sim}{P}}{\partial \underset{\sim}{H}_e}(\underset{\sim}{H}_e):\mathbb{D}(\underset{\sim}{H}_e):\underset{\sim}{D} -$$

$$- \frac{\beta(\underset{\sim}{H}_e,\vec{\underset{\sim}{D}})}{\partial f/\partial \underset{\sim}{H}_e(\underset{\sim}{H}_e):\underset{\sim}{N}(\underset{\sim}{H}_e)} \frac{\partial \underset{\sim}{P}}{\partial \underset{\sim}{H}_e}(\underset{\sim}{H}_e):\underset{\sim}{N}(\underset{\sim}{H}_e)\frac{\partial f}{\partial \underset{\sim}{H}_e}(\underset{\sim}{H}_e):\underset{\sim}{D}$$

$$\text{mit } \beta(\underset{\sim}{H}_e,\vec{\underset{\sim}{D}}) = \begin{cases} 1, & \text{wenn } f(\underset{\sim}{H}_e)=0 \text{ und } \dfrac{\partial f}{\partial \underset{\sim}{H}_e}(\underset{\sim}{H}_e):\vec{\underset{\sim}{D}} > 0, \\ 0 & \text{sonst,} \end{cases} \tag{11.146}$$

oder kurz

$$\overset{\Delta}{\underset{\sim}{Z}} = \left\{\mathbb{C}_e(\underset{\sim}{H}_e) - \beta(\underset{\sim}{H}_e,\vec{\underset{\sim}{D}})\underset{\sim}{M}(\underset{\sim}{H}_e)\otimes\frac{\partial f}{\partial \underset{\sim}{H}_e}(\underset{\sim}{H}_e)\right\}:\underset{\sim}{D}. \tag{11.147}$$

Beim viskoplastischen Material der Gleichungen (10.126) bis (10.134) findet man folgende Struktur

$$\overset{\Delta}{\underset{\sim}{Z}} = \mathbb{C}(\underset{\sim}{C}_1,\underset{\sim}{C}_2):\underset{\sim}{D} + \underset{\sim}{R}(\underset{\sim}{C}_1,\underset{\sim}{C}_2) +$$

$$+ \beta(\underset{\sim}{C}_1,\underset{\sim}{C}_2,\underset{\sim}{D})\underset{\sim}{M}(\underset{\sim}{C}_1,\underset{\sim}{C}_2)\{\underset{\sim}{F}(\underset{\sim}{C}_1,\underset{\sim}{C}_2):\underset{\sim}{D} + g(\underset{\sim}{C}_1,\underset{\sim}{C}_2)\}$$

$$\text{mit } \beta(\underset{\sim}{C}_1,\underset{\sim}{C}_2,\underset{\sim}{D}) = \begin{cases} 1, & \text{wenn } f(\underset{\sim}{C}_1,\underset{\sim}{C}_2)=0 \\ & \text{und } \underset{\sim}{F}(\underset{\sim}{C}_1,\underset{\sim}{C}_2):\underset{\sim}{D} + g(\underset{\sim}{C}_1,\underset{\sim}{C}_2) > 0, \\ 0 & \text{sonst,} \end{cases} \tag{11.148}$$

wobei die Gestalt der von $\underset{\sim}{C}_1,\underset{\sim}{C}_2$ abhängigen Größen $\mathbb{C},\underset{\sim}{R},\underset{\sim}{M},\underset{\sim}{F},g$ uns hier nicht im einzelnen interessiert. Das läßt sich umschreiben in

$$\overset{\Delta}{\underset{\sim}{Z}} = \{\mathbb{C}(\underset{\sim}{C}_1,\underset{\sim}{C}_2) + \beta(\underset{\sim}{C}_1,\underset{\sim}{C}_2,\underset{\sim}{D})\underset{\sim}{M}(\underset{\sim}{C}_1,\underset{\sim}{C}_2)\otimes\underset{\sim}{F}(\underset{\sim}{C}_1,\underset{\sim}{C}_2)\}:\underset{\sim}{D}$$

$$+ \{\underset{\sim}{R}(\underset{\sim}{C}_1,\underset{\sim}{C}_2) + \beta(\underset{\sim}{C}_1,\underset{\sim}{C}_2,\underset{\sim}{D})g(\underset{\sim}{C}_1,\underset{\sim}{C}_2)\underset{\sim}{M}(\underset{\sim}{C}_1,\underset{\sim}{C}_2)\}. \tag{11.149}$$

Ist die Fließbedingung $f=0$ nicht erfüllt, dann ist $\beta=0$, und das Verhalten des Prandtl-Materials ist inkrementell linear (elastischer Bereich), das des obigen viskoplastischen Materials dagegen pseudolinear (viskoelastischer Bereich). An der Fließgrenze $f=0$ kann $\beta$ die Werte 1 oder 0 annehmen, d.h., Belastung und Entlastung sind durch zwei unterschiedliche inkrementell lineare bzw. pseudolineare Zusammenhänge gekennzeichnet. Insgesamt ist daher das Verhalten an der Fließgrenze nicht inkrementell linear bzw. pseudolinear, denn $\beta$ hängt selbst von $\underset{\sim}{D}$ ab. Man könnte in diesem Falle von bilinearem bzw. bi-pseudolinearem Verhalten sprechen.

Grundsätzlich läßt die Struktur (11.134) im isothermen Falle noch allgemeinere Zusammenhänge zwischen $\dot{\underset{\sim}{S}}$ und $\dot{\underset{\sim}{G}}$ und damit zwischen $\overset{\Delta}{\underset{\sim}{Z}}$ und $\underset{\sim}{D}$ zu. Wir schreiben sie als

$$\overset{\Delta}{\underset{\sim}{Z}} = \underset{\sim}{\mathfrak{Z}}(\underset{\sim}{K}, \underset{\sim}{\alpha}, \underset{\sim}{D}) \tag{11.150}$$

und wollen sie am Beispiel der plastischen Materialien studieren. Da diese definitionsgemäß geschwindigkeitsunabhängig sind, muß gelten

$$\underset{\sim}{\mathfrak{Z}}(\underset{\sim}{K}, \underset{\sim}{\alpha}, \xi\underset{\sim}{D}) = \xi\underset{\sim}{\mathfrak{Z}}(\underset{\sim}{K}, \underset{\sim}{\alpha}, \underset{\sim}{D}) \text{ für alle } \xi > 0. \tag{11.151}$$

Wählt man $\xi = |\underset{\sim}{D}|^{-1}$, so findet man

$$\overset{\Delta}{\underset{\sim}{Z}} = \underset{\sim}{\mathfrak{Z}}(\underset{\sim}{K}, \underset{\sim}{\alpha}, \underset{\sim}{D}) = \underset{\sim}{\mathfrak{Z}}(\underset{\sim}{K}, \underset{\sim}{\alpha}, \vec{\underset{\sim}{D}})|\underset{\sim}{D}|, \tag{11.152}$$

und das ist auch noch für $\underset{\sim}{D} = 0$ richtig, wobei $\vec{\underset{\sim}{D}}$ beliebig sein darf. Bildet man das Fréchet-Differential an der Stelle $\underset{\sim}{D}$, so erhält man

$$\begin{aligned} \delta\overset{\Delta}{\underset{\sim}{Z}} &= \partial\overset{\Delta}{\underset{\sim}{Z}}/\partial\underset{\sim}{D}:\delta\underset{\sim}{D} = \partial\overset{\Delta}{\underset{\sim}{Z}}/\partial\underset{\sim}{D}:\delta(\vec{\underset{\sim}{D}}|\underset{\sim}{D}|) \\ &= \partial\overset{\Delta}{\underset{\sim}{Z}}/\partial\underset{\sim}{D}:\delta\vec{\underset{\sim}{D}}|\underset{\sim}{D}| + \partial\overset{\Delta}{\underset{\sim}{Z}}/\partial\underset{\sim}{D}:\vec{\underset{\sim}{D}}\,\delta|\underset{\sim}{D}| \\ &= \frac{\partial\underset{\sim}{\mathfrak{Z}}(\underset{\sim}{K}, \underset{\sim}{\alpha}, \vec{\underset{\sim}{D}})}{\partial\vec{\underset{\sim}{D}}}:\delta\vec{\underset{\sim}{D}}|\underset{\sim}{D}| + \underset{\sim}{\mathfrak{Z}}(\underset{\sim}{K}, \underset{\sim}{\alpha}, \vec{\underset{\sim}{D}})\delta|\underset{\sim}{D}|, \end{aligned} \tag{11.153}$$

also

$$\partial\overset{\Delta}{\underset{\sim}{Z}}/\partial\underset{\sim}{D}:\vec{\underset{\sim}{D}} = \underset{\sim}{\mathfrak{Z}}(\underset{\sim}{K}, \underset{\sim}{\alpha}, \vec{\underset{\sim}{D}}) \Rightarrow \partial\overset{\Delta}{\underset{\sim}{Z}}/\partial\underset{\sim}{D}:\underset{\sim}{D} = \underset{\sim}{\mathfrak{Z}}(\underset{\sim}{K}, \underset{\sim}{\alpha}, \vec{\underset{\sim}{D}})|\underset{\sim}{D}| = \overset{\Delta}{\underset{\sim}{Z}}. \tag{11.154}$$

Schreiben wir die Fréchet-Ableitung – auch tangentiale Steifigkeit genannt – als

$$\mathbb{C}(\underset{\sim}{K}, \underset{\sim}{\alpha}, \vec{\underset{\sim}{D}}) := \partial\overset{\Delta}{\underset{\sim}{Z}}/\partial\underset{\sim}{D}, \tag{11.155}$$

so läßt die inkrementelle (isotherme) Stoffgleichung eines plastischen Materials sich darstellen als

$$\overset{\Delta}{\underset{\sim}{Z}} = \mathbb{C}(\underset{\sim}{K}, \underset{\sim}{\alpha}, \vec{\underset{\sim}{D}}):\underset{\sim}{D}. \tag{11.156}$$

Ist $\mathbb{C}$ speziell von $\vec{\underset{\sim}{D}}$ unabhängig, dann ergibt sich inkrementell lineares Verhalten. (Ein Relaxationsterm wie im pseudolinearen Fall tritt natürlich nicht auf.) Ein einfaches Beispiel für den inkrementell nichtlinearen Fall bietet (11.147). Da $\beta$ im Falle $f = 0$ eine unstetige Funktion von $\vec{\underset{\sim}{D}}$ ist, existiert die Fréchet-Ableitung nur für diejenigen $\underset{\sim}{D}$, welche

$$\frac{\partial f}{\partial\underset{\sim}{H}_e}:\vec{\underset{\sim}{D}} \neq 0 \tag{11.157}$$

erfüllen. Man erhält

$$\mathbb{C}(\underset{\sim}{K}, \underset{\sim}{\alpha}, \vec{\underset{\sim}{D}}) = \mathbb{C}_e(\underset{\sim}{H}_e) - \beta(\underset{\sim}{H}_e, \vec{\underset{\sim}{D}})\underset{\sim}{M}(\underset{\sim}{H}_e) \otimes \frac{\partial f}{\partial\underset{\sim}{H}_e}(\underset{\sim}{H}_e). \tag{11.158}$$

Die Formel (11.156) ist dennoch für alle $\underset{\sim}{D}$ anwendbar, denn wenn die Ungleichung (11.157) nicht erfüllt ist, liefert der mit $\beta$ behaftete Term keinen Beitrag zu $\overset{\Delta}{\underset{\sim}{Z}}$.

Während die elastische Steifigkeit $\mathbb{C}_e$ aufgrund der Potentialbeziehung (11.132) symmetrisch ist, gilt das gleiche für die tangentiale Steifigkeit zunächst nur für jene $\vec{\underset{\sim}{D}}$, welche $\beta=0$ ergeben (Entlastung), im Falle der Belastung ($\beta=1$) dagegen nur dann, wenn die Symmetriebedingung

$$\underset{\sim}{M}\otimes\frac{\partial f}{\partial \underset{\sim}{H}_e}=\frac{\partial f}{\partial \underset{\sim}{H}_e}\otimes\underset{\sim}{M}\Leftrightarrow\underset{\sim}{M}=\xi\frac{\partial f}{\partial \underset{\sim}{H}_e}=\xi\frac{\partial f}{\partial \underset{\sim}{P}}:\frac{\partial \underset{\sim}{P}}{\partial \underset{\sim}{H}_e}\text{ mit } \xi \text{ reell} \tag{11.159}$$

erfüllt ist, also nach (11.146) und (11.147) gilt

$$\underset{\sim}{N}(\underset{\sim}{H}_e)=\bar{\xi}\frac{\partial f}{\partial \underset{\sim}{P}}\text{ mit } \bar{\xi} \text{ reell.} \tag{11.160}$$

In diesem Falle genügt die Richtung $\underset{\sim}{N}=\overrightarrow{\underset{\sim}{D}_i}$ der inelastischen Verzerrungsgeschwindigkeit der sogenannten „Normalitätsregel“: Sie steht senkrecht auf der Fließfläche $f=0$ im Beanspruchungsraum. Die als Funktion der Beanspruchung $\underset{\sim}{P}$ geschriebene Fließfunktion f spielt daher die Rolle des sogenannten „plastischen Potentials“, weil aus ihr (bis auf das Vorzeichen) die Richtung der inelastischen Verformung durch Differentiation gewonnen werden kann. Weitere Ausführungen zur Symmetrie der Steifigkeit finden sich in Abschnitt 7.8, ein Zusammenhang mit Stabilitätsfragen wird in Abschnitt 12.10 hergestellt.

Auch der endochrone Ansatz beschreibt plastisches Verhalten. Setzen wir beispielsweise (9.136) in (9.159) ein, so finden wir

$$\begin{aligned}\overset{\Delta}{\underset{\sim}{Z}}&=-\underset{\sim}{P}(\underset{\sim}{H}_e)\cdot\underset{\sim}{D}-\underset{\sim}{D}\cdot\underset{\sim}{P}(\underset{\sim}{H}_e)+\frac{\partial \underset{\sim}{P}}{\partial \underset{\sim}{H}_e}(\underset{\sim}{H}_e):\mathbb{D}(\underset{\sim}{H}_e):\underset{\sim}{D}-\\&-\frac{\partial \underset{\sim}{P}}{\partial \underset{\sim}{H}_e}(\underset{\sim}{H}_e):\underset{\sim}{N}(\underset{\sim}{H}_e)\hat{\delta}(|\underset{\sim}{H}_e'|)|\underset{\sim}{D}'|\\&=:\mathbb{C}_e(\underset{\sim}{H}_e):\underset{\sim}{D}-\underset{\sim}{M}(\underset{\sim}{H}_e)|\underset{\sim}{D}'|,\end{aligned} \tag{11.161}$$

und daraus ergibt sich wegen

$$\delta|\underset{\sim}{D}'|=\overrightarrow{\underset{\sim}{D}'}:\delta\underset{\sim}{D},\ \overrightarrow{\underset{\sim}{D}'}=\overrightarrow{(\vec{\underset{\sim}{D}}')} \tag{11.162}$$

die tangentiale Steifigkeit zu

$$\mathbb{C}(\underset{\sim}{H}_e,\vec{\underset{\sim}{D}})=\mathbb{C}_e(\underset{\sim}{H}_e)-\underset{\sim}{M}(\underset{\sim}{H}_e)\otimes\overrightarrow{(\vec{\underset{\sim}{D}}')}\,. \tag{11.163}$$

Sie ist unstetig, wo $\vec{\underset{\sim}{D}}'=0$ gilt, doch ist die Formel (11.156) dennoch für alle $\underset{\sim}{D}$ anwendbar. Die Steifigkeit $\mathbb{C}$ kann nur symmetrisch sein, wenn $\underset{\sim}{M}$ ein Deviator ist und auch dann nur für solche $\vec{\underset{\sim}{D}}$, deren Deviator zu $\underset{\sim}{M}$ proportional ist.

Es ist ein naheliegender Gedanke, das inkrementelle Verhalten in Experimenten bestimmen und von daher das Material beschreiben zu wollen. Dieser Weg führt aber nicht so einfach zum Ziel: Er würde bedeuten, Formel (11.134) rückwärts zu lesen und aus der Funktion $\underset{\sim}{\mathfrak{S}}$ die Funktionen $\underset{\sim}{S}$ und $\underset{\sim}{a}$ gemäß (11.132) und (11.133) zu erschließen. Dazu müßte mindestens $\mathfrak{G}$ als Funktion aller Argumente bekannt sein, d.h., man müßte zuvor wissen, welches die inneren Zustandsvariablen $\underset{\sim}{\alpha}$ sind und welche Werte sie bei jedem Experiment annehmen. Selbst wenn das gelingt, verbleiben Schwierigkeiten. Betrachten wir etwa den isothermen Fall und nehmen an, das Verhalten sei isotrop und der innere Zustand durch Angabe der aktuellen Beanspruchung $\underset{\sim}{P}$ – welche einer Messung zugänglich ist – zu beschreiben. Wir unterstellen also ein inkrementelles Stoffgesetz der Form

$$\overset{\circ}{\underset{\sim}{P}} = \mathfrak{P}(\underset{\sim}{P}, \underset{\sim}{D}). \tag{11.164}$$

Nehmen wir an, die Experimente zeigen für jeden Wert von $\underset{\sim}{P}$ inkrementell lineares Verhalten, also

$$\overset{\circ}{\underset{\sim}{P}} = \mathbb{H}(\underset{\sim}{P}):\underset{\sim}{D}. \tag{11.165}$$

Nun gibt es zwei Möglichkeiten:

1. Es existiert eine Funktion $\underset{\sim}{H}(\underset{\sim}{P})$ so, daß gilt

$$\mathbb{H}(P) = \left\{\frac{\partial \underset{\sim}{H}}{\partial \underset{\sim}{P}}(\underset{\sim}{P})\right\}^{-1}:\mathbb{D}(\underset{\sim}{H}(\underset{\sim}{P})). \tag{11.166}$$

   Dann liegt gemäß (7.160) bis (7.163) ein isotropes elastisches Material vor, $\underset{\sim}{H}$ ist die zu $\underset{\sim}{P}$ gehörige logarithmische Verzerrung, und Passivität ist gesichert, wenn die Tetrade $\mathbb{H}$ symmetrisch ist.
2. Eine Funktion $\underset{\sim}{H}(\underset{\sim}{P})$ läßt sich nicht finden. Das Materialverhalten kann dann nicht elastisch sein. Nehmen wir jedoch an, es sei reversibel. Das muß der Fall sein, wenn die Lösung der Differentialgleichung (11.165) eindeutig ist, also sicher dann, wenn $\partial\mathbb{H}/\partial\underset{\sim}{P}$ für alle $\underset{\sim}{P}$ endlich bleibt (verschärfte Lipschitz-Bedingung). Da nun das Materialverhalten nicht elastisch ist, gibt es Verformungskreisprozesse, die in reversibler Weise den Wert der Spannung ändern. Ein solches Verhalten scheint bei realen Materialien nicht vorzukommen. Auch die Passivität eines solchen Materials ist nicht mehr durch die Symmetrie von $\mathbb{H}$ zu gewährleisten.

Truesdell [11.6] hat eine inkrementelle Stoffgleichung des Typs (11.165) erstmals zur Diskussion gestellt und das durch sie beschriebene Verhalten als hypoelastisch bezeichnet. (Er verwendete allerdings $\underset{\sim}{T} = \varrho\underset{\sim}{P}$ statt $\underset{\sim}{P}$). Ob nun zu einer Vorgabe $\mathbb{H}(\underset{\sim}{P})$ elastisches oder reversibles nicht-elastisches Verhalten gehört, ist nur zu klären, indem man die Funktion $\underset{\sim}{H}(\underset{\sim}{P})$ gemäß (11.166) aufsucht oder – ebenso mühsam – die zugehörigen Integrabilitätsbedingungen aufstellt (siehe Truesdell und Noll [0.1], Kap. 100).

Bestimmt man die Funktion $\mathbb{H}(\underset{\sim}{P})$ experimentell, dann kann man sicher sein, daß sie aufgrund von Meßungenauigkeiten weder den Erfordernissen der Elastizität noch der Passivität genügt und das inkrementelle Stoffgesetz (11.165) daher physikalisch höchst zweifelhafte Resultate liefern wird.

Bei dem allgemeineren Ansatz (11.164) wäre entsprechend die Darstellungsmöglichkeit gemäß (9.155) unter Beachtung der Passivitätsforderungen (9.95) und (9.84) heranzuziehen. Man erkennt aus dem Gesagten wohl deutlich, daß die inkrementelle Stoffgleichung selbst in den einfachsten Fällen kein günstiger Ausgangspunkt zur Ermittlung der maßgebenden Materialfunktionen ist.

## 11.6 Starrplastische Materialmodelle

Idealisiert man das Prandtl- und Bingham-Modell derart, daß man die Nachgiebigkeit der elastischen Feder nach Null schickt, so ergibt sich das starrplastische bzw. starrviskoplastische Modell (Bild 11.2).

Das Prinzip des Determinismus in seiner ursprünglichen Fassung gilt nicht mehr, denn im Ruhezustand ($\dot{l}=0$) ist die Kraft f nur durch eine Ungleichung ($|f| \leqq y$) festgelegt. Im starrviskoplastischen Falle schafft – wie man sieht – eine Vertauschung der Variablen Abhilfe: Bei Kenntnis des zeitlichen Kraftverlaufs läßt sich der Verformungsverlauf ermitteln. Schwieriger liegt der starrplastische Fall, denn dort ist $|\dot{l}|$ durch den Kraftverlauf nicht festgelegt. Die Idealisierung bringt also eher Probleme als Vorteile. Da sie jedoch vielfach verwendet wird, soll sie kurz betrachtet werden. Dabei beschränken wir uns auf den starrplastischen Fall.

In Übertragung der am Modell festgestellten Sachverhalte auf das Kontinuum läßt sich ein starrplastisches Materialelement folgendermaßen kennzeichnen:

1. Im Ruhezustand ist die Beanspruchung nicht eindeutig festgelegt, sondern genügt einer Ungleichung:

$$f(\underset{\sim}{S},\underset{\sim}{G},\underset{\sim}{\alpha}) \leqq 0, \text{ wenn } \dot{\underset{\sim}{G}}=0. \tag{11.167}$$

   Ist ein zusammenhängender Teil des ganzen Körpers in Ruhe, so existieren unendlich viele Spannungsverteilungen, die an den einzelnen Materialelementen den jeweiligen Ungleichungen (11.167) genügen und ferner die Kraftgleichgewichtsbedingung erfüllen. (Im allgemeinen liegt daher die Spannungsverteilung in diesem Teil des Körpers – ähnlich wie beim starren Körper – nicht eindeutig fest.)

2. Im Falle der Bewegung genügt die Beanspruchung der Gleichung (Fließbedingung):

$$f(\underset{\sim}{S},\underset{\sim}{G},\underset{\sim}{\alpha}) = 0, \text{ wenn } \dot{\underset{\sim}{G}} \neq 0. \tag{11.168}$$

3. Für die inneren Zustandsvariablen $\underset{\sim}{\alpha}$ sind Entwicklungsgleichungen anzugeben.
4. Es bleibt zu untersuchen, welche mit (11.168) verträgliche Beanspruchung $\underset{\sim}{S}$ sich bei einem gegebenen $\dot{\underset{\sim}{G}}$ tatsächlich einstellt. Die verschiedenen Möglichkeiten wollen wir an Hand von Beispielen deutlich machen, bei denen wir auf innere Zustandsvariable verzichten und die

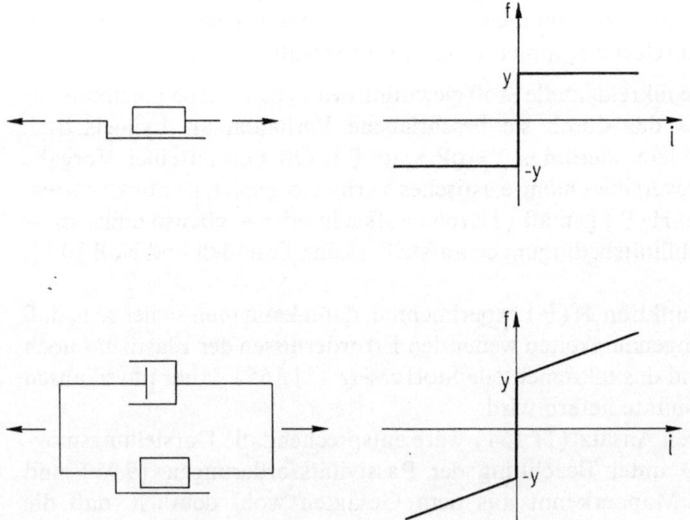


**Bild 11.2.** Starrplastisches und starrviskoplastisches Modell

Funktion f in der Fließbedingung als isotrope Funktion zweiten Grades der Cauchyschen Beanspruchung $\underset{\sim}{P}$ wählen, also in der Form:

$$\begin{aligned} f &= \operatorname{tr}[(\underset{\sim}{S}\underset{\sim}{G})'^2] - a^2 + b\operatorname{tr}(\underset{\sim}{S}\underset{\sim}{G}) - c[\operatorname{tr}(\underset{\sim}{S}\underset{\sim}{G})]^2 \\ &= |\underset{\sim}{P}'|^2 - a^2 + b\operatorname{tr}\underset{\sim}{P} - c[\operatorname{tr}\underset{\sim}{P}]^2. \end{aligned} \tag{11.169}$$

Zur geometrischen Interpretation benutzen wir den durch

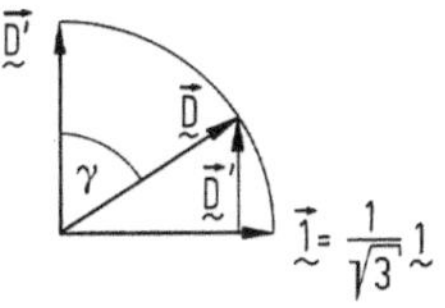


$$\sin\gamma := \frac{1}{\sqrt{3}}\operatorname{tr}\vec{\underset{\sim}{D}} = \frac{1}{\sqrt{3}}\underset{\sim}{1}:\vec{\underset{\sim}{D}} = \frac{\operatorname{tr}(\underset{\sim}{G}^{-1}\dot{\underset{\sim}{G}})}{\sqrt{3\operatorname{tr}[(\underset{\sim}{G}^{-1}\dot{\underset{\sim}{G}})^2]}} = \vec{\underset{\sim}{1}}:\vec{\underset{\sim}{D}}$$

$$-\frac{\pi}{2} \leqq \gamma \leqq \frac{\pi}{2}, \tag{11.170}$$

definierten Dilatanzwinkel $\gamma$ (es ist $|\underset{\sim}{1}/\sqrt{3}| = 1$, also $\underset{\sim}{1}/\sqrt{3} = \vec{\underset{\sim}{1}}$) und beachten

$$\begin{aligned} 1 &= \vec{\underset{\sim}{D}}:\vec{\underset{\sim}{D}} = \left(\vec{\underset{\sim}{D}}' + \frac{1}{3}\operatorname{tr}\vec{\underset{\sim}{D}}\underset{\sim}{1}\right):\left(\vec{\underset{\sim}{D}}' + \frac{1}{3}\operatorname{tr}\vec{\underset{\sim}{D}}\underset{\sim}{1}\right) \\ &= |\vec{\underset{\sim}{D}}'|^2 + \left(\frac{\operatorname{tr}\vec{\underset{\sim}{D}}}{\sqrt{3}}\right)^2 \end{aligned}$$

$$\Rightarrow \cos\gamma = |\vec{\underset{\sim}{D}}'| = \overline{\underset{\sim}{D}'}:\vec{\underset{\sim}{D}},\ \vec{\underset{\sim}{D}}' = \cos\gamma\,\overline{\underset{\sim}{D}'},$$

$$\vec{\underset{\sim}{D}} = \cos\gamma\,\overline{\underset{\sim}{D}'} + \sin\gamma\,\vec{\underset{\sim}{1}}. \tag{11.171}$$

Zwei Fälle sind zu unterscheiden:

4a) Es existiert eine Zustandsgleichung

$$\underset{\sim}{S} = \hat{\underset{\sim}{S}}(\underset{\sim}{G}, \underset{\sim}{\alpha}, \dot{\underset{\sim}{G}}),\ \text{wenn } \dot{\underset{\sim}{G}} \neq 0. \tag{11.172}$$

Die Funktion $\hat{\underset{\sim}{S}}$ soll in $\dot{\underset{\sim}{G}}$ stetig und positiv homogen vom Grade Null sein, d.h., der Wert von $\hat{\underset{\sim}{S}}$ darf sich nicht ändern, wenn $\dot{\underset{\sim}{G}}$ durch $\lambda\dot{\underset{\sim}{G}}$ ($\lambda$ beliebig reell, positiv) ersetzt wird. Es reicht also aus, sich beispielsweise auf solche $\dot{\underset{\sim}{G}}$ zu beschränken, die der Nebenbedingung

$$\frac{1}{2}\sqrt{\operatorname{tr}[(\underset{\sim}{G}^{-1}\dot{\underset{\sim}{G}})^2]} = |\underset{\sim}{D}| = 1 \tag{11.173}$$

genügen. Die Menge dieser $\dot{\underset{\sim}{G}}$ bildet eine 5-dimensionale Mannigfaltigkeit im 6-dimensionalen Raum Sym $(\mathscr{T}, \mathscr{T}^*)$. Deswegen bildet die Menge der Funktionswerte $\underset{\sim}{S}$ eine (höchstens) 5-dimensionale Mannigfaltigkeit im 6-dimensionalen Raum Sym$(\mathscr{T}^*, \mathscr{T})$, d.h., sie genügt ebenfalls einer skalaren Nebenbedingung (es könnten auch mehrere sein, doch ist dieser Fall hier uninteressant und wird daher ausgeschlossen), und das ist gemäß (11.168) die Fließbedingung, die also in der Zustandsgleichung (11.172) implizit enthalten ist.

*1. Beispiel:*

$$\underset{\sim}{S} = y\left(\cos\gamma\frac{(\underset{\sim}{G}^{-1}\dot{\underset{\sim}{G}})'\underset{\sim}{G}^{-1}}{\sqrt{\operatorname{tr}[(\underset{\sim}{G}^{-1}\dot{\underset{\sim}{G}})'^2]}} + \frac{\bar{c}}{\sqrt{3}}\sin\gamma\,\underset{\sim}{G}^{-1}\right), \tag{11.174}$$

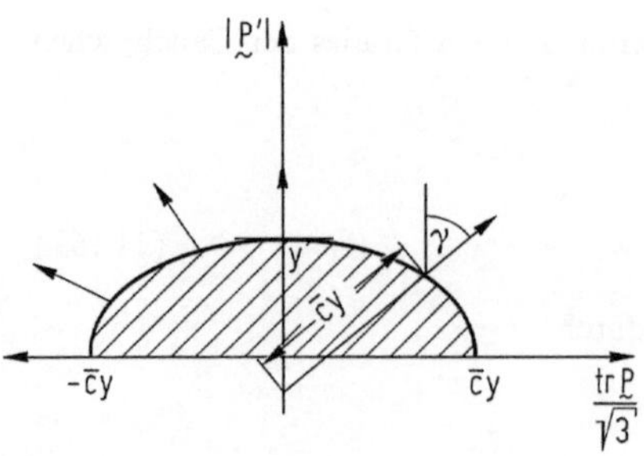


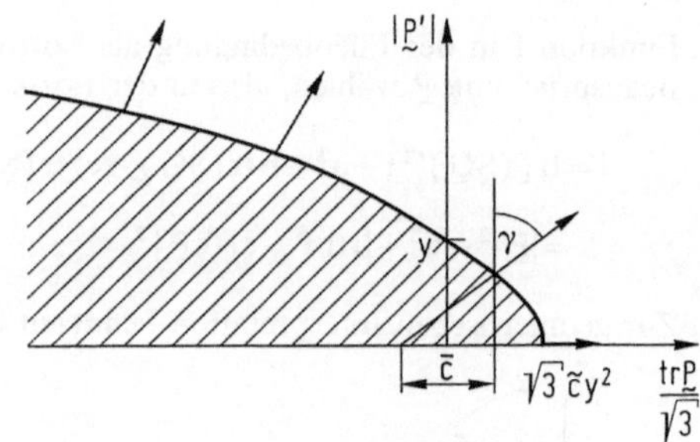


**Bild 11.3.** Fließflächen und Verformungsrichtungen des ersten und zweiten Beispiels

also

$$\underset{\sim}{P}=\underset{\sim}{P}(\vec{\underset{\sim}{D}})=y\left(\cos\gamma\,\vec{\underset{\sim}{D}}'+\frac{\bar{c}}{\sqrt{3}}\sin\gamma\,\underset{\sim}{1}\right). \tag{11.175}$$

Man stellt fest, daß $\underset{\sim}{P}$ einer Nebenbedingung des Typs (11.168), (11.169) genügt mit $a=y, b=0, c=-1/(3\bar{c}^2)$.

*2. Beispiel:*

$$\underset{\sim}{P}=\underset{\sim}{P}(\vec{\underset{\sim}{D}})=\bar{c}\cot\gamma\,\vec{\underset{\sim}{D}}'-\tilde{c}(\bar{c}^2\cot^2\gamma-y^2)\underset{\sim}{1}. \tag{11.176}$$

Diesmal ist $a=y, b=1/(3\tilde{c}), c=0$.

Das Materialelement ist sicher passiv, wenn wir die Speicherenergie $W\equiv 0$ wählen und $\underset{\sim}{P}:\vec{\underset{\sim}{D}}\geqq 0$ fordern. Im ersten Beispiel ist dazu $\underset{\sim}{P}:\vec{\underset{\sim}{D}}=y(\cos^2\gamma+\bar{c}\sin^2\gamma)\geqq 0$, also $y\geqq 0$ und $\bar{c}\geqq 0$ erforderlich. Im zweiten Beispiel haben wir $\underset{\sim}{P}:\vec{\underset{\sim}{D}}=[\bar{c}\cot^2\gamma-\sqrt{3}\tilde{c}(\bar{c}^2\cot^2\gamma-y^2)]\sin\gamma\geqq 0$. Wir wählen speziell $\tilde{c}>0$ und $0<\bar{c}\leqq 1/(\sqrt{3}\tilde{c})$. Da dann der Inhalt der eckigen Klammer positiv ist, ergibt sich die Bedingung

$$\sin\gamma\geqq 0. \tag{11.177}$$

Die beiden Beispiele sind in Bild 11.3 dargestellt. Die Verformungsrichtung $\vec{\underset{\sim}{D}}$ ist am zugehörigen Beanspruchungspunkt $\underset{\sim}{P}$ auf der Fließgrenze angetragen. Beide Male ist die Beanspruchung im Falle der Bewegung ($\underset{\sim}{D}\neq 0$) vollständig determiniert, im Falle der Ruhe dagegen liegt sie irgendwo im schraffierten Bereich.

Im zweiten Beispiel unterliegt die Verformungsmöglichkeit $\vec{\underset{\sim}{D}}$ einer Zwangsbedingung in Form der Ungleichung (11.177): Es sind nur dilatante (d.h. auflockernde) Verformungen möglich.

4b) Eine Zustandsgleichung der Form (11.172) kann nicht existieren, wenn eine Zwangsbedingung in Form einer Gleichung vorliegt. Eine derartige Zwangsbedingung, beispielsweise

$$\sin\gamma=\text{const}, \tag{11.178}$$

reduziert die Mannigfaltigkeit jener $\dot{\underset{\sim}{G}}$, die der Nebenbedingung (11.173) genügen, auf die Dimension 4. Eine Zustandsgleichung des Typs (11.172) würde daher nur eine 4-dimensionale Mannigfaltigkeit der Beanspruchung liefern. Da aber die Beanspruchungen im Falle $\dot{\underset{\sim}{G}}\neq 0$ nur der Fließbedingung (11.168) als einziger skalarer Nebenbedingung unterworfen sein sollen, können sie durch $\underset{\sim}{G}$, $\underset{\sim}{\alpha}$ und $\dot{\underset{\sim}{G}}$ nicht im Sinne von (11.172) vollständig determiniert sein. Wir werden uns auf den Fall $|\sin\gamma|\neq 1$ (also $\underset{\sim}{D}'\neq 0$, wenn $\underset{\sim}{D}\neq 0$) beschränken und den mittleren Druck $p=-\operatorname{tr}(\underset{\sim}{S}\underset{\sim}{G})/(3\upsilon)$ – vgl. (8.66) – als zusätzliche unabhängige Variable betrachten. Ähnlich wie in (8.88) geben wir der

Zustandsgleichung die Form:

$$(\underset{\sim}{S}\underset{\sim}{G})' = (\check{S}G)'(p,\underset{\sim}{G},\underset{\sim}{\alpha},\dot{\underset{\sim}{G}}),\ \text{wenn}\ \dot{\underset{\sim}{G}} \neq 0. \tag{11.179}$$

*3. Beispiel*

$$(\underset{\sim}{S}\underset{\sim}{G})' = [y + \sqrt{3}\tan\beta p\upsilon(\underset{\sim}{G})]\frac{(\underset{\sim}{G}^{-1}\dot{\underset{\sim}{G}})'}{\sqrt{\operatorname{tr}[(\underset{\sim}{G}^{-1}\dot{\underset{\sim}{G}})'^2]}} \tag{11.180}$$

also

$$\underset{\sim}{P} = \underset{\sim}{P}(p,\upsilon,\vec{\underset{\sim}{D}}) = [y + \sqrt{3}\tan\beta p\upsilon]\,\vec{\underset{\sim}{D'}} - p\upsilon\underset{\sim}{1} \tag{11.181}$$

mit $y>0$ und $0 \leqq \beta < \pi/2$. Drücke $p < -y/(\sqrt{3}\tan\beta\upsilon)$ soll das Materialelement nicht aufnehmen können. Wie man leicht prüft, genügt $\underset{\sim}{P}$ einer Nebenbedingung des Typs (11.168), (11.169) mit $a=y, b=2y\tan\beta/\sqrt{3}, c=\tan^2\beta/3$ (Bild 11.4). Ist speziell $\beta=0$, dann liegt die von Misessche Fließbedingung $|\underset{\sim}{P}'|=y$ vor. Hat die Zwangsbedingung die spezielle Form $\gamma=0$, also $\operatorname{tr}\underset{\sim}{D}=0$, dann ist das Materialelement inkompressibel, und wir finden $\vec{\underset{\sim}{P'}} = \vec{\underset{\sim}{D}}$. Das ist übrigens die Lévysche Fließregel – vgl. (9.127), (9.105).

Ganz allgemein werden wir bei starrplastischen Materialelementen von der Existenz einer Fließregel genau dann sprechen, wenn die Zustandsgleichung (11.172) bzw. (11.179) sich unter der Nebenbedingung (11.173) invertieren, also in die Form

$$\frac{\dot{\underset{\sim}{G}}}{\sqrt{\operatorname{tr}[(\underset{\sim}{G}^{-1}\dot{\underset{\sim}{G}})^2]}} = \underset{\sim}{\mathfrak{G}}(\underset{\sim}{S},\underset{\sim}{G},\underset{\sim}{\alpha}) \tag{11.182}$$

bringen läßt. In unseren Beispielen erhielten wir aus der Zustandsgleichung eine isotrope Zuordnung $\underset{\sim}{P} = \underset{\sim}{P}(\vec{\underset{\sim}{D}})$ bzw. $\underset{\sim}{P}' = \underset{\sim}{P}'(p,\upsilon,\vec{\underset{\sim}{D}})$, und Invertierbarkeit verlangt die Auflösbarkeit zu $\vec{\underset{\sim}{D}} = \vec{\underset{\sim}{D}}(P,\upsilon)$. Sie ist in allen unseren Beispielen gegeben (es ist nämlich $\vec{\underset{\sim}{D'}} = \vec{\underset{\sim}{P'}}$ und 1. $\sin\gamma = \operatorname{tr}\underset{\sim}{P}/(\sqrt{3}\bar{c}y)$, 2. $\cot\gamma = |\underset{\sim}{P}'|/\bar{c}$ sowie 3. $\gamma \equiv \text{const}$), muß jedoch keineswegs immer vorliegen.

Passivität erfordert im 3. Beispiel $\underset{\sim}{P}:\vec{\underset{\sim}{D}} = [y + \sqrt{3}\tan\beta p\upsilon]\cos\gamma - \sqrt{3}\sin\gamma p\upsilon \geqq 0$. Grenzübergang $p\to\infty$ liefert $\tan\gamma \leqq \tan\beta$, und die Wahl $p = -y/(\sqrt{3}\tan\beta\upsilon)$ (im Falle $\beta>0$) bzw. Übergang $p\to-\infty$ (im Falle $\beta=0$) gibt $\sin\gamma \geqq 0$, also insgesamt die Schranken

$$0 \leqq \gamma \leqq \beta. \tag{11.183}$$

(Siehe Bild 11.4) Gilt speziell $\beta=\gamma$ (wie beispielsweise bei der von Misesschen Fließbedingung, die wegen $\beta=0$ im Rahmen unseres Ansatzes mit $\gamma=0$, also der Lévyschen Fließregel kombiniert werden muß), dann ist zwar nicht die Beanspruchung, wohl aber die Leistung $\underset{\sim}{P}:\underset{\sim}{D} = y\cos\gamma|\underset{\sim}{D}|$ durch die Bewegung determiniert, anderenfalls muß noch $p\upsilon$ bekannt sein.

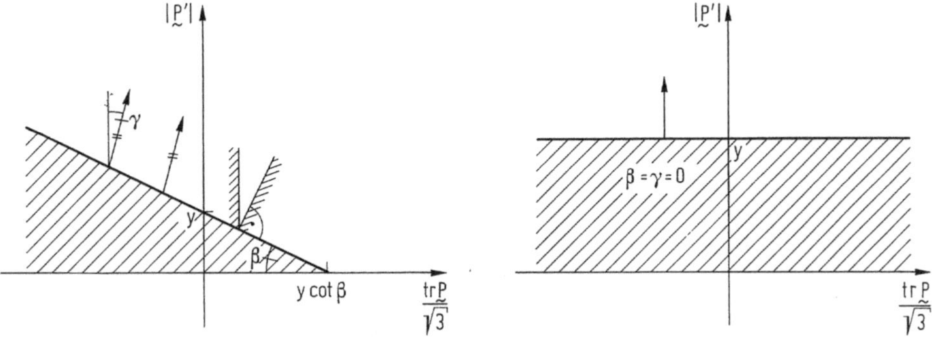


**Bild 11.4.** Fließfläche und Verformungsrichtung im dritten Beispiel (Sonderfall $\beta=0$: Fließbedingung nach von Mises)

# Teil D Sondergebiete der Materialtheorie

In diesem letzten Teil des Buches vertiefen wir einzelne Fragestellungen der Materialtheorie. Wir beginnen im 12. Kapitel mit dem Zusammenhang zwischen Materialverhalten und thermomechanischer Stabilität, behandeln im 13. Kapitel die Homogenisierung, also die Konstruktion von Materialgleichungen für mikromechanisch heterogene Stoffe, geben im 14. Kapitel Beschreibungsmöglichkeiten für eine Vielzahl von Fließ-, Kriech-, Bruch-, Verfestigungs- und Gedächtniserscheinungen und gehen abschließend im 15. Kapitel auf die Besonderheiten einiger wichtiger Klassen realer Materialien ein.

# 12 Materielle Stabilität

Wir beginnen dieses Kapitel mit einer allgemeinen Definition der thermomechanischen Stabilität von Körpern, um sodann daraus konstitutive Ungleichungen herzuleiten, denen das Material im Stabilitätsfalle genügen muß. Breiten Raum nimmt dabei die Untersuchung der elastischen Stabilität ein, da ihre Kenntnis sich auch für die Stabilität der viskoelastischen Körper als wesentlich erweist. Als wichtigste materielle Stabilitätseigenschaft liefert die Theorie für hyperelastisches Material die Quasikonvexität. Zur Aufstellung konstitutiver Ungleichungen besser geeignet ist jedoch die etwas weitergehende Forderung der Polykonvexität, die wir im einzelnen auswerten.

Sind bei homogenen elastischen Körpern die genannten konstitutiven Ungleichungen in einer homogenen Plazierung nicht erfüllt, so wird der Körper in koexistierende Phasen zerfallen, die einzeln stabil sind. Solchen Phasenzerfall untersuchen wir an flüssigen und festen Stoffen.

Bei plastischem Material führen unsere Stabilitätsbetrachtungen auf konstitutive Ungleichungen, die sich in Spezialfällen auf die klassischen Forderungen nach Konvexität von Fließflächen und Normalität der inelastischen Verformungsrichtung reduzieren.

## 12.1 Thermomechanische Stabilität des Kontinuums

Ein Körper – der keineswegs materiell uniform zu sein braucht – besitze zur Zeit $t_0$ in einem Inertialrahmen die Plazierung $\overset{0}{\underset{\sim}{x}}(X)$ – die wir als Bezugsplazierung wählen – und die Dichte $\varrho_0(X)$. Sein Geschwindigkeitsfeld sei $\dot{\underset{\sim}{x}}(X,t_0) \equiv 0$ und sein Temperaturfeld homogen $\Theta(X,t_0) \equiv \Theta_0$: Wir nennen das eine homotherme (d.h. räumlich gleich temperierte) Ruhelage und wollen ihre Stabilität mit den im 4. Kapitel eingeführten Begriffen untersuchen. Dabei erwarten wir, daß gewisse Einschränkungen des Materialverhaltens (konstitutive Ungleichungen) sich als notwendig für die Stabilität erweisen werden.

Der Körper soll in eine mechanisch konservative Umgebung eingebettet sein, das heißt: Die Umgebung übt Gravitationskräfte $\underset{\sim}{b}^U$ im Inneren und Oberflächenkräfte $\underset{\sim}{t}_0{}^U$ $\left(\text{je Flächeneinheit in der Bezugsplazierung } \overset{0}{\underset{\sim}{x}}_{\mathscr{B}}\right)$ auf einem Teil $A_0{}^t$ der Oberfläche aus. Der restliche Teil $A_0{}^u$ der Oberfläche ist festgehalten, d.h., dort gilt $\dot{\underset{\sim}{x}} = 0$ für alle $\tau \geqq t_0$. Die Kräfte $\underset{\sim}{b}^U$ und $\underset{\sim}{t}_0{}^U$ sollen durch die momentane Plazierung $\underset{\sim}{x}_{\mathscr{B}}$ (zur Zeit $\tau$) des Körpers determiniert und konservativ sein, d.h., ihre Arbeit während eines beliebigen Prozesses im Zeitintervall $[t_0,t]$ hängt nur von der Anfangs- und Endplazierung $\overset{0}{\underset{\sim}{x}}_{\mathscr{B}} := \underset{\sim}{x}_{\mathscr{B}}(t_0)$ und $\underset{\sim}{x}_{\mathscr{B}}(t)$ ab:

$$\int_{\tau=t_0}^{t}\left[\int_{A_0^t} \underset{\sim}{t}_0{}^U\left(\overset{0}{\underset{\sim}{x}},\tau\right)\cdot\dot{\underset{\sim}{x}}\left(\overset{0}{\underset{\sim}{x}},\tau\right)dA_0 + \int_{\mathscr{B}} \underset{\sim}{b}^U\left(\overset{0}{\underset{\sim}{x}},\tau\right)\cdot\dot{\underset{\sim}{x}}\left(\overset{0}{\underset{\sim}{x}},\tau\right)dm\right]d\tau$$

$$= -\left[U(\underset{\sim}{x}_{\mathscr{B}}(t)) - U\left(\overset{0}{\underset{\sim}{x}}_{\mathscr{B}}\right)\right]. \tag{12.1}$$

Beispiele:

1. $\underset{\sim}{b}^U = -\underset{\sim}{\nabla}\zeta(\underset{\sim}{x})$, $A_0^t = \emptyset$ (leere Menge, nur Verschiebungsrandbedingung),

$$U(\underset{\sim}{x}_{\mathscr{B}}) = \int_{\mathscr{B}} \zeta(\underset{\sim}{x})dm. \tag{12.2}$$

2. $\underset{\sim}{b}^U = \text{const}$, $\underset{\sim}{t}_0{}^U = \underset{\sim}{t}_0{}^U(X)$ (Totlast),

$$U(\underset{\sim}{x}_{\mathscr{B}}) = -\int_{A_0^t} \underset{\sim}{t}_0{}^U\cdot\underset{\sim}{x}dA_0 - \int_{\mathscr{B}} \underset{\sim}{b}^U\cdot\underset{\sim}{x}dm. \tag{12.3}$$

3. $\underset{\sim}{b}^U = 0$, $\underset{\sim}{t}_0{}^U dA_0 = \underset{\sim}{t}^U dA = -p(\underset{\sim}{x})\underset{\sim}{n}dA$ (z.B. statischer Flüssigkeitsdruck $p(\underset{\sim}{x}) = p_0\underset{\sim}{x}\cdot\underset{\sim}{e}/l$ auf dem Teil $A_0^t$ der Oberfläche). Wegen $\dot{\underset{\sim}{x}} = 0$ auf $A_0^u$ ist – mit dem Gaußschen Satz –

$$\int_{A_0^t} \underset{\sim}{t}_0{}^U\cdot\dot{\underset{\sim}{x}}dA_0 = -\int_A p(\underset{\sim}{x})\underset{\sim}{n}\cdot\dot{\underset{\sim}{x}}dA = -\int_V \underset{\sim}{\nabla}\cdot(p(\underset{\sim}{x})\dot{\underset{\sim}{x}})dV$$

$$= -\int_V [\dot{\underset{\sim}{x}}\cdot(\underset{\sim}{\nabla}p) + p(\underset{\sim}{\nabla}\cdot\dot{\underset{\sim}{x}})]dV = -\int_V \left[\dot{p} + p\frac{\dot{\upsilon}}{\upsilon}\right]dV = -\int_{\mathscr{B}} (p\upsilon)^{\cdot}dm,$$

also
$$U(\underset{\sim}{x}_{\mathscr{B}}) = \int_{\mathscr{B}} p(\underset{\sim}{x})\upsilon dm. \tag{12.4}$$

Thermisch soll die Umgebung des Körpers passiv sein, das heißt: Sie gibt in das Körperinnere durch Strahlung die Wärme $r^U$ und über einen Teil $A_0{}^h$ der Oberfläche durch Leitung die Wärme $-h_0{}^U$ (je Zeiteinheit und je Flächeneinheit der Bezugsplazierung) ab. Der restliche Teil $A_0{}^\Theta$ der Oberfläche wird auf der Temperatur $\Theta_0$ gehalten. Die Wärmezufuhren $r^U$ und $-h_0{}^U$ sollen durch die momentane Plazierung und Temperaturverteilung determiniert sein und der Ungleichung (mit $\lambda = 1/\Theta$)

$$\lambda_0\dot{V} := -\int_{A_0{}^h} h_0{}^U(\lambda-\lambda_0)dA_0 + \int_{\mathscr{B}} r^U(\lambda-\lambda_0)dm \geqq 0 \tag{12.5}$$

genügen, d.h., die Zufuhr geschieht insgesamt vom Warmen zum Kalten.
Beispiele:

1. $r^U = 0$, $h_0{}^U = 0$. (12.6)

2. $r^U = \beta(\lambda-\lambda_0)$, $h_0{}^U = -\alpha(\lambda-\lambda_0)$ mit $\beta > 0$, $\alpha > 0$. (12.7)

Wir betrachten nun Prozesse, d.h. Abfolgen von Plazierungen $\underset{\sim}{x}(X,\tau)$ und Temperaturverteilungen $\Theta(X,\tau)$ des Körpers, die zur Zeit $t_0$ in der homothermen Ruhelage starten und kinematisch und thermisch zulässig sind. Damit ist gemeint:

1. Sie genügen den Bedingungen $\dot{\underset{\sim}{x}}=0$ auf $A_0^{u}$ und $\Theta=\Theta_0$ auf $A_0^{\Theta}$.
2. An jedem Punkt X des Körpers gehören die dort ablaufenden Prozesse $\underset{\sim}{G}(X,\tau)=\underset{\sim}{K}^*(X,\tau)\underset{\sim}{K}(X,\tau)$ mit

$$\underset{\sim}{K}(X,\tau)=\underset{\sim}{F}(X,\tau)\underset{\sim}{K}_0(X)=\underset{\sim}{x}\left(\overset{0}{\underset{\sim}{x}}(X),\tau\right)\otimes\overset{0}{\underset{\sim}{\nabla}}\cdot\underset{\sim}{K}_0(X) \tag{12.8}$$

sowie $\Theta(X,\tau)$ und $\hat{\underset{\sim}{\nabla}}\Theta(X,\tau)=\underset{\sim}{K}_0^*(X)\cdot\overset{0}{\underset{\sim}{\nabla}}\Theta\left(\overset{0}{\underset{\sim}{x}}(X),\tau\right)$ zur Prozeßklasse des dortigen Materialelements.

Durch diese thermisch-kinematischen Prozesse an den Materialelementen sind an jedem Punkt Beanspruchung $\underset{\sim}{S}(X,\tau)$, innere Energie $\varepsilon(X,\tau)$ und Wärmefluß $\underset{\sim}{h}(X,\tau)$ festgelegt und damit auch Nennspannung und Nennwärmefluß

$$\underset{\sim}{T}_0(X,\tau)=\varrho_0(X)\underset{\sim}{K}(X,\tau)\underset{\sim}{S}(X,\tau)\underset{\sim}{K}_0^*(X) \tag{12.9}$$

und

$$\underset{\sim}{h}_0(X,\tau)=\varrho_0(X)\underset{\sim}{h}(X,\tau)\underset{\sim}{K}_0^*(X) \tag{12.10}$$

sowie die Wärmeaufnahme $q=\dot{\varepsilon}-\underset{\sim}{S}:\dot{\underset{\sim}{G}}/2$. (Von Zwangsbedingungen sehen wir ab.)

Zwei Arten von Prozessen sind zu unterscheiden: Solche, die unter dem Einfluß der Umgebung allein möglich sind, und solche, zu deren Durchführung eine zusätzliche Einwirkung von außen in Form von Massenkräften $\underset{\sim}{b}^a$ und Oberflächenkräften $\underset{\sim}{t}_0{}^a$ (auf $A_0^{t}$) sowie von Wärmezufuhr durch Strahlung $r^a$ und Leitung $-h_0{}^a$ (auf $A_0{}^h$) erforderlich ist. Die benötigten Einwirkungen im Feld ergeben sich aus den Bilanzen (7.42) und (7.43) zu

$$\underset{\sim}{b}^a=-\underset{\sim}{b}^U+\ddot{\underset{\sim}{x}}-\left(\underset{\sim}{T}_0\cdot\overset{0}{\underset{\sim}{\nabla}}\right)/\varrho_0, \tag{12.11}$$

$$r^a=-r^U+q+\left(\underset{\sim}{h}_0\cdot\overset{0}{\underset{\sim}{\nabla}}\right)/\varrho_0, \tag{12.12}$$

und auf der Oberfläche ist

$$\underset{\sim}{t}_0{}^a=-\underset{\sim}{t}_0{}^U+\underset{\sim}{T}_0\cdot\underset{\sim}{n}_0 \text{ auf } A_0^{t}, \tag{12.13}$$

$$h_0{}^a=-h_0{}^U+\underset{\sim}{h}_0\cdot\underset{\sim}{n}_0 \text{ auf } A_0{}^h \tag{12.14}$$

zusätzlich aufzubringen.

Jedem in der homothermen Ruhelage startenden Prozeß ordnen wir eine als Aufwand $A_t^a$ bezeichnete Größe zu mittels der Definition $A_t^a=\int_{t_0}^{t}\dot{A}^a d\tau$ mit

$$\begin{aligned}\dot{A}^a=&\int_{A_0^{t}}\underset{\sim}{t}_0{}^a\cdot\dot{\underset{\sim}{x}}dA_0+\int_{\mathscr{B}}\underset{\sim}{b}^a\cdot\dot{\underset{\sim}{x}}dm\\&-\int_{A_0^h}h_0{}^a\frac{\lambda_0-\lambda}{\lambda_0}dA_0+\int_{\mathscr{B}}r^a\frac{\lambda_0-\lambda}{\lambda_0}dm.\end{aligned} \tag{12.15}$$

Der Aufwand ist also bei isothermen (d.h. zeitlich konstant temperierten) Prozessen ($\lambda \equiv \lambda_0$) gleich der Arbeit der von außen einwirkenden Kräfte (das entspricht der Definition im 4. Kapitel); bei veränderlicher Temperatur kommt die von außen einwirkende Wärme hinzu, „bewertet" mit $(\lambda_0 - \lambda)/\lambda_0$, also als positiv, wenn sie vom Kalten zum Wärmeren geschafft werden muß. Der Aufwand ist durch den Prozeßverlauf vollständig determiniert, denn setzt man (12.11) bis (12.14) in (12.15) ein und benutzt zweimal den Gaußschen Satz, dann findet man

$$\begin{aligned}\dot{A}^a = & \int_{\mathscr{B}} \dot{\underset{\sim}{x}} \cdot \ddot{\underset{\sim}{x}} dm + \int_{V_0} \left[ \underset{\sim}{T}_0 : \dot{\underset{\sim}{F}} - \varrho_0 q \frac{\lambda - \lambda_0}{\lambda_0} + \underset{\sim}{h}_0 \cdot \overset{0}{\underset{\sim}{\nabla}} \lambda / \lambda_0 \right] dV_0 \\ & - \int_{A_0{}^t} \underset{\sim}{t}_0{}^U \cdot \dot{\underset{\sim}{x}} dA_0 - \int_{\mathscr{B}} \underset{\sim}{b}^U \cdot \dot{\underset{\sim}{x}} dm \\ & - \int_{A_0{}^h} h_0{}^U \frac{\lambda - \lambda_0}{\lambda_0} dA_0 + \int_{\mathscr{B}} r^U \frac{\lambda - \lambda_0}{\lambda_0} dm. \end{aligned} \tag{12.16}$$

Integration über den Prozeß ergibt:

$$A_t^a = E_t + P_t. \tag{12.17}$$

Darin bedeutet $E = \int \dot{\underset{\sim}{x}}^2 dm/2$ die kinetische Energie des Körpers – wir haben $E_{t_0} = 0$ beachtet – und P die „Systemarbeit", die sich gemäß

$$P_t = K_t + L_t + U_t - U_{t_0} + V_t \tag{12.18}$$

zusammensetzt aus der „Körperarbeit"

$$\begin{aligned} K_t := & \int_{\tau = t_0}^{t} \int_{V_0} \left[ \underset{\sim}{T}_0 : \dot{\underset{\sim}{F}} - \varrho_0 q \frac{\lambda - \lambda_0}{\lambda_0} + \underset{\sim}{h}_0 \cdot \overset{0}{\underset{\sim}{\nabla}} \lambda / \lambda_0 \right] dV_0 d\tau + \Theta_0 \int_{\mathscr{B}} \varepsilon (\lambda - \lambda_0) dm|_t \\ = & \Theta_0 \int_{\tau = t_0}^{t} \int_{V_0} \left[ \lambda \underset{\sim}{T}_0 : \dot{\underset{\sim}{F}} - \varrho_0 \dot{\varepsilon} (\lambda - \lambda_0) + \underset{\sim}{h}_0 \cdot \overset{0}{\underset{\sim}{\nabla}} \lambda \right] dV_0 d\tau + \Theta_0 \int_{\mathscr{B}} \varepsilon (\lambda - \lambda_0) dm|_t \\ = & \Theta_0 \int_{\tau = t_0}^{t} \int_{\mathscr{B}} \left[ \frac{\lambda}{2} \underset{\sim}{S} : \dot{\underset{\sim}{G}} + \varepsilon \dot{\lambda} + \underset{\sim}{h} \cdot \hat{\underset{\sim}{\nabla}} \lambda \right] dm d\tau \end{aligned} \tag{12.19}$$

– die im rein mechanischen Fall in die Spannungsarbeit $J_{\mathscr{B}} = \int J dm = \iint \frac{1}{2} \underset{\sim}{S} : \dot{\underset{\sim}{G}} dm d\tau$ übergeht –, dem „thermischen Anteil"

$$L_t := -\Theta_0 \int_{\mathscr{B}} \varepsilon (\lambda - \lambda_0) dm|_t, \tag{12.20}$$

der Änderung $U_t - U_{t_0}$ der potentiellen Energie der Umgebungslasten und dem „Verlustterm" gemäß (12.5)

$$V_t = \Theta_0 \int_{\tau = t_0}^{t} \left[ - \int_{A_0{}^h} h_0{}^U (\lambda - \lambda_0) dA_0 + \int_{\mathscr{B}} r^U (\lambda - \lambda_0) dm \right] d\tau \geqq 0. \tag{12.21}$$

Jetzt wollen wir die Konzepte aus dem 4. Kapitel übertragen. Die Ruhelage wird nunmehr durch $\overset{0}{\underset{\sim}{x}}_{\mathscr{B}}$ statt durch $l_U$ gekennzeichnet, die beliebige Lage durch $\underset{\sim}{x}_{\mathscr{B}}$ statt l. Die Abweichung jedes in der Ruhelage startenden Prozesses vom Ruheprozeß messen wir durch die kinetische Energie. (Achtung: Diese Festlegungen gelten sowohl im rein mechanischen als auch im thermomechanischen Fall. Das steht nicht in Widerspruch zu der Tatsache, daß bei letzterem zur Beschreibung eines Prozesses nicht nur der Verlauf von $\underset{\sim}{x}_{\mathscr{B}}$, sondern auch der des Temperaturfeldes benötigt wird.) Wie in (4.16) definieren wir die Schwellenarbeit S als Maximum des Aufwandes $A^a$ (der nun im thermomechanischen Falle noch thermische Anteile besitzt). Die Ruhelage (im thermomechanischen Falle die homotherme Ruhelage) nennen wir stabil nach dem Schwellenkriterium, wenn die Abweichung jedes in dieser Lage startenden Prozesses vom Ruheprozeß beliebig klein bleibt, sofern nur die Schwellenarbeit klein genug ist. (Exakte Formulierung siehe (4.17).) Auch die andere Deutung (im Sinne des Ljapunowschen Stabilitätsbegriffs) läßt sich übertragen: Die kinetische Energie während eines ohne Eingriff von außen ablaufenden Prozesses bleibt beliebig klein, wenn die Anfangsstörung – gemessen durch die während eines vorgeschalteten Störprozesses aufgewendete Schwellenarbeit – klein genug gewählt war.

*Bemerkung:* Wie schon in Zusammenhang mit der Durchführung von Experimenten im 8. Kapitel erwähnt, sind tatsächlich nicht beliebige Gravitations- und Strahlungsfelder $\underset{\sim}{b}^a$ bzw. $r^a$ herstellbar. Ein nach der hier gegebenen Definition nicht stabiles System kann sich daher unter den tatsächlich auftretenden Störeinflüssen durchaus stabil verhalten. Insofern ist der hier benutzte Stabilitätsbegriff recht streng. Dafür hat er jedoch den Vorzug guter Handhabbarkeit bei fast beliebigem Materialverhalten.

Startet ein ohne Eingriff von außen ablaufender Prozeß in einer stabilen (homothermen) Ruhelage, so muß es sich um einen Ruheprozeß handeln. Wegen $\ddot{\underset{\sim}{x}} \equiv 0$ müssen nach (12.11) und (12.13) während dieses Prozesses die Gleichgewichtsbedingungen (vgl. Bemerkung 3 auf Seite 106)

$$\underset{\sim}{T}_0 \cdot \overset{0}{\underset{\sim}{\nabla}} + \varrho_0 \underset{\sim}{b}^U = 0 \text{ in } \mathscr{B},\; \underset{\sim}{T}_0 \cdot \underset{\sim}{n}_0 = \underset{\sim}{t}_0{}^U \text{ auf } A_0{}^t \tag{12.22}$$

erfüllt sein. Gleichgewicht ist also notwendig für Stabilität, und eine stabile homotherme Ruhelage kann ohne Eingriff von außen nicht verlassen werden. Das bedeutet jedoch nicht, daß $\underset{\sim}{T}_0$ selbst konstant sein muß. Ebenso läßt sich allgemein nichts über den Temperaturverlauf schließen. Es muß lediglich gelten

$$q + \left( \underset{\sim}{h}_0 \cdot \overset{0}{\underset{\sim}{\nabla}} \right) / \varrho_0 - r^U = 0 \text{ in } \mathscr{B},\; \underset{\sim}{h}_0 \cdot \underset{\sim}{n}_0 = h_0{}^U \text{ auf } A_0{}^h. \tag{12.23}$$

Daß die Existenz einer durch (4.19) definierten Mulde für die Stabilität hinreichend ist, ergibt sich wie im 4. Kapitel; als notwendig erweist sie sich, wenn die kinetische Energie des Körpers in einem beliebig kurzen Zeitintervall $\Delta t$ um jeden gewünschten Betrag $\Delta E$ gesteigert werden kann, während der Zuwachs $\Delta P$ der Systemarbeit P sich während $\Delta t$ beliebig klein halten läßt. Ähnlich wie in den Formeln (4.23) ist diese Voraussetzung auch hier zu überprüfen. Dazu führen wir den Prozeß so, daß im Zeitintervall $\tau \in [t, t+\Delta t]$ gilt

$$\Theta(X,\tau) = \Theta(X,t) \tag{12.24}$$

$$\underset{\sim}{x}(X,\tau) = \underset{\sim}{x}(X,t) + \dot{\underset{\sim}{x}}(X,t)(\tau - t) + \eta \underset{\sim}{a}(X)(\tau - t)^2 \tag{12.25}$$

mit

$$\eta > 0,\ \underset{\sim}{a} = 0 \text{ auf } A_0^u,\ \underset{\sim}{a}(X) \cdot \dot{\underset{\sim}{x}}(X,t) = 0 \text{ für alle X.} \tag{12.26}$$

Der Zuwachs an kinetischer Energie ist dann

$$\Delta E = E_{t+\Delta t} - E_t = 2(\Delta t)^2 \eta^2 \int_{\mathscr{B}} |\underset{\sim}{a}|^2 dm, \tag{12.27}$$

so daß sich für feste Wahl des Zuwachses $\Delta E$ und der Funktion $\underset{\sim}{a}$ ergibt

$$\eta = \frac{1}{\Delta t} \sqrt{\Delta E \Big/ \left( 2\int |\underset{\sim}{a}|^2 dm \right)} =: \frac{c}{\Delta t} \tag{12.28}$$

und damit für die sonstigen Zuwächse

$$\Delta \underset{\sim}{x}(X) = [\dot{\underset{\sim}{x}}(X,t) + c\underset{\sim}{a}(X)]\Delta t,$$

$$\Delta \underset{\sim}{F}(X) = [\dot{\underset{\sim}{x}}(X,t) + c\underset{\sim}{a}(X)] \otimes \overset{0}{\underset{\sim}{\nabla}} \Delta t,$$

$$\Delta \dot{\underset{\sim}{x}}(X) = 2c\underset{\sim}{a}(X),$$

$$\Delta \dot{\underset{\sim}{F}}(X) = 2c\underset{\sim}{a} \otimes \overset{0}{\underset{\sim}{\nabla}} \tag{12.29}$$

und ferner

$$\ddot{\underset{\sim}{F}}(X) = 2c\underset{\sim}{a} \otimes \overset{0}{\underset{\sim}{\nabla}} / \Delta t \text{ für } \tau > t.$$

Da sich die Temperatur gar nicht und die Lage für kleine $\Delta t$ nur sehr wenig ändert, unterstellen wir, daß auch die Änderungen von $\underset{\sim}{t}_0{}^U, \underset{\sim}{b}^U, h_0{}^U, r^U$ während $\Delta t$ geringfügig sind. Daher bleibt nach (12.16) $\dot{P} = \dot{A}^a - \dot{E}$ während des Intervalls $\Delta t$ auch beim Grenzübergang $\Delta t \to 0$ beschränkt, wenn $\underset{\sim}{T}_0$, q und $\underset{\sim}{h}_0$ beschränkt bleiben, so daß dann der gesuchte Sachverhalt $|\Delta P| \leqq \max|\dot{P}|\Delta t \to 0$ gilt. Im Falle von Materialien, bei denen $\underset{\sim}{T}_0$ und $\underset{\sim}{h}_0$ von $\ddot{\underset{\sim}{F}}$ und $\varepsilon$ von $\dot{\underset{\sim}{F}}$ derart abhängen, daß $\underset{\sim}{T}_0$, $\underset{\sim}{h}_0$ und $\dot{\varepsilon}$ beim Grenzübergang $\ddot{\underset{\sim}{F}} \to \infty$ (wegen $\Delta t \to 0$ in (12.29)) nicht beschränkt bleiben, läßt die Existenz der Mulde sich nicht als notwendig für Stabilität erweisen. Derartige Materialien betrachten wir in diesem Buch nicht. (Ob es sich dabei um sinnvolle Materialmodelle handelt, ist nach obigem Ergebnis fraglich. Die sogenannten Materialgesetze vom „Differentialtyp" $\underset{\sim}{T}_0 = \hat{\underset{\sim}{T}}_0(\underset{\sim}{F}, \dot{\underset{\sim}{F}}, \ddot{\underset{\sim}{F}}, \dddot{\underset{\sim}{F}}, \ldots)$ sind wohl eher als Approximationen viskoelastischer Stoffgleichungen für den Fall langsamer Bewegungen zu interpretieren (siehe Coleman und Noll [12.1]). Dieser Einwand betrifft nicht das Kelvin-Material $\underset{\sim}{T}_0 = \hat{\underset{\sim}{T}}_0(\underset{\sim}{F}, \dot{\underset{\sim}{F}})$.)

Das Zufuhrkriterium $P_t \geqq 0$ bleibt auch beim Kontinuum hinreichend für die Stabilität. Ebenso läßt sich im Falle seiner Gültigkeit die Mindestzufuhr erklären als Infimum der Systemarbeit auf der Menge aller von $\overset{0}{\underset{\sim}{x}}_{\mathscr{B}}$ nach $\underset{\sim}{x}_{\mathscr{B}}$ führenden Prozesse:

$$\Psi(\underset{\sim}{x}_{\mathscr{B}}) := \inf_{\overset{0}{\underset{\sim}{x}}_{\mathscr{B}} \to \underset{\sim}{x}_{\mathscr{B}}} P\,. \tag{12.30}$$

Da die Systemarbeit während des isothermen Ruheprozesses aus der homothermen Ruhelage heraus verschwindet, ist $\Psi\left(\overset{0}{\underset{\sim}{x}}_{\mathscr{B}}\right) = 0$, so daß bei Gültigkeit des Zufuhrkriteriums die Mindestzufuhr in dieser Ruhelage ein schwaches Minimum besitzt.

Erst recht hinreichend für die Stabilität ist das folgende *verschärfte Zufuhrkriterium*:

$$K_t + L_t + U_t - U_{t_0} \geqq 0 \text{ für jeden Prozeß.} \tag{12.31}$$

Das folgt aus (12.18) wegen $V_t \geqq 0$. Wenn dieses Kriterium gilt, dann liefert seine Anwendung auf Kreisprozesse der Plazierung und Temperatur insbesondere das folgende Kriterium der *zyklischen Stabilität*:

$$K_t \geqq 0\,, \text{ wenn } \underset{\sim}{x}\left(\overset{0}{\underset{\sim}{x}}, t\right) = \overset{0}{\underset{\sim}{x}}\,,\ \lambda\left(\overset{0}{\underset{\sim}{x}}, t\right) = \lambda_0. \tag{12.32}$$

Ob Passivität für Stabilität notwendig sein kann, werden wir später untersuchen. Nehmen wir zunächst an, alle Materialelemente des Körpers seien passiv, dann ist nach (12.19)

$$\dot{K} \geqq \Theta_0 \int_{\mathscr{B}} \dot{\omega}\,dm, \tag{12.33}$$

also

$$K_t + L_t \geqq \Theta_0 \int_{\mathscr{B}} [\omega - \varepsilon(\lambda - \lambda_0)\,dm|_{t_0}^{t} = \int_{\mathscr{B}} [\varepsilon - \Theta_0 \eta]\,dm|_{t_0}^{t} \tag{12.34}$$

(im rein mechanischen Falle geht der rechts stehende Ausdruck über in die Speicherenergie $W_{\mathscr{B}} = \int W dm$). Besitzt die Summe $\varepsilon_{\mathscr{B}} - \Theta_0 \eta_{\mathscr{B}} + U$ in der homothermen Ruhelage ein (schwaches) Minimum gegenüber den von dieser Lage aus erreichbaren Zuständen, so ist das verschärfte Zufuhrkriterium erfüllt, also die Ruhelage stabil.

*Bemerkung:* Den Ausdruck $\Phi := E + \varepsilon_{\mathscr{B}} - \Theta_0 \eta_{\mathscr{B}} + U$ nennt man kanonische freie Energie. Es gilt $\dot{\Phi} \leqq \dot{A}^a$ und daher für Prozesse, die ohne Einwirkung von außen ablaufen, die von Duhem bemerkte Eigenschaft $\dot{\Phi} \leqq 0$. Sie dient als Ausgangspunkt einer Untersuchung von Coleman und Dill [12.2] zur Stabilität viskoelastischer Körper, deren Materialverhalten durch Geschichtsfunktionale beschrieben wird. (Die letztgenannte Arbeit gab u.a. den Anstoß zur Entwicklung der hier vorgestellten allgemeineren Stabilitätskonzepte, die auch auf plastisches und viskoplastisches Verhalten anwendbar sind.)

Zur Herleitung eines notwendigen Stabilitätskriteriums ist das Konzept der quasistatischen Arbeit von Nutzen. Es gebe einen Prozeß – im thermomechanischen Falle einen isothermen Prozeß – $\underset{\sim}{x}(X,\tau)$ derart, daß auch jeder durch einen Wechsel $\varkappa$ des Zeitmaßstabs daraus entstehende modifizierte Prozeß $\underset{\sim}{x}_\varkappa(X,\tau):=\underset{\sim}{x}(X,\varkappa(\tau))$ möglich ist (d.h., daß die Prozesse an den einzelnen Materialelementen in der jeweiligen Prozeßklasse enthalten sind). Sei $\underset{\sim}{L}_\varkappa:=\dot{\underset{\sim}{x}}_\varkappa\otimes\underset{\sim}{\nabla}$, dann messen wir die Schnelligkeit des modifizierten Prozesses durch

$$\|\underset{\sim}{L}_\varkappa\|:=\max_\tau \max_{X\in\mathscr{B}} |\underset{\sim}{L}_\varkappa|. \tag{12.35}$$

Es bezeichne $J_{\mathscr{B}}=\int\limits_{t_0}^{t}\int\limits_{V_0} \underset{\sim}{T}_0 : \dot{\underset{\sim}{F}}\, dV_0\, d\tau$ die Spannungsarbeit während des Prozesses und $J_{\mathscr{B}\varkappa}$ die Spannungsarbeit während des modifizierten Prozesses. Gilt nun – mit der Bogenlänge

$$s:=\int\limits_{t_0}^{t} \max_{X\in\mathscr{B}} |\underset{\sim}{L}|\, d\tau \tag{12.36}$$

– bei Verlangsamung des Prozesses wie in (4.34) die Bedingung

$$|J_{\mathscr{B}\varkappa}(s)-\bar{J}_{\mathscr{B}}(s)|\leqq\varphi(\|\underset{\sim}{L}_\varkappa\|)s, \tag{12.37}$$

so kann man nach dem Muster von (4.35) bis (4.40) auf das folgende notwendige *Stabilitätskriterium der quasistatischen Systemarbeit* schließen:

Es darf keinen Prozeß aus der (homothermen) Ruhelage geben, für den die (isotherme) quasistatische Systemarbeit $\bar{P}=\bar{J}_{\mathscr{B}}+U(\underset{\sim}{x}_{\mathscr{B}})-U\left(\overset{0}{\underset{\sim}{x}}_{\mathscr{B}}\right)$ existiert und folgende Bedingungen erfüllt:

$$\bar{P}(\sigma)\leqq 0 \text{ für alle } \sigma\in[0,s],$$

$$\bar{P}(s)<0. \tag{12.38}$$

Zur Anwendung betrachten wir einen Körper, der durch Totlast belastet und nirgendwo festgehalten ist. Für ihn gilt nach (12.3) und (12.22), wenn die Ruhelage stabil sein soll,

$$-U(\underset{\sim}{x}_{\mathscr{B}}(t))+U\left(\overset{0}{\underset{\sim}{x}}_{\mathscr{B}}\right)=\int\limits_{A_0} \underset{\sim}{t}_0^{U}\cdot\left[\underset{\sim}{x}\left(\overset{0}{\underset{\sim}{x}},t\right)-\overset{0}{\underset{\sim}{x}}\right]dA_0$$

$$+\int\limits_{\mathscr{B}} \underset{\sim}{b}^{U}\cdot\left[\underset{\sim}{x}\left(\overset{0}{\underset{\sim}{x}},t\right)-\overset{0}{\underset{\sim}{x}}\right]dm$$

$$=\int \underset{\sim}{T}_0\left(\overset{0}{\underset{\sim}{x}}\right):\left[\underset{\sim}{x}\left(\overset{0}{\underset{\sim}{x}},t\right)-\overset{0}{\underset{\sim}{x}}\right]\otimes\overset{0}{\underset{\sim}{\nabla}}\,dV_0$$

$$=\int \underset{\sim}{T}_0\left(\overset{0}{\underset{\sim}{x}}\right):\left(\operatorname{sym}\underset{\sim}{F}\left(\overset{0}{\underset{\sim}{x}},t\right)-\underset{\sim}{1}\right]dV_0. \tag{12.39}$$

Wählen wir nun insbesondere eine Starrkörperbewegung

$$\underset{\sim}{x}\left(\overset{0}{\underset{\sim}{x}},t\right)-\overset{0}{\underset{\sim}{x}}=[\underset{\sim}{Q}(t)-\underset{\sim}{1}]\cdot\overset{0}{\underset{\sim}{x}}+\underset{\sim}{c}(t), \tag{12.40}$$

so ist $J=\bar{J}\equiv 0$, also

$$P=\bar{P}=U(\underset{\sim}{x}_{\mathscr{B}})-U\left(\overset{0}{\underset{\sim}{x}}_{\mathscr{B}}\right)$$

$$=\int_{V_0}\underset{\sim}{T}_0 dV_0:(\underset{\sim}{1}-\operatorname{sym}\underset{\sim}{Q}). \tag{12.41}$$

Der über das Volumen $V_0$ genommene Mittelwert

$$\tilde{\underset{\sim}{T}}_0:=\frac{1}{V_0}\int_{V_0}\underset{\sim}{T}_0 dV_0=\frac{1}{V_0}\int_{V_0}\underset{\sim}{T}_0\cdot\left(\overset{0}{\underset{\sim}{\nabla}}\otimes\overset{0}{\underset{\sim}{x}}\right)dV_0$$

$$=\frac{1}{V_0}\int_{A_0}\underset{\sim}{T}_0\cdot\underset{\sim}{n}_0\otimes\overset{0}{\underset{\sim}{x}}\,dA_0-\frac{1}{V_0}\int_{V_0}\left(\underset{\sim}{T}_0\cdot\overset{0}{\underset{\sim}{\nabla}}\right)\otimes\overset{0}{\underset{\sim}{x}}\,dV_0$$

$$=\frac{1}{V_0}\int_{A_0}\underset{\sim}{t}_0{}^U\otimes\overset{0}{\underset{\sim}{x}}\,dA_0+\frac{1}{V_0}\int_{\mathscr{B}}\underset{\sim}{b}^U\otimes\overset{0}{\underset{\sim}{x}}\,dm \tag{12.42}$$

der Spannung $\underset{\sim}{T}_0$ ist durch die Umgebungslasten festgelegt. Da in der Ruhelage die Momentanplazierung mit der Bezugsplazierung zusammenfällt, ist $\underset{\sim}{T}_0$ und damit $\tilde{\underset{\sim}{T}}_0$ symmetrisch. Stellen wir den Versor $\underset{\sim}{Q}$ gemäß (6.73) dar, so finden wir

$$\bar{P}/V_0=(\tilde{t}_{22}+\tilde{t}_{33})(1-\cos\varphi)=(\operatorname{tr}\tilde{\underset{\sim}{T}}_0-\tilde{t}_{11})(1-\cos\varphi). \tag{12.43}$$

Wenn die Ungleichungen

$$\tilde{t}_1+\tilde{t}_2\geqq 0,\ \tilde{t}_1+\tilde{t}_3\geqq 0,\ \tilde{t}_2+\tilde{t}_3\geqq 0 \tag{12.44}$$

erfüllt sind, dann ist wegen $\tilde{t}_{11}\leqq\max\{\tilde{t}_1,\tilde{t}_2,\tilde{t}_3\}$ nach (5.139) auch $\operatorname{tr}\tilde{\underset{\sim}{T}}_0-\tilde{t}_{11}=\tilde{t}_1+\tilde{t}_2+\tilde{t}_3-\tilde{t}_{11}\geqq 0$ und damit $\bar{P}\geqq 0$ für jeden Versor $\underset{\sim}{Q}$. Ist aber eine der Ungleichungen (12.44) verletzt, so läßt sich eine feste Drehachse des Versors so finden, daß bei einsinniger Drehung $\bar{P}<0$ für $\sigma=\sqrt{2}|\varphi|\in(0,2\sqrt{2}\pi)$ gilt. Die Ruhelage kann dann gemäß (12.38) nicht stabil sein. Wie man sieht, betrifft dieses Stabilitätskriterium nur die äußere Belastung und ist vom Materialverhalten vollkommen unabhängig! So ist beispielsweise ein an beiden Enden gedrückter Stab ohne Lagerung nicht stabil.

Im thermomechanischen Falle läßt sich ein weiteres notwendiges Kriterium finden. Es gebe einen Erhitzungsprozeß $\Theta(X,\tau)$ bei festgehaltener Plazierung derart, daß auch jeder durch einen Wechsel $\varkappa$ des Zeitmaßstabes daraus entstehende modifizierte Prozeß $\Theta_\varkappa(X,\tau):=\Theta(X,\varkappa(\tau))$ möglich ist. Die Schnelligkeit des modifizierten Prozesses messen wir durch

$$\|\dot{\Theta}_\varkappa\|=\max_{\tau}\max_{X\in\mathscr{B}}|\dot{\Theta}|. \tag{12.45}$$

Nun besitze ferner die Systemarbeit P bei beliebiger Beschleunigung des Prozesses einen Grenzwert $\bar{P}$, genannt Systemarbeit bei augenblicklicher Erhitzung, genauer: Bezeichnet

$$s = \int_{t_0}^{t} \max_{x \in \mathscr{B}} |\dot{\Theta}| d\tau \tag{12.46}$$

die Bogenlänge des Prozesses, so gebe es eine monoton fallende Funktion $\varphi$ mit der Eigenschaft $\lim_{x \to \infty} \varphi(x) = 0$ derart, daß

$$|P_\varkappa(s) - \bar{P}(s)| \leqq \varphi(\|\dot{\Theta}_\varkappa\|) s \tag{12.47}$$

gilt. Als notwendige Stabilitätsbedingung finden wir dann das folgende *Kriterium der augenblicklichen Erhitzung*:

Es darf keinen Erhitzungsprozeß bei festgehaltener Plazierung geben, für den die Systemarbeit bei augenblicklicher Erhitzung existiert und folgende Bedingungen erfüllt:

$$\bar{P}(\sigma) \leqq 0 \text{ für alle } \sigma \in [0,s],$$

$$\bar{P}(s) < 0. \tag{12.48}$$

Für den beschleunigten Prozeß gilt nämlich anderenfalls: Mit wachsendem $\|\dot{\Theta}_\varkappa\|$ strebt der Endwert $P_\varkappa(s)$ gegen den negativen Wert $\bar{P}(s)$, während der Schwellenwert – man beachte $E \equiv 0$ –

$$S = \max_{[t_0,t]} A_t^a = \max_{[t_0,t]} [P_\varkappa(\sigma) - \bar{P}(\sigma) + \bar{P}(\sigma)] \leq \max_{[t_0,t]} |P_\varkappa - \bar{P}| \leqq \varphi s \tag{12.49}$$

beliebig klein wird, so daß das Muldenkriterium verletzt ist.

## 12.2 Notwendige Bedingungen für die mechanische Stabilität homogener Körper

Wir untersuchen jetzt einen materiell uniformen Körper, dessen Zustand, Orientierung und Dichte in der homothermen Ruhelage zur Zeit $t_0$ homogen sind (siehe die Definition im Abschnitt 8.9). Es sei $\mathfrak{b}^U \equiv 0$ vorgeschrieben.

Wir beschränken uns auf isotherme Prozesse, bei denen die Lage sich zudem nur im Körperinneren ändert, also

$$\lambda \equiv \lambda_0 \text{ in } \mathscr{B}, \; \underset{\sim}{x} \equiv \overset{0}{\underset{\sim}{x}} \text{ auf } \partial\mathscr{B}. \tag{12.50}$$

Prozesse dieser – als $\mathbb{P}^0_{\mathscr{B}}$ bezeichneten – Klasse sind bei jeder Kombination der Randbedingungen möglich. Für sie gilt $L_t = 0$, $U_t = U_{t_0}$, $V_t = 0$, und $P_t = K_t$ ist gleich der Spannungsarbeit des Prozesses. Das wesentliche Hilfsmittel unserer Untersuchung sind spezielle Prozesse aus der Klasse $\mathbb{P}^0_{\mathscr{B}}$, bei denen Lageänderungen nur in einem

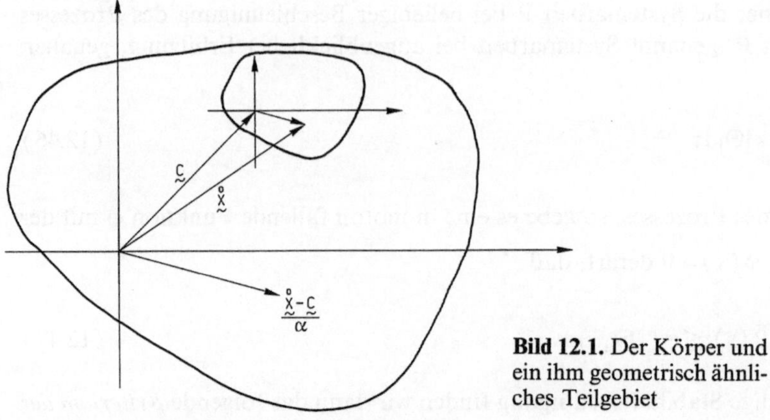


**Bild 12.1.** Der Körper und ein ihm geometrisch ähnliches Teilgebiet

Teilgebiet der Bezugsplazierung des Körpers stattfinden. Dieses Teilgebiet soll der Bezugsplazierung des Gesamtkörpers geometrisch ähnlich sein, und wir können es folglich durch zwei Parameter $\underset{\sim}{c}$ und $\alpha$ ( $\leqq 1$ ) beschreiben (Bild 12.1). Wir erzeugen insbesondere einen derartigen Prozeß, indem wir von einem beliebigen Prozeß

$$\underset{\sim}{x}\left(\overset{0}{\underset{\sim}{x}},\tau\right)=\overset{0}{\underset{\sim}{x}}+\underset{\sim}{u}\left(\overset{0}{\underset{\sim}{x}},\tau\right) \text{ mit } \underset{\sim}{u}\equiv 0 \text{ auf } \partial\mathscr{B} \tag{12.51}$$

und

$$\underset{\sim}{F}\left(\overset{0}{\underset{\sim}{x}},\tau\right)=\underset{\sim}{1}+\underset{\sim}{u}\left(\overset{0}{\underset{\sim}{x}},\tau\right)\otimes\overset{0}{\underset{\sim}{\nabla}} \tag{12.52}$$

ausgehen und

$$\underset{\sim}{x}_{\underset{\sim}{c},\alpha}\left(\overset{0}{\underset{\sim}{x}},\tau\right):=\begin{cases}\overset{0}{\underset{\sim}{x}}+\alpha\underset{\sim}{u}\left(\left(\overset{0}{\underset{\sim}{x}}-\underset{\sim}{c}\right)/\alpha,\tau\right), & \text{wenn } \left(\overset{0}{\underset{\sim}{x}}-\underset{\sim}{c}\right)/\alpha\in\mathscr{B},\\ \overset{0}{\underset{\sim}{x}} & \text{sonst}\end{cases} \tag{12.53}$$

setzen. Es gilt dann $\underset{\sim}{x}_{\underset{\sim}{c},\alpha}=\overset{0}{\underset{\sim}{x}}$ auf $\partial\mathscr{B}$ und

$$\left.\begin{aligned}\dot{\underset{\sim}{x}}_{\underset{\sim}{c},\alpha}\left(\overset{0}{\underset{\sim}{x}},\tau\right)&=\alpha\dot{\underset{\sim}{x}}\left(\left(\overset{0}{\underset{\sim}{x}}-\underset{\sim}{c}\right)/\alpha,\tau\right)\\ \underset{\sim}{F}_{\underset{\sim}{c},\alpha}\left(\overset{0}{\underset{\sim}{x}},\tau\right)&=\underset{\sim}{F}\left(\left(\overset{0}{\underset{\sim}{x}}-\underset{\sim}{c}\right)/\alpha,\tau\right)\end{aligned}\right\}\text{ wenn }\left(\overset{0}{\underset{\sim}{x}}-\underset{\sim}{c}\right)/\alpha\in\mathscr{B}. \tag{12.54}$$

An den zugeordneten Punkten $\overset{0}{\underset{\sim}{x}}$ und $\left(\overset{0}{\underset{\sim}{x}}-\underset{\sim}{c}\right)/\alpha$ laufen also in beiden Fällen die gleichen Prozesse des Deformationsgradienten $\underset{\sim}{F}$, der Temperatur $\Theta$ ($\Theta\equiv\Theta_0$) und des Temperaturgradienten $\hat{\underset{\sim}{\nabla}}\Theta$ ($\hat{\underset{\sim}{\nabla}}\Theta\equiv 0$) ab. Wegen der Homogenität des Materialverhaltens sind daher an diesen Punkten zur Zeit $\tau\geqq t_0$ auch die Werte der Beanspruchung, der inneren Energie und des Wärmeflusses gleich.

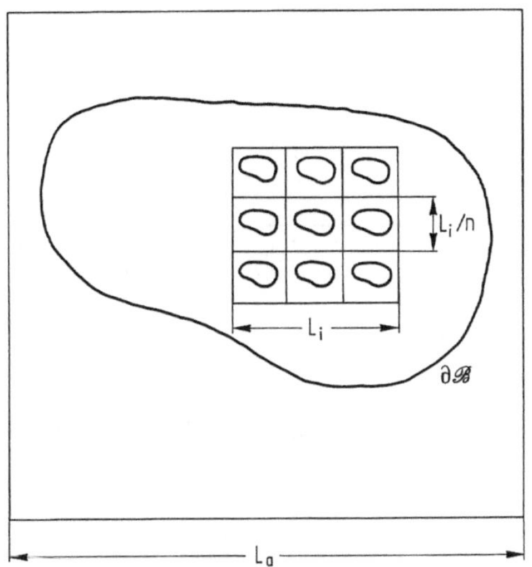


**Bild 12.2.** In Teilwürfel eingeschlossene Teilkörper

Da die beteiligten Volumina im Verhältnis $\alpha^3$ stehen, gelten für die kinetische Energie und die Spannungsarbeit die Zusammenhänge

$$E_{\underset{\sim}{\varsigma},\alpha}|_t = \alpha^5 E_t \leqq \alpha^3 E_t \tag{12.55}$$

$$P_{\underset{\sim}{\varsigma},\alpha}|_t = \alpha^3 P_t \tag{12.56}$$

und damit ist

$$A^a_{\underset{\sim}{\varsigma},\alpha}|_t \leqq \alpha^3 A^a_t. \tag{12.57}$$

Wir wollen nun zeigen, daß – unter gewissen Voraussetzungen – die Prozeßklasse $\mathbb{P}^0_{\mathscr{B}}$ im Stabilitätsfalle keinen Prozeß mit $P_t < 0$ enthalten kann. Dazu grenzen wir die Berandung des Körpers in der Bezugsplazierung von außen und innen durch je einen Würfel (mit Kantenlänge $L_a$ bzw. $L_i$ und gleicher Orientierung der Deckflächen) ein, zerlegen den inneren Würfel in $n^3$ Teilwürfel der Kantenlänge $L_i/n$ und bilden den Außenwürfel auf jeden dieser Teilwürfel ab. (Siehe Bild 12.2.) Jeder Teilwürfel enthält also ein Gebiet, welches dem Gesamtkörper in der Bezugsplazierung geometrisch ähnlich und auch ebenso orientiert ist, und es gilt $\alpha = L_i/(nL_a)$. Nun gebe es einen Prozeß aus der Klasse $\mathbb{P}^0_{\mathscr{B}}$ mit der Schwellenarbeit $S_t = \max_{\tau\in[t_0,t]} A^a_\tau$ und dem Endwert der Spannungsarbeit $P_t(<0)$, der zur Zeit t in einer Ruhelage ($\dot{\underset{\sim}{x}} \equiv 0$) endet. Läuft stattdessen in einem der Teilgebiete ein Prozeß gemäß (12.53) ab, so ist

$$S_{\underset{\sim}{\varsigma},\alpha}|_t \leqq \alpha^3 S_t, \quad P_{\underset{\sim}{\varsigma},\alpha}|_t = \alpha^3 P_t. \tag{12.58}$$

Schaltet man nun $n^3$ derartige Prozesse hintereinander, wobei jeder in einem anderen Teilgebiet abläuft, so wird der Schwellenwert des Gesamtprozesses bereits beim ersten dieser Teilprozesse erreicht, während die Spannungsarbeiten aller Teilgebiete sich

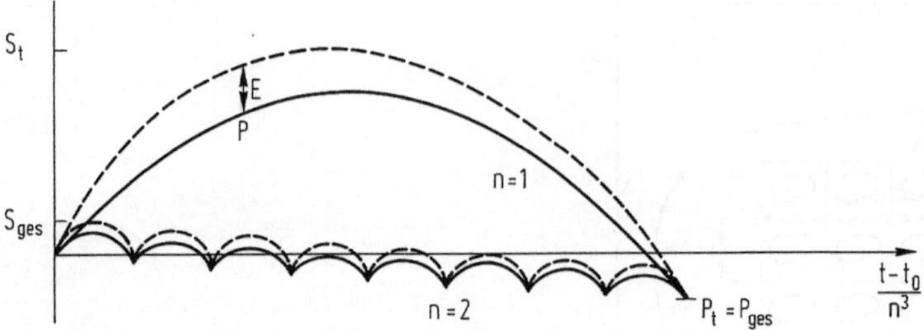


**Bild 12.3.** Hintereinanderschaltung von $n^3$ Teilprozessen

addieren (vgl. Bild 12.3, dort ist der Fall $L_a = L_i$ und $n=1$ bzw. $n=2$ dargestellt).

$$S_{ges} \leqq \alpha^3 S_t = \frac{1}{n^3}\left(\frac{L_i}{L_a}\right)^3 S_t,$$

$$P_{ges} = n^3 \alpha^3 P_t = \left(\frac{L_i}{L_a}\right)^3 P_t. \qquad (12.59)$$

Der Endwert $P_{ges}$ hängt von der Teilung n nicht ab, während der Schwellenwert $S_{ges}$ mit wachsendem n beliebig klein wird. Damit ist das Kriterium (4.19) für die Existenz einer Mulde offensichtlich verletzt.

Bei der angewendeten Schlußweise wurde stillschweigend vorausgesetzt, daß der Verlauf der Spannungsarbeit bei allen $n^3$ Teilprozessen derselbe ist. Nun finden diese Prozesse aber nicht gleichzeitig, sondern nach unterschiedlich langen „Wartephasen" statt. Unsere Voraussetzung ist sicher erfüllt, wenn der Zustand der Materialelemente des Körpers zur Zeit $t_0$ relaxiert ist, d.h., wenn sich Prozeßklasse und Ausgabefunktional während eines beliebig langen Prozesses mit konstanten Werten von $\underset{\sim}{G}$, $\Theta$ und $\hat{\underset{\sim}{\nabla}}\Theta$ nicht ändern. Diese Voraussetzung ist immer erfüllt bei elastischen und thermoelastischen Materialien sowie bei allen Materialien mit geschwindigkeitsunabhängigem Verhalten einschließlich der starrplastischen. Bei viskoelastischem und viskoplastischem Material kann unsere Schlußweise nicht ungeprüft übernommen werden, sofern der Zustand in der homothermen Ruhelage nicht relaxiert ist.

Zusammenfassend finden wir: Eine homotherme relaxierte Ruhelage eines homogenen Körpers kann nicht stabil sein, wenn ihr durch einen isothermen Prozeß, bei dem die Lage der Körperberandung festgehalten wird, Arbeit entzogen werden kann.

*Bemerkung 1:* Die Einschränkung, daß am Ende des Prozesses $\dot{\underset{\sim}{x}} \equiv 0$ gelten soll, konnten wir fallenlassen. Ist nämlich $P_t < 0$, aber $\dot{\underset{\sim}{x}} \not\equiv 0$, so können wir in beliebig kurzer Zeit $\Delta t$ den Prozeß auf $\dot{\underset{\sim}{x}} \equiv 0$ abbremsen und ähnlich wie in (12.29) auf $\Delta P \to 0$ beim Grenzübergang $\Delta t \to 0$ schließen.

*Bemerkung 2:* Ob das soeben hergeleitete Stabilitätskriterium erfüllt ist, hängt nur vom Materialverhalten und nicht von Gestalt und Größe des Körpers ab. Betrachtet man nämlich einen beliebig geformten Teilkörper $\mathscr{B}^*$ eines Körpers $\mathscr{B}$, so gehören alle Prozesse der Klasse $\mathbb{P}^0_{\mathscr{B}^*}$ auch zur Klasse $\mathbb{P}^0_{\mathscr{B}}$, so daß die Erfüllung des Kriteriums für den Körper $\mathscr{B}$ auch Erfüllung für $\mathscr{B}^*$ bedeutet. Daß aber die Größe des Körpers keine Rolle spielt, folgt aus der Invarianz des Vorzeichens von P unter der Transformation (12.56).

Deswegen *definieren* wir: Der (relaxierte) Zustand eines Materials erfüllt das *mechanische Kriterium der materiellen Stabilität*, wenn es nicht möglich ist, einem aus diesem Material gefertigten und am Rande allseits festgehaltenen homogenen Körper durch einen in diesem Zustand startenden isothermen Prozeß Arbeit zu entziehen.

$$\int_{\tau=t_0}^{t} \int_{\mathscr{B}} \underset{\sim}{S} : \dot{\underset{\sim}{G}} \, dm \, d\tau \geqq 0, \quad \underset{\sim}{x} = \overset{0}{\underset{\sim}{x}} \text{ auf } \partial\mathscr{B}, \quad \lambda = \lambda_0 \text{ in } \mathscr{B}. \tag{12.60}$$

*Bemerkung 3:* Genau dann, wenn wir uns auf die rein mechanische Theorie und die Randbedingung $\underset{\sim}{x} \equiv \overset{0}{\underset{\sim}{x}}$ beschränken, umfaßt die Klasse $\mathbb{P}^0_{\mathscr{B}}$ die Gesamtmenge der Prozesse des Körpers, und das mechanische Kriterium der materiellen Stabilität wird mit dem Zufuhrkriterium identisch. Wir finden also: Im Rahmen der mechanischen Theorie ist das Zufuhrkriterium nicht nur hinreichend, sondern auch notwendig und das mechanische Kriterium der materiellen Stabilität nicht nur notwendig, sondern auch hinreichend für die Stabilität der relaxierten Ruhelage eines allseits festgehaltenen homogenen Körpers.

*Bemerkung 4:* Hat man es mit einem inhomogenen Körper zu tun und untersucht isotherme Verformungen eines sehr kleinen Teilgebietes, so wird man häufig das Materialverhalten in diesem Teilgebiet als nahezu homogen ansehen können. In diesem Falle müßte es möglich sein, die mechanische materielle Stabilität der Zustände an jedem einzelnen Punkt des Körpers als notwendig für die Stabilität des inhomogenen Körpers zu erweisen. (Die technische Durchführung soll hier nicht versucht werden. Offenbar muß man dazu in geeigneter Weise Zustand und Materialverhalten als in der Ortsvariablen $\overset{0}{\underset{\sim}{x}}$ stetig definieren und das beteiligte Gebiet in einem Grenzübergang beliebig klein werden lassen.)

Um aus dem mechanischen Kriterium der materiellen Stabilität konkrete Einschränkungen des Stoffgesetzes herzuleiten, wählen wir – einer Idee von Noll folgend (vgl. Truesdell und Noll [0.1] Kap. 68bis) – eine spezielle Verformung, bei der die Verschiebungen nur innerhalb eines Quaders von Null verschieden sind. ($x_1, x_2, x_3$ bedeutet ein kartesisches Koordinatensystem mit der orthonormierten Basis $\underset{\sim}{n}_1, \underset{\sim}{n}_2, \underset{\sim}{n}_3$, vgl. Bild 12.4). Der Quader zerfällt in sechs Pyramiden, deren Spitzen sich im Koordinatenursprung treffen und deren Grundflächen die äußeren Normalen

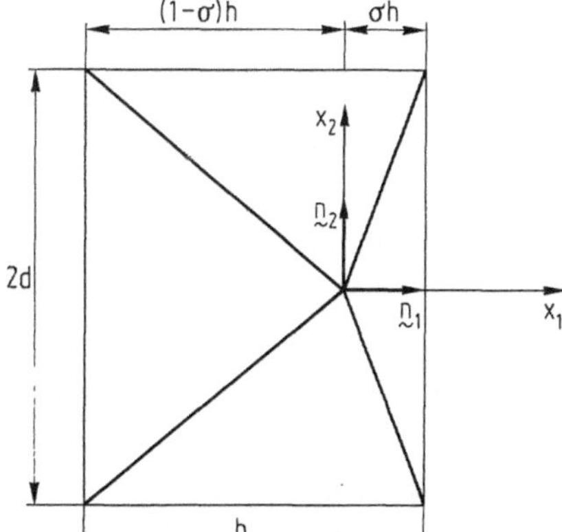


**Bild 12.4.** Zerlegung des Quaders in sechs Pyramiden

$\pm \underset{\sim}{n}_j$ (j=1,2,3) haben. In jeder dieser Pyramiden wird das Verschiebungsfeld linear angesetzt als $\underset{\sim}{u}=\sigma h \underset{\sim}{a}(t)\varphi\left(\overset{0}{\underset{\sim}{x}}\right)$ und zwar wie folgt:

| Nummer m | Normale | Volumen $V_m$ | $\varphi\left(\overset{0}{\underset{\sim}{x}}\right)$ | $\underset{\sim}{u}_m \otimes \overset{0}{\underset{\sim}{\nabla}}$ |
|---|---|---|---|---|
| 1 | $+\underset{\sim}{n}_1$ | $\frac{4}{3}\sigma h d^2$ | $1-\frac{x_1}{\sigma h}$ | $-\underset{\sim}{a}(t)\otimes \underset{\sim}{n}_1$ |
| −1 | $-\underset{\sim}{n}_1$ | $\frac{4}{3}(1-\sigma)hd^2$ | $1+\frac{x_1}{(1-\sigma)h}$ | $\frac{\sigma}{1-\sigma}\underset{\sim}{a}(t)\otimes \underset{\sim}{n}_1$ |
| ±2 | $\pm\underset{\sim}{n}_2$ | $\frac{2}{3}hd^2$ | $1\mp\frac{x_2}{d}$ | $\mp\frac{\sigma h}{d}\underset{\sim}{a}(t)\otimes \underset{\sim}{n}_2$ |
| ±3 | $\pm\underset{\sim}{n}_3$ | $\frac{2}{3}hd^2$ | $1\mp\frac{x_3}{d}$ | $\mp\frac{\sigma h}{d}\underset{\sim}{a}(t)\otimes \underset{\sim}{n}_3$ (12.61) |

Deformationsgradient und Spannung sind daher in jeder Pyramide konstant, und die Systemarbeit ist nicht negativ, wenn gilt:

$$
\begin{aligned}
0 &\leqq \int_{\tau=t_0}^{t}\int_{V_0} \underset{\sim}{T}_0\left(\overset{0}{\underset{\sim}{x}},\tau\right):\dot{\underset{\sim}{F}}\left(\overset{0}{\underset{\sim}{x}},\tau\right)dV_0 d\tau \\
&= \int_{\tau=t_0}^{t}\sum_{m=-3}^{3} \underset{\sim}{T}_{0m}(\tau):\dot{\underset{\sim}{u}}_m\otimes\overset{0}{\underset{\sim}{\nabla}}(\tau)V_m d\tau \\
&= \frac{2}{3}\sigma h d^2 \int_{\tau=t_0}^{t} \dot{\underset{\sim}{a}}(\tau)\cdot\{\,2[\underset{\sim}{T}_{0-1}(\tau)-\underset{\sim}{T}_{01}(\tau)]\cdot\underset{\sim}{n}_1 \\
&\qquad + \frac{h}{d}[\underset{\sim}{T}_{0-2}-\underset{\sim}{T}_{02}](\tau)\cdot\underset{\sim}{n}_2 \\
&\qquad + \frac{h}{d}[\underset{\sim}{T}_{0-3}-\underset{\sim}{T}_{03}](\tau)\cdot\underset{\sim}{n}_3\}\,d\tau.
\end{aligned}
\tag{12.62}
$$

Da das Verhältnis h/d beliebig klein gewählt werden kann, darf der Beitrag der ersten eckigen Klammer nicht negativ sein, also

$$
\int_{\tau=t_0}^{t} \dot{\underset{\sim}{a}}(\tau)\cdot[\underset{\sim}{T}_{0-1}(\tau)-\underset{\sim}{T}_{01}(\tau)]\cdot\underset{\sim}{n}_1 d\tau \geqq 0. \tag{12.63}
$$

Vollziehen wir noch den Grenzübergang $\sigma\to 0$, so wird die Änderung von $\underset{\sim}{T}_{0-1}(\tau)$ gegenüber der Ausgangsspannung $\underset{\sim}{T}_0(t_0)$ beliebig klein, also, wenn wir $\underset{\sim}{T}_0$ statt $\underset{\sim}{T}_{01}$ und $\underset{\sim}{n}:=-\underset{\sim}{n}_1$ schreiben und $\underset{\sim}{u}_1\otimes\overset{0}{\underset{\sim}{\nabla}}=\underset{\sim}{a}\otimes\underset{\sim}{n}$ beachten:

$$
\int_{\tau=t_0}^{t} [\underset{\sim}{T}_0(\tau)-\underset{\sim}{T}_0(t_0)]:\dot{\underset{\sim}{u}}\otimes\overset{0}{\underset{\sim}{\nabla}}(\tau)d\tau \geqq 0, \text{ wenn } \underset{\sim}{u}\otimes\overset{0}{\underset{\sim}{\nabla}}(\tau)=\underset{\sim}{a}(\tau)\otimes\underset{\sim}{n}. \tag{12.64}
$$

Als notwendige Stabilitätsbedingung haben wir daher das folgende mechanische *Rang 1-Kriterium* erhalten: Die Arbeit der Zusatzspannung $\underset{\sim}{T}_0(\tau)-\underset{\sim}{T}_0(t_0)$ darf nicht negativ sein bei isothermen Prozessen aus dem relaxierten Zustand heraus, deren Verschiebungsgradient die Form eines dyadischen Produkts hat, also einen Tensor vom Rang 1 bildet.

Die Bedingung ist zugleich hinreichend zur Erfüllung von (12.62), denn in jeder Pyramide finden „Deformationsprozesse vom Rang 1" statt. Für allgemeinere als diese Deformationsprozesse vom Rang 1 läßt sich eine Aussage über das Vorzeichen der Zusatzarbeit auf dem hier beschrittenen Wege nicht gewinnen.

## 12.3 Stabilität thermoelastischer Körper

Wenden wir uns nun dem elastischen Material zu. Es bezeichne $\underset{\sim}{Z}$ die Kirchhoffsche Beanspruchung und $\underset{\sim}{E} = (\underset{\sim}{F}^T\underset{\sim}{F} - \underset{\sim}{1})/2 = \operatorname{sym} \overset{0}{\underset{\sim}{\nabla}} \otimes \underset{\sim}{u} + o\left(|\overset{0}{\underset{\sim}{\nabla}} \otimes \underset{\sim}{u}|\right)$ die Greensche Verzerrung bezüglich der als Bezugsplazierung gewählten Ruhelage. Dann läßt nach (7.36), (7.121), (7.143), (7.144), (7.174) die Nennspannung zur Zeit t sich im isothermen Falle – sofern $\hat{\underset{\sim}{Z}}(\underset{\sim}{E})$ bei $\underset{\sim}{E} = 0$ Fréchet-differenzierbar ist – darstellen als

$$
\begin{aligned}
\underset{\sim}{T}_0(t) &= \varrho_0 \underset{\sim}{P}_0(t) = \varrho_0 \underset{\sim}{F}(t)\underset{\sim}{Z}(t) \\
&= \varrho_0\left(\underset{\sim}{1} + \underset{\sim}{u} \otimes \overset{0}{\underset{\sim}{\nabla}}(t)\right)\left(\underset{\sim}{Z}(t_0) + \mathbb{C}(\underset{\sim}{K}_0):\underset{\sim}{E}(t) + o(|\underset{\sim}{E}|)\right) \\
&= \underset{\sim}{T}_0(t_0) + \underset{\sim}{u} \otimes \overset{0}{\underset{\sim}{\nabla}}(t) \cdot \underset{\sim}{T}_0(t_0) \\
&\quad + \varrho_0 \mathbb{C}(\underset{\sim}{K}_0):\operatorname{sym} \overset{0}{\underset{\sim}{\nabla}} \otimes \underset{\sim}{u}(t) + o\left(|\overset{0}{\underset{\sim}{\nabla}} \otimes \underset{\sim}{u}(t)|\right) \\
&= \underset{\sim}{T}_0(t_0) + \varrho_0 \mathbb{A}(\underset{\sim}{K}_0):\underset{\sim}{u} \otimes \overset{0}{\underset{\sim}{\nabla}}(t) + o\left(|\overset{0}{\underset{\sim}{\nabla}} \otimes \underset{\sim}{u}(t)|\right).
\end{aligned}
\tag{12.65}
$$

Das mechanische Rang 1-Kriterium schreibt sich daher

$$
\int_{\tau=t_0}^{t} \dot{\underset{\sim}{u}} \otimes \overset{0}{\underset{\sim}{\nabla}}(\tau):\left[\mathbb{A}(\underset{\sim}{K}_0):\underset{\sim}{u} \otimes \overset{0}{\underset{\sim}{\nabla}}(\tau) + o\left(|\overset{0}{\underset{\sim}{\nabla}} \otimes \underset{\sim}{u}(\tau)|\right)\right] d\tau \geqq 0,
$$

$$
\text{wenn } \underset{\sim}{u} \otimes \overset{0}{\underset{\sim}{\nabla}}(\tau) = \underset{\sim}{a}(\tau) \otimes \underset{\sim}{n}. \tag{12.66}
$$

Da der Fehlerterm bei Beschränkung auf kleine Verformungen beliebig klein gemacht werden kann, darf der erste Term allein nicht negativ sein. Wählt man speziell eine geradlinige Verformung $\underset{\sim}{a}(\tau) = (\tau - t_0)\underset{\sim}{a}$, so ergibt die Integration

$$
\underset{\sim}{a} \otimes \underset{\sim}{n}:\mathbb{A}(\underset{\sim}{K}_0):\underset{\sim}{a} \otimes \underset{\sim}{n} \geqq 0. \tag{12.67}
$$

Dieser von *Hadamard* gefundenen Stabilitätsbedingung muß die Steifigkeit $\mathbb{A}(\underset{\sim}{K}_0) = \partial \underset{\sim}{P}_0/\partial \underset{\sim}{F}$ $(\underset{\sim}{F} = \underset{\sim}{1})$ für jede Wahl der Vektoren $\underset{\sim}{a}$ und $\underset{\sim}{n}$ genügen.

Daß sie außerdem symmetrisch sein muß, folgert man aus der Wahl

$$
\underset{\sim}{a}(\tau) = \underset{\sim}{b}\left(\cos 2\pi \frac{\tau - t_0}{t - t_0} - 1\right) + \underset{\sim}{c} \sin 2\pi \frac{\tau - t_0}{t - t_0}, \tag{12.68}
$$

welche im Intervall $[t_0,t]$ einen Verformungskreisprozeß beschreibt. Integration gibt – ohne den Fehlerterm –:

$$\underset{\sim}{c}\otimes\underset{\sim}{n}:\mathbb{A}(\underset{\sim}{K}_0):\underset{\sim}{b}\otimes\underset{\sim}{n}-\underset{\sim}{b}\otimes\underset{\sim}{n}:\mathbb{A}(\underset{\sim}{K}_0):\underset{\sim}{c}\otimes\underset{\sim}{n}\geq 0. \tag{12.69}$$

Da die Ungleichung auch bei einer Vertauschung von $\underset{\sim}{b}$ und $\underset{\sim}{c}$ im Ansatz (12.68) gelten muß, ist tatsächlich nur das Gleichheitszeichen möglich, d.h., der Ausdruck – vgl. (12.65) –

$$\underset{\sim}{c}\otimes\underset{\sim}{n}:\mathbb{A}(\underset{\sim}{K}_0):\underset{\sim}{b}\otimes\underset{\sim}{n}=\underset{\sim}{c}\otimes\underset{\sim}{n}:\left[\underset{\sim}{b}\otimes\underset{\sim}{n}\cdot\frac{\underset{\sim}{T}_0(t_0)}{\varrho_0}+\mathbb{C}(\underset{\sim}{K}_0):\operatorname{sym}\underset{\sim}{b}\otimes\underset{\sim}{n}\right]$$

$$=\underset{\sim}{b}\cdot\underset{\sim}{c}\,\frac{\underset{\sim}{n}\cdot\underset{\sim}{T}_0(t_0)\cdot\underset{\sim}{n}}{\varrho_0}+\operatorname{sym}\underset{\sim}{c}\otimes\underset{\sim}{n}:\mathbb{C}(\underset{\sim}{K}_0):\operatorname{sym}\underset{\sim}{b}\otimes\underset{\sim}{n} \tag{12.70}$$

muß für jede Wahl von $\underset{\sim}{n},\underset{\sim}{b},\underset{\sim}{c}$ gegen Vertauschung von $\underset{\sim}{b}$ und $\underset{\sim}{c}$ invariant sein. Daß dann $\mathbb{C}$ und damit auch $\mathbb{A}$ *symmetrisch* sein muß, also

$$\underset{\sim}{D}_1:\mathbb{C}:\underset{\sim}{D}_2=\underset{\sim}{D}_2:\mathbb{C}:\underset{\sim}{D}_1 \quad \text{für alle } \underset{\sim}{D}_1,\underset{\sim}{D}_2\in\operatorname{Sym}(\mathscr{V}),$$

$$\underset{\sim}{L}_1:\mathbb{A}:\underset{\sim}{L}_2=\underset{\sim}{L}_2:\mathbb{A}:\underset{\sim}{L}_1 \quad \text{für alle } \underset{\sim}{L}_1,\underset{\sim}{L}_2\in\operatorname{Lin}(\mathscr{V}), \tag{12.71}$$

hat Bernstein bemerkt (siehe Truesdell und Noll [0.1], Kap. 90). Indem man nämlich eine orthonormierte Basis $\{\underset{\sim}{e}_m\}$ einführt und die Symmetrien

$$C_{ijkl}=C_{jikl}=C_{ijlk}=C_{jilk} \tag{12.72}$$

beachtet, läßt die Bedingung sich schreiben als

$$c_in_jC_{ijkl}b_kn_l=b_in_jC_{ijkl}c_kn_l=b_kn_jC_{kjil}c_in_l. \tag{12.73}$$

(Man denke daran, daß die Summationskonvention gilt und die Benennung der Summationsindizes beliebig ist.) Da dies für alle Vektoren $\underset{\sim}{b},\underset{\sim}{c}$ richtig sein muß, folgt:

$$0=n_jn_l(C_{ijkl}-C_{kjil}). \tag{12.74}$$

Das soll für jede Wahl von $\underset{\sim}{n}$ gelten, und daher muß der Inhalt der Klammer bezüglich der Indizes j und l antimetrisch sein:

$$C_{ijkl}-C_{kjil}=-C_{ilkj}+C_{klij}. \tag{12.75}$$

Umbenennung der Indizes $i\leftrightarrow l, j\leftrightarrow k$ macht daraus

$$C_{lkji}-C_{jkli}=-C_{lijk}+C_{jilk}, \tag{12.76}$$

und die Differenz dieser beiden Identitäten gibt unter Beachtung der Symmetrien (12.72) nach Umstellung

$$C_{ijkl}=C_{klij}, \tag{12.77}$$

also die behauptete Symmetrieeigenschaft (12.71).

Noch ein wesentlich weiter reichendes Ergebnis läßt sich gewinnen: Die (isotherme) Steifigkeit $\mathbb{C}$ muß nicht nur in der Plazierung $\underset{\sim}{K}_0$ der Ruhelage sondern in allen Plazierungen $\underset{\sim}{K}$ bei der Temperatur $\Theta_0$ symmetrisch sein. Um das einzusehen, nehmen wir an, es gebe eine lokale Plazierung $\underset{\sim}{K}$, für die $\mathbb{C}$ nicht symmetrisch ist. Nun verformen wir einen homogenen elastischen Körper in isothermer Weise so, daß der Deformationsgradient in einem ganz im Inneren des Körpers gelegenen Teilgebiet den konstanten Wert $\underset{\sim}{F} = \underset{\sim}{K}\underset{\sim}{K}_0{}^{-1}$ annimmt, danach führen wir in einem Untergebiet einen Verformungskreisprozeß des Typs (12.61) durch, und zuletzt bringen wir den Körper wieder in die homogene Ausgangsplazierung. Die Arbeiten beim Übergang $\underset{\sim}{K}_0 \rightarrow \underset{\sim}{K}$ und bei der Rückverformung $\underset{\sim}{K} \rightarrow \underset{\sim}{K}_0$ heben sich auf, so daß die insgesamt geleistete Arbeit allein während des Kreisprozesses um die Plazierung $\underset{\sim}{K}$ herum aufgebracht worden sein muß. In Abwandlung der zu Beginn dieses Abschnitts benutzten Schlußweise folgert man, daß sie negativ sein kann, weil $\mathbb{C}(\underset{\sim}{K})$ nicht symmetrisch ist, und damit ist das Kriterium (12.60) der materiellen Stabilität verletzt, wie demonstriert werden sollte. Somit muß die Steifigkeit $\mathbb{C}$ tatsächlich in jeder Plazierung symmetrisch sein, und das bedeutet nach (7.194)f. die Existenz einer isothermen (bei $\lambda_0$) Formänderungsenergie $W(\underset{\sim}{G}) = \hat{W}(\underset{\sim}{F})$.

*Bemerkung:* Im rein mechanischen Fall muß das Material somit hyperelastisch sein, das heißt, die Passivität stellt für das elastische Material eine notwendige Stabilitätsbedingung dar. Für allgemeine Materialien läßt sich jedoch auf dem beschrittenen Wege die Notwendigkeit der Passivitätsbedingung nicht beweisen. Das scheint bereits im thermoelastischen Falle nicht mehr möglich. Um zu sehen, wo die Schwierigkeit liegt, ergänzen wir die Vorgabe (12.53) durch

$$\lambda_{\underset{\sim}{c},\alpha}\left(\overset{0}{\underset{\sim}{x}},\tau\right) = \begin{cases} \lambda\left(\left(\overset{0}{\underset{\sim}{x}} - \underset{\sim}{c}\right)/\alpha, \tau\right) & \text{wenn } \left(\overset{0}{\underset{\sim}{x}} - \underset{\sim}{c}\right)/\alpha \in \mathscr{B}, \\ \lambda_0 & \text{sonst}, \end{cases} \tag{12.78}$$

und damit

$$\overset{0}{\underset{\sim}{\nabla}} \lambda_{\underset{\sim}{c},\alpha}\left(\overset{0}{\underset{\sim}{x}},\tau\right) = \frac{1}{\alpha} \overset{0}{\underset{\sim}{\nabla}} \lambda\left(\left(\overset{0}{\underset{\sim}{x}} - \underset{\sim}{c}\right)/\alpha, \tau\right) \quad \text{wenn } \left(\overset{0}{\underset{\sim}{x}} - \underset{\sim}{c}\right)/\alpha \in \mathscr{B}. \tag{12.79}$$

An den zugeordneten Punkten $\overset{0}{\underset{\sim}{x}}$ und $\left(\overset{0}{\underset{\sim}{x}} - \underset{\sim}{c}\right)/\alpha$ laufen dann zwar dieselben Prozesse des Deformationsgradienten $\underset{\sim}{F}$ und der Kälte $\lambda$, nicht aber des Kältegradienten $\overset{0}{\underset{\sim}{\nabla}} \lambda$ ab. Selbst wenn wir auf solche thermoelastischen Materialien einschränken, bei denen Beanspruchung und innere Energie vom Temperaturgradienten nicht abhängen, stimmen in dem Ausdruck – vgl. (12.19) –

$$\frac{\lambda}{2} \underset{\sim}{S} : \dot{\underset{\sim}{G}} + \varepsilon \dot{\lambda} + \underset{\sim}{h} \cdot \overset{0}{\underset{\sim}{\nabla}} \lambda \tag{12.80}$$

zwar der erste und zweite Summand, nicht aber der dritte an den zugeordneten Punkten überein. Die wichtige Eigenschaft (12.56), auf die wir unseren Beweis im isothermen Falle gestützt hatten, geht also verloren.

Unter Verwendung der isothermen Formänderungsenergie läßt das mechanische Kriterium (12.60) der materiellen Stabilität sich schreiben als

$$\int_{\mathscr{B}} \hat{W}(\underset{\sim}{F})\,dm \geqq \int_{\mathscr{B}} \hat{W}(\underset{\sim}{1})\,dm, \qquad \begin{aligned} &\underset{\sim}{F} = \underset{\sim}{x} \otimes \overset{0}{\underset{\sim}{\nabla}}, \\ &\underset{\sim}{x} \equiv \overset{0}{\underset{\sim}{x}} \text{ auf } \partial\mathscr{B}, \\ &\lambda \equiv \lambda_0 \text{ in } \mathscr{B}. \end{aligned} \tag{12.81}$$

In Worten: Unter allen isothermen Plazierungen eines am Rande festgehaltenen homogenen thermoelastischen Körpers besitzt die homogene Plazierung den kleinsten Wert der Formänderungsenergie.
Erfüllt die Formänderungsenergiefunktion $\hat{W}$ diese Bedingung — die von Geometrie und Größe des Körpers nicht abhängt —, so heißt $\hat{W}$ *quasikonvex* bezüglich der Bezugsplazierung.

Entsprechend läßt das mechanische Rang 1-Kriterium (12.64) sich schreiben als

$$\hat{W}(\underset{\sim}{F})-\hat{W}(\underset{\sim}{1})-P_0(\underset{\sim}{1}):(\underset{\sim}{F}-\underset{\sim}{1})\geqq 0, \text{ wenn } \underset{\sim}{F}=\underset{\sim}{1}+\underset{\sim}{a}\otimes\underset{\sim}{n}. \tag{12.82}$$

Erfüllt die Funktion $\hat{W}$ diese Bedingung für alle $\underset{\sim}{a},\underset{\sim}{n}$, so heißt $\hat{W}$ *Rang 1-konvex* bezüglich der Bezugsplazierung. Gemäß Herleitung im vorigen Abschnitt ist Rang 1-Konvexität notwendig für Quasikonvexität von $\hat{W}$.

Im folgenden wollen wir Stabilitätsbedingungen für solche thermoelastischen Körper auffinden, die den Passivitätsbedingungen (8.39), (8.40) genügen (wobei wir die Frage offenlassen, ob alle diese Passivitätsbedingungen für die Stabilität notwendig sind). Nach (12.18)ff. gilt

$$\begin{aligned} P_t=&\Theta_0\int_{\mathscr{B}}[\omega-\varepsilon(\lambda-\lambda_0)]\,dm\big|_{t_0}^{t}\\ &+\Theta_0\int_{t_0}^{t}\int_{\mathscr{B}}\underset{\sim}{h}\cdot\hat{\underset{\sim}{\nabla}}\lambda\,dm\,d\tau+U\big|_{t_0}^{t}+V_t. \end{aligned} \tag{12.83}$$

Nun ist

$$\begin{aligned} \omega-\varepsilon(\lambda-\lambda_0)&=\omega(\underset{\sim}{G},\lambda)-\frac{\partial\omega}{\partial\lambda}(\underset{\sim}{G},\lambda)(\lambda-\lambda_0)\\ &=\omega(\underset{\sim}{G},\lambda_0)-(\lambda-\lambda_0)^2\frac{\partial}{\partial\lambda}\left[\frac{\omega(\underset{\sim}{G},\lambda)-\omega(\underset{\sim}{G},\lambda_0)}{\lambda-\lambda_0}\right]\\ &=\omega(\underset{\sim}{G},\lambda_0)-\frac{\partial^2\omega}{\partial\lambda^2}(\underset{\sim}{G},\hat{\lambda})\frac{(\lambda-\lambda_0)^2}{2}\text{ mit }\hat{\lambda}\in(\lambda_0,\lambda). \end{aligned} \tag{12.84}$$

(Letzteres nach dem Mittelwertsatz entsprechend einer Idee, die von Ericksen in die Theorie der thermoelastischen Stabilität eingeführt wurde.) Bei bloßer Erhitzung vereinfacht sich daher (12.83) zu

$$P_t=-\Theta_0\int_{\mathscr{B}}\frac{\partial^2\omega}{\partial\lambda^2}(\underset{\sim}{G}_0,\hat{\lambda})\frac{(\lambda-\lambda_0)^2}{2}dm+\Theta_0\int_{t_0}^{t}\int_{\mathscr{B}}\underset{\sim}{h}\cdot\hat{\underset{\sim}{\nabla}}\lambda\,dm\,d\tau+V_t. \tag{12.85}$$

Wird der Erhitzungsprozeß beliebig beschleunigt, dann verschwindet der Beitrag der Wärmeleitung und ebenso der Verlustterm V. Der erste Anteil dagegen ist geschwindigkeitsunabhängig und läßt sich wegen

$$-\frac{\partial^2\omega}{\partial\lambda^2}=-\frac{\partial\varepsilon}{\partial\lambda}=\Theta^2\frac{\partial\varepsilon}{\partial\Theta}=\Theta^2 c_{\underset{\sim}{G}} \tag{12.86}$$

gemäß (8.48) schreiben als

$$\bar{P}_t=\Theta_0\int_{\mathscr{B}}\frac{c_{\underset{\sim}{G}}(\underset{\sim}{G}_0,\hat{\lambda})}{\hat{\lambda}^2}\frac{(\lambda-\lambda_0)^2}{2}dm. \tag{12.87}$$

Ist nun in einem zusammenhängenden Teilgebiet des Körpers $c_{\underset{\sim}{G}}(\underset{\sim}{G}_0,\lambda_0)$ negativ (und die Funktion $c_{\underset{\sim}{G}}$ bei $\lambda_0$ in $\lambda$ stetig), dann ist das Kriterium der augenblicklichen Erhitzung verletzt. Man erkennt das, wenn man nur in dem betreffenden Gebiet die Temperatur ein wenig ändert. Für einen homogenen Körper erweist sich somit

$$c_{\underset{\sim}{G}}(\underset{\sim}{G}_0,\lambda_0) \geqq 0 \tag{12.88}$$

als *notwendige Stabilitätsbedingung*: Die spezifische Wärme in der homothermen Ruhelage darf nicht negativ sein.

Wesentlich schärfer ist folgende Einschränkung der Abhängigkeit der inneren Energie von der Temperatur, die wir *Eigenschaft der thermischen Monotonie* (bezüglich $\lambda_0$) nennen wollen:

$$\int_{\bar{\lambda}=\lambda_0}^{\lambda} [\varepsilon(\underset{\sim}{G},\bar{\lambda}) - \varepsilon(\underset{\sim}{G},\lambda)] d\bar{\lambda} = -(\lambda-\lambda_0)^2 \frac{\partial}{\partial\lambda}\left[\frac{\omega(\underset{\sim}{G},\lambda)-\omega(\underset{\sim}{G},\lambda_0)}{\lambda-\lambda_0}\right] \geqq 0$$

$$\text{für alle } \underset{\sim}{G},\lambda. \tag{12.89}$$

Sie besagt, daß die Sekantensteigung der über $\lambda$ aufgetragenen Kurve $\omega$ mit wachsendem $\lambda$ nur abnehmen kann (Bild 12.5). Dazu darf notwendigerweise $\partial^2\omega/\partial\lambda^2$ bei $\lambda_0$ nicht positiv sein, also $c_{\underset{\sim}{G}}(\underset{\sim}{G},\lambda_0)$ nicht negativ. Hinreichend, aber nicht notwendig, ist die Bedingung $c_{\underset{\sim}{G}}(\underset{\sim}{G},\lambda) \geqq 0$ für alle $\underset{\sim}{G}$ und $\lambda$, wie man aus (12.84) ersieht.

Es scheint nicht möglich, die Eigenschaft der thermischen Monotonie als notwendig für Stabilität zu erweisen. Besitzen jedoch alle Materialelemente diese Eigenschaft, dann haben wir nach (12.83), (12.84), (8.40), (12.5)

$$\begin{aligned} P_t &\geqq \left[\Theta_0 \int_{\mathscr{B}} \omega(\underset{\sim}{G},\lambda_0)dm + U\right]\Big|_{t_0}^{t} \\ &= \left[\int_{\mathscr{B}} W(\underset{\sim}{G})dm + U\right]\Big|_{t_0}^{t} \end{aligned} \tag{12.90}$$

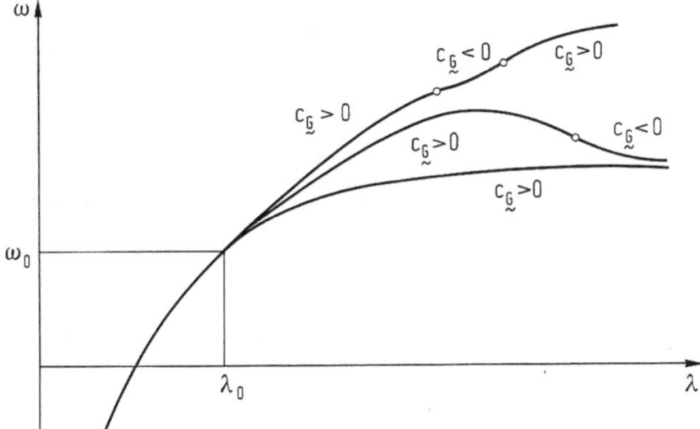


**Bild 12.5.** Verschiedene Funktionen $\omega(\underset{\sim}{G},\lambda)$, die die Eigenschaft der thermischen Monotonie garantieren

und daher gilt: Nimmt die Summe aus isothermer Formänderungsenergie und potentieller Energie der Umgebungslasten in der homothermen Ruhelage ihr Minimum an, so ist das Zufuhrkriterium erfüllt, und die homotherme Ruhelage des passiven thermoelastischen Körpers ist stabil.

Für den allseits festgehaltenen homogenen passiven thermoelastischen Körper ergibt sich insbesondere: Die Quasikonvexität der isothermen Formänderungsenergie ist notwendig und zusammen mit der Eigenschaft der thermischen Monotonie auch hinreichend für die Stabilität der homothermen Ruhelage.

## 12.4 Polykonvexität

Die Bedingung der Quasikonvexität ist eine Einschränkung der Form der Funktion $\hat{W}(\underset{\sim}{F})$, also des isothermen elastischen Stoffgesetzes, doch ist sie für praktische Untersuchungen wenig handlich. In diesem Abschnitt werden wir eine gut handhabbare konstitutive Ungleichung kennenlernen, die für die Quasikonvexität zwar nicht notwendig, aber doch hinreichend ist. Vorab benötigen wir noch einige Identitäten.

Ist ein beliebiger Körper (ohne Löcher und Risse) am Rande festgehalten, dann genügt der Gradient $\underset{\sim}{H} := \underset{\sim}{z} \otimes \underset{\sim}{\nabla}$ seines Verschiebungsfeldes $\underset{\sim}{z}$ aus der Momentanplazierung heraus wegen $\underset{\sim}{z} = 0$ auf $\partial\mathscr{B}$ den folgenden Einschränkungen:

$$(1) \quad 0 = \int_{\partial\mathscr{B}} \underset{\sim}{z} \otimes \underset{\sim}{n} \, dA = \int_V \underset{\sim}{z} \otimes \underset{\sim}{\nabla} \, dV = \int_V \underset{\sim}{H} \, dV, \tag{12.91}$$

$$\begin{aligned}(2) \quad 0 &= \int_{\partial\mathscr{B}} \underset{\sim}{z} \otimes \underset{\sim}{n} \cdot (\underset{\sim}{z} \otimes \underset{\sim}{\nabla} - (\underset{\sim}{\nabla} \cdot \underset{\sim}{z}) \underset{\sim}{1}) \, dA \\ &= \int_V (\underset{\sim}{z} \otimes \underset{\sim}{\nabla}) \cdot (\underset{\sim}{z} \otimes \underset{\sim}{\nabla} - (\underset{\sim}{\nabla} \cdot \underset{\sim}{z}) \underset{\sim}{1}) \, dV + \int_V \underset{\sim}{z} \otimes \{\underset{\sim}{\nabla} \cdot (\underset{\sim}{z} \otimes \underset{\sim}{\nabla} - (\underset{\sim}{\nabla} \cdot \underset{\sim}{z}) \underset{\sim}{1})\} \, dV \\ &= \int_V (\underset{\sim}{H}^2 - (\mathrm{tr}\, \underset{\sim}{H}) \underset{\sim}{H}) \, dV. \end{aligned} \tag{12.92}$$

Der Inhalt der geschweiften Klammer ist identisch Null, wie man leicht ausrechnet. Daß die letzte Formel richtig bleibt, wenn $\underset{\sim}{H}$ nur stückweise stetig ist, wird später in (12.222) gezeigt. Da schließlich das Volumen bei allseits festgehaltenem Rand durch die Verformung nicht geändert werden kann, gilt auch:

$$(3) \quad 0 = \int_V \{\det(\underset{\sim}{1} + \underset{\sim}{z} \otimes \underset{\sim}{\nabla}) - 1\} \, dV = \int_V \{\det(\underset{\sim}{1} + \underset{\sim}{H}) - 1\} \, dV. \tag{12.93}$$

Weil aber nach (5.87) bis (5.91)

$$\det(\underset{\sim}{1} + \underset{\sim}{H}) = 1 + \mathrm{tr}\, \underset{\sim}{H} - \frac{1}{2} \mathrm{tr}\{\underset{\sim}{H}^2 - (\mathrm{tr}\, \underset{\sim}{H}) \underset{\sim}{H}\} + \det \underset{\sim}{H} \tag{12.94}$$

ist und aus (1) und (2)

$$0 = \int_V \mathrm{tr}\, \underset{\sim}{H} \, dV, \quad 0 = \int_V \mathrm{tr}\{\underset{\sim}{H}^2 - (\mathrm{tr}\, \underset{\sim}{H}) \underset{\sim}{H}\} \, dV \tag{12.95}$$

folgt, so ist ferner

$$0 = \int_V \det \underset{\sim}{H} \, dV. \tag{12.96}$$

Die über das Volumen genommenen Mittelwerte aller drei Invarianten von $\underset{\sim}{H}$ verschwinden also.

Nach (5.99) ist (für n=3) $I_3\underset{\sim}{A}^{-1}=I_2\underset{\sim}{1}-I_1\underset{\sim}{A}+\underset{\sim}{A}^2$, und ersetzen wir $\underset{\sim}{A}$ durch $\underset{\sim}{G}:=\underset{\sim}{1}+\underset{\sim}{H}$ (daß die Buchstaben $\underset{\sim}{G}$ und $\underset{\sim}{H}$ bereits in anderer Bedeutung verwendet worden sind, dürfte wohl nicht zu Verwechslungen führen) und beachten (5.88) bis (5.91), so finden wir

$$\begin{aligned}(\det\underset{\sim}{G})\underset{\sim}{G}^{-1}&=\frac{1}{2}\{(\operatorname{tr}\underset{\sim}{G})^2-\operatorname{tr}\underset{\sim}{G}^2\}\underset{\sim}{1}-(\operatorname{tr}\underset{\sim}{G})\underset{\sim}{G}+\underset{\sim}{G}^2\\&=\underset{\sim}{1}-\{\underset{\sim}{H}-(\operatorname{tr}\underset{\sim}{H})\underset{\sim}{1}\}+\left[\underset{\sim}{H}^2-(\operatorname{tr}\underset{\sim}{H})\underset{\sim}{H}-\frac{1}{2}\operatorname{tr}\{\underset{\sim}{H}^2-(\operatorname{tr}\underset{\sim}{H})\underset{\sim}{H}\}\underset{\sim}{1}\right].\end{aligned}\tag{12.97}$$

Damit lassen die Einschränkungen (1) bis (3) folgende äquivalente Formulierung zu:

$$\left.\begin{aligned}&\int(\underset{\sim}{G}-\underset{\sim}{1})dV=0\\&\int\{(\det\underset{\sim}{G})\underset{\sim}{G}^{-T}-\underset{\sim}{1}\}dV=0\\&\int(\det\underset{\sim}{G}-1)dV=0\end{aligned}\right\}\quad\text{wenn } \underset{\sim}{G}=\underset{\sim}{1}+\underset{\sim}{z}\otimes\underset{\sim}{\nabla} \text{ und } \underset{\sim}{z}=0 \text{ auf } \partial\mathscr{B}.\tag{12.98}$$

Um nun auf die angekündigte konstitutive Ungleichung zu kommen, definieren wir:

Die Formänderungsenergie W heißt *polykonvex bezüglich der Plazierung* $\underset{\sim}{K}$ mit der Beanspruchung $\underset{\sim}{P}(\underset{\sim}{K})$, wenn es einen Tensor $\underset{\sim}{Y}$ und eine Zahl $n_D$ so gibt, daß für alle

$$\hat{\underset{\sim}{K}}=(\underset{\sim}{1}+\underset{\sim}{H})\underset{\sim}{K}\tag{12.99}$$

aus dem Definitionsbereich von W gilt:

$$W(\hat{\underset{\sim}{K}})\geqq W(\underset{\sim}{K})+\underset{\sim}{P}(\underset{\sim}{K}):\underset{\sim}{H}+\frac{\upsilon}{2}\underset{\sim}{Y}:(\underset{\sim}{H}^2-(\operatorname{tr}\underset{\sim}{H})\underset{\sim}{H})+\upsilon n_D\det\underset{\sim}{H}.\tag{12.100}$$

Die Funktion W soll sich also durch eine spezielle Funktion dritten Grades in $\underset{\sim}{H}$ nach unten abschätzen lassen.

Die Tragweite dieser Definition erkennen wir sogleich an folgendem *Satz*: Ist W polykonvex bezüglich $\underset{\sim}{K}$, dann ist es auch quasikonvex bezüglich $\underset{\sim}{K}$.

Zum Beweis betrachten wir einen homogenen Körper und wählen die homogene Momentanplazierung als Bezugsplazierung, so daß gilt

$$\begin{aligned}&W(\hat{\underset{\sim}{K}},X)=W(\underset{\sim}{F}\underset{\sim}{K},X)=\hat{W}(\underset{\sim}{F}),\\&\underset{\sim}{P}(\underset{\sim}{K},X)=\underset{\sim}{P}=\text{const},\ \upsilon(\underset{\sim}{K},X)=\varrho^{-1}=\text{const}.\end{aligned}\tag{12.101}$$

Ist nun W bezüglich der Momentanplazierung polykonvex, dann finden wir — mit $\underset{\sim}{H}:=\underset{\sim}{F}-\underset{\sim}{1}$ —

$$\begin{aligned}\int_{\mathscr{B}}\hat{W}(\underset{\sim}{F})dm\geqq&\int_{\mathscr{B}}\hat{W}(\underset{\sim}{1})dm+\underset{\sim}{T}:\int_V\underset{\sim}{H}\,dV\\&+\frac{1}{2}\underset{\sim}{Y}:\int_V(\underset{\sim}{H}^2-(\operatorname{tr}\underset{\sim}{H})\underset{\sim}{H})dV+n_D\int_V\det\underset{\sim}{H}\,dV.\end{aligned}\tag{12.102}$$

Beschränken wir uns auf solche Felder $\underset{\sim}{H}$, für welche die drei letzten Integrale verschwinden, dann besitzt $W_{\mathscr{B}}$ in der homogenen Momentanplazierung ein Minimum:

$$\int_{\mathscr{B}} \hat{W}(\underset{\sim}{F})\,dm \geqq \int_{\mathscr{B}} \hat{W}(\underset{\sim}{1})\,dm. \tag{12.103}$$

Gemäß (12.91), (12.92) und (12.96) gilt dies insbesondere im Falle $\underset{\sim}{H}=\underset{\sim}{z}\otimes\underset{\sim}{\nabla}$ mit $\underset{\sim}{z}=0$ auf $\partial\mathscr{B}$, so daß Polykonvexität in der Tat die Bedingung (12.81) der Quasikonvexität einschließt. Das Umgekehrte gilt vermutlich nicht, denn Polykonvexität sichert das Minimum von $W_{\mathscr{B}}$ auf einer sehr weiten Klasse von Feldern $\underset{\sim}{H}$. (Sie brauchen nicht einmal kompatibel zu sein!)

Nach Einführung einer willkürlichen Bezugsplazierung läßt die Bedingung (12.100) der Polykonvexität sich mit $\underset{\sim}{K}:=\underset{\sim}{F}\underset{\sim}{K}_0, \hat{\underset{\sim}{K}}:=\hat{\underset{\sim}{F}}\underset{\sim}{K}_0$ unter Beachtung von (12.94), (12.97) auch schreiben in der Form

$$\begin{aligned}\hat{W}(\hat{\underset{\sim}{F}}) \geqq \hat{W}(\underset{\sim}{F}) &+ \underset{\sim}{A}:(\hat{\underset{\sim}{F}}-\underset{\sim}{F}) \\ &+ \underset{\sim}{B}:((\det\hat{\underset{\sim}{F}})\hat{\underset{\sim}{F}}^{-T}-(\det\underset{\sim}{F})\underset{\sim}{F}^{-T}) \\ &+ c(\det\hat{\underset{\sim}{F}}-\det\underset{\sim}{F})\end{aligned} \tag{12.104}$$

mit

$$\begin{aligned}\underset{\sim}{A} &:= \upsilon_0\left(\underset{\sim}{T}+\frac{1}{2}\underset{\sim}{Y}+\left(\frac{1}{2}\operatorname{tr}\underset{\sim}{Y}+n_D\right)\underset{\sim}{1}\right)(\det\underset{\sim}{F})\underset{\sim}{F}^{-T}, \\ \underset{\sim}{B} &:= \upsilon_0\left(\frac{1}{2}\underset{\sim}{Y}^T-\left(\frac{1}{2}\operatorname{tr}\underset{\sim}{Y}+n_D\right)\underset{\sim}{1}\right)\underset{\sim}{F}, \\ c &:= \upsilon_0 n_D.\end{aligned} \tag{12.105}$$

Die Formänderungsenergie ist invariant unter überlagerter Starrkörperbewegung, d.h.

$$W(\underset{\sim}{K}) = W(\underset{\sim}{Q}\underset{\sim}{K}) \text{ für alle } \underset{\sim}{Q}\in\operatorname{Orth}^+(\mathscr{V}). \tag{12.106}$$

Wählt man daher $\hat{\underset{\sim}{K}}\underset{\sim}{K}^{-1}=\hat{\underset{\sim}{F}}\underset{\sim}{F}^{-1}=\underset{\sim}{Q}$, so wird aus (12.104)

$$\begin{aligned}0 &\geqq (\underset{\sim}{A}\underset{\sim}{F}^T+(\det\underset{\sim}{F})\underset{\sim}{B}\underset{\sim}{F}^{-1}):(\underset{\sim}{Q}-\underset{\sim}{1}) \\ &= \upsilon_0(\det\underset{\sim}{F})(\underset{\sim}{T}+\operatorname{sym}\underset{\sim}{Y}):(\underset{\sim}{Q}-\underset{\sim}{1})\end{aligned} \tag{12.107}$$

oder, mit der Abkürzung $\underset{\sim}{Z}:=\underset{\sim}{T}+\operatorname{sym}\underset{\sim}{Y}$ und der Darstellung (6.73)

$$0 \geqq (z_{22}+z_{33})(\cos\varphi-1) \Leftrightarrow z_{22}+z_{33}\geqq 0 \Leftrightarrow \operatorname{tr}\underset{\sim}{Z}-z_{11}\geqq 0. \tag{12.108}$$

Weil der Größtwert von $z_{11}$ bei Drehung um eine der drei Hauptachsen des symmetrischen Tensors $\underset{\sim}{Z}$ angenommen wird, sind die Forderungen

$$z_1+z_2\geqq 0,\ z_1+z_3\geqq 0,\ z_2+z_3\geqq 0 \tag{12.109}$$

an die Hauptwerte von $\underset{\sim}{Z}$ notwendig und hinreichend zur Erfüllung von (12.107) für alle $\underset{\sim}{Q} \in \mathrm{Orth}^+(\mathscr{V})$.

Läßt sich $\underset{\sim}{Y}=0$ und $n_D=0$ wählen, dann geht die Bedingung der Polykonvexität über in die Bedingung

$$W(\hat{\underset{\sim}{K}}) \geqq W(\underset{\sim}{K}) + \underset{\sim}{P}(\underset{\sim}{K})\underset{\sim}{K}^{-*}:(\hat{\underset{\sim}{K}} - \underset{\sim}{K}) \tag{12.110}$$

der Konvexität der Funktion W bezüglich der Plazierung $\underset{\sim}{K}$. Konvexität ist also hinreichend für Polykonvexität und damit für Quasikonvexität. Da im Falle $\underset{\sim}{Y}=0$ die Ungleichungen (12.109) sich zu

$$t_1 + t_2 \geqq 0, \; t_1 + t_3 \geqq 0, \; t_2 + t_3 \geqq 0 \tag{12.111}$$

vereinfachen, sieht man, daß Konvexität — im Gegensatz zur allgemeinen Polykonvexität — nur möglich ist, wenn die Spannung einer starken Einschränkung unterliegt: Es muß „im wesentlichen ein Zugspannungszustand" herrschen. Ist dies nicht der Fall, so ist Konvexität der Formänderungsenergie bezüglich der betreffenden Plazierung unmöglich (wegen der Invarianz unter Starrkörperbewegung).

Wenn aber Konvexität vorliegt, dann führt sie zu weit stärkeren Stabilitätsaussagen als die Quasikonvexität. Während letztere nämlich lediglich die Stabilität der Ruhelage eines homogenen hyperelastischen Körpers sichert, der allseits festgehalten ist, garantiert Konvexität die Stabilität der Ruhelage eines beliebig inhomogenen hyperelastischen Körpers unter Totlast bei beliebigen Randbedingungen. Denn in der Ruhelage, die wir als Bezugsplazierung wählen, gilt dann an jedem Punkt

$$\hat{W}(\underset{\sim}{F},X) \geqq \hat{W}(\underset{\sim}{1},X) + \underset{\sim}{P}(X):(\underset{\sim}{F} - \underset{\sim}{1}) \text{ für alle } \underset{\sim}{F}. \tag{12.112}$$

Da aber Formel (12.39) auch gültig bleibt, wenn auf einem Teil $A_0{}^u$ der Oberfläche $\underset{\sim}{x} \equiv \overset{0}{\underset{\sim}{x}}$ vorgeschrieben ist, gibt Integration von (12.112) unabhängig von den Randbedingungen

$$W_{\mathscr{B}}(\underset{\sim}{x}_{\mathscr{B}}) + U(\underset{\sim}{x}_{\mathscr{B}}) \geqq W_{\mathscr{B}}\left(\overset{0}{\underset{\sim}{x}}_{\mathscr{B}}\right) + U\left(\overset{0}{\underset{\sim}{x}}_{\mathscr{B}}\right), \tag{12.113}$$

so daß in der Tat das Energiekriterium erfüllt ist. Daß insbesondere die Stabilität des nirgends festgehaltenen Körpers unter Totlast auch gegenüber Starrkörperbewegung garantiert ist, ergibt sich aus der Tatsache, daß die Ungleichungen (12.111) die Mittelwertungleichungen (12.44) zur Folge haben.

Tensoren vom Rang 1 ($\underset{\sim}{H} := \underset{\sim}{a} \otimes \underset{\sim}{b}$) haben die Eigenschaften $\det \underset{\sim}{H} = 0$ und $\underset{\sim}{H}^2 - (\mathrm{tr}\,\underset{\sim}{H})\underset{\sim}{H} = 0$. Für solche Argumente entartet die Funktion dritten Grades in (12.100) zu einer linearen Funktion, d.h., auf dieser Teilmenge des Definitionsbereiches von W fallen die Bedingungen der Polykonvexität (12.100) und der Konvexität (12.110) zusammen und sind identisch mit der Bedingung der Rang 1-Konvexität gemäß (12.82).

Beim elastischen *Fluid* ist die Rang 1-Konvexität sogar hinreichend für Polykonvexität, so daß diese Konzepte mit dem der Quasikonvexität zusammenfallen. Wegen $W = W(\upsilon)$ und $\underset{\sim}{P} = -p\upsilon\underset{\sim}{1}$ — vgl. Kapitel 8 — sowie $\hat{\upsilon}/\upsilon = \det(\underset{\sim}{1} + \underset{\sim}{H}) = 1 + I_1 + I_2 + I_3$

verlangt nämlich Rang 1-Konvexität für alle $\underset{\sim}{H}$ der Form $\underset{\sim}{H}=\underset{\sim}{a}\otimes\underset{\sim}{b}$, für die ja $I_2=I_3=0$ ist:

$$W(\hat{\upsilon}) \geqq W(\upsilon)+\underset{\sim}{P}:\underset{\sim}{H}=W(\upsilon)-p\upsilon I_1=W(\upsilon)-p(\hat{\upsilon}-\upsilon). \tag{12.114}$$

Dies muß für alle $I_1=\underset{\sim}{a}\cdot\underset{\sim}{b}\in(-1,\infty)$ – wegen $\hat{\upsilon}/\upsilon>0$ – also alle $\hat{\upsilon}\in(0,\infty)$ gelten, d.h., W muß bezüglich $\upsilon$ konvex sein: $W(\hat{\upsilon})\geqq W(\upsilon)-p(\hat{\upsilon}-\upsilon)$. Damit ist aber die Bedingung der Polykonvexität erfüllt, denn wir können $n_D=-p$ und $\underset{\sim}{Y}=p\underset{\sim}{1}$ wählen.

Anders liegt der Fall beim *Festkörper*: Bedeutet

$$\underset{\sim}{E}=\frac{1}{2}(\underset{\sim}{H}+\underset{\sim}{H}^T+\underset{\sim}{H}^T\underset{\sim}{H}) \tag{12.115}$$

die Greensche Verzerrung und hat die Formänderungsenergie beispielsweise die Gestalt

$$\begin{aligned} \varrho_0 W &= 2\mu\underset{\sim}{E}\cdot\cdot\underset{\sim}{E}+\lambda(\operatorname{tr}\underset{\sim}{E})^2 \\ &= \mu(\underset{\sim}{H}\cdot\cdot\underset{\sim}{H}+\underset{\sim}{H}\cdot\cdot\underset{\sim}{H}^T)+\lambda(\operatorname{tr}\underset{\sim}{H})^2 \\ &\quad +2\mu\underset{\sim}{H}\cdot\cdot\underset{\sim}{H}^T\underset{\sim}{H}+\lambda(\operatorname{tr}\underset{\sim}{H})\underset{\sim}{H}^T\cdot\cdot\underset{\sim}{H} \\ &\quad +\frac{\mu}{2}\underset{\sim}{H}^T\underset{\sim}{H}\cdot\cdot\underset{\sim}{H}^T\underset{\sim}{H}+\frac{\lambda}{4}(\underset{\sim}{H}^T\cdot\cdot\underset{\sim}{H})^2, \end{aligned} \tag{12.116}$$

so gilt für die Wahl $\underset{\sim}{H}=\underset{\sim}{a}\otimes\underset{\sim}{b}$ mit $\underset{\sim}{a}\cdot\underset{\sim}{b}=|\underset{\sim}{a}||\underset{\sim}{b}|\cos\alpha$

$$\varrho_0 W=\mu|\underset{\sim}{a}|^2|\underset{\sim}{b}|^2\sin^2\alpha+(2\mu+\lambda)|\underset{\sim}{a}|^2|\underset{\sim}{b}|^2\left(\cos\alpha+\frac{1}{2}|\underset{\sim}{a}||\underset{\sim}{b}|\right)^2. \tag{12.117}$$

Wegen $W=0$ und $\underset{\sim}{P}=(\underset{\sim}{1}+\underset{\sim}{H})\cdot(\partial W/\partial\underset{\sim}{E})\cdot(\underset{\sim}{1}+\underset{\sim}{H}^T)=0$ bei $\underset{\sim}{E}=0$ lautet die Forderung der Rang 1-Konvexität bezüglich der Plazierung mit $\underset{\sim}{H}=0$

$$W\geqq 0,\ \text{wenn}\ \underset{\sim}{H}=\underset{\sim}{a}\otimes\underset{\sim}{b}\Leftrightarrow\mu\geqq 0,\ 2\mu+\lambda\geqq 0. \tag{12.118}$$

Daß die Erfüllung dieser Bedingung für Polykonvexität bezüglich dieser Plazierung nicht hinreicht, sieht man so: Für die Wahl $\underset{\sim}{H}=h\underset{\sim}{1}$ muß dann die Formänderungsenergie der Ungleichung

$$\varrho_0 W=3(2\mu+3\lambda)(h^2+h^3+h^4/4)\geqq -\operatorname{tr}\underset{\sim}{Y}h^2+n_D h^3 \tag{12.119}$$

genügen, und da für große h der Term vierter Ordnung dominiert, ist das für alle $h>-1$ nur im Falle

$$2\mu+3\lambda\geqq 0 \tag{12.120}$$

möglich. Diese Bedingung ist aber schärfer als (12.118) und zusammen mit $\mu\geqq 0$ sogar hinreichend dafür, daß die Funktion $\hat{W}(\underset{\sim}{F})$ unseres Beispiels konvex ist bezüglich der Plazierung mit $\underset{\sim}{H}=0$.

Um zu einer hinreichenden Bedingung für die Polykonvexität zu kommen, stellen wir die Formänderungsenergie dar als

$$W=\hat{W}(\underset{\sim}{F})=\tilde{W}(\underset{\sim}{F},(\det\underset{\sim}{F})\underset{\sim}{F}^{-T},\det\underset{\sim}{F}). \tag{12.121}$$

Sodann betrachten wir die Funktion

$$\tilde{W}(\underset{\sim}{F},\underset{\sim}{F}_*,D), \tag{12.122}$$

die auf der Menge

$$\{(\underset{\sim}{F},\underset{\sim}{F}_*,D)|\det\underset{\sim}{F}>0,\ \det\underset{\sim}{F}_*>0,\ D>0\} \tag{12.123}$$

definiert ist. Besteht zwischen den Argumenten (mit den Polarzerlegungen $\underset{\sim}{F}=\underset{\sim}{R}\underset{\sim}{U}, \underset{\sim}{F}_*=\underset{\sim}{R}_*\underset{\sim}{U}_*$) der Zusammenhang

$$\underset{\sim}{F}_*=(\det\underset{\sim}{F})\underset{\sim}{F}^{-T},\ D=\det\underset{\sim}{F}\Leftrightarrow\underset{\sim}{R}=\underset{\sim}{R}_*,\ \underset{\sim}{U}_*=(\det\underset{\sim}{U})\underset{\sim}{U}^{-1},\ D=\det\underset{\sim}{U}, \tag{12.124}$$

dann soll der Funktionswert von $\tilde{W}$ gemäß (12.121) gleich der zu $\underset{\sim}{F}$ gehörigen Formänderungsenergie $\hat{W}(\underset{\sim}{F})$ sein. Für Tripel $(\underset{\sim}{F},\underset{\sim}{F}_*,D)$, die (12.124) nicht erfüllen, besitzt der Funktionswert von $\tilde{W}$ keine physikalische Bedeutung. Die Funktion $\tilde{W}$ stellt also eine Ausdehnung der Funktion $\hat{W}$ vom 9-dimensionalen auf einen 19-dimensionalen Definitionsbereich dar.

Ist nun die Funktion $\tilde{W}$ konvex bezüglich eines Arguments $(\underset{\sim}{F},\underset{\sim}{F}_*,D)$, welches der Nebenbedingung (12.124) genügt, d.h., läßt sie sich durch eine lineare Funktion nach unten abschätzen gemäß

$$\begin{aligned}\tilde{W}(\hat{\underset{\sim}{F}},\hat{\underset{\sim}{F}}_*,\hat{D})\geqq\tilde{W}(\underset{\sim}{F},\underset{\sim}{F}_*,D)&+\underset{\sim}{A}:(\hat{\underset{\sim}{F}}-\underset{\sim}{F})\\&+\underset{\sim}{B}:(\hat{\underset{\sim}{F}}_*-\underset{\sim}{F}_*)\\&+c(\hat{D}-D),\end{aligned} \tag{12.125}$$

dann ist die Formänderungsenergie W – wie man aus (12.104) ersieht – polykonvex bezüglich der Plazierung mit dem Deformationsgradienten $\underset{\sim}{F}$.

Im Sonderfall des isotropen elastischen Festkörpers, bei dem $W=\bar{\bar{W}}(\operatorname{Inv}\underset{\sim}{U})$ gilt – $\underset{\sim}{U}$: Streckung aus einer ungestörten Plazierung –, ist die folgende Bedingung hinreichend für die Konvexität von $\tilde{W}$ und damit für die Polykonvexität:

1. Es sei

$$\tilde{W}(\underset{\sim}{F},\underset{\sim}{F}_*,D)=\check{W}(\underset{\sim}{U},\underset{\sim}{U}_*,D)=\bar{\bar{W}}(\operatorname{Inv}\underset{\sim}{U},\operatorname{Inv}\underset{\sim}{U}_*,D). \tag{12.126}$$

(Diese spezielle Ausdehnung der Funktion $\bar{\bar{W}}$ trägt sowohl der Invarianz unter Starrkörperdrehung als auch der Isotropie Rechnung.)

2. Die Funktion $\check{W}$ sei differenzierbar, und die Ableitungstensoren $\partial\check{W}/\partial\underset{\sim}{U}$ und $\partial\check{W}/\partial\underset{\sim}{U}_*$ seien positiv semidefinit.
3. $\check{W}$ sei eine konvexe Funktion, d.h., es gelte

$$\begin{aligned}\check{W}(\hat{\underset{\sim}{U}},\hat{\underset{\sim}{U}}_*,\hat{D})\geqq\check{W}(\underset{\sim}{U},\underset{\sim}{U}_*,D)&+\frac{\partial\check{W}}{\partial\underset{\sim}{U}}(\underset{\sim}{U},\underset{\sim}{U}_*,D):(\hat{\underset{\sim}{U}}-\underset{\sim}{U})\\&+\frac{\partial\check{W}}{\partial\underset{\sim}{U}_*}(\underset{\sim}{U},\underset{\sim}{U}_*,D):(\hat{\underset{\sim}{U}}_*-\underset{\sim}{U}_*)\\&+\frac{\partial\check{W}}{\partial D}(\underset{\sim}{U},\underset{\sim}{U}_*,D)(\hat{D}-D).\end{aligned} \tag{12.127}$$

Die unter 3. genannte Bedingung muß für alle positiv definiten $\hat{\underset{\sim}{U}}$, $\hat{\underset{\sim}{U}}_*$ und positiven $\hat{D}$ erfüllt sein. Es genügt jedoch zu prüfen, ob sie für solche $\hat{\underset{\sim}{U}}$ und $\hat{\underset{\sim}{U}}_*$ erfüllt ist, die zu $\underset{\sim}{U}$ bzw. $\underset{\sim}{U}_*$ koaxial sind. Schreiben wir nämlich $\hat{\underset{\sim}{U}}=\underset{\sim}{Q}\hat{\underset{\sim}{U}}_0\underset{\sim}{Q}^T$, so hängt die linke Seite – wegen $\operatorname{Inv}\hat{\underset{\sim}{U}}=\operatorname{Inv}\hat{\underset{\sim}{U}}_0$ – von $\underset{\sim}{Q}$ nicht ab, während die rechte ihr Maximum annimmt, wenn

$$\frac{\partial\check{W}}{\partial\underset{\sim}{U}}:(\delta\underset{\sim}{Q}\hat{\underset{\sim}{U}}_0\underset{\sim}{Q}^T+\underset{\sim}{Q}\hat{\underset{\sim}{U}}_0\delta\underset{\sim}{Q}^T)=2\hat{\underset{\sim}{U}}\frac{\partial\check{W}}{\partial\underset{\sim}{U}}:\underset{\sim}{Q}\delta\underset{\sim}{Q}^T=0 \tag{12.128}$$

gilt, also $\hat{\underset{\sim}{U}}\cdot\partial\breve{W}/\partial\underset{\sim}{U}$ symmetrisch und daher $\hat{\underset{\sim}{U}}$ koaxial zu $\partial\breve{W}/\partial\underset{\sim}{U}$ ist. Da aber $\breve{W}$ von $\underset{\sim}{U}$ nur über $\operatorname{Inv}\underset{\sim}{U}$ abhängt, ist wiederum $\partial\breve{W}/\partial\underset{\sim}{U}$ koaxial zu $\underset{\sim}{U}$. Die gleiche Schlußweise gilt bei den gesternten Größen. Unter Beachtung von (12.126) schreiben wir nun (12.127) in der Form

$$\begin{aligned}\tilde{W}(\hat{\underset{\sim}{F}},\hat{\underset{\sim}{F}}_*,\hat{D}) \geqq \tilde{W}(\underset{\sim}{F},\underset{\sim}{F}_*,D) &+ \underset{\sim}{R}\frac{\partial\breve{W}}{\partial\underset{\sim}{U}}(\underset{\sim}{U},\underset{\sim}{U}_*,D):(\hat{\underset{\sim}{F}}-\underset{\sim}{F})\\ &+\underset{\sim}{R}_*\frac{\partial\breve{W}}{\partial\underset{\sim}{U}_*}(\underset{\sim}{U},\underset{\sim}{U}_*,D):(\hat{\underset{\sim}{F}}_*-\underset{\sim}{F}_*)\\ &+\frac{\partial\breve{W}}{\partial D}(\underset{\sim}{U},\underset{\sim}{U}_*,D)[\hat{D}-D]\\ &+\hat{\underset{\sim}{U}}\frac{\partial\breve{W}}{\partial\underset{\sim}{U}}(\underset{\sim}{U},\underset{\sim}{U}_*,D):(\underset{\sim}{1}-\hat{\underset{\sim}{R}}^T\underset{\sim}{R})\\ &+\hat{\underset{\sim}{U}}_*\frac{\partial\breve{W}}{\partial\underset{\sim}{U}_*}(\underset{\sim}{U},\underset{\sim}{U}_*,D):(\underset{\sim}{1}-\hat{\underset{\sim}{R}}_*^T\underset{\sim}{R}_*).\end{aligned} \tag{12.129}$$

Da wir uns auf solche $\hat{\underset{\sim}{U}}$ beschränken können, die koaxial zu $\partial\breve{W}/\partial\underset{\sim}{U}$ sind, ist $\hat{\underset{\sim}{U}}\cdot\partial\breve{W}/\partial\underset{\sim}{U}$ symmetrisch und ebenso wie $\partial\breve{W}/\partial\underset{\sim}{U}$ positiv semidefinit, so daß der vorletzte Term gemäß der Schlußweise von (12.108) für keine Wahl von $\hat{\underset{\sim}{R}}$ negativ sein kann. Ebenso schließt man für den letzten Term, und folglich ist – wie behauptet – die Ungleichung (12.125) mit $\underset{\sim}{A}=\underset{\sim}{R}\cdot\partial\breve{W}/\partial\underset{\sim}{U}$, $\underset{\sim}{B}=\underset{\sim}{R}_*\cdot\partial\breve{W}/\partial\underset{\sim}{U}_*$, $c=\partial\breve{W}/\partial D$ für alle $\hat{\underset{\sim}{F}},\hat{\underset{\sim}{F}}_*,D$ erfüllt.

*Bemerkung*: Im Falle der Anisotropie, bei dem $\breve{W}$ sich nicht auf eine Funktion $\bar{W}$ der Invarianten reduzieren läßt, gilt unsere Schlußweise nicht, denn die linke Seite von (12.127) ist unter Drehung von $\hat{\underset{\sim}{U}}$ und $\hat{\underset{\sim}{U}}_*$ nicht invariant. Daher erweist sich in diesem Falle (12.127) zwar als notwendig, aber nicht als hinreichend für die Existenz einer Konvexitätsbedingung des Typs (12.125).

Die Konzepte der Quasikonvexität und der Polykonvexität sind von Ball [12.3] in die Elastizitätstheorie eingeführt worden. Ältere Versuche, die Forderung nach Konvexität dadurch zu mildern, daß die Gültigkeit von (12.110) nur für eine eingeschränkte Menge von Tensoren $\hat{\underset{\sim}{K}}\underset{\sim}{K}^{-1}$ gefordert wird (Coleman und Noll – siehe Truesdell und Noll [0.1], Kap. 87 –, Krawietz [12.4]), lassen sich nicht mit der wichtigen Stabilitätsbedingung der Quasikonvexität in Zusammenhang bringen und sind daher als nur bedingt erfolgreich anzusehen.

Die Quasikonvexität und Polykonvexität der Formänderungsenergie W sind im vorstehenden bezüglich einer festen Plazierung $\underset{\sim}{K}$ definiert worden. Damit das hyperelastische Material überhaupt in einer stabilen Lage angetroffen werden kann, sollte W bezüglich mindestens einer Plazierung $\underset{\sim}{K}$ quasikonvex sein. Diese Forderung stellt eine konstitutive Ungleichung dar. Eine andere Auffassung vertritt Ball: Er fordert die Quasikonvexität von W als konstitutive Ungleichung, versteht aber darunter, daß W – in unserer Terminologie – bezüglich *aller* Plazierungen $\underset{\sim}{K}$ quasikonvex ist. Mit einer derart scharfen Annahme werden Instabilitätsphänomene wie der in den folgenden Abschnitten zu behandelnde Phasenzerfall ausgeschlossen.

Als Beispiel einer isotropen Funktion W, die (bezüglich aller $\underset{\sim}{K}$) polykonvex und daher auch quasikonvex ist und somit der Forderung von Ball genügt, betrachten wir:

$$\begin{aligned}W=\bar{\bar{W}}(\operatorname{Inv}\underset{\sim}{U}) &= f(v_1)+f(v_2)+f(v_3)\\ &+g(v_1v_2)+g(v_1v_3)+g(v_2v_3)\\ &+h(v_1v_2v_3).\end{aligned} \tag{12.130}$$

Von den drei auf $(0,\infty)$ erklärten Funktionen f,g,h fordern wir:

$$f'(x)\geqq 0,\ g'(x)\geqq 0,\ f''(x)\geqq 0,\ g''(x)\geqq 0,\ h''(x)\geqq 0 \quad \text{für alle } x\in(0,\infty). \tag{12.131}$$

Beispiel:

$$f(x)=f_0x^\alpha,\ g(x)=g_0x^\beta,\ h(x)=h_0x^{-\gamma}$$

$$\text{mit } f_0>0,\ g_0>0,\ h_0>0,\ \alpha\geqq 1,\ \beta\geqq 1,\ \gamma\geqq 0. \tag{12.132}$$

Schreiben wir

$$\underset{\sim}{U}=\sum_{l=1}^{3} v_l\underset{\sim}{n}_l\otimes\underset{\sim}{n}_l,\ \underset{\sim}{U}_*=(\det\underset{\sim}{U})\underset{\sim}{U}^{-1}=\sum_{l=1}^{3}\frac{v_1v_2v_3}{v_l}\underset{\sim}{n}_l\otimes\underset{\sim}{n}_l,$$

$$D=v_1v_2v_3 \tag{12.133}$$

und erweitern den Definitionsbereich von W gemäß (12.126), indem wir setzen

$$\bar{W}(\operatorname{Inv}\underset{\sim}{U},\operatorname{Inv}\underset{\sim}{U}_*,D)$$

$$=f(v_1)+f(v_2)+f(v_3)+g(v_{1*})+g(v_{2*})+g(v_{3*})+h(D), \tag{12.134}$$

so sind die Tensoren

$$\frac{\partial\check{W}}{\partial\underset{\sim}{U}}=\sum_{l=1}^{3} f'(v_l)\underset{\sim}{n}_l\otimes\underset{\sim}{n}_l,$$

$$\frac{\partial\check{W}}{\partial\underset{\sim}{U}_*}=\sum_{l=1}^{3} g'(v_{l*})\underset{\sim}{n}_l\otimes\underset{\sim}{n}_l \tag{12.135}$$

für alle $\underset{\sim}{U},\underset{\sim}{U}_*$ positiv semidefinit, und es bleibt die Bedingung (12.127) zu prüfen. Weil $\hat{\underset{\sim}{U}}$ zu $\underset{\sim}{U}$ koaxial gewählt werden darf, finden wir

$$\sum_{l=1}^{3}[f(\hat{v}_l)-f(v_l)-f'(v_l)(\hat{v}_l-v_l)]$$

$$+\sum_{l=1}^{3}[g(\hat{v}_{l*})-g(v_{l*})-g'(v_{l*})(\hat{v}_{l*}-v_{l*})]$$

$$+h(\hat{D})-h(D)-h'(D)(\hat{D}-D)\geqq 0. \tag{12.136}$$

Das ist aber für jede Wahl von $\underset{\sim}{U}$ erfüllt, denn die Funktionen f,g,h sind bezüglich aller Argumente im Definitionsgebiet $(0,\infty)$ konvex, weil ihre zweiten Ableitungen nirgends negativ sind.

## 12.5 Infinitesimale Polykonvexität

In diesem Abschnitt nehmen wir an, W sei zweimal Fréchet-differenzierbar an der Stelle $\underset{\sim}{K}$, d.h., es gebe eine Darstellung

$$W(\hat{\underset{\sim}{K}})=W(\underset{\sim}{K})+\frac{\partial W}{\partial\underset{\sim}{K}}(\underset{\sim}{K}):(\hat{\underset{\sim}{K}}-\underset{\sim}{K})+\frac{1}{2}(\hat{\underset{\sim}{K}}-\underset{\sim}{K}):\frac{\partial^2 W}{\partial\underset{\sim}{K}^2}(\underset{\sim}{K}):(\hat{\underset{\sim}{K}}-\underset{\sim}{K})$$
$$+o(|H|^2). \tag{12.137}$$

Nun ist – vgl. (6.142), (6.157) – $\partial W/\partial\underset{\sim}{K}=\underset{\sim}{P}_M=\underset{\sim}{P}\underset{\sim}{K}^{-*}$ und $\hat{\underset{\sim}{K}}-\underset{\sim}{K}=\underset{\sim}{H}\underset{\sim}{K}$, und daher folgt mit Formel (7.174)

$$W(\hat{\underset{\sim}{K}})=W(\underset{\sim}{K})+\underset{\sim}{P}:\underset{\sim}{H}+\frac{1}{2}\underset{\sim}{H}:\mathbb{A}(\underset{\sim}{K}):\underset{\sim}{H}+o(|\underset{\sim}{H}|^2). \tag{12.138}$$

Setzen wir die Verschiebung aus der homogenen Plazierung mit einem reellen Parameter $\eta$ an als $\underset{\sim}{z} = \eta \underset{\sim}{u}$ und damit $\underset{\sim}{H} = \underset{\sim}{z} \otimes \underset{\sim}{\nabla} = \eta \underset{\sim}{u} \otimes \underset{\sim}{\nabla}$, so schreibt sich die Bedingung der Quasikonvexität

$$\int \hat{W}(\underset{\sim}{1} + \eta \underset{\sim}{u} \otimes \underset{\sim}{\nabla}) dm = \int \hat{W}(\underset{\sim}{1}) dm + \varrho \underset{\sim}{P} : \int \underset{\sim}{H} \, dV$$

$$+ \frac{\eta^2}{2} \varrho \int \underset{\sim}{u} \otimes \underset{\sim}{\nabla} : \mathbb{A} : \underset{\sim}{u} \otimes \underset{\sim}{\nabla} \, dV + o(\eta^2)$$

$$\geqq \int \hat{W}(\underset{\sim}{1}) dm. \tag{12.139}$$

Nun ist $\int \underset{\sim}{H} \, dV = 0$ nach (12.91), so daß wir als notwendige Bedingung für Quasikonvexität der Plazierung mit $\underset{\sim}{u} \equiv 0$ die Ungleichung

$$\int \underset{\sim}{u} \otimes \underset{\sim}{\nabla} : \mathbb{A} : \underset{\sim}{u} \otimes \underset{\sim}{\nabla} \, dV \geqq 0 \text{ für alle } \underset{\sim}{u} \text{ mit } \underset{\sim}{u} = 0 \text{ auf } \partial \mathscr{B} \tag{12.140}$$

erhalten, die wir Bedingung der *infinitesimalen Quasikonvexität* nennen.

Führen wir die Darstellung (12.138) in die Bedingung (12.100) ein, so finden wir in ähnlicher Weise als notwendige Bedingung für die Polykonvexität die Ungleichung

$$\underset{\sim}{H} : \mathbb{A} : \underset{\sim}{H} - \upsilon \underset{\sim}{Y} : (\underset{\sim}{H}^2 - (\operatorname{tr} \underset{\sim}{H}) \underset{\sim}{H}) \geqq 0, \tag{12.141}$$

die wir Bedingung der *infinitesimalen Polykonvexität* nennen. Schränken wir auf Tensoren vom Rang 1 ein, so ergibt sich daraus die Hadamardsche Bedingung

$$\underset{\sim}{a} \otimes \underset{\sim}{b} : \mathbb{A} : \underset{\sim}{a} \otimes \underset{\sim}{b} \geqq 0, \tag{12.142}$$

d.h. die Bedingung der infinitesimalen Rang 1-Konvexität.

Integration von (12.141) über den (homogenen) Körper zeigt unter Beachtung von (12.92), daß die infinitesimale Polykonvexität für die infinitesimale Quasikonvexität hinreichend ist. Erstaunlicherweise ist aber auch die Hadamardsche Bedingung nicht nur notwendig, sondern sogar hinreichend und daher äquivalent zur Bedingung der infinitesimalen Quasikonvexität. Diese Tatsache hat van Hove [12.5] mittels Fourier-Transformation bewiesen. Die Hierarchie der verschiedenen Ungleichungen ist am Ende dieses Abschnitts zeichnerisch dargestellt.

Wegen der Invarianz von W unter Starrkörperbewegung besitzt $\mathbb{A}$ gemäß (7.174) die Eigenschaft

$$\mathbb{A}(\underset{\sim}{K}) : \underset{\sim}{L} = \underset{\sim}{L} \underset{\sim}{P} + \mathbb{C}(\underset{\sim}{K}) : \underset{\sim}{D} \tag{12.143}$$

und folglich ist

$$\underset{\sim}{L} : \mathbb{A}(\underset{\sim}{K}) : \underset{\sim}{L} = \underset{\sim}{P} : \underset{\sim}{L}^T \underset{\sim}{L} + \underset{\sim}{D} : \mathbb{C}(\underset{\sim}{K}) : \underset{\sim}{D}. \tag{12.144}$$

(Zur Deutung der Steifigkeit $\mathbb{C}$ siehe (7.144).) Im Rest dieses Abschnitts wollen wir die Untersuchung auf den Fall symmetrischer Tensoren $\underset{\sim}{Y}$ beschränken. Dann gewinnt (12.141), wenn wir $\underset{\sim}{L} = \underset{\sim}{D} + \underset{\sim}{W}$ statt $\underset{\sim}{H}$ schreiben, die Gestalt

$$\underset{\sim}{P} : \underset{\sim}{L}^T \underset{\sim}{L} + \underset{\sim}{D} : \mathbb{C}(\underset{\sim}{K}) : \underset{\sim}{D} - \upsilon \underset{\sim}{Y} : (\underset{\sim}{L}^2 - (\operatorname{tr} \underset{\sim}{L}) \underset{\sim}{L}) \geqq 0 \tag{12.145}$$

oder, ausführlicher,

$$\underset{\sim}{D}:\varrho\underset{\sim}{\mathbb{C}}(\underset{\sim}{K}):\underset{\sim}{D}+(\underset{\sim}{T}-\underset{\sim}{Y}):\underset{\sim}{D}^2+\underset{\sim}{Y}:\underset{\sim}{D}\underset{\sim}{1}:\underset{\sim}{D}$$

$$+\underset{\sim}{T}:(\underset{\sim}{D}\underset{\sim}{W}-\underset{\sim}{W}\underset{\sim}{D})-(\underset{\sim}{T}+\underset{\sim}{Y}):\underset{\sim}{W}^2\geqq 0. \qquad (12.146)$$

Diese Ungleichung soll für alle $\underset{\sim}{D}$ und $\underset{\sim}{W}$ erfüllt sein. Schreiben wir $\underset{\sim}{Z}:=\underset{\sim}{T}+\underset{\sim}{Y}$ und benutzen Hauptachsen von $\underset{\sim}{Z}$, so ergibt sich daraus zunächst für die Wahl $\underset{\sim}{D}=0$

$$-\underset{\sim}{Z}:\underset{\sim}{W}^2\geqq 0 \Leftrightarrow (z_1+z_2)w_{12}{}^2+(z_1+z_3)w_{13}{}^2+(z_2+z_3)w_{23}{}^2\geqq 0$$

$$\Leftrightarrow z_1+z_2\geqq 0,\; z_1+z_3\geqq 0,\; z_2+z_3\geqq 0, \qquad (12.147)$$

also die bereits aus (12.109) bekannte Nebenbedingung an $\underset{\sim}{Y}$. Bei festem $\underset{\sim}{D}$ nimmt die linke Seite von (12.146) ihr Minimum an, wenn

$$(\underset{\sim}{T}\underset{\sim}{D}-\underset{\sim}{D}\underset{\sim}{T})\cdot\cdot\,\delta\underset{\sim}{W}-(\underset{\sim}{T}+\underset{\sim}{Y})\cdot\cdot\,(\underset{\sim}{W}\cdot\delta\underset{\sim}{W}+\delta\underset{\sim}{W}\cdot\underset{\sim}{W})=0 \qquad (12.148)$$

für alle antimetrischen $\delta\underset{\sim}{W}$, also

$$\underset{\sim}{T}\underset{\sim}{D}-\underset{\sim}{D}\underset{\sim}{T}-\underset{\sim}{Z}\underset{\sim}{W}-\underset{\sim}{W}\underset{\sim}{Z}=0\Rightarrow(\underset{\sim}{T}\underset{\sim}{D}-\underset{\sim}{D}\underset{\sim}{T})_{ik}=(z_i+z_k)w_{ik}$$

$$\text{(nicht summieren!)} \qquad (12.149)$$

ist. Im Falle $z_i+z_k\neq 0$ läßt sich daraus $\underset{\sim}{W}$ eindeutig als lineare Funktion von $\underset{\sim}{D}$ berechnen, und folglich existiert auch eine lineare Abbildung

$$\operatorname{sym}(\underset{\sim}{W}\underset{\sim}{T})\upsilon=-\underset{\sim}{\check{\mathbb{C}}}(\underset{\sim}{T},\underset{\sim}{Y},\upsilon):\underset{\sim}{D}. \qquad (12.150)$$

Daß die Tetrade $\check{\mathrm{C}}$ symmetrisch ist, ersehen wir, indem wir $\check{\underset{\sim}{D}},\check{\underset{\sim}{W}}$ statt $\underset{\sim}{D},\underset{\sim}{W}$ schreiben und (12.149) beachten, aus

$$-\underset{\sim}{D}:\varrho\underset{\sim}{\check{\mathbb{C}}}:\check{\underset{\sim}{D}}=\underset{\sim}{D}\cdot\cdot\operatorname{sym}(\check{\underset{\sim}{W}}\underset{\sim}{T})=\check{\underset{\sim}{W}}\cdot\cdot\operatorname{skw}(\underset{\sim}{T}\underset{\sim}{D})$$

$$=\check{\underset{\sim}{W}}\cdot\cdot\operatorname{skw}(\underset{\sim}{Z}\underset{\sim}{W})=\underset{\sim}{Z}\cdot\cdot\underset{\sim}{W}\check{\underset{\sim}{W}}=\underset{\sim}{Z}\cdot\cdot\check{\underset{\sim}{W}}\underset{\sim}{W}$$

$$=-\check{\underset{\sim}{D}}:\varrho\underset{\sim}{\check{\mathbb{C}}}:\underset{\sim}{D}. \qquad (12.151)$$

Daraus ergibt sich insbesondere – mit $\check{\underset{\sim}{D}}=\underset{\sim}{D}$ und $\check{\underset{\sim}{W}}=\underset{\sim}{W}$ –

$$\underset{\sim}{T}:(\underset{\sim}{D}\underset{\sim}{W}-\underset{\sim}{W}\underset{\sim}{D})-(\underset{\sim}{T}+\underset{\sim}{Y}):\underset{\sim}{W}^2=\underset{\sim}{D}\cdot\cdot 2\operatorname{sym}(\underset{\sim}{W}\underset{\sim}{T})-\underset{\sim}{Z}\cdot\cdot\underset{\sim}{W}^2$$

$$=-\underset{\sim}{D}:\varrho\underset{\sim}{\check{\mathbb{C}}}2:\underset{\sim}{D}=\underset{\sim}{Z}\cdot\cdot\underset{\sim}{W}^2$$

$$=-\left[\frac{(\underset{\sim}{T}\underset{\sim}{D}-\underset{\sim}{D}\underset{\sim}{T})_{12}{}^2}{z_1+z_2}+\frac{(\underset{\sim}{T}\underset{\sim}{D}-\underset{\sim}{D}\underset{\sim}{T})_{13}{}^2}{z_1+z_3}+\frac{(\underset{\sim}{T}\underset{\sim}{D}-\underset{\sim}{D}\underset{\sim}{T})_{23}{}^2}{z_2+z_3}\right], \qquad (12.152)$$

und $\check{\mathbb{C}}$ erweist sich als positiv semidefinit. Im Sonderfall $z_1+z_2=0$ bleibt $w_{12}$ unbestimmt, und (12.149) verlangt für alle $\underset{\sim}{D}$

$$0=(\underset{\sim}{T}\underset{\sim}{D}-\underset{\sim}{D}\underset{\sim}{T})_{12}=(t_{11}-t_{22})d_{12}-t_{12}(d_{11}-d_{22})+t_{13}d_{23}-t_{23}d_{13}, \quad (12.153)$$

so daß $\underset{\sim}{T}$ die Gestalt

$$\underset{\sim}{T}=t\underset{\sim}{1}+\hat{t}\underset{\sim}{n}_3\otimes\underset{\sim}{n}_3 \quad (12.154)$$

haben muß und

$$\operatorname{sym}(\underset{\sim}{W}\underset{\sim}{T})=\frac{1}{2}\hat{t}[w_{13}(\underset{\sim}{n}_1\otimes\underset{\sim}{n}_3+\underset{\sim}{n}_3\otimes\underset{\sim}{n}_1)+w_{23}(\underset{\sim}{n}_2\otimes\underset{\sim}{n}_3+\underset{\sim}{n}_3\otimes\underset{\sim}{n}_2)] \quad (12.155)$$

gilt. Da die unbestimmte Komponente $w_{12}$ nicht auftritt, existiert die lineare Abbildung (12.150) auch in diesem Falle, doch ist in Formel (12.152) der mit 12 indizierte Term fortzulassen. Definieren wir noch die symmetrische Tetrade $\hat{\mathbb{C}}$ durch

$$\hat{\mathbb{C}}(\underset{\sim}{T},\underset{\sim}{Y},\upsilon):\underset{\sim}{D}:=\frac{\upsilon}{2}[(\underset{\sim}{T}-\underset{\sim}{Y})\underset{\sim}{D}+\underset{\sim}{D}(\underset{\sim}{T}-\underset{\sim}{Y})+(\operatorname{tr}\underset{\sim}{D})\underset{\sim}{Y}+(\underset{\sim}{Y}:\underset{\sim}{D})\underset{\sim}{1}], \quad (12.156)$$

so stellt sich die Bedingung (12.146) der infinitesimalen Polykonvexität dar als

$$\underset{\sim}{D}:[\mathbb{C}(\underset{\sim}{K})+\hat{\mathbb{C}}(\underset{\sim}{T},\underset{\sim}{Y},\upsilon)-\check{\mathbb{C}}(\underset{\sim}{T},\underset{\sim}{Y},\upsilon)]:\underset{\sim}{D}\geqq 0, \quad (12.157)$$

also als die Forderung nach *positiver Semidefinitheit* der Tetrade $\mathbb{C}+\hat{\mathbb{C}}-\check{\mathbb{C}}$ für eine den Nebenbedingungen (12.147) genügende Wahl von $\underset{\sim}{Y}$. Die Gestalt der Tetraden $\hat{\mathbb{C}}$ und $\check{\mathbb{C}}$ ist vom Material unabhängig.

Wenn $\underset{\sim}{Y}=0$ gewählt werden kann, geht die Bedingung der infinitesimalen Polykonvexität über in die Bedingung der *infinitesimalen Konvexität*

$$\underset{\sim}{H}:\mathbb{A}:\underset{\sim}{H}\geqq 0, \quad (12.158)$$

also die Forderung nach positiver Semidefinitheit von $\mathbb{A}$. Zugleich reduzieren die Bedingungen (12.147) sich auf (12.111). Genügt die Spannung $\underset{\sim}{T}$ diesen Forderungen nicht, dann ist infinitesimale Konvexität nicht möglich. Setzt man $\underset{\sim}{Y}=0$ in (12.157), so ergibt sich als gleichwertige Darstellung der infinitesimalen Konvexität

$$\underset{\sim}{D}:\varrho\mathbb{C}:\underset{\sim}{D}+t_1d_{11}{}^2+t_2d_{22}{}^2+t_3d_{33}{}^2$$
$$+\frac{4t_1t_2}{t_1+t_2}d_{12}{}^2+\frac{4t_1t_3}{t_1+t_3}d_{13}{}^2+\frac{4t_2t_3}{t_2+t_3}d_{23}{}^2\geqq 0. \quad (12.159)$$

Die Komponenten beziehen sich dabei auf die Hauptachsen von $\underset{\sim}{T}$. Ist ein Nenner gleich Null, so entfällt der betreffende Term. Ist keine der Hauptspannungen negativ, so genügt positive Semidefinitheit von $\mathbb{C}$ für infinitesimale Konvexität. Dieses Ergebnis läßt sich auch aus (12.145) ablesen.

Als nächstes werten wir die Bedingung der infinitesimalen Polykonvexität für verschiedene Sonderfälle aus.

Ist $\underset{\sim}{T}$ ein Kugeltensor, dann gilt $\check{\mathbb{C}}=0$. Ferner nehmen wir die Steifigkeit $\mathbb{C}$ isotrop an. (Beides ist der Fall im ungestörten Zustand eines isotrop-elastischen Materials.) Aus Symmetriegründen kann dann auch $\underset{\sim}{Y}$ als Kugeltensor angesetzt werden. Also

$$\underset{\sim}{T}=-p\underset{\sim}{1},\ \varrho\mathbb{C}=2\mu\mathbb{1}+\lambda\underset{\sim}{1}\otimes\underset{\sim}{1},$$

$$\underset{\sim}{Y}=y\underset{\sim}{1},\ \varrho\hat{\mathbb{C}}=-(p+y)\mathbb{1}+y\underset{\sim}{1}\otimes\underset{\sim}{1}. \tag{12.160}$$

Notwendig und hinreichend zur Erfüllung von

$$\underset{\sim}{D}:\varrho(\mathbb{C}+\hat{\mathbb{C}}):\underset{\sim}{D}=\left(\underset{\sim}{D}'+\frac{1}{3}\operatorname{tr}\underset{\sim}{D}\underset{\sim}{1}\right):\varrho(\mathbb{C}+\hat{\mathbb{C}}):\left(\underset{\sim}{D}'+\frac{1}{3}\operatorname{tr}\underset{\sim}{D}\underset{\sim}{1}\right)$$

$$=(2\mu-p-y)\underset{\sim}{D}':\underset{\sim}{D}'+\frac{1}{3}(3\lambda+2\mu-p+2y)(\operatorname{tr}\underset{\sim}{D})^2\geqq 0 \tag{12.161}$$

ist

$$2\mu-p-y\geqq 0,\ 3\lambda+2\mu-p+2y\geqq 0. \tag{12.162}$$

Ferner verlangt (12.147)

$$-p+y\geqq 0. \tag{12.163}$$

Kombination der ersten mit der zweiten bzw. dritten Ungleichung gibt

$$2\mu-p\geqq y\geqq\begin{cases}-\frac{1}{2}(2\mu+3\lambda-p),\\ p,\end{cases} \tag{12.164}$$

also schließlich die Restriktionen

$$\mu-p\geqq 0,\ 2\mu+\lambda-p\geqq 0. \tag{12.165}$$

Dieselben Restriktionen liefert übrigens die Hadamardsche Bedingung, denn es ist — mit $\underset{\sim}{a}\cdot\underset{\sim}{b}=|\underset{\sim}{a}||\underset{\sim}{b}|\cos\alpha$ —

$$\underset{\sim}{a}\otimes\underset{\sim}{b}:\varrho\mathbb{A}:\underset{\sim}{a}\otimes\underset{\sim}{b}=\underset{\sim}{T}:\underset{\sim}{b}\otimes\underset{\sim}{a}\cdot\underset{\sim}{a}\otimes\underset{\sim}{b}+\operatorname{sym}(\underset{\sim}{a}\otimes\underset{\sim}{b}):\varrho\mathbb{C}:\operatorname{sym}(\underset{\sim}{a}\otimes\underset{\sim}{b})$$

$$=|\underset{\sim}{a}|^2|\underset{\sim}{b}|^2[(\mu-p)\sin^2\alpha+(2\mu+\lambda-p)\cos^2\alpha]\geqq 0$$

$$\Leftrightarrow\mu-p\geqq 0,\ 2\mu+\lambda-p\geqq 0. \tag{12.166}$$

Im Gegensatz zum finiten Beispiel (12.116) ff. fällt die Bedingung der infinitesimalen Polykonvexität mit der Bedingung der infinitesimalen Rang 1-Konvexität zusammen. Ob das allerdings auch bei beliebig anisotroper Steifigkeit $\mathbb{C}$ (etwa im folgenden Beispiel) der Fall ist, scheint noch ungeklärt.

Als nächstes ermitteln wir die konstitutiven Ungleichungen für den *orthotropen* Fall. Seien $\{\underset{\sim}{n}_m\}$ die Orthotropieachsen der Tetrade $\mathbb{C}(\underset{\sim}{K})$ und zugleich die Hauptachsen der Spannung $\underset{\sim}{T}$. Aus Symmetriegründen können wir sie dann auch als

Hauptachsen von $\underset{\sim}{Y}$ (und damit auch von $\underset{\sim}{Z}=\underset{\sim}{T}+\underset{\sim}{Y}$) wählen. Die Bedingung der infinitesimalen Polykonvexität gewinnt die Gestalt

$$\begin{aligned}
&(\varrho c_{1111}+t_1)d_{11}{}^2+(\varrho c_{2222}+t_2)d_{22}{}^2+(\varrho c_{3333}+t_3)d_{33}{}^2\\
&+(2\varrho c_{1122}+y_1+y_2)d_{11}d_{22}+(2\varrho c_{1133}+y_1+y_3)d_{11}d_{33}\\
&+(2\varrho c_{2233}+y_2+y_3)d_{22}d_{33}\\
&+\left(4\varrho c_{1212}+t_1+t_2-y_1-y_2-\frac{(t_1-t_2)^2}{t_1+t_2+y_1+y_2}\right)d_{12}{}^2\\
&+\left(4\varrho c_{1313}+t_1+t_3-y_1-y_3-\frac{(t_1-t_3)^2}{t_1+t_3+y_1+y_3}\right)d_{13}{}^2\\
&+\left(4\varrho c_{2323}+t_2+t_3-y_2-y_3-\frac{(t_2-t_3)^2}{t_2+t_3+y_2+y_3}\right)d_{23}{}^2\geqq 0. \qquad (12.167)
\end{aligned}$$

Mit den Abkürzungen

$$\begin{aligned}
&c_1:=\varrho c_{1111}+t_1,\\
&g_3:=\varrho c_{1122}-(t_1+t_2)/2,\\
&k_{12}:=\varrho c_{1212}+t_1,\\
&k_{21}:=\varrho c_{1212}+t_2,\\
&2\beta_3:=t_1+t_2+y_1+y_2=z_1+z_2\,(\geqq 0),\\
&e_3:=k_{12}+k_{21}-\beta_3-\frac{(k_{12}-k_{21})^2}{4\beta_3} \qquad (12.168)
\end{aligned}$$

usw. wird daraus

$$\begin{aligned}
&c_1d_{11}{}^2+c_2d_{22}{}^2+c_3d_{33}{}^2\\
&+2(g_3+\beta_3)d_{11}d_{22}+2(g_2+\beta_2)d_{11}d_{33}+2(g_1+\beta_1)d_{22}d_{33}\\
&+2e_3d_{12}{}^2+2e_2d_{13}{}^2+2e_1d_{23}{}^2\geqq 0. \qquad (12.169)
\end{aligned}$$

Als notwendig und hinreichend dafür erkennen wir neben

$$e_1\geqq 0,\ e_2\geqq 0,\ e_3\geqq 0 \qquad (12.170)$$

die positive Semidefinitheit der Matrix

$$\mathfrak{C}=\begin{pmatrix} c_1 & g_3+\beta_3 & g_2+\beta_2\\ g_3+\beta_3 & c_2 & g_1+\beta_1\\ g_2+\beta_2 & g_1+\beta_1 & c_3\end{pmatrix}, \qquad (12.171)$$

also unter Beachtung von (5.145), (5.149) und (5.151) die Bedingungen

$$c_1 \geqq 0,\ c_2 \geqq 0,\ c_3 \geqq 0, \tag{12.172}$$

$$c_1c_2-(g_3+\beta_3)^2 \geqq 0,\ c_1c_3-(g_2+\beta_2)^2 \geqq 0,\ c_2c_3-(g_1+\beta_1)^2 \geqq 0, \tag{12.173}$$

$$\det \mathfrak{C} = c_1c_2c_3 - c_1(g_1+\beta_1)^2 - c_2(g_2+\beta_2)^2 - c_3(g_3+\beta_3)^2 + 2(g_1+\beta_1)(g_2+\beta_2)(g_3+\beta_3) \geqq 0. \tag{12.174}$$

Um zu konstitutiven Ungleichungen zu kommen, die den tensoriellen Parameter $\mathbf{Y}$ nicht mehr enthalten, sind $\beta_1, \beta_2, \beta_3$ aus den vorstehenden Bedingungen zu eliminieren.

Die Bedingung $e_3 \geqq 0$ ist gemäß (12.168) im Falle $\beta_3 > 0$ gleichbedeutend mit

$$\beta_3{}^2 - (k_{12}+k_{21})\beta_3 + \left(\frac{k_{12}-k_{21}}{2}\right)^2 \leqq 0. \tag{12.175}$$

Da das Polynom für große $\beta_3$ positive Werte besitzt, ist zur Erfüllung dieser Ungleichung die Existenz reeller Nullstellen erforderlich, also

$$k_{12}k_{21} \geqq 0, \tag{12.176}$$

so daß sich

$$k_3{}^u := \frac{k_{12}+k_{21}}{2} - \sqrt{k_{12}k_{21}} \leqq \beta_3 \leqq \frac{k_{12}+k_{21}}{2} + \sqrt{k_{12}k_{21}} =: k_3{}^o \tag{12.177}$$

ergibt. Die Bedingung $\beta_3 > 0$ verlangt gemäß (12.175) $k_{12}+k_{21} > 0$, so daß zusammen mit (12.176) $k_{12} \geqq 0, k_{21} \geqq 0$ gelten muß. (Zunächst darf nicht in beiden Fällen das Gleichheitszeichen stehen. Wir können es dennoch zulassen, indem wir $\beta_3 = 0$ wählen. Dann ist allerdings (12.168) nicht gültig. Wir haben stattdessen $e_3 = k_{12}+k_{21}-\beta_3$ zu setzen und finden den erlaubten Wert $e_3 = 0$.) Permutation der Indizes ergibt insgesamt die Ungleichungen

$$k_{12} \geqq 0, k_{21} \geqq 0,\ k_{31} \geqq 0, k_{13} \geqq 0, k_{23} \geqq 0, k_{32} \geqq 0 \tag{12.178}$$

sowie durch Umschreiben von (12.177) die Schranken

$$\begin{aligned} k_3{}^u &:= \frac{1}{2}(\sqrt{k_{12}} - \sqrt{k_{21}})^2 \leqq \beta_3 \leqq \frac{1}{2}(\sqrt{k_{12}} + \sqrt{k_{21}})^2 =: k_3{}^o, \\ k_2{}^u &:= \frac{1}{2}(\sqrt{k_{13}} - \sqrt{k_{31}})^2 \leqq \beta_2 \leqq \frac{1}{2}(\sqrt{k_{13}} + \sqrt{k_{31}})^2 =: k_2{}^o, \\ k_1{}^u &:= \frac{1}{2}(\sqrt{k_{23}} - \sqrt{k_{32}})^2 \leqq \beta_1 \leqq \frac{1}{2}(\sqrt{k_{23}} + \sqrt{k_{32}})^2 =: k_1{}^o. \end{aligned} \tag{12.179}$$

Die Bedingungen (12.173) lassen sich umformen in

$$\begin{aligned} \beta_3{}^u &:= -\sqrt{c_1c_2} - g_3 \leqq \beta_3 \leqq \sqrt{c_1c_2} - g_3 =: \beta_3{}^o, \\ \beta_2{}^u &:= -\sqrt{c_1c_3} - g_2 \leqq \beta_2 \leqq \sqrt{c_1c_3} - g_2 =: \beta_2{}^o, \\ \beta_1{}^u &:= -\sqrt{c_2c_3} - g_1 \leqq \beta_1 \leqq \sqrt{c_2c_3} - g_1 =: \beta_1{}^o. \end{aligned} \tag{12.180}$$

Diese Ungleichungen sind nur dann mit (12.179) verträglich, wenn $\beta_j{}^o \geqq k_j{}^u, k_j{}^o \geqq \beta_j{}^u$ $(j=1,2,3)$ erfüllt ist. Da übrigens nach (12.179) $k_j{}^u \geqq 0$ $(j=1,2,3)$ gilt, braucht $\beta_j{}^o \geqq 0$ nicht gesondert gefordert zu werden. Es ergibt sich folgender Satz konstitutiver Ungleichungen:

$$\begin{aligned}
&\sqrt{c_1c_2}-g_3-k_3{}^u \geqq 0, \ \sqrt{c_1c_2}+g_3+k_3{}^o \geqq 0,\\
&\sqrt{c_1c_3}-g_2-k_2{}^u \geqq 0, \ \sqrt{c_1c_3}+g_2+k_2{}^o \geqq 0,\\
&\sqrt{c_2c_3}-g_1-k_1{}^u \geqq 0, \ \sqrt{c_2c_3}+g_1+k_1{}^o \geqq 0.
\end{aligned} \tag{12.181}$$

Nun noch zur Auswertung der Ungleichung (12.174). Ist eine Diagonalkomponente von $\mathfrak{C}$ gleich Null, dann muß $\det \mathfrak{C}=0$ sein, denn beispielsweise im Falle $c_1=0$ verlangt (12.173) auch $g_3+\beta_3=g_2+\beta_2=0$. Die Bedingung $\det \mathfrak{C} \geqq 0$ kann also nur im Falle $c_1c_2c_3>0$ eine zusätzliche Einschränkung liefern. Wir führen dann Winkel $\gamma_j(-\pi/2 \leqq \gamma_j \leqq \pi/2)$ ein durch die Vorschrift

$$\sin\gamma_j := \sqrt{\frac{c_j}{c_1c_2c_3}}\,(g_j+\beta_j), \qquad j=1,2,3. \tag{12.182}$$

Das ist möglich, da der Betrag der rechten Seite nach (12.180) den Wert 1 nicht übersteigen kann.

Definieren wir ferner $\gamma_j{}^o, \gamma_j{}^u \ (-\pi/2 \leqq \gamma_j^{o,u} \leqq \pi/2)$ durch

$$\left.\begin{aligned}
\sin\gamma_j^o &:= \min\left\{+1; \sqrt{\frac{c_j}{c_1c_2c_3}}\,(g_j+k_j^o)\right\},\\
\sin\gamma_j^u &:= \max\left\{-1; \sqrt{\frac{c_j}{c_1c_2c_3}}\,(g_j+k_j^u)\right\},
\end{aligned}\right\} \quad j=1,2,3, \tag{12.183}$$

so nehmen die Restriktionen (12.179) und (12.180) die Form

$$-\frac{\pi}{2} \leqq \gamma_j{}^u \leqq \gamma_j \leqq \gamma_j{}^o \leqq \frac{\pi}{2}, \qquad j=1,2,3, \tag{12.184}$$

an, während (12.174) auf

$$1-\sin^2\gamma_1-\sin^2\gamma_2-\sin^2\gamma_3+2\sin\gamma_1\sin\gamma_2\sin\gamma_3 \geqq 0 \tag{12.185}$$

oder, nach Lösen einer quadratischen Gleichung und Anwendung eines Additionstheorems auf

$$-\cos|\gamma_m+\gamma_n| \leqq \sin\gamma_j \leqq \cos|\gamma_m-\gamma_n| \tag{12.186}$$

umgeschrieben werden kann. ($j \neq m \neq n \neq j$ bedeuten die Indizes 1,2,3 in beliebiger Reihenfolge.) Aus der linken Ungleichung folgt die Einschränkung

$$\begin{aligned}
\sin\gamma_j^o \geqq \sin\gamma_j &\geqq -\cos|\gamma_m+\gamma_n|\\
&\geqq -\cos\min|\gamma_m+\gamma_n|\\
&= \begin{cases} -\cos|\gamma_m^o+\gamma_n^o|, & \text{wenn } \gamma_m^o+\gamma_n^o<0\\ -\cos|\gamma_m^u+\gamma_n^u|, & \text{wenn } \gamma_m^u+\gamma_n^u>0\\ -1 & \text{sonst} \end{cases}
\end{aligned} \tag{12.187}$$

und aus der rechten

$$\begin{aligned}\sin\gamma_j^u &\leqq \sin\gamma_j \leqq \cos|\gamma_m-\gamma_n| \\ &\leqq \cos\min|\gamma_m-\gamma_n| \\ &= \begin{cases}\cos(\gamma_m^u-\gamma_n^o), & \text{wenn } \gamma_m^u-\gamma_n^o>0\\ \cos(\gamma_n^u-\gamma_m^o), & \text{wenn } \gamma_n^u-\gamma_m^o>0\\ 1 & \text{sonst.}\end{cases}\end{aligned} \tag{12.188}$$

Aus (12.187) ergeben sich zwei konstitutive Ungleichungen, während (12.188) – wegen der Beliebigkeit der Numerierung – nur eine liefert. Sie sind nichttrivial, wenn in (12.187) $\sin\gamma_j^o<1$ bzw. in (12.188) $\sin\gamma_j^u>-1$ gilt. Wegen (12.184) folgt aus $\gamma_m^o+\gamma_n^o<0$ die Ungleichung $\sin\gamma_m^o<-\sin\gamma_n^o$ und daraus $\sin\gamma_m^o<1$, $\sin\gamma_n^o<1$, ferner aus $\gamma_m^u+\gamma_n^u>0$ die Ungleichung $\sin\gamma_m^u>-\sin\gamma_n^u$ und daraus $\sin\gamma_m^u>-1$, $\sin\gamma_n^u>-1$ sowie aus $\gamma_m^u-\gamma_n^o>0$ die Ungleichung $\sin\gamma_m^u>\sin\gamma_n^o$ und daraus $\sin\gamma_m^u>-1$, $\sin\gamma_n^o<1$. Nach (12.183) bedeutet das, daß in den drei konstitutiven Ungleichungen jeweils

$$\sin\gamma_j^u=\sqrt{\frac{c_j}{c_1c_2c_3}}\,(g_j+k_j^u),\ \sin\gamma_j^o=\sqrt{\frac{c_j}{c_1c_2c_3}}\,(g_j+k_j^o) \tag{12.189}$$

zu setzen ist. Damit lassen sie sich unter Elimination der Hilfswinkel $\gamma_j^u$, $\gamma_j^o$ mittels Additionstheorem auf folgende Form bringen:
Erste Ungleichung:

$$\sqrt{1-\frac{c_m(g_m+k_m^o)^2}{c_1c_2c_3}}\sqrt{1-\frac{c_n(g_n+k_n^o)^2}{c_1c_2c_3}} -\frac{\sqrt{c_m}(g_m+k_m^o)}{\sqrt{c_1c_2c_3}}\frac{\sqrt{c_n}(g_n+k_n^o)}{\sqrt{c_1c_2c_3}}+\frac{\sqrt{c_j}(g_j+k_j^o)}{\sqrt{c_1c_2c_3}}\geqq 0, \tag{12.190}$$

wenn für zwei Indizes m,n $(m\neq n\neq j\neq m)$

$$\sqrt{c_m}(g_m+k_m^o)+\sqrt{c_n}(g_n+k_n^o)<0$$

gilt und ferner folgende Bedingungen erfüllt sind:

$$\frac{g_1+k_1^o}{\sqrt{c_2c_3}}<1,\ \frac{g_2+k_2^o}{\sqrt{c_1c_3}}<1,\ \frac{g_3+k_3^o}{\sqrt{c_1c_2}}<1.$$

Zweite Ungleichung:

$$\sqrt{1-\frac{c_m(g_m+k_m^u)^2}{c_1c_2c_3}}\sqrt{1-\frac{c_n(g_n+k_n^u)^2}{c_1c_2c_3}} -\frac{\sqrt{c_m}(g_m+k_m^u)}{\sqrt{c_1c_2c_3}}\frac{\sqrt{c_n}(g_n+k_n^u)}{\sqrt{c_1c_2c_3}}+\frac{\sqrt{c_j}(g_j+k_j^o)}{\sqrt{c_1c_2c_3}}\geqq 0, \tag{12.191}$$

wenn für zwei Indizes m,n $(m\neq n\neq j\neq m)$

$$\sqrt{c_m}(g_m+k_m^u)+\sqrt{c_n}(g_n+k_n^u)>0$$

gilt und ferner folgende Bedingungen erfüllt sind:

$$\frac{\sqrt{c_m}(g_m+k_m^u)}{\sqrt{c_1c_2c_3}} > -1, \frac{\sqrt{c_n}(g_n+k_n^u)}{\sqrt{c_1c_2c_3}} > -1, \frac{\sqrt{c_j}(g_j+k_j^o)}{\sqrt{c_1c_2c_3}} < 1.$$

Dritte Ungleichung:

$$\sqrt{1-\frac{c_m(g_m+k_m^u)^2}{c_1c_2c_3}}\sqrt{1-\frac{c_n(g_n+k_n^o)^2}{c_1c_2c_3}} + \frac{\sqrt{c_m}(g_m+k_m^u)}{\sqrt{c_1c_2c_3}}\frac{\sqrt{c_n}(g_n+k_n^o)}{\sqrt{c_1c_2c_3}} - \frac{\sqrt{c_j}(g_j+k_j^u)}{\sqrt{c_1c_2c_3}} \geqq 0, \tag{12.192}$$

wenn für zwei Indizes m,n $(m \neq n \neq j \neq m)$

$$\sqrt{c_m}(g_m+k_m^u) - \sqrt{c_n}(g_n+k_n^o) > 0$$

gilt und ferner folgende Bedingungen erfüllt sind:

$$\frac{\sqrt{c_m}(g_m+k_m^u)}{\sqrt{c_1c_2c_3}} > -1, \frac{\sqrt{c_n}(g_n+k_n^o)}{\sqrt{c_1c_2c_3}} < 1, \frac{\sqrt{c_j}(g_j+k_j^u)}{\sqrt{c_1c_2c_3}} > -1.$$

Der gesuchte *vollständige Satz konstitutiver Ungleichungen* ist gegeben durch (12.172), (12.178), (12.181), (12.190), (12.191) und (12.192), wobei die Abkürzungen gemäß (12.168) und (12.179) zu beachten sind. Die ersten drei Typen dieser Ungleichungen lassen sich auch aus der Hadamardschen Bedingung (12.142) gewinnen. So ergibt sich $c_1 \geqq 0$ bei der Wahl $\underset{\sim}{a} \otimes \underset{\sim}{b} = \underset{\sim}{n}_1 \otimes \underset{\sim}{n}_1$, $k_{12} \geqq 0$ bei der Wahl $\underset{\sim}{a} \otimes \underset{\sim}{b} = \underset{\sim}{n}_2 \otimes \underset{\sim}{n}_1$ und $\sqrt{c_1c_2} - k_3^u \geqq g_3 \geqq -\sqrt{c_1c_2} - k_3^o$ bei der Wahl $\underset{\sim}{a} \otimes \underset{\sim}{b} = \left(\sqrt[4]{c_2k_{21}}\,\underset{\sim}{n}_1 \pm \sqrt[4]{c_1k_{12}}\,\underset{\sim}{n}_2\right) \otimes \left(\sqrt[4]{c_2k_{12}}\,\underset{\sim}{n}_1 + \sqrt[4]{c_1k_{21}}\,\underset{\sim}{n}_2\right)$. Ob auch die Ungleichungen (12.190) bis (12.192) für die Gültigkeit der Hadamardschen Bedingung notwendig sind, scheint ungeklärt.

Als Anwendungsbeispiel betrachten wir das *isotrope* elastische Material, welches sich ja aus einem allgemeinen Spannungszustand heraus inkrementell orthotrop verhält.

Wegen

$$\varrho \mathbb{C}:\underset{\sim}{D} = \varrho \mathbb{H}:\underset{\sim}{D} - \underset{\sim}{D}\underset{\sim}{T} - \underset{\sim}{T}\underset{\sim}{D} \tag{12.193}$$

gemäß (7.149) ergeben sich die Steifigkeiten zu

$$\varrho c_{1111} = \varrho h_{1111} - 2t_1, \ \varrho c_{1122} = \varrho h_{1122}, \ \varrho c_{1212} = \varrho h_{1212} - \frac{t_1+t_2}{2} \tag{12.194}$$

usw., und unter Beachtung von $\varrho = \varrho_0 \exp(-\operatorname{tr} \underset{\sim}{H})$, $t_j = \varrho p_j$ $(j=1,2,3)$ und der Bedingung $\partial p_j/\partial h_k = \partial p_k/\partial h_j = \partial^2 W/\partial h_j \partial h_k$ der Hyperelastizität – wie im 7. Kapitel bedeutet hier $\underset{\sim}{H}$ die logarithmische Verzerrung – finden wir mit (7.162)

$$c_1 = \varrho c_{1111} + t_1 = \varrho h_{1111} - t_1 = \varrho\left(\frac{\partial p_1}{\partial h_1} - p_1\right) = \frac{\partial t_1}{\partial h_1},$$

$$g_3 = \varrho c_{1122} - \frac{t_1 + t_2}{2} = \frac{1}{2}\varrho\left(\frac{\partial p_1}{\partial h_2} + \frac{\partial p_2}{\partial h_1} - p_1 - p_2\right) = \frac{1}{2}\left(\frac{\partial t_1}{\partial h_2} + \frac{\partial t_2}{\partial h_1}\right),$$

$$k_{12} = \varrho c_{1212} + t_1 = \varrho h_{1212} + \frac{t_1 - t_2}{2} = \frac{t_1 - t_2}{2}[\coth(h_1 - h_2) + 1]$$

$$= \frac{t_1 - t_2}{2\sinh(h_1 - h_2)} e^{h_1 - h_2},$$

$$k_{21} = \varrho c_{1212} + t_2 = \varrho h_{1212} - \frac{t_1 - t_2}{2} = \frac{t_1 - t_2}{2}[\coth(h_1 - h_2) - 1]$$

$$= \frac{t_1 - t_2}{2\sinh(h_1 - h_2)} e^{h_2 - h_1}. \tag{12.195}$$

Die Ungleichungen $c_1 \geqq 0$ usw. erfordern

$$\frac{\partial t_1}{\partial h_1} \geqq 0, \frac{\partial t_2}{\partial h_2} \geqq 0, \frac{\partial t_3}{\partial h_3} \geqq 0. \tag{12.196}$$

Deutung: Bei einem einachsigen Dehnungszuwachs in Richtung der Hauptspannung $t_j$ (Erhöhung von $h_j$, während $h_{j+1}$ und $h_{j+2}$ festgehalten werden), darf diese Hauptspannung nicht abfallen.

Die Bedingungen $k_{12} \geqq 0$, $k_{21} \geqq 0$ usw. verlangen

$$\frac{t_n - t_m}{\sinh(h_n - h_m)} \geqq 0, \; n \neq m, \tag{12.197}$$

also

$$t_n \geqq t_m, \text{ wenn } h_n > h_m, \; n,m = 1,2,3. \tag{12.198}$$

Deutung: In Richtung der größeren Dehnung aus der ungestörten Plazierung heraus darf keine kleinere Cauchysche Spannung wirken.

Nun lassen sich auch $k_3^o$ und $k_3^u$ nach (12.179) bilden:

$$k_3^u = \frac{t_1 - t_2}{2}\tanh\frac{h_1 - h_2}{2}, \; k_3^o = \frac{t_1 - t_2}{2}\coth\frac{h_1 - h_2}{2}. \tag{12.199}$$

Einsetzen in (12.181), (12.190), (12.191) und (12.192) ergibt die noch fehlenden konstitutiven Ungleichungen. Sie sind wenig aufschlußreich und sollen hier nicht notiert werden.

Abschließend soll in einem Schaubild die Verknüpfung der verschiedenen konstitutiven Ungleichungen dargestellt werden. Sie alle beziehen sich auf eine feste Plazierung $\underset{\sim}{K}$ des hyperelastischen Materialelements.

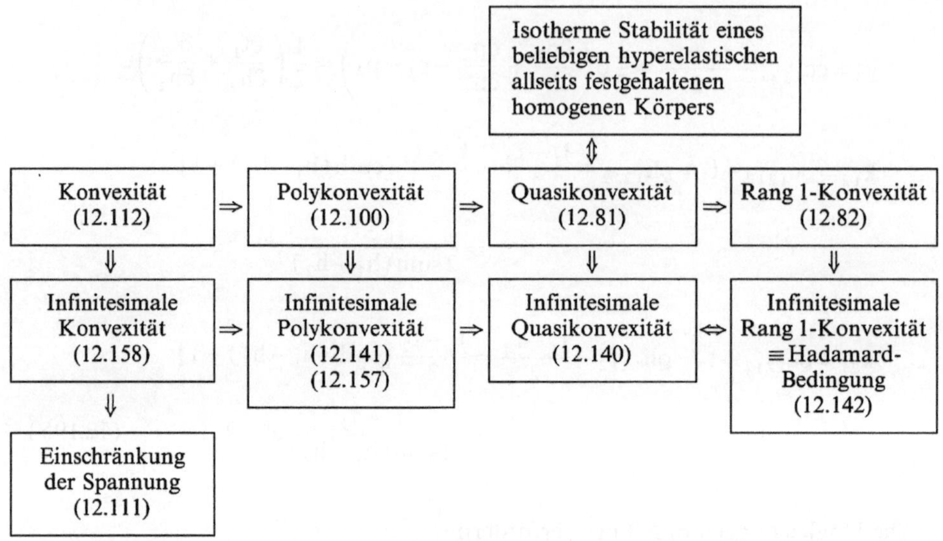


Es ist denkbar, aber wohl nicht bewiesen, daß die infinitesimale Polykonvexität stets der Hadamard-Bedingung äquivalent ist. Dagegen hat unser Beispiel (12.116) gezeigt, daß eine generelle Äquivalenz zwischen Polykonvexität und Rang 1-Konvexität nicht gilt. Die genaue Position der Quasikonvexität zwischen diesen beiden Bedingungen ist noch nicht bekannt.

Schließlich sei darauf hingewiesen, daß die Hadamardsche Bedingung auch in der Theorie der Wellenfortpflanzung von Bedeutung ist. Sie ist notwendig und hinreichend dafür, daß die Schallgeschwindigkeiten aller schwachen Wellen in einem hyperelastischen Körper reell sind. Bezüglich der Einzelheiten siehe Truesdell und Noll [0.1], Kap. 90.

## 12.6 Stabiles und metastabiles Gleichgewicht

Im folgenden werden wir Bedingungen dafür aufsuchen, daß die Formänderungsenergie eines *inhomogenen* elastischen Körpers innerhalb einer gewissen Klasse von Plazierungen $\underset{\sim}{x}_{\mathscr{B}}$ ein Minimum annimmt. Dazu wählen wir eine Bezugsplazierung $\overset{0}{\underset{\sim}{x}}_{\mathscr{B}}$ und kennzeichnen alle zur Konkurrenz zugelassenen Plazierungen $\underset{\sim}{x}_{\mathscr{B}}$ mittels einer Funktion $\underset{\sim}{w}$ wie folgt:

$$\underset{\sim}{x}_{\mathscr{B}}\colon \underset{\sim}{x}\left(\overset{0}{\underset{\sim}{x}}\right)=\underset{\sim}{c}+\tilde{\underset{\sim}{F}}\cdot\left(\overset{0}{\underset{\sim}{x}}+\underset{\sim}{w}\left(\overset{0}{\underset{\sim}{x}}\right)\right) \text{ mit } \underset{\sim}{c},\tilde{\underset{\sim}{F}} \text{ fest, } \underset{\sim}{w}\in\mathscr{K}. \qquad (12.200)$$

Bei der Festlegung der Funktionenklasse $\mathscr{K}$ beschränken wir uns auf zwei Fälle:

*Fall 1:* Ist der Körper endlich, dann definieren wir

$$\underset{\sim}{w} \in \mathscr{K} \Rightarrow \underset{\sim}{w} = 0 \text{ auf } \partial\mathscr{B}. \tag{12.201}$$

*Fall 2:* Ist der Körper unendlich und periodisch aufgebaut, dann definieren wir

$$\underset{\sim}{w} \in \mathscr{K} \Rightarrow \underset{\sim}{w} \text{ ist periodisch.} \tag{12.202}$$

Damit ist folgendes gemeint: Den Körperaufbau nennen wir periodisch, wenn es drei linear unabhängige Vektoren $\overset{0}{\underset{\sim}{g}}_1, \overset{0}{\underset{\sim}{g}}_2, \overset{0}{\underset{\sim}{g}}_3$ so gibt, daß die Funktionen $\varrho_0\left(\overset{0}{\underset{\sim}{x}}\right)$ und $W\left(\overset{0}{\underset{\sim}{x}}, \underset{\sim}{F}\right)$ – letztere für jedes beliebige feste $\underset{\sim}{F}$ – in $\overset{0}{\underset{\sim}{x}}$ periodisch sind. Dabei bezeichnen wir eine Funktion $\varphi\left(\overset{0}{\underset{\sim}{x}}\right)$ als periodisch, wenn gilt

$$\varphi\left(\overset{0}{\underset{\sim}{x}}\right) = \varphi\left(\overset{0}{\underset{\sim}{x}} + \overset{0}{\underset{\sim}{g}}_1\right) = \varphi\left(\overset{0}{\underset{\sim}{x}} + \overset{0}{\underset{\sim}{g}}_2\right) = \varphi\left(\overset{0}{\underset{\sim}{x}} + \overset{0}{\underset{\sim}{g}}_3\right) \text{ für alle } \overset{0}{\underset{\sim}{x}}. \tag{12.203}$$

Ist nun $\underset{\sim}{w} \in \mathscr{K}$, also $\underset{\sim}{w}$ periodisch, dann sind alle folgenden Größen

$$\begin{gathered} \varrho_0, \underset{\sim}{F} = \underset{\sim}{x} \otimes \overset{0}{\underset{\sim}{\nabla}} = \tilde{\underset{\sim}{F}} \cdot \left(\underset{\sim}{1} + \underset{\sim}{w} \otimes \overset{0}{\underset{\sim}{\nabla}}\right), \quad \varrho = \varrho_0 (\det \underset{\sim}{F})^{-1}, \\ W, \underset{\sim}{P}_0 = \frac{\partial W}{\partial \underset{\sim}{F}}, \quad \underset{\sim}{P} = \underset{\sim}{P}_0 \underset{\sim}{F}^T \end{gathered} \tag{12.204}$$

periodische Funktionen von $\overset{0}{\underset{\sim}{x}}$. Nun folgt aber aus (12.200)

$$\underset{\sim}{x}\left(\overset{0}{\underset{\sim}{x}} + \overset{0}{\underset{\sim}{g}}_l\right) = \underset{\sim}{x}\left(\overset{0}{\underset{\sim}{x}}\right) + \tilde{\underset{\sim}{F}} \overset{0}{\underset{\sim}{g}}_l =: \underset{\sim}{x}\left(\overset{0}{\underset{\sim}{x}}\right) + \underset{\sim}{g}_l, \qquad l = 1,2,3, \tag{12.205}$$

und wählen wir die Momentanlage $\underset{\sim}{x}$ statt der Bezugslage $\overset{0}{\underset{\sim}{x}}$ als unabhängige Variable, also $\hat{\varphi}(\underset{\sim}{x}) = \hat{\varphi}\left(\underset{\sim}{x}\left(\overset{0}{\underset{\sim}{x}}\right)\right) := \varphi\left(\overset{0}{\underset{\sim}{x}}\right)$, so finden wir für jede in $\overset{0}{\underset{\sim}{x}}$ periodische Funktion $\varphi$ auch

$$\hat{\varphi}(\underset{\sim}{x}) = \hat{\varphi}(\underset{\sim}{x} + \underset{\sim}{g}_1) = \hat{\varphi}(\underset{\sim}{x} + \underset{\sim}{g}_2) = \hat{\varphi}(\underset{\sim}{x} + \underset{\sim}{g}_3) \text{ für alle } \underset{\sim}{x}. \tag{12.206}$$

Alle unter (12.204) genannten Größen sind also in jeder zugelassenen Plazierung periodisch mit den Perioden $\underset{\sim}{g}_l := \tilde{\underset{\sim}{F}} \overset{0}{\underset{\sim}{g}}_l$ $(l = 1,2,3)$. Da die Formänderungsenergie des unbegrenzten Körpers unendlich sein kann, betrachten wir nur eine einzelne Zelle (d.h. ein von den Vektoren $\overset{0}{\underset{\sim}{g}}_l$ in der Bezugsplazierung oder von $\underset{\sim}{g}_l$ in der Momentanplazierung aufgespanntes Parallelepiped) und bezeichnen diese Zelle als $\mathscr{B}$.

Von den Funktionen $\underset{\sim}{w}$ der Klasse $\mathscr{K}$ verlangen wir, daß sie stetig sind und ihre Ableitung $\underset{\sim}{w}\otimes\overset{0}{\underset{\sim}{\nabla}}$ stückweise stetig ist. Daraus folgt: Die Funktion $\underset{\sim}{x}\left(\overset{0}{\underset{\sim}{x}}\right)$ ist ebenfalls stetig und ihre Ableitung $\underset{\sim}{F}\left(\overset{0}{\underset{\sim}{x}}\right)=\underset{\sim}{x}\otimes\overset{0}{\underset{\sim}{\nabla}}$ stückweise stetig, d.h., wir lassen die Existenz von (glatten) Unstetigkeitsflächen $\mathscr{S}$ zu, an denen der Deformationsgradient $\underset{\sim}{F}$ einen Sprung macht. (Genauer: Der rechts- und linksseitige Grenzwert $\underset{\sim}{F}_+$ und $\underset{\sim}{F}_-$ von $\underset{\sim}{F}$ stimmen nicht überein.) Um eine Aussage über den Sprung von $\underset{\sim}{F}$ zu erhalten, führen wir in der Bezugsplazierung ein lokales krummliniges Koordinatensystem so ein, daß die Unstetigkeitsfläche $\mathscr{S}$ durch $q^3\equiv 0$ beschrieben wird, also $\overset{0}{\underset{\sim}{g}}{}^3=\overset{0}{\underset{\sim}{\nabla}}q^3$ senkrecht auf der Fläche steht. Dann ist mit $\overset{0}{\underset{\sim}{\nabla}}=\overset{0}{\underset{\sim}{g}}{}^i\partial/\partial q^i$

$$\underset{\sim}{F}_+=\underset{\sim}{x}_+\otimes\overset{0}{\underset{\sim}{\nabla}}=\frac{\partial\underset{\sim}{x}_+}{\partial q^1}\otimes\overset{0}{\underset{\sim}{g}}{}^1+\frac{\partial\underset{\sim}{x}_+}{\partial q^2}\otimes\overset{0}{\underset{\sim}{g}}{}^2+\frac{\partial\underset{\sim}{x}_+}{\partial q^3}\otimes\overset{0}{\underset{\sim}{g}}{}^3,$$

$$\underset{\sim}{F}_-=\underset{\sim}{x}_-\otimes\overset{0}{\underset{\sim}{\nabla}}=\frac{\partial\underset{\sim}{x}_-}{\partial q^1}\otimes\overset{0}{\underset{\sim}{g}}{}^1+\frac{\partial\underset{\sim}{x}_-}{\partial q^2}\otimes\overset{0}{\underset{\sim}{g}}{}^2+\frac{\partial\underset{\sim}{x}_-}{\partial q^3}\otimes\overset{0}{\underset{\sim}{g}}{}^3. \qquad (12.207)$$

Stetigkeit von $\underset{\sim}{x}$ beim Übergang über die Fläche $\mathscr{S}$ bedeutet $\underset{\sim}{x}_+(q^1,q^2,0)\equiv\underset{\sim}{x}_-(q^1,q^2,0)$, also

$$\frac{\partial\underset{\sim}{x}_+}{\partial q^1}\equiv\frac{\partial\underset{\sim}{x}_-}{\partial q^1},\frac{\partial\underset{\sim}{x}_+}{\partial q^2}\equiv\frac{\partial\underset{\sim}{x}_-}{\partial q^2}\text{ auf }\mathscr{S} \qquad (12.208)$$

und daher mit $\underset{\sim}{n}_0:=\overset{0}{\underset{\sim}{g}}{}^3/|\overset{0}{\underset{\sim}{g}}{}^3|$ und der bei Sprüngen gebräuchlichen Klammersymbolik

$$[\![\underset{\sim}{F}]\!]:=\underset{\sim}{F}_+-\underset{\sim}{F}_-=\left(\frac{\partial\underset{\sim}{x}_+}{\partial q^3}-\frac{\partial\underset{\sim}{x}_-}{\partial q^3}\right)\otimes\overset{0}{\underset{\sim}{g}}{}^3=:\underset{\sim}{a}\otimes\underset{\sim}{n}_0. \qquad (12.209)$$

Der Sprung von $\underset{\sim}{F}$ kann also nur die Gestalt eines dyadischen Produkts besitzen, wobei der zweite Vektor der Normalenvektor der Unstetigkeitsfläche $\mathscr{S}$ in der Bezugsplazierung ist.

Von den Funktionen $\varrho_0\left(\overset{0}{\underset{\sim}{x}}\right)$ und $W\left(\overset{0}{\underset{\sim}{x}},\underset{\sim}{F}\right)$ ($\underset{\sim}{F}$ fest) setzen wir voraus, daß sie in $\overset{0}{\underset{\sim}{x}}$ stückweise stetig sind. Auf gewissen glatten Flächen dürfen sie also Sprünge aufweisen. (Solche Unstetigkeitsflächen des Materialverhaltens liegen beispielsweise vor an Kristallgrenzen oder an der gemeinsamen Begrenzung verschiedener Komponenten eines Verbundkörpers – Stahlbeton, faserverstärkter Kunststoff usw.) Deshalb und wegen der möglichen Unstetigkeit von $\underset{\sim}{F}$ sind die Funktionen $\varrho,\underset{\sim}{P}_0,\underset{\sim}{P},\underset{\sim}{T}_0,\underset{\sim}{T}$ in den zugelassenen Plazierungen $\underset{\sim}{x}_{\mathscr{B}}$ ebenfalls i.allg. nur stückweise stetig.

Will man den Gaußschen Satz verwenden, so ist beim Vorhandensein von Unstetigkeitsflächen folgendes zu beachten (Bild 12.6): Soll $\int\underset{\sim}{B}\otimes\underset{\sim}{\nabla}dV$ partiell integriert werden und ist $\underset{\sim}{B}$ unstetig, so läßt der Gaußsche Satz sich zunächst einzeln in jedem Teilgebiet anwenden, in dem $\underset{\sim}{B}$ stetig ist. Auf beiden Seiten jeder Unstetig-

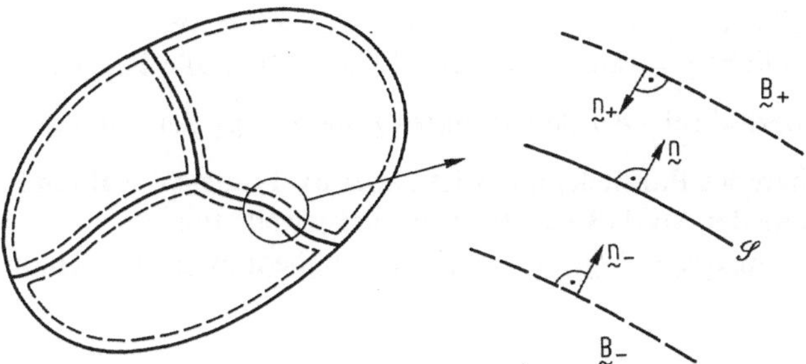


**Bild 12.6.** Zur Herleitung des Sprungterms im Gaußschen Satz. (Die der singulären Fläche $\mathscr{S}$ benachbarten Gebiete sind willkürlich als − und + benannt, die Normale $\underset{\sim}{n}$ zeigt von − nach +)

keitsfläche erscheint demnach ein Beitrag der Oberflächenintegrale, und diese lassen sich gemäß

$$\int_{\mathscr{S}} \underset{\sim}{B}_+ \otimes \underset{\sim}{n}_+ dA + \int_{\mathscr{S}} \underset{\sim}{B}_- \otimes \underset{\sim}{n}_- dA = -\int_{\mathscr{S}} [\![\underset{\sim}{B}]\!] \otimes \underset{\sim}{n}\, dA$$

$$\text{mit } [\![\underset{\sim}{B}]\!] := \underset{\sim}{B}_+ - \underset{\sim}{B}_- \tag{12.210}$$

zusammenfassen, so daß

$$\int_{\mathscr{B}} \underset{\sim}{B} \otimes \underset{\sim}{\nabla}\, dV = \int_{\partial\mathscr{B}} \underset{\sim}{B} \otimes \underset{\sim}{n}\, dA - \int_{\mathscr{S}} [\![\underset{\sim}{B}]\!] \otimes \underset{\sim}{n}\, dA \tag{12.211}$$

als verallgemeinerter Gaußscher Satz verbleibt.

Soll die Formänderungsenergie $W_{\mathscr{B}}$ in der Plazierung $\underset{\sim}{x}_{\mathscr{B}}$ minimal sein, so darf sie sich beim Übergang auf jedes benachbarte $\hat{\underset{\sim}{x}}_{\mathscr{B}}$ in erster Näherung nicht ändern:

$$\begin{aligned}
0 = \delta W_{\mathscr{B}}|_{\underset{\sim}{x}_{\mathscr{B}}} &= \int_{\mathscr{B}} \frac{\partial W}{\partial \underset{\sim}{F}}\left(\overset{0}{\underset{\sim}{x}}, \underset{\sim}{F}\left(\overset{0}{\underset{\sim}{x}}\right)\right) : \delta \underset{\sim}{F}\, dm \\
&= \int_{\mathscr{B}} \underset{\sim}{T}_0\left(\overset{0}{\underset{\sim}{x}}, \underset{\sim}{F}\left(\overset{0}{\underset{\sim}{x}}\right)\right) : \delta \underset{\sim}{x} \otimes \overset{0}{\underset{\sim}{\nabla}}\, dV_0 \\
&= \int_{\partial\mathscr{B}} \delta \underset{\sim}{x} \cdot \underset{\sim}{T}_0 \cdot \underset{\sim}{n}_0 dA_0 - \int_{\mathscr{S}} \delta \underset{\sim}{x} \cdot [\![\underset{\sim}{T}_0]\!] \cdot \underset{\sim}{n}_0 dA_0 \\
&\quad - \int_{\mathscr{B}} \delta \underset{\sim}{x} \cdot \left\{ \underset{\sim}{T}_0 \cdot \overset{0}{\underset{\sim}{\nabla}} \right\} dV_0 .
\end{aligned} \tag{12.212}$$

Dabei haben wir $[\![\delta \underset{\sim}{x}]\!] = \delta [\![\underset{\sim}{x}]\!] = 0$ beachtet. Weil $\delta \underset{\sim}{x}$ im Feld beliebig ist, ergeben sich die Feldgleichung

$$\underset{\sim}{T}_0 \cdot \overset{0}{\underset{\sim}{\nabla}} = 0 \text{ in } \mathscr{B} \tag{12.213}$$

und die Sprungbedingung

$$[\![\underset{\sim}{T}_0]\!] \cdot \underset{\sim}{n}_0 = 0 \text{ auf } \mathscr{S}. \tag{12.214}$$

Das Integral über die Oberfläche $\partial\mathscr{B}$ des Körpers bzw. der Zelle verschwindet automatisch. Im Falle 1 gilt nämlich $\delta\underset{\sim}{x}=0$ auf $\partial\mathscr{B}$ wegen (12.201). Im Falle 2 dagegen ist $\delta\underset{\sim}{x}=\tilde{\underset{\sim}{F}}\cdot\delta\underset{\sim}{w}$ ebenso wie $\underset{\sim}{T}_0$ periodisch. An den Punkten $\overset{0}{\underset{\sim}{x}}$ und $\overset{0}{\underset{\sim}{x}}+\overset{0}{\underset{\sim}{g}}_1$ der einander gegenüberliegenden Oberflächen des Parallelepipeds ist daher $\delta\underset{\sim}{x}\cdot\underset{\sim}{T}_0$ gleich, während $\underset{\sim}{n}_0$ sich im Vorzeichen unterscheidet, so daß die Beiträge sich jeweils tilgen.

Mit dem Zusammenhang $\underset{\sim}{T}_0\cdot\underset{\sim}{n}_0 dA_0=\underset{\sim}{T}\cdot\underset{\sim}{n}\, dA$ läßt die Sprungbedingung (12.214) sich auch schreiben

$$[\![\underset{\sim}{T}]\!]\cdot\underset{\sim}{n}=0 \tag{12.215}$$

($\underset{\sim}{n}$ ist die Einheitsnormale der Unstetigkeitsfläche in der Plazierung $\underset{\sim}{x}_{\mathscr{B}}$.) Sie besagt, daß der Spannungsvektor $\underset{\sim}{T}\cdot\underset{\sim}{n}$ – ebenso wie der Nennspannungsvektor $\underset{\sim}{T}_0\cdot\underset{\sim}{n}_0$ – beim Übergang über die Fläche $\mathscr{S}$ in der Plazierung $\underset{\sim}{x}_{\mathscr{B}}$ stetig sein muß. Somit können von den sechs Komponenten des symmetrischen Tensors $\underset{\sim}{T}$ bezüglich einer orthonormierten Basis $\underset{\sim}{n}_1,\underset{\sim}{n}_2,\underset{\sim}{n}_3\equiv\underset{\sim}{n}$ dort höchstens drei unstetig sein.

Noch eine Erweiterung läßt sich vornehmen: Wir wollen zulassen, daß der Körper Löcher oder (geöffnete) Risse aufweist. Bei Anwendung des Gaußschen Satzes tritt dann in (12.212) noch ein Zusatzintegral

$$+\int_{\mathscr{L}}\delta\underset{\sim}{x}\cdot\underset{\sim}{T}_0\cdot\underset{\sim}{n}_0 dA_0 \tag{12.216}$$

über die Lochberandung $\mathscr{L}$ auf, und da $\delta\underset{\sim}{x}$ auf $\mathscr{L}$ beliebig ist, ergibt sich

$$\underset{\sim}{T}_0\cdot\underset{\sim}{n}_0=0 \text{ auf } \mathscr{L} \tag{12.217}$$

als weitere notwendige Bedingung für das Minimum von $W_{\mathscr{B}}$.

Die Feldgleichung (12.213), die Sprungbedingung (12.214) und gegebenenfalls die Randbedingung (12.217) bringen zum Ausdruck, daß in der Plazierung $\underset{\sim}{x}_{\mathscr{B}}$ *Gleichgewicht* herrschen muß, damit $W_{\mathscr{B}}$ minimal sein kann. (Wir nehmen an, daß keine Massenkräfte vorhanden sind.) Diese Bedingung ist zwar *notwendig*, aber nicht hinreichend. Eine weitere *notwendige* Bedingung ist folgende: Die Formänderungsenergiefunktion $W\left(\overset{0}{\underset{\sim}{x}},\underset{\sim}{F}\right)$ muß an jedem Punkt $\overset{0}{\underset{\sim}{x}}$ (außerhalb der Unstetigkeitsflächen) bezüglich des dortigen $\underset{\sim}{F}\left(\overset{0}{\underset{\sim}{x}}\right)$ *quasikonvex* sein. In einer beliebig kleinen Umgebung jedes solchen Punktes $\overset{0}{\underset{\sim}{x}}$ ist ja das Materialverhalten praktisch homogen. Wäre daher die Quasikonvexität verletzt, dann gäbe es lokal begrenzte Verformungen, die auf kleinere Werte der Formänderungsenergie führen. Als Folge der Quasikonvexität erweist sich auch die Rang 1-Konvexität als notwendig. Ebenfalls notwendig ist daher bei zweimal differenzierbarer Formänderungsenergiefunktion die Erfüllung der Hadamardschen Bedingung an jedem Punkt des Körpers in der Plazierung $\underset{\sim}{x}_{\mathscr{B}}$.

Gleichgewicht und Quasikonvexität sind zwar notwendig, aber vermutlich nicht hinreichend dafür, daß $W_{\mathscr{B}}$ in der Plazierung $\underset{\sim}{x}_{\mathscr{B}}$ minimal ist. (Im Spezialfall des homogenen Körpers (ohne Löcher und Risse) sind sie hinreichend im Falle 1 gemäß

(12.201). Ob sie es im Falle 2 gemäß (12.202) sind, scheint bereits fraglich.) Als nächstes geben wir daher eine Bedingung, die zusammen mit dem Gleichgewicht bei Körpern ohne Löcher und Risse sicherstellt, daß die Formänderungsenergie $W_{\mathscr{B}}$ in der Plazierung $\underset{\sim}{x}_{\mathscr{B}}$ ein Minimum gegenüber allen zulässigen Plazierungen der Klasse $\mathscr{K}$ hat, also die Ruhelage stabil ist. (Umgebungslasten treten ja nicht auf.) Diese *Bedingung der gleichmäßigen Polykonvexität* lautet:

Die Formänderungsenergie W ist an jedem Punkt X (außerhalb der Unstetigkeitsflächen) polykonvex bezüglich $\underset{\sim}{F}(X)$, also – nach (12.100) –

$$W(X,\hat{\underset{\sim}{F}}) \geqq W(X,\underset{\sim}{F}) + \underset{\sim}{P}(X):\underset{\sim}{H} + \frac{1}{2}\underset{\sim}{Y}\upsilon(X):(\underset{\sim}{H}^2 - (\operatorname{tr}\underset{\sim}{H})\underset{\sim}{H}) + n_D\upsilon(X)\det\underset{\sim}{H}$$
$$\text{mit } \underset{\sim}{H} = \hat{\underset{\sim}{F}}\underset{\sim}{F}^{-1} - \underset{\sim}{1}, \tag{12.218}$$

und $\underset{\sim}{Y}$ und $n_D$ lassen sich unabhängig von X wählen.

Dann gilt nämlich mit $\underset{\sim}{z} = \hat{\underset{\sim}{x}} - \underset{\sim}{x}$ und $\underset{\sim}{H} = \underset{\sim}{z} \otimes \underset{\sim}{\nabla}$

$$\int_{\mathscr{B}} W(X,\hat{\underset{\sim}{F}})\,dm \geqq \int_{\mathscr{B}} W(X,\underset{\sim}{F})\,dm + \int_{\mathscr{B}} \underset{\sim}{T}:\underset{\sim}{H}\,dV$$
$$+ \frac{1}{2}\underset{\sim}{Y}: \int_{\mathscr{B}} (\underset{\sim}{H}^2 - (\operatorname{tr}\underset{\sim}{H})\underset{\sim}{H})\,dV + n_D \int_{\mathscr{B}} \det\underset{\sim}{H}\,dV \tag{12.219}$$

und daher, wie behauptet,

$$W_{\mathscr{B}}(\hat{\underset{\sim}{x}}_{\mathscr{B}}) \geqq W_{\mathscr{B}}(\underset{\sim}{x}_{\mathscr{B}}), \tag{12.220}$$

denn die drei letzten Integrale verschwinden. Das erste läßt sich nämlich mit dem Gaußschen Satz umformen auf

$$\int_{\mathscr{B}} \underset{\sim}{T}:\underset{\sim}{H}\,dV = \int_{\partial\mathscr{B}} \underset{\sim}{z}\cdot\underset{\sim}{T}\cdot\underset{\sim}{n}\,dA - \int_{\mathscr{S}} \underset{\sim}{z}\cdot[\![\underset{\sim}{T}]\!]\cdot\underset{\sim}{n}\,dA - \int_{\mathscr{B}} \underset{\sim}{z}\cdot(\underset{\sim}{T}\cdot\underset{\sim}{\nabla})\,dV, \tag{12.221}$$

und die letzten beiden Terme dieses Ausdrucks sind Null wegen des Gleichgewichts, der erste aber wegen $\underset{\sim}{z} = 0$ auf $\partial\mathscr{B}$ bzw. $\underset{\sim}{z}\cdot\underset{\sim}{T}$ periodisch. Daß $\int\underset{\sim}{H}\,dV = 0$, $\int(\underset{\sim}{H}^2 - (\operatorname{tr}\underset{\sim}{H})\underset{\sim}{H})\,dV = 0$ und $\int\det\underset{\sim}{H}\,dV = 0$ gilt, ist für den Fall 1 schon in (12.91) ff. gezeigt worden. Die dortige Argumentation paßt aber auch im Falle 2, wenn man beachtet, daß dann $\underset{\sim}{z}$ und $\underset{\sim}{z}\otimes\underset{\sim}{\nabla}$ periodisch sind und ferner das Volumen einer Zelle bei periodischer Verformung erhalten bleibt. Noch eine Anmerkung zu Formel (12.92): Ist das Feld $\underset{\sim}{z}\otimes\underset{\sim}{\nabla}$ unstetig, so liefert der Gaußsche Satz zunächst

$$\int_{\partial\mathscr{B}} \underset{\sim}{z}\otimes\underset{\sim}{n}\cdot(\underset{\sim}{z}\otimes\underset{\sim}{\nabla} - (\underset{\sim}{\nabla}\cdot\underset{\sim}{z})\underset{\sim}{1})\,dA - \int_{\mathscr{S}} \underset{\sim}{z}\otimes\underset{\sim}{n}\cdot[\![\underset{\sim}{z}\otimes\underset{\sim}{\nabla} - (\underset{\sim}{\nabla}\cdot\underset{\sim}{z})\underset{\sim}{1}]\!]\,dA$$
$$= \int_{V} (\underset{\sim}{H}^2 - (\operatorname{tr}\underset{\sim}{H})\underset{\sim}{H})\,dV. \tag{12.222}$$

Das Integral über die Sprungflächen kann jedoch – wie in (12.92) geschehen – entfallen, denn da $\underset{\sim}{z}$ stetig ist und daher $[\![\underset{\sim}{z}\otimes\underset{\sim}{\nabla}]\!]$ gemäß der Schlußweise von (12.209) die Gestalt $[\![\underset{\sim}{z}\otimes\underset{\sim}{\nabla}]\!] = \underset{\sim}{a}\otimes\underset{\sim}{n}$ haben muß, gilt

$$\underset{\sim}{n}\cdot[\![\underset{\sim}{z}\otimes\underset{\sim}{\nabla} - (\underset{\sim}{\nabla}\cdot\underset{\sim}{z})\underset{\sim}{1}]\!] = \underset{\sim}{n}\cdot(\underset{\sim}{a}\otimes\underset{\sim}{n} - \underset{\sim}{n}\cdot\underset{\sim}{a}\underset{\sim}{1}) = 0. \tag{12.223}$$

Eine Ausdehnung unseres Ergebnisses auf Körper mit Löchern und Rissen ist nur möglich, wenn $\underset{\sim}{Y}=0$ und $n_D=0$ gewählt werden kann, die gleichmäßige Polykonvexität also in Konvexität übergeht. Sind nämlich Löcher vorhanden, dann ist $\int(\underset{\sim}{H}^2-(\operatorname{tr}\underset{\sim}{H})\underset{\sim}{H})\,dV \neq 0$ und $\int\det\underset{\sim}{H}\,dV \neq 0$, weil bei Anwendung des Gaußschen Satzes zusätzliche Integrale über die Lochränder auftreten.

Unser Satz hilft uns wenig dabei, die Existenz einer Minimallösung zu beweisen oder sie gar zu konstruieren. Doch gibt es Ausnahmen. Beispiel: Betrachten wir einen unendlich ausgedehnten und in der Bezugsplazierung homogenen Körper. Ist die Formänderungsenergie polykonvex bezüglich $\tilde{\underset{\sim}{F}}$, dann minimiert die homogene Plazierung $\underset{\sim}{x}=\underset{\sim}{c}+\tilde{\underset{\sim}{F}}\overset{0}{\underset{\sim}{x}}$ die Formänderungsenergie in der Klasse der Plazierungen der Form (12.200), (12.202). (Die Perioden sind dabei beliebig.) Zum Beweis beachte man, daß dann Dichte und Spannung räumlich konstant sind, so daß Gleichgewicht herrscht, und auch $\underset{\sim}{Y}$ und $n_D$ automatisch ortsunabhängig sind.

Infinitesimale Stabilitätsbedingungen erhalten wir wie folgt: Ist $\underset{\sim}{z}=\eta\underset{\sim}{u}\in\mathscr{K}$ die Verschiebung aus einer inhomogenen Gleichgewichtsplazierung, so wird (12.138) zu

$$W(X,\eta\underset{\sim}{u}\otimes\underset{\sim}{\nabla})=W(X,0)+\underset{\sim}{P}(X):\eta\underset{\sim}{u}\otimes\underset{\sim}{\nabla}+\frac{\eta^2}{2}\underset{\sim}{u}\otimes\underset{\sim}{\nabla}:\mathbb{A}(X):\underset{\sim}{u}\otimes\underset{\sim}{\nabla}+o(\eta^2)$$

$$\text{für alle } X\in\mathscr{B}-\mathscr{S}, \qquad (12.224)$$

und Integration über den Gesamtkörper gibt

$$\int W(X,\eta\underset{\sim}{u}\otimes\underset{\sim}{\nabla})\,dm=\int W(X,0)\,dm+\frac{\eta^2}{2}\int\underset{\sim}{u}\otimes\underset{\sim}{\nabla}:\mathbb{A}(X):\underset{\sim}{u}\otimes\underset{\sim}{\nabla}\,dm+o(\eta^2). \qquad (12.225)$$

Notwendig dafür, daß W in der Gleichgewichtsplazierung ein Minimum annimmt, ist offenbar folgende Bedingung der *infinitesimalen Stabilität*

$$\int\underset{\sim}{u}\otimes\underset{\sim}{\nabla}:\mathbb{A}(X):\underset{\sim}{u}\otimes\underset{\sim}{\nabla}\,dm\geqq 0 \text{ für alle } \underset{\sim}{u}\in\mathscr{K}. \qquad (12.226)$$

Ist die Gleichgewichtsplazierung homogen und gilt $\underset{\sim}{u}=0$ auf $\partial\mathscr{B}$, dann wird daraus die Bedingung (12.140) der infinitesimalen Quasikonvexität.

Ist die Bedingung der infinitesimalen Stabilität erfüllt, dann nennt man die Gleichgewichtsplazierung *metastabil*. Metastabilität ist notwendig aber nicht hinreichend für Stabilität. Hinreichend für Metastabilität ist folgende Bedingung der *gleichmäßigen infinitesimalen Polykonvexität*:

$$\underset{\sim}{H}:\mathbb{A}(X):\underset{\sim}{H}-\upsilon(X)\underset{\sim}{Y}:(\underset{\sim}{H}^2-(\operatorname{tr}\underset{\sim}{H})\underset{\sim}{H})\geqq 0$$

$$\text{für alle Tensoren } \underset{\sim}{H}$$

$$\text{und alle } X\in\mathscr{B}-\mathscr{S},$$

$$\underset{\sim}{Y} \text{ unabhängig von } X. \qquad (12.227)$$

Der Beweis ergibt sich aus (12.92). Auf Körper mit Löchern und Rissen ist das Ergebnis nur anwendbar, wenn $\underset{\sim}{Y}=0$ gewählt werden kann.

## 12.7 Phasenzerfall beim Fluid

Nach van der Waals lassen sich viele reale Gase gut mittels der Zustandsgleichung

$$p=p(\upsilon,\Theta)=\frac{\beta\Theta}{\upsilon-b}-\frac{a}{\upsilon^2},\qquad \beta,a,b \text{ konstant} \tag{12.228}$$

beschreiben. Bei fester Temperatur $\Theta_0$ besitzen die Kurven der Formänderungsenergie

$$W(\upsilon)=-\beta\Theta_0\ln\frac{\upsilon-b}{b}-\frac{a}{\upsilon}+\text{const} \tag{12.229}$$

und des Druckes $p=-\partial W/\partial\upsilon$ die Gestalt gemäß Bild 12.7. Im folgenden sollen die Besonderheiten derartiger nicht-monotoner p-$\upsilon$-Kurven diskutiert werden.

Sei M die Masse des Fluids, V das ihm zur Verfügung stehende Volumen. Stellt sich eine homogene Dichteverteilung $\varrho=1/\upsilon=M/V$ ein, so ist der Druck $p=p(\upsilon)$ räumlich konstant, und es herrscht Gleichgewicht. Dieses ist stabil, wenn $\upsilon\leqq\upsilon_F$ oder $\upsilon\geqq\upsilon_D$ gilt, denn bezüglich der Zustände links von A oder rechts von E (z.B. F) ist die Formänderungsenergie konvex (siehe Bild 12.7), d.h., die Kurve $W(\upsilon)$ liegt gänzlich oberhalb der Tangente, also

$$W(\hat{\upsilon})\geqq W(\upsilon)-p\{\hat{\upsilon}-\upsilon\}. \tag{12.230}$$

Integration über die Masse

$$\int W(\hat{\upsilon})dm\geqq W(\upsilon)M-p\int(\hat{\upsilon}-\upsilon)dm \tag{12.231}$$

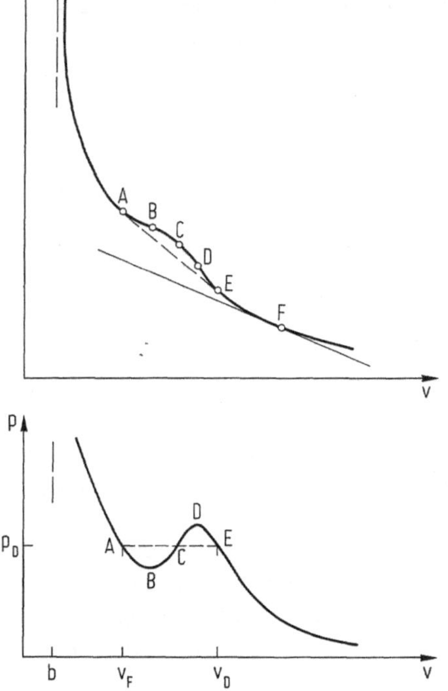


**Bild 12.7.** Formänderungsenergie W und Druck p als Funktionen des Volumens $\upsilon$ je Masseneinheit (isotherm)

zeigt, daß die Formänderungsenergie einer inhomogenen Dichteverteilung bei gegebenem Volumen, also $\int(\hat{\upsilon}-\upsilon)\,dm=0$, nicht kleiner sein kann, die homogene Verteilung also in der Tat stabil ist. Liegt dagegen das „wirksame Volumen je Masseneinheit" $\tilde{\upsilon}:=V/M$ im Bereich $\upsilon_F<\tilde{\upsilon}<\upsilon_D$, so kann die homogene Dichteverteilung des Fluids nicht stabil sein, denn die Verletzung der Konvexitätsbedingung zwischen A und E bedeutet ja, daß diese Zustände nicht einmal Rang 1-konvex sind. Die stabile Lage kann daher keine homogene Dichteverteilung besitzen. Da jedoch Gleichgewicht herrschen muß und die Gleichgewichtsbedingungen beim elastischen Fluid sich auf

$$\underset{\sim}{T}\cdot\underset{\sim}{\nabla}=-\underset{\sim}{1}\cdot\underset{\sim}{\nabla}p=0 \text{ in } \mathscr{B} \tag{12.232}$$

$$[\![\underset{\sim}{T}]\!]\cdot\underset{\sim}{n}=-[\![p]\!]\underset{\sim}{1}\cdot\underset{\sim}{n}=0 \text{ auf } \mathscr{S} \tag{12.233}$$

reduzieren, muß der Druck p dennoch im gesamten Volumen konstant sein. Es gibt daher nur folgende Möglichkeit: Das Volumen zerfällt in Teilgebiete, die sich entweder im Zustand A oder im Zustand E befinden. Unter allen Zuständen, in denen die für die Stabilität notwendige Rang 1-Konvexität vorliegt, sind dies nämlich die beiden einzigen mit gleichem Druck, d.h. gleicher Steigung der Tangente an $W(\upsilon)$, nämlich $p_D:=p(\upsilon_F)=p(\upsilon_D)$. Das Fluid tritt also nebeneinander in zwei verschieden dichten Zuständen auf. Man nennt sie Phasen und identifiziert sie mit dem tropfbaren (flüssigen) und dem dampfförmigen Aggregatzustand des Fluids. Ist $M_D$ die Masse der dampfförmigen Phase und $\xi:=M_D/M$ der „Dampfgehalt", so besteht zwischen $\tilde{\upsilon}$ und $\xi$ der Zusammenhang

$$\tilde{\upsilon}=\xi\upsilon_D+(1-\xi)\upsilon_F \Leftrightarrow \xi=\frac{\tilde{\upsilon}-\upsilon_F}{\upsilon_D-\upsilon_F}. \tag{12.234}$$

Daß diese Koexistenz der Phasen tatsächlich stabil ist, läßt sich leicht beweisen. Konvexität der Formänderungsenergie bezüglich der Plazierungen der stabilen Zustände A und E bedeutet ja

$$\begin{aligned} W(\hat{\upsilon}) &\geqq W(\upsilon_F)-p_D(\hat{\upsilon}-\upsilon_F),\\ W(\hat{\upsilon}) &\geqq W(\upsilon_D)-p_D(\hat{\upsilon}-\upsilon_D), \end{aligned} \tag{12.235}$$

und Integration der ersten Ungleichung über die flüssige Phase und der zweiten über die dampfförmige Phase und Addition gibt

$$\int W(\hat{\upsilon})\,dm \geqq \{\xi W(\upsilon_D)+(1-\xi)W(\upsilon_F)\}M-p_D\int\{\hat{\upsilon}-\xi\upsilon_D-(1-\xi)\upsilon_F\}\,dm. \tag{12.236}$$

Ist also das Volumen vorgeschrieben, d.h. gilt $\int(\hat{\upsilon}-\tilde{\upsilon})\,dm=0$, dann wird das Minimum der Formänderungsenergie, wie behauptet, bei Koexistenz der zwei Phasen angenommen.

Starten wir mit einem Volumen $V>\upsilon_D M$, dann befindet sich im Behälter nur (sogenannter überhitzter) Dampf. Verringern wir das Volumen isotherm bei $\Theta_0$, so steigt der Druck, bis wir im Punkt E den zu $\Theta_0$ gehörigen „Dampfdruck" $p_D$ erreicht haben. Verringern wir das Volumen weiter (sehr langsam), dann bleibt der Druck konstant und ein wachsender Teil des Fluids wird verflüssigt, bis schließlich beim Volumen $V = \upsilon_F M$ kein Dampf mehr zurückbleibt. Bei weiterer Volumenverringerung wächst der Druck in der Flüssigkeit rasch an. Tatsächlich mißt man also bei einem solchen Versuch gar nicht das in Bild 12.7 ausgezogene Diagramm $p(\upsilon)$, sondern ein anderes – gestricheltes –, bei dem die Kurve im Bereich AE durch die horizontale Gerade $p \equiv p_D$ ersetzt ist. Folglich schließt man auf einen Verlauf der Formänderungsenergie, bei dem die Kurve $W(\upsilon)$ im Bereich AE durch die (gestrichelte) Gerade

$$\tilde{W}(\tilde{\upsilon}) = W(\upsilon_F) - p_D\{\tilde{\upsilon} - \upsilon_F\} = \xi W(\upsilon_D) + (1-\xi) W(\upsilon_F) \tag{12.237}$$

ersetzt ist. Die derart entstandene Funktion $\tilde{W}(\tilde{\upsilon})$ der „wirksamen Formänderungsenergie" ist bezüglich aller Zustände konvex. Wie man aus der zweiten Darstellung sieht, ist $\tilde{W}(\tilde{\upsilon})$ gleich dem Mittelwert der Formänderungsenergie je Masseneinheit des Phasengemischs.

Untersuchen wir noch die Abhängigkeit der diskutierten Phänomene von der Temperatur. Bild 12.8 zeigt die wirksamen und (gestrichelt) die tatsächlichen Druckkurven zu verschiedenen Temperaturen. Oberhalb einer kritischen Temperatur $\Theta_k$ verlaufen die Kurven streng monoton fallend. Eine Verflüssigung ist dann auch bei größten Drücken nicht mehr möglich.

Selbstverständlich sind $\upsilon_F, \upsilon_D, p_D$ (unterhalb von $\Theta_k$) Funktionen der Temperatur. Als „wirksame freie Energie" $\tilde{\psi}(\tilde{\upsilon}, \Theta)$ erklären wir den Mittelwert der freien Energie je Masseneinheit des Phasengemischs, und da diese sich für eine feste Temperatur $\Theta$ mit der wirksamen Formänderungsenergie identifizieren läßt, erhalten wir in Verallgemeinerung von (12.237) die Beziehung

$$\begin{aligned}\tilde{\psi}(\tilde{\upsilon}, \Theta) &= \psi(\upsilon_F(\Theta), \Theta) - p_D(\Theta)(\tilde{\upsilon} - \upsilon_F(\Theta)) \\ &= \xi \psi(\upsilon_D(\Theta), \Theta) + (1-\xi)\psi(\upsilon_F(\Theta), \Theta)\end{aligned} \tag{12.238}$$

mit

$$p_D(\Theta) = p(\upsilon_D(\Theta), \Theta) = p(\upsilon_F(\Theta), \Theta) = -\frac{\partial \tilde{\psi}}{\partial \tilde{\upsilon}}(\tilde{\upsilon}, \Theta). \tag{12.239}$$

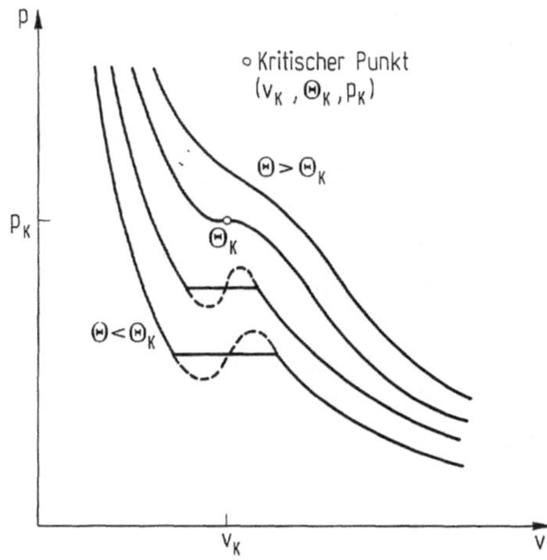


**Bild 12.8.** Wirksamer (——) und tatsächlicher (– – – –) Verlauf des Druckes als Funktion des Volumens bei verschiedenen Temperaturen

Daraus bilden wir weiter die wirksame Speicherfunktion $\tilde{\omega} := \tilde{\psi}/\Theta$ und – im Sinne der Potentialbeziehung $\tilde{\varepsilon} = \partial\tilde{\omega}/\partial\lambda$ – die wirksame innere Energie $\tilde{\varepsilon}$, also

$$\begin{aligned}\tilde{\varepsilon}(\tilde{\upsilon},\Theta) &:= \frac{\partial\tilde{\omega}}{\partial\lambda} = \frac{\partial}{\partial\lambda}\{\xi\omega(\upsilon_D(\Theta),\Theta) + (1-\xi)\omega(\upsilon_F(\Theta),\Theta)\}\\ &= \xi\frac{\partial\omega}{\partial\lambda}(\upsilon_D(\Theta),\Theta) + (1-\xi)\frac{\partial\omega}{\partial\lambda}(\upsilon_F(\Theta),\Theta)\\ &\quad + \frac{\partial\xi}{\partial\lambda}\{\omega(\upsilon_D(\Theta),\Theta) - \omega(\upsilon_F(\Theta),\Theta)\}\\ &\quad + \xi\frac{\partial\omega}{\partial\upsilon}(\upsilon_D(\Theta),\Theta)\frac{\partial\upsilon_D}{\partial\lambda} + (1-\xi)\frac{\partial\omega}{\partial\upsilon}(\upsilon_F(\Theta),\Theta)\frac{\partial\upsilon_F}{\partial\lambda}. \end{aligned} \tag{12.240}$$

Die letzten beiden Zeilen verschwinden, wie man mittels (12.234) und $\omega(\upsilon_D,\Theta) - \omega(\upsilon_F,\Theta) = (\upsilon_F - \upsilon_D)p_D/\Theta$ sowie $\partial\omega/\partial\upsilon(\upsilon_D) = \partial\omega/\partial\upsilon(\upsilon_F) = -p_D/\Theta$ nachweist. Es verbleibt also wegen $\partial\omega/\partial\lambda = \varepsilon$

$$\tilde{\varepsilon}(\tilde{\upsilon},\Theta) = \xi\varepsilon(\upsilon_D(\Theta),\Theta) + (1-\xi)\varepsilon(\upsilon_F(\Theta),\Theta), \tag{12.241}$$

woraus man ersieht, daß die wirksame innere Energie sich auch als Mittelwert der inneren Energie je Masseneinheit des Phasengemischs deuten läßt.

Die wirksame Wärmeaufnahme bei isothermer Ausdehnung ist

$$\begin{aligned}\tilde{q} &= \dot{\tilde{\varepsilon}} + p_D\dot{\tilde{\upsilon}} = \left(\frac{\partial\tilde{\varepsilon}}{\partial\tilde{\upsilon}} + p_D\right)\dot{\tilde{\upsilon}} = \lambda\frac{\partial^2\tilde{\psi}}{\partial\lambda\partial\tilde{\upsilon}}\dot{\tilde{\upsilon}}\\ &= \Theta\frac{\partial p_D(\Theta)}{\partial\Theta}\dot{\tilde{\upsilon}} = \tilde{m}\dot{\tilde{\upsilon}}. \end{aligned} \tag{12.242}$$

Die wirksame latente Wärme $\tilde{m}$ hat dabei die Bedeutung der zur isothermen Verdampfung benötigten Wärme. Um eine Masseneinheit der Flüssigkeit bei der Temperatur $\Theta$ vollständig zu verdampfen, ist $\tilde{\upsilon}$ von $\upsilon_F(\Theta)$ auf $\upsilon_D(\Theta)$ zu steigern, also die Wärme $\Theta(\upsilon_D - \upsilon_F)\partial p_D/\partial\Theta$ aufzubringen.

Die Benutzung der wirksamen Materialgesetze im Bereich $\upsilon_F < \tilde{\upsilon} < \upsilon_D$ bedeutet, daß die Phasenmischung, der sogenannte Naßdampf, als homogenes Material behandelt wird. (Es handelt sich um einen Spezialfall der im nächsten Kapitel zu diskutierenden Homogenisierung.) Allerdings ist diese Behandlung nur auf langsame Zustandsänderungen anwendbar. Bei sehr raschen Prozessen kann es gelingen, Zustände auf dem Ast AB (überhitzte Flüssigkeit) und DE (unterkühlter Dampf) in Bild 12.7 zu erreichen. Bei diesen ist zwar nicht die Bedingung der Rang 1-Konvexität erfüllt, wohl aber deren infinitesimale Form, nämlich die Hadamardsche Stabilitätsbedingung, die sich beim Fluid auf $\partial p/\partial\upsilon \leq 0$ reduziert und nach (12.166) mit der Bedingung der infinitesimalen Polykonvexität zusammenfällt. Derartige homogene Zustände des Fluids sind daher metastabil. Dagegen lassen sich Zustände auf dem Ast BCD nicht realisieren, denn bei ihnen ist sogar die Hadamardsche Bedingung verletzt.

Will man rasch ablaufende Prozesse richtig beschreiben, so kann man den Zusammenhang $\xi(\tilde{\upsilon},\Theta)$ nach (12.234) fallenlassen und den Dampfgehalt $\xi$ als von $\tilde{\upsilon}$ und $\Theta$ unabhängige innere Zustandsvariable betrachten. Allerdings wird dann noch eine Entwicklungsgleichung für $\xi$ benötigt. Auf diese Frage soll hier nicht eingegangen werden.

## 12.8 Phasenzerfall beim Festkörper

Eine Phasengrenze in einem elastischen Festkörper läßt sich im Gleichgewichtsfalle erklären als Unstetigkeitsfläche, auf der nicht das Materialverhalten, wohl aber der Deformationsgradient einen Sprung macht. Die Grenzwerte des Deformationsgradienten und der Nennbeanspruchung sind also nach (12.209)

$$\underset{\sim}{F}_-,\ \underset{\sim}{F}_+=\underset{\sim}{F}_-+\underset{\sim}{a}\otimes\underset{\sim}{n}_0, \tag{12.243}$$

$$\underset{\sim}{P}_{0-}=\frac{\partial W}{\partial \underset{\sim}{F}}\left(\overset{0}{\underset{\sim}{x}},\underset{\sim}{F}_-\right),\ \underset{\sim}{P}_{0+}=\frac{\partial W}{\partial \underset{\sim}{F}}\left(\overset{0}{\underset{\sim}{x}},\underset{\sim}{F}_+\right), \tag{12.244}$$

und die Gleichgewichtsbedingung verlangt gemäß (12.214) wegen $\varrho_{0+}=\varrho_{0-}=\varrho_0\left(\overset{0}{\underset{\sim}{x}}\right)$ und $\underset{\sim}{T}_0=\varrho_0\underset{\sim}{P}_0$

$$\underset{\sim}{P}_{0-}\cdot\underset{\sim}{n}_0=\underset{\sim}{P}_{0+}\cdot\underset{\sim}{n}_0. \tag{12.245}$$

Soll das Gleichgewicht des Körpers stabil sein, so muß die Formänderungsenergie bezüglich der Plazierungen $\underset{\sim}{F}_+$ und $\underset{\sim}{F}_-$ Rang 1-konvex sein, also – wenn das Argument $\overset{0}{\underset{\sim}{x}}$ fortgelassen wird –

$$\left.\begin{aligned}W(\hat{\underset{\sim}{F}})&\geqq W(\underset{\sim}{F}_-)+\underset{\sim}{P}_{0-}:(\hat{\underset{\sim}{F}}-\underset{\sim}{F}_-)\\ W(\hat{\underset{\sim}{F}})&\geqq W(\underset{\sim}{F}_+)+\underset{\sim}{P}_{0+}:(\hat{\underset{\sim}{F}}-\underset{\sim}{F}_+)\end{aligned}\right\}\ \text{wenn } \hat{\underset{\sim}{F}}-\underset{\sim}{F}_- \text{ bzw. } \hat{\underset{\sim}{F}}-\underset{\sim}{F}_+ \text{ vom Rang 1.} \tag{12.246}$$

Setzen wir in der ersten Ungleichung $\hat{\underset{\sim}{F}}=\underset{\sim}{F}_+$ und in der zweiten $\hat{\underset{\sim}{F}}=\underset{\sim}{F}_-$, so finden wir

$$\underset{\sim}{a}\cdot\underset{\sim}{P}_{0+}\cdot\underset{\sim}{n}_0\geqq W(\underset{\sim}{F}_+)-W(\underset{\sim}{F}_-)\geqq\underset{\sim}{a}\cdot\underset{\sim}{P}_{0-}\cdot\underset{\sim}{n}_0 \tag{12.247}$$

und daher wegen der Gleichgewichtsbedingung (12.245):

$$W(\underset{\sim}{F}_-+\underset{\sim}{a}\otimes\underset{\sim}{n}_0)-W(\underset{\sim}{F}_-)=\underset{\sim}{a}\cdot\underset{\sim}{P}_{0\pm}\cdot\underset{\sim}{n}_0. \tag{12.248}$$

Untersuchen wir nun, unter welchen Umständen ein unendlich ausgedehnter homogener elastischer Festkörper in periodischer Weise in Phasen zerfallen kann. Es sei gemäß Bild 12.9 im Intervall $0\leqq x\leqq L$ der Bezugsplazierung

$$\underset{\sim}{w}\left(\overset{0}{\underset{\sim}{x}}\right)=\begin{cases}\dfrac{1}{1-\xi}\dfrac{x}{L}\underset{\sim}{b}, & \text{wenn } 0\leqq x\leqq(1-\xi)L,\\[2mm] \dfrac{1}{\xi}\left(1-\dfrac{x}{L}\right)\underset{\sim}{b}, & \text{wenn } (1-\xi)L\leqq x\leqq L,\end{cases} \tag{12.249}$$

also nach (12.200)

$$\underset{\sim}{F}=\underset{\sim}{x}\otimes\overset{0}{\underset{\sim}{\nabla}}=\tilde{\underset{\sim}{F}}\cdot\left(\underset{\sim}{1}+\underset{\sim}{w}\otimes\overset{0}{\underset{\sim}{\nabla}}\right)$$

$$=\begin{cases}\tilde{\underset{\sim}{F}}\cdot\left(\underset{\sim}{1}+\dfrac{1}{1-\xi}\dfrac{1}{L}\underset{\sim}{b}\otimes\underset{\sim}{n}_0\right)=:\underset{\sim}{F}_-, & \text{wenn } 0<x<(1-\xi)L,\\[2mm] \tilde{\underset{\sim}{F}}\cdot\left(\underset{\sim}{1}-\dfrac{1}{\xi}\dfrac{1}{L}\underset{\sim}{b}\otimes\underset{\sim}{n}_0\right)=:\underset{\sim}{F}_+, & \text{wenn } (1-\xi)L<x<L.\end{cases} \tag{12.250}$$

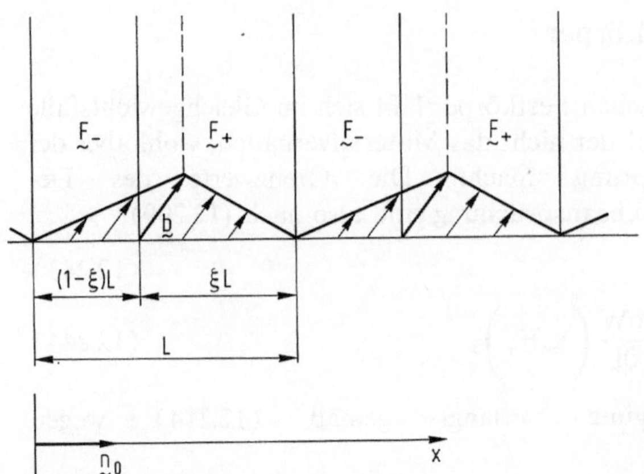


**Bild 12.9.** Zerfall des Festkörpers in zwei Phasen

Mit der Abkürzung

$$\underset{\sim}{a} := -\frac{1}{\xi(1-\xi)}\frac{1}{L}\tilde{\underset{\sim}{F}}\underset{\sim}{b} \tag{12.251}$$

wird daraus

$$\left.\begin{aligned}\underset{\sim}{F}_- &= \tilde{\underset{\sim}{F}} - \xi\underset{\sim}{a}\otimes\underset{\sim}{n}_0\\ \underset{\sim}{F}_+ &= \tilde{\underset{\sim}{F}} + (1-\xi)\underset{\sim}{a}\otimes\underset{\sim}{n}_0\end{aligned}\right\} \Rightarrow [\![\underset{\sim}{F}]\!] = \underset{\sim}{F}_+ - \underset{\sim}{F}_- = \underset{\sim}{a}\otimes\underset{\sim}{n}_0. \tag{12.252}$$

Der Massenanteil der Phasen mit $\underset{\sim}{F}_+$ und $\underset{\sim}{F}_-$ an der Gesamtmasse ist offenbar $\xi$ bzw. $1-\xi$. Für die mittlere Formänderungsenergie je Masseneinheit ergibt sich

$$\begin{aligned}\frac{1}{M}\int W dm &= \xi W(\underset{\sim}{F}_+) + (1-\xi)W(\underset{\sim}{F}_-)\\ &= \xi W(\tilde{\underset{\sim}{F}} + (1-\xi)\underset{\sim}{a}\otimes\underset{\sim}{n}_0) + (1-\xi)W(\tilde{\underset{\sim}{F}} - \xi\underset{\sim}{a}\otimes\underset{\sim}{n}_0),\end{aligned} \tag{12.253}$$

und dieser Wert darf nicht größer sein als der zur homogenen Plazierung $\tilde{\underset{\sim}{F}}$ gehörige Wert $W(\tilde{\underset{\sim}{F}})$, wenn die in Phasen zerfallene Plazierung stabil sein soll.

Einen interessanten Spezialfall des Phasenzerfalls, die sogenannte *Zwillingsbildung*, hat James [12.6] theoretisch untersucht. Er bezeichnet zwei aneinandergrenzende Phasen als Zwillinge (twins), wenn zwischen $\underset{\sim}{F}_+$ und $\underset{\sim}{F}_-$ der Zusammenhang

$$\underset{\sim}{F}_+ = \underset{\sim}{Q}\underset{\sim}{F}_-\underset{\sim}{M}_0 \tag{12.254}$$

besteht. Dabei ist $\underset{\sim}{M}_0$ ein Element der Symmetriegruppe (bezogen auf die Bezugsplazierung) und $\underset{\sim}{Q}$ ein Versor. Da nach (8.124)

$$\hat{\underset{\sim}{T}}(\underset{\sim}{F}_-\underset{\sim}{M}_0) = \hat{\underset{\sim}{T}}(\underset{\sim}{F}_-) \tag{12.255}$$

und nach (7.130)

$$\hat{\underset{\sim}{T}}(\underset{\sim}{Q}\underset{\sim}{F}) = \underset{\sim}{Q}\hat{\underset{\sim}{T}}(\underset{\sim}{F})\underset{\sim}{Q}^T \tag{12.256}$$

gilt, ist dann

$$\hat{T}(F_+) = \hat{T}(QF_-M_0) = Q\hat{T}(F_-)Q^T. \tag{12.257}$$

Wegen $\det M_0 = 1$ folgt ferner aus (12.254)

$$\begin{aligned}\det F_- &= \det F_+ \\ &= \det(F_- + a \otimes n_0) = \det\{(1 + a \otimes n_0 F_-^{-1}) \cdot F_-\} \\ &= (1 + a \cdot F_-^{-T} \cdot n_0)\det F_-,\end{aligned} \tag{12.258}$$

also

$$a \cdot F_-^{-T} \cdot n_0 = 0 \Rightarrow a \cdot n = 0 \tag{12.259}$$

d.h., die Relativverformung von $F_-$ nach $F_+$ ist eine einfache Scherung. Da außerdem aus den Bemerkungen nach (8.143) für Festkörper folgt

$$W(F_+) = W(QF_-M_0) = W(F_-), \tag{12.260}$$

vereinfacht sich (12.248) zu

$$a \cdot P_{0\pm} \cdot n_0 = 0 \Rightarrow a \cdot P_\pm \cdot n = 0. \tag{12.261}$$

In der Scherungsrichtung $a$ kann also auf der Grenzfläche keine Schubspannung wirken.

Sei die Formänderungsenergie polykonvex bezüglich $F_-$, also

$$W(F) \geqq W(F_-) + P_- : H + \frac{1}{2} \upsilon Y : (H^2 - (\operatorname{tr} H) H) + \upsilon n_D \det H$$

$$\text{mit } H = F F_-^{-1} - 1. \tag{12.262}$$

Setzen wir $\hat{F} := QFM_0$ und $\hat{H} := QHQ^T$, so läßt sich das wegen $W(\hat{F}) = W(F)$ und $P_+ = QP_-Q^T$ schreiben als

$$W(\hat{F}) \geqq W(F_+) + P_+ : \hat{H} + \frac{1}{2} \upsilon QYQ^T : (\hat{H}^2 - (\operatorname{tr} \hat{H}) \hat{H}) + \upsilon n_D \det \hat{H}$$

$$\text{mit } \hat{H} = \hat{F} F_+^{-1} - 1, \tag{12.263}$$

so daß die Formänderungsenergie sich auch bezüglich $F_+$ als polykonvex erweist. Genau dann, wenn $Y$ in (12.262) sich so wählen läßt, daß $Y = QYQ^T$ gilt, ist die Formänderungsenergie in der Zelle gleichmäßig polykonvex – man beachte $\upsilon_+ = \upsilon_-$ nach (12.258) – und das Gleichgewicht des unendlich ausgedehnten Körpers, der periodisch in Zwillinge zerfallen ist, damit als stabil erwiesen.

## 12.9 Stabilität viskoelastischer Körper

Die wesentliche Erkenntnis zur viskoelastischen Stabilität liefert uns bereits eine Betrachtung des viskoelastischen Modells VE gemäß Bild 2.4. Erfolgt die Bewegung $l(t)$ des Modells langsam, so sind die Kräfte in sämtlichen Dämpfern klein, und im Grenzfall unendlich langsamer Bewegung verhält das Modell sich so, als wären die Dämpfer gar nicht vorhanden, d.h. die Kraft f wird allein von der Feder mit der Federkonstanten c zur Verfügung gestellt. Wir vermuten daher, daß für die Stabilität die Ungleichung $c \geqq 0$ des elastischen Modells gemäß (4.51) notwendig ist, und in der Tat ergibt diese Bedingung sich als Ungleichung (4.72) aus der Stabilitätsbetrachtung des Modells VE.

Um in ähnlicher Weise die Stabilitätsuntersuchung eines viskoelastischen Körpers auf diejenige eines elastischen Ersatzkörpers zurückführen zu können, treffen wir folgende Annahmen:

1. Die viskoelastischen Materialelemente seien passiv, und es gelte in Abwandlung der Formeln (11.75) ff. an jedem Punkt des Körpers

$$\omega = \omega(\underset{\sim}{G}, \lambda, \underset{\sim}{\alpha}),$$

$$\underset{\sim}{S} = \frac{2}{\lambda} \frac{\partial \omega}{\partial \underset{\sim}{G}} (\underset{\sim}{G}, \lambda, \underset{\sim}{\alpha}) + \underset{\sim}{S}_v(\underset{\sim}{G}, \lambda, \hat{\underset{\sim}{\nabla}}\lambda, \underset{\sim}{\alpha}, \dot{\underset{\sim}{G}}),$$

$$\dot{\underset{\sim}{\alpha}} = \underset{\sim}{a}(\underset{\sim}{G}, \lambda, \underset{\sim}{\alpha}). \tag{12.264}$$

   Mit $\underset{\sim}{\alpha}$ bezeichnen wir hier nur jene inneren Zustandsvariablen, die einer inkrementellen Entwicklungsgleichung genügen, so daß die Gesamtheit der inneren Zustandsvariablen durch $(\underset{\sim}{\alpha}, \dot{\underset{\sim}{G}})$ gegeben ist. Um zu scharfen Schlußfolgerungen zu kommen, haben wir eine Abhängigkeit der Funktion $\underset{\sim}{a}$ von $\hat{\underset{\sim}{\nabla}}\lambda$ nicht zugelassen. Die Speicherfunktion $\omega$ unterstellen wir als stetig und differenzierbar.

2. Wir nehmen an, daß es zu jeder Vorgabe $\underset{\sim}{G}, \lambda$ genau einen mit $\underset{\sim}{\alpha}_\infty(\underset{\sim}{G}, \lambda)$ bezeichneten Wert des Satzes der inneren Variablen so gibt, daß gilt

$$\underset{\sim}{a}(\underset{\sim}{G}, \lambda, \underset{\sim}{\alpha}_\infty(\underset{\sim}{G}, \lambda)) = 0. \tag{12.265}$$

   Werden also die Werte $\underset{\sim}{G}, \lambda$ festgehalten und hat $\underset{\sim}{\alpha}$ den zugehörigen Wert $\underset{\sim}{\alpha}_\infty$ angenommen, dann ist $\dot{\underset{\sim}{\alpha}} = 0$, d.h., der Zustand ändert sich nicht mehr, er ist relaxiert. Wir nehmen ferner an, daß $\underset{\sim}{\alpha}$ bei festgehaltenen Werten $\underset{\sim}{G}, \lambda$ stets asymptotisch gegen $\underset{\sim}{\alpha}_\infty(\underset{\sim}{G}, \lambda)$ strebt. Mit dieser Festlegung beschränken wir uns auf Materialelemente, die nach der Definition von Noll semielastisch sind (siehe Abschnitt 3.10). Altern ist mit der Gültigkeit der Gleichung (12.265) nicht vereinbar und daher ausgeschlossen.

3. Anwendung der Passivitätsforderung (8.26) auf einen isothermen Ruheprozeß gibt

$$\underset{\sim}{h} \cdot \hat{\underset{\sim}{\nabla}}\lambda \geqq \dot{\omega} = \frac{\partial \omega}{\partial \underset{\sim}{\alpha}} \cdot \dot{\underset{\sim}{\alpha}} = \frac{\partial \omega}{\partial \underset{\sim}{\alpha}} (\underset{\sim}{G}, \lambda, \underset{\sim}{\alpha}) \cdot \underset{\sim}{a}(\underset{\sim}{G}, \lambda, \underset{\sim}{\alpha}), \tag{12.266}$$

   und da die rechte Seite von $\hat{\underset{\sim}{\nabla}}\lambda$ nicht abhängt, muß insbesondere gelten

$$\dot{\omega} \leqq 0. \tag{12.267}$$

Integration von t bis $\infty$ liefert

$$\omega|_t^\infty \leqq 0 \Leftrightarrow \omega_\infty(\underset{\sim}{G},\lambda) - \omega(\underset{\sim}{G},\lambda,\underset{\sim}{\alpha}(t)) \leqq 0. \tag{12.268}$$

Dabei bezeichnet

$$\omega_\infty(\underset{\sim}{G},\lambda) := \omega(\underset{\sim}{G},\lambda,\underset{\sim}{\alpha}_\infty(\underset{\sim}{G},\lambda)) \tag{12.269}$$

den zum relaxierten Zustand $\underset{\sim}{\alpha}_\infty$ gehörigen Wert der Speicherfunktion, der – wegen der Stetigkeit der Funktion $\omega$ – im Falle $\underset{\sim}{\alpha} \to \underset{\sim}{\alpha}_\infty$ asymptotisch angestrebt wird. Wie man sieht, besitzt $\omega(\underset{\sim}{G},\lambda,\underset{\sim}{\alpha})$ ein Minimum, wenn $\underset{\sim}{\alpha}$ bei festem $\underset{\sim}{G},\lambda$ den Wert $\underset{\sim}{\alpha}_\infty$ annimmt. Notwendig dafür ist die Bedingung

$$\frac{\partial\omega}{\partial\underset{\sim}{\alpha}}(\underset{\sim}{G},\lambda,\underset{\sim}{\alpha} = \underset{\sim}{\alpha}_\infty(\underset{\sim}{G},\lambda)) = 0, \tag{12.270}$$

welche es gestattet, die Beanspruchung im relaxierten Zustand wie folgt darzustellen:

$$\begin{aligned} \underset{\sim}{S}_\infty(\underset{\sim}{G},\lambda) &:= \underset{\sim}{S}(\underset{\sim}{G},\lambda,\underset{\sim}{\alpha} = \underset{\sim}{\alpha}_\infty(\underset{\sim}{G},\lambda),\dot{\underset{\sim}{G}} = 0) \\ &= \frac{2}{\lambda}\frac{\partial\omega}{\partial\underset{\sim}{G}}(\underset{\sim}{G},\lambda,\underset{\sim}{\alpha} = \underset{\sim}{\alpha}_\infty(\underset{\sim}{G},\lambda)) = \frac{2}{\lambda}\frac{\partial\omega_\infty}{\partial\underset{\sim}{G}}(\underset{\sim}{G},\lambda). \end{aligned} \tag{12.271}$$

Damit können wir unsere dritte Annahme formulieren: Wird ein im relaxierten Zustand startender isothermer Verformungsprozeß beliebig verlangsamt, so soll die Beanspruchung während des gesamten verlangsamten Prozesses sich beliebig wenig vom jeweiligen relaxierten Wert $\underset{\sim}{S}_\infty$ unterscheiden.

$$|\underset{\sim}{D}| \to 0 \Rightarrow \underset{\sim}{S} - \underset{\sim}{S}_\infty \to 0. \tag{12.272}$$

*Bemerkung 1:* Die in den Abschnitten 9.9 und 9.16 behandelten Maxwell-Materialien erfüllen die obigen drei Annahmen.

*Bemerkung 2:* Beim rheologischen Modell VE ist gemäß Gleichung (2.24) der relaxierte Zustand durch $\alpha_j = \alpha_{j\infty}(l) = l$ $(j = 1,...,n)$ gekennzeichnet, und die Forderung nach asymptotischer Annäherung an diesen Zustand verlangt $\beta_j > 0$ $(j = 1,...,n)$. Damit ist nach (2.19) zugleich gesichert, daß die Kräfte in den Dämpfern bei Verlangsamung des Prozesses beliebig klein werden, also die gesamte Kraft f des Modells sich von dem relaxierten Wert $f_\infty = cl$ beliebig wenig unterscheidet. Die in Abschnitt 4.10 gegebene Untersuchung ist übrigens allgemeiner als die hier folgende, da dort Passivität und Relaxation nicht vorausgesetzt worden sind, sondern ebenfalls aus der Stabilitätsforderung erschlossen werden konnten.

Nunmehr ziehen wir die Folgerungen aus unseren Annahmen: Bei einem isothermen Prozeß $(\lambda \equiv \lambda_0)$ aus der homothermen relaxierten Ruhelage heraus gilt

$$\begin{aligned} j = \frac{1}{2}\underset{\sim}{S}:\dot{\underset{\sim}{G}} &= \frac{1}{\lambda_0}\frac{\partial\omega_\infty}{\partial\underset{\sim}{G}}(\underset{\sim}{G},\lambda_0):\dot{\underset{\sim}{G}} + \frac{1}{2}(\underset{\sim}{S} - \underset{\sim}{S}_\infty):\dot{\underset{\sim}{G}} \\ &= \Theta_0\dot{\omega}_\infty + \frac{1}{2}(\underset{\sim}{S} - \underset{\sim}{S}_\infty):\dot{\underset{\sim}{G}} \end{aligned} \tag{12.273}$$

und daher nach (12.18) ff.

$$P_t = \left( \int_{\mathscr{B}} \Theta_0 \omega_\infty (\underset{\sim}{G},\lambda_0)\, dm + U \right)\Big|_{t_0}^{t} + \int_{\tau=t_0}^{t} \int_{\mathscr{B}} \frac{1}{2} (\underset{\sim}{S} - \underset{\sim}{S}_\infty) : \dot{\underset{\sim}{G}}\, dm\, d\tau. \tag{12.274}$$

Der letzte Summand wird gemäß unserer dritten Annahme bei Verlangsamung des Prozesses beliebig klein, so daß wir – wenn wir abkürzend $W_\infty(\underset{\sim}{G}) := \Theta_0 \omega_\infty (\underset{\sim}{G},\lambda_0)$ schreiben – für die quasistatische (isotherme) Systemarbeit erhalten

$$\bar{P} = \left( \int_{\mathscr{B}} W_\infty dm + U \right)\Big|_{t_0}^{t}. \tag{12.275}$$

Sie hängt nicht von der Prozeßführung, sondern nur von der Anfangs- und Endplazierung des Körpers ab und ist somit identisch mit derjenigen eines hyperelastischen Körpers mit der Formänderungsenergiefunktion $W_\infty$. Es ist dies der angekündigte elastische Ersatzkörper. Die folgenden beiden Stabilitätsaussagen gelten nicht nur für den elastischen Ersatzkörper, sondern auch für den viskoelastischen Körper:

1. Stabilität der relaxierten homothermen Ruhelage kann nicht vorliegen, wenn es einen Prozeß gibt, der gemäß (12.38) unmittelbar auf negative Werte von $\bar{P}$ führt.
2. Notwendig für die Stabilität des allseits festgehaltenen homogenen Körpers ist die Quasikonvexität der Formänderungsenergiefunktion $W_\infty$ bezüglich der Ruheplazierung und damit auch die Rang 1-Konvexität und – im Falle der Differenzierbarkeit – die Hadamard-Bedingung bezüglich dieser Plazierung.

Um den Einfluß der Temperaturänderungen auf die Stabilität zu berücksichtigen, verallgemeinern wir die Definition der thermischen Monotonie gemäß (12.89) durch Hinzunahme des Parameters $\underset{\sim}{\alpha}$ wie folgt:

$$\begin{aligned} &\omega(\underset{\sim}{G},\lambda,\underset{\sim}{\alpha}) - \varepsilon(\underset{\sim}{G},\lambda,\underset{\sim}{\alpha})(\lambda-\lambda_0) - \omega(\underset{\sim}{G},\lambda_0,\underset{\sim}{\alpha}) \\ &= \int_{\bar{\lambda}=\lambda_0}^{\lambda} [\varepsilon(\underset{\sim}{G},\bar{\lambda},\underset{\sim}{\alpha}) - \varepsilon(\underset{\sim}{G},\lambda,\underset{\sim}{\alpha})]\, d\bar{\lambda} = -(\lambda-\lambda_0)^2 \frac{\partial}{\partial\lambda} \left[ \frac{\omega(\underset{\sim}{G},\lambda,\underset{\sim}{\alpha}) - \omega(\underset{\sim}{G},\lambda_0,\underset{\sim}{\alpha})}{\lambda-\lambda_0} \right] \\ &\geqq 0. \end{aligned} \tag{12.276}$$

Besitzen alle Materialelemente diese Eigenschaft, dann gilt das folgende hinreichende Stabilitätskriterium:

Nimmt die Summe aus isothermer Formänderungsenergie des elastischen Ersatzkörpers und potentieller Energie der Umgebungslasten in der homothermen Ruhelage ihr Minimum an, so ist diese Lage des thermoviskoelastischen Körpers stabil.

Zum Beweis machen wir von (12.34) Gebrauch, wobei wir (12.276) und (12.268) beachten:

$$\begin{aligned} K_t + L_t &\geqq \Theta_0 \int_{\mathscr{B}} [\omega - \varepsilon(\lambda-\lambda_0)]\, dm\Big|_{t_0}^{t} \\ &\geqq \Theta_0 \int \omega(\underset{\sim}{G},\lambda_0,\underset{\sim}{\alpha})\, dm\Big|_{t_0}^{t} \\ &\geqq \Theta_0 \int \omega_\infty(\underset{\sim}{G},\lambda_0)\, dm\Big|_{t_0}^{t} = \int W_\infty dm\Big|_{t_0}^{t}. \end{aligned} \tag{12.277}$$

Damit wird

$$K_t + L_t + U_t - U_{t_0} \geqq \left( \int W_\infty dm + U \right) \Big|_{t_0}^{t}, \tag{12.278}$$

und wenn die rechte Seite nicht negativ sein kann, dann ist das verschärfte Zufuhrkriterium (12.31) erfüllt, welches in der Tat hinreichend für die Stabilität ist.

## 12.10 Stabilität plastischer Körper

Aus dem mechanischen Kriterium der materiellen Stabilität wollen wir notwendige Bedingungen für die Stabilität der Ruhelage eines homogenen plastischen Körpers ableiten. Wir können uns dabei auf die rein mechanischen Stoffgleichungen

$$\begin{aligned} W &= W(\underset{\sim}{G}, \underset{\sim}{\alpha}), \\ \underset{\sim}{S} &= 2 \frac{\partial W}{\partial \underset{\sim}{G}} (\underset{\sim}{G}, \underset{\sim}{\alpha}), \\ \dot{\underset{\sim}{\alpha}} &= \underset{\sim}{a}(\underset{\sim}{G}, \alpha, \dot{\underset{\sim}{G}}) \end{aligned} \tag{12.279}$$

beschränken. Es soll ein elastischer Bereich existieren, d.h., $\dot{\underset{\sim}{\alpha}} \neq 0$ ist nur möglich, wenn die Fließbedingung

$$f(\underset{\sim}{G}, \underset{\sim}{\alpha}) = 0 \tag{12.280}$$

erfüllt ist.

Wir werten die Ungleichung (12.60) für einen Deformationskreisprozeß aus, der wie folgt zusammengesetzt ist:

*Phase 1* ($t_0 \leqq \tau \leqq t_1$): Der am Rande festgehaltene homogene Körper wird derart elastisch verformt, daß an einem ausgewählten Punkt X die Fließgrenze erreicht wird. In einer quaderförmigen Umgebung Q von X soll dabei die Verformung homogen sein.

*Phase 2* ($t_1 \leqq \tau \leqq t_2$): Diese Umgebung Q von X wird gemäß dem Mechanismus von Bild 12.4 elastisch-plastisch verformt.

*Phase 3* ($t_2 \leqq \tau \leqq t_3$): Die Verformung von Phase 2 wird rein elastisch rückgängig gemacht.

*Phase 4* ($t_3 \leqq \tau \leqq t_4$): Die Verformung von Phase 1 wird elastisch rückgängig gemacht. (Die Verformung während der Phase 2 soll so gering sein, daß die Ausgangsplazierung des Zeitpunktes $t_0$ im elastischen Bereich verblieben ist.)

Die inneren Zustandsvariablen $\underset{\sim}{\alpha}$ haben sich nur innerhalb von Q verändert. Werden ferner die Parameter h/d und $\sigma$ – vgl. Bild 12.4 – beliebig klein gewählt, so liefert allein die homogene Verformung in einer der sechs Pyramiden von Q einen wesentlichen Beitrag zu der während des Deformationskreisprozesses geleisteten Arbeit. Die Integration über die Ortsvariable wird dadurch trivial, und das mechanische Kriterium der materiellen Stabilität vereinfacht sich zu folgender Aussage, wenn man $\underset{\sim}{G}_4 = \underset{\sim}{G}_0$ beachtet:

$$0 \leqq \int_{\tau=t_0}^{t_4} \frac{1}{2} \underset{\sim}{S}:\dot{\underset{\sim}{G}}\, d\tau = \int_{t_0}^{t_4} \frac{\partial W}{\partial \underset{\sim}{G}}:\dot{\underset{\sim}{G}}\, d\tau$$
$$= \int_{t_0}^{t_4} \left( \dot{W} - \frac{\partial W}{\partial \underset{\sim}{\alpha}} \cdot \dot{\underset{\sim}{\alpha}} \right) d\tau$$
$$= W(\underset{\sim}{G}_0, \underset{\sim}{\alpha}_4) - W(\underset{\sim}{G}_0, \underset{\sim}{\alpha}_0) - \int_{t_1}^{t_2} \frac{\partial W}{\partial \underset{\sim}{\alpha}} \cdot \dot{\underset{\sim}{\alpha}}\, d\tau$$
$$= \frac{\partial W}{\partial \underset{\sim}{\alpha}}(\underset{\sim}{G}_0, \underset{\sim}{\alpha}_0) \cdot (\underset{\sim}{\alpha}_4 - \underset{\sim}{\alpha}_0) + o(|\underset{\sim}{\alpha}_4 - \underset{\sim}{\alpha}_0|)$$
$$- \frac{\partial W}{\partial \underset{\sim}{\alpha}}(\underset{\sim}{G}_1, \underset{\sim}{\alpha}_1) \cdot (\underset{\sim}{\alpha}_2 - \underset{\sim}{\alpha}_1) - \int_{t_1}^{t_2} \left[ \frac{\partial W}{\partial \underset{\sim}{\alpha}}(\underset{\sim}{G}(\tau), \underset{\sim}{\alpha}(\tau)) - \frac{\partial W}{\partial \underset{\sim}{\alpha}}(\underset{\sim}{G}_1, \underset{\sim}{\alpha}_1) \right] \cdot \dot{\underset{\sim}{\alpha}}\, d\tau. \tag{12.281}$$

Ferner gilt wegen $\underset{\sim}{\alpha}_0 = \alpha_1$ und $\underset{\sim}{\alpha}_2 = \underset{\sim}{\alpha}_4$

$$\underset{\sim}{\alpha}_4 - \underset{\sim}{\alpha}_0 = \underset{\sim}{\alpha}_2 - \underset{\sim}{\alpha}_1 = \int_{t_1}^{t_2} \dot{\underset{\sim}{\alpha}}\, d\tau = \int_{t_1}^{t_2} \underset{\sim}{a}(\underset{\sim}{G}(\tau), \underset{\sim}{\alpha}(\tau), \dot{\underset{\sim}{G}})\, d\tau$$
$$= \underset{\sim}{a}(\underset{\sim}{G}_1, \underset{\sim}{\alpha}_1, \dot{\underset{\sim}{G}})(t_2 - t_1)$$
$$+ \int_{t_1}^{t_2} [\underset{\sim}{a}(\underset{\sim}{G}(\tau), \underset{\sim}{\alpha}(\tau), \dot{\underset{\sim}{G}}) - \underset{\sim}{a}(\underset{\sim}{G}_1, \underset{\sim}{\alpha}_1, \dot{\underset{\sim}{G}})]\, d\tau. \tag{12.282}$$

Macht man nun die Verformung in Phase 2 und damit den Zuwachs $\underset{\sim}{\alpha}_2 - \underset{\sim}{\alpha}_1$ beliebig klein, so sind die verbliebenen Integrale in den beiden letzten Formeln ebenso wie der Ordnungsterm zu streichen, und es verbleibt – wenn man noch $\underset{\sim}{G} := \underset{\sim}{G}_1$ und $\underset{\sim}{\alpha} := \underset{\sim}{\alpha}_0 = \underset{\sim}{\alpha}_1$ schreibt – als notwendige Stabilitätsbedingung, die wir Bedingung der plastischen Stabilität von $\underset{\sim}{G}_0$ nennen wollen:

$$\left[ \frac{\partial W}{\partial \underset{\sim}{\alpha}}(\underset{\sim}{G}_0, \underset{\sim}{\alpha}) - \frac{\partial W}{\partial \underset{\sim}{\alpha}}(\underset{\sim}{G}, \underset{\sim}{\alpha}) \right] \cdot \underset{\sim}{a}(\underset{\sim}{G}, \underset{\sim}{\alpha}, \dot{\underset{\sim}{G}}) \geqq 0. \tag{12.283}$$

Wenn der Ruhezustand $(\underset{\sim}{G}_0, \underset{\sim}{\alpha})$ stabil sein soll, muß sie für alle $\underset{\sim}{G}$ gelten, die der Fließbedingung (12.280) genügen, und für alle $\dot{\underset{\sim}{G}}$, die aus einer Verformung vom Rang 1 herrühren.

Sind die inneren Zustandsvariablen $\underset{\sim}{\alpha}$ gegeben durch $(\underset{\sim}{A}, \beta)$, wobei $\underset{\sim}{A}$ die Zuordnung zwischen Tangentialraum und Gitterraum gemäß Abschnitt 9.1 und $\beta$ einen skalaren Verfestigungsparameter bezeichnet, so lautet die Bedingung der plastischen Stabilität von $\underset{\sim}{G}_0$ ausgeschrieben:

$$\left[ \frac{\partial W}{\partial \underset{\sim}{A}}(\underset{\sim}{G}_0, \underset{\sim}{A}, \beta) - \frac{\partial W}{\partial \underset{\sim}{A}}(\underset{\sim}{G}, \underset{\sim}{A}, \beta) \right] : \dot{\underset{\sim}{A}} + \left[ \frac{\partial W}{\partial \beta}(\underset{\sim}{G}_0, \underset{\sim}{A}, \beta) - \frac{\partial W}{\partial \beta}(\underset{\sim}{G}, \underset{\sim}{A}, \beta) \right] \dot{\beta} \geqq 0. \tag{12.284}$$

Wir wollen sie auswerten für den Fall der echten Hintereinanderschaltung, bei dem die Speicherenergie die Gestalt – vgl. (11.32) –

$$W = \tilde{W}(\bar{\underset{\sim}{G}}, \underset{\sim}{\varrho}_i, \beta) = \hat{W}(\underset{\sim}{G}, \underset{\sim}{A}, \beta) \tag{12.285}$$

besitzt. Es ist nach (9.7) und (9.86)

$$\frac{\partial \hat{W}}{\partial \underset{\sim}{A}}:\dot{\underset{\sim}{A}}=\frac{\partial \tilde{W}}{\partial \bar{\underset{\sim}{G}}}:(-\underset{\sim}{A}^{-*}\dot{\underset{\sim}{A}}^{*}\bar{\underset{\sim}{G}}-\bar{\underset{\sim}{G}}\dot{\underset{\sim}{A}}\underset{\sim}{A}^{-1})-\varrho_i\frac{\partial \tilde{W}}{\partial \varrho_i}\operatorname{tr}(\dot{\underset{\sim}{A}}\underset{\sim}{A}^{-1}) \tag{12.286}$$

sowie – in Spezialisierung von (11.34) auf den mechanischen Fall –

$$\bar{\underset{\sim}{S}}=2\frac{\partial \tilde{W}}{\partial \bar{\underset{\sim}{G}}}. \tag{12.287}$$

Daher finden wir

$$(\bar{\underset{\sim}{G}}\bar{\underset{\sim}{S}}-\bar{\underset{\sim}{G}}_0\bar{\underset{\sim}{S}}_0):\dot{\underset{\sim}{A}}\underset{\sim}{A}^{-1}+\varrho_i\left[\frac{\partial \tilde{W}}{\partial \varrho_i}(\bar{\underset{\sim}{G}},\varrho_i,\beta)-\frac{\partial \tilde{W}}{\partial \varrho_i}(\bar{\underset{\sim}{G}}_0,\varrho_i,\beta)\right]\underset{\sim}{1}:\dot{\underset{\sim}{A}}\underset{\sim}{A}^{-1}$$
$$-\left[\frac{\partial \tilde{W}}{\partial \beta}(\bar{\underset{\sim}{G}},\varrho_i,\beta)-\frac{\partial \tilde{W}}{\partial \beta}(\bar{\underset{\sim}{G}}_0,\varrho_i,\beta)\right]\dot{\beta}\geqq 0. \tag{12.288}$$

Schränken wir auf den im 9. Kapitel ausgiebig behandelten Sonderfall

$$W=\tilde{W}(\bar{\underset{\sim}{G}}) \tag{12.289}$$

ein, so verbleibt die übersichtlichere Ungleichung

$$(\bar{\underset{\sim}{G}}\bar{\underset{\sim}{S}}-\bar{\underset{\sim}{G}}_0\bar{\underset{\sim}{S}}_0):\dot{\underset{\sim}{A}}\underset{\sim}{A}^{-1}\geqq 0. \tag{12.290}$$

Bei einem Material mit einem Gleitmechanismus gemäß (9.3) ergibt sich daraus mit den Abkürzungen – vgl. (9.13) unter Beachtung von (9.16) –

$$\bar{\tau}:=\mathfrak{m}\bar{\underset{\sim}{G}}\bar{\underset{\sim}{S}}\mathfrak{n},\ \bar{\tau}_0:=\mathfrak{m}\bar{\underset{\sim}{G}}_0\bar{\underset{\sim}{S}}_0\mathfrak{n} \tag{12.291}$$

die Forderung

$$(\bar{\tau}-\bar{\tau}_0)\varkappa\geqq 0. \tag{12.292}$$

Wir werten sie für zwei Beispiele aus.

*1. Beispiel:* Wird der elastische Bereich durch

$$|\bar{\tau}_0|\leqq y,\ \text{also}\ |\bar{\tau}|=y \tag{12.293}$$

beschrieben, so liefert die Wahl $\varkappa>0$ bzw. $\varkappa<0$ – wenn $\bar{\tau}\varkappa\geqq 0$ gemäß (9.26) beachtet wird –

$$\left.\begin{array}{r} y-\bar{\tau}_0\geqq 0 \\ -y-\bar{\tau}_0\leqq 0 \end{array}\right\}\Rightarrow|\bar{\tau}_0|\leqq y. \tag{12.294}$$

Diese Restriktion folgt aber bereits aus der Festlegung des elastischen Bereichs, so daß die Forderung nach plastischer Stabilität keine zusätzliche Einschränkung liefert.

*2. Beispiel:* Diesmal soll der übertragbare Schub von der in der Gleitebene wirkenden Normalspannung abhängen. Dieser Fall ist von größter Bedeutung in der Bodenmechanik und Felsmechanik. Wir definieren den „Zug“ $\bar{\sigma}$ analog zu (9.12) durch

$$\bar{\sigma} := \underline{n}\bar{\underline{S}}\underline{n} = \underline{\bar{g}}^2\bar{\underline{S}}\underline{\bar{g}}^2 = \underline{\bar{g}}^2\underline{P}\,\underline{\bar{g}}^2 = \frac{|\underline{\bar{g}}^2|^2}{\varrho}\underline{n}\underline{T}\underline{n} = \frac{|\underline{\bar{g}}^2|^2}{\varrho}\sigma, \tag{12.295}$$

mit der Normalspannung

$$\sigma = \underline{n}\underline{T}\underline{n} \tag{12.296}$$

auf der Gleitfläche, und nehmen an, der elastische Bereich sei nunmehr im Sinne eines verallgemeinerten Coulombschen Reibungsansatzes durch

$$(0 \leqq)\,|\bar{\tau}_0| \leqq y - \bar{\sigma}_0 \tan\varphi, \text{ also } |\bar{\tau}| = y - \bar{\sigma}\tan\varphi \tag{12.297}$$

gekennzeichnet. (Wird der „Reibungswinkel“ $\varphi$ gleich Null, so ergibt sich wieder der obige Fall.) An die Stelle von (12.294) tritt

$$\left.\begin{array}{l} y - \bar{\sigma}\tan\varphi - \bar{\tau}_0 \geqq 0 \\ -y + \bar{\sigma}\tan\varphi - \bar{\tau}_0 \leqq 0 \end{array}\right\} \Rightarrow |\bar{\tau}_0| \leqq y - \bar{\sigma}\tan\varphi. \tag{12.298}$$

Man beachte, daß jetzt $\bar{\sigma}$ (nicht $\bar{\sigma}_0$!) auf der rechten Seite auftritt und sie daher gemäß (12.297) jeden nicht negativen Wert annehmen kann. Daraus folgert man, daß nur

$$\bar{\tau}_0 = 0 \tag{12.299}$$

zulässig ist. Kein Zustand mit $\bar{\tau}_0 \neq 0$ kann daher nach unserer Definition stabil sein!

Mit den Formeln von Abschnitt 9.7 läßt die Ungleichung (12.290) sich auf die Gestalt

$$\underline{P}:\underline{D}_i - \underline{F}_{e0}^{T}\underline{P}_0\underline{F}_{e0}^{-T}:\underline{F}_e^{-1}\underline{L}_i\underline{F}_e \geqq 0 \tag{12.300}$$

bringen. ($\underline{P}_0$ bedeutet die Cauchysche Beanspruchung im elastischen Bereich und nicht – wie in (7.36) – die Nennbeanspruchung.) Benutzen wir die Polarzerlegungen

$$\underline{F}_e = \underline{V}_e\underline{R}_e, \quad \underline{F}_{e0} = \underline{V}_{e0}\underline{R}_{e0}, \tag{12.301}$$

so finden wir, wenn das elastische Verhalten isotrop, also $\underline{P}_0$ koaxial zu $\underline{V}_{e0}$ ist,

$$\underline{F}_{e0}^{T}\underline{P}_0\underline{F}_{e0}^{-T} = \underline{R}_{e0}^{T}\underline{V}_{e0}\underline{P}_0\underline{V}_{e0}^{-1}\underline{R}_{e0} = \underline{R}_{e0}^{T}\underline{P}_0\underline{R}_{e0}, \tag{12.302}$$

so daß (12.300) sich umschreiben läßt in

$$\underline{P}:\underline{D}_i - \underline{R}_e\underline{R}_{e0}^{T}\underline{P}_0\underline{R}_{e0}\underline{R}_e^{T}:\mathrm{sym}(\underline{V}_e^{-1}\underline{L}_i\underline{V}_e) \geqq 0. \tag{12.303}$$

Ist auch das inelastische Verhalten isotrop und existiert eine Fließregel, so ist $\underline{L}_i$ nach (9.105) symmetrisch und koaxial zu $\underline{V}_e$, und wir erhalten, da wir uns dann wegen

$$f(\underline{P}) = f(\underline{R}_{e0}^{T}\underline{R}_e\underline{P}\underline{R}_e^{T}\underline{R}_{e0}) \tag{12.304}$$

insbesondere auf $\mathbf{R}_e=\mathbf{R}_{e0}$ beschränken können,

$$(\mathbf{P}-\mathbf{P}_0):\mathbf{D}_i \geqq 0. \tag{12.305}$$

Wegen der Existenz der Fließregel ist

$$\mathbf{D}_i=\mathbf{N}(\mathbf{H}_e)\,\delta(\mathbf{H}_e,\mathbf{D}) \text{ mit } |\mathbf{N}|=1,\ \delta\geqq 0. \tag{12.306}$$

Eine nichttriviale Bedingung ergibt sich also nur im Falle $\delta>0$. Obwohl wir uns auf Verzerrungsgeschwindigkeiten $\mathbf{D}$ zu beschränken haben, die aus einer Verformung vom Rang 1 herrühren, also

$$\mathbf{D}=\operatorname{sym}\mathbf{a}\otimes\mathbf{n}, \tag{12.307}$$

lassen sich natürlich Vektoren $\mathbf{a},\mathbf{n}$ angeben, die $\delta$ gemäß (9.112) einen positiven Wert erteilen, so daß die Bedingung der plastischen Stabilität folgende Form annimmt:

$$(\mathbf{P}-\mathbf{P}_0):\mathbf{N}\geqq 0. \tag{12.308}$$

Sie muß erfüllt sein für alle Beanspruchungen $\mathbf{P}$, die der Fließbedingung genügen, und die zugehörigen Richtungen $\mathbf{N}$ der plastischen Verzerrungsgeschwindigkeit.

Wählen wir als Beispiel die Lévysche Fließregel $\mathbf{N}=\overrightarrow{\mathbf{P}'}$, so ergibt sich

$$(\mathbf{P}'-\mathbf{P}'_0):\overrightarrow{\mathbf{P}'}=|\mathbf{P}'|-|\mathbf{P}'_0|\cos\gamma\geqq 0 \quad \text{mit } \cos\gamma=\overrightarrow{\mathbf{P}'_0}:\overrightarrow{\mathbf{P}'}\leqq 1. \tag{12.309}$$

Gilt die von Misessche Fließbedingung, also

$$|\mathbf{P}'|=y,\ |\mathbf{P}'_0|\leqq y, \tag{12.310}$$

so ist diese Stabilitätsungleichung offensichtlich für jeden physikalisch möglichen Zustand $\mathbf{P}_0$ erfüllt.

Geht jedoch die Spur von $\mathbf{P}$ im Sinne eines verallgemeinerten Coulombschen Reibungsansatzes in die Fließbedingung ein, so kann beispielsweise im Falle

$$(0\leqq)\,|\mathbf{P}'_0|\leqq y-\operatorname{tr}\mathbf{P}_0\tan\varphi,$$

$$|\mathbf{P}'|=y-\operatorname{tr}\mathbf{P}\tan\varphi \tag{12.311}$$

kein Zustand mit $\mathbf{P}'_0\neq 0$ stabil sein.

Auf Drucker [12.7] geht die Untersuchung der folgenden Fragestellung zurück: Welche Eigenschaften müssen Fließbedingung und Fließregel haben, wenn *alle* physikalisch möglichen Zustände stabil sein sollen? Wir studieren sie zuerst am isotropen Fall (12.305) und finden

$$(\mathbf{P}-\mathbf{P}_0):\mathbf{N}\geqq 0 \tag{12.312}$$

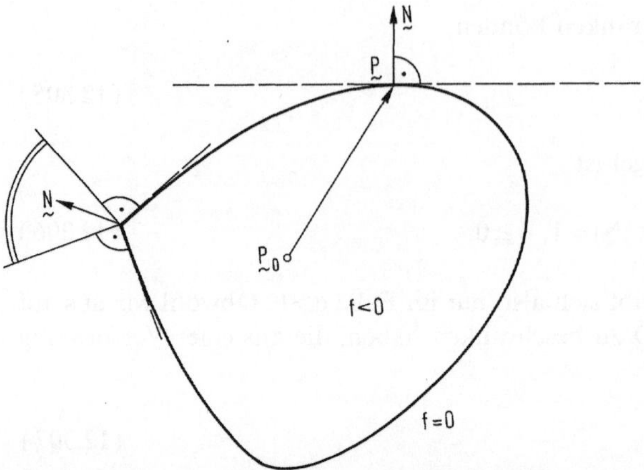


**Bild 12.10.** Deutung der Bedingung $(\underset{\sim}{P}-\underset{\sim}{P}_0):\underset{\sim}{N}\geqq 0$. Der sechsdimensionale Vektor von irgendeinem Beanspruchungszustand $(\underset{\sim}{P}_0)$ im elastischen Bereich zu einem solchen auf der Fließfläche $(\underset{\sim}{P})$ darf mit der zu $\underset{\sim}{P}$ gehörigen Richtung $\underset{\sim}{N}$ der inelastischen Verzerrungsgeschwindigkeit keinen stumpfen Winkel bilden. Der elastische Bereich im Raum der $\underset{\sim}{P}_0$ muß daher konvex sein, und $\underset{\sim}{N}$ muß an Punkten, wo die Fließfläche glatt ist, in Richtung der Normalen, an sonstigen Punkten in das Innere eines Sektors gemäß Bild zeigen.

für alle $\underset{\sim}{P}$ und $\underset{\sim}{P}_0$ mit

$$f(\underset{\sim}{P})=0,\; f(\underset{\sim}{P}_0)\leqq 0 \tag{12.313}$$

und das gemäß Fließregel zu $\underset{\sim}{P}$ gehörige $\underset{\sim}{N}$. Die Bedingung erlaubt folgende geometrische Deutung (Bild 12.10): Jeder von einem Punkt $\underset{\sim}{P}_0$ im elastischen Bereich zu einem Punkt $\underset{\sim}{P}$ auf der Fließfläche gezogene (sechsdimensionale) Vektor $\underset{\sim}{P}-\underset{\sim}{P}_0$ bildet mit der dortigen Richtung $\underset{\sim}{N}$ der inelastischen Verzerrungsgeschwindigkeit einen nichtstumpfen Winkel. Daraus ergibt sich: Die Menge der möglichen Beanspruchungen ist konvex, und dort, wo ihre Berandung glatt ist, zeigt $\underset{\sim}{N}$ in Richtung der äußeren Normalen, also

$$\underset{\sim}{N}=\frac{\overrightarrow{\partial f}}{\partial \underset{\sim}{P}}. \tag{12.314}$$

Die Fließfunktion f spielt in diesem Falle die Rolle des „plastischen Potentials", da aus ihr die Richtung $\underset{\sim}{N}$ der inelastischen Verzerrungsgeschwindigkeit durch Differentiation gewonnen werden kann. Dieser Gedanke geht auf von Mises [12.8] zurück.

Nur im Sonderfall des isotropen Materials mit Fließregel ergeben sich aus der Forderung nach Stabilität aller Zustände diese Bedingungen der *Konvexität* und *Normalität*. Im anisotropen Fall ohne Fließregel hat man auf (12.300) zurückzugreifen, dabei aber nur jene $\underset{\sim}{L}_i$ heranzuziehen, die von einem $\underset{\sim}{D}$ der Gestalt (12.307) hervorgerufen werden. Weil aber der Winkel zwischen neundimensionalen Vektoren auftritt, der elastische Bereich der Beanspruchungen jedoch sechsdimensional ist, gibt es keine einfache geometrische Deutung mehr. Hängt die Speicherenergie von

Verfestigungsparametern ab, so führt die Bedingung (12.288) auch im isotropen Falle nicht mehr unbedingt auf Konvexität und Normalität. Dagegen ist folgende Deutung, die schon von Mises [12.8] gegeben hat, in jedem Falle richtig: Sollen alle Zustände plastisch stabil sein, dann muß nach (12.283) gelten:

$$\delta := -\frac{\partial W}{\partial \underset{\sim}{\alpha}}(\underset{\sim}{G},\underset{\sim}{\alpha})\cdot \underset{\sim}{a}(\underset{\sim}{G},\underset{\sim}{\alpha},\dot{\underset{\sim}{G}}) \geqq -\frac{\partial W}{\partial \underset{\sim}{\alpha}}(\underset{\sim}{G}_0,\underset{\sim}{\alpha})\cdot \underset{\sim}{a}(\underset{\sim}{G},\underset{\sim}{\alpha},\dot{\underset{\sim}{G}}) \tag{12.315}$$

für alle $\underset{\sim}{G}_0$ die – bei dem vorgegebenen $\underset{\sim}{\alpha}$ – im elastischen Bereich liegen. Der links stehende Ausdruck ist aber die *Dissipationsleistung*, und sie nimmt somit ihren *maximalen Wert* an, wenn sie mit $\partial W/\partial \underset{\sim}{\alpha}$ an der Stelle $\underset{\sim}{G}$ statt an irgendeiner Stelle $\underset{\sim}{G}_0$ gebildet wird.

Abschließend wollen wir Bedingungen herleiten, die erfüllt sein müssen, wenn ein Zustand $(\underset{\sim}{G}_0,\underset{\sim}{\alpha})$ auf der Fließfläche stabil sein soll. Wir nehmen an, daß die Fließfläche dort glatt ist, also die Ableitung $\partial f/\partial \underset{\sim}{G}$ existiert, und daß ferner gilt:

$$\dot{\underset{\sim}{\alpha}} = \underset{\sim}{a}(\underset{\sim}{G},\underset{\sim}{\alpha},\dot{\underset{\sim}{G}}) = \hat{\underset{\sim}{a}}(\underset{\sim}{G},\underset{\sim}{\alpha})\, g(\underset{\sim}{G},\underset{\sim}{\alpha},\dot{\underset{\sim}{G}}) \text{ mit } g \geqq 0. \tag{12.316}$$

Dies ist eine Verallgemeinerung des Konzepts der Fließregel. Die Konsistenzbedingung ergibt dann

$$g = \begin{cases} -\dfrac{\partial f/\partial \underset{\sim}{G}:\dot{\underset{\sim}{G}}}{\partial f/\partial \underset{\sim}{\alpha}\cdot \hat{\underset{\sim}{a}}}, & \text{wenn } >0 \text{ und } f=0, \\ 0 & \text{sonst,} \end{cases} \tag{12.317}$$

und es lassen sich sicher Werte $\dot{\underset{\sim}{G}}$ finden, die aus einer Verformung vom Rang 1 herrühren und $g>0$ liefern. Damit erhält die Bedingung (12.283) speziell die Form

$$\left[\frac{\partial W}{\partial \underset{\sim}{\alpha}}(\underset{\sim}{G}_0,\underset{\sim}{\alpha}) - \frac{\partial W}{\partial \underset{\sim}{\alpha}}(\underset{\sim}{G},\underset{\sim}{\alpha})\right]\cdot \hat{\underset{\sim}{a}}(\underset{\sim}{G},\underset{\sim}{\alpha}) \geqq 0. \tag{12.318}$$

Links steht eine Funktion von $\underset{\sim}{G}$, die bei $\underset{\sim}{G}=\underset{\sim}{G}_0$ den Wert Null und damit ihr Minimum annimmt, so daß ihr Differential verschwinden muß:

$$-\delta \underset{\sim}{G}:\frac{\partial^2 W}{\partial \underset{\sim}{G}\partial \underset{\sim}{\alpha}}(\underset{\sim}{G}_0,\underset{\sim}{\alpha})\cdot \hat{\underset{\sim}{a}}(\underset{\sim}{G}_0,\underset{\sim}{\alpha}) = 0. \tag{12.319}$$

Wegen $f(\underset{\sim}{G},\underset{\sim}{\alpha})=0$ ist dabei die Nebenbedingung

$$\delta \underset{\sim}{G}:\frac{\partial f}{\partial \underset{\sim}{G}}(\underset{\sim}{G}_0,\underset{\sim}{\alpha}) = 0 \tag{12.320}$$

zu berücksichtigen, woraus sich unter Beachtung von $\partial W/\partial \underset{\sim}{G} = \underset{\sim}{S}/2$ die notwendige Stabilitätsbedingung

$$-\frac{1}{2}\frac{\partial \underset{\sim}{S}}{\partial \underset{\sim}{\alpha}}(\underset{\sim}{G}_0,\underset{\sim}{\alpha})\cdot \hat{\underset{\sim}{a}}(\underset{\sim}{G}_0,\underset{\sim}{\alpha}) = \xi \frac{\partial f}{\partial \underset{\sim}{G}}(\underset{\sim}{G}_0,\underset{\sim}{\alpha}) \text{ mit } \xi \text{ reell} \tag{12.321}$$

ergibt, die wir *Bedingung der verallgemeinerten Normalität bei* $\underset{\sim}{G}_0$ nennen. Im Falle ihrer Gültigkeit ist übrigens die tangentiale Steifigkeit bei $(\underset{\sim}{G}_0,\underset{\sim}{\alpha})$ symmetrisch. Es gilt nämlich

$$\dot{\underset{\sim}{S}} = \frac{\partial \underset{\sim}{S}}{\partial \underset{\sim}{G}} : \dot{\underset{\sim}{G}} + \frac{\partial \underset{\sim}{S}}{\partial \underset{\sim}{\alpha}} \cdot \hat{\underset{\sim}{g}} g$$
$$= \frac{\partial \underset{\sim}{S}}{\partial \underset{\sim}{G}} : \dot{\underset{\sim}{G}} + \frac{2\beta\xi}{\partial f / \partial \underset{\sim}{\alpha} \cdot \hat{\underset{\sim}{g}}} \frac{\partial f}{\partial \underset{\sim}{G}} \otimes \frac{\partial f}{\partial \underset{\sim}{G}} : \dot{\underset{\sim}{G}}, \qquad (12.322)$$

worin β bei Belastung und Entlastung die Werte 1 bzw. 0 annimmt, und daher

$$\frac{\partial \dot{\underset{\sim}{S}}}{\partial \dot{\underset{\sim}{G}}} = \frac{\partial \underset{\sim}{S}}{\partial \underset{\sim}{G}} + \frac{2\beta\xi}{\partial f / \partial \underset{\sim}{\alpha} \cdot \hat{\underset{\sim}{g}}} \frac{\partial f}{\partial \underset{\sim}{G}} \otimes \frac{\partial f}{\partial \underset{\sim}{G}}. \qquad (12.323)$$

Der zweite Summand ist offenkundig symmetrisch, der erste ist es wegen $\partial \underset{\sim}{S} / \partial \underset{\sim}{G} = 2\partial^2 W / \partial \underset{\sim}{G}^2$ ebenfalls.

Führen wir dieselbe Untersuchung direkt am isotropen Beispiel (12.308) durch, so finden wir

$$\delta \underset{\sim}{P} : \underset{\sim}{N} = 0 \text{ unter der Nebenbedingung } \delta \underset{\sim}{P} : \frac{\partial f}{\partial \underset{\sim}{P}} = 0, \qquad (12.324)$$

also

$$\underset{\sim}{N} = \pm \frac{\overrightarrow{\partial f}}{\partial \underset{\sim}{P}}, \qquad (12.325)$$

d.h. die Aussage, daß die Richtung der plastischen Verzerrungsgeschwindigkeit an der Stelle $\underset{\sim}{P}_0$ normal auf der Fließfläche im Beanspruchungsraum steht. Daß daraus die Symmetrie der tangentialen Steifigkeit an der Stelle $\underset{\sim}{P}_0$ folgt, haben wir bereits im Abschnitt 11.5 gesehen. Die Stabilitätsbedingung (12.321) stellt also eine Verallgemeinerung dieser Normalitätseigenschaft dar.

In der Ingenieur-Literatur wird vielfach wie ein Glaubenssatz die Behauptung tradiert, daß Fließflächen konvex sein müssen und Normalität vorliegt bzw. die Fließfunktion als plastisches Potential zu verwenden ist. Unsere Stabilitätsuntersuchung gibt dem kaum eine Stütze. Nur in der elementarsten isotropen Plastizitätstheorie konnten wir ein solches Ergebnis folgern, wenn alle Zustände stabil sein sollen. Dabei ist dann allerdings die Menge der Cauchyschen Beanspruchungen $\underset{\sim}{P}$ konvex, nicht aber i.allg. – wie vielfach behauptet – die Menge der Cauchyschen Spannungen $\underset{\sim}{T} = \varrho \underset{\sim}{P}$. Schon beim Vorliegen von Anisotropie oder Verfestigung läßt sich aus der Stabilität aller Zustände i.allg. nicht mehr auf Konvexität und Normalität schließen. Vor allem aber – und darauf hat schon Drucker hingewiesen – kann man nicht erwarten, daß die Natur nur stabile Zustände kennt. Die Unbrauchbarkeit der Normalitätsannahme in der Bodenmechanik ist seit langem experimentell belegt. Man beachte dabei, daß Instabilität im Sinne unserer Definition nicht notwendig zum Kollaps führt. Weitere Ausführungen hierzu finden sich bei Krawietz [12.9].

# 13 Homogenisierung

Viele Materialien sind im Kleinen sehr inhomogen aufgebaut: Beispiele bilden die aus Einzelkristallen zusammengesetzten Metalle, die Verbundmaterialien von der Art des faserverstärkten Kunststoffs, körnige Stoffe wie Sand und Materialien mit Poren oder Rissen auf der Mikroebene. Auf die einzelnen Kristalle, Fasern oder Körner lassen sich noch die Begriffe der Kontinuumstheorie anwenden. (Sie versagen erst beim Übergang auf den atomaren Maßstab, der hier außer Betracht bleiben soll.) Es ist aber weder möglich noch wünschenswert, die genauen Spannungen und Verformungen der Mikrobestandteile zu ermitteln. Vielmehr wird man bestrebt sein, dem Material auf der Ebene der Makromechanik einen homogenen Ersatzstoff zuzuordnen, und bezeichnet dieses Vorgehen als Homogenisierung. Ein Beispiel dafür haben wir bereits beim Naßdampf kennengelernt.

Nach allgemeinen Betrachtungen über Mittelwerte behandeln wir die Aufstellung der inkrementellen Steifigkeit des Ersatzmaterials bei inkrementell linearem Verhalten, erzeugen obere und untere Schranken für diese Steifigkeit und untersuchen schließlich die Besonderheiten der Homogenisierung bei inelastischem Materialverhalten.

## 13.1 Mittelwerte

Der Ersatzstoff soll ein einfacher Stoff im Sinne von Kapitel 8 sein. Zur Ermittlung seines mechanischen Verhaltens genügen deswegen auf der Makroebene homogene Deformationen. Ähnlich wie in (12.200) studieren wir also Prozesse der Gestalt

$$\underset{\sim}{x}\left(\overset{0}{\underset{\sim}{x}},t\right)=\underset{\sim}{c}(t)+\tilde{\underset{\sim}{F}}(t)\cdot\left(\overset{0}{\underset{\sim}{x}}+\underset{\sim}{w}\left(\overset{0}{\underset{\sim}{x}},t\right)\right) \text{ mit } \underset{\sim}{w}\in\mathscr{K} \tag{13.1}$$

und folglich

$$\underset{\sim}{F}\left(\overset{0}{\underset{\sim}{x}},t\right)=\tilde{\underset{\sim}{F}}(t)\cdot\left(\underset{\sim}{1}+\underset{\sim}{w}\otimes\overset{0}{\underset{\sim}{\nabla}}\left(\overset{0}{\underset{\sim}{x}},t\right)\right). \tag{13.2}$$

Wir betrachten $\tilde{\underset{\sim}{F}}$ als den makroskopischen (oder wirksamen) Deformationsgradienten, während $\underset{\sim}{w}$ die durch die Inhomogenität im Kleinen verursachte Schwankung beschreibt. Wie schon im 12. Kapitel unterscheiden wir auch jetzt bei der Definition der Funktionenklasse $\mathscr{K}$ zwei Fälle:

*Fall 1:* Der Körper ist endlich und beliebig inhomogen aufgebaut. Am Rand wird $\underset{\sim}{w}\equiv 0$ vorgeschrieben, d.h., die Randdeformation ist mit einer homogenen Deformation $\underset{\sim}{x}\left(\overset{0}{\underset{\sim}{x}},t\right)=\underset{\sim}{c}(t)+\tilde{\underset{\sim}{F}}(t)\overset{0}{\underset{\sim}{x}}$ des Körpers vereinbar.

*Fall 2:* Der Körper ist unbegrenzt, aber periodisch aufgebaut. Von der Funktion $\underset{\sim}{w}$ verlangen wir, daß sie ebenfalls periodisch ist.

Der erste Fall ist von Hill [13.1], der zweite von Lions [13.2] als Grundlage für die Homogenisierung gewählt worden.

Wir wollen von Massenkräften absehen, also uns insbesondere auf langsame Verformungen beschränken. Sind im Körper Löcher oder Risse vorhanden, so sollen ihre Oberflächen $\mathscr{L}$ spannungsfrei sein. Also ist

$$\left.\begin{array}{l} \underset{\sim}{T}_0 \cdot \overset{0}{\underset{\sim}{\nabla}} = 0 \\ \underset{\sim}{T} \cdot \underset{\sim}{\nabla} = 0 \end{array}\right\} \text{ in } \mathscr{B}, \tag{13.3}$$

$$\left.\begin{array}{l} [\![\underset{\sim}{T}_0]\!] \cdot \underset{\sim}{n}_0 = 0 \\ [\![\underset{\sim}{T}]\!] \cdot \underset{\sim}{n} = 0 \end{array}\right\} \text{ auf } \mathscr{S}, \tag{13.4}$$

$$\left.\begin{array}{l} \underset{\sim}{T}_0 \cdot \underset{\sim}{n}_0 = 0 \\ \underset{\sim}{T} \cdot \underset{\sim}{n} = 0 \end{array}\right\} \text{ auf } \mathscr{L}. \tag{13.5}$$

Den Mittelwert eines Tensorfeldes $\underset{\sim}{G}$ im Körper bzw. der Zelle definieren wir als

$$\bar{\underset{\sim}{G}} := \frac{1}{m} \int_{\mathscr{B}} \underset{\sim}{G}\, dm \text{ mit } m = \int_{\mathscr{B}} dm. \tag{13.6}$$

Es gelten die Regeln

$$\overline{\underset{\sim}{G} + \underset{\sim}{B}} = \bar{\underset{\sim}{G}} + \bar{\underset{\sim}{B}}, \quad \overline{\underset{\sim}{G}\underset{\sim}{B}} = \bar{\underset{\sim}{G}}\underset{\sim}{B}, \text{ wenn } \underset{\sim}{B} \text{ konstant,}$$

$$\overline{\operatorname{sym} \underset{\sim}{G}} = \operatorname{sym} \bar{\underset{\sim}{G}}, \ \overline{\operatorname{tr} \underset{\sim}{G}} = \operatorname{tr} \bar{\underset{\sim}{G}}. \tag{13.7}$$

Im Hinblick auf (13.3) bis (13.5) bilden wir ferner den Mittelwert von $\underset{\sim}{G}\underset{\sim}{B}\upsilon_0$, wenn gilt

$$\underset{\sim}{G} \cdot \overset{0}{\underset{\sim}{\nabla}} = 0 \text{ in } \mathscr{B}, \ [\![\underset{\sim}{G}]\!] \cdot \underset{\sim}{n}_0 = 0 \text{ auf } \mathscr{S}, \ \underset{\sim}{G} \cdot \underset{\sim}{n}_0 = 0 \text{ auf } \mathscr{L} \tag{13.8}$$

und

$$\underset{\sim}{B} = \overset{0}{\underset{\sim}{\nabla}} \otimes \underset{\sim}{z}, \ \underset{\sim}{z} \text{ stetig, } \underset{\sim}{B} \text{ stückweise stetig,} \tag{13.9}$$

und finden die wichtige Identität

$$\begin{aligned} \overline{\underset{\sim}{G}\underset{\sim}{B}\upsilon_0} &= \frac{1}{m} \int_{\mathscr{B}} \underset{\sim}{G}\underset{\sim}{B}\upsilon_0 dm = \frac{1}{m} \int_{V_0} \underset{\sim}{G} \cdot \left( \overset{0}{\underset{\sim}{\nabla}} \otimes \underset{\sim}{z} \right) dV_0 \\ &= -\frac{1}{m} \int_{V_0} \left\{ \underset{\sim}{G} \cdot \overset{0}{\underset{\sim}{\nabla}} \right\} \otimes \underset{\sim}{z}\, dV_0 - \frac{1}{m} \int_{\mathscr{S}} [\![\underset{\sim}{G}]\!] \cdot \underset{\sim}{n}_0 \otimes \underset{\sim}{z}\, dA_0 \\ &\quad + \frac{1}{m} \int_{\mathscr{L}} \underset{\sim}{G} \cdot \underset{\sim}{n}_0 \otimes \underset{\sim}{z}\, dA_0 + \frac{1}{m} \int_{\partial\mathscr{B}} \underset{\sim}{G} \cdot \underset{\sim}{n}_0 \otimes \underset{\sim}{z}\, dA_0 \\ &= \frac{1}{m} \int_{\partial\mathscr{B}} \underset{\sim}{G} \cdot \underset{\sim}{n}_0 \otimes \underset{\sim}{z}\, dA_0 \ \ (= 0, \text{ wenn } \underset{\sim}{z} \in \mathscr{K}). \end{aligned} \tag{13.10}$$

Nach der partiellen Integration ist nur ein Integral über die Oberfläche $\partial\mathscr{B}$ des Körpers (ohne die Lochberandungen $\mathscr{L}$) verblieben, und dieses verschwindet ebenfalls, wenn $\underset{\sim}{z}\in\mathscr{K}$ ist, also $\underset{\sim}{z}=0$ auf $\partial\mathscr{B}$ oder $\underset{\sim}{z}$ und $\underset{\sim}{G}$ periodisch. Eine nichttriviale Anwendung der letzten Formel ergibt sich beispielsweise für die Wahl $\overset{0}{\underset{\sim}{x}}_{\mathscr{B}}:=\underset{\sim}{x}_{\mathscr{B}}$, $\underset{\sim}{G}:=\underset{\sim}{T}$ und $\underset{\sim}{z}:=\underset{\sim}{x}=\overset{0}{\underset{\sim}{x}}$, also $\underset{\sim}{B}\equiv\underset{\sim}{1}$, $\upsilon_0\equiv\upsilon$:

$$\overline{\underset{\sim}{T}\upsilon}=\overline{\underset{\sim}{P}}=\frac{1}{m}\int_{\mathscr{B}}\underset{\sim}{P}dm=\frac{1}{m}\int_{V}\underset{\sim}{T}dV=\frac{1}{m}\int_{\partial\mathscr{B}}\underset{\sim}{T}\cdot\underset{\sim}{n}\otimes\underset{\sim}{x}dA. \tag{13.11}$$

Sie zeigt, daß der Mittelwert der Beanspruchung durch die Randspannungen $\underset{\sim}{T}\cdot\underset{\sim}{n}$ des Körpers festgelegt ist.

Wegen $\underset{\sim}{w}\in\mathscr{K}$ gilt der Zusammenhang

$$\overline{\underset{\sim}{P}}=\overline{\underset{\sim}{P}_0\underset{\sim}{F}^T}=\overline{\underset{\sim}{P}_0\cdot\left(\underset{\sim}{1}+\overset{0}{\underset{\sim}{\nabla}}\otimes\underset{\sim}{w}\right)}\cdot\tilde{\underset{\sim}{F}}^T=\overline{\underset{\sim}{P}_0}\tilde{\underset{\sim}{F}}^T+\overline{\underset{\sim}{T}_0\cdot\left(\overset{0}{\underset{\sim}{\nabla}}\otimes\underset{\sim}{w}\right)\upsilon_0}\tilde{\underset{\sim}{F}}^T=\overline{\underset{\sim}{P}_0}\tilde{\underset{\sim}{F}}^T. \tag{13.12}$$

Bei der Herleitung derartiger Formeln ist Sorgfalt am Platze, denn formale Analogien führen leicht zu Fehlschlüssen. So ist etwa i.allg.
$\bar{\varrho}=\overline{1/\upsilon}\neq1/\bar{\upsilon}$, $\quad\overline{\underset{\sim}{P}}=\overline{\upsilon\underset{\sim}{T}}\neq\bar{\upsilon}\overline{\underset{\sim}{T}}$, $\quad\overline{\underset{\sim}{Z}}=\overline{\underset{\sim}{F}^{-1}\underset{\sim}{P}_0}\neq\tilde{\underset{\sim}{F}}^{-1}\overline{\underset{\sim}{P}}_0$.

Man findet weiter

$$\frac{\overline{\upsilon_0\underset{\sim}{F}}}{\overline{\upsilon_0}}=\frac{1}{V_0}\int_{V_0}\underset{\sim}{F}dV_0=\tilde{\underset{\sim}{F}}+\frac{1}{V_0}\tilde{\underset{\sim}{F}}\cdot\int_{V_0}\underset{\sim}{w}\otimes\overset{0}{\underset{\sim}{\nabla}}dV_0$$

$$=\tilde{\underset{\sim}{F}}+\frac{1}{V_0}\tilde{\underset{\sim}{F}}\cdot\int_{\mathscr{L}}\underset{\sim}{w}\otimes\underset{\sim}{n}_0dA_0. \tag{13.13}$$

Genau dann, wenn keine Löcher und Risse vorhanden sind, läßt $\tilde{\underset{\sim}{F}}$ sich demnach als Mittelwert von $\underset{\sim}{F}$ über das Volumen der Bezugsplazierung deuten. Ist das Feld der Dichte $\varrho_0$ darüber hinaus konstant, so fällt dieser Mittelwert mit dem über die Masse genommenen Mittelwert $\overline{\underset{\sim}{F}}$ zusammen. Wir halten fest, daß wirksame Größen in der Regel *nicht* durch Mittelwertbildung erklärt sind.

Weitere kinematische Mittelwerte für Körper ohne Löcher und Risse ergeben sich aus den Formeln (12.91)ff. unter Beachtung der Bemerkungen nach Formel (12.221). Ist nämlich $\underset{\sim}{H}=\underset{\sim}{z}\otimes\underset{\sim}{\nabla}$ und $\underset{\sim}{z}\in\mathscr{K}$, dann gilt

$$\overline{\upsilon\underset{\sim}{H}}=0,\ \overline{\upsilon(\underset{\sim}{H}^2-(\operatorname{tr}\underset{\sim}{H})\underset{\sim}{H})}=0,\ \overline{\upsilon\{\det(\underset{\sim}{1}+\underset{\sim}{H})-1\}}=0. \tag{13.14}$$

Betrachten wir nun zwei verschiedene Plazierungen

$$\begin{aligned}\underset{\sim}{x}_{\mathscr{B}}&:\ \underset{\sim}{x}=\underset{\sim}{c}+\tilde{\underset{\sim}{F}}\left(\overset{0}{\underset{\sim}{x}}+\underset{\sim}{w}\right),\\ \hat{\underset{\sim}{x}}_{\mathscr{B}}&:\ \hat{\underset{\sim}{x}}=\hat{\underset{\sim}{c}}+\hat{\tilde{\underset{\sim}{F}}}\left(\overset{0}{\underset{\sim}{x}}+\hat{\underset{\sim}{w}}\right),\end{aligned}\qquad \underset{\sim}{w},\hat{\underset{\sim}{w}}\in\mathscr{K} \tag{13.15}$$

des Körpers. Mit der Abkürzung

$$\tilde{\underset{\sim}{X}}:=\hat{\tilde{\underset{\sim}{F}}}\tilde{\underset{\sim}{F}}^{-1}-\underset{\sim}{1} \tag{13.16}$$

läßt die Relativverschiebung sich schreiben als

$$\underset{\sim}{u}=\hat{\underset{\sim}{x}}-\underset{\sim}{x}=\hat{\underset{\sim}{c}}-\underset{\sim}{c}+\tilde{\underset{\sim}{X}}(\underset{\sim}{x}-\underset{\sim}{c})+\underset{\sim}{z} \text{ mit } \underset{\sim}{z}:=\hat{\tilde{\underset{\sim}{F}}}(\hat{\underset{\sim}{w}}-\underset{\sim}{w})\in\mathscr{K} \tag{13.17}$$

und ihr Gradient als

$$\underset{\sim}{X}:=\underset{\sim}{u}\otimes\underset{\sim}{\nabla}=\hat{\underset{\sim}{x}}\otimes\underset{\sim}{\nabla}-\underset{\sim}{1}=\hat{\underset{\sim}{F}}\underset{\sim}{F}^{-1}-\underset{\sim}{1}=\tilde{\underset{\sim}{X}}+\underset{\sim}{H} \text{ mit } \underset{\sim}{H}:=\underset{\sim}{z}\otimes\underset{\sim}{\nabla}. \tag{13.18}$$

Da der Anteil $\underset{\sim}{H}$ den Identitäten (13.14) genügt, finden wir

$$\overline{\upsilon\underset{\sim}{X}}=\bar{\upsilon}\tilde{\underset{\sim}{X}},\ \overline{\upsilon\{\underset{\sim}{X}^2-(\operatorname{tr}\underset{\sim}{X})\underset{\sim}{X}\}}=\bar{\upsilon}\{\tilde{\underset{\sim}{X}}^2-(\operatorname{tr}\tilde{\underset{\sim}{X}})\tilde{\underset{\sim}{X}}\}. \tag{13.19}$$

Definieren wir ferner $\hat{\underset{\sim}{H}}:=\hat{\underset{\sim}{z}}\otimes\underset{\sim}{\nabla}$ mit $\hat{\underset{\sim}{z}}:=\tilde{\underset{\sim}{F}}(\hat{\underset{\sim}{w}}-\underset{\sim}{w})\in\mathscr{K}$, so gilt auch $\overline{\upsilon\{\det(\underset{\sim}{1}+\hat{\underset{\sim}{H}})-1\}}=0$ und folglich wegen $\underset{\sim}{H}=(\underset{\sim}{1}+\tilde{\underset{\sim}{X}})\hat{\underset{\sim}{H}}$

$$\overline{\upsilon\det(\underset{\sim}{1}+\underset{\sim}{X})}=\overline{\upsilon\det\{(\underset{\sim}{1}+\tilde{\underset{\sim}{X}})(\underset{\sim}{1}+\hat{\underset{\sim}{H}})\}}=\bar{\upsilon}\det(\underset{\sim}{1}+\tilde{\underset{\sim}{X}}), \tag{13.20}$$

und Entwicklung beider Seiten gemäß $\det(\underset{\sim}{1}+\underset{\sim}{X})=1+I_1+I_2+I_3$ und Beachtung von (13.19) liefert schließlich

$$\overline{\upsilon\det\underset{\sim}{X}}=\bar{\upsilon}\det\tilde{\underset{\sim}{X}}. \tag{13.21}$$

Diese Ergebnisse gestatten es uns, im Falle des inhomogenen elastischen Körpers Aussagen über die materielle Stabilität des Ersatzmaterials zu treffen. Die bei einer Plazierung $\underset{\sim}{x}=\underset{\sim}{c}+\tilde{\underset{\sim}{F}}\left(\overset{0}{\underset{\sim}{x}}+\underset{\sim}{w}\right)$ im Körper bzw. der Zelle vorhandene Formänderungsenergie hängt von der globalen Plazierung $\tilde{\underset{\sim}{F}}$ und der Mikroplazierung $\underset{\sim}{w}$ ab. Nehmen wir an, es gebe zu jeder Wahl von $\tilde{\underset{\sim}{F}}$ mindestens eine Mikroplazierung $\underset{\sim}{w}_m$ so, daß $\int W dm$ sein Minimum annimmt. Dann können wir die wirksame Formänderungsenergie des hyperelastischen Ersatzmaterials definieren durch

$$\tilde{W}(\tilde{\underset{\sim}{F}}):=\min_{\underset{\sim}{w}}\overline{W\left(\tilde{\underset{\sim}{F}}\cdot\left(\underset{\sim}{1}+\underset{\sim}{w}\otimes\overset{0}{\underset{\sim}{\nabla}}\right)\right)}=\overline{W\left(\tilde{\underset{\sim}{F}}\cdot\left(\underset{\sim}{1}+\underset{\sim}{w}_m\otimes\overset{0}{\underset{\sim}{\nabla}}\right)\right)}. \tag{13.22}$$

Mit (13.10) und der Abkürzung $\eta:=|\hat{\tilde{\underset{\sim}{F}}}-\tilde{\underset{\sim}{F}}|$ finden wir die Abschätzung

$$\begin{aligned}
&\tilde{W}(\hat{\tilde{\underset{\sim}{F}}})-\tilde{W}(\tilde{\underset{\sim}{F}})\\
&=\overline{W\left(\hat{\tilde{\underset{\sim}{F}}}\cdot\left(\underset{\sim}{1}+\hat{\underset{\sim}{w}}_m\otimes\overset{0}{\underset{\sim}{\nabla}}\right)\right)}-\overline{W\left(\tilde{\underset{\sim}{F}}\cdot\left(\underset{\sim}{1}+\underset{\sim}{w}_m\otimes\overset{0}{\underset{\sim}{\nabla}}\right)\right)}\\
&\leqq\overline{W\left(\hat{\tilde{\underset{\sim}{F}}}\cdot\left(\underset{\sim}{1}+\underset{\sim}{w}_m\otimes\overset{0}{\underset{\sim}{\nabla}}\right)\right)}-\overline{W\left(\tilde{\underset{\sim}{F}}\cdot\left(\underset{\sim}{1}+\underset{\sim}{w}_m\otimes\overset{0}{\underset{\sim}{\nabla}}\right)\right)}\\
&=\overline{\frac{\partial W}{\partial\underset{\sim}{F}}\left(\tilde{\underset{\sim}{F}}\cdot\left(\underset{\sim}{1}+\underset{\sim}{w}_m\otimes\overset{0}{\underset{\sim}{\nabla}}\right)\right)\cdot\left(\underset{\sim}{1}+\overset{0}{\underset{\sim}{\nabla}}\otimes\underset{\sim}{w}_m\right)}:(\hat{\tilde{\underset{\sim}{F}}}-\tilde{\underset{\sim}{F}})+o(\eta)\\
&=\overline{\underset{\sim}{P}_0\left(\tilde{\underset{\sim}{F}}\cdot\left(\underset{\sim}{1}+\underset{\sim}{w}_m\otimes\overset{0}{\underset{\sim}{\nabla}}\right)\right)}:(\hat{\tilde{\underset{\sim}{F}}}-\tilde{\underset{\sim}{F}})+o(\eta).
\end{aligned} \tag{13.23}$$

Daraus läßt sich zunächst i.allg. weder die Existenz einer eindeutigen Ersatzbeanspruchung $\tilde{P}(\tilde{F})$ noch die Differenzierbarkeit von $\tilde{W}$ oder gar die Potentialbeziehung $\tilde{P}=\partial\tilde{W}/\partial\tilde{F}$ erschließen. Wenn es mehrere $w_m$ zu einem $\tilde{F}$ gibt, so muß zwar $\bar{W}$, nicht aber $\bar{P}$ in diesen Plazierungen übereinstimmen. (Ein Gegenbeispiel ist das elastische Fluid, wo jede reine Gestaltänderung weder die Formänderungsenergie noch die Cauchysche Beanspruchung ändert.) Bei obiger Abschätzung ist noch zu beachten, daß zwar die Differenz $\hat{\tilde{F}}-\tilde{F}$ als klein angesetzt ist, daß aber deswegen $\hat{w}_m$ und $\hat{w}_m\otimes\overset{0}{\nabla}$ keineswegs nahe bei $w_m$ bzw. $w_m\otimes\overset{0}{\nabla}$ liegen müssen.

Wesentliche Aussagen ergeben sich demgegenüber, wenn wir annehmen, in einer zu $\tilde{F}$ gehörigen Minimalplazierung sei die Bedingung der gleichmäßigen Polykonvexität erfüllt, also

$$W(X,\hat{F})\geqq W(X,F)+P(X):X+\frac{1}{2}Y:\upsilon(X)\,(X^2-(\operatorname{tr}X)X)+n_D\upsilon(X)\det X \tag{13.24}$$

mit $X=\hat{F}F^{-1}-1$ und ortsunabhängigem $Y$ und $n_D$. Mittelwertbildung liefert im Falle von Körpern ohne Löcher und Risse für die Wahl $F=\tilde{F}\cdot\left(1+w_m\otimes\overset{0}{\nabla}\right)$ und $\hat{F}=\hat{\tilde{F}}\cdot\left(1+\hat{w}_m\otimes\overset{0}{\nabla}\right)$

$$\tilde{W}(\hat{\tilde{F}})\geqq\tilde{W}(\tilde{F})+\bar{P}:\tilde{X}+\frac{1}{2}\bar{\upsilon}Y:(\tilde{X}^2-(\operatorname{tr}\tilde{X})\tilde{X})+\bar{\upsilon}\,n_D\det\tilde{X}. \tag{13.25}$$

Beachten wir $\tilde{X}=(\hat{\tilde{F}}-\tilde{F})\tilde{F}^{-1}$, so finden wir in Verbindung mit (13.23) und (13.12)

$$\overline{P_0}:(\hat{\tilde{F}}-\tilde{F})+o(\eta)\leqq\tilde{W}(\hat{\tilde{F}})-\tilde{W}(\tilde{F})\leqq\overline{P_0}:(\hat{\tilde{F}}-\tilde{F})+o(\eta). \tag{13.26}$$

$\tilde{W}$ ist dann also an der Stelle $\tilde{F}$ Fréchet-differenzierbar, und es gilt

$$\frac{\partial\tilde{W}}{\partial\tilde{F}}=\overline{P_0}=\overline{\frac{\partial W}{\partial F}}. \tag{13.27}$$

Gibt es daher zu einem $\tilde{F}$ mehrere Minimalplazierungen, in denen die Bedingung der gleichmäßigen Polykonvexität erfüllt ist, so müssen sie gleiche Beanspruchung $\overline{P_0}$ aufweisen, so daß wir $\tilde{P}(\tilde{F}):=\overline{P_0}\tilde{F}^T$ als Beanspruchung des Ersatzmaterials definieren können. Aus (13.25) ersehen wir ferner, daß die Formänderungsenergie des Ersatzmaterials bezüglich $\tilde{F}$ polykonvex ist. Die zuletzt erhaltenen Resultate gelten auch für Körper mit Löchern und Rissen, wenn sich $Y=0, n_D=0$ wählen läßt – die Polykonvexität also in die Konvexität übergeht –, da dann nur (13.10), nicht aber (13.19) und (13.21) zum Beweis herangezogen wird.

Ein Körper durchlaufe langsam eine Folge von Makroplazierungen $\tilde{F}(t)$. Auf der Mikroebene stellen sich jeweils Gleichgewichtsplazierungen $w(t)$ ein. Ist zu einem $\tilde{F}$ mehr als eine Gleichgewichtsplazierung $w$ möglich, so kann es von den auftretenden Störungen abhängen, welche von ihnen eingenommen wird. Damit es – im Falle des hyperelastischen Körpers – stets diejenige mit minimaler Formänderungsenergie ist, kann es erforderlich sein, daß im Laufe des Prozesses $\tilde{F}(t)$ das Feld $w\otimes\overset{0}{\nabla}$ oder das

Feld $\underset{\sim}{w}$ in t nicht stetig ist. (Ersteres ist der Fall in einem Teil des Körpers, der von einer vorrückenden Phasengrenze überstrichen wird, letzteres kann sich bei endlichem Durchschlagen ereignen.) Tatsächlich bedeutet diese Annahme einer Unstetigkeit nur, daß die Kinetik des Störvorganges ausgeklammert wird. Erfolgt die Makrodeformation nicht allzu langsam, dann werden die erforderlichen Störungen nicht in jedem Falle zur Wirkung kommen, und Phasenübergänge oder gar Durchschlagphänomene können unterdrückt werden. Im Falle des hyperelastischen Körpers sind die eingenommenen Zustände dann gegebenenfalls nur metastabil. Wir haben das schon am Beispiel des van der Waalsschen Fluids im vorigen Kapitel gesehen.

## 13.2 Wirksame Steifigkeit

Im folgenden untersuchen wir die Änderung von $\bar{\underset{\sim}{P}}$, wenn $\tilde{\underset{\sim}{F}}$ in eine Nachbarlage übergeht. Nach den vorangegangenen Ausführungen liegt diese Änderung i.allg. nicht eindeutig fest, sondern kann von den auftretenden Störungen beeinflußt werden. Wir wollen den Fall betrachten, wo die Störungen nicht ausreichen, Phasenübergänge oder Durchschlagen zu ermöglichen. (Daraus folgt: Auch wenn $\partial^2\tilde{W}/\partial\tilde{\underset{\sim}{F}}^2$ existiert, ist die im folgenden berechnete wirksame Steifigkeit $\tilde{\underset{\approx}{A}}$ davon i.allg. verschieden. So ist beim Naßdampf $\partial^2\tilde{W}/\partial\tilde{\upsilon}^2=0$, während die wirksame Steifigkeit im hier betrachteten Sinne unter der Annahme $\xi=\mathrm{const}$ zu ermitteln wäre.)

Das Fehlen von Phasenübergängen und Durchschlagen bedeutet, daß $\underset{\sim}{x}$ und $\underset{\sim}{F}$ an jedem Punkt stetige und differenzierbare Funktionen der Zeit sind, so daß aus (13.1) und (13.2) folgt

$$\dot{\underset{\sim}{x}}=\dot{\underset{\sim}{c}}+\dot{\tilde{\underset{\sim}{F}}}\cdot\left(\overset{0}{\underset{\sim}{x}}+\underset{\sim}{w}\right)+\underset{\sim}{y} \text{ mit } \underset{\sim}{y}:=\tilde{\underset{\sim}{F}}\dot{\underset{\sim}{w}}\in\mathscr{K}, \tag{13.28}$$

$$\dot{\underset{\sim}{F}}=\dot{\tilde{\underset{\sim}{F}}}\cdot\left(\underset{\sim}{1}+\underset{\sim}{w}\otimes\overset{0}{\underset{\sim}{\nabla}}\right)+\underset{\sim}{y}\otimes\overset{0}{\underset{\sim}{\nabla}}, \tag{13.29}$$

$$\underset{\sim}{L}=\dot{\underset{\sim}{F}}\underset{\sim}{F}^{-1}=\dot{\tilde{\underset{\sim}{F}}}\tilde{\underset{\sim}{F}}^{-1}+\left(\underset{\sim}{y}\otimes\overset{0}{\underset{\sim}{\nabla}}\right)\cdot\underset{\sim}{F}^{-1}=\tilde{\underset{\sim}{L}}+\underset{\sim}{y}\otimes\underset{\sim}{\nabla} \text{ mit } \tilde{\underset{\sim}{L}}:=\dot{\tilde{\underset{\sim}{F}}}\tilde{\underset{\sim}{F}}^{-1}. \tag{13.30}$$

Ableitung von (13.3) bis (13.5) – die Unstetigkeitsflächen $\mathscr{S}$ sind materiell fest – gibt

$$\left.\begin{aligned}\dot{\underset{\sim}{T}}_0\cdot\overset{0}{\underset{\sim}{\nabla}}&=0\\ \overset{\Delta}{\underset{\sim}{T}}\cdot\underset{\sim}{\nabla}&=0\end{aligned}\right\}\quad\text{in } \mathscr{B}, \tag{13.31}$$

$$\left.\begin{aligned}[\![\dot{\underset{\sim}{T}}_0]\!]\cdot\underset{\sim}{n}_0&=0\\ [\![\overset{\Delta}{\underset{\sim}{T}}]\!]\cdot\underset{\sim}{n}&=0\end{aligned}\right\}\quad\text{auf } \mathscr{S}, \tag{13.32}$$

$$\left.\begin{aligned}\dot{\underset{\sim}{T}}_0\cdot\underset{\sim}{n}_0&=0\\ \overset{\Delta}{\underset{\sim}{T}}\cdot\underset{\sim}{n}&=0\end{aligned}\right\}\quad\text{auf } \mathscr{L}. \tag{13.33}$$

Die jeweils zweite Formel entsteht aus der ersten, wenn die Momentanplazierung als Bezugsplazierung gewählt wird. (Gemäß (7.172) ist $\overset{\Delta}{\underset{\sim}{T}} = \dot{\underset{\sim}{T}}_0(\underset{\sim}{F}=\underset{\sim}{1})$.)

Ferner ist dann

$$\overline{\overset{\Delta}{\underset{\sim}{P}}} = \frac{1}{m}\int \overset{\Delta}{\underset{\sim}{P}}\,dm = \frac{1}{m}\int \dot{\underset{\sim}{P}}_0|_{F=1}\,dm = \frac{d}{dt}\frac{1}{m}\int \underset{\sim}{P}_0\,dm|_{\underset{\sim}{x}_{\mathscr{B}} = \overset{0}{\underset{\sim}{x}}_{\mathscr{B}}}$$

$$= \dot{\overline{\underset{\sim}{P}_0}}|_{\underset{\sim}{x}_{\mathscr{B}} = \overset{0}{\underset{\sim}{x}}_{\mathscr{B}}} =: \overset{\Delta}{\bar{\underset{\sim}{P}}} \tag{13.34}$$

und ebenso

$$\overline{\overset{\Delta}{\underset{\sim}{Z}}} = \dot{\bar{\underset{\sim}{Z}}}|_{\underset{\sim}{x}_{\mathscr{B}} = \overset{0}{\underset{\sim}{x}}_{\mathscr{B}}} = \dot{\bar{\underset{\sim}{Z}}}|_{\underset{\sim}{x}_{\mathscr{B}} = \overset{0}{\underset{\sim}{x}}_{\mathscr{B}}} =: \overset{\Delta}{\bar{\underset{\sim}{Z}}}. \tag{13.35}$$

Aus (13.10) ergibt sich weiter

$$\overline{\underset{\sim}{P}_0\dot{\underset{\sim}{F}}^T} = \overline{\underset{\sim}{P}_0\cdot\left(\underset{\sim}{1} + \overset{0}{\underset{\sim}{\nabla}}\otimes\underset{\sim}{w}\right)\cdot\dot{\bar{\underset{\sim}{F}}}^T} + \overline{\underset{\sim}{P}_0\cdot\left(\overset{0}{\underset{\sim}{\nabla}}\otimes\underset{\sim}{y}\right)} = \overline{\underset{\sim}{P}_0}\dot{\bar{\underset{\sim}{F}}}^T,$$

$$= \overline{\underset{\sim}{P}\underset{\sim}{L}^T} = \overline{\underset{\sim}{P}\cdot(\bar{\underset{\sim}{L}}^T + \underset{\sim}{\nabla}\otimes\underset{\sim}{y})} = \bar{\underset{\sim}{P}}\bar{\underset{\sim}{L}}^T, \tag{13.36}$$

$$\overline{\underset{\sim}{P}:\underset{\sim}{D}} = \mathrm{tr}\,\overline{\underset{\sim}{P}\underset{\sim}{L}^T} = \bar{\underset{\sim}{P}}:\tilde{\underset{\sim}{D}} = \overline{\underset{\sim}{P}_0}:\dot{\bar{\underset{\sim}{F}}} \text{ mit } \tilde{\underset{\sim}{D}} = \mathrm{sym}\,\bar{\underset{\sim}{L}}, \tag{13.37}$$

$$\overline{\overset{\Delta}{\underset{\sim}{P}}} = \overline{\underset{\sim}{L}\underset{\sim}{P} + \overset{\Delta}{\underset{\sim}{Z}}} = \bar{\underset{\sim}{L}}\bar{\underset{\sim}{P}} + \overset{\Delta}{\bar{\underset{\sim}{Z}}} = \overset{\Delta}{\bar{\underset{\sim}{P}}} \tag{13.38}$$

und

$$\overline{\overset{\Delta}{\underset{\sim}{P}}\underset{\sim}{L}^T} = \overline{\overset{\Delta}{\underset{\sim}{P}}\,(\bar{\underset{\sim}{L}}^T + \underset{\sim}{\nabla}\otimes\underset{\sim}{y})} = \overset{\Delta}{\bar{\underset{\sim}{P}}}\,\bar{\underset{\sim}{L}}^T \tag{13.39}$$

sowie

$$\overline{\overset{\Delta}{\underset{\sim}{P}}:\underset{\sim}{L}} = \overline{\underset{\sim}{P}:\underset{\sim}{L}^T\underset{\sim}{L} + \overset{\Delta}{\underset{\sim}{Z}}:\underset{\sim}{D}} = \overset{\Delta}{\bar{\underset{\sim}{P}}}:\bar{\underset{\sim}{L}} = \bar{\underset{\sim}{P}}:\bar{\underset{\sim}{L}}^T\bar{\underset{\sim}{L}} + \overset{\Delta}{\bar{\underset{\sim}{Z}}}:\tilde{\underset{\sim}{D}}. \tag{13.40}$$

Es sei nochmals betont, daß alle diese Formeln, in denen die Makrogrößen formal ebenso wie die entsprechenden Mikrogrößen verknüpft sind, ihre Gültigkeit verlieren, wenn die zugrundeliegenden Glattheitsannahmen nicht erfüllt sind (z.B. bei Phasenübergang).

Wir wollen nun noch zulassen, daß der Körper starre Einschlüsse (rigid inclusions) $\mathscr{I}$ besitzt. Wir nehmen an, daß sie ebenso wie eventuelle Löcher ganz im Inneren von $\mathscr{B}$ liegen. In ihnen gilt die Zwangsbedingung

$$\underset{\sim}{D} = \mathrm{sym}\,\underset{\sim}{\nabla}\otimes\dot{\underset{\sim}{x}} \equiv 0 \text{ in } \mathscr{I}. \tag{13.41}$$

Wegen

$$0 \equiv \underset{\sim}{\nabla}\times 2\underset{\sim}{D} = \underset{\sim}{\nabla}\times(\underset{\sim}{\nabla}\otimes\dot{\underset{\sim}{x}} + \dot{\underset{\sim}{x}}\otimes\underset{\sim}{\nabla}) = (\underset{\sim}{\nabla}\times\dot{\underset{\sim}{x}})\otimes\underset{\sim}{\nabla} \tag{13.42}$$

muß dann in jedem zusammenhängenden Teilgebiet $\mathscr{I}_1$ von $\mathscr{I}$

$$\underset{\sim}{\nabla}\times\dot{\underset{\sim}{x}} \equiv \text{const, also } \mathrm{skw}\,\underset{\sim}{\nabla}\otimes\dot{\underset{\sim}{x}} \equiv \text{const} \tag{13.43}$$

sein, d.h., das Feld $\dot{\underset{\sim}{x}}$ besitzt im Einschluß $\mathscr{I}_1$ der Nummer 1 die einfache Gestalt

$$\dot{\underset{\sim}{x}} = \underset{\sim}{c}_1 + \underset{\sim}{W}_1 \underset{\sim}{x} \text{ mit sym } \underset{\sim}{W}_1 = 0 \text{ in } \mathscr{I}_1 \tag{13.44}$$

(Eulersche Formel).

Das momentane Spannungsfeld $\underset{\sim}{T}$ setzen wir im folgenden stets als bekannt voraus und unterstellen, daß es die Gleichgewichtsbedingungen (13.3) bis (13.5) exakt erfüllt. (Praktisch ist $\underset{\sim}{T}$ zu schätzen oder durch Untersuchung des vorangegangenen Verformungsprozesses zu ermitteln. Werden dabei Näherungsverfahren verwendet, so ist gegebenenfalls das so ermittelte Feld $\underset{\sim}{T}$ derart zu korrigieren, daß die Erfüllung der Gleichgewichtsbedingungen sichergestellt ist.) Im Inneren der starren Einschlüsse liegt das Feld $\underset{\sim}{T}$ nicht eindeutig fest. Da es aber den Gleichgewichtsbedingungen genügen muß, kann dennoch – analog zu (13.11) – der Tensor

$$\underset{\sim}{T}_1 V_1 := \int_{\mathscr{I}_1} \underset{\sim}{T}\, dV = \int_{\mathscr{I}_1} \underset{\sim}{P}\, dm = \int_{\partial\mathscr{I}_1} \underset{\sim}{T}\underset{\sim}{n} \otimes \underset{\sim}{x}\, dA \tag{13.45}$$

eindeutig aus den Randwerten $\underset{\sim}{T}\underset{\sim}{n}$ der Spannung im umgebenden Medium berechnet werden. (Es bedeutet $\partial\mathscr{I}_1$ die Berandung des Einschlusses $\mathscr{I}_1$ mit dem Volumen $V_1$ und $\underset{\sim}{n}$ die dort von $\mathscr{I}_1$ nach außen weisende Einheitsnormale.) Integration von (13.3) und (13.4) über $\mathscr{I}_1$ gibt die Kraftgleichgewichtsbedingung

$$\int_{\mathscr{I}_1} \underset{\sim}{T} \cdot \underset{\sim}{\nabla}\, dV + \int_{\mathscr{S}} [\![\underset{\sim}{T}]\!] \cdot \underset{\sim}{n}\, dA = \int_{\partial\mathscr{I}_1} \underset{\sim}{T}\underset{\sim}{n}\, dA = 0 \tag{13.46}$$

des Einschlusses, während aus der Symmetrie von $\underset{\sim}{T}$ und damit von $\underset{\sim}{T}_1$ nach (13.45) die Momentengleichgewichtsbedingung

$$\int_{\partial\mathscr{I}_1} \underset{\sim}{T}\underset{\sim}{n} \otimes \underset{\sim}{x}\, dA = \int_{\partial\mathscr{I}_1} \underset{\sim}{x} \otimes \underset{\sim}{T}\underset{\sim}{n}\, dA \Leftrightarrow \int_{\partial\mathscr{I}_1} \underset{\sim}{x} \times \underset{\sim}{T}\underset{\sim}{n}\, dA = 0 \tag{13.47}$$

folgt. Die letzten beiden Bedingungen lassen sich auch schreiben als

$$\int_{\partial\mathscr{I}_1} \underset{\sim}{T}_0 \underset{\sim}{n}_0\, dA_0 = 0, \text{ skw} \int_{\partial\mathscr{I}_1} \underset{\sim}{x} \otimes \underset{\sim}{T}_0 \underset{\sim}{n}_0\, dA_0 = 0, \tag{13.48}$$

und Differentiation gibt, wenn die aktuelle Plazierung als Bezugsplazierung gewählt wird, unter Beachtung von (13.44), (13.46), (13.47) und (13.45)

$$\int_{\partial\mathscr{I}_1} \overset{\Delta}{\underset{\sim}{T}} \underset{\sim}{n}\, dA = 0 \tag{13.49}$$

und

$$\begin{aligned} -\text{skw} \int_{\partial\mathscr{I}_1} \underset{\sim}{x} \otimes \overset{\Delta}{\underset{\sim}{T}} \underset{\sim}{n}\, dA &= \text{skw} \int \dot{\underset{\sim}{x}} \otimes \underset{\sim}{T}\underset{\sim}{n}\, dA \\ &= \text{skw} \int (\underset{\sim}{c}_1 + \underset{\sim}{W}_1 \underset{\sim}{x}) \otimes \underset{\sim}{T}\underset{\sim}{n}\, dA \\ &= \text{skw} \left\{ \underset{\sim}{c}_1 \otimes \int \underset{\sim}{T}\underset{\sim}{n}\, dA \right\} + \text{skw} \left\{ \underset{\sim}{W}_1 \cdot \int \underset{\sim}{x} \otimes \underset{\sim}{T}\underset{\sim}{n}\, dA \right\} \\ &= \text{skw} \{ \underset{\sim}{W}_1 \underset{\sim}{T}_1 \} V_1 \end{aligned} \tag{13.50}$$

als inkrementelle Kraft- und Momentengleichgewichtsbedingungen des Einschlusses der Nummer 1.

Den Begriff der Verträglichkeit (Kompatibilität) erklären wir im vorliegenden Zusammenhang wie folgt: Ein (unsymmetrisches) Tensorfeld $\underset{\sim}{H}$ nennen wir kompatibel, wenn es das Gradientenfeld eines eindeutigen Vektorfeldes $\underset{\sim}{y}\in\mathscr{K}$ ist, also

$$\underset{\sim}{H}=\underset{\sim}{y}\otimes\underset{\sim}{\nabla} \text{ mit } \underset{\sim}{y}\in\mathscr{K}. \tag{13.51}$$

Die Gleichgewichts- und Verträglichkeitsbedingungen lassen sich in die Form von Arbeitsaussagen bringen. Falls starre Einschlüsse vorhanden sind, definieren wir zu diesem Zweck noch die Funktionenklasse $\mathscr{K}_{\mathscr{I}}$ als jene Teilklasse von $\mathscr{K}$, deren Funktionen der Zusatzbedingung

$$\underset{\sim}{z}\in\mathscr{K}_{\mathscr{I}}\subset\mathscr{K}\Rightarrow \operatorname{sym}\underset{\sim}{\nabla}\otimes\underset{\sim}{z}=0 \text{ in } \mathscr{I} \tag{13.52}$$

genügen und daher gemäß (13.44) in $\mathscr{I}_1$ die Gestalt

$$\underset{\sim}{z}=\underset{\sim}{z}_1+\hat{\underset{\sim}{W}}_1\underset{\sim}{x} \text{ mit } \operatorname{sym}\hat{\underset{\sim}{W}}_1=0 \text{ in } \mathscr{I}_1 \tag{13.53}$$

besitzen.

Als erstes zeigen wir, daß die Forderung nach inkrementellem Gleichgewicht äquivalent ist zur Forderung nach Erfüllung der Bedingung

$$\overline{\upsilon\overset{\Delta}{\underset{\sim}{T}}:(\underset{\sim}{z}\otimes\underset{\sim}{\nabla})}=0 \text{ für alle } \underset{\sim}{z}\in\mathscr{K}_{\mathscr{I}}, \tag{13.54}$$

sofern das Feld $\overset{\Delta}{\underset{\sim}{T}}$ stückweise stetig und stetig differenzierbar ist. (Diese Äquivalenz bezeichnet man als Prinzip der virtuellen Geschwindigkeiten.) Anwendung des Gaußschen Satzes liefert

$$\begin{aligned} 0&=m\left(\frac{1}{m}\int_{\mathscr{B}}\overset{\Delta}{\underset{\sim}{T}}:(\underset{\sim}{z}\otimes\underset{\sim}{\nabla})\upsilon\,dm\right)\\ &=-\int_{\mathscr{B}-\mathscr{I}}\underset{\sim}{z}\cdot\left(\overset{\Delta}{\underset{\sim}{T}}\cdot\underset{\sim}{\nabla}\right)dV-\int_{\mathscr{S}}\underset{\sim}{z}\cdot[\![\overset{\Delta}{\underset{\sim}{T}}]\!]\cdot\underset{\sim}{n}\,dA\\ &\quad+\int_{\mathscr{L}}\underset{\sim}{z}\cdot\overset{\Delta}{\underset{\sim}{T}}\cdot\underset{\sim}{n}\,dA+\int_{\partial\mathscr{B}}\underset{\sim}{z}\cdot\overset{\Delta}{\underset{\sim}{T}}\cdot\underset{\sim}{n}\,dA\\ &\quad-\int_{\partial\mathscr{I}}\underset{\sim}{z}\cdot\overset{\Delta}{\underset{\sim}{T}}\cdot\underset{\sim}{n}\,dA+\int_{\mathscr{I}}\overset{\Delta}{\underset{\sim}{T}}:(\underset{\sim}{z}\otimes\underset{\sim}{\nabla})dV. \end{aligned} \tag{13.55}$$

Weil $\underset{\sim}{z}$ in $\mathscr{B}-\mathscr{I}$, auf $\mathscr{S}$ und auf $\mathscr{L}$ beliebig gewählt werden kann, schließt man zunächst auf

$$\overset{\Delta}{\underset{\sim}{T}}\cdot\underset{\sim}{\nabla}=0 \text{ in } \mathscr{B}-\mathscr{I},\ [\![\overset{\Delta}{\underset{\sim}{T}}]\!]\cdot\underset{\sim}{n}=0 \text{ auf } \mathscr{S}, \overset{\Delta}{\underset{\sim}{T}}\cdot\underset{\sim}{n}=0 \text{ auf } \mathscr{L}. \tag{13.56}$$

Das Integral über den Außenrand $\partial\mathscr{B}$ verschwindet wegen $\underset{\sim}{z}\in\mathscr{K}$. (Im Falle des periodischen Körpers verabreden wir, nur periodische Felder $\overset{\Delta}{\underset{\sim}{T}}$ zuzulassen.) Setzt man in die verbleibenden zwei Integrale $\underset{\sim}{z}$ gemäß (13.53) ein und beachtet $\overset{\Delta}{\underset{\sim}{T}} = \underset{\sim}{L}\underset{\sim}{T} + \varrho\overset{\Delta}{\underset{\sim}{Z}}$ sowie $\underset{\sim}{L} \equiv \underset{\sim}{W}_1$ in $\mathscr{I}_1$, dann findet man

$$\sum_{\mathrm{I}} \{ -\underset{\sim}{z}_{\mathrm{I}} \cdot \int_{\partial\mathscr{I}_1} \overset{\Delta}{\underset{\sim}{T}} \underset{\sim}{n} \, dA - \hat{\underset{\sim}{W}}_{\mathrm{I}} \cdot\cdot \int_{\partial\mathscr{I}_1} \underset{\sim}{x} \otimes \overset{\Delta}{\underset{\sim}{T}} \underset{\sim}{n} \, dA$$

$$+ \int_{\mathscr{I}_1} \left( \underset{\sim}{W}_1 \underset{\sim}{T} + \varrho \overset{\Delta}{\underset{\sim}{Z}} \right) dV : \hat{\underset{\sim}{W}}_{\mathrm{I}} \} = 0 \text{ für alle } \underset{\sim}{z}_{\mathrm{I}} \text{ und } \hat{\underset{\sim}{W}}_{\mathrm{I}} \tag{13.57}$$

und somit

$$\int_{\partial\mathscr{I}_1} \overset{\Delta}{\underset{\sim}{T}} \underset{\sim}{n} \, dA = 0 \tag{13.58}$$

und

$$\mathrm{skw} \left\{ \int_{\partial\mathscr{I}_1} \underset{\sim}{x} \otimes \overset{\Delta}{\underset{\sim}{T}} \underset{\sim}{n} \, dA + \underset{\sim}{W}_1 \underset{\sim}{T}_1 V_1 \right\} = 0, \tag{13.59}$$

also die inkrementellen Kraft- und Momentengleichgewichtsbedingungen (13.49) und (13.50). Wie behauptet, sind also diese Bedingungen zusammen mit den Bedingungen (13.56) notwendig und – wie man leicht prüft – auch hinreichend zur Erfüllung der Forderung (13.54).

Als nächstes zeigen wir, daß die Forderung nach Verträglichkeit eines Tensorfeldes $\underset{\sim}{H}$ äquivalent ist zur Forderung nach Erfüllung der Bedingung

$$\overline{\upsilon \underset{\sim}{G} : \underset{\sim}{H}} = 0 \text{ für alle } \underset{\sim}{G} \in \mathscr{G}. \tag{13.60}$$

Dabei bezeichne $\mathscr{G}$ die Menge der (unsymmetrischen) Tensorfelder $\underset{\sim}{G}$, welche den Gleichgewichtsbedingungen

$$\underset{\sim}{G} \cdot \underset{\sim}{\nabla} = 0 \text{ in } \mathscr{B},\ [\![\underset{\sim}{G}]\!] \cdot \underset{\sim}{n} = 0 \text{ auf } \mathscr{S},\ \underset{\sim}{G} \cdot \underset{\sim}{n} = 0 \text{ auf } \mathscr{L} \tag{13.61}$$

genügen. (Diese Äquivalenz nennt man auch Prinzip der virtuellen Kräfte.)

Wählen wir zuerst Felder $\underset{\sim}{G}$ der Gestalt

$$\underset{\sim}{G} = \underset{\sim}{B} \times \underset{\sim}{\nabla} \tag{13.62}$$

mit folgender Maßgabe: $\underset{\sim}{B}$ ist ein (unsymmetrisches) stetiges und zweimal stetig differenzierbares Tensorfeld, dessen Ableitung $\underset{\sim}{B} \otimes \underset{\sim}{\nabla}$ auf den Rändern $\mathscr{L}$ sowie auf den Sprungflächen $\mathscr{S}$ (wo $\underset{\sim}{H}$ unstetig ist) verschwindet. Wie man sieht, genügt $\underset{\sim}{G}$ der Feldgleichung wegen $(\underset{\sim}{B} \times \underset{\sim}{\nabla}) \cdot \underset{\sim}{\nabla} = \underset{\sim}{B} \cdot (\underset{\sim}{\nabla} \times \underset{\sim}{\nabla}) = 0$, und es ist $\underset{\sim}{G} = 0$ auf $\mathscr{L}$ und $\mathscr{S}$. Beachten wir die Rechenregel

$$\begin{aligned} (\underset{\sim}{B} \times \underset{\sim}{c}) : \underset{\sim}{M} &= \underset{\sim}{B} \times \underset{\sim}{c} : m_{ij} \underset{\sim}{n}_i \otimes \underset{\sim}{n}_j \\ &= \underset{\sim}{n}_i \cdot (\underset{\sim}{B} \times \underset{\sim}{c}) \cdot \underset{\sim}{n}_j m_{ij} \\ &= -\underset{\sim}{B} : m_{ij} \underset{\sim}{n}_i \otimes \underset{\sim}{n}_j \times \underset{\sim}{c} \\ &= -\underset{\sim}{B} : (\underset{\sim}{M} \times \underset{\sim}{c}), \end{aligned} \tag{13.63}$$

so liefert uns der Gaußsche Satz

$$0=m\left(\frac{1}{m}\int_{\mathscr{B}} \underset{\sim}{G}:\underset{\sim}{H}\upsilon\,dm\right)$$

$$=\int_{V} (\underset{\sim}{B}\times\underset{\sim}{\nabla}):\underset{\sim}{H}\,dV$$

$$=\int_{V} \underset{\sim}{B}:(\underset{\sim}{H}\times\underset{\sim}{\nabla})dV+\int_{\mathscr{S}} \underset{\sim}{B}:([\![\underset{\sim}{H}]\!]\times\underset{\sim}{n})dA+\int_{\mathscr{L}+\partial\mathscr{B}} (\underset{\sim}{B}\times\underset{\sim}{n}):\underset{\sim}{H}\,dA. \tag{13.64}$$

Wegen der Beliebigkeit von $\underset{\sim}{B}$ in $\mathscr{B}$ ergibt sich daraus

$$\underset{\sim}{H}\times\underset{\sim}{\nabla}=0 \text{ in } \mathscr{B}, \tag{13.65}$$

so daß $\underset{\sim}{H}$ lokal die Darstellung

$$\underset{\sim}{H}=\underset{\sim}{y}\otimes\underset{\sim}{\nabla} \tag{13.66}$$

besitzt. (Kompatibilität im Kleinen). Einsetzen dieses Ergebnisses in die Forderung (13.60) und neuerliche Anwendung des Gaußschen Satzes gibt

$$0=\frac{1}{m}\left(m\int_{\mathscr{B}} \underset{\sim}{G}:\underset{\sim}{H}\upsilon\,dm\right)$$

$$=\int_{V} \underset{\sim}{G}:(\underset{\sim}{y}\otimes\underset{\sim}{\nabla})dV$$

$$=-\int_{V} \underset{\sim}{y}\cdot(\underset{\sim}{G}\cdot\underset{\sim}{\nabla})dV-\int_{\mathscr{S}} [\![\underset{\sim}{y}\cdot\underset{\sim}{G}]\!]\cdot\underset{\sim}{n}\,dA$$

$$+\int_{\mathscr{L}} \underset{\sim}{y}\cdot\underset{\sim}{G}\cdot\underset{\sim}{n}\,dA+\int_{\partial\mathscr{B}} \underset{\sim}{y}\cdot\underset{\sim}{G}\cdot\underset{\sim}{n}\,dA. \tag{13.67}$$

Das Feld $\underset{\sim}{G}$ wird nun wieder – bis auf die Bedingungen (13.61) – als beliebig angenommen. Das erste und dritte Integral verschwinden, und auf $\mathscr{S}$ gilt $[\![\underset{\sim}{y}\cdot\underset{\sim}{G}]\!]\cdot\underset{\sim}{n}=[\![\underset{\sim}{y}]\!]\cdot\underset{\sim}{G}\cdot\underset{\sim}{n}$. Wegen der Beliebigkeit von $\underset{\sim}{G}\cdot\underset{\sim}{n}$ auf $\mathscr{S}$ folgt

$$[\![\underset{\sim}{y}]\!]=0, \tag{13.68}$$

d.h., $\underset{\sim}{y}$ ist eine stetige Funktion. (Auch bei mehrfach zusammenhängenden Körpern ist demnach die Kompatibilität im Großen gewährleistet.) Im Fall des endlichen Körpers ist $\underset{\sim}{G}\cdot\underset{\sim}{n}$ auch auf $\partial\mathscr{B}$ beliebig, also

$$\underset{\sim}{y}=0 \text{ auf } \partial\mathscr{B}, \tag{13.69}$$

im Falle des periodisch aufgebauten unendlichen Körpers dagegen lassen wir nur periodische Felder $\underset{\sim}{G}$ zu, und das Integral über $\partial\mathscr{B}$ kann dann auch verschwinden, wenn

$$\underset{\sim}{y} \text{ periodisch} \tag{13.70}$$

ist. Wie behauptet, ist also die Tatsache, daß das Feld $\underset{\sim}{H}$ der Gradient eines stetigen Feldes $\underset{\sim}{y} \in \mathscr{K}$ ist (sog. Verträglichkeitsbedingung), notwendig – und natürlich auch hinreichend – für die Erfüllung der Forderung (13.60).

Wir setzen jetzt das Materialverhalten auf der Mikroebene – außerhalb der starren Einschlüsse – als inkrementell linear voraus, d.h.

$$\overset{\Delta}{\underset{\sim}{Z}}(X) = \mathbb{C}(X) : \underset{\sim}{D}(X) \text{ in } \mathscr{B} - \mathscr{I}, \tag{13.71}$$

und wollen versuchen, eine wirksame Steifigkeit $\tilde{\mathbb{C}}$ zu erklären, die auf der Makroebene die Verknüpfung

$$\overset{\tilde{\Delta}}{\underset{\sim}{Z}} = \tilde{\mathbb{C}} : \tilde{\underset{\sim}{D}} \tag{13.72}$$

leistet. Zwei verschiedene Wege (bekannt als Weggrößen- und Kraftgrößenverfahren) wollen wir dazu beschreiten: Auswahl des richtigen Feldes $\underset{\sim}{y}$ mittels der Gleichgewichtsbedingungen und Auswahl des richtigen Feldes $\overset{\Delta}{\underset{\sim}{T}}$ mittels der Verträglichkeitsbedingung.

Beginnen wir mit dem ersten Weg: Unter den Verformungsgeschwindigkeitsfeldern der Gestalt

$$\underset{\sim}{L} = \tilde{\underset{\sim}{L}} + \underset{\sim}{y} \otimes \underset{\sim}{\nabla} \text{ mit } \underset{\sim}{y} \in \mathscr{K} \text{ und } \operatorname{sym} \underset{\sim}{L} = 0 \text{ in } \mathscr{I} \tag{13.73}$$

stellt dasjenige sich ein, für welches inkrementelles Gleichgewicht herrscht, also die Forderung des Prinzips der virtuellen Geschwindigkeiten

$$\overline{(\hat{\underset{\sim}{y}} \otimes \underset{\sim}{\nabla}) : \overset{\Delta}{\underset{\sim}{P}}} = 0 \text{ für alle } \hat{\underset{\sim}{y}} \in \mathscr{K}_{\mathscr{I}} \tag{13.74}$$

oder, ausführlicher

$$\overline{(\hat{\underset{\sim}{y}} \otimes \underset{\sim}{\nabla}) : \left( \underset{\sim}{L}\underset{\sim}{P} + \overset{\Delta}{\underset{\sim}{Z}} \right)} = 0 \tag{13.75}$$

erfüllt ist. Setzen wir $\mathbb{C} \equiv 0$ in $\mathscr{I}$ und beachten $\hat{\underset{\sim}{y}} \otimes \underset{\sim}{\nabla} : \overset{\Delta}{\underset{\sim}{Z}} = 0$ in $\mathscr{I}$ gemäß (13.52), so läßt sich das schreiben als

$$\overline{(\hat{\underset{\sim}{y}} \otimes \underset{\sim}{\nabla}) : \{ (\tilde{\underset{\sim}{L}} + \underset{\sim}{y} \otimes \underset{\sim}{\nabla}) \cdot \underset{\sim}{P} + \mathbb{C} : (\tilde{\underset{\sim}{D}} + \operatorname{sym} \underset{\sim}{\nabla} \otimes \underset{\sim}{y}) \}} = 0. \tag{13.76}$$

Nun ist aber nach (13.10)

$$\overline{(\hat{\underset{\sim}{y}} \otimes \underset{\sim}{\nabla}) : \tilde{\underset{\sim}{L}}\underset{\sim}{P}} = \overline{(\hat{\underset{\sim}{y}} \otimes \underset{\sim}{\nabla}) \cdot \underset{\sim}{P}} : \tilde{\underset{\sim}{L}} = 0, \tag{13.77}$$

und daher verbleibt zur Ermittlung des Feldes $\underset{\sim}{y}$ schließlich die Gleichung

$$\overline{(\hat{\underset{\sim}{y}} \otimes \underset{\sim}{\nabla}) : \{ (\underset{\sim}{y} \otimes \underset{\sim}{\nabla}) \cdot \underset{\sim}{P} + \mathbb{C} : \operatorname{sym} \underset{\sim}{\nabla} \otimes \underset{\sim}{y} \}} = -\overline{\operatorname{sym} \underset{\sim}{\nabla} \otimes \hat{\underset{\sim}{y}} : \mathbb{C}} : \tilde{\underset{\sim}{D}} \text{ für alle } \hat{\underset{\sim}{y}} \in \mathscr{K}_{\mathscr{I}}, \tag{13.78}$$

deren Lösung wir $\underset{\sim}{y}_e$ (d.h. exaktes $\underset{\sim}{y}$) nennen. Da die linke Seite linear in $\underset{\sim}{y}$, die rechte linear in $\tilde{\underset{\sim}{D}}$ ist, hängt die Funktion $\underset{\sim}{y}_e$ linear von der Vorgabe $\tilde{\underset{\sim}{D}}$ ab. Um nun zur wirksamen Steifigkeit zu kommen, führen wir eine Vergleichsverformung

$$\mathbf{L}_* = \tilde{\mathbf{L}}_* + \mathbf{y}_*\otimes\nabla \quad \text{mit } \mathbf{y}_*\in\mathscr{K} \text{ und } \operatorname{sym}\mathbf{L}_* = 0 \text{ in } \mathscr{I} \tag{13.79}$$

ein und bilden

$$\begin{aligned}\overline{\mathbf{L}_*:\overset{\Delta}{\mathbf{P}}} &= \overline{\mathbf{L}_*:\left(\mathbf{L}\mathbf{P}+\overset{\Delta}{\mathbf{Z}}\right)} = \overline{\mathbf{L}_*:(\mathbf{L}\mathbf{P}+\mathbb{C}:\mathbf{D})}\\ &= \bar{\mathbf{P}}:\tilde{\mathbf{L}}_*^{T}\tilde{\mathbf{L}}\\ &\quad+\overline{(\mathbf{y}_*\otimes\nabla)\cdot\mathbf{P}}:\tilde{\mathbf{L}}+\overline{(\mathbf{y}_e\otimes\nabla)\cdot\mathbf{P}}:\tilde{\mathbf{L}}_*\\ &\quad+\overline{\mathbf{P}:(\nabla\otimes\mathbf{y}_*)\,(\mathbf{y}_e\otimes\nabla)}\\ &\quad+\overline{(\tilde{\mathbf{D}}_*+\operatorname{sym}\nabla\otimes\mathbf{y}_*):\mathbb{C}:(\tilde{\mathbf{D}}+\operatorname{sym}\nabla\otimes\mathbf{y}_e)}.\end{aligned} \tag{13.80}$$

Der zweite und dritte Term verschwindet gemäß (13.10). Die Beanspruchungsgeschwindigkeit $\overset{\Delta}{\mathbf{Z}}$ in $\mathscr{I}$ bleibt trotz der Kenntnis von $\mathbf{y}_e$ unbestimmt. Wählen wir aber irgendeine Verteilung, welche

$$\begin{aligned}&\overset{\Delta}{\mathbf{T}}\cdot\nabla = \left(\mathbf{W}\mathbf{T}+\varrho\overset{\Delta}{\mathbf{Z}}\right)\cdot\nabla = 0 \text{ in } \mathscr{I},\\ &[\![\overset{\Delta}{\mathbf{T}}]\!]\cdot\mathbf{n} = 0 \text{ auf } \mathscr{S} \text{ (innerhalb } \mathscr{I}) \text{ und auf } \partial\mathscr{I}\end{aligned} \tag{13.81}$$

genügt, dann ist diese Wahl nicht nur mit (13.58) und (13.59) verträglich, sondern es gilt auch

$$\overline{(\hat{\mathbf{y}}\otimes\nabla):\overset{\Delta}{\mathbf{P}}} = 0 \text{ für alle } \hat{\mathbf{y}}\in\mathscr{K}, \tag{13.82}$$

während die Bedingung (13.74) dies zunächst nur für $\hat{\mathbf{y}}\in\mathscr{K}_{\mathscr{I}}$ sicherstellen konnte. Damit ist aber unter Beachtung von (13.38) und (13.72)

$$\begin{aligned}\overline{\mathbf{L}_*:\overset{\Delta}{\mathbf{P}}} &= \overline{(\tilde{\mathbf{L}}_*+\mathbf{y}_*\otimes\nabla):\overset{\Delta}{\mathbf{P}}} = \tilde{\mathbf{L}}_*:\overset{\Delta}{\bar{\mathbf{P}}}\\ &= \tilde{\mathbf{L}}_*:\left(\tilde{\mathbf{L}}\bar{\mathbf{P}}+\overset{\Delta}{\bar{\mathbf{Z}}}\right) = \bar{\mathbf{P}}:\tilde{\mathbf{L}}_*^{T}\tilde{\mathbf{L}}+\tilde{\mathbf{D}}_*:\tilde{\mathbb{C}}:\tilde{\mathbf{D}},\end{aligned} \tag{13.83}$$

so daß sich mit (13.80) schließlich die Vorschrift

$$\begin{aligned}\tilde{\mathbf{D}}_*:\tilde{\mathbb{C}}:\tilde{\mathbf{D}} &= \overline{\mathbf{P}:(\nabla\otimes\mathbf{y}_*)\,(\mathbf{y}_e\otimes\nabla)}\\ &\quad+\overline{(\tilde{\mathbf{D}}_*+\operatorname{sym}\nabla\otimes\mathbf{y}_*):\mathbb{C}:(\tilde{\mathbf{D}}+\operatorname{sym}\nabla\otimes\mathbf{y}_e)}\end{aligned} \tag{13.84}$$

zur Berechnung von $\tilde{\mathbb{C}}$ ergibt. Dabei ist gemäß (13.79) $\mathbf{y}_*\in\mathscr{K}$ irgendeine Funktion, die der Einschränkung

$$\operatorname{sym}\nabla\otimes\mathbf{y}_* = -\tilde{\mathbf{D}}_* \text{ in } \mathscr{I} \tag{13.85}$$

genügt. Bei Körpern ohne starre Einschlüsse läßt sich insbesondere $\underset{\sim}{y}_* \equiv 0$ wählen, und (13.84) reduziert sich auf die Vorschrift

$$\tilde{\mathbb{C}}:\tilde{\underset{\sim}{D}} = \overline{\mathbb{C}:(\tilde{\underset{\sim}{D}} + \operatorname{sym} \underset{\sim}{\nabla} \otimes \underset{\sim}{y}_e)} = \overline{\mathbb{C}}:\tilde{\underset{\sim}{D}} + \overline{\mathbb{C}:\operatorname{sym} \underset{\sim}{\nabla} \otimes \underset{\sim}{y}_e}. \tag{13.86}$$

Wie man sieht, ist die wirksame Steifigkeit $\tilde{\mathbb{C}}$ i.allg. nicht einfach gleich dem Mittelwert $\overline{\mathbb{C}}$.

Ist die Steifigkeit $\mathbb{C}$ überall in $\mathscr{B}-\mathscr{I}$ symmetrisch, dann ist auch die wirksame Steifigkeit $\tilde{\mathbb{C}}$ symmetrisch. Man erkennt das, indem man für $\underset{\sim}{y}_*$ die zur Vorgabe $\tilde{\underset{\sim}{D}}_*$ gehörige Lösung $\underset{\sim}{y}_{*e}$ des Gleichgewichtsproblems wählt. Die rechte Seite von (13.84) ist dann gegen Vertauschung von $\tilde{\underset{\sim}{D}}$ mit $\tilde{\underset{\sim}{D}}_*$ invariant, und folglich muß es auch die linke sein.

Bisher wurde angenommen, daß die Gleichung (13.78) eindeutig lösbar ist. Gibt es jedoch zwei Lösungen $\underset{\sim}{y}_1$ und $\underset{\sim}{y}_2$, dann ist ihre Differenz $\underset{\sim}{y}_H = \underset{\sim}{y}_2 - \underset{\sim}{y}_1$ Lösung des homogenen Gleichungssystems

$$\overline{(\hat{\underset{\sim}{y}} \otimes \underset{\sim}{\nabla}):\{(\underset{\sim}{y}_H \otimes \underset{\sim}{\nabla}) \cdot \underset{\sim}{P} + \mathbb{C}:\operatorname{sym} \underset{\sim}{\nabla} \otimes \underset{\sim}{y}_H\}} = 0 \text{ für alle } \hat{\underset{\sim}{y}} \in \mathscr{K}_{\mathscr{I}}. \tag{13.87}$$

Es existiert also auch bei Vorgabe von $\tilde{\underset{\sim}{D}} = 0$ eine nichttriviale Lösung von (13.78) (Gleichgewichtsverzweigung, inneres Beulen). Wählt man $\hat{\underset{\sim}{y}} = \underset{\sim}{y}_H$, so ergibt sich insbesondere

$$\overline{\underset{\sim}{y}_H \otimes \underset{\sim}{\nabla}:\mathbb{A}:\underset{\sim}{y}_H \otimes \underset{\sim}{\nabla}} = 0. \tag{13.88}$$

Hinreichend für Eindeutigkeit ist daher beispielsweise die Bedingung

$$\overline{\underset{\sim}{z} \otimes \underset{\sim}{\nabla}:\mathbb{A}:\underset{\sim}{z} \otimes \underset{\sim}{\nabla}} > 0 \text{ für alle } \underset{\sim}{z} \in \mathscr{K}_{\mathscr{I}},\ \underset{\sim}{z} \otimes \underset{\sim}{\nabla} \not\equiv 0. \tag{13.89}$$

Der Fall der Mehrdeutigkeit soll hier nicht weiter verfolgt werden.

Als nächstes beschreiten wir den angekündigten zweiten Weg: Unter den im inkrementellen Gleichgewicht befindlichen Feldern $\overset{\Delta}{\underset{\sim}{T}}$ ist jenes auszuwählen, dessen zugehöriges Feld $\underset{\sim}{L} - \tilde{\underset{\sim}{L}}$ kompatibel ist, also die Gestalt $\underset{\sim}{y} \otimes \underset{\sim}{\nabla}$ mit $\underset{\sim}{y} \in \mathscr{K}$ besitzt. Die Ermittlung dieses zugehörigen Feldes geschieht an den Punkten $X \in \mathscr{B}-\mathscr{I}$ am einfachsten durch Inversion des Zusammenhanges

$$\overset{\Delta}{\underset{\sim}{P}} = \underset{\sim}{L}\underset{\sim}{P} + \overset{\Delta}{\underset{\sim}{Z}} = \mathbb{A}:\underset{\sim}{L} = \underset{\sim}{L}\underset{\sim}{P} + \mathbb{C}:\underset{\sim}{D} \tag{13.90}$$

zwischen $\underset{\sim}{L}$ und $\overset{\Delta}{\underset{\sim}{P}}$. Wir stoßen jedoch auf die Schwierigkeit, daß diese Inversion nicht immer möglich ist. (So bleibt $\operatorname{skw} \underset{\sim}{L}$ im Falle $\underset{\sim}{P} = 0$ unbestimmt.) Wir helfen uns, indem wir einen für den ganzen Körper $\mathscr{B}$ konstanten Tensor $\underset{\sim}{Y}$ einführen und definieren:

$$\overset{\Delta}{\underset{\sim}{P}}_Y := \underset{\sim}{L}\underset{\sim}{P} + \overset{\Delta}{\underset{\sim}{Z}} - \frac{\upsilon}{2}(\underset{\sim}{Y}\underset{\sim}{L}^T + \underset{\sim}{L}^T\underset{\sim}{Y} - (\operatorname{tr} \underset{\sim}{L})\underset{\sim}{Y} - \underset{\sim}{L}:\underset{\sim}{Y}\underset{\sim}{1}). \tag{13.91}$$

Der Tensor $\mathbf{Y}$ ist so zu wählen, daß folgendes gilt:

1. In $\mathscr{B}-\mathscr{I}$ ist zwar nicht unbedingt $\mathbb{A}$, wohl aber die durch

$$\mathbb{A}_Y{:}\mathbf{L}{:}=\mathbb{A}{:}\mathbf{L}-\frac{\upsilon}{2}(\mathbf{Y}\mathbf{L}^T+\mathbf{L}^T\mathbf{Y}-(\operatorname{tr}\mathbf{L})\mathbf{Y}-\mathbf{L}{:}\mathbf{Y}\mathbf{1})\ \text{für alle}\ \mathbf{L} \tag{13.92}$$

definierte Tetrade $\mathbb{A}_Y$ invertierbar, d.h. an jedem Punkt $X\in\mathscr{B}-\mathscr{I}$ soll gelten

$$\overset{\Delta}{\mathbf{P}}_Y=\mathbb{A}_Y{:}\mathbf{L}\Leftrightarrow\mathbf{L}=\mathbb{A}_Y^{-1}{:}\overset{\Delta}{\mathbf{P}}_Y. \tag{13.93}$$

2. Für jeden Einschluß – der Nummer l und der Masse $m_l$ – soll die aus sym $\mathbf{L}=0$ sich ergebende Beziehung – vgl. (13.45) –

$$\operatorname{skw}\int_{\mathscr{I}_l}\overset{\Delta}{\mathbf{P}}_Y dm=\operatorname{skw}\{\mathbf{W}_l(\mathbf{T}_l+\operatorname{sym}\mathbf{Y})\}V_l \tag{13.94}$$

nach $\mathbf{W}_l$ auflösbar sein. (Der Tensor $\mathbf{Y}$ muß also auch eingeführt werden, wenn zwar (13.90) für alle $X\in\mathscr{B}-\mathscr{I}$ invertierbar ist, jedoch (13.94) im Falle $\mathbf{Y}=0$ für mindestens einen Einschluß nicht nach $\mathbf{W}_l$ aufgelöst werden kann.) Wir schreiben die Umkehrung von (13.94) in der Form

$$\mathbf{L}\equiv\mathbf{W}_l=\mathbb{B}_l{:}\operatorname{skw}\left(\frac{1}{m_l}\int_{\mathscr{I}_l}\overset{\Delta}{\mathbf{P}}_Y dm\right)\ \text{innerhalb}\ \mathscr{I}_l. \tag{13.95}$$

Die Tetrade $\mathbb{B}_l$ stellt eine umkehrbare Abbildung der Menge der antimetrischen Tensoren in sich selbst dar.

Die Tetrade $\mathbb{A}_Y$ ist genau dann symmetrisch, wenn $\mathbb{C}$ und damit $\mathbb{A}$ es ist. Das sieht man aus

$$\mathbf{L}_*{:}\mathbb{A}_Y{:}\mathbf{L}=\mathbf{L}_*{:}\mathbb{A}{:}\mathbf{L}-\frac{1}{2}\upsilon\mathbf{Y}{:}(\mathbf{L}_*\mathbf{L}+\mathbf{L}\mathbf{L}_*)+\frac{\upsilon}{2}(\mathbf{L}{:}\mathbf{Y}\mathbf{L}_*{:}\mathbf{1}+\mathbf{L}_*{:}\mathbf{Y}\mathbf{L}{:}\mathbf{1}). \tag{13.96}$$

Ist $\mathbf{L}=\mathbf{v}\otimes\nabla$ und $[\![\mathbf{L}]\!]=\mathbf{a}\otimes\mathbf{n}$, so gilt – wegen $\mathbf{Y}=\text{const}$ –

$$\begin{aligned}&(\mathbf{Y}\mathbf{L}^T+\mathbf{L}^T\mathbf{Y}-(\operatorname{tr}\mathbf{L})\mathbf{Y}-\mathbf{L}{:}\mathbf{Y}\mathbf{1})\cdot\nabla\\&=\mathbf{Y}\cdot\{(\nabla\otimes\mathbf{v})\cdot\nabla-\nabla(\nabla\cdot\mathbf{v})\}+\{(\nabla\otimes\mathbf{v})\cdot\mathbf{Y}\}\cdot\nabla-\nabla(\mathbf{Y}{:}\mathbf{v}\otimes\nabla)\\&=0\ \text{in}\ \mathscr{B}\end{aligned} \tag{13.97}$$

und

$$\begin{aligned}&[\![\mathbf{Y}\mathbf{L}^T+\mathbf{L}^T\mathbf{Y}-(\operatorname{tr}\mathbf{L})\mathbf{Y}-\mathbf{L}{:}\mathbf{Y}\mathbf{1}]\!]\cdot\mathbf{n}\\&=\mathbf{Y}\cdot\{(\mathbf{n}\otimes\mathbf{a})\cdot\mathbf{n}-\mathbf{a}\cdot\mathbf{n}\mathbf{n}\}+\{\mathbf{n}\otimes\mathbf{a}\cdot\mathbf{Y}\}\cdot\mathbf{n}-\mathbf{n}(\mathbf{Y}{:}\mathbf{a}\otimes\mathbf{n})\\&=0\ \text{auf}\ \mathscr{S}.\end{aligned} \tag{13.98}$$

Genau dann, wenn $\mathbf{Y}=0$ ist, gilt ferner

$$(\mathbf{Y}\mathbf{L}^T+\mathbf{L}^T\mathbf{Y}-(\operatorname{tr}\mathbf{L})\mathbf{Y}-\mathbf{L}{:}\mathbf{Y}\mathbf{1})\cdot\mathbf{n}=0\ \text{auf}\ \mathscr{L}. \tag{13.99}$$

Im folgenden schränken wir auf den Fall ein, daß entweder der Körper keine Löcher besitzt oder $\underset{\sim}{Y}=0$ ist. Zum einen liefert dann Mittelwertbildung über (13.92) wegen (13.19)

$$\overline{\mathbb{A}_Y:\underset{\sim}{L}}=\overline{\mathbb{A}:\underset{\sim}{L}-\frac{1}{2}\upsilon(\underset{\sim}{Y}\underset{\sim}{L}^T+\underset{\sim}{L}^T\underset{\sim}{Y}-(\operatorname{tr}\underset{\sim}{L})\underset{\sim}{Y}-\underset{\sim}{L}:\underset{\sim}{Y}\underset{\sim}{1})}$$

$$=\overline{\overset{\Delta}{\underset{\sim}{P}}_Y}=\overline{\overset{\Delta}{\underset{\sim}{P}}}-\frac{\bar{\upsilon}}{2}(\underset{\sim}{Y}\tilde{\underset{\sim}{L}}^T+\tilde{\underset{\sim}{L}}^T\underset{\sim}{Y}-(\operatorname{tr}\tilde{\underset{\sim}{L}})\underset{\sim}{Y}-\tilde{\underset{\sim}{L}}:\underset{\sim}{Y}\underset{\sim}{1}). \tag{13.100}$$

Zum anderen zeigen die Gleichungen (13.97) bis (13.99), daß in diesem Falle $\varrho\overset{\Delta}{\underset{\sim}{P}}_Y$ die Gleichgewichtsbedingungen (13.61) genau dann erfüllt, wenn auch $\varrho\overset{\Delta}{\underset{\sim}{P}}$ ihnen genügt:

$$\overset{\Delta}{\underset{\sim}{T}}_Y:=\varrho\overset{\Delta}{\underset{\sim}{P}}_Y\in\mathscr{G}\Leftrightarrow\overset{\Delta}{\underset{\sim}{T}}=\varrho\overset{\Delta}{\underset{\sim}{P}}\in\mathscr{G},\ \text{wenn}\ \mathscr{L}=\emptyset\ \text{oder}\ \underset{\sim}{Y}=0. \tag{13.101}$$

Von allen Feldern $\overset{\Delta}{\underset{\sim}{T}}_Y\in\mathscr{G}$ stellt sich dasjenige tatsächlich ein, dessen Verformungen kompatibel sind, also bei Vorgabe von $\tilde{\underset{\sim}{L}}$ die Gestalt $\underset{\sim}{L}=\tilde{\underset{\sim}{L}}+\underset{\sim}{y}\otimes\underset{\sim}{\nabla}$ mit $\underset{\sim}{y}\in\mathscr{K}$ besitzen. Das wird sichergestellt durch die Forderung des Prinzips der virtuellen Kräfte

$$\overline{\overset{\Delta}{\underset{\sim}{P}}_{Y*}:(\underset{\sim}{L}-\tilde{\underset{\sim}{L}})}=0\ \text{für alle}\ \varrho\overset{\Delta}{\underset{\sim}{P}}_{Y*}\in\mathscr{G}. \tag{13.102}$$

Bei Körpern ohne starre Einschlüsse wird daraus

$$\overline{\overset{\Delta}{\underset{\sim}{P}}_{Y*}:\mathbb{A}_Y^{-1}:\overset{\Delta}{\underset{\sim}{P}}_Y}=\overline{\overset{\Delta}{\underset{\sim}{P}}_{Y*}}:\tilde{\underset{\sim}{L}}\ \text{für alle}\ \varrho\overset{\Delta}{\underset{\sim}{P}}_{Y*}\in\mathscr{G}. \tag{13.103}$$

Bei Körpern mit Einschlüssen vereinbaren wir $\mathbb{A}_Y^{-1}=\mathbb{B}_l\equiv\text{const}$ in $\mathscr{I}_l$ und finden

$$\overline{\overset{\Delta}{\underset{\sim}{P}}_{Y*}:\mathbb{A}_Y^{-1}:\overset{\Delta}{\underset{\sim}{P}}_Y}+\sum_l\frac{m_l}{m}\Big\{\Big(\frac{1}{m_l}\int_{\mathscr{I}_l}\overset{\Delta}{\underset{\sim}{P}}_{Y*}dm\Big):\mathbb{B}_l:\Big(\frac{1}{m_l}\int_{\mathscr{I}_l}\overset{\Delta}{\underset{\sim}{P}}_Y dm\Big)$$

$$-\frac{1}{m_l}\int_{\mathscr{I}_l}\overset{\Delta}{\underset{\sim}{P}}_{Y*}:\mathbb{B}_l:\overset{\Delta}{\underset{\sim}{P}}_Y dm\Big\}=\overline{\overset{\Delta}{\underset{\sim}{P}}_{Y*}}:\tilde{\underset{\sim}{L}}\ \text{für alle}\ \varrho\overset{\Delta}{\underset{\sim}{P}}_{Y*}\in\mathscr{G}. \tag{13.104}$$

Die Lösung dieser Gleichungen (innerhalb der Einschlüsse ist sie nicht eindeutig, doch liegt das Integral $\int\overset{\Delta}{\underset{\sim}{P}}_Y dm$ für jeden Einschluß fest) nennen wir $\overset{\Delta}{\underset{\sim}{P}}_{Ye}$ (d.h. exaktes $\overset{\Delta}{\underset{\sim}{P}}_Y$). Definieren wir die Tetrade $\tilde{\mathbb{A}}_Y$ durch

$$\tilde{\mathbb{A}}_Y:\tilde{\underset{\sim}{L}}:=\tilde{\underset{\sim}{L}}\underset{\sim}{P}+\tilde{\mathbb{C}}:\tilde{\underset{\sim}{D}}-\frac{\bar{\upsilon}}{2}(\underset{\sim}{Y}\tilde{\underset{\sim}{L}}^T+\tilde{\underset{\sim}{L}}^T\underset{\sim}{Y}-(\operatorname{tr}\tilde{\underset{\sim}{L}})\underset{\sim}{Y}-\tilde{\underset{\sim}{L}}:\underset{\sim}{Y}\underset{\sim}{1})\ \text{für alle}\ \tilde{\underset{\sim}{L}}, \tag{13.105}$$

so gilt wegen (13.38), (13.72), (13.100)

$$\tilde{\mathbb{A}}_Y:\tilde{\underset{\sim}{L}}=\overline{\overset{\Delta}{\underset{\sim}{P}}_{Ye}}. \tag{13.106}$$

Mittelwertbildung über die Lösungen $\overset{\Delta}{\underset{\sim}{P}}_{Ye}$ zu hinreichend vielen linear unabhängigen $\tilde{\underset{\sim}{L}}$ (es genügen sechs, da ohne Beschränkung der Allgemeinheit $\tilde{\underset{\sim}{W}}=0$ gewählt werden kann) gestattet es also, die wirksame Steifigkeit $\tilde{\mathbb{C}}$ zu ermitteln.

## 13.3 Einschließungssätze

Die genaue Ermittlung der Felder $\underset{\sim}{y}_e$ bzw. $\overset{\Delta}{\underset{\sim}{P}}_{Ye}$ ist sehr aufwendig. Sowohl bei der Verwendung analytischer Methoden (Fourier-Reihen, Greensche Funktionen) als auch bei numerischen Verfahren (globale oder lokale Ritz-Ansätze, Differenzenverfahren) wird sich i.allg. nur eine Näherung ergeben. Beim Körper ohne starre Einschlüsse ist die einfachste Näherung $\underset{\sim}{y}\equiv 0$ in (13.86), also $\tilde{\mathbb{C}}\approx\overline{\mathbb{C}}$. Beim Körper ohne Löcher läßt $\overset{\Delta}{\underset{\sim}{P}}_Y$ sich als konstant ansetzen. Fordert man die Erfüllung von (13.103) für sämtliche ebenfalls konstanten Felder $\overset{\Delta}{\underset{\sim}{P}}_{Y*}$, so erhält man die Näherung $\overset{\Delta}{\underset{\sim}{P}}_Y\approx(\overline{\mathbb{A}_Y^{-1}})^{-1}:\tilde{\underset{\sim}{L}}$, also $\tilde{\mathbb{A}}_Y\approx(\overline{\mathbb{A}_Y^{-1}})^{-1}$. (Dasselbe ergibt sich auch beim Vorhandensein starrer Einschlüsse aus (13.104), wobei die Vereinbarung $\mathbb{A}_Y{}^{-1}=\mathbb{B}_1$ in $\mathscr{I}_1$ zu beachten ist.) In beiden Näherungen findet nur der Massenanteil der einzelnen Bestandteile des Körpers, nicht aber die Anordnung Berücksichtigung.

Es ist wünschenswert, qualitative oder gar quantitative Aussagen über die Güte solcher Näherungen zu gewinnen. Zu diesem Zweck wählen wir in (13.84) $\tilde{\underset{\sim}{D}}_*=\tilde{\underset{\sim}{D}}$ und $\underset{\sim}{y}_*=\underset{\sim}{y}_e$ und finden

$$\tilde{\underset{\sim}{D}}:\tilde{\mathbb{C}}:\tilde{\underset{\sim}{D}}=\overline{\underset{\sim}{P}:(\underset{\sim}{\nabla}\otimes\underset{\sim}{y}_e)(\underset{\sim}{y}_e\otimes\underset{\sim}{\nabla})}$$
$$+\overline{(\tilde{\underset{\sim}{D}}+\operatorname{sym}\underset{\sim}{\nabla}\otimes\underset{\sim}{y}_e):\mathbb{C}:(\tilde{\underset{\sim}{D}}+\operatorname{sym}\underset{\sim}{\nabla}\otimes\underset{\sim}{y}_e)}. \tag{13.107}$$

Setzen wir in diese Formel statt der exakten Lösung $\underset{\sim}{y}_e$ eine Näherung

$$\underset{\sim}{y}_a=\underset{\sim}{y}_e+\underset{\sim}{z} \text{ mit } \underset{\sim}{z}\in\mathscr{K}_{\mathscr{I}} \tag{13.108}$$

ein, so erhalten wir

$$\tilde{\underset{\sim}{D}}:\tilde{\mathbb{C}}_K:\tilde{\underset{\sim}{D}}=\overline{\underset{\sim}{P}:(\underset{\sim}{\nabla}\otimes\underset{\sim}{y}_a)(\underset{\sim}{y}_a\otimes\underset{\sim}{\nabla})}$$
$$+\overline{(\tilde{\underset{\sim}{D}}+\operatorname{sym}\underset{\sim}{\nabla}\otimes\underset{\sim}{y}_a):\mathbb{C}:(\tilde{\underset{\sim}{D}}+\operatorname{sym}\underset{\sim}{\nabla}\otimes\underset{\sim}{y}_a)} \tag{13.109}$$

(der Index K deutet auf die Verwendung eines kinematischen Ansatzes), und der Fehler ist

$$\tilde{\underset{\sim}{D}}:(\tilde{\mathbb{C}}_K-\tilde{\mathbb{C}}):\tilde{\underset{\sim}{D}}=2\overline{\underset{\sim}{P}:(\underset{\sim}{\nabla}\otimes\underset{\sim}{z})(\underset{\sim}{y}_e\otimes\underset{\sim}{\nabla})}$$
$$+\overline{\operatorname{sym}\underset{\sim}{\nabla}\otimes\underset{\sim}{z}:(\mathbb{C}+\mathbb{C}^T):(\tilde{\underset{\sim}{D}}+\operatorname{sym}\underset{\sim}{\nabla}\otimes\underset{\sim}{y}_e)}$$
$$+\overline{\underset{\sim}{P}:(\underset{\sim}{\nabla}\otimes\underset{\sim}{z})(\underset{\sim}{z}\otimes\underset{\sim}{\nabla})}$$
$$+\overline{\operatorname{sym}\underset{\sim}{\nabla}\otimes\underset{\sim}{z}:\mathbb{C}:\operatorname{sym}\underset{\sim}{\nabla}\otimes\underset{\sim}{z}}. \tag{13.110}$$

Genau dann, wenn die Steifigkeit $\mathbb{C}$ symmetrisch ist, also $\mathbb{C}=\mathbb{C}^T$ gilt, entfallen wegen (13.78) die in $\underset{\sim}{z}$ linearen Terme, und es verbleibt

$$\tilde{\underset{\sim}{D}}:(\tilde{\mathbb{C}}_K-\tilde{\mathbb{C}}):\tilde{\underset{\sim}{D}}=\overline{\underset{\sim}{z}\otimes\underset{\sim}{\nabla}:\mathbb{A}:\underset{\sim}{z}\otimes\underset{\sim}{\nabla}}. \tag{13.111}$$

Die Gleichung (13.78) besagt also in diesem Falle, daß der obige Ausdruck $\tilde{\underset{\sim}{D}}:\tilde{\mathbb{C}}_K:\tilde{\underset{\sim}{D}}$ für die Wahl $\underset{\sim}{y}=\underset{\sim}{y}_e$ einen stationären Wert annimmt und der Fehler bei Verwendung von $\underset{\sim}{y}=\underset{\sim}{y}_a$ somit quadratisch in $\underset{\sim}{z}$ ist. Im Falle der Symmetrie von $\mathbb{C}$ erhalten wir daher das wichtige qualitative Ergebnis, daß die Näherung „quadratisch konvergiert". Ermittelt man die Funktion $\underset{\sim}{y}_a$ dabei insbesondere in der Weise, daß man ansetzt

$$\underset{\sim}{y}_a=\underset{\sim}{y}_0+\sum_{m=1}^{M} c_m\underset{\sim}{y}_m$$

$$\text{mit } \operatorname{sym} \underset{\sim}{\nabla}\otimes\underset{\sim}{y}_0=-\underset{\sim}{\tilde{D}} \text{ in } \mathscr{I} \text{ und } \underset{\sim}{y}_m\in\mathscr{K}_{\mathscr{I}},\ m=1,\dots,M \tag{13.112}$$

und die freien Konstanten $c_m$ aus der Bedingung bestimmt, daß der Ausdruck (13.109) einen stationären Wert annehmen soll, dann erhält man die Bestimmungsgleichungen

$$\overline{\underset{\sim}{y}_n\otimes\underset{\sim}{\nabla}:\left\{\mathbb{A}:\left(\underset{\sim}{y}_0\otimes\underset{\sim}{\nabla}+\sum_{m=1}^{M} c_m\underset{\sim}{y}_m\otimes\underset{\sim}{\nabla}\right)+\mathbb{C}:\underset{\sim}{\tilde{D}}\right\}}=0$$

$$n=1,\dots,M, \tag{13.113}$$

und (13.109) läßt sich vereinfachen zu

$$\begin{aligned}\underset{\sim}{\tilde{D}}:\tilde{\mathbb{C}}_K:\underset{\sim}{\tilde{D}}=\underset{\sim}{P}:(\underset{\sim}{\nabla}\otimes\underset{\sim}{y}_0)\,(\underset{\sim}{y}_a\otimes\underset{\sim}{\nabla})\\ +\overline{(\underset{\sim}{\tilde{D}}+\operatorname{sym}\underset{\sim}{\nabla}\otimes\underset{\sim}{y}_0):\mathbb{C}:(\underset{\sim}{\tilde{D}}+\operatorname{sym}\underset{\sim}{\nabla}\otimes\underset{\sim}{y}_a)}.\end{aligned} \tag{13.114}$$

Sind keine starren Einschlüsse vorhanden, so kann $y_0\equiv 0$ gewählt werden. Auch die letzte Formel besitzt die Eigenschaft der quadratischen Konvergenz – allerdings nur, wenn $y_a$ aus (13.112) und (13.113) ermittelt wird. Für jede andere Wahl von $y_a$ ist der Fehler offensichtlich in $\underset{\sim}{z}$ linear.

Um eine Aussage über die Güte der Näherung bei Verwendung von Gleichgewichtsansätzen zu erhalten, kombinieren wir (13.106) mit (13.103) – wobei wir $\overset{\Delta}{\underset{\sim}{P}}_{Y*}=\overset{\Delta}{\underset{\sim}{P}}_{Ye}$ setzen – und finden

$$\begin{aligned}\underset{\sim}{\tilde{L}}:\tilde{\mathbb{A}}_Y:\underset{\sim}{\tilde{L}}&=\underset{\sim}{\tilde{L}}:\overline{\overset{\Delta}{\underset{\sim}{P}}_{Ye}}=\overline{\overset{\Delta}{\underset{\sim}{P}}_{Ye}:\mathbb{A}_Y^{-1}:\overset{\Delta}{\underset{\sim}{P}}_{Ye}}\\ &=2\underset{\sim}{\tilde{L}}:\overline{\overset{\Delta}{\underset{\sim}{P}}_{Ye}}-\overline{\overset{\Delta}{\underset{\sim}{P}}_{Ye}:\mathbb{A}_Y^{-1}:\overset{\Delta}{\underset{\sim}{P}}_{Ye}}.\end{aligned} \tag{13.115}$$

(Bei Einschlüssen treten Zusatzterme auf, die hier nicht notiert werden sollen.) Setzen wir in die letzte Formel statt der exakten Lösung $\overset{\Delta}{\underset{\sim}{P}}_{Ye}$ eine Näherung

$$\overset{\Delta}{\underset{\sim}{P}}_{Ya}=\overset{\Delta}{\underset{\sim}{P}}_{Ye}+\overset{\Delta}{\underset{\sim}{P}}_{Yz} \text{ mit } \varrho\overset{\Delta}{\underset{\sim}{P}}_{Yz}\in\mathscr{G} \tag{13.116}$$

ein, so erhalten wir

$$\underset{\sim}{\tilde{L}}:\tilde{\mathbb{A}}_{YG}:\underset{\sim}{\tilde{L}}=2\underset{\sim}{\tilde{L}}:\overline{\overset{\Delta}{\underset{\sim}{P}}_{Ya}}-\overline{\overset{\Delta}{\underset{\sim}{P}}_{Ya}:\mathbb{A}_Y^{-1}:\overset{\Delta}{\underset{\sim}{P}}_{Ya}} \tag{13.117}$$

(der Index G deutet auf die Verwendung eines Gleichgewichtsansatzes), und der Fehler ist

$$\begin{aligned}\underset{\sim}{\tilde{L}}:(\tilde{\mathbb{A}}_Y-\tilde{\mathbb{A}}_{YG}):\underset{\sim}{\tilde{L}}=&-2\underset{\sim}{\tilde{L}}:\overline{\overset{\Delta}{\underset{\sim}{P}}_{Yz}}+\overline{\overset{\Delta}{\underset{\sim}{P}}_{Yz}:(\mathbb{A}_Y^{-1}+\mathbb{A}_Y^{-T}):\overset{\Delta}{\underset{\sim}{P}}_{Ye}}\\ &+\overline{\overset{\Delta}{\underset{\sim}{P}}_{Yz}:\mathbb{A}_Y^{-1}:\overset{\Delta}{\underset{\sim}{P}}_{Yz}}.\end{aligned} \tag{13.118}$$

Genau dann, wenn die Steifigkeit $\mathbb{C}$ symmetrisch ist, also $\mathbb{A}_Y^{-1}=\mathbb{A}_Y^{-T}$ gilt, entfallen wegen (13.103) die in $\overset{\Delta}{\underset{\sim}{P}}_{Yz}$ linearen Terme, und es verbleibt

$$\underset{\sim}{\tilde{L}}:(\tilde{\mathbb{A}}_Y-\tilde{\mathbb{A}}_{YG}):\underset{\sim}{\tilde{L}}=\overline{\overset{\Delta}{\underset{\sim}{P}}_{Yz}:\mathbb{A}_Y^{-1}:\overset{\Delta}{\underset{\sim}{P}}_{Yz}}. \tag{13.119}$$

Die Gleichung (13.103) besagt also in diesem Falle, daß der obige Ausdruck $\underset{\sim}{\tilde{L}}:\tilde{\mathbb{A}}_{YG}:\underset{\sim}{\tilde{L}}$ für die Wahl $\overset{\Delta}{\underset{\sim}{P}}_Y=\overset{\Delta}{\underset{\sim}{P}}_{Ye}$ einen stationären Wert annimmt. Der Fehler bei Verwendung von $\overset{\Delta}{\underset{\sim}{P}}_Y=\overset{\Delta}{\underset{\sim}{P}}_{Ya}$ ist somit quadratisch in $\overset{\Delta}{\underset{\sim}{P}}_{Yz}$, d.h., es liegt wieder das Phänomen der quadratischen Konvergenz vor.

Setzt man insbesondere

$$\overset{\Delta}{\underset{\sim}{P}}_{Ya} = \sum_{m=1}^{M} c_m \overset{\Delta}{\underset{\sim}{P}}_{Ym} \text{ mit } \varrho \overset{\Delta}{\underset{\sim}{P}}_{Ym} \in \mathscr{G},\ m=1,...,M \tag{13.120}$$

und bestimmt die freien Konstanten aus der Bedingung, daß der Ausdruck (13.117) einen stationären Wert annehmen soll, dann erhält man die Bestimmungsgleichungen

$$\overline{\overset{\Delta}{\underset{\sim}{P}}_{Yn} : \left( \tilde{\underset{\sim}{L}} - \mathbb{A}_Y^{-1} : \sum_{m=1}^{M} c_m \overset{\Delta}{\underset{\sim}{P}}_{Ym} \right)} = 0,\ n=1,...,M, \tag{13.121}$$

und (13.117) läßt sich vereinfachen zu

$$\tilde{\underset{\sim}{L}} : \tilde{\mathbb{A}}_{YG} : \tilde{\underset{\sim}{L}} = \tilde{\underset{\sim}{L}} : \overline{\overset{\Delta}{\underset{\sim}{P}}_{Ya}}, \tag{13.122}$$

wobei die quadratische Konvergenz gewahrt bleibt. Setzt man jedoch einen beliebigen Ansatz $\overset{\Delta}{\underset{\sim}{P}}_{Ya}$ in diese Formel ein, so ist der Fehler offensichtlich linear in $\overset{\Delta}{\underset{\sim}{P}}_{Yz}$.

Beachten wir den Zusammenhang (13.105) zwischen $\tilde{\mathbb{A}}_Y$ und $\tilde{\mathbb{C}}$ und notieren ferner die gemäß (13.104) erforderlichen Zusatzterme, so können wir (13.119) in folgende – auch beim Vorhandensein starrer Einschlüsse gültige – Form bringen:

$$\tilde{\underset{\sim}{D}} : (\tilde{\mathbb{C}} - \tilde{\mathbb{C}}_G) : \tilde{\underset{\sim}{D}} = \frac{1}{m} \left\{ \int_{\mathscr{B}-\mathscr{I}} \overset{\Delta}{\underset{\sim}{P}}_{Yz} : \mathbb{A}_Y^{-1} : \overset{\Delta}{\underset{\sim}{P}}_{Yz} dm + \sum_{I} \int_{\mathscr{I}_I} \overset{\Delta}{\underset{\sim}{P}}_{Yz} dm : \frac{1}{m_I} \mathbb{B}_I : \int_{\mathscr{I}_I} \overset{\Delta}{\underset{\sim}{P}}_{Yz} dm \right\}. \tag{13.123}$$

Eine Einschrankung der wirksamen Steifigkeit gelingt, wenn $\mathbb{C}$ symmetrisch ist und die Bedingung (12.227) der gleichmäßigen infinitesimalen Polykonvexität erfüllt ist, es also einen symmetrischen Tensor $\underset{\sim}{Y}$ so gibt, daß gilt:

$$\underset{\sim}{H} : \mathbb{A}(X) : \underset{\sim}{H} - \underset{\sim}{Y} : \upsilon(X) (\underset{\sim}{H}^2 - (\operatorname{tr} \underset{\sim}{H}) \underset{\sim}{H}) \geqq 0 \text{ für alle } X \in \mathscr{B} - \mathscr{I}$$
$$\text{und alle Tensoren } \underset{\sim}{H}. \tag{13.124}$$

Sind starre Einschlüsse vorhanden, so soll ferner für jeden Einschluß gelten:

$$(\underset{\sim}{T}_I + \underset{\sim}{Y}) : \underset{\sim}{H}^T \underset{\sim}{H} \geqq 0$$
$$\Leftrightarrow \int_{\mathscr{I}_I} \underset{\sim}{P} : \underset{\sim}{H}^T \underset{\sim}{H}\, dm - \underset{\sim}{Y} : \int_{\mathscr{I}_I} \upsilon(X) (\underset{\sim}{H}^2 - (\operatorname{tr} \underset{\sim}{H}) \underset{\sim}{H}) dm \geqq 0$$
$$\text{für alle konstanten antimetrischen Tensoren } \underset{\sim}{H}. \tag{13.125}$$

Vereinbart man $\mathbb{C} = 0$ in $\mathscr{I}$, so folgt aus diesen Forderungen unter Verwendung der Abkürzung (13.92) und Beachtung von (13.96)

$$\overline{\underset{\sim}{H} : \mathbb{A}_Y : \underset{\sim}{H}} \geqq 0, \text{ wenn } \operatorname{sym} \underset{\sim}{H} = 0 \text{ in } \mathscr{I}. \tag{13.126}$$

Besitzt der Körper keine Löcher oder ist $\underset{\sim}{Y} = 0$, so kann man nach (13.14) weiter schließen auf

$$\overline{\underset{\sim}{z} \otimes \underset{\sim}{\nabla} : \mathbb{A} : \underset{\sim}{z} \otimes \underset{\sim}{\nabla}} \geqq 0, \text{ wenn } \underset{\sim}{z} \in \mathscr{K}_{\mathscr{I}}, \tag{13.127}$$

und gewinnt somit aus (13.111) die Abschätzung

$$\tilde{\underset{\sim}{D}} : (\tilde{\mathbb{C}}_K - \tilde{\mathbb{C}}) : \tilde{\underset{\sim}{D}} \geqq 0. \tag{13.128}$$

Die Forderungen (13.124) und (13.125) bringen zum Ausdruck, daß die (symmetrischen) Tetraden $\mathbb{A}_Y$ in $\mathscr{B}-\mathscr{I}$ bzw. $\mathbb{B}_1^{-1}$ in $\mathscr{I}_1$ – vgl. (13.94), (13.95) – positiv semidefinit sein sollen. Fordert man schärfer die positive Definitheit, dann lassen die Inversionen (13.93) und (13.95) sich ausführen, die Tetraden $\mathbb{A}_Y^{-1}$ und $\mathbb{B}_1$ erweisen sich ebenfalls als positiv definit, und (13.123) liefert die Abschätzung

$$\underset{\sim}{\tilde{D}}:(\tilde{\mathbb{C}}-\tilde{\mathbb{C}}_G):\underset{\sim}{\tilde{D}}\geqq 0. \tag{13.129}$$

Bei der Verwendung kinematischer Ansätze wird also die Steifigkeit überschätzt, bei der Verwendung von Gleichgewichtsansätzen unterschätzt. Die Ungleichungen (13.128) und (13.129) schreibt man kurz

$$\tilde{\mathbb{C}}_K\geqq\tilde{\mathbb{C}}\geqq\tilde{\mathbb{C}}_G \tag{13.130}$$

und hat so die gesuchte Einschrankung gefunden. Für Körper mit Löchern gelten sie nur, wenn $\underset{\sim}{Y}=0$ gewählt werden kann, also im ganzen Körper infinitesimale Konvexität vorliegt. Die im Falle von Körpern ohne starre Einschlüsse mögliche Wahl $\underset{\sim}{y}\equiv 0$ führt gemäß (13.86) auf die von Voigt 1889 [13.3] angegebene Schranke

$$\bar{\mathbb{C}}\geqq\tilde{\mathbb{C}}. \tag{13.131}$$

Übrigens erfüllt die wirksame Steifigkeit die Bedingung der infinitesimalen Polykonvexität (und damit z.B. auch die Hadamardsche Bedingung), denn aus (13.19) und (13.40) folgt unter Beachtung von (13.92), (13.105) und (13.126)

$$\underset{\sim}{\tilde{L}}:\tilde{\mathbb{A}}_Y:\underset{\sim}{\tilde{L}}=\overline{\underset{\sim}{L}:\mathbb{A}_Y:\underset{\sim}{L}}\geqq 0. \tag{13.132}$$

Man bemerkt ferner: Die bei der Herleitung der Abschätzung (13.129) herangezogene positive Definitheit von $\mathbb{A}_Y$ hat zur Folge, daß in (13.126) das Gleichheitszeichen nur für die Wahl $\underset{\sim}{H}\equiv 0$ gelten kann und die Ungleichung (13.127) sich somit zu (13.89) verschärft. Daher ist in diesem Falle auch die Eindeutigkeit des Feldes $\underset{\sim}{y}_e$ und folglich des Feldes $\overset{\Delta}{\underset{\sim}{P}}_{Ye}$ sichergestellt.

Die Aufgabe, $\tilde{\mathbb{A}}_Y$ zu ermitteln, läßt sich im Falle der Gültigkeit von (13.129) auch so formulieren, daß jenes Gleichgewichtsfeld $\overset{\Delta}{\underset{\sim}{P}}_Y$ aufzusuchen ist, welches den Ausdruck – vgl. (13.117) –

$$\underset{\sim}{\tilde{L}}:\tilde{\mathbb{A}}_{YG}:\underset{\sim}{\tilde{L}}:=2\underset{\sim}{\tilde{L}}:\overline{\overset{\Delta}{\underset{\sim}{P}}_Y}-\overline{\overset{\Delta}{\underset{\sim}{P}}_Y:\mathbb{A}_Y^{-1}:\overset{\Delta}{\underset{\sim}{P}}_Y} \tag{13.133}$$

maximiert. Läßt man nicht alle Gleichgewichtsfelder $\underset{\sim}{P}_Y$ zur Konkurrenz zu, so sucht man das Maximum nur auf einer Teilmenge und wird daher im allgemeinen einen zu kleinen Wert erhalten. Das ist beispielsweise der Fall bei Beschränkung auf symmetrische Felder $\overset{\Delta}{\underset{\sim}{P}}_Y$. (An jedem Punkt wird damit auch dem Feld $\underset{\sim}{L}=\underset{\sim}{D}+\underset{\sim}{W}$ eine Einschränkung auferlegt, die zur Folge hat, daß die Verformungen i.allg. nicht der Kompatibilitätsbedingung $\underset{\sim}{L}\times\underset{\sim}{\nabla}\equiv 0$ genügen können.) Ist insbesondere der Tensor $\underset{\sim}{Y}$ symmetrisch, so verlangt die Symmetrie von $\overset{\Delta}{\underset{\sim}{P}}_Y$ gemäß (13.91)

$$0\equiv\operatorname{skw}\overset{\Delta}{\underset{\sim}{P}}_Y=\frac{\upsilon}{2}\{\underset{\sim}{D}\underset{\sim}{T}-\underset{\sim}{T}\underset{\sim}{D}+(\underset{\sim}{T}+\underset{\sim}{Y})\underset{\sim}{W}+\underset{\sim}{W}(\underset{\sim}{T}+\underset{\sim}{Y})\}, \tag{13.134}$$

und diese bereits in (12.149) aufgetretene Bedingung hat gemäß (12.150) den Zusammenhang

$$\operatorname{sym}(\underset{\sim}{W}\underset{\sim}{P})=-\check{\mathbb{C}}:\underset{\sim}{D} \tag{13.135}$$

zur Folge. Damit und mit (12.156) findet man

$$\begin{aligned}\overset{\Delta}{\underset{\sim}{P}}_Y&=\operatorname{sym}(\underset{\sim}{L}\underset{\sim}{P})+\mathbb{C}:\underset{\sim}{D}-\frac{1}{2}\upsilon(\underset{\sim}{Y}\underset{\sim}{D}+\underset{\sim}{D}\underset{\sim}{Y}-(\operatorname{tr}\underset{\sim}{D})\underset{\sim}{Y}-\underset{\sim}{D}:\underset{\sim}{Y}\underset{\sim}{1})\\&=(\mathbb{C}+\hat{\mathbb{C}}-\check{\mathbb{C}}):\underset{\sim}{D}.\end{aligned} \tag{13.136}$$

Da $\mathbb{A}_Y$ als invertierbar vorausgesetzt worden ist, also bei Kenntnis von $\overset{\Delta}{\underset{\sim}{P}}_Y$ eindeutig auf $\underset{\sim}{D}$ und $\underset{\sim}{W}$ geschlossen werden kann, muß gelten

$$\underset{\sim}{D}+\underset{\sim}{W}=\underset{\sim}{A}_Y{}^{-1}:\overset{\Delta}{\underset{\sim}{P}}_Y=(\mathbb{C}+\hat{\mathbb{C}}-\check{\mathbb{C}})^{-1}:\overset{\Delta}{\underset{\sim}{P}}_Y+\underset{\sim}{W} \tag{13.137}$$

und weiter, da $\overset{\Delta}{\underset{\sim}{P}}_Y$ symmetrisch ist,

$$\overset{\Delta}{\underset{\sim}{P}}_Y:\mathbb{A}_Y{}^{-1}:\overset{\Delta}{\underset{\sim}{P}}_Y=\overset{\Delta}{\underset{\sim}{P}}_Y:(\mathbb{C}+\hat{\mathbb{C}}-\check{\mathbb{C}})^{-1}:\overset{\Delta}{\underset{\sim}{P}}_Y. \tag{13.138}$$

(Es bezeichnet $\mathbb{A}_Y^{-1}$ die Inverse auf dem Raum Lin $(\mathscr{V})$, dagegen $(\mathbb{C}+\hat{\mathbb{C}}-\check{\mathbb{C}})^{-1}$ die Inverse auf dem Unterraum Sym $(\mathscr{V})$ von Lin $(\mathscr{V})$.) Alle symmetrischen Felder $\overset{\Delta}{\underset{\sim}{P}}_Y$, die den Gleichgewichtsbedingungen (13.101) genügen, erfüllen also die Ungleichung

$$\begin{aligned}\tilde{\underset{\sim}{L}}:\tilde{\mathbb{A}}_Y.\tilde{\underset{\sim}{L}} &\geqq \tilde{\underset{\sim}{L}}:\tilde{\mathbb{A}}_{YG}:\tilde{\underset{\sim}{L}}\\ &=2\tilde{\underset{\sim}{D}}:\overline{\overset{\Delta}{\underset{\sim}{P}}_Y}-\overline{\overset{\Delta}{\underset{\sim}{P}}_Y:(\mathbb{C}+\hat{\mathbb{C}}-\check{\mathbb{C}})^{-1}:\overset{\Delta}{\underset{\sim}{P}}_Y}.\end{aligned} \tag{13.139}$$

*Bemerkung*: Sind starre Einschlüsse vorhanden, so ist die rechte Seite von (13.133) um eine Summe über diese Einschlüsse – ähnlich wie in (13.104) – zu erweitern. Diese Summen enthalten jedoch nur die antimetrischen Anteile von $\overset{\Delta}{\underset{\sim}{P}}_Y$ und entfallen daher in der hier betrachteten Näherung. Da andererseits $\underset{\sim}{D}=0$ in $\mathscr{I}$ gelten muß, ist dort nach (13.137) $(\mathbb{C}+\hat{\mathbb{C}}-\check{\mathbb{C}})^{-1}=0$ zu setzen. Beachtet man dies, so bleibt (13.139) auch beim Vorhandensein starrer Einschlüsse gültig.

Auf der rechten Seite von (13.139) tritt $\tilde{\underset{\sim}{W}}$ nicht auf. Die Ungleichung muß also richtig bleiben, wenn $\tilde{\underset{\sim}{W}}$ so gewählt wird, daß die linke Seite der Abschätzung ihr Minimum annimmt. Den Wert dieses Minimums entnimmt man den Ausführungen nach (12.145). (Gemäß (13.105) ist zu substituieren $\underset{\sim}{P}\to\bar{\underset{\sim}{P}}, \upsilon\to\bar{\upsilon}, \underset{\sim}{L}\to\tilde{\underset{\sim}{L}}, \mathbb{C}\to\tilde{\mathbb{C}}$.) Er beträgt

$$\begin{aligned}&\tilde{\underset{\sim}{D}}:(\tilde{\mathbb{C}}+\tilde{\hat{\mathbb{C}}}-\tilde{\check{\mathbb{C}}}):\tilde{\underset{\sim}{D}}\\ &\text{mit } \tilde{\hat{\mathbb{C}}}=\hat{\mathbb{C}}\left(\frac{\bar{\underset{\sim}{P}}}{\bar{\upsilon}},\underset{\sim}{Y},\bar{\upsilon}\right)=\overline{\hat{\mathbb{C}}(\underset{\sim}{T},\underset{\sim}{Y},\upsilon)} \text{ nach (12.156)}\\ &\text{und } \tilde{\check{\mathbb{C}}}=\check{\mathbb{C}}\left(\frac{\bar{\underset{\sim}{P}}}{\bar{\upsilon}},\underset{\sim}{Y},\bar{\upsilon}\right) \text{ nach (12.150).}\end{aligned} \tag{13.140}$$

Wählen wir insbesondere $\overset{\Delta}{\underset{\sim}{P}}_Y$ nicht nur symmetrisch, sondern auch im ganzen Feld konstant (die Gleichgewichtsbedingungen sind dann offensichtlich erfüllt, wenn der Körper keine Löcher hat), so finden wir für die rechte Seite

$$2\tilde{\underset{\sim}{D}}:\overset{\Delta}{\underset{\sim}{P}}_Y-\overset{\Delta}{\underset{\sim}{P}}_Y:\overline{(\mathbb{C}+\hat{\mathbb{C}}-\check{\mathbb{C}})^{-1}}:\overset{\Delta}{\underset{\sim}{P}}_Y, \tag{13.141}$$

und dieser Ausdruck nimmt sein Maximum an, wenn

$$\overline{(\mathbb{C}+\hat{\mathbb{C}}-\check{\mathbb{C}})^{-1}}:\overset{\Delta}{\underset{\sim}{P}}_Y=\tilde{\underset{\sim}{D}} \tag{13.142}$$

gewählt wird, so daß wir schließlich

$$\tilde{\underset{\sim}{D}}:(\tilde{\mathbb{C}}+\tilde{\hat{\mathbb{C}}}-\tilde{\check{\mathbb{C}}}):\tilde{\underset{\sim}{D}}\geqq\tilde{\underset{\sim}{D}}:(\overline{(\mathbb{C}+\hat{\mathbb{C}}-\check{\mathbb{C}})^{-1}})^{-1}:\tilde{\underset{\sim}{D}}, \tag{13.143}$$

d.h. die Abschätzung

$$\tilde{\mathbb{C}}\geqq(\overline{(\mathbb{C}+\hat{\mathbb{C}}-\check{\mathbb{C}})^{-1}})^{-1}-\tilde{\hat{\mathbb{C}}}+\tilde{\check{\mathbb{C}}} \tag{13.144}$$

erhalten.

Als Anwendung betrachten wir die Verformung aus dem spannungsfreien Zustand ($\underset{\sim}{T} \equiv 0$). Die Steifigkeit $\mathbb{C}$ nehmen wir im ganzen Körper (ohne Löcher) als symmetrisch und positiv definit an. (Es sind dies die in der klassischen Elastizitätstheorie üblichen Annahmen.) Wählen wir

$$\underset{\sim}{Y} = y\underset{\sim}{1} \text{ mit } y > 0, \tag{13.145}$$

so ist $\mathbb{A}_Y$ positiv definit und damit invertierbar, falls y hinreichend klein ist, denn es gilt

$$\begin{aligned} &\overset{\Delta}{\underset{\sim}{P}}_Y = \mathbb{A}_Y : \underset{\sim}{L} = \mathbb{C} : \underset{\sim}{D} - \upsilon y \underset{\sim}{D} + \upsilon y \underset{\sim}{W} + \upsilon y (\operatorname{tr} \underset{\sim}{D}) \underset{\sim}{1} \\ &\Leftrightarrow \underset{\sim}{L} = \{\mathbb{C} - \upsilon y (\mathbb{1} - \underset{\sim}{1} \otimes \underset{\sim}{1})\}^{-1} : \operatorname{sym} \overset{\Delta}{\underset{\sim}{P}}_Y + \frac{1}{\upsilon y} \operatorname{skw} \overset{\Delta}{\underset{\sim}{P}}_Y \end{aligned} \tag{13.146}$$

und

$$\underset{\sim}{L} : \mathbb{A}_Y : \underset{\sim}{L} = \underset{\sim}{D} : \{\mathbb{C} - \upsilon y (\mathbb{1} - \underset{\sim}{1} \otimes \underset{\sim}{1})\} : \underset{\sim}{D} + \upsilon y \underset{\sim}{W} : \underset{\sim}{W} \geqq 0 \quad \text{für alle } \underset{\sim}{D} \text{ und } \underset{\sim}{W}. \tag{13.147}$$

Somit finden wir gemäß (13.144) die Abschätzung

$$\tilde{\mathbb{C}} \geqq \left(\overline{\{\mathbb{C} - \upsilon y (\mathbb{1} - \underset{\sim}{1} \otimes \underset{\sim}{1})\}^{-1}}\right)^{-1} + \bar{\upsilon} y (\mathbb{1} - \underset{\sim}{1} \otimes \underset{\sim}{1}), \tag{13.148}$$

und Grenzübergang $y \to 0$ gibt

$$\tilde{\mathbb{C}} \geqq (\overline{\mathbb{C}^{-1}})^{-1}. \tag{13.149}$$

Das ist die von Reuss 1929 [13.4] angegebene Schranke.

Definiert man als wirksame Dichte den Quotienten

$$\tilde{\varrho} = \frac{m}{V_{ges}} = \frac{m}{\int \upsilon \, dm + V_L} = \frac{1}{\bar{\upsilon} + V_L/m}, \tag{13.150}$$

wobei m die Masse des Körpers bzw. der Zelle bedeutet und $V_{ges}$ das momentane Volumen einschließlich des Volumens $V_L$ eventuell vorhandener Löcher, so kann man als wirksame Cauchysche Spannung erklären

$$\tilde{\underset{\sim}{T}} := \tilde{\varrho} \bar{\underset{\sim}{P}} \tag{13.151}$$

und als ihren Zuwachs

$$\overset{\Delta}{\tilde{\underset{\sim}{T}}} := \tilde{\varrho} \overset{\Delta}{\bar{\underset{\sim}{P}}} = \tilde{\underset{\sim}{L}} \tilde{\underset{\sim}{T}} + \tilde{\varrho} \tilde{\mathbb{C}} : \tilde{\underset{\sim}{D}}. \tag{13.152}$$

Befindet sich ein Material momentan in einem Zustand mit der konstanten Dichte $\varrho$ und Steifigkeit $\mathbb{C}$, besitzt jedoch einen Porenanteil $f = V_L/V_{ges} = 1 - \tilde{\varrho}/\varrho$, dann ergibt die Voigtsche Abschätzung wegen $\bar{\mathbb{C}} = \int \mathbb{C} \, dm/m = \mathbb{C}$

$$\tilde{\mathbb{C}} \leqq \bar{\mathbb{C}} = \mathbb{C} \tag{13.153}$$

und daher auch

$$\tilde{\varrho} \tilde{\mathbb{C}} \leqq (1 - f) \varrho \mathbb{C}. \tag{13.154}$$

Die beiden Ungleichungen, welche $\mathbb{C}$ bzw. $\varrho\mathbb{C}$ betreffen, haben also unterschiedliches Aussehen. Bei Vergleichen mit Darstellungen in der Literatur ist daher auf die verwendete Definition der Steifigkeit zu achten.

## 13.4 Nichtelastisches Verhalten

Das bisher entwickelte Konzept der wirksamen Steifigkeit ist nur auf elastisches Material anwendbar. Im viskoelastischen Falle tritt gemäß (11.144) ein Relaxationsterm auf – sofern der momentane Zustand nicht relaxiert ist –, d.h., der inkrementell lineare Zusammenhang (13.71) ist durch den pseudolinearen Zusammenhang

$$\overset{\Delta}{\underset{\sim}{Z}}(X) = \mathbb{C}(X):\underset{\sim}{D}(X) + \underset{\sim}{R}(X) \text{ in } \mathscr{B}-\mathscr{I} \tag{13.155}$$

zu ersetzen. Einsetzen in die Forderung (13.75) des Prinzips der virtuellen Geschwindigkeiten gibt an Stelle von (13.78) die Gleichung

$$\begin{aligned}&\overline{(\hat{\underset{\sim}{y}}\otimes\underset{\sim}{\nabla}):\{(\underset{\sim}{y}\otimes\underset{\sim}{\nabla})\cdot\underset{\sim}{P} + \mathbb{C}:\operatorname{sym}\underset{\sim}{\nabla}\otimes\underset{\sim}{y}\}}\\ &= -\overline{\operatorname{sym}\underset{\sim}{\nabla}\otimes\hat{\underset{\sim}{y}}:\mathbb{C}}:\tilde{\underset{\sim}{D}} - \overline{\operatorname{sym}\underset{\sim}{\nabla}\otimes\hat{\underset{\sim}{y}}:\underset{\sim}{R}} \text{ für alle } \hat{\underset{\sim}{y}}\in\mathscr{K}_{\mathscr{I}}.\end{aligned} \tag{13.156}$$

Da die linke Seite in $\underset{\sim}{y}$ linear ist, setzt die Lösung sich gemäß

$$\underset{\sim}{y} = \underset{\sim}{y}_e + \underset{\sim}{y}_r \tag{13.157}$$

additiv zusammen aus der zur Vorgabe $\tilde{\underset{\sim}{D}}$ gehörigen und bereits in (13.78) ermittelten Lösung $\underset{\sim}{y}_e$ und einer zusätzlichen, die Relaxation erfassenden Lösung $\underset{\sim}{y}_r$, die der Forderung

$$\overline{(\hat{\underset{\sim}{y}}\otimes\underset{\sim}{\nabla}):\{(\underset{\sim}{y}\otimes\underset{\sim}{\nabla})\cdot\underset{\sim}{P} + \mathbb{C}:\operatorname{sym}\underset{\sim}{\nabla}\otimes\underset{\sim}{y}\}} = -\overline{\operatorname{sym}\underset{\sim}{\nabla}\otimes\hat{\underset{\sim}{y}}:\underset{\sim}{R}} \text{ für alle } \hat{\underset{\sim}{y}}\in\mathscr{K}_{\mathscr{I}} \tag{13.158}$$

genügt. Damit tritt an die Stelle der inkrementell linearen Verknüpfung (13.72) die pseudolineare Form

$$\overset{\Delta}{\overline{\underset{\sim}{Z}}} = \tilde{\mathbb{C}}:\tilde{\underset{\sim}{D}} + \tilde{\underset{\sim}{R}}, \tag{13.159}$$

und die Gestalt des Relaxationsterms erhält man durch Erweiterung der Formeln (13.80) ff. aus

$$\tilde{\underset{\sim}{D}}_*:\tilde{\underset{\sim}{R}} = \overline{\underset{\sim}{P}:(\underset{\sim}{\nabla}\otimes\underset{\sim}{y}_*)(\underset{\sim}{y}_r\otimes\underset{\sim}{\nabla})} + \overline{(\tilde{\underset{\sim}{D}}_* + \operatorname{sym}\underset{\sim}{\nabla}\otimes\underset{\sim}{y}_*):(\mathbb{C}:\operatorname{sym}\underset{\sim}{\nabla}\otimes\underset{\sim}{y}_r + \underset{\sim}{R})}. \tag{13.160}$$

Bei Körpern ohne starre Einschlüsse läßt sich $\underset{\sim}{y}_* \equiv 0$ wählen, und es ergibt sich einfacher

$$\tilde{\underset{\sim}{R}} = \overline{\mathbb{C}:\operatorname{sym}\underset{\sim}{\nabla}\otimes\underset{\sim}{y}_r + \underset{\sim}{R}}. \tag{13.161}$$

Der wirksame Relaxationsterm $\tilde{\underset{\sim}{R}}$ ist also i.allg. nicht gleich dem Mittelwert $\overline{\underset{\sim}{R}}$.

An Stelle der Gleichgewichtsaussage können wir bei Körpern ohne Löcher und Risse wieder eine Verträglichkeitsaussage zur Bestimmung von $\tilde{\underset{\sim}{R}}$ heranziehen. Dazu beachten wir, daß im Falle $\tilde{\underset{\sim}{L}} = 0$ gilt

$$\underset{\sim}{L} = \underset{\sim}{y}_r\otimes\underset{\sim}{\nabla} \text{ mit } \underset{\sim}{y}_r\in\mathscr{K}_{\mathscr{I}}\subset\mathscr{K}, \tag{13.162}$$

so daß Mittelwertbildung an (13.91) wegen (13.159), (13.10) und (13.14)

$$\overline{\overset{\Delta}{\underset{\sim}{P}}_Y} = \overset{\Delta}{\overline{\underset{\sim}{Z}}} = \tilde{\underset{\sim}{R}} \tag{13.163}$$

ergibt. Das Feld $\overset{\Delta}{\underset{\sim}{P}}_Y$ erhalten wir aus der Bedingung, daß die zugehörigen Verformungen $\underset{\sim}{y}_r$ kompatibel sind, d.h., in $\mathscr{B}-\mathscr{I}$ gilt

$$\mathbb{A}_Y^{-1}:\left(\overset{\Delta}{\underset{\sim}{P}}_Y - \underset{\sim}{R}\right) = \underset{\sim}{y}_r\otimes\underset{\sim}{\nabla} \text{ mit } \underset{\sim}{y}_r\in\mathscr{K}_{\mathscr{I}}. \tag{13.164}$$

Gleichbedeutend damit ist die Aussage des Prinzips der virtuellen Kräfte (13.60), also – wenn keine starren Einschlüsse vorliegen –

$$\overline{\overset{\Delta}{\underset{\sim}{P}}_{Y*}:\mathbb{A}_Y^{-1}:\left(\overset{\Delta}{\underset{\sim}{P}}_Y-\underset{\sim}{R}\right)}=0 \text{ für alle } \varrho\overset{\Delta}{\underset{\sim}{P}}_{Y*}\in\mathscr{G}. \tag{13.165}$$

Die Bestimmungsgleichungen für $\overset{\Delta}{\underset{\sim}{P}}_Y$ entstehen folglich, indem in (13.103) – bzw. beim Vorhandensein starrer Einschlüsse in (13.104) – die rechte Seite durch

$$\overline{\overset{\Delta}{\underset{\sim}{P}}_{Y*}:\mathbb{A}_Y^{-1}:\underset{\sim}{R}} \tag{13.166}$$

ersetzt wird.

Da die Steifigkeit $\mathbb{C}$ beim viskoelastischen Material symmetrisch ist, gelten die Aussagen des Abschnitts 13.3 über die quadratische Konvergenz. Desgleichen lassen sich bei Vorliegen der gleichmäßigen infinitesimalen Polykonvexität Schranken für $\tilde{\mathbb{C}}$ angeben.

Bei plastischem Material tritt gemäß (11.156) an die Stelle des linearen Ansatzes (13.71) die inkrementell nichtlineare Beziehung

$$\overset{\Delta}{\underset{\sim}{Z}}(X)=\mathbb{C}(X,\vec{\underset{\sim}{D}}(X)):\underset{\sim}{D}(X) \text{ in } \mathscr{B}-\mathscr{I}. \tag{13.167}$$

Damit bleibt zwar die Gleichung (13.78) formal richtig, doch ist sie nicht mehr linear in $\underset{\sim}{y}$, denn $\mathbb{C}$ ist wegen

$$\vec{\underset{\sim}{D}}=\overrightarrow{(\tilde{\underset{\sim}{D}}+\operatorname{sym}\underset{\sim}{\nabla}\otimes\underset{\sim}{y})} \tag{13.168}$$

selbst von $\underset{\sim}{y}$ abhängig. Relativ einfach gestaltet sich die Untersuchung noch im bilinearen Falle, bei dem in Verallgemeinerung von (11.147) die Tetrade $\mathbb{C}$ an jedem Punkt X nur zwei verschiedene Werte annehmen kann:

$$\mathbb{C}(X,\vec{\underset{\sim}{D}})=\begin{cases}\mathbb{C}_1(X), \text{ wenn } \underset{\sim}{F}(X):\vec{\underset{\sim}{D}}>0,\\ \mathbb{C}_2(X), \text{ wenn } \underset{\sim}{F}(X):\vec{\underset{\sim}{D}}\leqq 0.\end{cases} \tag{13.169}$$

(Gibt es einen elastischen Bereich, so ist das nur an Punkten der Fall, wo die Fließbedingung $f=0$ erfüllt ist, während $\mathbb{C}$ im Falle $f<0$ von $\vec{\underset{\sim}{D}}$ nicht abhängt.) Das Vorzeichen von $\underset{\sim}{F}(X):\vec{\underset{\sim}{D}}$ muß also zunächst geschätzt werden. Sodann läßt sich $\underset{\sim}{y}$ aus der nunmehr linearen Gleichung (13.78) ermitteln. Anschließend ist das Vorzeichen von $\underset{\sim}{F}(X):\vec{\underset{\sim}{D}}$ zu überprüfen und die Rechnung gegebenenfalls iterativ zu verbessern. Die Eindeutigkeit der Lösung des nichtlinearen Problems soll hier nicht untersucht werden. Setzen wir sie voraus, so erhalten wir zu jeder Vorgabe $\tilde{\underset{\sim}{D}}$ einen Wert von $\overset{\Delta}{\tilde{\underset{\sim}{Z}}}$ und damit eine wirksame inkrementell nichtlineare Stoffgleichung

$$\overset{\Delta}{\tilde{\underset{\sim}{Z}}}=\tilde{\mathbb{C}}(\vec{\tilde{\underset{\sim}{D}}}):\tilde{\underset{\sim}{D}}. \tag{13.170}$$

Auch wenn das Material sich an jedem Punkt bilinear verhält, ist i.allg. nicht zu erwarten, daß die wirksame Stoffgleichung ebenfalls bilinear ist. Lediglich bei einem homogenen Körper muß das der Fall sein, denn dort liegt an allen Punkten zugleich entweder Belastung oder Entlastung vor. Bei einem inhomogenen Körper dagegen wird bei einer kleinen Änderung der Richtung von $\tilde{\underset{\sim}{D}}$ nur an einzelnen Punkten X des Körpers ein Vorzeichenwechsel von $\underset{\sim}{F}(X):\vec{\underset{\sim}{D}}$ – also ein Wechsel zwischen Belastung und Entlastung – erfolgen. Das globale inkrementell nichtlineare Verhalten wird daher von allgemeinerer Art sein als jenes am einzelnen Punkt.

# 14 Beschreibung spezieller Verhaltensweisen

In diesem Kapitel geht es darum, für eine Vielzahl verschiedener – vorwiegend viskoelastischer und plastischer – Erscheinungen jeweils passende mathematische Beschreibungsweisen zu entwickeln.

## 14.1 Integraldarstellungen in der Viskoelastizität

Viskoelastisches und thermoviskoelastisches Verhalten wird in der Literatur vielfach mittels Funktionaldarstellungen in Integralform beschrieben. Andererseits haben wir im Gleichungssatz (11.75) bis (11.84) – wenn wir die Abhängigkeit von $\dot{\mathbf{G}},\dot{\lambda},\hat{\nabla}\dot{\lambda}$ in den Entwicklungsgleichungen (11.76) bis (11.78) entfallen lassen – einen weiten Rahmen zur Beschreibung nichtlinearen thermoviskoelastischen (und -viskoplastischen) Verhaltens gefunden. Wenden wir uns daher jetzt dem Zusammenhang zwischen beiden Darstellungen zu.

Dazu verzichten wir auf die Verfestigungsparameter $\varkappa_j$ und nehmen ferner an, daß die Konfigurationen $\mathbf{G}_j$ an Stelle der Operatoren $\mathbf{A}_j$ als Zustandsvariable genügen und $\hat{\nabla}\lambda$ in den Entwicklungsgleichungen nicht auftritt. Es bleibt also zu studieren:

$$\mathbf{S}=\mathbf{S}_e(\mathbf{G},\lambda)+\mathbf{S}_v+\sum_{j=1}^{n}\mathbf{S}_j(\mathbf{G},\lambda,\mathbf{G}_j), \tag{14.1}$$

$$\dot{\mathbf{G}}_j=\mathfrak{G}_j(\mathbf{G},\lambda,\mathbf{G}_j), \tag{14.2}$$

$$\mathbf{S}_e=\frac{2}{\lambda}\frac{\partial\omega_0}{\partial\mathbf{G}},\ \mathbf{S}_j=\frac{2}{\lambda}\frac{\partial\omega_j}{\partial\mathbf{G}},\ \varepsilon=\frac{\partial}{\partial\lambda}\left(\sum_{j=0}^{n}\omega_j\right), \tag{14.3}$$

$$-\frac{\partial\omega_j}{\partial\mathbf{G}_j}:\dot{\mathbf{G}}_j\geqq 0,\ j=1,\ldots,n. \tag{14.4}$$

Die Integration gelingt mit Hilfe von Quadraturen, wenn die Differentialgleichungen für die $\mathbf{G}_j$ sämtlich linearisiert werden können. Dazu beschränken wir uns auf langsame Verformungen, also kleine elastische Verzerrungen der Maxwell-Komponenten, und nehmen Gültigkeit des Hookeschen Gesetzes für diese Komponenten an:

$$\mathbf{S}_j(\mathbf{G},\lambda,\mathbf{G}_j)=\mathbb{S}_j(\lambda,\mathbf{G}_j):[\mathbf{G}-\mathbf{G}_{js}(\lambda,\mathbf{G}_j)]. \tag{14.5}$$

(Es bedeutet $\mathbf{G}_{js}$ die Konfiguration, in der die Maxwell-Komponente der Nummer j bei den Momentanwerten von $\lambda$ und $\mathbf{G}_j$ spannungsfrei ist.)

Das viskose Verhalten der Maxwell-Komponenten setzen wir in den Beanspruchungen linear an

$$\dot{G}_j = \mathbb{M}_j(\lambda, G_j) : S_j = \mathbb{M}_j(\lambda, G_j) : \mathbb{S}_j(\lambda, G_j) : [G - G_{js}(\lambda, G_j)], \tag{14.6}$$

also – mit den Abkürzungen $\mathbb{B}_j := \mathbb{M}_j : \mathbb{S}_j$ und $G_j^\Theta := G_{js} - G_j$ –

$$\dot{G}_j = \mathbb{B}_j(\lambda, G_j) : [G - G_j - G_j^\Theta(\lambda, G_j)]. \tag{14.7}$$

Isotherme Sonderfälle der Ansätze (14.5) und (14.6) haben wir bereits in (9.280) und (9.281) sowie in (9.254) und (9.245) kennengelernt. (Bei (9.254) ist $G = G_i(1 + O(|H_e|))$ zu beachten.)

Setzen wir noch die Temperaturverzerrung als klein voraus, also $|K^{-*} G_j^\Theta(\lambda, G_j) K^{-1}| << 1$ für alle $\lambda$ aus dem in Frage kommenden Temperaturbereich, dann ist wegen der Kleinheit der elastischen Verzerrung die Abschätzung (9.247) anwendbar, und wir können (14.7) approximieren durch die lineare Differentialgleichung

$$\frac{dG_j}{d\tau}(\tau) = \mathbb{B}_j(\lambda(\tau), G(t)) : [G(\tau) - G_j(\tau) - G_j^\Theta(\lambda(\tau), G(t))], \tag{14.8}$$

und diese läßt sich in zwei Spezialfällen geschlossen integrieren.

Der *erste Fall* liegt vor bei Gültigkeit der *Produktdarstellung*

$$\mathbb{B}_j(\lambda, G_j) = \chi_j(\lambda) \bar{\mathbb{B}}_j(G_j) \text{ mit } \chi_j > 0. \tag{14.9}$$

Dann läßt sich eine Transformation des Zeitmaßstabes vornehmen durch

$$d\xi_j = \chi_j(\lambda(\tau)) d\tau, \tag{14.10}$$

also

$$\xi_j(t) - \xi_j(t_0) = \int_{\tau = t_0}^{t} \chi_j(\lambda(\tau)) d\tau, \tag{14.11}$$

und wir erhalten die Differentialgleichung

$$\frac{dG_j}{d\xi_j}(\tau) = \bar{\mathbb{B}}_j(G(t)) : [G(\tau) - G_j(\tau) - G_j^\Theta(\lambda(\tau), G(t))] \tag{14.12}$$

mit konstanten Koeffizienten, deren Lösung formal als

$$\begin{aligned} G_j(t) = {} & G(t) - G_j^\Theta(\lambda(t), G(t)) \\ & + \mathbb{L}_j(G(t), \xi_j(t) - \xi_j(t_0)) : [G_j(t_0) - G(t) + G_j^\Theta(\lambda(t), G(t))] \\ & + \int_{\tau = t_0}^{t} \frac{\partial}{\partial \xi} \mathbb{L}_j(G(t), \xi_j(t) - \xi_j(\tau)) : \\ & [G(t) - G(\tau) - G_j^\Theta(\lambda(t), G(t)) + G_j^\Theta(\lambda(\tau), G(\tau))] \frac{\partial \xi_j}{d\tau}(\tau) \, d\tau \end{aligned} \tag{14.13}$$

mit

$$\mathbb{L}_j(.,\xi) := \exp[-\bar{\mathbb{B}}_j(\cdot)\xi] := \mathbb{1} - \bar{\mathbb{B}}_j\xi + \frac{1}{2!}\bar{\mathbb{B}}_j{:}\bar{\mathbb{B}}_j\xi^2 - + \dots \tag{14.14}$$

und

$$\frac{\partial \mathbb{L}_j}{d\xi} = -\bar{\mathbb{B}}_j{:}\mathbb{L}_j = -\mathbb{L}_j{:}\bar{\mathbb{B}}_j \tag{14.15}$$

geschrieben werden kann. Mit $\partial\mathbb{L}/\partial\xi$ bezeichnen wir die Ableitung nach dem letzten Argument.

*Bemerkung:* Besitzt $\bar{\mathbb{B}}_j$ eine Spektraldarstellung, also

$$\bar{\mathbb{B}}_j = \sum_{m=1}^{6} \beta_{jm} \underset{\sim}{N}_m \otimes \underset{\sim}{N}^m,\ \underset{\sim}{N}_m \in \mathrm{Sym}(\mathscr{T},\mathscr{T}^*),\ \underset{\sim}{N}^m \in \mathrm{Sym}(\mathscr{T}^*,\mathscr{T}),\ \underset{\sim}{N}_p{:}\underset{\sim}{N}^q = \delta_p^q, \tag{14.16}$$

dann ist

$$\mathbb{L}_j = \exp[-\bar{\mathbb{B}}_j\xi] = \sum_{m=1}^{6} e^{-\beta_{jm}\xi} \underset{\sim}{N}_m \otimes \underset{\sim}{N}^m. \tag{14.17}$$

Ein Beispiel findet sich in (9.248) bis (9.253). Dort fallen fünf der sechs Werte $\beta_{jm}$ zusammen. Hinreichend für die Existenz der Spektraldarstellung ist die Symmetrie und positive Definitheit des Viskositätsoperators $\mathbb{M}_j$. Dann gilt nämlich

$$\begin{aligned} &\mathbb{B}_j = \mathbb{M}_j{:}\mathbb{S}_j = \mathbb{X}^*{:}\mathbb{Y}{:}[\mathbb{Y}{:}\mathbb{X}{:}\mathbb{S}_j{:}\mathbb{X}^*{:}\mathbb{Y}]{:}\mathbb{Y}^{-1}{:}\mathbb{X}^{-*} \\ &\text{mit } \mathbb{Y} := (\mathbb{X}^{-*}{:}\mathbb{M}_j{:}\mathbb{X}^{-1})^{\frac{1}{2}}, \end{aligned} \tag{14.18}$$

wobei $\mathbb{X}$ irgendeine invertierbare lineare Abbildung von $\mathrm{Sym}(\mathscr{T}^*,\mathscr{T})$ in $\mathrm{Sym}(\mathscr{V},\mathscr{V})$ bedeutet, d.h., $\mathbb{B}_j$ ist ähnlich zu dem in der eckigen Klammer stehenden Operator. Da dieser aber symmetrisch ist – denn $\mathbb{S}_j$ ist symmetrisch –, besitzt er in der Tat eine Spektraldarstellung – vgl. (5.137). Ist die Viskosität $\mathbb{M}_j$ stark unsymmetrisch, dann können Wurzeln der charakteristischen Gleichung von $\mathbb{B}_j$ komplex werden. Einige Komponenten von $\mathbb{L}_j$ klingen dann nicht exponentiell ab, sondern beschreiben eine gedämpfte Schwingung. Ob es reale Materialien gibt, die ein solches Verhalten zeigen, mag dahingestellt bleiben.

Approximiert man (14.5) durch

$$\underset{\sim}{S}_j(t) = \mathbb{S}_j(\lambda(t),\underset{\sim}{G}(t)){:}[\underset{\sim}{G}(t) - \underset{\sim}{G}_j(t) - \underset{\sim}{G}_j^{\Theta}(\lambda(t),\underset{\sim}{G}(t))] \tag{14.19}$$

und führt ein

$$\begin{aligned} &\mathbb{K}_j(\lambda(t),\underset{\sim}{G}(t),\xi) := \mathbb{S}_j(\lambda(t),\underset{\sim}{G}(t)){:}\mathbb{L}_j(\underset{\sim}{G}(t),\xi) \\ &= \mathbb{S}_j(\lambda,\underset{\sim}{G}){:}\Bigg[\mathbb{1} - \frac{\xi}{\chi_j(\lambda)}\mathbb{M}_j(\lambda,\underset{\sim}{G}){:}\mathbb{S}_j(\lambda,\underset{\sim}{G}) \\ &\qquad + \frac{1}{2!}\left(\frac{\xi}{\chi_j(\lambda)}\right)^2 \mathbb{M}_j{:}\mathbb{S}_j{:}\mathbb{M}_j{:}\mathbb{S}_j - + \dots\Bigg], \end{aligned} \tag{14.20}$$

so ergibt sich

$$\begin{aligned} S_j(t) = \mathbb{K}_j(\lambda(t), G(t), \xi_j(t) - \xi_j(t_0)) : [G(t) - G_j^\Theta(\lambda(t), G(t)) - G_j(t_0)] \\ - \int_{\tau=t_0}^{t} \frac{\partial}{\partial \xi} \mathbb{K}_j(\lambda(t), G(t), \xi_j(t) - \xi_j(\tau)) : \\ [G(t) - G(\tau) - G_j^\Theta(\lambda(t), G(t)) + G_j^\Theta(\lambda(\tau), G(t))] \frac{d\xi_j}{d\tau}(\tau)\, d\tau . \end{aligned} \tag{14.21}$$

Einsetzen in (14.1) liefert das gesuchte Ausgabefunktional für die Beanspruchung.

Während eines isothermen Relaxationsversuchs ($\lambda \equiv \text{const}, G \equiv \text{const}$) verschwindet das Integral in (14.21), und man erhält unter Beachtung von (14.11) und (14.20)

$$\begin{aligned} S_j(t) &= \mathbb{K}_j(\lambda, G, \chi_j(\lambda)(t - t_0)) : \mathbb{K}_j^{-1}(\lambda, G, 0) : S_j(t_0) \\ &= \mathbb{S}_j(\lambda, G) : \mathbb{L}_j(G, \chi_j(\lambda)(t - t_0)) : \mathbb{S}_j^{-1}(\lambda, G) : S_j(t_0) \\ &=: \mathbb{R}_j(\lambda, G, \chi_j(\lambda)(t - t_0)) : S_j(t_0). \end{aligned} \tag{14.22}$$

Betrachten wir genauer den Fall, daß $\mathbb{R}_j$ vom ersten Argument $\lambda$ nicht abhängt. (Hinreichend dafür ist die Existenz einer Produktdarstellung $\mathbb{S}_j(\lambda, G) = \psi(\lambda)\bar{\mathbb{S}}_j(G)$ oder auch die Symmetrie von $\mathbb{M}_j$ – im letztgenannten Falle findet man $\mathbb{R}_j : S_j(t_0) = S_j(t_0) : \mathbb{L}_j$.) Dann gilt: Ist die isotherme Relaxation in der Maxwell-Komponente j bei einer Temperaturstufe $\lambda_1$ bekannt, so ergibt sie sich bei einer anderen Temperaturstufe $\lambda_2$ einfach durch eine affine Verzerrung der Zeitskala im Maßstab $\chi_j(\lambda_2)/\chi_j(\lambda_1)$. Bei Auftragung über einer logarithmisch geteilten Zeitachse findet man also eine Parallelverschiebung (shift) um den Logarithmus dieses Verzerrungsfaktors.

Ein interessanter Sonderfall liegt vor, wenn die Funktionen $\chi_j$ und damit auch $\xi_j$ für alle $j = 1,...,n$ übereinstimmen, also die Temperaturabhängigkeit der Relaxationszeiten bei allen Maxwell-Komponenten die gleiche ist. (Im rheologischen Modell ist das beispielsweise der Fall, wenn die Federsteifigkeiten $c_j$ von der Temperatur nicht abhängen und die Zähigkeiten $\eta_j$ die Form $\eta_j(\lambda) = \eta_{j0}/\chi(\lambda)$ haben.) Ein solches Materialelement heißt *thermorheologisch einfach*. Bei ihm kann die Änderung der isothermen Relaxation der gesamten Beanspruchung bei einem Wechsel der Temperaturstufe durch eine Verzerrung des Zeitmaßstabes erfaßt werden. Voraussetzung ist allerdings, daß bei beiden Temperaturstufen die Beanspruchungen $S_j(t_0)$ (für alle $j = 1,...,n$) die gleichen sind. (Auf diese Frage kommen wir bei der Erörterung der Temperaturbeanspruchung zurück.)

Der *zweite Fall*, bei dem eine Integration von (14.8) wenigstens näherungsweise möglich ist, liegt vor bei *langsamer Temperaturänderung*. Dann ist $\lambda(\tau)$ wenig von $\lambda(t)$ unterschieden, wir können in (14.8) setzen

$$\mathbb{B}_j(\lambda(\tau), G(t)) \approx \mathbb{B}_j(\lambda(t), G(t)), \tag{14.23}$$

$$G_j^\Theta(\lambda(\tau), G(t)) \approx G_j^\Theta(\lambda(t), G(t)) + [\Theta(\tau) - \Theta(t)] G_{j\Theta}(\lambda(t), G(t)), \tag{14.24}$$

und die Lösung der entstehenden Differentialgleichung

$$\frac{d\underset{\sim}{G}_j}{d\tau}(\tau) = \mathbb{B}_j(\lambda(t), \underset{\sim}{G}(t)) : [\underset{\sim}{G}(\tau) - \underset{\sim}{G}_j(\tau) - \underset{\sim}{G}_j^{\Theta}(\lambda(t), \underset{\sim}{G}(t)) - [\Theta(\tau) - \Theta(t)] \underset{\sim}{G}_{j\Theta}(\lambda(t), \underset{\sim}{G}(t))] \tag{14.25}$$

ergibt sich in Abwandlung von (14.21) zu

$$\begin{aligned} \underset{\sim}{S}_j(t) = & \mathbb{K}_j(\lambda(t), \underset{\sim}{G}(t), t - t_0) : [\underset{\sim}{G}(t) - \underset{\sim}{G}_j^{\Theta}(\lambda(t), \underset{\sim}{G}(t)) - \underset{\sim}{G}_j(t_0)] \\ & - \int_{\tau = t_0}^{t} \frac{\partial}{\partial \xi} \mathbb{K}_j(\lambda(t), \underset{\sim}{G}(t), t - \tau) : \\ & [\underset{\sim}{G}(t) - \underset{\sim}{G}(\tau) - [\Theta(t) - \Theta(\tau)] \underset{\sim}{G}_{j\Theta}(\lambda(t), \underset{\sim}{G}(t))] d\tau \end{aligned} \tag{14.26}$$

mit

$$\begin{aligned} & \mathbb{K}_j(\lambda(t), \underset{\sim}{G}(t), \xi) := \\ & \mathbb{S}_j(\lambda(t), \underset{\sim}{G}(t)) : \exp[-\mathbb{B}_j(\lambda(t), \underset{\sim}{G}(t)) \xi] \\ & = \mathbb{S}_j(\lambda, \underset{\sim}{G}) : \left[ \mathbb{1} - \frac{\xi}{1!} \mathbb{M}_j(\lambda, \underset{\sim}{G}) : \mathbb{S}_j(\lambda, \underset{\sim}{G}) + \frac{\xi^2}{2!} \mathbb{M}_j : \mathbb{S}_j : \mathbb{M}_j : \mathbb{S}_j - + \dots \right]. \end{aligned} \tag{14.27}$$

Im Gegensatz zu (14.21) ist das Gedächtnisintegral jetzt nicht nur in $\underset{\sim}{G}(t) - \underset{\sim}{G}(\tau)$, sondern auch in $\Theta(t) - \Theta(\tau)$ linear. Mit den Abkürzungen

$$\mathbb{K} := \sum_{j=1}^{n} \mathbb{K}_j, \quad \bar{\underset{\sim}{S}}_{\Theta} := - \sum_{j=1}^{n} \mathbb{K}_j : \underset{\sim}{G}_{j\Theta} \tag{14.28}$$

läßt das Ausgabefunktional der Beanspruchung sich schreiben als

$$\begin{aligned} \underset{\sim}{S} = & \underset{\sim}{S}_e(\underset{\sim}{G}, \Theta) + \underset{\sim}{S}_v \\ & + \sum_{j=1}^{n} \mathbb{K}_j(\lambda(t), \underset{\sim}{G}(t), t - t_0) : [\underset{\sim}{G}(t_0) - \underset{\sim}{G}_j^{\Theta}(\lambda(t_0), \underset{\sim}{G}(t)) - \underset{\sim}{G}_j(t_0)] \\ & + \mathbb{K}(\lambda(t), \underset{\sim}{G}(t), t - t_0) : [\underset{\sim}{G}(t) - \underset{\sim}{G}(t_0)] \\ & + \bar{\underset{\sim}{S}}_{\Theta}(\lambda(t), \underset{\sim}{G}(t), t - t_0) [\Theta(t) - \Theta(t_0)] \\ & - \int_{\tau = t_0}^{t} \{ \frac{\partial}{\partial \xi} \mathbb{K}(\lambda(t), \underset{\sim}{G}(t), t - \tau) : [\underset{\sim}{G}(t) - \underset{\sim}{G}(\tau)] \\ & \qquad + \frac{\partial}{\partial \xi} \bar{\underset{\sim}{S}}_{\Theta}(\lambda(t), \underset{\sim}{G}(t), t - \tau) [\Theta(t) - \Theta(\tau)] \} d\tau. \end{aligned} \tag{14.29}$$

Es bleibt die Passivität sicherzustellen: Integration von (14.5) gibt

$$\omega_j = \frac{\lambda}{4} [\underset{\sim}{G} - \underset{\sim}{G}_j - \underset{\sim}{G}_j^{\Theta}(\lambda, \underset{\sim}{G}_j)] : \mathbb{S}_j(\lambda, \underset{\sim}{G}_j) : [\underset{\sim}{G} - \underset{\sim}{G}_j - \underset{\sim}{G}_j^{\Theta}(\lambda, \underset{\sim}{G}_j)] + \bar{\omega}_j(\lambda, \underset{\sim}{G}_j), \tag{14.30}$$

und das ist im Rahmen der Näherung für langsame Verformung zu approximieren durch

$$\omega_j = \frac{\lambda}{4}[G - G_j - G_j^{\ominus}(\lambda, G)]:\mathbb{S}_j(\lambda, G):[G - G_j - G_j^{\ominus}(\lambda, G)] + \bar{\omega}_j(\lambda, G), \tag{14.31}$$

woraus sich wiederum näherungsweise

$$\frac{\partial \omega_j}{\partial G_j} = -\frac{\lambda}{2}\mathbb{S}_j(\lambda, G):[G - G_j - G_j^{\ominus}(\lambda, G)] = -S_j \tag{14.32}$$

ergibt, so daß die Restungleichungen in

$$-\frac{\partial \omega_j}{\partial G_j}:\dot{G}_j = S_j:\dot{G}_j = S_j:\mathbb{M}_j:S_j \geqq 0 \tag{14.33}$$

übergehen. Notwendig und hinreichend zu ihrer Erfüllung ist die positive Semidefinitheit aller $\mathbb{M}_j$. Symmetrie von $\mathbb{M}_j$ ist dagegen nicht verlangt. Eine eventuelle Unsymmetrie von $\mathbb{M}_j$ läßt sich an der Relaxationsfunktion ablesen. Aus (14.20) und (14.27) entnimmt man wegen der Symmetrie von $\mathbb{S}_j$, daß $\mathbb{K}_j(\lambda, G, \xi = 0)$ stets symmetrisch ist, dagegen $\mathbb{K}_j(\lambda, G, \xi)$ für alle $\xi > 0$ genau dann, wenn $\mathbb{M}_j$ symmetrisch ist.

Einen ganz anderen Weg zur Erzeugung von Integraldarstellungen gehen Coleman und Noll. Ihre Theorie der „Materialien mit schwindendem Gedächtnis" ist wiedergegeben bei Truesdell und Noll [0.1], Kap. 38 ff. Zuerst wird die Menge der Geschichten $G(t) - G(\tau)$ durch Einführung eines inneren Produkts zu einem Hilbert-Raum gemacht. Sodann wird angenommen, das Geschichtsfunktional der Beanspruchung sei in den Geschichten stetig und Fréchet-differenzierbar. (Der physikalische Gehalt einer derartigen Annahme ist schwer abzuschätzen.) Für langsame Verformungen läßt sich der Geschichtsanteil dann durch die erste Fréchet-Ableitung approximieren, und diese besitzt nach einem Satz aus der Theorie der Hilbert-Räume gerade die Gestalt eines Integrals. Dabei handelt es sich um genau dasselbe Integral, welches man – im rein mechanischen Falle – aus unserem Resultat (14.29) gewinnt, wenn man den Grenzübergang $t_0 \to -\infty$ zum Geschichtsfunktional durchführt und ferner ein kontinuierliches Relaxationsspektrum zuläßt. Der Term $S_v(G, \dot{G}, ...)$ tritt bei diesem Vorgehen nicht auf, denn er besitzt nicht jene für das Beanspruchungsfunktional geforderte stetige Abhängigkeit von der Geschichte.

Wird das Materialverhalten derart durch ein einfaches Integral über die Geschichte dargestellt, so nennen Coleman und Noll diese Beschreibung „Finite lineare Viskoelastizität". Die Theorie der Materialien mit schwindendem Gedächtnis ist später von Coleman auf den thermomechanischen Fall erweitert worden (siehe Truesdell und Noll [0.1], Kap. 96bis). Auf der Basis dieser Arbeit hat Haupt [0.32] festgestellt, daß der Ansatz der Finiten linearen Viskoelastizität – im mechanischen ebenso wie im thermomechanischen Falle – die Forderung der Passivität in der Regel nicht exakt erfüllt, doch ist der Fehler vernachlässigbar, wenn man diese Theorie nur als Approximation bei langsamen Verformungen anwendet. Das entspricht genau unserem Ergebnis, denn wir haben mit dem Ansatz (14.19) und der Erfüllung von (14.33) ebenfalls der Passivitätsforderung nur im Rahmen einer solchen Näherung Genüge getan. In einem Spezialfall allerdings ist die Passivitätsbedingung auch bei

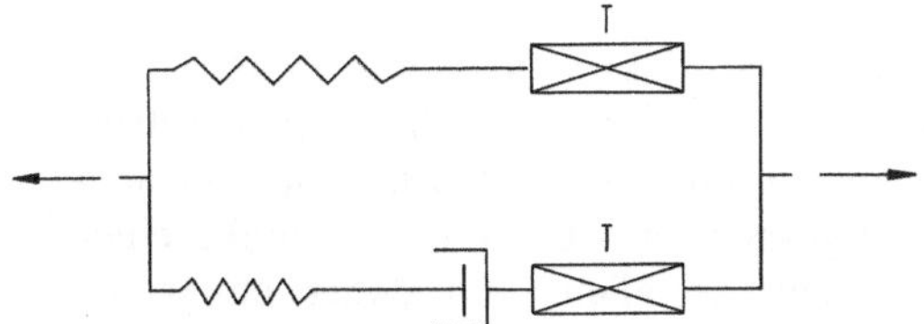


**Bild 14.1.** Rheologisches Modell mit Temperaturdehnungselementen (T)

beliebigen Prozessen exakt erfüllt, nämlich wenn die Operatoren $\mathbb{S}_j$, $\mathbb{M}_j$ und $\mathcal{G}_j^\Theta$ gar nicht von $\mathcal{G}_j$ abhängen. (Statt $\mathcal{G}_j$ können wir in diesem Falle eine feste Konfiguration $\mathcal{G}_0$ setzen und erhalten so eine Erweiterung der unechten Hintereinanderschaltung auf den thermomechanischen Fall. Die Differentialgleichung (14.7) ist dann in $\mathcal{G}_j$ linear und läßt sich unter der Annahme $\mathbb{B}_j(\lambda)=\chi_j(\lambda)\bar{\mathbb{B}}_j$ exakt integrieren.)

Noch eine Anmerkung zur Temperaturbeanspruchung. Gemäß (14.1) ändern sich bei plötzlicher Temperaturänderung und festgehaltener Konfiguration sowohl $\mathcal{S}_e$ als auch $\mathcal{S}_j$ $(j=1,...,n)$. Das zu erwartende Verhalten liest man an einem rheologischen Modell ab, welches Temperaturdehnungselemente (T) enthält (Bild 14.1). Wird die Konfiguration festgehalten, so bleibt der in der Feder geweckte Anteil der Temperaturbeanspruchung konstant, während der im Maxwell-Element sich durch Relaxation abbaut. (In den bei Haupt [0.32] angegebenen Gleichungen der thermorheologisch einfachen Stoffe tritt dieser Relaxationseffekt nicht auf, da den viskoelastischen Elementen kein Temperaturdehnungselement zugeordnet wird — das entspricht $\mathcal{G}_j^\Theta\equiv 0$. In diesem Falle ist die Vorgeschichte der Temperatur in (14.21) allein über die Zeittransformation zu berücksichtigen.) Sind beide Federn des Modells spannungsfrei und wird die Temperatur erhöht, so bleibt die sofort eintretende Temperaturdehnung nur dann erhalten, wenn die Federn spannungsfrei geblieben sind, also die Temperaturdehnungen beider Elemente übereinstimmen. Anderenfalls setzt Kriechen ein. Im Sonderfall, daß nur dem Maxwell-Element ein Temperaturdehnungselement zugeordnet ist, bildet sich die Temperaturdehnung im Laufe der Zeit vollständig zurück. Effekte dieser Art sind experimentell belegt (vgl. Findley et al. [0.35], § 11.6).

Jetzt können wir auch das Problem der Anfangsbedingung bei der Relaxation von thermorheologisch einfachen Stoffen besser verstehen. Sind beide Federn entspannt, erhöht man zur Zeit $t_0$ die Temperatur von $\Theta_0$ auf $\Theta_1$, bringt die Kraft f auf und hält sodann Länge und Temperatur konstant, dann fällt die Kraft vom Anfangswert f auf den (zeitlich konstanten) Anteil $f_e$ in der Feder ab. Macht man dasselbe bei einer anderen Temperaturstufe $\Theta_2$, so ergibt sich nur dann die neue Relaxationskurve durch eine bloße Transformation des Zeitmaßstabes, wenn die Anfangsverteilung der Kraft auf Feder und Maxwell-Element die gleiche ist wie bei $\Theta_1$. Sieht man von einer Temperaturabhängigkeit der Federsteifigkeiten ab, so ist dies der Fall, wenn die Temperaturdehnung von Feder und Maxwell-Element gleich ist.

Nicht auf einem mathematischen Darstellungssatz, sondern auf einem physikalischen Konzept beruht der folgende Vorschlag der Materialbeschreibung mittels eines einfachen Integrals. Bernstein, Kearsley und Zapas [14.1], [14.2] betrachten ein inkompressibles mechanisches Materialelement (kurz BKZ fluid genannt), dessen Speicherenergie durch das Geschichtsfunktional

$$W(t)=\int_{\tau=-\infty}^{t} w(\mathrm{Inv}(\mathcal{G}(\tau)^{-1}\mathcal{G}(t)),t-\tau)d\tau \tag{14.34}$$

gegeben ist. Es erlaubt folgende Deutung: Zum Zeitpunkt $\tau$ hat sich im Materialelement ein isotropes elastisches Netz aufgebaut, welches im Augenblick seiner Entstehung – also in der Konfiguration $\underset{\sim}{G}(\tau)$ – spannungsfrei gewesen ist und in dem momentan zur Zeit t Formänderungsenergie w gespeichert wird. Vom Zeitpunkt seines Entstehens an soll das Netz allmählich wieder zerfallen, und daher hängt die Formänderungsenergie nicht nur von den Invarianten der – durch $\underset{\sim}{G}(\tau)^{-1}\underset{\sim}{G}(t)-\underset{\sim}{1}$ beschriebenen – Verzerrung des Netzes, sondern auch von seinem Alter $t-\tau$ ab. Das Funktional (14.34) summiert den Beitrag aller seit $\tau=-\infty$ entstandenen Netze zur gesamten Speicherenergie des Materialelements. Um die Passivitätsforderung auszuwerten, hat man die Leibnizsche Differentiationsregel

$$\frac{d}{dt}\left[\int_{\tau=t_0}^{t} f(t,\tau)\,d\tau\right]=f(t,t)+\int_{\tau=t_0}^{t}\frac{\partial f}{\partial t}(t,\tau)\,d\tau \tag{14.35}$$

zu benutzen und $w(\operatorname{Inv}\underset{\sim}{1},.)=0$ zu beachten. Man findet

$$\begin{aligned}&\frac{1}{2}\underset{\sim}{S}(t):\dot{\underset{\sim}{G}}(t)-\dot{W}\\&=\left[\frac{1}{2}\underset{\sim}{S}(t)-\int_{\tau=-\infty}^{t}\frac{\partial}{\partial\underset{\sim}{G}(t)}w(\operatorname{Inv}(\underset{\sim}{G}(\tau)^{-1}\underset{\sim}{G}(t)),t-\tau)\,d\tau\right]:\dot{\underset{\sim}{G}}(t)\\&\quad-\int_{\tau=-\infty}^{t}\frac{\partial}{\partial(t-\tau)}w(\operatorname{Inv}(\underset{\sim}{G}(\tau)^{-1}\underset{\sim}{G}(t)),t-\tau)\,d\tau\\&\geqq 0.\end{aligned} \tag{14.36}$$

Wegen der Inkompressibilität ist $\dot{\underset{\sim}{G}}$ nicht beliebig, sondern genügt der Einschränkung $\underset{\sim}{G}(t)^{-1}:\dot{\underset{\sim}{G}}(t)=0$. Während wir daher beim Materialelement ohne Zwangsbedingung auf das Verschwinden der eckigen Klammer schließen müßten ($\underset{\sim}{S}$ soll nicht von $\dot{\underset{\sim}{G}}$ abhängen), kann diese Klammer hier ohne Verletzung der Passivitätsforderung ein beliebiges skalares Vielfaches von $\underset{\sim}{G}^{-1}$ sein. Es ergibt sich somit die Potentialbeziehung

$$\underset{\sim}{S}(t)=\xi(t)\underset{\sim}{G}(t)^{-1}+\int_{\tau=-\infty}^{t}2\frac{\partial}{\partial\underset{\sim}{G}(t)}w(\operatorname{Inv}(\underset{\sim}{G}(\tau)^{-1}\underset{\sim}{G}(t)),t-\tau)\,d\tau$$

$$\xi \text{ beliebig reell} \tag{14.37}$$

und die Restungleichung

$$-\int_{\tau=-\infty}^{t}\frac{\partial}{\partial(t-\tau)}w(\operatorname{Inv}(\underset{\sim}{G}(\tau)^{-1}\underset{\sim}{G}(t)),t-\tau)\,d\tau\geqq 0. \tag{14.38}$$

*Bemerkung:* Die Funktion w besitzt nur für Konfigurationen $\underset{\sim}{G}(t)$ einer festen Dichte physikalische Bedeutung. Benutzung der Ableitung $\partial w/\partial\underset{\sim}{G}$ heißt also, daß wir uns die Funktion auf andere Konfigurationen in deren Umgebung in differenzierbarer Weise fortgesetzt denken.

Betrachten wir wie beim elastischen inkompressiblen Materialelement den mittleren Druck p als unabhängige Variable, so läßt $\xi$ sich unter Beachtung von (8.66) eliminieren, und (14.37) gewinnt die Gestalt

$$\underset{\sim}{S}(t) = -p(t)\upsilon\underset{\sim}{G}(t)^{-1} + \left[\mathbb{1} - \frac{1}{3}\underset{\sim}{G}(t)^{-1} \otimes \underset{\sim}{G}(t)\right] : \int_{\tau=-\infty}^{t} 2\frac{\partial}{\partial \underset{\sim}{G}(t)} w(\operatorname{Inv}(\underset{\sim}{G}(\tau)^{-1}\underset{\sim}{G}(t)), t-\tau)d\tau. \tag{14.39}$$

Wegen $I_3 = \det[\underset{\sim}{G}\tau)^{-1}\underset{\sim}{G}(t)] \equiv 1$ benötigt man von $\underset{\sim}{G}(\tau)^{-1}\underset{\sim}{G}(t)$ nur die beiden Invarianten $I_1 = \operatorname{tr}(\underset{\sim}{G}(\tau)^{-1}\underset{\sim}{G}(t))$ und – vgl. (5.97) – $I_2 = I_2/I_3 = \operatorname{tr}(\underset{\sim}{G}(t)^{-1}\underset{\sim}{G}(\tau))$, so daß wir schreiben können

$$w(\operatorname{Inv}(G(\tau)^{-1}G(t)), t-\tau) = \bar{w}(I_1 - 3, I_2 - 3, t-\tau) \tag{14.40}$$

mit $\bar{w}(0,0,t-\tau) = 0$. Innere Zustandsvariable und deren Entwicklungsgleichungen lassen sich auffinden, wenn wir annehmen dürfen, die Funktion $\bar{w}$ sei ein Polynom in ihren ersten beiden Variablen:

$$\begin{aligned}
&\bar{w}(I_1 - 3, I_2 - 3, t-\tau) \\
&= \frac{1}{2}w_{10}(t-\tau)[I_1 - 3] + \frac{1}{2}w_{01}(t-\tau)[I_2 - 3] \\
&+ \frac{1}{4}w_{20}(t-\tau)[I_1 - 3]^2 + \frac{1}{4}w_{02}(t-\tau)[I_2 - 3]^2 \\
&+ \frac{1}{2}w_{11}(t-\tau)[I_1 - 3][I_2 - 3] + \dots
\end{aligned} \tag{14.41}$$

(Hinsichtlich der Problematik einer solchen Darstellung sei auf die Diskussion am Ende von Abschnitt 15.1 in Zusammenhang mit Bild 15.2 verwiesen.) Dann gilt

$$\begin{aligned}
2\frac{\partial w}{\partial \underset{\sim}{G}(t)} &= w_{10}\underset{\sim}{G}(\tau)^{-1} - w_{01}\underset{\sim}{G}(t)^{-1}\underset{\sim}{G}(\tau)\underset{\sim}{G}(t)^{-1} \\
&+ w_{20}[\underset{\sim}{G}(t):\underset{\sim}{G}(\tau)^{-1} - 3]\underset{\sim}{G}(\tau)^{-1} + w_{11}[\underset{\sim}{G}(t)^{-1}:\underset{\sim}{G}(\tau) - 3]\underset{\sim}{G}(\tau)^{-1} \\
&- w_{11}[\underset{\sim}{G}(t):\underset{\sim}{G}(\tau)^{-1} - 3]\underset{\sim}{G}(t)^{-1}\underset{\sim}{G}(\tau)\underset{\sim}{G}(t)^{-1} \\
&- w_{02}[\underset{\sim}{G}(t)^{-1}:\underset{\sim}{G}(\tau) - 3]\underset{\sim}{G}(t)^{-1}\underset{\sim}{G}(\tau)\underset{\sim}{G}(t)^{-1} \\
&+ \dots,
\end{aligned} \tag{14.42}$$

und (14.37) wird zu

$$\begin{aligned}
\underset{\sim}{S} &= \xi\underset{\sim}{G}^{-1} + \underset{\sim}{U}_{10}^{-} - \underset{\sim}{G}^{-1}\underset{\sim}{U}_{01}^{+}\underset{\sim}{G}^{-1} \\
&+ \underset{\sim}{G}:\mathbb{V}_{20}^{--} - 3\underset{\sim}{U}_{20}^{-} + \underset{\sim}{G}^{-1}:\mathbb{V}_{11}^{+-} - 3\underset{\sim}{U}_{11}^{-} \\
&- \underset{\sim}{G}^{-1}\cdot[\mathbb{V}_{11}^{+-}:\underset{\sim}{G} - 3\underset{\sim}{U}_{11}^{+}]\cdot\underset{\sim}{G}^{-1} \\
&- \underset{\sim}{G}^{-1}\cdot[\mathbb{V}_{02}^{++}:\underset{\sim}{G}^{-1} - 3\underset{\sim}{U}_{02}^{+}]\cdot\underset{\sim}{G}^{-1} + \dots
\end{aligned} \tag{14.43}$$

mit den zur Abkürzung eingeführten Operatoren

$$\underset{\sim}{U}^{+}_{lm}(t) := \int_{\tau=-\infty}^{t} w_{lm}(t-\tau)\underset{\sim}{G}(\tau)d\tau,$$

$$\underset{\sim}{U}^{-}_{lm}(t) := \int_{\tau=-\infty}^{t} w_{lm}(t-\tau)\underset{\sim}{G}(\tau)^{-1}d\tau,$$

$$\mathbb{V}^{++}_{lm}(t) := \int_{\tau=-\infty}^{t} w_{lm}(t-\tau)\underset{\sim}{G}(\tau)\otimes\underset{\sim}{G}(\tau)d\tau,$$

$$\mathbb{V}^{+-}_{lm}(t) := \int_{\tau=-\infty}^{t} w_{lm}(t-\tau)\underset{\sim}{G}(\tau)\otimes\underset{\sim}{G}(\tau)^{-1}d\tau \tag{14.44}$$

usw. Nun mögen alle Kerne die Gestalt

$$w_{lm}(t-\tau) = \sum_{j=1}^{n(l,m)} w_{lm,j}e^{-\beta_{lm,j}(t-\tau)} \tag{14.45}$$

besitzen. (Damit die Integrale konvergieren, müssen alle $\beta_{lm,j}$ positiv sein. Hinreichend aber nicht notwendig für die Erfüllung der Restungleichung (14.38) ist es, wenn ferner alle $w_{lm,j}$ positiv sind, denn nach Bild 15.2 gilt $I_1-3\geqq 0$, $I_2-3\geqq 0$.) Schreiben wir beispielsweise

$$\underset{\sim}{U}^{+}_{lm} = \sum_{j=1}^{n(l,m)} w_{lm,j}\underset{\sim}{U}^{+}_{lm,j}$$

$$\mathbb{V}^{++}_{lm} = \sum_{j=1}^{n(l,m)} w_{lm,j}\mathbb{V}^{++}_{lm,j} \tag{14.46}$$

mit

$$\underset{\sim}{U}^{+}_{lm,j}(t) := \int_{\tau=-\infty}^{t} e^{-\beta_{lm,j}(t-\tau)}\underset{\sim}{G}(\tau)d\tau \tag{14.47}$$

und

$$\mathbb{V}^{++}_{lm,j}(t) := \int_{\tau=-\infty}^{t} e^{-\beta_{lm,j}(t-\tau)}\underset{\sim}{G}(\tau)\otimes\underset{\sim}{G}(\tau)d\tau, \tag{14.48}$$

so gelten die Differentialgleichungen

$$\frac{d}{dt}\underset{\sim}{U}^{+}_{lm,j}(t) = \underset{\sim}{G}(t) - \beta_{lm,j}\underset{\sim}{U}^{+}_{lm,j}(t) \tag{14.49}$$

und

$$\frac{d}{dt}\mathbb{V}^{++}_{lm,j}(t) = \underset{\sim}{G}(t)\otimes\underset{\sim}{G}(t) - \beta_{lm,j}\mathbb{V}^{++}_{lm,j}(t). \tag{14.50}$$

Damit haben wir eine endliche Anzahl von inneren Zustandsvariablen und deren inkrementelle Entwicklungsgleichungen erhalten. (Erstmals begegnen wir hier Operatoren höherer als zweiter Stufe in der Rolle von Zustandsvariablen.) Ein derartiger Übergang von Integraldarstellungen auf Zustandsvariable ist – in etwas anderem Zusammenhang – von Scharnhorst [14.3] durchgeführt worden.

Spezialisiert sich (14.41) auf die Form

$$\bar{w} = \frac{1}{2} w_{01}(t-\tau)[I_2 - 3], \tag{14.51}$$

dann gilt

$$\underset{\sim}{S} = \xi \underset{\sim}{G}^{-1} - \int_{\tau=-\infty}^{t} w_{01}(t-\tau) \underset{\sim}{G}^{-1}(t) \underset{\sim}{G}(\tau) \underset{\sim}{G}^{-1}(t) d\tau, \tag{14.52}$$

und das ist genau die Gleichung, welche die Finite lineare Viskoelastizität für eine inkompressible Flüssigkeit liefert. Es ist dies die Definitionsgleichung einer sogenannten inkompressiblen Flüssigkeit erster Ordnung (siehe Truesdell und Noll [0.1], Kap. 37) und zugleich eine Näherung für die langsame Verformung aller inkompressiblen Flüssigkeiten mit schwindendem Gedächtnis. Dieselbe Gleichung erhält man aber auch aus (10.48), (10.49), wenn man $\underset{\sim}{S}_v$ fallen läßt, $\underset{\sim}{S}_e$ proportional zu $\underset{\sim}{G}^{-1}$ setzt, $\varrho = \text{const}$ beachtet und zum Geschichtsfunktional übergeht. (Wir hatten sie als Näherung für langsame Bewegungen im Falle eines viskoelastischen Materials mit echter Hintereinanderschaltung gewonnen.) Obwohl also die BKZ-Flüssigkeit stets durch ein einfaches Integral beschrieben wird, geht sie mit ihren Möglichkeiten weit über eine solche Approximation hinaus – vgl. (14.51) mit (14.40).

Um weitere grundlegende Erkenntnisse über *nichtlineare Viskoelastizität* zu gewinnen, wenden wir uns wieder dem Studium der rheologischen Modelle zu.

Beim Maxwell-Modell nehmen wir jetzt Feder und Dämpfer beide nichtlinear an, d.h. (2.8), (2.9) sind zu ersetzen durch

$$f = c l_0 g\left(\frac{l-\alpha}{l_0}\right) \tag{14.53}$$

und

$$\dot{\alpha} = \frac{c l_0}{\eta} h\left(\frac{f}{c l_0}\right). \tag{14.54}$$

Die Funktionen g und h seien stetig, und es gelte $g(0) = h(0) = 0$, $h(\xi) \neq 0$, wenn $\xi \neq 0$. Die Wahl $g(\xi) \equiv h(\xi) = \xi$ liefert insbesondere das lineare Modell als Spezialfall. Die Vergleichslänge $l_0$ haben wir aus Dimensionsgründen eingeführt. Häufig verwendet werden die Ansätze von *Norton-Bailey* [14.4]

$$h(\xi) = \operatorname{sgn} \xi |\xi|^{\varkappa} \tag{14.55}$$

sowie von *Prandtl* [0.47]

$$h(\xi) = \sinh \xi. \tag{14.56}$$

Vom mathematischen Standpunkt aus betrachtet besitzen jene Fälle eine Sonderstellung, bei denen g die Umkehrfunktion von h ist, also – wie auch im linearen Falle – $h(g(\xi)) \equiv \xi$ gilt. Vom physikalischen Standpunkt aus mutet dieser spezielle Zusammenhang zwischen Feder- und Dämpfer-Kennlinie – wir wollen ihn korrespondierende Nichtlinearität nennen – eher bizarr an, doch verrät er uns einiges über die mathematische Struktur der nichtlinearen Probleme. Mit der Abkürzung $c/\eta=\beta$ ergibt sich nämlich für $\alpha$ wieder die lineare Differentialgleichung (2.12)

$$\dot{\alpha}=\beta(1-\alpha) \tag{14.57}$$

mit der Lösung (2.14) oder auch – nach (3.50) – als Integral über die gesamte Geschichte

$$\alpha(t)=\int_{\tau=-\infty}^{t}\beta e^{-\beta(t-\tau)}1(\tau)d\tau. \tag{14.58}$$

Einsetzen in (14.53) führt auf

$$f(t)=cl_0 g\left(\frac{1}{l_0}\left[1(t)-\int_{\tau=-\infty}^{t}\beta e^{-\beta(t-\tau)}1(\tau)d\tau\right]\right), \tag{14.59}$$

also die explizite Darstellung der Kraft als nichtlineares Funktional des Verlaufs von l. Beschränken wir uns auf stetige und stückweise stetig differenzierbare Verläufe $1(\tau)$, dann liefert partielle Integration mit $\varepsilon:=1/l_0-1$:

$$f(t)=cl_0 g\left(\int_{\tau=-\infty}^{t}e^{-\beta(t-\tau)}\dot{\varepsilon}(\tau)d\tau\right). \tag{14.60}$$

Nehmen wir speziell an, die Funktion $g(\xi)$ sei ein Polynom, also

$$g(\xi)=\xi+\gamma_2\xi^2+\gamma_3\xi^3+\ldots+\gamma_m\xi^m, \tag{14.61}$$

so finden wir, wenn wir die j-te Potenz des einfachen Integrals durch Umordnen als j-faches Integral schreiben,

$$\begin{aligned}\frac{f(t)}{cl_0}=&\int_{\tau=-\infty}^{t}e^{-\beta(t-\tau)}\dot{\varepsilon}(\tau)d\tau\\&+\gamma_2\int_{\tau_1=-\infty}^{t}\int_{\tau_2=-\infty}^{t}e^{-\beta(t-\tau_1)}e^{-\beta(t-\tau_2)}\dot{\varepsilon}(\tau_1)\dot{\varepsilon}(\tau_2)d\tau_1 d\tau_2\\&+\ldots\\&+\gamma_m\int_{-\infty}^{t}\int_{-\infty}^{t}\ldots\int_{-\infty}^{t}\ldots d\tau_1 d\tau_2\ldots d\tau_m.\end{aligned} \tag{14.62}$$

Gehen wir nun zum viskoelastischen Modell VE über, so sind das Kelvin-Element und die n Maxwell-Elemente durch die nichtlinearen Funktionen $\overset{e}{g}$, $\overset{v}{g}$ und $\overset{j}{g}$ $(j=1,\ldots,n)$ zu kennzeichnen:

$$\begin{aligned}\frac{f}{cl_0}=&\overset{e}{g}(\varepsilon)+\overset{v}{g}\left(\frac{\eta}{c}\dot{\varepsilon}\right)\\&+\sum_{j=1}^{n}\frac{c_j}{c}\overset{j}{g}\left(\int_{\tau=-\infty}^{t}e^{-\beta_j(t-\tau)}\dot{\varepsilon}(\tau)d\tau\right).\end{aligned} \tag{14.63}$$

Sind alle Funktionen $\overset{j}{g}$ Polynome vom Grade m, so ergibt sich

$$\frac{f}{cl_0} = \overset{e}{g}(\varepsilon) + \overset{v}{g}\left(\frac{\eta}{c}\dot{\varepsilon}\right)$$
$$+ \int_{\tau=-\infty}^{t} K_1(t-\tau)\dot{\varepsilon}(\tau)d\tau$$
$$+ \int_{\tau_1=-\infty}^{t} \int_{\tau_2=-\infty}^{t} K_2(t-\tau_1,t-\tau_2)\dot{\varepsilon}(\tau_1)\dot{\varepsilon}(\tau_2)d\tau_1 d\tau_2$$
$$+ \dots$$
$$+ \int_{-\infty}^{t} \int_{-\infty}^{t} \dots \int_{-\infty}^{t} \dots d\tau_1 d\tau_2 \dots d\tau_m \tag{14.64}$$

mit

$$K_1(x) := \sum_{j=1}^{n} \frac{c_j}{c} e^{-\beta_j x},$$
$$K_2(x_1,x_2) := \sum_{j=1}^{n} \frac{c_j}{c} \overset{j}{\gamma}_2 e^{-\beta_j x_1} e^{-\beta_j x_2}$$
$$\vdots$$
$$K_m(x_1,\dots,x_m) := \sum_{j=1}^{n} \frac{c_j}{c} \overset{j}{\gamma}_m e^{-\beta_j x_1} \dots e^{-\beta_j x_m}. \tag{14.65}$$

Sehr gebräuchlich ist es – vgl. die Bücher von Findley, Lai und Onaran [0.35], Lockett [0.37], Christensen [0.36] –, nichtlineares viskoelastisches Materialverhalten durch Vorgabe von Integralpolynomen des Typs (14.64) zu beschreiben. Die Form der Kerne $K_1$, $K_2$ usw. bleibt dabei vorerst beliebig – (14.65) gilt also nicht –, doch kann man ohne Beschränkung der Allgemeinheit annehmen, die Funktionen $K_j(x_1,\dots,x_j)$ seien invariant unter einer beliebigen Permutation ihrer Argumente $x_1,\dots,x_j$. Der Grundgedanke einer solchen Beschreibung stammt von Green und Rivlin [14.5], die noch zusätzlich voraussetzen, das Material sei vor dem Zeitpunkt $t=0$ in Ruhe gewesen, so daß – wegen $\dot{\varepsilon}(\tau)\equiv 0$ für $\tau<0$ – die untere Integrationsgrenze $-\infty$ überall durch 0 ersetzt werden kann. Wie ist dieses Vorgehen zu beurteilen?

Vom mathematischen Standpunkt betrachtet, handelt es sich bei solchen Integralpolynomen nur um Spezialfälle nichtlinearer Funktionale. Bei korrespondierender Nichtlinearität treffen wir bereits in (14.55) und (14.56) auf zwei Fälle, die sich nicht in dieser Weise exakt darstellen lassen. Die aus (14.56) folgende Funktion $g(\xi) = \operatorname{arsinh}\xi$ ist nämlich kein Polynom und führt daher nach Taylor-Entwicklung in $-1 \leqq \xi \leqq 1$ auf ein unendliches Integralpolynom, während die aus (14.55) sich ergebende Funktion $g(\xi) = \operatorname{sgn}\xi|\xi|^{1/\chi}$ für $\chi > 1$ nicht einmal um die Stelle $\chi = 0$ Taylor-entwickelbar ist. Nun besagt ein Satz von Weierstraß, daß jede stetige Funktion sich in einem vorgegebenen Intervall mit beliebiger Genauigkeit durch ein Polynom approximieren läßt – in diesem Sinne argumentieren Green und Rivlin – doch zeigt gerade das letzte Beispiel, daß diese Erkenntnis recht theoretisch sein kann, denn jedes Polynom hat bei $\xi = 0$ im Gegensatz zur Funktion $g(\xi)$ eine endliche Steigung, so daß

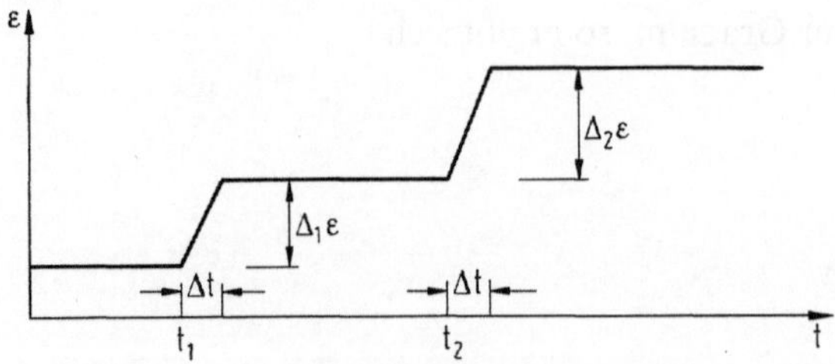


**Bild 14.2.** Programm zur Ermittlung der Integralkerne eines Integralpolynoms 2. Grades

die Approximation ausgerechnet nahe $\xi=0$ besonders schlecht ausfällt. Zwar ist die Federkennlinie dieses Beispiels physikalisch uninteressant. Ob man aber umgekehrt bei jedem sinnvollen physikalischen Problem sicher mit einer guten Approximierbarkeit des Funktionals durch ein Integralpolynom rechnen kann, muß doch dahingestellt bleiben.

Die experimentelle Ermittlung der Integralkerne kann wie folgt geschehen: Nehmen wir an, ein Material werde exakt durch ein Integralpolynom zweiten Grades beschrieben:

$$f(t)=\int_{\tau=-\infty}^{t} K_1(t-\tau)\dot{\varepsilon}(\tau)d\tau + \int_{\tau_1=-\infty}^{t}\int_{\tau_2=-\infty}^{t} K_2(t-\tau_1,t-\tau_2)\dot{\varepsilon}(\tau_1)\dot{\varepsilon}(\tau_2)d\tau_1 d\tau_2. \tag{14.66}$$

Fahren wir nun ein Programm gemäß Bild 14.2, so finden wir für $t>t_2+\Delta t$, wenn wir $\Delta t$ nach Null schicken und $K_2(x_1,x_2)=K_2(x_2,x_1)$ beachten:

$$\begin{aligned}\check{f}=&K_1(t-t_1)\Delta_1\varepsilon+K_1(t-t_2)\Delta_2\varepsilon\\&+K_2(t-t_1,t-t_1)(\Delta_1\varepsilon)^2\\&+2K_2(t-t_1,t-t_2)\Delta_1\varepsilon\Delta_2\varepsilon\\&+K_2(t-t_2,t-t_2)(\Delta_2\varepsilon)^2.\end{aligned} \tag{14.67}$$

Wird dagegen nur der Sprung $\Delta_1\varepsilon$ zur Zeit $t_1$ aufgebracht, so ergibt sich

$$f(t)=\hat{f}(t-t_1,\Delta_1\varepsilon):=K_1(t-t_1)\Delta_1\varepsilon+K_2(t-t_1,t-t_1)(\Delta_1\varepsilon)^2. \tag{14.68}$$

Damit schreibt sich (14.67):

$$\begin{aligned}\check{f}(t)=&\hat{f}(t-t_1,\Delta_1\varepsilon)+\hat{f}(t-t_2,\Delta_2\varepsilon)\\&+2K_2(t-t_1,t-t_2)\Delta_1\varepsilon\Delta_2\varepsilon.\end{aligned} \tag{14.69}$$

Kennt man also die Kennlinien $\hat{f}$ und $\check{f}$ aus den Versuchen mit einem und mit zwei Sprüngen, so läßt sich aus der letzten Formel $K_2(t-t_1,t-t_2)$ ermitteln. Der gesamte Kern $K_2$ ist somit bekannt, wenn man den Abstand $t_2-t_1$ der beiden Sprünge zwischen 0 und $\infty$ variiert. Den Kern $K_1$ gewinnt man aus (14.68), indem man den Versuch mit zwei verschiedenen Sprunghöhen $\Delta_1\varepsilon$ fährt.

Entsprechend benötigt man bei Integralpolynomen m-ten Grades Relaxationsversuche mit m Sprüngen zur vollständigen Bestimmung der Kerne. Scheinbar ist also eine solche Darstellung den experimentellen Gegebenheiten bestens angepaßt. Dazu ist allerdings zu bemerken, daß Kriechversuche sich wesentlich leichter als Relaxationsversuche durchführen lassen, die Umrechnung im nichtlinearen Falle jedoch nur näherungsweise möglich ist. Schwerwiegender sind jedoch die folgenden beiden Einwände gegen die Darstellung experimenteller Befunde mit Hilfe von Integralpolynomen oder anderen ad hoc eingeführten nichtlinearen Funktionalen:

1. Im allgemeinen ist nicht bekannt, ob die so beschriebenen Materialien passiv sind. Ein entsprechender Nachweis stößt i.allg. auf beträchtliche Schwierigkeiten.
2. Die numerische Verfolgung eines Verformungsprozesses $\dot{\varepsilon}(\tau)$ ist sehr aufwendig. Will man die Kraft f im Zeitpunkt $t_j$ ermitteln, so hat man – $\dot{\varepsilon}(\tau) \equiv 0$ für $\tau < t_0$ vorausgesetzt – alle Integrale im Intervall $[t_0, t_j]$ auszuwerten. Um anschließend $f(t_j + \Delta t)$ zu ermitteln, ist über $[t_0, t_j + \Delta t]$ zu integrieren, ohne daß von den zuvor berechneten Integralen etwas verwendet werden kann; denn da die Kerne von der oberen Grenze $t_j$ bzw. $t_j + \Delta t$ abhängen, haben die Integranden sich im gesamten Gebiet geändert. Für eine große Zahl von Zeitschritten wird der Aufwand also gewaltig.

Bei der Verwendung einfacher Integrale gelten diese Einwände nicht. Sowohl in der Finiten linearen Viskoelastizität als auch bei der BKZ-Flüssigkeit ist die Forderung der Passivität erfüllt, und passende Approximationen gestatten auch den Übergang zur Beschreibung mittels innerer Zustandsvariabler, die gewöhnlichen Differentialgleichungen genügen. Hat man daher bis zum Zeitpunkt $t_j$ gerechnet und will bis $t_j + \Delta t$ weitergehen, so benötigt man den Prozeß nur noch im Intervall $[t_j, t_j + \Delta t]$ – und nicht mehr in $[t_0, t_j]$ – sowie ferner die Momentanwerte aller Zustandsvariablen im Zeitpunkt $t_j$. Bei einer großen Zahl von Zeitschritten verringert sich also der Rechenaufwand und der Speicherplatzbedarf ganz wesentlich.

Bei der Benutzung von Integralpolynomen sind die Einwände bezüglich Passivität und Numerik wohl bisher nicht ebenso auszuräumen. Lediglich bei Vorliegen der physikalisch wenig interessanten korrespondierenden Nichtlinearität kann man ebenso wie im linearen Falle von der Integraldarstellung (14.64) auf ein rheologisches Modell rückschließen. (Wie man aus (14.65) sieht, ist dazu notwendig, daß die Kerne die Eigenschaft $K_j(x_1, x_2, \ldots, x_m) = \bar{K}_j(x_1 + x_2 + \ldots + x_m)$ haben, und hinreichend, daß die Funktionen $\bar{K}_j$ sich durch Prony-Reihen mit einheitlichen Exponentialfunktionen darstellen lassen.) Ehe man in anderen Fällen versucht, Zustandsvariable und ihre Entwicklungsgleichungen aus nichtlinearen Integraldarstellungen abzuleiten, ist es einfacher, gleich auf die nichtlinearen rheologischen Modelle – ohne korrespondierende Nichtlinearität – zurückzugreifen (für die sich keine Funktionaldarstellungen mittels Quadraturen finden lassen). Passivität ist dann leicht sicherzustellen, und die numerische Behandlung stützt sich auf nichtlineare Systeme gewöhnlicher Differentialgleichungen. Was den dreidimensionalen Fall angeht, so gelten dieselben Gesichtspunkte in verstärktem Maße.

Die in diesem Abschnitt behandelten Integraldarstellungen beschreiben sämtlich Materialien ohne Verfestigung. Bei Verwendung der rheologischen Modelle bzw. der dreidimensionalen Struktur (11.75) ff. bietet jedoch die Aufnahme von Verfestigungsparametern keine Schwierigkeiten. Ihre Bedeutung soll im folgenden Abschnitt näher untersucht werden.

## 14.2 Kriechverfestigung

In eindimensionalen Versuchen seien Kriechkurven $l(t)-l_0$ aufgenommen worden. Ist die Abhängigkeit von der aufgebrachten (konstanten) Kraft f linear, so wird man eine Interpretation mittels des Modells VE vorzunehmen versuchen. Dieses liefert gemäß (2.31) eine Kriechkurve der Form $l(t)-l_0=f[d_0(t-t_0)+\tilde{d}-d(t)]$. Die Differenz $d(t)$ zwischen der Kriechkurve (zu $f=1$) und ihrer Asymptote $d_0(t-t_0)+\tilde{d}$ stellt man nun – analog zum Vorgehen in (2.45) ff. – dar als

$$d(t)=t\int_{\gamma=0}^{\infty}\Psi(\gamma)e^{-\gamma t}d\gamma, \tag{14.70}$$

so daß $\Psi$ sich durch inverse Laplace-Transformation von $d(t)/t$ ermitteln läßt. Approximation von $\Psi$ durch eine Treppenfunktion $\Psi_a$ mit Stufen $d_j$ bei $\gamma_j$ gibt dann die Näherung $d_a(t)$ in Form einer Prony-Reihe, also die Kriechkurve in der approximierten Form

$$l_a(t)-l_0=f\left[d_0(t-t_0)+\tilde{d}-\sum_{m=1}^{n}d_m e^{-\gamma_m(t-t_0)}\right], \tag{14.71}$$

die ebenso beim rheologischen Modell VE auftritt. Wie man daraus die Konstanten $c,\eta,c_1,\ldots,c_n$, $\beta_1,\ldots,\beta_n$ ermittelt, ist in Zusammenhang mit (2.36) erläutert.

Ein Beispiel, bei dem das soeben angedeutete Vorgehen versagt, ist die Kriechkurve

$$l(t)-l_0=a(f)+b(f)(t-t_0)^{\zeta(f)} \text{ mit } 0<\zeta<1, \tag{14.72}$$

die vielfach – vgl. Findley et al. [0.35] – als besonders genaue Approximation von Meßergebnissen angegeben wird, jedoch keine Asymptote besitzt.

Im linearen Fall

$$l(t)-l_0=f[\bar{d}+\hat{d}(t-t_0)^{\zeta}],\ \zeta=\text{const} \tag{14.73}$$

wollen wir versuchen, sie mit dem Modell VE zu erklären (Bild 14.3).

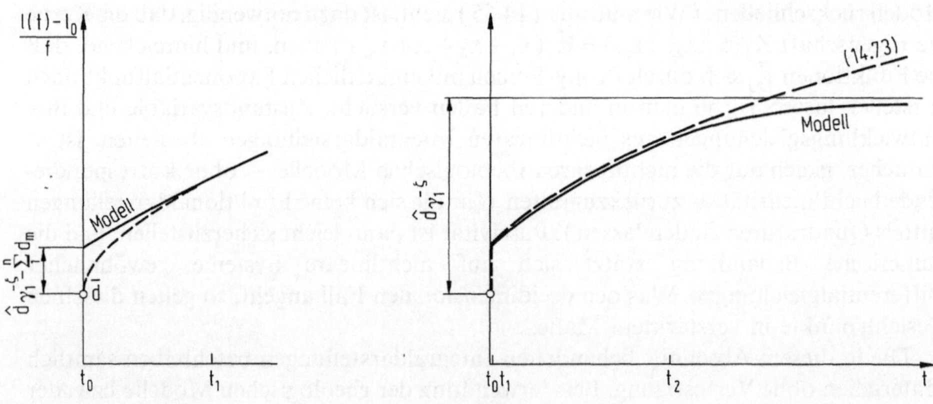


**Bild 14.3.** Approximation der Meßkurve (14.73) im Intervall $[t_1,t_2]$ durch das Verhalten eines Modells VE gemäß Bild 2.4

Eine Möglichkeit dazu ist folgende: Die Kurve (14.73) approximiert die Meßdaten in einem Zeitintervall $[t_1, t_2]$. Was unmittelbar nach dem Aufbringen der Last $(t_0 \leqq t < t_1)$ sowie nach dem Ende der Messung $(t > t_2)$ sich ereignet, mag von dieser Kurve abweichen. Ein Modell des Typs VE, welches die Kurve in $[t_1, t_2]$ beliebig genau approximiert, läßt sich aber beispielsweise folgendermaßen konstruieren: Die Funktion

$$l^*(t) - l_0 = f[\bar{d} + \hat{d}\gamma_1^{-\zeta}(1 - e^{-\gamma_1(t-t_0)})^\zeta] \tag{14.74}$$

besitzt für kleine $t - t_0$ die Darstellung

$$l^*(t) - l_0 = f[\bar{d} + \hat{d}(t - t_0)^\zeta\{1 + O(\gamma_1(t - t_0))\}] \tag{14.75}$$

und approximiert daher die Kurve (14.73) in $[t_0, t_2]$ um so genauer, je kleiner $\gamma_1$ gewählt wird. Binomische Entwicklung von (14.74) gibt

$$l^*(t) - l_0 = f\left[\bar{d} + \hat{d}\gamma_1^{-\zeta} - \sum_{m=1}^{\infty} d_m e^{-m\gamma_1(t-t_0)}\right]$$

mit

$$d_1 := \hat{d}\zeta\gamma_1^{-\zeta},$$

$$d_m := \hat{d}\gamma_1^{-\zeta}\frac{1}{m}\zeta(1-\zeta)\left(1 - \frac{\zeta}{2}\right)\dots\left(1 - \frac{\zeta}{m-1}\right), \quad m > 1. \tag{14.76}$$

Die Näherung bleibt für $t > t_1$ auch dann genau genug, wenn wir die Reihe bei einem hinreichend großen $m = n$ abbrechen, also ansetzen

$$l_a(t) - l_0 = f\left[\sum_{m=1}^{n} d_m(1 - e^{-m\gamma_1(t-t_0)}) + \bar{d} + \hat{d}\gamma_1^{-\zeta} - \sum_{m=1}^{n} d_m\right], \tag{14.77}$$

und das ist – mit $\gamma_m := m\gamma_1$ und $d_{n+1} := \bar{d} + \hat{d}\gamma_1^{-\zeta} - \sum_1^n d_m$ – genau das Kriechverhalten (2.31) eines Modells VE mit $\eta = 0$ und $c \neq 0$. Der asymptotische Wert $f(\bar{d} + \hat{d}\gamma_1^{-\zeta}) = f/c$, dem $l_a(t) - l_0$ für $t \to \infty$ zustrebt, ist von uns durch Vorgabe von $\gamma_1$ willkürlich festgelegt worden und aus der im Intervall $[t_1, t_2]$ aufgenommenen Meßkurve (14.73) nicht zu entnehmen. Er liegt jedenfalls weit jenseits des zur Zeit $t_2$ erreichten Wertes.

Bei dem beschriebenen Vorgehen ist die benötigte Zahl von inneren Zustandsvariablen außerordentlich hoch. Dagegen ist eine exakte Wiedergabe für alle $t > t_0$ mit sogar nur zwei inneren Zustandsvariablen $\alpha$ und $\varkappa$ möglich, wenn man ein Maxwell-Element mit verfestigendem Dämpfer benutzt. Setzen wir also in Verallgemeinerung von (14.53) und (14.54) sogleich nichtlinear an:

$$f = cl_0 g\left(\frac{l - \alpha}{l_0}\right), \tag{14.78}$$

$$\dot{\alpha} = h(f, \varkappa), \tag{14.79}$$

$$\dot{\varkappa} = k(l, \alpha, \varkappa). \tag{14.80}$$

Im Kriechversuch ist $f \equiv \mathrm{const}$ und daher $1-\alpha \equiv \mathrm{const}$, also

$$\dot{\mathrm{l}} = \dot{\alpha} = \mathrm{h}(\mathrm{f},\varkappa). \tag{14.81}$$

Ohne den Verfestigungsparameter $\varkappa$ hätten wir $\dot{\mathrm{l}} \equiv \mathrm{const}$, also stationäres Kriechen. Die aus der Approximation von Meßdaten gewonnene Kurve (14.72) verlangt dagegen

$$\dot{\mathrm{l}}(\mathrm{t}) = \mathrm{b}\zeta(\mathrm{t}-\mathrm{t}_0)^{\zeta-1}, \ \zeta-1<0, \tag{14.82}$$

also den Abfall von $\dot{\mathrm{l}}$ auf Null.

Ein nicht ganz erfolgreicher Versuch, dies zu beschreiben, ist die *Zeitverfestigung* (d.h. Alterung), welche auf dem Ansatz

$$\varkappa \equiv \mathrm{t} \Rightarrow \dot{\varkappa} \equiv 1 \tag{14.83}$$

gründet. Im vorliegenden Falle soll gelten

$$\mathrm{b}(\mathrm{f})\zeta(\mathrm{f})(\varkappa-\mathrm{t}_0)^{\zeta(\mathrm{f})-1} = \mathrm{h}(\mathrm{f},\varkappa), \tag{14.84}$$

womit die Funktion h festliegt. Besitzt sie insbesondere Produktform, d.h. gilt

$$\dot{\alpha} = \bar{\mathrm{h}}(\mathrm{f})\hat{\mathrm{h}}(\varkappa), \tag{14.85}$$

so muß

$$\zeta = \mathrm{const}, \ \mathrm{b}(\mathrm{f}) = \frac{1}{\zeta}\bar{\mathrm{h}}(\mathrm{f}), \ \hat{\mathrm{h}}(\varkappa) = (\varkappa-\mathrm{t}_0)^{\zeta-1} \tag{14.86}$$

sein. Daß die wirksame Zähigkeit $\hat{\mathrm{h}}(\varkappa)^{-1}$ ausgerechnet im willkürlich gewählten Zeitpunkt $\mathrm{t}_0$ der Lastaufbringung mit dem Wert Null startet, ist vom physikalischen Standpunkt nicht gerechtfertigt und spricht gegen die Annahme einer (alleinigen) Zeitverfestigung. In der Tat enthält die Forderung (14.84) einen Widerspruch, denn die linke Seite hängt von $\mathrm{t}_0$ ab, die rechte aber muß davon unabhängig sein.

Sinnvoller erscheint die Annahme, die Verfestigung sei an die inelastische Verformung gekoppelt. Wir setzen allgemein an

$$\dot{\varkappa} = \bar{\mathrm{k}}(\mathrm{f})|\dot{\alpha}| \tag{14.87}$$

und erfassen damit als Sonderfälle die *Dehnungsverfestigung*

$$\bar{\mathrm{k}} \equiv 1 \Rightarrow \dot{\varkappa} = |\dot{\alpha}| \tag{14.88}$$

und die *Arbeitsverfestigung*

$$\bar{\mathrm{k}} = |\mathrm{f}| \Rightarrow \dot{\varkappa} = \mathrm{f}\dot{\alpha}. \tag{14.89}$$

In unserem Kriechversuch ist dann (im Falle $\dot{\mathrm{l}} = \dot{\alpha} > 0$):

$$\varkappa(\mathrm{t}) = \bar{\mathrm{k}}(\mathrm{f})[\alpha(\mathrm{t})-\alpha(\mathrm{t}_0)] = \bar{\mathrm{k}}(\mathrm{f})\mathrm{b}(\mathrm{f})(\mathrm{t}-\mathrm{t}_0)^{\zeta(\mathrm{f})}. \tag{14.90}$$

Indem wir das nach $t-t_0$ auflösen und in (14.82) einsetzen, erhalten wir die Funktion h – diesmal widerspruchsfrei – aus (14.79) zu

$$h(f,\varkappa) = \zeta(f)\,b(f)^{1/\zeta(f)}[\bar{k}(f)\varkappa^{-1}]^{1/\zeta(f)-1}. \tag{14.91}$$

Im Falle der Produktform (14.85) gilt insbesondere

$$\zeta = \text{const},\; b(f) = \left[\frac{\bar{h}(f)}{\zeta}\right]^{\zeta}[\bar{k}(f)]^{\zeta-1},\; \hat{h}(\varkappa) = \varkappa^{1-1/\zeta}, \tag{14.92}$$

und Gleichung (14.72) spezialisiert sich auf

$$l(t) - l_0 = a(f) + [\bar{k}(f)]^{\zeta-1}[\zeta^{-1}\bar{h}(f)(t-t_0)]^{\zeta}. \tag{14.93}$$

Sogar im einfachen Fall der Dehnungsverfestigung ($\bar{k} \equiv 1$) und der linearen Dämpfung ($\bar{h}$ linear in f) ist der zeitabhängige Term eine nichtlineare Funktion von f.

Wie man sieht, geben sowohl die Zeitverfestigung als auch die an die inelastische Verformung gekoppelte Verfestigung bei nur zwei inneren Zustandsvariablen die gewünschte Kriechkurve exakt wieder. Daraus kann man natürlich nicht schließen, daß diese Ansätze gleichwertig, oder gar, daß sie dem Modell VE überlegen sind. Es zeigt sich vielmehr nur, daß ein einzelner Kriechversuch, und mag er noch so lange dauern, nur spärlichen Aufschluß über das Materialverhalten gibt. Welches der Materialmodelle tatsächlich anwendbar ist, klärt sich erst in zusätzlichen Versuchen. Ob ein Modell mit oder ohne Verfestigung angemessen ist, läßt sich folgendermaßen prüfen: Man fährt einen Kreisprozeß der Verformung aus dem entspannten und relaxierten Zustand heraus und wartet danach, bis die Kraft durch Relaxation in etwa wieder abgebaut worden ist. Wiederholt man den Kreisprozeß, dann verhält sich ein Material ohne Verfestigung wie beim ersten Mal, während das Verhalten durch Verfestigung verändert worden sein muß. Auch die verschiedenen Arten der Verfestigung lassen sich unterscheiden: Beschafft man sich zwei gleichartige Proben, die sich in einem relaxierten Zustand befinden, und fährt mit beiden denselben Versuch, jedoch zeitlich versetzt, dann muß sich das Verhalten im Falle alternden Materials unterscheiden, während es gleich sein wird bei einer Verfestigung, die an die inelastische Verformung gekoppelt ist. Um bei letzterer das Verfestigungsgesetz (14.87) zu bestimmen und so beispielsweise die Dehnungsverfestigung von der Arbeitsverfestigung zu unterscheiden, kann man so vorgehen: Man mißt die Kriechkurve unter der Laststufe f und erhält daraus die Parameter b(f) und $\zeta(f)$. Fährt man nun Kriechversuche unter anderen Laststufen $f_*$ und erhöht dann plötzlich zur Zeit t auf f, dann gilt unmittelbar vor und nach dem Sprung gemäß (14.90)

$$\varkappa = \bar{k}(f_*)[\alpha(t) - \alpha(t_0)] \tag{14.94}$$

und daher für die Kriechgeschwindigkeit sofort nach dem Sprung

$$\dot{\alpha} = \dot{l} = h(f,\varkappa) = \zeta(f)\,b(f)^{1/\zeta(f)}\left[\frac{\bar{k}(f_*)}{\bar{k}(f)}(\alpha(t) - \alpha(t_0))\right]^{1-1/\zeta(f)} \tag{14.95}$$

woraus $\bar{k}$ sich ermitteln läßt.

## 14.3 Thixotropie und Rheopexie

Im vorigen Abschnitt haben wir anwachsende Zähigkeit studiert. Es gibt aber auch reale Materialien mit reversibler Verfestigung. So nimmt die Zähigkeit gewisser – als thixotrop bezeichneter – Gele (z.B. Bentonit) beim Schütteln oder Rühren rasch ab, weil molekulare Bindungen dabei zerstört werden. In einer anschließenden Ruhephase bauen diese Bindungen sich jedoch wieder auf, so daß die Ausgangszähigkeit erneut erreicht wird. Dasselbe beobachtet man an konzentrierten Lösungen von Polymeren, bei denen der Abfall der Zähigkeit mit der Auflösung von Verknotungen (entanglements) der Kettenmoleküle erklärt wird (siehe Ferry [0.43], Kap. 17). Rheopektisch nennt man das Verhalten, wenn umgekehrt die Zähigkeit während des Verformungsprozesses zunimmt, um anschließend wieder abzufallen.

Beide Verhaltensweisen lassen sich beispielsweise mit dem folgenden modifizierten Maxwell-Modell wiedergeben, bei dem die veränderliche Zähigkeit $\eta$ die Rolle einer zusätzlichen inneren Zustandsvariablen spielt.

$$f = c(1-\alpha),$$

$$\dot{\alpha} = \frac{f}{\eta},$$

$$\dot{\eta} = -a(\eta-\eta_1) - b(\eta-\eta_2)|\dot{\alpha}|. \tag{14.96}$$

Zwei widerstreitende Mechanismen bestimmen die Entwicklung der Zähigkeit: Der von der Konstanten $b\,(>0)$ gesteuerte Mechanismus versucht während des inelastischen Verformungsvorganges die Zähigkeit zum Wert $\eta_2$ hin zu verschieben, während jener von der Konstanten $a\,(>0)$ gesteuerte die Rückentwicklung zum Ruhewert $\eta_1$ betreibt. Führen wir eine Bogenlänge s ein durch

$$s = \int_{t_0}^{t} (a + b|\dot{\alpha}(\tau)|)\,d\tau, \tag{14.97}$$

so gewinnen wir aus der letzten Differentialgleichung von (14.96)

$$\begin{aligned} \eta(t) &= \eta_1 + [\eta(t_0) - \eta_1]e^{-s} + (\eta_2 - \eta_1)\int_0^s e^{-(s-\bar{s})}\frac{b|\dot{\alpha}(\bar{s})|}{a + b|\dot{\alpha}(\bar{s})|}\,d\bar{s} \\ &= \eta_2 + [\eta(t_0) - \eta_2]e^{-s} + (\eta_1 - \eta_2)\int_0^s e^{-(s-\bar{s})}\frac{a}{a + b|\dot{\alpha}(\bar{s})|}\,d\bar{s} \end{aligned} \tag{14.98}$$

und entnehmen daraus für alle $t \geqq t_0$

$$\eta_1 \geqq \eta(t) \geqq \eta_2 \text{ im Falle der Thixotropie } (\eta_1 > \eta_2),$$

$$\eta_1 \leqq \eta(t) \leqq \eta_2 \text{ im Falle der Rheopexie } (\eta_1 < \eta_2), \tag{14.99}$$

falls diese Ungleichungen für $t = t_0$ erfüllt waren. Die Zähigkeit liegt also zwischen den Schranken $\eta_1$ und $\eta_2$.

Bei einem stationären Prozeß mit $\dot{\iota} \equiv \text{const}\ (>0)$, also

$$\dot{\alpha}_\infty = \dot{\iota},\ f_\infty = \eta_\infty \dot{\iota}, \tag{14.100}$$

stellt $\eta$ sich auf den Wert

$$\eta_\infty = \eta_1 + (\eta_2 - \eta_1)\frac{b\dot{\iota}}{a + b\dot{\iota}} \tag{14.101}$$

ein. Zur Untersuchung des instationären Anfahrvorganges (mit $\dot{\iota} \equiv \text{const} > 0$) steht uns eine geschlossene Lösung des nichtlinearen Differentialgleichungssystems (14.96) nicht zur Verfügung. Wesentliche Informationen erhalten wir jedoch aus dem Studium des Verhaltens in der Nähe der stationären Lösung $(\eta_\infty, f_\infty)$. Aus (14.96) gewinnen wir im Falle $\dot{\iota} > 0$, $f > 0$

$$\frac{df}{d\eta} = \frac{c\eta\dot{\iota} - cf}{-a\eta(\eta - \eta_1) - b(\eta - \eta_2)f} = \frac{A(\eta - \eta_\infty) + B(f - f_\infty) + \dots}{C(\eta - \eta_\infty) + D(f - f_\infty) + \dots} \tag{14.102}$$

mit

$$A = c\dot{\iota} > 0,\ B = -c < 0,$$

$$C = -\eta_2(a + b\dot{\iota}) - \frac{a^2(\eta_1 - \eta_2)}{a + b\dot{\iota}} < 0,\ D = -\frac{ab(\eta_1 - \eta_2)}{a + b\dot{\iota}}. \tag{14.103}$$

Daher ist

$$BC - AD = c(\eta_1 a + \eta_2 b\dot{\iota}) > 0 \tag{14.104}$$

und

$$AD = -ac(\eta_1 - \eta_2)\frac{b\dot{\iota}}{a + b\dot{\iota}} \begin{cases} < 0, \text{ wenn thixotrop,} \\ > 0, \text{ wenn rheopektisch.} \end{cases} \tag{14.105}$$

Die folgende Diskussion geschieht in sinngemäßer Abwandlung der Formeln (9.226)ff.

Sind die Wurzeln $\lambda_1$ und $\lambda_2$ gemäß (9.227) reell, dann sind sie auch vorzeichengleich, so daß ein Knotenpunkt vorliegt. Strudelpunkte, also komplexe Lösungen der Gleichung (9.226), treten auf, wenn

$$(B - C)^2 + 4AD$$
$$= a^2\eta_2^2 \left\{ \left[ \frac{c}{a\eta_2} - 1 - \frac{b}{a}\dot{\iota} + \frac{\eta_1/\eta_2 - 1}{1 + (b/a)\dot{\iota}} \right]^2 - 4\left(\frac{\eta_1}{\eta_2} - 1\right)\left(\frac{c}{a\eta_2} - 1\right) \right\} < 0 \tag{14.106}$$

ist. In Bild 14.4 ist das der Fall im Außengebiet eines Hyperbelastes (Gebiet 1). Bei Rheopexie (Gebiet 2) gibt es keine Strudelpunkte – wie schon aus (14.105) folgt –, bei Thixotropie sind sie ausgeschlossen, wenn

$$\frac{c}{\eta_2 a} < 1 \tag{14.107}$$

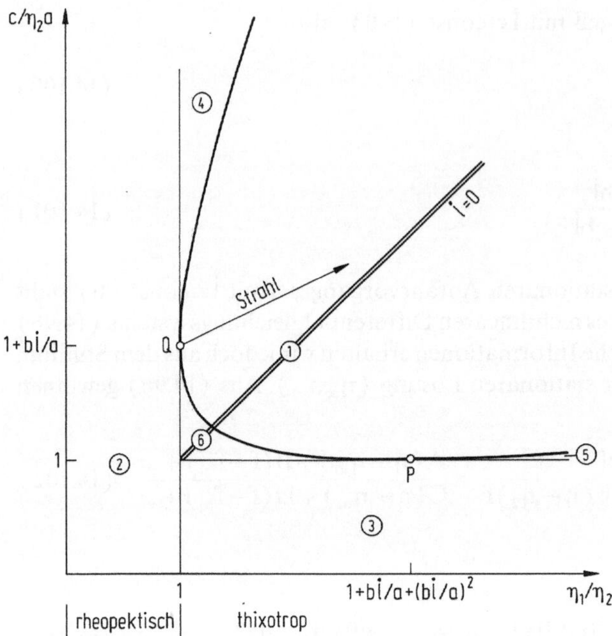


**Bild 14.4.** Zur Ermittlung der Lage von Strudelpunkten und Knotenpunkten

gilt (Gebiet 3), also die Relaxationszeit $a^{-1}$ des Erholungsprozesses der Zähigkeit kleiner ist als die minimal mögliche Relaxationszeit $\eta_2/c$ des Maxwell-Elements. Ist dagegen $c > \eta_2 a$, dann lassen sich stets Werte von $\dot{I}$ so finden, daß der stationäre Punkt ein Strudelpunkt ist. Liegt $\dot{I}$ nahe bei Null, dann ist das Gebiet 1 – wie dargestellt – auf die Diagonale zusammengezogen, und die übrigen Punkte gehören zum Gebiet 4 oder 5, sind also Knotenpunkte. Vergrößern wir nun $\dot{I}$, dann wandern die Punkte P und Q der Hyperbel in horizontaler bzw. vertikaler Richtung. Jeder Punkt, der anfangs im Gebiet 4 oder 5 lag, wird zweimal hintereinander von der Hyperbel überstrichen und wird daher für mittlere Werte von $\dot{I}$ zum Strudelpunkt (Gebiet 1) und für noch größere Werte von $\dot{I}$ wieder zum Knotenpunkt (Gebiet 6). Die Lösungskurven laufen gemäß Gleichung (9.228) in den Knoten mit einer positiven Tangentensteigung ein, wenn entweder Rheopexie vorliegt oder aber im thixotropen Falle $B < C$ ist, also

$$\frac{c}{\eta_2 a} > 1 + \frac{b}{a}\dot{I} + \frac{\eta_1/\eta_2 - 1}{1 + (b/a)\dot{I}}. \tag{14.108}$$

Durch diese Ungleichung werden in Bild 14.4 die Punkte oberhalb eines Strahls beschrieben, der von Punkt Q aus in das Gebiet 1 hineinläuft. Eine positive Tangentensteigung besitzen also die Punkte des Gebietes 4, nicht aber die der Gebiete 3, 5 und 6.

Die physikalischen Konsequenzen dieser Ergebnisse entnimmt man den qualitativen Darstellungen von Bild 14.5. Im Falle der Rheopexie legt die positive Tangentensteigung am stationären Punkt die Annahme nahe, daß sowohl $\eta$ als auch f monoton

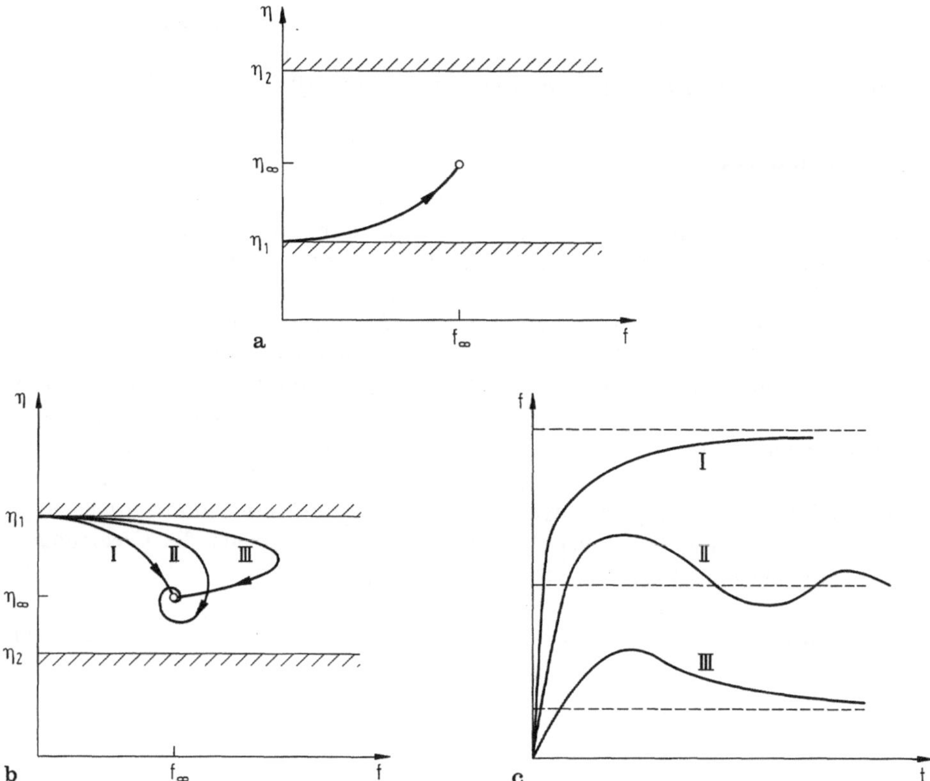


**Bild 14.5.** Verlauf von Kraft f und Zähigkeit η bei der Anfahrströmung: **a**) rheopektischer Fall, **b**) thixotrope Fälle, **c**) qualitative Darstellung der zeitlichen Entwicklung der Kraft in den drei thixotropen Fällen

auf ihre stationären Werte $\eta_\infty$ bzw. $f_\infty$ anwachsen. Bei Thixotropie sind dagegen drei Fälle zu unterscheiden:

1. $c < \eta_2 a$, Gebiet 3. Tangentensteigung negativ, also Lösung vom Typ I in Bild 14.5. Es ist anzunehmen, daß f monoton zu- und η monoton abnimmt bis zum stationären Wert.
2. $\eta_2 a < c < \eta_1 a$, Punkte unterhalb der Diagonalen in Bild 14.4. Für kleine $\dot{l}$ Gebiet 5, für mittlere Gebiet 1, für große Gebiet 6, also – wegen negativer Tangentensteigung in Gebiet 5 und 6 – Kurvenverlauf gemäß I, II und wieder I in Bild 14.5. Bei Kurve II durchläuft die Kraft unendlich viele Maxima.
3. $\eta_1 a < c$, Punkte oberhalb der Diagonalen in Bild 14.4. Für kleine $\dot{l}$ Gebiet 4, für mittlere Gebiet 1, für große Gebiet 6, d.h. Kurvenverlauf gemäß III, II bzw. I in Bild 14.5. Beim Anfahren mit kleiner Geschwindigkeit muß sich also ein Überschießen (peak) der Kraft über den stationären Wert bemerkbar machen.

Führt man eine dem dritten Fall entsprechende thixotrop veränderliche Zähigkeit in das dreidimensionale Maxwell-Materialmodell ein, so ist beim Anfahren einer Scherströmung zu erwarten, daß nicht mehr nur – wie beim Material mit konstanter

Zähigkeit – die Schubspannungen (wegen der zunehmenden Achsdrehung), sondern auch die Normalspannungen deutliche Maxima durchlaufen, und ein solches Verhalten wird in der Tat experimentell bestätigt (siehe Ferry [0.43], Kap. 17).

## 14.4 Kriechbruch

Bisweilen wird in Kriechversuchen folgendes Verhalten beobachtet (Bild 14.6): Nach der Anfangsphase des Primärkriechens und einer (nahezu) stationären Übergangsphase des Sekundärkriechens wächst die Kriechgeschwindigkeit in einer Phase des „*Tertiärkriechens*“ wieder rasch an, und schließlich geht die Probe zu Bruch.

Am rheologischen Modell läßt sich dieses Verhalten nachbilden, wenn man ein Maxwell-Element mit nicht nur einem (verfestigenden) Dämpfer verwendet, sondern sehr viele gleichartige Dämpfer parallelschaltet und annimmt, daß im Laufe des Kriechens immer mehr von ihnen reißen, so daß die Kräfte in den verbleibenden Dämpfern und damit deren Kriechgeschwindigkeit anwächst (Bild 14.7). Bezeichnen wir als Maß der Schädigung (damage) y das Verhältnis der momentan ausgefallenen zu den ursprünglich vorhandenen Dämpfern, so sind demnach die Gleichungen (14.78) bis (14.80) zu ersetzen durch

$$f = c l_0 g\left(\frac{l-\alpha}{l_0}\right), \tag{14.109}$$

$$\dot{\alpha} = h\left(\frac{f}{(1-y)}, \varkappa\right), \tag{14.110}$$

$$\dot{\varkappa} = k(l, \alpha, y, \varkappa) \tag{14.111}$$

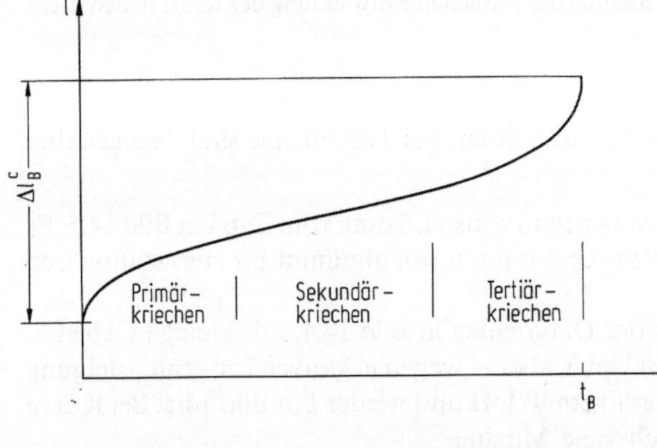


**Bild 14.6.** Die drei Kriechphasen bis zum Bruch

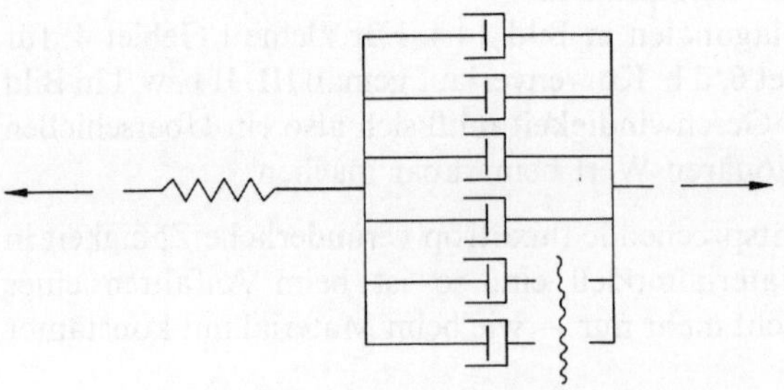

**Bild 14.7.** Maxwell-Modell mit Schädigung. Die unteren Dämpfer sind bereits ausgefallen

und zu ergänzen durch eine Entwicklungsgleichung für y. Diese Idee geht auf Kachanov und Rabotnov [14.6] zurück. In Erweiterung ihrer Vorschläge setzen wir

$$\dot{y} = \eta\left(\frac{f}{(1-y)}\right)|\dot{\alpha}| \text{ mit } \eta \geqq 0. \tag{14.112}$$

Im Kriechversuch – mit $f \equiv \text{const}$, $\dot{\alpha} = \dot{l}$ $(>0)$ – gibt Integration der letzten Gleichung

$$\alpha(t) - \alpha(t_0) = l(t) - l(t_{0+}) = \int_{\bar{y}=0}^{y} \frac{d\bar{y}}{\eta(f/(1-\bar{y}))}. \tag{14.113}$$

Zur Zeit $t_B$ wird der Wert $y = 1$ erreicht, d.h., der Bruch (rupture) tritt ein, und die Abhängigkeit der Kriechbruchdehnung von der angelegten Kraft ergibt sich somit zu

$$\Delta l_B^c = l(t_B) - l(t_{0+}) = \int_{\bar{y}=0}^{1} \frac{d\bar{y}}{\eta(f/(1-\bar{y}))}. \tag{14.114}$$

Beispielsweise liefert der Ansatz

$$\dot{y} = \frac{1}{K}\left|\frac{f}{(1-y)}\right|^{\psi}|\dot{\alpha}| \text{ mit } K > 0,\ \psi \geqq 0 \tag{14.115}$$

den Zusammenhang

$$\alpha(t) - \alpha(t_0) = \frac{K}{\psi+1}|f|^{-\psi}[1 - (1-y)^{\psi+1}] \tag{14.116}$$

und die Kriechbruchdehnung

$$\Delta l_B^c = \frac{K}{\psi+1}|f|^{-\psi}. \tag{14.117}$$

Für (14.110) wollen wir den speziellen Produktansatz

$$\dot{\alpha} = A \operatorname{sgn}(f)\left|\frac{f}{(1-y)}\right|^{\chi}\varkappa^{-\delta} \text{ mit } \chi > 0,\ \delta > 0 \tag{14.118}$$

wählen, so daß sich, in (14.115) eingesetzt, im Kriechversuch

$$\dot{y} = \frac{A}{K}\left|\frac{f}{(1-y)}\right|^{\chi+\psi}\varkappa^{-\delta} \tag{14.119}$$

ergibt.

Im Falle der (unrealistischen) Zeitverfestigung, also $\varkappa \equiv t$ (diesen Ansatz verwenden beispielsweise Hayhurst et al. [14.7]), liefert Integration mittels Trennung der Variablen

$$1 - y = \left[1 - \frac{A}{K}|f|^{\chi+\psi}\frac{1+\chi+\psi}{1-\delta}(t^{1-\delta} - t_0^{\;1-\delta})\right]^{1/(1+\chi+\varphi)}. \tag{14.120}$$

Setzt man das in (14.116) ein, so hat man die gesuchte Kriechkurve, welche in der Tat das Aussehen wie in Bild 14.6 besitzt (falls $1-\delta>0$ ist). Sie beginnt allerdings nur dann mit einer senkrechten Tangente, wenn die Belastung zufällig zur Zeit $t_0=0$ aufgebracht wird. In diesem Falle ergibt sich für kleine Werte von t – also für das Primärkriechen – die Näherung

$$\dot{\mathfrak{l}} \approx A|f|^{\chi} t^{-\delta}. \tag{14.121}$$

Wollen wir das mit den Meßdaten (14.82) identifizieren, so haben wir zu setzen

$$\delta = 1-\zeta, \text{ also } \zeta = \text{const}, \; b(f) = A\zeta^{-1}|f|^{\chi}. \tag{14.122}$$

Die Lebensdauer $t_B$ bis zum Bruch errechnet sich damit durch Nullsetzen der Klammer in (14.120) zu

$$t_B = \left(\frac{K}{b(f)}|f|^{-\psi}\right)^{1/\zeta}(1+\chi+\psi)^{-1/\zeta}. \tag{14.123}$$

Im Falle der an die inelastische Verformung gekoppelten Verfestigung wollen wir in Spezialisierung von (14.87) setzen

$$\dot{\varkappa} = |f|^{\varphi}|\dot{\alpha}|. \tag{14.124}$$

Beim Kriechversuch mit $\dot{\alpha}>0$ gilt dann

$$\varkappa(t) = |f|^{\varphi}[\alpha(t)-\alpha(t_0)], \tag{14.125}$$

und Einsetzen in (14.119) unter Beachtung von (14.116) liefert nach Trennung der Variablen

$$t-t_0 = \frac{K}{A}|f|^{-\chi-(1+\delta)\psi+\delta\varphi}\left(\frac{K}{1+\psi}\right)^{\delta}\int_{\bar{y}=0}^{y}(1-\bar{y})^{\chi+\psi}[1-(1-\bar{y})^{\psi+1}]^{\delta}d\bar{y}. \tag{14.126}$$

Für kleine $t-t_0$ folgt daraus die Näherung

$$\dot{\mathfrak{l}} \approx [(1+\delta)^{-\delta}A|f|^{\chi-\delta\varphi}(t-t_0)^{-\delta}]^{1/(1+\delta)}. \tag{14.127}$$

Identifikation mit den Meßdaten (14.82) liefert

$$\delta = \frac{1}{\zeta}-1, \text{ also } \zeta = \text{const}, \; b = [A\zeta^{-1}|f|^{\chi-\delta\varphi}]^{\zeta}. \tag{14.128}$$

Damit errechnet sich die Lebensdauer zu

$$t_B-t_0 = \left(\frac{K}{b(f)}|f|^{-\psi}\right)^{1/\zeta}(1+\psi)^{1-1/\zeta\zeta-1}\int_{\bar{y}=0}^{1}(1-\bar{y})^{\chi+\psi}[1-(1-\bar{y})^{\psi+1}]^{1/\zeta-1}d\bar{y}. \tag{14.129}$$

Eine analytische Auswertung des Integrals (14.126) ist nur für gewisse Exponenten möglich. So ergibt sich für $\zeta=1/2$, also $\delta=1$

$$\int_{\bar{y}=0}^{y}(1-\bar{y})^{\chi+\psi}[1-(1-\bar{y})^{\psi+1}]d\bar{y}=\frac{(1-y)^{\chi+2\psi+2}-1}{\chi+2\psi+2}-\frac{(1-y)^{\chi+\psi+1}-1}{\chi+\psi+1}. \tag{14.130}$$

Unter Beachtung dieses Resultats liegt mit (14.116) und (14.126) die Kriechkurve in Parameterdarstellung vor. Ein Vergleich der Formeln (14.123) und (14.129) zeigt übrigens, daß bei allen hier betrachteten Verfestigungsansätzen die Form der Abhängigkeit der Lebensdauer von der Kraft f die gleiche ist.

Die dreidimensionale thermomechanische Verallgemeinerung des Ansatzes (14.78) bis (14.80) liegt bereits im Gleichungssatz (11.32) bis (11.41) vor. (Da wir Maxwell-Materialien betrachten, entfällt die Abhängigkeit von $\dot{\mathbf{G}},\dot{\lambda},\hat{\nabla}\lambda$ in den Entwicklungsgleichungen.) Es bleibt die Aufgabe, das Konzept der Schädigung ins Dreidimensionale zu verallgemeinern. So wie in den Gleichungen (14.110) und (14.112) die effektive Kraft

$$f_{eff}:=\frac{f}{1-y} \tag{14.131}$$

an die Stelle der tatsächlichen Kraft f getreten ist, könnte man eine effektive Beanspruchung durch

$$\mathbf{P}_{eff}:=\frac{1}{1-y}\mathbf{P} \tag{14.132}$$

definieren. Da die Schädigung in diesem Falle durch den Skalar y beschrieben wird, nennt man sie isotrop. Eine *anisotrope Schädigung* läßt sich am einfachsten durch einen symmetrischen Tensor $\mathbf{Y}$ erfassen. Der Ansatz

$$\mathbf{P}_{eff}:=\mathrm{sym}\{(\mathbf{1}-\mathbf{Y}_e\mathbf{Y}\mathbf{Y}_e^{-1})^{-1}\mathbf{P}\} \tag{14.133}$$

– der Tensor $\mathbf{Y}_e$ wird mitgeführt, um später die invariante Darstellung (14.137) besonders einfach zu gestalten – stellt eine jener vielen Möglichkeiten dar, die der Forderung genügen, im isotropen Spezialfall $\mathbf{Y}=y\mathbf{1}$ in (14.132) überzugehen. Sind die Tensoren $\mathbf{Y},\mathbf{Y}_e,\mathbf{P}$ momentan koaxial, dann lautet die Hauptachsenform von (14.133)

$$p_j^{eff}=\frac{p_j}{1-y_j} \qquad j=1,2,3. \tag{14.134}$$

In jeder der drei Hauptrichtungen ist also i.allg. ein anderer Schädigungsgrad $y_j$ erreicht. Da $0\leqq y_j\leqq 1$ $(j=1,2,3)$ gilt, ist $\mathbf{Y}$ positiv semidefinit. Nimmt einer der drei Eigenwerte $y_j$ den Wert 1 an, dann wird $\mathbf{1}-\mathbf{Y}_e\mathbf{Y}\mathbf{Y}_e^{-1}=\mathbf{Y}_e(\mathbf{1}-\mathbf{Y})\mathbf{Y}_e^{-1}$ singulär und daher $|\mathbf{P}_{eff}|$ unendlich.

Definiert man

$$\left.\begin{aligned}\bar{\mathbf{S}}_{eff}&:=\bar{\mathbf{K}}^{-1}\mathbf{P}_{eff}\bar{\mathbf{K}}^{-*}, && (14.135)\\ \bar{\mathbf{Y}}&:=\bar{\mathbf{K}}_i^{-1}\mathbf{R}_e^{T}\mathbf{Y}\mathbf{R}_e\bar{\mathbf{K}}_i^{-*}=\bar{\mathbf{K}}^{-1}\mathbf{Y}_e\mathbf{Y}\mathbf{Y}_e\bar{\mathbf{K}}^{-*} && (14.136)\end{aligned}\right\}\in\mathrm{Sym}(\mathscr{G}^*,\mathscr{G}),$$

so gewinnt (14.133) die beobachterinvariante Form

$$\bar{\mathbf{S}}_{eff} = \mathrm{sym}\{(\mathbf{1} - \bar{\mathbf{Y}}\bar{\mathbf{G}}_i)^{-1}\bar{\mathbf{S}}\}. \tag{14.137}$$

Im Sonderfall isotroper Schädigung gilt

$$\bar{\mathbf{Y}} = y\bar{\mathbf{G}}_i^{-1}, \quad \bar{\mathbf{S}}_{eff} = \frac{1}{1-y}\bar{\mathbf{S}}. \tag{14.138}$$

Ein Maxwell-Material mit Verfestigung und anisotroper Schädigung läßt sich nun in Übertragung von (14.109) bis (14.112) beschreiben durch die Gleichungen (11.32) bis (11.39), eine Enwicklungsgleichung – z.B. des Typs (11.45) bis (11.49) – für den Verfestigungsparameter $\varkappa$, die Beziehung (14.137), eine Entwicklungsgleichung für die inelastische Verformung

$$\dot{\mathbf{A}}\mathbf{A}^{-1} = \mathfrak{A}(\bar{\mathbf{S}}_{eff}, \lambda, \bar{\nabla}\lambda, \varrho_i, \varkappa) \tag{14.139}$$

und eine für die Schädigung

$$\dot{\bar{\mathbf{Y}}} = \mathfrak{Y}(\bar{\mathbf{S}}_{eff})|\bar{\mathbf{K}}_i\mathfrak{A}\bar{\mathbf{K}}_i^{-1}| \text{ mit } \mathfrak{Y} \text{ positiv semidefinit.} \tag{14.140}$$

Noch größere Allgemeinheit gewinnt man, wenn man auch die Speicherfunktion $\omega$ von $\bar{\mathbf{Y}}$ abhängen läßt.

Um eine Entwicklungsgleichung für $\mathbf{Y}$ statt $\bar{\mathbf{Y}}$ zu erhalten, kann man (14.136) differenzieren und findet

$$\begin{aligned}\dot{\mathbf{Y}} &= (\mathbf{R}_e\bar{\mathbf{K}}_i\bar{\mathbf{Y}}\bar{\mathbf{K}}_i{}^*\mathbf{R}_e{}^T)^{\cdot} \\ &= (\mathbf{R}_e\bar{\mathbf{K}}_i)^{\cdot}\bar{\mathbf{Y}}\bar{\mathbf{K}}_i{}^*\mathbf{R}_e{}^T + \mathbf{R}_e\bar{\mathbf{K}}_i\bar{\mathbf{Y}}(\bar{\mathbf{K}}_i{}^*\mathbf{R}_e{}^T)^{\cdot} + \mathbf{R}_e\bar{\mathbf{K}}_i\dot{\bar{\mathbf{Y}}}\bar{\mathbf{K}}_i{}^*\mathbf{R}_e{}^T.\end{aligned} \tag{14.141}$$

Sind die elastischen Verzerrungen klein (also $\mathbf{V}_e \approx \mathbf{1}$), dann liefert der antimetrische Teil von (9.76) $\mathbf{W}_e \approx (\mathbf{R}_e\bar{\mathbf{K}}_i)^{\cdot}(\mathbf{R}_e\bar{\mathbf{K}}_i)^{-1}$, und damit gilt der Zusammenhang

$$\overset{\square}{\mathbf{Y}} := \dot{\mathbf{Y}} - \mathbf{W}_e\mathbf{Y} + \mathbf{Y}\mathbf{W}_e \approx \mathbf{R}_e\bar{\mathbf{K}}_i\dot{\bar{\mathbf{Y}}}\bar{\mathbf{K}}_i{}^*\mathbf{R}_e{}^T \approx \bar{\mathbf{K}}\dot{\bar{\mathbf{Y}}}\bar{\mathbf{K}}^*. \tag{14.142}$$

Ebenso läßt sich (14.133) annähern durch

$$\mathbf{P}_{eff} \approx \mathrm{sym}\{(\mathbf{1} - \mathbf{Y})^{-1}\mathbf{P}\} \tag{14.143}$$

und ferner ist

$$|\bar{\mathbf{K}}_i\mathfrak{A}\bar{\mathbf{K}}_i^{-1}| = |\mathbf{R}_e{}^T\mathbf{V}_e{}^{-1}\mathbf{L}_i\mathbf{V}_e\mathbf{R}_e| \approx |\mathbf{L}_i|. \tag{14.144}$$

Beispielsweise beschreibt der Gleichungssatz

$$\begin{aligned}\mathbf{P} &= \frac{2\mu}{\varrho_0}\left[\mathbf{H}_e + \frac{\nu}{1-2\nu}(\mathrm{tr}\,\mathbf{H}_e)\mathbf{1}\right], \\ \mathbf{D}_i &= \frac{\varrho_0}{2\eta}\mathbf{P}'_{eff}, \quad \mathbf{W}_i = 0, \\ \overset{\circ}{\mathbf{H}}_e &= \mathbf{D} - \mathbf{D}_i \\ \overset{\circ}{\mathbf{Y}} &= \frac{1}{K}(\mathbf{P}_{eff}{}^2)^{\frac{\psi}{2}}|\mathbf{D}_i|\end{aligned} \tag{14.145}$$

ein Maxwell-Material mit Schädigung in dem speziellen Rahmen O, Is, KE, H, M. Tatsächlich braucht man übrigens, um $\underset{\sim}{P}_{eff}$ zu erhalten, gar nicht die Größe $\underset{\sim}{Y}$ zu ermitteln und die Inversion von $\underset{\sim}{1}-\underset{\sim}{Y}$ durchzuführen, denn den Zuwachs von $\underset{\sim}{X}:=(\underset{\sim}{1}-\underset{\sim}{Y})^{-1}$ kann man auch unmittelbar aus $\overset{\circ}{\underset{\sim}{X}}=\underset{\sim}{X}\overset{\circ}{\underset{\sim}{Y}}\underset{\sim}{X}$ gewinnen.

Sehr allgemein läßt sich thermoviskoelastisches Verhalten behandeln, wenn Maxwell-Komponenten der beschriebenen Art parallelgeschaltet werden. Um das zu erreichen, ist der Gleichungssatz (11.75) bis (11.84) dergestalt zu erweitern, daß jeder Komponente noch ein Schädigungsparameter $\bar{\underset{\sim}{Y}}_j$ zugeordnet wird, für den jeweils auch eine Entwicklungsgleichung anzugeben ist.

## 14.5 Plastizität und Verfestigung

Wesentlicher Bestandteil der Beschreibung elastisch-plastischen Materialverhaltens ist die Fließfunktion f, welche in Verallgemeinerung von (11.53) folgendes angibt:

$$f(\underset{\sim}{G},\lambda,\hat{\underset{\sim}{Y}}\lambda,\underset{\sim}{\alpha})\begin{cases}<0 & \text{elastischer Bereich } (\dot{\underset{\sim}{\alpha}}\equiv 0),\\ =0 & \text{Fließgrenze } (\dot{\underset{\sim}{\alpha}}\neq 0 \text{ möglich}),\\ >0 & \text{nicht realisierbare Zustände.}\end{cases} \tag{14.146}$$

Im Laufe der plastischen Verformung ändern sich die inneren Zustandsvariablen $\underset{\sim}{\alpha}$ und damit auch die Fließgrenze $f=0$. Im folgenden sollen uns die dabei auftretenden Verfestigungsphänomene interessieren.

Beginnen wir mit der Untersuchung von Fließfunktionen der speziellen isotropen Gestalt

$$f=f(\operatorname{Inv}\underset{\sim}{P},\lambda,\underset{\sim}{\alpha}). \tag{14.147}$$

Stellen wir die Beanspruchung $\underset{\sim}{P}$ mittels ihrer Hauptwerte $p_1,p_2,p_3$ dar durch einen Punkt

$$\underset{\sim}{p}=p_1\underset{\sim}{e}_1+p_2\underset{\sim}{e}_2+p_3\underset{\sim}{e}_3 \tag{14.148}$$

in einem dreidimensionalen Raum mit einer orthonormierten Basis $\{\underset{\sim}{e}_1,\underset{\sim}{e}_2,\underset{\sim}{e}_3\}$ – dem sogenannten Hauptbeanspruchungsraum –, so bildet die Fließgrenze $f=0$ für feste Werte $\lambda,\underset{\sim}{\alpha}$ in diesem Raum eine Fläche

$$g(\operatorname{Inv}\underset{\sim}{P})=\bar{g}(p_1,p_2,p_3)=0. \tag{14.149}$$

Deren Beschreibung wird besonders übersichtlich, wenn wir zunächst ein zweites kartesisches System x,y,z mit der orthonormierten Basis

$$\underset{\sim}{e}_x=\frac{1}{\sqrt{2}}(\underset{\sim}{e}_1-\underset{\sim}{e}_3),$$

$$\underset{\sim}{e}_y=\frac{1}{\sqrt{6}}(2\underset{\sim}{e}_2-\underset{\sim}{e}_1-\underset{\sim}{e}_3),$$

$$\underset{\sim}{e}_z=\frac{1}{\sqrt{3}}(\underset{\sim}{e}_1+\underset{\sim}{e}_2+\underset{\sim}{e}_3) \tag{14.150}$$

und den Beanspruchungskomponenten

$$x = \underset{\sim}{p} \cdot \underset{\sim}{e}_x = \frac{1}{\sqrt{2}}(p_1 - p_3) = \frac{1}{\sqrt{2}}(p_1{}' - p_3{}'),$$

$$y = \underset{\sim}{p} \cdot \underset{\sim}{e}_y = \frac{1}{\sqrt{6}}(2p_2 - p_1 - p_3) = \frac{1}{\sqrt{6}}(2p_2{}' - p_1{}' - p_3{}'),$$

$$z = \underset{\sim}{p} \cdot \underset{\sim}{e}_z = \frac{1}{\sqrt{3}}(p_1 + p_2 + p_3) \tag{14.151}$$

einführen ($p_1{}', p_2{}', p_3{}'$ sind die Hauptwerte des Deviators von $\underset{\sim}{P}$) und schließlich – man beachte $p_1{}' + p_2{}' + p_3{}' = 0$ – mittels

$$r^2 = x^2 + y^2 = p_1{}'^2 + p_2{}'^2 + p_3{}'^2 = \frac{1}{3}\{(p_1{}' - p_2{}')^2 + (p_1{}' - p_3{}')^2 + (p_2{}' - p_3{}')^2\},$$

$$\tan\Theta = \frac{y}{x} = \frac{1}{\sqrt{3}} \frac{2p_2{}' - p_1{}' - p_3{}'}{p_1{}' - p_3{}'} \tag{14.152}$$

auf ein Zylinderkoordinatensystem $r, \Theta, z$ übergehen, dessen Achse in die Richtung der Raumdiagonalen fällt. Es bestehen folgende Zusammenhänge mit den Invarianten $I_1, I_2, I_3$ von $\underset{\sim}{P}$:

$$z = \frac{1}{\sqrt{3}} \operatorname{tr} \underset{\sim}{P} = \frac{I_1}{\sqrt{3}}, \quad r = |\underset{\sim}{P}'| = \sqrt{\frac{2}{3} I_1{}^2 - 2I_2},$$

$$\sin 3\Theta = -\sqrt{54} \det \underset{\sim}{\overrightarrow{P'}} = -\sqrt{54} \frac{I_3 - I_1 I_2/3 + 2I_1{}^3/27}{(\sqrt{2I_1{}^2/3 - 2I_2})^3}. \tag{14.153}$$

Die isotrope Fließbedingung läßt sich also auch schreiben als

$$g(\operatorname{Inv} \underset{\sim}{P}) = \hat{g}(r, \sin 3\Theta, z) = 0. \tag{14.154}$$

Sonderfälle:

1. Die von Misessche Fließbedingung

$$|\underset{\sim}{P}'| = r = \text{const} = r_0 \tag{14.155}$$

wird durch einen Kreiszylinder dargestellt.

2. Eine isotrope Fließbedingung, die nicht $\operatorname{tr} \underset{\sim}{P}$, sondern nur den Deviator $\underset{\sim}{P}'$ enthält, hat die Form

$$g(\operatorname{Inv} \underset{\sim}{P}) = \tilde{g}(\operatorname{Inv} \underset{\sim}{P}') = \hat{g}(r, \sin 3\Theta) = 0, \tag{14.156}$$

beschreibt einen allgemeinen Zylinder und ist durch den Schnitt mit einer beliebigen Ebene $z = \text{const}$ (damit auch $\operatorname{tr} \underset{\sim}{P} = \text{const}$ und deshalb als Deviatorebene bezeichnet) festgelegt. Beispiele zeigt Bild 14.8. Dort sind auch die Projektionen der ursprünglichen kartesischen Achsen $p_1, p_2, p_3$ auf die Deviatorebene eingetragen.

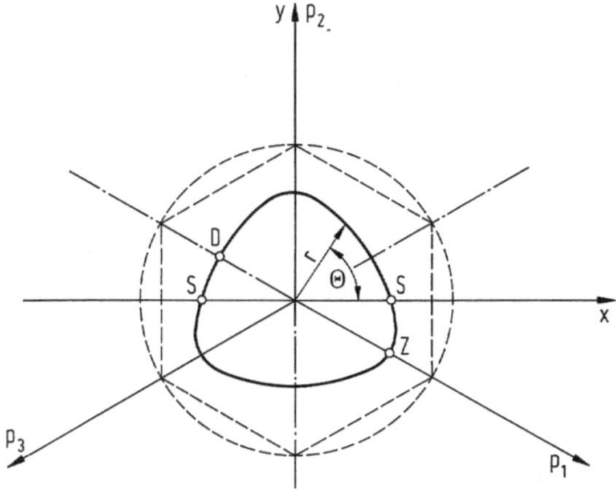


**Bild 14.8.** Schnitt isotroper Fließflächen mit der Deviatorebene des Hauptbeanspruchungsraumes.
—: Allgemeine Fließfläche (mit drei Symmetrieachsen), Z: Zugversuch, D: Druckversuch, S: Schubversuch;
---: Kreis, Fließfläche nach von Mises;
— — —: Sechseck, Fließfläche nach Tresca

Wegen der Periodizität der Funktion $\sin 3\Theta$ existieren drei Symmetrieachsen. (Sie stellen sicher, daß eine Vertauschung der drei Hauptwerte $p_1, p_2, p_3$ die Fließbedingung nicht ändert.) Daher genügt die Kenntnis der Schnittkurve im Sektor $|\Theta| \leqq \pi/6$. Das in Bild 14.8 gestrichelte regelmäßige Sechseck beschreibt die Fließbedingung von Tresca

$$x = \text{const}, \text{ wenn } |y| \leqq |x|/\sqrt{3},$$

$$\text{also } p_1 - p_3 = \text{const}, \quad \text{wenn } p_1 \leqq p_2 \leqq p_3 \text{ oder } p_3 \leqq p_2 \leqq p_1. \tag{14.157}$$

Fließen tritt dabei ein, wenn die Differenz zwischen der größten und kleinsten Hauptbeanspruchung (sie ist gleich dem Doppelten der größten auftretenden Schubbeanspruchung) einen kritischen Wert annimmt.

3. Eine isotrope Fließbedigung, die nur die erste und zweite, aber nicht die dritte Invariante von $\underset{\sim}{P}$ enthält, also

$$g(\operatorname{Inv} \underset{\sim}{P}) = \breve{g}(I_1, I_2) = \hat{g}(r,z) = 0, \tag{14.158}$$

beschreibt eine Rotationsfläche im Hauptbeanspruchungsraum und ist durch Angabe der Meridiankurve – wie sie etwa beim Schnitt mit der y,z-Ebene entsteht – festgelegt.
Beispiele haben wir bereits in den Bildern 11.3 und 11.4 kennengelernt.

4. Falls die Schnitte der Fließfläche mit den Deviatorebenen untereinander affin sind, genügt die Angabe eines solchen Schnittes und einer Meridiankurve. Im allgemeinsten Falle dagegen läßt die Fließfläche sich durch Angabe einzelner Schnittkurven nicht vollständig kennzeichnen.

Die von Misessche Fließbedingung besitzt die Eigenschaft

$$|\underset{\sim}{P}'| - r_0 = |(-\underset{\sim}{P})'| - r_0 = 0, \tag{14.159}$$

ist also gegen Belastungsumkehr invariant: Wenn $\underset{\sim}{P}$ die Fließbedingung erfüllt, dann auch $-\underset{\sim}{P}$. Da die Trescasche Fließbedingung diese Eigenschaft ebenfalls besitzt, könnte man den Eindruck gewinnen, diese Invarianz sei eine notwendige Folge der Isotropie der Fließbedingung. Das ist aber keineswegs so, denn selbst bei Zylinderflächen liegt eine solche Invarianz nur vor, wenn diese die Gestalt

$$\hat{g}(r,\sin^2 3\Theta)=\hat{g}\left(|\underset{\sim}{P}'|,54\left(\det\overrightarrow{\underset{\sim}{P}'}\right)^2\right)=0 \tag{14.160}$$

besitzen, also die x-Achse eine weitere Symmetrieachse der Querschnittskurve darstellt. (Insgesamt existieren dann sogar sechs Symmetrieachsen.) Für allgemeine Fließflächen gilt dagegen in der Regel

$$\begin{aligned}&g(\operatorname{Inv}\underset{\sim}{P})=g\left(\operatorname{tr}\underset{\sim}{P},|\underset{\sim}{P}'|,\det\overrightarrow{\underset{\sim}{P}'}\right)\\&\neq g(\operatorname{Inv}(-\underset{\sim}{P}))=g\left(-\operatorname{tr}\underset{\sim}{P},|\underset{\sim}{P}'|,-\det\overrightarrow{\underset{\sim}{P}'}\right).\end{aligned} \tag{14.161}$$

Daher muß bei einachsiger Beanspruchung mit

$$\begin{aligned}&\underset{\sim}{P}=p_1\underset{\sim}{e}_1\otimes\underset{\sim}{e}_1,\\&\operatorname{tr}\underset{\sim}{P}=p_1,|\underset{\sim}{P}'|=\sqrt{\frac{2}{3}}|p_1|,\ \det\overrightarrow{\underset{\sim}{P}'}=\frac{1}{\sqrt{54}}\operatorname{sgn}p_1\end{aligned} \tag{14.162}$$

der Betrag $|p_1|$ der Fließbeanspruchung im Zug- und Druckversuch keineswegs übereinstimmen (Punkte Z und D in Bild 14.8). Lediglich bei einer Schubbeanspruchung

$$\begin{aligned}&\underset{\sim}{P}=p_1(\underset{\sim}{e}_1\otimes\underset{\sim}{e}_1-\underset{\sim}{e}_2\otimes\underset{\sim}{e}_2)=p_1(\bar{\underset{\sim}{e}}_1\otimes\bar{\underset{\sim}{e}}_2+\bar{\underset{\sim}{e}}_2\otimes\bar{\underset{\sim}{e}}_1)\\&\text{mit }\bar{\underset{\sim}{e}}_1=\frac{1}{\sqrt{2}}(\underset{\sim}{e}_1+\underset{\sim}{e}_2),\ \bar{\underset{\sim}{e}}_2=\frac{1}{\sqrt{2}}(\underset{\sim}{e}_1-\underset{\sim}{e}_2)\end{aligned} \tag{14.163}$$

gilt

$$\operatorname{tr}\underset{\sim}{P}=0,\ \det\overrightarrow{\underset{\sim}{P}'}=0, \tag{14.164}$$

so daß jede beliebige isotrope Fließbedingung stets zugleich von $\underset{\sim}{P}$ und $-\underset{\sim}{P}$ erfüllt wird (Punkte S in Bild 14.8). Ein Unterschied der Fließgrenze im Zug- und Druckversuch spricht daher nicht eindeutig gegen eine isotrope Fließbedingung, wohl aber schließt fehlende Invarianz gegen Richtungsumkehr bei Schub (wie er sich etwa bei der Torsion eines dünnwandigen Rohres realisieren läßt) die Existenz einer isotropen Fließbedingung aus.

Betrachten wir nun die Veränderung der Fließfläche während der plastischen Verformung. Die verschiedenen Möglichkeiten erkennen wir bereits am folgenden Beispiel einer zylindrischen Fließfläche

$$\begin{aligned}&f(\operatorname{Inv}\underset{\sim}{P},\lambda,\underset{\sim}{\alpha})\\&=r-h_1(\lambda,\underset{\sim}{\alpha})r_0-h_2(\lambda,\underset{\sim}{\alpha})r_1\sin 3\Theta.\end{aligned} \tag{14.165}$$

*1. Fall.* Gilt $h_1 \equiv h_2$ und wächst diese Funktion monoton, so weitet der Fließzylinder sich affin auf.
*2. Fall.* Gilt $h_1 \equiv 1$ und ist anfangs $h_2 = 0$, so wird der anfängliche Kreiszylinder mit wachsendem $h_2$ in einen Zylinder mit einem Querschnitt ähnlich wie in Bild 14.8 (ausgezogene Kurve) deformiert. Die Fließgrenze am Punkt Z wächst, während sie am Punkt D abnimmt.
*3. Fall.* Allgemein beschreibt Gleichung (14.165) ein Verfestigungsverhalten, bei dem die Fließfläche sowohl aufgeweitet als auch deformiert wird.

Unabhängig vom Verformungsprozeß bleibt die Fließbedingung bei einem Ansatz des Typs (14.147) stets isotrop, also u.a. invariant gegen Vertauschung der Hauptbeanspruchungen. Daher ist die Bezeichnung *isotrope Verfestigung* angebracht. (Meist wird dieser Name allerdings für den Fall reserviert, bei dem die Fließfläche sich lediglich affin aufweitet, aber nicht deformiert.)

Bei realen Materialien (z.B. Metallen) wird die Fließbedingung durch die plastische Verformung erfahrungsgemäß anisotrop. Um das beschreiben zu können, betrachten wir zunächst das rheologische Modell von Bild 14.9. Seine wesentlichen Gleichungen sind

$$W = \frac{c}{2}(l-\alpha)^2 + \frac{c_i}{2}(\alpha - l_0)^2,$$

$$f = c(l-\alpha), \quad f_i := c_i(\alpha - l_0),$$

$$\dot{\alpha} \gtrless 0 \text{ möglich, wenn } f - f_i = \pm y. \tag{14.166}$$

Im Zusammenhang mit der inelastischen Verformung wird Energie in der Feder mit der Federkonstanten $c_i$ gespeichert. Das führt zum Bauschinger-Effekt, den wir bereits an Hand von Bild 2.12 kennengelernt haben: Die Fließgrenze der Zweitbelastung (Punkt B) liegt höher als die der Erstbelastung (Punkt A). Bei Belastung in Gegenrichtung (Punkt C) ist die Fließgrenze (im Vergleich zu Punkt D) durch die Vorbelastung abgesenkt. (Mikromechanisch erklärt man beim Kontinuum das Auftreten des Bauschinger-Effekts – in Analogie zum Verhalten des rheologischen Modells – mit dem Aufbau elastischer Eigenspannungen.)

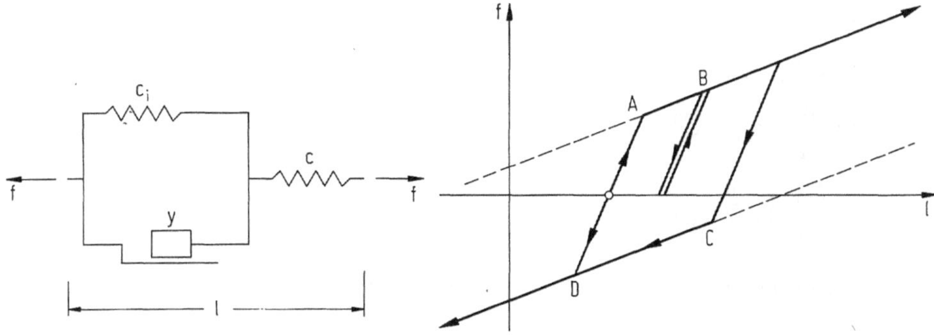


**Bild 14.9.** Rheologisches Modell, dessen Länge-Kraft-Diagramm einen Bauschinger-Effekt aufweist

Wenn nun Kraft-Verschiebungs-Diagramme mit Bauschinger-Effekt wie in Bild 14.9 bei einem Zug- und Druckversuch auftreten, so lassen sie sich, wie wir gesehen haben, möglicherweise durch Deformationen der isotropen Fließfläche erklären. Ein Bauschinger-Effekt beim Schubversuch ist jedoch so nicht zu deuten und kann nur von einer induzierten Anisotropie der Fließfläche herrühren. Eine einfache Beschreibung erhält man durch formale Übertragung der Gleichungen des rheologischen Modells auf das Materialelement. Da das Modell eine ausgezeichnete Plazierung besitzt (nämlich die, in der beide Federn entspannnt sind), führt die Verwendung der unechten Hintereinanderschaltung nicht zu Ungereimtheiten, so daß wir ansetzen können:

$$\underset{\sim}{E}=\underset{\sim}{E}^e+\underset{\sim}{E}^i,\ \operatorname{tr}\underset{\sim}{E}^i\equiv 0,$$

$$W=\frac{\mu}{\varrho_0}\left\{\underset{\sim}{E}^e:\underset{\sim}{E}^e+\frac{\nu}{1-2\nu}(\operatorname{tr}\underset{\sim}{E}^e)^2\right\}+\frac{\mu_i}{\varrho_0}\underset{\sim}{E}^i:\underset{\sim}{E}^i,$$

$$\underset{\sim}{Z}=\frac{\partial W}{\partial \underset{\sim}{E}^e}=\frac{2\mu}{\varrho_0}\left(\underset{\sim}{E}^e+\frac{\nu}{1-2\nu}(\operatorname{tr}\underset{\sim}{E}^e)\underset{\sim}{1}\right),\ \underset{\sim}{Z}^i:=\frac{\partial W}{\partial \underset{\sim}{E}^i}=\frac{2\mu_i}{\varrho_0}\underset{\sim}{E}^i.$$

Fließbedingung: $|(\underset{\sim}{Z}-\underset{\sim}{Z}^i)'|=y.$

Fließregel: $\vec{\underset{\sim}{E}}^i=\overrightarrow{(\underset{\sim}{Z}-\underset{\sim}{Z}^i)'}.$

Konsistenzbedingung gibt: $|\dot{\underset{\sim}{E}}^i|=\dfrac{\vec{\underset{\sim}{E}}^i:\dot{\underset{\sim}{E}}}{1+\mu_i/\mu}$, wenn $>0$. (14.167)

Eine Änderung der „inneren Beanspruchung" (back stress) $\underset{\sim}{Z}^i$ bedeutet, daß die Fließfläche im Deviatorraum (das ist in diesem Falle eine Hyperkugel mit dem Mittelpunkt $\underset{\sim}{Z}^i$) sich als starres Ganzes verschiebt. Wegen dieser kinematischen Deutung bezeichnet man die während des Fließens eintretende Änderung der Fließbedingung im vorliegenden Falle als *kinematische Verfestigung*. Der Tensor $\underset{\sim}{E}^i$ – oder stattdessen $\underset{\sim}{Z}^i$ – spielt dabei die Rolle der inneren Zustandsvariablen.

Die Gleichungen (14.167) sind ein Sonderfall der folgenden Struktur, welche auch thermische Effekte und einen skalaren Verfestigungsparameter $\varkappa$ berücksichtigt und ebenfalls der Passivitätsungleichung genügt:

$$\underset{\sim}{E}=\underset{\sim}{E}^e+\underset{\sim}{E}^i,$$

$$\omega=\omega(\underset{\sim}{E}^e,\underset{\sim}{E}^i,\lambda,\varkappa)=\lambda\psi,$$

$$\underset{\sim}{Z}=\frac{\partial\psi}{\partial\underset{\sim}{E}^e},\ \underset{\sim}{Z}^i:=\frac{\partial\psi}{\partial\underset{\sim}{E}^i},$$

$$\varepsilon=\frac{\partial\omega}{\partial\lambda},\ \mathfrak{h}_0\cdot\overset{0}{\underset{\sim}{\nabla}}\lambda\geqq 0.$$

Fließbedingung: $f(\underset{\sim}{E}^e,\underset{\sim}{E}^i,\lambda,\varkappa)=0.$

Fließregel: $\vec{\underset{\sim}{E}}^i=\underset{\sim}{N}(\underset{\sim}{E}^e,\underset{\sim}{E}^i,\lambda,\varkappa).$

Verfestigungsregel: $\dot{\varkappa}=\bar{k}(\underset{\sim}{E}^e,\underset{\sim}{E}^i,\lambda,\varkappa)|\dot{\underset{\sim}{E}}^i|.$

Aus Konsistenzbedingung:

$$|\dot{\underset{\sim}{E}}^i| = \frac{(\partial f/\partial \underset{\sim}{E}^e):\dot{\underset{\sim}{E}} + \partial f/\partial\lambda\,\dot{\lambda}}{(\partial f/\partial \underset{\sim}{E}^e - \partial f/\partial \underset{\sim}{E}^i):\underset{\sim}{N} - \partial f/\partial\varkappa\,\bar{k}}, \text{ wenn } >0 \text{ und } f=0.$$

$$\delta = \left\{(\underset{\sim}{Z} - \underset{\sim}{Z}^i):\underset{\sim}{N} - \frac{\partial\psi}{\partial\varkappa}\bar{k}\right\}|\dot{\underset{\sim}{E}}^i| \geqq 0. \quad (14.168)$$

Diese Struktur ist spezieller als jene der Gleichungen (11.25) bis (11.31), aber allgemeiner als jene der Gleichungen (11.69), da sie auch den Deviator von $\underset{\sim}{E}^i$ enthält.

Ein häufig betrachteter Spezialfall der letztgenannten Fließbedingung ist

$$f = f(\mathrm{Inv}(\underset{\sim}{Z} - \underset{\sim}{Z}^i), \lambda, \varkappa). \quad (14.169)$$

Während einer isothermen plastischen Verformung ändern sich sowohl $\underset{\sim}{Z}^i$ als auch $\varkappa$. Ersteres hat eine starre Verschiebung der Fließfläche im sechsdimensionalen Raum der symmetrischen Tensoren, letzteres i.allg. eine zusätzliche Aufweitung und Deformation dieser Fläche zur Folge. Kinematische und isotrope Verfestigung wirken also zusammen, so daß man von gemischter Verfestigung spricht. (Daß die Fließbedingung diesmal in $\underset{\sim}{Z}$ statt in $\underset{\sim}{P}$ formuliert ist, macht bei kleinen Verzerrungen keinen wesentlichen Unterschied.) Die Deformation der Fließfläche kann dabei nur unter Beachtung der aus Bild 14.8 bekannten Symmetrien erfolgen. (An die Stelle der Hauptwerte von $\underset{\sim}{P}$ treten jetzt die Hauptwerte von $\underset{\sim}{Z} - \underset{\sim}{Z}^i$.) Allgemeinere Deformationen der Fließfläche gestattet dagegen die in (14.168) gegebene allgemeine Form der Fließbedingung. Zugleich erlaubt sie, neben induzierter auch noch inhärente Anisotropie des Materials zu berücksichtigen.

Umfangreiche theoretische und experimentelle Fakten und ausführliche Literaturzitate zu den Problemen der Verfestigung und des Bauschinger-Effekts finden sich in den Büchern von Backhaus [0.13] und Zyczkowski [14.8].

An dem rheologischen Modell von Bild 14.9 befriedigt nicht so recht, daß es eine ausgezeichnete Plazierung besitzt und die inelastische Verformung die Rolle einer Zustandsvariablen spielt. Tatsächlich erwarten wir von einem plastischen Material, daß die spannungsfreie Ausgangsplazierung im Laufe plastischer Verformungen zunehmend in Vergessenheit gerät. Das erreichen wir, indem wir die Feder mit der Federkonstanten $c_i$ durch ein endochrones Modell gemäß Bild 14.10 ersetzen, welches

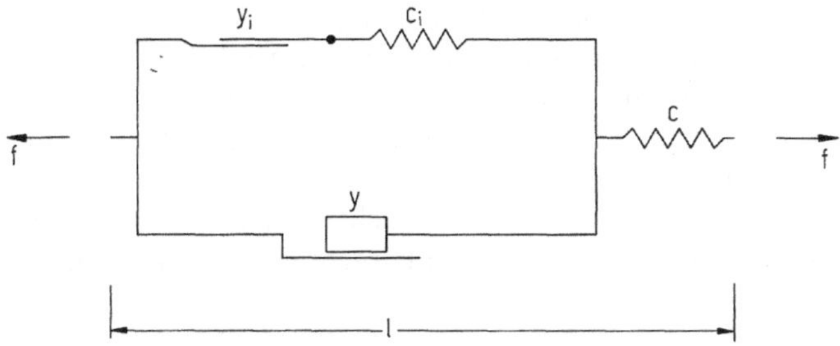


**Bild 14.10.** Abwandlung des Modells von Bild 14.9 derart, daß es keine ausgezeichnete Konfiguration gibt

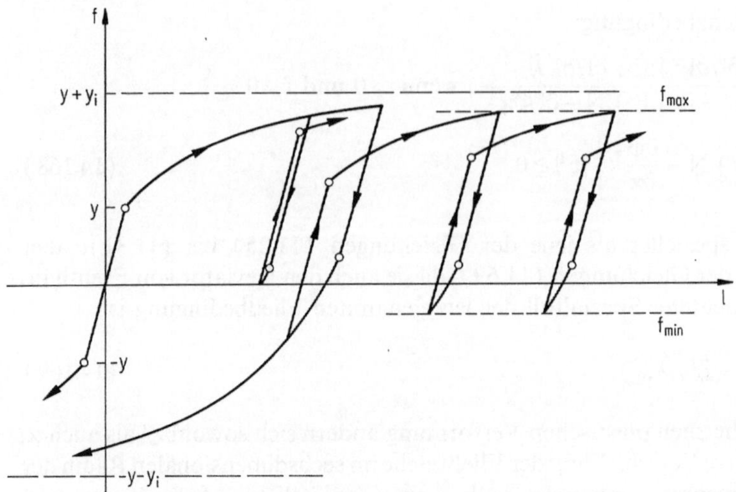


**Bild 14.11.** Zum rheologischen Modell von Bild 14.10 gehöriges Länge-Kraft-Diagramm mit Bauschinger-Effekt und Sperrklinkeneffekt

an die Stelle des finiten Zusammenhanges $f_i = c_i(\alpha - l_0)$ in Abwandlung von (2.74) die Differentialgleichung

$$\dot{f}_i = c_i\left(\operatorname{sgn}\dot{\alpha} - \frac{f_i}{y_i}\right)|\dot{\alpha}| \tag{14.170}$$

setzt. Bild 14.11 zeigt das sich ergebende Verhalten. Aus den Kurven rechts sieht man, daß bei zyklischer Belastung, deren Mittelwert nicht gleich Null ist, in jedem Zyklus ein plastischer Längenzuwachs auftritt. (Irreführend als „zyklisch induziertes Kriechen", besser als Sperrklinken-Effekt (ratchetting) bezeichnet.) Voraussetzung dafür ist die Bedingung

$$f_{max} - f_{min} > 2y. \tag{14.171}$$

Setzt man $y = 0$, dann geht das Modell von Bild 14.10 in das einfache endochrone Modell über. Dieses zeigt den Sperrklinkeneffekt auch bei kleinsten Schwingungsbreiten $f_{max} - f_{min}$. Ob ein solches Verhalten realistisch ist, wird vielfach angezweifelt, doch scheinen die Ergebnisse der Experimente bisher nicht eindeutig. Als Argument gegen den endochronen Ansatz eignet sich der Einwand nicht, denn die gesamte bei diesen Schwingungen auflaufende plastische Längenänderung läßt sich in einfacher Weise begrenzen, wenn man einen Verfestigungsparameter $\varkappa$ derart einführt, daß $c_i(\varkappa)$ hinreichend rasch gegen Unendlich strebt.

Bei einer Übertragung auf das Materialelement ist zu beachten, daß nunmehr keine ausgezeichnete Plazierung existiert und daher die echte Hintereinanderschaltung zu benutzen ist. Nun unterscheidet sich das rheologische Modell des Bildes 14.10 vom Schwedoff-Modell (Bild 2.17) nur dadurch, daß der Dämpfer durch das endochrone Reibungselement ersetzt ist. Entsprechend bleiben die Gleichungen (10.149) ff. eines speziellen Schwedoff-Materials verwendbar, wenn wir $\bar{\delta}_1$ nicht wie in (10.130) als

Materialkonstante betrachten, sondern ansetzen

$$\bar{\delta}_1 = \frac{y}{y_i}\bar{\delta}_2. \tag{14.172}$$

Damit ist sichergestellt, daß das endochrone Element sich nur dann bewegt ($\bar{\delta}_1 \neq 0$), wenn auch das Trockenreibungselement eine Bewegung ausführt ($\bar{\delta}_2 \neq 0$).

Die Gleichungen (10.152) bzw. (10.157) sind dann noch nach $\bar{\delta}_2$ aufzulösen. Beschränken wir uns auf *kleine elastische Verzerrungen*, also auf die letztere dieser beiden Gleichungen, so finden wir

$$|\underset{\sim}{D}_i| = y\bar{\delta}_2 = \begin{cases} \dfrac{\vec{\underset{\sim}{D}}_i : \underset{\sim}{D}}{1 + \bar{\mu}_i \vec{\underset{\sim}{D}}_i : \left(\vec{\underset{\sim}{D}}_i - \underset{\sim}{P}_i / y_i\right)}, & \text{wenn} > 0 \text{ und } |\underset{\sim}{P}' - \underset{\sim}{P}_i| = y, \\ 0 & \text{sonst,} \end{cases} \tag{14.173}$$

während die Entwicklungsgleichung (10.158) die Form

$$\overset{\circ}{\underset{\sim}{P}}_i = \frac{2\mu_i}{\varrho_0}\left(\vec{\underset{\sim}{D}}_i - \underset{\sim}{P}_i / y_i\right)|\underset{\sim}{D}_i| \tag{14.174}$$

annimmt. Die Beziehungen (10.154) bis (10.156) und (10.159) bleiben gültig, also

$$\begin{aligned} W &= \frac{\mu}{\varrho_0}\underset{\sim}{H}_e : \left(\mathbb{1} + \frac{\nu}{1-2\nu}\underset{\sim}{1} \otimes \underset{\sim}{1}\right) : \underset{\sim}{H}_e + \frac{\varrho_0}{4\mu_i}\underset{\sim}{P}_i : \underset{\sim}{P}_i, \\ \underset{\sim}{P} &= \frac{\partial W}{\partial \underset{\sim}{H}_e} = \frac{2\mu}{\varrho_0}\left(\underset{\sim}{H}_e + \frac{\nu}{1-2\nu}(\operatorname{tr}\underset{\sim}{H}_e)\underset{\sim}{1}\right), \\ \overset{\circ}{\underset{\sim}{H}}_e &= \underset{\sim}{D} - \underset{\sim}{D}_i, \; \vec{\underset{\sim}{D}}_i = \overrightarrow{\underset{\sim}{P}' - \underset{\sim}{P}_i}. \end{aligned} \tag{14.175}$$

Die Erfüllung der Passivitätsforderung

$$\begin{aligned} \delta &= \underset{\sim}{P} : \underset{\sim}{D} - \dot{W} = \underset{\sim}{P} : (\overset{\circ}{\underset{\sim}{H}}_e + \underset{\sim}{D}_i) - \frac{\partial W}{\partial \underset{\sim}{H}_e} : \overset{\circ}{\underset{\sim}{H}}_e - \frac{\partial W}{\partial \underset{\sim}{P}_i} : \overset{\circ}{\underset{\sim}{P}}_i \\ &= \left(\underset{\sim}{P} - \frac{\partial W}{\partial \underset{\sim}{H}_e}\right) : \overset{\circ}{\underset{\sim}{H}}_e + \left[(\underset{\sim}{P} - \underset{\sim}{P}_i) : \vec{\underset{\sim}{D}}_i + \frac{\underset{\sim}{P}_i : \underset{\sim}{P}_i}{y_i}\right]|\underset{\sim}{D}_i| \geqq 0 \end{aligned} \tag{14.176}$$

ist offensichtlich. Mit der in Formel (9.172) angewandten Schlußweise läßt sich zeigen, daß $|\underset{\sim}{P}_i|$ den Wert $y_i$ nicht erreichen kann, wenn anfangs $|\underset{\sim}{P}_i| < y_i$ gilt. Alle Zustände besitzen die Eigenschaft der plastischen Stabilität, denn die Dissipationsleistung $\delta$ ist im Sinne von (12.315) maximal. Ersetzen wir nämlich das auf der Fließgrenze $f = |\underset{\sim}{P}' - \underset{\sim}{P}_i| - y = 0$ gelegene $\underset{\sim}{P}$ in (14.176) durch irgendein $\underset{\sim}{P}_0$ aus dem elastischen Bereich, dann kann $\delta$ nicht größer werden, weil gilt

$$(\underset{\sim}{P} - \underset{\sim}{P}_i) : \vec{\underset{\sim}{D}}_i = |\underset{\sim}{P}' - \underset{\sim}{P}_i| = y \geqq |\underset{\sim}{P}'_0 - \underset{\sim}{P}_i| \geqq (\underset{\sim}{P}_0 - \underset{\sim}{P}_i) : \vec{\underset{\sim}{D}}_i. \tag{14.177}$$

Übrigens ist im vorliegenden sehr speziellen Beispiel die Menge der $\underset{\sim}{P}_0$ konvex, und es gilt die Eigenschaft der Normalität $\vec{\underset{\sim}{D}}_i = \overrightarrow{\partial f / \partial \underset{\sim}{P}}$.

Die Gleichungen (14.173) bis (14.175) sind einfach gebaut und offensichtlich analog zu denen des rheologischen Modells von Bild 14.10. Doch handelt es sich dabei um eine *Näherung*, deren Gültigkeit auf den Fall kleiner elastischer Verzerrungen beschränkt ist. Beachtet man diese Einschränkung nicht, so kommt man leicht zu unsinnigen Resultaten. Das ist beispielsweise der Fall, wenn man $y_i$ nach Unendlich schickt. (Das rheologische Modell von Bild 14.10 geht dann in jenes von Bild 14.9 über, und wenn die Gesamtverzerrungen groß sind, müssen es auch die elastischen Verzerrungen sein.) Aus (14.175) gewinnt man bei elastisch-plastischer Verformung

$$\mathring{\underset{\sim}{P}}' = \frac{2\mu}{\varrho_0}(\underset{\sim}{D}' - \underset{\sim}{D}_i), \; \vec{\underset{\sim}{D}}_i = \frac{\underset{\sim}{P}' - \underset{\sim}{P}_i}{y} \tag{14.178}$$

und daraus mit den Abkürzungen

$$\underset{\sim}{N} := \vec{\underset{\sim}{D}}_i, \; \underset{\sim}{M} := \bar{\mu}_i \underset{\sim}{P}' + \underset{\sim}{P}_i \tag{14.179}$$

und wegen $1/y_i = 0$ weiter

$$\mathring{\underset{\sim}{N}} = \frac{2\mu}{\varrho_0 y}(\mathbb{1} - \underset{\sim}{N} \otimes \underset{\sim}{N}) : \underset{\sim}{D}',$$

$$\mathring{\underset{\sim}{M}} = \frac{2\mu_i}{\varrho_0} \underset{\sim}{D}'. \tag{14.180}$$

Bei einer Scherung aus dem spannungsfreien Zustand gemäß Bild 9.11 gilt – im Falle der Anfangsbedingung $\underset{\sim}{P}_i = 0$ –

$$n_{xz} = n_{yz} = n_{zz} \equiv 0, \; n_{yy} = -n_{xx},$$

$$m_{xz} = m_{yz} = m_{zz} \equiv 0, \; m_{yy} = -m_{xx} \tag{14.181}$$

(letzteres wegen $\mathrm{tr}\,\underset{\sim}{N} = \mathrm{tr}\,\underset{\sim}{M} = 0$), und daher lauten die nichttrivialen Komponentengleichungen von (14.180) bezüglich der Basis $\{\underset{\sim}{i}_x, \underset{\sim}{i}_y, \underset{\sim}{i}_z\}$:

$$\dot{n}_{xx} - \varkappa n_{xy} = -\frac{2\mu}{\varrho_0 y} \varkappa n_{xx} n_{xy},$$

$$\dot{n}_{xy} + \varkappa n_{xx} = \frac{2\mu}{\varrho_0 y} \varkappa \left(\frac{1}{2} - n_{xy}{}^2\right),$$

$$\dot{m}_{xx} - \varkappa m_{xy} = 0,$$

$$\dot{m}_{xy} + \varkappa m_{xx} = \frac{\mu_i}{\varrho_0} \varkappa. \tag{14.182}$$

Ihre Lösungen sind – mit $\varkappa(t) = dK/dt$ –

$$n_{xx} = \frac{\sqrt{2}n}{n^2+1}, \; n_{xy} = \frac{1}{\sqrt{2}} \frac{n^2-1}{n^2+1} \tag{14.183}$$

mit der Hilfsfunktion

$$n = n(K) = \frac{\sqrt{2}\mu}{\varrho_0 y} + \sqrt{\left(\frac{\sqrt{2}\mu}{\varrho_0 y}\right)^2 - 1}\, \coth\left(\sqrt{\left(\frac{\sqrt{2}\mu}{\varrho_0 y}\right)^2 - 1}\, \frac{K - K_0}{2}\right) \quad (14.184)$$

und

$$m_{xx}(K) = \frac{\mu_i}{\varrho_0}[1 - \cos(K - K_1)],$$

$$m_{xy}(K) = \frac{\mu_i}{\varrho_0}\sin(K - K_1). \quad (14.185)$$

Wie man sieht, strebt $\underset{\sim}{N}$ mit wachsendem Scherweg K gegen einen Grenzwert, während $\underset{\sim}{M}$ unablässig oszilliert. Wegen

$$\underset{\sim}{P}' = \frac{1}{1 + \bar{\mu}_i}(\underset{\sim}{M} + y\underset{\sim}{N}) \quad (14.186)$$

gemäß (14.178) und (14.179) erhalten wir auch für die Beanspruchung $\underset{\sim}{P}$ einen – physikalisch unsinnigen – oszillierenden Anteil. Wie zu erwarten, versagt hier die für kleine elastische Verzerrungen gültige Näherung. Immer dann, wenn die elastischen Verzerrungen nicht klein sind, muß man daher auf die genauen Gleichungen (10.150) bis (10.152) sowie (14.172) zurückgreifen.

Aber auch dann, wenn die elastischen Verzerrungen tatsächlich klein bleiben, ist Vorsicht am Platze:
Im Falle rein elastischer Verformungsprozesse (also $\underset{\sim}{D}_i \equiv 0$) wird aus der Entwicklungsgleichung (14.174)

$$\overset{\circ}{\underset{\sim}{P}}_i = 0 \Rightarrow \dot{\underset{\sim}{P}}_i = \underset{\sim}{W}\underset{\sim}{P}_i - \underset{\sim}{P}_i\underset{\sim}{W}. \quad (14.187)$$

Der objektive Tensor $\underset{\sim}{P}_i$ dreht sich also während eines solchen Prozesses, und da rechts nicht das totale Differential einer Funktion der Plazierung $\underset{\sim}{K}$ steht, unterscheiden sich i.allg. die Werte von $\underset{\sim}{P}_i$ am Anfang und Ende eines rein elastischen Plazierungskreisprozesses! Bei kleinen elastischen Verformungen ist diese Änderung zwar i.allg. vernachlässigbar, kann sich aber bei einer Vielzahl von elastischen Zyklen möglicherweise in unzulässiger Weise aufsummieren.

Die vorangehenden Bemerkungen leisten einen Beitrag zur Klärung der häufig diskutierten Frage nach der „korrekten Formulierung" von objektiven inkrementellen Entwicklungsgleichungen (sog. Stoffgleichungen vom „rate type"). Wir sind in den Abschnitten 9.8 und 10.4 von invarianten inneren Zustandsvariablen und deren inkrementellen Enwicklungsgleichungen ausgegangen und haben diese sodann auf objektive Variable umgeschrieben. Im Falle kleiner elastischer Verzerrungen ließen die entstehenden Gleichungen sich i.allg. stark vereinfachen. Physikalisch unsinnige Ergebnisse sind aber zu erwarten, wenn diese Näherungen auch bei großen elastischen Verzerrungen verwendet werden. Erst recht ist es gefährlich, objektive inkrementelle Entwicklungsgleichungen ad hoc einzuführen. Davon kann nur abgeraten werden.

## 14.6 Memory-Effekt

Im letzten Abschnitt haben wir den Einfluß der thermischen Variablen $\lambda$ nicht näher untersucht. Was für Effekte bei einer Temperaturänderung zu erwarten sind, können wir bereits dem rheologischen Modell von Bild 14.9 entnehmen. Seien anfangs beide Federn entspannt. Sodann bringen wir eine Zugkraft auf und entfernen sie wieder. War die Kraft groß genug, dann ist im Trockenreibungselement Rutschen eingetreten, und nach der Entlastung bleibt eine Zugkraft in der Feder mit der Konstanten $c_i$ zurück. Falls bei einer anschließenden Erwärmung der Betrag y der im Reibungselement übertragbaren Kraft merklich abfällt, dann wird die gespannte Feder ein Zurückrutschen bis fast in die Ausgangslage bewirken. Das bedeutet zweierlei:

1. Der Bauschinger-Effekt wird durch ein solches „Spannungsfreiglühen" nahezu abgebaut.
2. Das Modell zeigt ein Formerinnerungsvermögen (shape memory effect), welches ihm ermöglicht, bei Erwärmung seine vor der inelastischen Verformung eingenommene Plazierung wiederzufinden.

Der Memory-Effekt ist bei einigen Metall-Legierungen, aber auch bei Gummi (siehe I. Müller [14.9], [14.10]), sehr ausgeprägt. Um ihn realistischer wiederzugeben, ändern wir das rheologische Modell wie folgt ab (siehe Bild 14.12):

1. Die lineare Feder mit der Konstanten $c_i$ wird durch eine stark nichtlineare Feder ersetzt, z.B.

$$f_i(\alpha) = y_i \tanh \frac{c_i}{y_i}(\alpha - l_0). \tag{14.188}$$

2. Durch beiderseitige Anschläge wird der Betrag der inelastischen Verformung begrenzt

$$|\alpha - l_0| \leqq k. \tag{14.189}$$

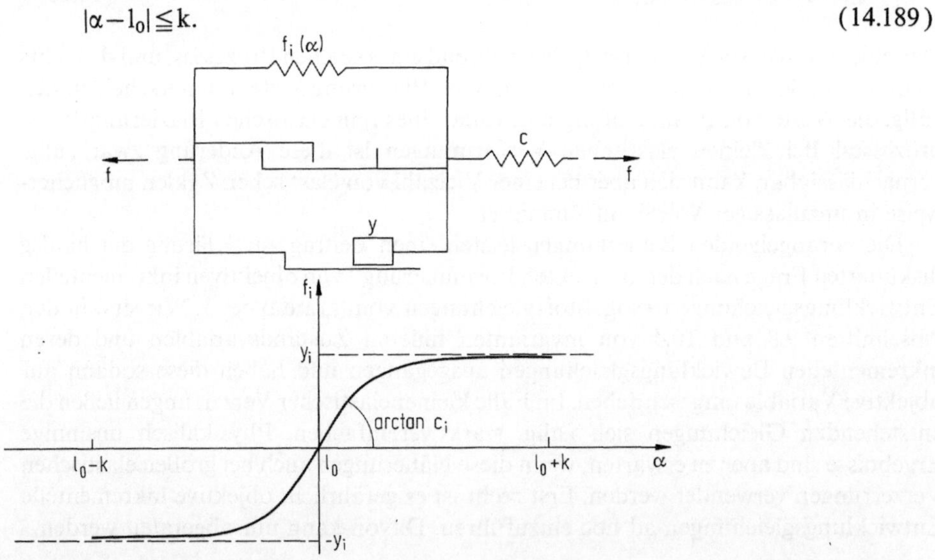


**Bild 14.12.** Rheologisches Modell – mit stark nichtlinearer innerer Feder und beiderseitigen Anschlägen zur Begrenzung der inelastischen Verformung – zur Beschreibung des Memory-Effekts

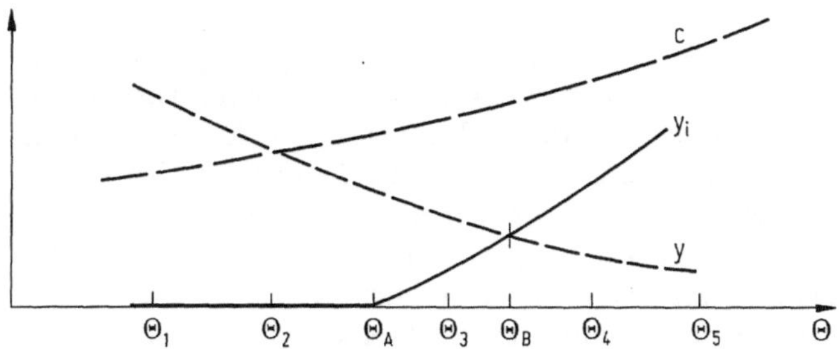


**Bild 14.13.** Temperaturabhängigkeit der Stoffwerte im Modell von Bild 14.12

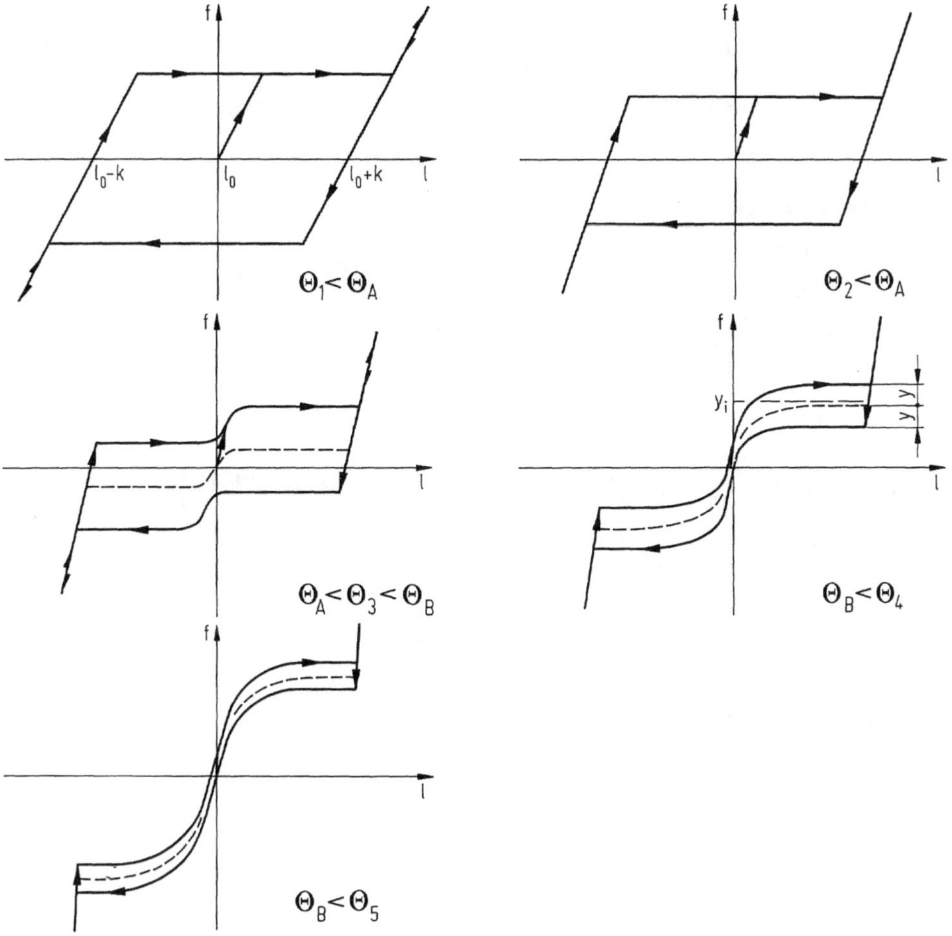

**Bild 14.14.** Isotherme Länge-Kraft-Diagramme des Modells von Bild 14.12 zu verschiedenen Temperaturstufen

3. Die Konstanten c, y und $y_i$ des Modells sollen, wie in Bild 14.13 dargestellt, temperaturabhängig sein. Es gibt zwei charakteristische Temperaturen $\Theta_A$ und $\Theta_B$.

Bild 14.12 zeigt das modifizierte Modell, und Bild 14.14 gibt die isothermen Kraft-Verschiebungsdiagramme für fünf verschiedene Temperaturstufen. Sie entsprechen qualitativ recht gut dem in Zug-Druck-Versuchen an Memory-Legierungen beobachteten Verhalten, welches bisweilen auch als pseudoelastisch bezeichnet wird. Wenn keine äußeren Kräfte wirken, dann sind bei niedrigen Temperaturen ($\Theta < \Theta_B$) je nach der Vorgeschichte alle Plazierungen l möglich, die $|l - l_0| \leqq k$ erfüllen, bei hohen Temperaturen ($\Theta > \Theta_B$) dagegen nur solche, die sehr nahe bei $l = l_0$ liegen. Erhitzt man daher die Probe über die Temperatur $\Theta_B$, so kehrt sie unabhängig von der Vorverformung nahezu in die ausgezeichnete Lage $l = l_0$ zurück.

Um den Memory-Effekt am Materialelement zu beschreiben, können wir auf den Gleichungssatz (14.168) zurückgreifen und ihn durch eine Begrenzungsbedingung für die Größe der inelastischen Verformung ergänzen, etwa

$$k(\underline{E}^i, \lambda, \varkappa) \leqq 0. \tag{14.190}$$

Im Falle kleiner elastischer Verzerrungen bietet sich als einfachster Ansatz an:

Inelastische Verformung isochor: $\operatorname{tr} \underline{E}^i \equiv 0$,

Freie Energie:

$$\psi = \frac{\mu(\Theta)}{\varrho_0}\left[\underline{E}^e : \underline{E}^e + \frac{\nu}{1-2\nu}(\operatorname{tr} \underline{E}^e)^2 - 2\frac{1+\nu}{1-2\nu}\alpha(\Theta - \Theta_0)\operatorname{tr} \underline{E}^e\right]$$
$$+ \frac{y_i(\Theta)^2}{c_i} \ln\cosh\left(\frac{c_i}{y_i(\Theta)}|\underline{E}^i|\right) + \tilde{\psi}(\Theta).$$

Daraus:

$$\underline{Z} = \frac{\partial\psi}{\partial\underline{E}^e} = \frac{2\mu(\Theta)}{\varrho_0}\left[\underline{E}^e + \frac{\nu}{1-2\nu}(\operatorname{tr} \underline{E}^e)\underline{1} - \frac{1+\nu}{1-2\nu}\alpha(\Theta - \Theta_0)\underline{1}\right],$$

$$\underline{Z}^i = \frac{\partial\psi}{\partial\underline{E}^i} = y_i(\Theta)\tanh\left(\frac{c_i}{y_i(\Theta)}|\underline{E}^i|\right)\vec{\underline{E}}^i.$$

Fließbedingung: $f(\underline{E}^e, \underline{E}^i, \Theta) \equiv |\underline{Z}' - \underline{Z}^i| - y(\Theta) = 0.$

Fließregel: $\vec{\underline{E}}^i = \overrightarrow{\underline{Z}' - \underline{Z}^i}$

(Erfüllt Restungleichung $(\underline{Z} - \underline{Z}^i) : \vec{\underline{E}}^i \geqq 0$.)

Begrenzungsbedingung: $|\underline{E}^i| \leqq k$.

Daraus

$$|\underline{E}^i|^{\cdot} = \vec{\underline{E}}^i : \dot{\underline{E}}^i = \vec{\underline{E}}^i : \vec{\dot{\underline{E}}}^i |\dot{\underline{E}}^i| \leqq 0, \text{ wenn } |\underline{E}^i| = k,$$

also $|\dot{\underline{E}}^i| = 0$, falls $|\underline{E}^i| = k$ und $\vec{\underline{E}}^i : \vec{\dot{\underline{E}}}^i > 0$.

Konsistenzbedingung:

$$|\dot{\underline{E}}^i| = \begin{cases} \dfrac{(\partial f/\partial \underline{E}^e) : \dot{\underline{E}} + \partial f/\partial\Theta\,\dot{\Theta}}{(\partial f/\partial\underline{E}^e - \partial f/\partial\underline{E}^i) : \vec{\dot{\underline{E}}}^i}, & \text{wenn } > 0 \text{ und } f = 0 \\ & \text{und } \begin{cases} |\underline{E}^i| < k \\ \text{oder } |\underline{E}^i| = k, \text{ aber } \vec{\underline{E}}^i : \vec{\dot{\underline{E}}}^i \leqq 0 \end{cases} \\ 0 & \text{sonst.} \end{cases} \tag{14.191}$$

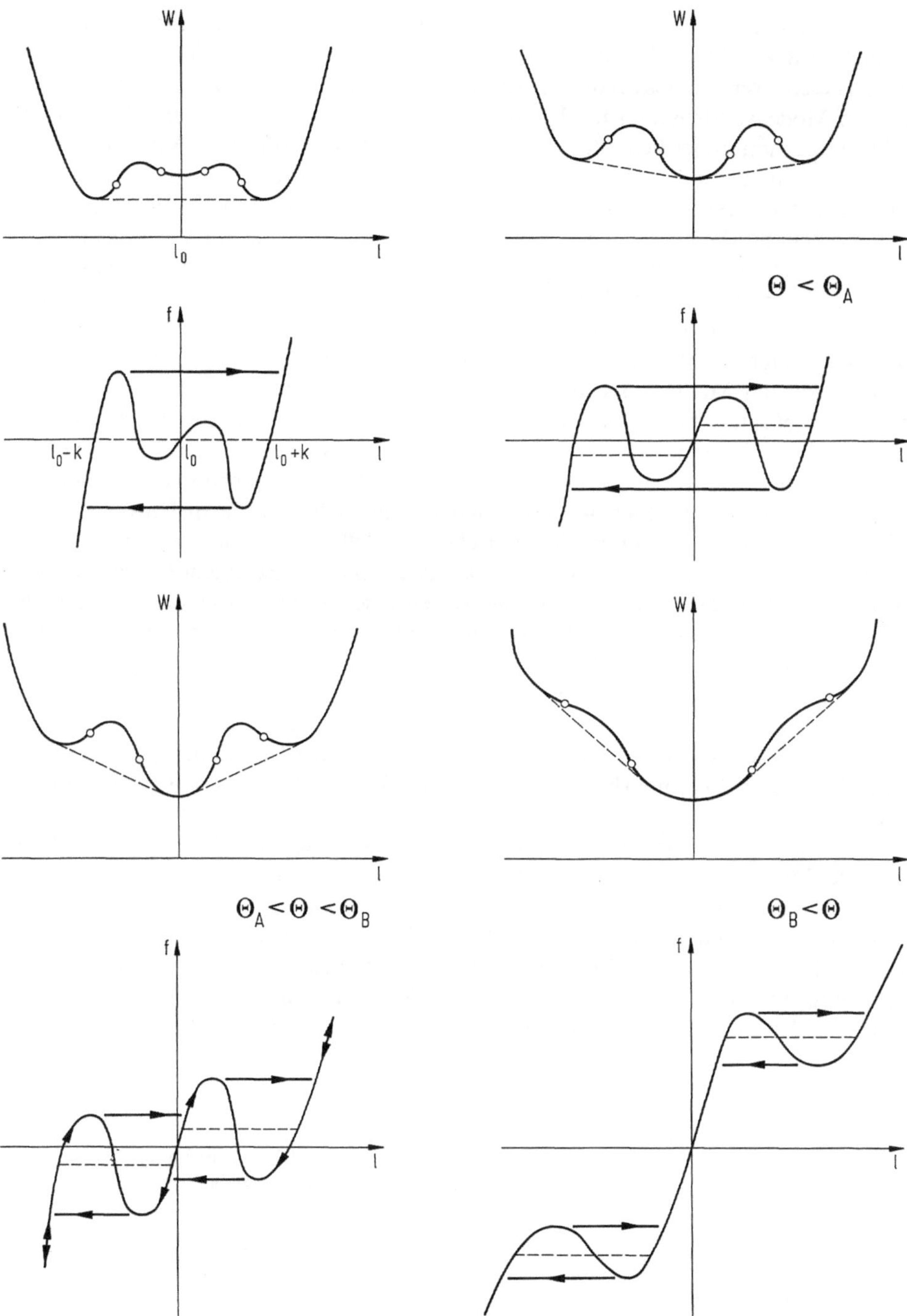


**Bild 14.15.** Deutung des Memory-Effekts als Durchschlagen eines elastischen Systems: Dargestellt sind die Formänderungsenergie W und die Kraft f als Funktion der Länge l einer nichtlinearen Feder auf verschiedenen Temperaturstufen. Gestrichelt: Die (aufgrund von Phasenzerfall) wirksamen Diagramme bei sehr langsamen Verformungsprozessen

Anders als in der üblichen Plastizität sind bei diesem Material wegen der Begrenzungsbedingung auch Zustände mit $f>0$ realisierbar, falls zugleich $|\underset{\sim}{E}^i|=k$ ist.

Ein tieferes Verständnis für die Ursachen des Memory-Effekts gewinnt man aus einer anderen Modellvorstellung. Man betrachtet eine elastische Feder mit nichtlinearer, ja nicht einmal monotoner Federkennlinie. Bild 14.15 gibt die isothermen Kraft-Verschiebungs-Diagramme und zugehörigen Kurven der Formänderungsenergie bei verschiedenen Temperaturstufen. Zustände auf den abfallenden Ästen des $f(l)$-Diagramms sind nicht stabil. Beim Erreichen eines Maximums tritt daher im kraftgesteuerten Versuch horizontales Durchschlagen auf den nächsten Kurvenast ein. Die dabei frei werdende Energie setzt sich über Schwingungen schließlich in Wärme um, so daß der Prozeß dissipativ ist, obwohl ein „rein elastisches" Modell vorliegt! Ein Vergleich mit Bild 14.14 zeigt qualitative Übereinstimmung. Auch beim raschen weggesteuerten Versuch läßt das Maximum sich erreichen. Da aber die Probe tatsächlich nicht nur einen Freiheitsgrad besitzt, sondern ein Kontinuum darstellt, tritt spätestens am Maximum ein Phasenzerfall auf. Bei langsamen Versuchen ist der Phasenzerfall bereits früher zu erwarten, und im Grenzfall ergibt sich – wie beim van-der-Waals-Gas – ein wirksames $f(l)$-Diagramm gemäß den gestrichelten Linien. Diese Tatsache läßt sich wiederum in unserem rheologischen Modell berücksichtigen, wenn wir es gemäß Bild 14.16 mit einem zusätzlichen Dämpfer versehen. Bei unendlich langsamen Prozessen verhält das Modell sich in der Tat elastisch. Obwohl das Konzept gemäß Bild 14.15 den gesamten Memory-Effekt einheitlich deutet und näher an der physikalischen Realität ist, bieten seine mathematische Auswertung und seine Übertragung auf das Materialelement beachtliche Schwierigkeiten. Untersuchungen hierzu sind von I. Müller [14.9] durchgeführt worden. Demgegenüber haben Bertram [14.11] und Rettig [14.12] phänomenologische Ansätze für Memory-Materialien angegeben, deren Vereinbarkeit mit dem Passivitätspostulat allerdings nicht geprüft wurde.

Noch einen interessanten Hinweis gibt uns das erste Diagramm von Bild 14.15. Das absolute Minimum der Formänderungsenergie wird nicht bei $l=l_0$ sondern bei $l=l_0\pm k$ angenommen. Startet daher ein Prozeß im „jungfräulichen Zustand", so ist bei der Integration der Gleichungen (14.191) die Anfangsbedingung $|\underset{\sim}{E}^i|=k$ realistischer als $\underset{\sim}{E}^i=0$. Da aber alle Richtungen gleich wahrscheinlich sind, sollte man bei der Rechnung einen Mittelwert über alle diese Richtungen bilden. Sicher wird auf diese Weise die Anfangsphase eines solchen Prozesses besser wiedergegeben.

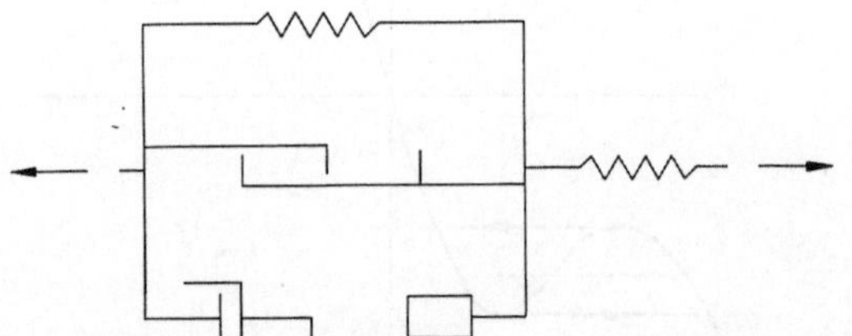

**Bild 14.16.** Einfügung eines Dämpfers in das Modell von Bild 14.12, um dem Phasenzerfall bei sehr langsamen Verformungen Rechnung zu tragen

# 15 Besonderheiten realer Materialien

Wenn in diesem Schlußkapitel von realen Materialien die Rede sein soll, dann kann es nicht darum gehen, die in unzähligen Aufsätzen und in Handbüchern (z.B. Eirich [0.16], Bell [0.15]) niedergelegten experimentellen Befunde zu sichten und dafür im einzelnen verbindliche Stoffgleichungen anzugeben. Etwas Derartiges wäre allein wegen der Vielfalt etwa der Kunststoffe oder der Metall-Legierungen illusorisch, und eine willkürliche Auswahl würde dem Leser nicht weiterhelfen. Wir beschränken uns daher darauf, Erkenntnisse über den inneren Aufbau verschiedener Stoffklassen zu nutzen, um die allgemeinen Stoffgleichungsstrukturen der vorangehenden Kapitel zu spezialisieren. So gelangen wir beim Gummi zum Konzept der Entropieelastizität, erkennen bei Polymeren den Einfluß des freien Volumens auf die Viskosität und erschließen das Wesentliche des Materialverhaltens granularer Materialien aus den Eigenschaften der Kornkontakte. Die qualitativen Ergebnisse mikroskopischer Theorien können dabei mit Gewinn zur Aufsuchung der jeweils für die reale Materialklasse passenden Struktur der phänomenologischen Stoffgleichungen dienen. (Wie in Kapitel 1 erwähnt, sind die quantitativen Ergebnisse dieser Theorien meist weniger zuverlässig und können eine experimentelle Bestimmung der Stoffeigenschaften nicht entbehrlich machen. So gibt es bisher keine molekulare Theorie, die das Kraft-Verschiebungs-Diagramm beim Zugversuch eines Gummis richtig wiedergibt.) Etwas aus dem gesteckten Rahmen fällt die Wiedergabe der von Hart rein phänomenologisch aus Experimenten erschlossenen Gesetzmäßigkeiten beim Hochtemperaturkriechen von Metallen.

## 15.1 Gummielastizität

Nicht nur der Naturgummi, sondern auch künstlich hergestellte Polymere mit ähnlichen Eigenschaften werden als Gummi (Elastomer) bezeichnet. Wesentlich ist der Aufbau aus Kettenmolekülen, die miteinander vernetzt sind (beim Naturgummi durch Vulkanisation), so daß eine bevorzugte Konfiguration besteht und daher der Charakter eines Feststoffes vorliegt. (Der unvernetzte Rohgummi wird demgegenüber als Kautschuk bezeichnet und hat den Charakter einer Flüssigkeit.) Bei Beschränkung auf hinreichend langsame Bewegungen sind viskose Effekte vernachlässigbar, so daß Gummi als thermoelastisches Material betrachtet werden darf.

Die Gummielastizität besitzt folgende Kennzeichen:

1. Die Steifigkeit gegen Volumenänderung ist groß (sie liegt in derselben Größenordnung wie bei tropfbaren Flüssigkeiten).
2. Die Steifigkeit gegen Gestaltänderung ist dagegen etwa um den Faktor $10^{-4}$ kleiner.

3. Es sind sehr große reversible Verformungen möglich. (Erst wenn eine Dehnung von etwa 300% überschritten wird, tritt Kristallisation und Ausbildung eines Memory-Effekts ein.)
4. Das Verhalten ist isotrop.

Zur vollständigen Beschreibung eines solchen isotropen thermoelastischen Feststoffes genügt die Angabe der freien Energie in der Form

$$\psi = \psi(\mathrm{Inv}(\underset{\sim}{G}\underset{\sim}{G}_0^{-1}), \Theta), \tag{15.1}$$

worin $\underset{\sim}{G}_0$ eine ungestörte Konfiguration bedeutet. Diese Funktion $\psi$ ist aus Experimenten zu ermitteln. Ergebnisse dazu finden sich – zusammen mit umfangreichen theoretischen Betrachtungen – bei Treloar [0.42] und bei Ogden [15.1]. Aufschlüsse über die Struktur dieser Funktion und Deutungen der experimentell beobachteten Besonderheiten lassen sich aber auch schon theoretisch gewinnen, wenn man den Aufbau der Elastomere aus Kettenmolekülen berücksichtigt. Einfachstes mechanisches Modell eines Kettenmoleküls ist ein Stabzug, dessen einzelne Glieder durch Kugelgelenke miteinander verbunden sind. Werden die beiden Enden auseinandergezogen, so sind sehr große Dehnungen möglich, ohne daß – im Gegensatz zur Dehnung einer Schraubenfeder – Formänderungsenergie gespeichert wird. Es drängt sich die Frage auf, wieso dann überhaupt eine Krafteinwirkung erforderlich ist, um die Dehnung aufrechtzuerhalten. Den Grund ersehen wir bereits am Stabzug mit nur zwei Stäben (Bild 15.1). Die Masse m sei am Gelenk konzentriert – die Stäbe seien masselos – und rotiere mit der Winkelgeschwindigkeit $\omega$ auf einer Kreisbahn mit dem Radius a um die Verbindungslinie AB der beiden Endpunkte. Die kinetische Energie ist $E = m\omega^2 a^2/2$, die Zentrifugalkraft $m\omega^2 a$. Aus Gleichgewichtsbetrachtungen errechnet sich die Kraft f, die erforderlich ist, um die Endpunkte auf dem Abstand l zu halten, zu

$$f = \frac{2E}{\bar{l}} \frac{l/\bar{l}}{1-(l/\bar{l})^2} = f\left(\frac{l}{\bar{l}}\right) = E\frac{d}{dl}\left(\ln\left[1-\left(\frac{l}{\bar{l}}\right)^2\right]^{-1}\right). \tag{15.2}$$

Ursache der Kraft ist also die Bewegung des Stabzuges bei festgehaltenen Endpunkten, und diese Kraft ist proportional zur kinetischen Energie. Wird die Zahl der Stäbe des Stabzuges erhöht, so ändert sich zwar die Funktion $f(l/\bar{l})$ (siehe Treloar, Kap. 6), doch bleiben ihre wesentlichen Aspekte erhalten: Das Kraft-Verschiebungs-Diagramm – siehe Bild 15.1 – verläuft für kleine $l/\bar{l}$ ($<<1$) nahezu linear und besitzt bei

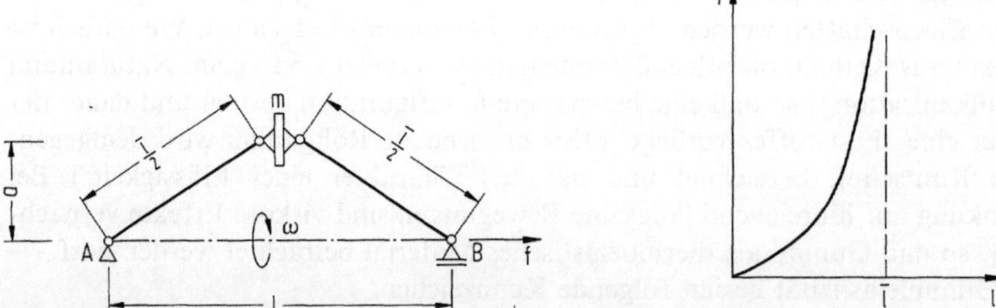


**Bild 15.1.** Elementares Modell zur Erklärung der Entropie-Elastizität. Die Masse m rotiert mit der Winkelgeschwindigkeit ω um die Achse AB. Um bei vorgegebener kinetischer Energie (das entspricht dem isothermen Fall) den Abstand l konstant zu halten, ist eine Kraft f gemäß Diagramm erforderlich

$l=\bar{l}$ einen Pol. Beim Kettenmolekül ist die Bewegung thermischen Ursprungs, und die kinetische Energie dieser Bewegung ist proportional zur absoluten Temperatur.

Wir untersuchen nun die Auswirkung dieser Modellvorstellung auf das thermoelastische Materialgesetz. Nach (8.29) und (8.39) gilt allgemein

$$\underset{\sim}{S}(\underset{\sim}{G},\Theta)=2\Theta\frac{\partial\omega}{\partial\underset{\sim}{G}}=2\frac{\partial\varepsilon}{\partial\underset{\sim}{G}}(\underset{\sim}{G},\Theta)-2\Theta\frac{\partial\eta}{\partial\underset{\sim}{G}}(\underset{\sim}{G},\Theta)=:\underset{\sim}{S}_\varepsilon+\underset{\sim}{S}_\eta. \tag{15.3}$$

Die Beanspruchung setzt sich also additiv zusammen aus einem „energetischen Teil" $\underset{\sim}{S}_\varepsilon=2\partial\varepsilon/\partial\underset{\sim}{G}$ und einem „entropischen Teil" $\underset{\sim}{S}_\eta=-2\Theta\partial\eta/\partial\underset{\sim}{G}$. Versuchsweise nehmen wir nun an, daß die innere Energie von der Konfiguration nicht abhängt, da ja bei der Auseinanderfaltung der Kettenmoleküle keine potentielle Energie gespeichert wird, und das bedeutet nach (8.39)

$$0=\frac{\partial\varepsilon}{\partial\underset{\sim}{G}}=\frac{\partial^2\omega}{\partial\underset{\sim}{G}\partial\lambda}\Rightarrow\omega=\omega_1(\underset{\sim}{G})+\omega_2(\lambda). \tag{15.4}$$

Es ergibt sich

$$\underset{\sim}{S}_\varepsilon=0,\ \underset{\sim}{S}=\underset{\sim}{S}_\eta=2\Theta\frac{\partial\omega_1}{\partial\underset{\sim}{G}}(\underset{\sim}{G}). \tag{15.5}$$

Da nur der entropische Anteil der Beanspruchung auftritt, spricht man von Entropieelastizität. Wie man sieht, ist die Beanspruchung dabei – in völliger Analogie zu (15.2) – proportional zur absoluten Temperatur $\Theta$.

Entropieelastisch verhalten sich Gase – siehe (8.73), (8.74). Ihre innere Energie ist nur von der thermischen Bewegung der Moleküle, aber nicht vom eingenommenen Volumen abhängig – sofern dieses nicht so klein wird, daß Wechselwirkungspotentiale bedeutsam werden. Beim Gummi dagegen ist das stark unterschiedliche Verhalten unter Volumenänderungen und Gestaltänderungen zu beachten. Entropieelastizität ist tatsächlich nur hinsichtlich der Gestaltänderung möglich. Bei isothermer Volumenänderung dagegen ändert sich die innere Energie, da die Kettenmoleküle dicht gepackt liegen.

Volumenänderungen von Gummi lassen sich nicht nur durch Aufbringen von hydrostatischem Druck (experimentell bis zu 30% Volumenabnahme realisiert) oder durch Temperaturänderung (wenige Prozent Volumenänderung), sondern in besonders markanter Weise (mehrere hundert Prozent Volumenänderung) auch durch Quellen (swelling) z.B. in Benzol erreichen. Mit Q wollen wir das Volumenverhältnis des gequollenen zum ungequollenen Gummi bezeichnen ($1\leqq Q<...5$). Den Vorgang des Quellens selbst wollen wir nicht betrachten, d.h., wir sehen Q als festen Parameterwert an.

Der weiteren Untersuchung legen wir die Annahme zugrunde, daß das Volumen der Masseneinheit des Gummis (ohne Berücksichtigung der Masse der Quellflüssigkeit) in der folgenden speziellen Weise von Druck und Temperatur abhängt:

$$\upsilon=\upsilon(p,\tilde{\underset{\sim}{G}},\Theta,Q)=Q[\upsilon_1(\Theta)+\upsilon_2(p)]. \tag{15.6}$$

Wählen wir insbesondere $\upsilon_2(p)\equiv 0$, so bedeutet das Inkompressibilität, schließen wir zusätzlich die thermische Dehnung aus – $\upsilon_1(\Theta)\equiv\upsilon_1=\text{const}$ –, so sind nur isochore Verformungen möglich. Wir haben also die Variablen p und $\upsilon$ vertauscht und folgern daher aus (8.95)

$$\bar{\psi}(p,\tilde{G},\Theta,Q)=Q\hat{\psi}(p)+\tilde{\psi}(\tilde{G},\Theta,Q)\ \text{mit}\ \frac{\partial\hat{\psi}}{dp}=-p\frac{d\upsilon_2}{dp} \tag{15.7}$$

und aus (8.97)

$$\begin{aligned}\varepsilon&=-\Theta^2\frac{\partial}{\partial\Theta}\left[\frac{Q}{\Theta}\hat{\psi}(p)+\frac{1}{\Theta}\tilde{\psi}(\tilde{G},\Theta,Q)\right]-Qp\Theta\frac{d\upsilon_1}{d\Theta}(\Theta)\\&=\varepsilon(p,\tilde{G},\Theta,Q).\end{aligned} \tag{15.8}$$

Da nun Gummi gegenüber Gestaltänderungen entropieelastisch sein soll, treffen wir die Annahme, daß die innere Energie sich bei Verformung unter konstantem p,Θ,Q nicht ändert:

$$\begin{aligned}0&=\frac{\partial\varepsilon}{\partial\tilde{G}}=-\Theta^2\frac{\partial^2}{\partial\Theta\partial\tilde{G}}\left[\frac{1}{\Theta}\tilde{\psi}(\tilde{G},\Theta,Q)\right]\\&\Rightarrow\tilde{\psi}(\tilde{G},\Theta,Q)=\Theta\omega_0(\tilde{G},Q)+\breve{\psi}(\Theta,Q).\end{aligned} \tag{15.9}$$

Dann gibt (8.96)

$$(SG)'=2\Theta\frac{\partial\omega_0}{\partial\tilde{G}}(\tilde{G},Q)\tilde{G}=-2\Theta\frac{\partial\eta}{\partial\tilde{G}}\tilde{G} \tag{15.10}$$

und daher die Struktur

$$T'=\varrho K(SG)'K^{-1}=\Theta\mathfrak{T}(K,Q). \tag{15.11}$$

Also ist der Spannungsdeviator bei fester Plazierung proportional zur absoluten Temperatur Θ. Der Druck dagegen ist im Falle der Inkompressibilität unbestimmt und im Falle der Kompressibilität gemäß (15.6) i.allg. nicht zu Θ proportional.

Um das Materialverhalten vollständig beschreiben zu können, sind die Funktionen $\upsilon_1(\Theta)$, $\upsilon_2(p)$, $\omega_0(\tilde{G},Q)$ und $\breve{\psi}(\Theta,Q)$ experimentell zu bestimmen. Dabei ergeben sich $\upsilon_1$ und $\upsilon_2$ aus der Beobachtung der Volumenänderung bei Temperatur- bzw. Druckänderung, $\omega_0$ aus der Messung der deviatorischen Spannungen bei isothermen Gestaltänderungen und $\breve{\psi}$ aus der Wärmeaufnahme bei Temperaturerhöhung unter den Nebenbedingungen $p\equiv 0$ und $\tilde{G}\equiv\text{const}$ gemäß

$$\begin{aligned}q&=\dot{\varepsilon}+p\dot{\upsilon}-\frac{1}{2}(SG)'\cdot\cdot\tilde{G}^{-1}\dot{\tilde{G}}=\frac{\partial\varepsilon}{\partial\Theta}\dot{\Theta}\\&=-\frac{\partial}{\partial\Theta}\left[\Theta^2\frac{\partial}{\partial\Theta}\left(\frac{\breve{\psi}(\Theta,Q)}{\Theta}\right)\right]\dot{\Theta}=c_p(\Theta,Q)\dot{\Theta}.\end{aligned} \tag{15.12}$$

Die Funktion $\omega_0$, die das mechanische Verhalten unter Gestaltänderungen kennzeichnet, soll noch näher untersucht werden. Nach (8.60), (15.6) und mit der Formelsammlung 7.11 gilt

$$\left(\frac{\upsilon}{\upsilon_0}\right)^{2/3}\tilde{G}G_0^{-1}=GG_0^{-1}=K^{*}BK^{-*}=K^{*}\exp 2HK^{-*} \tag{15.13}$$

und

$$\frac{1}{2}\ln\det \underset{\sim}{G}\underset{\sim}{G}_0^{-1} = \frac{1}{2}\ln\det \underset{\sim}{B} = \operatorname{tr}\underset{\sim}{H} = \ln\frac{\upsilon}{\upsilon_0} = \ln Q + \ln\frac{\upsilon_1(\Theta)+\upsilon_2(p)}{\upsilon_0}. \quad (15.14)$$

Bezeichnen wir mit $I_1, I_2, I_3$ die Invarianten von

$$Q^{2/3}\tilde{\underset{\sim}{G}}\underset{\sim}{G}_0^{-1} = \left(Q\frac{\upsilon_0}{\upsilon}\right)^{2/3}\underset{\sim}{K}^*\underset{\sim}{B}\underset{\sim}{K}^{-*} = \underset{\sim}{K}^*\exp\left(2\underset{\sim}{H}' + \frac{2}{3}\ln Q\underset{\sim}{1}\right)\underset{\sim}{K}^{-*} \quad (15.15)$$

und mit $\hat{I}_1, \hat{I}_2, \hat{I}_3$ diejenigen von $\tilde{\underset{\sim}{G}}\underset{\sim}{G}_0^{-1}$ – man beachte $\hat{I}_3 \equiv 1$ nach (8.61) –, so gelten die Zusammenhänge

$$I_1 = Q^{2/3}\hat{I}_1,\ I_2 = Q^{4/3}\hat{I}_2,\ I_3 = Q^2\hat{I}_3 = Q^2, \quad (15.16)$$

und die isotrope Funktion $\omega_0$ läßt sich mittels verschiedener Invarianten oder Hauptwerte schreiben als

$$\begin{aligned}
&\omega_0(\tilde{\underset{\sim}{G}},Q) = \check{\check{\omega}}(\operatorname{Inv}(\tilde{\underset{\sim}{G}}\underset{\sim}{G}_0^{-1}),Q) = \check{\check{\omega}}(\hat{I}_1,\hat{I}_2,Q)\\
&= \check{\omega}(I_1,I_2,I_3) = \check{\omega}(\operatorname{Inv}(Q^{2/3}\tilde{\underset{\sim}{G}}\underset{\sim}{G}_0^{-1}))\\
&= \bar{\bar{\omega}}\left(\operatorname{Inv}\left(\underset{\sim}{H}' + \frac{1}{3}\ln Q\underset{\sim}{1}\right)\right)\\
&= \bar{\omega}\left(\frac{2}{3}h_1 - \frac{1}{3}(h_2+h_3-\ln Q), \frac{2}{3}h_2 - \frac{1}{3}(h_1+h_3-\ln Q), \frac{2}{3}h_3 - \frac{1}{3}(h_1+h_2-\ln Q)\right).
\end{aligned} \quad (15.17)$$

Die zu $\underset{\sim}{H}$ koaxiale Beanspruchung $\underset{\sim}{P}$ ergibt sich am einfachsten aus der Leistungsbilanz bei isothermer Verformung:

$$\begin{aligned}
&P:\dot{H} = \dot{\psi} = -p\dot{\upsilon} + \Theta\dot{\omega}_0 = p_1\dot{h}_1 + p_2\dot{h}_2 + p_3\dot{h}_3\\
&= -p\upsilon(\dot{h}_1+\dot{h}_2+\dot{h}_3)\\
&+ \frac{\Theta}{3}(2\dot{h}_1-\dot{h}_2-\dot{h}_3)\bar{\omega}_{,1} + \frac{\Theta}{3}(2\dot{h}_2-\dot{h}_1-\dot{h}_3)\bar{\omega}_{,2} + \frac{\Theta}{3}(2\dot{h}_3-\dot{h}_1-\dot{h}_2)\bar{\omega}_{,3}.
\end{aligned} \quad (15.18)$$

(Es soll $\bar{\omega}_{,j}$ die Ableitung von $\bar{\omega}$ nach dem Argument der Nummer j bedeuten.) Koeffizientenvergleich liefert:

$$\begin{aligned}
p_1 &= -p\upsilon + \frac{\Theta}{3}(2\bar{\omega}_{,1} - \bar{\omega}_{,2} - \bar{\omega}_{,3})\\
&= -p\upsilon + \Theta\frac{\partial\bar{\omega}}{\partial h_1}\Big|_{Q=\text{const}}
\end{aligned} \quad (15.19)$$

und daher

$$p_1 - p_2 = \Theta(\bar{\omega}_{,1} - \bar{\omega}_{,2}). \tag{15.20}$$

Es bleibt die Funktion $\bar{\omega}$ zu bestimmen. Für nicht zu große Verformungen hat sich die von Valanis und Landel [15.2] eingeführte Hypothese bewährt, daß $\bar{\omega}$ eine in den drei Variablen separierte Form besitzt:

$$\bar{\omega}(z_1, z_2, z_3) = \frac{\mu_0}{\varrho_0 \Theta_0}[g(z_1) + g(z_2) + g(z_3)]. \tag{15.21}$$

(Die Konstante $\mu_0$ soll die Dimension einer Spannung haben, so daß g dimensionslos ist.) Es ist dann nur eine Funktion g einer Variablen experimentell zu ermitteln. Zur Deutung mag man sich vorstellen, daß die Kettenmoleküle lediglich in den drei momentanen Hauptverzerrungsrichtungen angeordnet sind und die Dehnung der Ketten in jeder dieser Richtungen einen unabhängigen Beitrag zur Formänderungsenergie leistet. Da tatsächlich Moleküle jeder beliebigen Ausrichtung vorkommen, ist diese Annahme allerdings nur eine Näherung.

Ein beliebtes Hilfsmittel bei der Erforschung des Materialverhaltens von Gummi ist der Zugversuch: Ein prismatischer Stab der Ausgangslänge $l_0$ und Ausgangsfläche $A_0$ steht unter einachsigem Spannungszustand. Seine Kraft in Längsrichtung ist $T_1 A_0 = t_1 A$, seine Länge $l = v_1 l_0$, und seine Querschnittsfläche $A = v_2^2 A_0$. Wegen der Rotationssymmetrie ist $h_2 = h_3 = \ln v_2 = (\operatorname{tr} \underset{\sim}{H} - h_1)/2$, und daher folgt unter Beachtung von (15.14), (15.17), (15.21) aus (15.20) wegen $p_2 = p_3 \equiv 0$

$$\begin{aligned} T_1 = t_1 v_2^2 &= \frac{p_1 \varrho_0}{v_1 v_2^2} v_2^2 \\ &= \frac{\mu_0}{v_1} \frac{\Theta}{\Theta_0}\left[g'\left(h_1' + \frac{1}{3}\ln Q\right) - g'\left(h_2' + \frac{1}{3}\ln Q\right)\right] \\ &= \frac{\mu_0}{v_1} \frac{\Theta}{\Theta_0}\left[g'\left(\ln v_1 - \frac{1}{3}\ln \frac{\upsilon_1(\Theta) + \upsilon_2(p)}{\upsilon_0}\right)\right. \\ &\qquad \left. - g'\left(-\frac{1}{2}\ln v_1 + \frac{1}{6}\ln \frac{\upsilon_1(\Theta) + \upsilon_2(p)}{\upsilon_0} + \frac{1}{2}\ln Q\right)\right]. \end{aligned} \tag{15.22}$$

Betrachten wir zunächst die Änderung der Kraft unter Temperaturerhöhung bei festgehaltener Länge l, also festem Wert $v_1$. Um ein quantitatives Ergebnis zu erhalten, nehmen wir Inkompressibilität an $(\upsilon_2 \equiv 0)$, treffen folgende lineare Approximationen

$$\ln \frac{\upsilon_1(\Theta)}{\upsilon_0} = \alpha(\Theta - \Theta_0), \; g'(z) = c(z - z_0) \text{ mit } \alpha > 0, \, c > 0, \tag{15.23}$$

und finden

$$\begin{aligned} T_1 &= \frac{\mu_0 c}{2v_1} \frac{\Theta}{\Theta_0}[3\ln v_1 - \ln Q - \alpha(\Theta - \Theta_0)] \\ &= \frac{\mu_0 c}{2v_1}[3\ln v_1 - \ln Q] + \frac{\mu_0 c}{2v_1} \frac{\Theta - \Theta_0}{\Theta_0}[3\ln v_1 - \ln Q - \alpha\Theta_0] \\ &\quad - \frac{\alpha\mu_0 c}{2\Theta_0 v_1}(\Theta - \Theta_0)^2. \end{aligned} \tag{15.24}$$

Wird die Temperaturdehnung vernachlässigt ($\alpha=0$), dann wächst die Zugkraft proportional zur absoluten Temperatur. Dasselbe ist näherungsweise richtig, wenn die Stabdehnung sehr groß ist gegen die maximal zu erwartende thermische Dehnung (z.B. $Q=1$, $|3\ln v_1|>>|\alpha(\Theta-\Theta_0)|$). Dieses Phänomen wurde bereits 1805 von Gough entdeckt (Gough-Joule-Effekt). Bei sehr kleinen Dehnungen fällt dagegen die Zugkraft mit wachsender Temperatur ab. Den sogenannten thermoelastischen Inversionspunkt, bei dem sich $T_1$ in erster Näherung mit $\Theta-\Theta_0$ nicht ändert, finden wir aus

$$3\ln v_1=\ln Q+\alpha\Theta_0, \tag{15.25}$$

also bei $Q=1$ und Zimmertemperatur etwa bei einer Dehnung von 10%.

Untersuchen wir als nächstes die Energiebilanz bei isothermen Prozessen. Nach (15.7) bis (15.9) ist

$$q+\frac{1}{2}\underset{\sim}{S}:\dot{\underset{\sim}{G}}=\dot{\varepsilon}=\left[Q\hat{\psi}(p)-Qp\Theta\frac{d\upsilon_1}{d\Theta}(\Theta)\right]^{\bullet}=-Q\left[p\frac{d\upsilon_2}{dp}(p)+\Theta\frac{d\upsilon_1}{d\Theta}(\Theta)\right]\dot{p}. \tag{15.26}$$

Anders als bei reiner Entropieelastizität, wo wegen $\varepsilon=\varepsilon(\Theta)$ beim isothermen Prozeß $\dot{\varepsilon}=0$ gilt, also die geleistete Arbeit völlig als Wärme abgegeben wird, ändert sich beim Gummi die innere Energie mit dem Druck. Der dadurch verursachte Unterschied zwischen Arbeit und Wärmeabgabe beim Zugversuch – dort gilt $\dot{p}=-\dot{t}_1/3$ – ist experimentell belegt (siehe bei Alts [15.3], der die theoretische Erklärung geliefert hat). Beim isothermen und isobaren – also nach (15.6) auch isochoren – Prozeß gibt Formel (15.26) keine Änderung von $\varepsilon$. In Wirklichkeit werden auch bei isochoren und isothermen Prozessen Änderungen der inneren Energie beobachtet – siehe die Hinweise bei Treloar, Kap. 13. Um diesen Effekt zu erfassen, müßte man auf allgemeinere als die hier verwendeten Ansätze (15.6) und (15.9) zurückgreifen.

Es verbleibt das Problem, einen möglichst realistischen und dennoch gut handhabbaren Ansatz für die Funktion g zu finden. Der einfacheren Deutung wegen setzen wir Inkompressibilität voraus ($\upsilon_2\equiv 0$), betrachten isotherme Prozesse und wählen $\upsilon_1(\Theta_0)=\upsilon_0$. Dann ist die Formänderungsenergie – wegen (15.14) –

$$W=\Theta_0\omega_0=\Theta_0\bar{\omega}(h_1,h_2,h_3)=\frac{\mu_0}{\varrho_0}[g(h_1)+g(h_2)+g(h_3)]. \tag{15.27}$$

Wir schreiben noch

$$g(h)=g(\ln v)=w(v)$$

$$\Rightarrow g'(h)=vw'(v). \tag{15.28}$$

Das Modell des Bildes 15.1 legt die Annahme nahe, daß die Kraft in erster Näherung proportional zum Abstand der Molekülknoten ist. Dem entspricht ein quadratischer Ansatz der Formänderungsenergie, also

$$w(v)=\frac{v^2}{2} \tag{15.29}$$

und damit

$$W = \frac{\mu_0}{2\varrho_0}(v_1{}^2 + v_2{}^2 + v_3{}^2) = \frac{\mu_0}{2\varrho_0}\,\mathrm{tr}\,\underset{\sim}{B}. \tag{15.30}$$

Dieser Ansatz läßt sich in der Tat aus der statistischen Mechanik der Kettenmoleküle gewinnen – ebenfalls unter der Annahme, daß der Knotenabstand klein gegen die gestreckte Länge des Molekülabschnitts zwischen den Knoten ist (sogenannte Gaußsche Netzwerktheorie, siehe Treloar). Diese Materialgleichung bezeichnet man auch als „Neo-Hookesches Gesetz". Bessere Übereinstimmung mit den experimentellen Ergebnissen im Zugversuch liefert der allgemeinere Ansatz von Mooney-Rivlin – siehe [0.1], Kap. 95 –

$$w(v) = \frac{1}{2}\left[\left(\frac{1}{2} + \beta\right)v^2 + \left(\frac{1}{2} - \beta\right)v^{-2}\right], \tag{15.31}$$

also

$$W = \frac{\mu_0}{2\varrho_0}\left[\left(\frac{1}{2} + \beta\right)\mathrm{tr}\,\underset{\sim}{B} + \left(\frac{1}{2} - \beta\right)\mathrm{tr}\,\underset{\sim}{B}^{-1}\right]. \tag{15.32}$$

Nach (15.22) ist dann

$$T_1 = \left(\frac{1}{2} + \beta\right)\mu_0\left(v_1 - \frac{Q}{v_1{}^2}\right)\left(1 + \frac{\gamma}{Qv_1}\right) \text{ mit } \gamma := \frac{1-2\beta}{1+2\beta}. \tag{15.33}$$

Bedeutet $\bar{v}$ die Streckung aus der gequollenen spannungsfreien Konfiguration, also

$$\bar{v}_j = v_j / \sqrt[3]{Q}, \tag{15.34}$$

so läßt sich das umschreiben in

$$T_1 = \left(\frac{1}{2} + \beta\right)\mu_0\sqrt[3]{Q}\left(\bar{v}_1 - \frac{1}{\bar{v}_1{}^2}\right)\left(1 + \frac{\gamma Q^{-4/3}}{\bar{v}_1}\right). \tag{15.35}$$

Der Vorfaktor wächst also mit der dritten Wurzel aus dem Quellungsgrad Q an, während der Einfluß der Konstanten $\gamma$ – welche die Abweichung vom Neo-Hookeschen Gesetz kennzeichnet – mit wachsender Quellung rasch abnimmt. Diese Tendenzen entsprechen den Messungen von Gumbrell, Mullins und Rivlin [15.4] (siehe auch Treloar, Kap. 5).

Einfacher als aus dem Zugversuch läßt die Funktion g bzw. w sich aus der zweiachsigen Beanspruchung einer Membran gewinnen, denn nach (15.20), (15.21) gilt

$$g'(h_1) - g'(h_2) = \frac{1}{\mu_0}\frac{\varrho_0}{\varrho}(t_1 - t_2)$$

$$= v_1 w'(v_1) - v_2 w'(v_2) = \frac{1}{\mu_0}(T_1 v_1 - T_2 v_2). \tag{15.36}$$

Durch Messung der Zugkräfte und Umrechnung auf die Nennspannungen $T_1 := t_1 v_2 v_3$ und $T_2 := t_2 v_1 v_3$ bei festgehaltener Streckung $v_2$ und Variation der

Streckung $v_1$ kann man daraus die Funktion $g'$ bis auf eine additive Konstante ermitteln. Zur Kontrolle ist der Versuch mit einem anderen Wert $v_2$ zu wiederholen. Erhält man dabei dieselbe Funktion $g'$, so findet sich die Separationshypothese (15.21) bestätigt. Besser als durch den Mooney-Rivlin-Ansatz wird die auf diesem Wege erhaltene Funktion – nach Messungen von Jones und Treloar – mittels folgender Formel wiedergegeben (siehe Treloar, Kap. 11):

$$vw'(v) = 0{,}69v^{1{,}3} + 0{,}010v^{4{,}0} - 0{,}0122v^{-2{,}0} + \text{const.} \tag{15.37}$$

Derartige Ansätze mit gebrochenen Exponenten sind zuerst von Ogden vorgeschlagen worden und werden von ihm am angegebenen Ort eingehend diskutiert.

An Stelle der Hauptstreckungen können beispielsweise die Invarianten von $\underset{\sim}{B}$ als unabhängige Variable benutzt werden. Für sie gilt

$$I_1 = \operatorname{tr} \underset{\sim}{B}, \frac{I_2}{I_3} = \operatorname{tr} \underset{\sim}{B}^{-1}, \; I_3 = \det \underset{\sim}{B}, \tag{15.38}$$

und beschränkt man sich auf isochore Verformungen, also $I_3 \equiv 1$, dann läßt das Mooney-Rivlin-Gesetz sich schreiben als

$$W = \frac{3\mu_0}{2\varrho_0} + \frac{\mu_0}{2\varrho_0}\left(\frac{1}{2} + \beta\right)[I_1 - 3] + \frac{\mu_0}{2\varrho_0}\left(\frac{1}{2} - \beta\right)[I_2 - 3]. \tag{15.39}$$

Dies kann aber nach Rivlin [15.5] als der lineare Spezialfall einer allgemeinen Polynomdarstellung

$$\begin{aligned} W = {} & w_0 + \frac{1}{2} w_{10}[I_1 - 3] + \frac{1}{2} w_{01}[I_2 - 3] \\ & + \frac{1}{4} w_{20}[I_1 - 3]^2 + \frac{1}{2} w_{11}[I_1 - 3][I_2 - 3] + \frac{1}{4} w_{02}[I_2 - 3]^2 \\ & + \ldots \end{aligned} \tag{15.40}$$

angesehen werden. Eine solche Darstellung besitzt zwar bei Mitnahme höherer Potenzen i.allg. nicht die einschränkende Separationseigenschaft (15.21), hat jedoch andere Nachteile.

Das wird offenkundig, wenn man sich über den Definitionsbereich dieser Funktion in der $I_1, I_2$-Ebene Rechenschaft gibt (Bild 15.2). Schreibt man nämlich

$$\xi := \frac{1}{9}(I_1 + I_2 - 6), \; \eta := \frac{1}{9}(I_2 - I_1), \tag{15.41}$$

so findet man – indem man $I_1$ und $I_2$ durch die Hauptwerte von $\underset{\sim}{B}$ ausdrückt, sodann $I_3 = b_1 b_2 b_3 = 1$ beachtet, eine Extremwertaufgabe löst und schließlich die Hauptwerte wieder eliminiert – die Aussage

$$\eta^2 \leqq \left(\sqrt{1+\xi} + \frac{1}{3}\right)(\sqrt{1+\xi} - 1)^3. \tag{15.42}$$

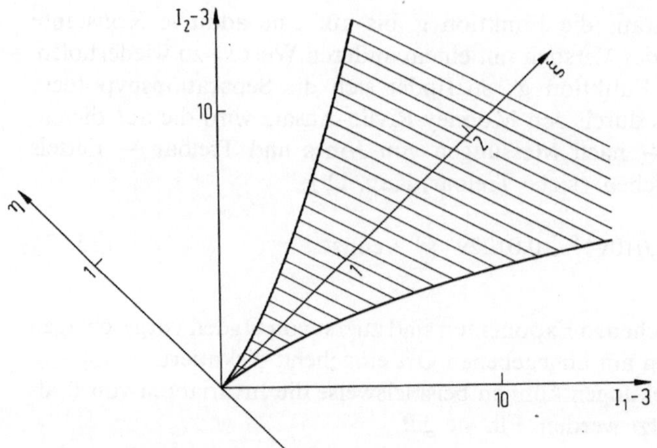


**Bild 15.2.** Das Definitionsgebiet (schraffiert) der Formänderungsenergie $W(I_1,I_2)$ im Falle der Nebenbedingung $I_3 \equiv 1$ gemäß Ungleichung (15.42)

(Das Gleichheitszeichen gilt, wenn zwei Hauptwerte übereinstimmen.) Der Definitionsbereich besitzt also an der Stelle $I_1 = I_2 = 3$ eine Spitze, und damit erklären sich mancherlei theoretische und experimentelle Schwierigkeiten bei der Ermittlung der Formänderungsenergie als Funktion der Invarianten $I_1,I_2$ im Bereich kleiner isochorer Verformungen. Offensichtlich ist die Polynomdarstellung (15.40) nicht als Taylor-Entwicklung am Punkt $I_1 = I_2 = 3$ aufzufassen, da dies kein innerer Punkt des Definitionsgebietes ist, und man muß sich sogar die Frage vorlegen, ob die Funktion an diesem Punkt womöglich singulär – also in seiner Nähe gar nicht durch ein Polynom approximierbar – ist. Diese Befürchtung ist glücklicherweise unbegründet. Schreibt man nämlich die linearen Glieder gemäß (15.39) in der Form

$$\frac{2\varrho_0}{\mu_0}[W(\underset{\sim}{B}) - W(\underset{\sim}{1})]$$

$$= \left(\frac{1}{2}+\beta\right)(b_1+b_2+b_3) + \left(\frac{1}{2}-\beta\right)\left(\frac{1}{b_1}+\frac{1}{b_2}+\frac{1}{b_3}\right) - 3$$

$$= \delta_1{}^2 + \delta_2{}^2 + \delta_1\delta_2 - \delta_1{}^3 - \delta_2{}^3 - \left(\frac{1}{2}+\beta\right)\delta_1\delta_2(\delta_1+\delta_2) + O(\delta^4)$$

$$\text{mit } \delta_1 := b_1 - 1,\ \delta_2 := b_2 - 1, \tag{15.43}$$

dann ist dies zugleich die Darstellung der allgemeinsten Taylor-entwickelbaren Funktion $\check{W}(\delta_1,\delta_2)$, die den Bedingungen

$$\check{W}(\delta_1,\delta_2) = \check{W}(\delta_2,\delta_1) = \check{W}(\delta_1,\delta_3)$$

$$\text{mit } \delta_3 := [(1+\delta_1)(1+\delta_2)]^{-1} - 1$$

$$\text{und } \check{W}(0,0) = 0 \tag{15.44}$$

genügt. Da aber für diese Funktion $\check{W}$ der zwei unabhängigen Variablen $\delta_1,\delta_2$ der Punkt (0,0) ein innerer Punkt des Definitionsgebietes ist, scheint die Annahme ihrer Taylor-Entwickelbarkeit um diesen Punkt nicht sehr scharf.

## 15.2 Viskoelastisches Verhalten von Polymeren

Bei der Verformung von Kautschuk, Naturgummi, flüssigen oder festen Kunststoffen treten markante viskoelastische Erscheinungen auf. Bezüglich der experimentellen Befunde sei auf die Monographie von Ferry [0.43] hingewiesen, in der auch umfangreiche theoretische Untersuchungen auf phänomenologischer sowie auf molekularer Basis zu finden sind.

Die wesentlichen Aspekte des zeitabhängigen Verhaltens von polymeren Werkstoffen lassen sich mit folgenden Annahmen wiedergeben:

1. Da – im linearen Bereich – ein breites Spektrum von Relaxationszeiten beobachtet wird, ist die Verwendung der Methode der Parallelschaltung der Beanspruchungen, d.h. die dreidimensionale Verallgemeinerung des Modells VE gemäß Bild 2.4 angebracht.
2. Alle Federn zeigen gummiartiges, also gegenüber Gestaltänderungen entropieelastisches Verhalten.
3. Der Einfluß von Druck und Temperatur auf die Zähigkeit läßt sich durch eine einzige skalare Variable $\varkappa$ erfassen, die als freies Volumen je Masseneinheit gedeutet wird.
4. Elastisches und inelastisches Verhalten sind isotrop.

Die Einführung des freien Volumens – bei Ferry in den Kapiteln 11 und 18 abgehandelt – entspricht dem Ansatz

$$\upsilon=\upsilon_b(p,\Theta)+\varkappa. \tag{15.45}$$

Der Anteil $\upsilon_b$ (das „besetzte Volumen") ist nur von den Momentanwerten von Druck und Temperatur abhängig, während das freie Volumen $\varkappa$ (welches Hohlräume von molekularer Größenordnung repräsentiert) nach einer Änderung von Druck oder Temperatur stetig einem neuen relaxierten Wert $\varkappa_\infty(p,\Theta)$ entgegenkriecht. Die sowohl dieses Volumenkriechen als auch jedes isochore Kriechen beherrschenden Zähigkeiten wachsen mit abnehmendem $\varkappa$ stark an. Der Ansatz (15.45) legt nahe, wieder die Variablen $\upsilon$ und p zu vertauschen, also die Speicherfunktion in der Form

$$\omega=\omega(p,\tilde{\underset{\sim}{G}},\lambda,\underset{\sim}{G}_1,\dots,\underset{\sim}{G}_n,\varkappa) \tag{15.46}$$

anzusetzen. Unter Beachtung von (8.67) und (15.45) liefert die Passivitätsforderung (8.26)

$$\begin{aligned}&-\left[\lambda p\frac{\partial\upsilon_b}{\partial p}+\frac{\partial\omega}{\partial p}\right]\dot{p}+\left[\frac{\lambda}{2}(\underset{\sim}{S}\underset{\sim}{G})'-\frac{\partial\omega}{\partial\tilde{\underset{\sim}{G}}}\tilde{\underset{\sim}{G}}\right]\cdot\cdot\,\tilde{\underset{\sim}{G}}^{-1}\dot{\tilde{\underset{\sim}{G}}}\\&+\left[\varepsilon-\lambda p\frac{\partial\upsilon_b}{\partial\lambda}-\frac{\partial\omega}{\partial\lambda}\right]\dot{\lambda}-\left[\lambda p+\frac{\partial\omega}{\partial\varkappa}\right]\dot{\varkappa}\\&-\sum_{j=1}^{n}\frac{\partial\omega}{\partial\underset{\sim}{G}_j}:\dot{\underset{\sim}{G}}_j+\underset{\sim}{\mathfrak{h}}\cdot\hat{\underset{\sim}{\nabla}}\lambda\geqq 0.\end{aligned} \tag{15.47}$$

Beliebigkeit von $\dot{p}$ erfordert das Verschwinden der ersten Klammer, also

$$\omega = \hat{\omega}(p,\lambda) + \tilde{\omega}(\tilde{G},\lambda,G_1,\ldots,G_n,\varkappa)$$

$$\text{mit}\ \frac{\partial\hat{\omega}}{\partial p} = -\lambda p \frac{\partial \upsilon_b}{\partial p}(p,\lambda). \tag{15.48}$$

Beliebigkeit von $\dot{\lambda}$ gibt

$$\varepsilon = \frac{\partial\omega}{\partial\lambda} + \lambda p \frac{\partial \upsilon_b}{\partial\lambda}(p,\lambda), \tag{15.49}$$

und da die innere Energie von $\tilde{G}$ unabhängig sein soll, muß gelten

$$0 = \frac{\partial\varepsilon}{\partial\tilde{G}} = \frac{\partial^2\omega}{\partial\lambda\partial\tilde{G}} \Rightarrow \tilde{\omega} = \bar{\omega}(\tilde{G},G_1,\ldots,G_n,\varkappa) + \breve{\omega}(\lambda,G_1,\ldots,G_n,\varkappa). \tag{15.50}$$

Unserer Modellvorstellung gemäß nehmen wir an, daß die einzelnen parallelgeschalteten Maxwell-Komponenten unabhängige Beiträge zur Speicherfunktion leisten, und diese können wegen der Isotropie nur von den Invarianten von $\tilde{G}G_j^{-1}$ abhängen. Da aber die Funktion $\breve{\omega}$ das Argument $\tilde{G}$ nicht enthält, kann sie folglich auch keines der Argumente $G_1,\ldots,G_n$ enthalten. Wir nehmen ferner an, daß $\bar{\omega}$ nicht von $\varkappa$ abhängt. Es verbleibt

$$\omega = \hat{\omega}(p,\lambda) + \breve{\omega}(\lambda,\varkappa) + \omega_0(\mathrm{Inv}(\tilde{G}G_0^{-1})) + \sum_{j=1}^{n} \omega_j(\mathrm{Inv}(\tilde{G}G_j^{-1})) \tag{15.51}$$

und

$$\varepsilon = \frac{\partial\hat{\omega}}{\partial\lambda}(p,\lambda) + \frac{\partial\breve{\omega}}{\partial\lambda}(\lambda,\varkappa) + \lambda p \frac{\partial\upsilon_b}{\partial\lambda}(p,\lambda) =: \hat{\varepsilon}(p,\lambda) + \bar{\varepsilon}(\lambda,\varkappa). \tag{15.52}$$

Der Passivitätsforderung wird Genüge getan, wenn wir noch verlangen

$$\mathfrak{h}\cdot\hat{\nabla}\lambda \geqq 0, \quad -\frac{\partial\omega_j}{\partial G_j} : \dot{G}_j \geqq 0,$$

$$(SG)' = (S_e G)' + (S_v G)' + \sum_j (S_j G)'$$

$$\text{mit}\ (S_e G)' = 2\Theta \frac{\partial\omega_0}{\partial\tilde{G}}\tilde{G}, \quad (S_j G)' = 2\Theta \frac{\partial\omega_j}{\partial\tilde{G}}\tilde{G},$$

$$(S_v G)' \cdot\cdot\, \tilde{G}^{-1}\dot{\tilde{G}} \geqq 0,$$

$$-\left[\lambda p + \frac{\partial\breve{\omega}}{\partial\varkappa}(\lambda,\varkappa)\right]\dot{\varkappa} \geqq 0. \tag{15.53}$$

Ein einfacher Ansatz für das Volumenkriechen, welcher der letzten Ungleichung genügt, ist

$$\dot{\varkappa} = -\frac{\Theta_0\upsilon_0}{\eta_v(\varkappa)}\left[\lambda p + \frac{\partial\breve{\omega}}{\partial\varkappa}(\lambda,\varkappa)\right]. \tag{15.54}$$

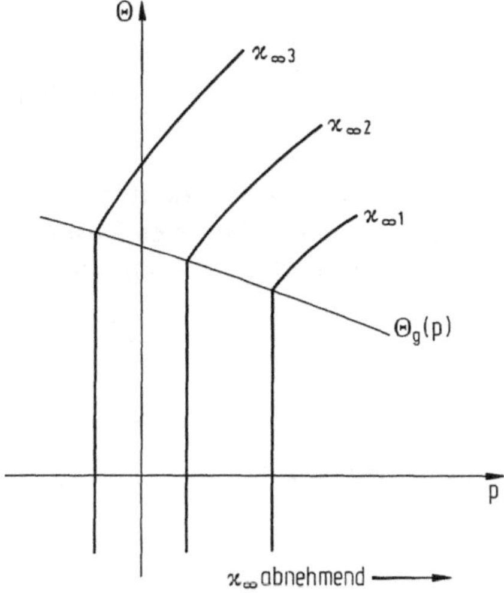


**Bild 15.3.** Das relaxierte freie Volumen $\varkappa_\infty$ als Funktion von Druck p und Temperatur Θ nahe der Glasübergangstemperatur $\Theta_g(p)$

Der relaxierte Zustand ist erreicht, wenn $\dot{\varkappa}=0$ gilt, also für

$$\lambda p + \frac{\partial \breve{\omega}}{\partial \varkappa}(\lambda,\varkappa) = 0 \Rightarrow \varkappa = \varkappa_\infty(p,\lambda). \tag{15.55}$$

(Hätten wir nicht angenommen, daß $\bar{\omega}$ von $\varkappa$ unabhängig ist, dann wäre $\varkappa_\infty$ auch eine Funktion von $\underset{\sim}{G}, \underset{\sim}{G}_1, \ldots, \underset{\sim}{G}_n$.)

Tragen wir die Funktion $\varkappa=\varkappa_\infty(p,\lambda)$ auf, so finden wir einen Verlauf gemäß Bild 15.3. Unterhalb der (vom Druck abhängigen) sogenannten Glasübergangstemperatur $\Theta_g$ (glass transition) verringert das freie Volumen sich bei Abkühlung nicht weiter, da es seinen ebenfalls vom Druck abhängigen) Minimalwert (bei p=0 etwa 2,5% des Gesamtvolumens) erreicht hat. Da die Funktion $\varkappa_\infty$ bei $\Theta_g$ stetig, aber nicht differenzierbar ist, sind die durch

$$\beta_\infty := \frac{1}{\upsilon_\infty}\frac{\partial \upsilon_\infty}{\partial p} = \frac{1}{\upsilon_\infty}\left[\frac{\partial \upsilon_b}{\partial p}(p,\Theta) + \frac{\partial \varkappa_\infty}{\partial p}(p,\Theta)\right] \tag{15.56}$$

definierte Kompressibilität und die durch

$$\alpha_\infty := \frac{1}{\upsilon_\infty}\frac{\partial \upsilon_\infty}{\partial \Theta} = \frac{1}{\upsilon_\infty}\left[\frac{\partial \upsilon_b}{\partial \Theta}(p,\Theta) + \frac{\partial \varkappa_\infty}{\partial \Theta}(p,\Theta)\right] \tag{15.57}$$

definierte thermische Volumendehnung dort unstetig. Gleichheit der beiderseitigen Richtungsableitungen parallel zur Kurve $\Theta=\Theta_g(p)$ führt zwischen den Sprüngen

$$[\![\alpha_\infty]\!] = \frac{1}{\upsilon_\infty}\left[\!\!\left[\frac{\partial \varkappa_\infty}{\partial \Theta}\right]\!\!\right], \quad [\![\beta_\infty]\!] = \frac{1}{\upsilon_\infty}\left[\!\!\left[\frac{\partial \varkappa_\infty}{\partial p}\right]\!\!\right] \tag{15.58}$$

auf den Zusammenhang

$$[\![\beta_\infty]\!] = -[\![\alpha_\infty]\!]\frac{d\Theta_g}{dp}. \tag{15.59}$$

Auch die spezifische Wärme $c_p$ ist am Glasübergang unstetig. Wir definieren sie hier über die Wärmeaufnahme bei $p \equiv 0$ und $\tilde{G} \equiv \text{const}$ aus dem relaxierten Zustand heraus – nach (15.54), (15.55) gilt dann momentan $\varkappa = \varkappa_\infty$ und $\dot{\varkappa} = 0$ – und finden mit (15.52)

$$\begin{aligned} q &= \dot{\varepsilon} + p\dot{v} - \frac{1}{2}(SG)' \cdot\cdot \tilde{G}^{-1}\dot{\tilde{G}} \\ &= \dot{\varepsilon} = \left[\frac{\partial\hat{\varepsilon}}{\partial\Theta}(p=0,\Theta) + \frac{\partial\bar{\varepsilon}}{\partial\Theta}(\Theta,\varkappa)|_{\varkappa=\varkappa_\infty(p=0,\Theta)}\right]\dot{\Theta} =: c_p\dot{\Theta}. \end{aligned} \tag{15.60}$$

Mit $\psi = \Theta\breve{\omega}$ gilt also

$$[\![c_p]\!] = \left[\!\!\left[\frac{\partial\bar{\varepsilon}}{\partial\Theta}\right]\!\!\right] = -\Theta\left[\!\!\left[\frac{\partial^2\breve{\psi}}{\partial\Theta^2}\right]\!\!\right]. \tag{15.61}$$

Partielle Ableitung der aus (15.55) folgenden Identität

$$p + \frac{\partial\breve{\psi}}{\partial\varkappa}(\Theta, \varkappa_\infty(p,\Theta)) \equiv 0 \tag{15.62}$$

nach p bzw. Θ liefert unmittelbar diesseits und jenseits des Glasübergangs

$$\begin{aligned} \frac{\partial\varkappa_\infty}{\partial p} &= -\left(\frac{\partial^2\breve{\psi}}{\partial\varkappa^2}\right)^{-1}, \\ \frac{\partial\varkappa_\infty}{\partial\Theta} &= -\frac{\partial^2\breve{\psi}}{\partial\varkappa\partial\Theta}\left(\frac{\partial^2\breve{\psi}}{\partial\varkappa^2}\right)^{-1} \end{aligned} \tag{15.63}$$

Da die linken Seiten beim Übergang einen Sprung erleiden, müssen auch die rechts stehenden zweiten Ableitungen von $\breve{\psi}$ unstetig sein, und wir benötigen zur Auswertung der Formel (15.61) lediglich noch den Zusammenhang zwischen den Sprüngen der drei zweiten partiellen Ableitungen, der sich wie folgt ergibt: Da die Funktion $\breve{\psi}$ und ihre erste Ableitung $\nabla\breve{\psi}$ – in der p-Θ-Ebene – stetig sein sollen, muß auch die beiderseitige Richtungsableitung der ersten Ableitung parallel zur Unstetigkeitslinie der zweiten Ableitung $\nabla\otimes\nabla\breve{\psi}$ – mit dem lokalen Tangentenvektor $t$ – stetig sein, also

$$0 = \left[\!\!\left[\frac{\partial}{\partial t}\nabla\breve{\psi}\right]\!\!\right] = [\![t\cdot\nabla\otimes\nabla\breve{\psi}]\!] = t\cdot[\![\nabla\otimes\nabla\breve{\psi}]\!]. \tag{15.64}$$

Folglich ist die Abbildung $[\![\nabla\otimes\nabla\breve{\psi}]\!]$ singulär, und ihre Determinante muß verschwinden:

$$\left[\!\!\left[\frac{\partial^2\breve{\psi}}{\partial\varkappa^2}\right]\!\!\right]\left[\!\!\left[\frac{\partial^2\breve{\psi}}{\partial\Theta^2}\right]\!\!\right] - \left[\!\!\left[\frac{\partial^2\breve{\psi}}{\partial\varkappa\partial\Theta}\right]\!\!\right]^2 = 0. \tag{15.65}$$

Kennzeichnen wir die Größen oberhalb und unterhalb des Glasübergangs mit $_+$ bzw. $_-$ und beachten $(\partial\varkappa_\infty/\partial\Theta)_- = 0$, so erhalten wir schließlich nach einigen Umformungen das Ergebnis

$$
\begin{aligned}
[\![c_p]\!] &= \Theta \frac{[\![(\partial\varkappa_\infty/\partial\Theta)(\partial\varkappa_\infty/\partial p)^{-1}]\!]^2}{[\![(\partial\varkappa_\infty/\partial p)^{-1}]\!]} \\
&= \Theta\upsilon_\infty [\![\alpha_\infty]\!] \frac{(\partial\varkappa_\infty/\partial p)_-}{(\partial\varkappa_\infty/\partial p)_+}\left(\frac{d\Theta_g}{dp}\right)^{-1},
\end{aligned}
\tag{15.66}
$$

worin für p und $\Theta$ die Werte $p=0$ und $\Theta=\Theta_g(p=0)$ einzusetzen sind. Da das (relaxierte) Volumen $\upsilon_\infty$ – bei fester Temperatur – eine zwar nicht stetig differenzierbare, aber doch stetige Funktion des Druckes p ist, bezeichnet man den Glasübergang als Phasenübergang 2. Ordnung, während der Phasenübergang 1. Ordnung durch einen Sprung der Funktion $\upsilon_\infty(p)$ gekennzeichnet ist. Als Beispiel dafür hatten wir in Bild 12.7 die Verdampfung kennengelernt.

Da elastisches und inelastisches Verhalten isotrop sind, erweist sich der Übergang auf objektive Tensoren als zweckmäßig. Die entstehenden Formeln unterscheiden sich nur wenig von den Gleichungen (10.52) bis (10.59). Um sie herzuleiten, beachten wir folgendes: Aus (15.10) konnten wir auf (15.19) schließen, also (im Falle $Q=1$):

$$
(\underset{\sim}{S}\underset{\sim}{G})' = 2\Theta \frac{\partial\check{\tilde{\omega}}(\mathrm{Inv}(\tilde{\underset{\sim}{G}}\underset{\sim}{G}_0^{-1}))}{\partial\tilde{\underset{\sim}{G}}}\tilde{\underset{\sim}{G}} \Rightarrow \underset{\sim}{P}' = \Theta\frac{\partial\bar{\omega}(\mathrm{Inv}\,\underset{\sim}{H}')}{\partial\underset{\sim}{H}}. \tag{15.67}
$$

Da in (15.53) formal gleichartige Potentialrelationen auftreten, folgern wir jetzt für die elastische und die Maxwell-Komponenten unter Beachtung von (10.55)

$$
\underset{\sim}{P}'_e = \Theta\frac{\partial\omega_0(\mathrm{Inv}\,\underset{\sim}{H}')}{\partial\underset{\sim}{H}},\quad \underset{\sim}{P}_j = \underset{\sim}{P}'_j = \Theta\frac{\partial\omega_j(\mathrm{Inv}\,\underset{\sim}{H}'_j)}{\partial\underset{\sim}{H}_j},\quad j=1,\dots,n. \tag{15.68}
$$

Für die viskose Komponente setzen wir

$$
\underset{\sim}{P}'_v = \underset{\sim}{P}_v = \underset{\sim}{P}_v(p,\Theta,\varkappa,\underset{\sim}{D}), \tag{15.69}
$$

und die gesamte Beanspruchung ergibt sich zu

$$
\underset{\sim}{P} = -p\upsilon\underset{\sim}{1} + \underset{\sim}{P}'_e + \underset{\sim}{P}_v + \sum_{j=1}^{n}\underset{\sim}{P}_j. \tag{15.70}
$$

Zur vollständigen Beschreibung des mechanischen Verhaltens benötigen wir schließlich noch die kinematische Beziehung (10.57), also

$$
\overset{\circ}{\underset{\sim}{H}}_j = \mathbb{D}(\underset{\sim}{H}_j):\underset{\sim}{D} - \underset{\sim}{D}_j,\quad j=1,\dots,n \tag{15.71}
$$

und Aussagen über die inelastischen Verzerrungsgeschwindigkeiten, die wir in der Form

$$
\underset{\sim}{D}_j = \underset{\sim}{D}_j(\underset{\sim}{P}_j,p,\Theta,\varkappa),\quad \mathrm{tr}\,\underset{\sim}{D}_j = 0,\quad \underset{\sim}{P}_j:\underset{\sim}{D}_j \geqq 0,\quad j=1,\dots,n \tag{15.72}
$$

ansetzen. Im Falle langsamer Bewegungen, also auch kleiner elastischer Verformungen der Maxwell-Komponenten, sollen die folgenden linearen Approximationen zulässig sein:

$$\omega_j(\operatorname{Inv} \underset{\sim}{H}'_j) = \frac{\mu_j}{\varrho_0\Theta_0} \underset{\sim}{H}'_j : \underset{\sim}{H}'_j \Rightarrow \underset{\sim}{T}_j = \varrho \underset{\sim}{P}_j = 2\mu_j \frac{\varrho\Theta}{\varrho_0\Theta_0} \underset{\sim}{H}'_j,$$

$$\underset{\sim}{T}_v = \varrho \underset{\sim}{P}_v = 2\eta_0(\varkappa)\underset{\sim}{D}',$$

$$\overset{\circ}{\underset{\sim}{H}}_j = \underset{\sim}{D} - \underset{\sim}{D}_j,\ \underset{\sim}{D}_j = \frac{1}{2\eta_j(\varkappa)} \underset{\sim}{T}_j = \frac{\varrho}{2\eta_j(\varkappa)} \underset{\sim}{P}_j. \tag{15.73}$$

Wir nehmen an, daß alle Zähigkeiten in gleicher Weise vom freien Volumen beeinflußt werden, also diejenigen, welche bei Gestaltänderungen wirksam sind, gemäß

$$\eta_j(\varkappa) = \bar{\eta}_j g(\varkappa),\ j = 0,1,\dots,n \tag{15.74}$$

ebenso wie jene bei der Volumenänderung nach (15.54) gemäß

$$\eta_v(\varkappa) = \bar{\eta}_v g(\varkappa). \tag{15.75}$$

Bei isothermen und isobaren Prozessen ($\Theta \equiv \text{const.}\ p \equiv \text{const} \Rightarrow \varkappa = \varkappa_\infty(p,\Theta) \equiv \text{const} \Rightarrow \varrho \equiv \text{const}$) ergeben sich dann die linearen Differentialgleichungen

$$\overset{\circ}{\underset{\sim}{P}}_j + \frac{\mu_j}{\bar{\eta}_j g(\varkappa_\infty(p,\Theta))} \frac{\varrho\Theta}{\varrho_0\Theta_0} \underset{\sim}{P}_j = \frac{2\mu_j}{\varrho_0} \frac{\Theta}{\Theta_0} \underset{\sim}{D}'. \tag{15.76}$$

Wir bringen sie auf die Form

$$\hat{\underset{\sim}{T}}_j^{\cdot} = \underset{\sim}{W}\hat{\underset{\sim}{T}}_j - \hat{\underset{\sim}{T}}_j \underset{\sim}{W} + 2\mu_j \underset{\sim}{D}' - \beta_j \hat{\underset{\sim}{T}}_j \tag{15.77}$$

mit der „reduzierten Teilspannung"

$$\hat{\underset{\sim}{T}}_j := \frac{\varrho_0\Theta_0}{\varrho\Theta} \underset{\sim}{T}_j \tag{15.78}$$

und dem Kehrwert der Relaxationszeit

$$\tau_j^{-1} = \beta_j(p,\Theta) = \frac{\mu_j}{\bar{\eta}_j g(\varkappa_\infty(p,\Theta))} \frac{\varrho\Theta}{\varrho_0\Theta_0}. \tag{15.79}$$

Wird das Temperaturniveau der isothermen und isobaren Prozesse von $\Theta_1$ auf $\Theta_2$ erhöht und das Druckniveau von $p_1$ auf $p_2$ abgesenkt, dann nimmt die Relaxationszeit ab, und es gilt

$$\beta_j(p_2,\Theta_2) = \gamma\beta_j(p_1,\Theta_1) \tag{15.80}$$

mit dem für alle j gleichen Faktor

$$\gamma := \frac{g(\varkappa_\infty(p_1,\Theta_1))}{g(\varkappa_\infty(p_2,\Theta_2))} \frac{\varrho_2\Theta_2}{\varrho_1\Theta_1}. \tag{15.81}$$

Erhöht man gleichzeitig die Geschwindigkeit der Prozesse um den Maßstabsfaktor $\gamma$, d.h., ersetzt man $\underset{\sim}{D}' \to \gamma \underset{\sim}{D}'$, $\underset{\sim}{W} \to \gamma \underset{\sim}{W}$, dann geht gemäß Gleichung (15.77) $\hat{\underset{\sim}{T}}_j^{\bullet}$ in $\gamma \hat{\underset{\sim}{T}}_j^{\bullet}$ über, und zwar für alle $j = 1, \ldots, n$. Zugleich bleibt am zugeordneten Zeitpunkt gemäß (15.73) der Wert von $\hat{\underset{\sim}{T}}_v := (\varrho_0 \Theta_0 / \varrho \Theta) \underset{\sim}{T}_v$ erhalten ebenso wie auch der elastische Anteil der reduzierten Spannung. Somit erleidet der Prozeß der reduzierten Gesamtspannung dieselbe Änderung des Zeitmaßstabes wie der Deformationsprozeß, und die Spannung selbst erscheint mit dem Faktor $\varrho_2 \Theta_2 / \varrho_1 \Theta_1$ multipliziert. Behält man den Druck bei, so ist die sich ergebende Äquivalenz von Temperaturänderung und Geschwindigkeitsänderung ein Sonderfall des aus Kapitel 14 bekannten thermorheologisch einfachen Verhaltens. Eine langsame einsinnige Scherung bei niedriger Temperatur ist also äquivalent zu einer entsprechend rascheren Scherung bei höherer Temperatur. Bei oszillierenden Verformungen ist die Übertragung der Äquivalenz vom Materialelement auf den Gesamtkörper nur möglich, solange die Trägheitskräfte vernachlässigbar bleiben. (Die Beschleunigung transformiert sich ja mit $\gamma^2$.)

Die Abhängigkeit der Zähigkeit vom freien Volumen $\varkappa$ wird gut beschrieben durch

$$g(\varkappa) = \exp\left(\zeta \frac{\varkappa_0 - \varkappa}{\varkappa}\right). \tag{15.82}$$

Ferner läßt sich in einem begrenzten Druck- und Temperaturbereich (oberhalb des Glasübergangs) die lineare Beziehung

$$\varkappa_\infty(p, \Theta) = \varkappa_0 + c_1(\Theta - \Theta_0) - c_2 p \tag{15.83}$$

verwenden. Den Faktor $\gamma$, der die Abhängigkeit der Relaxationszeiten von Druck und Temperatur kennzeichnet, findet man dann gemäß (15.81) aus

$$\ln \gamma = \zeta \varkappa_0 \left( \frac{1}{\varkappa_0 + c_1(\Theta_1 - \Theta_0) - c_2 p_1} - \frac{1}{\varkappa_0 + c_1(\Theta_2 - \Theta_0) - c_2 p_2} \right) + \ln \frac{\varrho_2 \Theta_2}{\varrho_1 \Theta_1}. \tag{15.84}$$

Beschränkt man sich auf den Fall $p_1 = p_2 = 0$ und $\Theta_1 = \Theta_0$, $\Theta_2 = \Theta$, vernachlässigt den letzten Summanden in (15.84) und schreibt $a_T$ statt $\gamma^{-1}$, so erhält man die experimentell gut bestätigte Beziehung

$$\ln a_T = \frac{-\zeta(\Theta - \Theta_0)}{\varkappa_0 / c_1 + \Theta - \Theta_0}, \tag{15.85}$$

die nach Williams, Landel und Ferry als WLF-Gleichung bezeichnet wird (siehe Ferry).

Vom wohldefinierten Konzept der Glasübergangstemperatur ist der weniger präzise Begriff des Übergangs vom glasartigen zum gummiartigen Verhalten zu unterscheiden, den wir uns an Hand des Modells VE nach Bild 2.4 veranschaulichen wollen. Bei einer oszillierenden Bewegung $l = l_0 + l_1 \sin(2\pi t / T)$ finden wir folgendes: Ist die Schwingungsdauer T wesentlich größer als jede der Relaxationszeiten $\tau_1, \ldots, \tau_n$ des Modells, dann sind die Dämpfer praktisch kräftefrei, und das Verhalten ist das eines elastischen Modells mit der geringen Federsteifigkeit c, also gummiartig. Ist dagegen die Schwingungsdauer wesentlich kleiner als sämtliche Relaxationszeiten, dann ist die Relativbewegung in allen Dämpfern klein (vorausgesetzt, daß keine Newton-Komponente vorliegt, d.h. $\eta = 0$ gilt), und das Verhalten ist das eines elastischen Modells mit der großen Federsteifigkeit $c + \Sigma c_j$, also glasartig. Liegt die Schwingungsdauer in der Größenordnung der Relaxationszeiten, dann spielt die Dissipation in den Dämpfern eine Rolle, und man spricht von der Übergangszone (transition zone) zwischen glas- und gummiartigem Verhalten, also:

$$T << \tau_1 \leqq \tau_2 \leqq \ldots \leqq \tau_n \quad \text{glasartiges Verhalten,}$$

$$\tau_1 < T < \tau_n \quad \text{Übergangszone,}$$

$$\tau_1 \leqq \ldots \leqq \tau_n << T \quad \text{gummiartiges Verhalten.}$$

Ein Übergang vom glasartigen zum gummiartigen Verhalten erfolgt also, wenn – bei fester Temperatur (oberhalb $\Theta_g$) – die Schwingungsdauer erhöht wird. (Unterhalb $\Theta_g$ zeigt sich für alle Schwingungsdauern, die historische Zeiträume nicht überschreiten, glasartiges Verhalten.) Wählt man andererseits eine feste Schwingungsdauer (z.B. eine Sekunde) und erhöht die Temperatur, so nehmen alle Relaxationszeiten ab, und es findet ebenfalls ein Übergang vom glasartigen zum gummiartigen Verhalten statt. Ob also (oberhalb von $\Theta_g$) ein Kunststoff als glasartig oder gummiartig anzusprechen ist, hängt von Temperatur und Frequenz zugleich ab. Die mathematische Untersuchung des hier plausibel gemachten Übergangsphänomens findet sich in ausführlicher Form bei Ferry.

Aufgrund der Temperaturabhängigkeit des mechanischen Verhaltens bezeichnet man übrigens gemäß Vornorm DIN 7724 [15.6] feste polymere Werkstoffe als Elastomer, Duroplast (thermoset) oder Thermoplast (thermoplastic). Das Größenverhältnis zwischen den Steifigkeiten im gummiartigen und glasartigen Zustand ist beim Elastomer und unkristallisierten Thermoplast etwa $10^{-4}$, bei den Duroplasten dagegen nur etwa $10^{-2}$. Beim Thermoplast tritt zudem oberhalb einer Grenztemperaur ein Erweichen auf, d.h., die elastische Komponente verschwindet gänzlich: aus dem Feststoff wird eine Flüssigkeit. Dagegen bleiben Duroplaste und Elastomere bis zur Zersetzungstemperatur Feststoffe.

## 15.3 Kriechen von Metallen

Um das geschwindigkeitsabhängige Verhalten polykristalliner Metalle und Legierungen auf einfachste Weise zu erfassen, bietet sich folgendes Maxwell-Modell an:

$$\begin{aligned} f &= c(\Theta)(1-\alpha), \\ \dot{\alpha} &= a(f, \Theta, \varkappa_1, \ldots, \varkappa_n), \\ \dot{\varkappa}_j &= k_j(f, \Theta, \varkappa_1, \ldots, \varkappa_n)|\dot{\alpha}|. \end{aligned} \tag{15.86}$$

Das elastische Verhalten ist linear angesetzt, das viskose dagegen nichtlinear und abhängig von n Verfestigungsparametern, deren Änderung an die inelastische Verformung gekoppelt ist. Federsteifigkeit, Viskosität und Verfestigung sollen temperaturabhängig sein.

Bei isothermer Relaxation gilt $\dot{l}=0$, also

$$\dot{\alpha}(t) = -\frac{\dot{f}(t)}{c(\Theta)} = \mathfrak{a}(f(t),\Theta,\varkappa_1,\ldots,\varkappa_n). \tag{15.87}$$

Da die inelastische Verformung bei diesem Vorgang nur die Größenordnung der elastischen besitzt, also sehr klein ist, ändern sich die Verfestigungsparameter praktisch nicht. Aus einer Aufzeichnung des Verlaufs von $f(t)$ und $\dot{f}(t)$ während der Relaxation läßt sich deshalb die Abhängigkeit der Funktion $\mathfrak{a}$ vom ersten Argument – bei festgehaltenen übrigen Argumenten – bestimmen. Auf diese Weise hat Hart [15.7] das viskose Verhalten verschiedener Metalle und Legierungen über sieben Zehnerpotenzen von $\dot{\alpha}$ hinweg ermitteln können, und er stellte bei doppelt-logarithmischer Auftragung der Ergebnisse folgende Besonderheit fest: Die für unterschiedliche Vorgeschichten und Temperaturen einer Probe ermittelten Kurven lassen sich sämtlich durch Translation zur Deckung bringen, d.h., es gilt mit einer einheitlichen Funktion $\bar{h}$:

$$\ln\frac{|\dot{\alpha}|}{\dot{\alpha}_0} = b(\Theta) + m\,a(\varkappa_1,\ldots,\varkappa_n) + \bar{h}\left(\ln\frac{|f|}{c(\Theta)l_0} - a(\varkappa_1,\ldots,\varkappa_n)\right). \tag{15.88}$$

Änderung der Temperatur ändert den Wert von b, verschiebt also die Kurve parallel zur $\ln|\dot{\alpha}|$-Achse, Änderung der Vorgeschichte dagegen ändert den Wert von a und verschiebt die Kurve in schräger Richtung derart, daß das Verhältnis der Verschiebungen in $\ln|\dot{\alpha}|$- und $\ln(|f|/c(\Theta))$-Richtung durch die Konstante m gekennzeichnet ist. (Bei Aluminium $m \approx 4{,}6$.)

In (15.88) findet der Einfluß der Verfestigung allein in der Änderung des Wertes von a seinen Ausdruck. Da die Änderung von a selbst sich nach Hart in der Form

$$\dot{a} = \frac{C}{p}\left|\frac{f}{c(\Theta)l_0}\right|^k e^{-pa}|\dot{\alpha}| \tag{15.89}$$

darstellen läßt, also von der Verfestigung ebenfalls nur über den aktuellen Wert von a abhängt, sehen wir: Statt der zunächst angenommenen n Parameter $\varkappa_1,\ldots,\varkappa_n$ genügt ein einziger Parameter a zur vollständigen Beschreibung der Verfestigung. Wegen der Produktform der Abhängigkeit von f und a in (15.89) ist es zweckmäßig, nicht a, sondern

$$\varkappa := e^{pa} \tag{15.90}$$

als Verfestigungsparameter zu wählen, denn das Verfestigungsgesetz wird dann zu

$$\dot{\varkappa} = C\left|\frac{f}{c(\Theta)l_0}\right|^k|\dot{\alpha}|, \tag{15.91}$$

so daß $\varkappa$ auf der rechten Seite nicht explizit, sondern nur implizit in $|\dot{\alpha}|$ auftritt. Mit den Definitionen $g := \exp b$, $h(z) := \exp\bar{h}(\ln z)$ erhält man weiter aus (15.88) das Kriechgesetz

$$|\dot{\alpha}| = \dot{\alpha}_0 g(\Theta)\varkappa^{m/p} h\left(\left|\frac{f}{c(\Theta)l_0}\right|\varkappa^{-1/p}\right) = |\mathfrak{a}(f,\Theta,\varkappa)|. \tag{15.92}$$

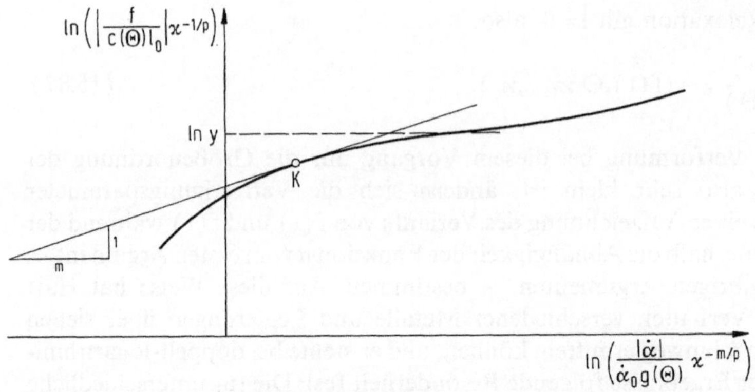


**Bild 15.4.** Verlauf der Funktion $\bar{h}$ gemäß (15.88)

Da übrigens nach Hart die Meßdaten in guter Näherung den Zusammenhang $p=k+m$ nahelegen – wobei $k \approx 8$ gilt, also weder Dehnungs- $(k=0)$ noch Arbeitsverfestigung $(k=1)$ vorliegt –, bemerkt man beiläufig

$$\dot{a}=\frac{1}{p}C\dot{\alpha}_0 g(\Theta)\left|\frac{fe^{-a}}{c(\Theta)l_0}\right|^k h\left(\left|\frac{fe^{-a}}{c(\Theta)l_0}\right|\right), \tag{15.93}$$

d.h., $\dot{a}$ hängt von den Momentanwerten von f und a nicht einzeln, sondern über die zusammengesetzte Variable f/exp a ab. Rechenvereinfachungen ergeben sich aus dieser Erkenntnis nicht.

Der Verlauf der Funktion $\bar{h}$ hat nach Hart ein Aussehen gemäß Bild 15.4. (Man beachte, daß die Kraftgröße – also die unabhängige Variable – darin auf der Ordinate angetragen ist.) Je höher die Temperatur, desto größer ist $g(\Theta)$ und desto weiter links liegen deshalb die Meßwerte, die beim Relaxationsversuch ($|\dot{\alpha}|$ im Bereich zwischen $10^{-3}$/s und $10^{-10}$/s) ermittelt werden. Bei niedrigen Temperaturen ($\Theta<0{,}2\Theta_m$; $\Theta_m$: Schmelztemperatur) wird deswegen der rechte, nach unten konvexe Kurvenbereich gemessen, bei hohen Temperaturen ($\Theta>0{,}3\Theta_m$) jedoch der linke, nach unten konkave. Bei Stahl liegt die Zimmertemperatur im Niedrigtemperaturbereich, bei Aluminium dagegen bereits im Hochtemperaturbereich. Man erkennt eine Art Stufe bei der Ordinate ln y, also beim Kraftwert

$$|f|=c(\Theta)l_0\varkappa^{1/p}y. \tag{15.94}$$

Unterhalb dieser Schwelle, die mit der Verfestigung $\varkappa$ ansteigt, sind die Werte von $|\dot{\alpha}|$ bei niedriger Temperatur so klein, daß die inelastischen Verformungen innerhalb des Gebrauchszeitraumes vernachlässigbar sein mögen, und y kann dann als statische Streckgrenze im Sinne der Viskoplastizität gedeutet werden. Bei hohen Temperaturen sind jedoch die inelastischen Verformungsgeschwindigkeiten wesentlich höher, so daß die Auswirkungen dieses Hochtemperaturkriechens im Gebrauchsbeanspruchungsbereich nicht mehr in jedem Falle vernachlässigt werden können.

Wie Hart bemerkt hat, folgt aus Gleichung (15.88) für das Kriechverhalten – unter konstantem $\Theta$ und f – folgendes: Obwohl der Verfestigungsparameter $\varkappa$ und damit der Wert von a zunimmt, wächst $|\dot{l}| = |\dot{\alpha}|$ zeitlich an, wenn $\bar{h}' < m$ gilt, also unterhalb eines Punktes K auf der Kurve von Bild 15.4. Nun bewegt der aktuelle Punkt sich beim Kriechversuch auf dieser Kurve nach links – da $\varkappa^{-1/p}$ abnimmt –, und wenn er oberhalb des Punktes K startet, so nimmt die Kriechgeschwindigkeit zunächst ab, um gegebenenfalls nach Überschreiten dieses Punktes wieder zuzunehmen. (Ein solches Verhalten erinnert an den Übergang vom Primär- über das Sekundär- zum Tertiärkriechen, erfährt hier aber eine andere Deutung als in Abschnitt 14.4.) Beim Kriechversuch unter geringer Kraft liegt bereits der Ausgangspunkt unterhalb von K, und die Kriechgeschwindigkeit nimmt von Anfang an zu. Ersetzen wir in der Umgebung des Punktes K die Kurve durch ihre Tangente, so geht (15.92) über in ein Potenzgesetz mit dem Exponenten m, nämlich

$$|\dot{\alpha}| = \text{const} \cdot g(\Theta) \left( \frac{|f|}{c(\Theta) l_0} \right)^m, \tag{15.95}$$

und der Verfestigungsparameter $\varkappa$ ist herausgefallen. In diesem engen Kraftbereich gilt also in guter Näherung das Nortonsche Gesetz (14.55).

Die einfachsten dreidimensionalen Stoffgleichungen, die im einachsigen Spannungszustand das beschriebene Verhalten wiedergeben, sind folgende:

$$\begin{aligned}
&\underset{\sim}{P} = \frac{2\mu(\Theta)}{\varrho_0} \left( \underset{\sim}{H}_e + \frac{\nu}{1-2\nu} (\operatorname{tr} \underset{\sim}{H}_e) \underset{\sim}{1} - \frac{1+\nu}{1-2\nu} \alpha_\Theta (\Theta - \Theta_0) \underset{\sim}{1} \right) \\
&\overset{\circ}{\underset{\sim}{H}}_e = \underset{\sim}{D} - \underset{\sim}{D}_i, \ \operatorname{tr} \underset{\sim}{D}_i = 0, \ \hat{\underset{\sim}{D}}_i = \underset{\sim}{N}(\underset{\sim}{P}), \\
&|\underset{\sim}{D}_i| = \sqrt{\frac{3}{2}} \dot{\alpha}_0 g(\Theta) \varkappa^{m/p} h(\bar{f} \varkappa^{-1/p}), \\
&\dot{\varkappa} = \sqrt{\frac{2}{3}} C \bar{f}^k |\underset{\sim}{D}_i| \\
&\text{mit } \bar{f} := \sqrt{\frac{3}{2}} \frac{\varrho_0}{2\mu(\Theta)(1+\nu)} |\underset{\sim}{P}'|.
\end{aligned} \tag{15.96}$$

Das Verhalten bei eindimensionaler Entlastung oder bei allgemeinen dreidimensionalen Prozessen geben diese Gleichungen sicher noch nicht richtig wieder. Um einen Bauschinger-Effekt zu erfassen, sind weitere tensorielle Zustandsvariable einzuführen – vgl. Hart [15.8].

## 15.4 Granulare Materialien

Die makroskopischen Verformungen granularer Materialien – deren wichtigster Repräsentant der trockene Sand ist – haben hauptsächlich zwei mikroskopische Ursachen: die kleinen elastischen Abplattungen an den Kontaktstellen zwischen je zwei Körnern und das Gleiten der Körner aufeinander an diesen Kontakten. Wegen der mit wachsender Anpreßkraft sich vergrößernden Kontaktfläche besteht nach Hertz [15.9] zwischen den Komponenten N der Kontaktkraft und u der Relativverschiebung der

Körner in Richtung der Kontaktnormalen der nichtlineare elastische Zusammenhang

$$N = cu^{3/2}. \tag{15.97}$$

Nehmen wir außerdem an, daß in den Kontaktflächen die Coulombschen Gesetze der Trockenreibung anwendbar sind, dann muß für das Verhältnis zwischen Tangentialkraft T und Normalkraft N gelten:

$$\frac{T}{N} \leqq \tan\beta \Rightarrow \frac{T}{\sqrt{N^2+T^2}} \leqq \sin\beta, \tag{15.98}$$

und völliges Abgleiten – im Unterschied zu dem als Schlupf bezeichneten lokalen Gleiten in der Kontaktfläche – wird möglich, wenn das Gleichheitszeichen gilt.

Die beiden beschriebenen Verformungsmechanismen sind geschwindigkeitsunabhängig, so daß eine phänomenologische Stoffgleichung im Rahmen der Plastizitätstheorie zu suchen ist. Da die elastischen Verformungen sehr klein, die inelastischen jedoch beliebig groß sein können und keine ausgezeichnete Konfiguration existiert, wählen wir die echte Hintereinanderschaltung und wandeln zunächst das elastisch-idealplastische Prandtl-Material entsprechend den Erfordernissen von (15.97) und (15.98) wie folgt ab:

$$\underset{\sim}{P} = \underset{\sim}{P}(\underset{\sim}{H}_e) = c|\underset{\sim}{H}_e|^{3/2}\,\vec{\underset{\sim}{H}}_e = \frac{\partial W}{\partial \underset{\sim}{H}_e} \quad \text{mit } W = \frac{2}{5}c|\underset{\sim}{H}_e|^{5/2},$$

$$\overset{\circ}{\underset{\sim}{H}}_e = \underset{\sim}{D} - \underset{\sim}{D}_i,\ \vec{\underset{\sim}{D}}_i = \overrightarrow{\underset{\sim}{P}'},$$

$$f = \frac{|\underset{\sim}{P}'|}{|\underset{\sim}{P}|} - \sin\beta = |\vec{\underset{\sim}{P}}'| - \sin\beta \leqq 0. \tag{15.99}$$

(Man beachte die Formeln (11.170) f.) Mittels (9.140) findet man

$$\frac{\partial f}{\partial \underset{\sim}{P}} = \frac{1}{|\underset{\sim}{P}|}\left(\overrightarrow{\underset{\sim}{P}'} - |\vec{\underset{\sim}{P}}'|\vec{\underset{\sim}{P}}\right), \tag{15.100}$$

so daß an der Fließgrenze $(f=0)$ gilt

$$\vec{\underset{\sim}{P}} = \sin\beta\,\overrightarrow{\underset{\sim}{P}'} - \frac{\cos\beta}{\sqrt{3}}\,\underset{\sim}{1} \text{ und } \frac{\partial f}{\partial \underset{\sim}{P}} = \frac{\cos\beta}{|\underset{\sim}{P}|}\left(\cos\beta\,\overrightarrow{\underset{\sim}{P}'} + \frac{\sin\beta}{\sqrt{3}}\,\underset{\sim}{1}\right). \tag{15.101}$$

Normalität liegt nicht vor, da $\underset{\sim}{D}_i$ als Deviator gewählt ist, aber $\partial f/\partial \underset{\sim}{P}$ einen Kugeltensoranteil enthält. Wegen

$$\overset{\circ}{\underset{\sim}{P}} = c|\underset{\sim}{H}_e|^{1/2}\left(\mathbb{1} + \frac{1}{2}\,\vec{\underset{\sim}{H}}_e \otimes \vec{\underset{\sim}{H}}_e\right) : \overset{\circ}{\underset{\sim}{H}}_e$$

$$= (c^2|\underset{\sim}{P}|)^{1/3}\left(\mathbb{1} + \frac{1}{2}\vec{\underset{\sim}{P}} \otimes \vec{\underset{\sim}{P}}\right) : (\underset{\sim}{D} - \underset{\sim}{D}_i) \tag{15.102}$$

und $\vec{P}:\partial f/\partial P = 0$ gibt die Konsistenzbedingung

$$|D_i| = \begin{cases} \dfrac{(\partial f/\partial P):D}{(\partial f/\partial P):\vec{D}_i} = \left(\vec{P}' + \dfrac{\tan\beta}{\sqrt{3}}1\right):D & \text{wenn} > 0 \text{ und } f=0, \\ 0 & \text{sonst.} \end{cases} \tag{15.103}$$

Nun zur Beurteilung dieser Stoffgleichungen im Lichte experimenteller Befunde. Die Aussage, daß die elastische Steifigkeit mit wachsender Spannung zunimmt, stimmt mit den Erfahrungen aus Schwingungsversuchen überein, der Exponent 1/3 gemäß (15.102) wird allerdings gelegentlich angezweifelt. Ob die tensorielle Linearität zwischen $P$ und $H_e$ realistisch ist, mag fraglich sein; ein Ansatz $P = -c(-H_e)^{3/2}$ wäre ebensogut denkbar. (Man beachte, daß $P$ und $H_e$ nur negativ definit sein können, denn Zugspannungen kann ein Kornhaufen nicht aufnehmen.) Daß die Fließbedingung im Beanspruchungsraum einen Kegel bildet, also eine proportionale Steigerung der Beanspruchung ($P \to \lambda P$, $\lambda > 0$) das inelastische Verhalten nicht beeinflußt, ist ebenfalls wirklichkeitsnah; jedenfalls solange der Betrag der Spannung nicht so groß wird, daß sich ein dritter mikroskopischer Verformungsmechanismus bemerkbar macht, nämlich die Kornzertrümmerung. Die Annahme, dieser Kegel sei im Beanspruchungsraum ein Kreiskegel, ist allerdings weniger realistisch. Daß die inelastischen Verformungen volumentreu erfolgen, stimmt erst dann, wenn sich die sogenannte kritische inelastische Dichte $\varrho_{i\infty}$ eingestellt hat. Dichter Sand erfährt im Laufe einer einsinnigen Verformung eine inelastische Auflockerung (Dilatanz). Bei Umkehr der Verformungsrichtung wird anfangs eine Verdichtung (Kontraktanz) beobachtet.

Die bisher erwähnten Abweichungen der Theorie vom Experiment lassen sich durch leichte Verallgemeinerungen in den vorgeschlagenen Stoffgleichungen beseitigen, wobei die Variable $\varrho_i$ neu zu $H_e$ hinzutreten muß. Außerdem zeigen aber die Versuche, daß in Sand durch Verformung eine Anisotropie induziert wird, und diese läßt sich nur durch Einführung einer weiteren Variablen beschreiben, also beispielsweise durch einen symmetrischen Deviator, den wir $Y$ nennen wollen. Obwohl Ähnlichkeit mit dem Phänomen der kinematischen Verfestigung vorliegt, ist das rheologische Modell von Bild 14.10 hier nicht anwendbar. Wird nämlich der Kornhaufen entspannt, so ist in ihm keine Energie mehr gespeichert, wohingegen die innere Feder des Modells nach Entlastung gespannt bleibt. Wie die induzierte Anisotropie am besten zu beschreiben ist, kann noch nicht als endgültig geklärt gelten.

Eine der Möglichkeiten, die alle bisher erwähnten Erscheinungen qualitativ berücksichtigt, ist durch folgenden Satz von Stoffgleichungen gegeben, der den Satz (15.99) als Spezialfall enthält:

$$\begin{aligned} &W = |H_e|^{\alpha+1}\hat{W}\left(\vec{H}_e\right), \quad P = \frac{\partial W}{\partial H_e} = |H_e|^{\alpha}\hat{P}\left(\vec{H}_e\right), \\ &\mathring{H}_e = D - D_i, \quad \overrightarrow{D_i'} = \mathfrak{D}(\vec{P}' - Y), \\ &f = f(\mathrm{Inv}(\vec{P}' - Y), \varrho_i) \leqq 0, \\ &\mathring{Y} = \frac{\zeta}{|H_e|}\left(\overrightarrow{D_i'} - \frac{Y}{y_i}\right)|D_i'|, \\ &\dot{\varrho}_i = -\varrho_i \operatorname{tr} D_i = -\mu\left(\varrho_i - \varrho_{i\infty} - \xi\,\overrightarrow{D_i'}:\left(\overrightarrow{D_i'} - \frac{Y}{y_i}\right)\right)|D_i'|. \end{aligned} \tag{15.104}$$

($\alpha,\zeta,\mu,\xi \geqq 0$.) Die Entwicklungsgleichung für $\underset{\sim}{Y}$ hat die Form der Gleichung (14.174) der kinematischen Verfestigung, doch ist der Vorfaktor umgekehrt proportional zu $|\underset{\sim}{H}_e|$ angesetzt, um die raschere Umorientierung bei kleineren elastischen Verzerrungen zu erfassen. Der mit $\xi$ behaftete Term leistet einen Beitrag zur Kontraktanz nach einem Richtungswechsel. Der Betrag $|\underset{\sim}{D}_i'|$ ergibt sich aus der Konsistenzbedingung, die hier nicht ausgeschrieben werden soll, und die Passivitätsforderung verlangt

$$\underset{\sim}{P}:\underset{\sim}{D} = \underset{\sim}{P}:(\overset{\circ}{\underset{\sim}{H}}_e + \underset{\sim}{D}_i) \geqq \dot{W} = \frac{\partial W}{\partial \underset{\sim}{H}_e}:\overset{\circ}{\underset{\sim}{H}}_e$$

$$\Rightarrow \underset{\sim}{P}:\underset{\sim}{D}_i = |\underset{\sim}{P}||\underset{\sim}{D}_i'|\left(\frac{1}{3}\operatorname{tr}\vec{\underset{\sim}{P}}\frac{\operatorname{tr}\underset{\sim}{D}_i}{|\underset{\sim}{D}_i'|} + \vec{\underset{\sim}{P}}':\overrightarrow{\underset{\sim}{D}_i'}\right) \geqq 0. \tag{15.105}$$

Daß ihre Auswertung sich unerwartet mühsam gestaltet, liegt wesentlich daran, daß uns zur Deutung der Variablen $\underset{\sim}{Y}$ kein rheologisches Modell zur Verfügung gestanden hat – vgl. dagegen Formel (14.176). Hinreichende Bedingungen lassen sich im Falle der – unrealistischen – Fließbedingung und deviatorischen Fließregel

$$f = |\vec{\underset{\sim}{P}}' - \underset{\sim}{Y}| - \sin\beta(\varrho_i) = 0 \quad \text{bzw.} \quad \overrightarrow{\underset{\sim}{D}_i'} = \overrightarrow{\vec{\underset{\sim}{P}}' - \underset{\sim}{Y}} \tag{15.106}$$

explizit angeben. Dann gilt nämlich an der Fließgrenze

$$\vec{\underset{\sim}{P}}' = \underset{\sim}{Y} + \sin\beta(\varrho_i)\,\overrightarrow{\underset{\sim}{D}_i'}, \tag{15.107}$$

und Passivität ist gewährleistet, wenn

$$\frac{1}{3}\operatorname{tr}\vec{\underset{\sim}{P}}\frac{\mu}{\varrho_i}(\varrho_i - \varrho_{i\infty} - 2\xi) + \left(1 + \frac{1}{3}\operatorname{tr}\vec{\underset{\sim}{P}}\frac{\mu\xi}{\varrho_i y_i}\right)\left(\overrightarrow{\underset{\sim}{D}_i'}:\underset{\sim}{Y} + y_i\right) + \sin\beta(\varrho_i) - y_i \geqq 0 \tag{15.108}$$

ist. Da aber nach der Schlußweise von (9.172)

$$\overrightarrow{\underset{\sim}{D}_i'}:\underset{\sim}{Y} \geqq -|\underset{\sim}{Y}| \geqq -y_i \tag{15.109}$$

sein muß und ferner nach (11.171) $\operatorname{tr}\vec{\underset{\sim}{P}} \geqq -\sqrt{3}$, so garantieren die folgenden Ungleichungen positive Vorzeichen jedes einzelnen Summanden und damit Passivität:

$$\frac{\mu\xi}{\sqrt{3}y_i} \leqq \varrho_i \leqq \varrho_{i\infty} + 2\xi, \quad \sin\beta(\varrho_i) \geqq y_i. \tag{15.110}$$

Übrigens führt Betragsbildung an (15.107) und Wahl $\underset{\sim}{Y} = y_i\,\overrightarrow{\underset{\sim}{D}_i'}$ auf die weitere Einschränkung

$$1 \geqq |\vec{\underset{\sim}{P}}'| = |\underset{\sim}{Y} + \sin\beta\,\overrightarrow{\underset{\sim}{D}_i'}| = \sin\beta + y_i \Rightarrow \sin\beta(\varrho_i) \leqq 1 - y_i. \tag{15.111}$$

Bei einem Verformungsprozeß mit

$$\underset{\sim}{W} \equiv 0, \quad \operatorname{tr}\underset{\sim}{D} \equiv 0, \quad \vec{\underset{\sim}{D}} \equiv \text{const} \tag{15.112}$$

existiert folgende stationäre Lösung, die plastisches koaxiales Fließen unter konstanter Cauchyscher Spannung beschreibt:

$$\varrho_i \equiv \varrho_{i\infty},\ \underset{\sim}{D} \equiv \underset{\sim}{D}_i,\ \underset{\sim}{Y} \equiv y_i \vec{\underset{\sim}{D}},\ \vec{\underset{\sim}{P}} = \underset{\sim}{\mathfrak{P}}(\vec{\underset{\sim}{D}}),$$

$$\underset{\sim}{H}_e \equiv \text{const},\ \underset{\sim}{P} \equiv \text{const},\ \underset{\sim}{T} \equiv \text{const}. \tag{15.113}$$

Ist dagegen der Wirbeltensor $\underset{\sim}{W}$ nicht identisch Null (z.B. bei der stationären Scherung unter konstanter Cauchyscher Spannung), dann gilt zwar $\dot{\underset{\sim}{H}}_e \equiv 0$, aber $\overset{\circ}{\underset{\sim}{H}}_e = \underset{\sim}{D} - \underset{\sim}{D}_i \not\equiv 0$, so daß neben den inelastischen auch elastische Formänderungen ablaufen. Bezüglich dieses Problems sei an Abschnitt 9.14 erinnert.

Startet ein Prozeß mit $\underset{\sim}{W} \equiv 0$, $\underset{\sim}{D} \equiv \text{const}$ im isotropen spannungsfreien Zustand ($\underset{\sim}{H}_e = 0$, $\underset{\sim}{Y} = 0$), so kann sich gemäß unseren Stoffgleichungen der folgende rein elastische Verformungsprozeß einstellen:

$$\overset{\circ}{\underset{\sim}{H}}_e = \dot{\underset{\sim}{H}}_e = \underset{\sim}{D},\ \underset{\sim}{D}_i \equiv 0,$$

$$\underset{\sim}{H}_e = \underset{\sim}{D} t,\ \underset{\sim}{P} = |\underset{\sim}{D}|^\alpha t^\alpha \hat{\underset{\sim}{P}}(\vec{\underset{\sim}{D}}), \tag{15.114}$$

sofern

$$f(\operatorname{Inv} \vec{\underset{\sim}{P}}', \varrho_i) = f(\operatorname{Inv} \vec{\hat{\underset{\sim}{P}}}'(\vec{\underset{\sim}{D}}), \varrho_i) < 0 \tag{15.115}$$

gilt, also die Verzerrungsgeschwindigkeit $\underset{\sim}{D}$ innerhalb eines bestimmten Kegels liegt. Tatsächlich finden sich aber sicher für jede Vorgabe von $\underset{\sim}{D}$ – sogar, wenn $\underset{\sim}{D}$ ein Kugeltensor ist – in einem realen Kornhaufen Kontakte, an denen Gleiten eintritt, so daß ein derartiger elastischer Kegel eine Idealisierung darstellt, und wirklich läßt sich in Experimenten ein elastischer Bereich im strengen Sinne nicht identifizieren. Auch die Existenz einer Fließregel ist mikromechanisch nicht zu begründen und gewiß nur als Rechenvereinfachung anzusehen. Ohne elastischen Bereich kommt man aus, wenn man unendlich viele Prandtl-Elemente parallelschaltet (das führt allerdings auf unendlich viele innere Zustandsvariable) oder – ganz grob – wenn man das elastisch-plastische Modell durch ein endochrones ersetzt. Einen Überblick über die vielfältigen Versuche, dem Verhalten von granularem Material näher zu kommen, geben zwei neuere Kongreßberichte [0.46], [15.10].

# Literaturverzeichnis

Im Text zitierte und ergänzende (*) Literatur

## I. Grundlegende Darstellungen zur Kontinuumsmechanik und -thermodynamik sowie zur Materialtheorie


0.1 Truesdell, C.; Noll, W.: The non-linear field theories of mechanics. Handbuch der Physik III/3 (Hrsg. Flügge). Berlin, Heidelberg, New York: Springer 1965

0.2 Noll, W.: The foundations of mechanics and thermodynamics, Selected Papers. Berlin, Heidelberg, New York: Springer 1974

0.3 Noll, W.: A new mathematical theory of simple materials. Arch. Rational Mech. Anal. 48 (1972) 1–50, nachgedruckt in [0.2]

0.4 Coleman, B. D.; Owen, D. R.: A mathematical foundation for thermodynamics. Arch. Rational Mech. Anal. 54 (1974) 1–104

0.5 Bertram, A.: Material systems – a framework for the description of material behavior. Arch. Rational Mech. Anal. 80 (1982) 99–133

0.6 Zander, W.: Mechanik, in: Mathematische Hilfsmittel des Ingenieurs (Hrsg. Sauer, Szabó), Teil IV. Berlin, Heidelberg, New York: Springer 1970

0.7 Truesdell, C.; Toupin, R. A.: The classical field theories, in: Handbuch der Physik III/1 (Hrsg. Flügge). Berlin, Göttingen, Heidelberg: Springer 1960

0.8 Müller, I.: Thermodynamik, Grundlagen der Materialtheorie. Düsseldorf: Bertelsmann 1973

*0.9 Becker, E.; Bürger, W.: Kontinuumsmechanik. Stuttgart: Teubner 1975

*0.10 Leigh, D. C.: Nonlinear continuum mechanics. New York: McGraw Hill 1968

*0.11 Reiner, M.: Rheologie in elementarer Darstellung. München: Hanser 1969

*0.12 Reiner, M.: Advanced rheology. London: Lewis 1971

0.13 Backhaus, G.: Deformationsgesetze. Berlin: Akademie-Verlag 1983

*0.14 Continuum Physics (Ed. Eringen). New York, London: Academic Press, Vol. 1: 1971, Vol. 2: 1975, Vol. 3: 1976, Vol. 4: 1976

0.15 Bell, J. F.: The experimental foundations of solid mechanics (Festkörpermechanik I), Handbuch der Physik VI a/1 (Hrsg. Flügge). Berlin, Heidelberg, New York: Springer 1973

0.16 Rheology (Ed. Eirich). New York: Academic Press, Vol. 1: 1956, Vol. 2: 1958, Vol. 3: 1960, Vol. 4: 1967

*0.17 Trostel, R.: Gedanken zur Konstruktion mechanischer Theorien, in: Beiträge zu den Ingenieurwissenschaften (Sattler-Festschrift). Berlin 1985 (Publ. Univ. bibl. TU)

0.18 Szabó, I.: Geschichte der mechanischen Prinzipien. Basel, Stuttgart: Birkhäuser 1977


## II. Sammelbände und Darstellungen einzelner Teilgebiete


*0.19 Elastizität und Plastizität, Handbuch der Physik VI (Hrsg. Flügge). Berlin, Göttingen, Heidelberg: Springer 1958

*0.20 Festkörpermechanik II, Handbuch der Physik VI a/2 (Hrsg. Flügge). Berlin, Heidelberg, New York: Springer 1972

*0.21 Festkörpermechanik III, Handbuch der Physik VI a/3 (Hrsg. Flügge). Berlin, Heidelberg, New York: Springer 1973

*0.22 Festkörpermechanik IV, Handbuch der Physik VI a/4 (Hrsg. Flügge). Berlin, Heidelberg, New York: Springer 1974

*0.23 Mechanics of Solids, The Rodney Hill 60th Anniversary Volume (Eds. Hopkins, Sewell). Oxford etc.: Pergamon Press 1982

*0.24 Progress and Trends in Rheology, Proceedings of the First Conference of European Rheologists, Graz 1982 (Eds. Giesekus, Kirschke, Schurz). Darmstadt: Steinkopff 1982

0.25 Proceedings of the IUTAM Symposia on Irreversible Aspects of Continuum Mechanics and on Transfer of Physical Characteristics in Moving Fluids, Wien 1966 (Eds. Parkus, Sedov) Wien, New York: Springer 1968

*0.26 Proceedings of the IUTAM Colloquium on Creep in Structures, Stanford 1960 (Ed. Hoff). Berlin, Göttingen, Heidelberg: Springer 1962

*0.27 Proceedings of the IUTAM Symposium on the Mechanics of Visco-Elastic Media and Bodies, Göteborg 1974 (Ed. Hult). Berlin, Heidelberg, New York: Springer 1975

0.28 Proceedings of the IUTAM Symposium on Creep in Structures, Leicester (UK) 1980 (Eds. Ponter, Hayhurst). Berlin, Heidelberg, New York: Springer 1981

0.29 Proceedings of the IUTAM Symposium on Finite Elasticity, Bethlehem, PA, USA 1980 (Eds. Carlson, Shield). Den Haag etc.: Martinus Nijhoff 1982

0.30 Symposium on the Foundations of Plasticity, Warschau 1972, (Ed. Sawczuk). Leiden: Noordhoff 1973

0.31 Wang, C. C.; Truesdell, C.: Introduction to rational elasticity. Leiden: Noordhoff 1973

0.32 Haupt, P.: Viskoelastizität und Plastizität. Berlin, Heidelberg, New York: Springer 1977

*0.33 Cristescu, N.; Suliciu, I.: Viscoplasticity. Den Haag etc.: Martinus Nijhoff 1982

*0.34 Perzyna, P.: Thermodynamics of dissipative materials, in: Recent developments in thermomechanics of solids (Eds. Lebon & Perzyna). CISM 262, Wien: Springer 1980

0.35 Findley, W. N.; Lai, J. S.; Onaran, K.: Creep and relaxation of nonlinear viscoelastic materials. Amsterdam: North-Holland 1976

0.36 Christensen, R. M.: Theory of viscoelasticity. New York etc.: Academic Press 1971

0.37 Lockett, F. J.: Nonlinear viscoelastic solids. New York etc.: Academic Press 1972

*0.38 Rabotnow, Ju. N.; Iljuschin, A. A.: Methoden der Viskoelastizitätstheorie. München: Hanser 1970

*0.39 Schowalter, W. R.: Mechanics of non-newtonian fluids. Oxford: Pergamon Press 1978

0.40 Coleman, B. D.; Markovitz, H.; Noll, W.: Viscometric flows of non-newtonian fluids. New York, Heidelberg, Berlin: Springer 1966

*0.41 Böhme, G.: Strömungsmechanik nicht-newtonscher Fluide. Stuttgart: Teubner 1981

0.42 Treloar, L. R. G.: The physics of rubber elasticity. Oxford: Clarendon Press 1975

0.43 Ferry, J. D.: Viscoelastic properties of polymers, 3rd ed., New York: Wiley 1980

0.44 Argon, A. S. (Ed.): Constitutive equations in plasticity. Cambridge (USA): MIT Press 1975

*0.45 Lippmann, H.: Mechanik des plastischen Fließens. Berlin, Heidelberg, New York: Springer 1981

0.46 Proceedings of the IUTAM Symposium on Deformation and Failure of Granular Materials, Delft 1982 (Eds. Vermeer, Luger). Rotterdam: Balkema 1982

0.47 Prandtl, L.: Ein Gedankenmodell zur kinetischen Theorie der festen Körper. Z. angew. Math. Mech. 8 (1928) 85–106

*0.48 Oden, J. T.: Finite elements of nonlinear continua. New York etc.: McGraw Hill 1972

## III. Literatur zu den einzelnen Kapiteln

1.1 Krausz, A. S.; Eyring, H.: Deformation kinetics. New York: Wiley 1975

2.1 Valanis, K. C.: A theory of viscoplasticity without a yield surface. Archiwum Mechaniki Stosowanej 23 (1971) 517–551

3.1 Bertram, A.: Materielle Systeme mit inneren Zwangsbedingungen. Diss. TU Berlin 1980
3.2 Dischinger, F.: Untersuchungen über die Knicksicherheit, die elastische Verformung und das Kriechen des Betons bei Bogenbrücken. Bauingenieur 18 (1937) 487–520, 539–552, 595–621
3.3 Noll, W.: A mathematical theory of the mechanical behavior of continuous media. Arch. Rational Mech. Anal. 2 (1958) 197–226, nachgedruckt in [0.2]
*3.4 Onat, E. T.: The notion of state and its implications in thermodynamics of inelastic solids, in [0.25]
*3.5 Besseling, J. F.: A thermodynamic approach to rheology, in [0.25]

4.1 Coleman, B. D.; Owen, D. R.: On thermodynamics and elastic-plastic materials. Arch. Rational Mech. Anal. 59 (1975) 25–51
4.2 Willems, J. C.: Dissipative dynamical systems, Part I: General theory. Arch. Rational Mech. Anal. 45 (1972) 321–351
4.3 Krawietz, A.: Stabilität des Gleichgewichts mechanischer Systeme. Z. ang. Math. Mech. 61 (1981) T46–T47

*5.1 de Boer, R.: Vektor- und Tensorrechnung für Ingenieure. Berlin, Heidelberg, New York: Springer 1982
*5.2 Lagally, M.; Franz, W.: Vorlesungen über Vektorrechnung. 6. Aufl., Leipzig: Akad. Verlagsges. 1959
*5.3 Halmos, P. R.: Finite-dimensional vector spaces. New York, Heidelberg, Berlin: Springer 1974
*5.4 Bowen, R. M.; Wang, C. C.: Introduction to vectors and tensors, 2 Bände. New York, London: Plenum Press 1976

6.1 Noll, W.: La mécanique classique, basée sur un axiome d'objectivité, in: La méthode axiomatique dans les mécaniques classiques et nouvelles (Colloque international, Paris 1959). Paris: Gauthier-Villars 1963, 47–56, nachgedruckt in [0.2]
6.2 Noll, W.: The foundations of classical mechanics in the light of recent advances in continuum mechanics, in: The axiomatic method, with special reference to geometry and physics (Symposium at Berkeley 1957). Amsterdam: North-Holland 1959, nachgedruckt in [0.2]
6.3 Serrin, J.: The concepts of thermodynamics, in: (Eds. de La Penha & Medeiros) Contemporary developments in continuum mechanics and partial differential equations, Amsterdam: North-Holland 1978
6.4 Bertram, A.: siehe [3.1]
*6.5 Truesdell, C.: A first course in rational continuum mechanics, Vol. 1, General concepts, New York etc.: Academic Press 1977
*6.6 Truesdell, C.: The elements of continuum mechanics, Berlin, Heidelberg, New York: Springer 1966
*6.7 Truesdell, C.: Six lectures on modern natural philosophy, Berlin, Heidelberg, New York: Springer 1966
*6.8 Noll, W.: Lectures on the foundations of continuum mechanics and thermodynamics, Arch. Rational Mech. Anal. 52 (1973) 62–92, nachgedruckt in [0.2]
*6.9 Trostel, R.: Gedanken zur klassischen Punktmechanik, Humanismus und Technik 24 (1981) 63–134

7.1 Hill, R.: On constitutive inequalities for simple materials – I. J. Mech. Phys. Solids 16 (1968) 229–242

8.1 Noll, W.: siehe [3.3]
8.2 Ikenberry, E.; Truesdell, C.: On the pressures and the flux of energy in a gas according to Maxwell's kinetic theory. J. Rational Mech. Anal. 5 (1956) 1–128
8.3 Müller, I.: On the frame dependence of stress and heat flux. Arch. Rational Mech. Anal. 45 (1972) 241–250

8.4 Owen, D. R.: The second law of thermodynamics for semi-systems with few approximate cycles. Arch. Rational Mech. Anal. 80 (1982) 39–55
8.5 Coleman, B. D.; Noll, W.: The thermodynamics of elastic materials with heat conduction and viscosity. Arch. Rational Mech. Anal. 13 (1963) 167–178, nachgedruckt in [0.2]
8.6 Green, A. E.; Naghdi, P. M.; Trapp, J. A.: Thermodynamics of a continuum with internal constraints. Int. J. Engng. Sci. 8 (1970) 891–908
8.7 Gurtin, M. E.; Guidugli, P. P.: The thermodynamics of constrained materials. Arch. Rational Mech. Anal. 51 (1973) 192–208
8.8 Alts, Th.: On the energy-elasticity of rubberlike materials. Progr. Colloid & Polymer Sci. 66 (1979) 367–375, 67 (1980) 183–184
8.9 Alts, Th.: Thermodynamik elastischer Körper mit thermokinematischen Zwangsbedingungen – fadenverstärkte Materialien, Habil.schrift TU Berlin 1979 (Publ. Univ. bibl.)
8.10 Bertram, A.: siehe [3.1]
8.11 Noll, W.: Proof of the maximality of the orthogonal group in the unimodular group. Arch. Rational Mech. Anal. 18 (1965) 100–102, nachgedruckt in [0.2]
8.12 Wang, C. C.: Mathematical principles of mechanics and electromagnetism, 2 Teile. New York, London: Plenum Press 1979
8.13 Krawietz, A.: Positive Elliptizität und Stabilität der ebenen Verformung, Acta Mech. 41 (1981) 233–253
8.14 Joseph, D. D.; Beavers, G. S.: Free surface problems in rheological fluid mechanics. Rheol. Acta 16 (1977) 169–189
*8.15 Coleman, B. D.; Gurtin, M. E.: Thermodynamics with internal state variables. J. Chem. Phys. 47 (1967) 597–613
*8.16 Müller, I.: Die Kältefunktion, eine universelle Funktion in der Thermodynamik viskoser wärmeleitender Flüssigkeiten. Arch. Rational Mech. Anal. 40 (1971) 1–36

9.1 Eckart, C.: The thermodynamics of irreversible processes, IV: The theory of elasticity and anelasticity. Phys. Rev. 73 (2) (1948) 373–382
9.2 Lee, E. H.: Elastic-plastic deformation at finite strains. J. Appl. Mech. 36 (1969) 1–6
9.3 Kratochvíl, J.: Finite-strain theory of inelastic behavior of crystalline solids, in [0.30]
9.4 Mandel, J.: Relations de comportement des milieux élastiques-plastiques et élastiques-viscoplastiques. Notion de repère directeur, in [0.30]
9.5 Rice, J. R.: Inelastic constitutive relations for solids: An internal-variable theory and its application to metal plasticity. J. Mech. Phys. Solids 19 (1971) 433–455.
9.6 Havner, K. S.: The theory of finite plastic deformation of crystalline solids, in [0.23]
9.7 Hill, R.; Havner, K. S.: Perspectives in the mechanics of elastoplastic crystals. J. Mech. Phys. Solids 30 (1982) 5–22
9.8 Padmanabhan, K. A.; Davies, G. J.: Superplasticity, Berlin, Heidelberg, New York: Springer 1980
9.9 Bronstein, I. N.; Semendjajew, K. A.: Taschenbuch der Mathematik, Neubearbeitung. Leipzig: Teubner 1981
9.10 Krawietz, A.: Geschichtsfunktional und Zustandsbeschreibung bei Flüssigkeiten mit Gedächtnis. Z. angew. Math. Mech. 65 (1985) T207–T208
*9.11 Onat, E. T.: Representation of inelastic behavior in the presence of anisotropy and of finite deformations, in: Recent advances in creep and fracture of engineering materials and structures (Eds. Wilshire; Owen). Swansea: Pineridge 1982
*9.12 Šilhavý, M.; Kratochvíl, J.: A theory of inelastic behavior of materials. Arch. Rational Mech. Anal. 65 (1977) 97–152

*10.1 Nowacki, W.: Theorie des Kriechens – Lineare Viskoelastizität. Wien: Deuticke 1965
*10.2 Flügge, W.: Viscoelasticity. Berlin, Heidelberg, New York: Springer 1975
*10.3 Pipkin, A. C.: Lectures on viscoelasticity theory. New York, Heidelberg, Berlin: Springer 1972
*10.4 Gurtin, M. E.; Sternberg, E.: On the linear theory of viscoelasticity. Arch. Rational Mech. Anal. 11 (1962) 291–356

*10.5 Huilgol, R. R.: Continuum mechanics of viscoelastic liquids. New York: Wiley 1975
*10.6 Stickforth, J.: New viscoelastic fluid theory based upon the concept of an intermediate state. Int. J. Engng. Sci. 19 (1981) 1775–1788

11.1 Cattaneo, C.: Sur une forme de l'équation de la chaleur éliminant le paradoxe d'une propagation instantanée. Compt. Rend. Ac. Sci. 247 (1958) 431–433
11.2 Reuss, A.: Berücksichtigung der elastischen Formänderung in der Plastizitätstheorie. Z. angew. Math. Mech. 10 (1930) 266–274
11.3 Parkus, H.: Instationäre Wärmespannungen, Wien: Springer 1959
11.4 Parkus, H.: Thermoelasticity, Wien etc.: Springer 1976
11.5 Melan, E.; Parkus, H.: Wärmespannungen infolge stationärer Temperaturfelder. Wien: Springer 1953
11.6 Truesdell, C.: Hypo-elasticity, J. Rational Mech. Anal. 4 (1955) 83–133, 1019–1020

12.1 Coleman, B. D.; Noll, W.: An approximation theorem for functionals, with applications in continuum mechanics, Arch. Rational Mech. Anal. 6 (1960) 355–370, nachgedruckt in [0.2]
12.2 Coleman, B. D.; Dill, E. H.: On thermodynamics and the stability of motions of materials with memory, Arch. Rational Mech. Anal. 51 (1973) 1–53
12.3 Ball, J. M.: Convexity conditions and existence theorems in nonlinear elasticity. Arch. Rational Mech. Anal. 63 (1977) 337–403
12.4 Krawietz, A.: A comprehensive constitutive inequality in finite elastic strain. Arch. Rational Mech. Anal. 58 (1975) 127–149
12.5 Van Hove, L.: Sur l'extension de la condition de Legendre du calcul des variations aux intégrales multiples à plusieurs fonctions inconnues. Proc. Kon. Ned. Acad. Wet. 50 (1947) 18–23
12.6 James, R. D.: Finite deformation by mechanical twinning. Arch. Rational Mech. Anal 77 (1981) 143–176
12.7 Drucker, D. C.: A more fundamental approach to plastic stress-strain relations. Proc. 1st U.S. Nat. Congr. Appl. Mech., ASME (1951) 487–491
12.8 Mises, R. v.: Mechanik der plastischen Formänderung von Kristallen. Z. angew. Math. Mech. 8 (1928) 161–185
12.9 Krawietz, A.: Passivität, Konvexität und Normalität bei elastisch-plastischem Material. Ing.-Archiv 51 (1981) 257–274
*12.10 Gurtin, M. E.: On a theory of phase transitions with interfacial energy. Arch. Rational Mech. Anal. 87 (1985) 187–212

13.1 Hill, R.: Elastic properties of reinforced solids: Some theoretical principles. J. Mech. Phys. Solids 11 (1963) 357–372
13.2 Lions, J. L.: On some homogenization problems. Z. angew. Math. Mech. 62 (1982) T251–T261
13.3 Voigt, W.: Über die Beziehung zwischen den beiden Elasticitätsconstanten isotroper Körper. Ann. Phys. 38 (1889) 573–587
13.4 Reuss, A.: Berechnung der Fließgrenze von Mischkristallen auf Grund der Plastizitätsbedingung für Einkristalle. Z. angew. Math. Mech. 9 (1929) 49–58
*13.5 Hill, R.: On constitutive macro-variables for heterogeneous solids at finite strain. Proc. R. Soc. London A 326 (1972) 131–147
*13.6 Willis, J. R.: Elasticity theory of composites, in [0.23]
*13.7 Krawietz, A.: Some features of the gross behavior of granular media derived from micromechanics, in [0.46]

14.1 Bernstein, B.; Kearsley, E. A.; Zapas, L. J.: A study of stress relaxation with finite strain. Trans. Soc. Rheol. 7 (1963) 391–410
14.2 Bernstein, B.; Kearsley, E. A.; Zapas, L. J.: Thermodynamics of perfect elastic fluids. J. Res. Nat. Bur. Stand. 68 B (1964) 103–113

14.3 Scharnhorst, Th.: Inkrementelle Finite Element Methoden für elastische und viskoelastische Materialien zur Lösung quasistatischer Randwertaufgaben. Diss. TU Berlin 1979

14.4 Norton, F. H.: The creep of steel at high temperatures. New York: McGraw Hill 1929

14.5 Green, A. E.; Rivlin, R. S.: The mechanics of non-linear materials with memory. Part I. Arch. Rational Mech. Anal. 1 (1957) 1–21, 470

14.6 Rabotnov, Y. N.: Creep rupture, in: Applied Mechanics (Proc. 12th IUTAM Congress Stanford 1968) (Eds. Hetenyi & Vincenti). Berlin, Heidelberg, New York: Springer 1969

14.7 Hayhurst, D. R.; Krzeczkowski, A. J.: Numerical solution of creep problems. Comp. Meth. Appl. Mech. Eng. 20 (1979) 151–171

14.8 Życzkowski, M.: Combined loadings in the theory of plasticity. Warschau: Polish Scientific Publishers 1981

14.9 Müller, I.: Stress-strain-temperature curves in pseudo-elastic bodies, in [0.29]

14.10 Müller, I.: Formerinnerungsvermögen in Gummi. Vorlesungs-Manuskript

14.11 Bertram, A.: Thermo-mechanical constitutive equations for the description of shape memory effects in alloys. Nucl. Engng. and Design 74 (1982) 173–182

14.12 Rettig, G.: Eine finite Zustandsvariablentheorie zur phänomenologischen Beschreibung des Bauschinger-Effektes und ihre Anwendung auf formerinnerungsfähige Materialien. Ing.-Archiv 54 (1984) 328–336

*14.13 Odquist, F. K. G.; Hult, J.: Kriechfestigkeit metallischer Werkstoffe. Berlin, Göttingen, Heidelberg: Springer 1962

*14.14 Gummert, P.: Materialgesetze des Kriechens und der Relaxation, Fortschrittsberichte der VDI-Zeitschriften, Reihe 5, Nr. 38. Düsseldorf: VDI-Verlag 1978

*14.15 Betten, J.: Net-stress analysis in creep mechanics. Ing.-Archiv 52 (1982) 405–419

*14.16 Murakami, S.; Ohno, N.: A continuum theory of creep and creep damage, in [0.28]

*14.17 Trostel, R.: Zur Systematik fest-idealplastischer Medien, in: Aus Theorie und Praxis der Ingenieurwissenschaften. Berlin: Ernst & Sohn 1971

*14.18 Lehmann, Th.: Some theoretical considerations and experimental results concerning elastic-plastic stress-strain relations. Ing.-Archiv 52 (1982) 391–403

*14.19 Besdo, D.: Zur Formulierung von Stoffgesetzen der Plastomechanik im Dehnungsraum nach Ilyushins Postulat. Ing.-Archiv 51 (1981) 1–8

*14.20 Perzyna, P.; Sawczuk, A.: Problems of thermoplasticity. Nucl. Engng. and Design 24 (1973) 1–55

*14.21 Prager, W.: Probleme der Plastizitätstheorie. Basel, Stuttgart: Birkhäuser 1955

15.1 Ogden, R. W.: Elastic deformations of rubberlike solids, in [0.23]

15.2 Valanis, K. C.; Landel, R. F.: The strain-energy function of a hyperelastic material in terms of the extension ratios. J. Appl. Phys. 38 (1967) 2997–3002

15.3 Alts, Th.: siehe [8.8]

15.4 Gumbrell, S. M.; Mullins, L.; Rivlin, R. S.: Departures of the elastic behaviour of rubbers in simple extension from the kinetic theory. Trans. Faraday Soc. 49 (1953) 1495–1505

15.5 Rivlin, R. S.: A note on the torsion of an incompressible highly-elastic cylinder. Proc. Cambridge Phil. Soc. 45 (1949) 485–487

15.6 DIN 7724 (Gelbdruck 1984): Gruppierung polymerer Werkstoffe aufgrund der Temperaturabhängigkeit ihres mechanischen Verhaltens

15.7 Hart, E. W.; Li, C. Y.; Yamada, H.; Wire, G. L.: Phenomenological theory: A guide to constititutive relations and fundamental deformation properties, in [0.44]

15.8 Hart, E. W.: Constitutive relations for non-elastic deformation. Nucl. Engng. and Design 46 (1978) 179–185

15.9 Hertz, H.: Über die Berührung fester elastischer Körper. J.f.d. reine und angew. Math. (Crelle) 92 (1882) 156–171

15.10 Constitutive Relations for Soils, Results of the International Workshop, Grenoble 1982 (Eds. Gudehus, Darve, Vardoulakis). Rotterdam: Balkema 1984

*15.11 Gudehus, G.: Elastoplastische Stoffgleichungen für trockenen Sand. Ing.-Archiv 42 (1973) 151–169

*15.12 Olschewski, J.; Stein, E.; Wagner, W.; Wetjen, D.: Stoffgleichungen für Steinsalze unter mechanischer und thermischer Beanspruchung. Forschungs- und Seminarberichte aus dem Bereich der Mechanik der Univ. Hannover Nr. F 81/2 (1981)

*15.13 Hutter, K.; Alts, Th.: Ice and snow mechanics, a challenge to theoretical and applied mechanics, in: Theoretical and Applied Mechanics, Proceedings of the XVIth IUTAM Congress, Lyngby 1984 (Eds. Niordson, Olhoff). Amsterdam: North-Holland 1985

# Sachverzeichnis

(Kursivdruck kennzeichnet englische Fachausdrücke, → verweist auf Synonyme)

## Krawietz, Materialtheorie

## Berichtigung

Nach Prüfung der Korrekturabzüge durch den Autor sind leider einige Satzfehler in das Buch gelangt, die eine Berichtigung erfordern.

| *Seite* | *Zeile bzw. Formel* | *falsch* | *richtig* |
|---|---|---|---|
| XI | 14. v.o. | $\overset{\text{o}}{\underset{\sim}{P}}$ | $\mathring{\underset{\sim}{P}}$ |
| XI | 9. v.u. | $\underset{\sim}{\mathbb{C}}, \mathbb{1}$ | $\mathbb{C}, \mathbb{1}$ |
| | 8. v.u. | Adjungierter, transponier̩ter, inverser | Adjungierter, transponierter, inverser, |
| XI | 2. v.u. | $\lvert u\rvert, \lvert\underset{\sim}{A}\rvert$ | $\lvert\underset{\sim}{u}\rvert, \lvert\underset{\sim}{A}\rvert$ |
| XI | 1. v.u. | $\underset{\sim}{A} := \underset{\sim}{A}/\lvert\underset{\sim}{A}\rvert$ | $\vec{\underset{\sim}{A}} := \underset{\sim}{A}/\lvert\underset{\sim}{A}\rvert$ |
| XII | 1. v.o. | $\underset{\sim}{A}', \underset{\sim}{A}'$ | $\overrightarrow{\underset{\sim}{A}'}, \vec{\underset{\sim}{A}}'$ |
| XII | 1. v.u. | $\underset{\sim}{\mathfrak{g}}_\alpha, \underset{\sim}{\mathfrak{g}}_\alpha, \underset{\sim}{g}_\alpha$ | $\underset{\sim}{\mathfrak{g}}_\alpha, \bar{\underset{\sim}{\mathfrak{g}}}_\alpha, \underset{\sim}{g}_\alpha$ |
| XIII | 11. v.u. | $c_G, c_v, c_p$ | $c_{\underset{\sim}{G}}, c_v, c_p$ |
| 28 | 3. v.o. | $j=(f_0-\mathrm{sgn}(f_0)y)/n$ | $\dot{\mathrm{l}}=(f_0-\mathrm{sgn}(f_0)y)/\eta$ |
| 140 | (7.188) | $\delta\bar{\underset{\sim}{L}} : \frac{\partial \overset{\vartriangle}{\underset{\sim}{P}}}{\partial \underset{\sim}{L}} : \partial \underset{\sim}{L}$ | $\delta\bar{\underset{\sim}{L}} : \frac{\partial \overset{\vartriangle}{\underset{\sim}{P}}}{\partial \underset{\sim}{L}} : \delta \underset{\sim}{L}$ |
| 168 | (8.58) | $-\frac{\partial \underset{\sim}{h}}{\partial \hat{\underset{\sim}{\nabla}}\Theta}(\underset{\sim}{G},\Theta,0)$ | $-\frac{\partial \underset{\sim}{\mathfrak{h}}}{\partial \hat{\underset{\sim}{\nabla}}\Theta}(\underset{\sim}{G},\Theta,0)$ |
| 184 | 9. v.u. | *falsch:* Spannung des Wärmeflusses homogen. | *richtig:* Spannung und des Wärmeflusses homogen. |
| 198 | (9.51) | $\bar{\underset{\sim}{K}}\bar{\underset{\sim}{K}}^{-1}$ | $\dot{\bar{\underset{\sim}{K}}}\bar{\underset{\sim}{K}}^{-1}$ |
| 206 | 6. v.o. | $\frac{1}{2}\underset{\sim}{G}_i^{-1}\dot{\underset{\sim}{G}}_i$ | $\frac{1}{2}\underset{\sim}{G}_i^{-1}\dot{\underset{\sim}{G}}_i$ |
| 409 | (14.120), Exponent | $1/(1+\chi+\varphi)$ | $1/(1+\chi+\psi)$ |

**B. Ilschner**

# Werkstoffwissenschaften

## Eigenschaften, Vorgänge, Technologien

1982. 181 Abbildungen, 25 Tabellen. XI, 214 Seiten
Broschiert DM 68,–. ISBN 3-540-10752-5

**Inhaltsübersicht:** Einordnung in allgemeine Zusammenhänge. – Werkstoffgruppen und Werkstoffeigenschaften. – Das Mikrogefüge und seine Merkmale. – Gleichgewichte. – Atomare Bindung und Struktur der Materie. – Diffusion. Atomare Platzwechsel. – Zustandsänderungen und Phasenumwandlungen. – Vorgänge an Grenzflächen. – Korrosion und Korrosionsschutz. – Festigkeit, Verformung, Bruch. – Elektrische Eigenschaften. – Magnetismus und Magnetwerkstoffe. – Herstellungs- und verarbeitungstechnische Verfahren. – Zerstörungsfreie Werkstoffprüfung. – Anhang: Kurzbezeichnung für Stähle und Nichteisenlegierungen. – Sachverzeichnis.

Dieses Lehrbuch ist aus der Erfahrung mit einer Einführungsvorlesung entstanden, welche der Verfasser seit 1967 für Studienanfänger der Fachrichtungen Werkstoffwissenschaften, Chemie-Ingenieurwesen und Elektrotechnik aufgebaut hat. Schätzungsweise 3000 Ingenieurstudenten (60% davon Elektrotechniker) haben diese Vorlesung gehört und sind auf ihrer Basis geprüft worden.
Es wird das Gesamtgebiet der technischen Werkstoffe behandelt, wobei den Problemen der metallischen Werkstoffe des Maschinenbaus und den Werkstoffen der Elektrotechnik deswegen besonders viel Raum gewidmet wird, weil ein besonders großer Teil der Benutzer in diesen Gebieten später tätig sein wird. Außer der Breite des behandelten stofflichen Spektrums zeichnet sich das Buch durch gebührende Berücksichtigung der Herstellungs- und Verarbeitungstechnologie einschließlich der Probleme der Rohstoffsicherung auch des Energiebedarfs aus. Außerdem wird die Werkstoffprüfung eingehend behandelt, die von größter technischer Bedeutung ist. Um den Leser abschnittweise auch an die “vordere Front” der Entwicklung zu führen, werden Themen wie z. B. Quantitative Bildanalyse, Supraleitung, Faserverbundwerkstoffe, SE-Magnete, Holographie berücksichtigt. Um das Buch nicht mit Lernstoff zu überfrachten, wird dafür auf die Detailbehandlung konventioneller Werkstoffe und ihrer Eigenschaften weitgehend verzichtet.

Springer-Verlag
Berlin Heidelberg
New York Tokyo